国外电子与通信教材系列

模拟电路版图的艺术

（第二版）

The Art of Analog Layout

Second Edition

［美］Alan Hastings 著

张 为 等译

電子工業出版社
Publishing House of Electronics Industry
北京 · BEIJING

内 容 简 介

本书作者 Alan Hastings 具有渊博的集成电路版图设计知识和丰富的实践经验。本书以实用和权威性的观点全面论述了模拟集成电路版图设计中所涉及的各种问题及目前的研究成果。书中介绍了半导体器件物理与工艺、失效机理等内容；基于模拟集成电路设计所采用的三种基本工艺：标准双极工艺、多晶硅栅 CMOS 工艺和模拟 BiCMOS 工艺；重点探讨了无源器件的设计与匹配性问题，二极管设计，双极型晶体管和场效应晶体管的设计与应用，以及某些专门领域的内容，包括器件合并、保护环、焊盘制作、单层连接、ESD 结构等。最后介绍了有关芯片版图的布局布线知识。

本书可作为电子科学与技术、微电子、固体电子等相关专业高年级本科生和研究生教材，对于专业版图设计人员是一本很有价值的参考书，对于模拟电路设计者更好地理解电路与版图之间的关系也有很好的参考价值。

版权贸易合同登记号 图字：01-2006-5237

图书在版编目（CIP）数据

模拟电路版图的艺术/（美）艾伦・黑斯廷斯（Alan Hastings）著；张为等译. —2 版.
北京：电子工业出版社，2018.8
书名原文：The Art of Analog Layout, Second Edition
国外电子与通信教材系列
ISBN 978-7-121-34739-9

I. ①模… II. ①艾… ②张… III. ①模拟电路－电路设计－高等学校－教材 IV. ①TN710.02

中国版本图书馆 CIP 数据核字（2018）第 157899 号

策划编辑：杨　博
责任编辑：杨　博
印　　刷：三河市鑫金马印装有限公司
装　　订：三河市鑫金马印装有限公司
出版发行：电子工业出版社
　　　　　北京市海淀区万寿路 173 信箱　　邮编　100036
开　　本：787×1092　1/16　　印张：34.5　字数：883 千字
版　　次：2018 年 8 月第 1 版（原著第 2 版）
印　　次：2024 年 11 月第 8 次印刷
定　　价：119.00 元

凡所购买电子工业出版社图书有缺损问题，请向购买书店调换。若书店售缺，请与本社发行部联系，联系及邮购电话：（010）88254888，88258888。

质量投诉请发邮件至 zlts@phei.com.cn，盗版侵权举报请发邮件至 dbqq@phei.com.cn。

本书咨询联系方式：yangbo2@phei.com. cn。

译　者　序

集成电路已进入深亚微米和SoC时代。作为设计与制造的纽带，版图的地位至关重要。在各类集成电路中，模拟集成电路由于对器件特性的依赖性更强，所以其性能更大程度地受到版图因素的影响。正如作者所述，模拟版图设计更像是从事艺术创作而不仅是研究一门科学。

本书是模拟集成电路版图设计领域的一部力作，自第一版正式出版以来一直受到广大读者的普遍欢迎，这也是促成第二版和中译本出现的主要原因。作者Alan Hastings是业界权威，在版图设计领域享有崇高的声望。本书结构合理、内容丰富、特色鲜明，读者无须掌握过多的器件物理和半导体工艺知识即可对模拟集成电路版图设计的理论和方法有完整而深刻的认识。书中大量的实例和习题有助于动手和实践能力的培养。

进入21世纪以后，中国集成电路产业如雨后春笋般迅猛发展，集成电路各个环节的人才炙手可热。引进这样一部权威著作，无疑会对国内培养更多高水平模拟集成电路版图设计人才起到促进作用。原书作者也对第二版中译本的出现表示出极大关注。

本书由张为组织翻译，其中闫珍珍负责第1章和第2章的翻译工作；郝瑜霞负责第3章和第4章的翻译工作；吕波负责第5章的翻译工作；菅端端负责第6章的翻译工作；杨宇负责第7章的翻译工作；周永奇负责第8章和第9章的翻译工作；卜尔龙负责第10章和附录的翻译工作；冯煜晶负责第11章和第12章的翻译工作；李建恒负责第13章的翻译工作；任彤负责第14章的翻译工作。张为对全书内容进行了审校。此外，本书的翻译得到了天津大学电子信息工程学院领导、教师以及电子工业出版社外版教材事业部的大力支持与帮助。在此，对所有为这本书的出版提供了帮助的人们表示诚挚的感谢！

需要指出的是，有关集成电路版图和工艺的词汇及其译法尚无统一标准，特别是有关版图设计规则的内容，建议读者首先阅读附录C，利用图例帮助理解，然后再开始正文的学习。由于译审者水平有限，译文中难免有不妥乃至错误之处，敬请读者不吝指正。

第二版前言

我最初撰写《模拟电路版图的艺术》一书的文稿时是用于一系列讲座的。很多人鼓励我将其出版。刚开始我有点犹豫，因为我认为读者非常有限。出版之后证明了我的担心是多余的。令我惊讶的是，《模拟电路版图的艺术》居然被翻译成了中文！

过去的几年时间提醒我第一版存在的局限性，并且促成了这次全面的修订。本书的每一章都经过了检查和校正，并且还加入了很多新内容和约 50 个新的图例。第二版介绍的新内容包括：

- 先进金属化系统
- 介质隔离
- MOS 晶体管的失效机制
- 集成电感
- MOS 安全工作区
- 非易失性存储器

在准备本书第二版期间，我从德州仪器的同事身上汲取了大量的经验和智慧。同时我还不断参阅 IEEE Xplore 网站的可用资源，尤其是 *IEEE Journal of Electron Devices* 上的文献。我要向所有帮助我理解或纠正了我很多错误的人们表示感谢。如此长时间、大强度的工作虽然无法使每件事都做到完美，但是第二版确实比第一版有了很大的进步。

Alan Hastings

第一版前言

集成电路只有在高倍放大下才会展露其真实面目。无论是覆盖在表面的错综复杂的微细连线，还是其下方同样复杂的掺杂硅结构，所有这些都是依据一套称为版图的设计图制作而成的。模拟和混合信号集成电路版图设计难以自动实现。每个多边形的形状及位置都要求对器件物理原理、半导体制造和电路理论有深入的理解。尽管已有 30 年的研究，然而很多内容仍不确定。有些信息隐藏在晦涩的期刊文献以及未发表的手稿当中。本书以专题的形式将这些信息进行了汇总，主要目的是提供给从事版图设计的人员使用，对于希望更好地理解电路与版图关系的电路设计者也很有价值。

本书针对的是广泛的读者群，其中一些人对高等数学和固体物理仅有有限的了解。书中的数学内容很少，而将重点放在区分所有变量以及采用最容易理解的单位上。读者只需掌握基础代数和初步的电子学知识即可。书中许多习题以读者可以使用版图编辑软件为前提，但是不具备这些资源的读者仍然可以借助纸和笔完成大量的习题。

全书总共包括 14 章和 5 个附录。前两章概述了器件物理和半导体工艺。这两章中没有数学推导，而是将重点放在简单的口语化解释及可视模型上。第 3 章介绍了 3 种基本工艺：标准双极工艺、硅栅 CMOS 工艺以及模拟 BiCMOS 工艺。讲述的重点是剖面图以及剖面图与实例器件传统版图视图的对应关系。第 4 章涵盖的内容是常见失效机制，重点是版图在确定可靠性中的作用。第 5 章和第 6 章介绍了电阻和电容的版图。第 7 章以电阻和电容为例介绍了匹配原则。第 8 章至第 10 章介绍了双极型器件的版图，而第 11 章和第 12 章介绍的是场效应晶体管的版图和匹配。第 13 章和第 14 章阐述了多个前沿问题，包括器件合并、保护环、ESD 保护结构以及布局规划。附录中包括缩写词汇表、有关米勒指数的讨论、用于完成习题的版图规则范例以及书中所用公式的推导等内容。

Alan Hastings

致　谢

本书包含的信息是通过许多学者、工程师及技术人员的辛苦工作搜集而得的，但其中肯定还会由于许多人士的工作内容尚未发表，所以未能向他们表示感谢。我尽其所能参考了大量的基本发现和原理，但是在很多情况下却无法确定它们的出处。

我要向提供大量建议的 TI 同事表示感谢。尤其要感谢 Ken Bell，Walter Bucksch，Taylor Efland，Lou Hutter，Clif Jones，Alec Morton，Jeff Smith，Fred Trafton 和 Joe Trogolo，他们为本书提供了非常重要的信息。同时还要感谢 Bob Borden，Nicolas Salamina 和 Ming Chiang 对我的鼓励，否则本书根本无法完成。

目 录

第1章 器件物理

在1960年以前，大多数电子电路采用真空电子管完成放大和整流中的关键任务。普通量产的调幅收音机需要5支电子管，而一台彩色电视机则至少需要20支。真空管体积大、易碎并且价格昂贵，它们散发出大量的热，而且可靠性低。因此，只要电子学依赖于真空管，那么建立由成千上万支有源器件组成的系统几乎是不可能的。

1947年双极型晶体管(BJT)的出现标志着固态革命的开始。这种新型器件体积小、价格便宜、坚固且性能可靠。固态电路使便携式晶体管收音机、助听器、石英表、按键式电话、CD播放机和个人电脑等产品的出现成为可能。

固态器件由表面掺入杂质的晶体形成。这些杂质改变了晶体的电性能，使它能够放大或调制电信号。为了理解其工作原理必须掌握有关器件物理的知识。本章不仅包括器件物理的基本知识，此外还介绍了3种最重要的固态器件的工作原理：结型二极管、双极型晶体管和场效应管(FET)。在第2章将介绍这些器件以及其他固态器件的制造工艺。

1.1 半导体

在元素周期表中，元素的排列按照性质的相似性组成行和列。元素周期表左边的元素被称为金属，而右边的元素被称为非金属。金属通常是热和电的良导体。同时，它们具有可延展性和金属光泽。非金属不易导热导电，固态非金属易碎且缺乏金属光泽。周期表中间的一些元素(如硅和锗)的电学特性介于金属和非金属之间，这些元素被称为半导体。金属、半导体和非金属之间的差别源于各自原子中的电子排布方式。

每个原子由带正电的原子核及原子核周围的电子云组成。电子云中的电子数目等于原子核中的质子数目，也等于该元素的原子序数。因此，由于碳的原子序数为6，所以一个碳原子有6个电子。这些电子占据了一系列的壳层，这些壳层与洋葱的层状结构很相似。随着电子的增加，壳层由里向外被填充。最外层或价层可以不完全填充。占据最外层的电子被称为价电子。元素所拥有的价电子数目决定了其大部分的化学和电学特性。

元素周期表的每行都对应于一个壳层的填充情况。最左边的一列元素只有一个价电子，而最右边的元素则是满价层结构。价层被填满的原子具有特别稳定的结构。价层未被填满的原子通过交换或共用电子形成满价层结构。由于静电引力，交换或共用电子的原子间会形成化学键。根据价层填充的方法将生成3种类型的键。

金属键形成于金属元素原子之间，如钠。我们考虑大量钠原子靠得很近的情况。每个原子都有一个价电子围绕内壳层旋转，假设钠原子失掉了价电子。由于此时每个原子的价层都是满的，所以失掉的电子仍被带正电的钠原子所吸引，但却不被束缚。图1.1(A)所示是简化的钠晶体结构。静电力使钠原子具有规则的晶格结构：失掉的价电子能够在晶体里自由移动。由于存在大量的自由电子，从而使得金属钠成为极好的电导体，这也是元素产生金属光泽和高热传导率的原因。其他金属也具有类似的晶体结构，它们都是靠金属键将大量的自由价电子和严格位于晶格格点的带电原子核结合在一起形成的①。

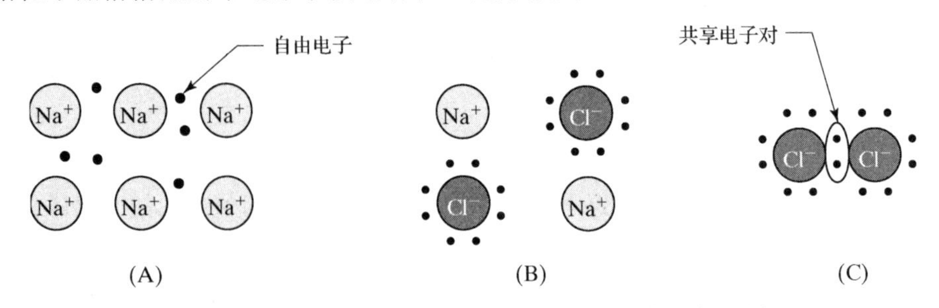

图 1.1　不同化学键简图：(A)金属键形成的钠晶体；(B)离子键形成氯化钠晶体；(C)共价键结合的氯分子

离子键形成于金属原子和非金属原子之间。考虑钠原子和氯原子靠得很近的情况：钠原子有一个价电子，而氯原子恰好缺少一个电子从而不能形成满价层。钠原子可将一个电子给氯原子，这样就意味着两个原子都能拥有填满的最外层。交换之后，钠原子带正电，氯原子带负电。这两个带电的原子(或离子)互相吸引。因而，固态氯化钠由排布于规则晶格格点的氯离子和钠离子组成，并形成晶体［见图 1.1(B)］。由于所有电子都被束缚在不同原子的壳层中，因此晶体氯化钠是电的不良导体。

共价键存在于非金属原子之间。考虑两个靠得很近的氯原子。每个原子有 7 个价电子，而充满价层需要 8 个电子。假设两个原子中每个原子都贡献一个价电子形成共用电子对。这样，每个氯原子便获得了 8 个价电子：自己的 6 个电子，加上两个共用的电子。两个氯原子通过二者之间的共用电子对结合在一起形成分子［见图 1.1(C)］。共用电子对就形成了共价键。可以用缺少自由价电子来解释非金属不导电并且缺乏金属光泽的现象。因为电中性分子并不是强烈地互相吸引，所以许多非金属在室温下通常为气体，而不能浓缩为液体或者固体。

半导体原子之间也形成共价键。考虑一种典型的半导体(硅原子)的情况。每个原子有 4 个价电子，还需要 4 个才能填满价层。理论上讲，两个硅原子可以共享全部外层电子以获得满价层结构。但事实上这并不会发生，因为若 8 个电子聚在一起就会强烈地相互排斥。实际上，每个硅原子和周围的 4 个原子各形成一个共用电子对。这样，价电子分散到 4 个不同的位置上，相互之间的排斥就会达到最小。

图 1.2 显示了硅晶体的二维结构简图。每个小圆圈代表一个硅原子。在圆圈之间的直线代表了共用价电子对形成的共价键。每个硅原子有 8 个电子(4 对共用电子对)，所以所有原子都是满价带结构。这些原子靠相互之间的共价键形成了分子网络。无数这样的晶格格点便代表了硅晶体的结构。整个晶体可看作一个单分子，因而晶体硅牢固坚硬，并且有很高的熔点。由于所有的价电子都用于形成晶格结，所以硅是一种不良导体。

理论上任何Ⅳ族元素都可形成同样的大分子晶体②，包括碳、硅、锗、锡和铅。碳以金刚石的形式出现时具有所有Ⅳ族元素中最强的键。金刚石正是以它的强度和硬度而闻名的。

① 一些金属用空穴而不是电子导电，但本书中的结论仍然适用。

② 在元素周期表中，Ⅲ，Ⅳ，Ⅴ和Ⅵ族元素位于长周期表的Ⅲ-B，Ⅳ-B，Ⅴ-B 和Ⅵ-B 列。Ⅱ族元素在Ⅱ-A 或Ⅱ-B 列。A/B 编号系统是历史的产物，国际理论和应用化学联合会(IUPAC)已经建议放弃使用；参见 J. Hudson 所著的 *The History of Chemistry* (New York: Chapman and Hall,1992), pp.122-137。

硅和锗的键稍微弱一点，这是因为填满内壳层部分屏蔽了原子核与价电子之间的引力。由于拥有更多的内层壳层，所以锡和铅的共价键更弱一些，它们通常形成金属键晶体而非共价键大分子。在所有Ⅳ族元素中，只有硅和锗具有中等强度的价键，所以硅和锗是真正的半导体，而碳属于非金属，锡和铅则都属于金属。

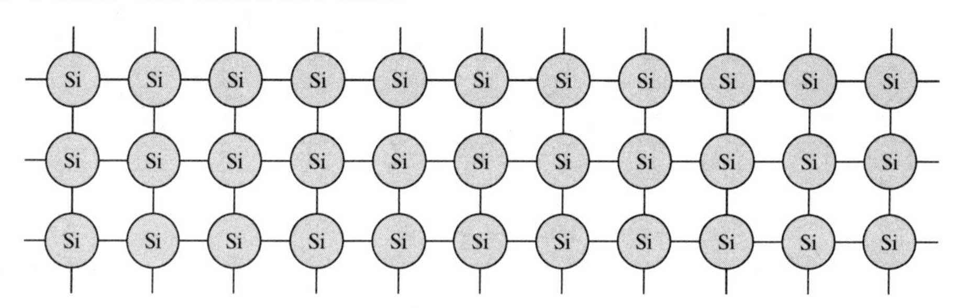

图 1.2 硅晶体的二维结构简图

1.1.1 产生与复合

Ⅳ族元素的导电能力随着原子序数的增加而增强。金刚石形式的碳是真正的绝缘体。硅和锗的导电能力强一些，但比金属材料(如锡和铅)仍然弱很多。由于导电能力适中，因而将硅和锗称为半导体。

导电意味着存在自由电子。半导体中至少有一部分价电子要脱离晶格参与导电。实验也确实证明了在纯硅和锗中有少量的可测量的自由电子浓度。这些自由电子的存在意味着存在某种机制提供了打破共价键所需的能量。热力学统计原理认为这种能量来自于晶格的无规则热运动。尽管一个电子的平均热能相对较小(25℃时大约为 0.04 eV)，但这些能量是随机分布的，所以某些电子就拥有更高的能量。价电子脱离晶格所需的能量称为带隙能量。带隙能量高的材料拥有牢固的共价键，因此拥有的自由电子数就少。而带隙能量低的材料会拥有更多的自由电子，从而具有更好的导电能力(见表 1.1)。

表 1.1 Ⅳ族元素的一些特性①

元素	原子数	熔点℃	电导率$(\Omega\cdot cm)^{-1}$	带隙能量(eV)
碳(金刚石结构)	6	3550	$\sim10^{-16}$	5.2
硅	14	1410	4×10^{-6}	1.1
锗	32	937	0.02	0.7
白锡	50	232	9×10^{4}	0.1

当电子离开晶格时就产生了一个空位。原先满价层的原子现在缺少了一个价电子，因而带正电。图 1.3 所示是这种情况的简单图示。电离的原子如果能从邻近的原子获得一个电子，便可回到满价层状态。这个很容易做到，因为它还和邻近的 3 个原子共享电子。但这个电子空位却没有消除，它只不过是转移到了邻近的另一个原子中。随着空位在不同原子之间转移，就好像在晶格中移动一样。这个移动的电子空位便称为空穴。

① 硅、锗的带隙能量参见 B. G. Streetman 所著的 *Solid State Electronic Devices*，2d ed(Englewood Cliffs，NJ: Prentice-Hall，1980)，p.443。碳的带隙能量参见 N. B. Hanny 等所著的 *Semiconductors* (New York：Reinhold Publishing，1959), p.52。锡的电导率参见 R. C. Weast 等所著的 *CRC Handbook of Chemistry and Physics*，62d ed (Boca Raton，FL: CRC Press，1981)，pp.F 135-F136。其他值通过计算而得。熔点参见 Weast，pp.B4-B48。

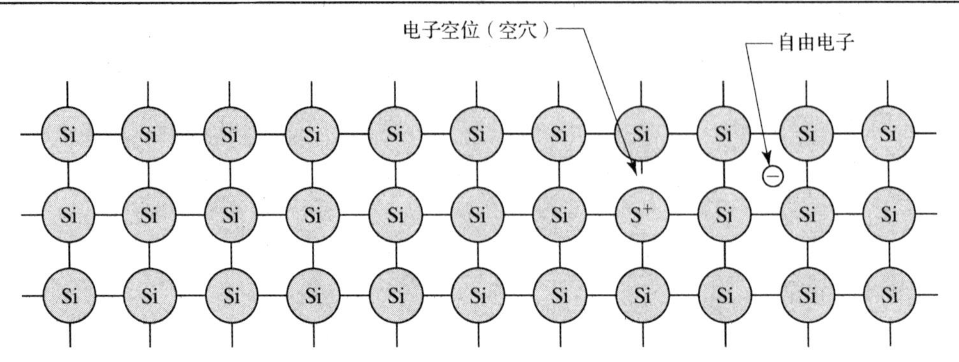

图 1.3 本征硅中热产生的简单示意图

假设晶体中有电场穿过。带负电的自由电子向晶体的高电位端移动,而空穴就像带正电的粒子朝着晶体的低电位端运动。晶格中的空穴就如同水中的气泡。气泡是没有液体的位置,空穴是没有价电子的位置。气泡向上运动是因为它周围的液体下沉,空穴向晶体的低电位端移动也是因为周围的电子移向晶体的高电位端。

空穴通常被当作亚原子微粒处理。一般来说,在解释空穴朝向晶体的低电位端运动时假设空穴带正电。同样,我们采用一个称为迁移率的量衡量空穴在晶体中的移动速率。空穴的迁移率低于电子,在体硅中,空穴和电子迁移率的典型值分别为 480 $cm^2V^{-1}s^{-1}$ 和 1350 $cm^2V^{-1}s^{-1}$[①]。空穴的低迁移率使之成为低效率的载流子,因此器件的性能取决于它所采用的载流子类型是空穴还是电子。

只要价电子离开晶格,便产生了一个自由电子和一个空穴。这两种粒子都在电场的作用下运动,电子朝正电势方向运动,产生电子流;而空穴朝负电势方向运动,产生空穴流。总电流等于电子流和空穴流之和。由于空穴和电子在传输电荷方面的作用,因而被称为载流子。

由于价电子离开晶格时同时产生了空穴,所以载流子通常是成对产生的。当晶格吸收能量时就会产生电子-空穴对。与热振动相同,光、辐射、电子轰击、快速热处理、机械摩擦以及很多其他方法都可以产生载流子。这里仅举一例,波长足够短的光就能够产生电子-空穴对。当晶格原子吸收一个光子后,出现的能量转移就可以打破共价键,从而产生一个自由电子和一个自由空穴。只有在光子具有足够可打破共价键的能量的情况下,光产生才会出现,这也就是要求光的波长要足够短的缘故。在大多数半导体中,可见光具有足够的能量来产生电子-空穴对。太阳能电池就是利用这种现象把太阳光转化为电流的。光电池和固态摄像探测器也利用了光产生原理。

正如载流子是成对产生的那样,它们也是成对复合的。载流子复合的真正机制取决于半导体的特性。在直接带隙半导体中,复合极其简单。当电子和空穴相撞时,电子便进入空穴中,同时被破坏了的共价键得到修复。电子获得的能量以光子的形式辐射出去[见图 1.4(A)]。在适当的激励下,直接带隙半导体能够发光。发光二极管(LED)就是靠电子-空穴对的复合发光的。制作 LED 的半导体的带隙能量决定了 LED 的发光颜色。同样,用来制造荧光画和塑料的所谓磷光体也含有直接带隙半导体。磷光体一旦暴露在光中便会产生电子-空穴对。于是磷光体里逐渐积累了大量的电子和空穴,这些载流子缓慢的复合过程就引起了发光。

① Streetman, p. 443。

硅和锗是间接带隙半导体。在这些半导体中，电子和空穴的碰撞不会引发两载流子的复合。电子虽然会瞬间落入空穴中，但量子效应会阻止光子的产生。由于电子不能释放出过剩的能量，它又立刻从晶格中弹出，从而又形成电子-空穴对。在间接带隙半导体中，复合只发生在晶格的特殊位置中，这个位置被称为陷阱，在这里，缺陷或外来原子使晶格发生变形[见图 1.4(B)]。陷阱能够瞬间捕获经过的载流子，被捕获的载流子会变得很容易复合，这是因为陷阱吸收了释放的能量。

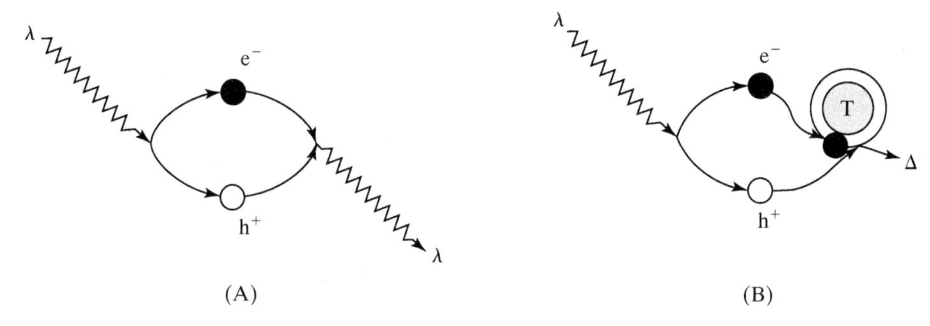

图 1.4　复合过程的示意图：(A)直接复合，光子λ产生空穴 h^+和电子 e^-，它们碰撞后又放射出一个光子；(B)间接复合，载流子被陷阱 T 捕获，在陷阱的位置上发生复合，并放出热量 Δ

帮助载流子复合的陷阱称为复合中心。半导体中的复合中心越多，载流子产生与复合之间的平均时间就越短。这个量称为载流子寿命，它限定了半导体器件的开关速度。为了提高开关速度，有时会刻意地向半导体中加入复合中心。金原子在硅中是非常有效的复合中心，所以高速的二极管和晶体管通常由含有少量金元素的硅制成。金不是唯一能够形成复合中心的物质。许多过渡金属(比如铁和镍)都有相似的效果(效果可能会弱一些)。一些晶格缺陷也可以作为复合中心。但固态器件必须采用纯度极高的单晶材料制作，以确保具有器件正常工作所需的载流子寿命。

1.1.2　非本征(杂质)半导体

半导体的导电能力取决于它们的纯度。完全纯净的，或是本征半导体由于只有少量的由热运动产生的载流子，因而具有较低的电导率。加入某些杂质能够极大地增加载流子的数目。这些掺杂的或非本征的半导体的导电能力接近于金属。轻掺杂的半导体只含有十亿分之几的杂质。即使是重掺杂的半导体，其杂质含量也仅有百万分之几百，这是由于硅中杂质的固熔度有限所造成的。因为半导体对杂质的极度敏感性，所以想要制作真正的本征材料几乎是不可能的，因此实际的半导体器件几乎都是由非本征材料制作的。

掺磷硅就是一种典型的非本征半导体。假设在硅晶体中加入了少量的磷。磷原子占据了原本属于硅原子的晶格(见图 1.5)。磷属于 V 族元素，有 5 个价电子。磷原子将其中的 4 个与周围原子共享。4 对共价电子对为磷原子提供了 8 个共享电子。这样，加上一个未被共享的电子，最后共有 9 个价电子。由于 8 个电子就可以填满价层，因此没有空间提供给第 9 个电子。这个电子便被从磷原子中排斥出来，自由地游荡于晶格结构中。所以掺入硅晶体中的每个磷原子都可以产生一个自由电子。

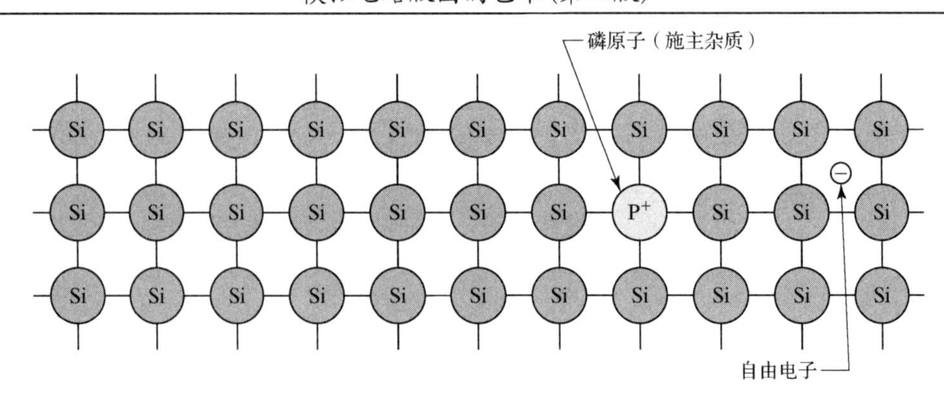

图 1.5 掺磷硅的简化晶体结构

磷原子由于失去第 9 个电子而带净正电荷。尽管这个原子已经电离，但它并没有形成空穴。空穴是由满价层中电子的离开而形成的电子空位。尽管磷原子带正电，但它是满价的。因此，电离的磷原子所带的电荷是不可移动的。

其他Ⅴ族元素会产生与磷相同的作用。每个掺入到晶格中的Ⅴ族元素都会产生一个额外的自由电子。以这种方式给半导体贡献电子的元素称为施主杂质。在半导体工艺中，砷、锑和磷被用作硅的施主杂质。

掺入大量施主杂质的半导体中数目处于优势地位的电子作为载流子。尽管仍存在一些由热运动产生的空穴，但事实上它们的数量由于过量电子的存在而减小。这是因为过量电子的出现增加了空穴捕获电子并与之复合的可能性。N 型硅中大量的自由电子极大地增强了它的导电能力(极大地降低了它的电阻)。

掺入施主杂质的半导体称为 N 型半导体。重掺杂的 N 型硅记为 N+，轻掺杂的记为 N–。加号和减号代表了施主杂质的相对数量而并非电荷。电子由于在 N 型硅中的数量很大而被称为多数载流子。同样，空穴在 N 型硅中称为少数载流子。严格来说，本征半导体中既没有多数载流子也没有少数载流子，因为两种载流子的数目是相等的。

掺硼硅形成了另一种形式的非本征(杂质)半导体。假设硅晶体结构中掺入了少量的硼原子(见图 1.6)。硼是Ⅲ族元素，具有 3 个价电子。硼原子试图与周围的 4 个原子共享价电子，但是由于它只有 3 个价电子，因而不能形成第 4 个键。这样，在硼原子周围只有 7 个价电子。于是电子空位形成了空穴。这个空穴可以移动并且很快离开了硼原子。一旦空穴离开，硼原子就会由于价层中存在一个过量电子而带负电。与磷的情况一样，这个电荷是不可移动的，并且对导电能力没有贡献。在硅中每加入一个硼原子就可以产生一个可移动的空穴。

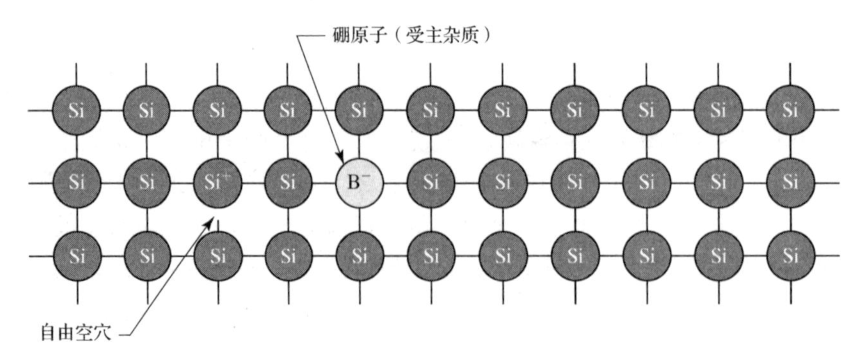

图 1.6 掺硼硅的简化晶体结构

其他Ⅲ族元素也能够接受电子并产生空穴。在硅制造中由于技术困难而限制了其他Ⅲ族元素的作用。但是，有时可将铟掺入锗中①。用作杂质的任何Ⅲ族元素都可以从相邻原子中接收电子，所以这些元素被称为受主杂质。掺入受主杂质的半导体称为 P 型半导体。重掺杂的 P 型硅通常记为 P+，而轻掺杂的记为 P–。P 型硅中空穴是多数载流子，而电子是少数载流子。表 1.2 中总结了一些描述非本征(杂质)半导体的术语。

表 1.2　非本征半导体的术语②

半导体类型②	掺杂类型	硅的典型掺杂	多数载流子	少数载流子
N 型	施主	磷、砷和锑	电子	空穴
P 型	受主	硼	空穴	电子

半导体中能够同时掺入受主杂质和施主杂质。数目占优的杂质决定了硅的类型以及载流子的浓度，因此可以通过加入过量的施主杂质将 P 型硅转化成 N 型硅。同样，也可加入过量的受主杂质将 N 型硅转换为 P 型硅。刻意加入极性相反的杂质来改变半导体类型的方式称为反型掺杂。大多数现代半导体都是通过有选择地进行反型掺杂制造的，从而可以形成一系列的 P 型区和 N 型区。下一章将对这种方法做更多的介绍。

如果将反型掺杂进行到极限，则整个晶格将由相同比例的受主和施主原子组成。两种类型的原子数目精确相等。最终晶体中只含有极少的载流子，并表现为本征半导体。这样的化合物半导体确实存在，最为熟悉的例子就是砷化镓，它是由镓(Ⅲ族元素)和砷(Ⅴ族元素)组成的化合物。这种类型的物质称为Ⅲ–Ⅴ族化合物半导体。其中不仅有砷化镓，还包括磷化镓、锑化铟和其他化合物。许多Ⅲ–Ⅴ族化合物是直接带隙半导体，有些被用来制造发光二极管和半导体激光器。在有限的范围内，砷化镓也被用来制造超高速固态器件，包括集成电路。Ⅱ–Ⅵ族化合物半导体由相同数量的Ⅱ族元素和Ⅵ族元素混合而成。硫化镉就是一种典型的用于制造光电探测器的Ⅱ–Ⅵ族化合物。其他Ⅱ–Ⅵ族化合物用做阴极射线管中的磷光体。最后一类半导体包括Ⅳ–Ⅳ化合物，如碳化硅。

化合物半导体提供了这样一个机会，能够让人们调整材料的物理特性以满足实际应用的需要。人们已经证明化合物半导体在光学器件(如 LED 和激光器)的研发中具有极高的价值。遗憾的是，制造方面的困难阻碍了它们在集成电路中的应用。在所有可能的化合物中，只有掺锗硅能够与大批量和低成本的集成电路工艺兼容。

1.1.3　扩散和漂移

载流子在硅晶体中的运动产生于两种单独的过程。扩散是由热运动引起的随机运动，而漂移是在电场作用下载流子的单向运动。

半导体中的载流子在不断地运动。每个载流子沿随机方向运动，直到与一个原子发生碰

① 这些困难包括有限的固熔度以及不完全的杂质电离。掺铟硅主要受后者影响。要电离一个杂质原子从而产生自由载流子需要一定的能量。随机热运动具有足够的能量电离硅中的砌、磷、砷和锑，但是锑只能在高温下才能完全电离。这种效应最近已经用于制作有效掺杂浓度非常低的硅。参见 H. Tian，J. Hayden，B. Taylor，L. Wu 和 P. Rehmann 的论文“A Comparative Study of Indium and Boron Implanted Silicon Bipolar Transistors”, *IEEE Trans. on Electron Devices*, Vol.48, #11,2001, pp.2520-2524。

② 大多数器件物理学家更多使用 n 型及 p 型而不是 N 型及 P 型的表示方法。但由于对采用大写字母表达这类词汇的偏爱，如 NPN 晶体管和 PN 结二极管，许多电路设计师包括作者本人更愿意采用后者的形式。

撞。载流子被该原子弹出并朝着不同的方向继续运动直到它与另一个原子相撞。这个过程反复发生，导致载流子以无法预测的方式跳来蹦去，就像在黑暗中步履蹒跚的醉汉。半导体晶格与载流子相同，也处在不停的运动中。使晶格连在一起的价键相当于一个小弹簧。载流子在撞到原子之后会失去一些能量，这使得载流子的运动速度减慢而原子开始振动。而当载流子与振动的原子碰撞后实际上可能会获得能量，从而载流子运动加快而原子振动减慢。类似于内部载流子运动的晶格持续振动所产生的微观现象称为热。温度越高，则载流子速度越快，晶格振动越剧烈。反之，温度越低，载流子速度越慢，晶格振动越弱。

只要载流子是均匀分布的，热运动就不会产生电流。假设有一定数量的载流子向左运动，平均而言就会有同样数量的载流子向右运动。但是，如果载流子并不是均匀分布的，则热振动就会产生净电流。想象这样一种情况，20 个载流子在某一点的右侧，但只有 10 个在其左侧。右侧的 20 个载流子中约有一半(计为 10 个)向左运动，而左侧的 10 个载流子中大约有一半(计为 5 个)向右运动，这样便产生了由 5 个载流子组成的流向右侧的净电流，这就是扩散电流的一个实例。

扩散电流总是从载流子浓度高的地方流向载流子浓度低的地方。除非某些机制对载流子的来源予以补充，否则扩散电流最终将在晶体中重新均匀地分布载流子，然后消失。

电场对处于其中的任何载流子都会施加作用力。电子被牵引到电场的正向，同时空穴被牵引到负向。这些作用力会使载流子加速。在不发生碰撞的情况下，载流子将很快以极高的速度运动。这种情况并不会发生，因为载流子不断地与构成晶格的原子发生碰撞。由于晶格碰撞发生得如此频繁，因而只有强电场才可以瞬间增加载流子的速度。

虽然弱电场对载流子瞬态速度的影响可以忽略不计，但是经过一段较长时间后它们仍然可以移动载流子并且由此产生电流。即使是最弱的电场也可以推动电子朝正电势方向移动，空穴朝负电势方向移动。经过足够长的时间后，载流子的位置有了较为明显的变化[见图 1.7(B)]。载流子在电场作用下的逐步运动称为漂移。电子朝正电势方向漂移，空穴朝负电势方向漂移。载流子的漂移形成了漂移电流。

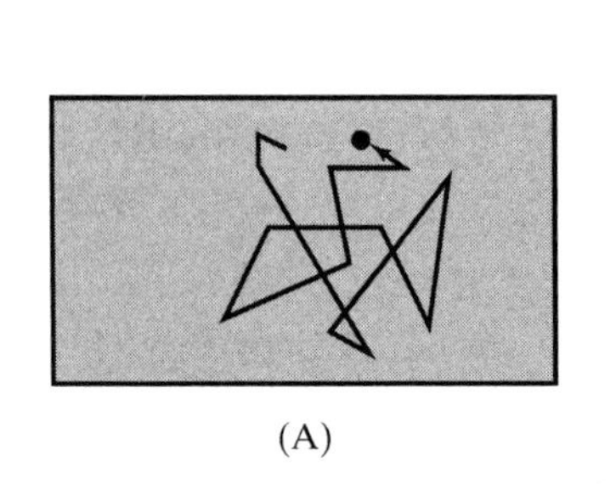

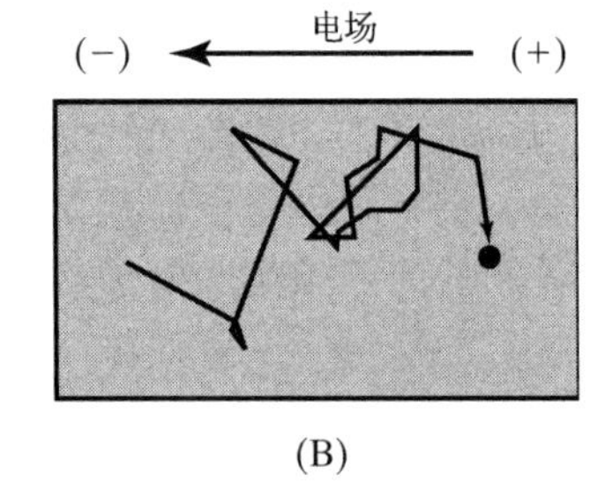

图 1.7 电子导电机制的比较：(A)扩散；(B)施加在扩散上的漂移。注意电子朝正电势方向的逐步运动

电场决定了载流子在导电物质中的漂移速度。在弱强度至中等强度的电场中，这个关系是线性的。由此出现的电流和电压之间的线性关系称为欧姆定律。

只要电场强度不超过 5000 V/cm，均匀掺杂的硅都表现为欧姆导体。更强的电场会明显地增加载流子的瞬态速度。由于速度更高的载流子对应着更高的温度，因此它们被称为热载流子。这些高速运动的载流子与晶格之间的相互作用更加强烈，因此发生碰撞的频率也会更高。散射的增强会导致漂移速度在强场下趋于一个极限值，这种称为速度饱和的机制使得电阻在大电压情况下偏离欧姆定律。

1.2 PN结

均匀掺杂的半导体几乎没有什么应用。几乎所有的固态器件都是由多个P型区和N型区组成的。P型区和N型区之间的界面就称为PN结，或简称为结。

图1.8(A)所示为两块硅。左侧是一块P型硅，右侧是一块N型硅。只要两者之间没有接触就不会出现结。每块硅中的载流子都均匀分布。P型硅中有大量的多子空穴和少量的电子，而N型硅中则有大量的多子电子和少量的空穴。

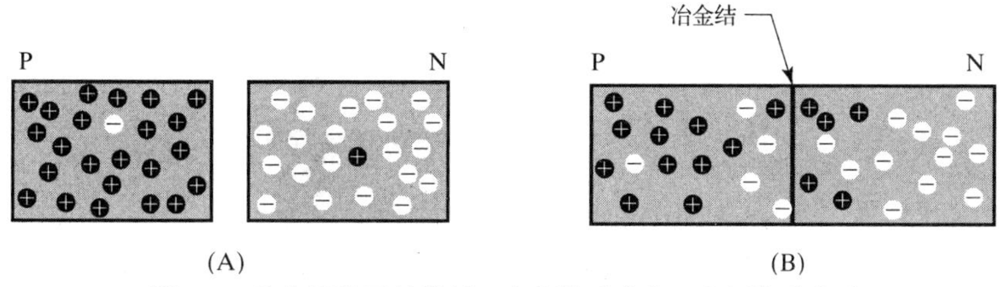

图1.8 硅中载流子的数目：(A)结形成前；(B)结形成后

现在假设使这两块硅互相接触而形成一个结。硅中从过量施主到过量受主的转换之处称为冶金结。这个冶金结的出现对载流子的流动不构成任何障碍。P型硅中有大量过剩的空穴，而N型硅中有大量过剩的电子。一些空穴就从P型硅扩散到N型硅中。同样，一些电子也从N型硅扩散到P型硅中。图1.8(B)所示就是扩散后的结果。许多载流子沿两个方向的扩散都通过结。结两侧的少子浓度都超过该区单独掺杂时的情况。扩散通过结所产生的过量少子称为过量少子浓度。

1.2.1 耗尽区

结两侧过量少子的产生形成了两个效应。首先，载流子建立了一个电场。N型硅中的过量空穴提供了正电，P型硅中的过量电子则提供了负电。因此，在PN结两侧便形成了电压，其中N型区相对于P型区为高电位。

在载流子扩散通过结的同时还留下了等量的电离杂质原子。这些原子都被固定在晶格上，不能移动。结的P型区一侧是带负电的电离受主杂质，N型区一侧则是带正电的电离施主杂质。这样又形成了一个N型区相对于P型区为正的电压。这个电压与由带电载流子分离所建立的电压叠加起来。该电压差的存在暗示着存在通过结的电场。

载流子在电场存在时发生漂移。空穴被吸引到电位为负的结的P型区。同样，电子被吸引到电位为正的结的N型区。这样，载流子的漂移趋于抵消扩散。从P型区扩散到N型区的空穴又漂移回去，而从N型区扩散到P型区的电子也漂移回去。当扩散电流和漂移电流大小相等且方向相反时就建立了平衡。随着结电压达到平衡，结两侧的过量少子浓度也达到了平衡值。

平衡时的PN结电压称为内建电势差，或接触电压。在典型的硅PN结中，内建电势差的值可以从零点几伏到1伏。重掺杂结的内建电势差高于轻掺杂结的相应电势差。由于重掺杂结具有更高的掺杂水平，因此会有更多的载流子扩散通过结，所以就有更大的扩散电流。为了恢复平衡，也需要有更大的漂移电流，由此会形成更强的电场。因此，重掺杂结比轻掺杂结拥有更强的内建电场。

尽管内建电场是真实存在的，但用电压表却无法测量。这个矛盾可通过分析含有一个PN结和一个电压表的电路(见图1.9)来解释。电压表的两个探针是金属而不是硅。金属探针和硅的接触点也能够形成结，并且每个结也有其自身的接触电压。由于两个探针下的硅的掺杂水平不同，所以两个接触点的接触电压也不同。两个接触电压之间的差值正好抵消掉了 PN 结的内建电势差，因此在外电路中没有电流通过。这种情况是必然的，因为任何电流流动都意味着凭空就有能量来源，这样就可以制造永动机了。内建电场的抵消作用确保能量不能从平衡态 PN 结中获取，从而防止了违反热力学定律的结果。

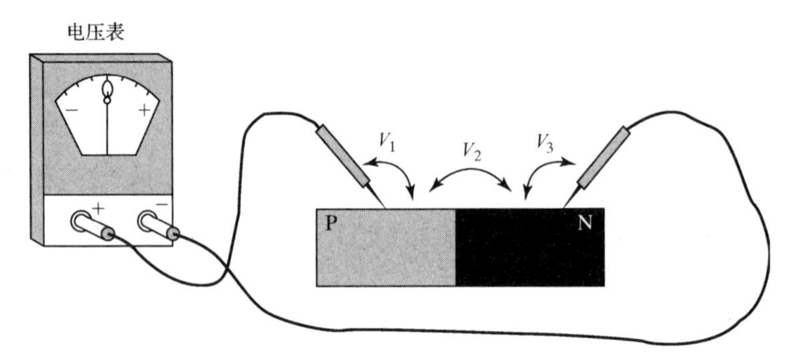

图 1.9 内建电势差无法直接测量的例证。接触电压 V_1 和 V_3 恰好抵消了内建电势差 V_2

内建电场的形成源于两个因素：电离杂质原子的分离和带电载流子的分离。载流子可以自由移动，但杂质原子是固定在晶格中的。这些带电原子所占据的区域形成强电场，任何进入这个区域的载流子必然会快速通过，否则将再次被电场清除出去。所以，在任何时刻这个区域都只有极少量的载流子。由于带电杂质原子的存在，这个区域通常称为空间电荷区。由于这里具有相对较低的载流子浓度，因此它更常被称为耗尽区。

如果耗尽区中没有载流子，那么过量的少子必定会在它的两侧堆积。图 1.10 为过量少子的分布情况。浓度梯度使得载流子向远离结的方向扩散，而由载流子分离形成的电场又将这些载流子拉回，因此很快就会建立平衡，从而形成如图 1.10 所示的少子的稳定分布。

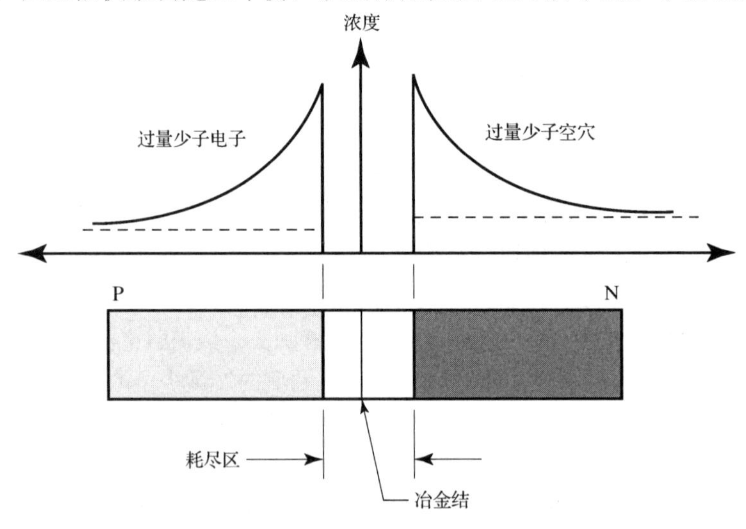

图 1.10 平衡态 PN 结两侧过量少子的浓度分布

PN 结的特性总结如下：载流子扩散通过结从而在耗尽区两侧形成过量的少子浓度。电离杂质原子的分离形成了耗尽区内的电场，该电场阻止多子穿越耗尽区，即使有极个别穿越的多子，最终也会被扫回到另一侧。

耗尽区的厚度取决于结两侧的掺杂水平。如果两边都是轻掺杂，那么为了有足够的杂质原子建立内建电场就需要耗尽较宽的硅层。如果两边都是重掺杂，那么只要很窄的耗尽区就能建立所需的电场。因此，重掺杂结具有窄的耗尽区，而轻掺杂结具有宽的耗尽区。如果结的一侧的掺杂浓度要远远高于另一侧，那么耗尽区向轻掺杂的方向延伸得更多。这种情况下，轻掺杂硅需要有相当的宽度来获得足够的电离杂质原子，而只需要很窄的重掺杂硅就可以得到平衡电荷。图 1.10 说明了这种结的 N 型区比 P 型区掺杂轻很多的情况。

1.2.2 PN 结二极管

一种用 PN 结制作的非常有用的固态器件称为二极管。图 1.11 是简化的 PN 结二极管结构图。从它的名称可以看出，二极管有两个引线端。与 P 型区相连的叫阳极，与 N 区相连的称为阴极。这两个引线端用于将二极管连入电路。二极管的符号由代表阳极的箭头和代表阴极的垂直线组成。二极管能够按照箭头的指向单向导电。

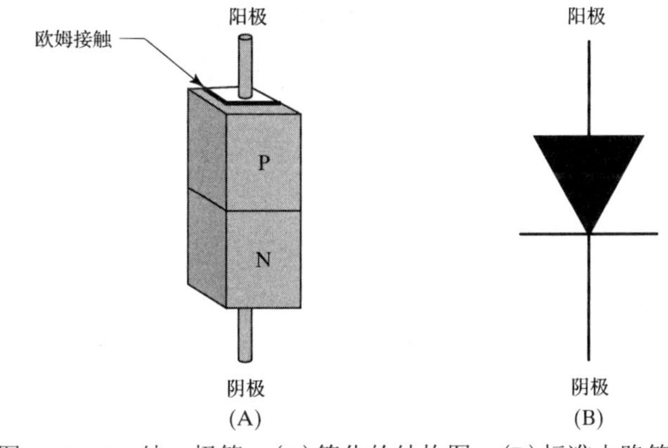

图 1.11　PN 结二极管：(A) 简化的结构图；(B) 标准电路符号

为了说明二极管的工作原理，假设一个可调电压源已经连接到二极管上。如果电压源置零，那么二极管处于零偏状态，没有电流流过零偏二极管。如果将二极管的阳极与电源负极相连，阴极与电源正极相连，那么二极管处于反偏状态，反偏的二极管中只有非常小的电流通过。如果二极管的阳极接电源正极，阴极接电源负极，那么二极管正偏，这时会有很大的电流通过。这刚好与下面的简单记忆法相一致：电流沿着箭头指向流动，而不是相反。单向导电的器件称为整流器，它们常应用于电源、收音机以及信号处理电路中。

二极管是靠结实现整流的。3 种偏置情况都可以通过对载流子流过结区进行适当的分析加以解释。零偏置的情况特别简单，因为它和已经讨论过的平衡状态结相同。结中只有内建电场。当二极管接入电路中时，导线与硅之间所产生的接触电压平衡了结的内建电势差，因此没有电流通过电路。

反偏二极管也很容易解释。反偏使得结 N 型区相对于 P 型区的电势进一步升高。结两侧的电压增大，所以过量少子继续被扫回，而多子继续留在原来一侧。增大的电压使得结两侧更多的杂质原子电离，随着反偏电压的增加，耗尽区展宽。

正偏情况稍微复杂一些。由于加在引线两端的电压和内建电场方向相反，因此结电压减小且耗尽区变窄。电场产生的漂移电流也同时减少。越来越多的多子能够穿越耗尽区而不被电场扫回。图 1.12 采用图形化的方法显示了全部载流子的流动情况：空穴从阳极通过结注入阴极(从左到右)，而电子从阴极通过结注入阳极(从右到左)。在图示的二极管中，通过结的空穴流超过了电子流，这是由于阳极区比阴极区掺杂更重，阳极区的多子空穴多于阴极区的多子电子。一旦这些载流子穿越结区，它们便成为少子并与另一侧的多子复合。为了补充中性硅中的多子，电流便从引线端流入。这个图示较为简单，因为它只显示了通过二极管的主要载流子流动。还有一些载流子在复合前就被电场扫回，这些载流子对通过二极管的净电流没有贡献，因此没有标示出来。同样，还有少量通过结区的热生成少子未被标出，这是因为它们在流过正偏二极管的总电流中只占无足轻重的一小部分。

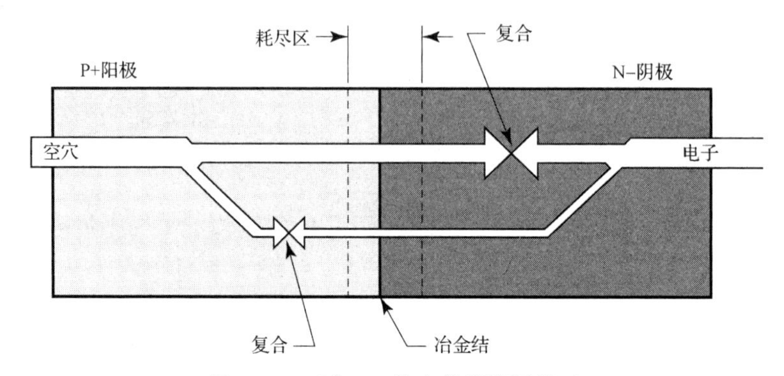

图 1.12 正偏 PN 结中的载流子流动

流过正偏二极管的电流与所加电压呈指数关系(见图 1.13)。对于室温下的硅 PN 结，电压大约为 0.6 V 就可充分地正向导通[①]。由于扩散是由载流子的热运动引起的，所以温度的升高会引起扩散电流的增加。实际上通过 PN 结的正向电流随着温度的上升呈指数增加。另一种方法表示为：用以维持硅 PN 结中稳定电流的正偏电压近似以 2 mV/℃的速度下降。

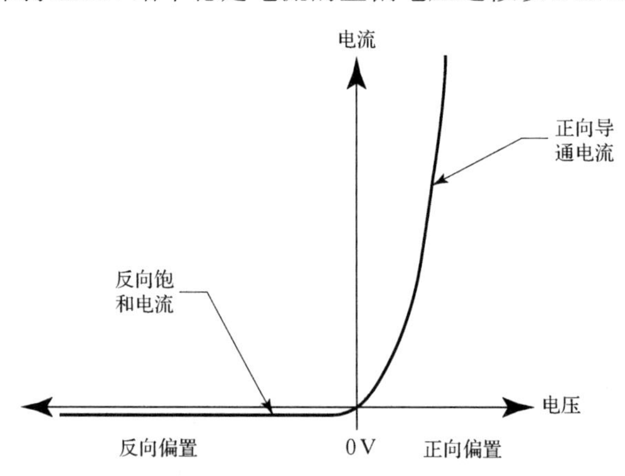

图 1.13 二极管的导电特性。因为反向饱和电流在 25℃下不会超过几皮安(pA)，所以为了清楚起见，这里放大了电流坐标轴的刻度

图 1.13 也显示了二极管反偏时的小电流，这个电流称为反向导电流或漏电流。漏电流是耗尽区中热生成的少量少子产生的。反偏结内电场阻碍多子的运动，但却有助于少子流动。施加反向偏压会把这些少子扫过结区。因为在体硅中，弱到中等强度的电场对少子的产生速

① 许多基础教材中引用的典型正偏电压值为 0.7 V，但是在 25℃以下的微安级，集成电路的集电结实际表现出的典型正向偏压为 0.6～0.65 V。

率几乎没有影响，所以漏电流基本不随反向偏压的变化而变化。热产生随着温度上升而增加，所以漏电流与温度相关。在硅中，温度大约每升高 8℃漏电流就增加一倍。在高温下，漏电流开始趋近于电路的工作电流，因此半导体器件的最高工作温度受到漏电流的限制。对于硅集成电路来说，普遍接受的最高结温度是 150℃[①]。

1.2.3　肖特基二极管

在半导体和金属之间也可以形成整流结。这样的结称为肖特基势垒，利用它制作出的半导体器件称为肖特基二极管。肖特基势垒与 PN 结有很多相似之处，但它们也表现出来一些明显的不同，下面将通过一个具体实例加以说明。

考虑铝金属与轻掺杂 N 型硅接触的情况［见图 1.14(B)］。铝中充满了电子，而 N 型硅中的电子要远少于铝。有人可能认为电子会从铝(电子多的地方)扩散到硅(电子少的地方)中去。然而，由于铝和硅的电子结构不同，铝中的电子比硅中的电子具有更低的势能。为了让电子从铝扩散到硅中，必须从某些能源(如热激励)中获取能量。铝和硅之间的电势差代表了一个将电子固定在铝中并阻止它们向硅中扩散的势垒。与此同时，该势垒实际上却促进了电子从硅向铝迁移。当电子离开 N 型硅后，它们留下了电离杂质原子形成了耗尽区。到达铝的电子在铝表面的一个薄层内堆积［见图 1.14(A)］。最终，平衡被建立起来，从金属到硅的电子扩散正好抵消了从硅到金属的电子漂移。铝中的过量电子形成了电势差，使铝相对于硅来说带负电。这个电势差称为肖特基势垒的接触电势差，并且在大多数方面与 PN 结中的内建电场类似。

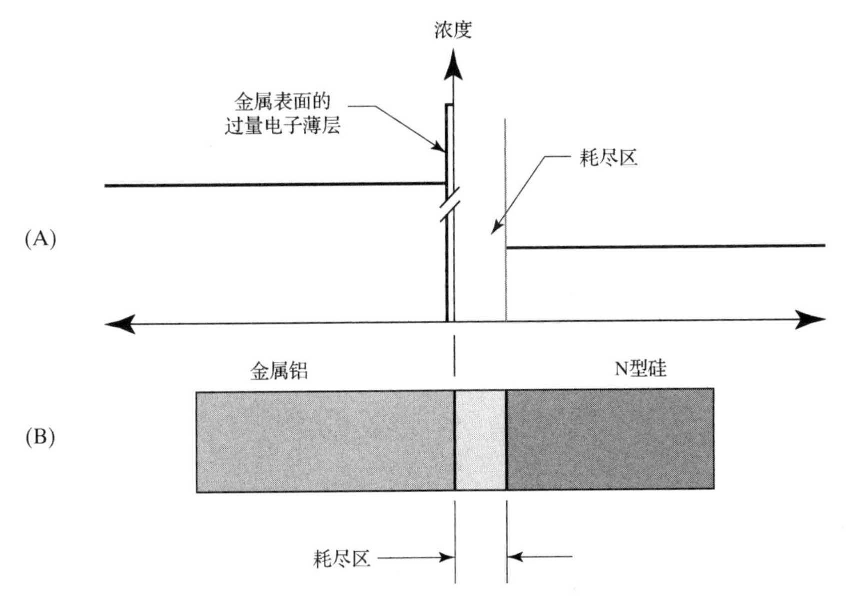

图 1.14　(A) 肖特基势垒两侧的过量载流子浓度；(B) 对应肖特基结构的剖面图

将一个铝/N 型硅肖特基二极管与一个 PN 结二极管进行比较，会发现一个关键的不同之处。PN 结二极管取决于工作时的过量少子数量，所以称为少子器件。而肖特基二极管取决

① 分立硅晶体管和二极管有时引用的最高结温为 250℃。集成电路的工作电流通常远低于分立器件，所以它们对微小的漏电流更加敏感。没有集成电路会被设计为工作在高于 175℃的结温下。

于工作时的过量多子数量，因而称为多子器件。少子器件的开关速度由少子复合速度决定，而多子器件的开关速度却不受此限制。因此，多子器件(如肖特基二极管)可以工作在远高于少子器件(如 PN 结二极管)的开关速度下。

肖特基二极管的偏压特性类似于 PN 结二极管。N 型硅构成肖特基二极管的阴极，而金属板构成阳极。零偏下的肖特基二极管与前面分析的平衡肖特基势垒的情况相同；反偏下的肖特基二极管的半导体端接高电位，金属端接低电位，产生的电压增强了接触电势差。因而耗尽区展宽以平衡电场的增强，此时恢复了平衡态，二极管中只有极小的电流流过。

正偏情况下，将肖特基二极管的金属端接高电位，半导体端接低电位，产生的电压削弱了接触电势差，耗尽区宽度也变窄了。最终接触电压完全被抵消，耗尽区试图在结的金属一侧形成。但由于金属是导体，它不能提供电场，因而无法形成耗尽区以抵消外加电场。于是这个电压将电子从半导体通过二极管扫向金属，此时便有电流流过二极管。

肖特基二极管所表现出的电流-电压特性与 PN 结二极管类似(见图 1.13)。肖特基二极管也存在少量从金属注入到半导体中的少子所引发的漏电流。这种导电机制会由于高温而加剧，并具有类似于 PN 结二极管的温度特性。

肖特基二极管也可以用 P 型硅来制作，但正向导通电压通常较低。这使得 P 型肖特基二极管的漏电流很大，因而极少使用①。大多数实用的肖特基二极管采用轻掺杂的 N 型硅和一类称为硅化物的材料接触制作。这些物质是由硅和某些金属(如铂和钯)组成的特定混合物。硅化物有着非常稳定的电学特性，因此形成的肖特基二极管具有一致和可重复的特性。

1.2.4 齐纳二极管

在通常情况下，只有很小的电流流过反偏 PN 结。这个漏电流将近似保持恒定直到反偏电压超过了某个临界值为止，此后 PN 结电流突然开始迅速增大(见图 1.15)。这个突发的明显反向导通称为反向击穿，并且如果没有外界因素限制电流，将导致器件损坏。反向击穿通常限定了固态器件的最大工作电压。但是，只要采取适当的预防措施来限制电流，反向击穿结就能提供一个相当稳定的参考电压。

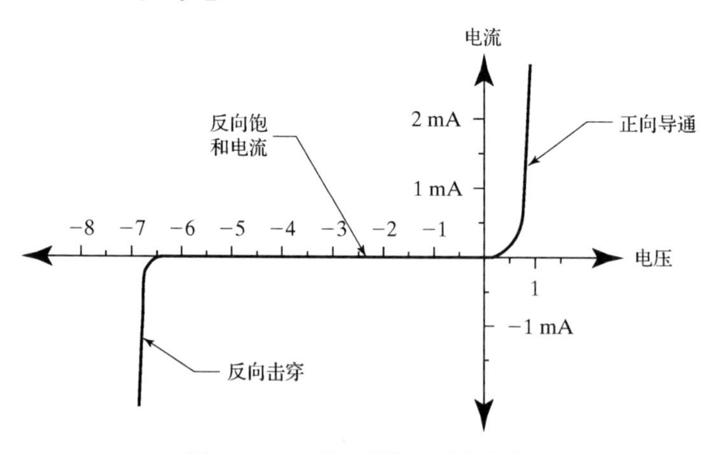

图 1.15　PN 结二极管的反向击穿

① 举例来说，比较一下铂与 N 型硅(0.85 V)和 P 型硅(0.25 V)的功函数差：R. S. Muller 和 T. I. Kamins 所著的 *Device Electronics for Integrated Circuits*, 2d ed (New York: John Wiley and Sons,1986), p.157。

造成反向击穿的一种机制称为雪崩倍增。考虑反偏 PN 结，耗尽区随着偏置电压的上升而加宽，但还不能快到阻止电场加强的程度。强电场加速少量载流子使之以极高的速度穿越耗尽区。当这些热载流子与晶格原子相撞时便会将价电子撞落并产生多余的载流子，这个过程称为碰撞电离。由于一个载流子可以通过碰撞而产生成千上万的载流子，就如同一个雪球能够引起雪崩一样，所以产生的电流激增被形象地称为雪崩倍增。

另一种反向击穿机制称为隧穿。隧穿是一个量子过程，它可以使粒子在任何障碍下移动一小段距离。只要耗尽区足够窄，载流子就可以通过隧穿越过它。隧道电流紧密地依赖于耗尽区宽度和结上的电压。由隧穿引发的反向击穿称为齐纳击穿。

结的反向击穿电压取决于耗尽区的宽度。耗尽区越宽，则击穿电压越高。正如先前所解释的那样，结掺杂轻的一侧确定了耗尽区宽度，进而确定了击穿电压。当击穿电压低于 5 V 时，耗尽区很薄，因而齐纳击穿占优势；当击穿电压高于 5 V 时，雪崩击穿就成为了主机制。根据这两种机制谁占优势来划分，工作在反偏状态的 PN 结二极管或者称为齐纳二极管，或者称为雪崩二极管。齐纳二极管的击穿电压低于 5 V，而雪崩二极管的击穿电压高于 5 V。工程师们通常都将所有的击穿二极管统称为齐纳管，而不管其工作于何种机制之下。这会造成一些混乱，比如一个 7 V 的齐纳管主要通过雪崩击穿导通。

实际上，结的击穿电压除了与它的掺杂分布有关外，还与它的几何形状有关。前面的讨论分析了由两种均匀掺杂的半导体在同一平面相接触形成的平面结。尽管有些实际结与这种理想情况近似，但大多数结都具有弯曲的侧壁。弯曲加强了电场，降低了击穿电压。曲率半径越小，电场越强，击穿电压越低。这种效应会对浅结的击穿电压产生巨大的影响。大多数肖特基二极管在金属-硅界面的边沿处具有特别尖锐的不连续性。除非采取特别的措施削弱势垒边沿处的电场，否则电场的加强能够极大地降低测得的肖特基二极管击穿电压值。

图 1.16 是以上讨论的所有二极管的电路符号。PN 结二极管用一根直线代表阴极，而肖特基二极管和齐纳二极管则对阴极线做了一些改动。在所有这些图例中，箭头的方向都表示正偏二极管中常规的电流流动方向。在齐纳二极管的图例中，箭头的方向或许容易引发误解，因为齐纳管通常工作在反偏状态下。对于非专业的读者来说，似乎应该在符号旁边加注“方向错误”的注释。

图 1.16　PN 结、肖特基和齐纳二极管的电路符号。有些电路中显示的箭头是空的或只有一半

1.2.5　欧姆接触

为了把固态器件接入电路，金属和半导体之间必须有接触。这些接触在理论上应该是良导体，但实际上它们却是存在小电阻的欧姆接触。与整流接触不同的是：欧姆接触在两个方向都具有很好的导电性能。

如果半导体材料掺杂足够的话，肖特基势垒会欧姆导通。高浓度的杂质原子将耗尽区减薄至能够使载流子轻易地隧穿。不像普通的齐纳二极管，欧姆接触可在很低的电压下发生隧穿。由于载流子能够有效地依靠隧穿绕过势垒，所以不会发生整流效应。

如果肖特基势垒两侧的电势差引发表面堆积而不是表面耗尽，那么也可以形成欧姆接触。在堆积的情况下，半导体的表面形成了一层很薄的多子层。在N型半导体中，薄层由过量的电子组成。由于金属是导体，所以无法形成耗尽区。因此为了平衡硅中堆积的过量载流子，金属表面就形成了一层带电薄层。势垒两侧均不存在耗尽区，所以在接触处不会产生压差，因而任何外加电压都能将载流子扫过结区。由于电流可沿任何方向流动，所以这种肖特基势垒形成的是欧姆接触而不是整流接触。

实际中，轻掺杂硅形成整流接触，而重掺杂硅形成欧姆接触。欧姆导通的真正机理并不重要，因为所有欧姆接触的特性实质上是相同的。只有将一层重掺杂的硅置于接触之下，轻掺杂硅才能形成欧姆接触。如果这层重掺杂硅与适当的金属系统相结合，就可得到低于50 $\Omega/\mu m^2$ 的接触电阻。在大多数应用中，这个电阻小到足可以被忽略。

任何不同材料之间的结都表现为接触电压。无论是对于欧姆接触，还是PN结二极管和整流肖特基势垒，这条规律都是适用的。如果所有的接触和结都保持在同样的温度下，那么环路内的总接触电压之和将等于零。然而，接触电压随温度强烈地变化。如果其中一个结所处的温度与其他结不同，那么其接触电压将发生漂移，且接触电压之和将不再为零。这种热电效应对于集成电路的设计具有重要的意义。

图1.17是一块两侧都采用铝接触的N型硅。如果对其中一端加热，就会由于两端接触电压的不匹配而在体硅上产生一个可测量的电压。这个电压的下降称为赛贝克电压(Seebeck voltage)，通常为0.1～1.0 mV/℃[①]。许多集成电路的电压匹配都在1 mV或2 mV之内，所以即使很小的温度变化都足以使电路发生故障。

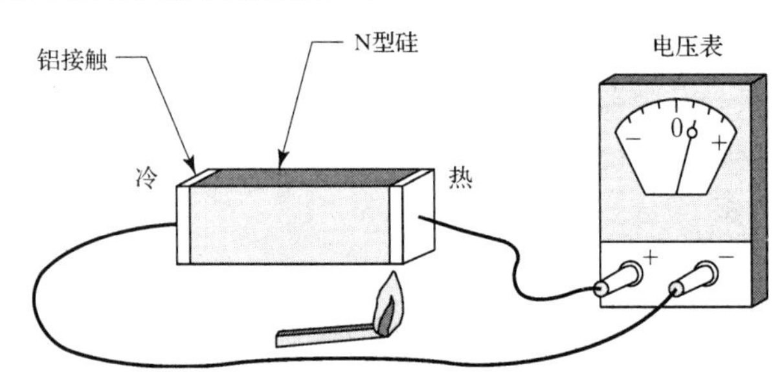

图1.17　如果两个接触的温度不同，热电效应将产生可测量的净电压

1.3 双极型晶体管

虽然二极管是非常有用的器件，但它不能放大信号，而几乎所有的电子电路都需要以某种方式进行放大。双极型晶体管(BJT)就是一种能够放大信号的器件。

图1.18是两种BJT的简化结构图。每个晶体管有3个半导体区，分别称为发射区、基区和集电区。基区总是夹在发射区和集电区之间。NPN晶体管由N型的发射区、P型的基区和

① 轻掺杂的硅具有更高的赛贝克电压。这些值选自R. J. Widlar和M. Yamatake的文章“Dynamic Safe-Area Protection for Power Transistors Employs Peak-Temperature Limiting”, *IEEE J. Solid-State Circuits*, SC-22,#1,1987, p.77-84。

N 型的集电区组成。同样，PNP 晶体管由 P 型的发射区、N 型的基区和 P 型的集电区组成。在这些简化的剖面图中，晶体管的每个区域都是由均匀掺杂的矩形硅构成的。现代 BJT 的剖面结构略有不同，但工作原理还是一样的。

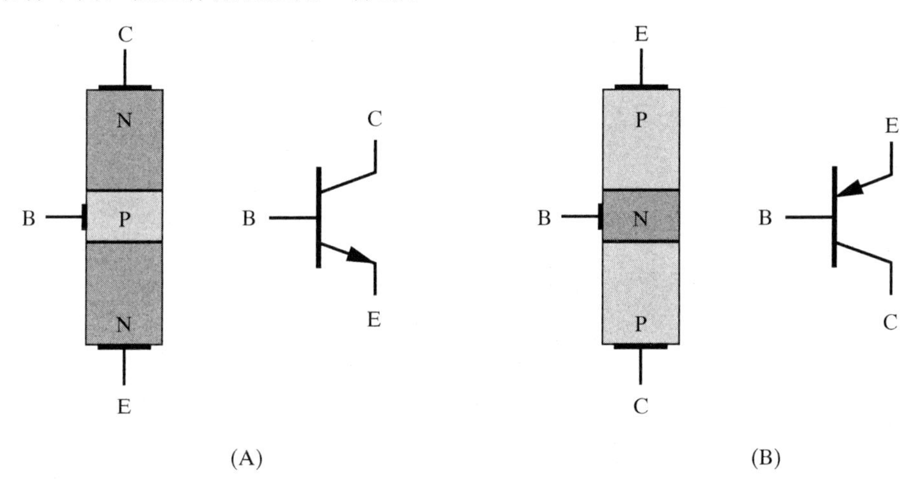

图 1.18　晶体管的结构和电路符号：(A) NPN 晶体管；(B) PNP 晶体管

图 1.18 中显示了两种类型晶体管的电路符号。发射极线上的箭头代表正偏情况下发射结的常规电流方向。虽然集电极和基极之间也存在结，但集电极线上没有箭头。在图 1.18 简化的晶体管中，发射结和集电结看上去是一样的。有人便自然地以为将集电区和发射区对调并不会对器件的性能造成影响。实际上，这两个结的杂质分布和几何形状都有所不同，因而不能对调。

BJT 可以看作两个背靠背连接的 PN 结。晶体管的基区很窄(大约为 1～2 μm)。由于两个结靠得很近，所以载流子能够在复合前从一个结扩散到另一个结，因此一个结的导通也会影响到另一个结的特性。

图 1.19(A)所示为一个 NPN 晶体管，它的发射结电压为 0 V，集电结电压为 5 V。由于两个结都不在正偏状态下，因此晶体管的 3 个端都只有极小的电流流过。两个结都反偏(或零偏)的晶体管处于截止状态。图 1.19(B)为同一晶体管，有 10 μA 的电流注入基极。这个电流使得发射结处于 0.65 V 的正偏电压下。此时尽管集电结仍处于反偏状态，但却具有比基极电流大 100 倍的集电极电流通过。这个电流是正偏的发射结和反偏集电结相互作用的结果。只要按照这种方式对晶体管施加偏置，则称其工作在正向放大区。如果将发射极和集电极相互对调，发射结反偏而集电结正偏，则称晶体管工作在反向放大区。实际上，晶体管很少工作在这种方式下。

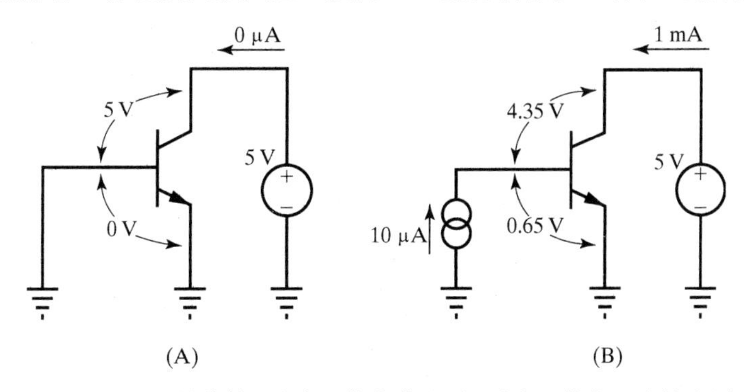

图 1.19　NPN 晶体管：(A) 工作在截止区；(B) 工作在正向放大区

图 1.20 解释了为什么集电极电流能够流过反偏结。只要发射结变为正偏，就有载流子流过。流过发射结的多数电流由从重掺杂发射区注入轻掺杂基区的电子组成。大多数电子在复合之前就扩散穿过窄基区了。集电结处于反偏，因此少子可以很轻易地从基区穿越进入集电区。穿过集电结的电子再次成为流向集电极的多子。成功完成发射区到集电区的旅程且不在基区内复合的电子构成了集电极电流。

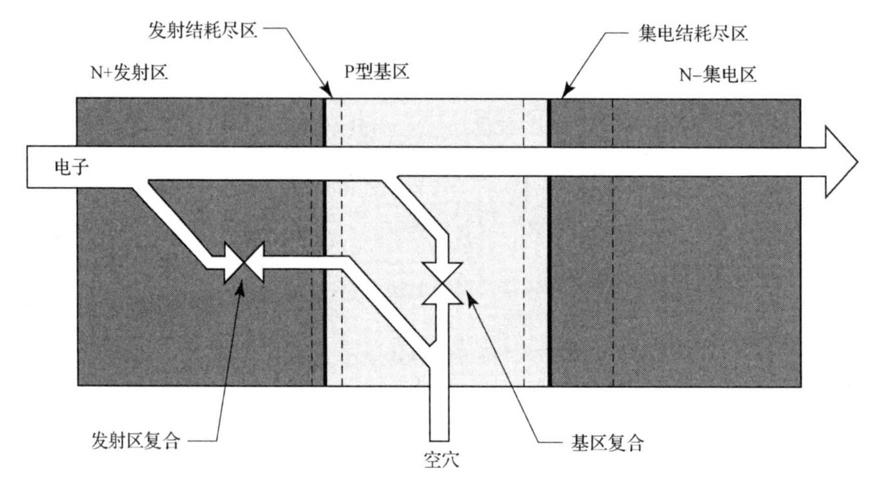

图 1.20　工作于正向放大区的 NPN 晶体管中的电流

有些注入基区的电子并没有到达集电区而在基区复合。基区复合需要消耗空穴，这些空穴来自基极流入的电流。也有些空穴从基区注入了发射区，但它们很快就复合了。这些空穴就是基极电流的第二个来源。这些复合过程通常消耗不到 1%的发射极电流，所以只需要一个很小的基极电流就可维持基发射结上的正偏电压。

1.3.1 Beta

晶体管的电流放大能力表示为集电极电流与基极电流之比。这个比值有很多名字，包括电流增益和 beta。不同的作者也使用不同的符号，如 β 和 h_{FE}。一个典型的集成 NPN 管的 β 值大约是 150。某些特殊器件的 β 值可能超过 10 000。晶体管的 β 值取决于图 1.20 中的两种复合过程。

基区复合主要发生在两个耗尽区之间的基区部分，称为中性基区。有 3 个影响基区复合速率的因素：中性基区的宽度、基区掺杂和复合中心的浓度。基区越薄，则越会缩短少子渡越的距离，因此降低了复合的可能性。同样，轻掺杂的基区由于较低的多子浓度使得复合的可能性降低。Gummel 数 Q_B 可同时度量这些效果，可通过沿穿过中性基区的一条线对杂质浓度进行积分获得。在均匀掺杂的情况下，Q_B 等于基区掺杂浓度乘以中性基区宽度，因而 β 值与 Gummel 数成反比。

晶体管的开关速度主要取决于过量少子从基区中抽出的速度，抽取可通过基极以及复合实现。通常在双极型晶体管中刻意掺入金来增加复合中心的数量。复合速度的提高能够加快晶体管的开关速度，但同时降低了晶体管的 β 值。由于 β 值较低，因此极少有模拟集成电路使用掺杂金工艺。

双极型晶体管通常采用轻掺杂的基区和重掺杂的发射区。这么做是为了保证几乎所有穿过发射结注入的电流由从发射区流入基区的载流子组成，反之则不成立。重掺杂提高了发射区中的复合率，但这几乎没有作用，因为一开始注入到发射区内的载流子极少。注入到发射区的电流和注入到基区的电流之比称为发射极注入效率。

大多数 NPN 晶体管使用中等掺杂的窄基区，两侧分别是重掺杂的窄发射区和轻掺杂的宽集电区。轻掺杂的集电区能够在内部形成一个宽耗尽区，同时尽可能降低耗尽区突入基区的程度。这样就可以采用高的集电极工作电压而不会雪崩击穿集电结。发射区和集电区掺杂的不对称能够很好地解释为什么双极型晶体管在对调这两端后就不能正常工作了。一个典型的集成 NPN 管的正向 β 值为 150，而在反向 β 值小于 5。产生这种差距的主要原因是由于轻掺杂的集电区代替了重掺杂的发射区而导致发射极注入效率急剧降低。

β 值也取决于集电极电流。在小电流下，β 值会因为漏电流和耗尽区的低复合水平而降低。但在适当的电流下，这些因素就不重要了，这时晶体管的 β 值会上升到我们所讨论的机制确定的峰值。大的集电极电流会由于大注入效应而使 β 值再次下降。当基区中的少子浓度接近于多子浓度时，为了维持电荷平衡而积累了过量的多子。这些增加的基区多子看上去增加了基区的掺杂浓度，然而反过来又降低了 β 值。因此大多数晶体管为了获得高 β 值而工作在适当的电流下，但是功率晶体管由于尺寸的限制通常必须工作在大注入情况下。

PNP 管和 NPN 管的特性很相似。在大小和掺杂水平相近的情况下，PNP 管的 β 值要小于 NPN 管，这是由于空穴的迁移率小于电子。多数情况下，PNP 管的性能更差一些，因为通常有意做出这样的选择，即以牺牲 PNP 管为代价来优化 NPN 管。比如，用作 NPN 管基区的材料经常被用来制造 PNP 管的发射区。由于生成的发射区的掺杂相当轻，所以发射极注入效率很低，在中等电流水平下就会发生大注入效应。尽管有这些局限性，PNP 管还是非常有用的器件，大多数双极工艺都能够制造。

1.3.2 *I–V* 特性

双极型晶体管的特性可以通过绘制一族联系基极电流、集电极电流和集电极-发射极电压的曲线表示。图 1.21 就是集成 NPN 管的典型特性曲线。纵坐标表示集电极电流 I_C，而横坐标表示集电极-发射极的结电压 V_{CE}。图中有很多条曲线，每一条都代表不同的基极电流 I_B。这族曲线展现了双极型晶体管许多有趣的特性。

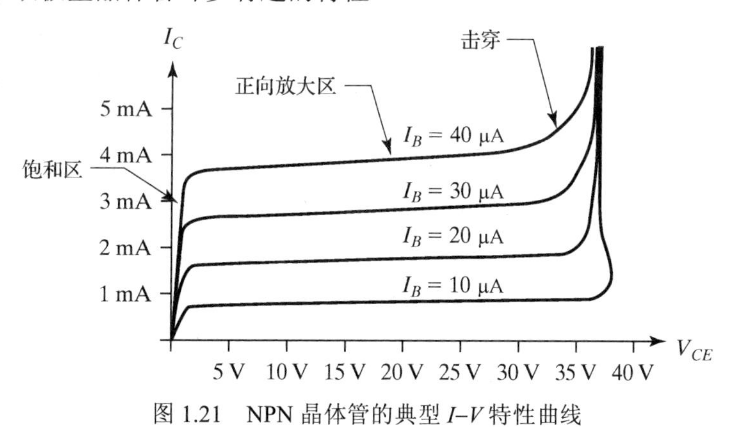

图 1.21　NPN 晶体管的典型 *I–V* 特性曲线

在饱和区，由于集电极-发射极电压太低而使集电结略微正偏。由于依然存在将少子扫过集电结的电场，所以晶体管仍处于导通状态。由于集电极-发射极电压太低，以至于晶体管中的欧姆电阻(特别是在轻掺杂的集电区中)变得尤为明显，因此饱和区中的电流要小于正向放大区中的电流。电路设计师们对于饱和区特别感兴趣，这是因为正偏的集电结把少子注入到中性集电区中。8.1.4 节将会更加详细地讨论集成双极型晶体管的饱和区效应。

正向放大区的集电极-发射极电压大到能使集电结反偏。集电区中的欧姆压降不再会显著地削弱集电结中的电场，因此流过晶体管的电流仅仅取决于 β 值。电流曲线因为厄尔利效应(Early effect)而稍微上翘。随着集电结上反偏电压的升高，结的耗尽区不断扩大，相应的基区变窄。由于 β 值和基区宽度有关，因此随着集电极-发射极电压的上升，β 值也略微增大。在集电区中掺入比基区更少的杂质可以降低厄尔利效应的影响，所以耗尽区主要向集电区而不是基区扩展。

超过某个集电极-发射极电压值后，I_C 迅速上升。集电结击穿电压限制了晶体管的最大工作电压。对于典型的集成 NPN 管，这个电压值在 30～40 V 之间。电流的上升是由两个效应之一引起的，第一个效应是雪崩击穿。如果集电结上的反偏电压足够大，那么就会发生雪崩击穿。轻掺杂的宽集电区可以极大地提高雪崩电压值，分立功率晶体管的工作电压能够超过 1000 V。

第二种击穿机制是基区穿通。这种现象发生在集电结耗尽区穿过基区并与发射结耗尽区接触的情况下。击穿一旦发生，载流子就能直接从发射区流入集电区，这样电流只能受中性集电区和发射区电阻的限制。产生的集电极电流快速上升的现象类似于雪崩击穿的效果。

基区穿通多发生于高增益晶体管中。比如，超高 β 晶体管就用极窄的基区来获得 1000 或者更高的 β 值。基区穿通把这些器件的工作电压限制在几伏特。由于集电结耗尽区进入了非常薄的中性基区中，所以超高 β 晶体管的厄尔利效应十分明显。通用晶体管采用宽基区来减少厄尔利效应，它们的工作电压通常受限于雪崩击穿而不是基区穿通(见 8.1.2 节)。

1.4 MOS 晶体管

双极型晶体管将输入端微小电流的变化放大为输出端的大电流变化。双极型晶体管的增益定义为输出电流与输入电流之比(β)。另一种晶体管称为场效应晶体管(FET)，它把输入电压的变化转化为输出电流的变化。FET 的增益用跨导衡量，定义为输出电流变化与输入电压变化之比。

场效应晶体管得名于它的输入端(称为栅极)通过加在绝缘层上的电场来影响晶体管中的电流流动。实际上没有电流流过该绝缘层，所以 FET 管的栅极电流非常小。最普通的 FET 用薄层二氧化硅作为栅电极下的绝缘体。这种晶体管称为金属氧化物半导体(MOS)晶体管，或者 MOS 场效应晶体管(MOSFET)。因为 MOS 管更小且功耗更低，所以它们已经在很多应用中取代了双极型晶体管。

我们首先分析一种更简单的称为 MOS 电容的器件，通过它能更好地理解 MOS 管的工作原理。该器件由两个电极组成，一个是金属，另一个是杂质硅，它们之间通过一层薄氧化层分隔开［见图 1.22(A)］。金属电极形成栅极，而半导体区就是背栅或者体区(body)，二者之间的绝缘氧化层称为栅绝缘。图中所示器件的背栅由轻掺杂的 P 型硅构成。通过把背栅接地，栅极接不同的电压，可以展示这个 MOS 电容的电学特性。图 1.22(A)中 MOS 电容的栅极电压为 0 V。金属栅和半导体背栅之间的电子势能差导致出现了穿过介质层的微小电场。对于图中所示器件，该电场使金属极板的偏置略高于 P 型硅。这个电场把硅体区深处的电子吸引到表面，同时排斥表面处的空穴。由于该电场很弱，所以载流子浓度的变化非常小，对器件特性的影响也很小。

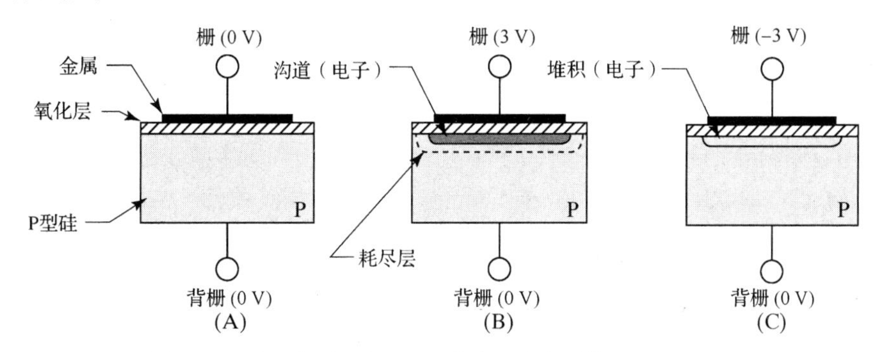

图 1.22 不同偏置下的 MOS 电容：(A) 零偏 ($V_{BG} = 0$ V)；(B) 反型 ($V_{BG} = 3$ V)；(C) 堆积 ($V_{BG} = -3$ V)

图 1.22(B) 是 MOS 电容的栅极相对于背栅正偏的情况。首先，多子被驱离表面，形成耗尽区。随着偏压加强到一定程度，少子被拉至表面并出现了一个薄层，就如同一层掺杂类型相反的硅。这种掺杂极性的反转称为反型，反型硅层称为沟道。随着栅电压的继续增强，更多的电子在表面积累，沟道的反型加剧。沟道刚开始形成时的电压称为阈值电压 V_t。当栅极与背栅之间的电压差小于阈值电压时将不会形成沟道。反之，当电压差超过阈值电压时，沟道便会形成。

图 1.22(C) 是 MOS 电容的栅极相对于背栅反偏的情况。此时电场反向，它把空穴吸引至表面，而将电子驱离。这时硅表面的掺杂显得更重，因此器件处于堆积状态。

MOS 电容的特性可用于形成真正的 MOS 晶体管。图 1.23(A) 为所得器件的剖面图。栅极、介质层和背栅都保持不变。在栅极的两侧分别增加了选择性掺杂的区域。这两个区域一个称为源区，另一个称为漏区。假设源区和背栅都接地，漏区接正电压。只要栅极-背栅电压不超过阈值电压，就不会形成沟道。漏区和背栅之间形成的 PN 结反偏，因此只有极小的漏电流从漏区流入背栅。如果栅极电压超过阈值电压，那么在栅介质层下面就会形成沟道。这个沟道就像一个短接漏区和源区的 N 型硅薄层。电子电流从源区通过沟道流向漏区。总之，只有在栅-源极电压 V_{GS} 超过阈值电压 V_t 时才会产生漏极电流。

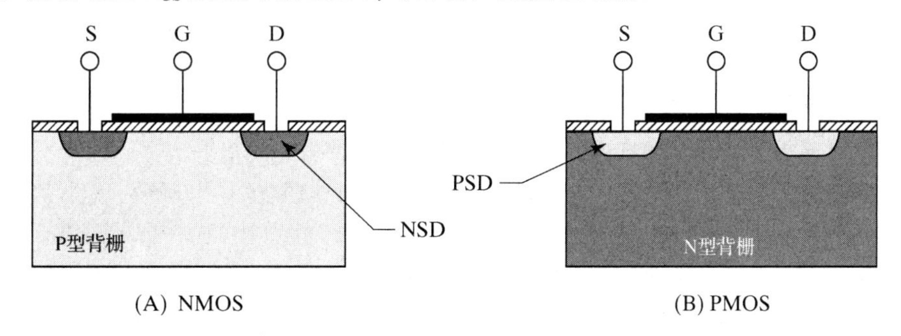

图 1.23 MOSFET 晶体管的剖面图：(A) NMOS；(B) PMOS。图中，S 表示源区，G 表示栅，D 表示漏区。虽然存在背栅连接，但未在图中说明

MOS 管的源区和漏区都是在 P 型背栅中形成的 N 型区。在多数情况下，这两个区的作用相同，因而将两端对调并不会影响器件的性能。这样的器件是对称的。所以在对称 MOS 管中，对源区和漏区的标注有一定的任意性。定义规定，载流子从源区流出，流入漏区，因

此源区和漏区的确定取决于器件的偏置。有时晶体管上所加的偏压是波动的，两端会互换角色。这种情况下，电路设计者必须指定一端是漏极而另一端是源极。

在非对称 MOS 管中，源区和漏区的掺杂以及形状都是不同的。有一些原因可以解释为什么会把 MOS 管制作成非对称结构，但是每种情况的结果是一样的。一端被优化作为漏极，另一端被优化作为源极。这时如果将漏极和源极对调，那么器件的性能就会受到影响。

图 1.23(A)中绘制的晶体管具有 N 型沟道，所以称为 N 沟道 MOS 管，或 NMOS。同样存在 P 沟道 MOS(PMOS)管。图 1.23(B)中就是一支 PMOS 晶体管，由轻掺杂的 N 型背栅和 P 型源、漏区构成。如果该晶体管的栅极相对于背栅正偏，那么表面将吸引电子而排斥空穴。此时硅表面积累电子，沟道未形成。如果栅极相对于背栅偏压为负，那么空穴被吸引到表面，从而形成沟道，因此 PMOS 管具有负的阈值电压。由于在一般情况下 NMOS 管的阈值电压为正，而 PMOS 管的阈值电压为负，所以工程师们经常会省略阈值电压前面的符号。当 PMOS 的 V_t 从–0.6 V 变为–0.7 V 时，工程师可能会说“PMOS 的 V_t 从 0.6 V 上升到 0.7 V”。

1.4.1 阈值电压

MOS 管的阈值电压等于在背栅与源极相连的情况下形成沟道所需的栅-源偏压。如果栅-源偏压小于阈值电压，就不会形成沟道。晶体管的阈值电压与很多因素有关，包括背栅掺杂、介质层的厚度、栅极材料以及介质层中的过量电荷。下面对每个因素进行简单的介绍。

背栅掺杂是影响阈值电压的主要因素。背栅掺杂越重，则越不容易反型，因此就需要更强的电场以获得反型，从而导致阈值电压上升。MOS 管的背栅掺杂可以通过增加栅介质层表面下的杂质来进行调整以实现对沟道区的掺杂。形成这层掺杂硅所采用的工艺称为离子注入(见 2.4.3 节)，因而调整的结果称为阈值调整注入(或 V_t 调整注入)。

考虑 V_t 调整注入掩模对 NMOS 管的影响。如果注入的是受主杂质，则硅表面就更加难以反型，因而阈值电压升高；而如果注入的是施主杂质，那么硅表面就比较容易反型，因而阈值电压降低。如果注入了足量的施主杂质，硅表面实际上可变为反型掺杂。这种情况下，薄层 N 型硅形成了零栅压下的永久沟道。随着栅偏压的升高，沟道反型进一步增强；而随着栅偏压的下降，沟道反型逐渐减弱，直到消失。这种 NMOS 管的阈值电压实际上是负值。这样的晶体管称为耗尽型 NMOS，或简称为耗尽 NMOS。相反，一个具有正阈值电压的 NMOS 管称为增强型 NMOS，或增强 NMOS。大多数商业制造的 MOS 管是增强型器件，但也有少数应用需要耗尽型器件。同样，也可以制造耗尽型 PMOS，这种器件具有正的阈值电压。

耗尽型器件通常需要被明确指出。由于许多工程师习惯忽略阈值的极性，因此不能根据阈值电压的符号来传递此类信息。因此，应该指明“阈值电压为 0.7 V 的耗尽型 PMOS”，而不是“阈值电压为 0.7 V 的 PMOS”。因为很多工程师会把后者理解为阈值电压为 –0.7 V 的增强型 PMOS 而不是阈值电压为 +0.7 V 的耗尽型 PMOS，这样明确地指出耗尽型器件可以避免引起混淆。

通常使用特殊符号来区分不同类型的 MOS 晶体管。图 1.24 中显示了一些具有代表性的符号[①]。符号 A 和 B 分别是 NMOS 和 PMOS 管的标准符号，但它们没有在工业中普遍应用；

---

① 符号 A，B，E，F，G 和 H 被不同的作者使用，参见 A. B. Grebene 所著的 *Bipolar and MOS Analog Integrated Circuit Design* 一书(New York：John Wiley and Sons，1984)，pp.112-113，以及 P. R. Gray and R. G. Meyer 所著的 *Analysis and Design of Analog Integrated Circuits*, 3d ed(New York:John Wiley and Sons,1993)，p.60。*J. Solid State Circuits* 也采用三端 MOS 符号，但是在栅极上加了一个圆圈用以区分 PMOS 器件。

而符号 C 和 D 分别代表 NMOS 和 PMOS 管。这些符号被刻意绘制成很像 NPN 和 PNP 管，这种做法可以突出 MOS 和双极型电路之间在本质上的相似之处。符号 E 和 F 用于背栅接于已知电位时的情况。每个 MOS 管都有背栅，因此背栅端必然要接到某个位置。符号 E 和 F 可能容易混淆，因为读者必须自己推断背栅的接法。尽管如此，这种符号仍被广泛使用，因为它们使电路图更加清晰易读。符号 G 和 H 通常用于耗尽型器件，其中从漏极到源极的实线代表了零偏下的沟道。符号 I 和 J 有时用于表示高漏极电压非对称晶体管，而符号 K 和 L 代表源极和漏极都是高压的对称晶体管。符号 G～L 包含背栅引线的形式也被使用。MOS 管还有很多其他符号，图 1.24 所示仅为部分具有代表性的示例。

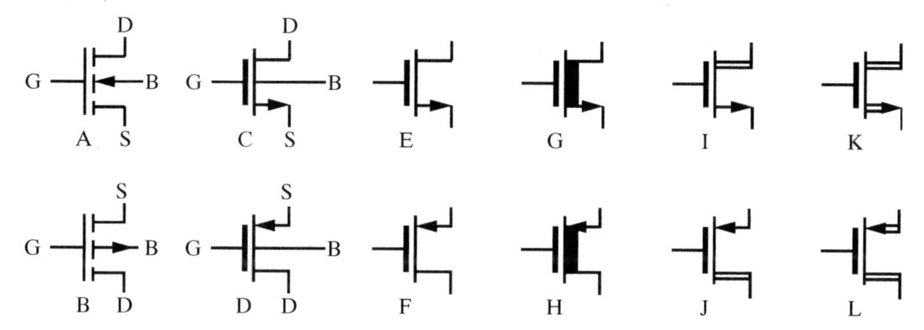

图 1.24 MOSFET 符号：A，B：标准符号；C，D：工业符号(四端)；E，F：工业符号(三端)；G，H：耗尽型器件；I，J：高压非对称 MOS 符号；K，L：高压对称 MOS 符号

我们继续讨论阈值电压，介质层对确定阈值电压也起着重要的作用。厚介质层能够通过把电荷分隔较长的距离而削弱电场。因此，厚介质层会增加阈值电压，而薄介质层会减小阈值电压。理论上，介质材料也会影响电场强度。但实际上大多数 MOS 管都采用纯二氧化硅作为栅介质。这种物质可以生长为极纯净且均匀的薄膜，没有任何其他物质能够与之相比，因此其他介质材料的应用有限①。

栅电极材料也影响晶体管的阈值电压。如前所述，当栅极和背栅短接时，会出现穿过栅介质层的电场。该电场正比于栅极和背栅材料接触所形成的接触电压。大部分实际应用的晶体管都使用重掺杂的多晶硅作为栅电极。通过改变栅掺杂可以在一个有限的范围内改变这种晶体管的阈值电压。

存在于栅氧化层内或者氧化层与硅表面之间界面处的过量电荷是造成阈值电压变化的一个潜在问题。这些电荷可能包括电离的杂质原子，被捕获的载流子或者晶格缺陷。介质层内或其界面处存在的被捕获电荷改变了电场，从而改变了阈值电压。如果被捕获电荷的数量随着时间、温度或者施加的偏压变化，那么阈值电压也将随之改变。有关内容将在 4.2.2 节进行更加详细的讨论。

1.4.2 *I–V* 特性

MOS 管的特性也可以使用一族类似于双极型晶体管的 *I–V* 曲线进行图示说明。图 1.25 为增强型 NMOS 的典型特性曲线。为了得到这些特定的曲线，将源极和背栅连在一起。纵轴

① 已经制作出采用高介电常数材料(如氮化硅)作为栅介质的器件。有些作者把所有的类 MOS 晶体管(包括采用非氧化物介质的器件)统称为绝缘栅场效应晶体管(IGFET)。

表示漏极电流 I_D，而横轴表示漏源电压 V_{DS}。每条曲线都表示一个特定的栅-源电压 V_{GS}。曲线的一般特性类似于图 1.21 所示的双极型晶体管，但这族曲线是通过调节栅电压得到的，而双极型晶体管特性则是通过步进基极电流得到的。

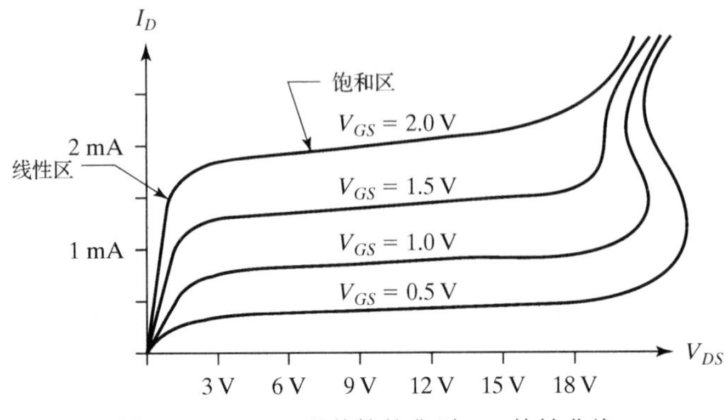

图 1.25　NMOS 晶体管的典型 I–V 特性曲线

在低漏源电压时，MOS 管沟道表现为电阻性，而且漏极电流随电压呈线性增加。这个区域称为线性区、欧姆区或三极管区。它大概相当于双极型晶体管的饱和区。在更高的漏源电压下，漏极电流的增长速率降低。当漏源电压超过栅源电压与阈值电压的差值时，漏极电流便几乎稳定为一个不变的值。这个区域称为饱和区，它大概相当于双极型晶体管的正向放大区。因此，MOS 管和双极型晶体管的饱和所代表的概念有很大差别。

MOS 管在线性区的特性比较容易解释。沟道就像一层电阻特性取决于载流子浓度的掺杂硅薄膜。电流随着电压线性增加，如同电阻中的情况一样。升高栅压将产生更大的载流子浓度，从而减小沟道电阻。PMOS 管的特性和 NMOS 管相似，但由于空穴的迁移率比电子低，因而表现出的沟道电阻很大。工作于线性区的 MOS 管的有效电阻表示为 $R_{DS(on)}$。

MOS 管的饱和是由夹断现象引起的。当源漏电压较低时，沟道具有均匀的厚度［见图 1.26(A)］。随着漏极偏压上升，沟道中的漂移电流将载流子扫入漏区，并且使沟道漏端变薄。最终，沟道漏端完全消失，这时称沟道已经夹断［见图 1.26(B)］。载流子在相对较弱的电场驱动下沿沟道移动，当它们到达夹断区的边缘时便在强场的吸引下穿过耗尽区。降落在沟道上的电压并不随漏极电压的上升而上升，而是使夹断区展宽。这样一来，漏极电流达到极限就停止增长。

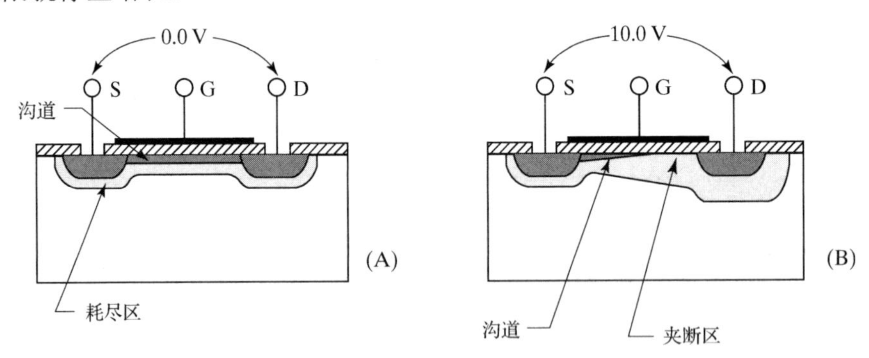

图 1.26　MOS 晶体管在不同偏压下的特性：(A) V_{DS} = 0 V(线性区)；(B) V_{DS} = 10 V(饱和区)

饱和区的漏极电流实际上略微上翘，这种上翘是由 MOS 中的厄尔利效应-沟道长度调制引发的。增加漏极电压可引起夹断区展宽及沟道长度的缩短。虽然沟道变短，但所承受的压降不变，因此电场增强，载流子移动速度增加，因此漏极电流随漏源电压的上升而略微增大。

将晶体管的背栅与源极相连可得到图 1.25 中的 I–V 曲线。如果背栅偏置独立于源极，那么晶体管的阈值电压将有所改变。如果 NMOS 晶体管的源极偏置高于背栅，则所表现出的阈值电压就会升高；如果 PMOS 晶体管的源极偏置低于背栅，则其阈值电压就会降低(变成更大的负值)。这种背栅效应或体效应的出现是由于背栅-源极电压调制了沟道下的耗尽区所致。随着背栅-源极电压差的增加，耗尽区加宽并侵入沟道和背栅中。高的背栅-源极电压会减薄沟道，从而提升了阈值电压。随着背栅掺杂的上升，耗尽区侵入沟道的现象也变得更加明显，从而又加强了体效应。

MOS 管通常被认为是多子器件，它只有在沟道形成后才能导通。这种过于简单的看法不能解释栅源电压低于阈值电压时的低电流导通。沟道的形成是一个渐进的过程。随着栅源电压的上升，首先形成了耗尽区，然后栅极将少量的少子吸引到表面。少子浓度随着电压的上升而上升。当栅源电压超过阈值电压时，少子数目很大使得硅表面反型并形成沟道。在此之前，少子仍然可以通过扩散从源区移动到漏区。这种亚阈值导通可产生远小于沟道存在时的电流。但是，它们仍比结漏电流大好几个数量级。只有当栅源电压距阈值电压不超过 0.3 V 的时候，亚阈值导通才比较明显。在低 V_t 器件中这已经足够引起严重的“漏电流”问题了。有些电路实际上利用了亚阈值导通时指数型电压-电流关系，但这些电路不能在超过 100℃的环境中工作，这是因为过大的漏电流掩盖了小亚阈值电流。

与双极型晶体管相同，MOS 管也会发生雪崩倍增或穿通击穿。如果漏极耗尽区上的电压太大，就会出现雪崩倍增，从而使漏极电流迅速上升。同样，如果整个沟道夹断，那么源区和漏区将被生成的耗尽区短接，因而晶体管将穿通。

一种称为热载流子注入的长期退化机制通常将 MOS 管的工作电压限制在远低于雪崩或穿通击穿的临界值。穿过漏极夹断区的载流子被这里的强电场加速，当这些热载流子与硅表面附近的原子相撞时，其中有些被弹入栅氧化层，有些则被捕获。慢慢地，在长期工作之后，这些被捕获载流子的浓度增加，于是阈值电压发生了变化。与热电子注入相比，热空穴注入不易发生，因为空穴的低迁移率限制了它们的速度，进而限制了它们穿越氧化层界面的能力。由于这个原因，通常限制了 NMOS 管的工作电压要低于结构相似的 PMOS 管。现在人们已设计出多种方法来限制热载流子的注入(见 12.1 节)。

1.5　JFET 晶体管

MOS 管仅代表一种类型的场效应晶体管，另一种就是结型场效应管或 JFET。这种器件采用包围反偏结的耗尽区作为栅介质。图 1.27(A)显示了 N 沟 JFET 的剖面图。这个器件中包括一块称为体的轻掺杂 N 型硅，相对的两边内具有两个 P 型扩散区。两个结之间的薄 N 型硅构成了 JFET 的沟道。两个扩散区分别作为栅极和背栅，而在体区相对的两端就是源极和漏极。

假设 N 沟 JFET 的 4 端都接地。在栅极-体结和背栅-体结的周围形成耗尽区。这些耗尽区会扩展到轻掺杂的沟道中，但它们实际上不会互相接触，因此存在一条从源极到漏极的沟道。如果漏极电压高于源极，就会形成从漏极到源极的电流。电流的大小取决于沟道电阻，进而与沟道的形状和掺杂相关。只要漏源电压很小，就不会明显地改变确定沟道边界的耗尽区，因此沟道电阻保持为常数，漏源电压与漏极电流呈线性关系，这时称 JFET 工作在线性区。这个工作区相当于 MOS 晶体管的线性区(或三极管区)。由于在 $V_{GS}=0$ 时会形成沟道，因而 JFET 更像耗尽型 MOSFET 而不是增强型的器件。

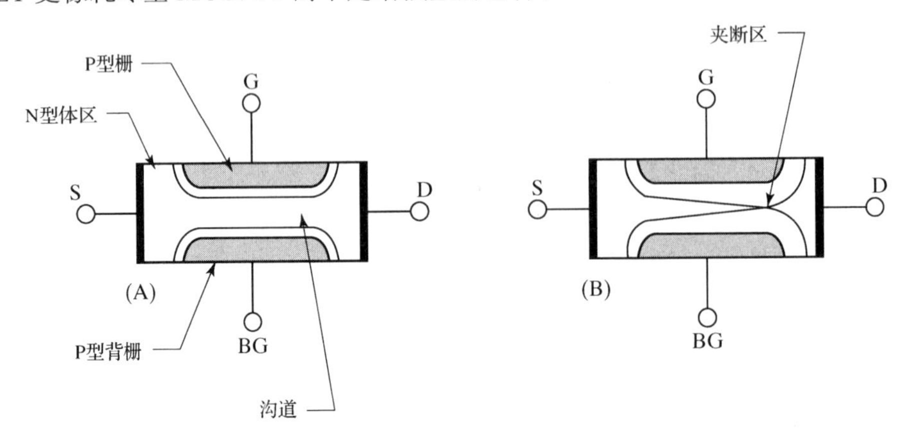

图 1.27 (A)工作在线性区的 N 沟 JFET 晶体管剖面图；(B)饱和区的剖面图。在两幅图中，S 表示源极，D 表示漏极，G 表示栅极，BG 表示背栅

随着漏极电压的升高，JFET 漏端的耗尽区加宽。沟道由于两个相对耗尽区的侵入而逐渐收缩，最终两个耗尽区相遇并且夹断沟道［见图 1.27(B)］。尽管沟道被夹断，但是仍有漏极电流通过晶体管。这个电流源于源端，由多子(电子)组成。这些载流子沿着沟道运动直至到达夹断区。穿过夹断区的强横向场将载流子拉入中性的漏极区。

一旦沟道夹断，进一步增加漏极电压几乎没有作用。此时夹断区会稍微展宽，但沟道的尺寸基本保持不变。沟道电阻决定了漏极电流的大小，所以它也近似为常数。此时，我们称 JFET 工作在饱和区。

栅极和背栅也能影响流过沟道的电流。随着栅极-体区和背栅-体区电压的上升，栅极-体区结和背栅-体区结上的反向偏压也慢慢上升。包围这些结的耗尽区加宽，沟道收缩，从而会有更少的电流流过变窄的沟道，而且夹断沟道所需的漏源电压也降低了。随着栅极和背栅电压大小的继续增加，最终甚至在 $V_{DS}=0$ 时发生沟道夹断。这种情况一旦发生，无论漏源电压为多少，都不会有电流通过晶体管，因此称晶体管工作在截止区。严格说来，并不是耗尽区阻碍了载流子的运动，而是耗尽区中的电场的作用。在截止区，这个电场具有确定的方向使得 N-JFET 沟道的夹断部分与源极相比电压为负，从而阻止电子穿过耗尽区。与之相比，饱和 N-JFET 沟道的夹断区部分与源极相比电压为正，因此电子可以自由地从沟道流过耗尽区进入漏极。

图 1.28 是将 N 沟 JFET 的栅极和背栅连接在一起的 I–V 特性曲线，每条曲线都代表不同的栅源电压 V_{GS}。当 $V_{GS}=0$ 时漏极电流达到最大值，并且随着栅压幅值的上升而下降。当栅压等于关断电压 V_T 时，导通完全终止。关断电压性质上相当于 MOS 管的阈值电压。由于两种器件的导通规律差别很大，所以不能进行过于深入的比较。

由于沟道长度调制效应，饱和区 N-JFET 的漏极电流曲线会稍微向上翘起，这种效应类似于出现在 MOS 管中的相应效应。随着漏源电压的升高，JFET 夹断区变长。夹断区长度的增加会导致沟道长度的相应减小。因为沟道的长度远超过夹断区的长度，所以沟道长度调制效应通常较小。

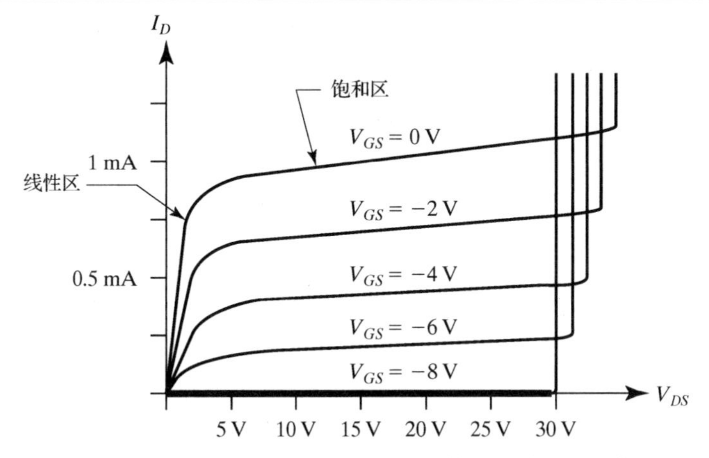

图 1.28　V_T = −8 V 的 N-JFET 晶体管的典型 I–V 曲线

上述两种机制都可引起 JFET 中的漏源击穿。如果漏源电压大到可从漏端接触到源端接触耗尽整个器件，那么就会发生穿通。在耗尽区内开始发生碰撞电离之前，实际上这样的 JFET 尺寸极少。一旦发生碰撞电离，器件会像反偏的 PN 结一样发生雪崩击穿。

JFET 的源端和漏端可以互相交换而不影响器件的性能。图 1.27(A)所示的 JFET 结构就是这种对称器件的例子。更复杂的 JFET 结构有时在源区和漏区的形状上会表现出不同之处，因而使得它们成为非对称。

大多数 JFET 结构都短接栅极和背栅。考虑图 1.27(A)中的器件。沟道的左侧是源极，右侧是漏极，上面是栅极，下面是背栅。图上没有标出沟道的前面或后面是什么。多数情况下，沟道这两侧也被反偏结确定了边界，这些反偏结是栅极-体区结和背栅-体区结的延伸，这样的结构必然短接栅极和背栅。

图 1.29 所示为 N 沟和 P 沟 JFET 管的传统电路符号。栅极上的箭头表示器件栅极与体区之间 PN 结的方向。符号中没有明确地标出源端和漏端，但大多数电路设计者将 N-JFET 的漏极和 P-JFET 的源极放在顶端。

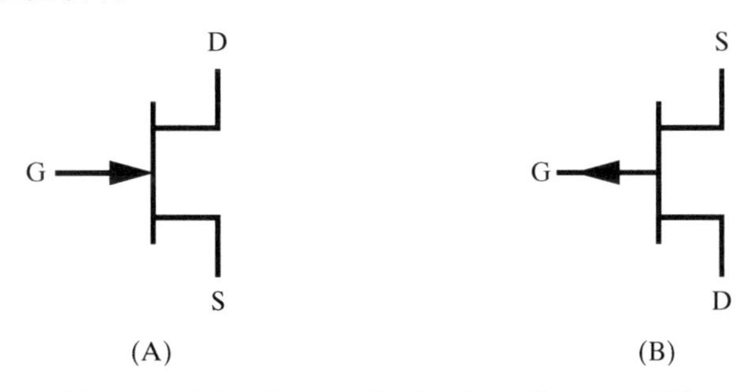

图 1.29　(A)N 沟 JFET 符号；(B)P 沟 JFET 符号

1.6　小结

器件物理是一门复杂并且一直在不断发展的科学。研究人员不断地发明新器件并改进已有器件。这些正在进行的研究大多具有高度的理论性，因此超出了本文所涉及的范围。但是大多数半导体器件的功能可以通过相对简单并且直观的概念给出满意的解释。

本章主要介绍了多子和少子在PN结导电中的作用。PN结反偏时，结两边的多子都受到排斥，因而形成耗尽区。PN结正偏时，多子扩散通过并发生复合，从而产生流过PN结的净电流。PN结二极管就是利用这种现象对信号进行整流的。

当两个结靠得很近时，一个结发射的载流子在复合前会被另一个结收集。双极型晶体管(BJT)就是由一对靠得很近的结构成的。BJT 的发射结电压控制了从集电极流向发射极的电流。如果晶体管设计合理，那么很小的基极电流就能控制很大的集电极电流，因此BJT被用作能够将弱信号转变为强信号的放大器。例如，BJT 能够将收音机接收的微弱信号放大从而可以驱动扬声器。

金属-氧化物-半导体(MOS)晶体管穿过介质的电场控制半导体材料的导电特性。加在MOS管栅极上的合适电压能够产生一个电场，它将吸引少子从而形成导电沟道。MOS管的栅极与晶体管的其余部分是绝缘的，所以不需要栅电流来维持导通，因此工作时 MOS 电路的功耗非常低。

PN结二极管、BJT和MOS晶体管是3种最重要的半导体器件，它们与电阻、电容共同构成了现代集成电路中的基本单元。下一章将介绍如何在生产环境中制造这些器件。

1.7 习题

1.1 在本征砷镓铝化合物中，铝、镓和砷原子所占的比例分别是多少？

1.2 在纯净的硅中掺入 10^{16} 原子/cm^2 的硼和 10^{16} 原子/cm^3 的磷，这时的硅是P型还是N型？

1.3 硅中载流子的瞬时速度几乎不受弱电场的影响，但它的平均速度却可发生很大的变化。请用扩散和漂移来解释这种现象。

1.4 将一块厚为 1 μm 的本征硅层夹在重掺杂的P型硅层和N型硅层之间。绘图说明所形成结构的耗尽区。

1.5 某种工艺中采用将两种不同的N+扩散与P–扩散相结合的方法来制作齐纳二极管。其中一种二极管的击穿电压是 7 V，而另一种是 10 V。引起击穿电压差别的原因是什么？

1.6 将集成NPN管的集电极和发射极对调，晶体管仍然工作，只不过 β 值下降了很多。这是由很多原因造成的，请至少解释一种原因。

1.7 如果某晶体管的 β 值是60，另一个晶体管的基区宽度是它的两倍，而掺杂浓度为它的一半，那么第二个晶体管的 β 值大概是多少？该器件的其他电学性能是否有变化，如何变化？

1.8 某 MOS 管的阈值电压是 –1.5 V。如果在沟道中掺入少量的硼，阈值电压上升到 –0.6 V。这个晶体管是PMOS还是NMOS？是增强型还是耗尽型？

1.9 一个耗尽型PMOS管的阈值电压是 0.5 V，它的栅氧化层厚度为 200 Å，如果栅氧化层厚度增加到 400 Å，那么阈值电压是上升还是下降？

1.10 某NMOS管的阈值电压是 0.5 V，栅源电压 V_{GS} 为 2 V，漏源电压 V_{DS} 为 4 V。将栅源电压加倍后的效果与漏源电压加倍后的效果有何不同？为什么？

1.11 一个硅PN结二极管在25℃时、25 μA 正向电流下的正偏压降为 620 mV，那么它在-40℃下的正偏压降大约是多少？125℃下呢？

1.12 两个晶体管只是在其栅极与背栅的间隔上相异，其中一个晶体管的栅极-背栅间隔是另一个晶体管的两倍，这两个晶体管的电特性有什么不同？

1.13 将 30 V 的电压加在一个 1000 μm 长的均匀掺杂的单晶硅电阻上，这个电阻符合欧姆定律吗？为什么？

1.14 仿照 MOS 晶体管，对具有不同栅极-背栅连接的 JFET 给出适当的符号。

1.15 一个反偏的 PN 结表现为一个随结电压增大而减小的特征电容，请解释该电容产生及其随电压变化的原因。

第 2 章　半导体制造

长久以来，半导体器件在电子领域都有应用。19 世纪末期出现了第一个固态整流器。1907 年发明的方铅矿晶体检测器广泛应用于矿石收音机的制作中。到了 1947 年，对半导体物理的深刻认识使得 Bardeen 和 Brattain 制作出第一支双极型晶体管。1959 年，Kilby 研制出第一块集成电路，开创了现代半导体制造业的新纪元。

阻碍制造出大量可靠半导体器件的原因从本质上讲是技术方面的，而不是科学方面的。对于极度纯净材料和精确尺寸控制的要求使得早期晶体管和集成电路无法完全发挥其性能。第一支器件是实验室摸索的结果。人们需要有一种全新的技术来大量生产这种器件，而这一技术仍处在迅猛发展的过程中。

本章对目前制作集成电路所采用的工艺技术进行了概括。第 3 章分析了用于制作特殊类型模拟集成电路的 3 种代表性工艺流程。

2.1　硅制造

集成电路通常采用硅制作。硅是一种很常见并且分布广泛的元素，石英矿(也称为硅石)几乎完全由二氧化硅构成。普通的沙子主要由细小的石英颗粒组成，因此基本成分也是硅石。

硅元素大量存在于化合物中，并不以单质形式出现。可以采用将硅石和碳在电炉中加热的方法人工制造硅单质。碳和硅石中的氧结合，留下较为纯净的熔融硅。当它冷却后，会形成大量细小的晶粒并结合在一起生长成细密的灰色固体。这种形式的硅称为多晶，因为它含有大量的晶体。纯净度低和晶体结构的无序性使得这种冶金级多晶硅不适于半导体制造。

冶金级硅可以经过进一步提纯成为非常纯净的半导体级多晶硅。提纯首先是将粗硅转化为易挥发的化合物，通常是三氯硅烷。反复蒸馏之后，借助于氢气可将极为纯净的三氯硅烷还原为硅单质。最终产物的纯度极高，但仍然是多晶。实际的集成电路只能采用单晶材料制作，因此下一步要生长合适的晶体。

2.1.1　晶体生长

晶体生长的原理非常简单且被广泛了解。假设一些糖晶体被加入随后将要蒸发的饱和溶液中，糖晶体充当了其他糖分子沉淀所需的籽晶。最终，糖晶体会长到很大。即使缺少籽晶，也会出现晶体生长，但产物由杂乱无章的小的连生晶体构成。采用籽晶可抑制不希望的成核位置从而生长出更大、更完美的晶体。

原理上，硅晶体的生长方式与糖晶体非常类似。但在实际中不存在合适的硅溶剂，晶体必须在高于 1400℃的温度下利用熔化的单质生长。得到的晶体至少有 1 m 长、半径为 10 cm，而且如果这些晶体被用于半导体工业，它们就必须具有近乎完美的晶体结构。这些要求使得其生产工艺极具技术挑战性。

常用的生长半导体级硅晶体的方法称为 Czochralski 工艺，如图 2.1 所示。这种工艺采用一个装有半导体级多晶硅块的石英坩埚，用电炉把坩埚的温度升高到使所有的硅熔化。然后，略微降低温度，将一块小籽晶伸入到坩埚中。控制这些熔融物的冷却使得硅原子层淀积在籽晶上。将装有籽晶的杆缓慢提升，这样，只有正在生长的晶体的下半部分仍然与熔融硅接触。以这种方式，可以 1 厘米 1 厘米地从熔融物中拉出一个很大的硅晶体。拉晶体的杆缓慢转动晶体确保均匀生长。熔融硅的高表面张力使得晶体变形为圆柱棒而不是所期望的多面棱柱。

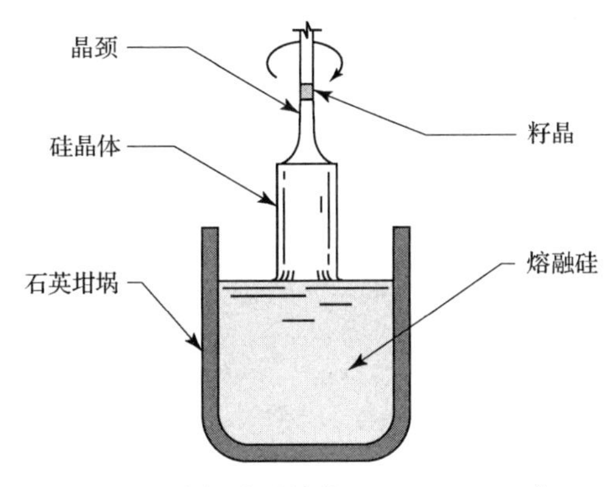

图 2.1　生长硅晶体的 Czochralski 工艺

Czochralski 工艺需要小心控制以使晶体的纯度和尺寸满足要求。自动系统控制了熔融物的温度和晶体生长的速度。在熔融物中少量加入掺杂多晶硅可决定晶体的掺杂浓度。除了特意引入的杂质之外，石英坩埚中的氧元素以及加热材料中的碳都会溶解到熔融的硅中，并进入生长的晶体。这些杂质对于生成的硅的电学性能影响很小。一旦晶体达到了其最终尺寸，它将被从熔融物中提出并缓慢冷却到室温。所得到的单晶硅圆柱体被称为硅锭。

由于集成电路制作在硅晶体表面，透入表面的深度并不是很深，所以硅锭通常被分割为许多很薄的圆形部分，称为晶圆。每个晶圆可得到成百上千的集成电路。晶圆越大，能够得到的集成电路越多，规模效益就越明显。大多数现代模拟工艺都采用 150 mm(6 in)或 200 mm(8 in)的晶圆。而最先进的数字工艺则采用 300 mm(12 in)的晶圆。典型硅锭的尺寸为 1～2 m 长，可以提供上百片晶圆。

2.1.2　晶圆制造

晶圆制造由一系列的机械工艺过程组成。硅锭的两个锥形头被切除后，剩下的部分成为一个圆柱体，其尺寸决定了所得晶圆的大小。打磨之后，晶向变得不再明显。晶向是实验确定的，在硅锭的一侧被磨出一个条状平面后，切下来的每个晶圆都保留一个平边(flat)，可通过它来清楚地判定晶向。

打磨平面后，采用镶有金刚石刀口的锯将硅锭切割成独立的晶圆。在这一过程中，近三分之一宝贵的硅晶变成了无用的垃圾。所得晶圆表面还留有锯的过程中产生的划痕和麻点。由于集成电路的微小尺寸需要极光滑的表面，所以每个晶圆有一面必须被抛光。该工艺结合了机械和化学磨光工艺，得到的镜面亮度的表面呈现出暗灰色和特有的近于金属的硅光泽。

2.1.3 硅的晶体结构

每个晶圆都是一个单晶硅切片，其晶体结构决定了晶圆破碎时的裂开方式。大多数晶体会沿着解理面分开，因为那里的原子间力最弱。例如，金刚石晶体在尖锐的金属楔状物的击打下会裂开。若击打方向适当，金刚石会裂为两块，每一块都有一个完美的断开平面。否则，金刚石将粉碎。硅晶圆同样表现出其独特的解理特性，可以通过一小片晶圆、一个记事本和一根木制铅笔进行验证。将晶圆放在记事本上，再把记事本放在膝盖上。用木制铅笔上的橡皮向下压晶圆的中心。晶圆应该分裂成 4 到 6 片规则的楔形碎片，很像分好的派(见图 2.2)。解理结构的规则性证明了晶圆由单晶硅构成。

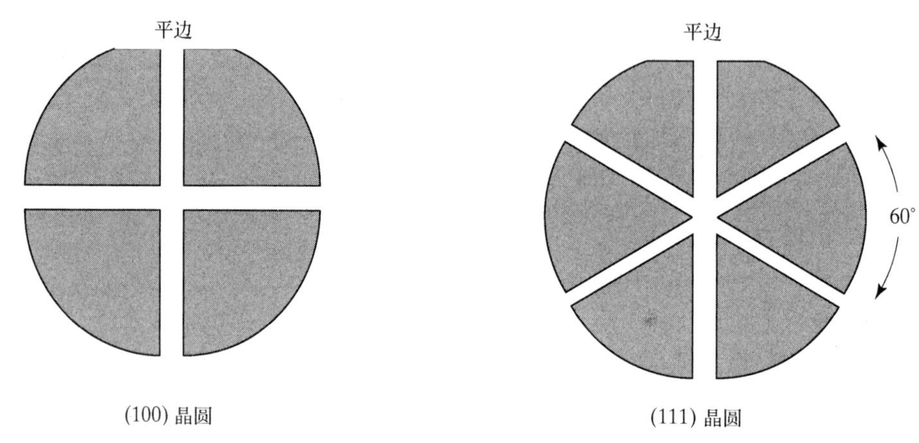

图 2.2 (100)和(111)硅晶圆的典型解理特征，某些晶圆具有另一种更小的用于表明晶向和掺杂的平边。这些小平边未被展示

图 2.3 示出了一小块硅晶体的三维结构。18 个硅原子完全或部分位于一个假想的被称为晶胞的立方体的边界之中，其中 6 个占据了该立方体的 6 个面心，8 个原子占据了立方体的 8 个顶点。两个晶胞并排放置，共用 4 个顶点原子和 1 个面心原子。其余晶胞可以与任意一面相邻，使晶体在任意方向上得到延伸。

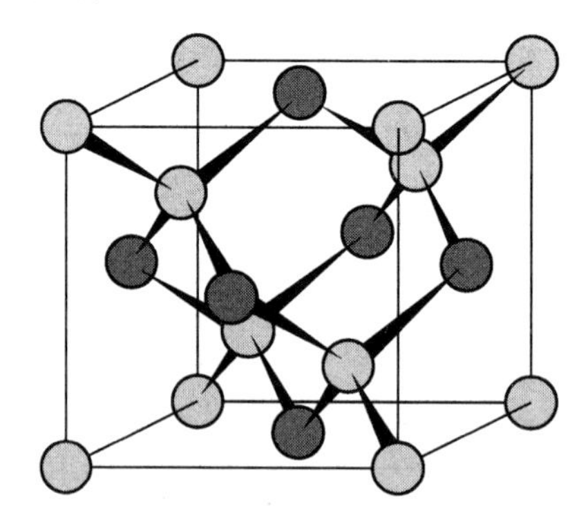

图 2.3 金刚石晶格的晶胞是一种复式面心立方结构。为了突出起见，面心原子显示为深灰色

当锯条切割硅锭形成晶圆的时候，所得表面相对于晶胞的方向决定了晶圆的很多特性。例如，切割可以沿晶胞表面或通过其对角线。这两种切割方式所暴露出的原子结构不同，不同表面内形成的器件的电学特性也不相同。然而，不是所有通过硅晶体的切割都会产生差异

性。因为立方体各表面之间没有区别，沿晶胞的任一表面切割和沿其他表面切割并没有什么不同。换句话说，平行于晶胞任一表面的切割会暴露出相似的表面。

因为采用语言描述各种各样的平面非常困难，所以采用一组称为米勒指数的 3 个数字表示晶格中的每个可能的平面。图 2.4 显示了两个最重要的平面方向。平行于立方体表面的平面称为(100)面，而通过晶胞对角线并与其 3 个顶点相交的平面称为(111)面。通常，硅晶圆都是沿着(100)面或(111)面切割。虽然存在其他的切割方式，但这些方式都不具有商业价值。

括号中的米勒指数指与所示晶面垂直的方向。例如，[100] 方向垂直于(100)面，而 [111] 方向垂直于(111)面。附录 B 论述了如何计算米勒指数并对不同表示符号的含义进行了说明。

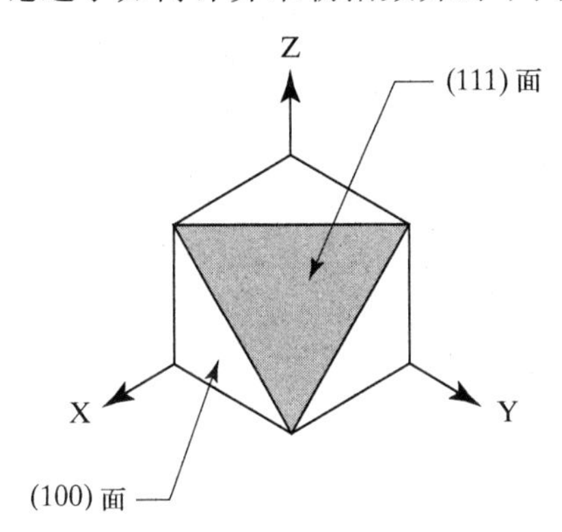

图 2.4　立方晶体的(100)面和(111)面

2.2　光刻技术

生产硅晶圆只是集成电路制造的第一步。剩下的很多步骤是在晶圆上淀积材料或者再将其刻除。现有多种尖端的淀积和刻蚀技术，但是其中的大多数都不具有选择性。一种非选择性的或大面积工艺会影响晶圆的整个表面而不仅是其中的一部分。少数选择性工艺的速度太慢或者成本过于高昂，因此无法用于大批量生产。一种被称为光刻的技术允许复杂图形的照相式复制，所得版式可以用于选择性地阻挡淀积或刻蚀。集成电路制造广泛使用光刻技术。

2.2.1　光刻胶

光刻首先从应用一种称为光刻胶的光敏乳胶剂开始。图像可以被转移到光刻胶上，而显影剂用于制作所需要的掩模图形。光刻胶溶液通常是甩到晶圆上的。如图 2.5 所示，晶圆被安放在一个转速高达几千转每分钟的转盘上。将少量光刻胶溶液滴在旋转的晶圆中心，离心力使液体分散到硅片表面。光刻胶溶液黏附在晶圆上形成了均匀的薄膜，多余的溶液会飞出旋转晶圆的边缘。几秒钟内，薄膜减薄到其最终厚度，溶剂迅速挥发，薄的光刻胶膜留在了晶圆上。对这层膜进行烘烤以去除最后的残留溶剂并使光刻胶变硬从而便于处理。涂胶的晶圆对一定波长的光［特别是紫外(UV)光］非常敏感，对其他波长的光(包括红光、橙光和黄光)相对来说不太敏感，因此大多数光刻间都有特殊的黄光照明系统。

可通过曝光时发生的化学反应区分两种基本类型的光刻胶。负胶在紫外光下聚合。未曝光的负胶在特定的溶剂中可溶，而聚合的光刻胶变得不可溶。当用溶剂冲洗晶圆时，未曝光的区域溶解，而曝光的区域表面仍然保留涂层。另一方面，正胶在紫外光下发生化学分解。这些胶在显影液中通常不可溶，而正胶的曝光部分发生化学变性，从而变得可溶。用溶剂冲洗晶圆时，曝光区域被冲洗掉而未曝光区域仍保留涂层。负胶在显影过程中有膨胀的趋势，所以工艺工程师通常更倾向于使用正胶。

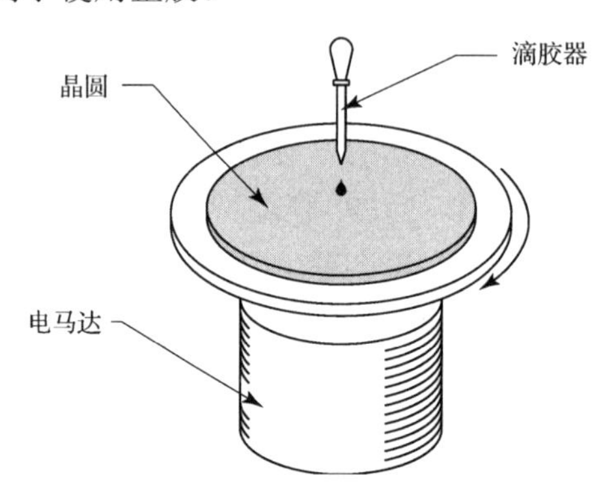

图 2.5 通过甩胶将光刻胶溶液涂到晶圆表面

2.2.2 光掩模和掩模版

现代光刻技术主要采用一种在概念上类似用于扩大照相底片的投影印刷技术。图 2.6 是曝光过程的简化图示。透镜系统对一束强烈的紫外光进行校准，称为光掩模的平板挡住了产生的光束的通路。紫外光穿过光掩模的透明部分并通过可在晶圆上聚焦产生图像的透镜。图 2.6 所示的设备称为定位器，因为它必须保证掩模的图像和晶圆上已经存在的图形完全对准。

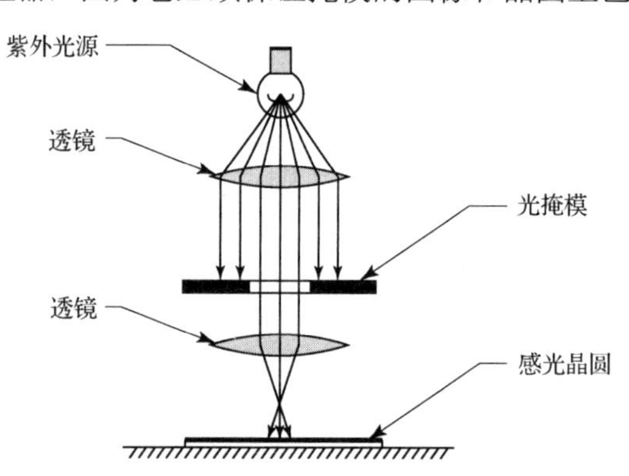

图 2.6 使用定位器的光掩模曝光简图

用作光掩模衬底的透明平板在尺寸上必须固定，否则它投射的图形将不再与先前掩模的投射图形对齐。这些平板大多由熔凝硅石构成(经常被误称为石英)。在将一薄层金属淀积在平板的一个表面上之后，各种高精度的——但速度极慢且成本高昂的——方法被用来制作光掩模。光掩模上的图像尺寸通常为投射到晶圆上图像的 5～10 倍。光学收缩减小了光掩模上的任何瑕疵或不规则形状的尺寸，因此改善了最终图像的质量。这类放大的光掩模被称为 5X 或 10X 掩模版，依具体放大程度而定。

掩模版(reticle)可以直接用于光刻晶圆，但是这样做存在机械困难。定位器能够接受的光掩模尺寸受到机械考虑的限制，包括构造所要求精度的大型透镜的困难。因此，大多数商业定位器都能接受与晶圆尺寸相近的光掩模。一个可以一次光刻整个晶圆的 5X 掩模版是晶圆尺寸的 5 倍，因此与定位器不匹配。实际的 5X 或 10X 掩模版被做成仅曝光最终晶圆版图的一小部分矩形区域。掩模版必须步进扫过晶圆，在许多不同的位置进行曝光以在整个晶圆上复制版图。该工艺被称为步进。而被设计用来步进掩模版的定位器被称为步进器。步进器比简单定位器慢，因此费用更高。然而，由于晶圆已经变得很大，所以步进器已经逐渐取代了定位器。

还有一种更快的曝光晶圆的方法，这种方法可用于不要求极细特征尺寸的集成电路中。掩模版可以步进，不是在感光晶圆上，而是在另一个光掩模上。该光掩模现在具有与所要求图形一致的图像。所得光掩模称为步进工作板，可以一次曝光整个晶圆。步进工作板使光刻变得更快捷且成本更加低廉，但是所得结果不如在晶圆上直接步进掩模版准确。现代集成电路的小尺寸在很大程度上废弃了步进工作板。

即使是最微小的灰尘斑点都足以阻挡住部分图像转移并至少毁坏了一块集成电路。晶圆制造过程中习惯上采用特殊的空气过滤技术和保护层，但是有些灰尘能够穿过所有这些防范措施。在光刻膜的一面或两面通常装备有薄膜以防止灰尘干扰曝光过程。薄膜由很薄的透明塑料膜放置在环形隔离上，使其略高于掩模表面。穿过薄膜平面的光并不聚焦，所以薄膜上的微粒并不出现在投影图像中。薄膜也将掩模表面密封，从而使其远离灰尘。

2.2.3　光刻

用合适的显影剂喷射曝光晶圆，显影剂通常由有机溶剂的混合物组成。显影剂溶解了部分光刻胶从而暴露出晶圆表面。淀积或刻蚀只能影响到暴露的区域。一旦这种选择性处理结束，可以用一种更具腐蚀性的溶剂混合物将光刻胶剥除。或者，可以在氧气氛围中采用反应离子刻蚀对光刻胶进行化学破坏(见 2.3.2 节)，该步骤称为定影。

很多重要的制造工艺需要有能够抵挡高温的掩模层。由于大多数实用的光刻胶是有机化合物，很明显它们不适于完成该任务。两种常见的高温掩模材料是二氧化硅和氮化硅。这些材料可以通过适当的气体与硅表面反应生成。然后就可以涂光刻胶，通过光刻并采用刻蚀工艺在氧化物膜或氮化物膜上开孔。现代工艺技术广泛使用氧化薄膜和氮化薄膜进行掩蔽高温淀积和扩散。

2.3　氧化物生长和去除

硅可以形成多种氧化物，其中最重要的是二氧化硅(SiO_2)。这种氧化物具有许多良好的特性，这些特性结合在一起十分宝贵，从而使硅成为最重要的半导体材料。其他半导体材料具有更好的电学特性，但是只有硅能够形成性能良好的氧化物。二氧化硅可以通过在氧化气氛中简单地加热而在硅晶圆上生长。所得薄膜粗糙不平并且能够抵抗大多数普通的溶剂，但易溶于氢氟酸溶液。二氧化硅薄膜是极好的电绝缘体，不仅可用于绝缘金属导体，还应用于形成电容和 MOS 晶体管的介电层。二氧化硅对于硅工艺来说十分重要，所以通称为氧化物。

2.3.1　氧化物生长和淀积

如果硅晶圆暴露在空气中，硅和大气中的氧反应会形成一层几埃厚的氧化层。对于大多数应用来说，该天然氧化层都显得太薄了，但可以通过在氧化气氛中加热硅晶圆得到很厚的氧化层。如果采用纯净的干燥氧气，那么得到的氧化物薄膜称为干氧化物。图 2.7 所示为一个典型的氧化设备。晶圆放置在一个熔凝硅石架中，称为晶舟。将晶舟缓慢推入一个裹有电热架的熔凝硅石管内。随着晶圆向加热区中心移动，晶圆的温度逐渐升高。氧气吹入管内并经过每个晶圆的表面。在高温下，氧气分子能扩散通过氧化层而到达下层的硅。在那里氧气和硅反应，氧化层逐渐变厚。氧气扩散的速率随着氧化物薄膜的增厚而减慢，因此生长速率随时间减小。如表 2.1 所示，高温大大加速了氧化物的生长。晶向同样也会影响氧化速率，(111)面硅氧化速率明显快于(100)面硅[①]。一旦氧化层达到了所需厚度(可由时间和温度测得)，晶圆就被缓慢地从炉中抽出。

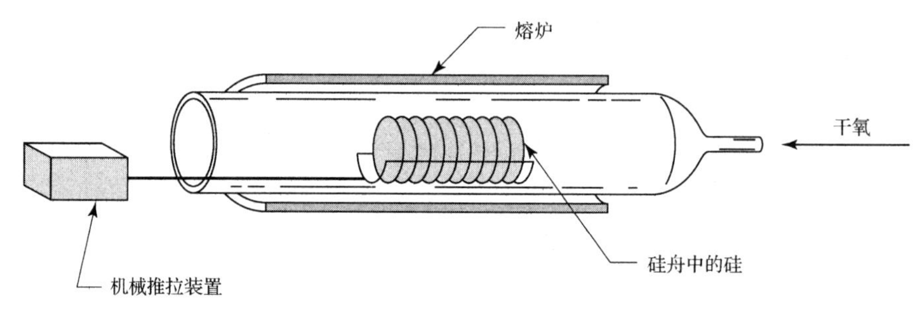

图 2.7 氧化炉简图

表 2.1 在(111)硅上生长 0.1 μm 氧化物所需的时间[②]

气氛	800℃	900℃	1000℃	1100℃	1200℃
干氧	30 h	6 h	1.7 h	40 min	15 min
湿氧	1.7 h	20 min	6 min		

干氧化物生长得十分缓慢，但由于氧化物-硅界面处有相对较少的缺陷，使得干氧化物具有很高的质量。这些缺陷或表面态妨碍了半导体器件尤其是 MOS 晶体管的正常工作。用称为表面态电荷或 Q_{ss} 的参数测量表面态密度。在(100)硅上热生长的干氧化物薄膜具有特别低的表面态电荷，所以为 MOS 晶体管提供了理想的介电特性。

湿氧化物的形成方式与干氧化物相同，只是在炉管中注入了蒸气以加速氧化。水蒸气快速通过氧化物薄膜，但是由水分子分解产生的氢原子造成的不纯净性可能会使氧化物质量下降[③]。湿氧化物通常在没有有源器件的地方生长厚的场氧化层。在高于周围环境的压力下干氧反应可以加速氧化物的生长速率。

有时，氧化层必须在非硅材料上形成。例如，氧化物常用于两层金属之间作为绝缘层。在这种情况下，必须使用某种形式的淀积氧化物，它不同于先前讨论过的生长氧化物。淀积氧化物可以通过不同气态硅化合物和气态氧化剂的反应制得。例如，硅烷气体和二氧化氮反应生成氮气、水蒸气和二氧化硅。或者，淀积氧化物可以通过甩上四乙基原硅酸盐(TEOS)溶液后加热分解制得，生成的氧化层称为旋涂玻璃(SOG)。一般来说，淀积氧化物密度较低

① W. R. Runyan 和 K. E. Bean，*Semiconductor Integrated Circuit Processing Technology*(Reading, MA: Addison-Wesley, 1994),p.84ff。

② 根据 R. M. Burger 和 R. P. Donovan 所著 *Fundamentals of Silicon Integrated Device Technology* (Englewood Cliffs, NJ: Prentice-Hall, 1967)中 R. P. Donovan 撰写的“Oxidation”一章的第 41 页和第 49 页的内容计算而得。

③ 湿氧中的氢可降低悬挂键的浓度，但会增加氧化层固定电荷，因此湿氧和干氧的区别不像文中论述得这样简单。

且具有大量缺陷点，所以不适合用作 MOS 晶体管的栅介质。淀积氧化物仍可用作多层导体层间的绝缘层，或可作为保护层。

由于薄膜干涉作用氧化物薄膜色彩明亮，因此当光透过透明薄膜时，发射和反射波阵面相抵消造成一定波长的光被选择性吸收。不同厚度的薄膜吸收不同颜色的光。薄膜干涉使得可以在肥皂泡和水中的油膜上看到彩虹。同样的效应使得可以在早期集成电路的显微照片中看到鲜亮的色彩。这些颜色有助于在显微镜下或在显微照片中区别集成电路的不同区域。人们常用氧化物颜色表来判定氧化薄膜的近似厚度①。现代集成电路在显微镜下通常显现不出色彩的差别，这一相对单调的表象是因为细线光刻要求有很高的表面平整度，同时因为没有深扩散导致硅表面缺乏变化。

2.3.2 氧化物去除

图 2.8 展示了光刻氧化层的步骤。第一步是在晶圆表面生长薄氧化层。接下来，用甩胶的方法将光刻胶涂在晶圆上。随后用烘箱烘除全部溶剂并使光刻胶变硬以便于处理。在光刻曝光后，通过向晶圆喷射溶剂溶解曝光的光刻胶区域显露出下面的氧化物对晶圆进行显影。已光刻的光刻胶对于氧化物刻蚀起到掩蔽材料的作用。一旦完成其功用，最终会将光刻胶剥除并留下光刻后的氧化层。

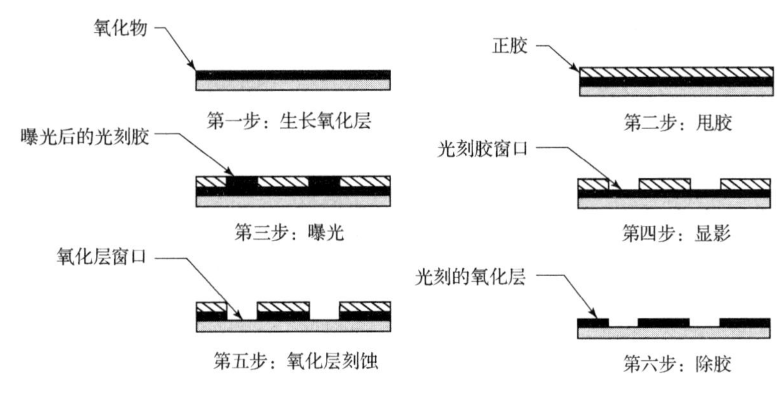

图 2.8　氧化物生长与去除步骤

可以用两种方法刻蚀氧化物。湿法刻蚀使用可溶解氧化物但不会溶解光刻胶或者其下层硅的液体。干法刻蚀采用等离子或化学气体实现同样的功能。湿法刻蚀更简便，而干法刻蚀表现出更好的线宽控制能力。

大多数湿法刻蚀都采用稀释了的氢氟酸溶液。这种高腐蚀性的物质会很容易地溶解掉二氧化硅而不会腐蚀硅或有机光刻胶。刻蚀工艺包括将晶圆浸入装有氢氟酸溶液的塑料容器中一定的时间，随后彻底冲洗晶圆以去除所有的酸。湿法刻蚀是各向同性的，因为其横向和纵向腐蚀速率相同。在光刻胶边缘的下方，酸发生作用，生成类似图 2.9(A)所示的倾斜的侧壁。因为刻蚀必须持续足够长时间以保证所有的开孔都被刻蚀干净，所以不可避免地会出现一定程度的过刻蚀。只要晶圆浸在酸中，酸就会持续腐蚀侧壁。侧壁的腐蚀程度随刻蚀条件、氧化层厚度及其他因素而变化。由于这些变化，湿法刻蚀不能提供现代半导体工艺所要求的严格的线宽控制。

① 表格参见 W. A. Pliskin 和 E. E. Conrad, "Nondestructive Determination of Thickness and Refractive Index of Transparent Films," *IBM J. Research and Development*, Vol. 8, 1964. pp. 43-51。

有三类干法刻蚀工艺：反应离子刻蚀、等离子刻蚀和化学气相刻蚀[①]。本文将通过反应离子刻蚀(RIE)阐述干法刻蚀的基本原则。在反应离子刻蚀器中，通过低压混合气体的放电产生高能分子，称为反应离子。刻蚀设备将这些离子高速向下投射到晶圆上。因为离子以相对陡峭的角度撞击晶圆，所以纵向刻蚀速率远高于横向刻蚀速率。反应离子刻蚀的各向异性特性可形成如图 2.9(B)所示的接近垂直的侧壁。图 2.10 所示为反应离子刻蚀设备的简图。

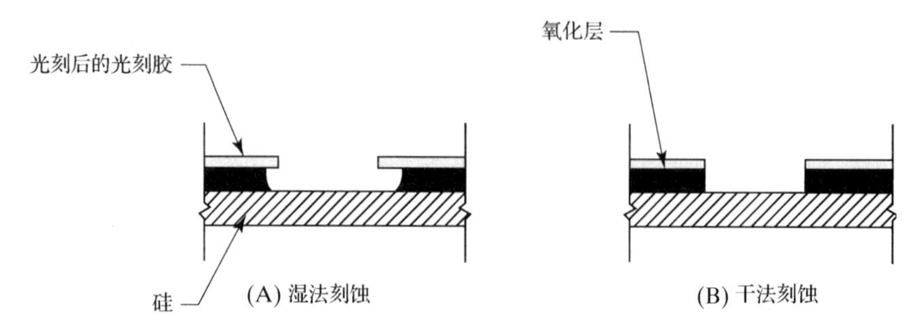

图 2.9 刻蚀比较：(A)各向同性湿法刻蚀；(B)各向异性干法刻蚀。注意湿法刻蚀引起的氧化层下削角

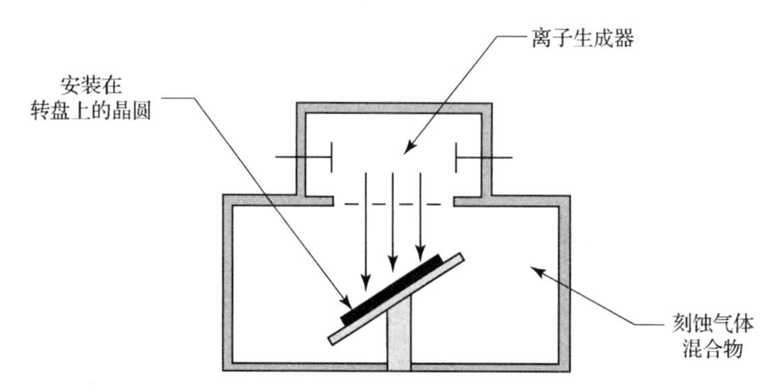

图 2.10 反应离子刻蚀装置简图

RIE 系统采用的刻蚀气体主要是类似于三氯乙烯的化合物，可能还掺入惰性气体，例如氩。这种混合气体中生成的反应离子首先刻蚀二氧化硅，而非光刻胶或单晶硅。现已开发出不同的刻蚀气体混合物，允许各向异性刻蚀氮化硅、单晶硅和其他材料。

现代工艺依赖干法刻蚀可获得其他方法无法实现的对亚微米图形的严格控制。这些结构增加了集成度，提高了性能，足以不用考虑干法刻蚀的复杂性和费用。

2.3.3 氧化物生长和去除的其他效应

在典型工艺过程中，晶圆被反复氧化和刻蚀以形成连续的掩模层。这些多重掩蔽氧化层使硅表面变得高度不平整。由于现代细线光刻技术的景深很浅，所以必须重视所产生的表面不规则性。如果表面不规则性很大，就不可能将掩模图像聚焦在光刻胶上。

考虑图 2.11 所示的晶圆。平整的硅表面氧化、光刻并刻蚀形成一连串的氧化物开孔［见图 2.11(A)］。随后对这个表面存在图形的晶圆热氧化可得如图 2.11(B)所示的剖面图。先前

① Runyan, *et al.*, pp. 269-272。

去除氧化物后形成开孔的位置首先快速氧化，而已覆盖有氧化层的表面则氧化速度缓慢。硅表面被侵蚀掉约 45%的氧化层厚度[①]，因此原先氧化开孔下面的硅会比周围的硅表面下降更深的厚度。在原先开孔位置的氧化物厚度永远比周围表面要小，因为在开始生长的时候，这些位置上已有一些氧化物存在。氧化物厚度和硅表面深度的不同共同造成了一种典型的表面不连续，我们称之为氧化台阶。

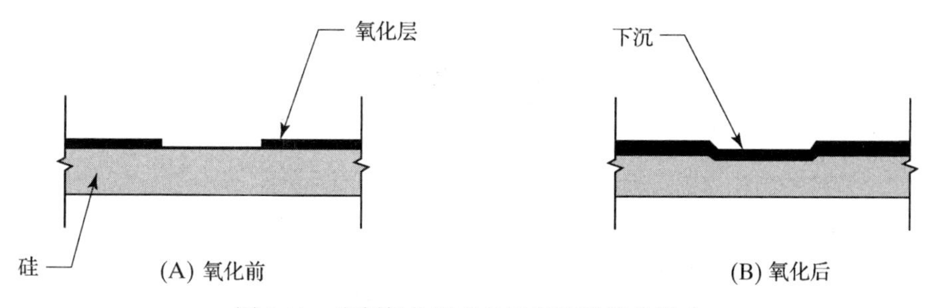

图 2.11　光刻氧化层对晶圆表面形貌的影响

热氧化物的生长也会影响到其下的硅的掺杂水平。若与硅相比，杂质更易溶于氧化物，在氧化过程中，它将从硅向氧化物中迁移。这样，硅表面就变成杂质耗尽状态。硼在氧化物中比在硅中更加易溶，所以它趋于分凝进入氧化物。这种效应有时称为硼吸收。相反，如果杂质更易溶于硅而非氧化物，则不断推进的氧化物-硅界面将杂质推到其前面并引起表面附近掺杂水平的局部增加。磷(类似于砷和锑)分凝进入到硅中，所以随着氧化的进行趋于在表面堆积。这种效应有时称为磷堆积(plow)。图 2.12(A)和图 2.12(B)所示的掺杂分布分别表示了硼吸收和磷堆积。在这两种情况下，预氧化掺杂分布都保持恒定且仅由于分凝效应使表面附近的掺杂浓度发生变化。这些分凝机制的存在使设计集成器件掺杂分布的任务变得复杂。

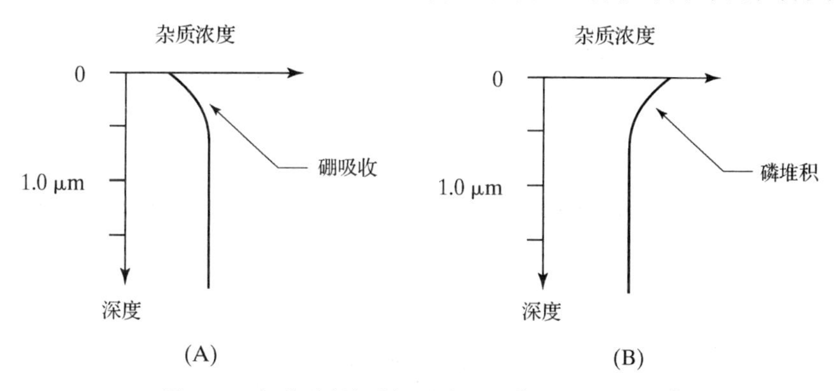

图 2.12　氧化分凝机制：(A)硼吸收；(B)磷堆积[②]

硅掺杂也会影响氧化物的生长速率。高浓度的 N+扩散会通过一种称为杂质增强氧化的过程加速其附近氧化物的生长。发生此现象是由于杂质影响了氧化物界面的原子键合，导致了失配和其他晶格缺陷。这些缺陷促进了氧化从而加速了上层氧化物的生长。当重掺杂 N+淀

① 这个值是 Pilling-Bedworth 比率的倒数，等于 2.2：G. E. Anner，*Planar Processing Primer*(New York: Van Nostrand Reinhold,1990)，p.169。

② A. S. Grove，O. Leistiko 和 C. T. Sah，“Redistribution of Acceptor and Donor Impurities During Thermal Oxidation of Silicon,” *J. Appl. Phys.*, Vol.35, #9, 1964, pp. 2695-2701。

积出现在工艺过程的早期时，由于长时间的热推进和氧化使得该效应十分明显。图 2.13 所示的晶圆在淀积 N+区后进行了长时间的热氧化。N+扩散上的氧化层实际比邻近区域上的氧化层更厚。杂质增强氧化可被用来增厚场氧化层以降低其单位面积电容。这样，与轻掺杂区域上形成的电容相比，在深 N+扩散上形成的电容的底板和衬底之间将呈现出更小的寄生电容。

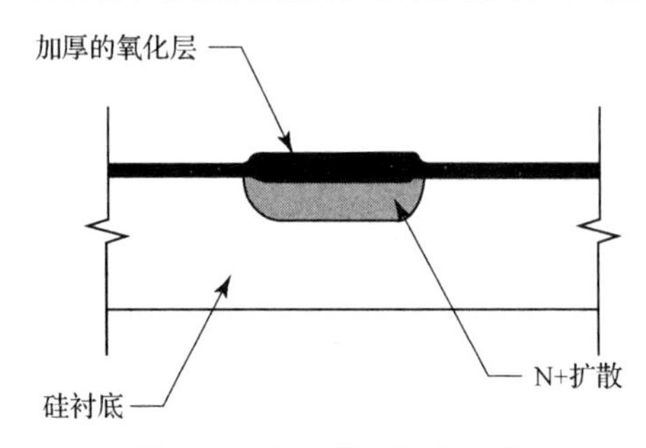

图 2.13 杂质增强氧化效应

2.3.4 硅的局部氧化(LOCOS)

一种称为硅局部氧化(LOCOS)的技术允许厚氧化层的选择性生长[①]。该工艺以生长一种保护硅表面免受随后工艺引发的机械压力影响的衬垫氧化层作为开始(见图 2.14)，然后在这个衬垫氧化物上淀积一层氮化物薄膜。光刻该氮化层暴露出要选择氧化的区域。氮化层阻挡了氧气和水分子的扩散，所以氧化只在氮化层窗口下面进行。一些氧化剂在氮化层边沿下面扩散很短的距离，产生一种典型的弯曲过渡区域，称为鸟嘴[②]。一旦氧化结束，将剥除氮化层且露出光刻的氧化层。

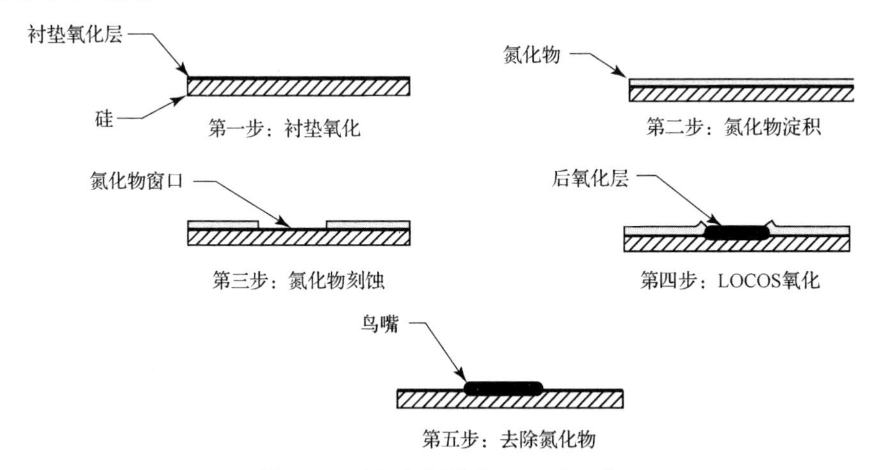

图 2.14 硅局部氧化(LOCOS)工艺

CMOS 和 BiCMOS 工艺采用 LOCOS 在晶圆的电有源区外生长厚场氧化层。没有覆盖场氧化层的区域称为沟槽区，因为它们使晶圆表面形态出现浅的凹槽。随后，在沟区生长一层非常薄的、高质量的栅氧化物，形成了 MOS 晶体管的栅介质。

---

① “LOCOS: A New I.C.Technology,” *Microelectronics and Reliability*, Vol.10, 1971, pp. 471-472。

② E. Bassous, H. H. Yu, and V. Maniscalco, “Topology of Silicon Structures with Recessed SiO_2,” *J. Electrochem. Soc.*, Vol.123, #11, 1976, pp. 1729-1737。

一种称为 Kooi 效应的机制使栅氧化物的生长变得复杂①。通常用于加速 LOCOS 氧化的水蒸气也会撞击氮化物膜的表面产生氨。部分氨在氮化物窗口边缘附近的衬垫氧化物下面移动。在那里与下层的硅反应再次生成氮化硅(见图 2.15)。由于这些氮化物存在于衬垫氧化物之下，所以即使在 LOCOS 氮化物被剥离之后它们仍然存在。因为刻蚀的目标是氧化物而非氮化物，所以在生长栅氧化物之前去除衬垫氧化物并不能消除这些淀积的氮化物。在栅氧化过程中，残留的氮化物会无意间成为 LOCOS 掩蔽膜，从而延迟沟槽区域周围氧化物的生长。这些位置的栅氧化物可能由于厚度不足而无法承受全部工作电压。可以通过首先生长薄氧化层然后将其剥除的方法克服 Kooi 效应。因为氮化硅氧化缓慢，这层陪衬(虚拟)栅氧化消除了残留氮化物的阻挡作用并改善了此后立刻生长的真正栅氧化物的完整性。

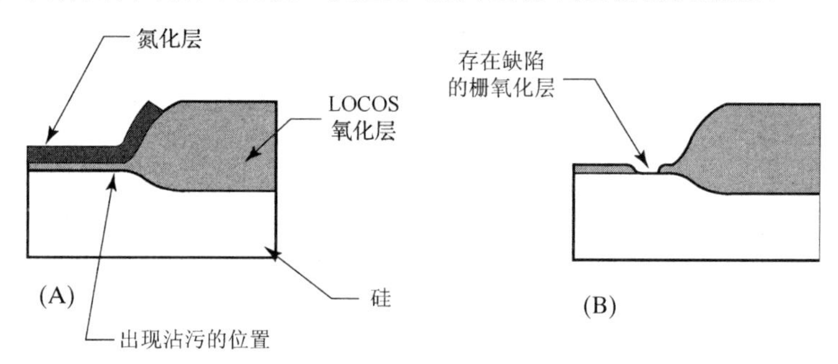

图 2.15　(A)生长在鸟嘴下的氮化物引起 Kooi 效应；(B)在随后的氧化过程中防止栅氧形成

2.4　扩散和离子注入

分立二极管和晶体管可以在晶体生长过程中通过在硅锭中形成结来制作。假设硅锭初始为 P 型晶体。在短时间的生长后，通过加入一定量的磷反型掺杂熔化的硅。持续的晶体生长将在硅锭中嵌入一个 PN 结。成功的反型掺杂可以在晶体中做出很多结，因此可以制作生长结晶体管。由于没有办法在晶圆的不同部分制作出不同的掺杂区域，所以无法生长集成电路。即使是制造简单的生长结晶体管都面临着一个挑战，这是因为生长结的厚度和平整度都难于控制。每次反型掺杂都会提高总的掺杂度。硅的某些性质(如少数载流子寿命)取决于总的杂质原子浓度，而不只是取决于某种杂质超出其他杂质的浓度，因此反复进行的反型掺杂会逐渐使硅的电学性能发生退化。

从历史上讲，生长结工艺很快被更为通用的平面工艺所取代。这种工艺可用于制作几乎所有的现代集成电路和绝大多数现代分立器件。图 2.16 显示了怎样通过平面工艺在晶圆上制作分立晶体管。首先，切割均匀掺杂的硅晶体以形成独立的晶圆。光刻并刻蚀在这些晶圆表面生长的氧化薄膜。涂在已光刻晶圆上的杂质源仅接触到已经移除氧化层的区域。然后将晶圆在熔炉中加热使掺杂剂渗入硅中，这将形成浅的反型掺杂区。制成的晶圆可以切出成百上千支独立的二极管。平面工艺并不需要对硅锭做多次反型掺杂，因此能够更加精确地控制结深和杂质分布。

① E. Kooi，J. G. van，Lierop 和 J. A. Appels，“Formation of Silicon Nitride at a Si-SiO_2，Interface during Local Oxidation of Silicon and during Heat-Treatment of Oxidized Silicon in NH_3 Gas,” *J. Electrochem. Soc.*, Vol. 123, #7, 1976. pp. 1117-1120。

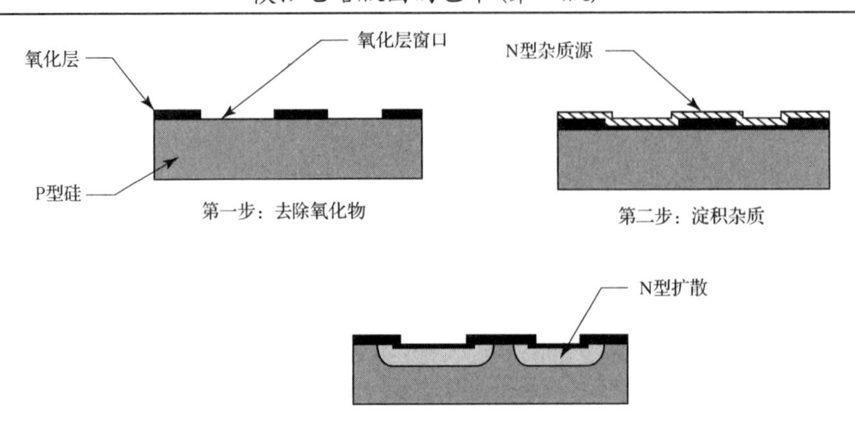

图 2.16 采用平面工艺，扩散 PN 结二极管的形成

2.4.1 扩散

杂质原子可以按照类似于载流子扩散运动的方式通过热扩散在硅晶格中移动(见 1.1.3 节)。杂质原子较重且被紧紧地束缚在晶格上，所以要获得合理的扩散速率需要 800℃～1250℃的温度。一旦杂质被推进到所要求的结深位置，晶圆将被冷却，杂质原子会固定在晶格位置。按照这种方式形成的掺杂区域被称为扩散区。

形成一个扩散区一般由两个步骤组成：初始淀积(或预淀积)和随后的推进(或再分布)。加热与外部杂质原子源接触的晶圆即为淀积。一些杂质原子从源中扩散进入硅晶圆表面，形成浅的重掺杂区域。然后将外部的杂质源移除，晶圆在更高的温度下加热很长一段时间。淀积过程中引入的杂质现在会被向下推进形成一个更深但浓度更低的扩散区。如果需要重掺杂结，那么通常不必从晶圆表面去除杂质源，同时淀积和随后的推进可以并为一步进行。

4 种在硅工艺中应用广泛的杂质是：硼、磷、砷和锑[①]。只有硼是受主杂质，其余 3 种都是施主杂质。硼和磷的扩散相对快些，而砷和锑扩散则慢得多(见表 2.2)。砷和锑可用于要求慢速扩散的场合——例如，当需要非常浅的结的时候。即便是硼和磷在低于 800℃的温度下也不会有明显的扩散，使得采用特殊的高温扩散炉成为必要。

表 2.2 典型的结深，单位：μm(源浓度 10^{20} 原子/cm^3，衬底浓度 10^{16} 原子/cm^3,15 min 淀积，1 h 推进)[②]

杂质	950℃	1000℃	1100℃	1200℃
硼	0.9	1.5	3.6	7.3
磷		0.5	1.6	4.6
锑			0.8	2.1
砷			0.7	2.0

图 2.17 显示了一种用于磷扩散的典型设备的简图。长的熔凝硅石管穿过一个能够在管中部形成非常稳定加热区域的电炉。将晶圆载入晶舟后，通过可控制速度的机械装置将其缓慢

① 选择这些杂质是因为它们易于电离，而且能够大量地溶解于硅形成重掺杂扩散。参见 F. A. Trumbore，“Solid Solubilities of Impurity Elements in Germanium and Silicon,” *Bell Syst. Tech. J.*, Vol.39, #1, 1960, pp. 205-233。

② 采用 R. S. Muller 和 T. I. Kamins 所著的 *Device Electronics for Integrated Circuits*, 2d ed. (New York: John Wiley and Sons, 1986)，p.85 的扩散系数计算而得。

推入炉中。通过一个装有液态三氯氧化磷（$POCl_3$，通常发音为“pockle”）的烧瓶向炉中吹入氧气。少量 $POCl_3$ 蒸发并被气流携载到晶圆上。$POCl_3$ 分解释放出的磷原子扩散进入氧化层薄膜，形成起到预淀积源作用的掺杂氧化膜。当经过足够长的时间在硅中淀积充足的杂质后，将晶圆从炉中移出并将掺杂氧化物剥除［称为去釉(deglazing)］。然后将晶圆重新置入另一个炉中，在那里加热以向下推磷形成所要求的扩散区。如果需要一个非常高浓度的磷扩散区，就不必在推进之前为了去釉而移出晶圆了。通过对杂质源的适当调整，该设备可以扩散 4 种常见杂质中的任何一种。

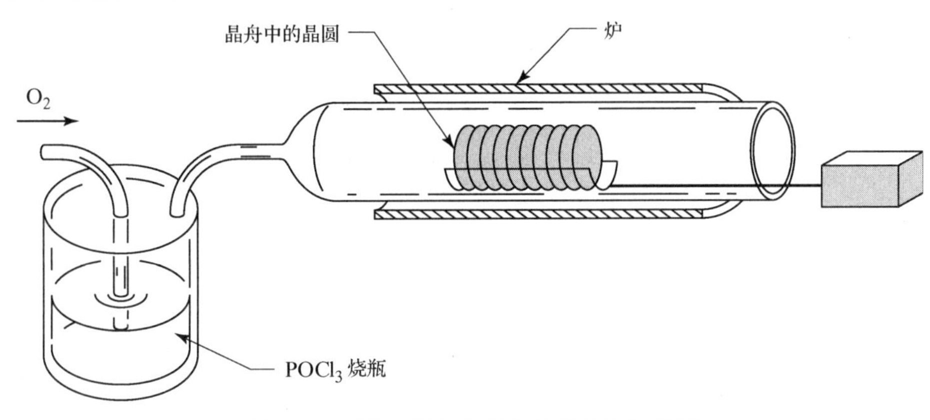

图 2.17　采用三氯氧化磷进行磷扩散的简图

现已研发出很多其他种类的淀积源。气态杂质如乙硼烷(用于掺硼)或磷化氢(用于掺磷)可被直接注入载体气流中。放置在硅晶圆之间的氮化硼薄片可用作硼的固态淀积源。在高温氧化气氛中会从这些薄片中向邻近晶圆释放出少量的三氧化硼气体。各种涂胶玻璃也被当作杂质源出售，所购得的这些杂质源均为液体形式。液体被甩胶涂抹到晶圆上以后，经过短时间的烘烤使溶剂挥发，在晶圆上留下一层掺杂氧化层。这种所谓的玻璃可作为随后扩散的杂质源使用。

这些淀积方案中没有一种可以被特别完美地控制，即使借助气态源(可被精确测量)，在晶圆周围非均匀的气体流动也会不可避免地造成掺杂变化。对于要求不高的工艺而言，如标准双极工艺，这些方案中的任何一种都可以收到很好的效果。与传统淀积技术相比，现代 CMOS 和 BiCMOS 工艺要求对掺杂水平和结深有更加精确的控制。离子注入(见 2.4.3 节)借助十分复杂和昂贵的设备能够提供所要求的精度。$POCl_3$ 仍被用于制作重掺杂 N 型区，而离子注入则无法通过低成本实现。

2.4.2　扩散的其他效应

扩散工艺会受很多限制的影响。例如，只能从晶圆表面开始进行扩散就限制了可以形成的几何形状。由于杂质扩散不均匀，所以得到的扩散区不具有恒定的掺杂分布。随后的高温工艺步骤将先前淀积的杂质继续向内推进，从而使工艺早期形成的结在后续处理中被推进更深的距离。由于杂质在氧化层窗口边沿下横向扩散，从而破坏了扩散区的形状。由于分凝机制，扩散和氧化相互影响，从而造成表面掺杂水平的耗尽或增强。由于一种杂质的出现会改变其他杂质的扩散速率，所以扩散之间甚至也会相互作用。这些及其他更复杂的因素使得扩散工艺远比最初表现出来的复杂许多。

扩散只能制作相对较浅的结。实际的推进时间和温度将结深限制在大约 15 μm。大多数扩散区将会更浅。由于通常采用氧化物掩模光刻扩散区，所以扩散区的剖面图一般如图 2.18(A)所示。杂质沿各个方向的横向扩散速率几乎相同。结在氧化层窗口边沿下的横向运动距离约等于 80%的结深[1]。这种横向运动(也就是所谓的横向扩散)使扩散区的最终尺寸超过了绘制氧化层窗口的大小。横向扩散在显微镜下是看不到的，这是因为薄膜干涉造成的氧化物色彩的变化刚好对应于氧化物移除的位置而不是结的最终位置。

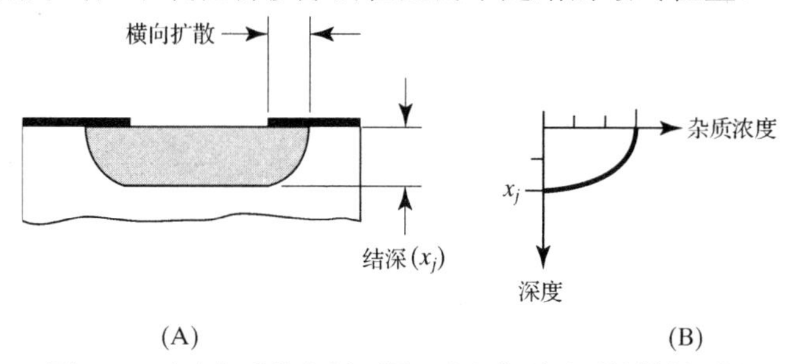

图 2.18 (A)杂质分布剖面图；(B)典型平面扩散剖面图

扩散的掺杂水平是深度的函数。若忽略分凝机制，杂质浓度在表面处最高，它随着深度的增加而逐渐减小。最终的掺杂分布可以进行理论预测，也可以通过实验量。图 2.18(B)显示了氧化层窗口中心点处的理论杂质分布。该分布假定仍然忽略氧化分凝机制，虽然有时这种机制是不能被忽略不计的。硼吸收可能会明显削弱 P 型扩散的表面掺杂而使轻掺杂的扩散区变成 N 型。磷堆积不会造成表面反型，但仍然会影响表面掺杂水平。

正如之前提到的那样，其他杂质类型的出现可以改变扩散速率。考虑重掺杂磷发射区扩散进入轻掺杂硼基区形成的 NPN 晶体管，发射区中的高浓度施主杂质会引起可产生缺陷的晶格应力。其中部分缺陷迁移到表面，并在那里引起杂质增强氧化作用。其余缺陷向下迁移，在那里它们将加速其下基区中的硼扩散。这种称为发射区推进的机制使得发射区下的基区扩散比周围区域更深［见图 2.19(A)］[2]。若扩散区下存在 NBL，则可能由于向上扩散的 NBL 尾部和基区扩散相交而减小结深。这种效应有时称为 NBL 推进，类似于所熟知的发射区推进，虽然这两种机制存在着根本的不同［见图 2.19(B)］。NBL 推进会干扰精确扩散电阻的结构。

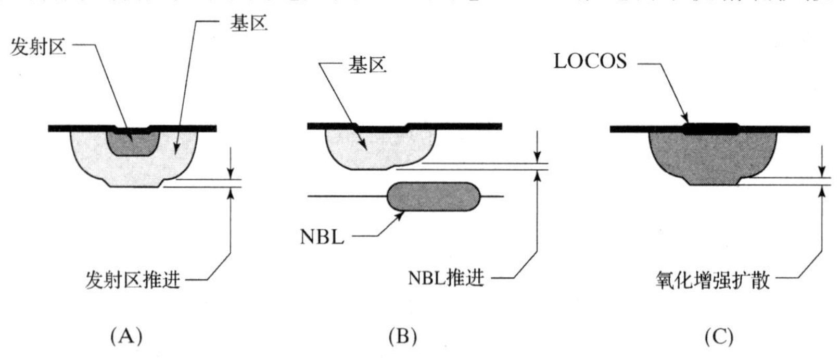

图 2.19 改变扩散速率的机制，包括：(A)发射区推进；(B)NBL 推进；(C)氧化增强扩散

① 参见 D. P. Kennedy 和 R. R. O'Brien，“Analysis of the Impurity Atom Distribution Near the Diffusion Mask for a Planar p-n Junction,” *IBM J. of Research and Development*, Vol. 9, 1965, pp. 179-186。

② A. F. W. Willoughby, “Interactions between Sequential Dopant Diffusions in Silicon—A Review,” *J.Phys.D: Appl. Phys.*, Vol. 10, 1977, pp. 455-480。

一种类似的机制会加速氧化物区域下的杂质扩散。氧化过程会产生大量缺陷，其中一些向下迁移，增强了生长氧化物下面的杂质扩散。这种机制被称为氧化-增强扩散[①]。它会影响所有杂质，并且可以在 LOCOS 场氧化物下形成比邻近沟槽区下深得多的扩散区［见图 2.19(C)］。

由于会出现很多种相互作用，因此即使最尖端的计算机程序也不总能预测实际的掺杂分布和结深。工艺工程师必须通过仔细地实验探寻在晶圆上制造给定器件组合的合适方法。工艺越复杂，这些相互作用就变得越复杂，也就越难找到合适的方法。因为工艺设计会花费太多时间和精力，大多数公司都只采用很少的工艺来制造其全部产品。向现有方案中加入新的工艺步骤所面临的困难也解释了为什么工艺工程师不愿调整工艺的原因。

2.4.3　离子注入

鉴于传统扩散技术的限制，现代工艺广泛采用离子注入技术。一台离子注入机本质上就是一台专业的粒子加速器，用于加速杂质原子以使它们能够渗透硅晶体至几微米的深度。离子注入并不需要高温，这样刻好图形的光刻胶层就可以作为掩模层阻挡注入的杂质。与传统的淀积和扩散相比，注入可以更好地控制杂质浓度和分布。然而，大剂量注入需要较长的注入时间。离子注入机也是一种复杂和昂贵的设备，很多工艺都采用扩散和注入相结合来减少总成本。

图 2.20 是一台离子注入机的简图。一个离子源提供一束电离的杂质原子，并将经微型线性加速器电场的加速。磁分析仪选择出所需的离子种类，一对偏转金属板利用所得离子束扫描晶圆表面。整个系统必须保持高真空，这样整个设备就被密闭在一个钢屋之中。

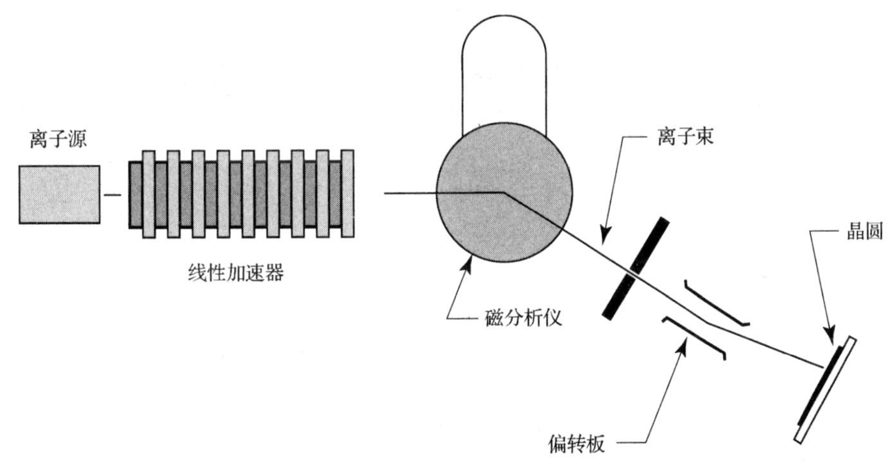

图 2.20　离子注入机简图[②]

一旦离子进入硅晶格中，由于与周围的原子碰撞，它们立刻开始减速。每次碰撞都把运动离子的动量转移到静止原子。离子束在散发能量的同时逐渐传播开来，使得注入以类似于前述横向扩散的方式展开(散射)。此外也有原子由于碰撞而脱离晶格，从而造成大量的晶格损伤，这些损伤必须通过在中等温度(800℃～900℃)下对晶圆进行几分钟退火处理来修复。硅原子变为可动，在注入区边缘周围完整的硅晶格结构则作为晶体生长的籽晶。损坏逐步地

① K. Taniguchi，K. Kurosawa 及 M. Kashiwagi，“Oxidation Enhanced Diffusion of Boron and Phosphorus in (100) Silicon,” *J. Electrochem. Soc.*, Vol. 127, #10, 1980, p. 2243-2248。

② 所示结构只是几种结构中的一种，参见 Anner，p. 313ff。

从注入区边缘向中心退火消除。如果随后晶圆被加热到很高的温度，离子注入加入的杂质会由于热扩散而重新分布，因此，较深的轻掺杂扩散可以这样产生：首先注入所需的杂质，随后向下推进直到所要求的结深。

离子注入所形成的杂质浓度和注入量直接呈比例关系，而注入量等于离子束电流和时间的乘积。注入量可以精确地监测和控制，因此可获得比传统的淀积技术更好的重复性。掺杂分布由单个离子所得到的能量决定，这个量称为注入能量。低能注入非常浅，而高能注入实际上使大多数杂质原子位于硅表面的下方。数兆伏的注入能量用来反型掺杂表面下几微米的区域，这样便形成了埋层。通过逐步采用一系列能量递增的注入，然后对所得结构进行退火，就可以形成较深的扩散区而无须长时间加热。这些链式注入可以形成近乎垂直的侧壁结构①。

离子注入也可用光刻好的淀积物(如多晶硅)作为掩模。这种技术减少了不可避免地出现在试图用多次光刻曝光制作一个结构时的对准误差，因此所得自对准结构可以用于对尺寸容差要求严格的位置。图 2.21 展示了通过离子注入制作自对准 MOS 管的源/漏区。在薄栅氧化层顶部淀积一层多晶硅并光刻。多晶硅不仅形成了 MOS 晶体管的栅电极而且同时作为注入掩模。多晶硅阻止了栅极下方区域的注入，并形成了精确对准的源区和漏区。源漏区与栅极的对准只受到由于离子束传播而引起的少量散射的限制。如果没有使用自对准注入，那么在栅极与源/漏扩散区之间就会出现光刻对准误差，所产生的交叠电容将严重地降低 MOS 管的开关速度。

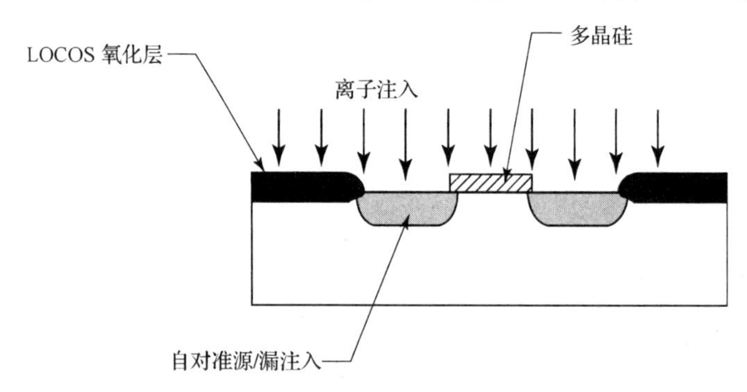

图 2.21 离子注入形成的自对准源漏区

当从某个角度观察硅晶格的时候，则可以看见称为沟道(channel)的硅原子列之间的缝隙。但只要稍微转动晶体，它们就会消失。当垂直观察时，在(100)面和(111)面都能看到沟道。如果离子束垂直撞击(100)面或(111)面，则在散射开始前离子就可以深入到晶体内。最终的掺杂分布主要依赖于离子束入射的角度。为了避免这种情况，大多数注入机以约 7°的角度向晶圆发射离子束。

2.5 硅淀积和刻蚀

纯净的或者掺杂的硅薄膜能够在晶圆表面进行化学生长。下层表面的特性决定了最终的薄膜是单晶体还是多晶体。如果表面是暴露的单晶硅，那么它可作为晶体生长的籽晶，淀积的薄膜也将是单晶体。如果淀积是在氧化物或氮化物薄膜上进行，那么没有下层晶格可作为

① R. K. Williams 和 M. E. Cormell, “The Emergence and Impact of DRAM-Fab Reuse in Analog and Power-Management Integrated Circuits,” *Proc. of IEEE Bipolar/BIOMOS Circuits and Technologies Meeting*, 2002, pp. 45-52。

形成晶核的籽晶，淀积的硅将形成细密晶粒的结合体——多晶硅(poly)。现代集成电路中大量使用单晶和多晶淀积硅薄膜。

人们已经开发出了许多种用于单晶硅和多晶硅的刻蚀工艺。尤为令人关注的是高度各向异性的沟槽刻蚀，这种工艺近来已成为隔离高密度集成电路所青睐的技术。

2.5.1 外延

在合适的晶体衬底上生长的单晶半导体薄膜称为外延。衬底通常是由与淀积半导体材料相同的晶体组成的，但也不是一成不变的。高质量单晶硅薄膜已可以在合成蓝宝石或尖晶石的晶圆上生长，因为这些物质都具有与硅一样可以形成晶核的晶体结构。由于合成蓝宝石或尖晶石晶圆的成本远远超过同样尺寸的硅晶圆，因而大多数外延淀积是由生长在硅衬底上的硅薄膜组成的。

有几种不同的方法来生长外延(epi)层。有一种相对来说比较粗糙的方法是将熔融的半导体灌注到衬底顶部，经过短暂的结晶，然后将多余的液体去除。接着把晶圆表面重新研磨并抛光以形成外延层。这种液相外延的明显缺点是重新研磨的成本较高并且很难精确控制外延层的厚度。

大多数现代外延淀积采用低压化学气相淀积(LPCVD)进行外延。图 2.22 显示了一种早期 LPCVD 外延反应器的简图。将晶圆装在一个感应加热承载块上，然后通入二氯硅烷与氢的混合气体。这些气体在晶圆的表面发生反应，并形成一层生长缓慢的单晶硅。生长速度可以通过调节反应器中的温度、压力和混合气体成分进行控制。无须抛光工艺以使外延表面适合进一步的处理，这是由于气相外延能够如实地再现下层表面的形貌。外延薄膜也可以通过在气流中加入少量气态杂质(如磷化氢或乙硼烷)实现同步掺杂。

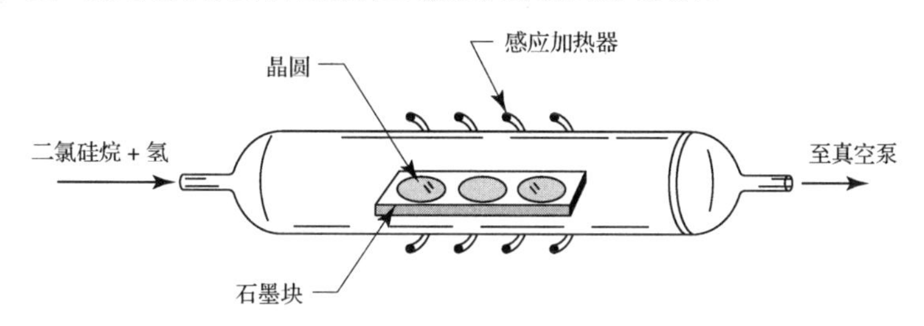

图 2.22　外延反应器的简图①

在初始晶圆上生长外延层有很多好处。其一，外延层不需要与下层晶圆具有相同的掺杂类型。例如，N 型外延层可以生长在 P 型衬底上，这是一种常用于标准双极工艺的结构。外延硅的另一个优点是，不像 Czochralski 硅，外延硅不会被氧或碳元素所沾污。多个外延层可以连续生长，并且形成的堆叠结构可以用于形成晶体管或其他器件。外延生长的潜能主要受限于缓慢的外延生长速度，以及远高于图 2.22 所示的昂贵且复杂的设备。

外延中也允许形成埋层。N+埋层成为多数双极工艺中的关键步骤，因为它使得制作具有低集电极电阻的垂直 NPN 晶体管成为可能。图 2.23 显示了这种 N 型埋层(NBL)的生长过程。砷和锑是形成 NBL 的首选杂质，由于它们的低扩散速率使得埋层在接下来的高温处理中的横向扩散最小。锑比砷更常使用，因为它在外延时表现出更小的横向传播趋势(称为横向自动掺

① 这里显示的水平管反应器已经非常落后了，更为先进的外延反应器实例可参见 C. W. Pearce, “Epitaxy,” in S. M. Sze，ed., *VLSI Technology*, 2d ed(New York: McGraw-Hill, 1988). pp. 61-65。

杂)①。另一方面，砷具有更高的固溶度，因此能够制作出掺杂更重的埋层。埋层的制作始于轻掺杂的 P 型晶圆。氧化该晶圆，在生成的氧化层上刻出窗口。将砷或锑注入窗口中，然后对晶圆短暂退火以消除形成的注入损伤。在退火过程中会发生热氧化，在氧化层窗口边缘周围会形成不连续。接下来，剥除晶圆上所有的氧化物，并且淀积 N 型外延层。所得结构由外延层下埋有刻有图形的 N+区组成。

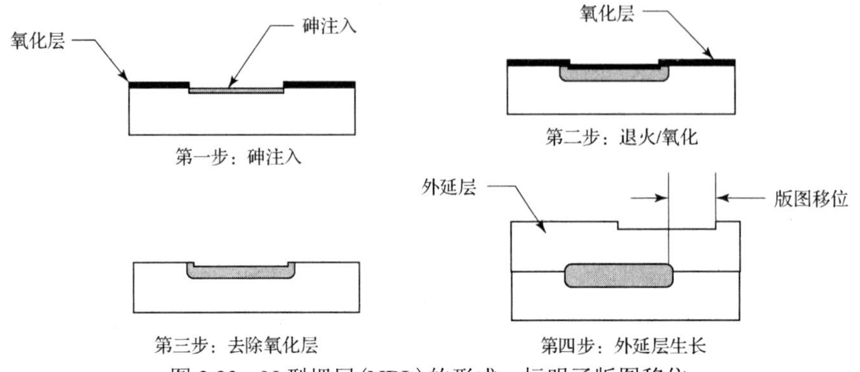

图 2.23 N 型埋层(NBL)的形成，标明了版图移位

如前所述，NBL 退火过程中的氧化会导致在氧化层窗口边缘四周轻微的硅表面不连续。外延层如实地在晶圆的最终表面再现了这些不连续。在显微镜下，最后的步骤形成了一个模糊的轮廓，称为 NBL 阴影(NBL shadow)。随后的光掩模将与这个不连续的位置对齐。另一种对准方法是使用红外光将 NBL 掺杂图像显示在上层硅上，但这需要更复杂的设备。

在外延中，NBL 阴影边缘处硅原子的增长产生横向转移，该效应称为版图移位(见图 2.23)②。移位大小取决于很多因素，包括温度、压力、气体组成、衬底方向与倾斜(见 7.2.4 节)。当其他层与 NBL shadow 对准时，必须抵消这些因素以补偿版图移位。

2.5.2 多晶硅淀积

如果硅是淀积在无定形材料上的，那么就没有下层晶格能够使晶体生长对齐。所得硅膜由小的交互生长的晶体集合构成。这种多晶薄膜为粒状结构，晶粒尺寸取决于淀积条件和随后的热处理。多晶的晶粒间界相当于晶格缺陷，它为漏电流提供了通道，因此 PN 结通常不能采用多晶硅制作。多晶硅通常用来制作自对准 MOS 管的栅极，这是因为它不像铝，能够承受退火源/漏注入时所要求的高温。另外，由于掺磷多晶硅可固定离子污染物，因而使用多晶硅能够更好地控制 MOS 的阈值电压(见 4.2.2 节)。适当掺杂的多晶硅可用于制造非常窄的电阻，它比扩散器件的寄生效应更小。重掺杂的多晶硅也可用作额外的金属层传输信号，并且在信号通道中插入的电阻不应对信号产生明显影响。

光刻多晶硅首先采用类似于外延的设备在晶圆上淀积多晶硅(见图 2.22)，然后在晶圆上涂上光刻胶，光刻并且刻蚀以选择性地去除多晶硅。现代工艺中通常使用干法刻蚀而不是湿法刻蚀，因为精确地控制栅极尺寸十分重要。

① M. W. M. Graef，B. J. H. Leunissen 和 H. H. C. de Moor，“Antimony，Arsenic，Phosphorus，and Boron Autodoping in Silicon Epitaxy,” *J. Electrochem. Soc.*, Vol. 132, #8, 1985, pp. 1942-1954。

② M. R. Boydston，G. A. Gruber 和 D. C. Gupta, “Effects of Processing Parameters on Shallow Surface Depressions During Silicon Epitaxial Deposition,” in *Silicon Processing*, American Society for Testing and Materials STP 804, 1983, pp. 174-189。

2.5.3　介质隔离

大多数集成电路使用反偏 PN 结将不同的导电区分隔，我们称这样的电路使用结隔离(JI)。制作这种形式的隔离既简单又经济，但有其局限性。用来隔离不同区域的反偏 PN 结可能由于不恰当的偏置而失效。即使偏置适当，结隔离仍然可以被热载流子或电离辐射所破坏。

在 20 世纪 60 年代后期和 70 年代初期，军用抗辐射集成电路导致一类新型隔离系统的发展，我们统称为介质隔离(DI)。第一种成功的 DI 是蓝宝石上的硅(SOS)，它使用与硅晶体结构非常相似的蓝宝石作为衬底。将一层单晶硅外延淀积在蓝宝石上。采用传统的工艺技术在该外延层内制作各种扩散区。接下来，通过刻蚀掉用作分隔器件的外延层将独立的有源器件相互隔离。这样做保证了器件之间的分隔，但不是通过反偏结，而是通过绝缘介质(这里指蓝宝石)实现的。在历史上，SOS 工艺从未有过商业应用，因为蓝宝石衬底非常小且十分昂贵。而使用其他绝缘体的方法(如二氧化硅)最终得到了发展，这使得 SOS 的概念扩展为本质上与介质隔离同义的绝缘体上的硅(SO1)。

SOS 工艺的直接继承者是硅 DI 工艺。图 2.24 展示了硅 DI 晶圆的形成过程。首先，在轻掺杂 N 型晶圆上最终需要隔离的地方刻出孔洞。接着，氧化晶圆，并在氧化层顶部淀积一层厚的多晶硅。然后将晶圆反转，使得多晶硅成为衬底。对单晶 N 型晶圆进行研磨，直到多晶硅露出表面为止。现在，剩下的单晶硅区域和多晶硅衬底通过氧化层(称为埋层氧化物，或 BOX)隔离①。这种工艺不需要蓝宝石衬底就可以获得介质隔离，但是它将面临一个非常有挑战性的抛光(lap-and-polish)工艺。如果晶圆并非十分平整，或者抛光不是极度均匀，那么单晶硅的某些区域将比其他区域先暴露出来。这会导致大量的制造损失，从而使硅 DI 工艺的成本高于结隔离。

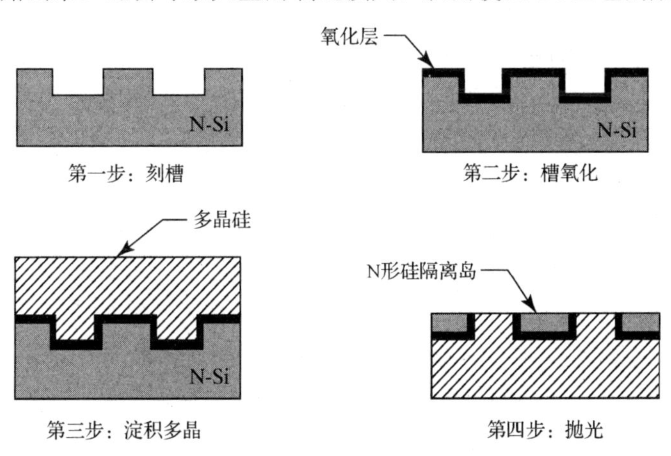

图 2.24　硅 DI 晶圆的制造步骤

DI 技术随后的历史主要是寻找更经济的方法制造埋层氧化物。一个聪明的解决方案是利用高能离子注入在硅表面下形成氧化层，所得 SIMOX(注氧隔离)工艺能够在硅表面下 2～5 μm 处形成一层平坦的氧化层。为了完成隔离系统，在有源器件周围必须形成绝缘侧壁。能达到这种结果的最好方法是一种称为浅槽隔离(STI)的工艺，它是独立发展起来的，用于减小高密度数字工艺中的隔离间距。浅槽隔离(见图 2.25)利用高度各向异性反应离子刻蚀在硅表

① D. J. Hamilton 和 W. G. Howard, *Basic Inuegrated Circuit Engineering*(New York: McGraw-Hill, 1975), pp. 88-89。

面切出了一个几乎垂直的凹槽。该凹槽的侧壁被氧化，然后淀积多晶硅填满凹槽的剩余部分。将多晶硅研磨到其周围晶圆的表面处以确保等平面性①。由于只有少量的过量多晶硅必须被去除，2.6.4 节中介绍的化学机械抛光(CMP)工艺不仅成本低而且可以精确地完成该步骤。填满沟槽的多晶硅的热膨胀系数与硅几乎相等，所以芯片的加热和冷却都不会引起额外的机械应力。STI 工艺处理后保留的高度平整表面对淀积先进细线金属化系统非常理想。SIMOX 工艺所面临的主要问题是它只能制作相对较薄的表面硅层，进而限制了制成的集成电路所允许的工作电压。如果必要的话，可以在沟槽隔离形成前通过外延加厚硅表面层，从而潜在允许在工艺中加入埋层。

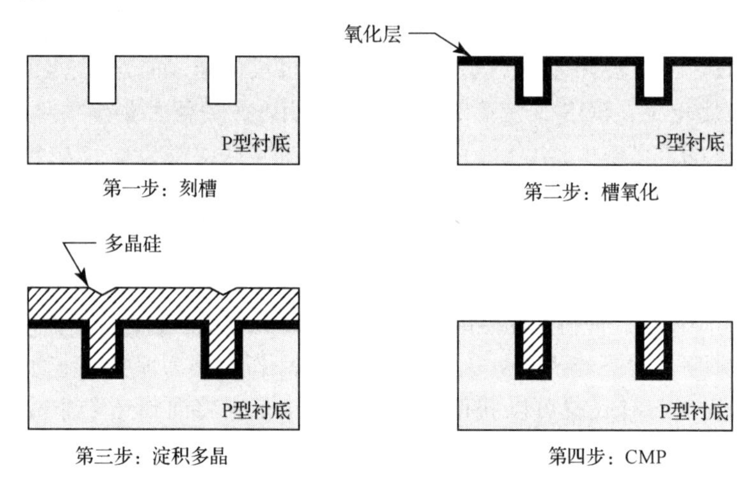

图 2.25 浅槽隔离的制作步骤

近来，出现了新一代的基于晶圆键合技术的 DI 工艺。晶圆键合包括两片相互熔合的晶圆，其中一片晶圆表面被一层薄氧化层所覆盖，但另一片没有。将两片晶圆堆叠在一起使得氧化层位于二者之间，然后加热直到它们熔合在一起。引起熔融所需的温度远低于软化硅或氧化硅的温度。有趣的是，氧化层表面必须吸收少量水汽才能完成晶圆键合。这可能意味着晶圆键合的核心是化学过程，虽然其机制的精确细节还未被完全确定②。晶圆键合工艺形成一层夹在两层厚硅之间的薄埋层氧化物。其中一层硅必须减薄，这样沟槽隔离就能向下达到 BOX 处。目前人们已提出了很多减薄方法，包括类似于硅 DI 工艺中的抛光技术，一种终止于重掺杂 P 型埋层的化学回刻技术，或者一种最具创造性的称为晶裂的工艺③。晶裂工艺在一片晶圆表面下方一定距离处制作一层高应变层。可以在晶圆键合前注入氢(更好的是锗)完成该步骤。一旦晶圆键合在一起，通过热冲击就会使得硅沿着应

① P. VanDerVoorm，D. Gan 和 J. P. Krusius，“CMOS Shallow-Trench-Isolation to 50-nm Channel Widths,” *IEEE Trans. Electron Devices*, Vol. 47, #6, 2000, pp. 1175-1182。

② U. M. Gösele，M. Reiche 和 Q.-Y. Tong，“Wafer Bonding：An Overview,” *4th Int. Conf. on Solid-State and Integrated Circuit Technology*, 1995, pp. 243-247。

③ Hydrogen cleaving: B. Aspar, C. Lagahe, H. Moriceau, A. Soubie, E. Jalaguier, B. Biasse, A. Papon, A. Chabli, A. Claverie, J. Grisolia，G. Benassayag. T. Barge，F. Letertre 和 B. Ghyselen，“Smart-Cut® Process： An Original Way to Obtain Thin Films by Ion Implantation,”*Conf. on Ion Implantation Technology*, 2000, pp. 255-260。Germanium cleaving: M. I. Current, S. N. Farrens，M. Fuerfanger, S. Kang，H. R. Kirk，I. J. Malik，L. Feng 和 F. J. Henley，“Atomic-layer Cleaving with Si_xGe_y Strain Layers for Fabrication of Si and Ge-Rich SOI Device Layers,” *IEEE International SOI Conference*, 2001, pp. 11-22。

变层裂开，留下了一层薄薄的单晶硅键合在埋层氧化物顶部。与 SIMOX 相同，晶裂只能制造相对较薄的隔离硅层。但是，这项工艺使利用多层有源硅逐层堆叠制作真正的三维集成电路成为可能①。

由于对高压集成电路需求的不断增长，使得介质隔离得到了一定程度的复兴。SIMOX 和晶圆键合成为制造埋层氧化物所选择的工艺。多种精心设计的浅槽隔离(其中一些可做出很深很窄的凹槽)通常用于形成侧壁隔离。考虑到在先进数字工艺中 STI 非常流行，期望 DI 工艺能够在平等的基础上与早已确定的 JI 工艺竞争。这能否成为事实仍然有待观察。

2.6　金属化

集成电路的有源器件包括扩散、离子注入和生长于硅衬底内或其上的外延层。当这步工艺完成后，用一层或多层连线将所得器件连接到一起就形成了集成电路。连线包括由绝缘材料(通常为淀积氧化层)分隔开的金属层和多晶硅。同样的材料也可以用于制作无源元件，例如电阻和电容。

图 2.26 展示了一个典型的单层金属(SLM)互连系统的形成过程。在完成最后的注入和扩散后，在整个晶圆上生长或淀积一层氧化物，对选择的区域进行光刻和刻蚀以生成暴露出硅的氧化层窗口。这些窗口将形成金属与下层硅之间的接触。一旦开出这些窗口，就可以淀积并刻蚀金属薄膜以形成互连结构了。

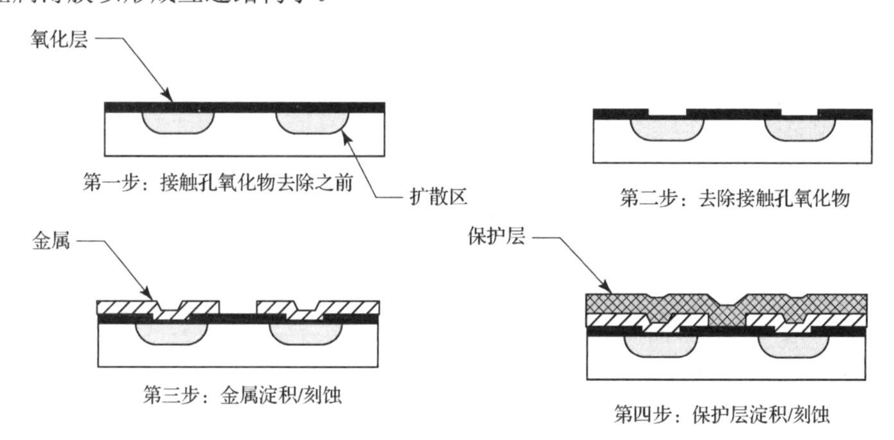

图 2.26　单层金属系统的形成

暴露的铝连线很容易受到机械损坏和化学腐蚀。可以将一层氧化物或氮化物淀积在制成的晶圆上作为保护层(PO)。该层起到敷形(conformal)密封作用，原理与有时应用于印制电路板的塑料敷形涂层十分相似。刻蚀保护层生成的窗口暴露出所选择的铝金属化区域，从而就能把焊线与集成电路相连。

图 2.26 中所示的工艺只能制作单层铝。可继续淀积金属层并光刻形成多层金属系统。多层金属增加了集成电路的成本，但是它允许将器件更紧密地排布在一起，因此减小了总的芯片尺寸。芯片面积的节省通常补偿了额外工艺步骤的费用。多层金属还简化了互连并缩短了

① L. Xue, C. C. Liu, H.-S. Kim, S. Kim 和 S. Tiwari, “Three-Dimensional Integration: Technology, Use, and Issues for Mixed-Signal Applications,” *IEEE Trans. Electron Devices*, Vol. 50, #3, 2003, pp. 601-609。

布版时间。大多数现代模拟工艺包含 3 层或 4 层金属，而先进数字工艺则可包括 6 层甚至更多层金属。

CMOS 工艺经常采用低阻多晶硅形成自对准 MOS 管的栅电极。这种材料还能作为额外的互连层而且不会增加成本。即使最小薄层电阻的多晶硅，其阻值仍是铝的很多倍，所以设计人员必须小心避免用多晶硅传输大电流或高速信号。先进工艺可加入第二层甚至第三层多晶硅。这些增加的层可用于制作不同类型的 MOS 晶体管，形成电容的极板以及制作多晶电阻。其中的每一层都可以暂时用作另一层的互连线。

2.6.1 铝淀积及去除

大多数金属系统使用铝或铝合金形成主要的互连层。铝的导电能力几乎与铜或银一样好，并且它很容易淀积成能够附着在用于半导体制造的所有材料上的薄膜。短时间的加热使铝和硅形成合金以用于产生低阻接触。

铝通常使用类似于图 2.27 中的设备通过蒸发进行淀积。晶圆被装在架子上，并面朝一个盛有少量铝的坩锅。当加热坩锅时，一些铝便会蒸发并淀积在硅表面。为了防止铝蒸气在淀积到晶圆上之前氧化，整个蒸发系统必须保持高真空状态。图示的蒸发系统只能使用纯铝，但一些更复杂的系统也可有选择地蒸发铝合金。

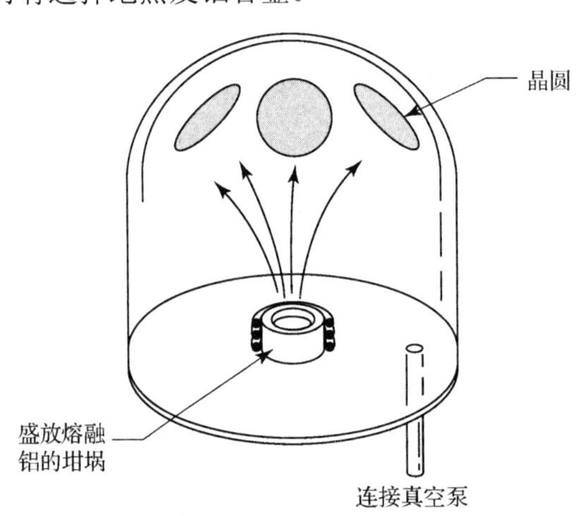

图 2.27 蒸铝设备简图

铝和硅在适当的温度下能够成为合金。经过短时间加热后，在接触孔下会形成极薄的掺铝硅层，该工艺称为烧结，可获得与 P 型硅的欧姆接触，因为铝是受主杂质。铝硅合金形成了浅的重掺杂 P 型扩散区，在金属和 P 型硅之间架起了桥梁。在铝与重掺杂 N 型硅接触时，也能形成不是很明显的欧姆接触。在这些接触下形成了结，但它们的耗尽区很薄，以至于载流子通过量子隧穿效应可以轻易越过。如果施主的浓度降到很低就会出现整流，因此在铝和轻掺杂 N 型硅之间不能直接形成欧姆接触。加入浅的 N+扩散将使这些区域形成欧姆接触。

烧结使得少量铝溶解到下层硅中。同时一些硅也溶解到铝金属中，从而腐蚀了硅表面。有些扩散区过薄以至于腐蚀可以完全穿通，从而引起了称为接触穿通（contact spiking）的失效机制。历史上，首先是在 NPN 晶体管发射区扩散中观察到了这种情况，因而称为射极穿通[①]。可以用铝硅合金代替纯铝进行金属化使接触穿通效应最小化。如果淀积铝中的硅已达到饱和，则(至少在理论上)不能再溶解更多的硅。实际上，烧结时合金中的硅试图脱离出来，留下一个不饱和的铝块。仔细控制烧结时间和温度将使这种效应最小化。即使这样，硅分凝会形成小颗粒，可在高度放大的条件下观察到金属粗糙、颗粒状的形态。

另一种出现在高密度数字逻辑中的失效机制始于 20 世纪 70 年代早期。随着集成电路尺寸的不断减小，流过金属的电流密度逐渐增大。一些在高温下长期工作的器件最终表现出开路金属失效。这些失效最终都可以追溯到一种称为电迁徙[②]的机制(见 4.1.2 节)。向铝合金中加入少量的铜能够将抗电迁徙特性改善一个数量级，因此大多数现代金属系统采用铝-铜-硅合金或铝-铜合金。

2.6.2　难熔阻挡金属

随着在相同硅片上集成的元器件数目的不断增多，集成电路的特征尺寸逐步缩小。为了获得必要的集成密度，接触孔和通孔的侧壁变得越来越陡峭。由于铝蒸气并非各向同性淀积，因而金属在经过氧化物台阶时变薄［见图 2.28(A)］。任何导线横截面积的减小都会增加电流密度，加速电迁徙效应。现在已经开发出多种技术能够改进类似于反应离子刻蚀厚氧化层所形成的非常陡峭的侧壁上的台阶覆盖。

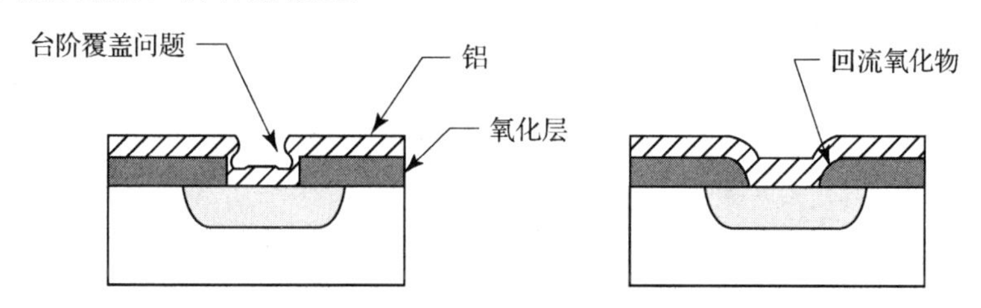

图 2.28　蒸铝的台阶覆盖：(A)无回流；(B)有回流

通过减缓侧壁的角度可以极大地提高蒸铝的台阶覆盖。可以通过加热晶圆直到氧化物熔化并滑落形成倾斜的表面来实现。这步工艺称为回流［见图 2.28(B)］。由于纯净氧化物的熔点太高而不易回流，所以在氧化物中加入磷和硼以降低其熔点。所形成的掺杂氧化薄膜被称为磷硅玻璃(PSG)或硼磷硅玻璃(BPSG)，具体取决于所选择的添加物。

进行铝淀积之后就无法进行回流了，因为它无法承受软化 PSG 或 BPSG 所需的温度。因此，尽管回流有助于改善第一层金属的台阶覆盖，但为了成功地制造多层金属系统还必须采用其他技术作为补充。一种选择是使用能够各向同性地淀积在陡峭的倾斜侧壁上的金属，例如钼、钨或钛。这些难熔阻挡金属具有极高的熔点，因此不适合采用蒸发淀积。一种称为溅射的低温工艺能够成功地淀积它们。图 2.29 为溅射设备的简图。将晶圆放在一个充满低压氩气容器中的平台上。正对晶圆的是一块难熔阻挡金属平板，用作高压电极对中的一极。氩原子轰击难熔阻挡金属板，从而使得原子松动并淀积在晶圆上形成一层金属薄膜。

---

① M. D. Giles, “Ion Implantation,” in S. M. Sze, ed., *VLSI Technology*, 2^{d} ed (New York: McGraw-Hill, 1988), pp. 367-369。

② J. R. Black, “Physics of Electromigration,” *Proc. 12th Reliability Phys. Symp.*, 1974, p. 142。

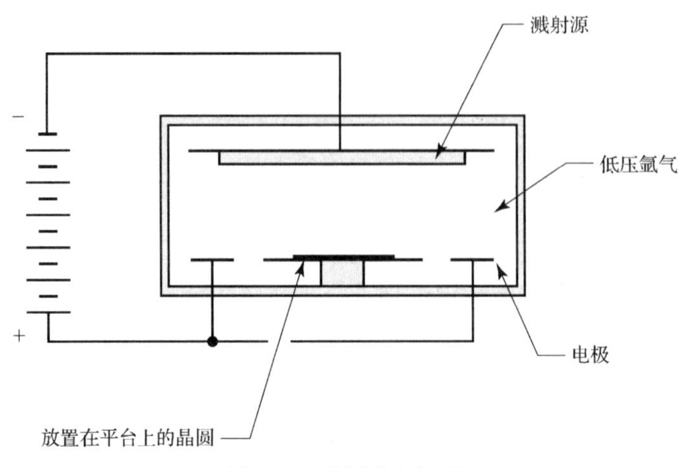

图 2.29 溅射设备简图

溅射形成的难熔阻挡金属薄膜不仅提供了更为出众的台阶覆盖，而且基本消除了射极穿通[①]。如果台阶覆盖是选择金属系统的唯一标准，那么铝就会被难熔阻挡金属完全代替。遗憾的是，难熔金属有相对较高的电阻率，而且不能像铝一样很容易地淀积成厚膜，因此大多数金属系统采用两种金属组成的夹层结构。接触孔位置铝下面的薄层难熔金属保证了足够的台阶覆盖，而且显著地减薄了铝金属。在其他位置，铝降低了金属导线的电阻。在接触孔位置相对较短的难熔阻挡金属不会对整个互连系统的电阻产生影响。由于难熔阻挡金属能够极大地阻止电迁徙，因此减薄接触孔和通孔侧壁上的铝不存在电迁徙的危险。

如前所述，难熔阻挡金属基本能够消除射极穿通。硅和难熔金属之间的合金化程度可以忽略，铝也不能穿透阻挡金属接触到硅，因此多数难熔阻挡金属系统用铝-铜合金而不是铝-铜-硅合金，因为铝-硅熔合不会形成。

先进的金属系统要求更小的金属线宽，这进而要求更小的通孔。更小的通孔要求更陡的侧壁，而这样就减弱了铝的台阶覆盖。该问题对于直径小于 1 μm 的通孔来说是非常尖锐的。人们已经提出许多可供选择的通孔制造技术，其中最普遍是利用化学气相淀积在通孔中形成塞状的钨。CVD 钨以能够淀积在窄孔中且没有空隙而闻名。在合适的条件下，CVD 钨可以完全填满通孔。图 2.30 显示了用于制造填充通孔的塞状 CVD 钨的工艺。首先，淀积一层难熔阻挡金属，促进钨对氧化层的附着并保护下层的铝。接着，将钨淀积在难熔阻挡金属上。钨完全填满了通孔，并形成了基本平整的表面。然后，回刻该表面至氧化层，只留下填满钨的通孔。现在可将第二层金属淀积在塞状通孔的上方[②]。这项技术有很多优点：第一、较厚的塞状钨确保了穿过通孔的低阻连结；第二，由于穿过通孔的金属不会因为出现表面不连续而变薄，所以它的载流能力不会因为通孔的存在而受到损害；第三，由于通孔上金属具有平整的表面，因此设计者可以将通孔逐层堆叠。形成塞状钨的技术也可用于制作接触。

---

① T. Hara，N. Ohtsuka, K. Sakiyama 和 S. Saito, "Barier Effect of W-Ti Interlayers in Al Ohmic Contact Systems," *IEEE Trans. Electron Devices*, Vol. ED-34, #3, 1987, pp. 593-597。

② P. E. Riley，T. E. Clark，E. F. Gleason 和 M. M. Garver，"Implementation of Tungsten Metallization in Multilevel Interconnection Technologies," *IEEE Trans. Semiconductor Manufacturing*, Vol. 3, #4, 1990, pp. 150-157。

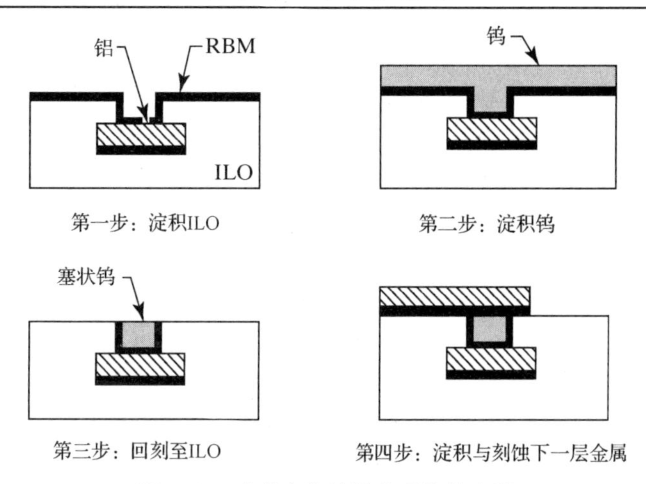

图 2.30　形成塞状钨通孔系统的步骤

2.6.3　硅化

另一个对标准金属化流程的修正是添加硅化物。硅元素可以与很多金属发生反应，包括铂、钯、钛、钴和镍，形成成分确定的化合物。这些硅化物能形成低阻欧姆接触，同时某些特定的硅化物还能够形成稳定的整流肖特基势垒。因此硅化不仅改善了接触电阻——这种电阻是阻挡金属系统所面临的问题——而且无须增加成本就可以形成肖特基二极管。硅化物的电阻甚至远低于掺杂最重的硅，因此可用于减小所选择的硅区域的电阻。许多 MOS 工艺使用硅化的多晶硅(有时称为复合多晶硅)形成高速 MOS 管的栅极，其中一些工艺也会硅化晶体管的源区/漏区以降低其电阻。由于大多数硅化物相对难熔，它们的淀积不会排斥后续的高温处理，因此硅化的栅极可以用于形成自对准的源/漏区。

图 2.31 显示了在晶圆上特定区域淀积一层硅化铂时所需的步骤。开接触孔后立刻把一层铂金属薄膜淀积到整个晶圆上。然后加热晶圆，使铂薄膜与硅接触的部分反应生成硅化铂，未反应的铂能够用一种称为王水的酸混合液去除。这个步骤能够使接触孔以及任何暴露的多晶硅硅化。如果需要的话，可以增加一个掩模步骤来选择哪些区域需要硅化。采用复合多晶硅的工艺必须包含硅化阻挡掩模以制造多晶硅电阻。如果没有的话，硅化会把所有的多晶体变成低阻材料。

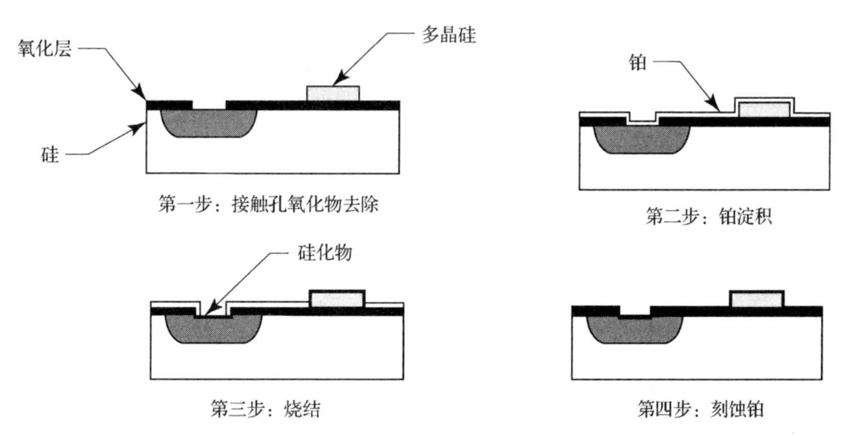

图 2.31　硅化工艺，其中显示了硅化接触和硅化多晶硅

只有在硅与淀积金属直接接触时才会发生硅化反应，因此所得硅化物会和氧化层开孔或者多晶硅区的边缘自对准。一些作者将这样的硅化物薄膜称为自对准硅化物。

一个典型的硅化单层金属系统由最底层的硅化铂、中间的难熔阻挡金属层和最上面的掺铜铝层构成[①]。所得夹层结构表现出低电阻、不易出现电迁徙、稳定的接触电阻以及精确控制的合金深度等特性。拥有所有这些优点的三层结构的成本远高于简单的铝合金系统，但是其优越的性能却是实实在在的。

多种硅化物已经应用于金属化系统中。某些贵硅化物(尤其是铂和钯)适合形成肖特基二极管。遗憾的是，这些贵硅化物会在相对较低的温度下分解，从而限制了硅化后的工艺选择。有很多难熔硅化物可以承受更高的温度，但它们形成的肖特基势垒的正偏电压非常低，因此不能用作电路单元。在难熔硅化物中，硅化钛比较受欢迎，因为钛能够减少二氧化硅，因此即使是在存在天然薄氧化层的情况下也可确保与硅的低阻接触。研究人员发现，在硅化多晶硅导线的宽度减小到 1～2 μm 以下时，硅化钛的电阻率急剧上升。这要归因于硅化物在退火过程中出现的相变。这种相变伴随着硅化物晶粒尺寸的增长并在导线的尺寸不足以容纳更大的晶粒时停止，从而导致更高的电阻相的持续。某些其他难熔硅化物(特别是镍和钴的硅化物)不能承受退火引起的相变，因此不表现出受线宽影响的电阻率增加[②]。

虽然远大于金属的电阻，但硅化多晶硅的电阻仍非常低，从而使其成为一种具有吸引力的互连材料。它不能被不加区别地使用，但是即使是有限的多晶硅互连也能够极大地减小数字逻辑单元的大小。如果只能使用一层或者两层金属，那么采用硅化多晶硅布线将极具价值。

2.6.4 夹层氧化物、夹层氮化物和保护层

图 2.32 显示了一个典型的现代金属化系统的剖面图。硅上面的第一层材料是热生长氧化物。在这层氧化物上面是光刻的多晶硅层，它最终将形成 MOS 管的栅极。在多晶硅之上是一层很薄的淀积氧化物，称为多层氧化物(MLO)，用于隔离多晶硅并加厚热氧化物层。通过 MLO 和热氧化层刻蚀出接触孔与硅相连，同时通过 MLO 刻蚀出接触孔与多晶硅相连。经过回流后，接触孔被硅化以降低接触电阻。在 MLO 之上是第一层金属，由薄层难熔阻挡金属和厚的掺铜铝层组成。在第一层金属之上是另一层淀积氧化物，称为夹层氧化物(ILO)，用于隔开第一层金属和其上面的第二层金属。通过 ILO 刻蚀处通孔。在此之上是第二层金属，同样也是由难熔阻挡金属和掺铜铝组成。最顶层也是最后一层由压缩氮化物薄膜组成，用作保护层(PO)。该金属化系统总共有 6 层(一层多晶、两层金属、MLO、ILO 和 PO)，需要 5 个掩模步骤(多晶硅、接触孔、金属 1、通孔、金属 2 和 PO)。一些先进工艺可能采用 3 层多晶硅和 7 层金属。

夹层氧化物通常采用低温淀积获得——例如，通过硅烷与一氧化二氮反应或分解四乙氧基硅烷(TEOS)。相对较厚的 ILO 层有助于减小导体层之间的寄生电容，但可能会引起通孔中的台阶覆盖问题。如前所述，一旦淀积铝后，就不能进行回流了，所以通常使用难熔阻挡金属来改善第二层金属的台阶覆盖。另外，还可以采用塞状钨通孔。

---

① 加入难熔阻挡金属阻止了硅铂化物与铝之间的反应。对大多数难熔硅化物而言这并不需要。见 Sze，pg. 409。

② T. Ohguro，S-I. Nakamura，M. Koike，T. Morimoto, A. Nishiyama, Y. Ushiku，T. Yoshitomi，M. Ono，M. Saito 和 H. Iwai, “Analysis of Resistance Behavior in Ti- and Ni-Salicided Polysilicon Films,” *IEEE. Trans. on Electron Devices*, Vol. 41, #12, 1994, pp. 2305-2317。

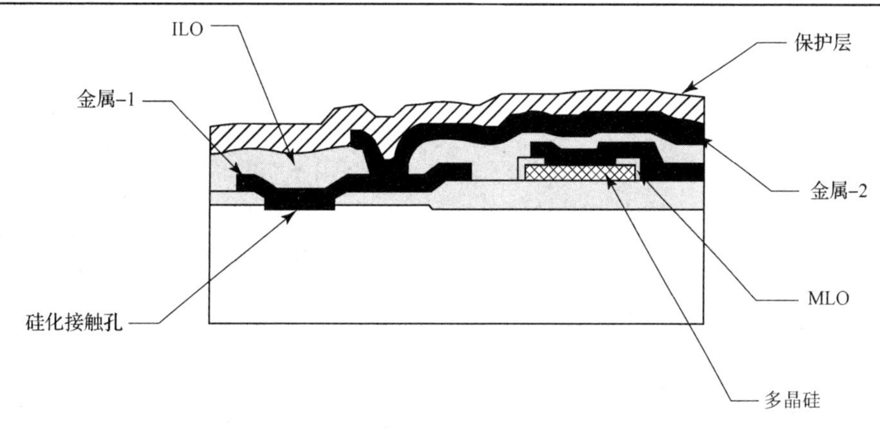

图 2.32　双层金属、单层多晶硅金属化系统的剖面图

晶圆上淀积的刻有图形的层会不可避免地引起表面高度的变化。在导体上堆叠的每一层都会造成表面形态的恶化。现代细线光刻技术的景深很浅，因此即使是表面高度上的细微不同也会使某些特征无法聚焦。通过特殊的等平面技术可以将晶圆表面形态的变化减到最小。其中最简单的方法是通过反复应用旋涂玻璃(SOG)形成 MLO 或 ILO 层。SOG 以液体薄膜的形式淀积在晶圆上,其表面由于表面张力而拉紧。凹陷表面区上的 SOG 薄膜厚度大于平均值,而高处则小于平均值，因此每一层 SOG 都将非等平面性减小到一定程度。抗蚀胶回刻平面化取决于对表面张力的相似应用。一层抗蚀胶旋涂到晶圆上并且烘干，所生成的抗蚀层在凹陷处最厚，而在高处最薄。这里不光刻抗蚀层，相反，仅仅将晶圆放入经调整用于刻蚀抗蚀层和氧化层的干法刻蚀系统中。抗蚀层的表面逐渐被腐蚀掉，露出越来越多的氧化层。氧化物的最高处由于暴露在刻蚀剂中最久，因而被腐蚀掉得最多。

即使采用抗蚀胶回刻工艺也不能达到现代亚微米工艺所要求的平整度，因而采用化学机械抛光(CMP)替代。这项技术使用含有细腻、柔软研磨颗粒的碱性浆料。这种碱性溶液腐蚀氧化层，通过软化氧化层可用研磨颗粒将其擦除。CMP 工艺选择性地腐蚀了氧化层表面的最高点，同时留下了几乎不曾触及的凹陷区[①]。虽然 CMP 比 SOG 和抗蚀回刻法要好许多，但也并非完美无瑕。没有下层金属(或多晶硅)的大面积区域在最终的表面上会形成较低的区域,这种效应称为凹陷，只有在相对较长的尺度上(约 1 mm)才会变得显著。如果无法接受，那么可以在掩模生成之前会有一个有陪衬(虚拟)金属图形组成的结构(称填充金属)自动加入版图中[②]。

可在两层金属或多晶硅之间形成一个高性能电容器。将一层薄的绝缘介质淀积在两平板之间，这样就完成了电容的制作。电介质越薄，所得单位面积的电容量就越大。一种用于制造电容的技术是首先淀积一层多晶硅，氧化形成薄层介质，然后淀积第二层多晶硅形成电容。在两多晶硅层交叠的区域就形成了电容，它由被薄氧介质层分开的两多晶硅平板组成。氧化物是理想的电容介质，因为它几乎是完美的绝缘体，而且很薄的氧化薄膜在生长时不会有针

① K. A. Perry, "Chemical Mechanical Polishing: The Impact of a New Technology on an Industry," *1998 Symp. on VLSI Technology Digest of Technical Papers*, 1998, pp. 2-5。

② B. E. Stine, D. S. Boning, J. E. Chung, L. Camilleti, F. Kruppa, E. R. Equi, W. Loh, S. Prasad, M. Muthukrishnan, D. Towery，M. Berman 和 A. Kapoor, "The Physical and Electrical Effects of Metal-Fill Patterning Practices for Oxide Chemical-Mechanical Polishing Processes," *IEEE Tran. Electron Devices*, Vol. 45, #3, 1998, pp. 665-679。

孔或其他缺陷产生。但是由氧化物介质形成的电容量大小受到氧化物击穿电压的限制，为了承受更高电压需要增加氧化层的厚度，从而使得单位面积电容按比例缩小。

使用高介电常数材料是在给定工作电压下提高单位面积电容量的一种方法。氮化硅的介电常数是氧化硅的 2.3 倍，通常用于制造具有高单位面积电容量的薄膜。但遗憾的是，相同厚度的氮化物薄膜比氧化物薄膜更容易形成针孔。因此，有时把氧化物和氮化物结合在一起使用形成堆叠结构的电介质，其介电常数介于氧化物和氮化物之间。典型的氧化物-氮化物-氧化物堆叠电介质的介电常数大约是氧化物的两倍。

保护层由覆盖在整个集成电路上的厚的淀积氧化物或氮化物薄膜组成。它将最上面的金属层与外部空间隔开，因此(例如)任何一颗导电灰尘都不会使得相邻的两条导线短路。由于铝很软，在压力下铝金属会软化变形，因此保护层也是有助于稳固集成电路的一项必要措施。保护层还有助于阻止污染物的进入。铝金属连线和下层的硅易受某种能够穿透塑料封装的污染物的侵蚀。配比合适的保护层能够形成对这些污染物的屏障。有时将重掺杂的磷硅玻璃用作保护层，但大多数现代工艺已改用压缩氮化物薄膜，因为它具有更高的机械硬度和抗化学腐蚀性。

2.6.5 铜金属化

自平面工艺初期开始，铝就是集成电路所选择的金属连线材料。铝具有相对较小的电阻，且能够淀积成薄膜，并且可很好地附着在氧化物和硅上。然而，在 20 世纪 90 年代晚期，技术的进步无情地使铝金属化走到了尽头。铝的电阻虽然很小，但当连线尺寸下降到亚微米级或工作电流提高到安培级时就变得非常明显。在这些条件下，电迁徙也是一个很严重的问题。铜显著地降低了电阻并极大地提高了抗迁徙特性。近来，采用铜的金属系统已经开始代替(或至少是补充)传统的铝金属化系统。

双大马士革铜(dual damascene copper)工艺特别地设计用于制造窄的排布密集的金属连线。这种工艺运用传统的刻蚀技术光刻氧化层，然后再将图形转移到铜金属层。选择这种方法的原因是由于刻蚀铜的唯一干法刻蚀技术需要较高的温度，因此不能使用光刻胶作为掩模材料。

双大马士革工艺最好利用制作第二层金属所需的步骤加以展示。首先，在晶圆上淀积一层 ILO 并且利用 CMP 使其平面化。然后，在已经平面化的 ILO 上淀积一层薄的 CVD 氮化硅用作刻蚀掩模(见图 2.33 中的第一步)。接着使用通孔掩模刻蚀氮化硅再将第二层 ILO 淀积在上面(第二步)。现在将晶圆覆上光刻胶并使用金属-2 掩模光刻。使用选择性干法刻蚀把暴露出的氧化硅区域去除。刻蚀终止于暴露的氮化硅和金属-1 层(第三步)。然后，淀积一薄层导电氮化钛，接着淀积一薄层铜作为随后电解淀积更多的铜的种子(第四步)。最后，用化学机械抛光去除 ILO 上所有的金属(第五步)。所得结构包括两层铜，上层用作第二层金属连线，而下层构成其下面的通孔[①]。所谓双大马士革是指铜同时淀积形成导线和通孔。这种工艺在技术上具有一定的挑战性，但商业价值可观。

---

① Y. Morand，M. Lerme，J. Palleau，J. Torres，F. Vinet，O. Demolliens，L. Ulmer，Y. Gobil，M. Fayolle，F. Romagna 和 R. LeBihan, "Copper Integration in Self Aligned Dual Damascene Architecture," *1997 Symp. on VLSI Technology Digest of Technical Papers*, 1997, pp. 31-32。

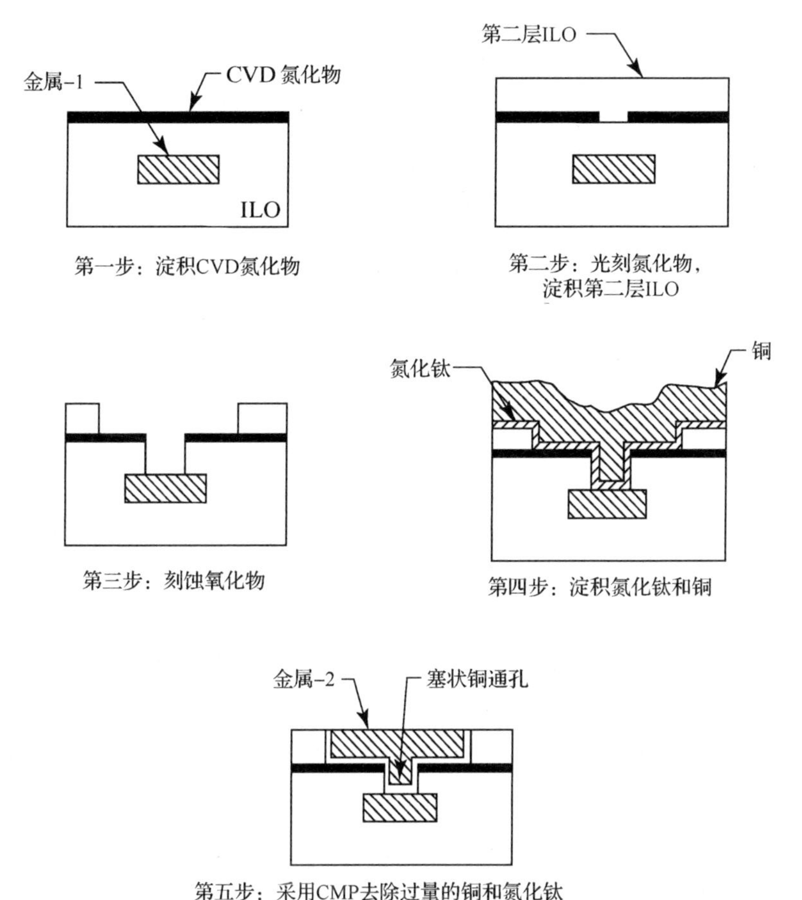

图 2.33　在双大马士革铜金属系统中第二层金属的形成步骤

功率铜(power copper)工艺用于减小大电流电路中的电阻。现代功率集成电路需要电阻只有几毫欧的连线结构。无论导线做得多么宽，或者堆叠了多少层金属，传统的金属连线只是因为太薄而无法达到如此低的电阻。功率铜工艺从已完成工艺并覆盖保护层的晶圆开始。然而，保护层中的开口不能形成焊盘，而是形成功率铜的通孔。将一薄层铜溅射到整个晶圆上作为随后电解淀积 25 μm 厚铜的种子。在铜的顶部淀积一薄层镍，接着是一薄层钯用于防止氧化并作为焊线键合的合适的表面。然后将晶圆覆上光刻胶并光刻，用简单的湿法刻蚀形成功率铜的引线(见图 2.34)，引线的宽度和间距都无须十分精确，但这没什么影响，因为功率铜仅用于形成焊盘和粗大的大电流导线。功率铜缓冲了下面的集成电路受到焊线键合所产生的应力的影响，因此焊盘可以直接设置在有源电路上而无须担心造成损害。这种能力被称为动态电路上的键合(BOAC)[①]。功率铜金属层本身没有任何保护，但是金属连线相对较大的尺寸赋予了其一定的耐腐蚀能力。

① T. Efland, D. Abbott, V. Arellano, M. Buschbom, W. Chang, C. Hoffart, L. Hutter, Q. Mai, I. Nishimura, S. Pendharkar, M. Pierce, C. C. Shen, C. M. Thee，H. Vanhorn 和 C. Williams, "LeadFrame OnChip offers Integrated Power Bus and Bond over Active Circuit," *Proc. 2001 Int. Symp. Power Semiconductor Devices and ICs*, 2001, pp. 65-68。

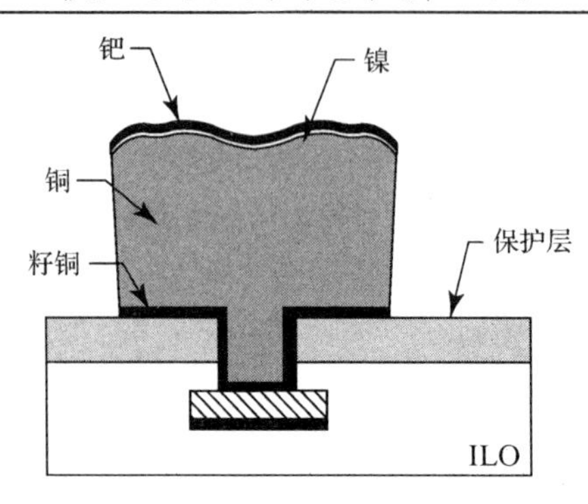

图 2.34 功率铜金属导线及其下面穿过保护层到达铝金属层的通孔的剖面图

2.7 组装

淀积保护层后，晶圆制作结束，但仍需要一些制造步骤才能最终实现集成电路。由于其中大多数操作不需要像晶圆制造那样具有严格的洁净度，因此它们通常在一个单独的称为组装/测试点的设备上进行。

图 2.35 为一块典型的制作完成的晶圆的图示。晶圆上的每一个小方块都代表一块完整的集成电路。这个晶圆上大约有 300 个集成电路芯片，并用产生步进工作板的步进-重复工艺排布成矩形阵列结构。在阵列中的某些地方是工艺控制结构和测试芯片，而不是实际的集成电路。

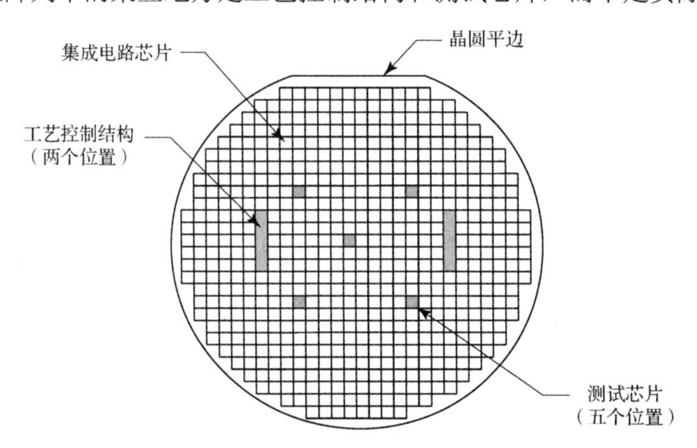

图 2.35 步进工作板生成的典型晶圆结构

工艺控制结构由很多阵列组成，包括晶体管阵列、电阻阵列、电容阵列、二极管阵列以及一些特殊结构阵列，例如连续的接触孔和通孔。晶圆加工厂使用这些结构来评估制造工艺的成功与失败。自动测试设备从每一片晶圆上获取数据，任何未满足规定要求的都会被废弃。对数据进行统计分析，以使得在变化大到引起产量损失之前就可采取纠正措施。工艺控制结构已经标准化，并用于很多产品。

设计工程师用测试芯片来评估一款集成电路的原型。与工艺控制结构不同的是：测试芯片针对的是特定产品，多数情况下实际上是集成电路版图的变化。专用的测试金属掩模可以测试在已完成芯片上难以探测的特定元器件和子电路。有时也使用测试接触或者保护层掩模，但在几乎所有的情况下测试芯片的扩散掩模都与集成电路相同。测试芯片通常是通过向含有集成电路版图的数据库中加入更多的层(例如测试金属，测试氮化物)形成的。这些层形成了一组单独的掩模版，用来曝光步进工作板上一些被选定的点。图 2.35 中的晶圆只含有 5 个测试芯片位置。测试完成后这些位置就不再需要了。有时为了提高 1%～2%的产量，生成一组将测试芯片替换为产品芯片的新掩模。但在其他情况下，芯片产量微弱的提高不足以补偿制作新掩模的费用，所以晶圆上还保留着测试芯片。

图 2.35 描述了采用一组步进工作板制作的晶圆。用晶圆上直接步进(DSW)[①]工艺制造的晶圆一般不包括测试芯片，因为每次曝光必须至少包含一个测试芯片。这将导致在每片晶圆上有 20 个甚至更多个测试芯片，从而相应地消耗了大量的面积。如果在 DSW 设计中包含测试芯片，那么几乎可以肯定会调整全套的产品掩模以用产品芯片替代测试芯片，从而提高芯片的产量。DSW 晶圆的工艺控制结构通常占据芯片之间的窄条，称为划片线(scribe street)，锯条穿过它们来分离每个芯片。由于在存储之前已对工艺控制结构进行了测试，所以后来对它们的破坏不会有什么后果。

如上所述，要对所有完成的晶圆进行测试以确定工艺过程是否正确执行。如果晶圆通过了测试，那么会单独测试每块芯片以确定其功能是否达到要求。高速自动测试设备测试每块芯片的时间通常不到 3 s。质量合格芯片所占的百分比与很多因素有关，最重要的是，芯片的尺寸和制作芯片所采用工艺的复杂度。多数产品的成品率超过 80%，有一些甚至超过 90%。显然，高成品率是人们所希望的，因为每一块被废弃的芯片都意味着利润的损失。测试晶圆的设备也会标识出那些未通过测试的芯片。标识通常就是在每块废弃的芯片上滴一滴墨水，但现代系统通过电子方式记忆废品芯片的位置来代替墨水的使用。

晶圆级测试(或晶圆测试)需要与集成电路互连结构中的特定区域相接触。这些特定区域通过保护层上的孔暴露出来，从而可以使用尖锐的金属针或者探针阵列与之形成接触。这些探针被装到一块称为探针卡的夹板上。自动测试设备将探针卡下降到能够建立电连接为止。当集成电路测试完成后，探针卡被升起，位置伺服机移动晶圆使下一个芯片对齐到探针下。

一旦完成晶圆测试后，就可以利用带有金刚石刀口的锯条把各块芯片分开。然后另一个自动系统会从切开的晶圆中选出好的芯片进行安装与键合。未被选择的芯片(包括保留的工艺控制结构和测试芯片)则被废弃。

2.7.1　安装与键合

很多制造商提供未封装的集成电路芯片，但这种裸片很少能够大规模地销售。多数客户都没有设备或专门的技术来处理裸片，更不用说封装它们了。因此封装也是集成电路制造的一部分。

封装集成电路的第一步是将它安装在线框里。图 2.36 显示了一个 8 脚双列直插封装(DIP)线框的简图，它已经安装上了芯片。线框由矩形的用于固定芯片的安装基板和一系列最终被修整形成 DIP8 条引线的引线腿(lead finger)构成。线框通常为条状的，所以可以把几块芯片安装在一起。线框或冲压成金属薄片，或使用类似于制作印制电路板的光刻技术进行刻蚀。线框通常由铜或铜合金组成，通常通过电镀达到抗腐蚀并促进焊料黏附的目的。铜不是制作

① 首字母缩写 DSW 还用于表示直接片上写(direct slice write)，是一种扫描电子束直接曝光晶圆上光刻胶的工艺。这种工艺更普遍地称为 direct-write-on-wafer(DWW)(晶圆上直接写入)，严格地用于学术研究，这是因为其速度太慢而在硅工艺中没有任何实际应用的缘故。然而，它频繁地用于调整光掩模。

线框的理想材料，因为它的热膨胀系数和硅相差很多。当封装部分被加热和冷却时，芯片和线框体积变化的差异便产生了机械应力，从而对芯片的性能造成破坏。遗憾的是，大多数和硅有相似膨胀系数的材料却只具有很差的机械和电学特性。一些这样的材料只是偶尔用于特殊部件的低应力封装，最常用的是称为合金 –42 的镍铁合金(见 7.2.9 节)。

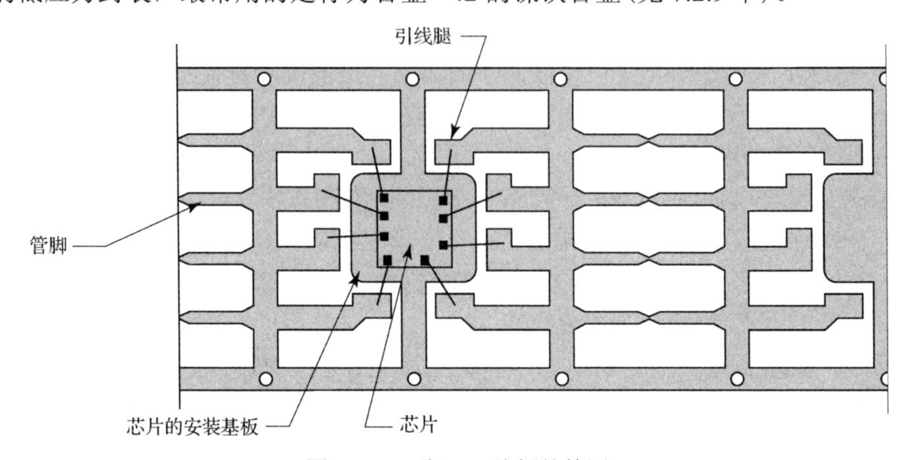

图 2.36　8 脚 DIP 线框的简图

通常使用环氧树脂将芯片安装到线框中。有时会在树脂里添加银粉来提高导热能力。环氧树脂不是完全刚性的，从而有助于降低线框和芯片热膨胀时产生的应力。此外还有另一种使硅和线框有更好的热结合的方法，但代价是产生更高的机械应力。例如，可在芯片的背面镀金属或者合金，再将其焊到线框上。或者将一层称为金压片的矩形金箔粘到线框上，然后加热芯片使其与金压片合金化从而形成稳定的机械连接。焊接和金压片都能在芯片和线框之间形成极好的热接触。这两种方法都可以使芯片的衬底与一个管脚构成电连接。传导的环氧树脂能够改善热传导性，但却无法保证形成电连接①。

当芯片安装到线框上以后，下一个步骤是连接焊线。只有在露出金属连接的芯片保护层开孔位置才能进行键合，这些区域被称为焊盘。为了测试的目的，晶圆测试用的探针卡与焊盘形成接触，但探针也可以与没有焊线连接的一些焊盘接触。保留用于测试的焊盘通常称为测试盘或探针盘，用以区别真正的焊盘。因为探针占用的面积比焊线小，所以测试盘通常小于焊盘。

键合是通过高速自动化机器实现的，这种设备使用光学识别来确定焊盘的位置。尽管小到 20 μm、大到 50 μm 的金线是最常用的，但这些机器一般使用 25 μm 的金线进行键合。也可以使用直径达到 250 μm 的铝线，但却需要不同的键合设备。由于每次只能键合一种直径和类型的焊线，因此几乎没有芯片使用多种焊线。最普遍的结构是在所有焊盘上都使用 25 μm 的金焊线。多根并行键合的 25 μm 金线能传送更高的电流或实现更低的电阻，因此对于大直径焊线无须进行二次键合。

用于金线键合的最常见技术称为球焊②。由于铝线不能采用球焊，因此为之开发了另一种称为楔焊的技术。图 2.37 中介绍了球焊工艺的基本步骤。

① R. L. Opila 和 J. D. Sinclair，“Electrical Reliability of Silver Filled Epoxies for Die Attach,” *23rd International Reliability Physics Symp.*, 1985, pp. 164-172。

② B. G. Streetman, *Solid State Electronic Devices*, 2d ed. (Englewood Cliffs, NJ: Prentice-Hall, 1980). pp. 368-370。

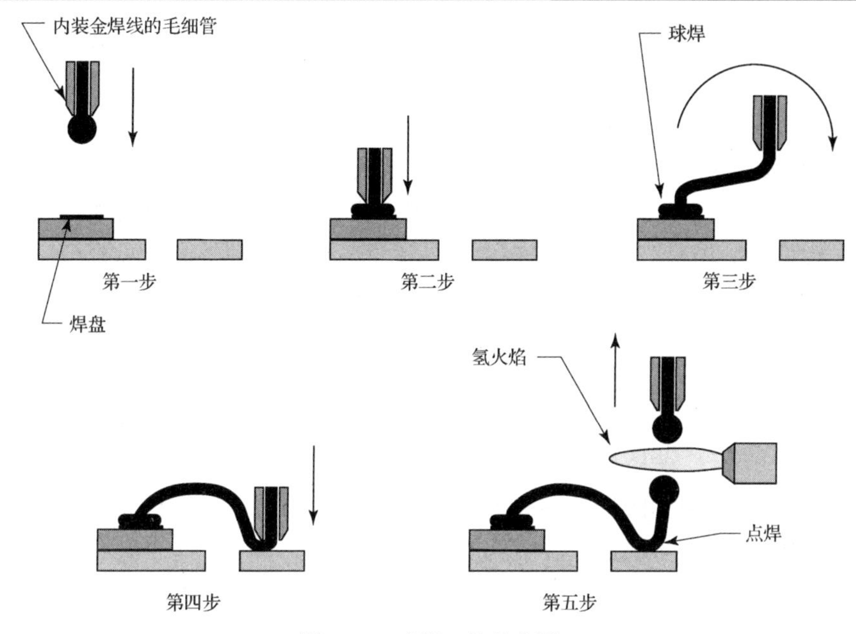

图 2.37　球焊工艺的步骤

键合机将金线放入一根细管中，该管称为毛细管。用氢火焰将焊线端熔化形成一个小金球(见图 2.37 中的第一步)。一旦形成了球，就将毛细管压在焊点上。金球在压力下变形，这时金和铝熔合在一起形成焊点(第二步)。接着，毛细管上升移动到旁边的引线脚处(第三步)。毛细管再次下降，把金线打入引线脚中。这样金和下层的金属合金形成焊点(第四步)。由于在这个点没有球，因此形成的键合称为点焊而不是球焊。最后，毛细管从引线脚处升起，并使氢火焰穿过金线，使它熔为两段(第五步)。至此键合过程就结束了，金线在凸出毛细管的部分又形成了一个球，为重复工艺做好了准备。一台自动键合机能够以极高的精度每秒钟完成 10 次这样的过程。这些机器拥有的极高速度和精确度能够产生巨大的规模效应，因而整个键合工艺的成本不超过 1 美分或 2 美分。

铝线不能球焊，因为氢火焰会点燃细铝线。一个小型的楔状工具可以用作毛细管的补充。当毛细管携带铝线靠近焊盘的时候，工具将线打入焊盘形成点焊。这一过程在引线脚处重复，然后用工具将引线脚压住同时升起毛细管。铝线中的张力使其在最薄弱的紧靠焊盘的位置点折断。这项工艺可以根据需要重复多次。

球焊工艺需要一个边长约为金线直径 2～3 倍的正方形焊盘。因此，一条 25 μm 的金线可被连至边长约为 50～75 μm 的正方形焊盘。楔焊的要求更高，通常需要焊盘为矩形或者梯形。这些焊盘必须与楔形工具处于同一方向，它们的宽度和长度一般分别是线宽的 2 倍和 4 倍。有关楔形焊盘的精确规则非常复杂，特别是对于较粗的铝线更是如此。

图 2.36 显示了完成键合工艺后的安装在线框上的芯片。焊线将不同的焊盘点分别连接到各自的引线上。尽管与管脚相比焊线非常小，但每条焊线都能传输约 1 A 的电流。

2.7.2　封装

组装过程的下一步是塑模成形。模具被夹在线框周围，然后将加热的塑料树脂从下面注入模具中。塑料从芯片周围涌出，同时提升焊线离开并形成一个平缓的圈。从芯片的侧面或者顶部注入通常会把焊线压到集成电路上，因此不具实用性。用于集成电路的塑料树脂在塑模的温度下很快就会凝固，一旦凝固，就形成了一个坚硬的塑料块。

当塑模过程完成后，修整引线并形成其最终的形状。这是在机械压力下进行的，方法是使用一对特殊形状的硬模，同时剪断各导线之间的连接并将导线弯曲成所需的形状。过去，在这步工艺之后是焊料浸泡或焊料镀膜，但是现在将其替换为贵金属(例如钯)镀膜以消除封装时的引线。这时将已完成的集成电路标上编号零件号码和其他标示码(通常包括表明生产日期和批号的编码)。对完成的电路再次测试以确保它们在封装过程中没有受到损坏。最后，将完成的器件装入管、盘或卷轴中以便销售给客户。

2.8 小结

现代半导体工艺利用硅的特性制作大量的廉价集成电路。光刻使得可在每片晶圆上成百上千次地复制复杂图形，从而产生巨大的规模效益。

结可以通过三种方式形成：外延淀积、扩散或离子注入。低压化学气相淀积(LPCVD)外延层可以生产出极高质量的硅薄膜，同时可精确地控制杂质浓度。来自表面源的杂质扩散使得可以只用一步光刻就能形成大量的结。离子注入可以形成类似的、但成本更高的结的分布结构，同时可以更好地控制掺杂水平和分布。

很多材料可以淀积在晶圆表面，这些材料包括多晶硅、氧化物、氮化物以及大量的金属和金属合金。典型的半导体工艺结合了多次体硅扩散和材料在所生成晶圆上的多次淀积。下一章将讨论如何将不同的半导体制造技术结合起来形成 3 种最成功的集成电路工艺。

2.9 习题

2.1 向未知晶圆的中心施加压力，晶圆裂成 6 份。从这一现象中能够明确地总结出什么？可以合理地推测出什么？

2.2 绘制类似于图 2.4 中的图形说明立方体晶体(100)面和(110)面之间的关系。(如果必要，请参考附录 B。)

2.3 假设在光掩模的透明背景上有一个不透明的矩形，使用负胶和此掩模曝光涂胶晶圆，描述显影后留在晶圆上的光刻胶图形。

2.4 假设一片晶圆经历了以下工艺步骤：

a. 在整个晶圆表面均匀氧化。

b. 在硅表面开氧化层窗口。

c. 再进行一段时间的氧化。

d. 在步骤 b 光刻区域的中部开一个更小的氧化层窗口。

e. 再进行一段时间的氧化。

绘制所得结构的剖面图，要求显出硅和氧化物表面的形貌。不要求按比例绘制图形。

2.5 假设一片晶圆被相同浓度的硼和磷均匀掺杂。经过长时间的氧化后，硅表面是 N 型的还是 P 型的？为什么？

2.6 假设晶圆均匀掺硼，浓度为 10^{16} 原子/cm^3。然后经历了下面的工艺步骤：

a. 整个晶圆均匀氧化。

b. 在硅表面开出氧化层窗口。

c. 淀积硼和磷，淀积源的浓度均为 10^{20} 原子/cm^3，共淀积 15 分钟并在 1000℃下推进 1 小时。

假设两种杂质不相互作用或与氧化物发生反应，绘制所得结构的剖面图。表明形成的每个结的近似深度。

2.7 磷通过一个 5 μm 的氧化层窗口扩散进入一片轻掺杂的晶圆中。如果形成的结深是 2 μm，那么磷在表面的扩散宽度是多少？

2.8 多数离子注入系统安装了加速器，这样离子束会以一个微小的角度(通常为 7°)撞击晶圆表面。解释产生这个现象的原因。

2.9 如果覆盖氧化层的晶圆表面被研磨形成光滑镜面，但晶圆的不同区域仍显示不同的颜色，可是 NBL 阴影消失了。解释这种现象。

2.10 绘制下述金属系统的剖面图：

a. 1 μm 宽的接触，通过 5 kÅ 厚的且被 2 kÅ 硅化铂硅化的氧化层。

b. 第一层金属为 2 kÅ 的 RBM 和 6 kÅ 的掺铜铝。

c. 1 μm 宽、3 kÅ 深的通孔穿过高度平整的 ILO。

d. 第二层金属为 2 kÅ 的 RBM 和 10 kÅ 的掺铜铝。

e. 10 kÅ 的保护层。

假设硅化物表面和周围的硅表面平齐，铝金属在接触孔和通孔侧壁上减薄 50%。依据比例绘制图形。

2.11 假设芯片的大小是 60×80 密耳，其中 1 密耳是 0.001 in。在一片直径为 150 mm 的晶圆上大约可制作多少块这样的芯片？假设其中 70%的芯片能够正常工作，制作一片晶圆的成本是 250 美元，计算每块成晶芯片的成本。

2.12 提出进行下列每种扩散的合适的方法：

a. 浅的重掺杂 N 型源/漏扩散。

b. 深的轻掺杂 N 阱扩散。

c. 深的重掺杂 N 型侧阱扩散。

d. 重掺杂砷埋层。

2.13 提出用于下列各工艺的合适的硅化物：

a. 制作最小多晶硅线宽为 1 μm 并且可以形成肖特基二极管的工艺。

b. 制作最小多晶硅线宽为 2 μm 但不包括肖特基二极管的工艺。

c. 可实现 0.25 μm 最小多晶硅线宽但不包括肖特基二极管的工艺。

2.14 蓝宝石上硅工艺具有极不平坦的表面形态。提出一种能够解决这个问题的方法，使得 SOS 工艺可采用现代细线宽金属化系统。

2.15 某种高压电介质隔离工艺需要一层 25 μm 厚的轻掺杂 N 型硅置于 1 μm 厚的埋层氧化物之上。此外必须加入光刻好的砷埋层并置于埋层氧化物的上方。提出一种可能实现该工艺的方法。

第3章 典 型 工 艺

半导体工艺在过去50年里快速发展，最早的工艺只能制造分立元器件，主要包括开关二极管和双极型晶体管。1960 年出现了第一个实用的集成电路①，它是由一些双极型晶体管和扩散电阻构成的简单逻辑门。以现代工艺标准来看，早期集成电路的速度及效率都很低。人们不久就对其进行了改进，到 20 世纪 60 年代中期双极集成逻辑比分立逻辑显示出明显的优势。同期出现了第一块模拟集成电路，它由匹配晶体管阵列、运算放大器和基准电压源组成。由此产生的标准双极工艺在今天依然在用。

集成双极逻辑速度快但功耗极大，MOS 集成电路提供了低功耗的另一种选择，但 20 世纪 60 年代的 MOS 金属栅工艺存在不可预测的阈值电压漂移。这个问题最终被 20 世纪 70 年代初出现的多晶栅 MOS 工艺克服。MOS 逻辑不久取代了双极逻辑，并且微处理器和动态 RAM 创造了巨大的新的市场。这个时代的模拟 CMOS 电路宣称大大减小了工作电流，但性能一般，所以标准双极工艺依然是制造高性能模拟电路的选择。

到 20 世纪 80 年代中期，客户提出将数字和模拟功能集成在单个混合信号集成电路上的要求。专为混合信号设计的新一代双极 CMOS(BiCMOS)工艺迅速发展起来。尽管这些工艺复杂且昂贵，但它提供了其他工艺达不到的性能水平。模拟集成电路被 3 种工艺垄断：标准双极工艺，多晶硅栅 CMOS 工艺，模拟 BiCOMS 工艺。尽管工艺技术自 20 世纪 80 年代后有了重大进展，然而大多数现代工艺还是源于这 3 种工艺原型。本章将分析各种类型典型工艺流程的实现。

3.1 标准双极工艺

标准双极工艺是最早的模拟集成电路工艺，过去已制造出许多种经典器件，如：741 运算放大器，555 定时器，431 基准电压源。尽管这些器件代表了 30 年前的技术，但今天它们仍然被大量生产。

标准双极工艺很少用在新设计中，COMS 工艺提供了更低的电源电流，BiCOMS 工艺提供了更高的模拟性能，各种先进的双极工艺提供了较快的开关速度。但是从第一种及改进的标准双极工艺中获得的知识永远不会过时。同样的器件以及许多相同的寄生机制、设计权衡和版图原则在每种新的工艺中都会再次出现，因此本节将从标准双极工艺的概述开始。

3.1.1 本征特性

标准双极工艺的特征以牺牲 PNP 晶体管性能的代价来优化 NPN 晶体管，此举源于 NPN 晶体管是电子导电，而 PNP 晶体管依靠空穴导电。空穴的低迁移率不仅减小了 PNP 晶体管的 β 值，而且降低了开关速度。在相同的几何分布和杂质分布的情况下，NPN 管性能超过 1～2 个 PNP 管。为同时优化两种类型的晶体管，还需要一些附加的工艺步骤，这样早期

---

① J. S. Kilby, “Invention of the Integrated Circuit,” *IEEE Trans. on Electron Devices*, Vol. ED-23, #7, 1976, pp. 648-654。

的工艺可同时优化 NPN 管并避免出现 PNP 管。这个决定符合由 NPN 型晶体管、电阻和二极管构成的双极逻辑的要求。当模拟电路首次使用标准双极工艺制造时，几种 PNP 管对已有的工艺步骤略做微调。虽然这些晶体管性能相对较差，但足以将其用于设计很多有用的电路。

标准双极工艺采用结隔离(JI)以阻止相同衬底上器件间不希望出现的电流流动[①]。器件位于淀积在轻掺杂 P 型衬底上的轻掺杂 N 型外延层中(见图 3.1)。深 P+隔离扩散向下推结与下层衬底接触以实现器件之间的隔离。被相互隔开的 N 型外延区称为隔离岛(tank 或 tub)。如果隔离区偏置电位等于或低于隔离岛的最低电位，则每个隔离岛均被反向偏压的 PN 结包围，因此衬底形成了隔离岛的底板，而隔离扩散形成了隔离岛的侧壁。

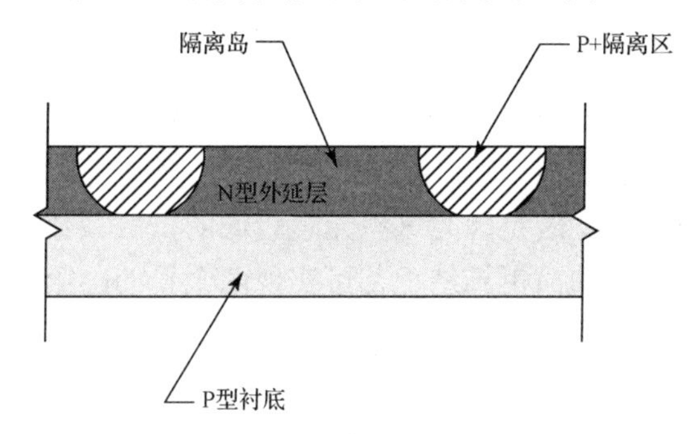

图 3.1 标准双极工艺中采用的结隔离体系的剖面图

结隔离有一些缺点，反向偏压的隔离结所表现出的大电容足以降低很多电路的速度。高温下，如光照或电离辐射会产生显著的漏电流。异常的工作环境也会引起隔离结正偏并向衬底注入少子。尽管存在上述问题，结隔离工艺仍可用于成功地制造大多数电路。

3.1.2 制造顺序

标准双极工艺的基本制造流程由 8 个掩模操作组成。各步骤的重要性可以通过展示从衬底材料到成晶芯片的全流程加以说明，每个步骤将用典型剖面图说明。看这些剖面图(以及本书中其他所有剖面图)时，应注意到为了清楚起见，图中的垂直尺寸已放大了 2～5 倍。由于标准集成器件的横向尺寸远大于纵向尺寸，所以实际上典型器件尺寸的图例是无法看清的。衬底也比图中的厚得多，厚的硅衬底可防止晶圆片弯曲甚至破裂。

初始材料

标准双极集成电路采用轻掺杂的(111)晶向 P 型衬底制造。晶圆的切割通常偏离轴线一定的角度，这样可使 N 型埋层(NBL)阴影失真(版图失真)最小化[②]。使用(111)硅有助于抑制标准双极工艺固有的寄生 PMOS 管。N 型外延层构成寄生管的背栅，而隔离岛上穿越场氧化区的导线构成栅电极。隔离岛中基区形成了源区，漏区则由另一个基区或 P+隔离区构成(见图 3.2)。相对于金属导线而言，基区扩散形成的源区偏置于高电位，从而形成 P 型沟道并有电流从基区流向隔离区。在厚场氧化层下形成的 MOS 晶体管的阈值电压称为厚场阈值。使用(111)硅可通过在硅-氧化物界面引入正的表面态电荷而人为地提高 PMOS 管的厚场阈值。

---

① R. N. Noyce, U. S. Patent #2, 981, 877, 1961。

② W. R. Runyan 和 K. E. Bean，*Semiconductor Integrated Circuit Processing Technology*(Reading，MA：Addison-Wesley, 1994)，p. 331。

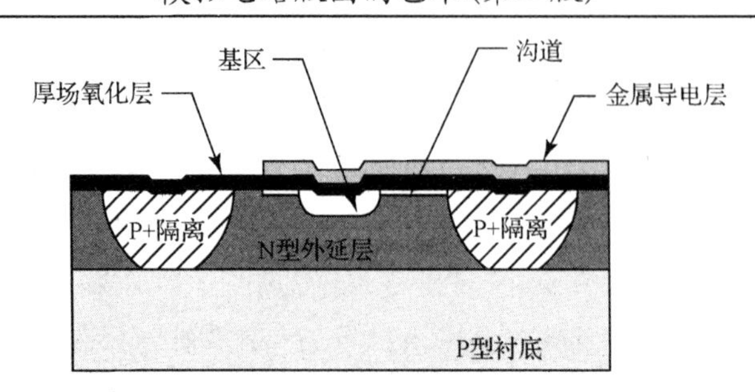

图 3.2 标准双极工艺形成的寄生 PMOS 管

N 型埋层

第一步是在晶片上生长一层薄氧化层，使用 NBL 掩模版在甩上光刻胶的氧化层上光刻。氧化刻蚀在硅表面刻出窗口后，用离子注入或热淀积法使 N 型杂质进入晶片。通常使用含砷(As)或锑(Sb)的杂质形成 N 型埋层，这是因为这些元素较低的扩散系数抑制了后续工艺中出现向上扩散的现象。淀积之后进行的简单推结工艺可实现两个目的：第一，退火修复晶格损伤；第二，在硅表面生长少量具有轻微不连续性的氧化层(见图 3.3)。这种不连续性将导致 NBL 阴影，并可用于其他掩模版的对准。

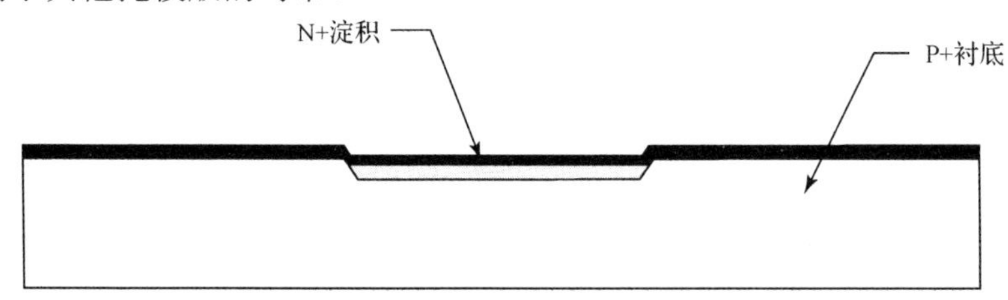

图 3.3 注入 NBL 后退火的晶片

外延生长

在生长 10～25 μm 的轻掺杂 N 型外延层之前要先去除晶片上的氧化层。外延时，表面不连续性将以约 45°的角度向上传递。外延生长结束时，NBL 阴影将横向平移长约外延层厚度的距离(见图 3.4)。

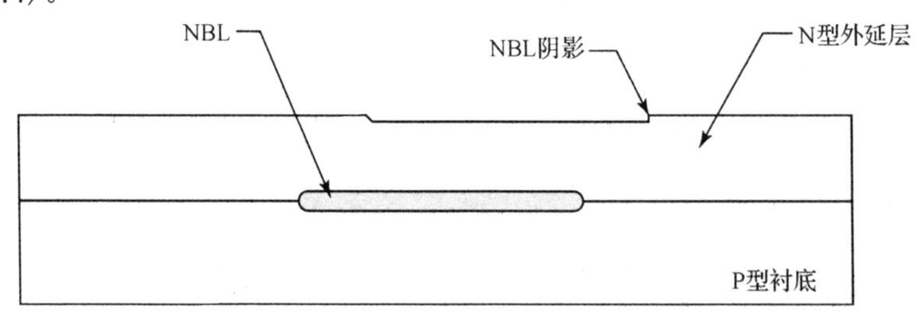

图 3.4 外延淀积后的晶片，注意 NBL 阴影显示的图形移动

隔离扩散

再次氧化晶片，在表面涂光刻胶，使用隔离掩模版刻出图形。通过精准确定偏移量修正图形平移使该掩模版与 NBL 阴影对齐。淀积高浓度硼后，经高温推结使隔离扩散在外延层中部分向下移动。推结过程中也会发生氧化，隔离区窗口会覆盖一层薄热氧化层。因为后续的

高温工艺可使扩散继续向下推进，所以在隔离结到达衬底前停止推结。图 3.5 展示了部分推结后的晶片。

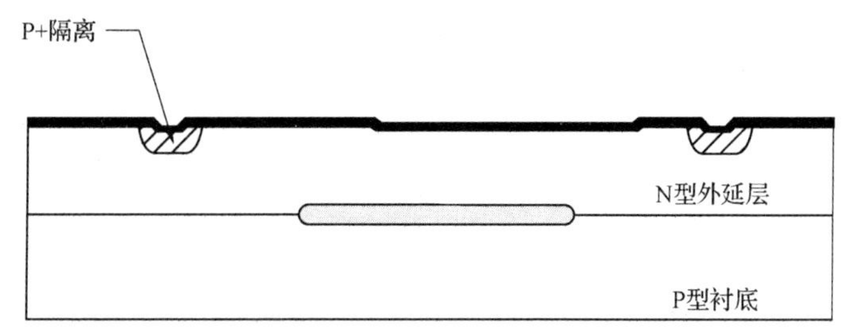

图 3.5 隔离淀积和部分推结后的晶片

深 N+扩散

深 N+扩散(有时称为侧阱)提供了到 NBL 的低阻连接。首先，涂光刻胶并用深 N+掩模版刻出图形。高浓度磷淀积后高温推结形成深 N+阱。推结不仅使 N+扩散向下推进并与向上扩散的 NBL 相接，而且还完成了隔离推结。经过足够长的时间可使过推结达到 25%。若没有过推结，隔离区和深 N+扩散底部的掺杂将非常轻。过推结同时减小了垂直方向隔离区和深 N+阱区的阻抗。深 N+推结还形成了厚场化层。

在深 N+推结后，深 N+扩散和隔离扩散中都达到最终结深(见图 3.6)，并且在后续工艺中会略微加深，但与深 N+扩散和隔离扩散相比，后面所有的扩散都非常浅，因此从图 3.6 中可见隔离岛已彻底形成。一般情况下，NBL 区位于隔离扩散区内侧一定距离以增大隔离岛的击穿电压。否则，由 NBL 和隔离区相交形成的 N+/P+结将在 30 V 发生雪崩击穿。

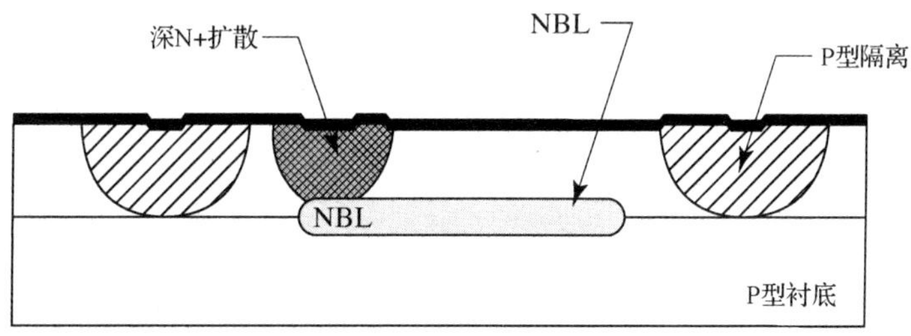

图 3.6 隔离推结后的晶片

基区注入

接下来，晶片甩上光刻胶并用基区掩模版刻出图形。氧化刻蚀场氧化层在硅表面开出窗口，通过窗口注入低浓度硼(B)使 N 型外延层反型，从而形成 NPN 晶体管的基区。离子注入可精确控制基区掺杂，因此可最小化因工艺引起的 β 值变化。接下来退火修复注入损伤并确定基区结深。热退火过程中生长的氧化层可作为下一步发射区淀积的掩模。为提高表面掺杂浓度还可对隔离进行基区注入，这种工艺称为隔离区上基区(BOI)，实质上没有使用单独的沟道终止就使 NMOS 的厚场阈值得到了提高。图 3.7 显示了基区推结后的晶片剖面图。

发射区扩散

晶片再次涂光刻胶并用发射区掩模版刻出图形，然后在要形成 NPN 管发射区和要制作 N 型外延层或深 N+扩散欧姆接触的区域刻蚀氧化层露出硅表面。极高浓度的磷淀积形成发射区。

因为无须精确控制发射区掺杂，所以常用 $POCl_3$ 作为扩散源。短暂的推结确定了发射结结深，进而确定了 NPN 晶体管的基区宽度。

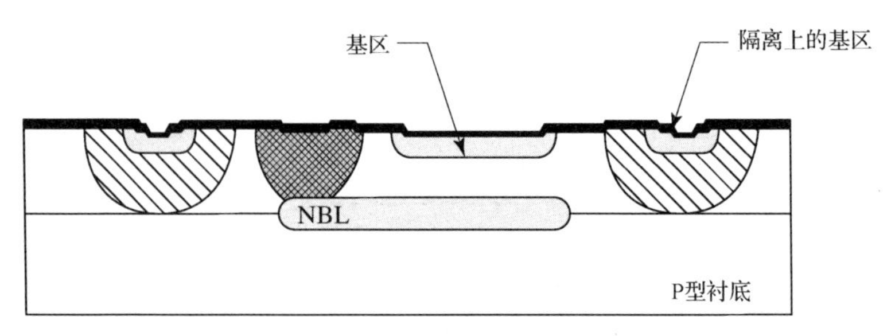

图 3.7 基区推结后的晶片

在发射区表面生长的氧化膜使之与后面生长的金属层绝缘，有的工艺在这个过程中采用干氧氧化法，但较短的氧化时间导致生成的薄氧化膜容易被静电击穿(见 4.1.1 节)。或都可以采用湿氧氧化法生长较厚的具有更高击穿电压的氧化层，或用淀积工艺增加氧化层厚度。图 3.8 为发射区推结后的晶片剖面图。

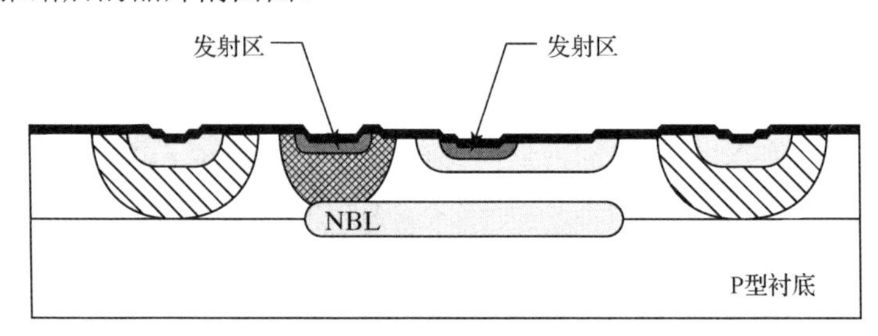

图 3.8 发射区推结后的晶片

许多较老的工艺还包含发射区引导步骤，以提供一种调整 NPN 管 β 值的方法。在基区扩散之前可在晶片中插入一片用作推结测试的陪片，在发射区淀积后取出。通过监测陪片上发射结的性能可逐次调整实际的推结工艺，从而使 β 值达到目标值。

接触

现在所有的扩散都已完成，接下来要形成金属连线和保护层。余下工艺的第一步是对所选择的扩散区形成接触。在晶片表面再次涂光刻胶，使用接触掩模版光刻，露出硅表面。这步工艺有时被称为 OR 接触，OR 表示去除氧化物。

金属化

在整个晶片上蒸发或溅射一铝铜合金层，该金属体系中通常包含 2%的硅以抑制发射区穿通，包含 0.5%的铜以改善电迁徙特性。标准双极工艺为降低互连线阻抗和防止电迁徙发生会使用相对较厚的金属化层，通常至少为 10 kÅ(1.0 μm)。金属化后的晶片使用金属掩模版光刻，形成互连系统。

现代的标准双极工艺通常包含比这里所描述的更加先进的金属化系统，但原理是相同的。

覆盖保护层

接下来，在整个晶片上淀积一层厚的保护层(PO)，可压缩的氮化物保护膜提供了优良的机械和化学保护。有的工艺在氮化层下面使用掺杂的磷硅玻璃层(PSG)或直接替代氮化层。因为保护层在中等温度下淀积，所以铝金属将同时完成合金过程。

最后，涂光刻胶并用 PO 掩模版刻出图形。用专用刻蚀剂在保护膜上开出窗口，露出金属层用于键合。这就是制作过程的最后一步，晶片的制作至此完成。图 3.9 显示了完成全部工艺的晶片(剖面图中不包含焊盘窗口)。

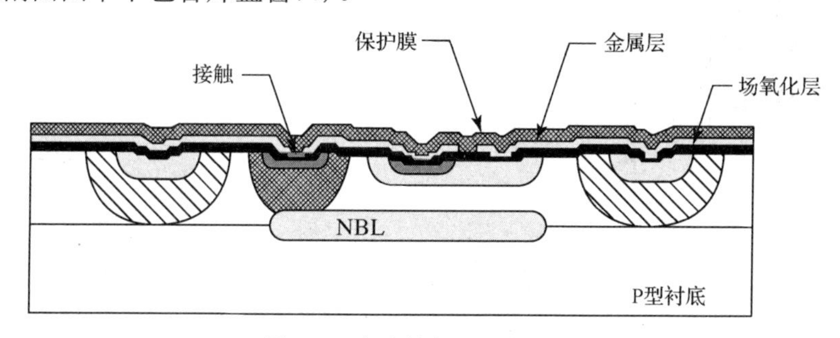

图 3.9 完成的标准双极晶片

3.1.3 可用器件

标准双极工艺原本是为制造 NPN 晶体管和扩散电阻发展起来的。相同的工艺步骤还可以用于制造许多其他器件，包括两种类型的 PNP 晶体管、几种电阻和一种电容[①]。这些器件构成了适于制造各种模拟电路的基本器件库。3.1.4 节将讨论几种需要采用基本工艺以外的工艺制造的器件。

注意：标准双极器件的尺寸以密耳(mil)为单位，1 mil 等于 0.001 英寸。相关的转换有 1 mil = 25.4 μm，1 $mil^2 \approx 645\ \mu m^2$。测结深有时使用另一种测量单位——钠线(sodium line)，1 钠线等于纳光谱中 D 线波长的一半(1 钠线 = 0.295 μm)[②]。密耳和钠线的使用在逐渐减少，但在较早的书籍和论文中可以经常看到这些单位。

NPN 晶体管

图 3.10 显示了一个典型版图和最小尺寸 NPN 管的剖面图。NPN 管的集电区由 N 型外延隔离岛组成，基区和发射区由逐次反向掺杂制造而成。载流子垂直从发射区穿过发射扩散区下的薄层基区流入集电区。集电结和发射结的结深之差决定了有效基区的宽度。因为这些尺寸完全是由扩散工艺控制的，所以不受光刻对准误差的影响，从而使得基区宽度可远小于误差容限。例如，一个特征尺寸为 5 μm 的工艺可以轻易地制造出 2 μm 的基区宽度。

集电区由重掺杂 NBL 之上的轻掺杂 N 型外延层构成。轻掺杂外延层可形成宽的集电结耗尽区，并且不向中性基区突入许多。这样，晶体管可在最大程度上减小厄尔利效应(见 8.2 节)的同时支持高的工作电压。NBL 和深 N+扩散提供了到晶体管动态基区之下的外延层部分的低阻通路。通过这种方式，最小 NPN 管的集电区电阻可以减小至 100 Ω 以下，功率 NPN 管的集电区电阻可减小至不到 1 Ω。

① 有关标准双极工艺的总体概述，参见 N. Doyle, “LIC Technology,” *Microelectronics and Reliability*, Vol. 13, 1974, pp. 315-324。

② G. E. Anner, *Planar Processing Primer* (New York: Van Nostrand Reinhold, 1990), pp. 107-108。

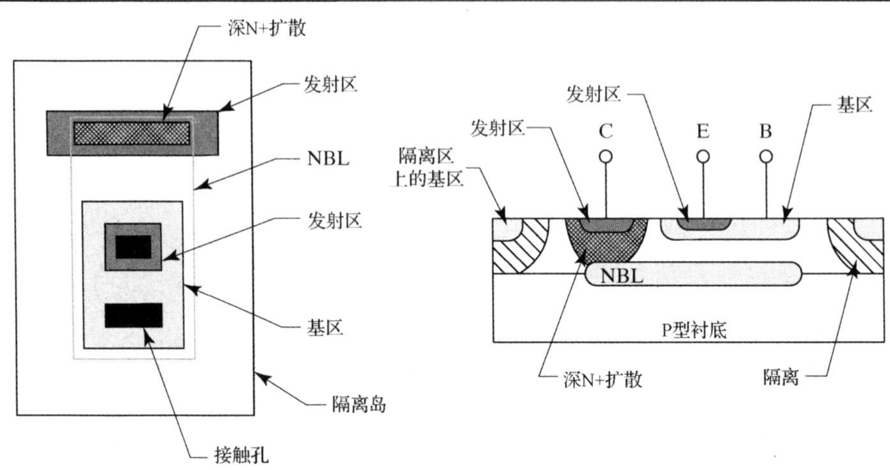

图 3.10 具有深 N+扩散和 NBL 的 NPN 晶体管的版图和剖面图①

NBL 中高浓度的施主杂质有效地阻止了集电结耗尽区向下扩展。基区扩散底部和 NBL 顶部间的距离决定了 NPN 晶体管的最大工作电压。厚外延层晶体管允许更高的工作电压，可达到由基区扩散侧壁决定的击穿电压值(典型值为 50～80 V)。双极工艺的最大工作电压一般指 NPN 管的雪崩击穿电压，即基极开路时的集电极与发射极之间的电压(V_{CEO})。根据外延层厚度和掺杂的不同，电压在小于 10 V 到大于 100 V 的范围内变化。

标准双极工艺中，纵向 NPN 管是制造效果最好的器件，它占用相对较小的面积且性能优越。电路设计者们努力使用尽可能多的纵向 NPN 管。表 3.1 列出了 40 V 标准双极工艺的最小发射区 NPN 管的典型器件参数。

表 3.1 典型纵向 NPN 管的参数

参　数	标称值
绘制发射区面积	100 μm^2
峰值电流增益(β)	150
厄尔利电压	120 V
饱和态集电区电阻	100 Ω
最大 β 值时的集电极电流	5 μA～2 mA
V_{EBO}(集电极开路，发射结击穿电压)	7 V
V_{CBO}(发射极开路，集电结击穿电压)	60 V
V_{CEO}(基极开路，集电极-发射极击穿电压)	45 V

NPN 管也可用作二极管，其性能取决于选择哪些电极作为阳极和阴极。当用基极和集电极构成阳极、用发射极构成阴极时有最小的串联电阻和最快的开关速度。这种结构有时称为 CB 短接二极管或二极管接法的晶体管。它的唯一严重缺陷是击穿电压低，等于晶体管的 V_{EBO}，约为 7 V。另一方面，相对较低的 V_{EBO} 允许合理连接晶体管成为有用的齐纳二极管。由于掺杂的不同和表面效应，这种结构的击穿电压会略有一些变化，所以应至少允许±0.3 V 的容差。

PNP 晶体管

标准双极工艺由于没有 P 型隔离岛，因而不能制造隔离的纵向 PNP 管。非隔离的

① 在许多标准双极工艺中，隔离的间距比本例所示的要宽许多。参见附录 C.1 中的简单讨论和一些典型的间距规则。

PNP 晶体管(叫作衬底 PNP 管)可通过采用衬底作为集电区构成。这种器件的集电极通常和芯片的衬底电位相连，而衬底电位一般接地或接负供电端。图 3.11 显示了典型的版图和这种器件的剖面图。

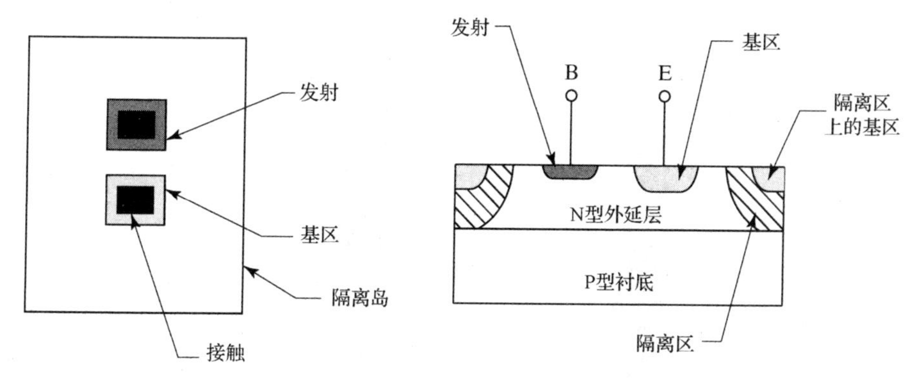

图 3.11 衬底 PNP 晶体管的版图和剖面图。衬底作为集电区并与衬底接触相连(未显示)

衬底 PNP 管的基区由 N 型隔离岛构成，发射区通过基区扩散制造。集电极电流必须经衬底和隔离区流出。因为所有隔离区和衬底是电互连的，所以集电极接触不必位于 PNP 衬底的旁边。然而隔离区和衬底的电阻是相当大的，衬底接触孔置于晶体管邻近有利于抽取集电极电流并使衬底压降最小化(衬底去偏置)，但这种最小化却有可能损害电路性能(见 4.4.1 节)。

外延层的最终厚度与基区结深之差决定了衬底 PNP 管的基区宽度。与纵向 NPN 管的例子相同，基区宽度不受光刻对准误差的影响。因为 NBL 的存在将严重地降低 β 值，所以必须将其从衬底管中去除。因此深 N+扩散在衬底 PNP 管中毫无用处。在集电极接触孔进行的发射区扩散将确保表面掺杂浓度达到欧姆接触要求，同时还减薄了氧化层。为优化 NPN 管，需计算标准双极工艺的外延层厚度和掺杂浓度，但衬底 PNP 管的性能也是相当好的(见表 3.2)。采用发射区和基区扩散作为名称有时会引起误解，因为衬底 PNP 管的发射区是由基区扩散形成的。

表 3.2 典型 PNP 器件的参数

参　数	横向 PNP 管	衬底 PNP 管
绘制发射区面积	100 μm^2	100 μm^2
绘制基区宽度	10 μm	N/A
峰值电流增益(β)	50	100
厄尔利电压	100 V	120 V
最大 β 值时的典型工作电流	5～100 μA	5～200 μA
V_{EBO}(集电极开路，发射结击穿电压)	60 V	60 V
V_{CBO}(发射极开路，集电结击穿电压)	60 V	60 V
V_{CEO}(基极开路，集电极-发射极击穿电压)	45 V	45 V

衬底 PNP 管因缺少隔离的集电区使其多样性受到限制。另一种晶体管以牺牲器件性能换取隔离的集电极，称为横向 PNP 管。图 3.12 显示了一种最小尺寸的横向 PNP 管的典型版图和剖面图。横向 PNP 管的集电区和发射区都由扩入 N 型隔离岛上的基区扩散形成。与衬底 PNP 管相同，隔离岛作为晶体管的基区。横向 PNP 管中的工作区出现在水平方向，从中心的发射区向周围的集电区运动。分离的两个基区扩散决定了晶体管的基区宽度。由于横向 PNP 管

的发射区和集电区是同一次光刻形成的，因此称为自对准(self-align)。由于对准误差不会出现在自对准扩散中，所以可精确控制横向 PNP 管的基区宽度。由于横向扩散效应，晶体管的有效基区宽度小于版图绘制的基区宽度。这种考虑要求绘制基区宽度要有一个最小值，即约为两倍的基区结深。窄基区的横向 PNP 管具有低厄尔利电压和低穿通电压，因此常采用宽基区管。

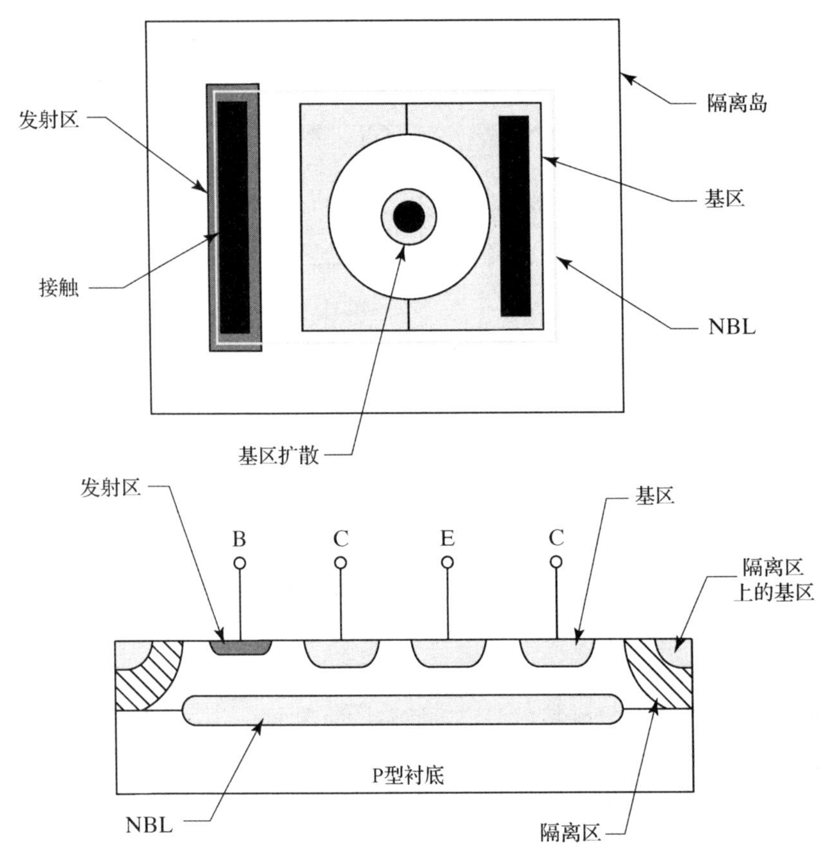

图 3.12 横向 PNP 晶体管的版图和剖面图。因为要包围发射区，所以该晶体管的集电区在剖面图上出现两次

事实上，横向 PNP 管发射区发射的载流子有一部分注入到了衬底中而不是预想的集电区，这条不希望出现的导电通路形成了寄生衬底 PNP 晶体管。除非寄生管被某种方法抑制，发射极流出的电流大部分会注入衬底，所以横向 PNP 管表现出相当低的 β 值。NBL 可在很大程度上阻塞向衬底注入，因此可提升横向 PNP 管的 β 值，其原因将在 8.1.5 节中阐述。

横向 PNP 管的有效 β 值比 Gummel 数预测的结果更低。在氧化物-硅界面特别是在(111)硅中，存在相当多的复合中心，因此表面复合率远超过体内复合率。横向 PNP 管的电流多在近表面处流动，因此易受高复合率的影响①。尽管有上述限制，还是可以得到 50 或 50 以上的 β 值。横向 PNP 管的速度也很低，主要是因为与基极相关的大寄生结电容的缘故。

横向 PNP 管和纵向 PNP 管都不能构成对纵向 NPN 管的真正补充。虽然都是有用器件，但横向 PNP 管和纵向 PNP 管都有各自的缺点和限制条件。电路设计者有意使信号避开频率

① R. S. Muller 和 T. I. Kamins，*Device Electronics for Integrated Circuits,* 2d ed. (New York： John Wiley and Sons，1986), pp. 366-368。

响应很差的 PNP 器件(特别是横向 PNP 管)，不过大多数模拟电路仍包含 PNP 晶体管作为“配角”。表 3.2 列出了 40 V 标准双极工艺形成的 PNP 晶体管的典型器件参数。

电阻

标准双极工艺并不包含专为制造电阻的任何扩散，但几种电阻可通过使用其他器件的层制造出来。典型的例子有基区电阻、发射区电阻和埋层电阻，它们都采用相对较浅的基区扩散和发射区扩散。

用作形成电阻的每种材料都有方块电阻，定义为在一方形材料两侧形成接触后测得的阻值。方块电阻的单位是欧姆每方块(Ω/□)，可通过材料厚度和掺杂浓度计算而得，但对于扩散的情况，掺杂的不均匀性将增加计算的复杂度(见 5.2 节)。实际中，方块电阻最好通过测量已知形状的材料的样片来确定。硅扩散方块电阻的典型值为 5～5000 Ω/□。

基区电阻由 N 型隔离岛上的基区扩散条形成，且连接后使得基区-外延层结反偏(见图 3.13)。将隔离岛连接到电阻上的最高电位端可保证隔离。隔离岛也可连接到电路中任何高于电阻电位的结点。如果基区电阻正偏于隔离岛，寄生 PNP 管将从电阻向衬底注入电流。若基区-外延层结瞬间正偏，则 NBL 的存在有助于寄生 PNP 管。因为隔离岛端不会引出大电流，所以可略去深 N+扩散。大多数标准双极工艺制造的电阻的方块电阻为 150～250 Ω/□。

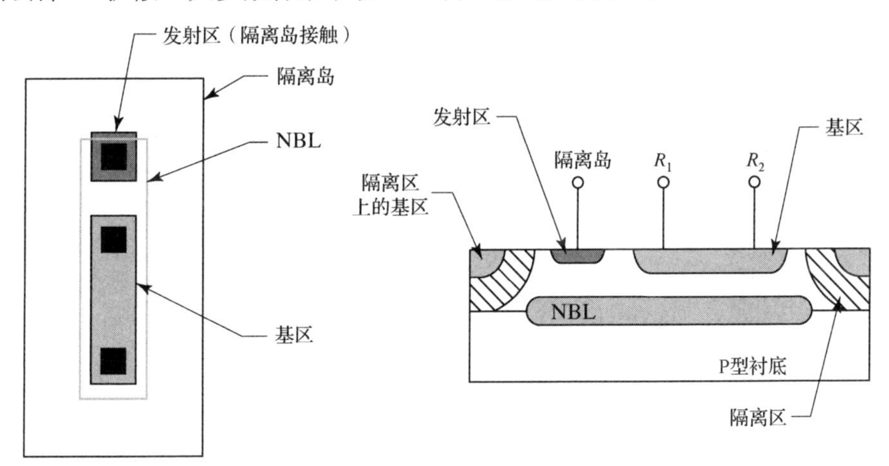

图 3.13 基区电阻版图及剖面图

发射区电阻是由隔离岛内被基区扩散隔离的发射区扩散形成的(见图 3.14)。连接基区使发射结反偏，同时对隔离岛施加偏压使集电结反偏。达到上述目的最简单的方法是将基区接到电阻的低电位端，隔离岛接在高电位端。只要使两结都不处于正偏，其他的接法也是可行的。一般可通过添加 NBL 帮助抑制寄生的衬底 PNP 管的作用。发射区的方块电阻相对较低(通常小于 10 Ω/□)，发射结击穿电压大约将电阻两端的差压限制为 6 V。

埋层电阻由基区扩散和发射区扩散相结合而形成(见图 3.15)。发射区形成平板覆盖于基区薄条的中部上方[①]。基区条两端有接触孔并位于发射区两侧。隔离岛与发射区都是 N 型的，因此为电相连。为确保隔离，隔离岛接触使两者的偏置略高于电阻电位。电阻由是发射区以下的基区扩散部分形成的。埋层基区薄而且掺杂浓度低，因此阻抗可超过 5000 Ω/□。发射

① R. P. O'Grady, “The ‘Pinch’ Resistor in Integrated Circuits,” *Microelectronics and Reliability*, Vol. 7, 1968, pp. 233-236。

结击穿电压限制了电阻两端的差压约为 7 V。与发射区电阻和基区电阻相比，基区埋层电阻的阻值变化过大。最糟糕的是，扩展进入中性基区的耗尽层使电阻进一步收缩，致使其特性与 JFET 相似(见 11.4 节)。埋层电阻可应用于启动电路以及其他一些非关键电路，但它的诸多缺点限制了其更广泛的应用。

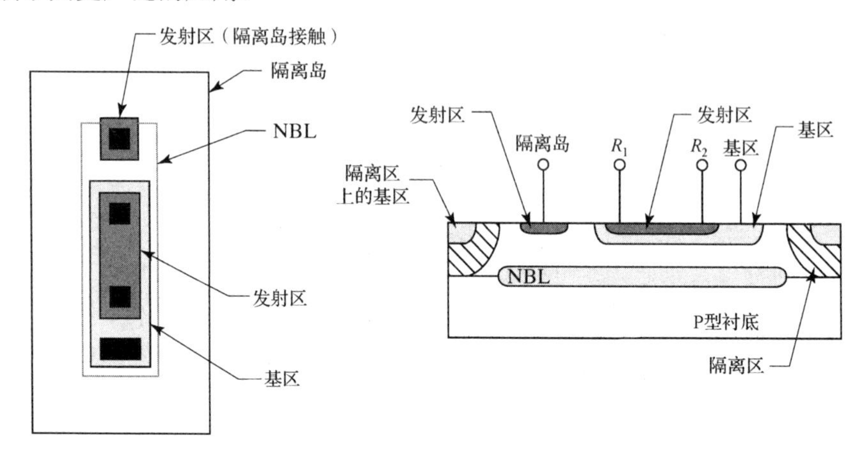

图 3.14 发射区电阻的版图及剖面图(注意隔离岛和基区偏置电极的存在)

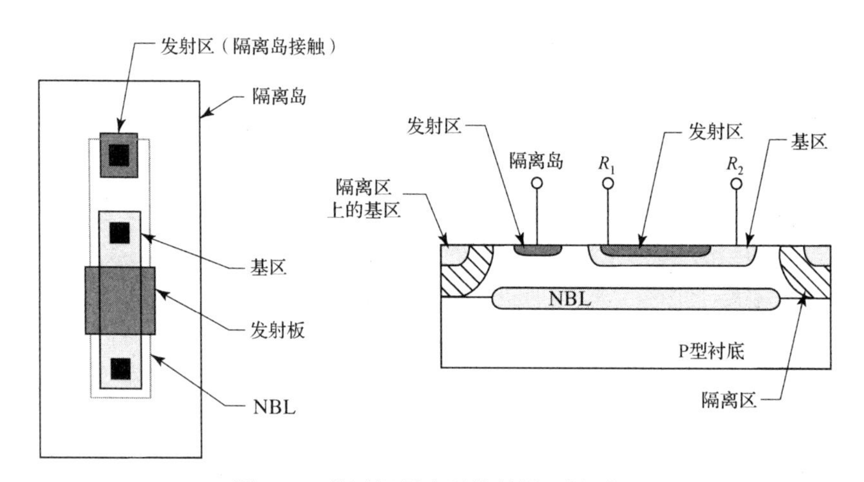

图 3.15 基区埋层电阻的版图及剖面图

表 3.3 比较了发射区、基区以及埋层电阻的性能。

表 3.3 典型电阻器件参数

参　数	发 射 区	基　区	埋　层
方块电阻(Ω/□)	5 Ω/□	150 Ω/□	3000 Ω/□
最小绘制宽度	8 μm	8 μm	8 μm
击穿电压	7 V	7 V	7 V
误差(15 μm 宽)	±20%	±20%	±50%或更多

电容

标准双极工艺并不支持电容。由于所有的氧化层都过厚以至于除了最小的电容外不能制造其他电容。不过发射结耗尽区具有 0.8 $fF/\mu m^2$ 数量级的电容，可用于制作所谓的结电容

(junction capacitor)(见图 3.16)，这种电容由同一隔离岛上的基区扩散和发射区扩散的重叠部分形成。发射区与隔离岛短接，这样基区-隔离岛之间的电容可加到发射结电容上。相对于基区来说，发射区必须偏置于高电位以保持发射结反偏，电容两端的电压差不能超过发射结击穿电压(约 7 V)，产生的电容随偏置和温度变化明显(约 ±50%或更多)。结电容常用于补偿反馈回路，单位面积的高电容值抵消了过大的变化。

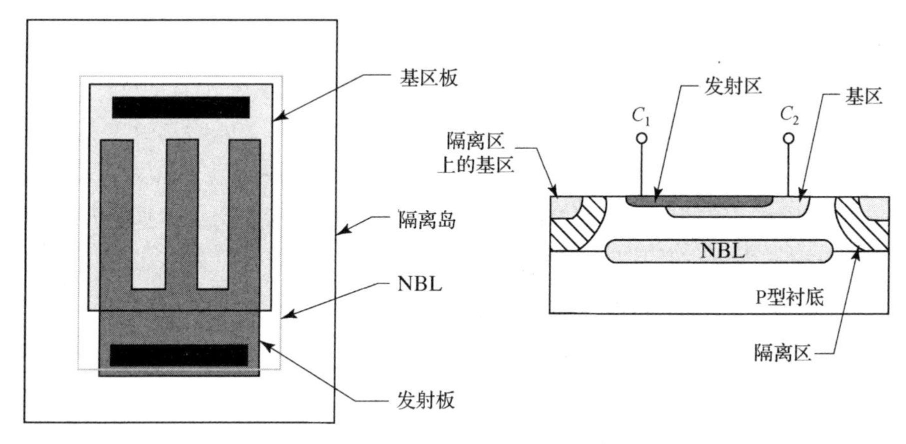

图 3.16　结电容的版图和剖面图

3.1.4　工艺扩展

标准双极工艺现已衍生出大量工艺扩展，本节将讨论其中的 5 种。包括上-下隔离(up-down isolation)、双层金属(double-level metal)、肖特基二极管(Schottky diode)、高值薄层电阻(high-sheet resistor)和超 β 晶体管(super-beta transistor)。每种工艺扩展带来的好处超过增加的成本和工艺的复杂度。

上-下隔离

标准双极工艺采用从外延层到衬底的深 P+结隔离。由于横向扩散，隔离区宽度会增加 20 μm 或更多，从而限制了器件间的最小距离。减小横向扩散的一个方法是使用 P 型埋层(PBL)作为 P+隔离区的补充，形成的上-下对通隔离所绘制的版图面积与 PBL 一致。隔离扩散从表面向下扩散，而 PBL 从外延层-衬底界面向上扩散(见图 3.17)。每种隔离扩散的深度只有标准隔离扩散的一半，因此横向扩散约减小一半。

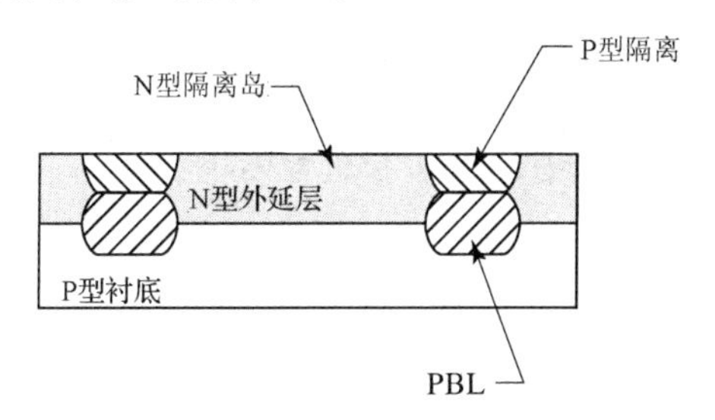

图 3.17　典型上-下隔离系统的剖面图

上-下隔离也存在缺陷。横向自掺杂限制了 PBL 的注入剂量，所以最后的 PBL 掺杂浓度很低，使得穿越上-下隔离区的阻值远超过常规的穿通隔离区。形成 PBL 还需要额外的光刻和扩散工艺。上-下隔离能够节省15%～20%的芯片面积，绝大多数现代标准双极工艺都采用上-下隔离工艺。

双层金属

标准双极工艺最早起源于单层金属工艺(SLM)，没有第二层金属大大地增加了布线的复杂度。SLM 采用扩散形成的低值电阻而非跳线解决线交叉问题，这种低值电阻称为埋线(crossunder)或隧道(tunnel)(见 13.3.2 节)。许多定制化的器件可包含埋线，但需要以牺牲器件性能和增加管芯面积为代价。单层金属布线要求对器件和电路工作原理有比较深入的了解，并且对拓扑连接有较强的直觉。大多数版图设计师需要很多年才能掌握这些技巧。

双层金属(DLM)可以用于标准双极工艺，但是多了两层掩模版：通孔掩模和金属-2 掩模。DLM 通过减小一层金属的厚度来简化平面工艺。尽管可能提高成本，双层金属仍是一种有用的选择。金属布线不再要求使用定制器件，支持采用标准化器件，同时节约了大量的布版时间和精力。因为金属布线占用了很大的面积，所以使用双层金属还可减小芯片面积(最多可省30%)。上述优点如此具有吸引力以至于制造商们无一例外地在新设计中使用双层金属。新设计几乎没有采用单层金属工艺的，与之相关的技术也逐渐被人们遗忘。

肖特基二极管

标准双极工艺最早使用掺硅铝布线。现代工艺通常采用硅化物与难熔金属结合，在保持低接触电阻的同时确保了足够的势垒高度。除了十分明显的优点之外，硅化物还可用于制造可靠的肖特基二极管。尽管铝与低掺杂 N 型硅会产生肖特基整流势垒，但形成的二极管的正向电压随退火条件的变化变得难以预测。某些硅化物(特别是铂和钯的硅化物)形成的肖特基势垒具有稳定性高和重复性好的特点，此类肖特基二极管的正向压降略低于中等掺杂的 PN 结二极管，因而可用作抗饱和钳位(见 8.1.4 节)。

肖特基二极管需要形成通过厚场氧化层的接触。穿透场氧化层的接触刻蚀会使基区接触和发射区接触出现过刻蚀。可通过执行两步连续的氧化层去除工艺避免出现过刻蚀现象：首先减薄肖特基接触上的场氧化层厚度，然后形成实际的接触孔。这样制造的肖特基二极管需要增加一次光刻。

图 3.18 显示了典型的肖特基二极管版图。阳极包括与 N 型外延隔离岛的整流接触，而阴极通过发射区扩散实现与同一隔离岛的欧姆接触。对阴极增加 NBL 和深 N+扩散可大大减小二极管的串联电阻。阳极进行两次共质心的氧化层刻蚀，较大面积的刻蚀减薄了场氧化层，较小面积的刻蚀形成了实际的接触孔。两步工艺不仅消除了对基区扩散和发射区扩散的过刻蚀，还改善了金属层对肖特基接触的势垒高度。这种结构可用于制造任意尺寸的二极管。但是肖特基接触孔暴露边缘处的强化电场会限制这种简单结构的击穿电压，并引起更大的反向漏电流。10.1.3 节将讨论解决上述问题的方法。

高值薄层电阻

标准双极工艺中的精确电阻通常采用基区扩散制造。因为这种材料的薄层电阻很少超过 200 Ω/□，因此典型的芯片可以包含 200～500 kΩ 的基区电阻。低电流电路需要比基区电阻所能提供的电阻更大的电阻，比埋层电阻所能提供的更精确的电阻。这个两难问题的唯一解决方法是增加一步工艺扩展制造精确控制的高值薄层电阻(HSR)。

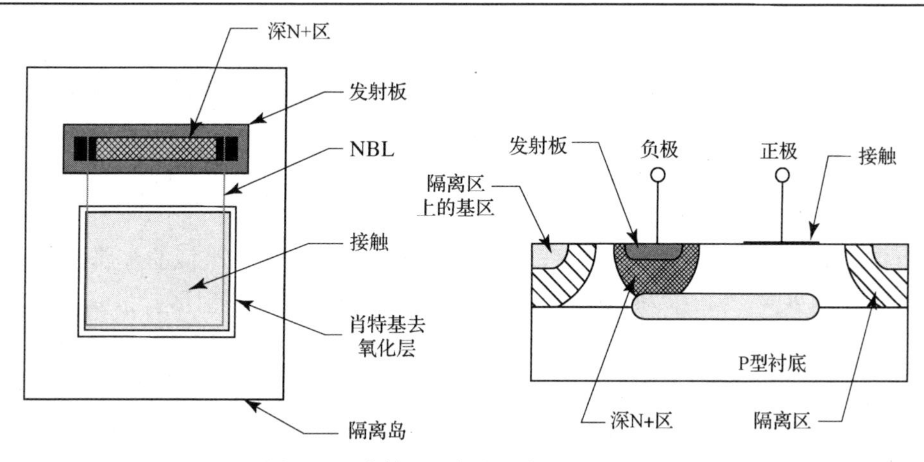

图 3.18 肖特基二极管的版图和剖面图

高薄层注入由浅的轻掺杂 P 型注入形成。根据掺杂浓度及结深，注入的薄层电阻的阻值范围为 1～10 kΩ/□。增大的薄层阻值会受表面耗尽效应影响，引起阻值变化，所以大多数工艺采用 1～3 kΩ/□的 HSR 注入。

图 3.19 显示了典型 HSR 电阻的版图和剖面图。体电阻包含高薄层注入，电阻两端的小面积基区扩散电阻保证了欧姆接触。电阻占据了 N 型隔离岛并被反向偏置的 HSR–隔离岛结隔离。与基区电阻的情况相同，隔离岛一般连接在电阻的高电位端。制作高值薄层电阻需要增加一次光刻和精确的注入。如果电路中包含高于 100～200 kΩ 的电阻，那么该工艺扩展的成本通常是合理的。

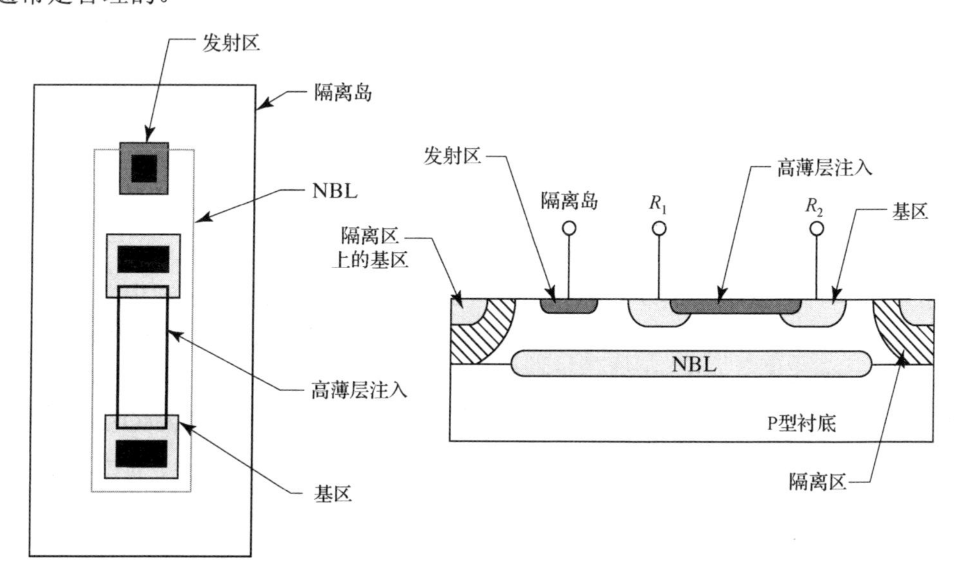

图 3.19 高值薄层电阻的版图和剖面图

超 β 晶体管

标准双极工艺提供了在高 β 值和足够工作电压间的合理折中。通过减小基区宽度可以大幅增大 β 值。若工艺中包含两步独立的发射区注入，则一个可以优化 β 值，另一个可以优化工作电压。这样形成的超 β 晶体管的 β 值可达到 1000～3000(见 8.2.5 节)。使用超薄轻掺杂基区会使耗尽区大幅度突入中性基区，因此牺牲了工作电压和厄尔利电压。这种特殊定制的器件仅用于有限范围的电路。例如，可用于制造具有极低输入偏置电流的双极运算放大器。

3.2 多晶硅栅 CMOS 工艺

增加两次光刻，标准双极工艺就可以制造出与早期 MOS 工艺类似的金属栅 PMOS 晶体管(见图 3.20)。N 型隔离岛作为 PMOS 管的衬底，衬底接触通过发射区扩散实现以保证欧姆接触。标准双极工艺中没有足够薄的氧化层可作为栅氧化层，这使得增加一块掩模以去除沟道区上的场氧化层并用短时干氧法形成薄的栅氧化层成为必须。金属铝构成了栅电极，而源区和漏区由浅 P+注入形成。因为标准双极工艺中不包含合适的注入工艺，所以还需要一块掩模以完成特殊的 P 型源区和漏区注入(PSD)。

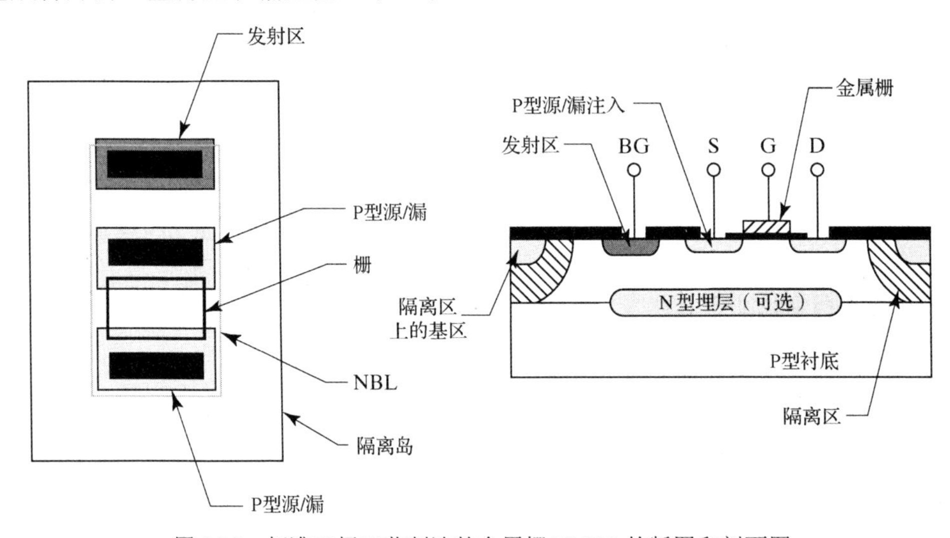

图 3.20 标准双极工艺制造的金属栅 PMOS 的版图和剖面图

实际的 MOS 晶体管要求其阈值电压处于相对窄的范围内。阈值电压若低于 0.5 V 会引起过量漏电流，而阈值电压高于 1.5 V 则难以构建低电压电路。未经调整(或中性)的 PMOS 管的阈值电压在 2～4 V 之间，所以有必要进行阈值调整注入使得阈值电压达到所希望的 1 V 左右。V_t 调整注入通常是在生长薄栅氧化层之前，通过栅掩模版刻出的氧化层开口进行。阈值电压必须在目标值的 ±0.5 V 范围内。即使是这种最低控制要求，金属栅 PMOS 晶体管也很难达到。使用硅的(111)面引入的过量表面态电荷是造成阈值电压变化的一个原因，可动离子的污染(见 4.2.2 节)是另一个原因。历史的经验证明这些问题极难克服。

金属栅 MOS 晶体管同样会受过大的叠加电容的影响，栅电极是用与源漏扩散不同的掩模版刻出图形的，因此即使存在光刻对准误差，栅也必须与源漏区进行足够的交叠以保证形成连续的沟道。栅和源区之间的交叠产生了栅源电容 C_{gs}，而栅和漏区之间的交叠产生了栅漏电容 C_{gd}。由于开关时这些寄生电容要进行充放电，所以降低了晶体管的速度。因为晶体管的电压增益要乘以栅漏电容值(称为米勒效应)，所以栅漏电容特别有害。为了能够用于搭建高速逻辑电路，必须使这些寄生的交叠电容最小化。

互补 NMOS 晶体管将极大地增强金属栅 PMOS 工艺的实用性。一起使用时，NMOS 晶体管和 PMOS 晶体管可以构成不同的互补型 MOS(CMOS)电路。遗憾的是，由于标准双极工艺中没有制造 NMOS 所需的轻掺杂 P 型衬底，因而很难制造出 NMOS 晶体管。因为适当掺杂的(111)硅面上形成的 NMOS 管的阈值电压呈现很小的负值，所以要形成增强型器件需要进行阈值电压调整注入。为防止寄生沟道的形成，还需要增加一块掩模用于提高 NMOS 晶体管周围轻掺杂 P 型衬底区上的厚场阈值，因而，性能相对较差的金属栅 CMOS 与增加 5 次光刻的成本相比是不合理的，特别是在采用九版多晶硅栅 CMOS 工艺可制造性能非常优越的晶体管的情况下。下一节将讨论这种替代工艺的结构和性能。

3.2.1 本质特征

为在同一衬底形成互补的 PMOS 晶体管和 NMOS 晶体管，人们对多晶硅栅 CMOS 工艺进行了优化。该工艺不支持制造双极型晶体管，仅能制造范围很小的无源器件。多晶硅栅 CMOS 工艺最初只用于制造 CMOS 逻辑门，经微调后还可以制造少数几种模拟电路。

多晶硅栅 CMOS 工艺与标准双极工艺的一个重要区别在于衬底材料的选择。标准双极工艺采用(111)面硅通过增加表面态密度来提高 PMOS 管的厚场阈值，而多晶硅栅 CMOS 工艺为改善对阈值电压的控制使用(100)面硅来减小表面态密度。另一个重大的革新在于使用多晶硅而不是铝来作为栅材料。多晶硅可以安全地经受源/漏注入退火所需的高温，所以可用于形成自对准的源区和漏区的掩模版。可动离子的影响也可通过对多晶硅栅掺磷达到最小化，因此多晶硅栅不仅可加快开关速度，还可以更好地控制阈值电压。

对阈值电压的选择是模拟工艺和数字工艺间有限的几个区别之一。绝大多数数字 CMOS 工艺的目标阈值电压在 0.8～0.9 V 之间，可以有±0.2 V 的变化[①]。模拟 CMOS 设计者喜欢有最大的调控空间(headroom)，因此将阈值电压设定在 0.7 V 左右。使用(100)面硅表明两种情况下都需要阈值调整注入，所以可通过简单地改变注入剂量重新设定阈值电压。模拟 CMOS 也不使用覆盖硅化物(见 3.2.4 节)。上述要求都没有从根本上改变多晶硅栅 CMOS 工艺。

3.2.2 制造顺序

基本的多晶硅栅 CMOS 工艺制造流程由 9 个掩模操作组成。完成一个成品晶圆所需的工艺步骤将按照实际顺序展示。与前面的标准双极工艺相同，为说明工艺，所采用的剖面图在垂直方向上放大了 2～5 倍。

初始材料

CMOS 集成电路通常制造在尽可能重掺杂硼的 P 型(100)衬底上以减小衬底电阻。该措施通过减小衬底去偏置，从而具备一定程度的抗 CMOS 闩锁效应能力(见 4.4.1 节)。由于 CMOS 工艺不需要 NBL，所以衬底掺杂仅受到固溶度的限制。

外延生长

CMOS 工艺的第一步是在衬底上生长一层轻掺杂的 P 型外延层，该外延层厚度一般为 5～10 μm，比标准双极工艺采用的外延层薄很多。NMOS 管在外延层中直接形成，其中外延层

---

① 书中提供的信息应用于工作电压为 5 V 或更高的工艺中。低压工艺要求更低的阈值电压和更严格的控制。例如，3 V 工艺的典型阈值电压值为 0.6 ± 0.1 V。

作为背栅。由于该工艺不需要 N 型埋层，所以覆盖外延层的晶片可用作所有类型产品的初始材料。标准双极工艺则不具备这种规模效应，因为每个产品需要不同结构的 NBL。

理论上，CMOS 工艺不需要外延层，因为 MOS 管可以直接在 P 型衬底上形成。外延工艺增加了成本，但是采用 P+衬底可以提高抗闩锁效应的能力。另外，与 Czochralski 硅相比，可更加精确地控制外延层的电学特性，从而对 MOS 晶体管的参数有更好的控制。

N 阱扩散

晶片被热氧化后，使用 N 阱掩模版对甩在氧化层上的光刻胶进行光刻。氧化刻蚀出窗口后，从窗口注入一定剂量的磷离子。长时间的高温推结工艺产生深的轻掺杂 N 型区域，称为 N 阱(见图 3.21)。典型的 20 V CMOS 工艺的 N 阱结深约为 5 μm。阱推结过程中的热氧化在暴露的硅表面覆盖一层很薄的氧化硅，称为缓冲氧化层(pad oxide)。

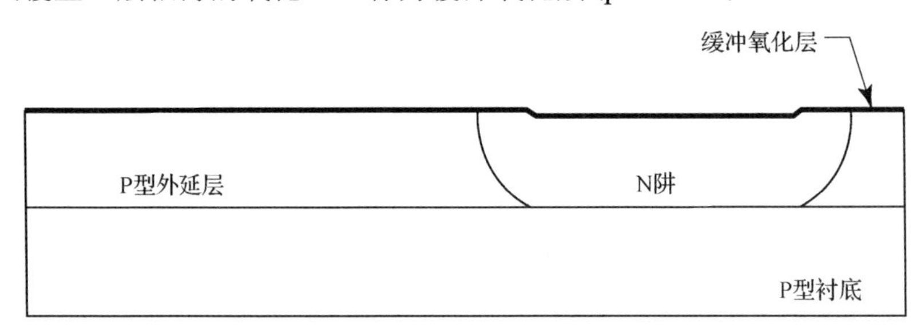

图 3.21 N 阱推结后的晶圆

如图 3.21 所示，在 N 阱 CMOS 工艺中，NMOS 晶体管位于外延层，而 PMOS 晶体管位于阱中。反向掺杂阱区造成的总杂质浓度增加，使阱中多子的迁移率略微降低，因此 N 阱工艺通过牺牲 PMOS 管的性能来优化 NMOS 管的性能。此外，N 阱工艺可形成大多数设计者所偏好的衬底接地。

P 阱 CMOS 工艺使用 N+衬底、N 型外延层和 P 阱。NMOS 晶体管在 P 阱中形成，PMOS 晶体管在外延层中形成。这种工艺通过牺牲 NMOS 管的性能来优化 PMOS 管的性能，但是由于电子的迁移率高于空穴，所以 NMOS 管的性能仍然优于 PMOS 管。P 阱工艺要求衬底接最高电位而不是接地。如果设计中包含多个参考公共地的电源，由于难以区分电源顺序，所以偏置 N 型衬底时常常会遇到困难。

P 阱 CMOS 工艺和 N 阱 CMOS 工艺同时存在。N 阱工艺提供了性能稍好的 NMOS 晶体管，并且允许使用接地的衬底。N 阱工艺同时还与 BiCMOS 工艺向上兼容，这将在本章的后续内容中出现，因此这里选用 N 阱工艺来说明 CMOS 技术。

反型槽

CMOS 工艺采用厚场氧化层，原因与标准双极工艺大体相同：这增加了厚场阈值电压，并且减小了金属线与下层硅间的寄生电容。但与标准双极工艺不同的是：基本 CMOS 工艺采用 LOCOS 技术选择性地生长厚氧化层，只在形成源器件的区域留下薄的缓冲氧化层。芯片上的局部氧化区域称为场区，而被保护未形成氧化层的区域称为槽区。

LOCOS 工艺首先在整个晶圆上淀积一层氮化硅，然后用反型槽掩模版光刻氮化硅，最后采用选择性刻蚀除去场区上的氮化层(见图 3.22)。这步使用的掩模版称为反型槽掩模版，因为它是由沟槽区的反色区形成的。换句话说，就是该掩模版对应于没有沟槽的区域，而不是有沟槽的区域。

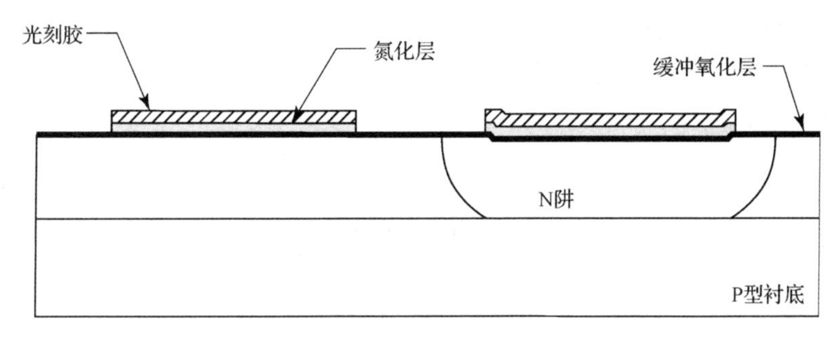

图 3.22 淀积氮化层和反型槽光刻后的晶圆

LOCOS 中使用的氮化层必须位于薄氧化层(称为缓冲氧化层)之上，因为氮化层的生长会产生机械应力，从而会引起硅中晶格位错。缓冲氧化层提供了一个机械缓冲，可吸收应力以防止其损害硅片。

沟道终止注入

为了制造实用的 MOS 晶体管，CMOS 工艺谨慎地减小阈值电压。LOCOS 场氧化层可以提高厚场阈值，但不会超过几伏特。通常在场区下面选择性地注入杂质以进一步提高厚场晶体管的阈值电压。P 型外延场区接受 P 型的沟道终止注入，而 N 阱场区接受 N 型沟道终止注入，因此沟道终止形成需要两步连续的离子注入。

为制造沟道终止，人们已开发出几种不同的技术。这里提供的方法包含大面积硼注入，接着进行一定图形的磷注入。硼注入使用光刻 LOCOS 氮化硅时留下的光刻胶。该掩模暴露出了要淀积沟道终止的场区，因此所有这些区域都受到大面积硼注入［见图 3.23(A)］。这步在外延区域设置了厚场阈值。

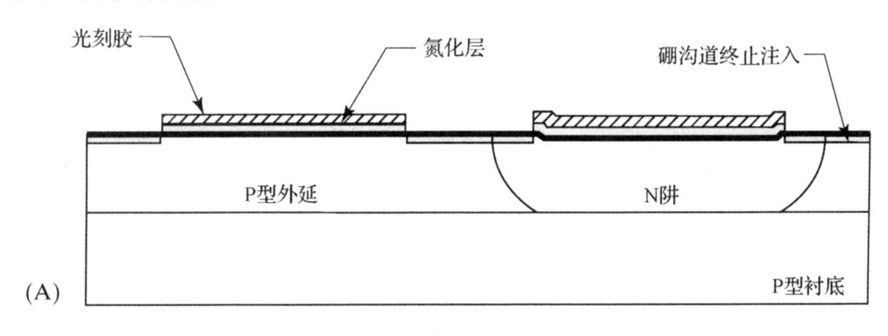

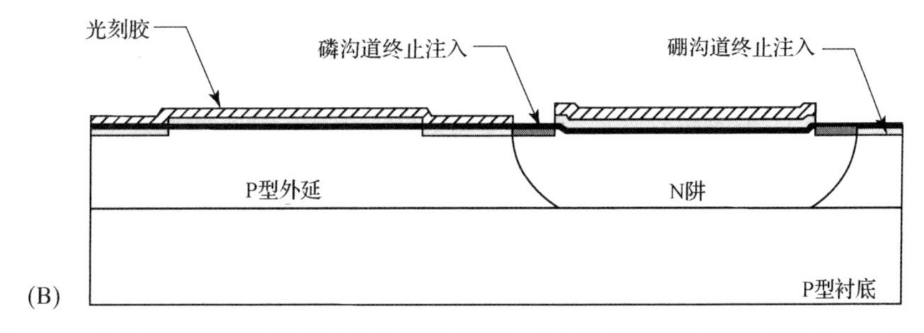

图 3.23 (A)大面积硼沟道终止注入后的晶圆；(B)选择性磷沟道终止注入后的晶圆

硼注入后立即在晶圆上再次涂光刻胶。因为沟道终止注入不会影响其下的沟槽区，因此先前的光刻胶仍可保留在原处。使用沟道终止掩模版光刻再次涂胶的晶圆，只露出 N 阱场区。随后的磷注入对前面的大面积硼注入反向掺杂，把 NMOS 的厚场区阈值提高到最大工作电压以上［见图 3.23(B)］。磷注入后，剥除晶圆上所有的光刻胶以为 LOCOS 氧化做准备。

LOCOS 工艺和虚拟栅氧化

为提高 LOCOS 速率常使用蒸气，或者使炉压升至 5～10 倍的大气压。LOCOS 氧化后，选用合适的刻蚀剂去除剩余的氮化阻挡掩模。图 3.24 显示了所得晶圆的剖面图。在沟槽区边缘的曲线过渡区称为“鸟嘴”，是由氮化物边缘下的氧化剂扩散形成的。

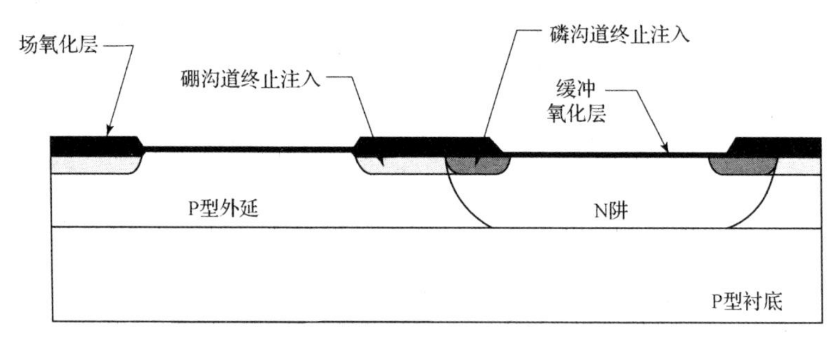

图 3.24 LOCOS 氧化和去除氮化物后的晶圆

Kooi 效应(见 2.3.4 节)导致在沟槽区边缘周围的缓冲氧化层下形成氮化物淀积。这些淀积物可能引起栅氧化层完整性失效，但是可以通过虚拟栅氧化来消除。简短的刻蚀剥除薄的缓冲氧化层而不会对厚场氧化层产生实质性的腐蚀。接下来，短暂的干氧氧化在沟槽区生长一薄层称为虚拟栅氧化层(或牺牲栅氧化层)的氧化物。任何保留的淀积氮化物将逐渐被氧化。如果虚拟栅氧化持续足够长的时间，所有的氮化物都将被消耗。

阈值调整

使用(100)硅有助于稳定 MOS 晶体管的阈值电压，但是如果不进行阈值注入调整，背栅掺杂和栅电极材料会抑制获得可用的阈值电压。例如，未经调整的 PMOS 管的阈值电压可能在−1.5 V 到 −1.9 V 范围内变化，而 NMOS 管可能在 −0.2 V 到 0.2 V 之间变化。一次或两次阈值调整注入(也称为 V_t 调整)可重新设定阈值电压以达到目标值，通常 NMOS 管为 0.7 V，PMOS 管为−0.7 V。

调整阈值电压有两种方法。第一种方法采用两步独立注入，一次用来设定 PMOS 管的 V_t，而另一次用来设定 NMOS 管的 V_t。使用两步注入允许对两个阈值分别进行优化。许多工艺不需要这种灵活性，这些工艺仅使用一步 V_t 调整同时降低 PMOS 管的阈值电压并提高 NMOS 管的阈值电压。如果经过适当注入，对于两种类型的 MOS 管都可获得范围从 0.7 V 到 0.9 V 的阈值电压，图 3.25 说明了这个方法。

晶圆涂上光刻胶后，使用 V_t 调整掩模版在将形成 MOS 晶体管的区域开出窗口。硼 V_t 调整注入将穿透虚拟栅氧化层掺杂下层的硅。V_t 调整注入后，剥除虚拟栅氧化层并露出沟槽区的硅表面。

真正的栅氧化层采用干氧法减小由于表面态和固定氧化层电荷引起的过量电荷。因为栅氧化层极薄，因此氧化过程必须非常短暂。10 V MOS 晶体管一般要求 300 Å(0.03 μm)的栅氧化层，而 3 V 的晶体管的栅氧化层则可能小于 100 Å(0.01 μm)。栅氧化层将形成 MOS 晶体管的介质，而且还会覆盖稍后进行源漏注入的区域。

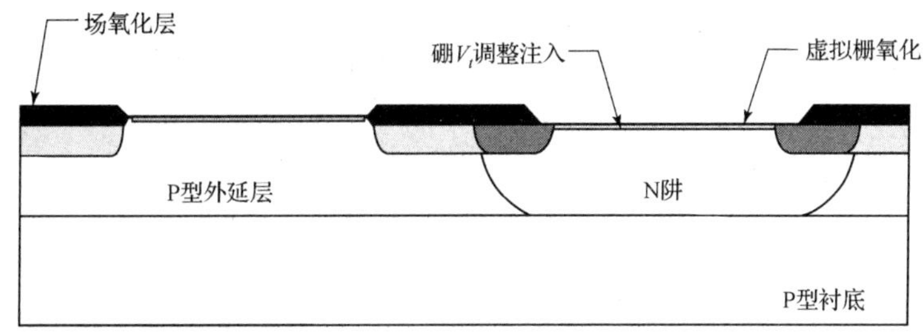

图 3.25　V_t 调整注入后的晶圆

多晶硅淀积和光刻

用于形成栅电极的多晶硅层重掺杂磷，以使其电阻减小到 20～40 Ω/□。尽管栅电极不传导直流电流，但在开关的瞬间会有明显的交流电流通过，所以低阻多晶硅栅可在很大程度上提高 MOS 电路的开关速度。掺磷(不是掺硼)可产生与单步 V_t 调整兼容的阈值电压。掺磷多晶硅栅也会减小由可动离子引起的阈值电压变化，实现 ±0.1 V 到 0.2 V 的阈值电压控制。尽管淀积过程可以进行掺磷，但是大多数工艺首先淀积本征多晶硅，然后再用常规的淀积或注入技术对其进行掺杂。

现在必须使用多晶硅掩模光刻淀积多晶硅层(见图 3.26)。现代亚微米工艺可以制造出栅长小于 0.5 μm 的多晶硅栅，栅长的任何变化直接影响所得的晶体管跨导。因此，对多晶硅的光刻和刻蚀成为 CMOS 工艺中最关键的光刻步骤。这里讨论的简单工艺形成的最小沟道长度约为 2 μm，因此不要求具有与亚微米工艺同样高的精度，但是对多晶硅栅的光刻仍然是最具挑战性的光刻步骤。

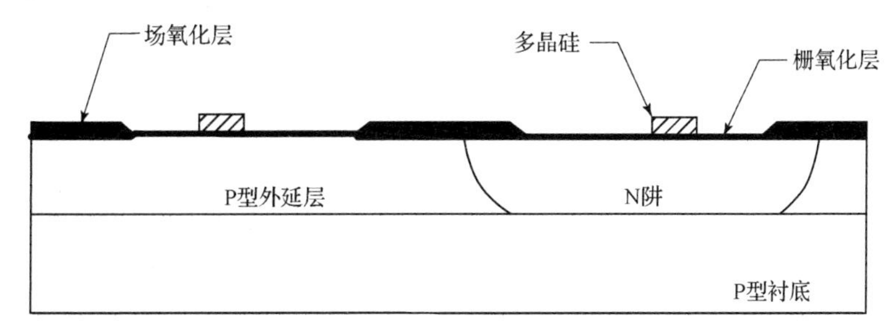

图 3.26　多晶硅淀积和光刻后的晶圆。为简化起见，沟道终止注入和阈值电压调整注入没有出现在本图和随后的剖面图中

源/漏注入

现在完成的多晶硅栅可作为 NMOS 管和 PMOS 管的源/漏自对准注入的掩模版。注入可按照任意顺序进行。在图示的工艺中，先进行 N 型的源/漏注入(NSD)，然后进行 P 型源/漏注入(PSD)。

NSD 注入首先对晶圆涂光刻胶，然后用 NSD 掩模版进行光刻。通过暴露的栅氧化层注入砷，从而形成浅的重掺杂 N 型区。多晶硅栅阻止了向栅下区域的直接注入，因此减小了栅/源和栅/漏交叠电容。一旦完成 NSD 注入，应去掉晶圆表面残留的光刻胶。PSD 注入首先要再次涂光刻胶并用 PSD 掩模版进行光刻，通过暴露的栅氧化层注入硼，从而形成浅的重掺杂 P 型区。与 NSD 注入相同，PSD 注入也相对于多晶硅自对准，因此 PMOS 晶体管也有最小的交叠电容。PSD 注入完成后，再次从晶圆表面去除光刻胶。

短暂的退火激活了注入的杂质，并使源区和漏区上的氧化层略微加厚。这次退火是工艺中的最后一次高温步骤，对应于标准双极工艺中的发射区推结。图 3.27 显示了源/漏退火后的晶圆剖面图。

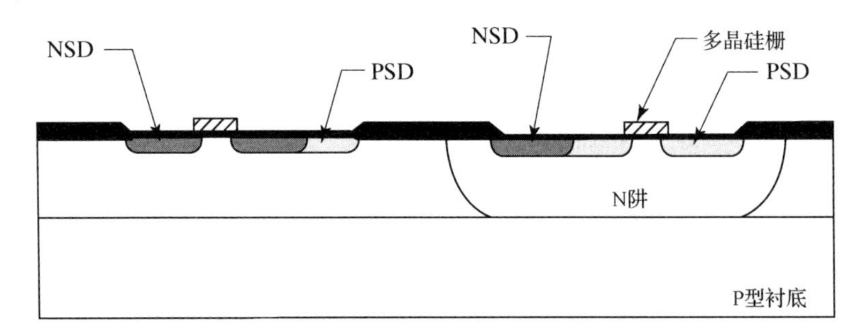

图 3.27 NSD 和 PSD 注入并退火后的晶圆，衬底接触注入与源区注入相邻以节省面积

接触

尽管在源/漏退火过程中存在进一步氧化，但覆盖沟槽区的氧化层仍然很薄，因而容易破损。大数工艺在光刻接触孔前先淀积多层氧化物(MLO)，MLO 可使沟槽区的氧化层加厚，同时覆盖并使暴露的多晶硅结构绝缘。金属连线现在可以穿过沟槽区和多晶栅，而不存在氧化层破损的危险。

在晶圆上再次涂上光刻胶后，使用接触掩模版光刻接触孔区域。在重掺杂的源区和漏区可以容易地形成欧姆接触，但背栅区掺杂浓度过低而无法直接形成欧姆接触。在背栅接触附近增加 NSD 或 PSD 注入可以克服这个困难。在多晶硅上开孔形成了与栅电极的接触。

金属化

浅的 NSD 和 PSD 扩散易受结尖峰效应(junction spiking)的影响。大多数 CMOS 工艺采用接触硅化和难熔阻挡金属化相结合的方法以确保对源/漏区可靠的接触。接触孔硅化后，在晶圆上先溅射一层难熔金属薄膜，然后淀积较厚的掺铜铝层。淀积金属后的晶圆涂上光刻胶并采用金属掩模版光刻。选用合适的刻蚀剂去除不需要的金属，形成互连结构。大多数工艺还包括第二层金属。在这类工艺中，需要在第一层金属上淀积另一层氧化层，使之与第二层金属绝缘。第二次淀积的氧化层通常称为夹层氧化物(ILO)。某种形式的平面化处理可减小由于第一层金属结构产生的不平整，以确保足够的第二层金属台阶覆盖。刻蚀通过 ILO 的通孔与第二层金属相连，该层金属的淀积与光刻方法与第一层金属相同。如果工艺还包含更多的金属层，则它们的形成方法与第二层金属层相同。

保护层

现在在最后一层金属上淀积保护层，此举既可提供机械保护还可阻止对管芯的玷污。保护膜必须能够阻止可动离子穿透，所以通常是厚的磷硅玻璃(PSG)或压缩氮化层，或由二者共同组成。

涂上光刻胶后，使用保护层(PO)掩模版光刻晶圆。选用合适的刻蚀剂去除所选择金属化区域上的保护层，使得焊线可以连接集成电路。这是最后的制造步骤，至此晶圆的制作即告完成。图 3.28 显示了所得晶圆的剖面图，为简化起见其中只包含一层金属。在所示的管芯部分没有焊盘开孔。该剖面图中 NMOS 管在左而 PMOS 管在右。

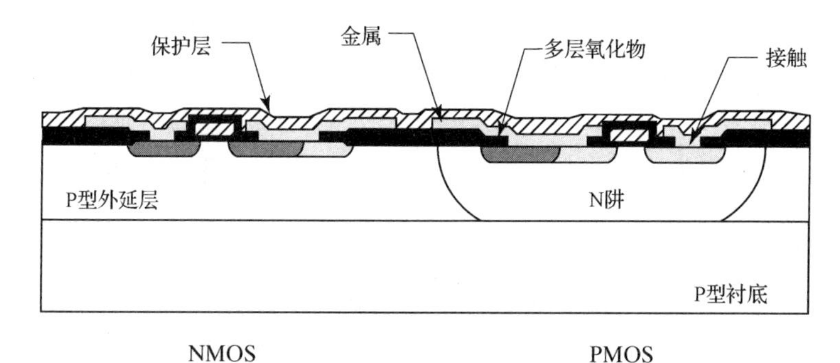

图 3.28　完成的多晶硅栅 CMOS 晶圆的剖面

3.2.3　可用器件

多晶硅栅 CMOS 工艺最初用于制造低压 NMOS 和 PMOS 晶体管。同样的工艺步骤还可制造其他器件，包括自然 MOS 晶体管、衬底 PNP 管、几种电阻和一种电容，这些器件结合在一起可以形成各种类型的模拟电路。3.2.4 节将介绍可实现高工作电压和大密度集成的工艺扩展。

NMOS 晶体管

图 3.29 显示了典型 NMOS 晶体管的版图和剖面图。NSD 注入形成的源区和漏区相对于多晶硅栅自对准。因为 NMOS 管的背栅是 P 型外延层(通过衬底扩展)，因此芯片上的任何衬底接触都可以作为晶体管的背栅极。实际上许多版图包含单独的背栅接触，且位于每支 NMOS 管旁边(尽管并非必须如此)。相互靠近的背栅接触改善了抗 CMOS 闩锁效应的能力，并且这种安排确保了在足够数量的衬底接触分布在整个版图上。在 NMOS 晶体管的源极与衬底电位相连的情况下，将 PSD 衬底接触置于 NSD 源区旁可以得到一种非常紧凑的版图结构。如果 PSD 和 NSD 连接不同的电位则不能相邻放置，因为形成的 P+/N+结的漏电流很大。

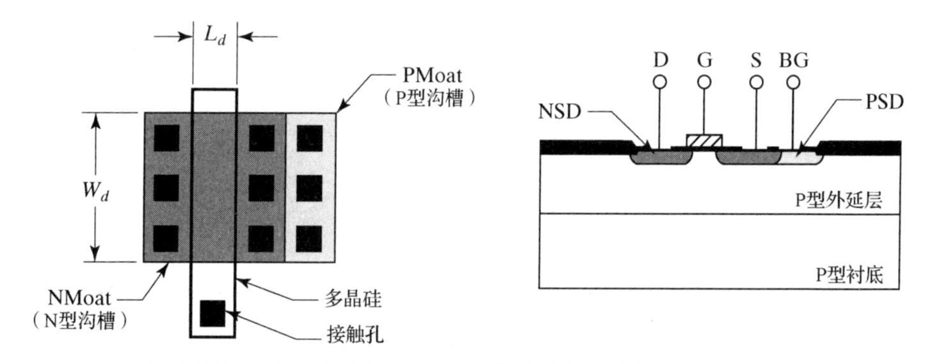

图 3.29　NMOS 晶体管的版图和剖面图。使用金属将该晶体管的源区和背栅短接在一起(未显示)

图 3.29 展示了使用称为 N 型沟槽和 P 型沟槽的绘制层实现 CMOS 晶体管的一般方法。

这些层并不对应于独立的掩模版，而对应于几个掩模版的组合。绘制在 N 型沟槽(NMoat)层上的图形可以同时产生 NSD 和沟槽掩模版的图形。同样，绘制在 P 型沟槽(PMoat)层上的图形也可同时生成 PSD 及其掩模版的图形。沟槽的几何尺寸一般与产生它们的 N 型沟槽区和 P 型沟槽区相同，而 NSD 和 PSD 的图形会略大一些，以保证源/漏注入区完全覆盖沟槽区开孔。使用 PMoat 和 NMoat 绘制层可通过减少绘制晶体管所需的图形数量简化版图。

图 3.29 显示的小的方形接触孔排列是 CMOS 工艺的特点。氧化层窗口的刻蚀速率根据其大小和形状的不同而略有变化，对于极小的开孔，这些变化变得特别严重。因此许多工艺只采用单一尺寸的接触开孔，通常由最小尺寸方形结构组成。大的接触孔必须由最小接触孔阵列组成，而不采用大的氧化层窗口。

图 3.29 中，W_d 和 L_d 分别表示 NMOS 管的绘制宽度和长度。这两个尺寸的名称看起来也许与直觉相反，因为栅长实际上是绘制多晶硅条的宽度，但沟道长度习惯上定义为源区和漏区之间的距离。MOS 晶体管的跨导近似与沟道宽度与长度的比值成正比。短沟道长度会产生更大的单位面积跨导，但在模拟电路中常采用长沟道以减小沟道长度调整效应。

热电子退化使图 3.29 中简单的 NMOS 管具有相对较低的工作电压。饱和 MOS 管沟道夹断区上的大电场将电子加速到高速。其中一些热电子注入上层的氧化层中，从而使晶体管性能逐渐退化(见 4.3.1 节)。

热电子注入只发生在具有相对较大的漏源偏压且工作在饱和区的 NMOS 管。在线性区工作时，漏源电压太小不足以产生热电子，在截止区时无电流产生。用作开关的 NMOS 管仅在开关瞬间发生热电子注入。如果开关频率非常低，那么在集成电路工作寿命期内产生的总热电子数将很少。对于 NMOS 管通常会特别指出两个不同的工作电压：结击穿和穿通电压限制了阻碍电压额定值(blocking voltage rating)，该值用于描述作为开关和低频数字逻辑单元的晶体管。较低的由热电子退化的出现决定的工作电压额定值(operating voltage rating)用于描述工作在饱和区一段时间的晶体管(如大多数模拟晶体管的情况)。

V_t 调整注入将 NMOS 管的阈值电压从约 0 V 提高到近 0.7 V。V_t 调整掩模版能够防止 NMOS 管形成具有较低阈值电压的自然 NMOS 管，自然 NMOS 管用于正常阈值电压过大的某些特定模拟电路。表 3.4 列出了典型的 2 μm、10 V 的模拟 CMOS 工艺制造的 NMOS 晶体管和 PMOS 晶体管的器件特性。

表 3.4 典型多晶硅栅 CMOS 器件参数①

参　数	NMOS	PMOS
最小沟道长度	2 μm	2 μm
栅氧化层厚度	400 Å	400 Å
阈值电压(调整后)	0.7 V	−0.7 V
阈值电压(自然)	0 V	−1.4 V
跨导(W_d/L_d = 10/10)	50 μA/V^2	20 μA/V^2
工作电压	7 V	15 V

① 这些参数与在 R. K. Hester, L. Hutter，L. Le Toumelin, J. Lin 和 Y. Tung, “Linear CMOS Technology,” *TI Technical Journal*，Vol.8，#1, 1991，pp. 29-41 中描述的先进 3 μm LinCMOS™(商标属于 Texas Instruments)的工艺参数大体相似。本书中给出的跨导值是用于 Schichman-Hodges 方程 $I_d = 1/2k(W/L)(V_{gs}-V_t)^2$ 中的值。

PMOS 晶体管

图 3.30 显示了 PMOS 晶体管的典型版图及剖面图。该器件位于作为背栅使用的 N 阱中。只要背栅电位相同，任意数目的 PMOS 管都可占据同一 N 阱。由于相对较深的 N 阱横向扩散明显，对应的版图面积较大，因此将 PMOS 管合并在同一 N 阱中可以节省很大的面积。由于 NMOS 晶体管的背栅与衬底相连，所以 PMOS 管的背栅可接在任何高于或等于其源极的电位上，因此 N 阱的背栅提供了一个额外的自由度，常被模拟电路设计者用来改善电路性能。

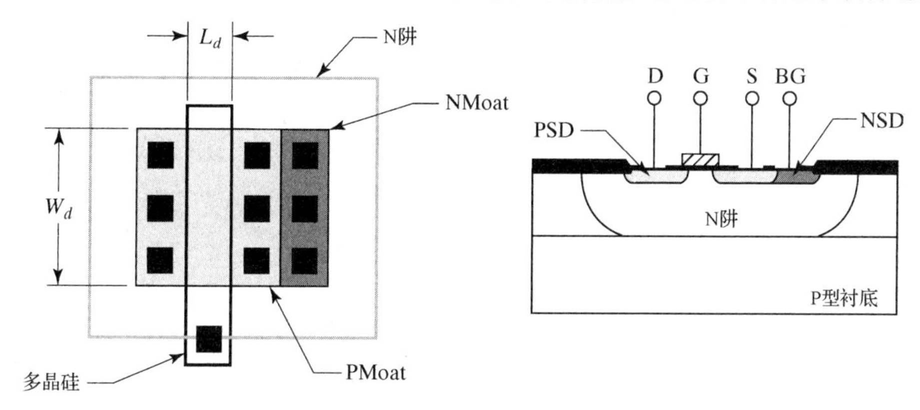

图 3.30　PMOS 晶体管的版图和剖面图，该晶体管的背栅和源极已使用金属线短接(未显示)

PMOS 晶体管易受热空穴退化的影响，但是由于空穴比电子迁移速率慢，所以引起的问题比热电子退化引起的问题少，因此需要更大的漏源电压形成更高电场使空穴加速到足以向氧化层中注入电荷。结雪崩击穿和穿通通常限制了 PMOS 管工作在热空穴退化作用不明显的电压下，工作在更高电压的 PMOS 晶体管将遇到类似于 NMOS 晶体管的热载流子问题。

通过阻止在器件沟道区进行 V_t 调整注入可制造自然 PMOS 晶体管。自然 PMOS 晶体管具有很大的阈值电压，通常超过 1 V。这类晶体管只在模拟电路中偶尔用到。表 3.4 列出了 2 μm 的 10 V PMOS 管的典型器件参数。

衬底 PNP 管

N 阱工艺中可制造的唯一双极型晶体管是衬底 PNP 管。图 3.31 显示了这种器件的典型版图和剖面图。发射区由 N 阱中的 PSD 注入形成，N 阱作为晶体管的基区。NSD 扩散提供了到 N 阱的欧姆接触。该器件的集电区由 P+衬底和阱外的 P 型外延层组成。

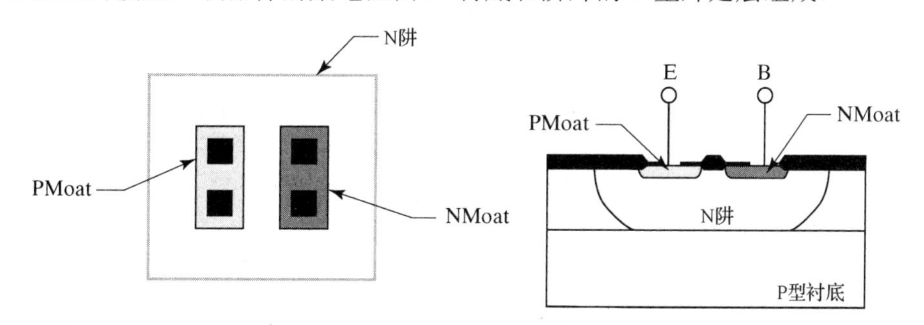

图 3.31　衬底 PNP 管的版图和剖面图，集电极采用衬底接触的方式连接(未绘制)

尽管 CMOS 工艺没有刻意优化双极器件，然而衬底 PNP 管仍然有很好的性能。较深漏/

源区工艺制造的衬底 PNP 管的 β 值接近于标准双极器件(50～100)。更新的浅漏/源注入工艺使 β 值低至 10～20。

由于这类晶体管向衬底注入电流，因此必须小心提供足够的衬底接触。集电极电阻的主要组成部分是由 P+衬底和衬底接触下 PSD 扩散区之间的轻掺杂 P 型外延层构成。为防止衬底去偏置，要求具有大的衬底接触面积。典型 CMOS 集成电路在划片线(scribe street)上有足够的衬底接触容纳 10～20 mA 的衬底电流。若产生的衬底电流更大，则芯片上未使用的区域应加入衬底接触。

理论上也可在 N 阱中制造横向 PNP 晶体管，但缺少 NBL 会加剧衬底注入。总发射极电流中只有一小部分到达所希望的集电极。这类晶体管表现出极低的增益，致使在模拟电路中的应用有限。

电阻

多晶硅栅 CMOS 工艺可制造的 4 种最有用的电阻由掺杂多晶硅形成(见图 3.32)。尽管多晶硅栅的薄膜电阻仅为 20～30 Ω/□，然而采用很窄的宽度和间距可实现很大的单位面积电阻。2 μm 工艺可制造与标准双极工艺基区电阻同样节省芯片面积的多晶硅电阻。亚微米工艺可利用很窄的多晶硅条提供非常大的电阻，但这类电阻的容差和匹配性与期望值偏离较大。在复合多硅工艺中，必须使用硅化物阻挡掩模版以获得制造实际多晶硅电阻所需的足够薄膜电阻。

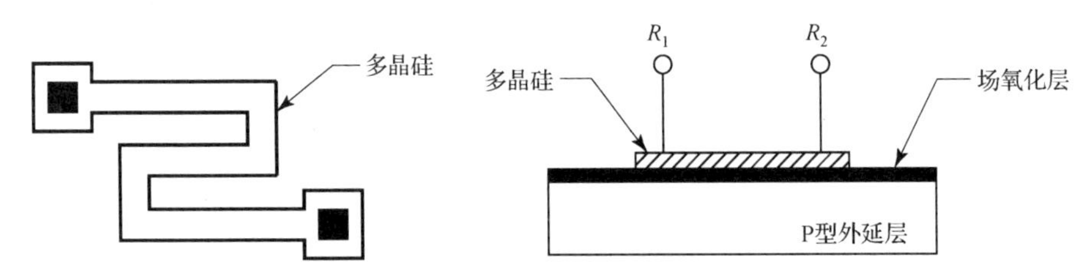

图 3.32　多晶硅电阻的版图和剖面图

图 3.32 中的多晶硅电阻由淀积在场氧化层上的多晶硅条组成。两端的接触可使它接入电路。氧化层完全隔离了电阻，使它能够以任意期望的方式偏置。多晶硅电阻可以承受相对于衬底的大电压(100 V 或更大)，并可在低于衬底电位或高于正电源电压的情况下工作。厚场氧化层还减小了电阻与下层衬底间的寄生电容。氧化层隔离有一个缺点：它在电隔离电阻的同时还完成了热隔离。功耗足够大的多晶硅电阻会由于自诱发退火出现永久的阻值变化。极高的功耗会在远远早于同样尺寸的扩散电阻受到损坏时使多晶硅熔化或受损。这种情况使得可以制造用于晶圆级校正的多晶硅熔丝，但在一些特定应用中(如 ESD 保护)多晶硅电阻不受欢迎。

图 3.33(A)显示了通过连接 NSD 扩散条两端形成的 NSD 电阻的版图和剖面图。NSD 的典型薄层电阻为 30～50 Ω/□。相对浅的 NSD 扩散区的雪崩击穿限制了这种电阻的工作电压，其值一般不超过 10～15 V。用 PSD 可制造类似的电阻［见图 3.33(B)］，这种电阻由 N 阱中的 PSD 扩散条组成，为确保隔离，阱必须偏置在高于电阻的电位，因此阱连接在电阻的高电位端或高电压节点(例如，正电源电压)。PSD 电阻同样受到有限方阻电阻和相对较低的击穿电压的影响。

另一种类型的电阻是两端有接触孔的 N 阱条。在接触孔下设置 NSD 可以阻止整流肖特基势垒的形成。由于横向扩散所需的大间距部分抵消了阱的高值薄层电阻(一般为 2～5 kΩ/□)，因此阱电阻非常易变。掺杂、横向扩散、耗尽区电压调制和表面效应的轻微变化都会引起阱电阻的明显变化。采取适当的版图措施有助于减小这些变化源，但大多数设计者更青睐使用窄的多晶硅电阻。表 3.5 总结了典型 CMOS 工艺提供的 4 种电阻的性质。

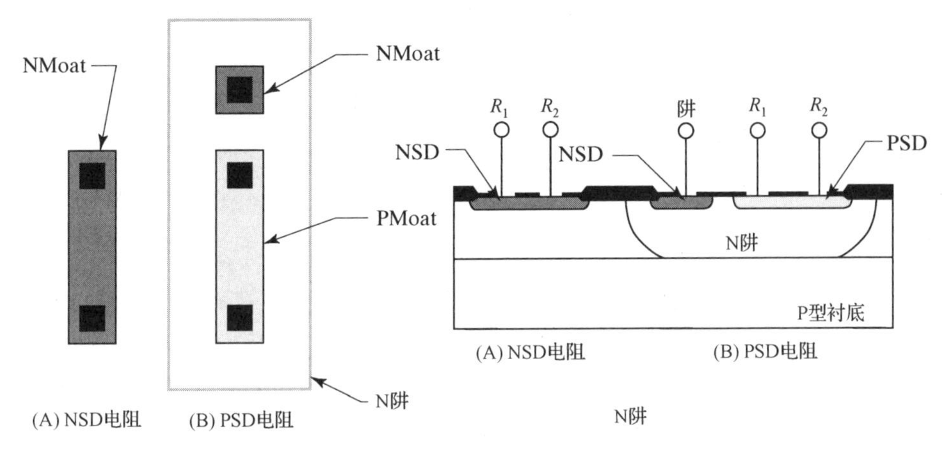

图 3.33 电阻版图和剖面图：(A)NSD 电阻；(B)PSD 电阻

表 3.5 典型电阻器件参数

参数	多晶硅	PSD	NSD	阱
薄层电阻	20 Ω/□	50 Ω/□	50 Ω/□	2000 Ω/□
最小绘制宽度	2 μm	3 μm	3 μm	5 μm
击穿电压	>100 V	15 V	15 V	50 V
可变性(5 μm 宽)	±30%	±20%	±20%	±50%(10 μm)

电容

用来制造 MOS 晶体管的栅氧化层也可用于制造电容。电容的一个极板由掺杂的多晶硅组成，另一个极板由扩散区组成，一般为 N 阱。图 3.34 显示了一种 MOS 电容的版图和剖面图。这种器件的电容率一般在 0.5～1.5 fF/μm^2 范围内，与氧化层厚度有关。现代 MOS 工艺对栅氧化层厚度可精确控制的特性使得只要保证阱极偏置高于多晶硅电极至少 1 V，典型的电容容差值即可达 ±20%。若不能对电容维持足够的偏置，将使电容值显著下降(见 6.2.2 节)。这类电容的主要缺点是附加的下极板寄生结电容和串联电阻以及在一定电压下的非线性效应。

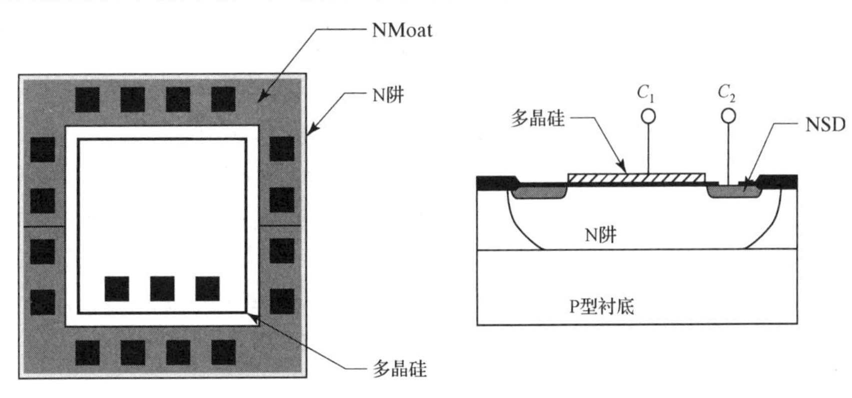

图 3.34 PMOS 电容的版图和剖面图

3.2.4 工艺扩展

CMOS 工艺扩展专注于改善 PMOS 和 NMOS 晶体管的性能，而不是制造其他器件。一类工艺扩展通过抑制热载流子退化寻求提供更高的工作电压，另一类工艺扩展着眼于减小晶体管尺寸以提高集成度。与标准双极工艺不同，由于大多数 CMOS 制造厂主要生产数字产品，因而并不强调提供大量的专门器件。构造额外器件所需的大量时间和费用难以被模拟 CMOS 产品相对较少的产量补偿。模拟 BiCMOS 工艺专用于模电设计，因而表现出完全不同的情况。若有足够的经济诱因，BiCMOS 工艺的许多特性和工艺扩展可经改进后在 CMOS 工艺中应用。

双层金属

早期 CMOS 工艺使用一层金属和一层多晶硅(这种结合有时被称为层金属)。多晶硅层用于跨过大多数信号，所以布线比单层金属的情况要容易得多。自动布线软件仍然不能对层金属进行高效布线，所以大多数现代 CMOS 工艺至少要增加第二层金属(许多工艺增加更多)。模拟 CMOS 版图得益于使用更多的金属层以提高集成度。由于随着器件尺寸的缩小，平面化变得更加困难，所以 CMOS 金属层比标准双极工艺薄很多。大功率 CMOS 电路(如输出驱动)常得益于结合多层金属构成厚的导体。

双层金属在工艺中增加了两步光刻：一次是形成接触孔，另一次是形成二层金属(metal-2)。淀积在两层金属间的夹层氧化物(ILO)提供了绝缘层，某种形式的平面化工艺改善了第二层金属的平整度。尽管这些额外的工艺步骤增加了晶圆的成本，大多数 CMOS 制造厂的多数产品通常都采用双层金属。某些工艺使用 3 层、4 层甚至 5 层金属来进一步减小高密度自动布线逻辑中互连所需的面积。

浅槽隔离

前面讨论的多晶硅栅 CMOS 工艺采用 LOCOS 场氧化工艺。氧化剂横向扩散产生了从薄栅氧到厚场氧的渐变过渡区。这个过渡区常称为鸟嘴，因为其剖面图粗略近似于鸟头的侧像。厚场氧区形成了鸟的颈部，而薄栅氧区形成了鸟嘴。最初的工艺设计者认为鸟嘴是有好处的，因为它调整了显著的氧化层台阶的出现。随着晶体管尺寸的缩小，鸟嘴的横向尺寸最终显得过大而难以接受，因此现代 CMOS 工艺不得不采用其他隔离技术，最引人注目的是浅槽隔离(STI)。

浅槽隔离可形成表面平整的任意深度的厚场氧层(见 2.5.3 节)。槽的横向尺寸仅为深度的很小一部分，其侧壁几乎是竖直的。这些特征允许制造极小的 CMOS 晶体管。现代数字工艺结合了 STI 和浅的氧化埋层以实现完全的介质隔离。由于这些工艺呈现出受到极大限制的工作电压和很差的模拟晶体管特性，目前还未被模拟电路设计者采用。

数字工艺中用来形成浅槽隔离的技术也可用于模拟工艺，形成稍微深一些的槽隔离。槽隔离有许多优点：第一，允许使用任意厚度的氧化层来达到所需的厚场阈值；第二，通过消除 N 阱和 P 型外延层结的侧壁电容加快了双极型晶体管的工作速度；第三，极大地减小了横向扩散，因而允许器件更加紧密地排列；第四，提高了抗闩锁效应的能力。因为槽进入硅中的深度比任何生长氧化层都要深，载流子必须在向下的弧区运动才能到达相邻器件。载流子通路的增长暗示了器件间相互作用的减弱；第五，槽隔离产生了高度平整的表面，可与先进的金属系统兼容。

尽管槽隔离有很多优点，但也存在一些缺陷。正如下一节所述，氧化层和硅间的突变使槽隔离作为扩展漏区晶体管的场释放结构不具任何价值。此外，刻蚀和平面化工艺通常有苛刻的版图约束。例如，大多数工艺要求所有槽宽度相同，并且这些槽只能沿水平或竖直方向以保证均匀刻蚀。拐角处通常需要特殊的处理，如采用倒角或弧线。深槽系统由于平面化存在困难，因此甚至不允许两槽相连。

图 3.35 显示了 STICMOS 工艺中一对晶体管的剖面图。该工艺不使用沟槽掩模，所以 NSD 和 PSD 区由各自的注入与硅表面的交界处决定。这些结在槽侧壁处终止，使得漏/源区相对于隔离和栅自对准。

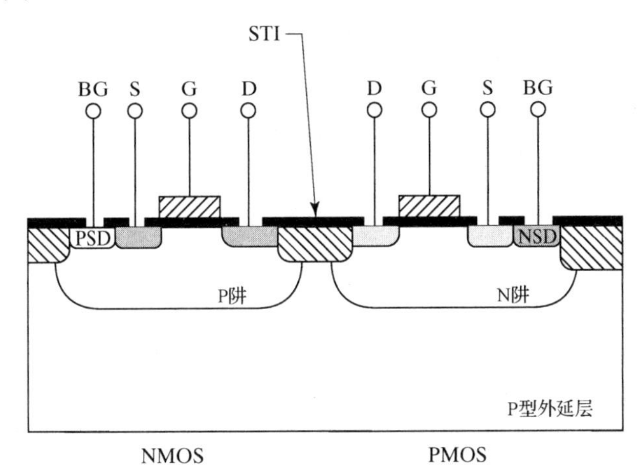

图 3.35 使用浅槽隔离的 NMOS 和 PMOS 晶体管的剖面图

硅化

CMOS 工艺中广泛地使用硅化物。除接触外，通常需要硅化多晶栅以减小其方块电阻。有些工艺甚至硅化源区和漏区以减小其寄生电阻。具有亚微米特征尺寸的工艺可能使用以上所有形式的硅化。早期工艺的特征尺寸较大，不能制造足够快的晶体管以证明硅化栅和漏/源区的合理性，但通常采用硅化接触来避免接触尖峰效应。

N 阱 CMOS 工艺中可采用铂或钯的硅化物制造肖特基二极管。肖特基阳极由硅化接触构成，阴极由通过 NSD 扩散形成的 N 阱接触构成。由于缺少埋层从而增加了该二极管的内阻，因此致使其无法用于大电流应用中。硅化物的暴露边缘限制了反向击穿电压，但是存在不增加任何工艺步骤而抑制边缘击穿的技术(见 10.1.3 节)。CMOS 工艺不需要肖特基接触掩模，因为沟槽区可起到相同的作用。遗憾的是，大多数现代 CMOS 工艺倾向于使用难熔硅化物，如钛或钴的硅化物，而不用贵金属硅化物。由于难熔硅化物较低的正向电压会引起过量漏电流，所以不适合用于肖特基二极管。

硅化后多晶栅的薄层电阻减小至 2 Ω/□左右，对于制造大多数电阻来说显得太小。在硅化栅工艺中增加硅化阻挡掩模版仍可形成多晶电阻。该掩模版通过阻止金属淀积在电阻上或允许这些区域在烧结之前将金属去除并光刻硅化物。使用硅化物阻挡掩模版使硅化工艺变得复杂，但对于大多数模拟设计是必要的。

有些工艺也硅化 NSD 和 PSD 扩散区以形成所谓的复合沟槽。由于沟槽的薄层电阻近似等于其硅化层薄层电阻(一般为 2 Ω/□)，所以不能用于制作电阻。硅化物阻挡掩模可阻止对选定的 NSD 和 PSD 区进行硅化，从而使其可用作电阻。硅化物阻挡掩模还有其他的优点：阻止双极型晶体管发射区的硅化可以增加 β 值(见 8.3.1 节)，阻止 MOS 晶体管部分漏/源扩散的硅化通常可以增加其承受 ESD 的能力。

轻掺杂漏区晶体管(LDD)

如果 MOS 管必须工作在高漏源电压下，那么为防止发生热载流子退化，有必要采取一些预防措施。典型的 400 Å，沟道长度为 3 μm 的 NMOS 管可承受 5～10 V 的电压，而 400 Å 的同样尺寸 PMOS 晶体管可承受 15～20 V 的电压。如果电压超过这些限定值，则需要相应的替代结构。

饱和 MOS 管夹断沟道上的强电场引起热载流子退化。在常规晶体管中，耗尽区不能突入重掺杂漏区很深。如果漏区是比较轻掺杂的，那么耗尽区可延伸进入漏区和沟道区，电场强度将减小。与常规单掺杂漏区(SDD)器件相比，这种轻掺杂漏区(LDD)晶体管能够可靠地工作在更大的漏源电压下。

LDD 晶体管实际上使用两次漏区扩散，一次在靠近栅的边缘处形成轻掺杂漂移区，另一次在接触之下形成重掺杂扩散区。重掺杂扩散区减小结构的漏区电阻，并且允许晶体管保持常规 SDD 器件的大部分特性。一种用于形成 LDD 晶体管的工艺使用氧化侧壁隔离自对准两次漏区扩散，使得可以精确控制漂移区的宽度[①]。图 3.36 展示了制造这种结构所需的步骤。光刻多晶硅栅后，立即进行与多晶硅栅边缘自对准的浅注入，淀积形成轻掺杂漏区(N– S/D)。在晶圆上覆盖一层厚的各向同性淀积氧化层，多晶硅栅边缘处的氧化层比晶圆邻近区域上的氧化层厚。用各向异性干法刻蚀可去除大部分淀积氧化层，但即使形成了完全平坦的表面，沿栅的边缘处仍留有一些氧化物。停止刻蚀，这样沿栅的两侧会留有氧化物细丝。这样的氧化物细丝就形成了所需的氧化物侧壁隔离。这些隔离的宽度约等于多晶硅栅的厚度。第二次与氧化侧壁隔离边缘自对准的漏区注入形成 LDD 结构的重掺杂部分(N+ S/D)。轻掺杂漂移区宽度约等于侧壁隔离的宽度，典型值为 0.5 μm。

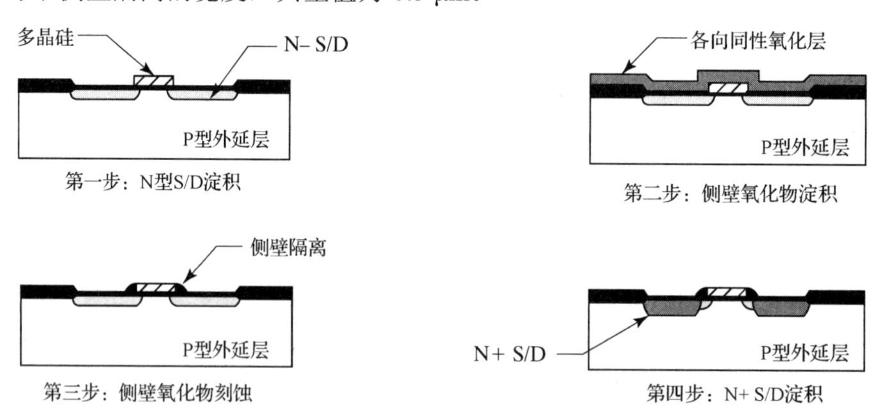

图 3.36 制造 LDD NMOS 晶体管所需的步骤

只有 NMOS 晶体管的漏源端需要 LDD 结构，但是不存在阻止形成侧壁隔离的简单途径，因此 NMOS 管的源端也采用 LDD 结构。形成的晶体管是对称的，漏端和源端可以互换而不

① R. H. Eklund, R. A. Haken, R. H. Havemann 和 L. N. Hutter, "BiCMOS Process Technology," in A. R. Alvarez, ed., *BiCMOS Technology and Applications*, 2d ed. (Boston: Kluwer Academic, 1993), pp. 90-95。

会影响器件性能。PMOS 晶体管也有氧化侧壁隔离，但没有轻掺杂扩散区。原因是会在侧壁隔离下形成沟道，具体内容将在 12.1.1 节讨论。因此，晶体管的沟道长度比版图所示的尺寸稍长。

上面介绍的 LDD 工艺形成的晶体管适于漏源电压为 10～20 V 的情况。如果所有晶体管都进行源/漏注入(N– S/D 和 N+ S/D)，则无须额外的掩模版。增加一个掩模版有选择地阻止 N– S/D 注入也许会带来额外的好处。由于短沟道晶体管在热载流子生成出现前已击穿，所以不需要 LDD 处理。因此，在短沟道 NMOS 晶体管中，N– S/D 的存在没有意义。若能在不引起过早击穿的同时减小绘制沟道尺寸，则可集成更多的晶体管。实现上述目标的一种方法是对短沟道器件有选择地阻止 N– S/D 注入，通过去除 N– S/D，绘制沟道长度可在不影响器件有效尺寸的情况下减小 0.5～1 μm。选用单独的 N– S/D 和 N+ S/D 掩模版对不需要 LDD 晶体管高密度、低压逻辑电路具有重要的影响。

扩展漏区高压晶体管

使用氧化侧壁隔离可以制造能够承受 10～20 V 漏源电压的常规晶体管。若电压更高，则要用不同的方法来制造轻掺杂漏区，以防止雪崩击穿和热载流子效应。实用高压 MOS 晶体管可只采用已有的标准 N 阱多晶硅栅 CMOS 工艺的掩模版制造。这种扩展漏区器件并不自对准，因而本身就是存在大交叠电容的长沟道器件。尽管如此，它们足以制造很多高压电路。

图 3.37 显示了一个高压扩展漏区的例子。该晶体管使用 N 阱区作为极轻掺杂的漏区。因为阱不仅相对较深而且掺杂较轻，所以晶体管的击穿电压超过 30 V。塞状的 NSD 形成了与漏区的欧姆接触。晶体管的源区由不包括 N 阱的 NSD 区组成。因为源区和漏区采用不同的扩散，所以该器件是非对称的 MOS 晶体管。

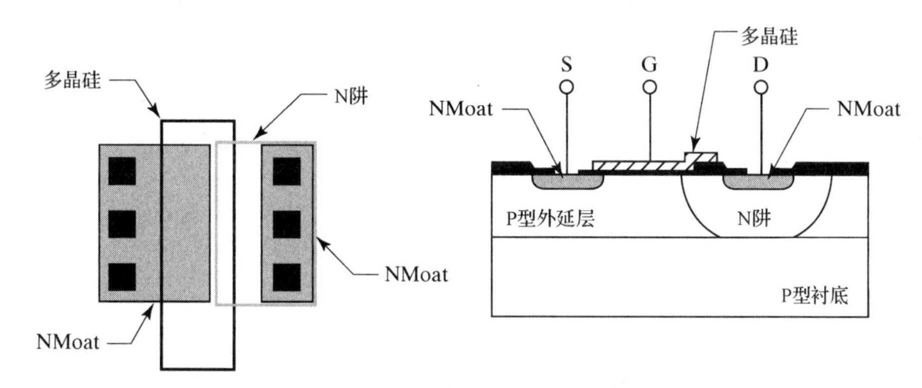

图 3.37 扩展漏区 NMOS 晶体管的版图和剖面图。背栅与衬底相同

高压 MOS 晶体管的栅氧化层存在一些两难的问题。15 V CMOS 工艺的栅氧化层厚度为 300～400 Å，可安全地承受 20～25 V 的电压。更高的电压将击穿氧化层，损坏器件。独立的栅氧化可以为高压器件形成厚氧化层，但栅氧化层厚度的增加会减小器件的跨导。最好的解决方法是只加厚产生最强电场的轻掺杂漏区上方的栅氧化层(见图 3.37)。LOCOS 鸟嘴提供了制造这种场释放结构的常规方法。浅槽隔离不存在对应的结构，增加了采用 STI 工艺中制造高压扩展晶体管的难度。薄栅氧化层保持在沟道上方，从而确保了高器件跨导。

高压扩展漏区 PMOS 晶体管使用 P 型沟道终止作为轻掺杂漏区，这类器件将在 12.1.2 节讨论。

3.3 模拟 BiCMOS

对更高集成度的不断需求推动了更复杂和成本更高的工艺的出现。这些工艺不仅要在相同面积的芯片上集成更多的器件，而且这些器件的性能必须稳步提高以满足新应用的需求。到 20 世纪 80 年代初，用户提出了在普通衬底上兼有模拟和数字子系统的混合信号电路的要求。典型的混合信号集成电路包含 90%～95%的数字电路和 5%～10%的模拟电路①。在封装密度和功率要求方面，CMOS 逻辑以压倒性的优势胜出双极逻辑，所以制造混合信号电路的最初尝试是采用不加调整的 CMOS 工艺。模拟 CMOS 电路设计已经发展了几十年，因此没有厂商预见到在制作混合信号系统的最后部分时会遇到困难。但是这些厂商不久就发现难度并不与器件的数目相对应。尽管模拟器件只占全部器件的一小部分，然而却是耗费设计精力的主要器件。模拟 CMOS 的不良性能甚至会要求更多的设计资源以补偿工艺上的不足。

经过几年的失败与成功后，大多数制造商开始认识到混合信号体系的模拟部分需要特制的器件。采用这种器件的真正好处在于不仅提高了性能，并且加快了设计周期和成功率。到 20 世纪 80 年代末期，专门用于制造混合信号集成电路的新一代工艺逐渐发展起来。这种模拟 BiCMOS 工艺通常基于 CMOS 工艺流程，但是增加了双极型晶体管、高薄层多晶硅电阻及其他特殊器件。

3.3.1 本质特征

模拟 BiCMOS 工艺以其复杂性为特征。大多数工艺至少需要 15 块掩模版，更特殊的情况使用的掩模版高达 30 块。复杂工艺的缺点是增加了芯片成本，延长了制造时间，同时降低了工艺产量。与缺点相对应的好处是具有更高性能的模拟电路，需要更少的设计精力和更快的设计周期。到 20 世纪 90 年代中期，大部分新型模拟电路设计都采用某种形式的模拟 BiCMOS 工艺。

典型 BiCMOS 工艺为标准 CMOS 流程，并增加了少量步骤用于构造合适的双极型晶体管。因为深 P+隔离区需要增加一次掩模步骤，所以不再使用。一种替代的不需要增加掩模的隔离形式是用 N 阱形成 NPN 晶体管的集电区。阱的连续反型掺杂形成了基区和发射区。集电区-外延层结可起到隔离这类双极型晶体管的作用，因此被称为集电区扩散隔离(CDI)②。图 3.38 显示了使用 CDI 结构制作的 NPN 晶体管。

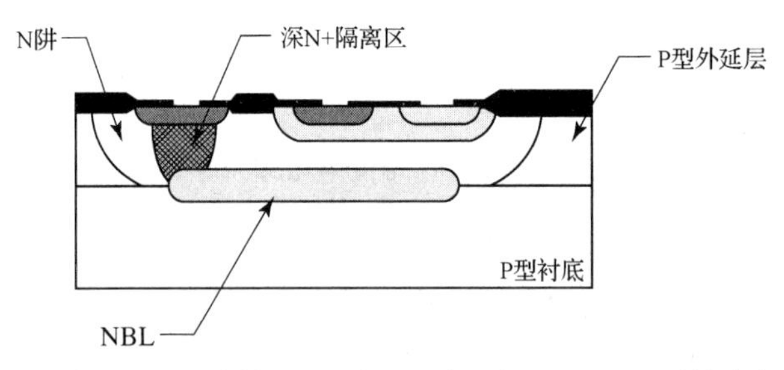

图 3.38　集电区扩散隔离(NPN 晶体管)的细节。图中只标出了 CDI 系统中与集电区相关的部分

① 根据器件数目而非面积估算的结果。混合集成电路中相对较少的模拟器件往往占用过多的芯片面积，这是因为模拟电路无法在维持原有性能的同时充分利用现代晶体管的尺寸缩减特性。

② B. T. Murphy，S. M. Neville 和 R. A. Pedersen, "Simplified Bipolar Technology and Its Application to Systems," *IEEE J. Solid-State Circuits*, Vol.SC-5, #1, 1970, pp. 7-14。

典型 BiCMOS 工艺与 N 阱 CMOS 工艺大致相同，但增加了 3 个掩模步骤：NBL、深 N+和基区。下面将讨论增加这些掩模步骤的原因。

增加 NBL 是最勉强的，但也是最关键的。一些 CMOS 工厂没有外延层反应器，缺乏实现埋层的必要经验。不难设想，人们一定尝试过去除 NBL，其结果也一定不令人满意。NBL 极大地减小了 NPN 晶体管的集电极电阻——这种器件的主要寄生元件之一。NBL 还在现代 CMOS 工艺所偏好的薄外延层上提供了更高的 NPN 晶体管工作电压，这是因为它阻止了纵向穿通击穿。此外，NBL 还抑制了寄生衬底 PNP 管的作用。如果没有 NBL，横向 PNP 晶体管几乎不可能制作。任何实用结隔离模拟 BiCMOS 工艺几乎一定包含 NBL。

标准双极工艺采用深 N+侧阱来进一步减小功率 NPN 晶体管的集电极电阻。尽管在多数应用中，功率 MOS 晶体管可以替代功率 NPN 晶体管，然而深 N+扩散对于形成低阻少子注入保护环仍是必要的。此外，由于阱的渐变特性，CDI NPN 晶体管一般在集电区接触和 NBL 间存在过大的纵向电阻。这类晶体管会过早饱和，从而限制了其在低压下的工作，使器件建模复杂化，而且还会引起不希望的衬底注入。许多 BiCMOS 工艺都包含深 N+区作为工艺扩展。

基区扩散决定了 NPN 晶体管的增益、击穿电压和厄尔利电压。一些工艺尝试使用从其他器件中提出的层制造 NPN 管以得到混合的结果。使用通常源自 DMOS 晶体管的扩散构造 NPN 管的尝试只在采用轻掺杂 DMOS 管背栅的工艺中取得了成功(见 12.2.3 节)。多数工艺用重掺杂背栅以改善 DMOS 管的性能。高掺杂浓度会减小由这种背栅扩散制作的 NPN 晶体管的 β 值，使制造出的 NPN 管基本上无用。使用 P 型外延作为基区的扩展基区晶体管也被成功地制造出来，但这类器件有几个缺陷。与传统的 CDI 器件相比需要更多的芯片面积，并且由于缺少漂移区使得厄尔利电压很低(见 8.3.3 节)。采用多栅氧化层的 CMOS 工艺通常包含一个浅的适度掺杂的 P 阱用于制作低压薄栅氧化层晶体管，这种浅 P 阱已被证明足以替代某些工艺中的专用基区注入。

3.3.2 制造顺序

本节讨论基于 N 阱多晶硅栅 CMOS 的模拟 BiCMOS 工艺①。N 阱提供了集电区扩散隔离，增加了 NBL、深 N+区和基区用于制作双极型晶体管，此外还增加了双层金属用于简化互连。这种工艺需要 15 块掩模版，其中一块掩模版用了两次，总共包括 16 步掩模操作。

初始材料

模拟 BiCMOS 选用的衬底材料是偏离晶轴一定角度切割的 P+(100)衬底以减小版图失真。NBL 与 P+衬底结合使用需要在工艺中增加一次外延淀积。如果没有这一步，NBL 会直接与衬底接触形成击穿电压很低的 N+/P+结，因此一个轻掺杂的约 20 μm 厚的 P 型外延层位于衬底与 NBL 之间。有 3 个因素决定了这个第一外延层的厚度：下层衬底的向上扩散，NBL 的向下扩散，以及承受最大预期工作电压(通常为 30～50 V)所需的耗尽区宽度。第一外延层淀积在未经光刻的晶圆上，所以覆盖外延层的晶片可作为初始材料储存。另外也可以不用 P+衬底，免去对这次外延淀积的需要，但是使用轻掺杂的衬底使得工艺非常容易出现闩锁效应和衬底去偏置(见 4.4.1 节)。

---

① Eklund, *et al.*, pp. 120ff。也可参见 J. Erdeljac，B. Todd，L. Hutter，K. Wagensohner 和 W. Bucksch 的著述“A 2. 0 Micron BiCMOS Process Including DMOS Transistors for Merged Linear ASIC Analog/Digital/Power Application,” *Proceedings 1992 Applied Power Elect. Conf.*, 1992, pp. 517-522。

N 型埋层

短暂的热氧化可在整个晶圆上生长一层薄氧化层，采用 N 型埋层(NBL)掩模可对该氧化层进行光刻，并刻蚀出通向硅表面的窗口。在窗口中离子注入淀积 N 型杂质砷或锑。氧化环境下短暂的热推结可修复晶格损伤并形成后续掩模对准所需的不连续表面。

外延生长

NBL 退火后，去除氧化层，晶圆返回外延反应器中进行二次 P 型外延层淀积。表面不连续性将通过外延层沿晶片翘曲决定的与［100］晶轴成 45°角的方向向上传递。外延生长完成后，NBL 阴影约横向偏移 10 μm。图 3.39 显示了二次外延淀积后的晶圆。

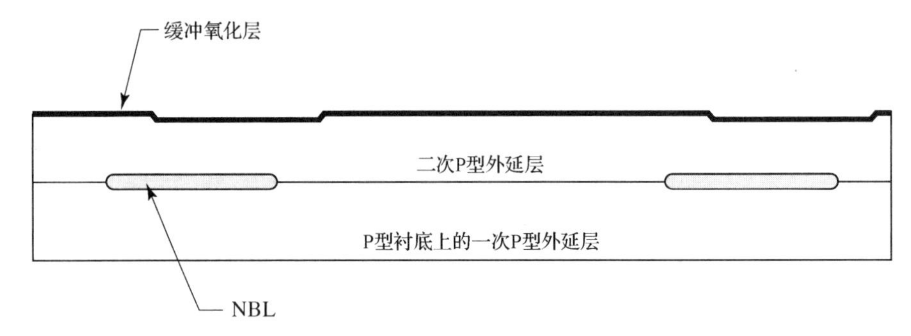

图 3.39 二次外延淀积后的晶圆。没有明确显示出 P+衬底，但它位于一次 P 型外延层的下方

在二次外延生长过程中，反应气体会使 NBL 杂质从晶圆表面析出并在别处重新淀积，这个过程称为横向自动掺杂(lateral autodoping)①。这种机制可引起在一次和二次外延层间界面处形成 N 型硅薄层，并缩短了相邻阱间的距离。通过使用锑作为杂质，或者通过在低压下外延生长可以限制自动掺杂。在其中任何一种情况下，BiCMOS NBL 与标准双极工艺相比的掺杂程度略轻。

N 阱扩散和深 N+区

现在生长一层薄氧化物，并使用 N 阱掩模版进行光刻。离子注入淀积磷，随后向下推结形成阱区扩散。在阱与 NBL 相接前停止推结，以便允许在工艺流程中适时插入深 N+淀积。阱热推结过程生长的氧化层允许对随后的深 N+扩散进行光刻。在注入高浓度磷后，继续热推结直到阱与深 N+扩散都与 NBL 交叠约各自结深的 25%以减小纵向电阻。图 3.40 显示了热推结后晶圆的剖面图。

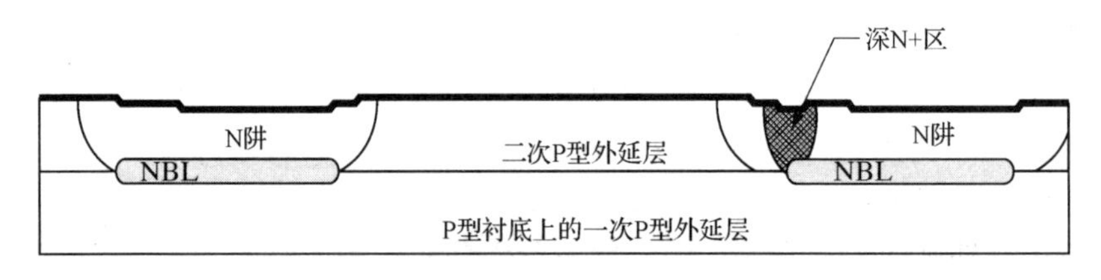

图 3.40 N 阱和深 N+淀积并推结后的晶圆

① M. W. M. Graef，B. J. H. Leunissen 和 H. H. C. de Moor，“Antimony，Arsenic，Phosphorus, and Boron Autodoping in Silicon Epitaxy,” *J. Electrochem. Soc.*, Vol.132, #8, 1985, pp. 1942-1954。

N阱扩散影响PMOS管和双极型晶体管的许多器件参数。必须在两种器件之间对其中之一或两者的损害做出折中。例如，短沟道PMOS晶体管需要一个中度掺杂的阱以抑制穿通击穿，而双极型晶体管需要轻掺杂阱以形成集电漂移区。因此对阱的掺杂是可确定最小沟道长度为2～3 μm的一个折中值。如果需要制造更短的沟道长度，则必须增加阱以单独优化工艺中的MOS和双极器件。

基区注入

在去除前面步骤残留的氧化物掩模后，在晶圆上生长一层均匀的薄缓冲氧化层。使用基区掩模版光刻，硼注入通过缓冲氧化层形成P型区，随后在惰性氛围中退火。稍后的高温工艺步骤完成基区推结并确定最终结深。图3.41显示了基区退火后的晶圆。3次反向掺杂通过提高总的基区掺杂浓度来提高中性基区的复合率，使CDINPN晶体管的β值降低。采用相对轻掺杂的基区注入可部分补偿这一点，因此最终的基区方块电阻是标准双极工艺的几倍。

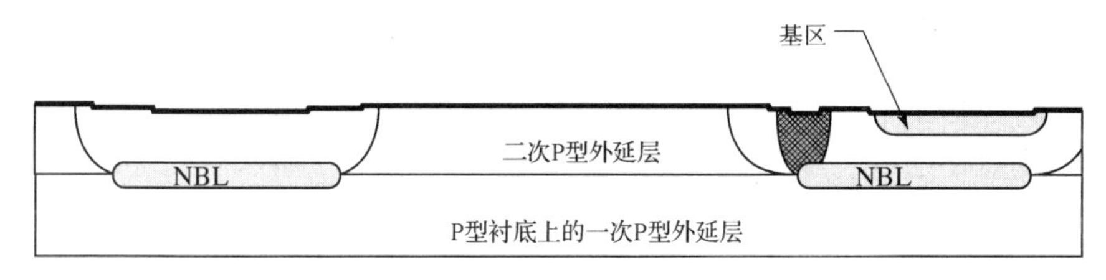

图3.41　基区注入和退火后的晶圆

反型槽

模拟BiCMOS使用与多晶硅栅CMOS工艺所采用的相同的LOCOS工艺，即使用反型槽掩模光刻厚LPCVD氮化层，并刻蚀出最终形成场氧化层的区域(见图3.42)。在多晶硅栅CMOS工艺的例子中，MOS晶体管位于不被厚场氧化层覆盖的槽区。槽区还有另外两个附加作用：

- 包围基区，以防止增强氧化扩散对基区过推结；
- 包围肖特基接触，允许其刻蚀行与基区和发射区接触刻蚀同时进行。

反型槽掩模版由NMoat、PMoat、基区和肖特基接触等图层结合后反色(color reverse)组成。一些工艺在掩模生成时自动生成反型槽掩模，其他工艺需要版图设计者利用部分或全部前述图层设定槽区形状。

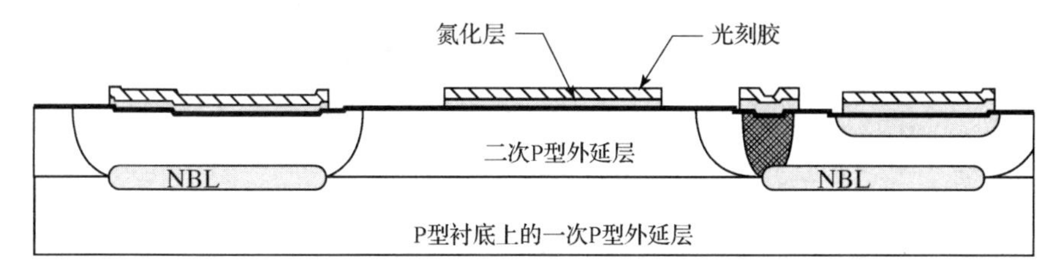

图3.42　淀积氮化物和反型槽刻蚀后的晶圆

沟道终止注入

由于模拟BiCMOS使用(100)面硅，因此需要沟道终止注入将厚场阈值提高到工作电压以上。模拟 BiCMOS 工艺的沟道终止策略与多晶硅栅的 CMOS 工艺相同。大面积硼沟道终止注入调整 P 型外延层上的厚场阈值，而光刻后的磷沟道终止设定了所有阱区上的厚场阈值。硼沟道终止使用反型槽掩模操作后留下的光刻胶注入。再次涂光刻胶，并使用沟道终止掩模版光刻。该掩模版只暴露出最终位于厚场氧化层下的 N 阱区。磷注入抵消了之前淀积的硼，增加了这些阱区中的表面浓度。图 3.43 展示了沟道终止注入和此后去除光刻胶均完成后的晶圆剖面图。

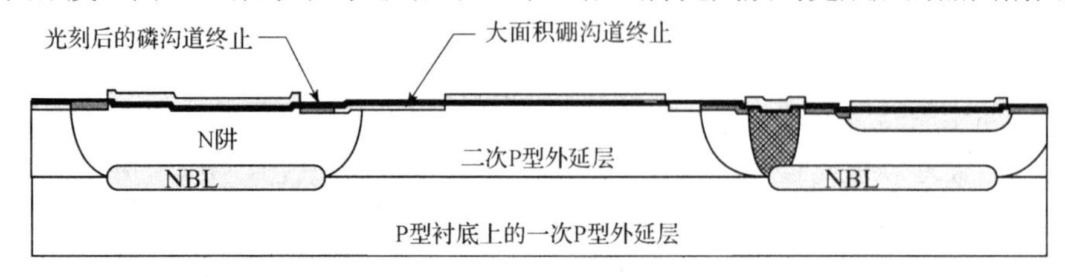

图 3.43　沟道终止注入后的晶片

LOCOS 处理与虚拟栅氧化

LOCOS 氧化采用蒸气或高压来提高氧化生长速率。然后，去除氮化层及其下面的缓冲氧化层。虚拟栅氧化过程可去除任何长期残留的氮化物(见图 3.44)。

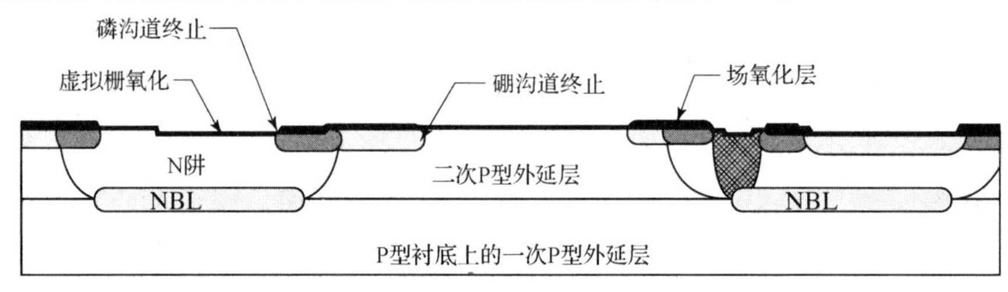

图 3.44　LOCOS 氧化，去除氮化层，虚拟栅氧化后的晶片

阈值调整

单次硼 V_t 调整注入可同时提高 NMOS 阈值并降低 PMOS 阈值。选取合适的阱和外延层掺杂浓度，可同时将两阈值调整为期望的目标值 0.7 ± 0.2 V。

阈值调整注入工艺包括在晶圆上涂光刻胶，用 V_t 调整掩模光刻，然后注入所需剂量的硼杂质通过虚拟栅氧化层。最后的栅介质由去除虚拟栅氧化后生长的约 300 Å 厚的高质量干氧化物构成(见图 3.44)。图 3.45 显示了所得晶圆的剖面图。

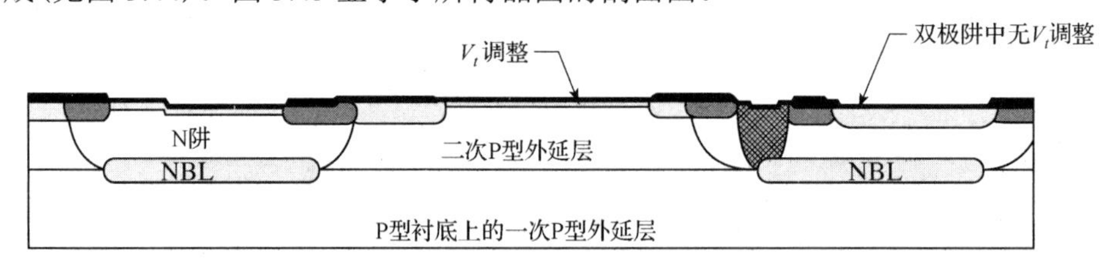

图 3.45　V_t 调整注入后的晶片

多晶硅淀积及光刻

MOS 晶体管的栅由淀积本征多晶硅后大面积磷淀积掺杂形成的重掺杂 N 型多晶硅构成。光刻步骤使用多晶硅掩模版，图 3.46 显示了光刻多晶硅后的晶片。

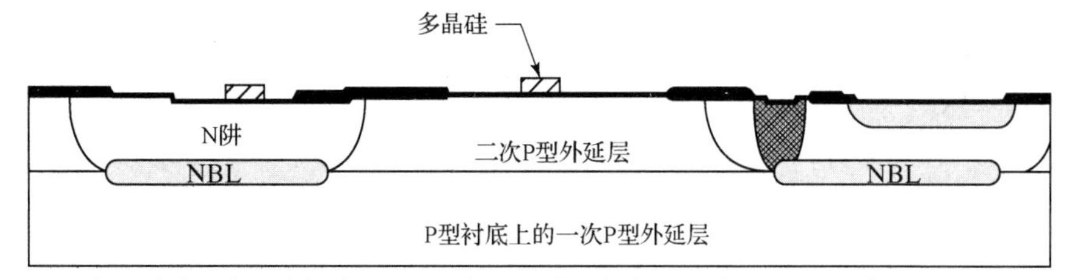

图 3.46 多晶硅淀积与光刻后的晶圆。本图及随后的剖面图未显示沟道终止及阈值调整注入

源/漏注入

模拟 BiCMOS 工艺通常制造击穿电压为 10～20 V 的双极型晶体管。理想情况下 MOS 晶体管也能承受相同的电压。PSD 和 NSD 的击穿电压可以轻易地提高到 15～20 V。通过增加最小沟道长度 2～3 μm 可避免穿通击穿。在 NMOS 管中增加轻掺杂漏区还可以抑制热电子的产生。

在晶圆上甩上光刻胶并采用 N– S/D 掩模光刻。磷注入形成自对准于多晶硅栅的轻掺杂源区和漏区。氧化层各向同性淀积，随后各向异性刻蚀在栅两侧形成侧壁隔离。再次涂胶后，用 N+ S/D 掩模光刻，从而确定关于氧化侧壁隔离边缘自对准的更重掺杂且稍深一些的 N+ S/D 注入。轻掺杂漏区由位于侧壁隔离下面的部分 N– S/D 组成。如果所有的 NMOS 晶体管都是 LDD 结构，那么 N– S/D 掩模还可以再用于 N+ S/D 注入。

PMOS 晶体管不需要轻掺杂漏区，从而消除了对 P– S/D 注入的需要。由于形成侧壁隔离后进行 P+ S/D 注入，所以 PMOS 晶体管的沟道长度是侧壁隔离宽度的两倍(见图 3.47)。这种宽度上的增加可被按比例减小 PMOS 栅的绘制长度所抵消。

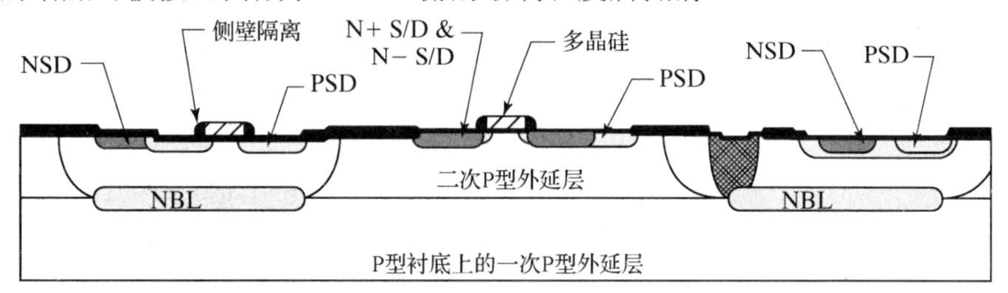

图 3.47 N– S/D、N+ S/D 和 P+ S/D 注入后的晶片

金属化及保护层

双层金属流程需要 5 块掩模版：接触、一层金属、通孔、二层金属，以及保护层。将接触硅化可以控制电阻，并可形成肖特基二极管。难熔阻挡金属确保对接触和通孔几乎竖直的侧壁有充分的台阶覆盖。掺铜铝降低了发生电迁移的可能性，厚的压缩氮化硅保护层在金属连线与封装之间提供了机械和化学屏障。图 3.48 显示了成品晶圆的剖面图，其中包含 NPN、NMOS 和 PMOS 晶体管。

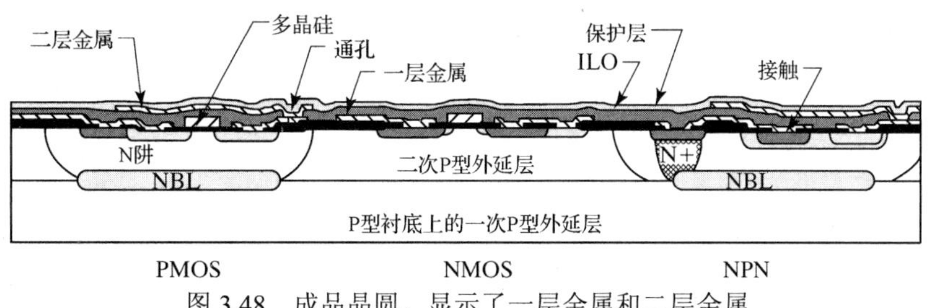

图 3.48 成品晶圆。显示了一层金属和二层金属

工艺比较

模拟 BiCMOS 工艺使用所有与多晶硅栅 CMOS 相同的工艺步骤，并适时地增加了 3 块掩模版(NBL、深 N+和基区)，如表 3.6 中阴影部分所示。NBL 淀积必须在二次外延生长之前进行。深 N+扩散和基区扩散需要高温和较长的推进时间，所以必须在工艺的前期完成。

表 3.6 模拟 BiCMOS 工艺和多晶硅栅 CMOS 工艺的比较

掩　模	多晶硅栅 CMOS 工艺	模拟 BiCMOS 工艺
1. NBL		一次外延生长
		NBL 淀积/退火
2. N 阱	外延生长	二次外延生长
	N 阱淀积/推进	N 阱淀积/推结
3. 深 N+		深 N+淀积/推结
	缓冲氧化	缓冲氧化
4. 基区		基区注入/退火
5. 反型槽	氮化物淀积/光刻	氮化物淀积/光刻
	大面积硼沟道终止	大面积硼沟道终止
6. 沟道终止	光刻磷沟道终止	光刻磷沟道终止
	LOCOS 氧化	LOCOS 氧化
	去除氮化层/缓冲氧化层	去除氮化层/缓冲氧化层
	虚拟栅氧化	虚拟栅氧化
7. V_t 调整	阈值调整注入	阈值调整注入
	真正栅氧化	真正栅氧化
8. 一层多晶硅	多晶硅淀积	多晶硅淀积
	多晶注入/退火	多晶注入/退火
9. NSD	N– S/D 注入	N– S/D 注入
	形成侧壁隔离	形成侧壁隔离
10. NSD(再次)	N+ S/D 注入	N+ S/D 注入
11. PSD	P+ S/D 注入	P+ S/D 注入
	MLO 淀积	MLO 淀积
12. 接触	接触 OR	接触 OR
	铂溅射/烧结/刻蚀	铂溅射/烧结/刻蚀
13. 一层金属	一层金属淀积/刻蚀	一层金属淀积/刻蚀
	ILO 淀积/平整化	ILO 淀积/平整化
14. 通孔	刻蚀通孔	刻蚀通孔
15. 二层金属	二层金属淀积/刻蚀	二层金属淀积/刻蚀
16. PO	PO 淀积/刻蚀	PO 淀积/刻蚀

3.3.3 可用器件

多晶硅栅 CMOS 工艺的所有可用器件也存在于模拟 BiCMOS 工艺中。这些器件包括 LDDNMOS 和 SDD PMOS 晶体管，4 种电阻(多晶硅电阻，PSD 电阻，NSD 电阻，以及 N 阱电阻)，栅氧电容和肖特基二极管。无须增加掩模还可制造扩展漏区晶体管。3.2.3 节和 3.2.4 节详细讨论了上述器件。其他模拟 BiCMOS 器件还包括 CDINPN 晶体管，横向和衬底 PNP 晶体管，以及基区电阻。

NPN 晶体管

图 3.49 显示了最小几何尺寸 NPN 晶体管的版图和剖面图。NPN 管的集电区由 N 阱区构成，并在其中成功地扩散形成基区和发射区(由 NSD 组成)。晶体管有源区下的 NBL 和增加的深 N+侧阱有助于减小集电极电阻。侧阱顶部的 NSD 注入确保了欧姆接触。PSD 也以同样

的方式形成了到轻掺杂基区的接触。这种晶体管的总体外观与图 3.10 所示标准双极型晶体管非常相似，然而两者之间也存在一些微小差别。

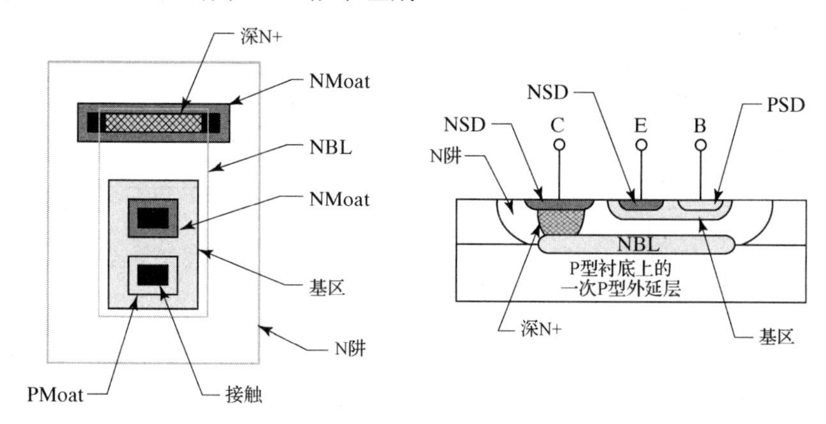

图 3.49　具有深 N+扩散和 NBL 的 NPN 晶体管的版图和剖面图

由于发射区采用浅 NSD 注入，因此晶体管的增益下降到约 80 左右(见 8.3.1 节)。我们也可获得更高的 β 值，但是需要牺牲其他器件的特性或是增加额外的工艺步骤。

如果在集电区接触下方没有设置深 N+，则缓变阱(graded well)存在极高的集电极电阻。该电阻会引起晶体管从饱和到正向放大的缓变(见 8.3.2 节)。即使从晶体管的端电压看似乎不可能发生饱和，该晶体管内在也可能已经饱和了(见 8.1.4 节)。可通过增加深 N+侧阱防止这类问题的发生。即使在模拟 BiCMOS 工艺中，用作齐纳管的晶体管也不需要深 N+，因为这类器件的集电区不传导大电流。

模拟 BiCMOS NPN 晶体管的特性不如标准双极型 NPN 晶体管，但仍在大多数应用中广泛使用(见表 3.7)。模拟 BiCMOS 还支持比标准双极工艺小许多的发射区面积。因为晶体管许多其他的距离对最终器件面积都有影响，所以上述优点并未转化为管芯面积按比例减小。但是，最小尺寸模拟 BiCMOS 晶体管只需其对应标准双极器件 30%的面积。

表 3.7　标准双极和模拟 BiCMOS 工艺制造的 NPN 管的器件参数

参　数	标准双极工艺	模拟 BiCMOS 工艺
发射区绘制面积	100 μm^2	16 μm^2
峰值电流增益(β)	150	80
厄尔利电压	120 V	120 V
饱和态集电极电阻	100 Ω	200 Ω
最大 β 值典型工作电流范围	5 μA～2 mA	1～200 μA
V_{EBO}(集电极开路，发射结击穿电压)	7 V	8 V
V_{CBO}(发射极开路，集电结击穿电压)	60 V	50 V
V_{CEO}(基极开路，集电极-发射极击穿电压)	45 V	25 V

PNP 晶体管

模拟 BiCMOS 工艺支持衬底 PNP 管和横向 PNP 管。图 3.50 显示了典型衬底 PNP 晶体管的版图和剖面图。这种器件通过 N 阱区中注入 PSD 制造。PSD 注入形成了晶体管的发射区，而 N 阱形成了基区。小型塞状 NSD 确保了对轻掺杂 N 阱的欧姆接触。衬底 PNP 管的发射区不能由基区扩散形成，因为基区扩散进入阱过深，以至于影响到晶体管的击穿电压。模拟 BiCMOS 衬底 PNP 晶体管的特性大体类似于标准双极工艺形成的衬底 PNP 管。

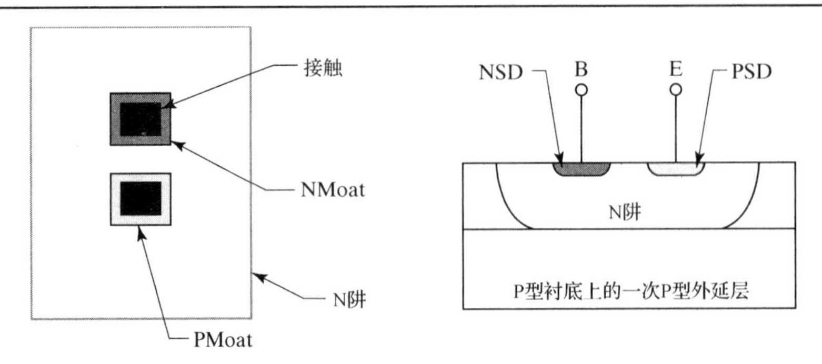

图 3.50 典型衬底 PNP 晶体管的版图和剖面图。衬底用作集电区

图 3.51 显示了模拟 BiCMOS 工艺横向 PNP 晶体管的版图和剖面图。这种器件采用基区扩散形成发射区和集电区，二者位于同一个构成基区的 N 阱中。在晶体管中增加 NBL 是为了实现以下目的。首先，作为耗尽区终止，这使得横向 PNP 管可以承受更高的工作电压而不会发生击穿；其次，NBL 阻止了穿通击穿，使得可以采用基区注入取代更浅的 PSD 注入。更深的基区注入增强了发射区的侧壁注入，因此提高了器件的 β 值。如果没有 NBL，横向 PNP 管的 β 值小于 10；如果有 NBL，β 值可轻易地达到 100 以上。

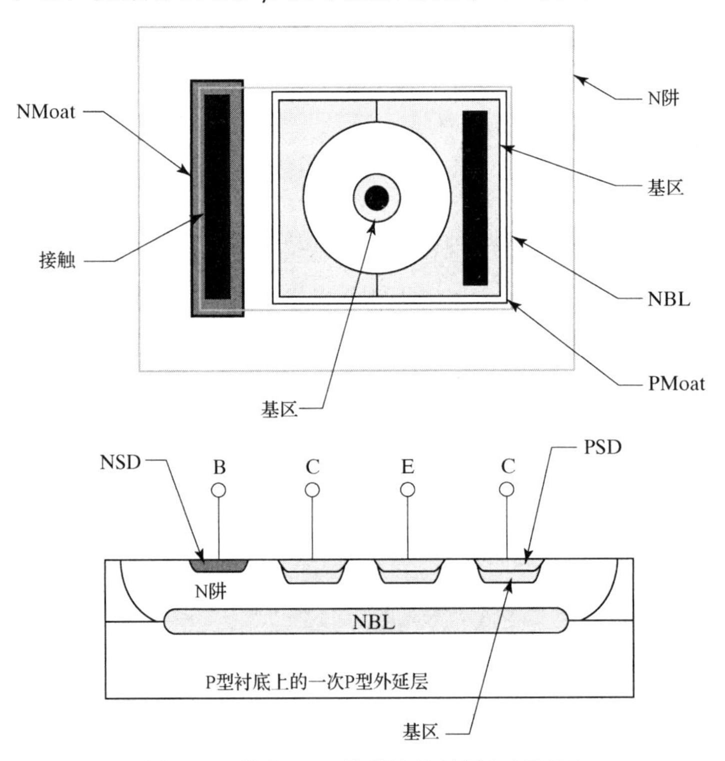

图 3.51 横向 PNP 晶体管的版图和剖面图

因为 N 阱和基区扩散的掺杂浓度过低而不能实现直接欧姆接触，所以必须增加围绕接触的注入。矩形 PSD 包围发射区和集电区，但该注入只穿透构成器件真正集电区和发射区的槽区。厚的 LOCOS 氧化层阻挡 PSD 注入晶体管基区，并且防止 P 型注入使发射区和集电区短路。同样，塞状 NSD 扩散提供了到 N 阱的欧姆接触。通常并不需要深 N+，尽管在传导大基极电流的大晶体管中可能是必要的。

最小尺寸横向 PNP 管可得到超过 100 的 β 峰值。细线光刻可提供比标准双极工艺更窄的基区宽度，从而大大减小了最小发射区面积。随着发射区面积的减小，周长面积增大，从而增强了所希望的载流子横向注入，但也增加了不希望的纵向注入。阱的渐变特性和沟道终止注入的存在产生了迫使载流子离开表面的掺杂梯度，减小了表面复合损失。使用(100)面硅代替(111)面硅也可以减小表面复合。所有这些效应共同作用从而制造出 β 值高达 500 的晶体管。

用轻掺杂基区注入形成的发射区减小了发射极注入效率，并引起 β 值的相应减小。大 PNP 晶体管由多个最小发射区形成的阵列组成以获得大的面积周长比。表 3.8 列出了模拟 BiCMOS 工艺中这两类 PNP 晶体管的几个重要参数。

表 3.8 模拟 BiCMOS 工艺的典型 PNP 器件参数

参 数	横向 PNP 管	衬底 PNP 管
绘制发射区宽度	16 μm^2	16 μm^2
绘制基区宽度	5 μm	—
峰值电流增益(β)	120	100
厄尔利电压	80 V	100 V
最大 β 值典型工作电流	1～20 μA	1～50 μA
V_{EBO}(集电极开路，发射结击穿电压)	45 V	45 V
V_{CBO}(发射极开路，集电结击穿电压)	45 V	45 V
V_{CEO}(基极开路，集电极-发射极击穿电压)	30 V	45 V

电阻

模拟 BiCMOS 工艺基区电阻由 N 阱中的矩形基区材料组成。电阻两端通过塞状 PSD 区形成接触。阱接触包含用来增加 N 阱表面掺杂浓度的 NSD 注入。与双极工艺中的基区电阻相同，增加 NBL 不仅阻挡了可能对阱的瞬间少子注入，还通过防止电阻和下层衬底的穿通提高了晶体管的工作电压。图 3.52 显示了典型基区电阻的版图和剖面图。模拟 BiCMOS 工艺的基区扩散既薄而且掺杂浓度相对较低，其典型方块电阻为 500 Ω/□。尽管高方块电阻使芯片紧凑，但因为扩散变得易受表面耗尽效应的影响从而使电阻版图变得复杂化(见 5.3.3 节)。实际中几乎没有设计者采用基区电阻，大多数设计人员宁愿多花一些费用采用工艺扩展提供的高值薄层多晶硅电阻。此外也可以使用埋层电阻，但与最小宽度多晶硅电阻相比不具优势。

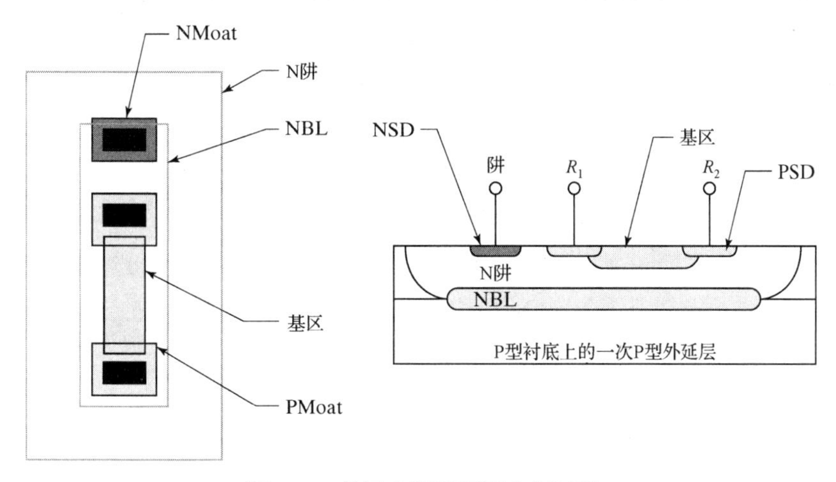

图 3.52 基区电阻的版图和剖面图

3.3.4 工艺扩展

前面讨论的BiCMOS技术建立在20世纪80年代早期数字多晶硅栅CMOS工艺基础之上。更新的数字工艺通过创新(如CMP平整化，CVD塞状钨通孔，退化阱，大角度横向注入，浅槽隔离，全介质隔离和双极性多晶硅栅等)可制作出更小、更快的晶体管。双极工艺也朝着相同的方向发展，增加了诸如自对准多晶硅发射区、介质隔离和专门设计的由硅-锗合金构成的基区等特性。

与其他因素相比，大多数创新更强调器件尺寸和速度，所形成的工艺只适合制作数字和射频(RF)电路。大多数模拟电路设计者继续使用早已被数字电路标准视为过时的旧工艺。如果过去的经验具有指导意义，那么新技术最终将进入模拟设计领域。的确，其中某些技术已经做到了这一点。下面将讨论这类技术转换的两个突出范例。

先进金属系统

前面介绍的BiCMOS工艺包括两层金属——接触硅化和通孔刻蚀。该技术不能实现小于两微米的间距(pitch)①。许多工艺(特别是支持高密度CMOS逻辑的工艺)可以极大受益于增加更好的金属连线。大多数益处无须对硅本身做任何调整即可获得。

典型的先进BiCMOS金属系统制作3层或4层铝金属连线。每层由约1 kÅ的难熔阻挡金属和5 kÅ掺铜铝组成。化学气相淀积(CVD)钨填满接触和通孔。化学机械抛光(CMP)平整化和细线(fine-line)光刻确保金属间距达到0.6～1.0 μm。CVD塞状钨使得接触和通孔可相互层叠，这种做法称为堆叠(nesting)。然而，所有接触(和所有通孔)必须大小相同，这个要求结合广泛采用的难熔硅化物使得先进金属化工艺无法制作肖特基二极管。

0.6 μm以下的金属间距对纯模拟产品没有任何好处。大多数模拟工艺至少支持10～20 V的工作电压，所形成的隔离间距排除了间距对芯片尺寸的任何进一步影响。另一方面，一些混合信号工艺甚至可以使用金属化方面的最新进展，比如深亚微米间距大马士革铜工艺。

介质隔离

尽管介质隔离多用于高速工艺，但却特别适合制作高压器件。支持100 V或更高电压所需的深阱要求器件间具有相应的大间隔，这种间隔可通过在器件间插入沟槽而大大减小。介质隔离同样可保证不会在器件间形成寄生沟道，也不会发生少子注入或衬底去偏置影响电路的正常工作。新一代高压模拟工艺使用晶圆键合和沟槽隔离以相对较低的成本获得上述所有优点。

介质隔离可节约的芯片面积取决于希望如何对其进行设置。图3.53显示了纵向NPN晶体管某一部分的4个独立的剖面图，其中各部分的介质隔离情况不同。所有4支晶体管的结构都是NSD发射区扩散进入P型基区，而P型基区包含在N阱集电区中。4个器件的区别只是沟槽终止晶体管的方式不同。图3.53(A)显示了最保守的终止方案，其中所有结都远离隔离区。如图中所示，N阱已延伸超出沟槽，而NBL未达到沟槽。这种终止方案保证了不会沿沟槽侧壁发生击穿。晶体管周围的N阱边缘在推结过程中继续横向扩散。这种结构实际上比传统结隔离需要更多的面积。

图3.53(B)显示的终止风格略微积极一些，其中结可在沟槽内终止，但不会与沟槽接触。在这种特定的情况下，构成集电区的N阱终止于沟槽中间。因为沟槽刻蚀发生在N阱推结之

① 间距(pitch)一词表示金属线宽与线-线间距之和，使用时没有更多的限制。它暗含了硅尺寸而非绘制尺寸。

前，所以这种结构防止了N阱杂质向沟槽外扩散。因为埋层会在外延过程中有轻微的横向扩散，所以NBL距离沟槽很近但仍无法相接，因此如果NBL在沟槽中间终止，刻蚀后少量的砷或锑可能会留在阱边界外。这种终止方案极大地提高了器件的排布密度，且只有很小的风险。

图 3.53(C)显示了一种更加积极的终止风格，其中结被允许与沟槽侧壁相交。在这个特定的例子中，基区和N阱的图形都画到了沟槽的中间，因此集电结与沟槽侧壁相交。这种结构通过消除原本存在于基区和隔离区之间的间隔而节省了更多的面积。然而，以这种方式终止于隔离区的结有时具有反常的低击穿电压或漏电流。

图 3.53(D)显示了最积极的终止风格，允许多个结与相同的沟槽侧壁相交。在这支晶体管中，集电结和发射结都与隔离侧壁相交。除考虑到击穿特性之外，这种风格的器件版图因存在沿侧壁的表面复合而使β值减小。

在上面讨论的4种终止方案中，图 3.53(B)所示在面积节省与潜在工艺风险之间具有明智的折中。高压器件本来体积就很大，即使在采用介质隔离节省了面积之后依然如此。因此，图 3.53(C)至图 3.53(D)中更加积极的方案只对整体设计带了局部的好处，却使工艺过程复杂化了。

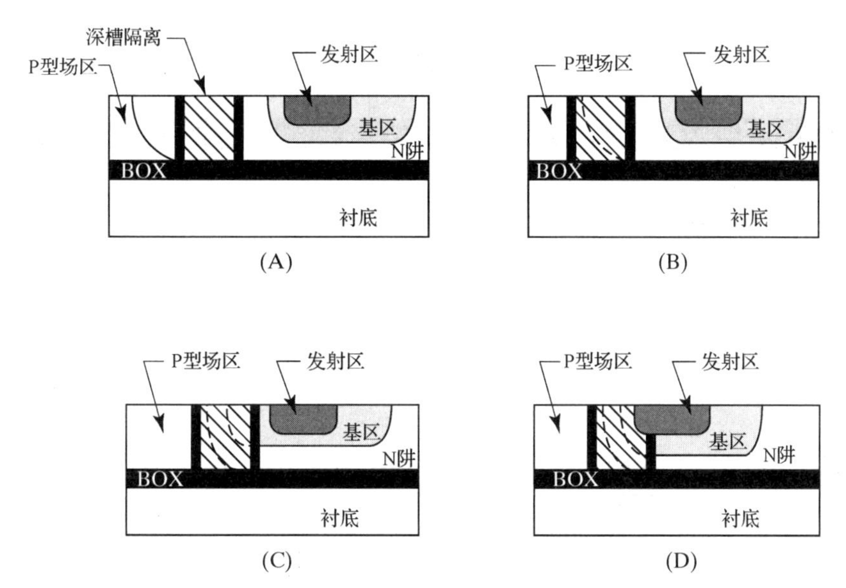

图3.53 纵向NPN晶体管终止于隔离沟槽4种方法：(A)超出隔离区的扩展N阱；(B)在沟槽内终止的N阱；(C)在沟槽内终止的基区和N阱；(D)在沟槽内终止的发射区基区和N阱

介质隔离模拟BiCMOS晶圆的制造，首先是在P+衬底上淀积约1 μm的氧化层并进行致密化处理。在该层氧化物的顶部键合P型晶圆，然后劈开从而在1 μm的埋层氧化物上形成薄层有源硅。抛光后热氧化晶圆。使用NBL掩模版光刻，并注入高浓度的砷或锑以形成N型埋层。之后进行短暂的热处理以激活杂质，并退火修复晶格损伤。为了保证NBL区和芯片其余部分之间存在的表面不连续性，退火过程可生长氧化层。退火后，去除晶圆上的氧化层，并将晶圆置于外延反应器中，淀积约10 μm厚的轻掺杂P型硅。NBL边界的表面台阶在外延生长过程中向上传递，形成后续掩模工艺用于对准的特征不连续性。图3.54显示了这步工艺的晶圆剖面图。

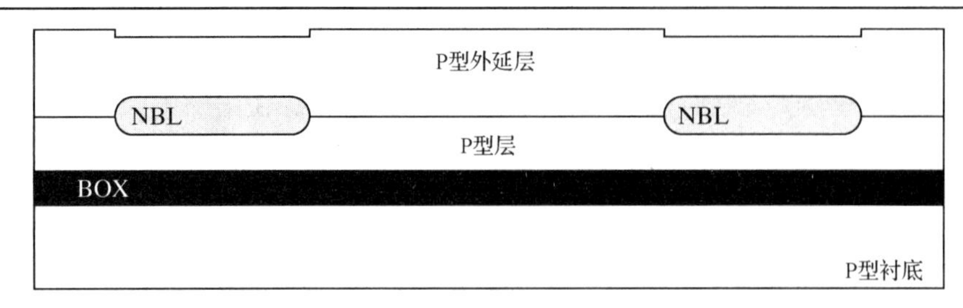

图 3.54 NBL 注入和外延淀积后的 DI BiCMOS 晶圆剖面图

接下来，晶圆经过短暂的氧化，然后淀积厚 CVD 氮化层。用隔离掩模对氮化层进行光刻，采用高度各向异性的等离子刻蚀在氮化物窗口下形成沟槽。去掉残留的光刻胶后，短暂热氧化沿沟槽侧壁形成绝缘氧化物。增加 CVD 氧化物有助于加厚这些绝缘氧化层，从而使之能够承受全部工作电压。然后在槽内填充多晶硅，超出的部分被刻蚀掉以暴露出氮化物表面。去除氮化物后，用化学机械抛光使晶圆平整化。图 3.55 显示了所得晶圆的剖面图。

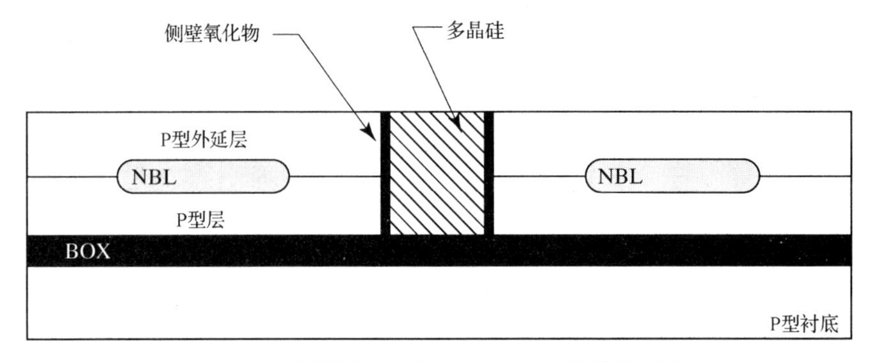

图 3.55 沟槽制造后的 DI BiCMOS 晶圆剖面图

然后按 3.3.1 节介绍的步骤继续进行处理。表 3.9 比较了 DI BiCMOS 工艺与 JI BiCMOS 工艺相对应的前几个步骤。阴影部分是介质隔离工艺所独有的。DI 工艺需要增加一块掩模版，用于制造沟槽隔离。

表 3.9 JI BiCMOS 工艺与 DI BiCMOS 工艺的比较(直到深 N+淀积)

掩 模	JI BiCMOS	DI BiCMOS
		晶圆键合
	一次外延生长	
1. NBL	NBL 淀积/退火	NBL 淀积/退火
	二次外延生长	外延生长
		氮化物淀积
la. 隔离		沟槽光刻/刻蚀
		沟槽填充与平整化
		缓冲氧化
2. N 阱	N 阱淀积/推结	N 阱淀积/推结
3. 深 N+扩散	深 N+淀积/推结	深 N+淀积/推结
	等等	等等

作为 DI BiCMOS 工艺可以制作的一种器件类型实例，考虑图 3.56 中的全隔离纵向 NPN 晶体管。该晶体管占用了一个隔离的 N 型隔离岛，岛的底部为 NBL 埋层。图中 N 阱沿隔离槽的中线终止，所以该器件采用了图 3.53(B)中描述的终止方案。晶体管的其余部分与

图 3.49 中的 JINPN 晶体管非常相似。为避免在器件 4 个拐角处发生刻蚀和平整化问题，隔离槽设置了 4 个具有较大半径的圆角。

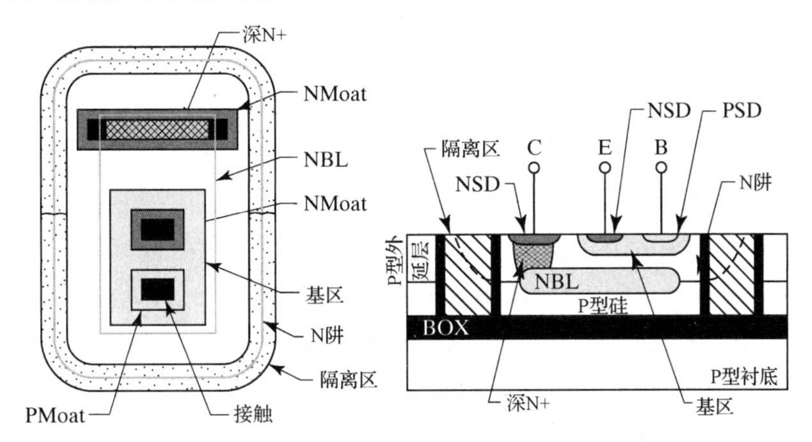

图 3.56 DI BiCMOS 纵向 NPN 晶体管的版图和剖面图

DI BiCMOS 工艺提供了制作全隔离纵向 PNP 晶体管的唯一机会。图 3.57 显示这种器件的版图和剖面图。该晶体管使用 P 型外延层形成集电区，并用 PSD 形成集电区接触。基区由浅 N 阱构成，这里用 SNWell 表示。塞状 NSD 区作为基区接触，PSD 区形成了发射区。该器件表示图 3.50 中衬底 PNP 晶体管的 DI 等效结构。表 3.10 总结了这两种器件的性能。

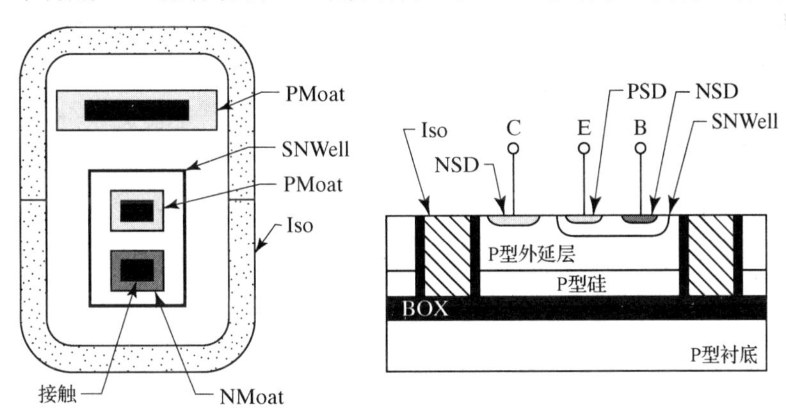

图 3.57 DI BiCMOS 纵向 PNP 晶体管的版图和剖面图

表 3.10 DI BiCMOS 工艺的典型双极器件参数

参 数	纵向 NPN 管	纵向 PNP 管
绘制发射区面积	16 μm^2	16 μm^2
峰值电流增益(β)	80	50
厄尔利电压	120 V	120 V
饱和态集电极电阻	200 Ω	5000 Ω
V_{EBO}(集电极开路，发射结击穿电压)	8 V	8 V
V_{CBO}(发射极开路，集电结击穿电压)	50 V	40 V
V_{CEO}(基极开路，集电极-发射极击穿电压)	25 V	25 V

3.4 小结

本章详细介绍了 3 种具有代表性的工艺：用于制造早期模拟集成电路的标准双极工艺，主要用于数字逻辑的多晶硅栅 CMOS 工艺，将以上两种技术的优点融合在同一衬底上的模拟 BiCMOS 工艺。人们采用这 3 种技术衍生出来的各种具体工艺制造出了今天所见到的各种低成本、高产量的模拟集成电路。

标准双极工艺是许多双极工艺中最早的一种，其中大多数双极工艺可提供更快的开关速度。较新的工艺经常部分或完全采用介质隔离替代结隔离以同时减小器件面积和寄生电容。扩散由非常薄的层构成，通常通过创造性地使用多晶硅作为掺杂源形成。自对准和对尺寸控制能力的提高使人们可以制造出非常小的图形。使用掺锗硅作为双极型晶体管的基区可减小基区渡越时间。这些改进措施使晶体管的开关速度提高了两个数量级，使现代双极型晶体管可工作在 50 GHz 或更高的频率下。用于获得这种性能的高度专业化的工艺与最尖端的 CMOS 工艺同样复杂且成本高昂。

CMOS 工艺正处于不断的发展过程当中。数字设计者寻求在有限面积的硅上集成更多数量的晶体管，从而使栅长不断减小。一旦栅长减至 1 μm 以下，各种短沟道效应迫使采用更复杂的结构。必须提高背栅的掺杂水平以抑制过早穿通，还必须精心设计注入策略以保证在期望的位置(即栅氧化层的正下方)形成沟道。随着工艺稳步地进入深亚微米区，探寻器件性能难以预测的最终极限使成本和复杂度迅速提升。

BiCMOS 术寻求结合这两种技术的优点，因此同时继承了深亚微米 CMOS 工艺的复杂度和获得高开关速度所需的精巧双极结构。几乎任何一种双极或 CMOS 创新都可融入 BiCMOS 工艺中，其中大多数工艺已做到了这一点。

3.5 习题

版图规则和工艺规定请参考附录 C。

3.1 绘制图 3.10 所示标准双极 NPN 晶体管的版图。使用最小尺寸方形发射区，为必要的金属连线留出空间。

3.2 按比例绘制习题 3.1 中标准双极 NPN 晶体管的剖面图，假设外延层厚度为 10 μm，NBL 从外延层-衬底冶金结向上扩散 3 μm，向下扩散 4 μm，隔离结深度为 12 μm，深 N+区深度为 9 μm，集电结深为 2 μm，发射结深为 1 μm。假设在必要处发生 80%的横向扩散，无须显示氧化层的不平整性和淀积层。

3.3 绘制图 3.12 所示标准双极横向 PNP 晶体管的版图。采用尽可能小的基区宽度。为必要的金属连线留出空间，包括连接到发射区接触的圆形金属场板，并且超出集电区内边界 2 μm。

3.4 根据图 3.13 中的例子，绘制 500 Ω 标准双极基区电阻版图。基区电阻宽度为 8 μm，并且在电阻宽度允许的范围内尽可能加宽接触。

3.5 根据图 3.15 中的例子，绘制 25 kΩ 标准双极基区埋层电阻的版图。假设所有电阻来自发射区下的基区部分。基区条宽为 8 μm，延伸发射板使之至少超出基区条两边 6 μm。在埋层区，NBL 应至少交叠基区条 2 μm。

3.6 绘制与图 3.16 类似的指状标准双极结电容版图，使 3 个发射区的长度均为 50 μm。发射板应至少与基区交叠 6 μm，并使所有其他尺寸最小化。

3.7 绘制图 3.18 所示标准双极肖特基二极管的版图，假设接触孔大小为 25 μm×25 μm。金属层对肖特基接触层(SCONT)的交叠不少于 4 μm。

3.8 绘制与图 3.19 类似的 20 kΩ 高值薄层电阻(HSR)版图。HSR 电阻的宽度为 8 μm，接触应与 HSR 电阻体区具有相同的宽度。假设基区端头电阻可忽略不计，基于两端头间 HSR 部分的绘制长度计算电阻阻值。

3.9 根据图 3.29 的例子，设计绘制宽度为 10 μm、绘制长度为 4 μm 的 NMOS 晶体管版图。为必要的金属连线留出空间。

3.10 按比例绘制习题 3.9 中 NMOS 管的剖面图。假设阱结深为 6 μm，PSD 和 NSD 结深为 1 μm，栅氧化层厚度为 350 Å(0.035 μm)，多晶硅厚度为 3 kÅ(0.3 μm)。忽略 V_t 调整和沟道终止注入。假设必要处发生 80%的横向扩散。再假设硅表面是平整的，忽略金属化系统的细节。

3.11 根据图 3.30 中的例子，设计绘制宽度为 7 μm、绘制长度为 15 μm 的 PMOS 晶体管。假设没有使用 NBL。包括所有必要的金属连线。

3.12 根据图 3.33(B)中的例子，绘制 200 Ω PSD 电阻版图。使电阻宽度最小，电阻一端与阱相邻接触以节省面积。

3.13 根据图 3.34 中的例子，绘制 3 pF 多晶硅电容版图。包括所有必要的金属连线。接触和通孔都位于多晶硅板的上方。

3.14 绘制图 3.49 所示 BiCMOS NPN 晶体管版图。NBL 应至少交叠基区 2 μm。采用最小发射区尺寸并包括所有必要的金属连线。

3.15 按适当比例绘制习题 3.14 中 NPN 晶体管的剖面图。假设其尺寸在习题 3.10 中给出，NBL 从位于硅表面以下 7 μm 处的一次和二次外延层间界向上扩散 3 μm，向下扩散 2 μm。此外，假设深 N+区结深为 5 μm，基区结深为 1.5 μm。忽略沟道终止注入和 LOCOS 场氧化效应对表面平整性的影响。假设硅表面是平整的，忽略金属化系统的细节。

3.16 绘制图 3.51 所示 BiCMOS 横向 PNP 晶体管的版图。假设采用最小基区宽度。与习题 3.3 中的器件不同，该晶体管不需要在基区上覆盖金属场板。NBL 应至少交叠集电区的外边缘 1.0 μm。包括所有必要的金属连线。

3.17 使用标准双极版图规则，绘制图 3.58(A)所示电阻-晶体管逻辑 NOR 门的版图。Q_1 和 Q_2 设在同一隔离岛中，用尽可能小的塞状深 N+区与隔离岛的集电区接触。假设 Q_1 和 Q_2 的发射区均为最小尺寸。R_1 设置在单独的隔离岛中，隔离岛接触连接 V_{CC}。至少提供一个衬底接触。用基区围绕这个接触，该基区可以接触但不能延伸进入相邻的隔离岛中。标明所有的输入和输出。

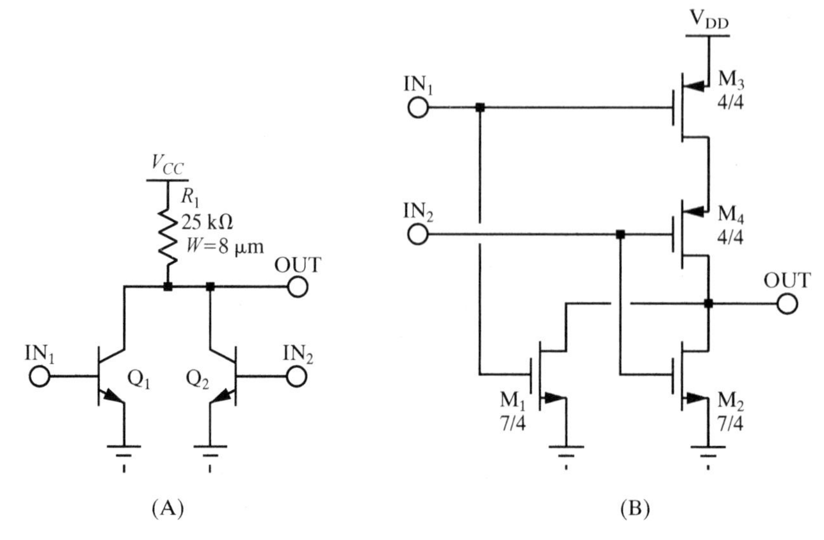

图 3.58 习题 3.17 和习题 3.18 的电路

3.18 使用多晶硅栅 CMOS 版图规则绘制图 3.58(B)所示 CMOS NOR 门的版图。每支晶体管的 *W* 和 *L* 值以比值的形式显示在电路图中：7/4 表示绘制宽度为 7 μm，绘制长度为 4 μm。将所有的 PMOS 管放置在同一阱中，连接该阱到 V_{DD} 至少提供一个衬底接触。所有的输入和输出设置在二层金属并适当标明。

3.19 绘制图 3.56 所示 DI BiCMOS NPN 晶体管的版图。发射区采用最小尺寸，包括所有必要的金属连线。NBL 尽可能多地位于隔离岛中。ISOL 的版图设计规则如下：

1. ISOL 宽度	6 μm(精确)
2. 拐角处 ISOL 半径	15 μm
3. ISOL 与 NBL 的间距	2 μm
4. N 阱延伸进入 ISOL	3 μm(精确)
5. ISOL 与 DEEPN 的间距	6 μm
6. ISOL 与基区间距	4 μm
7. ISOL 与 PMoat 的间距	2 μm
8. ISOL 与 NMoat 的间距	2 μm

第4章 失效机制

集成电路是极为复杂的器件，几乎不能达到完美。大多数器件都存在着微小的不足或缺陷，并将最终导致失效，这类器件会在多年正常工作后突然无法继续使用。工程师们通常依靠品质保证程序(quality assurance program)发现隐藏的设计缺陷。在严酷的环境下工作可加速许多失效机制，但是并非每个设计缺陷都可通过测试发现，因此设计者必须尽可能找出并消除这些缺陷。

集成电路版图会造成多种类型失效。如果设计者了解潜在的薄弱环节，那么可以在集成电路中加入保护措施以防止失效。本章将讨论几种可通过版图措施部分或全部预防的失效机制。

4.1 电过应力

电过应力(EOS)是指由对器件施加过大电压或电流而引起的失效。版图预防措施可以减小4种常见类型EOS失效发生的可能性。静电泄放(ESD)是由静电引起的一种电过应力形式。对易损的焊盘增加特殊保护结构可使ESD失效降至最低。电迁徙是一种由过大电流密度引起的慢性损耗(wearout)机制，它将最终引起电路开路或相邻金属连线的短路。通过加宽金属线使之足以承受最大工作电流可防止发生电迁徙失效。介质击穿是指受过量电压或其他形式的过应力影响的绝缘体退化及最终失效。天线效应是刻蚀或离子注入过程中淀积导体上的积累电荷引起的一种特殊形式的介质击穿。根据特定指导原则设计可减少天线效应引起的问题。

4.1.1 静电泄放(ESD)

几乎任何形式的摩擦都会产生静电。例如，如果在干燥空气中拖着脚在地毯上走，然后去摸金属门把手，那么在手与门把手之间就会跃出可见的火花。人体成为了电容器，拖着脚在地毯上走可对人这个电容器充电到10 000 V或更高。当手指移近门把手时，瞬时的放电就会产生可见的火花和电击的感觉。低于50 V的放电将毁坏典型集成MOS晶体管的栅介质。这样低的电压既不会产生可见的火花，也不会感觉到电击。几乎所有的人或机械行为都可产生这种低程度的静电泄放。

适当的控制措施可使静电泄放的风险减至最低。对ESD敏感的器件(包括集成电路)应总是存储于静电屏蔽包装中。接地的腕带(wrist strap)和烙铁(soldering iron)可减少潜在的静电泄放机会。加湿器、离化器和抗静电地毯可减小工作环境和器械上的静电荷积累。这些措施可减小但不能消除ESD损害，所以制造商们无一例外地在集成电路中采用特殊的ESD保护结构。设计这些结构是为了吸收和耗散中等程度的ESD能量而不造成损害。

通过特殊的测试可测出集成电路对ESD的敏感度。最常见的3种测试结构称为人体模型、机器模型和充电器件模型[1]。人体模型(HBM)采用如图4.1(A)所示的电路。当按下开关后，

① 静电泄放协会(Electrostatic Discharge Association)规范STM 5.1：静电泄放敏感性测试——人体模型，STM 5.2：静电泄放敏感性测试——机器模型，以及STM 5.3.1：静电泄放敏感性测试——充电器件模型。

被充电到一定电压的 150 pF 电容通过 1.5 kΩ 的串联电阻向被测器件(DUT)放电。理想情况下，应单独测试每对管脚对 ESD 的敏感性，但大多数测试规则只指定了有限的管脚组合以节省测试时间。对每对管脚加上一连串的正脉冲和负脉冲，例如，3 正 3 负。完成对 ESD 加压后，检测这部分是否仍能达到电性能要求。一般认为现代集成电路可承受 2 kV HBM 测试。某些部分的特殊管脚要求能承受 25 kV HBM 测试。

图 4.1(B)显示了采用机器模型(MM)的电路。充电到一定电压的 200 pF 电容通过 0.5 μH 的串联电感向被测器件放电。和 HBM 测试相同，每个管脚组合加上预先确定的一连串正脉冲和负脉冲。机器模型只采用一个小电感限制峰值电流，构成了比人体模型更为严格的测试。没有器件能够在 500 V 以上的机器模型测试下继续使用。

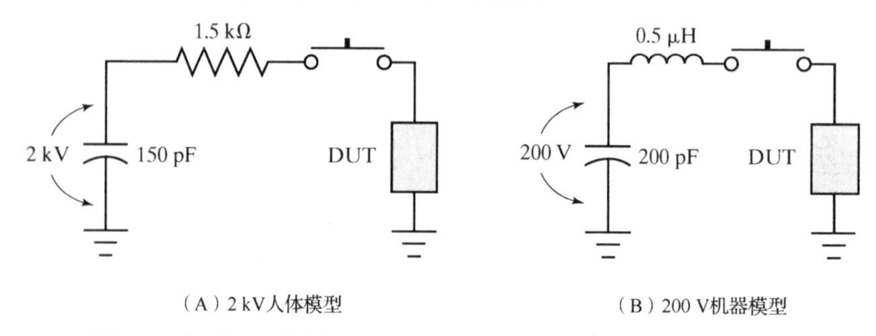

图 4.1 典型 ESD 测试：(A)2 kV 人体模型；(B)200 V 机器模型

第 3 种 ESD 测试称为充电器件模型(CDM)，该模型正在逐渐取代机器模型。充电器件模型将集成电路封装上端朝下放在接地的金属板上，然后通过高值电阻对器件充电到一定电压。用特殊探针使一个管脚对低阻地放电。研究者相信该过程比人体模型或机器模型更精确地模拟了工厂操作环境。CDM 测试方法产生了极大电流的短脉冲。典型测试规则规定采用 1～1.5 kV 的 CDM 测试。

影响

静电泄放引起几种不同形式的电损坏，包括介质击穿、介质退化和雪崩诱发结漏电[①]。在极端情况中，ESD 放电甚至可以蒸发金属层或粉碎体硅。

小于 50 V 的电压可击穿典型 MOS 晶体管的栅介质。击穿过程只有几纳秒，不需要持续的电流，并且是不可逆的。击穿一般使晶体管的栅和背栅短路[②]。采用薄绝缘介质的电容也容易出现这种失效机制。对只连接到栅或电容的管脚发生的 ESD 放电通常可使器件损坏。如果该管脚还连接着扩散区，那么在栅氧化层击穿前还可能发生雪崩击穿。

发生 ESD 放电后，可能只对介质完整性有影响而并未实际击穿。受损的介质会在任意时刻失效，也许是在成百上千次正常工作后。这些产品常常在到达顾客手中时才发生失效。测试不能筛选出这类延迟 ESD 失效；或者说，必须保护易损介质，防止经受过大电压。

尽管结比介质坚固得多，但也同样会遭受 ESD 破坏。雪崩击穿结会向少量硅中倾入大量

① 其中一些内容的讨论参见 A. Amerasekera，W. van den Abeelen，L. van Roozendaal，M. Hannemann 和 P. Schofield 的著述“ESD Failture Models：Characteristics, Mechanisms, and Process Influences,”*IEEE Trans. Electron Devices*. Vol.39, #2, 1992, pp. 430-436。

② C. M. Osburn 和 D. W. Ormond,“Dielectric Breakdown in Silicon Dioxide Films on Silicon, Ⅱ. Influence of Processing and Materials,” *J. Electrochem. Soc.*, Vol.119, #5, 1972, pp. 597-603。

能量。极大的电流密度可使金属连线移动并穿过接触，从而使下面的结短路。过量的热还可通过硅熔化或破裂使结发生物理损坏。这些结损坏的形式多表现为短路。没有完全损坏的雪崩结通常表现为漏电流增大。与过应力介质不同，损坏结通常可继续工作而不会进一步退化。通常规定集成电路有远大于测试时观察到的漏电流，从而为 ESD 诱发漏电(ESD-induced junction leakage)留有裕量。然而，持续发生 ESD 常使结退化并超出这些宽松的限制。

防护措施

所有易损管脚必须有与焊盘连接的 ESD 保护结构。一些管脚可以抗 ESD，因此不需要另加防护。例如与衬底和大扩散区连接的管脚(如在大功率晶体管中的管脚)。这种大的结有能力在 ESD 损害其他电路之前分散并吸收其能量。不加 ESD 保护电路而能承受 ESD 事件的管脚或器件称为具有自保护功能。

连接到相对小扩散区的管脚容易出现 ESD 诱发结损害。这类结只是因为不够大，以至于不能进行自保护。某些结(特别是 NPN 晶体管的发射结)特别易受 ESD 损害。NPN 晶体管发射结雪崩击穿会永久降低其 β 值。电路设计者有时通过重新安排电路去掉这种易损结。因为 ESD 敏感性难以预测，因此谨慎的设计者会给所有管脚增加保护器件，即使某些管脚几乎不会受到这种损害。

只与 MOS 晶体管的栅或淀积电容电极连接的管脚极易受到 ESD 损害。人们已经开发出特殊的输入保护结构，用来保护介质防止发生 HBM 和 MM 事件。CDM 事件极高的电流特性需要额外的保护结构，称为 CDM 钳位，放置在易损器件附近。

某些标准双极工艺采用的薄发射区氧化层也易发生 ESD 诱发击穿。保证与外部焊盘相连的金属线不穿过任何不与之相连的发射区可消除这种易受损性。或者，采用与用于保护栅类似的 ESD 结构可以保护这种易受损电路。大多数现代标准双极工艺采用厚的发射区氧化层，从而不再需要这些预防措施①。

用于模拟集成电路的成功 ESD 结构通常要求具有相当的创造性。为满足宽电压范围和模拟电路中多种易损器件的要求，需要许多保护电路。此外，还必须对保护器件进行研究以确保其不影响所保护电路的正常工作。13.5 节将讨论几种经常采用的 ESD 结构，并解释如何对其进行调整以满足一系列特殊要求。

4.1.2　电迁徙

电迁徙是由极高电流密度引起的慢性损耗现象。移动载流子对静止金属原子的影响引起金属的逐渐移位(displacement)。在铝中，当电流密度接近 5×10^5 A/cm^2 时，电迁徙变得明显。尽管看起来可能是一个非常巨大的电流密度，然而亚微米工艺中最小线宽的连线仅在几毫安电流下就会出现电迁徙②。

影响

尽管铝表现出均匀结构的外形，然而却是一种多晶材料。单个晶体(或晶粒)通常相互邻接，电迁徙引起金属原子逐渐移出晶粒间界，在相邻晶粒间形成空隙。这使连线的有效横截

---

① 在一定条件下，即使是厚的发射区氧化层也会击穿；参见“Dielectric Breakdown of Emitter Oxide,” *Semiconductor Reliability News*, Vol. IV, #1, 1992, p. 1。

② 假设线宽为 1 μm，厚度为 5000 Å 的连线，2. 5 mA 电流产生的电流密度为 5×10^5 A/cm^2。

面积减小，引起连线剩余部分的电流密度增大。新空隙形成并逐渐结合，最终切断连线。空隙引起的金属移位会产生小的突出物，称为小丘，或在尖锐点突出，称为“树枝”。

加入难熔阻挡金属会改变观察到的电迁徙失效模式。因为难熔金属具有相对的高阻，因此大部分电流最初经过铝。当形成的空隙最终切断铝时，下层的难熔金属桥接了空隙，继续传导电流。难熔金属很少出现电迁徙效应，所以连线不会完全失效。相反，铝中空隙的形成使连线电阻逐渐且不规则地增大。更危险的是，空隙引起的铝金属移位有时会形成树枝形晶体，使相邻引线短路，因此连线中铝部分的横截面积决定了可安全地传导多大电流，而与难熔金属的存在与否无关。

难熔金属常用于防止接触和通孔处的电迁徙失效，这是因为铝金属在通过陡峭侧壁处会由于电迁徙而产生空隙，而难熔金属确保了这些位置的电连续性。因为连续金属层覆盖了整个结构，所以在接触和通孔处一般不会发生横向突出。同样，由空隙产生的阻抗变化与接触和通孔结构的固有阻抗相比通常很小。最近的研究表明，通孔内阻挡金属和铝金属间界特别容易形成空隙。在塞状钨通孔中也观察到同样的问题[①]。这种非同质通孔系统的电迁徙电阻实际上取决于流过通孔的电流方向，因而需要实验测试确定通孔和接触的真正的电流容量。

防护措施

防止电迁徙的第一道防线是改善工艺。现在通常是在铝金属连线中掺入 0.5%～4%的铜以增强抵抗电迁徙的能力[②]。铜在晶粒间界处积累，通过增加金属原子移出晶格所需的激活能抑制空隙的产生。掺铜铝的导电能力是纯铝的 5～10 倍[③]。通过使用压缩保护层可将金属置于高压下，从而抑制空隙产生，进一步提高了连线的抗电迁徙能力[④]。

纯铜抗电迁徙能力远高于纯铝或掺铜铝。精确的寿命增长取决于夹层介质与钝化的性质以及测量条件。一般来说，铜的寿命是铝的 40～100 倍[⑤]，因此很厚的功率铜金属连线几乎不会发生电迁徙。然而，大马士革(damascene)铜的亚微米尺寸表明这种金属连线系统至少在一定程度上受电迁徙限制的约束。

工艺技术可以减小电迁徙，但在不会最终导致金属化失效的条件下仍然存在某个不能超越的最大电流密度，因此每个工艺的设计规则都定义了单位宽度的最大允许电流。对于不通过氧化层台阶的连线，典型值为 2 mA/μm，通过氧化层台阶的连线，典型值为 1 mA/μm。这些值取决于金属层的厚度与组成以及预期的工作温度(见 14.3.3 节)。依据以上的电迁徙限制条件，考虑一个必须承载 50 mA 电流的连线。如果该连线为避免经过氧化台阶而布在场氧区，则只需要 25 μm 宽；否则，它的宽度必须增至 50 μm。连线不能在台阶处突然变宽，因为电流只能逐渐地从窄连线流入宽连线。宽连线应在任一方向上至少延伸超出氧化台阶两倍最大宽度以上的距离。

① J. Tao，K. K. Young，N. W. Cheung 和 C. Hu, “Comparison of Electromigration Reliability of Tungsten and Aluminum Vias Under DC and Time-Varying Current Stressing,” *Proc. International Reliability Physics Symp.*, 1992, pp. 338-343。

② I. Ames，F. M. d'Heurle 和 R. E. Horstmann, “Reduction of Electromigration in Aluminum Films by Copper Doping,” *IBM J. of Research and Development*, Vol.14, #4, 1970, pp. 461-463。

③ S. S. Iyer 和 C. Y. Ting, “Electromigration Study of Al-Cu/Ti/Al-Cu System,”*Proc. International Reliability Physics Symp.*, 1984, pp. 273-278。此外还可以参考 Lahri，*et al.*，p. 166。

④ J. R. Lloyd 和 P. M. Smith, “The Effect of Passivation on the Electromigration Lifetime of Al/Cu Thin Film Conductors,” *J. Vacuum Science Technology A*, Vol.1, #2, 1983, pp. 455-458。

⑤ T. C. Lee，M. Ruprecht，D. Tibel，T. D. Sullivan 和 S. Wen, “Electromigration Study of Al and Cu Metallization Using WLR Isothermal Method,” *Proc. International Reliability Symp.*, 2002, pp. 327-335。

多数现代设计规则还规定了允许流过接触和通孔的最大电流。典型规则规定通过接触或通孔的电流等于可流经相同宽度连线的电流。根据这条原则，1 μm 宽的通孔可以传导与 1 μm 连线相同的电流，或者，根据上面提供的数字为 2.5 mA。注意，这里规定的电流只是典型值，并不一定代表任何给定的工艺。

过量电流还会引起焊线过热而失效。实际应用中，典型的 1.25 mm 长、直径为 25 μm 的金焊线可安全地承载 1 A 左右的电流，而相同的铝线可承载约 750 mA 的电流。这些数据取决于焊线的直径和长度，因为大量热量沿焊线流到线框(leadframe)。如果预期电流超过这些限制，则设计需要更大直径或多条并联的焊线(见 14.3.3 节)。

4.1.3　介质击穿

现代 CMOS 和 BiCMOS 工艺使用超薄介质层。典型 5 V CMOS 晶体管的栅氧化层只有 200 Å 厚，先进 1.8 V CMOS 晶体管的栅氧化层薄到难以置信的 90 Å。由于硅-氧键的平均长度约为 1.5 Å，所以 90 Å 的厚度代表只有 60 个氧原子层。如此薄的绝缘层极易受到电过应力的损害。

影响

介电击穿涉及一种称为隧穿的过程，即允许载流子在短距离穿越似乎难以逾越的势垒。薄的绝缘层恰好代表该势垒。隧穿率随距离增大而指数衰减，这种关系将电子的隧穿距离限制在约 45 Å。由于空穴的有效质量更大，所以只能隧穿更短的距离。

电子可以直接流过小于 45 Å 厚的绝缘层［见图 4.2(A)］。这种称为直接电子隧穿的过程通常因为栅氧化层或电容介质太厚而不会发生。

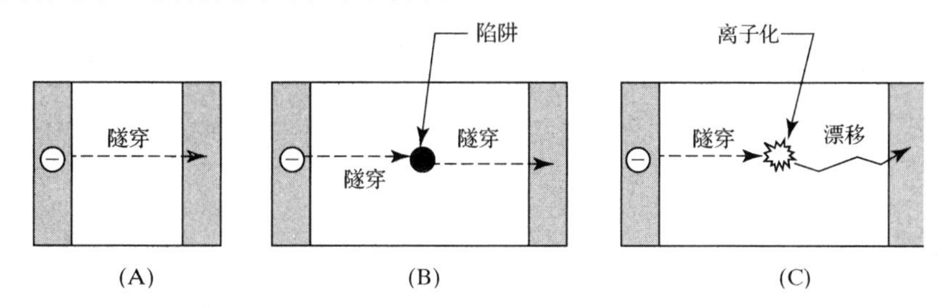

图 4.2　栅氧化层中的隧穿机制：(A)直接电子隧穿；(B)陷阱助隧穿；(C)Fowler-Nordheim 隧穿

电子能够以陷阱助隧穿的方式隧穿并通过更大的距离。该过程取决于介质中存在的陷阱。这种陷阱对试图从一侧隧穿到另一侧的电子起到了垫脚石的作用。只要电子能够以每次小于 45 Å 的距离连续跳跃，就可以穿越充满陷阱的介质。高质量介质中的陷阱非常少，陷阱之间的平均距离远远超过 45 Å。陷阱助隧穿仍可以在介质的一侧发生，到达靠近介质中心的陷阱，再到介质的另一侧［见图 4.2(B)］。在高质量的介质中，这个过程不能跨越 90 Å 以上的距离[①]。质量差的介质中有很多陷阱，载流子可以从一个陷阱跃迁到另一个，从而允许载流子穿越更大的距离。该过程会引起质量差的介质漏电且与介质厚度无关。

厚度超过 90 Å 的高质量介质还可以发生第 3 种隧穿，称为 Fowler-Nordheim 隧穿。这种机制只发生在介质中存在强电场的情况下。如果电子隧穿通过这样的电场，将会获得与场强

① R. Bucksch, MSEE thesis, Friedrich-Alexander University, Erlangen-Nürnberg, 1977, pp. 15-16。

和隧穿距离的乘积成正比的能量。如果电子得到足够能量，就可以自由地穿越介质的剩余部分［见图 4.2(C)］。

Fowler-Nordheim 隧穿向介质中注入电子，在介质中电子受到电场加速并转化为热电子。这种快速移动的热电子与介质原子剧烈碰撞，撞出结合松散的价电子。这个过程产生了空穴，氧化层内的空穴通路产生了陷阱。因此，发生 Fowler-Nordheim 隧穿的介质层的质量将逐渐退化，并最终开始漏电。产生的电流称为场致漏电流(SILC)①。

若介质持续处于强场下，场致漏电流可导致严重失效。由于从电场中获得能量，一些经陷阱助隧穿注入介质中的电子可逃逸出陷阱位置，随后与介质原子碰撞产生新的陷阱，进而增加了漏电流。介质中最薄弱的点在这个过程中受到不同的影响，所以当漏电流增大时，电流通过的面积减小，最终介质中某个微小的点会由于通过的电流过大而熔化。介质旁的导体材料会穿通这个击穿点，形成不可逆的短路失效。

承受过强电场的介质会在几纳秒内击穿。另一方面，受到边界电场影响的介质在失效前可以工作数月甚至数年。这种延时失效模式称为时变介质击穿(TDDB)。介质发生 TDDB 的可能性关键取决于其厚度和组成的一致性。

防护措施

所有不同形式的介质击穿都是由于栅氧化层或其他薄绝缘层上承受的过强电场造成的。有一种防护方法非常明显：避免过强电场的出现。遗憾的是，很难精确决定多强的电场会达到过量。主要问题是介质及介质上的电场都不是均匀的，介质总有厚薄不同的区域，电场可能在某些点处集中(比如导体尖锐的边缘处)。引起漏电流的陷阱也同样不是均匀分布的，因此可靠的操作要求有一个大的安全裕量。实际上厚介质层可能比薄介质层更易损坏。对于 300～500 Å 厚的干氧层来说通常允许的最大场强为 3.5～4 MV/cm，而薄氧层允许的最大场强为 4～4.5 MV/cm。

制造过程中的不同问题都会减小工艺的栅氧完整性(GOI)。GOI 问题是现代 CMOS 或 BiCMOS 晶圆厂商面临的最困难的挑战之一。即使有最严格的控制措施，工艺也会偶然制造出一批有缺陷的器件。这些器件在栅氧化层上加大电场之前看起来都很正常。然后晶圆上会有极个别的晶体管突然失效。筛选出 GOI 失效是非常困难的，有缺陷的器件通常也会到达用户手中。GOI 问题无疑会引起许多突发的和意想不到的电气产品失效，而传统上的失效往往都归结于电力线瞬变(power line transient)。

现已开发出一种方法，可以在器件送达客户之前检测出 GOI 缺陷，这种技术称为过压应力测试(OVST)，可对栅氧化层施加精确控制的过电压。采用的测试电压可能是最大规定工作电压的两倍。但是只施加一次，并且持续很短的时(可能为 100 mS)。如果芯片上有任何器件由于 OVST 而失效，则该单元被放弃。如果晶圆上有几个芯片没有通过 OVST，则整个晶圆被放弃。如果一批晶圆中有几片没有通过 OVST，则放弃整批晶圆。OVST 失效将提示晶圆制造厂(wafer fab)警惕用其他方法无法测出的 GOI 问题。一旦晶圆制造厂意识到这种情况，则会尝试发现并改正存在的问题。

---

① L. Larcher，A. Paccagnella 和 G. Ghidini，“A Model of the Stress Induced Leakage Current in Gate Oxides,”*IEEE Trans. Electron Devices*，Vol.48，#2, 2001，pp. 285-288。此外还可以参考 P. M. Lenahan，J. J. Mele，J. P. Campbell，A. Y. Kang, R. K. Lowry，D. Woodbury，S. T. Liu 和 R. Weimer，“Direct Experimental Evidence Linking Silicon Dangling Bond Defects to Oxide Leakage Currents,” *Proc. International Reliability Physics Symp.*, 2001, pp. 150-155。

数字电路适用于 OVST，而模拟电路通常把保护易损栅氧不受过大电压的影响作为其部分功能，因此，设计中必须包含特殊的测试模式使 OVST 绕过保护电路。因为 OVST 基于统计学方法，所以只需要测试所有栅氧中的一少部分。

其他一些因素也会削弱介质。重金属原子会干扰氧化层的生长，产生降低氧化层完整性的薄弱点。多数工艺使用 Czochralski 工艺生长的衬底。硅石坩锅上产生的氧溶于 Czochralski 硅中。如果将硅加热到 1000℃以上并持续几个小时，则氧会在局部区域聚焦，形成氧化物斑点，称为氧沉淀。这种沉淀结合或吸收(getter)重金属原子可防止其干扰表面氧化。该工艺极大地改善了栅氧化层的完整性。

工艺前期进行的重掺杂 N+扩散同样可以作为吸收剂。在这种方式中，深 N+扩散和 NBL 都起作用。可以通过在栅氧化层一定距离范围内设置深 N+区和 NBL 来提高器件的栅氧完整性。这种结合距离通常为 100 μm 左右。未从氧沉淀受益的工艺(如 DI 工艺)甚至仅通过增加深 N+区的步骤来改善栅氧完整性。在这种情况下，版图规则会要求深 N+扩散块或条位于 MOS 晶体管的邻近位置。

深 N+吸收重金属杂质的事实说明在深 N+区上生长氧化物将降低完整性。实际上人们已观察到了这种效应①。尽管一些工艺允许在深 N+区上生长电容氧化层，但所得器件的氧化层完整性比起生长在轻掺杂硅上的氧化层要差，因此，采用大面积深 N+电容氧化层而不把 OVST 加入设计中是很不明智的。

4.1.4　天线效应

我们知道干法刻蚀会在晶片表面淀积电荷。暴露的导体可以收集能够损坏薄栅介质的电荷。这种失效机制称为等离子致损伤，或更生动地称为天线效应。天线效应产生场致漏电流，可引起强场介质立刻或延迟失效。

影响

关于引起天线效应的电荷的准确来源是有争议的。等离子本身包含了相同数量的正负粒子。然而，不同机制会引起等离子体内局部电荷密度的波动。提出的某些机制包括由于反应器设计导致的不均匀性、AC 等离子激发和一种称为电子遮蔽(electron shading)的效应，即相邻几何图形对各向同性电子流的阻止程度大于各向异性离子流。不管准确的机制如何，经验表明对导体层的干法刻蚀和随后的去光刻胶都会引起等离子致损伤。

必须评估每个导体层刻蚀和去胶过程中天线效应的影响。考虑多晶硅的情况，在多晶刻蚀的初始阶段，整个晶圆表面被连续的多晶层覆盖。电荷通过光刻胶中的所有开孔到达该多晶层。显然，引发天线效应的波动沿着晶圆宽度大部分相互抵消，因此对晶圆没有损害。在刻蚀工艺进行到一半时，单个多晶结构彼此分离。每个多晶结构都在其暴露于等离子体的外围吸附了电子。该电荷通过薄栅氧化层注入，因此给定多晶结构对天线效应的敏感性与其总周长和下层有源栅面积之比相关。这种周长天线比(peripheral antenna raito)越大，等离子致损伤的风险就越大。大多数工艺规定了多晶硅的最大允许周长天线比，典型值为 100 μm^{-1}。

在最后的去除光刻胶阶段，多晶结构的整个表面都暴露于等离子体。每个图形在其整个表面吸附电荷并通过薄栅氧将电荷注入，因此给定多晶结构对天线效应的敏感性与总面积和

① Private communication, L. Hutter。

下层有源栅面积之比有关。这种面天线比越大，等离子致损伤的风险就越大。大多数工艺规定了多晶硅的最大允许面天线比，典型值为 500。

由于每个导体层在刻蚀和去胶过程中易受天线效应的影响，所以每层都有自己的周长天线比和面天线比。考虑第二层金属(金属 2)的情况，在快要完成刻蚀工艺的时候，单个的第二层金属图形相互分离。然而，这些结构可能通过下层的导体层被连接起来。因此，在图形挨着图形时(geometry-by-geometry)不能估计出天线效应，而必须定义电学连接的图形的集合(称为节点)。在第二层金属刻蚀过程中，每个节点收集的电荷与暴露于等离子体的第二层金属周长成正比，并且通过构成部分节点的多晶硅图形下的有源栅将该电荷注入。因此，第二层金属节点的周长天线比等于第二层金属节点的总周长除以节点多晶图形下的有源栅面积。同样，对去胶损害的评估取决于第二层金属的面天线比，定义为节点的总的第二层金属面积除以该节点多晶图形下的有源栅面积①。

人们在理解天线比与栅介质损害的关系上已投入了大量精力，但许多问题仍然不能确定。一些研究者发现了 PMOS 栅氧化层比 NMOS 栅氧化层对等离子致损伤更敏感的证据。因此，一些工艺为每种类型的氧化物规定了单独的天线比。其他研究者表示氧化隔离可以大大减小等离子致损伤，原因可能是限制了可以流过栅氧化层任意区域的电流的缘故②。

防护措施③

任何天线比超过规定值的节点时必须返工，采用的具体技术取决于涉及到哪一层。在多晶硅的例子中，通过插入金属跳线可以减小该比值。考虑图 4.3(A)所示的情况，这个电路包括一条很长的跨过最小尺寸 MOS 晶体管 M_1 的多晶硅连线。该多晶形状的天线比将明显增大。然而，如果在晶体管附近的多晶硅连线中插入短的金属跳线，则单一的多晶图形将变成两个分开的多晶图形［见图 4.3(B)］。左侧的图形(与 M_1 晶体管栅极相连)有相对较小的天线比，右侧的图形(与 M_2 晶体管的漏/源相连)的天线比为 0，因为其下没有栅氧化层。因此，增加金属跳线可消除任何潜在的问题。

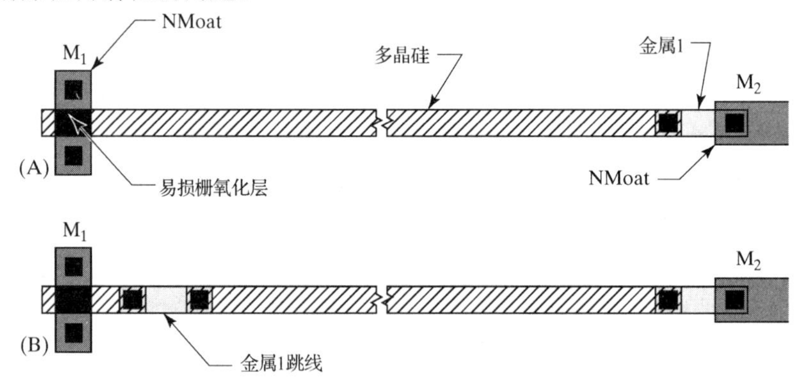

图 4.3 (A)易受天线效应影响的版图结构；(B)可通过增加金属跳线加以抑制

---

① C. T. Gabriel, “Gate Oxide Damage: A Brief History and a Look Ahead,” *Proc. 6th International Symposium on Plasma Process-Induced Damage，2001*，pp. 20-24。此外还可以参考 T. Watanabe 和 Y. Yoshida 的著述“Dielectric Breakdown of Gate Insulator Due to Reactive Ion Etching,” *Solid State Technology*, Vol.27, #4, 1984, pp. 263-266。

② A. C. Mocuta，T. B. Hook，A. I. Chou，T. Wagner, A. K. Stamper，M. Khare 和 J. P. Gambino，“Plasma Charging Damage in SOI Technology,” *Proc. 6th Intemational Symposium on Plasma Process-Induced Damage*, 2001, pp. 104-107。

③ P. Simon，J-M. Luchies 和 W. Maly, “Antenna Ratio Definition for VLSI Circuits,”*Proc. 4th International Symposium on Plasma Process-Induced Damage*, 1999, pp. 16-20。

因为在电荷损坏栅氧前，金属节点可与任意泄漏电荷的扩散区相连，所以金属层相对来说更难评估。对于栅氧化层厚度超过 400 Å 的工艺，MOS 晶体管的源/漏结通常会在栅氧损坏前发生雪崩击穿。在这种情况下，计算天线比时，一般可以忽略连接漏/源扩散区的任何节点。如果发现金属节点的天线比过大，则可在上层金属上放置跳线(如前面的讨论，与多晶硅相连)，或将漏/源扩散连接到节点可以消除这个问题。如果电路中不包含与节点相连的晶体管，则可连接一个称为泄漏器(leaker)的小结构作为替代。图 4.4 显示了 NSD/P 型外延层和 PSD/N 阱泄漏器的实例。对于厚氧工艺，往往选用 NSD/P 型外延层泄漏器。这种结构本质上是一个阳极连接金属节点、阴极连接衬底的二极管。如果节点电位降到衬底电位以下，则泄漏器正向导通，并钳住电压；如果节点电位上升超过衬底电位，则 NSD/P 型外延层会先于厚氧损坏前发生雪崩击穿。

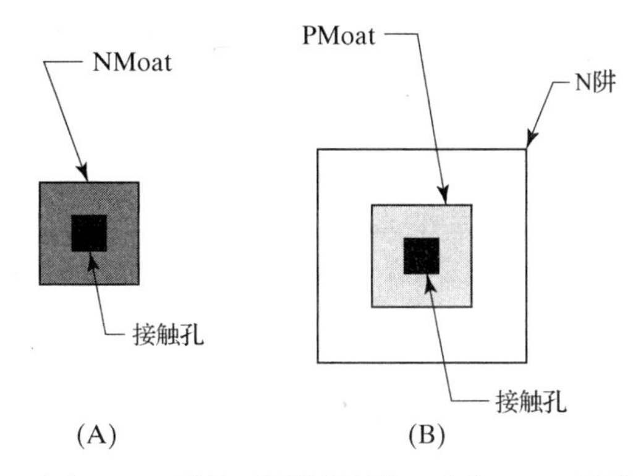

图 4.4　(A) NSD/P 型外延层泄漏结构；(B) PSD/N 阱泄漏结构

薄氧工艺采用的泄漏器问题更多一些。不能依赖 NSD/P 型外延层结的雪崩击穿电压来保护远薄于 400 Å 的栅氧化层。经验表明，薄氧工艺中的节点可通过 NSD/P 型外延层和 PSD/N 阱泄漏器相结合得到保护。如果节点电位降到衬底电位以下，NSD/P 型外延层泄漏器将正偏；如果节点电位升到 N 阱电位以上，PSD/N 阱泄漏器将正偏，但在正常工作时，反偏 N 阱/P 型外延层结会阻止电流流经该结构。在离子刻蚀反应过程中，等离子体的辉光射到晶圆上，从而会激发 N 阱/P 型外延层结耗尽区内的光生成，引起结泄漏。这种泄漏有助于带走注入到 N 阱上的电荷。为了使 N 阱/P 型外延层泄漏器发挥正常的作用，至少结的部分外围不能用金属覆盖，并且距离要在 N 阱之外至少 5～10 μm 处。每当插入泄漏器时，应该告知电路设计者，这样就可以估计出它们对电路工作的影响。在多数情况下，泄漏器不会影响电路，但是不可能一概而论。

4.2　玷污

塑封集成电路易受特定类型玷污物的影响。假设一个器件被正常制造，最初在塑料封装内部只存在很少的污染物。塑模化合物经过仔细配制以最大程度地阻止外部污染物的渗透，但是不存在完全不可渗透的塑料材料。污染物可沿金属管脚与塑封的界面进入或直接渗透塑料本身。现代塑封芯片面临的两种主要污染问题是干法腐蚀和可动离子玷污。

4.2.1 干法腐蚀

在潮湿环境中，暴露于离子污染物的铝金属系统会被腐蚀。只需要微量的水就可以进行这种所谓的干法腐蚀。由于水和离子污染物普遍存在，所以集成电路必须依靠封装加以保护。早期的塑模化合物无法抵抗湿气的影响。新型化合物的防水能力较强，但只要时间足够长，湿气最终仍可渗透任何塑料封装[①]。

所有现代集成电路都覆盖有保护层，作为对湿气的第二道屏障。遗憾的是，该保护层上必须开孔以使焊线连接到芯片上。熔丝校正方案通常要在保护层上开更多的孔，所有这些开孔都为污染物到达芯片提供了潜在的通路。

影响

水本身不会腐蚀铝，但许多溶于水的离子物质可形成腐蚀性溶液。磷硅玻璃包含 5%以上的磷就存在腐蚀风险，这是因为湿气可使磷从玻璃中析出形成磷酸[②]。这种酸会迅速与铝发生反应并使其溶解，从而引起开路失效。许多现代工艺采用氮化物或氮氧化合物保护膜，确保湿气不会到达其下的磷硅玻璃，或者通过结合使用硼和磷作为杂质减小玻璃中的磷成分。这两种元素降低了玻璃的软化点，所以硼磷硅玻璃(BPSG)可用少量的磷达到与磷硅玻璃相同的软化点。

卤素离子的水溶液同样可以腐蚀铝[③]。普通的盐(或氯化钠)能够提供大量的氯离子。渗入集成电路的湿气可将氯离子传输到芯片表面，从而腐蚀铝金属系统。

加入塑料封装的阻燃物是另一种潜在的能够引起干法腐蚀的离子污染源。2002 年以前，大多数塑模化合物都包含基于有机溴化物的阻燃物，这种物质在超过 250℃时开始分解，释放出溴离子，从而引起通常与氯离子相关的腐蚀问题。出于毒性上的考虑，人们正在设法采用其他物质替代有机溴化物阻燃物[④]。具有讽刺意味的是，某些早期的替代物基于磷配方，可在潮湿环境中生成磷酸，结果又重复上演了先前磷硅玻璃保护层遇到的干法腐蚀问题。最新的所谓绿色塑模化合物似乎克服了这一问题，但是，与所有的塑料一样，它们也不是完全密封的。干法腐蚀是并且还将是所有塑封集成电路所面临的一个问题。

防护措施

尽管所有污染物似乎并不在版图设计者的控制范围内，但是在保护层上采取一些措施可以降低其影响。设计者应该减小所有保护层(PO)开孔的数目和大小。成品芯片不应包括并非制造芯片所必须的任何开孔。如果设计者想要增加额外的测试焊盘(testpad)用于评测，则应增加特殊的测试掩模。当产品正式投产时，应采用成品 PO 掩模替换测试掩模，这样可密封保护层下的测试焊盘。

---

① J. E. Gunn 和 S. K. Malik, “Highly Accelerated Temperature and Humidity Stress Technique (HAST),” *Proc. International Reliability Symposium,* 1981, pp. 48-51。

② W. M. Paulson 和 R. W. Kirk, “The Effects of Phosphorus-Doped Passivation Glass on the Corrosion of Aluminum,” *Proc. International Reliability Physics Symposium*, 1974, pp. 172-179。

③ M. M. Ianuzzi, “Reliability and Failure Mechanisms of Non-hermetic Aluminum SIC's in an Environment Contaminated with Cl_2,” *(sic), IEEE Trans. Comp. Hyb. Man. Tech.*, 6, 1983, pp. 191-201。

④ T. Raymond, “Avoiding Bond Pad Failure Mechanisms in Au-Al Systems,” *Semiconductor International*, Sept. 1989, pp. 152-158。

金属应与焊盘开孔在各个方向上具有足量的交叠以补偿对版误差。金属焊盘将保护其下面的氧化层，阻止湿气或其他污染物的侵入。为多晶硅或金属熔丝制作的开孔应尽可能地小，任何电路都不希望熔丝元件自身出现在窗口中。

4.2.2 可动离子玷污

高温下许多潜在的污染物可溶于二氧化硅，但在正常工作温度下大多数污染物被束缚在氧化物大分子中无法移动。对于这种规律，碱金属是个例外，即使在室温下仍然可以在二氧化硅中自由移动[①]。在这些所谓的可动离子中，钠离子是目前最常见的也是最棘手的一种。

影响

可动离子玷污会引发参数漂移，最明显的是MOS晶体管的阈值电压。图4.5(A)显示了制造过程中被钠离子玷污的NMOS晶体管的栅氧化层。带正电的钠离子最初遍布在氧化物中，同时引入了相同数量的带负电的离子(阴离子)。与钠离子不同的是，阴离子被氧化物大分子牢牢地锁定。

图4.5(B)显示了在正的栅偏压下工作了一段时间的同样的栅介质。带正电的栅极驱使可动钠离子向下移动到氧化物-硅界面。因为阴离子是不可移动的[②]，所以钠离子的重新分布导致了氧化层内电荷的净分离。NMOS晶体管沟道附近正电荷的存在降低了其阈值电压。阈值电压的变化量取决于钠离子密度、栅偏压、温度和时间。许多模拟电路要求阈值电压匹配在几毫伏内，即使很低的可动离子密度也可以产生这个数量级的变化。

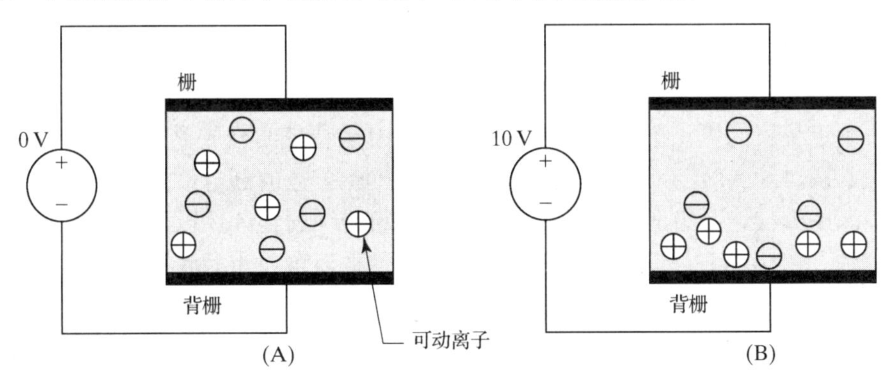

图4.5 偏压下可动离子的运动：(A)离子随机分布在氧化层内；(B)正栅压下的移动

当可动离子玷污使阈值电压缓慢漂移最终导致电路参数超过其限定值时，会引起器件长期失效。如果失效器件离开正常的工作环境，在250℃下烘烤几个小时，可动离子会重新分布，阈值变化消失。这种方法只是暂时性的，一旦恢复了电偏压，阈值漂移会立刻复原。尽管模拟电路特别易受可动离子引起的参数变化影响，然而甚至在数字电路中，如果阈值电压漂移太大也将导致其最终失效。早期的金属栅CMOS逻辑曾陷入严重的钠玷污引起的阈值电压漂移的困扰。

---

① 只有锂、钠和钾(在一定程度上还有氢)是硅中的可动离子。更重的碱金属铷和铯基本不可动：B. E. Deal, "TheCurrent Understanding of Charges in the Thermally Oxidized Silicon Structure," *J. Electrochem. Soc.*, Vol.121, #6, 1974, pp. 198C-205C。

② N. E. Lycoudes 和 C. C. Childers, "Semiconductor Instability Failure Mechanisms Review,"*IEEE Trans. of Reliability*, Vol.R-29, #3, 1980, pp. 237-249。

防护措施

集成电路制造过程中会不可避免地混入一些可动离子。通过使用更纯净的化学试剂和更先进的工艺技术可将污染源减至最小。MOS 工艺一般采用特殊的步骤以保证工艺的清洁度，但是仅仅这些还不能完全消除阈值电压的变化。

金属栅 CMOS 的制造者企图通过在栅氧化物中掺磷来稳定阈值电压[①②]。磷稳定工艺收到了期望的固定碱金属的效果，但是又引入了一个新问题。带电的磷酸根即使被氧化物大分子束缚，但在强场下也会有轻微的漂移，因此磷硅玻璃遇到了希望采用其去解决的同样问题。这种做法并不是毫无可取之处，因为介质极化并没有可动离子玷污带来的问题严重。一定偏置电压引起的阈值漂移是相对较小的——几十毫伏。介质极化引起的阈值漂移也比可动离子引起的阈值漂移更加容易预测，所以电路设计者可以预测给定的电路结构是否会受到不良影响[③]。使用掺磷的多晶硅栅而不是掺磷的栅氧化物可最终消除阈值电压漂移。掺磷多晶硅栅以与磷稳定工艺相同的方式固定了碱金属，并且不会引入介质极化的问题。

渗入集成电路封装的湿气可将钠从外界传入内部。改良的封装材料可以减慢但不能阻止钠离子的进入。保护层作为阻碍可动离子的下一道屏障能够防止其到达与硅接触的易损的氧化层。保护层一般由能防止可动离子渗透的氮化硅或者能固定可动离子的掺磷玻璃构成，因此保护层是阻止杂质从外界进入芯片的最后防线。

任何保护层上的开孔都是可动离子玷污进入芯片的潜在通路。金属连线通常会密封焊盘窗口，但是探针留下的疤痕可能穿通金属层，并使下面的夹层氧化物(ILO)暴露出来。应该使用最少的探针焊盘，并且不要靠近敏感的模拟电路放置。通过保护层的熔丝开孔同样也是易损的位置，应避免在敏感的模拟电路中出现。

围绕芯片的划片线一般由裸硅组成，因为其他的材料易碎或者阻塞锯条。污染物会横向渗入划片线附近暴露的氧化层。所谓划封(scribe seal)的特殊结构放置在芯片外围，可减缓污染物的进入。图 4.6(A)展示了典型的单层金属 CMOS 工艺的划封。该划封的第一部分由围绕芯片有源区的窄接触条组成。接触必须是没有任何空隙的连续环以阻止可动离子穿过场氧区的横向运动。在接触下方设置一个 P 型扩散区，使之还可作为衬底接触使用。这种排布是非常方便的，因为形成部分划封的金属板还承载着环绕芯片的衬底引线。该划封还可确保形成最小面积的衬底接触。

划封还包含通过将保护层下拉入划片线(即直接在暴露的硅顶部)形成的第二道抗玷污屏障。任何试图渗入划封的可动离子必须首先跨越这个下垂保护层，然后通过连续接触环才能到达芯片有源区。大多数工艺禁止氮化层和硅的直接接触，因为氮化层的压缩应力会在硅晶格中形成缺陷。因为划片线不包含任何可能被缺陷损坏的动态电路，所以划片线上允许存在下垂保护层。在芯片有源区内，氮化层仍然不能与暴露的硅接触，这是因为受损硅产生的缺陷能够传播一定距离，可能会影响邻近的器件。

图 4.6(B)显示了双层金属 CMOS 工艺的划封，其中包含了恰好位于接触环内的连续通孔

---

① M. Kuhn 和 D. J. Silversmith, “Ionic Contamination and Transport of Mobile Ions in MOS Structures,” *J. Electrochem. Soc.*, Vol.118, 1971, pp. 966-970。

② S. R. Hofstein, “Stabilization of MOS Devices,” *Solid-State Electronics*, Vol.10, 1967, pp. 657-670。

③ E. H. Snow 和 B. E. Deal, “Polarization Phenomena and Other Properties of Phosphosilicate Glass Films on Silicon,” *J. Electrochem. Soc.*, Vol.113, #3, 1966, pp. 263-269。

环构成的第三道屏障。该通孔环有助于阻止污染物进入两金属层之间的 ILO。在三层金属工艺中，将在第二层金属和第三层金属之间增加第二个通孔环保护第二层 ILO。

图 4.6 所示的划封可以保护几乎所有的芯片，但衬底接触也许需要不同的扩散，具体取决于工艺流程。例如，标准双极工艺采用 P 型隔离区和基区结合代替图 4.6 中的 PSD 环。由于大多数设计者采用一圈置于接地金属层之下的衬底接触环绕在芯片周围，因而 P 型隔离区可能会扩展到芯片有源区的边缘。无论采用的是哪种扩散区，划封的功能都保持不变。

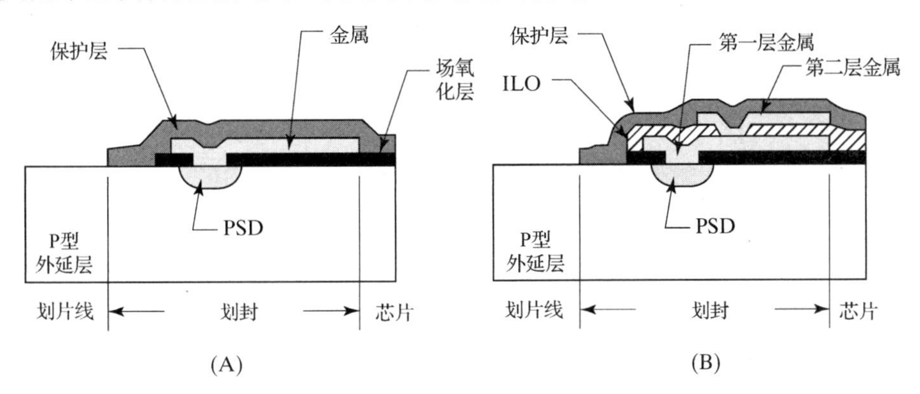

图 4.6　单层和双层金属 CMOS 或 BiCMOS 工艺中的划封。在划片线上可放置不同的扩散区，具体取决于制造者

介质隔离工艺通常采用一个或更多的隔离环作为其划封的一部分。实际上并未打算使用这些环阻止可动离子的进入，而是帮助阻止沿埋层氧化物(BOX)和表面硅之间界面的分层。因为晶圆键合不会在层间产生理想的分子结合，所以该界面比想象中的要薄弱。切割和组装产生的应力可能引起分层，通常从边界开始并向内扩展。隔离密封环有助于在分层侵入芯片有源区前阻止其进程。由于尖锐的拐角能够集中应力，因此通常在隔离密封环的 4 个拐角处采用大半径倒角。

4.3　表面效应

具有高电场强度的表面区域会向其上的氧化层注入热载流子。表面电场还能诱生寄生沟道。因为两种机制都发生在硅与其上层氧化物之间的界面，所以统称为表面效应。

4.3.1　热载流子注入

一般情况下，没有载流子具有 5 eV 或者跨越氧化层-硅界面所需的能量，因此氧化层是几近理想的绝缘体。然而，如果在硅表面附近有强电场，那么部分由强场产生的热载流子具有足够的能量进入氧化层。这种机制称为热载流子注入(HCI)，它可引起 MOS 晶体管的严重可靠性问题。

影响

当 MOS 晶体管工作在饱和区时，大部分漏-源电压落在了沟道狭窄的夹断区部分，结果在该区域出现了强横向电场。尽管电压升高，夹断区的宽度增加，但这种效应不足以补偿增大的漏源电压，因此使得电场强度增大。电场使穿越夹断区的载流子加速，产生可能注入氧化层的热载流子。

图 4.7 显示了 NMOS 晶体管在大漏-源电压下的特性。电子沿沟道从源区流向漏区，到达夹断区后，遇到可将其加速到很高速度的强电场。生成的热载流子与晶格原子碰撞，并向各个方向散射。散射电子中的极少部分向上运动，并穿通氧化层-硅界面。这些载流子产生了微弱的栅电流，通常不超过几皮安。这种看似无关紧要的电流是器件稳定性的主要长期影响因素。

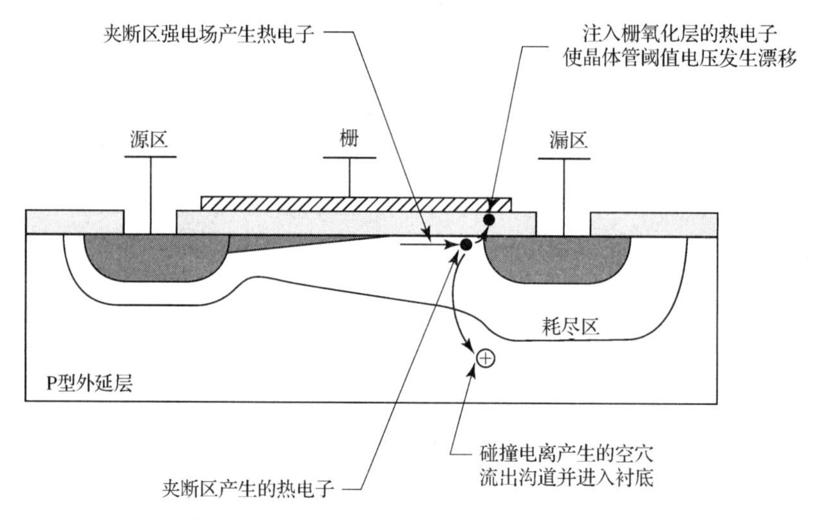

图 4.7 NMOS 晶体管中热电子注入机制简图

图 4.7 还显示了从夹断区到衬底的空穴电流。这些空穴是在电子撞击晶格原子并撞出价电子时产生的。这种碰撞电离每次都产生一个电子-空穴对，以这种方式产生的电子随即加入流向漏区的电子流中。另一方面，空穴则沿相反方向运动，即朝着源区和衬底运动。到达衬底的空穴构成了从器件背栅流出的电流。因为产生电子-空穴对比跨越氧-硅界面需要的能量低，所以背栅电流比栅电流大几个数量级。由于这种背栅电流比起微弱的栅电流更容易测量，所以常用来作为热载流子注入的指标①。

晶体管中热载流子的注入率与其偏置有关。最明显的是，热载流子注入是漏-源电压的函数。若低于临界值，几乎不发生注入；若高于临界电压，热载流子注入或多或少地以指数形式增加。不太明显的是，热载流子注入还与栅-源电压有关。高栅-源电压产生大的漏极电流，同时也增加了夹断区宽度，从而减低了峰值电场强度。对于大多数晶体管而言，热载流子注入在栅-源电压约等于 40%的漏-源电压时达到最大②。

热载流子注入还与晶体管的极性有关。因为空穴比电子的迁移率低，所以难以加速到高速。因此，与 NMOS 晶体管相比，PMOS 晶体管不易受到热载流子注入的影响。受热载流子注入限制的 PMOS 晶体管工作时的漏-源电压约为相同尺寸和掺杂的 NMOS 晶体管的两倍。

器件掺杂在决定开始发生热载流子注入的临界电压上起主要作用。较轻的背栅掺杂能够加宽沟道夹断区，因而减小场强，所以较轻掺杂的背栅可以承受较高的工作电压。

---

① S. Tam，P.-K. Ko，C. Hu 和 R. S. Muller, “Correlation between Substrate and Gate Currents in MOSFET's,” *IEEE Trans. on Electron Devices*, Vol.ED-29, #11, 1982, pp. 1740-1744。

② C. C.-H. Hsu，D.-S. Wen，M. R. Wordeman，Y. Taur 和 T. H. Ning, “A Comprehensive Study of Hot Carrier Instability in P-and N-Type Poly-SI Gated MOSFET's,” *IEEE Trans. on Electron Devices*, Vol.41, #5, 1994, pp. 675-680。

热载流子注入导致阈值电压逐渐减小。这种阈值漂移减小了增强型 NMOS 晶体管的阈值电压，但增大了增强型 PMOS 晶体管的阈值电压。这种特性暗示了热载流子注入引起氧化层内正电荷积累。形成正电荷的准确机制直到最近才被理解。用来减小 MOS 晶体管表面态电荷的退火工艺被证明是关键的影响因素。如果不进行退火，大量正电荷存在于氧化层-硅界面上，这种氧化层固定电荷是由氧硅界面处缺少正常的 4 个完整键的硅原子引起的。这些所谓的悬挂键是可带正电的缺陷。在退火过程中，氢原子扩散通过氧化层并与缺陷位置的硅原子键合，消除了悬挂键。注入氧化层中的热载流子能够使相对较弱的硅-氢键断开，再次形成悬挂键和对应的正的氧化层固定电荷①。

由热载流子注入引起的参数漂移可以通过对零偏压器件在 200℃～250℃温度下烘烤几小时得到部分复原。这样的温度能够加强氢原子扩散，从而与悬挂键重新键合。在约 400℃的温度下能够完全消除参数漂移，但塑封经不住这种处理。对于可动离子的情况，这种表面的补救措施只是暂时的。一旦恢复偏压，热载流子就会重新出现并使阈值电压再次发生漂移。

防护措施

可通过重新设计受影响器件、选择器件的工作条件或改变器件的尺寸减小阈值电压漂移，所有这 3 种方法在模拟电路设计中经常使用。

人们在重新设计器件时多着眼于减小漏端夹断区内的电场强度。加宽夹断区可成比例地减小电场强度。最明显的加宽夹断区的方法是减小背栅掺杂。改变整个背栅的掺杂浓度会出现不希望的结果，包括最小沟道长度的大幅增加、沟道长度调制增加和安全工作区域减小（见 12.2.1 节）。只减小漏极附近的掺杂浓度可以获得更好的效果。通过这种方式，可以将夹断区限制在一个确定好的、在低的漏-源电压下耗尽的范围内。RESURF 晶体管（见 12.2.3 节）展示了这种方法。

此外也可以减小漏区外围的掺杂浓度，从而使得耗尽区更多地延伸进入漏区，而不是进入沟道。这种技术在不改变背栅掺杂的情况下可以减小峰值电场强度。形成的器件保留短沟道，而且不会出现沟道长度调制增加或安全工作区域减小。然而，漏区的轻掺杂确实增加了线性工作区的漏区电阻。轻掺杂漏区（LDD）晶体管（见 3.2.4 节）展示了这种方法。

另一种器件的重新设计着重减小热载流子对悬挂键的影响。在氘气而不是氢气中退火晶圆可使热载流子退化率减小十分之一或更多。氘是氢的一种同位素，其原子质量约为普通氢原子的两倍。这种质量上的增加使氘通过一种相当深奥的称为巨同位素效应（giant isotope effect）②的机制强烈地抵抗热载流子激发的解吸附作用，因此，氘退火器件的阈值漂移比氢退火器件要缓和得多。

还可通过适当地选取工作条件减小热载流子注入。总的阈值漂移取决于晶体管两端的漏-源电压和流过晶体管的总电荷量。当晶体管工作在漏极电流为零的截止区时，或者在漏-源电压极小的线性区时不会发生注入。数字电路总是工作在这两种模式之一。与之相比，模拟电路包含持续工作在饱和区的 MOS 晶体管。此外，与模拟电路相比，数字电路对小的阈值电

---

① K. Hess，I. C. Kizilyalli 和 J. W. Lyding, “Giant Isotope Effect in Hot Electron Degradation of Metal Oxide Silicon Devices,” *IEEE Trans. on Electron Devices*, Vol.45, #2, 1998, pp. 406-416。

② 同上。

压变化非常不敏感。综上所述，这些因素意味着与模拟应用相比数字应用中的晶体管能够工作在更高的漏-源电压下。因此许多工艺为 MOS 晶体管指定了两个独立的漏-源电压额定值：一个用于数字电路的情况，另一个用于连续工作在饱和区的情况，如有时出现在模拟电路中的情况。

长沟器件也有针对热载流子注入的保护措施。热载流子仍然能够产生，但是只在漏区周围。沟道的其余部分不受影响，从而减小了热载流子对晶体管参数的整体影响。通过增加几微米的沟道宽度通常可获得几伏额外的工作电压容限。

4.3.2 齐纳蠕变

尽管热载子注入多与 MOS 晶体管相关，然而在齐纳二极管和双极型晶体管中也会发生同样的过程。虽然观察到的失效模式不同，但内在机制大体相同。

影响

雪崩结也会产生大量热载流子。雪崩发生在大多数扩散结的表面附近，因为那里的杂质浓度最高［见图 4.8(A)］。雪崩产生的部分热载流子注入上层氧化物中，这些载流子会破坏硅-氢键，重新生成正的氧化层固定电荷。根据齐纳蠕变(zener walkout)的经典模型，这种电荷将静电感应表面处耗尽区逐渐变宽［见图 4.8(B)］。工作过程中，雪崩电压缓慢升高，这种现象称为齐纳蠕变[①]。NPN 管的发射结特别容易发生齐纳蠕变，一般表现出十分之几伏的漂移[②]。对于某些工艺，还有过更大漂移的报道。200℃～250℃零偏压烘烤可以部分地(但不能完全)恢复齐纳蠕变。某些情况下，器件不加偏压放置于室温环境较长一段时间后有可能发生部分复原。这类表面的补救方法只是暂时的，因为当二极管偏置到发生雪崩击穿时，就会再次出现蠕变。

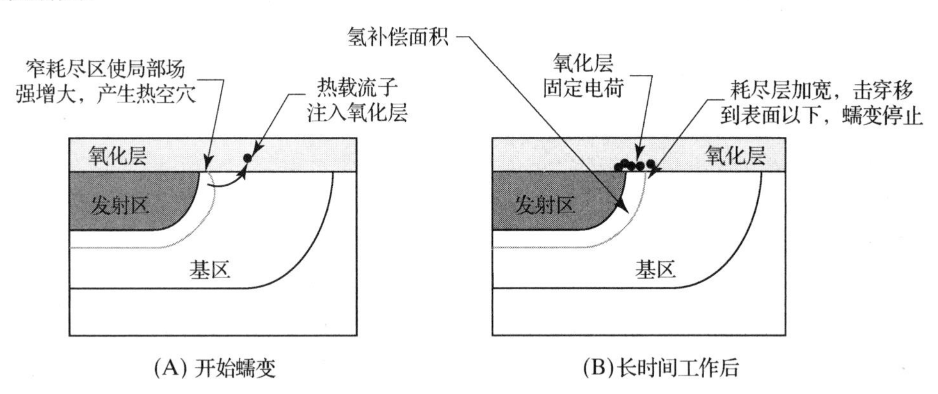

图 4.8 齐纳蠕变经典模型简图：(A)结的初始状态，在表面附近出现了热载流子；(B)长时间工作后结的状态

① R. W. Gurtler, “Avalanche Drift Instability in Planar Passivated p-n Junctions,” *IEEE Trans. on Electron Devices*, Vol.ED-15, #12, 1968，pp. 980-986。此外还可以参考 G. Barbottin 和 V. Boisson 的著述“A Review of Passivation-Related In-stabilities in Modern Silicon Devices，”G. Barbottin 和 A. Vapaille，eds.，*Instabilities in Silicon Devices*，*Volume. 2*：*Silicon Passivation and Related Instabilities*, (Amsterdam: North-Holland, 1989), pp. 459-460。

② W. Bucksch, “Qualify and Reliability in Linear Bipolar Design,” *TI Technical Journal*，Nov. 1987，pp. 61-69。此外还可以参考 R. W. Gurtler 等的著述。

最近的研究集中于当热载流子重新生成氧化层固定电荷时被释放的氢原子的作用。一部分释放的氢原子向下迁移进入硅。P 型硅包含缺少价电子的受主杂质，这种受主杂质在很多方面与氧化物界面的悬挂键相似。迁移的氢原子可与受主弱结合成键，并且一旦发生这种情况，受主杂质将不再产生可动空穴。这个过程称为氢补偿。通过氢补偿作用，氧化物界面上释放的氢原子可以导致 P 型硅掺杂浓度减小，结果使耗尽层加宽①。

氢的解吸附模型解释了许多经典模型不能解释的现象。例如，一些在击穿状态下持续工作的二极管首先表现出快速蠕变，然后击穿电压稳定很长时间，最终产生非常缓慢的蠕变逆转(zener walkback)。根据氢的解吸附模型，当界面的氢供给耗尽后会发生蠕变逆转。氢原子在硅中的缓变扩散削弱了结附近的氢补偿，引起耗尽区变窄。在采用难熔金属和硅化物的工艺中观察到的蠕变减小，可能也可以用相同机制解释②。钛及其硅化物都对氢原子有很强的亲合力，因此将趋于固定或吸收在其附近释放的氢原子。这种吸收机制可以大幅减少到达下层硅的氢原子数量。

防护措施

只有在邻近氧化层-硅界面处发生雪崩时才会发生热载流子注入。普通的发射结齐纳管在表面处发生雪崩，因而通常表现出几百毫伏的齐纳蠕变。人们已经设计出可将雪崩限制在次表面的替代结构。这种掩埋齐纳管不会表现齐纳蠕变。10.1.2 节将介绍几种掩埋齐纳管的实例，其中大多数在制造中需要增加工艺步骤。

场板(field plate)已被建议作为稳定表面齐纳管的一种方法。场板是一个加偏压在下层氧化物中产生电场的导体，用于控制硅中的耗尽或积累。实际上，场板构成了 MOS 电容的栅电极。例如，若场板置于反偏的发射结上，场板相对基区扩散为正偏压，则将使基区表面耗尽。假设场板和基区间的压差略超出基区厚场阈值，则场板下的扩散基区将耗尽。更小的压差也会使耗尽区加宽，即使程度很小。因此这种效应促使在表面下发生雪崩击穿。制造这种场板的方式通常包括把场板连接到齐纳管的发射极端以利用击穿电压来偏置场板。遗憾的是，发射结的击穿电压太低而不能达到希望的效果。尽管一些设计声称发现了一些小的优点，但实验结果基本证实了这种场板的无效。在所有的可能性中，好处不是来源于场板产生的电场，而是来源于难熔金属产生的氢吸收。

假设表面器件易受电荷分散引起的杂散电场(stray field)的损害，那么给表面齐纳器件增加发射场板似乎是一个明智的举措。然而，如果缺乏实验证据，则无法设想场板能够减小齐纳蠕变值。若要使用场板的话，置于发射结齐纳管上的场板应连接到发射极上。场板应由最底层金属组成，并且超出绘制结边缘几微米，以允许横向扩散和边缘电场(fringing field)。如有必要，基区接触可以后退几微米，从而给发射场板留下空间(见图 4.9)。

---

① P. K. Gopi，G. P. Li，G. J. Sonek, J. Dunkley, D. Hannaman，J. Patterson 和 S. Willard, “New Degradation Mechanism Associated with Hydrogen in Bipolar Transistors under Hot-Carrier Stress,” *Appl. Phys. Lett.*, Vol.63, #9, 1993, pp. 1237-1239。此外还可以参考 C.-T. Sah，J. Y-C. Sun 和 J. J-T. Tzou 的著述 “Deactivation of the Boron Acceptor in Silicon by Hydrogen,” *Appl. Phys. Lett.*, Vol.43, #2, 1983, pp. 204-206。

② W. Bucksch，未发表手稿，1988。

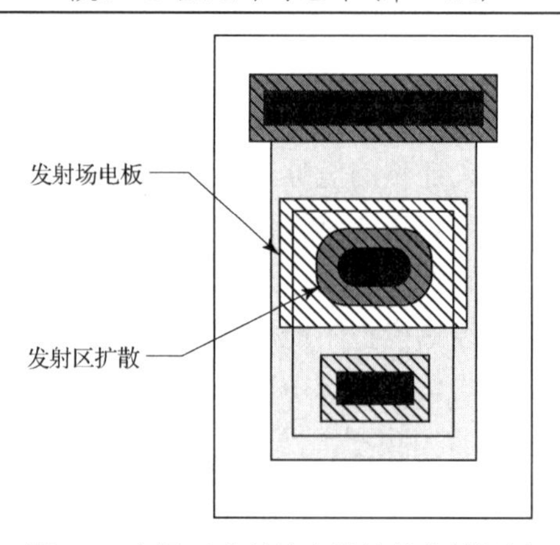

图 4.9 应用于发射结齐纳管的发射场板

4.3.3 雪崩诱发 β 衰减

双极型晶体管的发射结雪崩会显著地减小其 β 值。并非所有的晶体管都容易受到损害，比如，标准双极纵向 NPN 晶体管比对应的横向 PNP 晶体管更容易出现这种现象。此外，多晶硅发射极晶体管比扩散发射极晶体管更容易受到损害。

影响

雪崩诱发 β 衰减在集电极电流较小时会引起 β 减小，但在中等或大集电极电流的情况下对 β 值没有明显影响。如果晶体管实际发生了发射结雪崩，在几秒内就会发生 β 衰减。在更低偏压的情况下也可产生同样的效应，只是更慢一些。200℃～250℃下零偏压烘烤可部分地复原损失的 β 值，这种表面的复原只能持续到器件再次经历大的发射结反偏电压为止。

雪崩诱发β衰减是由与齐纳蠕变相同的机制引起的。考虑扩散发射极NPN晶体管的情况，表面附近的掺杂浓度最高，所以此处的耗尽区最薄，从而保证了最大电场强度出现在氧化层-硅界面附近。在发射结上施加大的反偏电压可产生热电子，这些热电子被注入氧化层-硅界面，解吸附氢原子，并再次生成悬挂键。这种悬挂键可作为复合中心，因此增加了发射结耗尽区内的复合率。结果引起了小电流时的 β 衰减[①]。

多晶发射极晶体管(见 8.3.5 节)的特性与扩散发射极晶体管略有不同。在多晶发射极晶体管中发射区扩散极薄，在该扩散区之上是单晶硅和多晶硅发射极接触的界面。悬挂键沿该界面存在，并且以与沿氧化层-硅界面悬挂键相同的方式被氢原子钝化。发射结耗尽区的全部面积都受到影响。与之相比，扩散发射极晶体管中只有一小部分发射结耗尽区紧挨表面，这种差异解释了为什么多晶发射极晶体管对雪崩诱发 β 衰减具有更高的敏感度。

在一些多晶发射极晶体管中还观察到了另一种形式的 β 值变化。在这些器件中，在工作于大集电极电流之后，中等电流的 β 值略有增加，这种效应似乎是由迁移到多晶硅-发射区界面的氢原子引起的。据推测：由于氢原子与悬挂键结合，因此减小了发射结耗尽区的复合率，并非所有多晶发射极器件都表现出这种效应[②]。

---

① B. A. McDonald, “Avalanche Degradation of h_{FE},” *IEEE. Trans. on Electron Devices*, Vol.ED-17, #10, 1970, pp. 871-878。

② A. J. Melia, “Current Gain Degradation Induced by Emitter-Base Avalanche Breakdown in Silicon Planar Transistors,” *Microelectronics and Reliability*, Vol.15, #6, 1976, pp. 619-623。

防护措施

由于发射结表面存在强场，因而发生了雪崩诱发β衰减。理论上可以设计这样的器件，即强场被限制在次表面区域。实际上，除非牺牲晶体管β值或增加额外的工艺步骤，否则将不可能实现。

多晶发射极晶体管中引起β衰减的陷阱可以被杂质原子钝化，因此，多晶硅发射极的掺杂浓度越高，晶体管越不容易出现雪崩诱发β衰减。对于钝化悬挂键，砷也比磷表现得更加有效。遗憾的是，增大掺杂的效果仍不足以消除雪崩诱发β衰减。

实际中，可通过减小器件发射结反偏电压额定值避免发生雪崩诱发β衰减。作为一般规则，扩散发射极晶体管不能在超过发射结雪崩电压(或V_{EBO})75%的条件下工作。多晶发射极晶体管更容易出现这种现象，一般不能在超过50%V_{EBO}的条件下工作。即使是短时间工作，也不能超过上述额定电压值。

连接到管脚的发射结特别容易出现ESD事件引发的β衰减。可能需要与防止栅氧化层发生CDM事件类似的特殊ESD钳位保护。或者，电路有时要重新设计以避免发射结和管脚相连。

4.3.4 负偏置温度不稳定性

表面效应还引起另一种主要影响PMOS晶体管长期变化的形式。当栅极相对源极和背栅负偏时，该机制引起阈值电压的逐渐漂移。高温会加速该过程，因而被称为负偏置温度不稳定性(NBTI)。

影响

当PMOS晶体管的栅极相对硅来说为负偏时，将产生负偏置温度不稳定性。每当晶体管导通时，这种偏置情况就会发生，所以这绝不是异常情况。NBTI引起阈值电压向负值方向漂移，或者说阈值电压的绝对值在增大。阈值电压漂移率取决于栅-源电压和器件的工作温度。与大多数表面效应相同，NBTI也可通过把零偏器件放置在250℃下烘烤数小时得以部分恢复。

引起负偏置温度不稳定性的机制还未被完全理解。如果阈值电压向负值方向移动，则无疑会涉及正的氧化层固定电荷。电流理论表明，这种电荷由拉到氧化层-硅界面的空穴产生，在那里反应生成正的氧化层固定电荷。研究表明，这种反应仅当栅氧在其自身生长和淀积上层多晶硅的间隔时间内暴露于空气中才发生。由于水蒸气被强烈吸附在氧化层上，一些研究者相信生成正电荷的反应必须有水参与①。

在某些工艺中还观察到了另一种形式的偏置温度不稳定性。这种偏置温度不稳定性发生在PMOS管的栅极相对源极和背栅为正偏时，因此这种效应被称为正偏置温度不稳定性(PTBI)。尽管未完全理解其机理，PTBI似乎涉及多晶硅栅和氧化层界面上正的氧化层固定电荷的产生。这些电荷引起多晶硅栅电极内的耗尽效应。只有采用相对轻掺杂的多晶硅栅的工艺才易受PTBI的损害，因为重栅掺杂阻止了任何明显的深入栅电极的耗尽。

---

① C. E. Blat，E. H. Nicollian 和 E. H. Poindexter, "Mechanism of Negative-Bias-Temperature Instability," *J. Appl. Phys.*, Vol.69, #3, 1991, pp. 1712-1720。

防护措施

负偏置温度不稳定性对模拟电路设计者提出了巨大挑战。许多模拟电路依赖于 MOS 晶体管阈值电压的精确匹配，任何引起阈值电压漂移的机制都使匹配处于险境。设计者总是尝试使关键的晶体管工作在相同的偏置条件下，但是这种措施只能减小阈值电压变化的影响。

在向栅氧化层上淀积多晶硅之前使其与空气隔离可消除负偏置温度的不稳定性。遗憾的是，工艺设备的传统设计使得这种方法无法实现。用于淀积多晶硅的设备不能生长氧化层，用于生长氧化层的设备也不能淀积多晶硅。实践中最好的解决方法是通过改进的操作技术减小栅氧化层在潮湿空气中的暴露时间。

正偏置温度的不稳定性一般不会引起太多问题。造成这种偏置温度不稳定性的偏置条件通常可通过简单的电路调整加以避免。即使无法避免，PTBI 的影响一般远小于 NTBI，因为栅掺杂通常比背栅掺杂重许多。

4.3.5 寄生沟道和电荷分散

任何位于硅表面之上的导体都可能诱生寄生沟道。如果导体连接了两个扩散区，则会沿沟道产生从一个扩散区流到另一个扩散区的漏电流。大多数寄生沟道相对较长，并且不能传导大电流，但是即使小电流也能引起小功率模拟电路的参数漂移。由于所谓的电荷分散机制，有时即使在没有导体的情况下也能形成沟道。增加沟道终止或场起电板（field plate）可以抑制寄生沟道的形成，从而保护容易受到影响的电路。

影响

NMOS 和 PMOS 晶体管都存在寄生沟道。PMOS 寄生沟道可在任何轻掺杂 N 型区域形成，比如标准双极工艺中的 N 型隔离岛、CMOS 或 BiCMOS 工艺中的 N 阱。NMOS 寄生沟道可在任何轻掺杂的 P 型区域形成，比如 CMOS 或 BiCMOS 工艺中的 P 型外延区，或标准双极工艺中的轻掺杂 P 型隔离区。这两种类型的寄生沟道都会引起大量问题。

PMOS 寄生沟道能在穿越轻掺杂 N 型区的连线下形成。考虑一个穿过含有基区扩散的 N 型隔离岛的金属连线［见图 4.10（A）］，该连线成为 PMOS 晶体管的栅极，N 型隔离岛为其背栅，基区构成了该晶体管的源区，隔离岛成为其漏区。当连线和基区间压差超过该寄生 MOS 晶体管的阈值电压时，就会形成沟道[①]。由于厚场氧化层作为该晶体管的栅介质，所以其阈值电压称为 PMOS 厚场阈值。如果工艺具有 40 V 的 PMOS 厚场阈值，则为了在连线下形成沟道，基区偏置电位至少比连线高 40 V。同样的条件可应用于任何其他潜在的寄生 PMOS：作为源区的 P 型区的电位必须比作为栅的导体高出 PMOS 厚场阈值以上。

NMOS 寄生沟道能在穿越轻掺杂 P 型区的连线下形成。图 4.10（B）显示了 N 阱 CMOS 芯片上形成的寄生 NMOS 沟道。该沟道在穿越轻掺杂 P 型外延层的连线下形成。连线作为栅极，P 型外延层作为背栅，相邻的两阱作为源区和漏区。当栅极和源区的压差超过 NMOS 厚场阈值时将形成沟道。在这种情况下，连线电位必须比作为源区的 N 阱电位高出 NMOS 厚场阈值以上。同样的条件可应用于任何其他潜在的寄生 NMOS：作为栅的导体的电位必须比作为源区的 N 型区高出 NMOS 厚场阈值以上。

---

① “Bipolar Field Inversion,” *Semiconductor Reliability News*, Vol.3, #1, 1991, p. 7。

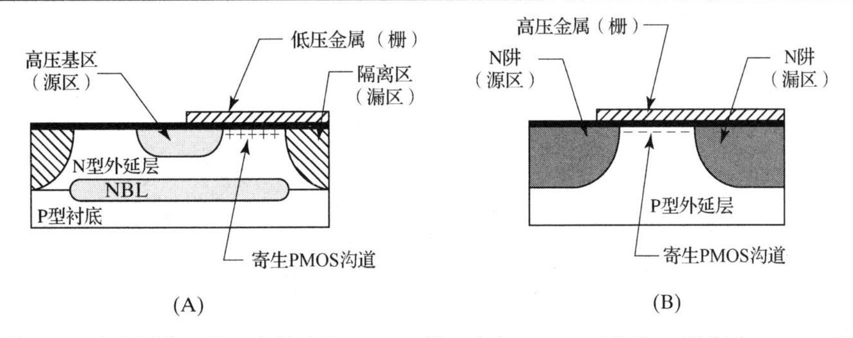

图 4.10 (A)标准双极工艺的寄生 PMOS 管；(B)CMOS 工艺的 N 阱寄生 NMOS 管

一种工艺的厚场阈值与许多因素有关，包括导体材料、氧化层厚度、衬底晶向、掺杂浓度、沟道尺寸和工艺条件。大多数工艺只为厚场阈值提供一个值，是结合导体和扩散的最差情况得到的最小值，其他工艺则分别为每种导体和扩散组合确定各自的厚场阈值。

有时设计者利用体效应(见 1.4.2 节)来解释接近甚至超过规定厚场阈值的原因。当背栅-源结反偏时，体效应增加了晶体管的表面(apparent)阈值电压。例如，图 4.8(A)中寄生 PMOS 管的背栅偏置可能高于基区。遗憾的是，偏置背栅不能起到明显的辅助作用。体效应在重掺杂的背栅最为显著，而寄生 MOS 管的背栅通常是轻掺杂的。此外，体效应产生的阈值电压漂移随背栅-源偏压呈平方根变化，这样即使是很大的背栅偏压也不会使厚场阈值有明显的增加。

工程师们曾认为只有在导体下才能产生沟道，但经验证明并非如此。当有了合适的源区和漏区时，即使没有导体作为栅极，沟道也能形成。这种沟道形成的潜在机制称为电荷分散(charge spreading)，尽管其中的某些细节仍不清楚，但已很好地掌握了其基本原理[①②]。覆盖集成电路的氧化膜和氮化膜是几近理想的绝缘体。电流不能通过绝缘体，但静态电荷可以在绝缘体表面或沿着两种不同绝缘体之间的界面积累。这些静态电荷并非完全固定不动，可在电场的作用下缓慢移动或分散开。在集成电路中，保护层和塑料封装间的界面容易出现这种现象。如果使用氮化物保护层，则氧化物-氮化物间的界面也容易受到影响，尽管程度上会稍弱一些。这种电荷的运动速率取决于温度和存在的污染物，高温和微量水汽的存在都会极大地加速电荷分散[③]。

电荷分散需要有静电荷存在于绝缘界面。经验显示这些电荷的确存在，主要由电子组成，但其产生机制尚未完全被人们理解。热载流子注入对电荷分散产生影响，但是在没有热载流子的集成电路中依然表现出电荷分散。离子污染物可能对某些电荷分散情况有影响，特别是涉及高压的情况[④]。此外人们还提出了许多其他假想机制。实际上，静电荷造成的结果比其来源更加重要。

图 4.11(A)显示了易出现电荷分散的标准双极工艺芯片剖面图。隔离岛中基区的偏压高于 PMOS 厚场阈值，因此成为寄生 PMOS 晶体管的源区。包含该基区的隔离岛的偏压也必须高于

---

① D. G. Edwards, “Testing for MOS IC Failure Modes,” *IEEE Trans. Rel.*, R-31, 1982, pp. 9-17。

② Lycoudes, *et al.*, p. 240ff。

③ E. S. Schlegel, G. L. Schnable, R. F. Schwarz 和 J. P. Spratt, “Behavior of Surface Ions on Semiconductor Devices,” *IEEE Trans. on Electron Devices*, Vol.ED-15, #12, 1968, pp. 973-980。

④ H. J. Bruggers, R. T. H. Rongen, C. P. Meeuwsen 和 A. W. Ludikhuize, “Reliability Problems due to Ionic Conductivity of IC Encapsulation Materials under High Voltage Conditions,” *Proc. 11th Int. Symp. Power Semiconductor Devices and IC's*, 1999, pp. 197-200。

PMOS 厚场阈值。上面绝缘层中存在的电子趋于向带正电的隔离岛迁移。最终在隔离岛上方积累了诱生沟道所需的足量电子［见图 4.11(B)］。实际上，电荷分散产生的静电荷的特性与 MOS 晶体管的栅电极相同。

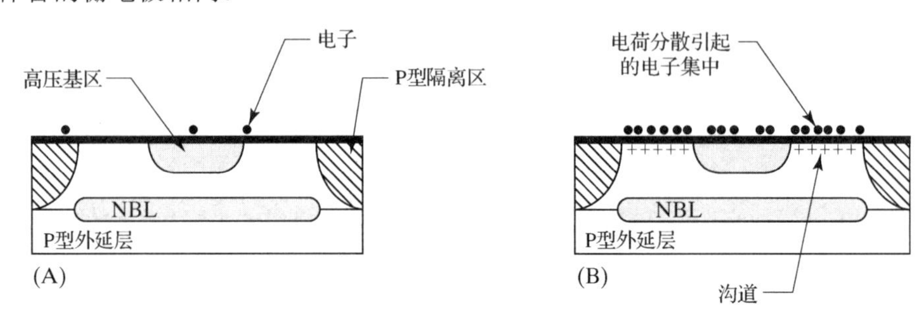

图 4.11　易出现电荷分散的标准双极结构剖面图：(A)偏压下长时间工作之前；(B)偏压下长时间工作之后

标准双极工艺似乎比 CMOS 工艺更容易受到电荷分散的影响，这可能是由于对工艺清洁度的控制不够严格的缘故。CMOS 工艺必须使离子污染最小以维持阈值电压控制；对于标准双极工艺则没有这样的要求。场氧化层中可动离子的存在会放大电荷分散的影响，这可能是由于偶极分离机制使带正电的可动离子被吸引到氧化层表面，从而在靠近硅表面处留下了负电荷的缘故(见图 4.5)。

因为有负电荷的积累，所以电荷分散产生了寄生 PMOS 晶体管。这类寄生晶体管的源区由任何工作电压超过 PMOS 厚场阈值的 P 型区组成。最容易受到影响的器件包含大面积的工作在小电流下的高压 P 型区——例如，匹配高压 HSR 电阻。偏压下的长期高温工作易导致失效。湿气使表面电荷的迁移率增大，所以设计用来检测湿气敏感度的环境测试经常会揭示电荷分散问题。产生的参数漂移与热载流子注入产生的参数漂移相似，因为零偏压器件在 200℃～250℃下烘烤几小时可以部分或完全得到恢复。高温使积累的静电荷分散并在可动离子和对应的固定电荷间恢复平衡。这种方法不是永久的解决办法，因为一旦恢复偏压，就会发生参数漂移。

防护措施(标准双极工艺)

在标准双极工艺中，可以通过在所有隔离区内设置基区抑制 NMOS 沟道的形成。这种隔离区上基区(BOI)不会增加管芯面积，因为隔离区所需面积远远大于基区所需面积，因此 BOI 可以与隔离区重合，甚至轻微地超出隔离区。并非所有的标准双极工艺都采用隔离区上制作基区的方法，一些已经有足够重掺杂的隔离扩散区可抑制沟道的形成。

由于电荷分散效应，标准双极器件易于形成 PMOS 沟道。任何包含偏压高于 PMOS 厚场阈值的 P 型扩散区的隔离岛都需要采用场板、沟道终止或两者结合的保护结构。保守的设计者通常降低标准双极器件的厚场阈值，以解决这种工艺已知的电荷分散倾向。例如，设计者采用场板或沟道终止使 P 型区工作时的高压在 30 V 以上，即使这种工艺的额定 PMOS 厚场阈值为 40 V。

图 4.12 显示了受到寄生沟道形成影响的高压 HSR 电阻的实例。电阻所在隔离岛连接电源正端(V_{CC})以保证隔离。导线必须布过隔离岛以连接相邻的低压电路。一旦电阻和连线之间的电压升到 PMOS 厚场阈值以上，在该连线下将形成 PMOS 沟道。

CMOS 工艺使用沟道终止来提高厚场阈值。标准双极工艺不包含沟道终止注入，但可将发射区设置在 N 型隔离岛中指定区域的上方以获得相同的作用。图 4.13(A)显示了发射区扩散如何干扰低压连线下寄生沟道的形成。这两个最小宽度发射区条阻止了沟道的形成，否则电流将通过该寄生沟道从电阻流向隔离区。

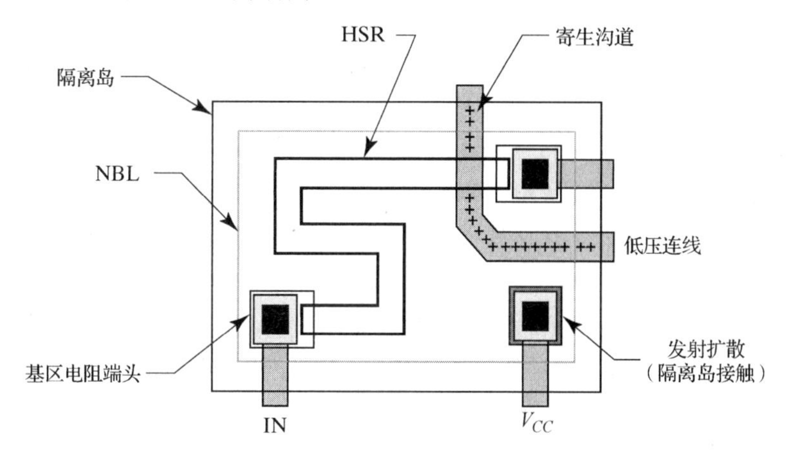

图 4.12 对寄生 PMOS 沟道形成敏感的版图的例子

扩展图 4.13(A)中的发射条使之轻微地延伸出连线的两侧。即使金属线和发射扩散没有对准，这种延伸也将断开沟道。电场还边缘发散到连线的两侧。这种边缘电场很少能横向扩展到超过 2～3 倍氧化层厚度的距离，所以发射条与连线的交叠量应该等于最大光刻误差加上两倍的氧化层厚度。假设 1 μm 的二层对版误差和 10 kÅ 的厚场氧层，则发射条应伸出连线两侧约 3～5 μm。这种发射条通常称为沟道终止(channel stops)①，但不要与 CMOS 和 BiCMOS 工艺中的大面积沟道终止注入混淆。沟道终止有时又称为保护环，尽管这个术语应用于少数载流子保护环更加恰当(见 4.4.2 节)。沟道终止还称为沟道终止器(channel stopper)。

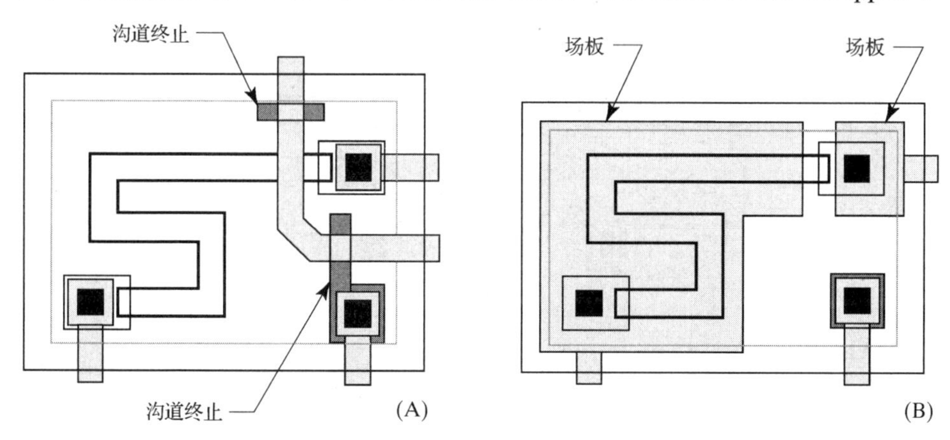

图 4.13 两种防止 PMOS 寄生沟道的方法：(A)沟道终止防止连线下沟道的形成，但不能阻止电荷分散；(B)除了可能的板间空隙外，场板提供了相对完全的保护

图 4.13(A)中的沟道终止无法单独阻止电荷分散。即使沟道终止完全环绕如图 4.13 所示的折叠电阻，寄生沟道依然可以在电阻转弯之间形成。如果在转弯之间增加沟道终止，寄生效应仍将通过沿硅边缘使其反型改变电阻的有效宽度。因此必须使用其他技术辅助沟道终止，特别是对于高压扩散电阻。

① J. Trogolo 和 S. Sutton, “Surface Effects and MOS Parasitics,” 未发表的报告，1988，p，13ff。

设置场板(field plating)可提供防止寄生沟道形成和电荷分散效应的全面保护。场板由位于易受影响扩散区上的导电电极组成，并施加偏压防止沟道形成[①]。图 4.13(B)显示了增加场板的 HSR 电阻。低压连线被重新布线，大片金属覆盖在电阻体区上并与电阻正端相连。连接在电阻负端的金属连线也被加大，保护突出主场板的电阻端头。两块场板必须与电阻充分交叠以允许横向扩散、对版误差和边缘电场。假设二层的对版误差为 1 μm，最大横向扩散为 2 μm，最大边缘距离为 2 μm，则总的交叠量必须等于 5 μm。由于场板仅由金属构成，因而可以在不扩大电阻或其隔离岛的情况下将金属扩展填满所需面积。

场板通过至少为部分 MOS 晶体管沟道提供栅极来发挥作用。对该栅施加偏压以防止寄生晶体管的栅-源电压超过厚场阈值。导体板的存在阻止了静电荷积累，因此抑制了电荷分散。通过静电屏蔽，场板还可防止其下硅层中的载流子浓度调制，因此对于防止所有类型的静电相互作用(包括电导调制和与上层连线的噪声耦合)都提供了理想的保护。与沟道终止相比，建议在可能的情况下尽量优先使用场板。

大多数场板包含空隙，使得在这些位置依然能够形成沟道。在图 4.13(B)所示的电阻中，在覆盖电阻的两场板之间存在空隙。消除这种空隙有两种方法：一种方法是使用凸边(flaring 或 flanging)，在场板末端尽可能地延长沟道［见图 4.14(A)］。并排场板间的近距离会诱生一个横向电场，将静电荷扫出这个区域。潜在的沟道越长，凸边能提供的安全容限越大；第二种方法用短的沟道终止桥接场板间的空隙［见图 4.14(B)］。用于实现该目的的发射区条必须与场板充分交叠以补偿对版误差。这种技术结合场板和沟道终止的优点，在所有位置都提供了稳固的保护。

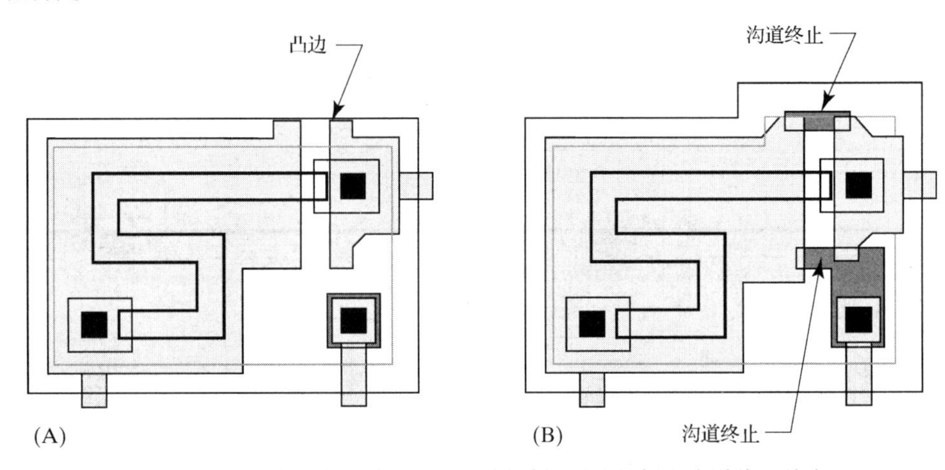

图 4.14　改进的场板方案：(A)凸边场板；(B)场板和沟道终止结合

图 4.13 和图 4.14 所示的电阻说明了设置场板的另一个重要原理：偏置到最高电位的场板应尽可能多地覆盖电阻。如果延伸低压场板，则它会对电阻高压端提供较少的保护。如果隔离岛和场板间的压差超过厚场阈值，则实际上场板会诱生沟道形成。场板应从易受影响电阻的高压端开始延伸，尽可能多地包围电阻体区。电阻的低压端必须设置恰好足够的场板覆盖并保护接触端头。匹配的电阻可能需要略微不同的设置场板策略(见 7.2.12 节)。

图 4.15 显示了有时在为电阻布版时发生的有趣情况。该器件的两端分别连接高电势和低

① Trogolo 等，p. 13ff。

电势。电阻的高电势端需要防止电荷分散的保护，而低电势端不需要。由于电压沿电阻线性地下降，场板在沿电阻长度的中间位置被终止。局部场板应延伸到超过电压降到厚场阈值以下的位置。在图 4.15 的例子中，尽可能多的电阻部分被场板覆盖，即使大部分场板显然不起作用。通过这种方式可获得大的安全容限，然而却没有增加成本，此外还有助于保证器件即使在最差条件下也能够工作。

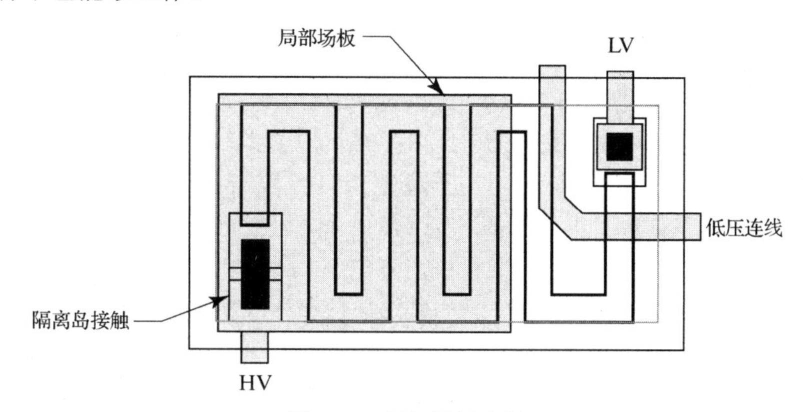

图 4.15　局部场板实例

图 4.16 显示了另一个为多集电极横向 PNP 晶体管有选择地设置场板的例子。发射区、基区和一个集电区在超过厚场阈值的电压下工作，而另一个集电区则在低压下工作。发射区场板从发射区开始向外延伸，穿过暴露的基区表面，到达恰好超过集电区的内边缘位置结束。该场板只需与集电区交叠一个等于最大对版误差减去横向扩散的量：一定不超过 2～3 μm。第二个场板从高压集电区向外延伸，以阻止在集电区之间或集电区与隔离区之间可能形成的寄生沟道。在低压集电区周围没有环绕场板，因为并不需要。场板加了凸边以确保不会在空隙处形成沟道。也可以加入沟道终止，但会增加隔离岛的尺寸，而且是不必要的。

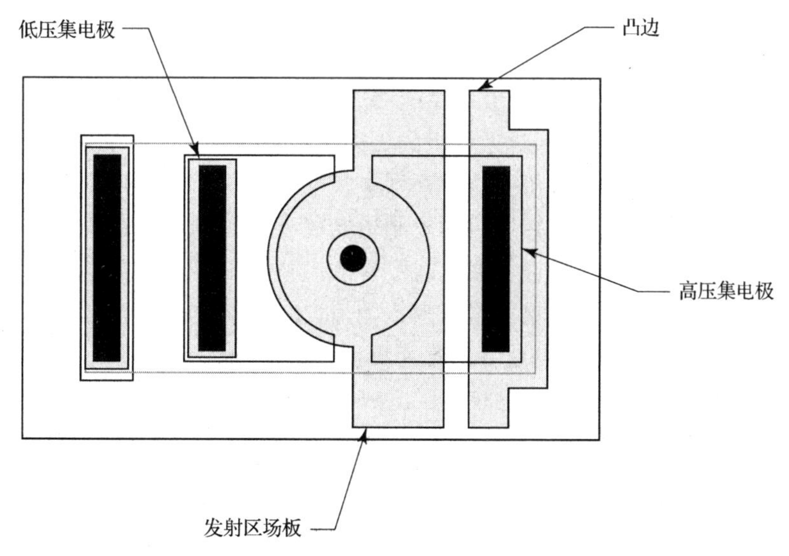

图 4.16　设置了场板的分裂集电极横向 PNP 晶体管，其中一个集电极接高电压而另一个接低电压。凸边抑制了场板间空隙处寄生沟道的形成

综上所述，任何偏置超过厚场阈值的P型区都可以作为寄生PMOS晶体管的源区。场板和沟道终止能够确保从高压P型区到任何邻近的P型扩散区没有寄生沟道形成。场板保护了器件的大部分，而沟道终止或凸边可以保护场板留下的空隙。标准双极工艺公布的厚场阈值应降低25%才能为防止电荷分散提供额外的安全容限。接下来的几章将讲述更多适用场板和沟道终止的实例。

防护措施(CMOS和BiCMOS)

CMOS和BiCMOS工艺通常包含沟道终止注入以将厚场阈值提升至超过标称工作电压。N阱CMOS工艺的额定电压通常由NSD/P型外延层击穿电压、PSD/N阱击穿电压或栅氧化层击穿电压决定，但是有些结构可承受更高的电压。高的N阱/P型衬底击穿电压允许PMOS晶体管工作在更高的背栅电压下。只要漏-源电压不超过PSD/N阱击穿电压或NSD/P型外延层穿通电压，这些晶体管就可以正常工作。同样，使用N阱作为轻掺杂漏区的扩展漏区NMOS晶体管可以承受施加在其漏端的全部N阱/P型衬底击穿电压。

轻掺杂N阱的反型方式与标准双极工艺中轻掺杂N型外延隔离岛大体相同。任何包含偏置超过厚场阈值的P型扩散区的N阱都容易受到影响。如前所述，PMOS寄生沟道可通过场板、沟道终止或两者结合加以抑制。带凸边的场板［见图4.14(A)］特别具有吸引力，因为更加严格的CMOS工艺版图规则使凸边间的空隙更窄。更强的横向电场使相距很近的凸边在防止静电荷积累上特别有效。在CMOS和BiCMOS结构中，使用带凸边的场板是抑制寄生PMOS沟道的最佳选择。

在CMOS工艺中，电荷分散不如标准双极工艺普遍，这很可能是由于工艺清洁度的提高所致。因此很多CMOS设计者相当草率地在场板和沟道终止之间选择。考虑到现代CMOS设计中工作电流大大减小的特征，这种不谨慎的态度是不明智的。如最近的实验显示，这些工艺实际上容易受到电荷分散的影响[①]。一种能够安全地忽略电荷分散的特殊情况也确实存在。与金属相比，大多数CMOS工艺为多晶硅标出了更低的厚场阈值，这是因为多晶硅下的氧化层仅由厚场氧化物和MLO组成，而金属下还包括一层增加的淀积ILO。因为静电荷只能在两种不同材料的界面处积累，所以与薄氧化物相关的低厚场阈值对电荷分散没有作用，仅当电压超出最高导体层的厚场阈值时电荷分散才会变得显著。

当多晶硅连线穿过的N阱包含偏置超过多晶硅厚场阈值的P型扩散区时会诱生寄生沟道。图4.17(A)显示了一个典型的由多晶硅栅连线组成的易受影响的结构，多晶硅栅连线从高压PMOS晶体管延伸通过阱区进入周围的隔离区。阱构成了寄生PMOS的背栅，多晶硅构成栅，PMOS晶体管的PSD区构成源区，P型外延层构成漏区。只要背栅电位不超过金属厚场阈值，通过终止多晶硅连线使之短于阱的绘制边界就可以使沟道中断［见图4.17(B)］。由于沟道只能在多晶硅连线下形成，所以如果连线没有桥接源区和漏区间的空隙，就不能形成完整的沟道。只要所涉及电压不超过工艺的最大厚场阈值，电荷分散就不可能发生。考虑到边缘电场和横向扩散，多晶硅和N阱绘制边界的最小间距应该等于光刻对版误差再加上3～5 μm。

如果高压连线通过轻掺杂P型外延层，则也会发生反型［见图4.10(B)］。寄生NMOS的源区和漏区由两个相邻的N阱组成：高压连线作为其栅极，P型外延层构成背栅。如果连线和邻近阱间的电压超过NMOS的厚场阈值，就会形成寄生沟道，我们可在高压连线下的P型外延层中心设置一个薄的棒状或环形PSD材料插入沟道终止。考虑到对版误差，PSD应

① S. Merchant，私人通信，2003。

延伸出连线两侧足够的量，若考虑到边缘效应还应再加上 2～3 μm。在许多情况下，N 阱到 N 阱的间距能够容纳最小宽度 PSD 沟道终止，而无须增加相邻阱之间的距离。这样薄的环状 PSD 材料可以包围每个阱(见图 4.18)。这种环不仅阻止了由电荷分散引起的任何可能的漏电流，还允许以任何方式完全自由地布线。如果在设置阱的同时设置了 PSD 环，或是在掩模生成中自动产生了 PSD 环，那么接下来设计者就可以忽略 NMOS 的形成。这些 PSD 保护环等效于标准双极设计中采用的隔离区上的基区(BOI)。

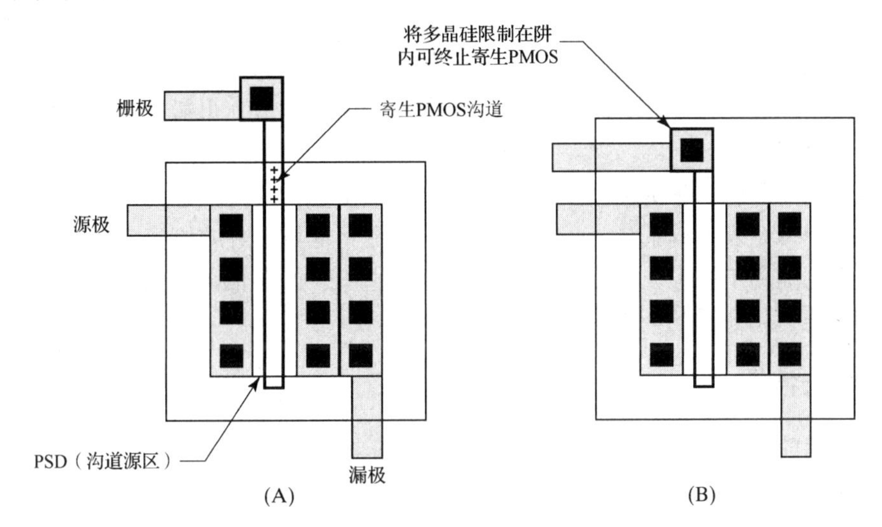

图 4.17 (A)多晶硅连线下的寄生 PMOS 沟道；(B)可通过将多晶硅限制在阱内消除

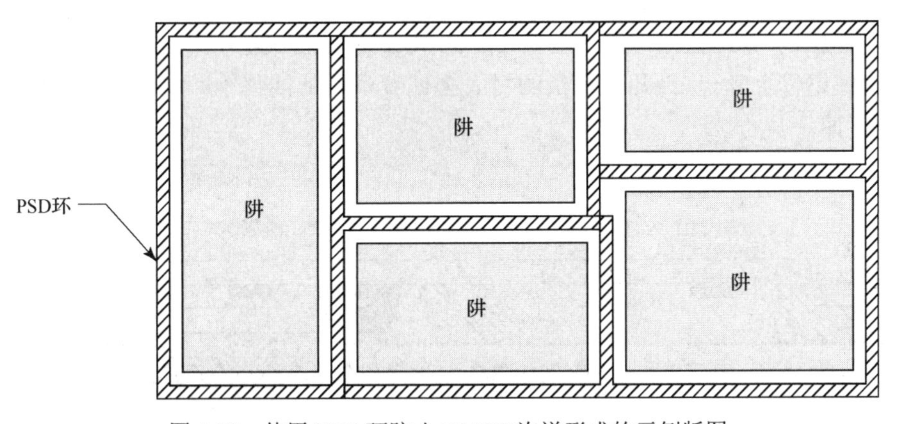

图 4.18 使用 PSD 环防止 NMOS 沟道形成的示例版图

4.4 寄生效应

所有集成电路都包含电路正常工作所不需要的电学元器件，包括反偏隔离结、不同扩散区和淀积层间的电阻和电容。电路并不能从这些寄生元器件中获益，有时这些元器件还会对电路工作产生不利影响。

寄生效应和多种电气失效相关。例如，电容耦合会向敏感电路注入噪声。本节所要讨论的寄生类型是在正常情况下应保持反偏状态的正偏结。当这些结正偏时，电流开始在正常情况下相互隔离的电路节点间流动。如果这些电流很小，那么电路对其存在相对来说不太敏感，这些漏电流只能产生轻微的参数漂移。如果电流较大，则会彻底破坏电路的正常工作。故障电路实际上可能会形成闩锁，即使去除触发事件后，电路仍无法正常工作。闩锁将由于过量功耗及产生的过热引起集成电路的物理损坏。即使电路不会自毁，但也只有在中断电源的情况下才能恢复正常工作。

两种重要的寄生机制涉及流经衬底的电流。当寄生电流在阻性衬底上形成电压降时会发生衬底去偏置。当压降足够大时，则会使其中的一个隔离结正偏，然后这个正偏结向其他电路节点注入电流，从而引起潜在的严重故障。当正偏结向隔离区、隔离岛或阱中注入少数载流子时就会发生少子注入。部分注入的载流子在复合前会扩散几百微米，可以轻易地穿过阻碍多子流动的反偏结。

当在同一隔离区域内集成多个器件时，介质隔离工艺会受到一种与衬底去偏置相似机制的影响。流过轻掺杂表面硅的电流可使其去偏置。在将低压器件共同集成在 P 型场(P-field)硅的高压氧化物隔离工艺中，这种情况经常发生。由于表面硅很薄且是轻掺杂的，所以在这层发生去偏置会引起严重的问题。

4.4.1　衬底去偏置

当流过衬底的电流产生十分之几伏或更大的电压降时，衬底去偏置则不可忽视。该衬底电流由不能渡越反偏隔离结的多子组成，但是足量的去偏置可能引起一个或多个隔离结正偏，并向电路中注入少子。

图 4.19 显示了标准双极工艺中典型的衬底去偏置实例。衬底 PNP 晶体管 Q_1 直接向衬底注入集电极电流 I_C。该电流横向流动至衬底接触 SC_1。由于衬底电阻 R_S 的存在，NPN 晶体管 Q_2 正下方的衬底电位上升。只需几百毫伏的衬底去偏置电压就能使饱和共发射极 NPN 管的集电极-衬底结正偏。

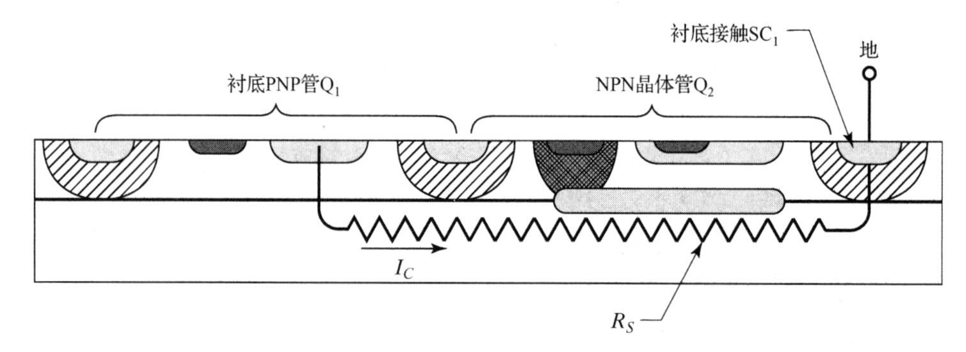

图 4.19　标准双极工艺芯片剖面图，显示了由衬底电阻 R_S 引起的潜在衬底去偏置效应

影响

正向偏置一个 PN 结所需的电压取决于电流密度和温度。表 4.1 列出了采用标准双极工艺制作的最小面积 NPN 晶体管的集电极-衬底结的典型正向偏压。该表可用于评估发生衬底去偏置效应的可能性。例如，采用 100 μA 最小电流的电路大概可以承受 1 μA 的漏电流。如果该器件必须工作在 125℃下，表 4.1 表明衬底去偏置不能超过 0.35 V。如果相同电路要工作在 150℃下，则只能承受不超过 0.3 V 的去偏置电压。

表 4.1 标准双极工艺最小面积 NPN 晶体管集电极-衬底结的典型正偏电压，该电压是温度和电流的函数[①]

电流	25℃	85℃	125℃	150℃
10 nA	0.43 V	0.29 V	0.19 V	0.13 V
100 nA	0.49 V	0.36 V	0.27 V	0.22 V
1 μA	0.55 V	0.43 V	0.35 V	0.30 V
10 μA	0.61 V	0.50 V	0.43 V	0.39 V
100 μA	0.67 V	0.57 V	0.51 V	0.47 V

图 4.20 描绘了包括单个衬底电流注入源和单个衬底接触的标准双极晶圆的剖面图。R_1 表示穿过衬底的横向电阻，而 R_2 表示了衬底接触下的纵向电阻。总的衬底电阻 R_S 等于横向和纵向部分之和：$R_S = R_1+R_2$。

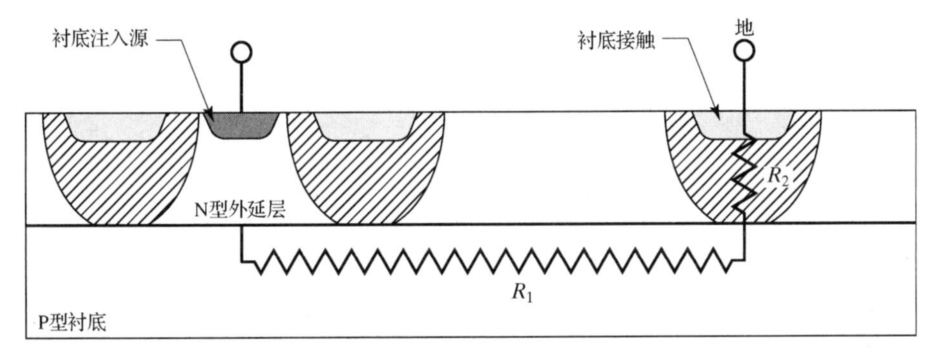

图 4.20 标准双极工艺中衬底去偏置的简化模型

R_1 和 R_2 的相对大小取决于工艺。标准双极工艺采用轻掺杂衬底和重掺杂隔离区，所以 $R_1 \gg R_2$，R_1 的阻值取决于不同的几何形状因素，包括注入源和衬底接触的横截面面积以及二者的间距。R_1 典型值的变化范围从几百欧姆到几千欧姆[②]，而 R_2 一般不超过 10 Ω[③]。芯片上纵横交错的隔离扩散网络的存在使衬底电阻的计算变得复杂，因为隔离区的低薄层电阻(通常约为 10 Ω/□)使每个衬底接触可以从大面积隔离区中抽取电流。这种效应使计算复杂到只有通过经验测量或复杂的计算机仿真才能获得精确的结果。

当使用轻掺杂衬底时应当记住两点：第一，衬底电阻总是随间距而增加。与注入源相邻的衬底接触会在电流到达衬底之前从中抽取一部分电流。较远的接触需要电流或者流经隔离区的长分支，或者通过高阻衬底；第二，重掺杂隔离扩散衬底接触不仅从其正下方的衬底抽取电流，而且从邻近隔离分支中抽取电流，从而有效地增大了衬底接触的面积，甚至使得最小尺寸接触的有效面积达到几百平方微米。由于这种效应，遍布于芯片的最小尺寸衬底接触

① 基于 V_{BE}(150℃，1 μA) = 0. 3 V。

② 对横向电阻 R_1 的估计可通过检测扩展电阻(spreading resistance)得到，$R_{sp} = \rho/d$，其中ρ为电阻率，d 为接触点的直径。假设扩展电阻由半无限(semi-infinite)厚均匀掺杂材料组成，探针间距比探针直径宽得多，只有典型衬底接触近似满足这些条件。假设注入器和衬底接触的剖面面积都是 25 μm²，从而得到 d = 28. 7 μm，则电阻率为 10 Ω •cm 的衬底的扩展电阻是 3. 48 kΩ。通过应用不同的修正因子可得到更精确的结果，参见 G. A. Gruber 和 R. F. Pfeifer,“The Evaluation of Thin Silicon Layers by Spreading Resistance Measurements,” *Nanional Bureau of Standards Special Publication 400-10*, Spreading Resistance Symposium, NBS, Gaithersburg, Maryland: June 1974。

③ 单扩散隔离区的纵向电阻可通过将扩散区分成多层恒定掺杂的情况近似。计算表面掺杂浓度为 10^{20} cm^{-3}、最小掺杂浓度为 10^{17} cm^{-3}、深度为 5 μm 扩散区的阻值约为 4 Ω/mil^2。

的有效电阻远远低于单个大面积衬底接触的有效电阻。

CMOS 和 BiCMOS 工艺通常采用重掺杂衬底和轻掺杂外延层，所以 $R_1 << R_2$。R_1 的阻值通常小到可以忽略不计，R_2 的阻值取决于外延层厚度及其电阻率。典型值约为 600 kΩ/μm²，该值可用于计算 CMOS 或 BiCMOS 设计所需的衬底接触面积，具体内容将在下节中阐述。

即使在重掺杂的衬底上，与衬底注入源相邻的接触较远的接触相比具有更低的电阻。这种趋近效应(proximity effect)随距离的增大迅速下降，与注入源相距几百微米的衬底接触不会比芯片另一侧的接触更有效。由于载流子直接流入相邻接触，而不是向下流入衬底，穿过衬底，再向上流入较远的接触，所以发生了趋近效应。与衬底注入源直接相邻的接触还有助于防止高阻隔离区的局部去偏置，保护相邻隔离岛免受来自隔离区侧壁的注入。

防护措施

集成电路应尽可能少地向衬底注入电流，因为这样不仅能使衬底去偏置达到最小，还有助于限制由衬底电势调制(modulation of the substrate potential)引起的噪声和串扰。因为衬底 PNP 晶体管的集电极电流会直接流入衬底，所以对于这类器件应谨慎使用，也不能使用单个器件来传导超过 1 mA 或 2 mA 的电流。横向 PNP 和纵向 NPN 晶体管在饱和时会注入大的衬底电流，不过人们已开发出缓解这种问题的技术(见 8.1.4～8.1.5 节)。对衬底接触的精确要求取决于衬底和隔离区的性质：

重掺杂衬底：划封(scribe seal)内的接触通常可抽取 5～10 mA 的电流而不会引起过度去偏置。如果期望更高的衬底电流，则接触所需的总面积可用下面的公式计算[①]：

$$A_c = 10\frac{\rho t_{epi} I_s}{V_d} \tag{4.1}$$

该式假定隔离区均匀轻掺杂，比如 N 阱 CMOS 和 BiCMOS 工艺的 P 型外延层。A_c 代表底接触所需的总面积，单位是 μm²；ρ 为外延层电阻率，单位是 Ω · cm；t_{epi} 为外延层厚度，单位是 μm；I_s 是最大衬底电流，单位是 mA；V_d 是允许的最大去偏置，单位为 V(见表 4.1)。外延层厚度会由于下层衬底和重掺杂(如果很薄)接触扩散(如 PSD)中杂质的向上扩散而减小。假设 P 型外延电阻率为 10 Ω · cm，有效外延层厚度为 7 μm 的芯片，如果衬底必须传导 20 mA 的电流且去偏置不能超过 0.3 V，则衬底接触面积需要 47 000 μm²。减小划封内的衬底接触面积则需要另外增加接触，这些接触可在版图上存在的任意空位置插入。作为一种预防局部去偏置的措施，任何注入超过 1 mA 的器件都应用衬底接触环绕。

衬底接触应该总是包含任何可用的 P 型扩散区。增加相对较深的扩散(如基区注入或 P 阱)可以极大地减小纵向电阻。P 型沟道终止注入也可以达到这个目的。为了在 PMoat 区下方注入沟道终止，必须在沟道终止掩模上明确地排布出几何结构。如果这样不可行，设计者可以用密集的小型塞状 PMoat 阵列代替大的 PMoat 图形。这两种方法都能显著地减小衬底接触电阻而无须增加面积。

带有重掺杂隔离区的轻掺杂衬底：不存在简单公式可用于计算保护轻掺杂衬底不发生去偏置所需的衬底接触面积。在芯片上遍布衬底接触并与划封结合时，可以控制 5～10 mA 的

---

① 该公式由基本公式 $R = \rho l/A$ 推导而得。忽略了边缘效应，这样会减小小的衬底接触的有效电阻。公式提供了最差情况衬底电阻的一阶近似。

电流。任何注入 100 μA 或更多电流的器件的附近应该有衬底接触，任何注入 1 mA 或更多电流的器件应该用尽可能多的衬底接触环绕。因为轻掺杂衬底的去偏置往往集中在注入点周围，所以敏感低压电路应该至少距离任何明显的衬底注入 250 μm 以外。版图完成后，应增加衬底接触遍布于版图的空位置。在版图上遍布大量小衬底接触比少量大衬底接触更加有效。即使采取了以上所有预防措施，向衬底注入超过 10 mA 的设计仍可能发生去偏置。除了增加更多的衬底接触以及使敏感电路远离衬底注入源之外，对这类问题的唯一补救方法是增加重掺杂衬底或使用背部接触(backside contacting)。

带有轻掺杂隔离区的轻掺杂衬底: 一些工艺采用轻掺杂衬底与高阻隔离区相结合的方法。为节省成本，在轻掺杂衬底上进行 BiCMOS 设计时会出现这种情况。这种设计不能依赖划封抽取超过几毫安的衬底电流。大量散布在芯片上的衬底接触有助于抽取衬底电流，但一定程度的局部衬底去偏置几乎是不可避免的。敏感电路应远离主要的衬底注入源，因为衬底调制会向高阻电路注入大量噪声，所以可考虑在电阻和电容下面设置阱以隔离衬底噪声耦合。敏感 MOS 电路还可以采用 NBL 使 NMOS 晶体管与衬底隔离(见 11.2.2 节)。在某些情况下，还可以在隔离区中增加重掺杂材料带，而且不会增加阱间距离(见图 4.18)。这种策略有效地把设计转化为采用轻掺杂衬底与重掺杂隔离区相结合的设计，大大减小了用于抽取大衬底电流所需的衬底接触的数目和面积。采用背部接触也可以显著地降低衬底电阻，但是要获得轻掺杂衬底的欧姆接触是有困难的，除非进行背部扩散增加表面掺杂浓度。

介质隔离衬底: 采用介质隔离的工艺会遇到类似于衬底去偏置的问题。薄的表面硅层非常易于发生去偏置，除非增加埋层减小其薄层电阻。大多数工艺避免在 P 型场下增加 P 型埋层，使得该区域易受去偏置的影响。如果每个器件都位于各自的隔离岛内，就不必过多关注这种影响，但是设计者自然希望合并器件以节省面积。遵循以下一般规则可以避免去偏置问题。任何可能向 P 型场注入超过几微安电流的器件都应位于单独的隔离岛内。能够实现最佳自隔离的器件包括双极型晶体管、肖特基二极管、连接管脚的器件和功率 MOS 晶体管。敏感电路应与 P 型场的其余部分隔离以减小噪声耦合。大量背栅接触应遍布合并器件中的 P 型场，如同处理轻掺杂衬底上的轻掺杂 P 型外延层。一种简单的可确保具有足够数量的背栅接触的方法是在每支 NMOS 晶体管旁边设置一个背栅接触。尽管这种方法无疑提供了比所需数量更多的背栅接触，但避免了在完成电路版图后的返工并增加了衬底接触。

4.4.2　少子注入

结隔离依赖于反偏结来阻止不希望的电流流动。耗尽区建立的电场排斥多子，但是不能阻止少子流动。如果所有隔离结都正偏，就会向隔离区注入少子。这些载流子中有许多会发生复合，但是还有一些会最终到达隔离其他器件的耗尽区。

影响

图 4.21 显示了标准双极电路的剖面图。假设 NPN 晶体管 Q_1 的集电极连接到集成电路的一个管脚，外电路会偶尔受到瞬变干扰，从该管脚拉出电流。如果晶体管 Q_1 截止，则这种瞬变会将其隔离岛电位拉到地以下，使 Q_1 的集电极-衬底结正偏并向衬底注入少子(电子)。多数载流子会复合，但是还有一些扩散到达其他隔离岛，如 T_1。

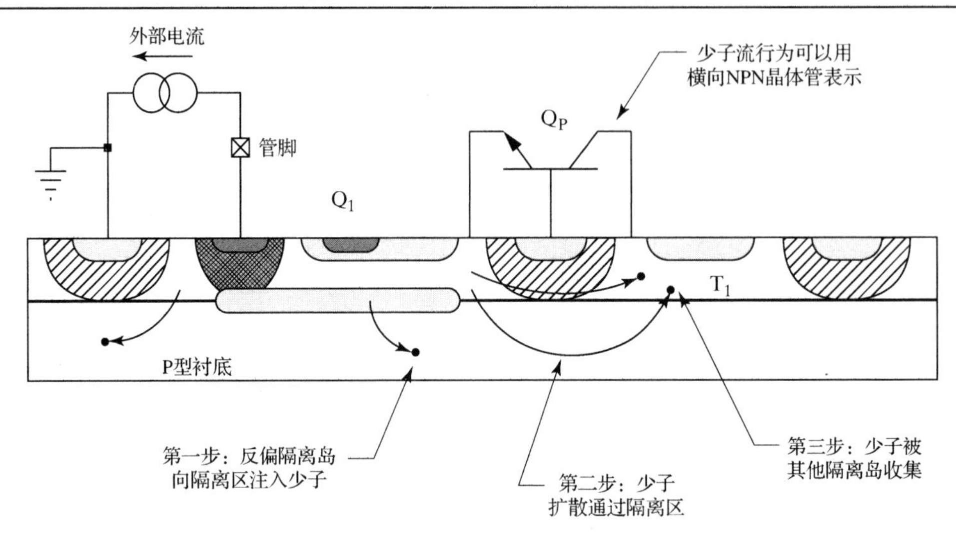

图 4.21 标准双极工艺少数载流子注入衬底实例。横向 NPN 晶体管 Q_P 表示少子渡越隔离区的模型

少子渡越隔离区与穿过双极型晶体管的少子流类似。被拉到地电位以下的隔离岛作为横向 NPN 晶体管 Q_P 的发射区，隔离区和衬底作为该晶体管的基区，任何其他反偏隔离岛可以作为集电区。每个反偏的隔离岛对应于 Q_P 构成了独立的寄生晶体管。这些寄生横向 NPN 晶体管的 β 值很低，这是因为大部分少子在渡越中被复合了。相邻隔离岛间寄生双极型晶体管的 β 值约为 10，而相距较远的两隔离岛间的寄生晶体管的 β 值甚至小于 0.001。即使如此低的增益也能引起电路故障。假设一个正偏的隔离岛向衬底注入 10 mA 的少子电流，如果与另一个隔离岛相关的寄生管的 β 值为 0.01，则该隔离岛将收集 100 μA 的电流——可轻易地干扰典型模拟电路的工作。

衬底接触本身不能阻止少子注入，因为少子运动是通过扩散而不是漂移实现的。少子仅被反偏结收集。然而，衬底接触仍能提供多子来供给复合。因为多数少子在隔离区内复合，因此衬底接触对于防止衬底去偏置还是必要的。

在一些情况下，少子注入会引起电路闩锁。早期 CMOS 工艺就受到这类弊病的影响，之后被称为 CMOS 闩锁[①]。图 4.22(A)显示了部分 CMOS 芯片的剖面图，该芯片由一支 NMOS 晶体管 M_1 和一支 PMOS 晶体管 M_2 构成。除了这两支需要的 MOS 管外，版图中还包含两支寄生双极型晶体管。横向 NPN 晶体管 Q_N 的发射区由 M_1 的源区构成，基区由隔离区构成，集电区由 M_2 的 N 阱构成。横向 PNP 晶体管 Q_P 的发射区由 M_2 的源区构成，基区由 N 阱构成，集电区由隔离区构成。图 4.22(B)用更熟悉的方式表示这两支寄生晶体管。在该电路图中，R_1 表示 M_2 的阱电阻，R_2 表示衬底电阻。两个电阻通常可确保两寄生管为截止状态。只要保持在这种情况下，两支寄生管都不会传导任何电流，集成电路也会按预期方式工作。当瞬时干扰使其中任何一支晶体管开启时，流过该器件的电流也将开启另一支寄生管。然后每支晶体管为对方提供基极电流。当晶体管 Q_N 和 Q_P 的 β 值乘积大于 1 时，这个过程会自维持。一旦发生这种情况，称电路发生闩锁，电路将一直保持这种状态直到移除电源。集成电路实际上传导了大量电流，以至于过热而自损。即使这种情况没有发生，闩锁也会引起电路故障，并消耗过量的电源电流。

① R. R. Troutman, “Recent Developments in CMOS Latchup,” *IEDM Tech. Dig.*, 1984, pp. 296-299。

有两种方式可以触发 CMOS 闩锁。如果 NMOS 晶体管 M_1 的源极被拉到低于地电位，它将向衬底注入少子(电子)，开启寄生管 Q_N。然后该晶体管将开启 Q_P。或者，PMOS 晶体管 M_2 的源极可能被拉到高于阱电位，它将向阱注入少子(空穴)并开启寄生管 Q_P，该晶体管然后开启 Q_N。某些作者通过把涉及的 4 个区(PMOS 源区，PMOS 背栅，NMOS 背栅，NMOS 源区)比作称为可控硅整流器(SCR)的四层 PNPN 器件来解释 CMOS 闩锁效应。在电学方面，SCR 与图 4.22(B)所示的耦合双极型晶体管等效。因此，CMOS 闩锁效应的 SCR 模型与这里介绍的双极模型在本质上是相同的。

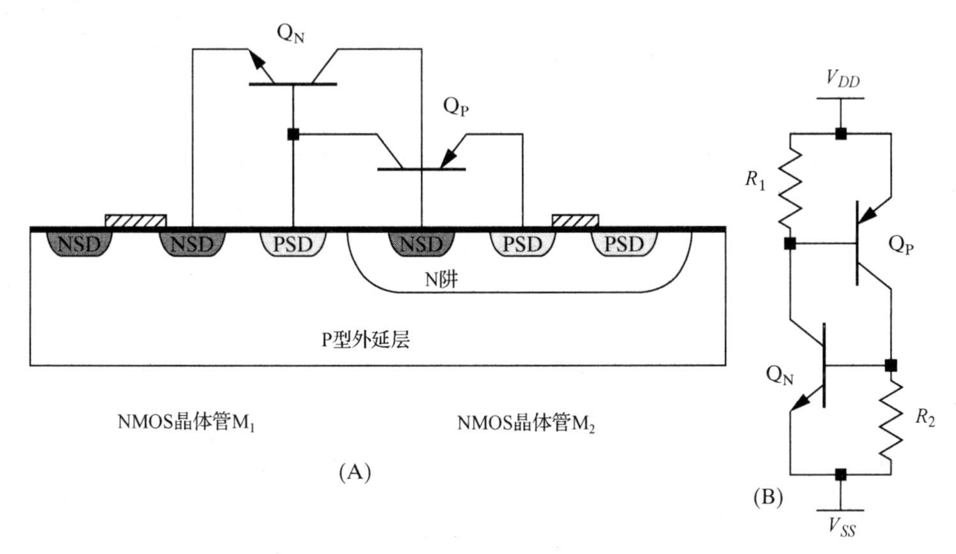

图 4.22　(A) CMOS 芯片剖面图，其中显示了形成两个寄生双极型晶体管 Q_P 和 Q_N 的扩散区；(B)这些晶体管与阱电阻 R_1 和衬底电阻 R_2 所对应的等效电路图

阻止 CMOS 闩锁的最明显方法是减小其中一支或两支寄生晶体管的 β 值。如果 β 值之积小于 1，则闩锁就不会发生。通常可通过增大版图间距，也就是增大寄生横向晶体管中性基区的宽度来实现上述目的。另一种方法是可以增加一支或两支寄生晶体管中性基区的杂质浓度。这两种方法都可以增加一支或两支晶体管的 Gummel 数以减小 β 积。

尽管许多 CMOS 工艺声称不会发生闩锁，但这些保证只在相对较窄的范围内成立。这种工艺固有的 PNPN 结构虽然缺少足够增益来建立正反馈，但是仍会发生少子注入。收集到的载流子仍然会引起电路故障，如果电路中存在正反馈，这些故障还会引起闩锁。这种现象的重要性常常被低估。任何发生了预料之外少子注入的集成电路都有可能发生闩锁。即使实际上并没有发生，电路仍有可能发生故障。不仅是注入衬底的电子，无意注入阱或隔离岛的空穴也会产生潜在威胁。

防护措施(衬底注入)

基本上讲，有 4 种方法可以消除少子注入：(1)消除引起问题的正偏结；(2)增大器件间距；(3)增大掺杂浓度；(4)提供替代的集电极来除去不希望的少数载流子。以上这些技术各有优点，结合起来使用几乎可以克服所有少子注入问题。

从理论上讲，最简单的解决方法是消除注入少子的正偏结。这个目标通常比较难以实现。在标准双极工艺中，隔离岛电位不能低于衬底电位 0.3 V 以上，否则会向衬底注入少子。在

N 阱 CMOS 工艺中，位于外延层中的阱和 NSD 区电位都不能低于衬底电位 0.3 V 以上。如果管脚电压快速变化，寄生电感能够引起瞬变将管脚电位拉到电源以上或地之下。节点电压变化越快，引起这种瞬变所需的电感就越小。现代开关速度已经快到使得仅管脚和键合焊线的电感就能经常引起有害的瞬变。虽然不是不可能，但衬底注入已变得很难消除。

如果将可能的注入源与敏感电路隔开，少子注入衬底将很少会引起问题。在多数设计中，只有一些器件连接到管脚。事先稍加考虑，即可将这些器件放在远离敏感电路的位置。在许多情况中，版图自然会倾向采用这种分离。例如，功率晶体管在瞬变过程会注入少子。由于这些晶体管构成了输出电路的一部分，因此通常会放置在远离敏感输入电路的位置以减小电和热反馈。同样的安排还会减小少子注入对电路的影响。

增加芯片隔离区的掺杂浓度将减小寄生横向双极型晶体管的增益。CMOS 和 BiCMOS 工艺经常采用 P+衬底就是出于这个原因。在所有其他因素相同的情况下，包含重掺杂衬底的工艺比使用轻掺杂衬底的工艺对电学干扰有更强的抵抗力。然而，重掺杂衬底自身不能阻止少子横向流过使相邻隔离岛或阱分开的隔离区。为了获得重掺杂衬底的所有优点，工艺中必须使用重掺杂隔离区，或必须增加恰当的保护环。

通过增加一个深 P+扩散可以增大隔离区掺杂浓度。多数 CMOS 工艺不包括合适的扩散。某些 BiCMOS 工艺包括这种扩散用于制造特定器件(如 DMOS 晶体管)——通常是作为工艺扩展的一部分。有时标准双极工艺会提供一个深 N+工艺扩展，用来制造大电流横向 PNP 晶体管。如果存在合适的扩散，可将其放置在芯片隔离区内，有助于增大隔离掺杂浓度。这种技术可以帮助抵消上下穿通隔离系统中掺杂浓度很低的 PBL 部分，并且能够减小相邻隔离岛或阱之间少子的横向导通。

少子被注入点附近反偏结不均匀地收集。不仅载流子运动到达邻近结的距离更短，而且邻近结也阻止了载流子流向更远的结。设计者可利用这种阴影效应(shadow effect)，通过在注入点和易受影响的扩散区之间设置反偏结，有意为少子流设置障碍。按照这种方式使用的反偏结称为收集少子保护环。这种保护环可以进一步分成两类，具体划分取决于所收集载流子的极性。收集电子保护环(ECGR)在 P 型区收集少子电子，而收集空穴保护环(HCGR)在 N 型区收集少子空穴。图 4.23 显示了一个标准双极工艺收集电子保护环的典型版图。隔离岛 T_1 和 T_2 连接到可能发生电压瞬变的管脚。两者都被第三个隔离岛 T_3 包围。T_3 收集由 T_1 和 T_2 注入的很大一部分少子电子。因为隔离岛 T_1 和 T_2 连接着管脚，所以自然将其沿芯片一边甚至一角放置(如图 4.23 所示)。这样不仅减小了互连线的长度，还消除了沿两边缘对保护环的需要。

设计有效收集少子保护环的关键是使它们既深且宽并具有低阻抗。保护环越深，可收集到的流经的少子就越多。N 阱可成为比 NSD 更有效的收集电子保护环，外延隔离岛可成为比发射扩散更好的收集空穴保护环。如果可以连接保护环产生大反偏电压，则其周围的耗尽区会加宽，并且会使收集面更加深入硅中，因此，连接到正电源的收集电子保护环比连接到衬底电位更有效。由于扩散少子随机运动，其中一些实际上会被保护环耗尽区的底部收集，因此宽保护环比窄保护环可收集到更多的少子。同样，窄扩散区不如宽扩散区穿透深，这是因为横向传播将杂质稀释。比最小尺寸宽 2～3 倍的扩散区将包含足够的杂质获得最大可能的结深。低电阻也有助于提高保护环的效率，特别是当保护环不能强反偏时。收集到的载流子可使高阻保护环正偏，并使之重新注入少子。保护环的纵向电阻越低，它在饱和并发生重新注入之前能够收集到的电流就越大。

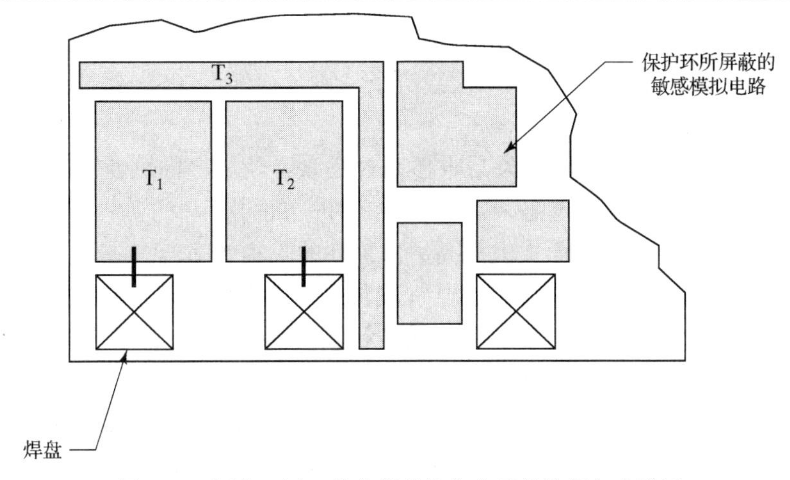

图 4.23 标准双极工艺实现的收集电子保护环(T_3)样例

图 4.24 显示了两个设计用于收集注入衬底电子的少子保护环的剖面图。图 4.24(A)显示了标准双极的标准收集电子保护环①。该保护环包含所有 4 种可用的 N 型材料：N 型外延层，深 N+，NBL，以及发射扩散。NBL 用于获得最大可能的结深，而深 N+和发射扩散减小了纵向电阻。这种结构越宽，就越能有效地收集少子。大多数设计者通过制作不超过两倍最小宽度的深 N+条和相应地确定其他层的位置取得效率与面积的折中。如果可能，保护环应连接到芯片上的最高电源电位。连接到衬底电位的保护环也能够发挥作用，但除非保护环所有部分都通过金属线直接与衬底端相连，否则可能发生饱和。这在单层金属工艺中可能并不现实，因为金属化系统中必定留有间隙以允许连线通过。单层金属收集电子保护环应连接到正电源，并且应包含尽可能少的间隙。

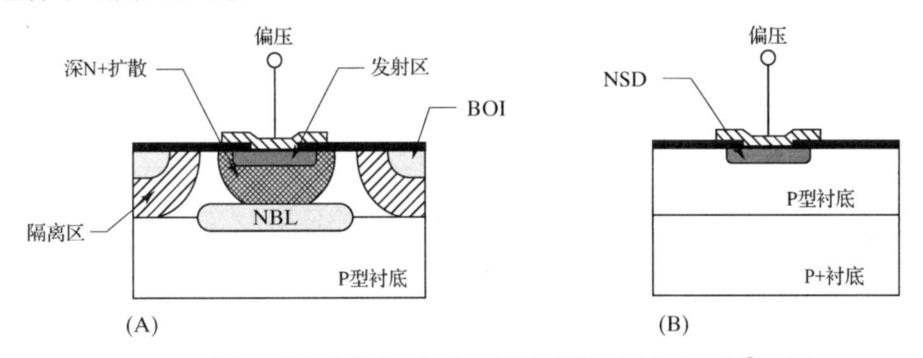

图 4.24 两种具有代表性的收集电子保护环的剖面图：(A)标准双极②；(B)CMOS

BiCMOS 版图可以产生与图 4.24(A)类似的收集电子保护环，尽管在这种情况下用 N 阱代替了 N 型外延隔离岛。在单纯的 CMOS 工艺中制造收集电子保护环非常困难。没有了深 N+和 NBL，N 阱的电阻变得极高，大多数 CMOS 器件工作在相对较低的电压下。图 4.24(B)显示了另一种形式的 CMOS 少子保护环。NSD 具有相对较低的电阻，但由于太浅而不能从衬底中捕获较多的电子。NSD 条越宽，保护环就越有效。推荐宽度至少是 8～10 μm，尽管更窄的保护环确实也会有一些好处。如果可能，NSD 保护环应该连接到电源管脚。NSD 外延

① W. Davis. *Layout Considerations*，未发表手稿，1981，p. 53。

② C. Jones, "Bipolar Parasitics," 未发表报告，1988，p. 43。

结上的反偏电压驱使耗尽区深入外延层，从而增加了保护环的深度。在低压工艺中，强反偏 NSD 保护环由于碰撞电离常常会生成二次载流子。通过把低压 NSD 保护环连接到地而非电源，可以缓解这个问题。

假设图 4.24(A)所示的保护环如果与重掺杂衬底联合使用，则可使衬底注入减小到原来的 1/10 到 1/100。轻掺杂外延和重掺杂衬底间的 P–/P+界面排斥少子(见 8.1.5 节)，并将其限制在相对轻掺杂的外延层内，从而大大提高了保护环的收集效率[①]。对图 4.24(A)所示的收集电子保护环做简单改进，可以进一步增强其衰减作用。不把保护环直接接到电源，而是重新接回到衬底，多子电流就可以流过保护环下面的衬底(见图 4.25)。预期这种保护环可以只在环的一侧防止少子产生——在本例中是右侧。位于保护环中心的深 N+侧阱收集了这些载流子中的大多数。产生的电流流出侧阱，流入相连的金属片。位于该结构左侧的基区/隔离扩散把该电流以多子的形式重新注入衬底。因为最近的衬底接触位于该结构的另一侧，因此多子又流回到保护环下方。该电流使衬底局部去偏置，产生了阻止少子流动的电场。因此少子被迫向上朝保护环流动，最终被收集，或仍留在衬底直到复合。发明者[②]宣称这种结构的衰减因子超过 1 000 000。虽然不是每个工艺都能达到这样的衰减程度，但这种保护环提供了比图 4.24 所示结构更大的衰减，特别是在大电流情况下。

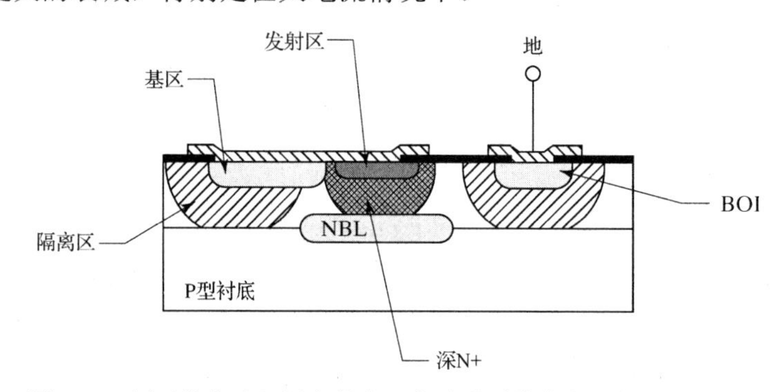

图 4.25　用于收集注入衬底的电子的改进型收集电子保护环剖面图

图 4.25 中的改进型保护环有几个缺点。它提供的增强少子衰减只朝着一个方向流动——在本例中是从右向左流动。衬底接触不能放在靠近保护环对着注入载流子的一侧。这种结构还刻意使衬底去偏置，因而可能使相邻结正偏。这种类型保护环的原理还应用于图 4.24 所示类型的普通保护环的设计中。在所有情况中，最好把收集电子保护环邻近注入源设置，并且把衬底接触设置在保护环内。保护环下流动的多子衬底电流生成阻止少子流动的电场，因此增强了保护环的性能。

少子保护环还能阻止注入隔离岛的空穴到达衬底并使之去偏置。当双极型晶体管饱和时，无论是 NPN 晶体管还是 PNP 晶体管，都会发生这种情况(见 8.1.4～8.1.5 节)。功率晶体管可轻易地向衬底注入甚至上百毫安的电流。重掺杂层(如 NBL)可以减小从 P 型区通过 N 阱或 N 型外延隔离岛注入衬底的少子。NBL 还可以有助于减小隔离岛或阱的电阻，从而更加难以达到触发 CMOS 闩锁所需的去偏置条件。CMOS 工艺通常出于对额外掩模步骤成本和与制造埋

① L. S. White, G. R. M. Rao，P. Linder 和 M. Zivitz, “Improvement in MOS VLSI Device Characteristics Built on Epitaxial Silicon,” *in Silicon Processing*, American Society for Testing and Materials STP 804, 1983, pp. 190-205。

② F. Van Zanten, U. S. Patent#4, 466, 011, 1984。

层相关工艺难度的考虑而不采用 NBL。标准双极和模拟 BiCMOS 工艺经常使用 NBL 以减小 NPN 管的集电极电阻。如果可以采用 NBL 工艺，为了减小衬底注入和提高抗闩锁能力，应该在所有容许 NBL 存在的隔离岛或阱中加入 NBL。

图 4.26 显示了一个采用标准双极工艺制造的收集空穴保护环。NBL 放置在隔离岛的底部，构成了该保护环的关键部分。由于多子电子从重掺杂 NBL 到轻掺杂 N 型外延层的横向扩散，NBL 和 N 型外延层界面位置出现了电场。产生的内建电场使 NBL 相对于 N 型外延层正偏，因此带正电的空穴被排斥，从界面向上运动。即使某个空穴成功地进入了重掺杂的 NBL，也将很可能在那里发生复合。图 4.26 所示的保护环还包括位于空穴注入源周围的反偏基区环。企图横向移动到隔离区的空穴必须经过这个环。大多数空穴在成功地渡越反偏基区和其下 NBL 之间的狭窄间隙之前就被收集。如果基区接低电位，使其下面的耗尽区更加深入 N 型外延层，该保护环将变得更为有效。

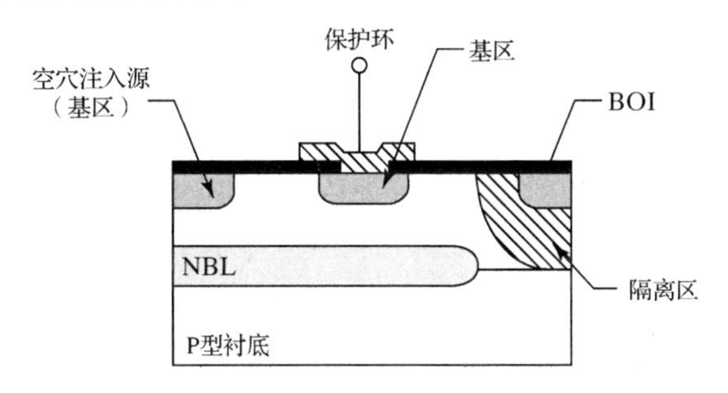

图 4.26　标准双极工艺的收集空穴保护环剖面图

N+/N–界面排斥空穴的能力暗示了建造保护环的另一种可能性：一个深的重掺杂扩散区（如深 N+扩散区）可以与 NBL 结合使用以阻止少子空穴的流动，而实际上并不会收集。空穴最终将在 N 型外延层中复合，然后维持复合过程所需的电子将从隔离岛接触流入。这种结构称为阻碍空穴保护环（HBGR）。图 4.27 显示了一个采用标准双极工艺制造的阻碍空穴保护环的实例。与收集保护环相比，电路设计者一般更喜欢采用阻碍保护环，这是因为此举可以轻易地把电流引向地。

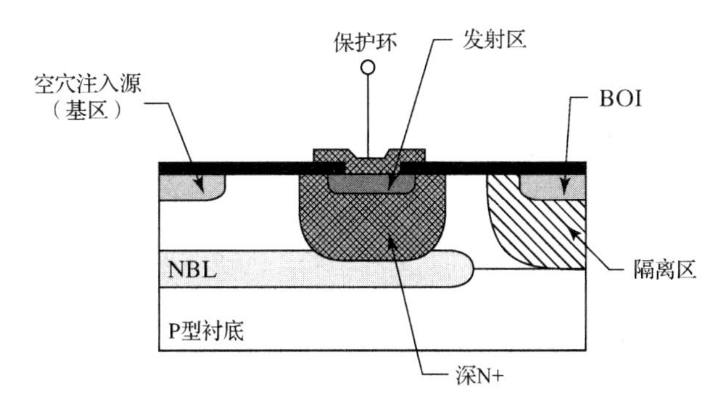

图 4.27　标准双极工艺的阻碍空穴保护环剖面图

阻碍空穴保护环仅当对每一处的空穴流动都构成障碍时才能有效地工作。在 NBL 与深 N+环连接处存在潜在的薄弱位置。深 N+扩散区的底部和 NBL 的边缘位置都是相对轻掺杂的。为了使该区域掺杂最大，应该总是延伸 NBL 到达深 N+环的外边界。有的设计者甚至延伸 NBL 到略超出深 N+环的位置，但是这种保守程度通常是不必要的。

多个保护环可以结合使用以提供更佳的保护。例如，可以同心放置两个收集空穴保护环。当空穴电流太大以至于功耗成为问题时常采用这种结构。内环连接隔离岛接触，而外环接地。内环会收集大部分空穴电流，但当电流变得过大时，内环将去偏置并变得无效。当发生这种情况时，外环将收集剩余的空穴。内环工作在零偏压下，因而不会消耗很多能量。外环工作在大的反偏压下，但是仅收集很少部分的载流子。共同使用时，两个保护环将结合低功耗和高收集效率的优点。

此外还可以在如图 4.27 所示的阻碍空穴保护环内放置一个如图 4.26 所示的收集空穴保护环。这种结合提供了防止去偏置使零偏保护环无效的另一种方法。如果保护环去偏置，则它无法收集的空穴将被外部阻碍空穴环封锁。人们还提出了一些更加复杂的方案，但是大多数都将消耗过量的空间。

单纯的 CMOS 工艺由于缺少 NBL，所以不能制造有效的收集空穴保护环。没有 NBL，空穴则不能自由地向下流向衬底，也不能水平地流向隔离区。试图使用 PSD 环来收集空穴是徒劳无益的。因为垂直路径比水平路径短得多，所以大部分空穴在到达 PSD 环之前已先流向衬底。即使把 PSD 环紧邻注入源放置，情况依然如此。不仅工艺结构与保护环相背，而且阱的渐变特性实际上会产生弱的内建电场，这将激励空穴向下流动而不是横向流动，因此 CMOS 工艺必须依赖低阻衬底接触抽取注进衬底的任何空穴电流。

BiCMOS 工艺可以制造与图 4.26 和图 4.27 所示相似的空穴保护环，但这些环也许能也许不能证明其有效性。为了使 NBL 阻止空穴的纵向流动，在 NBL/N 阱界面必须存在一个大的内建电场。这个内建电场很大程度上取决于界面轻掺杂一侧的掺杂浓度，或者换句话说，取决于 N 阱。使用深的轻掺杂阱的高压工艺将产生足够的内建电场来阻止空穴流动，而使用浅的重掺杂阱的低压工艺则不能。13.2 节将更详细地讨论这个问题，并展示出几种专为 BiCMOS 工艺定制的典型空穴保护环。

许多先进的 CMOS 和 BiCMOS 工艺都包含专为减小 CMOS 闩锁而特殊设计的特性。一种方法使用高能注入，在阱的底部淀积更多的杂质，有效地形成埋层而不增加成本和外延复杂度。生成的结构称为退化阱(retrograde well)。低压浅阱工艺广泛使用退化阱以减小电阻(包含纵向耗尽)，并提供一个 N+/N−界面。即使是最高能量的注入也只进入硅中几微米的深度，所以高压工艺必须继续使用传统的埋层技术。

沟槽隔离大大提高了抗闩锁能力。插入沟槽延长了少子必须经过的路径长度，因此减小了寄生双极型晶体管的增益。当沟槽与阻碍载流子纵向流动的 N+/N−界面结合使用时将特别有效。退化阱注入与浅槽隔离结合将使抗闩锁能力显著提高[①]。这个概念可得到的逻辑结论是：完全的介质隔离彻底消除了闩锁——但只是在隔离沟槽放在正确的位置的情况下！

防护措施(交叉注入)

由注入隔离岛或阱中的少子引起的电路问题可通过把每个潜在的少子发射极放在各自的隔离岛或阱中得以消除。作为一条规则，任何源极连接外管脚的 PMOS 晶体管应该占用一个单独的阱。同样，任何连接管脚的基区电阻、HSR 电阻或横向 PNP 集电极最好放置在各自的隔离岛中。制造单独隔离岛或阱所需的少量额外空间将通过即使只消除一支寄生管的空间

---

① W. Morris, "Latchup in CMOS," *Proc. 41st International Reliability Physics Symp.*, 2003, pp. 76-84。

得到充分补偿。另一方面，如果几个器件连接到同一管脚，那么这些器件可以占用同一个隔离岛或阱。

前面讨论的收集空穴环已被设计用于减小向衬底注入的空穴。另一种类型的少子保护环可以防止一个器件注入空穴干扰同一隔离岛或阱中其他器件的工作，这种问题称为交叉注入。考虑两支横向 PNP 晶体管占用同一隔离岛的情况。如果某支晶体管饱和，它发射的一部分载流子将被相邻晶体管收集，结果造成集电极电流增加可能会影响到电路的工作，特别是在希望两器件相互匹配的情况下。通过把每支晶体管放置在单独的隔离岛内可以防止发生交叉注入，但是由于与隔离区扩散相关的大的间距，从而造成了管芯面积的浪费。一个更加紧凑的解决方法是采用一种称为 P 型棒(P-bar)的少子保护环(见图 4.28)[①]。

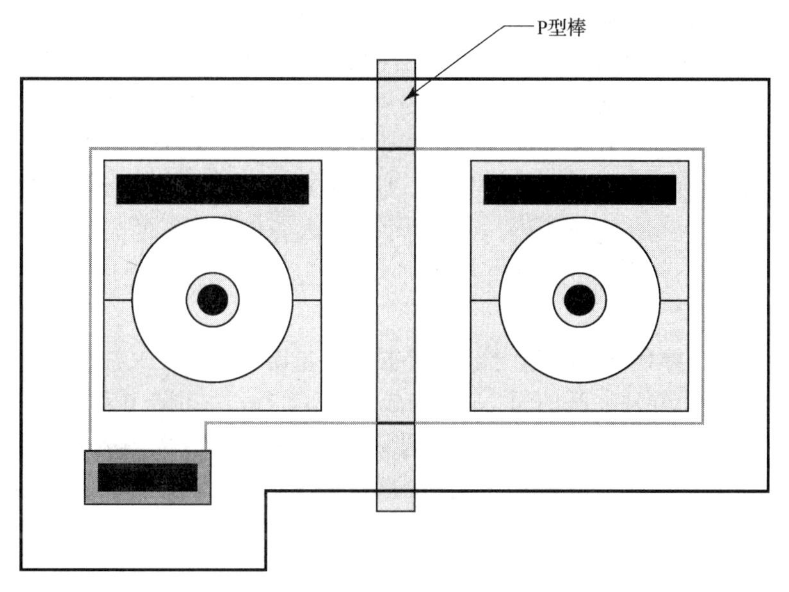

图 4.28　在两横向 PNP 管间用于阻止交叉注入的 P 型棒实例

P 型棒由位于两支晶体管间的最小宽度基区扩散条组成[②]。P 型棒的两端向外延伸进入隔离区足够远以保证电接触。这种排布确保 P 型棒与隔离区电连接，并且不需要接触。现在假设 P 型棒左侧的横向 PNP 管饱和，开始向隔离岛注入空穴。这些空穴为了到达右侧的横向 PNP 管，必须先从 P 型棒下面通过。构成 P 型棒的基区扩散进入外延层较深，没有为载流子从其下面通过留有空间。大多数从左向右运动的空穴将被 P 型棒收集，然后转向并流入地，因此这种结构可以作为特殊类型的收集空穴保护环。P 型棒下方 NBL 的存在为从右侧晶体管到隔离岛左下角的隔离岛接触的基区电流提供了低阻通路，因此该结构左侧的隔离岛接触足以满足两晶体管的需要。

尽管 P 型棒的收集效率只能通过经验测量决定，然而某些观察结果表明其存在一定的规律(some observations are in order)。随着隔离岛偏压的增加，环绕棒的耗尽区深入并逐渐夹断其下面的 N 型外延层，因此工作在高隔离岛-衬底偏压下的器件比工作在衬底电位附近的器件能够从 P 型棒获得更大程度的隔离。加宽 P 型棒也可以增大收集效率，部分原因是因为隔

① Davis, p. 27; Jones, p. 10。

② Jones, p. 10。

离岛的夹断部分变宽，部分是因为加宽的基区更深地扩散进入外延层所致。由于下层 NBL 的向上扩散和 P 型棒下耗尽区的形成，即使是具有最小宽度的 P 型棒也能形成对少子交叉注入的高度隔离。

P 型棒有许多应用。双极电路经常包含由共用基区连接的横向 PNP 晶体管组成的电流镜。这些晶体管通常占用同一隔离岛，但是如果一支晶体管饱和，则由相邻晶体管提供的电流增加。在饱和晶体管和相邻器件之间放置 P 型棒将阻止这种效应，同时无须过度地扩大隔离岛。另一种常见的应用由驱动横向或衬底 PNP 晶体管的 NPN 晶体管组成，其中 NPN 晶体管的集电极连接 PNP 管的基极。从 PNP 到 NPN 的少子导通可通过触发这个结构中固有的 SCR 引起正反馈闩锁。置于晶体管之间的 P 型棒能够抑制闩锁效应，尽管只有在 P 型棒的收集效率超过两晶体管 β 值乘积的倒数时，才可保证发挥上述作用。

CMOS 工艺也使用 P 型棒，一般由 P 型槽(PMoat)构成。由于 PMoat 扩散较浅，且缺少 NBL，所以这种 P 型棒的收集效率低于相应的双极结构。缺少埋层会大幅度增加 P 型棒下的阱电阻，所以谨慎的做法是在棒的两侧都设置阱接触。这种结构有助于提高电路的抗闩锁能力，而且不需要单独的阱。如果隔离岛中的一支 PMOS 晶体管有连接到外部端口的源极或漏极，则瞬变可能引起 PMoat 对阱正偏。产生的少子注入会影响邻近的晶体管，甚至导致闩锁。策略性地设置一些最小宽度的 PMoat P 型棒可为防止这种交叉注入提供有效的保护，而且消耗的面积小于单独的阱。

另一种称为 N 型棒(N-bar)的少子保护环同样可以防止少子交叉注入。N 型棒由设置在占据同一隔离岛的两个器件之间的深 N+条构成(见图 4.29)[①]。由于围绕深 N+区的间隔大到足以进行发射扩散并形成接触，所以 N 型棒通常用作其周围器件的隔离岛接触。环绕 N 型棒的掺杂梯度排斥空穴，大部分克服该梯度的载流子在通过深 N+区之前会在其内部复合。遗憾的是，一般情况下 N 型棒不会从隔离岛的两侧超出而进入 P 型隔离区，以避免形成在较低电压下就能发生击穿的 N+/P+结。这些空隙使得少子可以从 N 型棒旁绕过，所以 N 型棒的效率通常低于 P 型棒。此外，高效集电区接触和中等效率的少子保护环相结合有时可用于大电流横向 PNP 电流镜和类似的电路中。

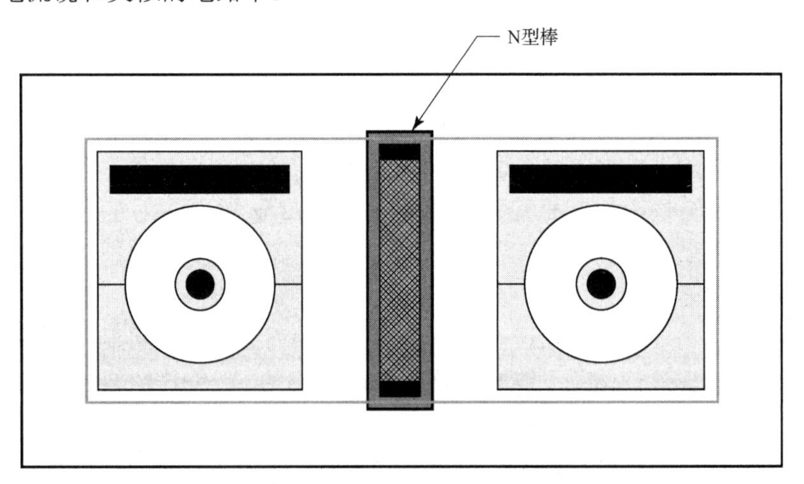

图 4.29 位于两横向 PNP 晶体管之间，用于同时提供隔离岛接触并减小交叉注入的 N 型棒实例

① Davis, p. 31。

4.4.3　衬底效应

介质隔离工艺的衬底通过夹在其与表面硅之间的埋层氧化物（BOX）实现二者的电绝缘，然而，这不意味着施加在衬底上的偏压不会影响表面硅中制作的器件。衬底、BOX 和表面硅构成的夹层结构可以看作一支 MOS 晶体管。衬底构成该晶体管的栅极，BOX 构成其介质，表面硅构成其背栅。衬底和表面硅之间的电位差产生了可以使表面硅底部耗尽或增强的电场。这种效应称为衬底效应（substrate influence）。

影响

介质隔离芯片的衬底应该连接到最低电位管脚，对于单电源电路来说通常是地管脚。只要按上述方式连接电路，衬底效应就不会引起问题。如果没有连接或在工作中出现某种形式的失效，则在衬底上会积累静电荷。电荷量的大小随时间发生不稳定的波动，因此，BOX 上的耗尽区宽度也随时间波动。该耗尽区可改变击穿电压或引起意外的参数变化。特别是有可能出现供电电流的变化。这些参数变化背后的准确机制目前仍不明确，但是它们的起因容易验证。如果这些变化在重新建立衬底连接后消失，则说明是由衬底效应引起的。

防护措施

由于衬底效应引起的参数变化可通过建立可靠的衬底连接来消除，因此多数介质隔离工艺不提供从芯片顶部到衬底的通路，所以必须利用线框穿过所谓的背部接触（backside contact）制作接触。为使背部接触正常工作必须满足 3 个要求：第一，工艺过程中在晶圆背部生长的氧化层必须去除。装配前进行的减小晶圆厚度的背部研磨操作可以满足这个要求；第二，必须使用导体材料将芯片连接到线框。选择包括金共熔体、焊剂及银浆。多数工艺选用银浆，因为这是最便宜而且应力最低的方法；第三，芯片安装焊盘与电压最低的管脚之间必须进行电连接。实现这种连接有两种方法——向下键合和熔丝线框。

向下键合线由连接引线管脚到安装焊盘的焊线组成。这种连接的得名是由于安装焊盘通常被压到引线管脚以下。向下键合线有许多缺点：它们要求在安装焊盘上有相当大的空间，以便毛细管有足够的空间形成键合。这通常要求偏离中心安装芯片，或使用过大尺寸的线框。向下键合线还容易受到塑模化合物与安装焊盘扁平的普通金属表面之间分层引起的剪切作用的影响，这种分层可能在不引起其他明显结果的情况下使向下键合线脱离。在最差的情况下，这可能导致在温度循环过程中形成断续接触。连接介质隔离芯片衬底的向下键合线还难以测试。一种可能的方法是使用一对向下键合线将最低电压管脚连至芯片［见图 4.30（A）］。第一根向下键合线连接管脚到安装焊盘，第二根向下键合线连接安装焊盘到芯片。缺少任何一根向下键合线都会破坏芯片与管脚之间的连续性。遗憾的是，这种方法无法可靠地检测出间断连接的向下键合线。

另一种形成背部接触的方法是使用熔丝线框，其中安装焊盘与适当的管脚相连［见图 4.30（B）］。熔丝线框确保了管脚和安装焊盘之间的有效电接触。遗憾的是，模拟集成电路很少有特定的管脚顺序。不同的产品可能要求不同的管脚通过熔丝连接到安装焊盘，因此熔丝线框必须专门为有需要的产品定制。

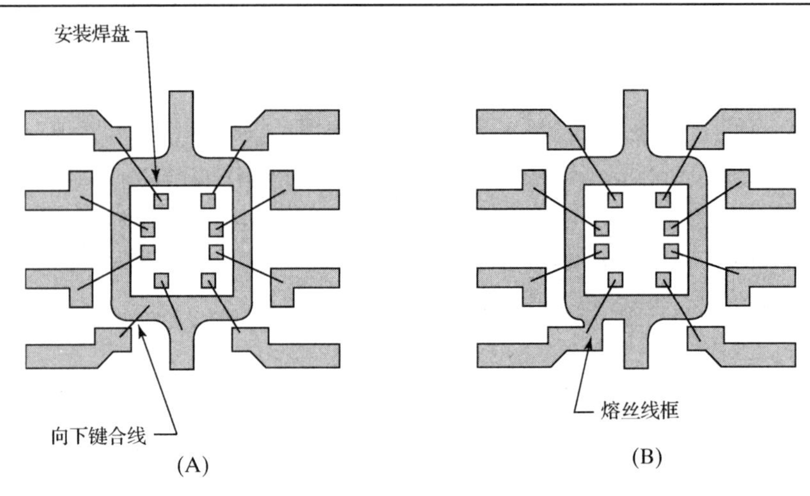

图 4.30 (A)使用向下键合线；(B)熔丝线框形成背部接触

4.5 小结

本章讨论了一系列常见的集成电路失效机制。表 4.2 总结了这些机制及其典型表现，并提出了修正措施。即使粗略地看一下表格也能发现该课题的跨学科特性。有些机制主要是电学方面的，而其他机制取决于化学和电化学过程。其中一些失效机制需要利用器件物理知识进行修正，而其他则需要工艺和封装技术的知识。只有通过积累多学科知识，才有希望设计出可在整个使用寿命期内可靠工作的集成电路。

表 4.2 失效机制总结

失效机制	表 现	修正措施*
静电泄放(ESD)	栅氧立即或延迟击穿，结短路或发生泄漏	增加 ESD 保护器件，不要在薄的发射区氧化层上布线
电迁移	长期工作后(通常是在高温下)开路或短路	使用掺铜铝线，使用难熔金属，采用适当宽度的连线和适当的焊线
介质击穿	施加电压后，立即或延迟发生介质击穿	包括 OVST 准备，包括吸收结构，避免使用在深 N+顶部的生长的氧化层
天线效应	连接着大导体的小栅氧遭受延迟失效	减小导体面积与栅氧面积之比，增加二极管
干法腐蚀	电路开路失效，湿气加速失效	使用氮化物 PO。减少 PO 开孔
可动离子	高温偏压下的阈值漂移，零偏烘烤后释放	使用磷硅玻璃，使用多晶硅栅 MOS，减少 PO 开孔，使用足量的划封
热载流子注入	高温偏压下的阈值漂移，零偏退火后弛豫	限制漏源电压，使用 LDD 结构，使用长沟道器件
齐纳蠕变	击穿电压漂移，零偏烘烤后释放	使用埋层齐纳管(如果存在)
雪崩引起的 β 值下降	发射结反偏后，双极型晶体管 β 值下降	避免过大的发射结反偏电压
负偏置温度不稳定性	工作时 PMOS 阈值电压发生漂移	避免潮湿氧化物，在相同的漏源偏压下偏置匹配 PMOS 晶体管
寄生沟道&电荷分散	高压下产生漏电流。如果出现在高温偏压状态下且在高温烘烤后释放，则由电荷分散引起	使用(111)面硅，增加沟道终止注入，增设隔离上基区，使用沟道终止，使用场板
衬底去偏置	在特定偏置条件下发生闩锁和参数漂移	增加衬底接触，在注入源附近设置接触

续表

失效机制	表 现	修正措施*
少子注入衬底	在特定偏置条件下，发生闩锁和参数漂移	使用 P+衬底，**增加衬底接触，分离敏感电路，在共用阱中增加 NBL，在隔离区使用深 P+区，增加保护环**
少子交叉注入	合并器件间的闩锁、失配	**使用 P 型棒或 N 型棒，把器件放置在独立的隔离岛或阱中**
衬底效应	介质隔离器件中的参数漂移	**确保到衬底的可检验的连接，使用银浆粘接芯片**

*用黑体列出的可能的解决方法由电路和版图设计者控制，其余解决方法只能由工艺工程师实现。

4.6 习题

版图规则和工艺规定请参考附录 C。

4.1 某种铜铝合金可以安全地工作在 5×10^5 A/cm^2 的电流密度下。如果金属层厚度等于 8 kÅ，但当通过氧化台阶时减小了 50%，则 10 μm 宽的连线跨越氧化台阶时能承载多大的电流？

4.2 为单层金属标准双极工艺设计划封(scribe seal)结构。绘制该结构的剖面图，并解释其中各部分的作用。

4.3 绘制 15 kΩ、8 μm 宽的 HSR 电阻版图。尽可能好地为电阻设置场板，包括必要处的凸边。场板应至少超出 HSR 6 μm，至少超出基区 8 μm。

4.4 调整习题 4.3 的版图，使之利用发射扩散制作的沟道终止。假设沟道终止必须交叠场板 4 μm。

4.5 设计最小尺寸标准双极横向 PNP 晶体管，使用圆形发射区结构。设置场板完全覆盖发射区和集电区，为基区金属化留下空间。假设发射区场板必须交叠集电区 2 μm，集电极场板必须超出集电区 8 μm。

4.6 芯片使用 0.01 Ω · cm P 型衬底顶部的 8 μm 厚的 10 Ω · cm P 型外延层制作，计算从芯片抽取 25 mA 电流所必需的衬底接触面积。假设最大允许去偏置为 0.3 V。

4.7 绘制发射区面积为 20 μm×40 μm 的标准双极 NPN 晶体管版图。布局时尽量减小晶体管发射区和集电区接触之间的距离。晶体管应在集电区内包括深 N+区以减小集电极电阻。在晶体管周围设置收集电子保护环，依照图 4.24 所示的剖面图。

4.8 绘制一支 2000/5 的 PMOS 晶体管版图。把晶体管分为足够数量的叉指以获得接近方形的宽长比。设计类似于图 4.26 中的包围 PMOS 晶体管的收集空穴保护环。

4.9 绘制一个分隔两支最小尺寸标准双极横向 PNP 晶体管的 P 型棒版图，P 型棒应至少延伸进入隔离区 4 μm 以确保电连续性。

4.10 一些失效器件被打开封装(decapped)以进行微观结构检测。对应以下观测到的每种现象至少提出一种失效机制：

a. 焊盘上的金属线熔化开路。

b. 焊盘上覆盖了绿色沉淀物。

c. 最小尺寸 NMOS 管的栅氧在一点处击穿，短路了栅氧和下面的外延层。

d. 薄且深色的丝状物出现在大的 NPN 晶体管基区表面。晶体管集电结短路。

4.11 一种新型的高压小电流双极运算放大器刚刚完成了老化测试。样品在 150℃、偏压状态下工作 1000 小时。参数测试表明测试过程中放大器的输入失调电压有几毫伏的漂移，电源电流增大了 20%。导致这些现象的失效机制是什么？设计者如何确定调整的内容？

4.12 给习题 4.8 中的 PMOS 晶体管增加一个阻止空穴保护环，将其放置在收集空穴保护环的外面。

4.13 扩散发射区 BiCMOS 工艺的最小发射结击穿电压为 8.0 V。电路设计者建议 NPN 晶体管工作时发射结瞬态反偏电压不超过 7 V。这种做法有什么潜在的可靠性风险？

4.14 具有 PMOS 输入级的低压 CMOS 运算放大器在工作过程中输入失调电压逐渐漂移，造成这种漂移的失效机制是什么？

第5章　电　　阻

电阻用来提供明确的或者可控的电阻值。它们在许多领域(从限流到分压)都有应用。模拟电路中通常包含很多电阻，所以如果它们相对容易集成的话那将是非常幸运的。尽管集成电阻的容差相对较大(约为 ±20%)，但是匹配的电阻对之间的一致性非常好(±0.1%)。激光校正的薄膜电阻可以达到优于 ±0.1%的容差，但是代价是需要更多的工艺步骤。

大部分工艺提供多种不同的电阻材料以供选择，某些材料更适合制作高阻值电阻，而另外的材料适于制作低阻值电阻。不同材料的精度和温度特性会有很大的差别。电路设计者通常要为每个电阻选择合适的材料并据此标注其电路符号。有时不同的符号表示不同类型的电阻，有时电阻的类型会在符号旁边标注出来。电阻材料的选择会对电路性能产生巨大的影响，因此没有仔细考虑过后果就不要替换电阻材料。

5.1　电阻率和方块电阻(薄层电阻)

电流流经导体时，会在导体两端产生压降，其关系服从欧姆定律：

$$V = IR \tag{5.1}$$

其中，V 是导体两端的压降，I 是流经导体的电流，R 是比例常数，称为导体的电阻。载流子流过导体时与构成导体的原子发生碰撞从而产生电阻，这种碰撞导致载流子能量损失，表现为电势的降低，从而产生电压。

国际单位制[①](SI)定义欧姆(Ω)为电阻的标准单位。与国际单位制中其他的物理量相同，可以使用前缀来表示更大或者更小的数量级。表 5.1 列出了工程师们常用的前缀、其 SI 缩写以及在模拟程序 SPICE[②]中使用的符号。

表 5.1　某些国际单位制(SI)的前缀

前缀名	值	SI 符号	SPICE 符号
atto-	10^{-18}	a	
femto-	10^{-15}	f	F
pico-	10^{-12}	P	P
nano-	10^{-9}	n	N
micro-	10^{-6}	μ	U
milli-	10^{-3}	m	M
kilo-	10^{3}	k	K
mega-	10^{6}	M	MEG
giga-	10^{9}	G	
tera-	10^{12}	T	

① 国际单位制(SI)，通常称为公制系统。

② 缩写 SPICE 代表 *Simulation Program with Integrated Circuit Emphasis*，是人们最熟悉和广泛使用的电路模拟器。SPICE 最早发布于 1972 年，是由 Larry Nagel 等人在美国加州大学伯克利分校 D. O. Pederson 指导下研发的。

给出电阻的尺寸和组成，就可以计算它的阻值。每种材料都有电阻率特性，通常以 Ω · cm 度量。电阻率是电导率的倒数，因此一旦知道了二者之一，另一个也可随之确定。[电阻率 10 Ω · cm 表明电导率为 0.1 $(\Omega \cdot \text{cm})^{-1}$，反之亦然。] 导体的电阻率很小，掺杂的半导体有中等大小的电阻率(见表 5.2)，真正的绝缘体如二氧化硅的电阻率在理论上是无穷大的。

表 5.2　某些同质材料的电阻率①

材　料	电阻率 Ω · cm(25℃)
铜，块状	1.7×10^{-6}
金，块状	2.4×10^{-6}
铝，薄膜	2.7×10^{-6}
铝(2%)	3.8×10^{-6}
硅化铂	3.0×10^{-5}
N 型硅($N_d = 10^{18}$ cm^{-3})	0.25
N 型硅($N_d = 10^{15}$ cm^{-3})	48
本征硅	2.5×10^{5}
二氧化硅	$\sim10^{14}$

图 5.1 显示了一支采用电阻率为 ρ 的均匀掺杂材料，形状为矩形厚片的简化电阻。电阻两端为理想接触。如果厚片的长度为 L，宽为 W，厚度为 t，则其电阻值 R 等于：

$$R = \rho \frac{L}{Wt} \tag{5.2}$$

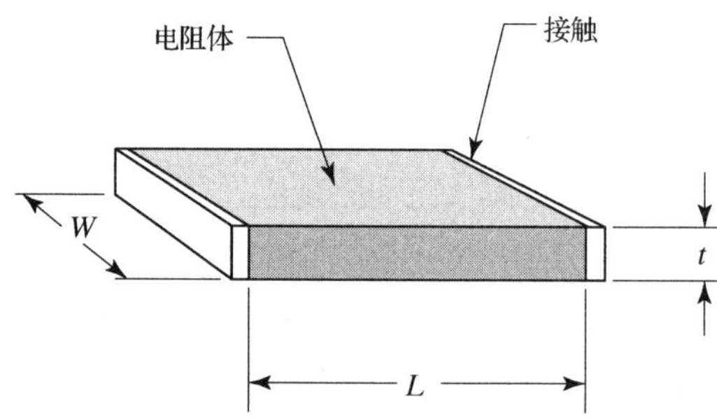

图 5.1　两端为理想导体终端的由矩形厚片材料构成的简单电阻

集成电阻通常由扩散或者淀积层形成，通常可以用厚度一定的薄膜作为模型，因此习惯上把电阻率和厚度合成一个单位，称为方块电阻 R_s。均匀掺杂材料中，$R_s = \rho/t$。因此，电阻公式可以写为：

$$R = R_s \left(\frac{L}{W} \right) \tag{5.3}$$

电阻通常由其 L/W 比确定，尽管这是一个无量纲的量，但是习惯上采用一个虚拟的单位：方块(□)。长和宽相等的电阻包含 1 个方块；长是宽两倍的电阻由两个单方块电阻(或者两个方块)串联组成，等等。方块电阻 R_s 的单位通常为欧姆每方块(Ω/□)。电阻的阻值可以用所

① 电阻率主要取决于准备的条件。例如，纯净块状材料的电阻率远小于薄膜状态。Cu，Au，Al，PtSi 的阻值参见：W. R. Runyan 和 K. R. Bean，*Semiconductor Integrated Circuit Processing Technology*(Reading, PA: Addison-Wesley, 1994)，pp. 535, 546, 548。掺杂硅参见：W. R. Thurber，R. L. Mattis 和 Y. M. Liu；*National Bureau of Standards Special Publication 400-64*：1981，p. 42。本征硅参见：B. G. Streetman，*Solid State Electronic Devices*，2d ed. (Englewood Cliffs, NJ: Prentice-Hall，1980)，p. 443。二氧化硅参见：*Runyan et al.*，p. 63。

包含的方块数乘以方块电阻得到。例如，一个电阻包含 10 个方块，材料的方块电阻为 150 Ω/□，则其电阻值为 1.5 kΩ。

尽管可以很容易地计算均匀掺杂薄膜的方块电阻，但是很多集成电阻却是由非均匀扩散形成的，没有简单的公式能够计算此类扩散的方块电阻。可以由欧文曲线(Irwin's graphs)[①]得到理想高斯型扩散的方块电阻，但是实际的扩散并不严格遵循这些理想曲线。在实际中，扩散层的方块电阻通常由经验测量获得，而不是由计算得到。

5.2 电阻版图

图 5.2 显示了可能是最简单的薄膜电阻的版图，其中包括一个简单的矩形电阻材料，它的两端带有接触孔。低阻的接触材料有效地将其与下面的材料短接在一起。几乎所有电流都从接触孔的内边沿流出，也就是向着电阻区的一侧。因此电阻的绘制长度 L_d 为一个接触孔的内边沿至另一个接触孔的内边沿。同样，电阻条的宽度称为绘制宽度 W_d。给出了绘制长度和绘制宽度，就可以由公式(5.3)得出电阻的近似值。但是，由于实际中存在很多影响因素，因此集成电阻并不像图 5.1 所示的电阻那样简单。光刻和腐蚀会引起氧化层窗口轻微的扩张或收缩。横向扩散会使电阻变宽，从而减小了它的阻值。接触孔附近电流的不均匀性也会增加阻值。只有对每种因素进行测试，才能知道为了精确预测电阻值必须考虑哪些因素。

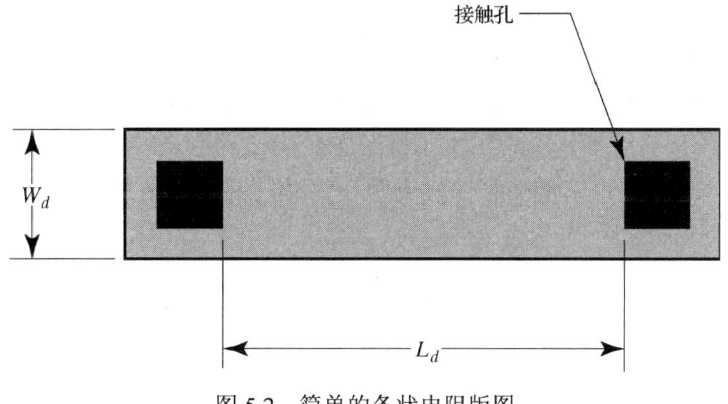

图 5.2 简单的条状电阻版图

对电阻公式最主要的校正来源于与宽度(而非长度)相关的因素，这是因为大部分电阻的宽度远小于长度。因此，电阻公式可以改写为

$$R = R_s \left[\frac{L_d}{W_d + W_b} \right] \tag{5.4}$$

宽度偏差 W_b 是绘制宽度与有效宽度的差值。对于一个扩散电阻，横向扩散将使绘制宽度增加约 20%结深的尺寸[②]。例如，结深为 1.25 μm 的基区电阻将会由于横向扩散而产生 0.25 μm 的宽度偏差，对于 5 μm 宽的基区电阻，这将产生大约 5%的阻值误差——值得考虑

---

① J. C. Irvin, “Resistivity of Bulk Silicon and Diffused Layers in Silicon,” *Bell Syst. Tech. J.*, Vol.41, #2, 1962, pp. 387-410。

② A. B. Glaser 和 G. E. Subak-Sharpe, *Integrated Circuit Engineering*(Reading, MA: Addison-Wesley，1977)，p. 127。还可参阅 P. R. Gray 和 R. G. Meyer，*Analysis and Design of Analog Integrated Circuits*, 3d ed. (New York: John Wiley and Sons, 1993), p. 139； D. J. Hamilton 和 W. G. Howard, *Basic Integrated Circuit Engineering*(New York: McGraw-Hill, 1975), p. 150。

校正。对于给定的扩散，可以通过实验测量一组不同宽度的电阻得到宽度偏差。版图规则有时会包括宽度偏差列表，如果可能的话，这些数据应该应用到阻值的计算当中。

公式(5.4)隐含假设了电流均匀流经导体，但是在图 5.2 所示的版图中，接触孔并没有占据整个电阻终端，因而违反了这种假设。当电流接近接触孔时会向内聚集，从而使得实际阻值比利用长度和宽度计算出的预测值稍大。这种横向的电流不均匀效应可以采用下面的公式计算[①]：

$$\Delta R = \frac{R_s}{\pi}\left[\frac{1}{k}\ln\left(\frac{k+1}{k-1}\right)+\ln\left(\frac{k^2-1}{k^2}\right)\right] \tag{5.5}$$

其中，$k = W_e/(W_e - W_c)$，W_e 为电阻的有效宽度，W_c 为接触孔的宽度。电阻的有效宽度等于绘制宽度 W_d 与宽度偏差 W_b 之和。ΔR 反映了由于电阻两端电流的不均匀性而引发的阻值增加。例如，电阻宽度为 5 μm，两端的接触孔宽度均为 3 μm 时，阻值会比公式(5.3)预计的大 0.05 个方块。由于大部分电阻至少为 10 个方块长，所以由此因素引起的阻值变化小于 1%，故可忽略不计。

电流流入和流出电阻接触孔时，在垂直方向上也是不均匀的。电流趋向于向上沿电阻表面流出，因而电流会向接触孔内侧聚集。这种电流的聚集会使整体阻值略微增加。这种聚集效应通常考虑为电阻及其金属接触间接触电阻的一部分，参见 5.3.4 节。

总之，宽度偏差通常很重要，而电流的不均匀效应相对来说是次要的。设计者应该使电阻足够长，以减弱电流不均匀效应的影响，从而无须校正。如果电阻至少有 5 个方块长，那么电流的不均匀效应的总影响将小于 5%，因而可以忽略。

大电阻经常被做成折叠状，称为折叠电阻或曲折电阻(见图 5.3)。这些电阻通常采用矩形拐角［见图 5.3(A)］而不是圆形拐角［见图 5.3(B)］，矩形电阻不仅容易绘制，而且电阻拐角间的间距很容易调整。圆形端可以分成两个圆弧，这样可在其间加入新的电阻段，但是通常需要重新绘制电阻。

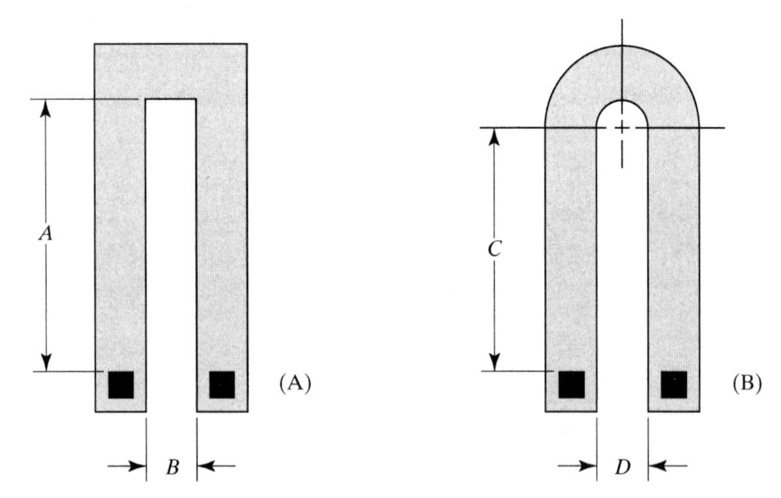

图 5.3 折叠电阻的版图：(A)矩形拐角；(B)圆形拐角。圆形拐角中，假设间距 D 等于电阻宽度 W

① C. Y. Ting 和 C. Y. Chen, “A Study of the Contacts of a Diffused Resistor,” *Solid State Elect.*, Vol.14, 1971，p. 433-438。 这个公式仅当 $W_c >> W_e - W_c$ 时有效。

电流并不均匀流经折叠电阻的拐角处，方形拐角的方块电阻约为 0.56 方块[1]。忽略工艺偏差和末端效应，图 5.3(A) 中的电阻阻值为

$$R = R_s\left(\frac{2A+B}{W}+1.12\right) \tag{5.6}$$

每个方形拐角大约贡献 1/2 个方块电阻——这是被经常引用的规则，即“一个方形拐角等于半个方块。”这种假设所暗含的轻微误差很少会产生实际的影响。

图 5.3(B) 中的半圆部分将增加 2.96 个方块电阻[2]。忽略工艺偏差和末端效应，这种结构的阻值为

$$R = R_s\left(\frac{2C}{W}+2.96\right) \tag{5.7}$$

一个半圆端的阻值贡献通常近似为 3 个方块。

有时，电阻非常窄，如果不违反设计规则，则接触孔无法放入电阻内部。这时通常增大电阻的两端，在接触孔周围形成端头，从而解决上述问题。由于其形状特点(见图 5.4)，这种结构被称为狗骨形或哑铃形电阻。狗骨形电阻的绘制长度 L_d 为两个接触孔间的距离，绘制宽度 W_d 为电阻体区的宽度，用公式(5.4)可以计算电阻的近似值。电阻中电流趋向表面的效应作用可以用与条状电阻类似的方法处理。

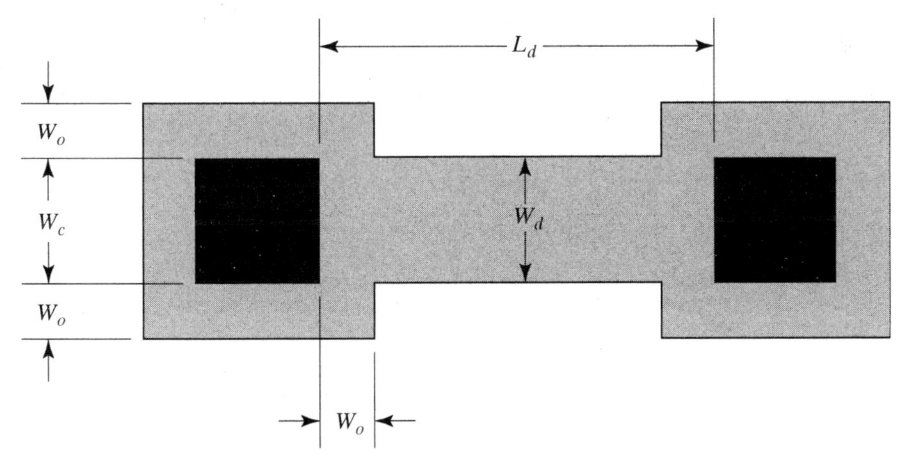

图 5.4　计算狗骨形电阻所需要的尺寸

电流的不均匀效应对狗骨形电阻的影响与条状电阻不同。对于条状电阻(见图 5.2)，电流对接触孔是向内聚集，电阻的有效阻值增加。但是对于狗骨形电阻，当电流进入端头时则向外散开，因而电阻的有效阻值减小。使接触孔宽度 W_c 等于电阻宽度 W_d，以及减小电阻端头对接触孔的交叠 W_o，可以减弱这种效应。表 5.3 列出了两个狗骨形电阻端头(电阻的两端各有一个)的电阻修正因子 ΔR。

---

① Glaser，*et al.*，p. 118。Grebene 引用值为 0. 53：Grebene，p. 140。Reinhard 引用值为 0. 65：D. K. Reinhard, *Introduction to Integrated Circuit Engineering* (Boston: Houghton Mifflin, 1987), p. 191。

② Glaser，*et al.*，p. 118。Grebene 的值似乎有误：Grebene，p. 140。

表 5.3 狗骨形电阻的校正因子 ΔR[①]

W_o	W_c	ΔR
W_d	W_d	−0.7□
$1/2W_d$	W_d	−0.3□

由于多数条状电阻采用小于绘制长度一半的端头交叠，因此修正因子 ΔR 通常小于 0.3 个方块。接触电阻(见 5.3.4 节)包含纵向的电流非均匀效应。如果电阻大于 5 个方块长，上述修正可被忽略。

狗骨形电阻的布局不如条状电阻或折叠电阻那样稠密(见图 5.5)，尽管合适的结构设计会缓解这个问题。很多设计者认为狗骨形电阻比同样宽度的条状电阻或折叠电阻精确。的确，狗骨形电阻由于非均匀电流引起的误差要小于条状或折叠电阻，但这实际上并不能提高电阻的精度。匹配电阻应总是设计成同样的结构，只要各部分的布局相同，是否使用狗骨形端头并不重要。

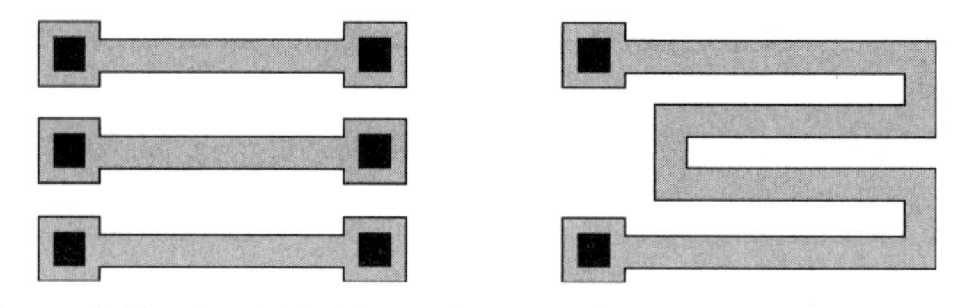

图 5.5 狗骨形电阻和折叠电阻示例，可以看出大的端头会降低布局密度

5.3 电阻变化

对阻值的影响因素很多，包括工艺变化、温度、非线性以及接触电阻。其他次要因素主要影响电阻匹配，包括方向、压力和温度梯度、热电子效应、刻蚀速率的不一致性、NBL 推结、电压调制、电荷分散(charge spreading)、氢补偿及 PSG 极化，这些次要因素将会在第 7 章中讨论。

5.3.1 工艺变化

电阻的阻值取决于其方块电阻和尺寸。方块电阻随薄膜厚度、掺杂浓度、掺杂分布和退火条件的波动而变化，电阻的尺寸会由于光刻误差和刻蚀速率不一致而变化。

现代工艺的方块电阻误差维持在 ±20%或 ±25%以内[②]，其中不包括埋层电阻。基区埋层电阻由相应于 NPN 晶体管中性基区的部分形成，其方块电阻与 NPN 管的 β 值紧密相关，因为二者都是掺杂和中性基区厚度的函数。NPN 管的高 β 值意味着大的埋层方块电阻，反之亦然。大部分工艺 β 值的变化为 3:1(±50%)，基区埋层方块电阻的变化量与之相近。

线宽控制指对由光刻和工艺带来的尺寸变化的度量。对 1 μm 或者更大的特征尺寸，它与宽度的关系不大。换言之，如果 5 μm 的特征尺寸可以允许 ±1 μm 的变化，那么 25 μm 的特征尺寸也可以。因此，线宽控制用特征尺寸的百分比来衡量[③]，它随着特征尺寸的提高而

① Reinhard, p. 192。

② 本节采用的变化量代表了高斯分布的 4. 5Σ 限制。

③ 这条规则建立在生产者不愿为超出建造工艺必须要求的设备投资的基础上。但在最便宜的设备也超过了工艺的最小要求的情况下，上述规则不再有效。这种情况经常出现在高压工艺中。

改善。大部分工艺可以保证线宽控制在其最小特征尺寸的 ±20%以内。例如，最小特征尺寸为 5 μm 的标准双极工艺的线宽控制大约为 ±1 μm。

如果已知方块电阻的变化和线宽控制，那么有效宽度为 W_e 的电阻的容差可以用下式计算[①]：

$$\delta R+\frac{C_L}{W_e}+\delta R_s \tag{5.8}$$

其中，δR 是电阻的容差，C_L 是所用层的线宽控制，δR_s 是方块电阻的变化。这个公式假定电阻足够长以至于可忽略长度的变化。假设一个有效宽度为 2 μm 的电阻画在线宽控制为 ±0.25 μm 的层上，所用材料的方块电阻变化为 ±25%，则由公式(5.8)可得电阻变化为 ±38%。如果有效宽度增加到 10 μm，则电阻变化减小至 ±28%。

这些信息可以总结为以下的设计规则：

- 在容差不重要的情况下，电阻使用最小宽度，期望的阻值变化大约为 ±50%。扩散电阻不能窄于结深的 150%，否则，杂质量可能不足以达到预期的深度。
- 当需要中等精度的容差时，电阻宽度为最小特征尺寸的 2 倍或 3 倍，期望的阻值变化大概为 ±35%。
- 当需要高精度的容差时，电阻宽度选用最小特征尺寸的 5 倍，期望的阻值变化约为 ±30%。

这些规则都假定方块电阻的变化为 ±25%，线宽控制为最小特征尺寸的 ±20%。对于上述规则基区埋层电阻是个例外，因为其阻值主要取决于方块电阻的变化，因而增加线宽并不能带来多少好处。基区埋层电阻的宽度至少应该等于最小特征尺寸的 150%，以确保足量的杂质向下扩散而形成埋层区。电阻匹配与电阻容差所遵循的规则有些不同(见 7.3 节)。

对于深扩散，如 N 阱，这些规则需要进行一些调整。深扩散电阻的精度同时取决于横向扩散和线宽控制。在这种情况下，对给定精度所需的宽度应当用结深或最小特征尺寸来计算，具体取决于哪个值更大。因此，8 μm 深的 N 阱电阻至少应为 16 μm 宽才能获得中等的精度。

5.3.2 温度变化

电阻以一种比较复杂的非线性方式随温度变化。与其他非线性函数一样，它也可以扩展为多项式。除非精度的需要或温度变化范围很宽，一般只取多项式的前两项：

$$R(T)=R(T_0)[1+10^{-6}TC(T-T_0)] \tag{5.9}$$

这里，$R(T)$是某温度 T 下的电阻，$R(T_0)$为温度 T_0 下的阻值，TC 是以百万分之一每摄氏度(ppm/℃)为单位的电阻温度系数(TCR)。为了使单位平衡，在公式(5.9)中插入了比例因子 10^{-6}。表 5.4 列出几种常见集成电阻材料的典型线性温度系数。其中多数值在 0℃～50℃之间比较精确。但多晶硅的温度系数例外，它取决于退火条件，并可能与表 5.4 所列的值有明显出入。

① 方块电阻和线宽控制的变化多是由于未公开的工艺偏差引起的，这些因素以线性而非乘积形式加入。Glaser 等人正确地使用了线性和，但是并未给出理由：Glaser，*et al.*，p. 121。C_L 和 δR_s 通常采用 4.5Σ 值，这种情况下，δR 也取 4.5Σ 值。

表 5.4　几种材料在 25℃时的典型温度系数①

材　料	TCR,ppm/℃
铝，块状	+3800
铜，块状	+4000
金，块状	+3700
160 Ω/□基区扩散	+1500
7 Ω/□发射区扩散	+600
5 kΩ/□基区收缩扩散	+2500
2 kΩ/□高值薄层电阻(P 型)	+3000
500 Ω/□多晶硅(4 kÅN 型)	−1000
25 Ω/□多晶硅(4 kÅN 型)	+1000
10 kΩ/□N 阱	+6000

当需要更高的精度时，可以保留多项式的前三项，从而得到

$$R(T)=R_0(T)[1+10^{-6}TC_1(T-T_o)+10^{-6}TC_2(T-T_0)^2] \tag{5.10}$$

其中，TC_1 是线性电阻温度系数，单位为 ppm/℃；TC_2 是二次电阻温度系数，单位为 ppm/℃^{2}。虽然通常情况下二次温度系数比线性温度系数小很多，然而仍然会对温度变化范围很大的电阻产生显著影响。

电阻温度系数通常由统计曲线拟合法得到。这个过程针对确定的温度范围和确定的公式优化得到温度系数值。如果这些系数用于其他公式或是超出了适用的温度范围，就会出现错误结果。当 TC_2 大于 $0.001 \cdot TC_1$ 时，使用公式(5.10)时要特别注意，因为此时已经超出了计算温度系数的温度范围，若再使用公式(5.10)计算电阻，阻值会迅速变得很不精确。

匹配电阻必须使用相同的材料以确保温度变化不影响它们的匹配。另外，电路设计者有时会为温度补偿电路选择不同扩散的 TCR。由于这些原因，不同的电阻材料不能随意彼此替代。

5.3.3　非线性

理想电阻的电压和电流特性为线性。实际电阻总呈现出一定的非线性，也就是说，电阻阻值随着施加电压的变化而变化。非线性(或者说电压调制)源于几个因素：包括自加热、强场速度饱和以及耗尽区侵蚀。

电阻的功耗等于两端电压与流过电流的乘积。功耗会引起发热。塑料封装的导热性很差，因此即使少量的内部发热也会引起封装内部的温度明显上升。大多数电阻的温度系数相对较大，因此即使较小的温度变化也会引起阻值的明显变化。假设 10 mA 电流流经一个 1 kΩ 的 HSR 电阻，其功耗为 100 mW。再假设热阻为 80℃/W 且温度系数为 3000 ppm/℃，其功耗导致温度升高 8℃，电阻温度系数增加 2.4%。

① 温度系数紧密依赖于生产和测试条件，因此这里给出的只是近似值。Al，Cu 和 Au 的值由数据的线性插值得到，数据源于 G. W. C. Kay 和 T. H. Laby, *Tables of Physical and Chemical Constants*，15th ed. (Essex，England：Longman Scientific and Technical，1986)，pp. 117-118。基区、发射区、埋层以及 HSR 扩散：Gray，*et al.*，p. 139。基区和 HSR 扩散：Grebene，pp. 138, 153。多晶硅：W. A. Lane 和 G. T. Wrixon, “The Design of Thin-Film Polysilicon Resistors for Analog IC Applications,” *IEEE Trans. on Electron Devices*, Vol.36, No. 4, 1989, pp. 738-744。也可参见下列资料中 对各种扩散的讨论和曲线：Hamilton，*et al.*，pp. 277-279；P. Norton 和 J. Brandt, “Temperature Coefficient of Resistance for p- and n-type Silicon,” *Solid State Electronics*, Vol.21, 1978, pp. 969-974。

多晶硅电阻尤其容易受到自加热的影响，因为它们制作在厚的场氧化层表面，厚氧化层在多晶硅电阻和硅衬底之间起到绝缘体的作用，热量无法向上通过保护层和封装扩散出去，因此电阻和硅衬底之间的温度升高 ΔT，单位为℃，大小为

$$\Delta T = 71\frac{V^2 t_{ox}}{R_s L} \tag{5.11}$$

其中，R_s 是多晶硅的方块电阻，单位为 Ω/□；t_{ox} 是场氧化层厚度，单位为埃(Å)；L 是电阻的长度，单位为 μm；V 是电阻两端的电压。式(5.11)也可以用于淀积薄膜电阻。由温度引起的非线性等于升高的温度与电阻 TCR 的乘积。由于自加热造成的电阻温度变化小于 1℃时，非线性效应可以忽略。

在弱电场中载流子的迁移率正比于电场强度。但是当电场继续增强时，载流子的迁移率将受到限制，电阻阻值开始增加。这种非线性开始出现的临界场强，对于电子为 0.2 V/μm，对于空穴为 0.6 V/μm[①]。为了减小这种非线性，场强需要保持在临界强度以下。假设安全系数为 2，则最小的电阻长度 $L_{\min}$ 为

$$L_{\min} = (6.7\ \mu\text{m/V}) \cdot V_{\max} \quad \text{对于 N 型硅} \tag{5.12A}$$

$$L_{\min} = (3.3\ \mu\text{m/V}) \cdot V_{\max} \quad \text{对于 P 型硅} \tag{5.12B}$$

其中，$V_{\max}$ 是电阻两端的最大电压。可以制作短于 $L_{\min}$ 的电阻，但是其阻值在高电压下增加。

如果多晶硅电阻太短，以至于在单个多晶晶粒上出现一定的压降，那么多晶硅电阻阻值也会表现出非线性。这种情况下，晶粒间界势垒区的电阻值为该电阻压降的函数。如果电阻的长度至少为单个晶粒直径的 1000 倍，那么这种非线性就可以忽略[②]。由于大部分多晶硅薄膜的晶粒尺寸约为 0.5 μm 至 1 μm，这意味着精确的多晶硅电阻至少要做到 50 μm 到 100 μm 长才能避免非线性。多晶硅电阻的长度同时也要满足式(5.12A)和式(5.12B)。

对于轻掺杂电阻，尤其是基区埋层电阻，由于反偏结耗尽区的调制作用，因此会出现另一种电压非线性。图 5.6 显示了一个基区埋层电阻的剖面图。耗尽区朝着电阻的高压端方向展宽，这是因为那里的反偏电压最大。也就是说，电阻的高压端比低压端收缩得更严重。当电阻两端的电压增加时，这种收缩效应会变得更加明显。对于 HSR，电压非线性达到 1%/V 的情况已有报道[③]，基区埋层电阻可能达到同样(或更大)的变化值。这种形式的电压非线性模型通常把电阻当成具有大夹断电压的 JFET 处理。

重掺杂电阻由于耗尽区仅延伸很短的距离，因此没有这种收缩效应。例如，发射区电阻实际上就不存在电压调制。

当施加较大的隔离岛偏压时，耗尽区也会引起电阻变大。当电阻和隔离岛的电压差增加时，耗尽区变宽，从而阻值增大。这种效应被称为隔离岛调制，类似于 FET 的背栅调制效应。

---

① Muller 等人给出了强场迁移率饱和曲线，从中可得出这些值：R. S. Muller 和 T. I. Kamins，*Device Electronics for Integrated Circuits*, 2d ed. (New York: John Wiley and Sons, 1986), p. 36。

② Lane, *et al.*, p. 741。

③ W. Bucksch, "Quality and Reliability in Linear Bipolar Design," *TI Tech. J.*，Vol.4，#6, 1987，pp. 61-69。也可参见 Grebene, p. 153。

方块电阻为 160 Ω/□的基区电阻，其隔离岛调制效应约为 0.1%/V①。基区电阻和隔离岛间的电压每增加 10 V，则阻值增加 1%。对于 2 kΩ/□的 HSR，隔离岛调制效应约为 1%/V，基区埋层电阻的隔离岛调制效应至少为 1%/V。匹配电阻或者需要仔细控制隔离岛偏压，或者需要选用低方块电阻材料。

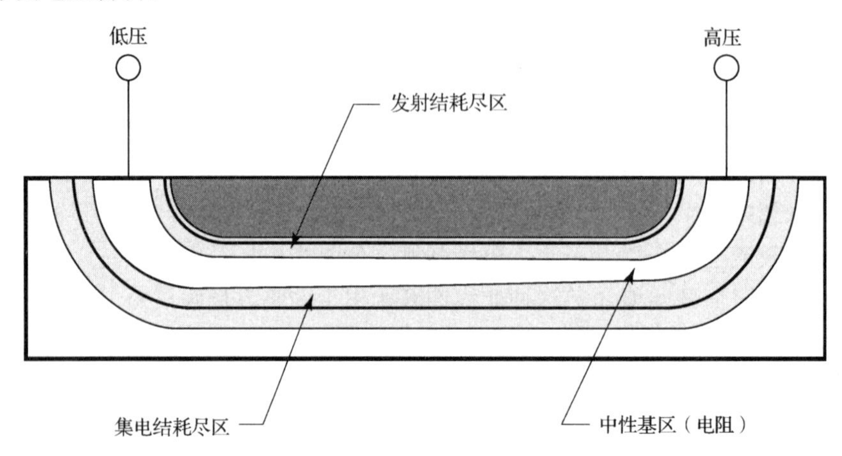

图 5.6　基区埋层电阻的截面图，显示出耗尽区侵入本征基区。注意电阻的高压端比低压端略窄

另外一种电压调制发生在导线跨越轻掺杂电阻时，导线产生的电场引起电阻中的载流子重新分布，类似于 MOS 管栅产生的电场使背栅中的载流子重新分布。这种电导率调制效应会引起 2 kΩ/□的 HSR 电阻阻值发生百分之几的变化。由于 HSR 电阻非常薄并且掺杂浓度很低，所以极易受到这种效应的影响。精确的 HSR 电阻应采用场板(field plated)以减小由电导率调制引起的阻值变化。推荐使用分裂场板(split field plates)(见 7.2.12 节)，因为这样可降低由场板自身的电导率调制引起的非线性。多晶硅电阻通常掺杂较重，因而其电导率调制效应比扩散电阻弱。方块电阻为 1 kΩ/□或更小的多晶硅电阻一般不会受到电导率调制效应的影响。

5.3.4　接触电阻

每个电阻至少有两个接触孔，每个接触孔都会增加电阻的阻值。这部分电阻源于电阻材料和金属之间存在着势垒。尽管载流子可以隧穿越过势垒，但在此过程中会损失能量。这部分能量损失随电流变化而变化，因此最好使用特定的接触电阻来表示，单位为 $\Omega\cdot\mu m^2$。接触电阻由接触材料和工艺条件决定，并且可能变化很大，除非设计规则另有说明，设计者应当假设它从零变化到一个确定的最大值。一个宽为 W_c、长为 L_c 的接触孔产生的阻值 R_c 为②

$$R_c = \frac{\sqrt{R_s\rho_c}}{W_c}\coth(L_c\sqrt{R_c/\rho_c}) \tag{5.13}$$

其中，R_s 为电阻材料的方块电阻，ρ_c 为确定的接触电阻率，coth( )为双曲余弦函数。式(5.13)也考虑了垂直方向上的电流聚集效应(见 5.2 节)。表 5.5 列出了一些接触系统的典型接触电阻值。因为接触电阻与工艺密切相关，所以这些值只在生产工艺有保障的前提下有效。

① 基区为 200 Ω/□时的值：Hamilton，*et al.*，p. 155。

② H. Murrmann 和 D. Widmann, "Current Crowding on Metal Contacts to Plannar Devices," *IEEE Trans. on Electron Devices* ED-16, #12, 1969, pp. 1022-1024。

表 5.5　几种接触系统的典型接触电阻值①

接触系统	接触电阻，Ω · μm^2
Al-Cu-Si 至 160 Ω/□基区	750
Al-Cu-Si 至 5 Ω/□发射区	40
Al-Cu/Ti-W/PtSi 至 160 Ω/□基区	1250
Al-Cu/Al-Cu(通孔)	5
Al-Cu/Ti-W/Al-Cu(通孔)	5

较早工艺的铝-铜-硅(Al-Cu-Si)金属系统表现出明显的接触电阻，尤其像 160 Ω/□基区扩散这类轻掺杂。由于烧结问题使用难熔阻挡层金属会明显增加接触电阻的变化。在阻挡层金属下面增加一层硅化物(Al-Cu/Ti-W/PtSi)可以消除这个问题，接触电阻仅比铝-铜-硅系统大一点。现代 CMOS 和 BiCMOS 工艺使用硅化物接触与重掺杂的 PSD(P 型源/漏)和 NSD(N 型源/漏)扩散相结合，使得接触电阻和发射区电阻相近(40 Ω · μm^2 或更好)。

考虑一支采用标准双极工艺制造的 1 kΩ 基区电阻，接触孔大小为 8 μm×8 μm，选用 Al-Cu-Si 金属系统。公式(5.13)表明每个接触孔增加了 43 Ω 电阻，因此整个电阻增加了 86 Ω，也就是 9%的电阻值。小于 10 个方块的标准双极工艺基区电阻需要采用大型接触孔以避免由接触电阻带来的阻值变化过大的问题。这种情况下，通常最好将几个长电阻段并联，而不采用允许大型接触孔的狗骨形电阻。

5.4　电阻的寄生效应

实际的金属无法与环境完全隔绝。在高频下不可避免地会发生电容和电感耦合，有些电阻还会发生结电流泄漏。电路设计者可以使用含有一些理想元件的子电路来代替每个集成电阻，为这些相互作用建模。所有元件中，有一个是理想电阻，其余的是反映这些不希望产生而又不可避免的电阻与芯片其他部分相互作用的寄生元件。版图设计者对这些子电路很感兴趣，因为它们表明了不同电阻的局限性。

图 5.7 显示了典型多晶硅电阻的截面图。电阻的四周被氧化物包围，这种氧化物是极好的绝缘体，几乎没有漏电。氧化物还表现为耦合电阻和相邻元件的电介质。大多数多晶硅电阻处于电容率为 0.05 fF/μm^2 的场氧化层中(见 6.1 节)。忽略边缘效应，5 μm 宽、100 个方块的电阻具有约 125 fF 的总衬底电容。这个电容沿电阻不均匀分布，因此不能用单个电容精确建模。其分布电容可以用图 5.8(A)所示的 π 模型来估计，其中 C_1 和 C_2 为理想电容，各代表一半的分布电容。如果单个 π 模型不够精确，还可以使用多重 π 模型。图 5.8(B)所示为 2-π 模型：R_1 和 R_2 为理想电阻，每个电阻为总电阻的一半；C_1，C_2 和 C_3 是理想电容，C_1 和 C_3 等于分布电容的四分之一，C_2 为分布电容的一半②。

越过多晶硅电阻的导线会引入额外的寄生电容。典型的夹层氧化物(ILO)的电容率等于场氧化物，约为 0.5 fF/μm^2。这样，当 3 μm 宽的导线越过 5 μm 宽的电阻且夹角为直角时，

① Murrmann 等人对 150 Ω/□的基区给出的值为 650 Ω·μm^2；D'Andrea 等人对 180 Ω/□基区给出的值为 1000 Ω·μm^2，对 140 Ω/□基区给出的值为 900 Ω·μm^2：G. D'Andrea 和 H. Murrmann, "Correction Terms for Contacts to Diffused Resistors," *IEEE Trans. On Electron Devices*, ED-17, 1970，pp. 484-485。发射区：Murrmann，*et al*。肖特基接触的值：使用 Bucksch 中的数据通过外推基区值得到。通孔值是作者的估计。理论分析见 Runyan，*et al.*，pp. 522ff。

② Y. Tsividis, *Mixed Analog-Digital VLSI Devices and Technology*(New York: McGraw-Hill, 1996), p. 166。

大约产生 7.5 fF 的耦合电容。这是个极小的电容值，即便如此，它也会将噪声耦合到高阻抗电路。在精密的模拟电路(如电压偏置或低噪声放大器)中，含噪声的信号不能分布在多晶硅电阻之上。7.2.8 节给出了避免在匹配电阻上布线的其他原因。

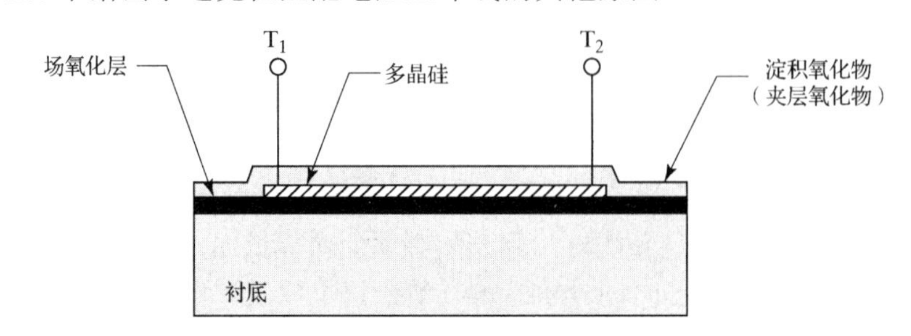

图 5.7 多晶硅电阻的截面图

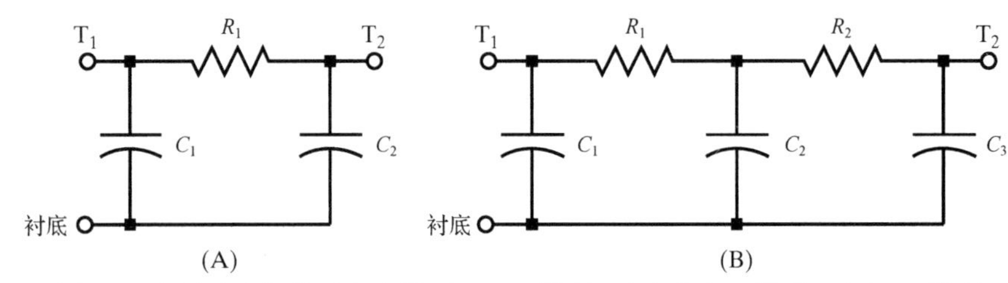

图 5.8 多晶硅电阻的子电路模型——π 模型：(A)单个 π 模型；(B)2-π 模型

图 5.9 给出了扩散电阻的简化截面图。一个或多个反偏结将电阻与芯片的其他部分隔离开。需要有隔离岛接触以提供必要的反偏电压。

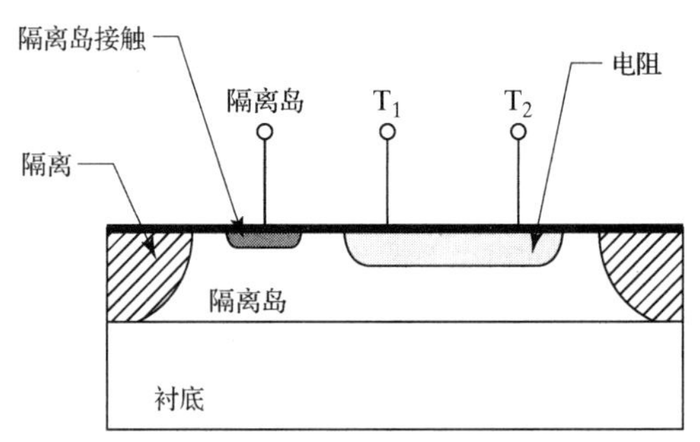

图 5.9 典型扩散电阻的截面图

扩散电阻的主要寄生效应为反偏结：一个结在电阻和隔离岛之间，另一个结在隔离岛和衬底之间。这些结形成的分布结构通常用 π 模型建模。图 5.10 表示了图 5.9 中电阻的两个单 π 字电路模型[①]。

图 5.10(A)所示子电路包含 1 个理想电阻和 3 个二极管。D_1 和 D_2 分别表示整个电阻-隔离岛结的一半，而 D_3 表示整个隔离岛-衬底结。只要隔离岛电阻小于电阻 R_1，这种子电路模型就具有相当的精确度。在隔离岛电阻较大时(例如，N 阱中的 PSD 电阻)，更倾向于选用图 5.10(B)所示的子电路模型。这个模型中包含电阻 R_2，用于为隔离岛电阻建模，此外还包含两个二极管 D_3 和 D_4，用于为隔离岛-衬底结建模。这两种子电路都可以加入更多的 π 结构以提高模型的高频精度。

① 类似的讨论参见：Hamilton，*et al.*，pp. 160-182。

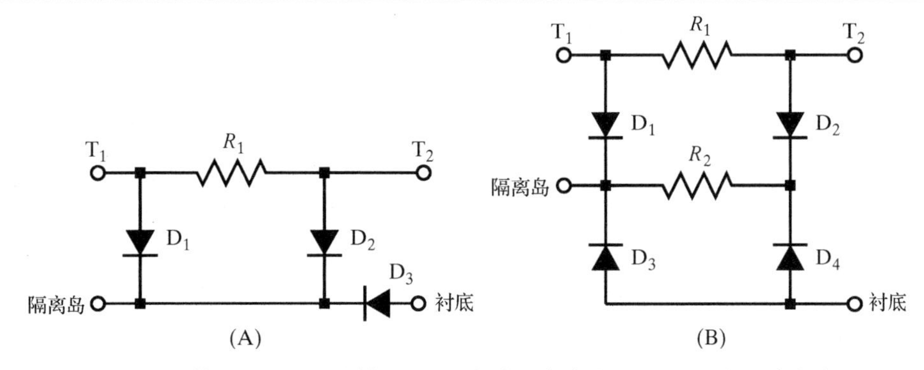

图 5.10 扩散电阻的子电路模型：(A)忽略隔离岛电阻；(B)包括隔离岛电阻

与扩散电阻相关的反偏二极管会带来一些不希望的效应。如果电阻-隔离岛结变成正偏，会将少子注入隔离岛中，引发闩锁效应(见 4.4.2 节)。即使不发生闩锁效应，大电流也会流过隔离岛接触。正确的偏置岛电阻需要经过认真的考虑。图 5.11 所示的三种偏置方案表示了常用的连接隔离岛和 P 型电阻的方法。

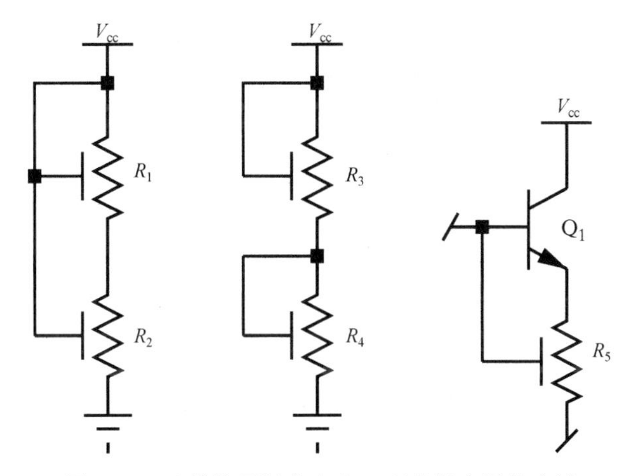

图 5.11 几种偏置隔离岛和 P 型扩散电阻的方法

由 R_1 和 R_2 形成的电阻分压器可以使用尽可能简单的偏置：两个电阻的隔离岛都连接到比电阻电位更高的电源,从而使隔离岛-衬底结反偏,但是隔离岛相对于每个电阻的偏置不同,隔离岛调制效应的程度也不同。产生的电阻变化会导致分压比随电源电压的变化而变化。由 R_3 和 R_4 形成的电阻分压器显示了一种更适合于匹配电阻分压器的隔离岛连接方式,每个隔离岛连接至各自电阻的正端。如果两个电阻的值相等，那么两个岛的偏置电压也相同，因而隔离岛调制效应相同。通过把电阻分割成占有单独隔离岛的多个部分可将这种技术扩展至阻值不相等的电阻。

R_5 描述了另外一种偏置电阻岛的方法。假设晶体管 Q_1 始终处于导通状态，电阻 R_3 所在的隔离岛被偏置到比电阻正端高一个发射结压降的电位。这种连接显示了隔离岛既不与电阻相连也不与电源相连的许多种可能结构中的一种。像其他所有结构一样，这种连接可能使电阻-隔离岛结正偏。假设晶体管导通，这样 R_5 被偏置在比地高几伏的电位上。如果 Q_1 的基极被突然拉低，电阻-隔离岛结会出现短暂的正偏。对既不接回至电阻正端也不接电源的连接方式，需要认真分析类似于上述情况的潜在传导路径。

隔离扩散电阻的反偏结也可能受到雪崩击穿的影响。对于发射区电阻和基区埋层电阻尤其要注意，因为它们经常在 7 V 左右发生雪崩。这类电阻不要在超过 2/3 击穿电压(即 4.5 V 左右)的电压下工作。如果电阻的偏压可能会超过这个值，那么电阻应当由多个置于单独隔离岛中的部分构成。反偏结产生的耗尽区也有相当大的电容，该电容率与结掺杂和反偏电压相关，典型值为 1～5 fF/μm^2。该值明显大于多晶硅电阻产生的典型值 0.5 fF/μm^2，所以扩散电阻的高频性能无法与多晶硅电阻相比。

大多数设计者偏爱使用多晶硅电阻，因为没有结的情况使得可以少考虑寄生效应。然而，多晶硅的方块电阻和温度系数却不如扩散电阻那样令人满意。例如，N 阱电阻比重掺杂的多晶硅电阻更紧凑。因此，即使在提供多晶硅电阻的工艺中也会偶尔使用扩散电阻。

5.5 不同电阻类型的比较

大部分工艺针对不同的应用提供了多种电阻，本节比较了第 3 章中列出的各种类型的电阻，还给出了另外几种针对特殊应用的电阻。

5.5.1 基区电阻

标准双极工艺(见图 3.13)和模拟 BiCMOS 工艺(见图 3.52)中提供了基区电阻。标准双极工艺基区方块电阻的典型值范围为 100～200 Ω/□，并且允许直接在电阻上形成欧姆接触。接触材料不用硅化物的工艺通常具有相当高的接触电阻。BiCMOS 工艺和先进双极工艺的基区方块电阻(300～600 Ω/□)通常比标准双极工艺的高，因此需要在接触下面重掺杂以形成可靠的欧姆接触，产生的复合结构的电阻值可以使用类似于计算 HSR 电阻的公式来计算(见 5.5.4 节)。

基区扩散最适合于制作阻值从 50 Ω 至 10 kΩ 的电阻，更大的电阻通常采用 HSR 制作，更小的则采用发射区电阻。基区方块电阻的控制相对来说比较精确，而且基区电阻的掺杂浓度足够高从而使得隔离岛调制效应最小化。这种考虑通常优先于采用 HSR 电阻来节省面积，对于精确匹配电阻更是如此。

对于高压电阻，通常需要用场板(field plate)来阻止电荷分散(charge spreading)(见 4.3.5 节)。导线可以越过基区电阻而不会引起明显的电导调制。当有噪声的信号线越过基区电阻时仍需小心考虑，因为电阻上的氧化层比场氧化层薄，电容耦合可能将噪声引入与电阻相连的电路。

基区电阻必须置于合适的隔离岛中，或者是标准双极工艺的 N 型外延层，或者是模拟 BiCMOS 工艺的 N 阱。隔离岛需要包含尽可能多的 NBL 来减小隔离岛电阻。通过提供从隔离岛到电源的低阻通路，NBL 还会同时减小在同一个隔离岛内的电阻间的噪声耦合。NBL 不仅有助于使去偏置效应最小化，同时还可作为少子阻挡层从而避免出现闩锁效应。如果没有 NBL，基区扩散会更深，从而会增大电阻。NBL 的大小应当完全将电阻包含在内以确保电阻的所有部分受到同样大小的 NBL 上推。通常 NBL 交叠为 5～8 μm 就够了。

基区电阻经常与其他器件共用一个隔离岛。为了防止可能出现的闩锁效应，这些器件不能向隔离岛中注入少子。例如，与横向 PNP 管置于同一隔离岛中的电阻会收集饱和晶体管发射的少子。电阻可以安全地与其他电阻或是不饱和的 NPN 管置于同一隔离岛。如果 NPN 管在同一隔离岛中，则应使用深 N+注入与 NBL 接触以防止隔离岛去偏置和噪声耦合(见 13.1 节)。如果隔离岛中仅有电阻，就可以省略深 N+注入以节省面积。

基区电阻大概是标准双极工艺中最通用的电阻了。如果提供了多晶硅电阻，则通常比基区电阻更受到偏爱，因为其寄生电容较小并且没有可能正偏的隔离岛结。

5.5.2　发射区电阻

标准双极工艺(见图 3.14)和一些模拟 BiCMOS 工艺均提供发射区电阻。其方块电阻的典型值为 2～10 Ω/□，因此可以直接在发射区上制作接触孔。由于相对较小的方块电阻，发射区是唯一适合于制作较小电阻(0.5～100 Ω)的区域。更大的电阻通常用基区或 HSR 制作。对于发射区电阻可以忽略电压调制和电导调制效应。

发射区电阻与其上面所布导线间的电容耦合较为明显。使用薄发射区氧化层的工艺所产生的氧化层电容率可达 0.5 fF/μm^2，而使用厚发射区氧化层工艺所产生的电容远小于前者。薄发射区氧化层在 ESD(静电漏放)时也容易损坏。与外部的管脚相连的导线除非与发射区扩散相连，否则不要穿越薄氧化层发射区(见 4.1.1 节)。厚发射区氧化层不易损坏，因此导线可以安全地穿越并与管脚相连。

发射区电阻必须放置在合适的隔离岛内。通常的做法是发射区电阻制作在基区扩散内，基区扩散又制作在一个 N 阱内(见图 3.14)。当使用这种结构时，基区扩散必须连至与发射区电阻相等或更低的电位上，基区所在隔离岛必须连至与基区相等或更高的电位上。这可以通过将基区扩散连至电阻的低压端、而将隔离岛连至电阻的高压端来实现。发射区电阻的偏压不能超过雪崩击穿电压的 2/3，即标准双极工艺中约为 4 V。可以通过将电阻分割成几部分，每部分在各自的基区中来满足这种限制。

由于 N 型外延层的方块电阻远大于发射区的方块电阻，所以发射区电阻并非必须制作在基区内从而与所在岛隔离。尽管发射区电阻会与隔离岛电学相连，但电阻率的不同使得大部分电流流过电阻而不是隔离岛。去除基区后会节省相当可观的面积(见图 5.12)。这种版图特别适于用作隧道的发射区电阻。隧道(或埋线)是一种只用一层金属在芯片上做飞线的低值电阻(见 13.3.3 节)。隧道应当占用最小的面积，同时阻值很低。图 5.12 所示的版图便是一种极为理想的方案。

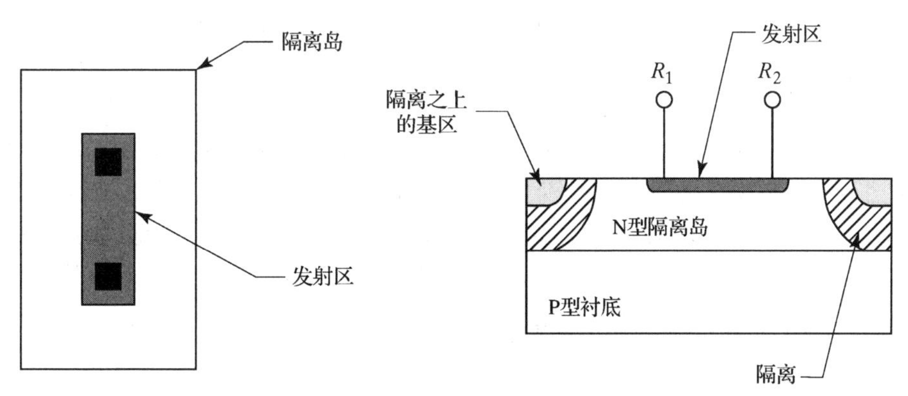

图 5.12　另一种风格的发射区电阻版图和截面图，去掉了包围的基区扩散以节省面积(与图 3.14 比较)

在模拟 BiCMOS 工艺中，发射区电阻可以直接置入 P 型外延层内。在标准双极工艺中，可以用含发射区电阻的基区代替整个隔离岛，从而得到无隔离岛的发射区电阻。遗憾的是，这种省略隔离岛的结构的击穿电压从 7 V 左右降到了 5 V 左右。将发射区电阻直接做在隔离区内会导致漏电。当发射区电阻用作隧道工作在衬底电势的时候，即可安全地置于隔离区内(见 13.3.3 节)。这种情况下，显然不需要考虑漏电，但是仍需注意不要让去偏置影响到电路的正常工作。

在标准双极工艺中，发射区电阻常用作功率管镇流和电流敏感电阻。在单层金属工艺中也广泛用作隧道。在 BiCMOS 工艺中发射区电阻并不常见，因为低方块的多晶硅电阻更紧密而且不易受到寄生效应的影响。

5.5.3 基区埋层电阻

在标准双极工艺和模拟 BiCMOS 工艺中都可以制作基区埋层电阻(见图 3.15)。其有效方块电阻的典型值为 2～10 kΩ/□，可以使版图更为紧密。埋层电阻主要用于制作其他扩散层无法低成本实现的高值电阻。基区埋层电阻的方块电阻的可控性很差，同一个工艺中变化 ±50%较为常见。NBL 应置于基区埋层电阻之下，这样 NBL 上推可以增加其方块电阻。

基区埋层电阻的隔离岛调制约为 1%/V 的数量级或更大一些。只有在尺寸相同且隔离岛偏压相同的情况下基区埋层电阻才能匹配，因而图 5.11 中只能选用电阻 R_3 和 R_4 的偏置方案，而不能采用 R_1 和 R_2 的偏置方案。隔离岛的偏置如果不同，造成的失配可能达到 ±20%。即使匹配极佳的版图，由于固有的缺乏对基区收缩方块电阻的控制，因此可得到 ±5%的误差[①]。即使最窄的 HSR 电阻也能获得比前者更好的匹配，因此如果工艺中有 HSR，应尽量用其代替基区埋层电阻。

与发射区电阻一样，发射结击穿电压也将基区埋层电阻的电压限制在 4 V 左右。如果采用分段结构，基区埋层电阻可以承受更大的差压。因为发射区的收缩层(pinch plate)与隔离岛相连，因此每段电阻必须占据单独的岛。这样做非常浪费面积，因此可以考虑用其他电阻代替，如外延埋层电阻或窄 HSR 电阻。

总之，埋层电阻是主要用作高值电阻的边缘器件。例如，就像晶体管的基区夹断电阻，它们经常用于非关键的角色。有时候，设计者会使用基区埋层电阻来补偿 NPN 晶体管的 β 值变化，因为其方块电阻与 NPN 管的 β 值相关。在大多数其他应用中，HSR 电阻优先于埋层电阻。

5.5.4 高值薄层电阻

高值薄层电阻(HSR)注入可以作为大部分标准双极工艺的扩展。这种注入方块电阻从 1～10 kΩ/□，其值取决于注入量、结深以及后来的退火条件。可以用不完全退火使 HSR 电阻的温度系数达到最小值[②]。HSR 电阻通过少量的浅硼注入 N 型外延获得(见图 3.19)。因为 HSR 注入太少太浅，因而不能在其上直接制作欧姆接触，所以电阻的两端均由基区扩散构成。图 5.13 给出了一支 HSR 电阻样品的版图和几何尺寸。

---

① Grebene 的引用值为 ±6%，Gray 等人的引用值为 ±5%：Grebene，p. 147；Gray，*et al.*，p. 139。

② J. L. Stone 和 J. C. Plunkett, “Recent Advances in Ion Implantation—State of the Art Review,” *Solid State Technol.*，Vol.9, #6, 1976, pp. 35-44。

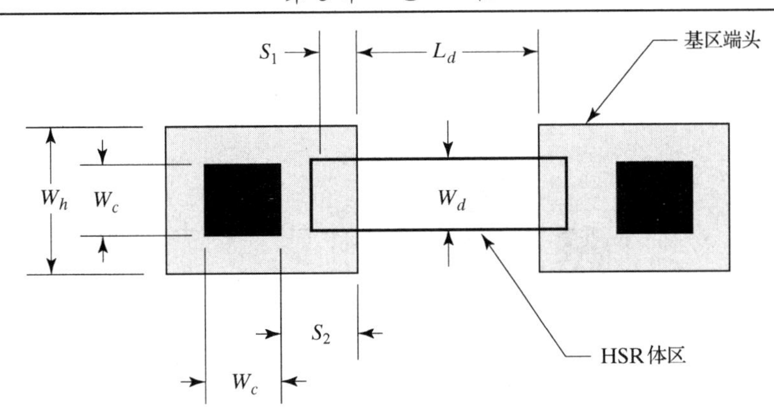

图 5.13 HSR 电阻的版图及相应尺寸

HSR 电阻的绘制长度 L_d 通常可通过测量电阻两个基区端头的内边缘间距获得。电阻值为

$$R = R_s\left[\frac{L_d - L_b}{W_d + W_b}\right] + 2R_h \tag{5.14}$$

其中，R_s 为 HSR 注入的方块电阻，W_b 为宽度偏差，L_b 为长度偏差。宽度偏差主要源于形成电阻体区时的 HSR 注入，而长度偏差主要源于电阻端头间的距离。因为基区端头电阻 R_h 与 HSR 方块电阻无关，所以需要单独计算。HSR 注入的结深一般不超过 0.5 μm，因此宽度偏差主要是由曝光和刻蚀造成的。长度偏差项源于基区端头的横向扩散，大小约为基区扩散结深的 20%。因为很小，所以该项通常可以忽略。由于电流的不均匀性，所以基区端头电阻很难估计。下面的公式是一个有用的近似：

$$R_h = kR_{sb}\frac{S_2 + W_{bb}/2}{W_b + W_{bb}} \tag{5.15}$$

这里，R_{sb} 是基区方块电阻，W_{bb} 是用于计算基区电阻的宽度偏差。系数 k 考虑了电阻中电流的非均匀性，其典型值为 0.7。有时为了配合布线将端头拉长，这时 k 值可取为 1。

高压 HSR 电阻极易发生电荷分散(charge spreading)。HSR 的方块电阻远高于基区，因此流过的电流变小，漏电效应变大。对所有工作电压达到或超过厚场阈值电压的 HSR 电阻，需要仔细地设置场板。薄的轻掺杂 HSR 注入也容易受到电压调制效应的影响。例如，连接 20 V 电源电压、置于同一隔离岛内的 HSR 电阻分压器会产生严重的失配。如果电阻被分开放在单独的隔离岛中，每部分都会受到相同的隔离岛调制，这样分压器就可以正常工作。这个例子说明，与更深且更重掺杂的基区电阻相比，HSR 电阻受到的隔离岛调制效应更严重。在同一隔离岛内正常工作的基区电阻如果换成 HSR 电阻，可能导致不可接受的误差。

电导调制也会影响 HSR 电阻。由于拓扑原因，单层金属设计中导线经常必须布在 HSR 电阻之上。此时，如果导线上的电压与电阻的电压差别很大，就会发生电导调制效应。这种效应经常会放大导线和电阻间的耦合噪声。因为基区扩散的电导调制效应远小于 HSR 电阻，所以可以将基区端头延长，导线从基区端头而不是 HSR 注入区上通过(见图 5.14)，即可使耦合噪声最小化。有时 HSR 电阻太短，而必须越过它的导线又太多，这时也可以通过延长基区端头来解决。延长基区端头的 HSR 电阻可以使用式(5.15)计算，此时 k 值为 1。

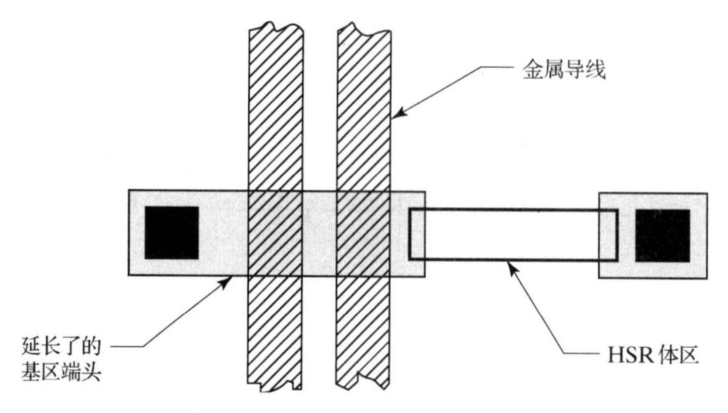

图 5.14 延长了端头的 HSR 电阻

HSR 注入很浅，从而限制了 HSR 电阻的击穿电压只是平面击穿的一小部分。大多数 HSR 电阻仅能承受 20～30 V 的电压。相比而言，基区电阻，无论其掺杂浓度多大，所能承受电压的典型值都为 50～60 V。把 HSR 电阻的拐角都做成圆角可以减小这些位置的电场强度，而且还可以将击穿电压提高几伏特。把 HSR 电阻分成多段，每段置于独立的隔离岛中，每个隔离岛连至其内部电阻的正端，还可将 HSR 电阻的工作电压提得更高。这种结构不仅可以使电阻可承受的工作电压达到隔离岛-衬底结的击穿电压，而且可以减小电压调制效应。

与基区电阻一样，NBL 也总是位于 HSR 电阻之下。这样不仅可以防止去偏置效应，而且当电阻暂时相对于隔离岛正偏时，可以作为阻挡层阻止少子注入隔离岛中。无论有没有 NBL，浅 HSR 注入的方块电阻在实质上并没什么变化，但是 HSR 受到 NBL 阴影(shadow)的影响比基区更大。在保证器件不向共享的隔离岛注入少子的情况下，HSR 电阻可以和这些器件共用隔离岛。

HSR 注入的方块电阻的范围较宽。较小的方块电阻(如 1 kΩ/□)几乎没什么价值，因为其成本较高，却不能节省足够的芯片面积。较大的方块电阻(如 5 kΩ/□)极易受到电荷分散(charge spreading)和电导调制效应的影响。最佳的方块电阻值在 2 kΩ/□左右，这样既能节省相当大的面积，而且不必太担心场板(field plate)和布线。如果必须使用更大的方块电阻，那么所有的电阻都必须设置场板(field plated)以防止表面电荷调制。这些场板(field plate)同时也避免了导线无意中穿越 HSR 电阻的情况。对于这些较大的方块电阻，可以考虑将大电阻分段且每段使用单独的场板(field plate)以减小由此引发的电导调制效应。分裂场板(split-field plate)(见 7.2.12 节)可能对于精确匹配电阻较为有用。当方块电阻增加时，电压调制和离岛调制效应更严重，因此隔离岛的连接必须仔细检查。

要在有限的芯片面积里制作大量电阻时，HSR 电阻是很有用的。它不如基区埋层电阻那样易变，并且方块电阻远大于后者。许多电源电流小于 1 mA 的标准双极设计中大量使用 HSR 电阻。CMOS 和 BiCMOS 工艺中很少使用 HSR 电阻，因为掺杂多晶硅是更好的选择。虽然这些工艺提供的多晶硅方块电阻小于 HSR(分别为 500 Ω/□和 2 kΩ/□)，但多晶硅宽度和间距更窄，能使版图的结构更加紧密。另外多晶硅电阻没有隔离岛调制效应，而且在其方块电阻小于 1 kΩ/□时，电导调制效应也可以忽略。

5.5.5 外延埋层电阻

外延埋层电阻类似于基区埋层电阻，因为其阻性区域被夹在两个结中间以增加方块电阻。这里，电阻层为被衬底和基区夹着的 N 型外延层（见图 5.15）。隔离推结时衬底杂质向上扩散，从而形成的有效方块电阻为 5～10 kΩ/□。

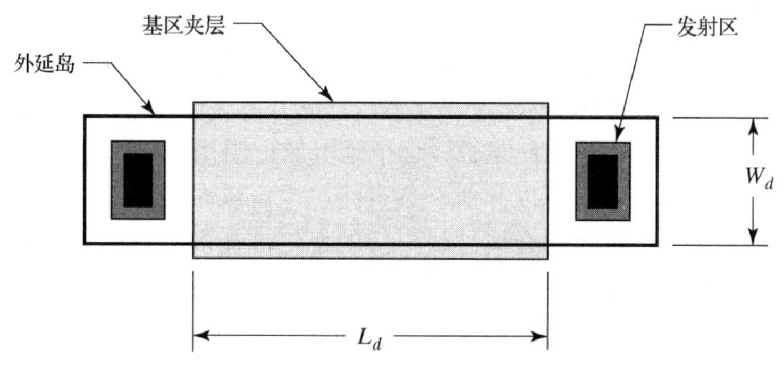

图 5.15 外延埋层电阻（epi-FET）的版图

正如所预料的那样，对于高阻材料，被夹着的外延层会受到严重的电压调制效应的影响。在较高的电压下，电阻的正端会完全耗尽。一旦电阻夹断，电流就不再增加，而且不再受偏压控制。夹断电压与外延厚度、外延掺杂浓度和基区结深有关。对于典型的 40 V 标准双极工艺，外延层的夹断电压在 20 V 到 40 V 之间。

有一类器件由两个靠近的反偏结和夹着的轻掺杂区域构成，外延埋层电阻就是其中一个实例。此类器件实际上就是 JFET（结型场效应晶体管）（见 1.5 节），外延埋层电阻因此也称为 epi-FET（外延-场效应晶体管）（见 11.2 节）。

外延埋层器件的电压调制效应如此严重，以至于它们很少作为普通电阻使用。相反，在启动电路中总能看到它们的应用，此时它们起到限流的作用。这种应用中，电压调制效应和最终的夹断正是人们所需要的，它们限制了启动电流随电压而增加的现象，因此在高压下节省了部分电流消耗。外延埋层电阻的方块电阻变化很大（不计入电压调制时至少为 ±50%），因此绘制其版图时无须精度考虑。电阻值通常使用式（5.3）计算，并采用图 5.15 所示的绘制宽度和长度。由于隔离区的横向扩散侵入了所夹的电阻层，因而宽度偏差为负值。

外延埋层电阻经常布成折叠状，并且很多版图采用图 5.3（B）所示的圆形拐角。这种做法经常被错误地解释为为了防止使用尖角而过早地发生雪崩击穿，而实际上对于深扩散，圆角几乎对击穿电压没有什么影响。其实，采用圆角是由于横向扩散很严重，因此会把直角变为近似圆角的形状。而直接做成圆形拐角几乎不会受到这种影响，这样它们的值更容易计算。

在 BiCMOS 工艺中也可以用基区与 N 阱间的夹层制作埋层电阻。版图与图 5.15 所示的相同，但是由于现在的宽度偏差为正值，因而允许更小的绘制宽度。阱埋层电阻的宽度至少应等于普通阱结深的 150%，否则杂质数量不足以把基区下的 P 型外延变为 N 型。由于 N 阱的横向扩散，因此基区在 N 阱上的交叠部分也应当增加。在没有特殊的版图规则时，交叠部分至少应为外延厚度的 150%。

在介质隔离的工艺中，也可以制作类似外延埋层电阻那样的结构。这种电阻由包含轻掺杂的 N 型硅条且在其上进行 P 型注入（如浅的 P 阱）的隔离岛构成。轻掺杂的 N 型硅夹在

P 型注入和埋层氧化物之间。这种结构对衬底的影响和表面硅厚度的变化极为敏感。外延和阱埋层电阻并没有被大量使用，它们提供了一种方便的途径使启动电路可获得小电流，但是它们固有的可变性和非线性限制了在其他方面的应用。

5.5.6 金属电阻

尽管金属铝的方块电阻很小，但这并不意味着可以被忽略。标准双极工艺的金属厚度大约为 10～15 kÅ，方块电阻约为 20～30 mΩ/□。CMOS 工艺较小的特征尺寸规定了金属厚度一般小于 10 kÅ，对应的方块电阻也就更大一些。

金属电阻的典型阻值为 50 mΩ～5 Ω。这个范围的电阻用于构造电流敏感电路和大功率双极型晶体管的镇流。金属电阻可以布成一条直线，也可以布成折叠状。电阻应位于场氧化层的上面，以避免氧化层台阶引起金属方块电阻的变化。在多层金属工艺中，可以用任意金属层制作电阻。上层金属导线可以布在下层金属电阻之上，但是下层金属或硅导线不能布在上层金属电阻的下面，因为它们会造成电阻的非等平面性(nonplanarities)。

精确地感测金属电阻上的电压需要特殊的技术。电阻的导线只是电阻层的扩展，因此额外的导线长度会引起明显的感测电压误差。因此采用两对导线：一对用来传输通过电阻的电流，另一对用来检测电阻上的压降。电流导线上的压降不会改变检测导线上的电压变化，并且由于很少或没有电流流过检测导线，因此其上的压降几乎为零。这种使用独立的载流线和检压线的方法称为开尔文连接(Kelvin connection)(见 14.3.2 节)。

图 5.16(A)给出了金属电阻开尔文连接的一种方式。电阻由单层金属构成，检测点是连接电阻边缘的简单抽头。检测线应该尽可能窄，确保电阻长度仅由两条线的间距决定，而与它们的宽度无关。电阻体区在检测线外应该延长一段距离，这段距离至少应该等于电阻宽度，最好为两倍宽度以上。这段延长线促使电流在检测线附近均匀流动，并且确保能够进行精确的电压检测[①]。

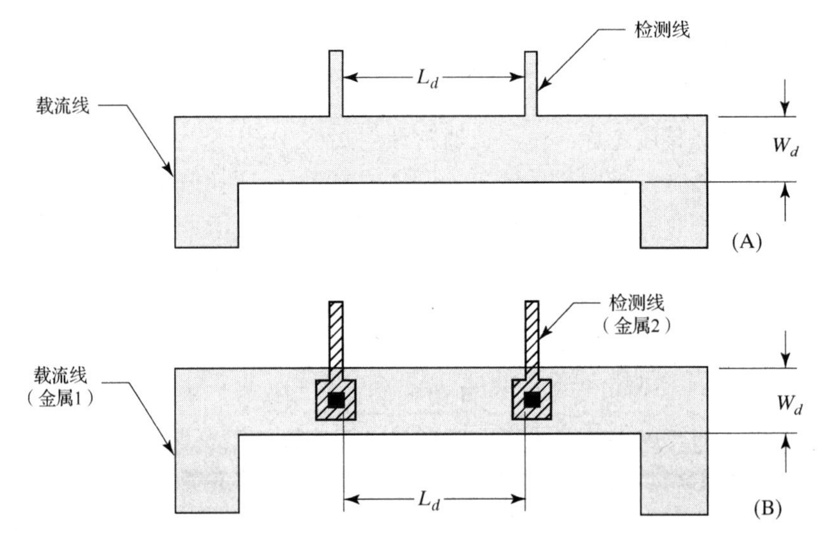

图 5.16 两种形式的开尔文连接金属电阻：(A)单层金属布局；(B)双层金属布局

① 实际中，经常必须满足于非最优版图：参见 B. Murari, “Power Integrated Circuits: Problerns, Tradeoffs, and Solutions.” *IEEE J. Solid-State Circuits*, Vol.SC-13, #6, 1978, pp. 307-319。

图 5.16(B)给出了另一种形式的版图，使用第二层金属作为电阻的接头。检测线应该使用上层金属以保证电阻的等平面性。这种版图对检测点附近的电流变化不敏感。如果电阻都在检测点外延长足够的距离，那么图 5.16(A)和图 5.16(B)所示的版图将会有相近的精度。

金属电阻的阻值主要取决于金属层的厚度，其次才取决于它的组分。如果电阻足够宽以至于可以忽略宽度偏差，则对金属方块电阻的控制基本上等于金属厚度的变化，对大部分工艺来说为 ±20%。与其他类型的电阻相比，这个值已经很不错了，但是存在一个潜在的缺陷。很多工艺常规上并不监测金属的方块电阻，这样就增加了工艺漂移出控制之外而不被发现的可能性。一旦金属的方块电阻出现任何意外的偏差，应立刻与相关工艺控制人员沟通，从而可将上述问题的影响减至最小。

很多设计者喜欢在电流敏感电路中使用金属电阻。它们不仅能够以最小的压降控制大电流，而且其温度系数也非常有用。一种被称为 ΔV_{BE} 发生器(见 9.2.4 节)的简单双极电路可以产生温度系数约为 3300 ppm/℃的小电压。该温度系数主要补偿了铝的 TCR。这种令人愉快的一致性使得非常简单且具有惊人精度的限流电路的设计成为可能。

5.5.7 多晶硅电阻

CMOS(见图 3.32)和 BiCMOS 工艺中提供了多晶硅电阻。用于构建 MOS 管栅极的多晶硅被重掺杂以改善导电特性，其方块电阻约为 25～50 Ω/□。轻掺杂多晶硅的方块电阻为几百甚至几千欧姆每方块。本征或轻掺杂的多晶硅可以采用 NSD 和 PSD 注入的方式掺杂来改变方块电阻。NMoat 和 PMoat 编码层不能用于掺杂多晶硅电阻，因为这些层生成了沟槽图形和注入区。必须使用仅在 NSD 和 PSD 掩模上产生图形的编码层。

多晶硅的电阻率不仅取决于掺杂，而且与晶粒结构有关。晶粒间界妨碍了载流子的有序流动，从而增加了材料的电阻率。所以小晶粒多晶薄膜的电阻率大于大晶粒薄膜。这种差异在轻掺杂多晶硅中表现得更为明显，轻掺杂多晶硅的电阻率比相同掺杂浓度的单晶硅要高几个数量级。

多晶硅的异质性也会影响到它的电阻温度系数。轻掺杂多晶硅有很大的负 TCR，而重掺杂多晶硅具有正 TCR。例如，4 kÅ、500 Ω/□的多晶硅的 TCR 为-1000 ppm/℃，而 4 kÅ 70 Ω/□的多晶硅的 TCR 为 500 ppm/℃。适当的掺杂浓度可以使多晶硅的 TCR 为零。对于 4 kÅ 厚的多晶硅，该点位于 200 Ω/□附近[①]。尽管这样可以制作具有很小线性温度系数的多晶硅电阻，但是多晶硅电阻还有很大的二次温度系数(TC_2)。工艺变化同样会影响多晶硅的温度系数。实际中，很难将温度系数控制在 ±250 ppm/℃以内。即便如此，多晶硅电阻也远远优于有着几千 ppm/℃温度系数的扩散电阻。

图 5.17 显示了一个由轻掺杂的 N 型多晶硅构成的多晶硅高值薄层电阻。电阻的两个端头都进行了 NSD 注入，从而得到低阻端头以用于形成接触。如果电阻需要精确匹配，则注入应覆盖多晶硅，使得在整个电阻的宽度上都有注入。否则，NSD 注入仅需覆盖接触孔以确保电学连接。

多晶硅高值薄层电阻的阻值可以通过将其分成几个部分然后计算每部分的方块电阻后得到：

$$R = R_s\left[\frac{L_d - 2L_b}{W_d + W_b}\right] + 2R_h\left[\frac{L_h + 2L_b}{W_d + W_b}\right] \tag{5.16}$$

① 数值源于 Lane，*et al.*，p. 740。

其中，R_s 是用于制作电阻体区的多晶硅的方块电阻，R_h 是用于制作端头的多晶硅的方块电阻，L_h 是注入与接触孔的交叠长度。与 HSR 电阻不同的是：多晶硅电阻的体区与端头交界处的电流是均匀的，这是因为二者具有相同的宽度。接触孔处的电流非均匀性可以用与扩散电阻相同的方法进行分析［见式(5.5)和式(5.13)］。

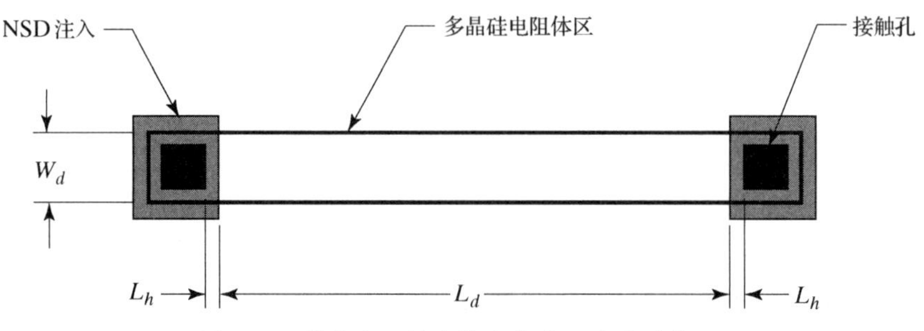

图 5.17 带有注入端头的高值薄层多晶硅电阻

宽度偏差 W_b 用来表示在曝光和刻蚀多晶硅过程中尺寸的变大或缩小，这个偏差可以达到 1 μm，因此对于窄多晶硅电阻有很明显的影响。出于同样的原因，由于线宽控制，窄电阻也会呈现出大的工艺变化。大部分工艺可以将多晶硅的尺寸控制在最小宽度的 10%以内。例如，可以生产 0.8 μm 栅的工艺，多晶硅的线宽控制可能为 0.08 μm 左右。尽管这个精度已经很高了，但窄多晶硅电阻仍会有很大的变化。把电阻的宽度增加到最小尺寸的几倍以上可以将线宽变化效应减至最小。极窄的多晶硅电阻还会由于单个晶粒长至整个电阻宽度而增加电阻的变化［这个效应有时被称为竹节多晶硅(bamboo poly)］。这种效应在宽度超过 2 μm 的电阻中很少发生。

长度偏差 L_b 反映出 NSD 注入侵入了电阻体区。因为电阻的长度通常比宽度大很多，所以这一项比起宽度偏差来对电阻值的影响小很多，因此长度偏差经常可以被忽略。

多晶硅电阻应该置于场氧化层之上。这样既减小了电阻和衬底之间的电容，又确保了氧化层台阶不会引起不希望发生的阻值变化。如果对于某种应用场合，场氧化层的寄生电容还是太大的话，可以考虑再使用一层多晶硅(如果工艺允许的话)，因为夹层氧化物可以进一步减小寄生电容。在某些 BiCMOS 工艺中，可以在电阻下面制作深的 N+层，由于杂质的增强氧化作用，可以使场氧化层变厚[①]。如果使用这种技术，就要确保深 N+层的绘制区域在各个方向上都比电阻多几微米，以确保电阻在平整的氧化层之上。

多晶硅不像单晶硅那样可以承受过载。包围多晶硅电阻的氧化物导热性较差，过大的功耗会引起局部过热(见 5.3.3 节)。在温度超过 250℃后，退火过程重新开始，这样由于晶粒边界的移动或不完全的杂质激活，会使阻值发生不可逆的变化。在极端情况下，多晶硅电阻会发生类似齐纳击穿(Zener zaps)[②]的现象。

一些工艺需要额外的掩模版制作多晶硅电阻。例如，一些工艺将所有硅栅都做成硅化物，而不是只将接触孔下的那部分硅化。在这种复合多晶硅(clad-poly)工艺中，硅化物将多晶硅的方块电阻大约降至 2 Ω/□。大部分应用中，硅化的多晶硅不能提供足够的阻值，因此或者

① 出于等平面考虑，并非所有的工艺都允许将多晶硅电阻制作在深 N+区顶部。

② D. M. Petković 和 N. D. Stojadinović, “Polycrystalline Silicon Thin-film Resistors with Irreversible Resistance Transition,” *Microelectronics Journal*, Vol.23, #1, 1992, pp. 51-58。

需要使用其他类型的电阻，或者需要在工艺中增加特殊的掩模去除电阻体区上的硅化物。这种硅化阻挡掩模必须覆盖电阻体区［见图 5.18(A)］，电阻的端头要伸出掩模以外以确保低阻接触。所示电阻使用 NSD 均匀掺杂，其他掺杂方式也是可以的。这种硅化阻挡电阻的方块电阻可以用式(5.16)计算，但是端头材料的方块电阻 R_h 如此之小以至于第二项经常可以忽略。同样，长度偏差也经常被忽略，因此硅化阻挡电阻的阻值公式变为

$$R = R_S\left[\frac{L_d}{W_d + W_b}\right] \tag{5.17}$$

许多工艺对栅进行大面积磷掺杂，将多晶硅的方块电阻减小到 20 Ω/□。对很多应用来说这个值太小了，因此一些工艺包括了栅掺杂阻挡掩模［见图 5.18(B)］。这层掩模阻挡了磷注入电阻体区。端头伸在掩模外面，允许对它们进行重的磷注入。电阻体必须进行 N 型掺杂从而与 N 型端头形成欧姆接触。这通常是在栅注入阻挡掩模形成之前插入一步轻的磷注入而实现的。在退火过程中，杂质分散很明显，因此阻挡掩模必须超出电阻边缘 3～5 μm。这种电阻的阻值可以用式(5.16)计算，其长度偏差 L_b 很容易就达到几微米。

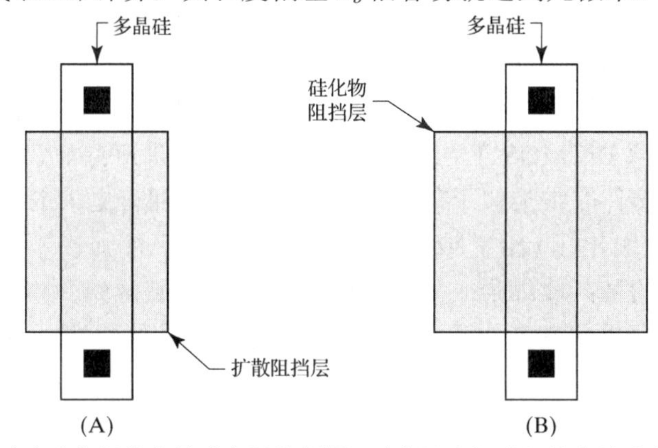

图 5.18 (A)硅化阻挡多晶硅电阻的版图；(B)阻止栅注入的多晶硅电阻的版图

某些杂质(包括磷和砷)在多晶硅中扩散得比在单晶中快。这些杂质优先选择沿着晶粒间界扩散，而不是沿着晶粒体扩散。这就解释了为什么需要大的栅阻挡掩模覆盖多晶硅电阻体，以及为什么长度偏差的值比较大。在退火前给多晶硅中注入氧可以抑制晶粒间界扩散，这种技术具有显著减小长度偏差和多晶栅阻挡掩模交叠的能力①。

在大部分工艺中，多晶硅都可以提供最好的电阻。即使多晶硅的方块电阻仅为某些扩散电阻的一半或三分之一，但是更窄的多晶硅条可形成更小的版图。多晶硅电阻没有隔离岛调制效应，并且只要方块电阻超过 1 kΩ/□，电导调制效应也小到可忽略的程度。

5.5.8 NSD 和 PSD 电阻

CMOS 或 BiCMOS 工艺中，扩散电阻可以用 NSD 和 PSD 注入形成(见图 3.33)。这些电阻典型的方块电阻值为 20～50 Ω/□，并且几乎不受电压调制效应的影响。NSD 和 PSD 属于浅注入，由于侧墙弯曲，其雪崩击穿电压相对较低。在 P 型外延层中的 NSD 电阻受到 NSD

① R. Saito，Y. Sawahata 和 N. Momma, “A Novel Scaled-Down Oxygen-Implanted Polysilicon Resistor for Future Static RAM’s,” *IEEE Trans. on Electron Devices*, Vol.35, #3, 1988, pp. 298-301。

外延击穿电压的限制，但是如果 PSD 电阻分段且置于独立的阱中，就可以在相对较高的电压下工作。

一些工艺将沟槽(moat)区域硅化以减小它们的阻值。复合沟槽(clad moat)技术的使用使得如果不用硅化阻挡掩模就无法形成有用的 NSD 和 PSD 电阻。如果使用了硅化阻挡掩模，电阻端头必须在掩模外面才能确保正确的接触。这种电阻的阻值可以用式(5.17)计算。

NSD 和 PSD 电阻并不常用，因为大部分 CMOS 和 BiCMOS 工艺提供了具有相等或更大方块电阻的多晶硅电阻。NSD 和 PSD 电阻偶尔用于 ESD 器件，因为它们的寄生二极管可以起到钳位的作用。由于硅的导热率远高于场氧化物，所以与多晶硅电阻相比，扩散电阻可以承受更大的瞬态功耗。当然，这些考虑也主要应用于在瞬态抑制器件和 ESD 结构中使用的电阻。在其他应用中，高值薄层多晶硅电阻比 NSD 和 PSD 电阻更受欢迎。

5.5.9 N 阱电阻

有时候必须在没有高值薄层多晶硅的 CMOS 工艺中制作大电阻，这时高值电阻可以用长条形的 N 阱制作，每个端头为 NMoat 区域［见图 5.19(A)］。N 阱自身的方块电阻可达 10 kΩ/□。使用 PSD 使 N 阱收缩甚至可以制作更大的方块电阻［见图 5.19(B)］。虽然 PSD 注入的结深较浅，但却可以形成相当有效的收缩层，这是因为导电主要发生在阱的最上部——也就是掺杂最重的部分。在模拟 BiCMOS 工艺中，基区(或浅的 P 阱)可以代替 PSD 用于制作更大的方块电阻。所得的器件非常类似于外延埋层电阻，但却拥有更大的初始电阻值(20 kΩ/□或更大)以及更低的夹断电压(20 V 或更低)。单独进行基区注入而不与沟槽(moat)一起制作，可以得到更有效的基区收缩层。氧化增强扩散作用使基区结更深，从而可得到更薄的埋层沟道。这种结构可以将夹断电压做到 10 V 或更小，具体取决于 N 阱和基区的深度和掺杂浓度。

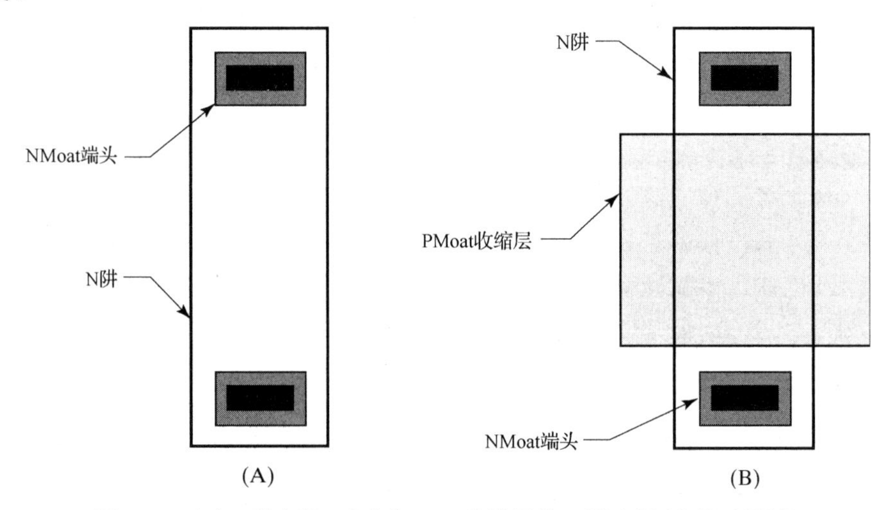

图 5.19 (A)N 阱电阻；(B)有 PSD 收缩层的 N 阱电阻(未显示场板)

没有收缩层的 N 阱电阻与基区埋层电阻有许多相同的应用，它们呈现出相似的工艺变化性和隔离岛调制效应，但是 N 阱电阻通常比基区埋层电阻的温度系数大(6000 ppm/℃：2500 ppm/℃)。无收缩层的 N 阱电阻如果没有正确地加场板，则可能受到表面耗尽和反型的影响。考虑到横向扩散，场板应该超出 N 阱外延足够的长度，实际上，这意味着场板必须覆盖 N 阱一个结深以上的距离。

N 阱收缩电阻不易受电导调制和电荷分散的影响，这是因为收缩层材料起到场板的作用从而保护下面的电阻不受表面效应的影响。电阻的端头在收缩层之外仍容易受到各种效应的影响。与电阻端头连接的金属导线应该延长到将 N 阱的暴露部分覆盖。

绘制 N 阱电阻版图的时候，要记住除非绘制图形至少是阱深的两倍宽，否则阱不能达到全部结深，宽度小于上述情况的 N 阱电阻会呈现出更高的方块电阻。由于被夹的阱区太薄，基区收缩 N 阱电阻尤其容易受到这种效应的影响。极端情况下，基区可能会成功地穿通整个狭窄的 N 阱电阻，使之开路。

5.5.10　薄膜电阻

集成电阻通常采用为其他用途而优化的材料制作，因此性能不如选用专用电阻材料制作的分立电阻。这些专用电阻材料也可以淀积在集成电路表面形成薄膜，所得薄膜电阻的性能优于扩散电阻和多晶硅电阻。薄膜电阻可获得小于 100 ppm/℃的温度系数，并且具有几乎理想的线性，通过激光校正电阻的容差可控制在 ±0.1%之内。薄膜电阻是制作高性能模拟电路的理想元件，但是它们所需的特殊工艺成本较高，从而限制了其应用。

可以选用多种材料制作薄膜电阻，最常用的是镍铬合金(nichrome)和硅铬混合物(sichrome)。这些材料制作的电阻的温度系数和方块电阻各不相同，但是几乎都采用同样的版图(见图 5.20)。这些电阻不需要制作接触，因为它们是在形成顶层金属之前淀积的，任何碰到电阻的顶层金属连线都会与电阻接触。顶层金属穿过电阻时与之短路，但是下层的金属就不受这些限制。这种电阻应该布在场氧化层上面，因为其下方表面的任何台阶都会引起电阻值发生明显的变化。

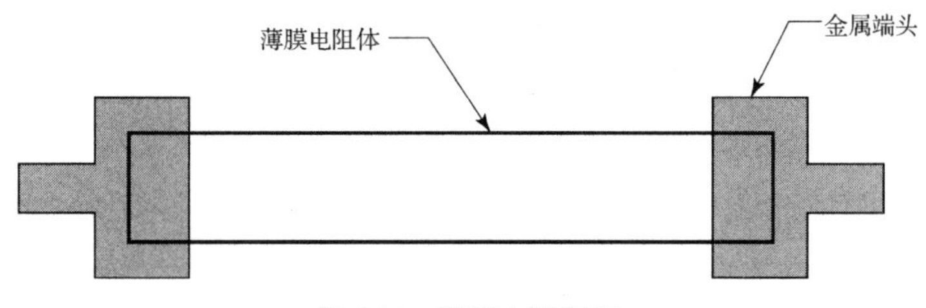

图 5.20　薄膜电阻版图

薄膜电阻的阻值可以由式(5.3)计算。电阻的长度为构成端头的两个金属板内边缘之间的距离。金属板应该向电阻体内延伸足够的距离，以确保对版误差不会造成电阻端头未被覆盖的现象。不需要对电阻两端头的电流不均匀现象进行任何修正。折叠电阻使用前面讨论过的修正因子。

有些工艺使用另一种形式的薄膜电阻，这种电阻需要一块特殊的接触掩模版。除采用硅铬混合物或镍铬合金代替多晶硅外，这类电阻的版图与多晶硅电阻相同(见图 3.32)。当金属刻蚀工艺的选择性不足以确保薄膜电阻(位于被刻蚀掉的金属下面)的完整性时，就需要使用这种形式的电阻。当采用干法刻蚀金属时经常会遇到这个问题，原因是干法刻蚀的选择性较差。

薄膜电阻优于其他所有电阻，所以设计者使用它就不再需要大部分其他类型的电阻了，但是扩散电阻有着更好的控制功耗的能力。薄膜电阻会由于晶体结构退火过程中过热导致方块电阻发生永久性改变，极度过热甚至还会引起开路失效。扩散电阻的体积更大并且与硅芯片紧密接触，可以作为附加的散热器。因此，扩散电阻比薄膜电阻更适合在会遭受严重的瞬间过载的环境中应用，例如 ESD 保护电路。

5.6 调整电阻阻值

在印制电路板周围经常可以看到被称为微调器(trimmer)的小的可调电阻。与成本经济的高精度元件相比，手工或自动调整这些电阻可使得电路在制作完成后具有更高的精度。模拟集成电路也会大量使用可调电阻以消除工艺的变化和设计的不确定性。晶圆批量生产所固有的相对较大的工艺变化性妨碍了高精度电路满足规定的要求。这时，每个集成电路都需要在生产出来后对一个或多个元件的值进行微调(trim)。通常要在晶圆级的测试中进行微调，这常常需要特殊的测试仪器和工序。

电器设计充满了不确定性，因此，有经验的工程师经常会为初始设计留下调整空间，只改变元器件值的重新设计被称为调节(tweak)。调节调整分布的平均值，而微调可使变化最小。所有调节单元都执行相同的调整，而每个微调单元需要单独进行调整。

5.6.1 调节电阻(Tweaking Resistor)

集成电路在布版图时很少考虑到将来的调整，这种做法是无可非议的，因为大多数的改动会影响到整套掩模，并且大部分设计需要通过数道关口才能满足指标要求。电阻调节器是这条规则的一个例外，因为它并不影响到整套掩模。如果电阻设计正确的话，只需要改变一层掩模就可以调节电阻值。可调节电阻可从根本上减少获得完全参数化器件所需的时间。在进行调节电阻所要求的步骤之前，要从第一批执行工艺的晶圆中取出几片。在对晶圆样品进行评估后，就可以制作一块新的掩模版，其中包含阻值经校正的电阻。完成校正晶圆所需的时间通常比制作新一批晶圆的时间短很多。

通常有 4 种调节电阻的方法：滑动接触孔，滑动端头，长号式滑动，金属选择。每种技术采用不同的掩模，而且没有一种方法可以调节所有的电阻。

滑动接触孔

滑动接触孔是最简单的调节电阻的类型[①]。图 5.21 给出了两个滑动接触孔的例子。

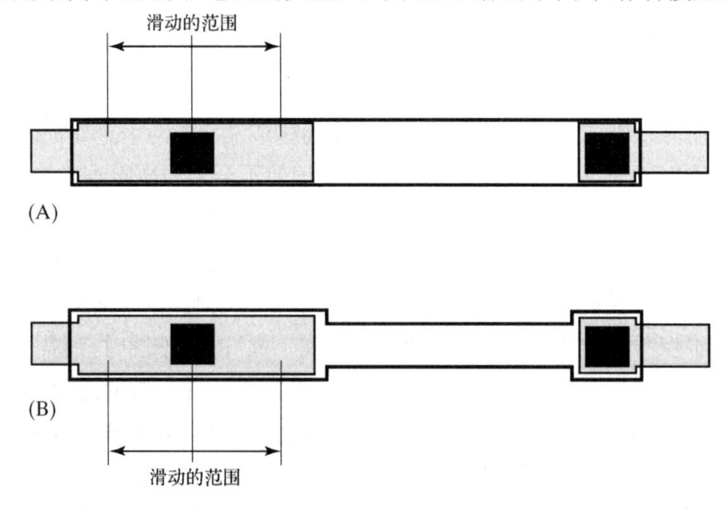

① Grebene, p. 156。

图 5.21　两种类型的滑动接触孔：(A) 没有端头；(B) 有端头

没有端头的电阻最容易实现滑动接触孔 [见图 5.21 (A)]。将电阻体区延长使得接触孔可以向内或向外滑动。同样，接触孔所需的金属板也要延长使得无论接触孔移到哪里，金属板都能将其覆盖。这种措施避免了购买一块新的金属掩模版以进行调节。滑动接触孔的初始位置应该位于滑动范围的中点 [见图 5.21 (A)]。

如果电阻带有大端头，制作滑动接触孔就稍显困难。但只要端头材料和体区材料的电阻率相同，就仍可以制作滑动接触孔 [见图 5.21 (B)]。端头必须加大以容纳滑动接触孔，从而给计算阻值带来麻烦。假设电阻由两段电阻串联而成：一段窄的和一段宽的，从而可以得到电阻的近似值，总阻值等于两段阻值之和。两段电阻接合点处电流的不均匀性会引入一个小误差，但是这种情况可被忽略，因为电阻是可以调节的。滑动接触孔减小或增加宽段电阻的长度。不管是在电阻体与电阻端的接合点还是在接触孔处，接触孔的移动都不会显著影响电流的非均匀性。

对于体区和端头材料相同的电阻，如标准双极工艺的基区电阻和发射区电阻，滑动接触孔的效果很好。如果端头采用低方块电阻材料，如大部分方块电阻超过 200 Ω/□的电阻，滑动接触孔的作用将大为减小。滑动接触孔只能略微地改变这种电阻的阻值，因为它只能在形成端头的低阻材料内移动。因此，高值薄层电阻一般用滑动端头来调节阻值。

滑动端头

图 5.22 所示为左端带有滑动端头的电阻版图。电阻体区由高阻材料构成，如 HSR 注入或轻掺杂多晶硅。端头由低阻材料构成，以确保形成欧姆接触。通过将端头延伸至电阻体内可以减小阻值。如果提供足够的空间则可将端头拉回，这样就可以通过将端头移向接触孔来增加电阻的阻值。

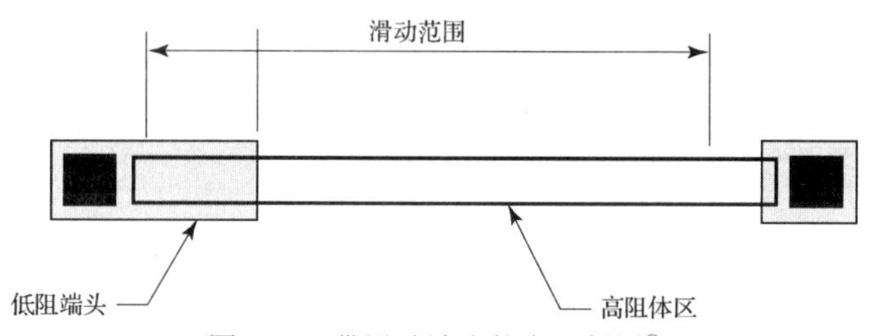

图 5.22　带滑动端头的电阻版图①

滑动端头电阻可以看作由两个独立电阻串联而成，一个表示电阻体，另一个表示端头。尽管电流的非均匀性会给计算带来一点误差，然而因为电阻可能仍需要调整，所以可忽略误差。

滑动端头经常用于调节 HSR 注入和高值多晶硅电阻。可以将同样的工作原理用于埋层电阻，所不同的是：收缩层代替了端头进行前后移动。使用硅化阻挡掩模的多晶硅电阻，可以通过滑动硅化阻挡层接近或远离接触孔来调节阻值。

长号式滑动

折叠电阻可以通过向内或向外滑动拐弯处来调整，这种技术被形象地称为长号式滑动。这种调节改变了电阻的总长度，但不改变所包含的拐弯处数目（见图 5.23）。这里要在电阻邻近处留下空间以允许对电阻进行扩展。如果电阻占据隔离岛或在注入区内，那么这些区域也

① Grebene, p. 156。

应包括允许电阻滑动的空间。

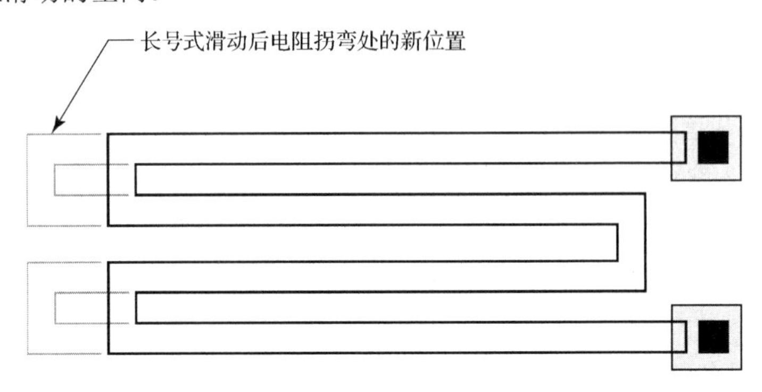

图 5.23 使用长号式滑动进行调整的电阻

金属选择

还有一种方法可以有限地调节电阻，就是将电阻分成多段。可以将大部分电阻段串联起来形成最终的电阻，剩下一些电阻段则作为备用。这些备用的电阻段内含接触孔，而每个接触孔被满足最小设计规则的金属覆盖。可以通过使用新的金属掩模版增加或减少电阻段来调节电阻的阻值。这种调节方法的灵活性受到可能的电阻段连接方式数目的限制。电阻段可以串联也可以并联，但某些潜在的连接方式并不适合，因为它们不能正确地平衡接触产生的热电势(见 7.2.11 节)。

5.6.2 微调电阻

可以用熔丝、齐纳击穿管或激光校正来对电阻进行微调。熔丝和齐纳击穿管作为可编程开关,与金属选择类似可重新设定电阻网络。激光校正可以进一步微调电阻使其精度在 ±0.1% 以内。尽管如此，这种技术仅适用于薄膜电阻，并且它还要求制造/测试厂购买自动激光校正仪器。

熔丝

熔丝就是位于两个焊盘之间很短的一段最小宽度的金属或多晶硅。当焊盘间通过大电流时会引起熔丝材料蒸发，从而实现熔丝编程或者说是熔断。编程后，熔丝变为开路。

图 5.24(A)所示为典型的金属熔丝实例，即一段中间窄两头宽的金属导线。覆盖在熔丝上的保护层中有一个小的开孔，允许编程中蒸发的金属逸出。这个开孔也为污染物进入芯片提供了潜在的通路，但是如果没有它，熔丝熔断的过程会使保护层断裂。裂口使得金属可以蒸发逃逸，但有时裂口会延伸进入邻近的电路中。大部分生产商还是认为在保护层上开孔的代价低于防止熔丝再生长和保护层断裂的花费。这些开孔要做得尽可能小，以减小污染物的入口。任何金属(除了熔丝本身)都不能进入开孔，甚至不能进入开孔周围几微米的范围，以防止喷出的材料桥接熔丝和突入的金属从而引发漏电。

图 5.24(B)所示为典型的多晶硅熔丝。将多晶硅版图绘制成一个小电阻连接两个焊盘。与金属熔丝相同，一个小开孔可以使多晶硅蒸发逸出而不破坏保护层。有时，如果多晶硅层足够薄，这个开孔就没有必要了。这种情况下，当熔丝熔断时，材料的蒸发量不足以破坏保护层，从而会在熔丝附近形成一个小“气泡”(bubble)。因为形成的气泡对周围的材料施加

应力，所以不能有金属从熔丝上穿过甚至不能进入距熔丝几微米的范围内。多晶硅熔丝必须重掺杂使得电阻足够低以进行编程。熔丝的总电阻不能超过 200 Ω，这样才能确保用采用 10 V 的脉冲就能够可靠编程。

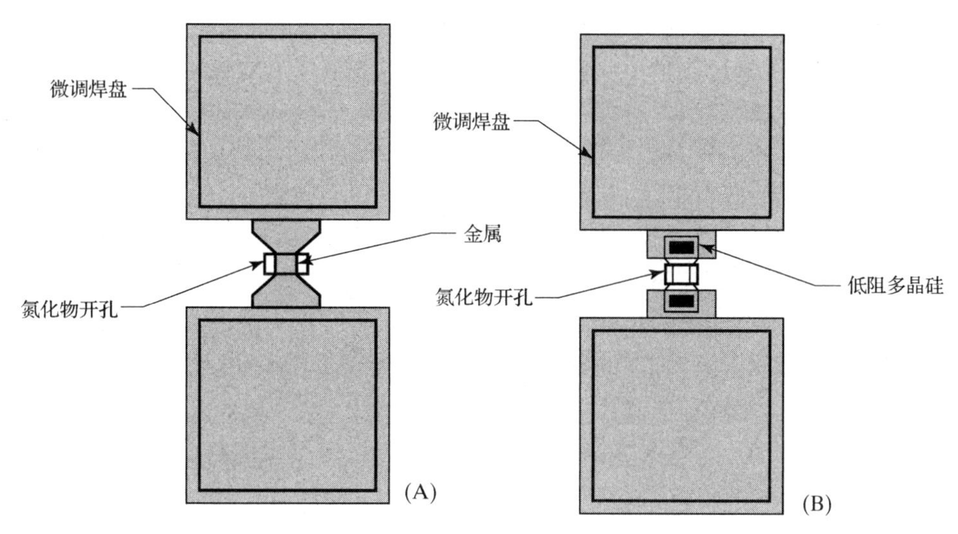

图 5.24 版图：(A)典型的金属熔丝；(B)多晶硅熔丝

用于编程熔丝的焊盘通常不进行压焊，只要求它们的面积足够大使得探针可以可靠地放置在上面即可。为了区别真正的焊盘，这些焊盘有时也称为微调焊盘。尽管微调焊盘的尺寸已经减小了，但它们仍占据了大量的芯片面积。有些工艺允许有源电路位于微调焊盘的下面，这种情况下浪费的芯片面积很小。微调焊盘必须位于探针可接触到的位置，这使得它们经常被安排在芯片的外围。减少微调焊盘的数量可以节省芯片面积并降低集成电路的成本。如果将多个熔丝串联或并联，可以使所需的微调焊盘数目最少。

铝熔丝很容易编程。铝的熔点相对较低(660℃)，沸点相对较高(2470℃)[①]。当开始发生汽化的时候，大部分金属已熔化并即将排出。周期为几毫秒大小为几百毫安的电流脉冲可以可靠地将熔丝熔断。排出的铝可能会溅在探针上，有时会严重污染探针而引起短路。因此偶尔需要对测试卡进行清洁，以缓解这种问题。包含难熔阻挡层的金属熔丝也可以可靠地编程：首先铝被排出，薄的难熔金属紧随其后。

多晶硅熔丝编程比较困难。硅的熔点比铝高很多(1410℃：660℃)，并且硅很脆，受到快速加热的影响容易破裂。除非编程电流脉冲的上升时间极短(<25 ns)，否则多晶硅可能会在熔化前破碎。破碎可终止电流而无法进行正确的编程。机械应力又可在任何时候使破碎的熔丝恢复。如果能够确保编程电流脉冲的上升时间足够短，熔丝就可在破碎前熔断，从而防止了这种可靠性失效性的发生。

保护层中有开孔的熔丝不适于封装后编程，因为塑料会密封开孔从而阻止导电材料逸出。保护层中没有开孔的熔丝可以在封装后编程，但是由于需要大的编程电流，从而很难用于设计结构紧凑的编程电路。这些设计主要用 FET 开关来控制熔断熔丝的电流。由于编程电流能

① 熔点和沸点值：R. C. Weast，ed., *CRC Handbook of Chemistry and Physics*, 62d ed. (Boca Raton, FL: CRC Press, 1981), pp. B-2-B-48。值四舍五入到最接近 10°。

达到几百毫安，因而这些 FET 会像晶圆测试中用于熔丝编程的微调焊盘那样大。

编程工艺会引起连接熔丝的电路出现很大的电压。在熔丝熔断前，会有很大的瞬间电流流过，由于寄生电感，这种突然的电流中断会引起瞬态电压。这些瞬态效应会使 PN 结发生雪崩击穿或者破坏薄的栅氧化层。瞬态效应的幅度可以通过减小编程电路的面积来降低，特别严重的情况可以通过增加齐纳钳位管解决。电路设计者还可以通过将熔丝放在电阻最不容易受干扰的一端来减小熔丝编程瞬态效应的影响。例如，Brokaw 带隙基准[①]中需要进行微调的电阻连在 NPN 晶体管的发射极和地之间。微调器应该放在电阻接地的一端，这样瞬态效应在到达发射结之前必须通过电阻的其他部分。这种连接还会节省一个微调焊盘，因为熔丝的一端与地相连。

熔丝的组合可以提供更高的微调精度。电阻段应具有二进制权重，使得可达到的阻值在调节范围内均匀分布。对给定的精度，这样做不仅可以得到最大的调节范围，而且通过使用二进制查找算法可以简化测试程序的设计。二进制权重可以用两种方法实现。如果电阻上的电压需要微调，那么电阻应该串联，加权阻值为 R_{lsb}:$2R_{lsb}$:$4R_{lsb}$:$8R_{lsb}$…，其中 R_{lsb} 为微调网络中最低有效位(LSB)的值[②]。图 5.25(A)显示了一种 3 位二进制权重电压微调方案。如果流过电阻的电流需要微调，那么电阻应该并联，加权阻值为 R_{msb}:$R_{msb}/2$:$R_{msb}/4$:$R_{msb}/8$…，其中 R_{msb} 为最高有效位(MSB)电阻值［见图 5.25(B)］。

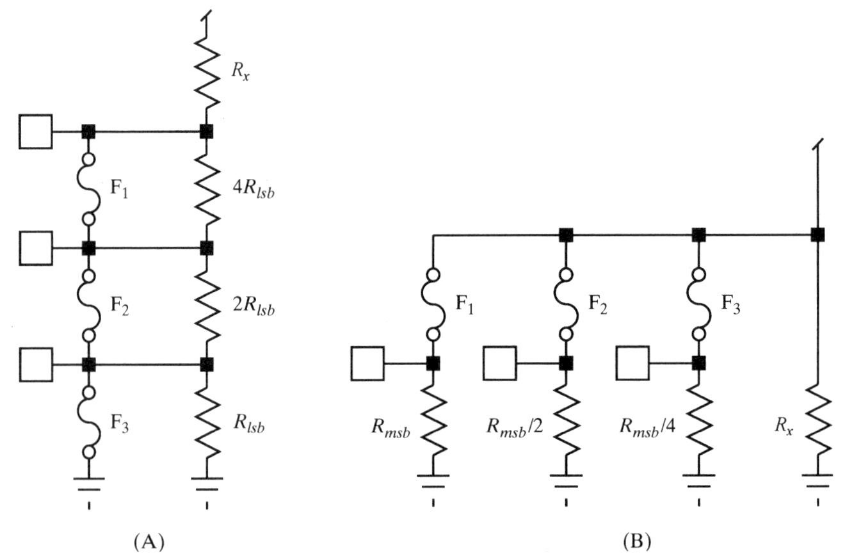

图 5.25 两种不同的使用熔丝的二进制权重电阻微调方案：(A)串联；(B)并联。两种情况都假设地焊盘用于熔丝编程

一个精确的微调方案通常要求很小的 LSB 阻值。小于 1 kΩ 的最小线宽电阻在微调过程中可能会过热，从而使阻值发生变化，极端情况下可能会彻底失效。更小的电阻可由两个或多个电阻并联构成，其中的每个电阻都有相对较大的阻值，但是这种技术对于阻值远小于 200 Ω 的电阻来说并不实际。一种称为差分微调(differential trimming)的技术可以生产任意小的 LSB 阻值。这种方案中每个微调位使用两个而不是一个电阻。两个电阻并联，而熔丝保持

① A. P. Brokaw, "A Simple Three-Terminal IC Bandgap Reference," *IEEE J. Solid-State Circuits*, SC-9, 6, 1974, pp. 388-393。

② 参见 Grebene，pp. 156-158。

不变。熔断熔丝时，一个电阻断开而只剩另一个电阻单独导电。有效 LSB 阻值等于这两种情况下的电阻差值。图 5.26 给出了一个用于 LSB 的差分微调实例，它采用两位串联微调方案。如果 R_A 为 1 kΩ 而 R_B 为 250 Ω，那么两个电阻并联值为 200 Ω。单独用 R_B 和两个电阻并联使用的差值为 50 Ω。

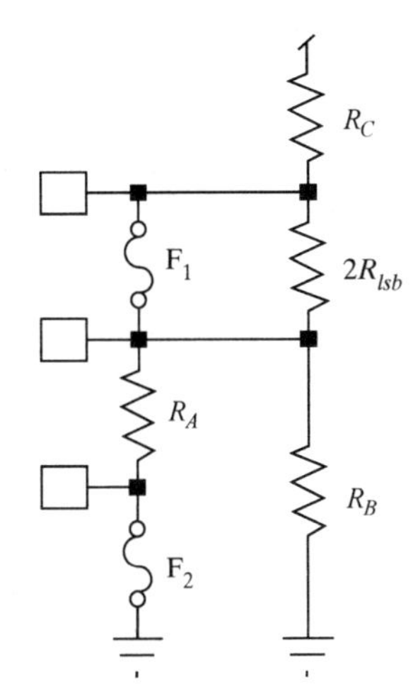

图 5.26　用于二进制权重微调网络中 LSB 熔丝，即 F_2 的差分微调方案

差分微调每位需要两个微调焊盘，而标准微调每位只需要一个焊盘。由于要增加微调焊盘，从而使得这种技术除了对最小的电阻之外在经济上并不划算，因此一般只适合于小于 500 Ω 的电阻，而更大的电阻最好采用标准微调。

熔丝微调方案需要将微调焊盘排布在芯片周围，但是精密电阻通常位于内部以减小机械应力，这样就要有长导线将边缘的熔丝和中间的电阻连起来。这些导线不仅浪费芯片面积，而且可从其他电路引入噪声。如果有 CMOS 晶体管，则可以用它们作为开关重新构建电阻网络，这些晶体管依次被放置在芯片外围的熔丝控制。由于熔丝导线不再与微调电阻直接相连，因而它们不易受到噪声的干扰，它们的长度与布局也不再特别重要。必须注意的是，CMOS 晶体管的导通电阻必须小于微调电阻。因为栅压可调节导通电阻，这些晶体管的栅驱动电压必须从控制良好的电源获得。远程编程微调网络的设计超出了本文的范围，但是前述内容已经表达了基本概念。

一些设计者尝试使用远程编程多晶硅熔丝实现超前微调(look-ahead trimming)。使用一个能够开关晶体管但是还不够熔断熔丝的电压可以在熔丝编程前测试编程的结果。除非专门设计在低压下开关的电路，否则这种超前工艺会使多晶硅熔丝的负载过重，引起阻值增加到再也不能进行可靠编程的地步[①]。

齐纳击穿管

当齐纳二极管严重过载时会发生短路，这种现象构成了一种微调器件的基础，这种器件称为齐纳击穿管。齐纳二极管连接电阻网络的方式与图 5.25 和图 5.26 所示的熔丝相同。这些齐纳管在电路正常工作时处于反偏状态，并且每支齐纳管两端的电压不能超过发射结击穿

① D. W. Greve, “Programming Mechanism of polysilicon Resistor Fuses,” *IEEE Trans. on Electron Devices*, Vol. ED-29, #4, 1982, pp. 719-724。

电压的三分之二。除非被编程，否则齐纳管表现为开路，在编程后表现为短路。对齐纳管进行编程的过程称为击穿(zapping)，因此这些齐纳管被称为击穿齐纳管(zap Zener)或齐纳击穿管(Zener zap)。

图 5.27(A)显示了标准双极工艺制作的齐纳击穿管的版图结构。这种器件和小 NPN 晶体管的基本结构相同。NPN 管的集电极和发射极连在一起构成了齐纳管的阴极，基极作为阳极。因为这种器件作为齐纳管使用，很小甚至没有电流流过它的集电区接触孔，因此深 N+侧阱不再必要，为了节省面积可以将其省略。在版图规则允许的情况下，发射区和基区接触孔应该尽可能互相靠近以利于击穿发生。发射区应该尽可能延伸接近基区接触孔，从而使齐纳管的串联电阻最小。尽管所示的齐纳击穿管结构使用了一个单独的集电区接触孔，除此之外，还有一种版图结构将发射区延伸超过基区扩散从而与隔离岛短路。理论上这种版图面积更小，但是因为隔离岛可以延伸至相邻的微调焊盘下面，因此两种版图实际上消耗了相同的面积。

编程工艺是加一个大的反偏电流流过二极管，使发射结发生雪崩[①]。大约 250 mA 的编程电流将会引起齐纳管上高达 10～20 V 的压降，其中大部分压降落在内部串联电阻上。产生的功耗集中在有限体积的硅中，从而导致局部过热。与硅接触的金属铝熔化后，熔化的铝硅合金丝在氧化层下流动，并在接触孔间形成桥路［见图 5.27(B)］。一旦出现上述现象，齐纳击穿管的电阻会降至几欧姆。

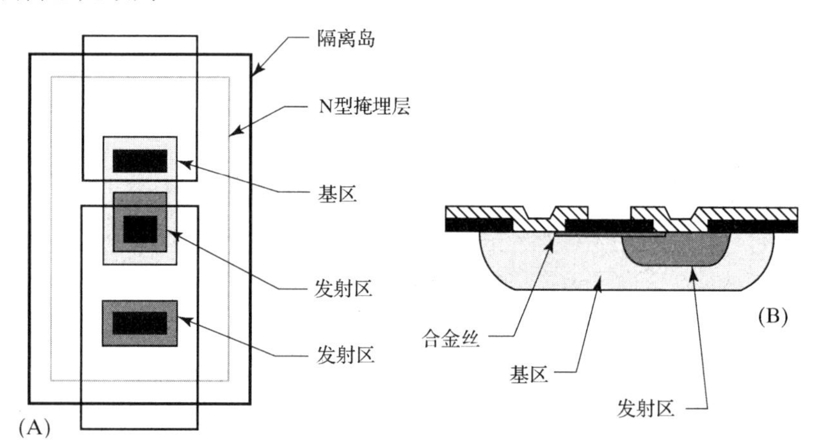

图 5.27 标准双极工艺的基区和发射区扩散形成的齐纳击穿管：
(A)未编程的齐纳管版图；(B)编程后的齐纳管截面图

对于焊盘排布的要求，齐纳击穿管和熔丝相同，因此图 5.25 和图 5.26 所示的针对熔丝的网络也适合于齐纳管。由于齐纳管编程所需的电压通常比熔丝编程大，因此必须注意确保微调网络所连接的电路可以承受瞬间过压的情况。只要齐纳击穿管和电路其他部分之间的电阻为几千欧姆，编程就不会有危险。有必要的话，可以用二极管或齐纳管对精密电路的电压进行钳位。

齐纳击穿过程中形成了铝硅合金，此举假定铝与硅直接接触。在铝金属和硅界面之间出现的难熔阻挡层金属或硅化物会干扰击穿过程。实验证明，使用难熔阻挡层金属的工艺制造的齐纳击穿管可以被击穿，但是难度加大[②]。编程电流几乎需要加倍，而且晶圆上还有很多材料会阻止击穿。含有难熔阻挡层金属的齐纳管的性能与最近发现的难熔阻挡层金属生成非

① G. Erdi, “A Precision Trim Technique for Monolithic Analog Circuits,” *IEEE J. Solid-State Circuits*, SC-10, 1975, pp. 412-416。

② F. W. Trafton, private communication。

均匀的丝结构的证据是一致的[1]。因此，不能通过使用难熔阻挡层金属或硅化物的工艺制作齐纳击穿管。

与熔丝不同的是，齐纳击穿管不需要在保护层上开孔。这不仅消除了污染物进入芯片的通道，也增加了微调封装单元的可能性。虽然封装后使微调成为可能，但实际很少这样做，因为击穿需要大量的管脚(或者大功率器件)。

非常短的发射区电阻也可以被击穿，其机理与齐纳管相同。人们曾尝试过调节击穿过程以提供无限的适应性。因为熔化的合金丝以有限的速度移动，因而理论上可能在接触孔间的桥路完全形成之前中断编程工艺[2]。但是，实际中熔化的合金丝移动得非常快且毫无规律以至于很难控制，因此不推荐在生产中使用这种方案。

EPROM 微调

很多 CMOS 和 BiCMOS 工艺都提供 EPROM(可擦除可编程只读存储器)和 EEPROM(电擦除可编程只读存储器)等形式的非易失存储器。这些可编程器件有点类似于熔丝和齐纳击穿管，因为它们是通过电信号来控制导通或者不导通的。但是，与熔丝和齐纳击穿管相比，EPROM 和 EEPROM 编程所需的电流要小很多。因此，EPROM 和 EEPROM 适于需要在封装后进行微调的应用。

可以用电信号对 EPROM 单元编程，但是它们只能靠加热或紫外线照射的方式擦除。通常用于微调的 EPROM 不能被擦除，这种一次性可编程(OTP)EPROM 可以避免对代价昂贵的紫外线保护层和封装的需求。在制造过程中，实现金属化的高温烧结工艺中可以对 OTPEPROM 进行擦除。在编程工艺中，使被选择编程的 EPROM 单元导通。在远程可编程微调方案中，EPROM 单元代替了熔丝的位置。11.3.1 节给出了制作 EPROM 的具体细节并简单讨论了相关编程电路。

EEPROM 单元类似于 EPROM，所不同的是它们既可通过加热和紫外线擦除，还可以用电信号擦除。有时使用 EEPROM 单元来构成微调网络，这样可以反复编程为不同的状态。有时复杂的模拟系统中需要这种网络，这种系统中多种微调相互影响。11.3.2 节给出了 EEPROM 制作和编程的细节。

总之，如果一种工艺支持某种形式的 EPROM 存储器，并且不需要额外的掩模步骤，那么就应该使用 EPROM 进行微调。如果工艺不支持 EPROM，可能就需要使用熔丝。齐纳击穿管一般只在不使用硅化物或难熔阻挡层金属的早期工艺中使用过。

激光校正

还有另外一种微调方法，使用激光来改变导电薄膜的阻值。薄膜通常由镍铬合金或硅铬混合物构成。激光束引起局部加热，从而改变材料的晶粒结构或化学组成，显著地增加了阻值。对于硅铬混合物，编程工艺是将铬分割成细丝并通过电阻率更大的材料进行隔离。虽然

---

① A. J. Walker, K. Y. Le，J. Shearer 和 M. Mahajani, “Analysis of Tungsten and Titanium Migration During ESD Contact Burnout,” *IEEE Trans. on Electron Devices*, Vol.50, #7, 2003, pp. 1617-1622。

② R. L. Vyne，W. F. Davis 和 D. M. Susak, “A Monolithic P-channel JFET Quad Op Amp with In-Package Trim and Enhanced Gain-Bandwidth Product,” *IEEE J. Solid-State Circuits*, Vol.SC-22，#6, 1987，pp. 1130-1138。此外还可参见 R. L. Vyne, “Method for resistor trimming by metal migration,” US Patent 4 606 781, Aug. 1986。

保护层完好无损，但是在其下方受激光束照射的区域会形成一个小气泡[①]。激光束的每次轰击都会影响直径约 3～10 μm 的圆形区域。不断地移动激光束进行一连串轰击，就可以形成一条连续的线形高阻材料。实际上可以使用该工艺切断一个电阻，从而实现对电阻段网络的间断调整。或者，可以连续监测电阻值的变化，直到获得所希望的阻值时停止微调。连续微调可以达到更高的精度，但是也会改变电阻的温度系数，因为电流持续流过被激光束热量变性的那部分材料。温度系数的变化与微调造成的阻值增量成正比，但是很少会超过 100 ppm/℃。间断微调完全避免了这种问题的出现，因为电流仅流过未被激光束改变的区域。

图 5.28(A)显示了一种普通形式的连续微调薄膜电阻器。激光束首先横向移过电阻，当阻值大约增加到目标值的 90%时，激光束开始沿着电阻的长度方向移动。这种纵向的切割使阻值的增加更加平缓，因而可以获得更高的精度。这种微调技术可以实现小于 ±0.1%的误差，但要求电阻的宽度至少为 30～50 μm。图 5.28(B)为连续微调常用的另一种形式的版图。间断微调常采用类似于图 5.28(C)和图 5.28(D)所示的环形或梯形网络。电阻值取决于分段的数目。在光刻允许的情况下，薄膜材料离散网络中的各段可以做得尽可能窄，但是为了使激光每次只切割一段，它们的间隔必须在 10 μm 左右。

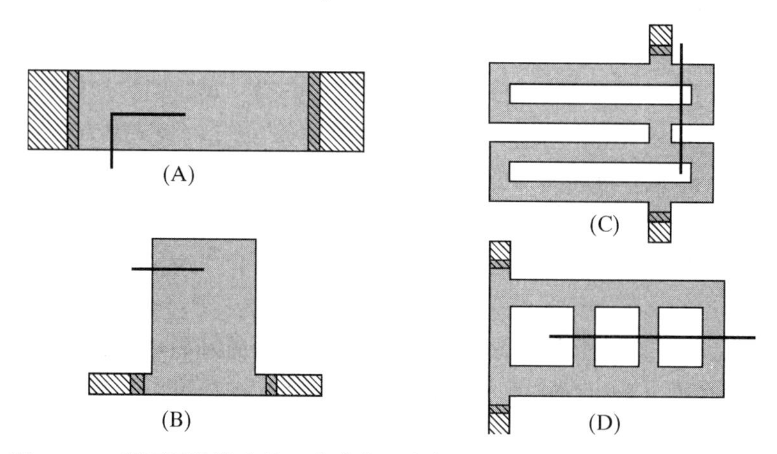

图 5.28 4 种不同的激光校正薄膜电阻方案：(A)开口长条形；(B)礼帽形；(C)环形版图；(D)梯形版图[②]。粗黑线表示激光束通过电阻的路径

激光也可用于切割金属和多晶硅连接。与电熔丝不同，这些激光熔化的连接一般被薄层氧化物或氮氧化物覆盖。激光穿透该保护层加热熔丝至汽化点。产生的压力粉碎了保护层并使熔丝材料喷发出去。激光熔化产生的高温高压可以实现外溅最少的非常干净的切割。用作激光校正的网络类似于图 5.25 所示，但是它们不需要微调焊盘。没有必要进行差分校正，而且也不存在破坏敏感电路的危险。激光熔化连接的宽度十分关键。过窄的连接无法被成功地熔化，因为没有足够的材料产生使保护层破裂(或起泡)所必需的压力。非常宽的连接物需要多次激光轰击并且可能造成外溅。典型的激光熔化连接约为 1 μm 宽，15 μm 长。这些连接必须远离相邻的电路，以防止激光影响其他器件。对于微调工艺，通常有 10～15 μm 的间距即可。

---

① E. Coyne, "Laser Interaction with SiCr Thin Film Resistors: The Bubble Theory," *Proc. 41*ST *International Reliability Physics Symp.*, 2003, pp. 553-558。

② After Glaser, *et al.*, p. 358。

5.7　小结

电阻是模拟集成电路中最常见的无源器件，并且有很多种类可供选择。对于标准双极工艺，使用基区或发射区电阻可获得较小的电阻，而高值电阻通常采用 HSR 注入电阻。可以使用铝连线制作极低阻值的电阻，而在不考虑非线性的情况下埋层结构可以提供高阻值。CMOS 和 BiCMOS 工艺通常都可制作性能优于扩散电阻的掺杂多晶硅电阻。金属电阻仍用作低值电阻，在没有高值薄层多晶硅电阻的情况下，有时会使用阱电阻以获得高阻值。薄膜电阻有极佳的温度稳定性，但是制作成本较高。

大多数电阻的阻值可利用长度和宽度经过简单计算得到。考虑到工艺尺寸调整和横向扩散，需要加入一个宽度修正因子。在折叠电阻中，每个 90°拐角大约增加半个方块电阻。每个 180°圆角大约增加 3 个方块电阻。对接触孔附近电流非均匀性的校正通常可以忽略，因为它们很少会超过半个方块。

调节电阻的方式有滑动接触孔、滑动端头、长号式滑动以及金属选择跳线。微调方式有熔丝、齐纳击穿管以及非易失存储器或激光调整。激光校正的薄膜电阻可用于制作极高精度和稳定性的电阻，而齐纳击穿管和非易失存储器允许封装后的微调以消除封装偏移。

5.8　习题

版图规则和工艺规定请参考附录 C。

5.1　如果 7 kÅ 铝薄膜的电阻率等于 2.8 μΩ · cm，那么其方块电阻是多少？

5.2　假设一个标准双极基区电阻的阻值为 2 kΩ，方块电阻为 160 Ω/□，宽度均匀且等于 8 μm，有两个 5 μm×5 μm 的接触孔。计算由下列因素引起的电阻值变化：

a. 宽度偏差为 0.4 μm。

b. 非均匀电流流动。

c. 接触孔电阻，假设为 Al-Cu-Si 金属化系统。

5.3　绘制一个 20 kΩ 的最小宽度折叠型标准双极基区电阻，使两个接触孔尽可能相互接近。假设宽度偏差为 0.4 μm，忽略除拐角外的其他误差源。电阻隔离岛近似为正方形。

5.4　根据 5.3 节中的指导原则并假设要求中等精度，给出下列各种类型电阻的宽度：

a. 标准双极基区电阻。

b. 标准双极 HSR 电阻。

c. 模拟 BiCMOS 基区电阻。

d. 模拟 BiCMOS 第二层多晶硅电阻。

5.5　如果一个 2 kΩ/□HSR 电阻在 25℃时的阻值为 34.4 kΩ，若 TCR 为+2200 ppm/℃，计算其在 125℃时的阻值。阻值变化的百分比是多少？

5.6　假如一个 200 Ω/□的多晶硅电阻必须承受 5 V 的压降，在需要考虑电压非线性之前电阻的长度是多少？同时考虑自加热和颗粒度。

5.7　绘制一个宽度为 8 μm 的 30 kΩ HSR 电阻版图。计入宽度偏差、基区端头电阻以及接触孔电阻的影响。假设宽度偏差为 0.2 μm，长度偏差为 0.15 μm，基区宽度偏差为 0.4 μm。金属系统为 Al-Cu/Ti-W/PtSi。计算设计时考虑的每种因素引起的阻值变化。

5.8 绘制一个折叠高值两层多晶硅(poly-2)电阻版图，宽度为 4 μm，阻值为 150 kΩ。假设电阻体区的方块电阻为 600 Ω/□，NSD 掺杂端头的方块电阻为 50 Ω/□。考虑到对版误差，NSD 对接触孔的交叠至少为 2 μm。计入拐角影响，但是忽略所有其他校正因子。

5.9 设计一个 5 kΩ 的标准双极基区电阻，采用滑动接触孔可以对电阻阻值进行 ±10% 的调节。电阻绘制宽度为 8 μm，宽度偏差为 0.4 μm。计入拐角影响，但是忽略所有其他校正因子。

5.10 设计一个 25 kΩ 的标准双极 HSR 电阻，使用滑动端头允许对电阻阻值进行 ±20% 的调节。假设电阻的宽度为 8 μm，HSR 宽度偏差为 0.2 μm。计入拐角影响，但是忽略所有其他校正因子。

5.11 设计一个 PSD 掺杂两层多晶硅(poly-2)电阻，阻值为 50 kΩ，宽度为 4 μm。采用长号式滑动可对电阻阻值进行 ±25%的调节。计入拐角影响，但是忽略所有其他校正因子。

5.12 设计一个多晶硅熔丝。使用条状最小宽度的一层多晶硅(poly-1)作为熔丝，在熔丝上方的保护层中设置一个 5 μm×5 μm 的开孔。熔丝两端的接触是由至少 4 个接触孔构成的阵列。金属与保护层开孔的最近距离为 2 μm。假设微调焊盘需要在保护层上有 75 μm×75 μm 的开孔。

5.13 绘制一个由 4 个电阻构成的串联二进制权重电阻网络，其中的最小阻值为 1 kΩ。假设这些电阻都由 PSD 掺杂两层多晶硅(poly-2)构成，宽度为 4 μm。使所有电阻都由一个或多个 1 kΩ 的分段构成以确保精确匹配。假设宽度偏差为 0.2 μm，并且忽略所有其他校正因子。将一个由 4 个多晶硅熔丝构成的阵列与电阻阵列相连(习题 5.12 中的设计)以实现微调网络。

5.14 绘制一个标准双极齐纳击穿管版图。假设发射区接触孔的宽度为 8 μm，其他尺寸都采用最小值。假设微调焊盘需要在保护层中有 75 μm×75 μm 的开孔。隔离岛和 NBL 可以位于微调焊盘下方。

5.15 对于图 5.26 中的差分微调网络，当熔丝 F_2 熔断后，阻值变化为 20 Ω，确定此时电阻 R_A 和 R_B 的阻值。在符合优化设计前提下使总电阻 R_A+R_B 最小。

5.16 假设一个电阻的线性 TCR 为 700 ppm/℃，二次 TCR 为 60 ppm/℃^{2}。如果该电阻在 100℃时的阻值为 4700 Ω，那么在 125℃时其阻值是多少？

第6章　电容和电感

电容是一类用于耦合交流信号、构建延迟和相移网络的无源器件。电容存储静电场能量，通常体积较大，在集成电路中很难实现几百皮法的电容，但是这种微小量级的电容对某些关键应用(特别是补偿反馈回路)已经足够了。大多数模拟集成电路至少包含一个电容。

电感是以电磁场形式存储能量的另一类无源器件。它的体积非常庞大，实际的集成电路中最多只能集成几十纳亨的电感。这些小电感通常只用于频率超过 100 MHz 的情况，所以除了射频(RF)电路，模拟电路中很少使用电感。

6.1　电容

如果导体中加入电荷，导体内部就会产生电场，电场的产生意味着导体内电势的变化，这个关系可用下式定量表示：

$$Q = CV \tag{6.1}$$

上式中 Q 代表施加在导体上的电荷，V 为电荷引起的电势差，C 是称为电容的比例常数。电容器是用于得到精确电容值的电学器件。

国际单位制(SI)把法拉(F)定义为电容的标准单位。1 F 是一个极大的电容值，大多数分立电路使用的电容都在几皮法(pF)到几千微法(μF)的范围内[①]。由于成本因素，片上集成电容不会超过几百皮法，所以大的电容都是采用片外方式实现。绝大多数系统中每块模拟集成电路都会使用大量的分立电容。

集成电路中所有的电容都是平行板电容器(parallel-plate capacitor)，它由称为电极的两块导电平板和一层称为电介质的绝缘材料构成，电极位于电介质的两侧(见图 6.1)。在简单的平行板电容器中，两电极板的尺寸相同并且正对着放置。

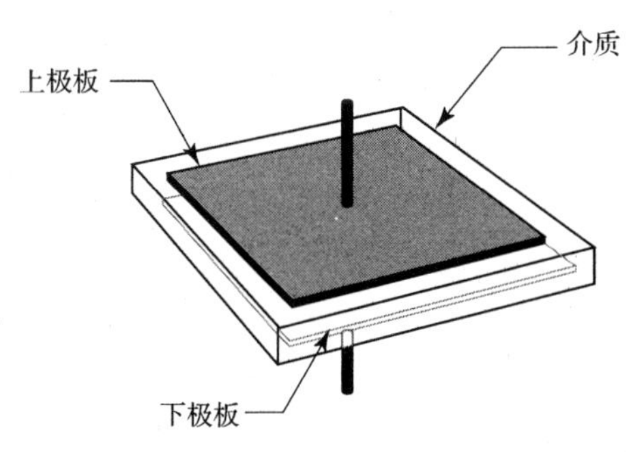

图 6.1　简单的平行板电容

简单平行板电容器的电容值可通过下面的近似公式计算得到

① 皮法和微法的正确缩写是 pF 和 μF。以前人们曾使用过很多其他的缩写，如 μμF 代表皮法，mF 和 mFd 代表微法。应该尽量避免使用这种非正规的写法。同时由于历史的原因，不建议使用 mF 表示毫法。

$$C \approx 0.0885 \frac{A\varepsilon_r}{t} \tag{6.2}$$

其中，C 是单位为皮法(pF)的电容值；A 为极板面积，单位是平方微米(μm^2)；t 是电介质层厚度，单位为埃(Å)；ε_r 是一个无量纲的常数，称为相对介电常数(relative permittivity)或电介质常数(dielectric constant)。ε_r 取决于介质本身的特性。表 6.1 列出了集成电路中常用的几种材料的相对介电常数。对于氧化物和氮化物仅给出值的范围，因为这些材料的特性和淀积条件有关。

表 6.1 部分材料的相对介电常数和介电强度①

材 料		相对介电常数(真空 = 1)	介电强度(MV/cm)
硅(Si)		11.8	30
二氧化硅(SiO_2)	干氧法	3.9	11
	等离子体	4.9	3～6
	TEOS	4.0	10
氮化硅(Si_3N_4)	LPCVD	6～7	10
	等离子体	6～9	5

考虑极板面积为 0.1 mm^2，干氧膜厚度为 200 Å(0.02 μm)的电容器，如果介质的相对介电常数为 4(通常情况是这样)，那么电容等于 180 pF。这个例子说明在集成电路中要集成几百皮法的电容是非常困难的。

降低电介质厚度能够增加电容，但也会使电介质内部的电场增强，过强的电场会引起介质击穿(见 4.1.3 节)。为了不产生灾难性的失效，穿过电介质的电场决不能超过一个关键值——介电强度(dielectric strength)。表 6.1 列出了不同材料的介电强度，单位是兆伏每厘米(MV/cm)。平行板电容器可以承受的最大电压 $V_{\max}$ 为

$$V_{\max} = 0.01 t E_{crit} \tag{6.3}$$

其中，t 是介质厚度，单位为埃(Å)，E_{crit} 是介电强度，单位为 MV/cm。根据这个公式，200 Å 的干氧化层能承受的最大电压为 20 V，为了实现长期可靠性，这个值应该减少 50%，即 200 Å 厚的氧化层应工作在 10 V 的条件下。生长在多晶硅上的氧化层由于与多晶硅界面的微观不规则性，所能承受的电压会进一步降低，这是由于界面的凹凸不平引起了电场的局部增强，从而降低了氧化层的介电强度②。所以，对生长在多晶硅上的 200 Å 厚的干氧化层上施加的电压不应超过 5 V。

当介质厚度已被降到工作电压所允许的最小值后，只有通过采用高介电常数的介质才能提高单位面积电容。有些材料的相对介电常数可达几千，例如钛酸钡锶③。虽然这些材料也

① SiO_2 和 Si_3N_4 的值源于“Dielectric and Polysilicon Film Deposition,” in S. M. Sze, ed., *VLSI Technology*, 2d ed. (New York: McGraw-Hill, 1988), pp. 259, 263。硅的临界场强值源于 D. J. Hamilton 和 W. G. Howard 所著的 *Basic Integrated Circuit Engineering*(New York: McGraw-Hill, 1975), p. 135。还可参见 W. R. Runyan 和 K. E. Bean 所著的 *Semiconductor Integrated Circuit Processing Technology*(Reading MA: Addison-Weslsy, 1994), pp. 67-68 中关于击穿电 压分布的讨论。

② N. Klein 和 O. Nevanlinna, “Lowering of the Breakdown Voltage of Silicon Dioxide by Asperities and at Spherical Electrodes,” *Solid-State Electronics*, Vol.26, #9, 1983, pp. 883-892。

③ 实际上高介电常数介质的单位面积电容不能达到介电常数允许的上限值，因为材料的介电强度随介电常数的增加而降低，参见 J. McPherson, J. Kim, A. Shanware, H. Mogul 和 J. Rodriguez, “Proposed Universal Relationship between Dielectric Breakdown and Dielectric Constant,” *Proc. International Electron Devices Meeting*, 2002, pp. 633-636。

能被淀积在集成电路上，但由于它们的成本较高，所以只被用在有限的应用中，设计者必须寻找其他更常用的材料。氮化硅的介电常数几乎是氧化硅的两倍，所以经常被使用。但是薄的氮化层很容易形成针孔(pinhole)——部分区域变薄不足以承受薄层的介电强度。有些工艺采用两层氧化物夹一层氮化物的复合层结构来减小针孔的形成①。氮氧复合介质的有效相对介电常数 ε_{eff} 可采用下面的公式计算：

$$\varepsilon_{eff} = \frac{t_{ox} + t_{nit}}{\left(\dfrac{t_{ox}}{\varepsilon_{ox}}\right) + \left(\dfrac{t_{nit}}{\varepsilon_{nit}}\right)} \tag{6.4}$$

其中，t_{ox} 和 t_{nit} 分别是氧化层和氮化层的厚度，ε_{ox} 和 ε_{nit} 是它们的相对介电常数。例如，相对介电常数为 7.5、厚度为 200 Å 的氮化层夹在两个相对介电常数为 3.9、厚为 50 Å 的氧化层之间，那么复合结构的有效相对介电常数为 5.7。所得薄膜的介电强度相当于 300 Å 厚的干氧层，而单位面积电容却要大 50%。

采用氧化物或氮氧化物作为介质的电容有很多容易令人混淆的名称。氧化物电容器(oxide capacitor)是指采用二氧化硅作为介质的电容器，通常生长在硅的扩散区或是淀积多晶硅形成的下极板上，而上极板通常是金属或者掺杂多晶硅。ONO 电容器(ONO capacitor)和氧化层电容器类似，但它采用氧化物-氮化物-氧化物的复合电介质，这样能得到更大的单位面积电容。多晶硅-多晶硅电容器(poly-poly capacitor)是指使用多晶硅电极和氧化物或 ONO 介质的电容器。MOS 电容器是采用生长在硅扩散区上的薄氧化层作为电介质、扩散区作为下极板、金属或掺杂的多晶硅作为上极板所形成的电容器，如果使用栅氧制作 MOS 电容器，那么得到的电容器就称为栅氧电容器(gate oxide capacitor)。虽然电容器的名称众多，但它们都是普通的薄膜电容器(thin-film capacitor)的变形。

薄膜电容器的电容值会随着极板内的电压调制效应而变化，但最大电容值只取决于电介质，介质电容值可以利用式(6.2)计算得到。如果两极板的面积不同，那式(6.2)中的极板面积就是两极板的公共面积。假设薄膜电容如图 6.2 所示，那么只有交叉面积部分，即上下极板的交叠区域对电容有贡献，因此，极板的有效面积为 300 μm^2。

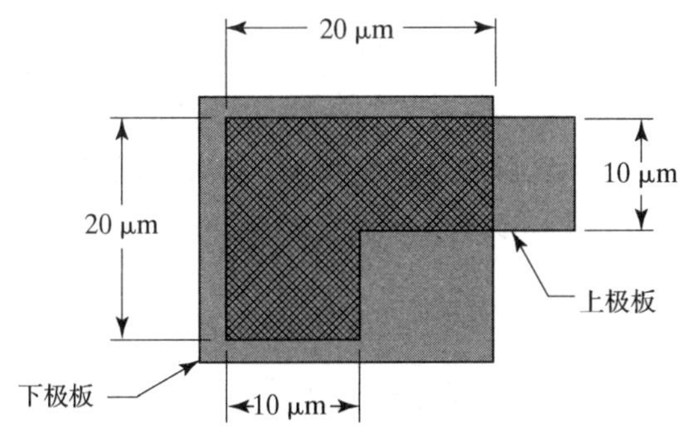

图 6.2　一个假想的薄膜电容范例。两个极板的交叉区域形成了电容板的有效面积，此例中是 300 μm^2

式(6.2)计算出的电容值略小于实际值，这是因为电场不只存在于极板内部，极板边缘也

① 目前对氧化过程改善介质完整性的准确机理还不是很确定，可能是引入了陷阱电荷，参见 K. K. Young，C. Hu 和 W. G. Oldham 的文章 “Charge Transport and Trapping Characteristics in Thin Nitride-Oxide Stacked Films,” *IEEE Electron Device Leiters*, Vol.9, #11, 1988, pp. 616-618。

会有电场——称为边缘效应(fringing)(见图 6.3)。边缘电场增大了极板的宽度，增加的量正比于电介质厚度。但是由于极板尺寸远大于介质厚度，所以对于薄膜电容通常忽略该效应。例如，假设一个电容的介质厚度为 500 Å，采用直径为 25 μm 的圆形极板，边缘电场引起的误差仅为 0.7%[①]。对于大电容或介质更薄的电容器，边缘效应的影响更小。

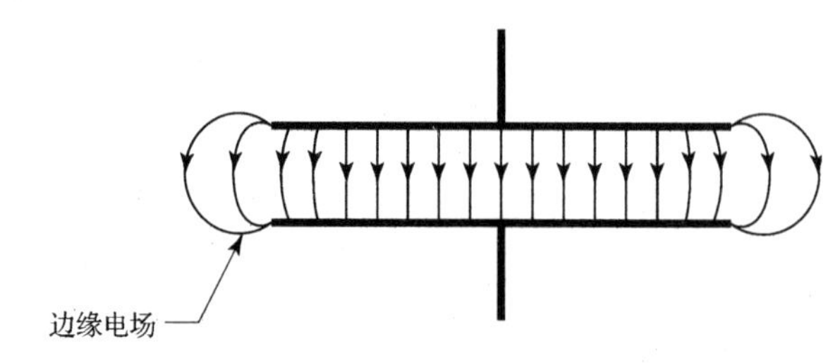

图 6.3 嵌在具有恒定介电常数的电介质中的平板电容器周围的边缘电场

另一种集成电容是结电容，它采用反偏 PN 结周围的耗尽区作为电介质。硅的介电常数和介电强度是氧化硅的 3 倍，所以结电容能获得更大的单位面积电容。但是尺寸紧凑的优点被极大的电压非线性抵消，这主要是由于耗尽区宽度随反偏电压而变化。零偏压电容 C_{j0}(zero-bias capacitance)可作为衡量电容的标准，随着结两端的反偏电压增大，耗尽区宽度加大，从而结电容减小。

如果给定耗尽区的宽度，零偏压电容值就可以通过式(6.2)求得。在由重掺杂区域和均匀分布的浅掺杂区域形成的突变结中，零偏压耗尽区宽度 W_0(单位为 Å)为[②]

$$W_0 \approx 3.10^{11}\sqrt{1/N} \tag{6.5}$$

其中，N 是在结轻掺杂一侧每立方厘米体积内的掺杂原子浓度。实际上，该方程仅适用于在轻掺杂的硅层内形成浅的重掺杂扩散区的情况(例如，P 型外延上的 NSD)。对于较深的结，杂质分布是缓变的，这时式(6.5)就不再适用了，甚至不能用来计算近似值。现在还没有精确的公式能够计算扩散结的耗尽区宽度，但 Lawrence 和 Warner[③]已经发表了在恒定浓度基底进行扩散所得的结电容曲线。

结电容面积也相对难以计算，图 6.4 画出了典型平面扩散的三维轮廓。杂质除了向下扩散之外，还会向各个方向扩散形成弧形的侧壁。侧壁相交处就形成了圆形的拐角(filleted corner)。

扩散结面积由 3 部分组成：底面面积，它近似等于图 6.4 中用灰色表示的氧化物窗口的面积；侧壁面积，这部分正比于绘制的图形的周长；圆形拐角的面积。把侧壁近似为圆柱体的一部分并且忽略圆形拐角，则总的结面积为

$$A_{total} = A_d + \frac{\pi}{2}x_j P_d \tag{6.6}$$

其中，A_d 和 P_d 分别是氧化物窗口的面积和周长，x_j 是扩散的结深[④]。

---

① 由 C. H. Séquin, “Fringe Field Corrections for Capacitors on Thin Dielectric Layers,” *Solid State Electronics*，Vol.14, 1971，pp. 417-420 中的公式计算得到。

② 这个方程假设内建电势差为 0. 7 V，这在轻度到中度的掺杂范围内是一个合理的近似。

③ H. Lawrence 和 R. M. Warner, Jr. “Diffused Junction Depletion Layer Capacitance Caculations,”*Bell System Tech. J.*, Vol.34, 1955, pp. 105-128。

④ 有关这个公式及其使用方法在 Hamilton 等人的著述中(pp. 129-135)有所论述。

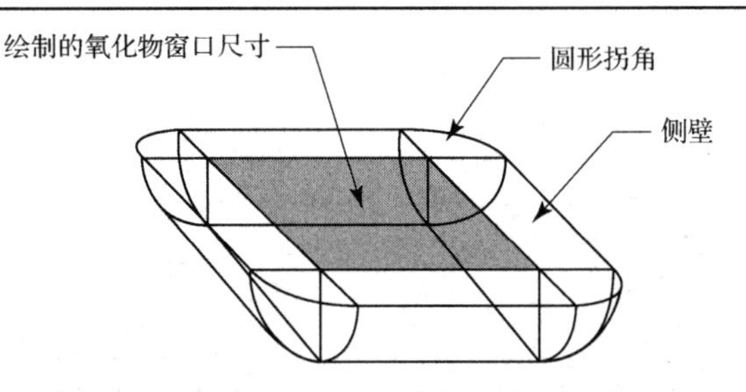

图 6.4　扩散结的三维图形，超过绘制的氧化物窗口横向扩散形成的侧壁和圆形拐角

当然，可以使用 Lawrence-Warner 曲线来预测扩散结的结电容，但是这样得到的结果只是一个近似值，而且计算的过程也很枯燥。确定结电容的一个更简单的方法是使用以下近似公式：

$$C_{total} = C_a A_d + C_p P_d \tag{6.7}$$

其中，面电容(areal capacitance) C_a 表示单位面积的电容，而边电容(peripheral capacitance) C_p 则表示单位周长的电容。通过测量两个或更多个不同周长面积比的结电容可以确定这两个常数值。这种方法比演绎计算更精确，因为通过试验确定的常数会把绝大多数非理想情况都考虑进去。

结电容是标准双极设计中重要的一部分，因为在双极工艺中不会制作薄氧化层来作为电容的介质。通常发射结有最大的单位面积电容。在 2 μm 深基区且方块电阻为 160 Ω/□的 40 V 标准双极工艺中，测量得到 C_a 等于 0.82 fF/μm^2，C_p 等于 2.8 fF/μm[①]。

结电容通常选用以下两种各有所长的版图中的一种。平板电容(plate capacitor)［见图 6.5(A)］能使结面积最大，而梳状电容(comb capacitor)［见图 6.5(B)］使结的周长最大。如果叉指间距 S_f 足够小，那么梳状电容比平板电容具有更大的单位面积电容。定量地说，当满足下面的不等式时，梳状电容更加优越[②]：

$$S_f < \frac{2C_p}{C_a} \tag{6.8}$$

实际中，绝大多数的标准双极工艺可从梳状电容器获得更大的电容值，所以在早期的模拟版图中，梳状电容比较常见，但是它在 CMOS 和 BiCMOS 设计中却很少使用，因为薄膜电容能提供与结电容相等甚至更大的单位面积电容，但寄生效应却小于结电容。

电路中采用的电容符号有很多种，图 6.6(A)所示是普通电容的标准符号，在电路中，这种符号会另外加入说明，包括电容的类型、电容值和极板类型。图 6.6(B)所示是原用于表示管状金属箔电容器的符号。弯曲的极板代表外层金属箔，它通常通过接地来达到对其他电容静电屏蔽的效果。这个电容现在经常用于表示集成电容，因为两个极板很容易相互区分。弯曲的极板通常(但不总是)代表集成电容的下极板[③]。图 6.6(C)中的符号代表结电容，有箭头的一端表示 P 电极(阳极)，而没箭头的一端表示 N 电极(阴极)。

① F. W. Trafton 和 R. A. Hastings, “A Study of Emitter-Base Junction Capacitance,” 未正式出版，1989。

② 同上。

③ 弯曲的极板有时指集成电容的上极板，因为上极板靠外，因此对应于管状电容的外侧金属箔。正是由于容易混淆，所以极板在使用的时候通常需要明确标注。

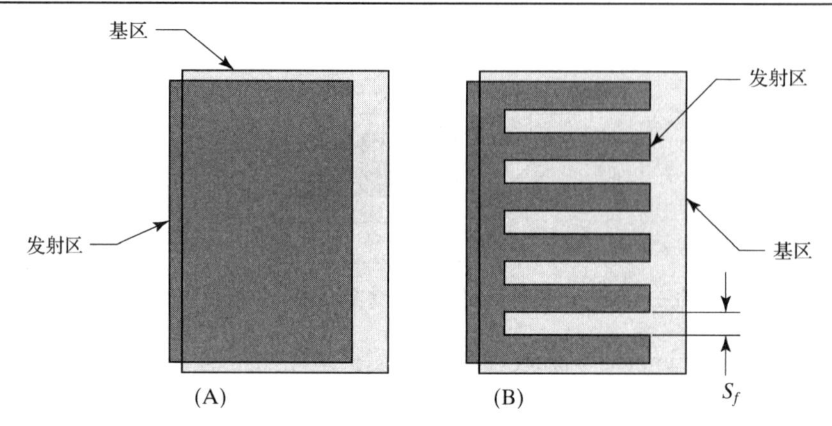

图 6.5　两种不同类型的扩散电容：(A)平板电容；(B)梳状电容。了清楚起见，图中忽略了隔离岛、N 型埋层、接触孔和金属层

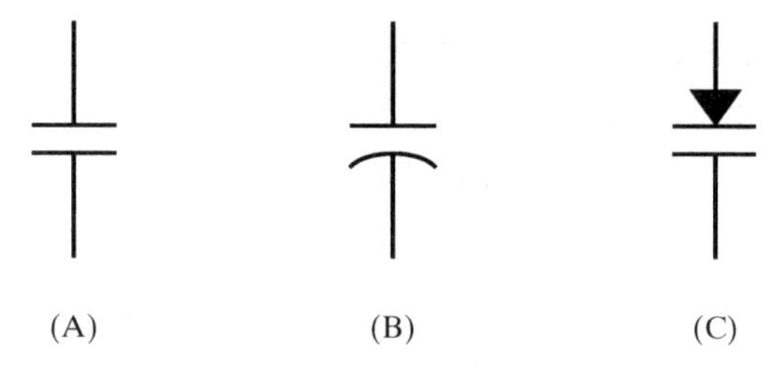

图 6.6　电容的典型电路符号

结电容有时也会用 PN 结二极管来表示，并以结面积的方式给出电容值。从模拟的角度可以理解这种方法，因为结电容采用 PN 结二极管建模。但另一方面，用于二极管和结电容的版图是不一样的，因为电容总保持反偏，而 PN 结二极管可工作在正偏或者反偏的状态，所以很多设计者为了区分结电容和二极管而采用图 6.6(C)中的符号表示结电容。

6.1.1　电容的变化

集成电容值的变化很大，这主要是由于工艺变化和电压调制的原因。还有很多引起电容偏差的次要因素只有在制作精确匹配的电容时才变得很重要，其中包括静电场和边缘效应，非均匀腐蚀以及掺杂、膜厚、温度和应力的梯度。有关这些次要因素的分析参见第 7 章。

工艺变化

薄膜电容和结电容受工艺变化影响很大，但原因各不相同。在 MOS 电容中，电介质是生长在单晶硅上的一层二氧化硅薄膜，这层薄膜的厚度不超过 500 Å，低压工艺中甚至小于 100 Å。因为硅氧键大约是 1.5 Å[①]，所以该薄膜由不超过几百层的单原子层构成。为实现对薄层氧化物介质的精确控制，人们已开展了大量的研发工作。现代 CMOS 工艺通常可以把栅氧化层电容的偏差控制在 ±20%的范围内，有些工艺甚至达到 ±10%[②]。

与栅氧化层相比，在多晶硅或金属电极上淀积或生长电介质较难控制。介质层的介电常数不仅与厚度有关，还与主要取决于生长或淀积条件的介质层成分有关。氧化物-氮化物-氧

① R. C. Weast, ed., *Handbook of Chemistry and Physics*, 62 d ed. (Boca Raton, FL: CRC Press, 1981), p. F-178。

② 这里引用的偏差量指的是高斯分布的 4.5Σ 边界。

化物结构的电介质很容易变化，因为制作它需要 3 步工艺，包括初始氧化层生长，然后是氮化物淀积，最后是表面氧化。由于每一步都会引入不确定性，所以氧化物-氮化物-氧化物结构电容因工艺变化引发的偏差通常至少为 ±20%。

结电容通常由基极和发射极扩散形成，发射结耗尽区宽度与很多因素有关：平均基区掺杂浓度，基区杂质分布以及发射结深度。在平板电容中这些因素至少会引入 ±20%的偏差。而梳状版图的电容会比平板状版图引入更大偏差：首先，边缘电容受发射结深度的影响比面电容更严重；其次，边缘电容更易受表面效应的影响，例如氧化层电荷调制和硼吸收；第三，相邻发射区尾部的相交部分会调制叉指间的基区杂质分布，从而改变边缘电容。梳状电容随工艺变化通常可达 ±30%，其中还不包括电压调制和温度变化的影响。

电压调制和温度变化

理想情况下，电容值与两端的偏压无关。但结电容的电容值却受偏压影响很大，这是因为 PN 结两端的反向偏压会对耗尽区宽度产生调制作用。薄膜电容也存在类似的效应，因为它的一个(或两个)电极由掺杂的硅组成，因此易受耗尽效应的影响。MOS 电容特别容易受耗尽区调制的影响，因为它的下极板是轻掺杂的，因此很容易耗尽，即使极板相对重掺杂的多晶硅-多晶硅电容也会由于多晶硅的耗尽而出现小的电压非线性。这些效应只有当电容的两个极板都是金属或硅化物时才会完全消失。

图 6.7 显示了结电容随偏压变化的一般特性。随着反向偏压的增大，耗尽区宽度逐渐加宽，所以电容值从零偏压 C_{j0} 逐渐减小。最终，耗尽区内的电场过强，引发雪崩击穿，对于标准双极工艺，发射结的雪崩击穿电压约为–7 V。正偏的结电容实际上是增大的，这是因为外偏压开始抵消内建电势差，所以耗尽区变窄。当正偏电压等于内建电势差时，耗尽区消失并且结电容迅速下降[①]。正偏时电容的增大没有特别的用处，因为正偏二极管会传导电流。当正偏电压仅为 0.3 V 时，在高温下都会引起导通电流，所以大多数设计者都避免使用正偏结电容。

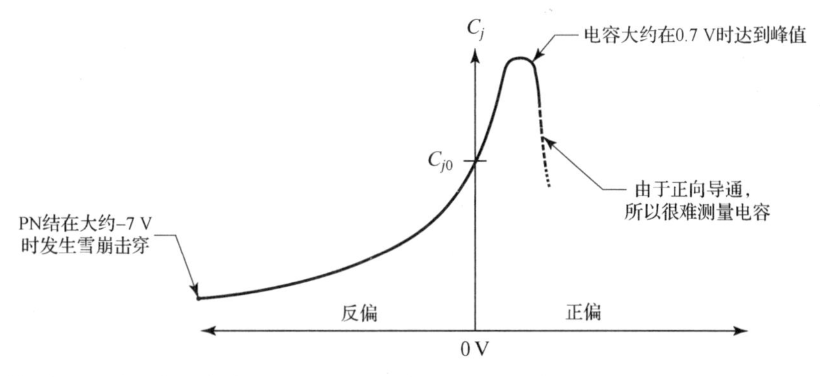

图 6.7　发射结随偏压变化的一般特性。发生雪崩击穿前的最小电容大约是零偏压电容值 C_{j0} 的 40%～50%

结电容通常用作补偿电容，因为电容随偏压的变化特性并没有削弱结电容在这个方面的作用。补偿电容需要设定尺寸，使其最小绝对值仍能使电路稳定。这需要零偏压电容值是使

① 通常的耗尽区电容公式在内建电势差处电容趋向无穷，这是不正确的，实际上内建电势差处的电容很大，但却是有限的。参见 B. R. Chawla 和 H. K. Gummel 的著述“Transition Region Capacitance of Diffused p-n Junctions,” *IEEE Trans. on Electron Devices*, ED-18, 1971, pp. 178-195。

电路稳定工作的最小电容值的 3 倍。只要满足这样大的一个安全因数，设计者就不用过于担心电容的精确尺寸和形状了。

MOS 电容也存在很明显的电压调制，图 6.8 所示为用作 MOS 电容的 NMOS 管电容曲线。当栅电压相对于背栅为负时，体硅中的多数载流子就会被向上抽取并积累在栅氧层下面。积累区中器件的电容仅由栅介质决定，如式(6.2)所示。当栅正偏时，多数载流子被排斥从而远离表面，并且形成耗尽区。随着偏压增大，耗尽区加宽，电容减小。一旦栅压等于阈值电压，就会从体硅中抽取足够多的少数载流子使表面反型。在反型层形成后，正偏电压进一步增大时只是增加少数载流子的浓度，但不会影响耗尽区的宽度，因此，电容稳定在一个新的较低的值上[①]。这个最小电容值 C_{min} 不超过栅氧电容的 20%[②]。

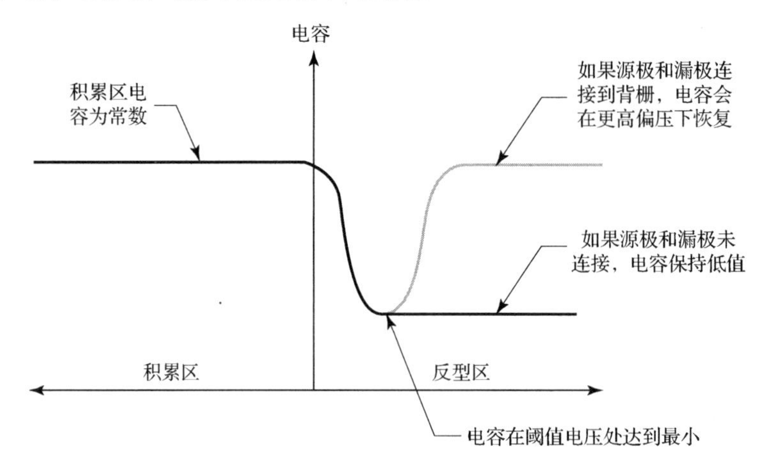

图 6.8 用作电容的 MOS 管的一般特性。源极和漏极的连接形式不同会得到不同的曲线

只要没有源漏扩散或是源漏未连接，那么前面的分析都是有效的。如果这些扩散区存在且被连接到背栅，那么 MOS 管电容的特性就会变得更加复杂。一旦出现强反型，导电沟道就会使源漏短接。这个沟道就成了电容的下极板，此时的电容就会增大到重新等于栅氧电容值(见图 6.8)。

用作电容的 MOS 晶体管的 U 形 C–V 特性曲线以阈值电压为中心，施加的偏压通常在这个范围内的两侧。如果器件工作在积累区，那么可以不需要源漏扩散，但是如果希望得到全部反型电容，就要制作源漏扩散，并把二者连接到背栅。当栅衬电压为负时，NMOS 管工作在积累区，该电压为正时工作在反型区。同样，当栅衬电压为正时，PMOS 管工作在积累区，该压为负时工作在反型区。对于给定的 MOS 管，可以通过检查来确定是否需要源漏扩散。如果不确定，通常可将源漏扩散包含在内，因为即使器件工作在积累区，扩散区也不会产生什么不好的影响。

结型或 MOS 电容都有一个通过浅掺杂硅形成的电极板，它容易产生耗尽区调制，所以这些器件特性随外加电压变化很大。大多数其他类型的电容采用高电导极板，所以电压调

① 实际上，如果测量是在很低的频率下进行的，电容会恢复一些，这种现象是由栅电极产生的电场调制反型层中的产生和复合引起的。该效应对版图设计者没什么实际意义。

② 没有必要求 C_{min} 的值，因为 MOS 电容通常工作在能够保持栅氧电容值的情况下，很多器件物理的文章都讨论了如何求 C_{min} 值，例如，参见 B. G. Streetman, *Solid State Electronic Devices*, 2d ed. (Englewood Cliffs, NJ: Prentice-Hall, 1980), p. 296 ff。

制效应小。重掺杂的硅极板有一定的电压调制效应，通常不超过 50～100 ppm/V①。只有在工作于不同电压的精确匹配电容中时这些小的电压调制效应才变得很重要，如在电荷重分配数模转换器中的情况。金属极板或下极板是多晶硅化物的电容，其电压调制效应小于 5 ppm/V②。

6.1.2　电容的寄生效应

所有集成电容都有很明显的寄生效应，相对理想的电容由两块大平板电极间的静电作用产生。这些相同的极板也会与集成电路的其他部分产生静电耦合，出现不希望的寄生效应。一个极板产生的寄生电容通常会比另一个极板产生的寄生电容大，所以电容器的方向非常重要。

图 6.9(A)所示为多晶硅-多晶硅电容寄生效应的子电路模型，该模型也适用于其他两极板通过淀积获得的电容器。理想电容 C_1 代表所期望的电容，C_2 代表下极板和衬底间的寄生电容，寄生电容值可利用下极板面积和场氧化层厚度求得。电容 C_3 代表与上极板有关的寄生电容，该电容通常远小于 C_2 只有当电容上有其他导体的时候才会变得明显。除了与电容相连的导线，一般不要让其他引线从电容上跨过，这不仅是因为导线会增加不需要的电容，而且存在引发噪声耦合的可能。当金属屏蔽层置于电容器之上帮助改进匹配特性的时候，C_3 的影响将变得明显(见 7.2.12 节)。在这种情况下，由电容上极板和屏蔽层耦合产生的电容 C_3 可以利用上极板面积和夹层氧化物(ILO)厚度计算得到。

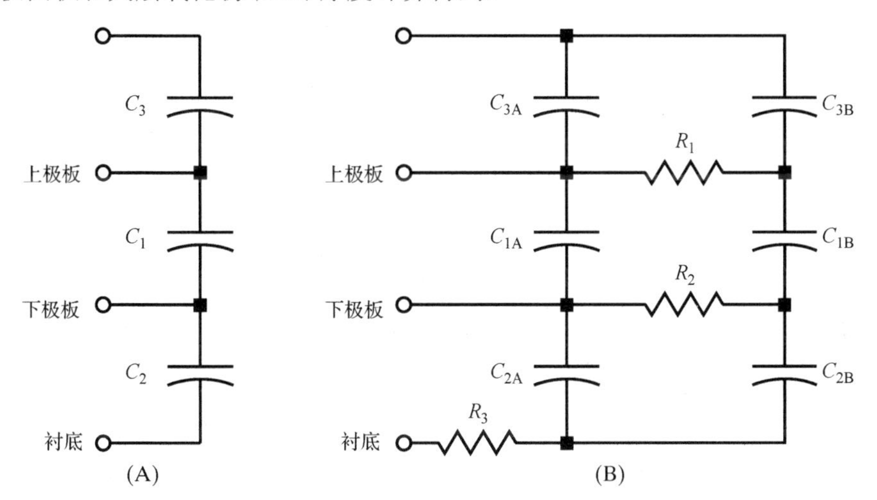

图 6.9　多晶硅-多晶硅电容的子电路模型：(A)没有串联电阻的简单模型；(B)带串联电阻的 π 模型

高频时多晶硅电极的串联电阻变得明显。图 6.9(B)所示的子电路模型包含了这个串联电阻，该模型把所有的电容分解成 π 结构。电阻 R_1 是上极板串联电阻的模型，R_2 是下极板串联电阻的模型，电容 C_1，C_2 和 C_3 被等分：C_{1A}/C_{1B}，C_{2A}/C_{2B}，C_{3A}/C_{3B}。电阻 R_3 代表衬底的有限电阻，它通常等于或大于其他极板的串联电阻。

① –148. 3 ppm/V 的线性系数和–9. 1 ppm/V^2 的平方系数由 R. H. Eklund，R. A. Haken，R. H. Havemann 和 L. N. Hutter 在"BiCMOS Process Technology," in A. R. Alvarez, ed., *BiCMOS Technology and Applications*, 2d ed. (Boston: Kluwer Academic，1993)，p. 123 中给出。

② 1. 74 ppm/V 的线性系数和–0. 4 ppm/V^2 平方系数由 Eklund 等人给出，见 p. 123。

将子电路中的寄生电容换成二极管可为使用扩散极板的电容建模。这些二极管在正常工作的状态下为反偏，但仍会有漏电流流过，高温下漏电流会变得明显。如果二极管瞬间正偏，则会有更大的电流流动。因为正向电流中包含明显的少子流动，所以结电容不经意的正偏会引起闩锁。

图 6.10(A)画出了发射结电容的子电路模型。发射极通常与隔离岛相连，从而使发射结电容和集电结电容并联。虽然集电结电容较小，但是仍有用处。二极管 D_1 和 D_2 为并联的发射结和集电结建模，二极管 D_3 和 D_1 为集电极-衬底结建模。电阻 R_1 为基极极板的分布电阻建模，它由于发射极板挤压而大幅度增加。发射极板电阻是可忽略的，因为发射区的方块电阻远小于基区埋层电阻。电阻 R_2 为衬底电阻建模。该模型不包括与发射极板耦合的寄生电容，但是如果需要，可以采用理想电容为这些电容建模。

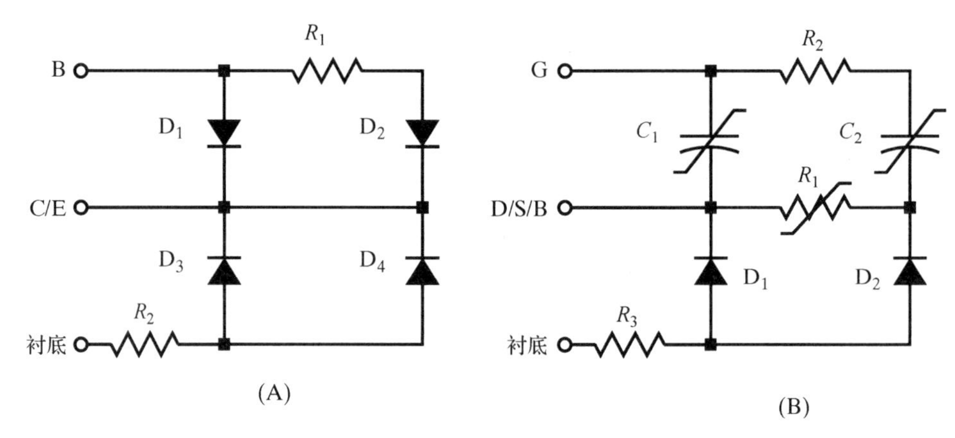

图 6.10 子电路模型：(A)结电容子电路模型，其中 C/E 代表集电极和发射极极板，B 代表基极极板；(B)MOS 或栅氧电容子电路模型，其中 G 指淀积生成的栅电极，D/S/B 指漏/源和衬底电极

图 6.10(B)所示为 MOS 电容的子电路模型。使用两个压控电容 C_1 和 C_2 为 MOS 电容结构建模，每个压控电容为 MOS 结构的一半电容值，R_1 是电容下极板的分布电阻模型，在积累区里，它由隔离岛电阻构成，在反型区由沟道电阻构成。在任何一种情况下，这个电阻都主要取决于电压。R_2 是电容上极板电阻的模型，与 R_1 相比通常可忽略。二极管 D_1 和 D_2 代表了 N 阱和 P 型外延之间的隔离结。每个二极管的面积为阱-外延结面积的二分之一。电阻 R_3 是衬底接触电阻的模型，它从阱-外延结的外延层一侧抽取电流。R_1，C_1 和 C_2 上的斜线说明这些器件均与电压相关。

6.1.3 电容比较

大多数工艺只能提供有限种类的电容，标准双极工艺提供了发射结电容和薄氧电容(需要增加一步掩模步骤)。CMOS 工艺通常只限于提供 MOS 电容，但有些 CMOS 工艺也提供工艺扩展用于制作多晶硅-多晶硅电容。BiCMOS 有更大的工艺灵活性，因为它不仅能提供典型的 MOS 和基区-NSD 结电容，还能提供多晶硅-多晶硅电容。本节将分析以上每种电容的优缺点。

发射结电容

标准双极(见图 3.16)和模拟 BiCMOS 工艺都能提供发射结电容。在零偏压下，这种电容能提供较大的单位面积电容(典型值为 0.8 fF/μm^2)，但这种电容会随着反偏电压的增大而逐渐减小。−1 V 的反偏电压就可以使电容值下降到零偏压电容值的 75%。随着反偏电压的进一步增大，电容下降速度减缓，所以在−5 V 反偏电压时电容下降 50%。大多数电路电容两端的反偏电压都有几伏特，所以发射结单位面积的有效结电容值大约等于 0.5 fF/μm^2。结电容这种较大的可变性使得它只能作为非关键角色使用，如噪声滤波器和闭环反馈电路的补偿电容。

版图设计者需要决定是使用平板电容［见图 6.5(A)］还是梳状电容［见图 6.5(B)］。如果已知面电容和边电容，那么利用式(6.8)就能够知道哪种版图面积更小。如果不知道面电容和边电容，那么平板电容优于梳状电容，因为后者的电容值对边电容的依赖性更大，而边电容通常很难通过推导计算得到。

结电容的串联电阻随着发射区极板的挤压作用而迅速增加。使这个电阻最小化的最佳结构是使用一连串和基区接触孔构成叉指状结构的最小宽度条形发射区。这种结构以增加面积为代价使基极埋层电阻达到最小。梳状结构的串联电阻非常低，这是因为发射区各叉指间未受挤压的基区要比发射极板下受挤压的基区有更低的串联电阻。发射区叉指有水平的也有垂直的，叉指最短的方向上串联电阻也最小［图 6.5(B)中的版图遵循这一规则，但图 3.16 并不是这样］。到目前为止，平板电容结构［见图 6.5(A)］具有最大的串联电阻。

结电容通常都做在隔离岛内，隔离岛必须制作接触以确保集电结反偏，该接触也使得集电结和发射结并联，从而增大了总电容。可采用使发射极板延伸超出基区极板的方法非常容易地制作隔离岛接触(见图 3.16)。正如图 6.10(B)中二极管 D_1、D_2 所代表的那样，隔离结成为连接阴极(发射极)极板的寄生电容。在隔离岛下增加 NBL 会大幅度增加这个寄生电容。在结电容中，NBL 并没有多大用处，所以通常会略去以减小下极板寄生电容。如果阳极(基极)极板与衬底电势相连，那么该寄生结电容将与所希望获得的电容并联。在这种情况下，就应增加 NBL 以获得最大的单位面积电容值。

如果阳极和衬底电势相连，那么基区扩散可以扩展进入隔离区以节省面积(见图 6.11)。基区接触能够占用基区扩散的任何部分，甚至是隔离区。在大多数工艺中，发射区不能做在隔离区上，而要按照适当的版图规则占据一个隔离区。图 6.11 中的电容由两套从中部公共隔离岛/发射区接触伸出的叉指组成，这种布局有助于减小叉指长度和寄生电阻。

在 BiCMOS 工艺中，可在 P 型外延层中制作基区-NSD 结电容。因为 P 外延层轻掺杂，所以不会显著影响基区-NSD 结的击穿特性。只要结电容的阳极板连接到衬底电势，就可以不用做阱扩散。如果在这种电容结构下面制作了 N 阱，由于基区-N 阱结所产生的结电容，整个结构的电容会有所增大，但增加的电容不会超过总电容的 20%，所以是否值得消耗面积制作 N 阱值得讨论。

虽然结处于微弱的正偏状态能得到更大的电容值，但是在高温下很难防止导电。使结电容正偏会引起很大的电流流动，尽管不能肯定是否会对器件造成伤害。虽然某些电路结构确实采用了正偏 PN 结对结电容两端的电压进行钳位，但大多数结电容都会一直保持反偏状态。

结电容击穿电压通常较小。标准双极发射结电容的雪崩击穿电压为 6.8 V，所以结电容两端的反偏电压不应该超过 4～5 V。应该尽量避免雪崩击穿，因为它会通过产生可增加耗尽区复合的表面陷阱使结的漏电流增大。

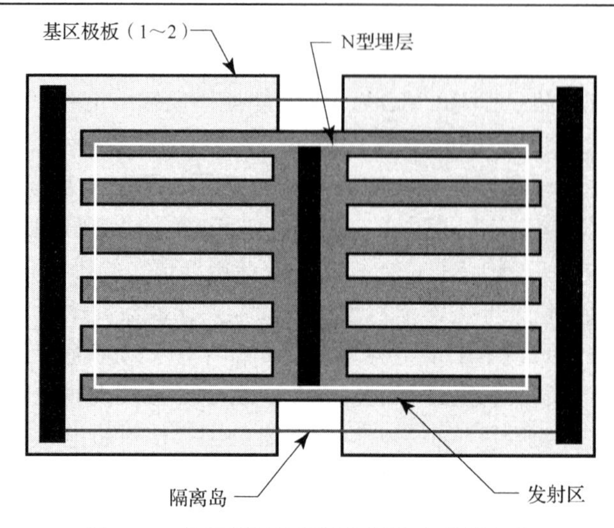

图 6.11 基极极板扩展进入隔离岛的结电容

通过在发射区上覆盖金属板形成电容器的方法可以略微增大结电容的值。生成的电容器以发射区上的氧化层为电介质。如果工艺中使用薄的发射区氧化物，那么采用这种方法可以获得很大的电容值。但由于薄氧化层容易形成针孔，所以成品率会下降。厚的发射区氧化物没有这个缺点，但它的单位面积电容很小，以至于增加金属板并没有带来明显的好处。现代工艺使用厚的发射极氧化层，所以对于结电容而言增加金属极板没有太大的益处。

芯片的符号通常放置在结电容上，因为结电容占用了版图中最大面积的非金属化硅。虽然这种做法去掉了电容上的金属覆盖层，但并没有坏处。制作的符号必须符合所有采用的设计规则，因为它占用了芯片的电学有源区。

发射区-隔离区漏电不严重的工艺可以把发射扩散区直接做在隔离区上形成结电容。因为隔离区的横向扩散范围远大于发射区，所以可以将发射区直接放在已有的隔离区上。这种技术可以制作 100～500 pF 的结电容，而很少或不增加芯片面积。电容发射极板的电阻相对较小，所以整个电容不需要通过金属化来保证其正常工作。对于单层金属设计，这种考虑非常重要，因为导线必须穿越隔离区内的发射区电容(emitter-in-iso)从而连接邻近的元器件。

MOS 电容

MOS 晶体管可用作电容，但其轻掺杂背栅会使寄生电阻增大。使用在重掺杂扩散区上形成的薄层氧化物介质能收到更好的效果。有时会采用标准双极工艺制作 MOS 电容，其中下极板通过发射扩散区实现。除非工艺能形成异常薄的发射区氧化层，否则需要增加一步掩模工艺用于制作合适的介质氧化层。

MOS 晶体管不适合作为电容使用，但它在 CMOS 工艺中往往是唯一的选择。用作电容的 MOS 晶体管的偏置通常不应在 *C–V* 特性曲线中的阈值电压附近(见图 6.8)。这样就可以使器件工作在两种期望的偏置模式中的一种：积累或强反型。对于 NMOS，积累需要偏置栅电势低于衬底电势；对 PMOS 则需要偏置栅电势高于衬底电势。恒定偏置至少为 1 V 并限制电压变化在 ±10%以内可以确保晶体管工作在电容曲线中相对呈线性的部分。只要器件工作在积累区，源漏电极则没有什么作用，从而可以被省略。图 3.34 显示了这种类型的 MOS 电容。

当 NMOS 晶体管的栅极偏压相对背栅为正且超过阈值电压 1 V 时，NMOS 晶体管进入强反型状态。对于 PMOS 管，要想进入强反型状态，就要求栅压相对背栅为负，且偏压至少大于阈值电压 1 V。工作在反型区的 MOS 电容要求源漏电极与沟道相接。通常这些电极和背栅端连接在一起。反型模式的 MOS 电容的版图和正常 MOS 晶体管的版图相同(见图 3.29 和图 3.30)。

用作电容的 MOS 管有很大的串联电阻，这主要与下极板有关［见图 6.10(B)中的 R_1］。这个电阻可以通过使用足够短的沟道长度(理想情况为 25 μm 或更小)实现最小化。如果略去源漏扩散，那么可用背栅接触完全包围栅极(如图 3.34 所示)。

图 6.12 所示为一种与标准双极工艺兼容的 MOS 电容。电容的介质层由一层薄氧化物构成，该薄氧化层是通过特殊的掩模步骤控制腐蚀和再生长过程形成的。电容的下极板由阱区内的发射扩散区构成。上极板利用第一层金属形成。发射扩散区的方块电阻很小以至于可同时忽略电压调制和串联电阻效应。

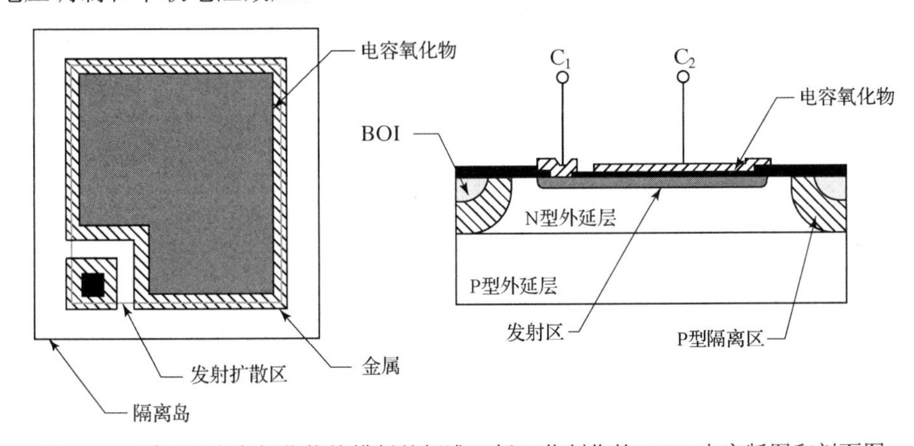

图 6.12　采用了电容氧化物掩模版的标准双极工艺制作的 MOS 电容版图和剖面图

MOS 电容的发射极极板可以直接在标准双极隔离区内形成，但生成的 N+/P+结会产生很大的寄生电容，而且通常会出现过量漏电。这个问题可以通过把发射区和隔离区接在同一电位加以解决。如果发射极板必须连接在不同电位上，则只能把它制作在隔离岛中。这个隔离岛不需要 NBL，不加 NBL 可以进一步降低发射极板和隔离区间的寄生电容。

此外，也可以把 MOS 电容的下极板(发射区)制作在与上极板相连的基区中。这种结构使发射结电容与 MOS 管的薄层氧化物电容并联，从而获得非常大的单位面积电容——通常超过 1.5 fF/μm^2。这种结构的电容称为夹层电容(sandwich capacitor)或者堆叠电容(stacked capacitor)。与结电容相同，夹层电容有很大的变化范围和较低的击穿电压，所以它们主要被用作大的补偿电容和电源线旁路电容。

我们还可以采用 BiCMOS 工艺制作 MOS 电容。因为制作 NSD 注入是在栅氧化物生长和多晶硅淀积之后，所以下极板需要采用其他的扩散区形成，通常使用深 N+扩散(见图 6.13)。深 N+区的方块电阻比 NSD 的大(通常为 100 Ω/□)，所以下极板的寄生电阻效应明显。高浓度的 N 型扩散通过杂质增强氧化使栅氧化层厚度增加 10%～30%，从而获得更高的工作电压，然而却具有更小的单位面积电容。遗憾的是，生长在深 N+区上的氧化层受到重掺杂产生的缺陷的影响导致氧化层的完整性降低。通常将深 N+区置于

N 阱内以减小对衬底的寄生电容。如果可以接受深 N+/P 外延结的大寄生电容和低击穿电压，那么可略去 N 阱。

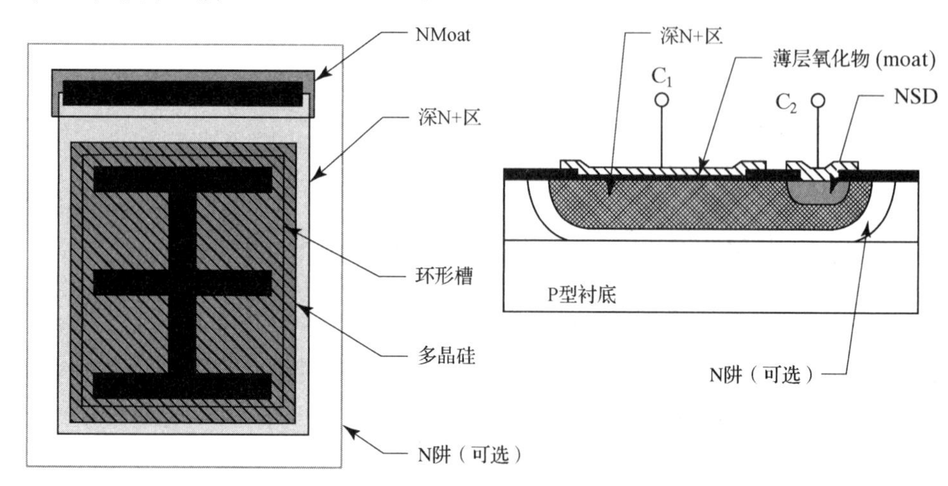

图 6.13 模拟 BiCMOS 工艺制作的深 N+ MOS 电容的版图和剖面图

无论如何制作 MOS 电容，上下电极都不可能完全互换。下极板通常由有严重寄生结电容的扩散区构成，只有通过把电容的下极板连到衬底电势才能消除这个结电容。MOS 电容的上极板由淀积电极构成，它的寄生电容通常较小。电路设计者经常试图将 MOS 电容的下极板连接到被驱动的节点(低阻节点)。如果交换 MOS 电容的两电极，可能会加载具有所不希望产生寄生效应的高阻节点，并且可能导致电路失效。

多晶硅-多晶硅电容

结电容和 MOS 电容都使用扩散区作为它们的下极板。隔离扩散电极的 PN 结会产生很大的寄生电容并限制了加在电容器上的最大电压。如果两电极都使用淀积材料(如多晶硅)，那么以上的限制就可以被克服。很多 CMOS 和 BiCMOS 工艺已经包含了多层多晶硅，所以多晶硅-多晶硅电容不需要额外的掩模步骤。例如，很多工艺除了大面积掺杂的多晶硅栅外还增加了第二层多晶硅用于制作高值薄层电阻。多晶硅栅可用作多晶硅-多晶硅电容的下电极，而电阻多晶硅层(通过适量的注入掺杂)可以用来形成上电极。上电极可以用 NSD 注入或 PSD 注入掺杂形成(见图 6.14)。方块电阻最小的注入将制作出最好的电容，因为重掺杂不仅可以降低串联电阻，而且可以使多晶硅耗尽引起的电压调制效应最小。

多晶硅-多晶硅电容通常至少需要多加一步工艺。即使两电极通过淀积的方法制作，这种结构的电容介质仍与众不同，因此需要工艺扩展。形成介质层的最简单方法是去除用于隔离两层多晶硅的夹层氧化物(ILO)，在相同位置以生长在多晶硅下电极上的薄氧化层作为替代。使用这种技术，在两层多晶硅层叠的地方就可以形成电容。只要第二层多晶硅不用于互连，这种技术就没什么限制。

氧化物介电常数相对较低，更大的介电常数以及进而形成的更大的单位面积电容都可采用堆叠的氧化物-氮化物-氧化物(ONO)结构电介质获得。形成(ONO)结构电介质的第一步是对多晶硅下的电极进行热氧化。对采用化学气相淀积(CVD)方法生长在多晶硅上的氮化层进行表面氧化就可以形成最终的复合电介质。在光刻第二层多晶硅后，采用适当的腐蚀工艺去掉不需要的氮化层区域。

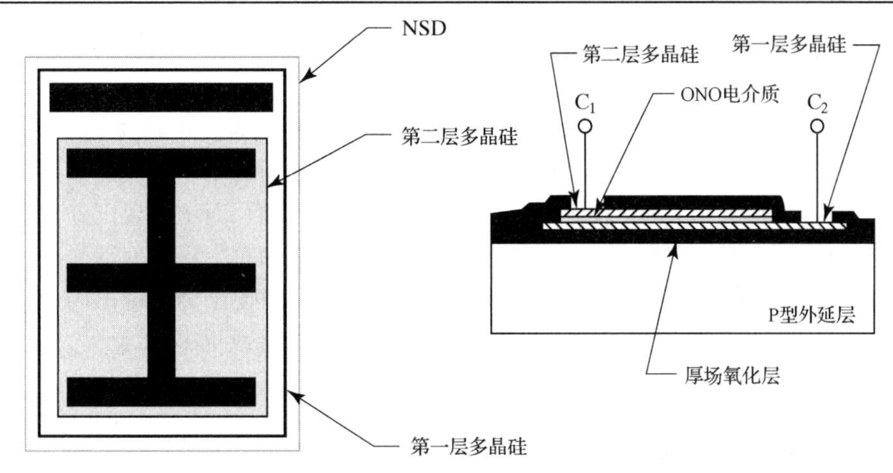

图 6.14　介质材料为氧化物-氮化物-氧化物的多晶硅-多晶硅电容的版图和剖面图。因为多晶硅栅也是 N 型的而且过量的杂质可以进一步降低栅电极的方块电阻，所以整个电容被包围在 NSD 中

图 6.13 和图 6.14 所示电容的上极板采用叉指状接触孔，也可将电容上极板接触孔制作成斑点状的稀疏阵列结构。过于密集的接触孔阵列将不必要地降低设计软件的运行速度但不会带来明显的好处。某些工艺还允许使用单个的大接触孔。上述 3 种类型接触孔都能够降低整个第二层多晶硅极板的串联电阻。图 6.14 中的下极板接触仅沿着一边引出。若接触孔环绕整个结构就可以降低电容下极板的串联电阻。将第二层多晶硅极板分割成条状，并与第一层多晶硅接触孔形成叉指状结构可以进一步降低串联电阻。

多晶硅-多晶硅电容通常都制作在场氧化层上。电容结构下方不能有氧化层台阶，因为这会引发电容下极板的表面不规则。这些不规则不仅会使介质层出现局部减薄现象，而且会造成电场集中。这两种效应都会破坏电容器的完整性。

虽然氧化层台阶不应切入多晶硅-多晶硅电容，但是这些电容有时也会被完全包围在深 N+扩散区内。磷的重掺杂加速了局部氧化(LOCOS)，并生成了厚的场氧化层，从而降低了电容下极板和衬底之间的寄生电容。如果深 N+区连到一个噪声较小的低阻节点，例如模拟地(analog ground)，它将保护电容下极板免受衬底噪声干扰。当工艺中不提供深 N+区或者由于不易实现平整化版图规则不允许电容位于深 N+区顶部时，N 阱可以起到类似的屏蔽噪声的作用。

选择多晶硅-多晶硅电容器介质的时候需要考虑很多方面的因素。由于高频时(10 MHz 以上)氧化物-氮化物界面静态电荷没有完全重新分布，所以复合介质受迟滞效应的影响比较严重①。如果电容的值不能随频率变化而必须保持为常数，那么纯氧化物介质优于氧化物-氮化物-氧化物复合介质。虽然氧化物介质的单位面积电容通常较小，但有时这种情况也是需要的。较大的极板面积可以改善匹配性，所以低电容介质材料可用于改善小电容的匹配特性。

只要两极板都是重掺杂的，多晶硅-多晶硅电容的电压调制效应就相对较小。非硅化多晶硅-多晶硅电容器电压调制的典型值是 150 ppm/V。多晶硅-多晶硅电容器的温度系数也由电

① J. W. Fattaruso，M. de Wit，G. Warwar，K.-S. Tan 和 R. K. Hester，“The Effect of Dielectric Relaxation on Charge-Redistribution A/D Converters，” *IEEE J. Solid-State Circuits*, Vol.25, #6, 1990, pp. 1550-1561。

压调制效应决定，典型值不超过 250 ppm/℃[①]。如果任一极板或两个极板都是轻掺杂，那么上述值都会增加。

多晶硅-多晶硅电容的上下极板并不能完全互换。上极板的寄生电容通常小于下极板。氧化物-氮化物-氧化物电容也存在非对称击穿特性。负极板表面场助电子发射会引起介质层断裂。热氧化会使氧化物-氮化物-氧化物电容的下极板较为粗糙，而上极板则处于平整的氧化淀积层表面。所以如果氧化物-氮化物-氧化物电容的下极板相对上极板偏置为正，那么在高电压下电容介质很容易断裂。对某些应用而言，恰当的电场方向十分关键，因为错误的氧化物-氮化物-氧化物内电场方向会使电容器的击穿电压降低 50%或更多。

堆叠电容

若采用高电导率的材料制作极板，可以大幅度降低薄膜电容器的电压系数。淀积的介质材料或者单独采用 CVD 氧化物，或者结合使用 CVD 氧化物和 CVD 氮化物。除非通过热处理增加氧化物的密度，否则生长的氧化物介质完整性较差。因为铝不能承受氧化层加密过程所需的温度，所以薄电介质电容的下极板必须采用其他材料制作。硅化的多晶硅经常被用于充当这一角色。采用金属制作上极板，硅化物制作下极板的电容的电压系数只有 2 ppm/V[②]。

此外可以采用夹层氧化物(ILO)作为介质制作电容器。这层氧化物的厚度通常在 5～10 kÅ 之间，所以为了获得足够高的额定电压值不需要将氧化层加密。实际上，夹层氧化物比其他介质能够承受更高的电压。当然，高额定电压值意味着小的单位面积电容，制作 1 pF 的电容需要面积近 30 000 μm^2 的 10 kÅ 厚夹层氧化物。

多层金属相互交叉形成的堆叠电容可以部分解决单位面积电容较小的问题。图 6.15 为一金属-金属-多晶硅堆叠电容的实例。这个电容包括并联的两部分，下面的部分由多晶硅、第一层金属和二者之间的夹层氧化物构成。上面的部分由第一层金属、第二层金属和二者之间的夹层氧化物构成。假设多层氧化物和夹层氧化物具有同样的厚度，那么这种结构的单位面积电容是简单金属-金属电容器的两倍。如果工艺支持增加金属层，那么这些金属层可以被用来进一步增大堆叠电容的电容值。

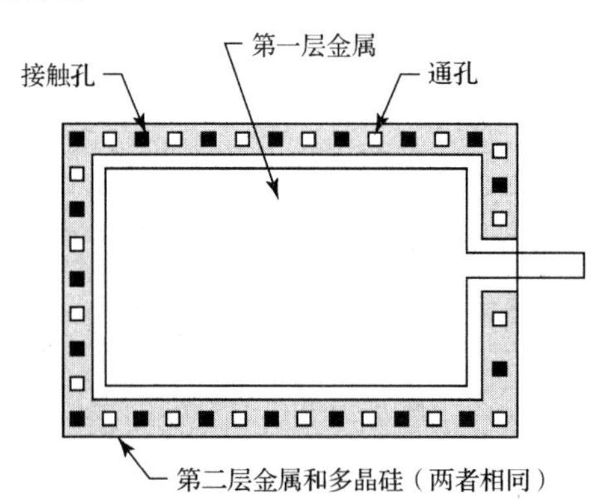

图 6.15 金属-金属-多晶硅堆叠电容

① J. L. McCreary, “Matching Properties, and Voltage and Temperature Dependence of MOS Capacitors,” *IEEE J. Solid-State Circuits*, Vol.SC-16, #6, 1981, pp. 608-616。

② C. Kaya, H. Tigelaar, J. Paterson, M. de Wit, J. Fattaruso, D. Hester, S. Kiriakai, K.-S. Tan 和 F. Tsay, “Polycide/Metal Capacitors for High-Precision A/D Converters,” *Proc. International Electron Devices Meeting*, 1988, pp. 782-785。

堆叠电容的极板通常存在截然不同的寄生效应。在图 6.15 所示的堆叠电容中，由于第一层金属位于其他两个电极之间，所以几乎没有寄生电容。另一方面，多晶硅/第二层金属电极有相对较大的寄生电容，因为多晶硅极板会通过多层氧化物(MLO)与衬底耦合。设计者需要特别注意按正确方向连接堆叠电容以确保寄生效应不会干扰电路的正常工作。

另一种类型的叠层电容结合了多晶硅-多晶硅电容和栅氧电容(见图 6.16)。这种结构并联两薄层介质从而产生极高的单位面积电容值。与金属-金属-多晶硅电容相同，两个极板具有截然不同的寄生效应。夹在金属和硅之间的多晶硅极板几乎没有寄生电容。N 阱/多晶硅极板则由于 N 阱/衬底结从而具有很大的寄生电容。

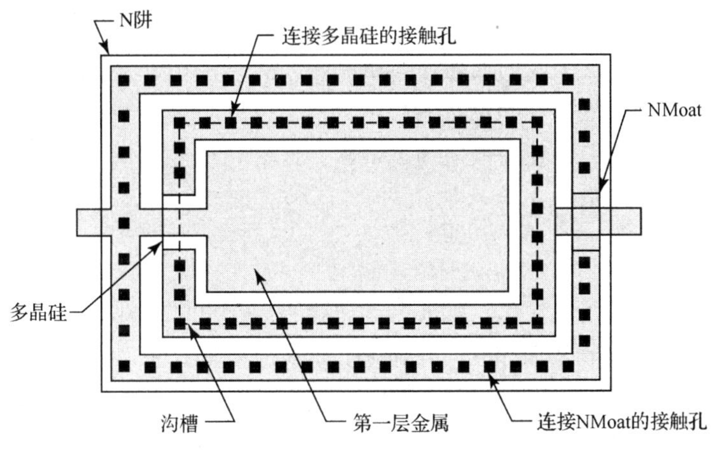

图 6.16　金属-多晶硅-硅堆叠电容

横向通量电容

到现在为止讨论的所有电容均产生垂直于芯片表面的电场。有些电容产生的电场方向和芯片表面平行，这些电容被称为横向通量电容器(lateral flux capacitor)。图 6.17(A)显示了采用交错的导体条阵列形成的横向通量电容的剖面图。所有标注“A”的导体条连在一起构成阳极，所有标注“C”的导体条连在一起构成阴极。每个阳极条都被阴极条包围。同样，每个阴极条也被阳极条包围。垂直电场把每个导体条同其上下的导体条相连，水平电场把每个导体条与两侧的导体条相连。因此，这种结构的总电容等于垂直电容和水平电容之和。当导体介质厚度与电介质厚度之和与导体条宽度与间距之和处在同一数量级时，横向电容就变得更加重要。对于金属-金属电容来说，导体和介质厚度通常在 0.5 μm 左右。这意味着只在亚微米级的金属系统中才可使用金属-金属横向通量电容。

人们已经提出了多种横向通量电容[①]。这些结构中的绝大多数都是图 6.17(A)所示基本叉指结构横向通量电容的变化形式。图 6.17(B)中的交织结构横向通量电容只是简单地将两组导体条旋转直到它们互相垂直，然后加入通孔将位于不同导体层上的电极部分连起来。与叉指结构导体条产生的垂直电容相比，这种结构具有更小的极板电阻和电感。另一种可选择的结构是使用不规则的形状来增大电极周长，但却不会成比例地增加电阻和电感。

① H. Samavati，A. Hajimiri，A. R. Shahani，G. N. Nasserbakht 和 T. H. Lee，“Fractal Capacitors,” *IEEE J. Solid-State Circuits*, Vol.33，#12, 1998，pp. 2035-2041。此外还可参见 R. Aparicio 和 A. Hajimiri，“Capacity Limits and Matching Properties of Lateral Flux Integrated Capacitors,” *IEEE 2001 Custom Integrated Circuits Conf.*, pp. 365-368。

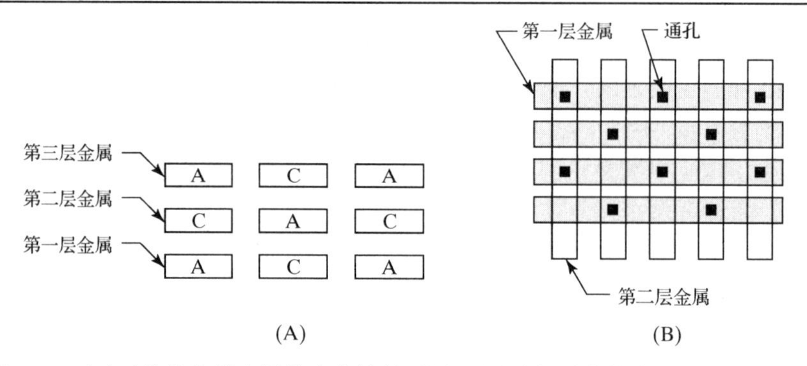

图 6.17 (A)叉指结构横向通量电容的剖面图；(B)交织结构横向通量电容的版图

导体间的横向间距确保了横向通量电容具有相对较厚的电介质，所以使用具有薄层介质的水平平行板电容可以获得更大的单位面积电容值。因此，大多数设计更倾向使用标准类型的电容版图。在高频设计中会使用横向通量电容，此时它们能提供一种不需要特殊工艺而制作全隔离电容器的简单方法。

高介电常数电容

如果使用高介电常数的电介质，则能够利用相对较小的区域制作大电容器。二氧化硅和氮化硅的相对介电常数分别是3.9和7。分立电容很早就开始使用其他材料以获得更高的相对介电常数。例如，钽电容使用五氧化钽作为电介质，这种材料的相对介电常数为22。而且即使介质很薄，出现针孔缺陷的可能性也很小[①]。制作薄膜钽电容时首先淀积一层钽，然后部分氧化形成电介质，最后在五氧化钽顶部淀积金属完成电容器的制作过程。虽然这种结构能够提供远高于二氧化硅和氮化硅的介电常数，但是它需要采用特殊工艺制作，而大多数晶圆制造厂都没有这种生产能力。

例如，分立陶瓷电容使用钛酸锶钡以获得几百甚至更高的相对介电常数。这些高介电常数陶瓷中的大多数都很难通过淀积形成高质量的薄膜。它们的介电常数随淀积和退火条件变化很大。尽管这些材料中的多数特性受到温度变化的强烈影响，而且电容值随时间漂移(老化)并具有严重的迟滞效应(电容中的静电荷)。因此，虽然这些材料在理论上可用于纳法级电容的集成，但制成的器件却不能用于精密电路。近期内，模拟电路中用到的集成电容器中的绝大部分仍采用二氧化硅和氮化硅制作。

6.2 电感

流过导体的电流会在导体周围产生磁场。随着电流的变化，能量流入或流出这个磁场。这些能量流沿着导体产生电压降。电流和电压的关系可以被定量表示为：

$$V = L\frac{\Delta I}{\Delta t} \tag{6.9}$$

其中，$\Delta I/\Delta t$ 是电流的变化速率；V 是变化的电流产生的电压；L 是比例常数，称为电感。电感器是用于提供精确电感值的电路元件。

① ε_r 的值源于 A. B. Glaser 和 G. E. Subak-Sharpe 的著述 *Integrated Circuit Engineering*(Reading，MA：Addison Wesley，1977)，p. 355。

国际单位制(SI)定义亨利(H)为电感的标准单位。1 H 是一个很大的电感值，典型的集成电感只有几十纳亨(nH)。如此小的电感在频率低于 100 MHz 时没什么实际用处，所以传统的模拟电路不使用集成电感。某些射频(RF)集成电路工作在 1 GHz 或更高的频率下。尽管与分立器件相比集成电感的性能相对较差，但其中的部分射频集成电路会使用集成电感作为调谐电路的一部分。

最简单的电感由圆环形导线构成［见图 6.18(A)］，这个圆环的电感为

$$L = \mu_r \mu_0 r \left[\ln\left(\frac{8r}{a}\right) - 2 \right] \tag{6.10}$$

其中，r 是圆环半径，a 是导线半径[①]。常数 μ_0 称为真空磁导率(permeability of free space)，其值为 1.26 μH/m。常数 μ_r 称为相对磁导率(relative permeability)，其值取决于电感周围的材料类型。大多数材料的相对磁导率近似等于 1，但铁磁材料例外，如铁和镍，它们具有较大的相对磁导率。由于普通集成电路中使用的材料没有铁磁材料，所以本章余下的部分均假设 $\mu_r = 1$。

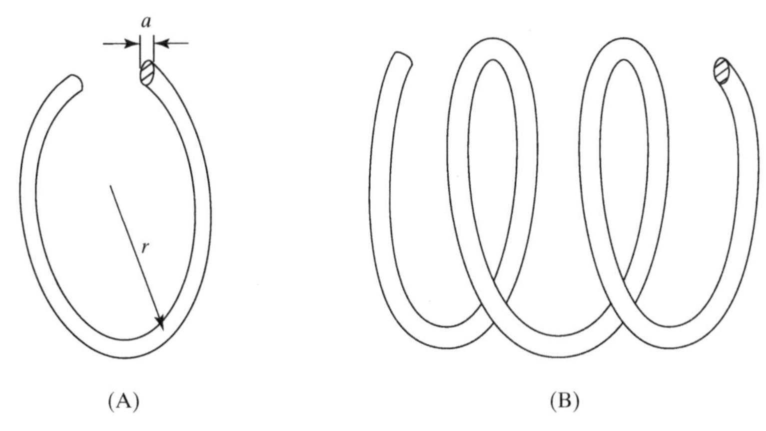

图 6.18　电感几何形状：(A)圆形环路；(B)螺线管

圆环形电感值得仔细研究，因为可通过它粗略地估计焊线对电感的贡献。典型的焊线直径为 25 μm，长度是 1 mm。线直径为 25 μm、圆环直径为 1 mm 的焊线的电感值是 5.6 nH。这个计算结果说明了每根焊线都可以产生几纳亨的电感。

圆环结构不能产生大电感，分立电感克服上述困难的方法是将多个导线环逐层堆叠起来形成一种螺旋状的结构，称为线圈(solenoid)［见图 6.18(B)］。在线圈中每圈导线称为一匝，每匝产生的磁场也会通过其他所有匝，称之为磁耦合(magnetically coupled)。这种耦合使得每匝的等效电感等于单匝电感值乘以匝数。因此，整个线圈的电感值正比于匝数的平方。这种平方律关系使得利用线圈获得大电感变得非常容易。

线圈很难集成，所以人们已开发出一种替代结构，称为平面电感(planar inductor)。平面电感由螺旋线和连接到内部的抽头构成。图 6.19 所示的平面电感分别为圆形、八边形和方形结构。圆形平面电感很难绘制版图，所以多数设计者更喜欢采用方形和八边形的版图结构。

平面电感的圈数不如线圈的匝数有效。产生这种不足主要有两个原因：第一，平面电感的各圈直径不同，内圈直径较小因而电感值较小。第二，大的外圈产生的磁场并不全部通过小的内圈(反之亦然)，因此，磁耦合产生的电感倍增效应减小。

① F. W. Grover, *Inductance Calculations: Working Formulas and Tables* (New York: Van Nostrand, 1947)。

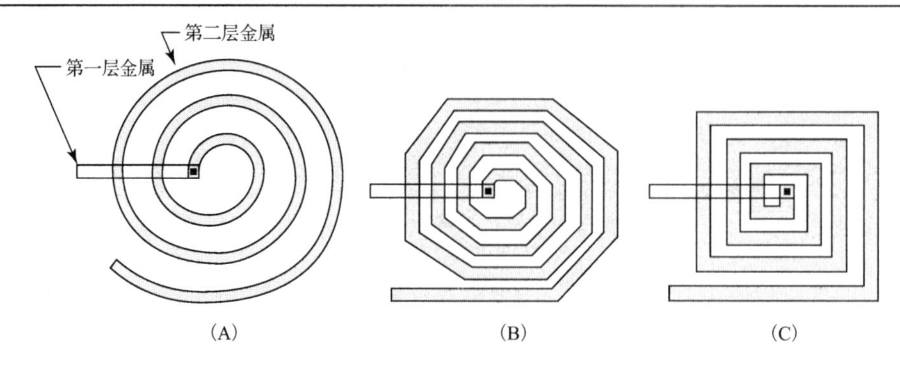

图 6.19 平面电感：(A)圆形；(B)八边形；(C)方形

可采用下式计算方形或八边形平面电感值：

$$L=\frac{K_1\mu_0N^2(d_o+d_i)}{2\left(1+K_2\dfrac{d_o-d_i}{d_o+d_i}\right)} \tag{6.11}$$

其中，N 是电感的圈数，d_o 是电感的外直径，d_i 是电感的内直径，K_1 和 K_2 是常数①。对于方形平面电感，K_1 等于 2.34，K_2 等于 2.75。对于八边形电感，K_1 等于 2.25，K_2 等于 3.55。内径 d_i 可通过下式求得：

$$d_i=d_o-2Np \tag{6.12}$$

其中，p 是金属线间距，其值等于线宽和邻圈间距之和。考虑一个直径为 300 μm 的方形平面电感，共有 10 圈，线宽为 9 μm，各圈间距为 1 μm，电感的内直径等于 100 μm，电感值约等于 18.6 nH。从这个例子可以看出集成在实际电路中的电感值。

除了图 6.19 所示的简单电感外，还可以制造多个电感，并使之相互发生磁耦合，这样的结构称为变压器。集成变压器很少使用，所以这里省略了相关细节②。

6.2.1 电感寄生效应

集成电感受到许多寄生效应的困扰。由于高频设备(如手机)的大量生产，设计者不得不使用集成电感。对电感寄生效应的简要介绍将部分揭示电感设计所面临的困难。

在所有电感寄生效应中，涡流损耗可能最为麻烦。电感产生的波动磁场会在附近的导体中产生循环电流，这些涡流会消耗磁场的能量。对整个电路的影响就像插入串联电阻引起的损耗。集成电感中涡流损耗的大小取决于下面的硅的电阻率。当电阻率小于 10 Ω · cm 时，就会产生明显的损耗。避免涡流损耗的最简单方法是把电感制作在轻掺杂硅表面，因为磁场可以深入硅中若干微米，所以外延层和下面的衬底都必须轻掺杂。

图 6.20 所示是在轻掺杂硅上制作的集成电感的简单集总模型。该模型把电感金属层和衬底硅之间的寄生电容分成两个相等的部分——C_1 和 C_2，并与所需要的电感构成了单 π 结构。

① S. S. Mohan，M. del Mar Hershenson，S. P. Boyd 和 T. H. Lee，“Simple Accurate Expressions for Planar Spiral Inductances,”*IEEE J. Solid-State Circuits*, Vol.34, #10, 1999, pp. 1419-1424。另一个方形电感公式参见 S. Jenei，B. K. J. C Nauwelaers 和 S. Decoutere 的文章“Physics-Based Closed-Form Inductance Expression for Compact Modeling of Integrated Spiral Inductors,” *IEEE J. Solid-State Circuits*, Vol.37, #1, 2002, pp. 77-80。

② 若对集成变压器感兴趣，可参见 J. R. Long,“Monolithic Transformers for Silicon RF IC Design,” *IEEE J. Solid-State Circuits*, Vol.35, #9, 2000, pp. 1368-1382。

R_s 表示电感金属层的串联电阻，电阻 R_1 和 R_2 表示从线圈下方到衬底接触孔之间的衬底电阻。由于使用轻掺杂衬底，因此这些衬底电阻将非常大。

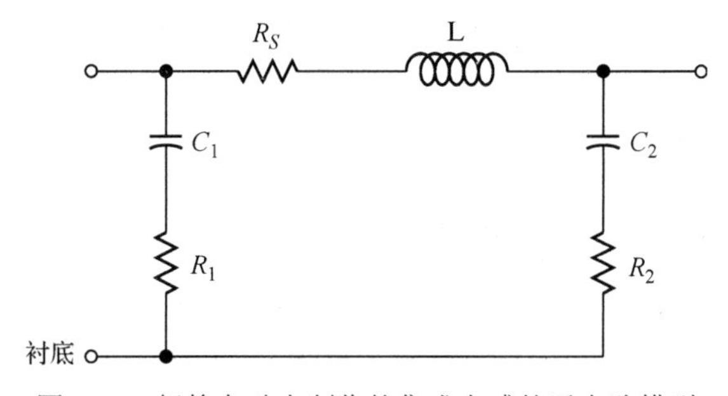

图 6.20　轻掺杂硅上制作的集成电感的子电路模型

电流集边效应使高频下电感的串联电阻 R_S 急剧增大。一种称为趋肤效应(skin effect)的机制是造成电流集边(current crowding)的原因之一。电流产生的电磁场只能进入导体一定的深度。低频时，这个深度很大以至于导体中所有区域的电流都是均匀的。在更高的频率下，进入的深度减小，使得电流仅出现在导体中靠近表面的外部区域。电感金属层产生的涡流效应也是造成电流集边的原因之一。当超过临界频率 f_{crit} 时，电流集边效应就会变得非常明显，该临界值为

$$f_{crit} \approx \frac{pR_s}{2\mu_0 w^2} \tag{6.13}$$

5 kÅ 厚的铝线的方块电阻等于 50 mΩ/□。如果电感的线圈间距为 10 μm，线宽为 9 μm，那么 $f_{crit} = 2.4$ GHz。宽导线有更低的临界频率，所以在任何可能的情况下，设计者都应设定合适的电感金属线宽度使得临界频率高于电感工作频率①。

对于一个内圈直径近似等于 1/3 外圈直径的电感，有效串联电阻 R_S 等于

$$R_S = R_{DC}\left[1 + \frac{1}{10}\left(\frac{f}{f_{crit}}\right)^2\right] \tag{6.14}$$

电路设计者经常使用品质因数(quality factor)或 Q 来量化电感的寄生效应。Q 定义为系统的最大储能值与系统在一个周期内的能量损耗的比值。如果衬底有足够高的电阻率，则可以忽略寄生电容和衬底涡流，平面电感的品质因数变为

$$Q = \frac{2\pi fL}{R_S} \tag{6.15}$$

实际上，大多数情况下并不能忽略寄生电容和涡流。因此式(6.15)只是一种过于简化的形式。尽管如此，从这个公式中还是可以看出有关 Q 的一些重要的一般性原则。第一，寄生效应越小，Q 值越大。理想电感的 Q 值为无穷，但所有实际电感的 Q 值都是有限的。第二，Q 值和频率相关。在大多数实际电感中，Q 值随频率增大，在到达一个峰值后由于电流集边效应和寄生电容的影响，Q 值又开始下降。集成电感的峰值品质因数范围可以从 1 到 40。与之形成对比的是：分立的空心电感很容易获得 100 或更高的品质因数。

---

① 式(6. 13)和式(6. 14)源自 W. B. Kuhn 和 N. M. Ibrahim 的文章“Analysis of Current Crowding Effects in Multiturn Spiral Inductors,” *IEEE Trans. Microwave Theory and Techniques*, Vol.49, #1, 2001, pp. 31-38。

6.2.2 电感的制作

涡流损耗给集成电感设计者带来很大的麻烦。大多数工艺都喜欢采用重掺杂的衬底来降低去偏置效应并降低闩锁效应发生的可能性，但这种衬底会大幅度降低 Q 值。为了减小重掺杂衬底中的涡流损耗，人们尝试过很多方法。其中一种方法通过把电感下面的硅腐蚀掉形成一个深的空腔，从而使电感悬于空中[①]。但这种类型的微机械技术和传统的集成电路工艺以及标准的塑料封装不兼容。

通过抬升硅表面的电感可以使集成电感的容性寄生参数达到最小。可通过使用更厚的夹层介质或者只是简单地采用顶层金属制作电感即可达到上述目的。从电感最内圈引出的抽头应该紧靠电感线圈的下方，因为它很短，所以产生的电容仅占总寄生电容中很小的一部分。

较厚的金属线由于串联电阻较小，所以也将提高品质因数。获得厚金属层的一种方法是使用通孔把多层金属连在一起。这种方法显然与采用可能的最高层金属制作电感以减小容性寄生效应的目的相矛盾。尽管如此，对于包括四层或五层金属的工艺，把最上面的两层或三层金属结合在一起制作电感对电感整体性能的提高还是有好处的。

某些射频工艺中包含在保护层上淀积一层相对较厚的金属铜，这层金属同时降低了寄生电容和电阻。这里使用铜的目的与 2.6.5 节中介绍的铜电源线类似，但此时的铜线只有几微米厚。

许多研究人员都试图找到提高片上电感值的方法，但是收效甚微。最直观的方法就是利用高磁导率材料制作电感，但还不知道哪种铁磁材料在频率超过 100 MHz 时有较低的铁磁损耗。一种比较成功的方法是使用不同金属层形成堆叠电感。但遗憾的是，金属层间的薄层介质会产生互绕电容，从而减小 Q 值。

目前，最好的集成电感所能提供的电感值为 10～100 nH，频率为几吉赫(GHz)时的品质因数约在 40 左右。目前很多旨在改进电感参数的研究正在进行当中，但能否不借助特殊技术而使电感性能有大幅度的提高仍不可知。

集成电感的设计准则[②]

多数版图设计者从不使用集成电感。只有专门从事 RF 设计的人员才可能用到集成电感。即使这些设计者也可能从不采用手工方式计算电感值，因为通常都是利用计算机程序优化相关的几何参数。下面的一般设计准则适用于集成电感版图(无论其具体形状如何)：

1. 使用高电阻率的衬底。

   电阻率低于 10 Ω · cm 的衬底会产生严重的涡流损耗，从而降低品质因数。如果可选择衬底电阻率，那么应选择尽可能高的电阻率。

2. 尽可能采用最高金属层制作电感。

   电感的体区应该位于尽可能高的金属层中。内圈的抽头通常制作在电感体区之下而不是之上。这些措施有助于减小寄生电容。

---

① J. Y.-C. Chang，A. A. Abidi 和 M. Gaitan，“Large Suspended Inductors on Silicon and Their Use in a 2-μm CMOS RF Amplifier,” *Electron Device Letters*, Vol.14#5, 1993, pp. 246-248。

② 规则 2-7 基于 J. R. Long 和 M. A. Copeland 的著述“The Modeling，Characterization and Design of Monolithic Inductors for Silicon RF IC’s,” *IEEE J. Solid-State Circuits*, Vol.32, #3, 1997, pp. 357-369。

3. 考虑把两层或三层金属层结合在一起使用。

   如果工艺能提供三层或四层金属，则应考虑把两层或三层金属并联在一起制作电感体区。使用通孔把几层金属连接在一起，这样可有效地降低金属的方块电阻，从而增加电感的 Q 值。避免使用第一层金属制作电感，因为第一层金属距离硅太近。

4. 使所有未连接的金属线远离电感。

   作为一条一般性原则，未连接的金属和电感的距离至少应该保持在电感金属线线宽的 5 倍以上。这条规则有助于避免导体材料进入电感产生的磁场范围之内，从而使涡流损耗最小。

5. 避免使用过宽或过窄的金属线。

   对于工作在 1～3 GHz 下的电感，最优的宽度是 10～15 μm。窄导线的串联电阻过大，而宽导线易受电流集边效应的影响，式(6.13)能够对电感金属线最优宽度的选择有一定的指导作用。

6. 使用尽可能窄的线圈间距。

   线圈距越小，电感各圈间的磁耦合越强，从而具有更大的电感值和更高的品质因数。

7. 不要让线圈填满整个电感。

   螺旋金属线产生的磁场在电感中部最强，如果在这个区域也制作线圈，那么就会产生电流损耗。电感的内圈直径至少应等于 5 倍的电感金属线线宽。对于大电感，内径应至少等于外径的三分之一。

8. 不要在电感的上面或下面放置金属板。

   如果将一个金属板放在电感的上面或下面，则将提供形成涡流的机会。金属板的面积越大，涡流也会变得越大。理想情况下，不能把金属板放在电感的上面或下面。如果不可能(如在有填充金属的情况下)，那么应该分割金属板：要么分成很多小块，要么在金属板上刻槽[①]。

9. 不要把结放在电感下面。

   结靠近电感会产生不希望的器件相互影响。高频交流信号通过电感耦合到结上会被整流，从而导致寄生损耗或者使不希望的电流注入扩散区。应用于未连接金属线的规则同样适用于 PN 结。

10. 电感导线应该短而直。

    电感导线也会有寄生效应，所以导线的长度和面积应该尽可能减小。导线应使用尽可能高的金属层制作以减小相对于衬底的寄生电容。

6.3　小结

电容不像电阻那样容易集成，除非使用诸如钛酸盐类的特殊材料，否则考虑到经济因素，在一个芯片上只能集成几百皮法(pF)的电容器。即使是如此小的电容，也可以满足很多应用的要求，如计时器、电容除法器和有源滤波器。

---

① C. P. Yue 和 S. S. Wong, "On-chip Spiral Inductors with Patterned Ground Shields for Si-Based RF ICs," *IEEE Journal of Solid-State Circuits*, Vol.33, #5, 1998, pp. 743-752。

集成电容通常分为两类：一类使用薄层绝缘膜作为介质(薄膜电容)，另一类使用反偏的结作为介质(结电容)。制作精良的薄层电容的寄生效应小于结电容,但是通常需要额外的工艺步骤。大多数标准双极工艺能够利用基本工艺制作发射结电容，也可以通过工艺扩展提供 MOS 电容。CMOS 工艺通常只提供 MOS 电容，因为可以直接将 MOS 晶体管当作 MOS 电容使用。这种器件在接近阈值电压处会出现最小的电容值，因此需要仔细设定偏置。很多 CMOS 和 BiCMOS 工艺也提供多晶硅-多晶硅电容，使用薄氧化层或者专门设计的氧化物-氮化物-氧化物叠层介质。虽然制作这种电容会增加工艺的复杂性和成本，但是它特别优异的性能证明其物有所值。

电容的绝对精度相对较低，掺杂和结深的变化会使结电容产生高达 ±30%的偏差。对于薄膜电容，尺寸变化引入的偏差通常至少为 ±10%。电容很难修正，因为常用的修正结构会引入很大的寄生电容。如果必要，可将激光修正(见 5.6.2 节)应用于多数类型的电容器中。大多数电路通过修正电阻或者电流源来补偿电容的变化，或者采用只对电容匹配而非绝对值敏感的电路结构。

电感更加难以集成。只有约 100 nH 的电感可被集成，而且得到的电感品质因数很低，尤其是当电感被制作在低阻衬底上时品质因数会更低。尽管有这些缺点，金属螺旋线形式的集成平面电感仍可在射频集成电路中得到应用。

6.4 习题

版图规则和工艺规定请参考附录 C。

6.1 假设相对介电常数为 3.9 的热氧化膜能够安全地承受 5×10^5 V/cm 的电场，承受 15 V 的工作电压需要多厚的氧化膜？所得薄膜的电容值是多少(单位为 fF/μm^2)？

6.2 复合介质由 60 Å 的干氧、220 Å 的等离子淀积氮化层和 50 Å 的干氧组成，假设氧化硅的介电常数为 3.9，氮化硅的介电常数为 6.8，其相对介电常数是多少？这种介质能承受多大的工作电压？与工作在相同工作电压下的纯氧化硅介质电容器相比，采用复合介质能使电容值提高多少(用百分比表示)？

6.3 计算器件的近似零偏结电容。器件由扩散进入 P 型外延层中的方形 NSD 区构成，假设 NSD 注入的氧化层窗口大小为 10 μm×20 μm，NSD 结深等于 0.9 μm，P 型外延层扩散浓度等于 5×10^{16} 原子/cm^3。计算结果应包含侧壁电容效应。

6.4 一个结电容的绘制面积为 5800 μm^2，绘制周长为 300 μm，零偏结电容等于 6.45 pF。另一个结电容的绘制面积是 3000 μm^2，绘制周长是 670 μm，零偏结电容等于 4.92 pF。这种类型结电容的面电容和边电容分别是多少？为了使这种类型的梳状电容比平板电容具有更高的单位面积电容值，叉指间的间距应该是多少？

6.5 绘制零偏电容为 10 pF 的结电容的版图，使用附录 C 中的标准双极版图规则。假设 C_a = 0.82 fF/μm^2，C_p = 2.8 fF/μm^2。说明你选择版图类型(梳状或平板)的理由。

6.6 绘制 5 pF 标准双极薄氧电容的版图。采用特殊的工艺扩展制作厚度为 450 Å、相对介电常数等于 3.9 的氧化硅。薄氧层 TOX 的版图规则如下：

1. TOX 宽度	10 μm
2. EMIT 交叠 TOX	4 μm
3. METAL 交叠 TOX	4 μm

6.7 绘制最小电容值为 20 pF 的多晶硅-多晶硅电容。使用相距 10 μm 的稀疏阵列结构接触孔连接第二层多晶硅极板。采用 NSD 对第二层多晶硅进行掺杂。至少从三侧形成与第一层多晶硅的接触。版图中应包括所有必需的金属连线。

6.8 根据附录 C 中的基本 CMOS 工艺绘制 PMOS 晶体管版图构造 5 pF 的 MOS 电容器。假设电容工作在反型区，在沟道长度不超过 20 μm 的条件下使下极板的电阻最小。使用相距 10 μm 的稀疏阵列结构接触孔连接多晶硅极板。

6.9 集成电路中，两层 5 kÅ 厚的铝层被 10 kÅ 厚的夹层氧化物分隔。该金属的版图规则如下：

1. MET1 宽度　　1 μm
2. MET1 与 MET1 的间距　　0.8 μm

横向通量电容是否比水平的平板电容更具优势？为什么？

6.10 射频工艺中使用 15 kÅ 厚的顶层铝金属制作电感。该金属的版图规则如下：

1. TMET 宽度　　1 μm
2. TMET 间距　　0.8 μm

计算在 1.5 GHz 下电感值可达 30 nH 的方形平面电感的尺寸。绘制该电感版图。

第 7 章　电阻和电容的匹配

大部分集成电阻电容有 ±20%～ ±30%的误差，这些误差比相应的分立器件大很多，但这并不会阻止集成电路向着高度精确匹配的方向发展。集成电路的所有器件都制作在同一个硅片上，所以它们经历的工艺条件相似。如果一个器件的值增加了 10%，那么所有类似的器件都会有相似的增加。在同一集成电路中两个相似器件的比率可以优于 ±1%，在很多情况下甚至优于 ±0.1%。为获得确定的常数比率而专门制作的器件称为匹配器件。

模拟集成电路的精度和性能一般都依靠器件匹配获得。许多机制都会影响匹配，目前人们对其中的大部分已有所了解，同时版图设计者已经找到了减小其影响的方法。本章涉及匹配电阻和电容的设计，其中：大部分内容也可以应用于其他器件的匹配，如双极型晶体管(见 9.2 节)、二极管(见 10.3 节)和 MOS 晶体管(见 12.3 节)。

7.1　失配的测量

两器件间的失配通常表述为测得的器件比率相对于预期比率的偏离。假设设计者设计了一对 10 kΩ 的匹配电阻，制作完成后其中一对的电阻值分别为 12.47 kΩ 和 12.34 kΩ。两电阻的比率等于 1.0105，或者说比预期比率 1.0000 约大 1%，因此这对电阻表现出约 1%的失配。

失配的概念还可应用于比率不是 1:1 的器件。任何两个器件之间的失配等于其测量值的比率与预期值比率之差除以预期值比率。最后一步除以预期值的比率使结果标准化，因此与原始比率无关。如果预期值分别是 X_1 和 X_2，测量值分别是 x_1 和 x_2，则失配为

$$\delta = \frac{(x_2 / x_1) - (X_2 / X_1)}{(X_2 / X_1)} = \frac{X_1 x_2}{X_2 x_1} - 1 \tag{7.1}$$

式(7.1)计算了一对具体器件的失配。对另一对器件进行同样的测量会得到一个不同的失配。测量大量器件会得到随机分布的失配结果。对少量器件样品的失配分布进行分析能够使设计者确定可能不符合设计要求的器件的百分比。为了使分析能够得到有效的结果，样品必须能够公正地代表工艺的性能。理想情况下，样品应该包含 50～100 个器件，它们应该位于从至少 3 批晶圆中随机抽取的 10 片晶圆上的任意位置。实际中常从一批晶圆中抽取样品。当选择样品时，应遵循以下原则：

- 样品应该包含不少于 20 个器件，至少包含 30 个器件更好。
- 样品中应该包含至少从 3 片晶圆中抽出的器件。每片晶圆提供样品的器件数应该近似相等。
- 应该从一批晶圆的不同位置选择晶圆。一个 3 片晶圆样品中的晶圆应该分别取自这批晶圆的前部、中间和后部。

- 器件样品应该从每片晶圆上的随机位置选取。
- 如果可能的话，样品应该包含从多批晶圆中选取的晶圆。
- 错误处理或者重做的晶圆不能准确地代表工艺，因此不能做表明特性之用。
- 如果可能的话，样品单元应该使用与正式产品一样的线框和封装体进行封装。

一旦选取了样品，且所有的样品单元已经完成测试，必须对所得数据进行统计分析。有关分析理论超出了本书的范围，然而下面给出的简化流程是一个很好的例子，其中包含了所要用到的技术和术语。

假设样品包含 N 个单元，采用式(7.1)计算出它们的失配分别为 δ_1，δ_2，δ_3，…，δ_N。这些失配值的符号很重要，为了使后面的计算有意义，必须保留这些符号。基于计算出的失配结果，可以得出平均失配 m_δ。这个平均值等于所有失配的和除以样品单元总数 N，或是

$$m_\delta = \frac{1}{N}\sum_{i=1}^{N}\delta_i \tag{7.2}$$

这个 Σ( ) 函数代表了单个失配之和。一旦计算出平均值，就能得出失配的标准偏差 s_δ：

$$s_\delta = \sqrt{\frac{1}{N-1}\sum_{i=1}^{N}(\delta_i - m_\delta)^2} \tag{7.3}$$

平均值 m_δ 用于衡量匹配器件间的系统失配或偏差。系统失配由以同样方式影响所有样品的机制引发。考虑一对匹配的基区电阻，阻值分别为 2 kΩ 和 4 kΩ，由两端具有接触孔的条状基区扩散形成。两个电阻有同样的接触电阻，为了便于讨论，假设都是 100 Ω。接触孔使得 2 kΩ 电阻增加了 5%，而仅使 4 kΩ 电阻增加了 2.5%。每对电阻都表现出同样的不平衡，所以接触电阻代表了一种系统失配。把电阻都分为 2 kΩ 的电阻段可以消除这种失配。此时 2 kΩ 电阻包含一个 2 kΩ 的电阻段和 100 Ω 的接触电阻，电阻值增加 5%。而 4 kΩ 的电阻包含两个 2 kΩ 的电阻段和共计 200 Ω 的接触电阻，电阻值也增加 5%。因此两分段电阻的值增加了相同的百分比，所以不再表现出系统失配。

标准偏差量化了由于工艺条件或者材料性质的统计波动而引起的随机失配。尽管这些波动是半导体生产中不可避免的一部分，但是如果能够找到引起它们的潜在原因，就有可能减小波动的幅值。图 7.1 的柱状图表示了 30 个单元的失配。如果增加单元数，柱状图的形状会发生变化，但是如果原来就包含 20 个或 30 个单元，那么平均值和标准偏差的波动相对极小。

一旦采用式(7.2)和式(7.3)计算出失配的平均值和标准偏差，就可利用它们，同时利用下面的一个指标预测最坏情况下的失配。3-Σ 失配等于平均失配的绝对值加上 3 倍的标准偏差。6-Σ 失配等于平均失配的绝对值与 6 倍的标准偏差之和。如果一对电阻的平均失配等于−0.3%，标准偏差是 0.1%，那么这对电阻的 3-Σ 失配等于 0.6%，6-Σ 失配等于 0.9%。所有单元中，应该只有不到 1%的单元的失配比 3-Σ 失配大，而几乎没有大于 6-Σ 失配的单元。本文给出的失配指标均为 4.5-Σ 值，工业界也一般用它来衡量工艺的质量。

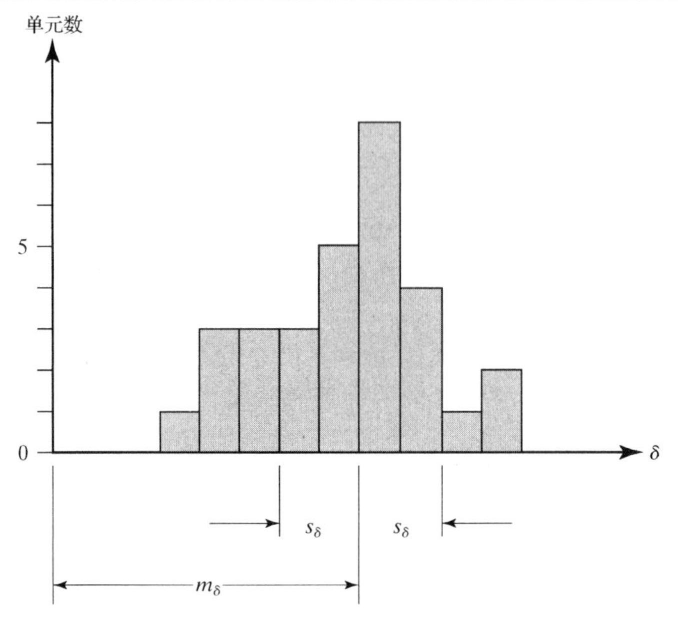

图 7.1　30 个单元的失配 δ 柱状图，m_δ 表示平均值，s_δ 表示标准偏差

7.2　失配的原因

随机的失配来自尺寸、掺杂、氧化层厚度及其他影响器件值参数的微观波动。尽管这些统计波动不能被完全消除，但是通过合理选择器件值和尺寸能够将这些影响减到最小。系统失配源于工艺偏差、接触电阻、电流的不均匀流动、扩散相互影响、机械应力、温度梯度及许多其他原因。设计匹配器件的一个主要目的就是使它们对引起系统偏差的各种原因不敏感。下面将讨论已知的一些引起失配的主要原因以及克服这些失配的技术。

7.2.1　随机变化

所有器件在尺寸和构成上都表现出微观的不规则性。这些不规则性分成两大类：一类只发生在器件边缘，另一类则发生在整个器件上。前者称为边变化(peripheral variation)，因为它们与器件的周长成比例；后者称为面变化(areal variation)，因为它们与器件的面积成比例。大部分集成器件的匹配主要取决于面变化。

统计理论表明，面变化可以用下面的公式来建模：

$$s = m\sqrt{\frac{k}{2A}} \tag{7.4}$$

式中，m 和 s 分别是有源面积为 A 的器件的某一参数的平均值和标准差。比例常量 k 称为匹配系数，这个系数的幅值取决于失配源。不同类型的器件具有不同的匹配系数，它们之间相差很大，看上去相似但生产工艺不同的器件也有不同的匹配系数。为了提供定量的正确结果，必须知道所研究的具体器件在具体工艺下的匹配系数。即使不知道匹配系数的具体值，通过对该公式的研究也可以得到很多有价值的结果。

两个器件之间失配 s_δ 的标准偏差为

$$s_\delta = \sqrt{\left(\frac{s_1}{m_1}\right)^2 + \left(\frac{s_2}{m_2}\right)^2} \tag{7.5}$$

式中，m_1 和 m_2 是每个器件所研究参数的平均值，s_1 和 s_2 是该参数的标准偏差。式 (7.4) 和式 (7.5) 构成了计算各种类型集成器件随机失配的基础。本节将讨论电阻和电容的随机失配。9.2.1 节将讨论双极型晶体管的随机失配，10.3 节将讨论二极管的随机失配，12.3 节将讨论 MOS 晶体管的随机失配。

电容[①]

考虑平板电容器的情况，令人感兴趣的参数显然是电容值，如果忽略系统误差，那么电容器的平均值等于电容值 C。此外，器件的面积 A 正比于电容。考虑到这两个因素，可将式 (7.4) 化简为

$$s = \sqrt{\frac{k_C C}{2}} \tag{7.6}$$

式中，k_C 是电容的失配系数，与电容的单位相同。该式可以用于计算任何两电容之间的失配。最简单的情况是两个匹配电容，每个电容值都是 C。把式 (7.6) 代入式 (7.5) 可得到两个电容之间失配的标准偏差：

$$s_\delta = \sqrt{\frac{k_C}{C}} \tag{7.7}$$

这个公式阐明了电容尺寸和电容匹配之间的基本关系。为了把随机失配减小到原来的 $1/N$，电容必须增加到原来的 N^2 倍。把随机失配减到很小的尝试很快就会处于得不偿失的境地。相当精确的匹配电容只能通过校正得到。

式 (7.7) 只涉及两个等值匹配电容的情况。更一般的是：任意两个电容 C_1 和 C_2 间的失配为

$$s_\delta = \sqrt{\frac{k_C(C_1 + C_2)}{2C_1 C_2}} \tag{7.8}$$

对该式的研究表明，匹配电容中的较小者对失配起主要作用，这说明不宜采用大电容比例。如果较小的电容被做得很大以保证合理的匹配，那么较大的电容就会消耗过多的面积。一些设计者试图通过采用器件串联构造小电容的方法避开这个问题。如果没有下极板寄生效应，这种方法将非常有效。这些寄生效应使得通过串联方式制作具有明确且可控电容值的电容器非常困难。只要可能，电路中应该避免使用大比例的匹配电容。

电阻[②]

考虑一个简单矩形电阻器的情况。电阻面积 A 等于边长 L 乘以宽度 W。同样，电阻值等于薄层电阻乘以边长度除以宽度 R_S。通过这两个关系可以得到

---

① J. B. Shyu，G. C. Temes 和 F. Krummenacher, “Random Error Effects in Matched MOS Capacitors and Current Sources，” *IEEE J. Solid-State Circuits*，Vol.SC-19，#6, 1984，pp. 948-956。另外还可参见 J. L. McCreary, “Matching Properties, and Voltage and Temperature Dependence of MOS Capacitors,” *IEEE J. Solid-State Circuits*, Vol.SC-16, #6, 1981, pp. 608-616。

② W. A. Lane 和 G. T. Wrixon, “The Design of Thin-Film Polysilicon Resistors for Analog IC Applications，“*IEEE Trans. on Electron Devices*, Vol.36, #4, 1989, pp. 738-744。

$$A=\frac{R}{R_S}W^2 \tag{7.9}$$

把上式代入式(7.4)得到

$$s=\frac{1}{W}\sqrt{\frac{k_R R}{2}} \tag{7.10}$$

式中，k_R是电阻失配系数，单位为$\Omega\cdot\mu m^2$。该式可用来确定两电阻之间的失配。最简单的情况就是具有相同宽度和相同电阻值 R 的两个匹配电阻。把式(7.10)代入式(7.5)可到电阻间失配的标准偏差：

$$s_\delta=\frac{1}{W}\sqrt{\frac{k_R}{R}} \tag{7.11}$$

该式阐明了决定电阻匹配的两个基本关系：第一，随机失配与电阻平方根成反比。这个关系与电容匹配关系相同。对于电阻和电容而言，必须把值增大为原来的 4 倍才能使失配变为原来的 1/2；第二，随机失配与电阻宽度成反比。保持一对匹配电阻的阻值不变而将宽度加倍，失配变为原来的 1/2，从而可以得到如下结论：大的匹配电阻可以做得比小的匹配电阻窄很多。

式(7.11)只涉及两个等值等宽度匹配电阻的情况。更一般的是：任意两个等宽度电阻的失配为

$$s_\delta=\frac{1}{W}\sqrt{\frac{k_R(R_1+R_2)}{2R_1R_2}} \tag{7.12}$$

两个不同尺寸电阻间的失配主要取决于阻值较小者，这与从电容中推得的关系非常相似。这种情况常常出现于具有大的分压比的分压器。例如，由一个 100 kΩ 的电阻和一个 10 kΩ 的电阻串联构成的分压器将产生 10:1 的分压比，但是由于这个较小的 10 kΩ 电阻的存在，该比例会发生很大变化。可以通过增加两电阻的宽度减小失配，但会使面积增加很大。另一个更好的方法就是把一些等值的电阻段并联起来构成这个较小电阻。如果 R_1 只由一条宽度为 W 的电阻段构成，R_2 由 N_s 个宽度为 W、阻值为 N_sR_2 的电阻段构成，那么

$$s_\delta=\frac{1}{W}\sqrt{k_R\left(\frac{1}{R_1}+\frac{1}{N_s^2R_2}\right)} \tag{7.13}$$

对于刚刚讨论的 10:1 分压比的情况，只要把 R_2 简单地改为由两个 20 kΩ 的电阻段并联构成，总失配就近似变为原来的 1/2，这种方式比同时加倍 R_1 和 R_2 的宽度所需的面积小很多。

失配系数 k_R 取决于所研究的电阻本身的性质。对于多晶硅电阻，研究者发现

$$k_R=\eta R_S d_g^2 \tag{7.14}$$

式中，R_S 是多晶的薄层电阻，d_g 代表多晶硅晶粒的平均直径，η 是一个无量纲的常量，典型值为 2①。式(7.14)只有在电阻宽度远大于平均晶粒直径的情况下成立。如果不是这种情况，那么匹配变得不确定。由于大部分多晶硅中的晶粒宽度远小于 1 μm，因此宽度大于 1 μm 的多晶电阻一般遵循本节给出的公式。

---

① R. Thewes，R. Brederlow，C. Dahl，U. Kollmer，C. G. Linnenbank，B. Holzapfl，J. Becker，J. Kissing，S. Kessel 和 W. Weber, “Explanation and Quantitative Model for the Matching Behavior of Poly-Silicon Resistors,” *Proc. International Electron Devices Meeting*, 1998, pp. 771-774。

7.2.2　工艺偏差

硅片上生产出来的图形尺寸不会与版图数据的尺寸完全匹配，因为在光刻、刻蚀、扩散和离子注入过程中图形会收缩或扩张。图形的绘制宽度与实际测量宽度之差构成了工艺偏差。工艺偏差会在设计较差的器件中引入主要的系统失配。考虑宽度分别为 2 μm 和 4 μm 的匹配多晶硅电阻的情况，假设多晶硅刻蚀引入 0.1 μm 的工艺偏差，实际宽度比等于(2+0.1)/(4+0.1)，或者为 0.512，这代表了不少于 2.4%的失配！因为大多数工艺步骤至少有 0.1 μm 的偏差，版图设计者必须保证所有的匹配器件对工艺偏差不敏感。实际上，对于匹配电阻，只要采用相同宽度就可以消除工艺偏差。

工艺偏差也会影响电阻的长度。大部分电阻的长度是由它们的接触孔位置决定的。假设这些接触孔工艺偏差为 0.2 μm，如果一个匹配电阻是 20 μm 长，另一个是 40 μm 长，那么由于该偏差引起的失配等于(20+0.2)/(40+0.2)或 0.503，则表示系统失配约 0.5%。避免这一偏差最简单的方式就是把匹配电阻分解成具有相同尺寸的电阻段。如果上面例子中的电阻都由 20 μm 的电阻段构成，那么电阻的比率等于(20+0.2)/［2×(20+0.2)］，或者说精确等于 0.5。同样的方法已经表明能够消除由于接触电阻和电阻端头电流的非线性流动引起的系统失配。7.2.10 节解释了如何把匹配电阻划分成最优尺寸的电阻段阵列。

工艺偏差也会对电容引入系统失配。假设有一对多晶硅-多晶硅电容器，其中一个为 10 μm× 10 μm，另一个为 10 μm× 20 μm，刻蚀偏差为 0.1 μm。10 μm× 10 μm 电容器的实际面积为 10.1^2 μm^2，或 102.1 μm^2，而 10 μm× 20 μm 电容器的实际面积为(10.1× 20.1)μm^2，或者 203.01 μm^2。这两个面积的比等于 0.5029，表示具有 0.6%的系统失配。

理论上，当匹配电容的面积-周长比相等时，它们对工艺偏差不敏感。对于两个等值电容的情况，可以通过采用相同形状的电容来实现。通常把相同的匹配电容绘制成正方形。如果电容值不是成简单的比例，则问题变得更加困难。尽管小电容仍要绘制成正方形，但大电容要绘制成矩形。假设小电容 C_1 的尺寸为 $L_1 \times L_1$(见图 7.2)，大电容 C_2 的长 L_2 和宽 W_2 应该分别为①

$$L_2 = \frac{C_2}{C_1}\left(1 + \sqrt{1 - \frac{C_1}{C_2}}\right) \tag{7.15A}$$

和

$$W_2 = \frac{C_2}{C_1}\left(1 - \sqrt{1 - \frac{C_1}{C_2}}\right) \tag{7.15B}$$

尽管式(7.15A)和式(7.15B)理论上消除了由于工艺偏差引起的系统失配，但实际上并非很有效。工艺偏差不是常量，实际上取决于所研究图形的尺寸。矩形电容的工艺偏差并不精确等于正方形。对于大比例的情况，问题变得更加严重。矩形电容也增加了周长波动对随机失配的影响。实际上，当电容比率大于 1.5:1 时，则不应该再根据式(7.15A)和式(7.15B)来设计电容。在这种情况下，设计者应该采用匹配子电容或单位电容阵列②。

---

① Y. Tsividis, *Mixed Analog-Digital VLSI Devices and Technology* (New York: McGraw-Hill, 1996), pp. 220-223。

② M. J. McNutt, S. LeMarquis 和 J. L. Dunkley, "Systematic Capacitance Matching Errors and Corrective Layout Procedures," *IEEE J. Solid-State Circuits*, Vol.29, #5, 1994, pp. 611-616。

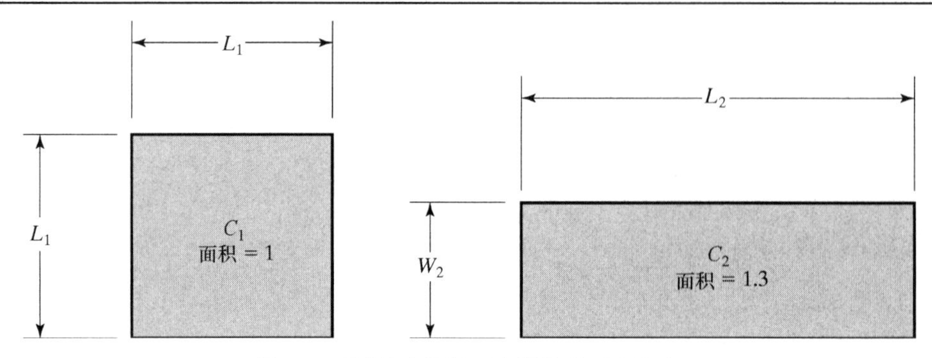

图 7.2 采用相同面积-边长比的匹配电容

不是所有的系统失配都是由于工艺偏差引起的。其他能引起系统失配的机制包括版图移位、刻蚀变化、邻近效应、氢化作用、扩散相互影响、机械应力、热梯度、热电效应、电压调制、电荷分散和介质极化。后面几节将分别讨论这些内容。

7.2.3 互连寄生

把器件连入电路的导线会引起系统失配。理想情况下，导线引入电路的电阻和电容可以忽略不计，但实际导线表现出的明显的非理想性会破坏精密电阻和电容的匹配，版图设计中适当地加以考虑能够减小或消除这些非理想性的影响。

当制作精确匹配电阻时必须考虑导线电阻，特别是电阻阵列中电阻段之间的跳线电阻。铝导线的典型薄层电阻为 50～80 mΩ/□。相距很远的电阻段之间的金属跳线每根可能包含大约 100 个方块，从而表现出 5～8 Ω 的电阻。每个通孔表现出 2～5 Ω 的电阻，因此跳线的电阻可以高达 20 Ω。

很明显，导线电阻对于小电阻的影响更大一些。考虑一个电阻阵列，每个电阻段包含 20 个方块的薄层电阻为 50 Ω/□的多晶硅。每个电阻段的值为 1 kΩ。一个 10 Ω 的跳线将贡献 1%的电阻段值。从另一方面说，如果电阻段是由 500 Ω/□的多晶硅构成，那么同样的跳线只是这个电阻段的 0.1%。一般来说，只要电阻段小于 500 Ω，就要仔细地考虑跳线电阻。对于特别精确的电阻阵列，即使每一个电阻段高达 1 kΩ，跳线电阻也是一个影响因素。

很明显，可以通过增加单个电阻段的值来减小导线电阻的影响，然而通常会消耗过多的空间。另一种方式试图通过尽可能减小跳线长度和在一般只需单个通孔的地方放置多个通孔来减小跳线电阻。还有一种方式试图匹配跳线电阻。在许多情况下，通孔电阻是跳线电阻的主要组成部分，所以高精度匹配可以通过简单地在每根跳线上插入通孔对实现［无论实际上需要与否(见图 7.3)］。这种方式并不总能达到所期望的效果，因为通孔电阻可能会变化很大。当然，可以在一个通孔即可满足要求的每一点插入两个或更多的通孔。

精确匹配电容很容易受到导线寄生电容的影响，从而产生系统失配。例如，位于 10 kÅ 厚 MLO 上的金属导线的电容率为 0.035 fF/μm^2，因此，如果忽略边缘电容的影响，一个 1 μm 宽、200 μm 长的导线表现出 7 fF 的电容，这是 1 pF 单位电容的 0.7%。

通过增加单个电容的尺寸可以实现导线电容最小化，但这常常并不可行，其原因或者是因为面积的考虑，或者是因为电路需要特定的电容值。在这些情况下，应该估计导线电容的影响。如果影响很大，那么应该调整各导线的长度，使它们的比率与对应电容的比率匹配。

通过插入凸起［见图 7.4(A)］或加入一端不通的分支线［见图 7.4(B)］可以有效地增加导线的长度。无论哪种情况，互连导线的所有部分应该具有相同的宽度以保证边缘电容匹配。如果导线由不止一层的金属构成，匹配性要求每条导线位于不同层的金属比例相同。同样，如果一条导线的一部分被另一层金属覆盖，那么每条导线必须有相同比例的部分以相同的方式被覆盖。

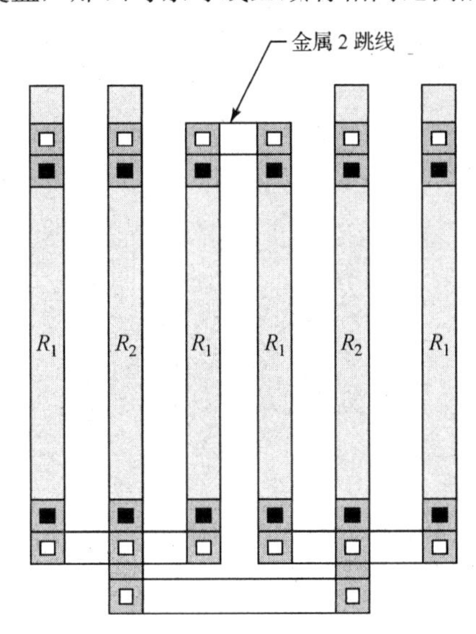

图 7.3　对每条跨接线插入通孔有助于跨接线电阻的匹配，因此改善了电阻的整体匹配性

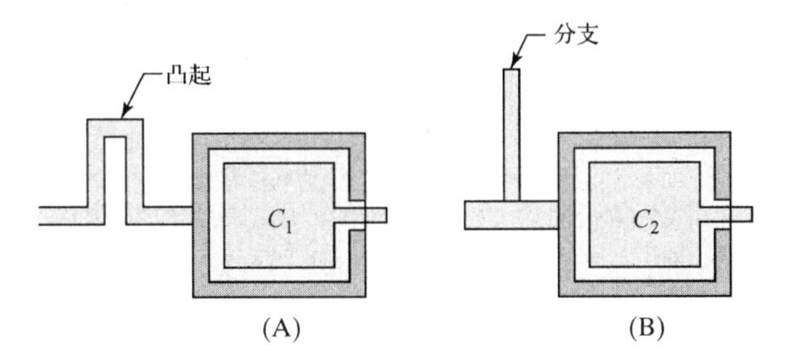

图 7.4　增加电容导线长度的方法：(A)插入凸起；(B)插入一端不通的分支线

7.2.4　版图移位

如 2.5.1 节所述，N 型埋层热退火引起的表面不连续向上传递通过气相外延过程淀积的单晶硅层，产生的表面不连续在光学显微镜下(特别是采用横向光照时)非常模糊。该图像称为 NBL 阴影，是随后扩散的对准标记。

工艺工程师早已注意到衬底表面的不连续并不总能完全复制到最终的硅表面。在外延生长的过程中，这些不连续常常横向移位［见图 7.5(A)］，这种效应称为版图移位。有时这些不连续的各边偏移量不同，从而引起版图失真［见图 7.5(B)］。表面不连续在外延生长中偶尔会完全消失，从而引起版图冲失(pattern washout)［见图 7.5(C)］。

版图移位、失真和冲失是同一个潜在现象的不同表现。在气相外延过程中，反应物分子吸附在硅表面，横向移动直到找到合适的位置使它们融入生长的晶格。晶格和表面交叉处暴露出的微台阶促进了某一特定晶向的晶体生长，并且随着外延的进行引起表面图形的移位。

(111)面晶圆容易出现相对严重的版图移位和失真，使晶圆平面沿着<110>轴倾斜约 4°可以使之最小化[1]。(100)面晶圆的版图失真非常严重，但无版图移位。使用略微倾斜的(100)晶圆可以减小版图失真，然而会引起版图移位。

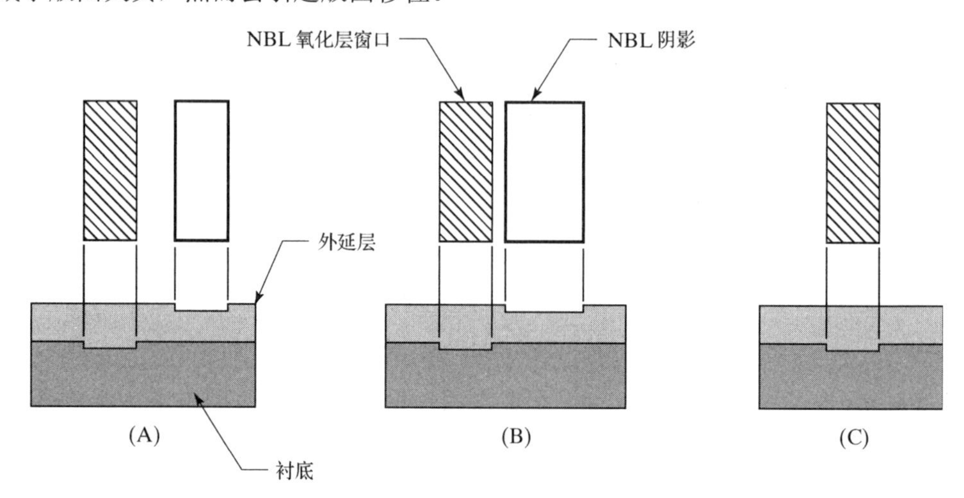

图 7.5 外延对表面不连续的影响：(A)版图移位；(B)版图失真；(C)版图冲失

版图移位的幅度取决于被吸附反应物的迁移率和晶向。更大的压力、更快的生长速率以及在反应物中采用氯作为替代原子都会增加版图移位，而更高的温度往往减小版图移位。在倾斜 4°的(111)晶圆上采用二氯乙醛硅烷(dichlorosilane)进行 LPCVD 沉积会沿<211>轴方向出现 50%～150%外延层厚度大小的版图移位，而用同样的条件采用四氯化硅(silicon tetrachloride)将出现 100%～200%外延层厚度大小的版图移位[2]。

由于有很多变量，在一个具体工艺中，版图移位的方向和幅度只能通过实验观察确定。实验需要一个高质量的光学显微镜，拥有至少 100×的放大倍数和反射光源。阴影通常在最小尺寸 NPN 晶体管附近最清晰，它表现为一条很模糊的暗线，并且与任何氧化层颜色的相应变化无关。一旦确定了阴影，就可通过与已知尺寸的特征进行比较来估计 NBL 移位，如与接触孔或窄电阻比较。不推荐把金属线作为比较的参考，因为它们的工艺偏差通常很大。淀积夹层氧化物(ILO)使 NBL 阴影模糊，平面化(planarization)使它完全看不清。用于测量 NBL 移位的晶圆必须在进行夹层氧化物沉积和平面化前从工艺中移出。

有些工艺包括光刻埋层，如标准双极工艺和 BiCOMS 工艺的 NBL，只要基于这些工艺设计匹配器件版图，版图移位就成为一个潜在的问题。如果 NBL 阴影与器件相交，则可能会影响扩散和离子注入，并可能引起器件值的微小偏移。不是所有的器件都会受版图移位的影响。电容一般不与 NBL 相交，多晶硅电阻通常在场氧化层之上。从另一方面说，扩散电阻通常在含有 NBL 的隔离岛或阱中。HSR 电阻特别容易受到影响，因为其极薄的高值注入与深扩散相比更易受表面不连续的影响。

图 7.6 绘制了排布在包含 NBL 的同一隔离岛内的 4 个匹配电阻。由于该工艺版图向右移位，因此 NBL 阴影和最左侧的电阻相交。有一些方法可以避免出现这种相交，最简单的方法

---

① W. R. Runyan 和 K. E. Bean, *Semiconductor Integrated Circuit Processing Technology*(Reading，MA：Addison-Wesley, 1994), p. 331。

② 进一步讨论可参见 Runyan，*et al.*，pp. 331-333。

就是把 NBL 从元件的下方移走。这样当然消除了 NBL 阴影，但也增加了不必要的隔离岛电阻，使电路更易受闩锁效应的影响。更好的方法需要知道版图移位的方向。如果 NBL 阴影向右移，则应该增加 NBL 左边缘超出元件的程度，以保证即使在最差的版图移位和有对版误差的情况下，NBL 阴影也不与器件相交。这通常要求 NBL 至少超出元件版图移位量的 120%。如果没有关于版图移位方向的经验数据，则 NBL 必须覆盖器件所有的易受 NBL 阴影侵入的边。在图 7.6 的版图中，电阻上、下边对决定阻值没有作用，所以只有左、右两边易受影响。如果没有关于版图移位量的信息，则 NBL 至少应该超出元件 150%的外延厚度。

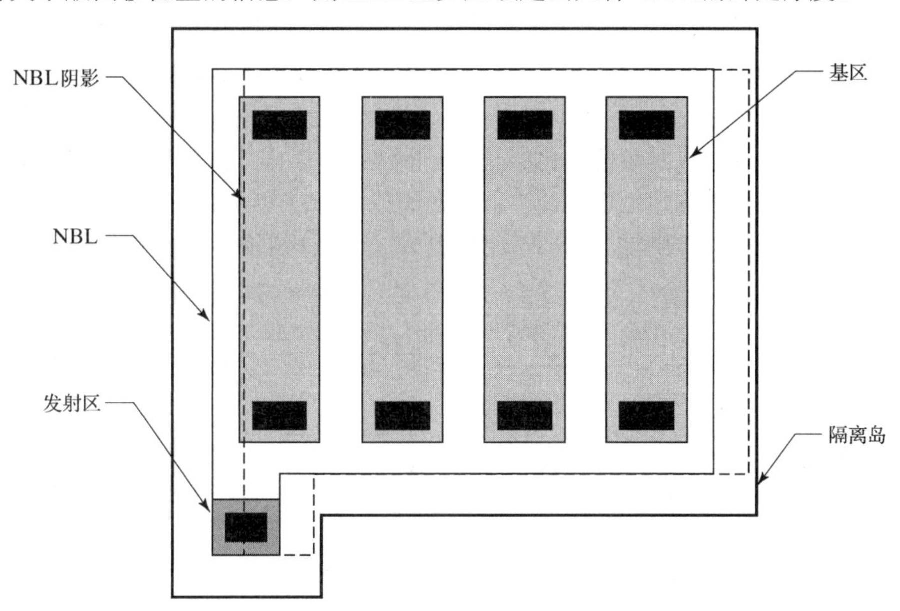

图 7.6　版图显示了 NBL 阴影和最左边基区电阻的交叉

7.2.5　刻蚀速率的变化

通过刻蚀掺杂多晶硅膜可获得多晶硅电阻。至少在一定程度上，刻蚀速率取决于多晶硅开孔的形状。大的开口可以确保进入更多的刻蚀剂，因此比小的开孔刻蚀速率快。与此相应，对大开孔边缘处侧壁的侵蚀要比小开孔的严重，这种效应使得距离很远的多晶硅图形比紧密放置图形的宽度要小。考虑周围没有其他多晶硅区域的只有 3 个多晶硅电阻的情况(见图 7.7)。电阻朝外的边成为大开口的侧壁，很快就会刻蚀完；电阻朝内的边成为狭长缝隙的侧壁，刻蚀速率很慢；中间的电阻没有向外的边缘，因此其最终宽度比其他电阻稍大一些。

图 7.7　假想的电阻阵列的刻蚀速率变化。电阻暴露的外边缘相对于受保护的内部边缘刻蚀得更多

尽管这些刻蚀速率的变化很小，但足以产生严重的系统失配。假设 10 kÅ 厚多晶硅膜的刻蚀具有 90%的各向异性，那么其下部就会被刻蚀掉 0.1 μm。向外边和向内边的下部刻蚀量之差只占总下部刻蚀量的很小一部分，或许是 0.02 μm。尽管这个值很小，然而仍然是一个 4 μm 电阻宽度的 0.5%。

当很多多晶硅条并排摆放时，只有阵列边缘的电阻条才会受到刻蚀速率变化的影响。虚拟(陪衬)电阻(dummy resistor)(或刻蚀保护环)常常添加到匹配电阻阵列的两端，以保证刻蚀的一致性(见图 7.8)[①]。两种方法中的任一种都可以形成虚拟(陪衬)电阻。不连接的虚拟(陪衬)电阻就是摆放在阵列两端的简单的多晶硅条［见图 7.8(A)］。虚拟(陪衬)电阻和邻近电阻的间距必须与阵列中电阻的间距匹配。多晶硅图形宽度对刻蚀速率的影响很小，所以虚拟(陪衬)电阻的宽度可以比它们所保护的电阻小很多。这种设计略显不足之处就是虚拟(陪衬)电阻没有电连接。因为对其进行隔离的氧化层是极好的绝缘体，因此静电荷能够在虚拟(陪衬)电阻上积聚。这种电荷会影响邻近电阻的性能。把虚拟(陪衬)电阻接地或其他合适的低阻节点可以消除所有静电调制的可能性［如图 7.8(B)所示］。这种预防措施通常是不必要的。

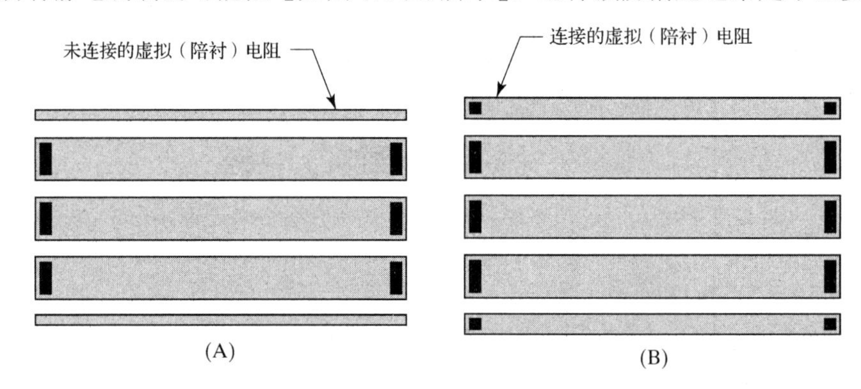

图 7.8 (A)未连接的虚拟(陪衬)电阻；(B)连接的虚拟(陪衬)电阻

另一种较少采用的形式是使用连续的环绕电阻阵列的多晶硅环制作虚拟(陪衬)电阻。干法刻蚀产生很强的电磁场来产生和驱动反应离子，这些场与多晶硅环相互作用产生环路电流，在刻蚀的最后时刻影响刻蚀速率。建议使用如图 7.8 所示的分离虚拟(陪衬)电阻代替闭合的环形电阻。如果必须使用环形结构，则应在某处断开，以避免环路电流。

多晶硅-多晶硅电容器有着与多晶硅电阻一样的刻蚀速率变化。当对电容阵列进行匹配的时候，虚拟(陪衬)电容应该放置在电容阵列的四周[②]。图 7.9 为带有接地虚拟(陪衬)电容的 6 个匹配多晶硅-多晶硅电容阵列。这里同样采用的是单独的条，而不是连续的环。注意其中已经绘制了第二层多晶硅(图中为深灰色)使得虚拟(陪衬)电容第二层多晶硅与电容第二层多晶硅的间距与相邻电容第二层多晶硅间的距离相同。通常应对虚拟(陪衬)电容进行电连接，从而使它们能够屏蔽杂散静电场对匹配电容的影响(见 7.2.12 节)。

设计者常通过复制匹配电容形成虚拟(陪衬)电容，人们认为这样做可以实现更好的匹配。虚拟(陪衬)器件的尺寸实际上对刻蚀速率没有什么影响。只要使用金属板覆盖阵列阻止边缘电场(见 7.2.12)，就没有必要采用同样尺寸的虚拟(陪衬)电容。

---

① Y. Tsividis，pp. 229-231。Tsividis 的结构包括虚拟(陪衬)单元，但未被连接以抑制热电效应(见 7.2.11 节)。

② Y. Tsividis, p. 228。

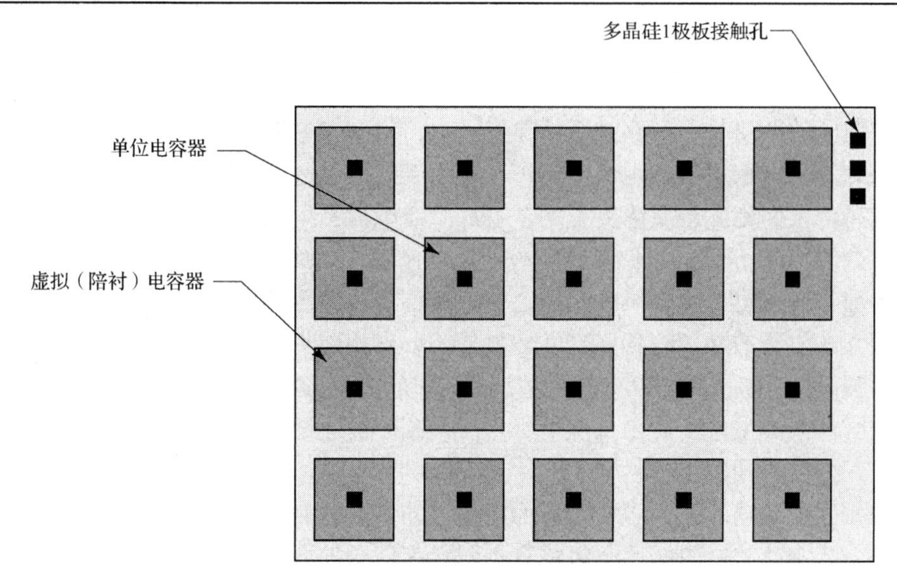

图 7.9　采用接地的虚拟(陪衬)电容的匹配电容阵列。为了清楚起见，将覆盖在阵列上的第二层金属屏蔽层省略

7.2.6　光刻效应

光刻能以不同的方式引入系统失配。曝光过程中会发生光学干扰和侧壁反射，显影过程中会发生刻蚀速率变化。这些机制会引起线宽的变化，对于较窄的图形结构(如电阻)要尤为注意。

当光波通过类似于衍射光栅的狭窄缝隙(narrow slit)时，彼此间会发生有益的或有害的干涉。光盘表面或者包含诸如大功率 MOS 晶体管等规则结构的集成电路表面的鲜艳色彩就是由此类效应引起的。相似的效应也会发生在光刻曝光的过程中。远紫外光源用于产生比可见光更短的波长，因此只有最窄的特征才能表现出明显的干涉效应。实际上，尺寸等于或大于 1 μm 的器件不受干涉引起的失配的影响。除非绝对必要，否则匹配器件不能采用亚微米尺寸，因此干涉几乎不会成为问题。

光刻曝光过程中，开孔侧壁会对光进行反射。光刻掩模版早就开始采用抗反射涂层(ARC)，相似的涂层常常在使用光刻胶前采用甩胶的方法涂到晶圆表面以减小晶圆自身的反射。这些预防措施在很大程度上消除了反射引发的失配，但由于存在从邻近结构反射的可能性，非常窄的图形仍然会引起问题。这里需要再次强调，匹配器件应避免使用亚微米图形。

在光刻胶显影时，可能发生刻蚀速率变化。显影时，晶圆的旋转加剧了晶圆外围显影速率的变化，这是因为离心力使得显影剂向外流。光刻胶图形面向晶圆中心的边获得最大量的新鲜显影剂，刻蚀最快。研究者已报道对于 0.4 μm 宽的扩散电阻有 0.4%的系统失配[1]。显影时降低晶圆的旋转速率能够减小光刻胶的显影变化，但是最好的解决办法是对所有需要匹配的器件增加虚拟(陪衬)单元，无论这些器件是通过淀积还是扩散的方法得到。

① S. Hausser，S. Majoni，H. Schligtenhorst 和 G. Kolwe, “Mismatch in Diffusion Resistors Caused by Photolithography,” *IEEE Trans. on Semiconductor Manufacturing*, Vol.16, #2, 2003, pp. 181-186。

7.2.7 扩散相互作用

形成扩散区的杂质并不都存在于结边界之内。考虑在N型外延层上进行P型扩散的情况，扩散区中心处的受主杂质浓度远高于施主杂质浓度，这个区域的硅是P型。越向外移动，受主杂质浓度越低，而施主杂质浓度不变。在冶金结处受主杂质浓度等于施主杂质浓度。冶金结外的受主杂质浓度低于施主杂质浓度，硅变为N型。在冶金结外某处，受主杂质浓度降低到可忽略的数量级。位于冶金结外的那部分杂质称为扩散区的尾部。

两个相邻扩散区的尾部将相互交叉。如果二者是相同类型的，则它们的尾部相加，两扩散区互相增强。与两扩散区相互分开的情况相比，它们的薄层电阻略微减小，宽度稍稍增加。如果两扩散区掺杂类型相反，则情况恰好相反。相交的尾部彼此削弱，使二者的薄层电阻都略微增加，而宽度稍稍减小。

扩散的相互作用对匹配的影响与前面讨论过的多晶硅刻蚀速率变化的影响类似。阵列边缘的电阻与阵列中间的电阻相比阻值略有不同。在阵列的两端加入虚拟(陪衬)电阻可以消除这个系统失配。这些扩散形成的虚拟(陪衬)电阻必须和其他电阻具有相同的宽度，以保证其掺杂分布匹配。悬浮扩散区会增加闩锁效应的敏感性，所以要对虚拟(陪衬)电阻进行电连接(见图 7.10)。

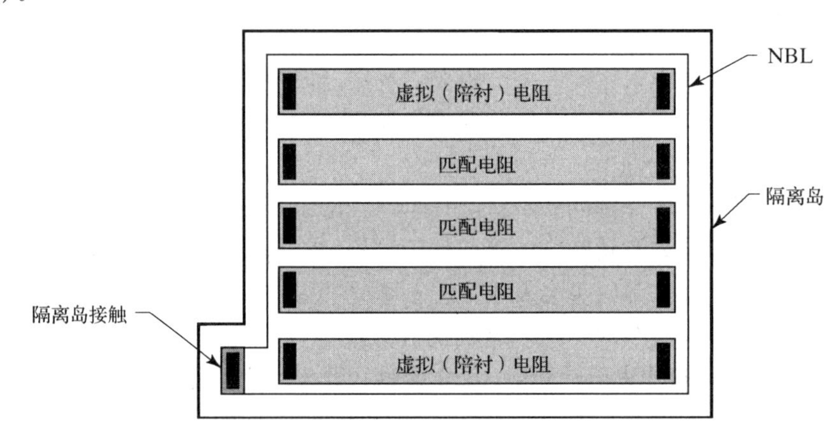

图 7.10 带有接地虚拟(陪衬)器件的匹配基区扩散电阻阵列

即使是普通的失配电阻，设计版图时通常也要消除扩散区的相互作用，同时不明显地增加芯片的面积。图 7.11(A)显示了一个版图结构很差的折叠电阻，该结构不仅转弯处的间距不一致，而且基区端头也紧邻电阻体区。图 7.11(B)中的版图把电阻端头稍微延长到阵列外，从而减小了出现扩散相互作用的可能性。因为紧凑的折叠结构能够补偿基区端头延伸所消耗的面积，所以这种修改不需或只需增加很小的面积。

图 7.11(C)中的版图显示了另一种类型的扩散相互作用。一个 HSR 电阻合并到一个包含深 N+侧阱的隔离岛内。深 N+扩散紧邻电阻体区。深 N+区的横向扩散大于其他大部分类型的扩散，所以出现不希望的扩散相互作用的机会更大。重掺杂磷的深 N+区可产生晶格缺陷，可通过一个与发射区外推(见 2.4.2 节)类似的机制增加邻近区域的扩散速率。当这两种机制互相增强的时候，会产生严重的扩散相互作用影响。图 7.11(D)是一种考虑更加谨慎的版图，它把深 N+侧阱放在电阻一个端头之后，从而对器件的电阻值只有很小的影响或没有影响。

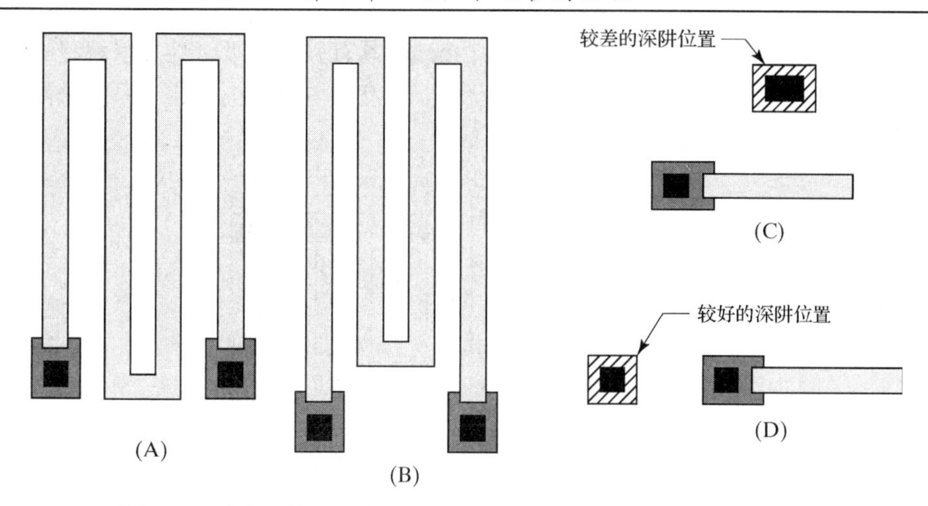

图 7.11　减小扩散相互作用的其他方法：(A)粗劣的折叠电阻版图；(B)改进的版图；(C)深 N+侧阱的不当排布；(D)改进的排布

最近有另一种类似于扩散相互作用的机制效应的报道①。这种机制是指在高能离子注入过程中(例如制作退化阱的工艺)光刻胶边缘处的离子散射。离子的散射距离可能会超过 1。这些离子的能量相对较低，因此只能掺杂光刻胶附近的硅表面层。由于这种机制，退化阱边缘附近的浅扩散区的掺杂浓度会发生不规则的变化。可通过把匹配扩散区放置在退化阱边缘内至少 2～3 μm 处就可以避免这些失配。

7.2.8　氢化

在金属化系统的淀积和刻蚀过程中会引入氢。氢渗入氧化层并在其中作为可动离子。当氢原子扩散到硅区的边缘处时能够通过两种机制中的任意一种影响器件的工作。第一，氢原子能够与悬挂键结合，从而消除表面态；第二，氢原子实际能够扩散进入硅中，与硼原子形成弱的分子化合物。这些化合物在室温下不电离，所以化合后的硼原子不再起受主作用。这种机制被称为氢补偿。

氢通过消除晶粒间界的悬挂键和氢补偿能够影响多晶硅电阻的阻值。后一种机制只出现在 P 型电阻中，因为晶粒间界对多晶硅电阻率起决定作用，所以即使在 P 型电阻中它也只起很小的作用②。

氢不能扩散穿过金属，而且金属化系统中采用的某些材料(如钛等)都会强烈地吸附氢，因此氢化作用引起的变化常常发生于芯片金属化部分和暴露部分之间。特别是多晶硅电阻上面存在金属板或导线会严重影响它们的值。观察显示，金属化和非金属化电阻间的系统失配超过 1%。尽管金属化诱发应力无疑也起到了作用，但目前氢化作用被认为是引起这些失配的主要原因。距离金属板边缘几微米的电阻表现出与金属板下电阻相似但是略小一些的系统失配。这一观察结果说明氢化起到了主要作用③。上述观察到的现象可用所研究的金属化系统

① T. B. Hook，J. Brown, P. Cottrell, E. Adler, D. Hoyniak，J. Johnson 和 R. Mann,“Lateral Ion Implant Straggle and Mask Proximity Effect,” *IEEE Trans. on Electron Devices*, Vol.50, #9, 2003, pp. 1946-1951。

② M. Rydberg 和 U. Smith,“Long-Term Stability and Electrical Properties of Compensation Doped Poly-Si IC-Resistors,” *IEEE Trans. on Electron Devices*, Vol.47, #2, 2000, pp. 417-426。

③ D. Briggs，私人通信，2003。

中采用的钛-钨难熔阻挡金属(refractory barrier metal)具有强烈的吸氢性加以解释。这可能会产生延伸出金属板边缘几微米的氢梯度。位于这一脱氢区域内的电阻会有系统失配，大小与到产生脱氢作用的金属板的距离成反比。

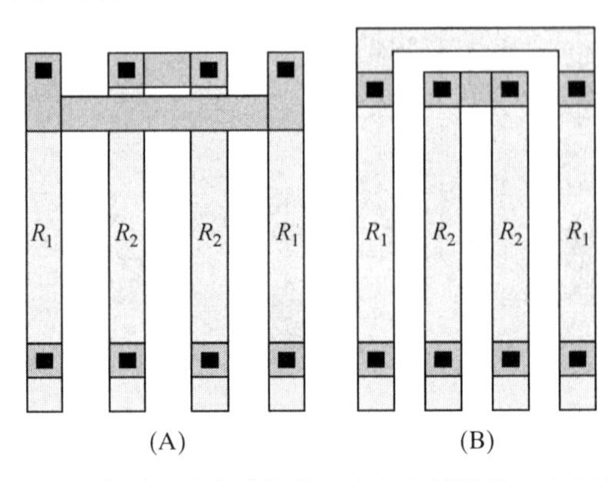

图 7.12 电阻阵列互连方式比较：(A)内折跳线；(B)外折跳线

一个电阻阵列中各部分之间的互连能够产生很大的金属化诱发失配。图 7.12(A)中的电阻阵列显示了一种流行的互连结构，其各部分之间的跳线内折到电阻之上以节省面积。各电阻段上的金属覆盖量的不同会导致金属化诱发失配。图 7.12(B)中的电阻阵列显示了另一种互连方式，跳线外折可减小金属对电阻有源区的交叠量。即使已采取了通过加入虚拟(陪衬)金属线匹配内折阵列中各部分的金属覆盖量的措施，但经验表明外折方式一般能提供更好的匹配。向外折叠的阵列需要通孔，这些通孔要引入它们自己的失配(见 7.2.3 节)。

实际中，另一种能够消除金属化诱发失配的方法就是使用第一层金属板尽可能多地覆盖阵列，只让接触孔端头从金属板两端的下面露出。第二层金属跳线可以内折到第一层金属屏蔽层上，而不引入氢化作用诱发失配。金属板具有一定的机械柔性，通过释放上层金属形成时产生的应变减小了机械应力。一些研究者发现第一层金属跳线可以内折到第二层金属屏蔽层下面，原因大概是由于第二层金属屏蔽层阻止了其下方电阻的氢化作用①。这一观察结果并不是对所有的工艺都适用。在任何情况下，屏蔽层都应该连接到电路中的一个静态节点，以使它能够作为静电屏蔽层使用(见 7.2.12 节)。

如果可以选择的话，应该尽量使用磷电阻而不是硼扩散电阻。磷不受氢补偿影响，而且磷可选择性地积累在晶粒间界处，并能够减少悬挂键的浓度②。然而，在选择掺磷多晶硅作为电阻材料之前，应该首先比较每种类型相似电阻间的随机失配，从而确定掺磷多晶硅的随机失配是否大于其他材料。在某些工艺中出现过这种情况，大概是由于晶粒尺寸不同或掺杂不完全的杂质激活的缘故。

7.2.9 机械应力和封装漂移

硅具有压阻特性，在受到压力的情况下电阻率会发生变化。当受到的压力不同时，精确电阻之间就会产生失配。因为机械应力对普通电介质的大小和介电常数几乎没有影响，所以几乎不会对电容产生影响，尽管匹配良好的电容比匹配良好的电阻的系统失配小，但并不是

① J. Smith，私人通信，2003。

② Rydberg, et al。

所有电路都只使用匹配电容。现在人们正在开发减小电阻应力灵敏度的版图技术。另外，应力问题的严重程度还取决于具体的封装方法。

金属壳和密封陶瓷封装产生的应力最小。尽管金属管座和硅管芯的热膨胀系数相差很大(见表 7.1)，但用于固定管芯的环氧树脂能够吸收产生的机械应力。尽管成本高且不是很方便，然而精密集成电路仍通常使用金属壳或陶瓷封装，因为没有其他的方法能够获得如此低的应力环境。

表 7.1　一些集成电路封装材料的热膨胀系数(CTE)①

材料	CTE ppm/℃
环氧封装(典型)	24
铜合金	16～18
42 号合金	4.5
钼	2.5
硅	2.5

由于具有低成本和机械强度高的优点，因此绝大多数集成电路都采用塑料封装。遗憾的是，塑料封装会对管芯造成很大的应力。如表 7.1 所示，塑料封装材料的热膨胀系数约为硅的 10 倍。环氧树脂在高温下(典型值为 175℃)注入模具中，热的树脂中发生的化学变化使之快速固化。随着被封装器件的冷却，由于硅和环氧树脂热膨胀系数之差产生的残余应力将永久存留在被封装的器件中。封装前后电学参数的测量结果显示出这种变化，称为封装漂移(package shift)，它与残留应力的大小成正比。

引起封装漂移的应力可分为两大类。第一类应力从整体上影响管芯，而且只沿着管芯表面缓慢变化。7.2.10 节将讨论这种应力以及减小其影响的方法；第二是高度局部化的应力，它们的影响非常随机。这些应力是由塑料封装中添加的填充物产生的。典型密封剂的主要成分是小颗粒硅石，其中大部分硅石的直径都在 15～150 μm 之间，且具有棱角。如果一个填充物颗粒正好位于匹配器件的上方，那么随着密封后塑料收缩，填充物颗粒就会被推入管芯表面，产生的填充物诱发应力(filler-induced stress)的作用范围在直径为几十微米的区域内，但是它们的值很大，有证据显示这种应力能够彻底切断较窄的上层金属导线②。由于填充颗粒分布的随机性，各单元的封装漂移表现出巨大的差别。填充物诱发应力引起的失配的平均值和标准偏差大小相似。而第一类应力引起的失配的平均值远大于标准偏差。填充物诱发应力引起的失配的标准偏差高达 2%③。

封装后校正被公认为是解决封装漂移的好办法，特别是对于填充物诱发应力引起的封装漂移。遗憾的是，封装后校正的作用常常被夸大。封装单元的初始变化实际上几乎能够完全消除，但是封装漂移的大小随温度变化很大。如果一个单元从 25℃加热到 125℃，则封装漂移几乎会消失；如果一个单元从 25℃冷却到–40℃，封装漂移则可能加倍。很明显，封装漂

① 环氧树脂、钼和硅的值：R. E. Thomas, “Stress-Induced Deformation of Aluminum Metallization in Plastic Molded Semiconductor Devices,” *IEEE Trans. on Components, Hybrids, and Manufacturing Technology*, Vol.CHMT-8, #4, 1985, pp. 427-434。Values for Alloy-42 和 copper from “Leadframe Materials” *Semiconductor Reliability News*, Vol.8, #9, September 1996, p. 5。

② P. Yalamanchili 和 V. Baltazar, “Filler Induced Metal Crush Failure Mechanism in Plastic Encapsulated Devices,” *Proc. 37th Annual International Reliability Physics Symposium*, 1999, pp. 341-346。

③ R. Pendse 和 D. Jennings, “Parametric Shifts in Devices: Role of Packaging Variables and Some Novel Solutions,” *Proc. 40th Electronic Components Technology Conf.*, 1990, pp. 322-326。

移对温度漂移的影响与封装漂移对初始失配的影响同样值得注意。一些设计者认为，多温度测试能够用来校对初始失配和各单元的温度漂移，但实际情况并不是这样，如果器件长期工作在高温下，封装漂移会逐渐增加。这种影响是统称为长期漂移的不稳定性因素中的一种。这种影响源于热的塑料中逐渐发生的使之缓慢收缩的化学变化。无论这些变化的本质是什么，它们的表现就是使封装漂移随时间增加。对长期漂移的常规测试是在125℃的条件下烘烤1000小时。很少有关于长期漂移的数据被公布，但是一位研究者报道了MOS管漏极电流失配的平均值大约增加了30%，似乎没有理由认为电阻的封装漂移会表现出任何不同[1]。尽管后封装校正有一些价值，但是并不能完全解决封装漂移问题。

另一种能够显著减小填充物诱发应力的办法就是采用一种具有机械柔性的特殊保护层。由于填充物颗粒压入保护层并使保护层发生弹性形变，因此吸收了大部分应力。为了达到预期效果，保护层的厚度必须和填充物颗粒直径相近或者至少为10～30 μm。应用点滴的硅树脂和光刻的聚酰亚胺膜(dropper-applied silicones and patterned polyimide film)取得了很好的结果。一个研究小组报道应用了10 μm厚的聚酰亚胺膜后，随机封装漂移减小到三分之一[2]。厚的铜金属电源线也可作为有效的机械柔性层使用[3]。没有任何形式的保护层能够使影响整个管芯的大范围机械应力明显减小，但是恰当的版图预防措施能够使这种大范围应力的影响最小化(见7.2.10节)。从另一方面看，版图措施对于克服由填充物诱发应力产生的随机变化没有什么价值。

功率封装需要管芯和线框(管座)之间有良好的热传导以减小热积累。功率封装的管芯连接应用银浆(silver-filled epoxy)、焊料或金共熔体。银浆不能实现像其他两种材料那样好的热和电传导，但是它产生的残留应力非常小。焊料底座一般用于大的金属签(tab)或金属壳封装。因为焊料不会黏附硅，所以管芯背面必须覆盖一层蒸发或者溅射的金属膜。金共熔键合把一片薄的金箔条(a gold perform)放在管芯和底座之间，加热时金箔与两种材料熔合。焊料和金合金只有很低的机械柔性，所以铜管座和硅管芯之间的热失配会产生极大的机械应力。

通过使用具有与硅相同的热膨胀系数材料制作的管座或线框可以减小由焊料或金共熔体封装(mounting)引起的应力，比如用钼或者42号合金(包含42%镍的镍铁合金)。钼管座成本很高，而42号合金脆且导热导电性差。因此，尽管铜线框或管座(leadframe or header)会产生封装漂移，然而大部分功率产品仍然会采用它。

7.2.10 应力梯度

影响整个管芯的机械应力产生了规则的应力图形。恰当的版图设计能够减小这些图形及其对电学参数产生的影响。本节首先详细地分析应力对硅的影响，然后介绍消除产生系统变化的方法。

压阻效应

(100)硅片的压阻系数随着方向和掺杂的不同而不同[4]。N型(100)硅晶片沿<100>轴表现

---

① H. Ali, "Stress-Induced Parametric Shift in Plastic Packaged Devices," *IEEE Trans. on Components, Packaging and Manufacturing Technology—Part B*, Vol.20, #4, 1997, pp. 458-462。

② P. Yalamanchili, et al。

③ B. Abesingha, G. A. Rincón-Mora 和 D. Briggs, "Voltage Shift in Plastic-Packaged Bandgap References," *IEEE Trans. on Circuits and Systems—II: Analog and Digital Signal Processing*, Vol.49, #10, 2002, pp. 681-685。

④ Y. Kanda, "A Graphical Representation of the Piezoresistance Coefficients in Silicon," *IEEE Trans. on Electron Devices*, Vol.ED-29, #1, 1982, pp. 64-70。

出最大的压阻系数，沿<110>轴表现出最小的压阻系数。因此，如果 N 型的扩散或离子注入电阻沿<110>轴设置，将表现出最小的应力灵敏度。晶圆的一个<110>轴与主晶圆平边(major wafer flat)平行，而其他的<110>与之垂直(见图 7.13)。因为管芯参照晶圆平边进行行和列的摆放，版图的 X 轴和 Y 轴对应于所期望的<110>轴，因此水平或垂直摆放 N 型单晶硅电阻就能够使它们的应力灵敏度最小化。

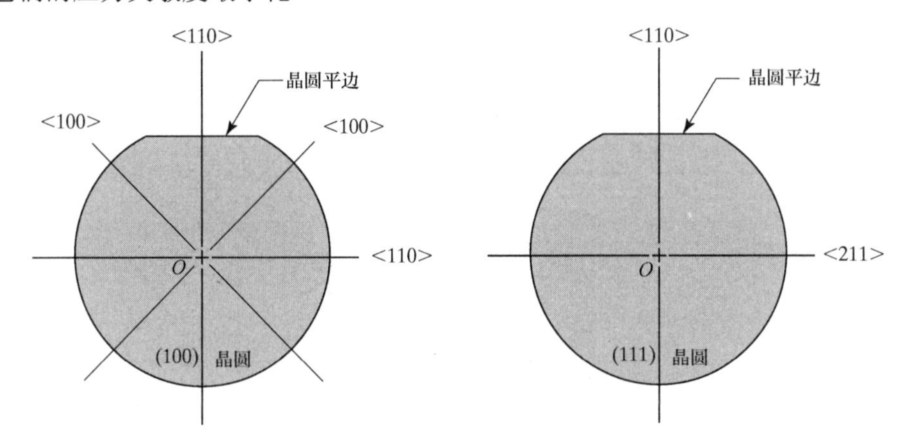

图 7.13 (100)晶圆和(110)晶圆上方向的定义

P 型(100)硅晶片沿<110>轴表现出最大的压阻系数，沿<100>轴表现出最小的压阻系数。因此，如果 P 型扩散或离子注入电阻沿<100>轴设置，则将表现出最小的应力灵敏度。(100)晶圆的<100>轴相对于晶圆平边旋转 45°(见图 7.13)，因此，通过把 P 型单晶硅电阻与版图的 X 轴和 Y 轴成 45°摆放，就能够使它们的应力灵敏度最小化。采用这种摆放方法，P 型单晶硅电阻的压阻系数实际上降为 0。而对于 N 型电阻，即使沿最优方向摆放，依然会存在一定的压阻系数，这就是人们倾向使用 P 型单晶硅电阻的原因之一。

(111)晶圆的压阻系数不随方向变化，尽管不存在倾向某一方向的原因，但是(111)硅片上的多数电阻都沿着垂直或者水平方向摆放以简化封装和互连。

只要掺杂浓度不超过 10^{18} 原子/cm^3，单晶硅的压阻系数几乎不受掺杂浓度的影响。几乎所有的匹配电阻都采用非常低的掺杂浓度，所以低薄层电阻和高值薄层电阻材料在压阻系数上没有很大的差别。

多晶硅是各向同性材料，所以各个方向的压阻系数相同。压阻系数的大小随着多晶硅电阻率的增加而降低①。通常用于制作电阻的轻掺杂多晶硅受应力的影响相对较小(但不是零)。(100)硅片上的<100>方向 P 型扩散电阻比多晶电阻有更低的应力灵敏度，但是多晶电阻有更好的整体匹配性，因为它们不像大部分扩散或离子注入电阻那样受到电压调制作用的影响(见 7.2.12 节)。

梯度和质心

图 7.14 显示了典型集成电路的应力分布，图中忽略了由于填充物诱发应力引起的局部变化。左下角称为等压线图。这些曲线(称为等压线)显示了管芯表面不同点的应力大小。每一条等压线上的点具有相等的应力强度。应力强度从中间的最小值到 4 个角处的最大值。等压线图上面的图形显示了沿一条切开管芯的水平线上的应力强度分布，而右边的图形表示沿着

① H. Mikoshiba, “Stress-Sensitive Properties of Silicon-Gate MOS Devices,” *Solid-State Electronics*, Vol.24, 1981, pp. 221-232。

一条切开管芯的垂直线上的应力强度分布。通过把这两个图和等压线图进行比较，等压线图的本质将变得非常明显。与该图类似的是绘制地形形貌时用于显示山谷和河流这类三维形状的等高线图。管芯上的应力分布类似于一个低气压：在管芯的中间最低，在 4 个角处最高。

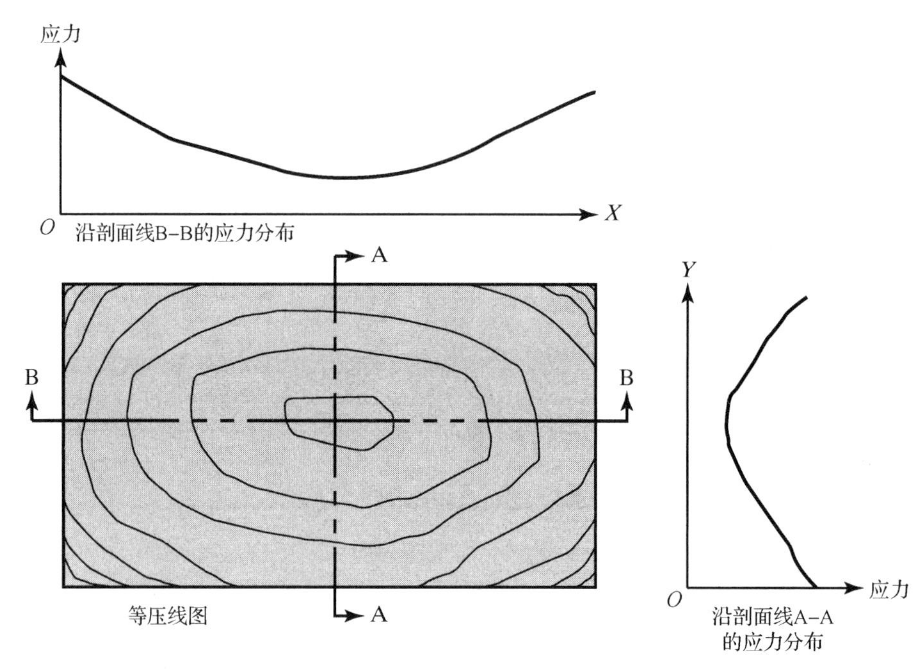

图 7.14 典型的环氧树脂黏合塑料封装(100)硅管芯表面应力分布的等压线图与沿着剖面线 A-A 和 B-B 的应力分布图

等压线的间距提供了关于应力分布的额外信息。当等压线距离很近时，应力强度变化很快，而在等压线距离很远的位置，应力强度变化很慢。应力强度变化率称为应力梯度，该梯度在管芯的中央具有最小值，随着向边缘移动慢慢增加。管芯 4 个角的应力梯度比其他任何点都要大很多(见图 7.15)。

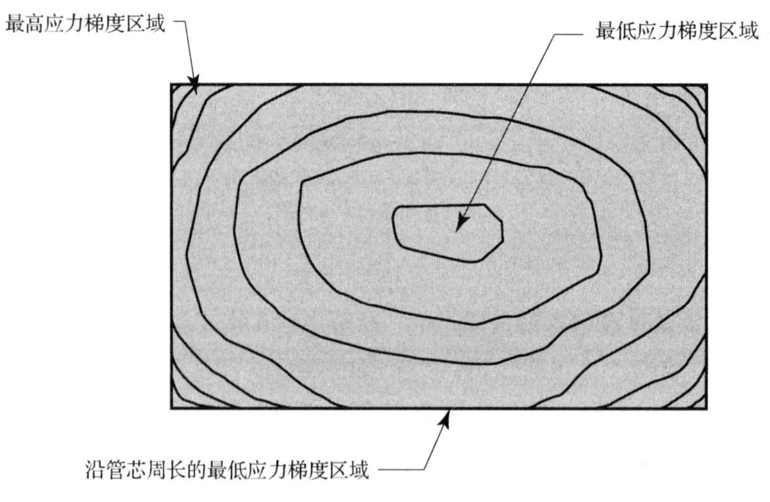

图 7.15 表示了最高和最低应力梯度的等压线图

匹配器件应尽量靠近以减小它们之间的应力差。尽管器件的有限尺寸似乎限制了它们之间的最短距离，然而一定的版图技巧能够形成相当小的有效间距。下面的分析假设匹配器件之间的区域的应力梯度近似为常量。如果将匹配器件排布形成尽可能紧凑的结构，则通常就是一个合理的假设。

两个匹配器件之间的应力差正比于应力梯度和间距的乘积。为了便于计算，可通过平均器件各部分对整体的贡献计算出每个器件的位置[①]，得到的位置称为器件的质心。矩形器件的质心位于它的正中心。通过应用质心对称原理，经常可以确定其他几何图形的质心，该原理表明图形的质心一定位于该图形的任一对称轴上。图 7.16 显示了如何通过这一原理确定矩形和狗骨形电阻的质心。版图中用到的所有图形的质心都能用类似的方式确定。

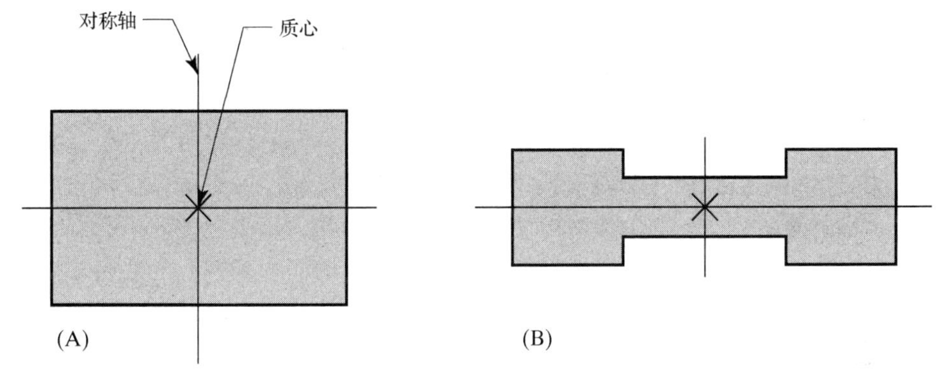

图 7.16　(A)定位长方形电阻的质心；(B)定位狗骨形电阻的质心

应力对电阻的影响可以根据压阻系数、质心位置和应力梯度求出。两电阻间应力诱发失配的大小为

$$\delta_s = \pi_{cc} d_{cc} \nabla S_{cc} \tag{7.16}$$

式中，π_{cc} 是沿两匹配器件质心连线的压阻系数，∇S_{cc} 是沿同一条线的应力梯度，d_{cc} 等于两质心的间距。应力梯度的高阶项通常比线性项小很多，所以它们在式(7.16)中被忽略。这个公式揭示了降低应力灵敏度的一些方法。第一，设计者可以通过选择合适的阻性材料或者将电阻沿着具有最小压阻系数 π_{cc} 的方向排布减小压阻系数；第二，设计者可以通过将器件设置在适当的位置或者选择低应力封装材料降低应力梯度 ∇S_{cc}；第三，设计者可以减小器件质心的间距。前两种选择已经讨论过，下面将主要讨论如何减少质心的间距 d_{cc}。

共质心版图

假设一个匹配器件被分成几部分，如果这些部分都是相同的，且它们被摆放成对称结构，那么该器件的质心位于穿过阵列的对称轴的交叉点。实际上，可以通过设置两个阵列化的器件使它们有相同的对称轴。如果实现了这一点，那么质心对称原理可确保两器件的质心重合。图 7.17(A)显示了这种共质心版图。两个器件分别标为 A 和 B，虚线为它们的对称轴，对称轴的交点为它们的质心，在图中用 X 表示。

① 有关静力学的多数教材包括质心和它们与著名的力矩原理关系的讨论，例如，R. C. Hibbeler，*Engineering Mechanics: Statics*, 4th ed (New York: Macmillian Publishing Co., 1998)，p. 435。

式(7.16)表明，共质心版图中应力诱发失配等于 0，这是因为质心的间距等于 0。实际上并不是这样，因为这种分析忽略了应力梯度的高阶项。尽管如此，共质心版图仍是单步减小大范围应力诱发失配最有效的技术。遗憾的是，共质心版图对填充物诱发失配没有效果，因为这类失配具有高度的局部化，因而不能对应力梯度采用简单的线性近似。

图 7.17 显示了 3 个匹配器件阵列沿一维排布得到的共质心版图实例，这些类型的版图称为叉指阵列，因为一个器件的各部分与另一个器件的各部分形成叉指结构，如同两只手相互交叉的手指那样。图 7.17(A)所示叉指阵列包含两个器件，每个器件包含两个部分。如果器件用 A 和 B 表示，那么各部分的摆放遵循叉指结构(或编织结构)ABBA，该图形有一条对称轴将其平分成两个镜像(AB 和 BA)。第二条对称轴水平穿过阵列，但是该对称轴源于单个部分的对称性，而不是叉指结构的对称性。

因为一个器件的两个部分分别占据了阵列的两端，所以采用叉指结构 ABBA 的阵列需要虚拟(陪衬)器件。一些设计者更喜欢采用 ABAB 阵列形式［见图 7.17(B)］，因为他们错误地认为这种结构不需要虚拟(陪衬)器件。正是由于对虚拟(陪衬)器件作用的错误理解才得到这个结论，刻蚀变化和扩散的相互影响取决于相邻图形的设置。加入虚拟(陪衬)器件能够保证每一部分面对相同的图形排布。如果省略了虚拟(陪衬)器件，那么位于阵列端点的部分将面对恰巧出现在旁边的任何图形。与阵列一端相邻的图形很可能与阵列另一端相邻的图形不一致。如果是这样，无论采用的结构是 ABBA 还是 ABAB，省略虚拟(陪衬)器件都会导致失配。应避免采用 ABAB 结构，因为两个器件的质心没有完全对准，形成的质心间距使得器件易受应力诱发失配的影响。

不同尺寸的器件也能够形成共质心版图。图 7.17(C)显示了采用 ABA 结构实现 2:1 比例的一个例子。如果阵列两端的器件是电阻，那么它们可以串联或者并联；如果是电容，它们只能并联，因为串联时由于上下极板的寄生电容不同，从而会引入失配。更加复杂的图形能够提供更多比率的匹配，尤其是当电阻既可以串联又可以并联时。表 7.2 列出了许多其他的叉指结构。用星号标记的结构质心没有完全对准。在所有这样的情况下，采用更多的分段能够实现完全对准。

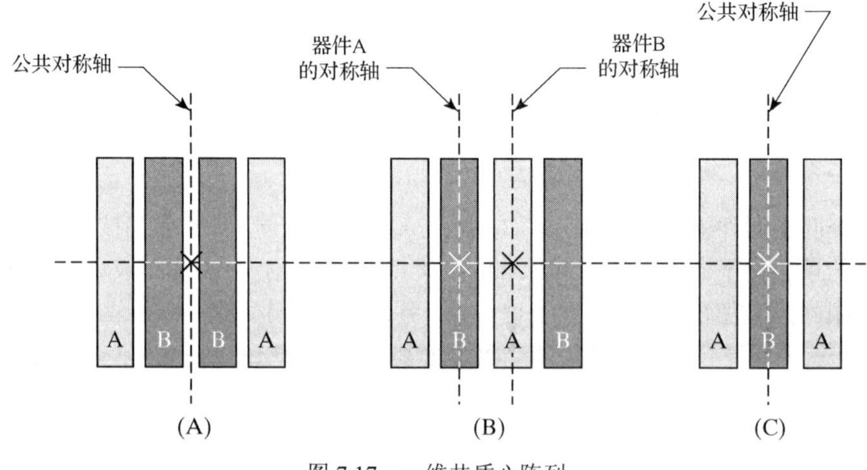

图 7.17 一维共质心阵列

表 7.2　有一条对称轴阵列的叉指图形示例

A	AA	AAA	AAAA
AB*	ABBA	ABBAAB*	ABABBABA
ABC*	ABCCBA	ABCBACBCA*	ABCABCCBACBA
ABCD*	ABCDDCBA	ABCDBCADBCDA	ABCDDCBAABCDDCBA
ABA	ABAABA	ABAABAABA	ABAABAABAABA
ABABA	ABABAABABA	ABABAABABAABABA	ABABAABABAABABAABABA
AABA*	AABAABAA	AABAAABAAABA*	AABAABAAAABAABAA
AABAA	AABAAAABAA	AABAAAABAAAABAA	AABAAAABAAAABAAAABAA

设计一个叉指阵列，首先要确认组成阵列的所有器件。匹配器件要分组，任何一组中的所有器件必须排布在同一个阵列中。不彻底理解电路的工作原理就不能确定匹配器件的分组，因此，电路设计者必须确定匹配器件的分组且把这个信息告诉给版图设计者。

一旦确定了组成阵列的器件，则必须将它们划分成几段。这一步并不总是很简单。设计者应该首先查看是否所有的值都有最大公因子。例如，两个阻值为 10 kΩ 和 25 kΩ 的电阻有一个最大公因子 5 kΩ。那么，阵列可以由一系列等于最大公因子的部分组成，例如，10 kΩ 和 25 kΩ 的电阻组成的阵列可以排布成 7 个 5 kΩ 的电阻段。

如果没有最大公因子，可尝试使用最小器件的值作为分段值，并根据这个值来确定其他器件的分段数。如果任何器件需要一个值小于 70%完整段的部分段时，试着把最小器件的值除以逐渐增加的更大整数(2,3,4,…)，直到找到一个不再需要小的部分段(partial segment)的值。例如，假设必须将 39.7 kΩ 和 144.5 kΩ 的电阻设置成阵列，如果选择分段阻值为 39.7 kΩ，那么 144.5 kΩ 需要 3.638 个分段。这需要一个 63.8%的部分段，所以我们把较小的器件除以 2，取分段值为 19.85 kΩ。这时，较大电阻需要 7.280 个分段，需要一个 28%的部分段。把较小电阻除以 3，所得分段值为 13.233 kΩ。大电阻需要 10.920 个分段，此时，这个阵列中没有部分段小于完整分段值的 70%，因此这个阵列由 13 个 13.233 kΩ 的分段和一个 12.174 kΩ 的分段组成。在少数情况下，该过程会产生一个非常小的分段值，设计者应该尝试较大的分段值，并使得所有的匹配电阻均不包含小于完整段 70%的部分段。在某些情况下，设计者必须容忍小的部分段的出现。

一旦找到了分段值，要确保该分段值不能小到无法实现合理的匹配。匹配电阻的分段应该包含的方块不少于 5 个，至少包含 10 个方块则更好。如果阵列需要较短的分段，考虑把分段进行串联或并联。电容分段(单位电容)的尺寸不能远小于 100 μm^2。电容总是并联的，因为串联引入的寄生电容会影响匹配。有些情况下，串联电容会形成一组匹配电容中的一部分，但是这种情况只能是由于电路设计的需要，而不是为了版图设计方便。

部分段电阻最好采用滑动接触，以确保所有电阻段具有相同的图形，从而能够保证刻蚀变化和扩散相互作用不会引起部分段和阵列其他部分之间的失配。当部分段的初始值设置不正确时，也可使用滑动接触进行调整。部分单位电容应该放在阵列的一端，以使它们不影响其他单位电容。应该根据式(7.15 A)和式(7.15 B)确定部分单位电容尺寸，以确保其面积周长比与其他单位电容相同。

一旦阵列分段完毕，就应该选择一个合适的叉指结构。最好的叉指结构应该遵守表 7.3 列出的所有 4 条共质心版图规则。一致规则表述了匹配器件的质心至少应该近似一致。没有遵循一致性规则的版图会比遵循一致性规则的版图表现出更大的应力敏感性。对称规则表明阵列应该关于 X 轴和 Y 轴对称。一维阵列应该从其叉指结构得出一条对称轴，例如 ABBA 结构阵列有一个把它平分成两个镜像(AB 和 BA)的对称轴。一维阵列必须根据各段的对称性得到其第二条对称轴。对于电阻和电容而言，这不会成为一个问题，因为所有的分段都是对称图形。

表 7.3　共质心版图的 4 条规则

1. **一致性**：匹配器件的质心至少应该近似一致。理想情况下，质心应该精确一致
2. **对称性**：阵列应同时关于 X 轴和 Y 轴对称。理想情况下，这种对称性应该源于阵列中各段的排布，而不是来自各段自身的对称性
3. **分散性**：阵列应具有最大可能的分散度。换句话说，每一个器件的各段应尽可能均匀地分布于阵列中
4. **紧凑性**：阵列应尽可能紧凑。理想情况下，阵列应尽可能是正方形

分散规则表明每个器件的各段应该尽可能均匀地分布在整个阵列中。分散度通常一目了然，但可通过计算重复分段数目(runs)实现部分量化。例如，结构 ABBAABBA 包含 3 个重复分段，每个重复中有两个分段，而结构 ABABBABA 只包含一个含有两个分段的重复分段。因此，后者的结构比前者更加分散。分散有助于减小共质心阵列对高阶梯度(非线性部分)的灵敏度，因此对于受到大应力梯度影响或者分布很广的阵列，分散性就显得尤其重要。

紧凑性规则表明阵列应该尽可能紧凑。理想情况下，阵列结构应为正方形，但实际中，很多宽长比为 2:1 甚至 3:1 的阵列也不会受到很大的影响。如果阵列的宽长比超过 2:1，那么应该考虑把阵列分成更多或更少的分段。如果阵列由一些长分段构成，则应尝试把每个分段分成两个部分，使分段数加倍。由许多短的或小的分段组成的阵列特别适合下面要讨论的二维阵列。

到目前为止，所讨论的所有共质心版图只是沿一维将器件排布成阵列，这样的一维阵列器件从其叉指结构可以得到一条对称轴，从分段的对称性可以得到另一条对称轴。所有的分段也可以排布成二维阵列，并从其叉指结构中得到两条对称轴。一般这种设置比一维阵列能够更好地消除梯度的影响，这主要因为二维阵列具有更好的紧凑性和分散性。一些设计者认为二维阵列总是比相应的一维阵列好，但事实却不总是这样。如果阵列小，那么随机失配将超过由应力梯度引起的系统失配，这两种类型的阵列之间将没有什么区别。

图 7.18(A)显示了两个匹配器件，每个器件由两个分段组成，排布成两行两列的阵列，这种排布通常称为交叉耦合对。电阻很少排布成交叉耦合对形式，因为所得阵列一般都具有不恰当的宽长比。电容、二极管、晶体管经常排布成紧凑的交叉耦合对。如果匹配器件足够大，能够分成两个以上的分段，那么交叉耦合对能够进一步细分为如图 7.18(B)所示的结构。该阵列比交叉耦合对更分散，因此更不容易受高阶梯度的影响。这种二维叉指结构(tiling)能够在两个方向上无限延伸。

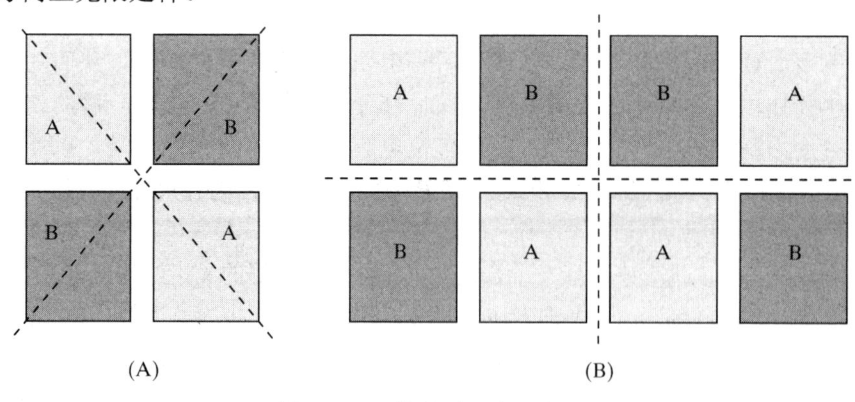

图 7.18　二维共质心阵列实例

形成一维阵列的规则同样适用于二维阵列。各分段的排布应该使阵列有两个或更多的对称轴相交于匹配器件重合的质心。表 7.4 列出了一些二维阵列叉指结构的实例。表中的每一行为给定结构的 4 个例子，其中包括最简单阵列、沿一个方向延伸的阵列和沿两个方向延伸的阵列。尽管可能有更复杂的变化，多数二维阵列还是相对简单的，因为经常采用二维阵列的器件(如电容和晶体管)通常不细分为很多分段。

表 7.4　二维共质心阵列叉指结构的实例

ABBA BAAB	ABBAABBA BAABBAAB	ABBAABBA BAABBAAB ABBAABBA	ABBAABBA BAABBAAB BAABBAAB ABBAABBA
ABA BAB	ABAABA BABBAB	ABAABA BABBAB ABAABA	ABAABAABA BABBABBAB BABBABBAB ABAABAABA
ABCCBA CBAABC	ABCCBAABC CBAABCCBA	ABCCBAABC CBAABCCBA ABCCBAABC	ABCCBAABC CBAABCCBA CBAABCCBA ABCCBAABC
AAB BAA	AABBAA BAAAAB	AABBAA BAAAAB AABBAA	AABBAA BAAAAB BAAAAB AABBAA

位置和方向

共质心版图没有消除的残留应力灵敏度与应力梯度的幅值成正比，因此匹配器件应排布在管芯上应力梯度最小的区域。如图 7.15 所示，管芯中央附近很大的区域内应力梯度下降到极小值，因此匹配器件的最佳位置在管芯中间附近。沿着管芯外围的应力梯度在管芯各边的中点处达到一个相似的极小值，在长边中点达到最小。如果匹配器件必须沿管芯外围放置，那么它们最好位于管芯一条长边的中央。匹配器件绝不能放在 4 个拐角附近，因为那里的应力强度和应力梯度都达到最大值。

管芯表面应力分布的对称性可用来进一步改善匹配性。多数管芯至少沿着一条轴表现出对称的应力分布。对于(100)硅片，应力分布通常沿横轴和纵轴都具有对称性。关键匹配共质心阵列应按一定方向设置，使其有一条对称轴与管芯的横轴或纵轴平行［见图 7.19(A)］。

对于(111)硅片，情况相对不明确，因为管芯的一条对称轴沿着<110>方向，而另一条沿着<211>方向［见图 7.19(B)］。一些作者提出，沿<211>轴的应力分布比沿<110>轴更具对称性[1]，所以(111)硅片上的关键匹配共质心阵列排布时应保证阵列的一条对称轴与管芯的<211>轴平行［见图 7.19(B)］。

应力分布对称轴上排布的共质心阵列有助于通过减小应力梯度降低残留失配。如果应力分布关于所选对称轴对称，则只要发生了应力诱发效应，将在该对称轴的两边有相反的极性。假设匹配器件也沿同一条轴对称排布，应力对器件一半的影响将抵消应力对另一半的影响。只要有可能，关键匹配器件就要利用这种现象进行排布。

① W. F. Davis, *Layout Considerations,* unpublished manuscript, 1981, pp. 66-67。

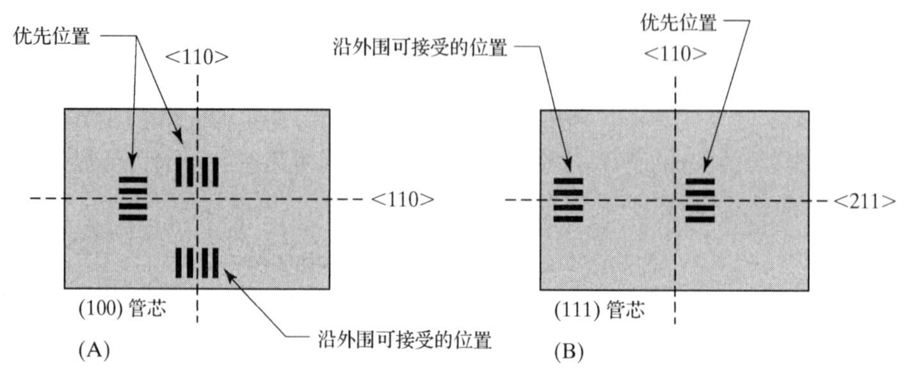

图 7.19 (100)和(111)硅管芯上排布共质心阵列的位置，后一种情况中假设应力分布的一条对称轴沿<211>轴的方向

管芯上的应力分布也取决于其尺寸和形状。大管芯一般表现出比小管芯更大的应力。应力也随着宽长比的增加而增加，所以长管芯比同样面积的方形管芯表现出更大的应力。如先前所述，封装对应力大小也起到了主要作用。环氧树脂粘接所具有的机械柔性能够使应力消散。金属管壳或陶瓷封装中环氧树脂粘接的管芯，无论是尺寸或是形状，都具有相对较小的应力。对于塑料封装，或者用焊料或金共熔粘接的管芯，管芯面积和宽长比的影响增大。表 7.5 提供了一些不同类型封装中管芯宽长比的指导原则。

表 7.5 模拟版图建议采用的管芯宽长比

封装类型	管芯尺寸	建议宽长比	最大宽长比
金属管壳/环氧树脂粘接	任何尺寸	2:1 或更小	任何值
塑封/环氧树脂粘接	<10 mm^2	1.5:1 或更小	3:1 或更小
	>10 mm^2	1.5:1 或更小	2:1 或更小
塑封/焊料粘接	<10 mm^2	1.5:1 或更小	2:1 或更小
	>10 mm^2	1.3:1 或更小	1.5:1 或更小

7.2.11 温度梯度和热电效应

许多集成器件的电学性质与温度关系很大。大部分集成电阻的温度系数为 1000 ppm/℃或者更大（见表 5.4）。假设温度系数为 2500 ppm/℃，两个匹配电阻温度相差 1℃就会产生 0.25%的失配。大功率器件周围存在 0.1℃/μm 的热梯度[①]。为了更好地理解热变化的产生过程，我们将简单讨论一下热阻的概念。

所有的电路都以热的形式消耗一定的功率，热通过封装流入周围环境中去。管芯的平均结温 T_j 为

$$T_j = T_a + P_d\theta_{ja} \tag{7.17}$$

式中，T_a 是周围环境的温度，P_d 是封装内的功率，θ_{ja} 是一个称为结-环境热阻的常量。大多数塑料封装的 θ_{ja} 都超过 100℃/W，并将其功耗限制在 1 W 左右。存在特殊构造的功率封装能够提供很低的热阻（见表 7.6）。这类封装通常包含一个金属片或金属板粘接到称为散热片的外部金属表面。功率封装通常用结-管壳（junction-to-case）热阻 θ_{jc} 表示。在这种情况下，平均结温 T_j 为

① 见 R. J. Widlar 和 M. Yamatake 的著述“Dynamic Safe-Area Protection for Power Transistors Employs Peak-Temperature Limiting”中的 *IEEE J. Solid-State Circuits*, Vol.SC-22，#1, 1987，pp. 77-84。

$$T_j = T_c + P_d \theta_{jc} \tag{7.18}$$

式中，T_c 为在金属片或金属板上的指定位置测得的封装管壳温度。由于结构特殊，功率封装的热阻通常很低。由于材料和生产工艺的变化，不同生产厂商引用的值稍有不同，但是表 7.6 列出的是业界的典型值。

表 7.6　一些普通封装类型的典型热阻①

封装类型	θ_{ja}(℃/W)	θ_{jc}(℃/W)
16 管脚塑料双列直插封装(DIP)	110	
16 管脚塑料表面贴装(SOIC)	131	
3 线塑料 TO-220 功率封装		4.2
3 线金属 TO-3 功率封装		2.7

也许可以认为具有最小热阻的封装也具有最小的热梯度，但实际情况恰恰相反。功率封装通过把管芯粘接到散热片上以获得低热阻。热垂直向下流入散热片，流出封装，而不是在管芯中横向流动。只有消耗功耗处温度才会升高，管芯的其他部分近似保持着与散热片相同的温度。采用功率封装的管芯表面可能出现高达 50℃的温差，因此热梯度很大。

没有散热片的封装将是另一种情况。硅的导热性远优于环氧树脂，所以热在管芯内横向流动直到整个管芯达到高温，此时热从管芯溢出穿过塑料封装到达外部环境中。塑料封装如同一个热绝缘层，减小了热梯度。除非在很大的热源附近，否则一般的塑料封装不会有明显的热差。

图 7.20 为一个采用功率封装且包含大热源的管芯的等温线图。管芯表面的曲线称为等温线，表示温度相同的邻近点。每条等温线代表一个相对较大的温度变化，可能是 10℃。采用普通塑料封装的管芯具有与此大体相同的等温线分布，但是管芯的平均温度会高很多，等温线代表的温度变化小，或许是每条等温线代表 5℃。

功率器件内部的热梯度具有最大值，远离功率器件时大小逐渐减小。因为热源沿着管芯的水平轴对称放置，所以沿此轴的热分布也具有对称性。这一对称轴的存在能够用来改善管芯上其他器件的热匹配。

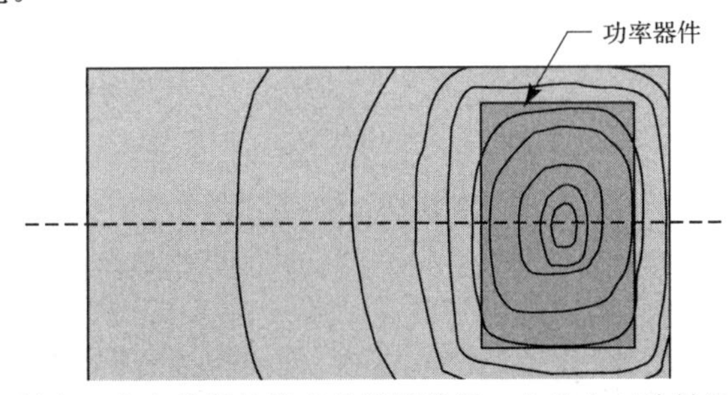

图 7.20　只有一个主热源的管芯的等温线图。热分布对称轴用虚线表示

热梯度

等温线的相对间距反映了管芯上每一点的热梯度。当等温线间距较小时，热梯度大；当等温线间距较大时，热梯度小。热梯度与前面讨论的应力梯度十分类似。假设一对匹配器件

① 16 管脚 DIP 和 16 管脚 SOIC 值参见：*Power Supply Circuits Databook*；Texas Instruments #SLVD002, 1996, pp. 4-22。 TO-3 和 TO-220 值参见：*Power Products Data Book*，Texas Instruments #DB-029, 1990，pp. 4-72, 5-8。

附近的热梯度近似为常量，那么两器件之间的热诱发失配δ_T为

$$\delta_T = TC_1 d_{cc} \nabla T_{cc} \tag{7.19}$$

式中，TC_1是电阻材料的温度系数，d_{cc}是电阻质心间距，∇T_{cc}是沿电阻质心连线的热梯度。

尽管共质心版图用于克服应力梯度和热梯度的影响，但是根据不同的应用，它们的位置和取向会有所不同。应力分布的对称轴完全由封装决定，因此对版图有严格的限制。热分布的对称轴取决于功率器件的位置和方向。正确地设置匹配器件相对于功率器件的位置可以减小热诱发变化。

多数管芯只包含少量主热源，通常是大的双极或者 MOS 功率晶体管。只要有可能，这些器件应该置于管芯的轴上以产生对称的热分布。它们应该尽可能远离关键匹配器件。考虑管芯只包含一个功率器件的情况［见图 7.21(A)］。理想情况下，该功率器件应该位于管芯的一端，与管芯的一条对称轴平行。这种排布更倾向于把功率器件放在中央，从而能使功率器件和关键匹配器件之间有更大的间距。由于应力的影响，匹配器件更适合放在管芯中央；由于热影响，匹配器件的摆放要离功率器件尽可能远。匹配器件的排布需要在应力影响(倾向在中央)和热影响(倾向尽可能远离功率器件)之间进行折中。最佳的排布是把匹配器件放在未被功率器件占据的管芯部分的一半处［见图 7.21(A)］。有时通过拉长管芯使宽长比达到 1.3 甚至 1.5 来增大功率器件和匹配器件之间的间距。间距增加对匹配性的改善实际上可能超过应力增加的影响。如果匹配器件必须沿着管芯的外围摆放，那么它们应该占据与功率器件相对的边的中点。在这种情况下，管芯的宽长比要适当以限制应力对匹配器件非最佳位置的影响。尽管很难量化前面讨论的影响，但这里建议的排布形式已成功地应用在许多设计中。

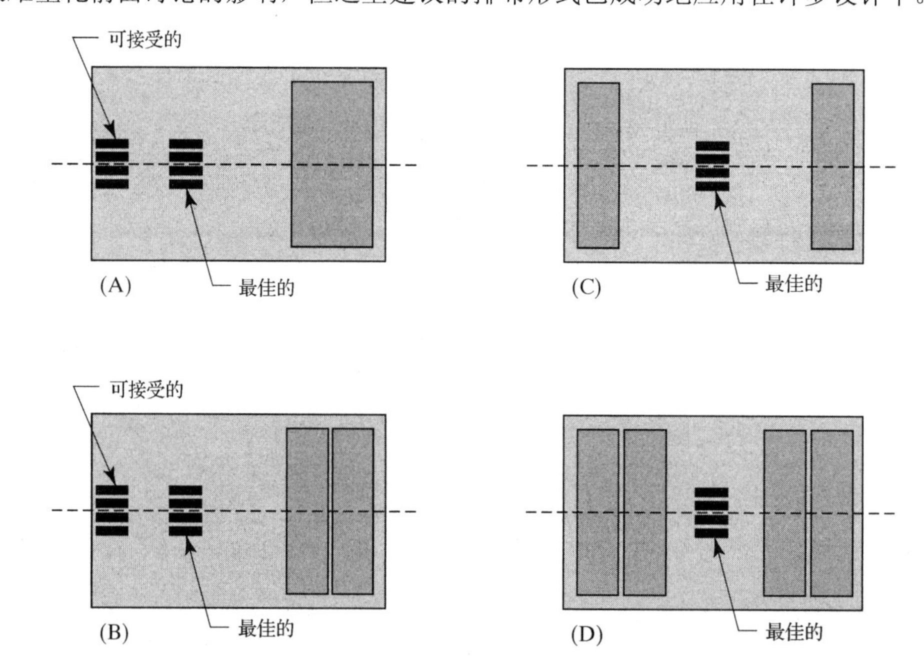

图 7.21　在有 1、2、4 个功率器件的情况下，为实现最佳热匹配，匹配器件的不同排布。图中深灰色矩形为功率器件，虚线为排布形成的对称轴

图 7.21(A)所示的版图可以很容易地扩展为包含两个功率晶体管的情况。理想情况下，功率晶体管应该紧挨着放置在管芯的一端并且在同一对称轴上［见图 7.21(B)］，从而可获得

与图 7.21(A)类似的热分布。遗憾的是，这样摆放常常使得从功率晶体管到其各自管脚的布线变得很困难。许多设计把两个功率器件放在管芯上与匹配器件相对一端的相邻两个拐角处，这样放置的好处是使得匹配器件和热源的间距最大。然而，缺点是热分布具有非对称性，一种不太可能出现的情况(即器件工作在相同的功率)除外。对于两个热源的情况，另一种可能的版图如图 7.21(C)所示。在管芯的两端各放置一个功率器件，而匹配器件放在中央。只要间距不小于 0.5 mm，这种设置就可能达到令人满意的结果。这样摆放的优点是：无论各功率器件的功耗多大，都保留了一条热对称轴，同时把匹配器件放在应力梯度最低的管芯中央。

图 7.21(C)所示版图能够扩展以包含更多的器件。图 7.21(D)是包含 4 个功率器件的情况。这种排布存在的问题是功率器件和匹配器件的间距小。可通过把管芯的宽长比增加到 1.5:1 甚至 2:1 而部分地解决这个问题。因为功率器件占据了管芯的两端，此处应力最大，所以即使大的宽长比也不一定会影响匹配。如果管芯的长边超过 3～4 mm，那么对于焊料或金共熔体粘接，大于 1.5:1 的宽长比可能存在一定的风险。实际上累积在如此长管芯 4 个角处的应力可能引起金属系统和焊线的机械损伤。采用环氧树脂粘接管芯能够提供更大的机械柔性，因此允许相对较大的宽长比。

多种考虑通常限制了功率器件的排布，其中包括焊盘的位置、电源线的分布及控制电路的放置。折中考虑这些因素以满足所有的限制通常导致生成非最佳版图。这未必构成一个不能克服的问题，因为共质心版图技术能在很大程度上降低了残留热失配的影响。

热电效应

电阻表现出两种不同类型的热变化。一种是由于电阻材料的温度系数引起的。共质心版图技术能够保证两个电阻平均温度的一致，所以即使是具有很大温度系数的材料也能够实现精确匹配。另一种热变化称为塞贝克(Seebeck)效应，也称为热电效应。如 1.2.5 节中所述，只要两种不同物质相互接触，就会产生一个称为接触电势差的电压差。金属半导体结的接触电势差受到温度的强烈影响，所以如果接触发生在不同的温度下，电阻两端将表现出一个净电势差。这个热电势 E_T 为

$$E_T = S\Delta T_c \tag{7.20}$$

式中，S 是塞贝克系数(典型值约为 0.4 mV/℃)，ΔT_c 是电阻两个接触端的温度差。这样，电阻两端 1℃的温度差将在它的两个接触孔之间产生 0.4 mV 的电压差。这似乎无关紧要，但是某些类型的电路很容易受这些小的电压失调的影响。例如，在双极电流镜中，0.4 mV 的失调将使电流产生 1.5%的失配。

共质心版图不能消除热电效应，因为它是由每个电阻段两端的温度差产生的。不恰当地把器件划分成阵列会增加这一问题产生的影响。对图 7.22(A)中电阻阵列每个电阻段产生的热电势相加将得到一个远大于电阻段热电势的总热电势。按照图 7.22(B)所示方式重新连接能够消除各分段的热电势。

为了完全消除热电势，电阻应该由偶数个分段构成，一半沿一个方向连接，另一半沿另一个方向连接［见图 7.22(B)］。如果电阻有奇数个分段，那么就有一个电阻段不能配对。如果可能的话，关键匹配电阻应该由偶数个分段构成，但是灵敏度低的电阻能够允许不成对电阻段的存在。

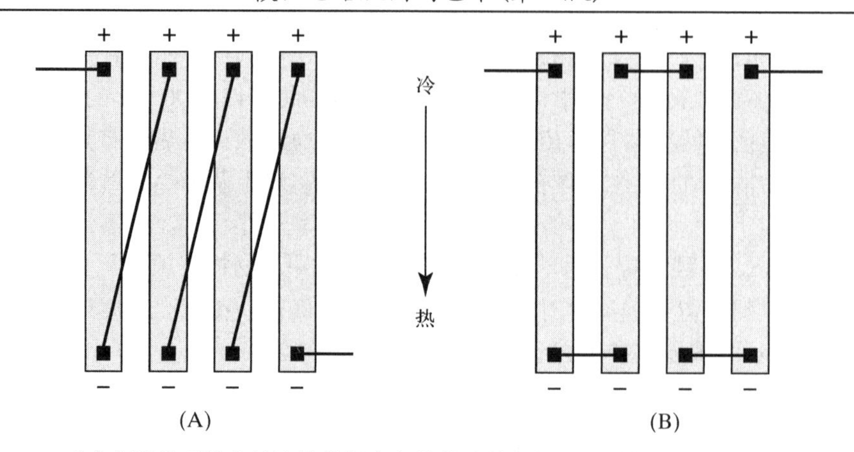

图 7.22 (A)电阻段不恰当的连接使得它们的热电势相加；(B)恰当的连接消除了热电势

折叠电阻的两个接触孔应尽可能地相互靠近以减小热电效应的影响。图 7.23(A)中折叠电阻由于两个接触孔间距过大，因此具有不必要的大的热变化。图 7.23(B)所示版图通过使电阻的端头相互靠近，从而减小了热变化，增强了匹配。然而该版图容易受到对版误差的影响。如果电阻体相对于电阻端头向下移动，那么电阻长度的增加是对版误差的两倍。通过把电阻的端头相对摆放能够消除这一缺点，任何移动都会增加从一个端头伸出的电阻的长度，而且必然减小从另一端头伸出的电阻的长度。图 7.23(C)的版图消除了对版误差，但是它把基区端头放在长条电阻体附近，可导致扩散相互作用。工艺中，很难在不引入其他更加严重问题的情况下消除这个小缺陷。

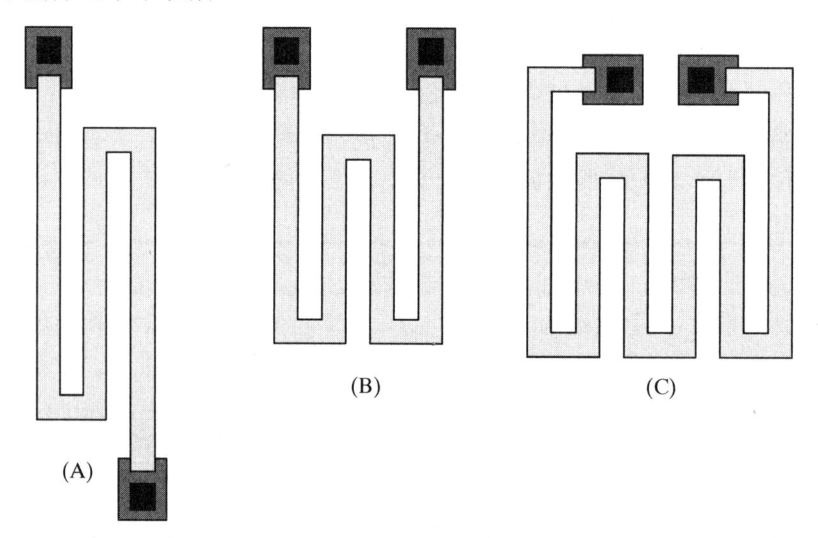

图 7.23 (A)HSR 电阻的接触孔相距较远，易于产生热电诱发失调；(B)使接触孔相互接近，能够减小热电效应，但是由于对版误差，可能导致更大的变化；(C)使接触孔相互接近并且相对摆放可同时解决这两个问题

7.2.12 静电影响

静电场能够影响电阻和电容的值。在阻性材料中，静电场能够引起载流子的耗尽和积累。多数集成电阻由轻掺杂的硅构成，因此易受电压调制的影响。电容对周围电路的静电耦合能

够引起意想不到的电容值变化。静电场也能够把噪声耦合到通常存在于匹配电阻和电容阵列中的高阻节点。

电阻中观察到的主要的静电影响类型是电压调制、电荷分散和电介质极化。电容中的主要静电影响是电容耦合和介电松弛。下面几节将分析讲述这些机制。

电压调制

电阻值能够被电路中邻近节点的电压影响。扩散电阻的阻值可能随着隔离岛和电阻体区之间电压差的变化而变化，这种效应称为隔离岛调制(见 5.3.3 节)。只要电阻的隔离岛-体区电压差相同，由于隔离岛调制引起的两个或更多等值扩散电阻间的失配就能被消除。只要匹配电阻等值且偏压相同，它们就能够被安全地放置在同一隔离岛内，否则每个电阻应该占据独立的隔离岛。各隔离岛必须相连，使得每个电阻具有相同的隔离岛-体区电压差。上述问题最容易的实现方法是把电阻的正端与其所在的隔离岛相连。如果电阻阻值各不相同，那么它们都必须被划分为相等(或近似相等)的电阻段，每个电阻段必须置于各自独立偏置的隔离岛内。同样，叉指电阻中的每个指电阻都需要有自己的隔离岛(见图 7.24)。

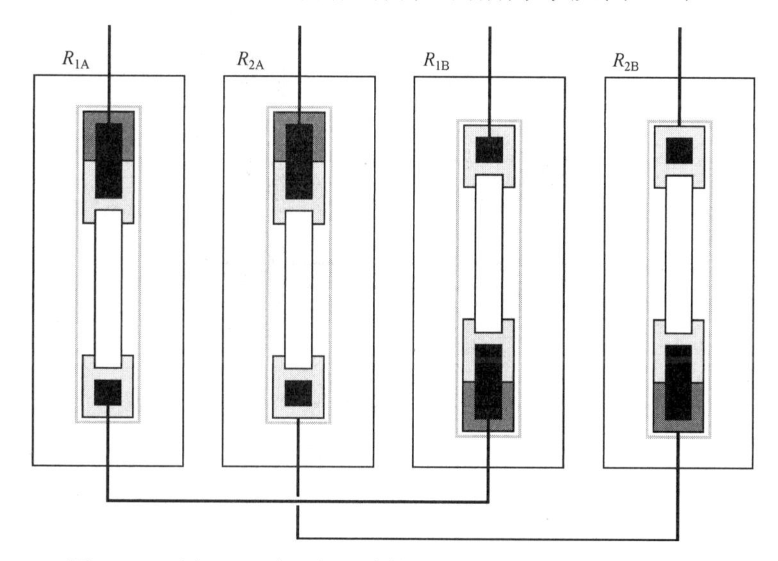

图 7.24　两个 HSR 电阻相互连接以消除热电效应和岛调制效应

分离的隔离岛需占用大量的管芯面积。多晶或薄膜电阻能够提供更加紧凑的解决办法。如果没有淀积电阻，就要考虑电路是否能允许少量的电压调制。如果匹配电阻上的电压被直接(甚至间接)校正，则至少可以部分补偿电压调制的影响。基准电压源和稳压源(regulator)通常是这种情况。匹配电阻应该采用叉指结构，以防止热和应力梯度产生封装漂移和热漂移。

很多应用可以允许少量的电压调制。通过采用形成相对较低薄层电阻的扩散(如基区扩散)而不使用形成高值薄层电阻的扩散(如 HSR 扩散)能够减小产生的系统失配。例如，160 Ω/□基区的电压调制等于 0.1%/V，而 2 kΩ/□ HSR 的电压调制接近 1%/V。匹配基区电阻通常合并到同一隔离岛内以节省面积，而匹配 HSR 电阻通常需要各自独立的隔离岛。

确定合适的隔离岛偏压需要完全了解电路功能和设计，使之成为电路设计者而非版图设计者的工作。隔离岛的连接应该与所需电阻材料类型、电阻宽度和任何特定的匹配要求一起体现在电路原理图中。一旦电阻的连接不明显或者出现错误，版图设计者应与电路设计者一同核实其正确性。

电阻上的走线也会影响其工作。作为一条规则，不连接匹配电阻的导线不能从这些电阻上穿过，因为这些导线不仅会把噪声耦合到电阻中，而且导线和电阻之间的电场实际上也能够调节电阻材料的电导率(一种称为电导调制的现象)。发射区、基区和低值薄层多晶(R_s<200 Ω/□)电阻很少受到明显的电导调制影响。高值薄层电阻则有可能出现问题，例如，覆盖在 2 kΩ/□ HSR 上的第一层金属可产生 0.1%/V 的电导调制。电导调制的影响与 3 个因素有关：(1)导线和下面电阻的电压差；(2)夹层氧化物的厚度；(3)相交的面积。连接 HSR 电阻的导线能够安全地穿过挨着电阻端头的部分，而完全穿过电阻阵列可能会引起问题，因为它有更大的交叉面积。在一个双层金属工艺中，很少需要在电阻上方走线，但是在单层金属工艺中，穿过电阻阵列的跳线通常不可避免。例如，图 7.25 所示叉指结构 HSR 电阻阵列在电阻段 R_{1A} 和 R_{1B} 间使用了跳线，使得导线可从 R_2 左端引出。

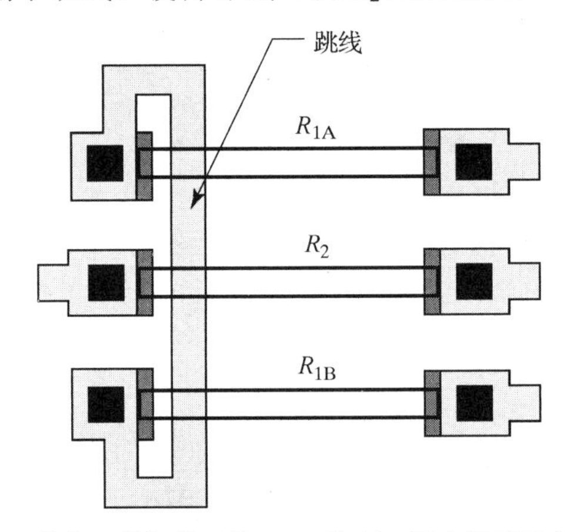

图 7.25　单层金属工艺实现的部分叉指 HSR 阵列，图中显示了电阻段间跳线的位置

图 7.25 中的跳线与各电阻段以完全相同的方式相交。这种措施有助于减小由于应力和氢化作用引发的失配。但是导线跨越电阻段还会引入一些失配。只要有可能，就不要在关键匹配电阻上布线。

一种称为静电屏蔽(法拉第屏蔽)的技术能使电阻不受上面导线的影响。静电屏蔽不仅能够防止电导调制，而且对于电容耦合也有很强的屏蔽作用。

图 7.26(A)用图解的方式说明了静电屏蔽的基本概念。屏蔽层插入到两导体中间，这里是电阻和覆盖在上面的导线，屏蔽层与任何一侧导体间的静电作用可以建模为一对串联的电容［见图 7.26(B)］。交流电压源 V_N 代表导线上的时变电压。由 V_N 注入的噪声被由 C_{P1} 和 R_1 构成的 RC 滤波器减弱，其中 C_{P1} 代表导线和屏蔽层之间的电容，R_1 代表屏蔽层与交流地之间的连接电阻。任何通过 C_{P1}–R_1 的噪声将通过 C_{P2} 注入 R_2，C_{P2} 代表屏蔽层和敏感节点之间的电容，R_2 代表敏感节点和交流地之间的电阻。屏蔽层产生的衰减作用随频率的增加而削弱。假若屏蔽层连接到一个干净的低阻节点(如信号地)，则在低 RF 区(1～10 MHz)可能具有显著的衰减作用。频率较高时，难以保证足够的低阻屏蔽层连接，所以即使采用了静电屏蔽，高速数字信号线也不应穿过敏感电路部分。

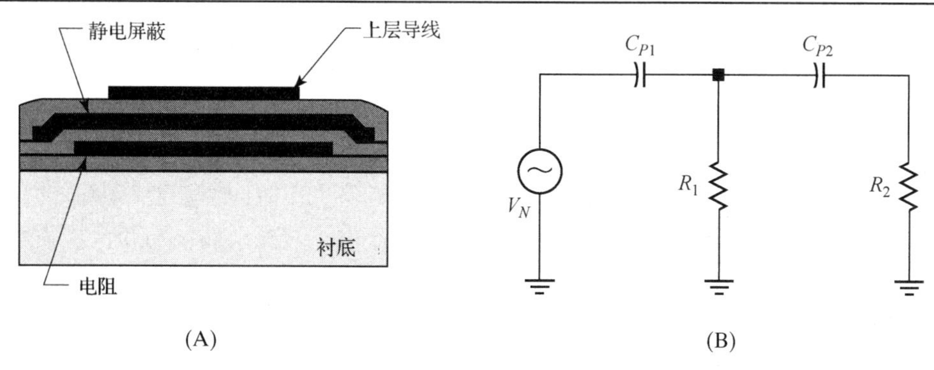

图 7.26　静电屏蔽概念：(A)剖面图；(B)等效电路

图 7.27 显示了一个静电屏蔽的实例。多晶电阻阵列两边都有虚拟(陪衬)电阻，屏蔽层和虚拟(陪衬)电阻都与地相连。导线穿过被屏蔽的电阻，不会产生电导调制，也不会向电阻注入噪声。注意，任何导体周围都存在边缘电场，为了防止该边缘电场在屏蔽层周围耦合，所有导线应该远离屏蔽层的边缘。3～5 μm 的凸出量(屏蔽层覆盖导体)会阻挡大部分边缘电场，由于金属存在弹性形变，静电屏蔽层也有助于减小由于第二层金属导线穿过多晶硅电阻而在多晶硅电阻中产生的应力。

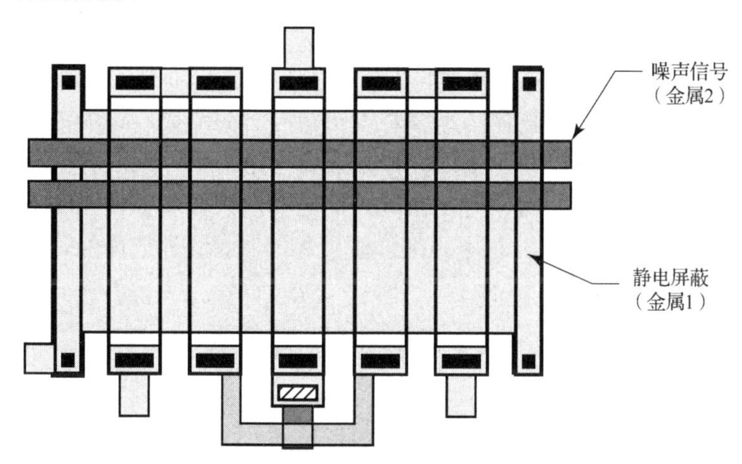

图 7.27　用于匹配多晶电阻阵列的静电屏蔽实例

注意，图 7.27 所示的静电屏蔽层覆盖了整个电阻阵列。阵列中的每个电阻段只有很小的电压差。只要阵列的电压差很小，并且电阻器的薄层电阻小于 500 Ω/□，就可以采用公共屏蔽层。但如果电阻由大薄层电阻材料构成，或者如果阵列的电压差超过了几伏，那么公共静电屏蔽层本身就会引起电导调制。这种情况下，屏蔽层应该被划分为单独的部分，分别覆盖在每个电阻段上。每个屏蔽层必须覆盖并超出各自对应的电阻段几微米(考虑到对版误差和横向扩散)以确保边缘电场不会削弱它的作用。分段屏蔽需要占用的面积远大于公共屏蔽层。

衬底也会向淀积电阻和电容注入噪声。一种减小这种耦合噪声源的办法就是在器件下面放置一个阱，并将阱与交流地相连。对噪声特别敏感的电阻和电容可通过在其上面和下面都加入屏蔽层获得良好的效果[①]。放置在淀积器件下面且与交流地相连的深 N+侧阱具有很好的

① K. Yamakido，T. Suzuki，H. Shirasu，M. Tanaka，K. Yasunari，J. Sakaguchi 和 S. Hagiwara, “A Single-Chip CMOS Filter/Codec,” *IEEE J. Solid-State Circuits*, Vol.SC-16, #4, 1981, pp. 302-301。

静电屏蔽功能，这是由于其串联电阻很低所致。在淀积器件下面设置深 N+区也可以通过杂质增强氧化加厚场氧化层来减小寄生电容。

电荷分散(charge spreading)

4.3.5 节详细讨论了电荷分散的机制。简单地说，电路工作时向位于管芯上面的氧化层中注入电子。尽管大多数电子最后又返回到硅中，但少数电子被夹层氧化物和保护膜之间或保护膜和塑模化合物之间的界面俘获，这些电子构成了能够通过电导调制改变电阻阻值的可动电荷。使高值薄层电阻产生百分之零点几变化所需的电场强度小于使硅表面反型所需的电场强度，因此匹配高值薄层电阻极易受到由于电荷分散引起的长期漂移的影响。由于基区电阻的薄层电阻低，所以不易受电荷分散的影响，只有精确匹配的基区电阻才会受到影响，高电压、潮湿、可动离子玷污放大了电荷分散的影响。当某些设计的工作电压超过厚场阈值的一半或采用标准双极工艺制造时，应该检查潜在的电荷分散影响。

静电屏蔽能够减小甚至消除电荷分散对匹配的影响。静电屏蔽层也可作为场板防止高电压隔离岛表面反型。如 4.3.5 节所述，场板必须连至与隔离岛偏置相差不大的电位上。通常连到电阻的正端，由于导线位于场板上方或者邻近器件的边缘电场，因此场板实际上可能增加对高阻抗电阻器的噪声耦合。噪声信号线不能穿越场板，除非场板连接对电容耦合不敏感的低阻节点。

图 7.28 显示了与图 7.24 相同的电阻阵列。每个电阻段都有各自的场板以防止受到电荷分散的影响，场板边缘要凸出电阻体区足够多以防止沟道的形成。场板内的缝隙未被沟道终止，因为邻近扩散会引起扩散的相互作用。如果需要沟道终止，则应将其仔细地复制到每一部分，使得所有电阻都受到同样的作用。在多数情况下，只要场板适当凸出，则不需要沟道终止。尽管扩散 HSR 电阻可以与淀积电阻的匹配性相匹敌，但是分离的隔离岛和场板所需的面积使其成本大大提高。

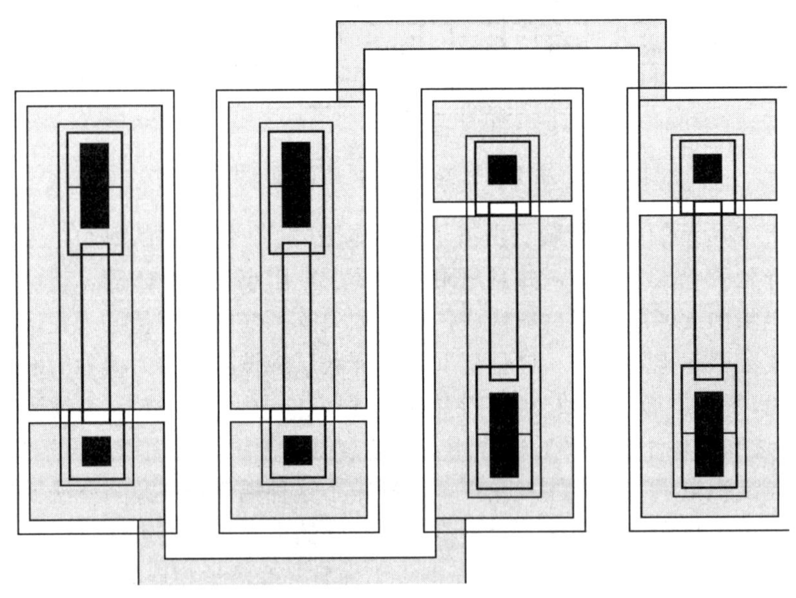

图 7.28　HSR 电阻阵列，布上场板以减小电荷分散。除了金属化结构不同，该阵列与图 7.24 一致

电介质极化

由于绝缘体中电荷的移动也能够产生静电场，因此这种现象被称为电介质极化。被钠、钾等碱性金属离子玷污的氧化物由于离子在氧化物中的移动而表现出很强的极化性。如 4.2.2 节所述，这些可动离子在外电场的影响下缓慢进行重新分布。由于可动离子逐渐呈现出一种新的分布，硅表面处的电场也随着时间漂移。如果外部电场突然消失，可动离子的新分布就会产生一个与原先方向相反的弱残留电场。随着可动离子恢复初始分布，残留电场逐渐释放。氧化层下电场强度的缓慢变化可调节高值薄层电阻的阻值，引起的长期漂移是非常不希望的。

据推测，很可能是由于磷酸盐聚合物的螯合机制，使二氧化硅中的掺磷能够有效降低碱金属离子的可动性。因此当被碱金属离子玷污时，磷硅玻璃(PSG)表现出的极化性比纯氧化物小很多。遗憾的是，磷酸盐聚合物本身也有微弱的极化性[①]。在有外电场存在时，磷硅酸和硼磷酸玻璃表现出较小的介质极化，进而产生滞后的电压调制。

介质极化一般只影响高值薄层电阻。极化速率通常太低而不能影响电容，产生的电场太弱而不能影响薄层电阻小于 500 Ω/□的电阻。在标准双极工艺中采用浓硼掺杂 BPSG 制作 2 kΩ/□高值薄层电阻的介质极化近似为 0.1%[②]。

如前面的例子所述，场板对介质极化并无效果。场板实际上可能加剧这种现象，因为它们在夹层氧化物上引入了一个设定好的电场。另一方面，电阻上面不加场板会使其易于受到电荷分散的影响。不使用高值薄层电阻就能完全解决这个难题，如果这样做不实际，那么应该采用分裂场板。图 7.29 显示了分裂场板施加在类似于图 7.28 所示的一对匹配高值薄层电阻上的情况。

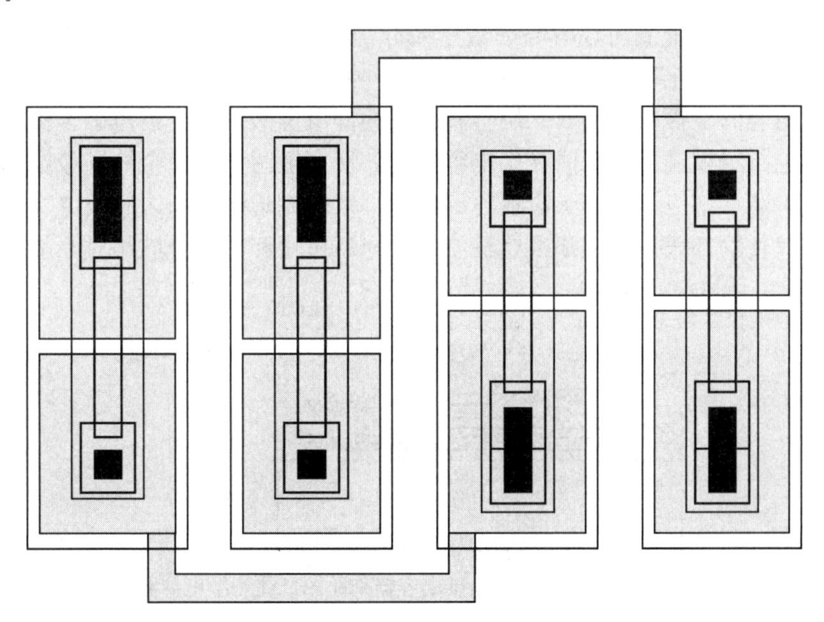

图 7.29　带有场板的 HSR 电阻阵列以最小化电介质极化及电荷分散与热电效应(与图 7.28 相比)

---

① E. H. Snow 和 B. E. Deal, "Polzrization Phenomena and Other Properties of Phosphosilicate Glass Films on Silicon," . *J. Electrochem. Soc.*, Vol.113, #3, 1966, pp. 263-269。

② F. W. Trafton，私人通信。

分裂场板与传统场板的不同在于缝隙的位置。在传统场板中，要把尽可能多的极板连接到电阻正端，从而最大程度地防止表面反型。在分裂场板中，每个电阻段需要两个场板，每个场板连到电阻的一端。两板之间的缝隙在电阻的正中间，分裂场极板把电阻的两半分别置于等值反向的电场中，每半电阻的极化被另一半完全抵消。分裂场板也减小了由于场板引起的电压非线性效应，因为一个极板下面的积累作用平衡了另一极板下面的耗尽作用[①]。分裂场板可以应用于共用隔离岛的电阻，但是每个分段必须有自己的分裂场板。

在薄层电阻超过 1 kΩ/□且匹配优于 ±0.5%的所有应用中，建议采用分裂场板。基区电阻不需要分裂场板，因为基区扩散较低的薄层电阻通常使得介质极化可以忽略。同样，大多数多晶硅电阻也不需要分裂场板，因为通常它们的薄层电阻通常小于或等于 1 kΩ/□。

介电松弛

电容也容易受到一种称为介电松弛或吸收的具有滞后效应形式的介质极化的影响。假设电容被突然充电，在两极板间产生了一个相应的电场。随着介质的极化，电场强度逐渐降低(或释放)。电场强度的释放引起电容电压相应的减小。在电容突然放电并且断开连接后，极化消散，一个反偏电压逐渐累积在电容上。电荷存储电容器(如应用于定时器和采样保持电路中的电容)尤其无法承受介电松弛的影响。

电荷分散对电容的影响方式与介质极化对电容的影响非常相似。对电容充电时，变化的静电场使电荷沿绝缘界面逐渐重新分布，从而导致的电场强度变化与介电松弛类似。电荷分散也能够沿着复合电介质的界面发生，如用于形成 ONO 电容器中的氧化物-氮化物-氧化物夹层结构。沿着电容器介质界面的电荷移动出现得非常快，所以电容值的变化频率可能超过 1 MHz。

关键匹配电容(尤其工作于高频时)最好采用高质量氧化物电介质。采用生长氧化物电介质通常会把介电松弛降低到可以忽略的数量级[②]。采用静电屏蔽可以消除产生于电容结构之外的电荷分散和介质极化现象。图 7.30 显示了一种屏蔽多晶硅-多晶硅电容的方法。敏感的高阻节点连接电容的上极板。由第二层金属构成的静电屏蔽层完全覆盖了上极板，该静电屏蔽层连接电容的下极板，从而形成夹层电容结构。现在敏感节点完全被屏蔽层包围，电容的下极板和静电屏蔽层都应该伸出上极板 3～5 μm，以抑制边缘电场。假设电容氧化物与上极板上面的夹层氧化物都未掺磷，那么这种结构对介质极化和电荷分散相对不敏感。

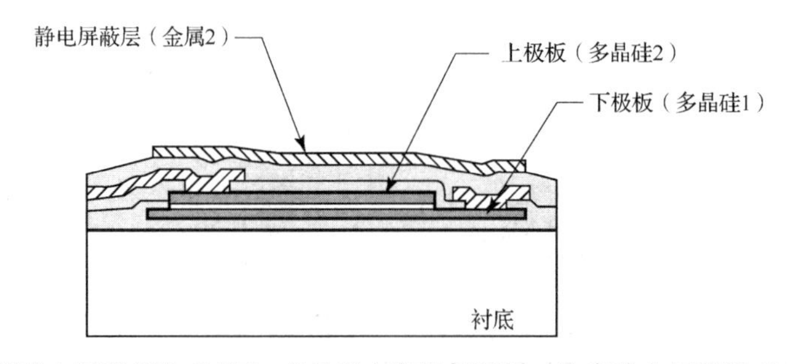

图 7.30 采用静电屏蔽板的多晶硅-多晶硅电容器剖面图。注意静电屏蔽板对上极板的覆盖

① J. Victory，C. C. McAndrew，J. Hall 和 M. Zunino, “A Four-Terminal Compact Model for High Voltage Diffused Resistors with Field Plates,” *IEEE J. Solid-State Circuits*, Vol.33, #9, 1998, pp. 1453-1458。

② LPCVD 氧化物也不具有介电松弛性，但是同样的情况对于 TEOS 氧化物是不正确的：J. W. Fattaruso，M. De Wit，G. Warwar, K. S. Tan 和 R. K. Hester, “The Effect of Dielectric Relaxation on Charge-Redistribution A/D Converters,” *IEEE J. Solid-State Circuits*, Vol.25, #6, 1990, pp. 1550-1561。

7.3　器件匹配规则

前面几节已经讨论了引起失配的不同机制。理想情况下，对于任何一种工艺，都可以利用这种信息整理出一组定量规则，版图设计者能够应用这些规则得到所期望的任何精度的匹配器件。实际上，整理出定量匹配规则通常在时间和精力上都是不允许的，因此本节提供了一组对很多工艺都适用的定性规则。在缺少更加精确的匹配数据的情况下，这些规则可用来绘制出比较令人满意的版图。

下面的规则使用低度、中等、精确来表示逐渐增加的匹配精度。这些词汇的含义如下：

- **低度匹配**：近似 ±1%的失配或 6 位到 7 位的分辨率。适合于一般目的的应用，如偏置电路中的负反馈电流镜。
- **中度匹配**：近似 ±0.1%的失配或 9 位到 10 位的分辨率。适用于 ±1%的带隙基准源、运算放大器和比较器的输入级以及多数其他模拟应用。
- **精确匹配**：近似 ±0.01%的失配或 13 位到 14 位的分辨率。适用于精密 A/D 和 D/A 转换器，以及需要极高精度的所有其他应用。电容比电阻更容易实现这个数量级的精度。

7.3.1　电阻匹配规则

实现低度匹配不会有很大困难，采用叉指结构可以可靠地实现中度匹配。由于接触电阻的变化以及热和应力梯度的存在，精确匹配的电阻很难实现。下面的规则总结了电阻设计中最重要的原则[①]：

1. 匹配电阻要由同一种材料构成。
   由不同材料构成的电阻甚至不能近似匹配。工艺变化会使一个电阻的阻值相对于另一个电阻发生不可预知的漂移，两种材料不同的温度系数使之无法随温度的变化而同步变化。不要用不同的材料构造匹配电阻。
2. 匹配的电阻应具有相同的宽度。
   不可修正的工艺偏差将使不同宽度的电阻产生系统失配。如果因为某种原因一个电阻必须比另一个宽，则应考虑用多段电阻并联来实现宽电阻。宽度影响并不完全与温度和应力无关，所以即使中等或精确匹配的电阻会被校正，它们仍然应由具有相同宽度的部分构成。
3. 电阻值要足够大。
   随机失配与电阻面积的平方根成反比。如果两个电阻值不相等，那么小电阻是失配的主要来源。如果两匹配电阻的阻值相差很大，则应考虑用多端电阻并联实现小电阻。
4. 匹配电阻要足够宽。
   在缺乏实验数据的情况下，假设包含 30 或更多方块的电阻要实现低度匹配，宽度应为淀积或扩散所允许的最小宽度的 150%，实现中度匹配要求为 200%，实现精确匹配要求 400%。例如，如果多晶硅线的最小绘图宽度为 2 μm，那么实现低度匹配需

① Tsividis 提供了一个包含 10 条一般匹配规则的列表，其中的条目对应于上述列表中的 1～3, 5, 6 和 13 条规则。Tsividis，pp. 234-236。

要 3 μm，中度匹配需要 4 μm，精确匹配需要 6 μm；如果匹配电阻中的较小者包含少于 20 个到 30 个的方块数，应考虑增加电阻的宽度；如果最小的电阻包含超过 100 个方块数，应该考虑减小电阻的宽度。然而，无论什么情况，匹配淀积电阻的宽度都应小于 1 μm，因为颗粒(granularity)效应可能会引起过量的变化。

5. 尽量使用相同的电阻图形。

角和端部效应的存在使得不同图形的电阻无法实现精确匹配。具有相同宽度和不同长度或形状的电阻很容易产生 ±1%或更大的失配。匹配电阻应该按 7.2.10 节中所述分成部分。如果在晶圆检测时对电阻控制的参数进行校正，那么低度(甚至中度)匹配不需要分段。晶圆级的校正补偿了由于图形因素引起的大多数(但不是全部)电阻变化。对于不同图形电阻间意料之外的失配允许一个额外的 1%～2%的微调范围。

6. 沿同一方向摆放匹配的电阻。

电阻沿不同方向摆放可能有百分之几的差别。扩散电阻表现出最大的方向失配，甚至多晶硅电阻在一定程度上也会受到影响。绝大多数电阻应该水平或垂直摆放。(100)硅上的 P 型扩散电阻与 X 轴和 Y 轴成 45°摆放时受到应力诱发变化的影响更小。

7. 匹配电阻要邻近摆放。

失配随着间距的增加而增加，低度匹配电阻可以分开 50～100 μm，中度匹配电阻要彼此相邻放置，精确匹配电阻必须采用叉指结构。面积大于 15 mm^2 的管芯、功耗大于 250 mW 的管芯、采用散热片封装的切片、经历结-环境温度上升超过 20℃的设计、采用焊料或金共熔粘接的管芯都会产生很大的失配。如果有上述情况出现，那么低度匹配电阻应相邻放置，中等或精确匹配应该形成阵列并采用叉指结构。位于高应力区(角或边缘处)或邻近功耗大于 100 mW 的功率器件或 250 μm 以内的所有电阻都应该采用叉指结构。

8. 阵列化电阻采用叉指结构。

阵列化电阻应该采用叉指结构以产生一个共质心版图。生成阵列的宽长比不大于 3:1，每个电阻段的长度至少是其宽度的 5 倍(最好是 10 倍)。叉指结构应该遵循共质心版图规则(见表 7.3)。每个电阻形成偶数个分段的阵列优于形成奇数个分段的阵列，因为偶数电阻段对热电效应有更好的抑制作用。如果能减小阵列的总面积，则可以考虑把一些电阻段并联；如果阵列需要多个电阻段，应该考虑把它们分在多个区域(bank)并构成二维阵列。

9. 在电阻阵列的两端要设置虚拟(陪衬)器件。

阵列化电阻应该包含虚拟(陪衬)器件。多晶硅虚拟(陪衬)器件不需要具有与其他分段相同的宽度。扩散虚拟(陪衬)器件应与邻近分段具有相同图形。保持邻近分段的间距为常量，且等于虚拟(陪衬)电阻与其相邻电阻段的间距。在任何可能的情况下，都应把扩散虚拟(陪衬)电阻连接到一个低噪声的低阻节点。

10. 避免采用较短的电阻段。

由于接触电阻的影响，非常短的电阻段可能会引入相当大的变化。精确匹配电阻的电阻段所包含的方块数应该不小于 5，精确匹配电阻所包含的方块数应该不小于 10。精确匹配多晶的电阻总长度应该不小于 50 μm 以减小由粒度(granularity)引起的非线性。

11. 连接匹配电阻以消除热电效应。

阵列电阻连接后应使得朝两个方向摆放的电阻段数目相同。如果阵列包含奇数个电阻段，那么有一个将不能成对。只存在一个不成对的电阻段不会产生较大的失配，但是阵列中最好不包含未成对的电阻段。应该使折叠电阻的两个端头相互靠近以减小热电效应的影响。端头应相对摆放以减小由于对版误差而引起的系统错误(见图 7.23)。

12. 匹配电阻尽量放置在低应力区域。

管芯中央的应力分布达到最小值。从中央到边缘一半距离以内的任何位置都位于这个应力最小区域。如果精确匹配电阻必须靠近边缘，那么应将它们放置在管芯一边的中点附近，这个边最好是长边。在管芯的 4 个角处，应力分布达到最大值，所以应该避免把匹配器件放在这些位置附近。

13. 匹配器件要远离功率器件。

为了方便讨论，把任何功耗大于 50 mW 的器件定义为功率器件，任何大于 250 mW 的器件定义为主功率器件。精确匹配电阻应该摆放在主功率器件的对称轴上，可以采用 7.2.10 节所述的某种最佳对称排布方式。精确匹配电阻与最近的功率器件的距离不能小于 200～300 μm。(100)硅上的 P 型扩散电阻如果沿对角线排布，可能表现出较小的封装漂移，但是这样就不能沿着功率器件的对称轴摆放。如果可能存在大的热梯度，热梯度可能比应力梯度产生更大的失配，那么这些电阻就应该形成水平或垂直阵列以允许对称排布。对于中度匹配，匹配器件不需要位于主功率器件的对称轴上，然而它们与主功率器件的间距应该不小于 200～300 μm，与较小的功率器件的距离至少为 100 μm。低度匹配在管芯的任何地方都能够实现，但是如果器件必须位于主功率器件旁，那么必须采用叉指结构。

14. 精确匹配电阻应该沿管芯对称轴放置。

在(100)硅上，精确匹配电阻的排布应使得电阻阵列的对称轴与管芯的两条对称轴中的一条平行。P 型扩散电阻应该沿对角线摆放以减小它们的应力灵敏度。在(111)硅上，阵列的对称轴应该与管芯的<211>对称轴平行。如果存在大量的匹配器件，则应把最佳位置留给最重要的器件。

15. 考虑隔离岛调制效应。

对于薄层电阻等于或大于 100 Ω/□的精确匹配电阻、薄层电阻等于或大于 500 Ω/□的中度匹配电阻以及薄层电阻等于或大于 1 kΩ/□的低度匹配电阻，隔离岛调制变得非常重要，此时应尽量采用多晶硅电阻替代扩散电阻。如果必须使用扩散电阻，则应考虑可否采用低薄层电阻材料把匹配电阻合并入同一隔离岛中。例如，中度匹配电阻能够用放置在同一隔离岛中的 160 Ω/□基区扩散电阻实现。因为微调在很大程度上能够补偿隔离岛调制的影响，因此无论其薄层电阻是大还是小，受到已知且受控的偏压调整的电阻通常放置在同一隔离岛中。

16. 分段电阻优于折叠电阻。

大的低度匹配电阻或可被校正的低度匹配电阻均适合采用折叠结构，所有其他电阻均应采用阵列结构。

17. 首先采用多晶硅电阻而非扩散电阻。

多晶硅电阻可比多数类型的扩散电阻窄很多，假设它们足够长，其较小的宽度不会使失配增加。

18. 把淀积电阻放在场氧化层之上。

    淀积材料(包括多晶硅)当穿过氧化层阶梯时变化会增加，即使低度匹配淀积电阻也不应穿过氧化层阶梯或其他表面不连续处。

19. 不要让 NBL 阴影与匹配扩散电阻相交。

    NBL 阴影不应与任何精确匹配扩散电阻或任何中度匹配浅扩散电阻(例如 HSR)相交。如果不知道 NBL 移位的方向，那么 NBL 要在所有适当的边与电阻充分交叠。如果NBL移位的大小未知，那么NBL对电阻的交叠至少为最大外延层厚度的150%。

20. 考虑采用场板和静电屏蔽。

    任何工作电压超过厚场域值50%的匹配电阻都应该采用场板。薄层电阻等于或大于500 Ω/□的中度匹配扩散电阻也要采用场板。对于薄层电阻等于或大于500 Ω/□的精确匹配扩散电阻考虑采用分裂场板。薄层电阻等于或大于 500 Ω/□的精确匹配多晶硅电阻要尽可能在其上面放置静电屏蔽层。

21. 避免在匹配电阻上排布未连接的导线。

    只要可能，不与电阻连接的导线不要排布在电阻上方，以避免引入应力诱发失配和氢化作用诱发失配。不与电阻连接的导线可以穿越薄层电阻小于500 Ω/□的低度匹配电阻或薄层电阻小于100 Ω/□的中度匹配电阻，但是设计者应该仔细检查所有这类版图可能存在的噪声耦合。金属导线不能穿越精确匹配电阻。如果静电屏蔽层和场板连接能够吸收预期数量级噪声注入的低阻节点，那么导线可以穿越它们。无论是否存在场板或者静电屏蔽层，要注意穿越匹配电阻的高速数字信号线。

22. 避免匹配电阻功耗过大。

    匹配电阻的功耗会产生热梯度，从而影响匹配。作为一条指导原则，对于精确匹配电阻，应该避免功耗大于 1～2 $\mu W/\mu m^2$。中度匹配电阻能够允许几倍于该功耗值的情况。更大功耗的电阻应该采用叉指结构。窄电阻上的大电流也可能引起速度饱和非线性(见 5.3.3 节)。

7.3.2 电容匹配规则

构造合理的电容能够达到任何其他集成器件所达不到的匹配精度。匹配电容构成了绝大多数数据转换产品的基础，如模拟-数字(A/D)和数字-模拟(D/A)转换器。未校正塑料封装的氧化物介质电容能够实现 ±0.01%的匹配，这足以满足 14 位也许甚至是 15 位转换器的要求。超过这点，就需要进行某种类型的晶圆级校正以维持精度。采用经校正的塑料封装氧化物介质电容可以实现 ±0.001%的匹配，这使得制造 16 位到 18 位单片转换器成为可能。更高精度的产品通常采用混合组装而不是单片电路。

精确匹配电容通常使用厚氧电介质结合淀积电极。由于结电容对温度依赖性极大以及横向扩散的影响，结电容甚至很难达到低度匹配。复合电介质不如纯氧化物电介质，因为生产复合电介质需要很多步骤，从而增加了其可变性。高频下，介电松弛也会降低复合电介质的匹配性。人们往往采用厚氧电介质而非薄氧电介质，因为氧化层厚度的变化对厚氧电介质影响不大。对于 100 Å 厚的氧化层，±10 Å 的变化为氧化层厚度的 ±10%；而对于 500 Å 厚的氧化层，相同的变化仅为氧化层厚度的 ±2%。硅化多晶硅(polycide)有时用作匹配电容的下极板，因为它的低阻抗能够减小耗尽作用，而且这种材料能够承受加密淀积氧化物电介质所需的高温。

由于铝中不存在耗尽效应，所以可作为上极板材料。即使多晶硅是重掺杂的，采用未硅化多晶硅电极构造的电容也会出现明显的表面耗尽，因此这些电容的温度系数几倍于金属-硅化多晶硅电容。尽管存在这些问题，除了最精确的应用，多晶硅-多晶硅电容仍然能够获得足够的匹配度。

下面的规则总结了构造匹配淀积电极电容器最重要的原则①：

1. 匹配电容应采用相同的图形。
   不同尺寸和形状的电容匹配性很差，所以匹配电容应采用相同的图形。如果电容的尺寸不同，那么每个电容应该由一定数目的子电容(或单位电容)构成，所有子电容具有相同图形。大电容应该由多个子电容并联构成，而小电容则应由较少的子电容并联而成。因为上极板和下极板的寄生电容会引起系统失配，所以单位电容不应串联。如果所要求的比例不能划分出整数个单位电容，那么应该将一个非单位电容插入到匹配电容中的较大者中。这个非单位电容的宽长比不应该超过 1.5:1(见 7.2.2 节)。
2. 精确匹配电容应该采用正方形。
   电容中，外围变化是众多失配源之一。周长面积比越小，获得的匹配精度越高。正方形在所有矩形中具有最小的周长面积比，因此，匹配性最好。具有适中宽长比(2:1 或 3:1)的矩形可以用来构造中度匹配电容，但是精确匹配电容必须使用正方形。应避免使用奇特的图形，因为很难预估其外围变化的大小。
3. 使匹配电容大小适当。
   电容的随机失配与电容面积的平方根成反比。然而，存在一个最佳电容尺寸，超过这个值，梯度效应会使变化加剧。据报道，在一些 CMOS 工艺中，正方形电容的最佳尺寸位于 20 μm×20 μm 和 50 μm×50 μm 之间②。由于适当的交叉耦合能够减小梯度影响并改善整体匹配性，所以超过 1000 μm^2 的电容应被划分成多个单位电容。
4. 匹配电容相邻摆放。
   匹配电容应该相邻摆放。如果涉及多个电容，则应该把它们排布成一个具有尽可能小的宽长比的矩形阵列。例如，如果需要 32 个匹配电容，那么考虑采用 4×8 阵列，或者构造 5×7 阵列，3 个未用到的电容按照虚拟(陪衬)电容连接。单位电容阵列的相邻行具有相同的间距，相邻列也应具有相同间距，但行和列的间距无须相等。
5. 把匹配电容放置于场氧化层之上。
   厚场氧化层的任何表面不连续都会引起电容器介质的形貌出现相应的变化。匹配电容应置于场氧化层之上远离沟槽区域(moat region)和扩散区边缘的位置。
6. 把匹配电容的上极板连接到高阻节点。
   电路的高阻节点通常连接电容的上极板，因为这样通常比连接到下极板产生的寄生电容小。衬底噪声对下极板的耦合也强于上极板。一些阵列可能需要把高阻节点连接到下极板，目的是使单位电容阵列有一个公共下极板。如果衬底噪声耦合严重，则应考虑在整个阵列下面放置一个阱。这个阱应该连接一个干净的模拟参考电压(如信号地)，从而使得它能够作为电容阵列下极板的静电屏蔽层。

---

① 其中的某些规则是按照 M. J. McNutt 等人建议的指导原则(p. 165)确定的。

② Shyu，Temes 和 Yao，p. 1075。

7. 沿着阵列的外围设置虚拟(陪衬)电容。

   虚拟(陪衬)电容能够屏蔽匹配电容受横向静电场影响并且消除刻蚀速率的变化。只要有静电屏蔽层覆盖了整个阵列，虚拟(陪衬)电容就无须与阵列中的其他电容具有相同的宽度，否则边缘电场很容易向外延伸 10～30 μm，相同虚拟(陪衬)电容构成的阵列必须至少延伸这么远以确保精确匹配。中度匹配一般只需要一个最小宽度的虚拟(陪衬)电容环，低度匹配根本不需要虚拟(陪衬)电容。每个虚拟(陪衬)电容的两电极应该连到一起以防止静电荷积累在极板上。虚拟(陪衬)电容和邻近单位电容的间距应该等于单位电容阵列的行距。

8. 对匹配电容进行静电屏蔽。

   进行静电屏蔽有很多好处：第一，它能够把边缘电场限制在电容阵列内，因此不需要宽的虚拟(陪衬)电容阵列；第二，它使得导线穿过电容不会引起失配或噪声注入；第三，它可以阻止邻近电路静电场对匹配电容的干扰。所有精确匹配电容应该采用静电屏蔽，该屏蔽层应该延伸覆盖到匹配器件周围的虚拟(陪衬)器件，从而防止外部静电场的进入。即使低度匹配电容也可从静电屏蔽中受益，如果不使用虚拟(陪衬)电容，屏蔽层应该覆盖并至少超出电容 3～5 μm。

9. 交叉耦合电容阵列。

   电容阵列应交叉耦合，因为单位电容形成了一个紧凑的正方形而非伸长的矩形。典型情况下，阵列一般由几行几列的电容构成。即使对于两个等值匹配电容的情况，把每个电容分为两半也能构造出一个非常紧凑的交叉耦合阵列。交叉耦合减小了氧化层梯度对电容匹配的影响，从而保护匹配电容不受应力和热梯度影响。匹配电容的质心必须精确对准。实际上，这对于较大的电容阵列很难实现，所以设计者常常满足于非最优的叉指结构。

10. 考虑与电容相连的导线电容。

    把匹配电容连入电路中的导线具有自身的电容。当构造中等或精确匹配电容阵列时，必须考虑导线电容。每个单位电容应该有两条最小宽度导线连接它的上极板，这样每个电容将有等值的总导线电容。如果阵列包含一个非单位电容，理想情况下，它的导线数应该等于其电容和单位电容比值的两倍，但是这点实际上很难实现。应该计算每个电容上的总导线面积，并插入额外的导线直到导线电容的比率等于所需电容的比率。

11. 不要在没有进行静电屏蔽的匹配电容上走线。

    除非导线覆盖每个电容的面积相等，否则导线和上极板间的电容将引起匹配电容间失配。即使这样，边缘电场和静电噪声耦合也会降低匹配电容的性能。如果导线必须穿越匹配电容，那么应该在电容和导线之间插入静电屏蔽层。

12. 应优先使用厚氧化层电介质而非薄氧化层或复合电介质。

    由于尺寸变化因素，厚氧化层电介质产生的失配小，所以它们优于薄氧化层电介质。复合电介质(如氧化物-氮化物-氧化物夹层电介质)比同质电介质有更大的失配，因为多步工艺步骤都会影响它们最终的单位面积电容值。尽管低度和中度匹配电容能够采用薄氧化层或复合电介质实现，然而精确匹配电容通常需要厚氧化层电介质。

13. 把电容尽量放在低应力梯度区域。

    管芯中央的应力分布达到最小值。从中央到边缘一半距离内的任何位置都处在这个应力最小区。尽量不要把电容放在管芯边缘，尤其是管芯的 4 个角，因为这些区域的应力远高于其他位置。

14. 匹配电容应远离功率器件。

    重掺杂多晶硅-多晶硅电容的温度系数相对很低(也许是 50 ppm/℃)，金属-硅化多晶硅或金属-金属电容的温度系数甚至更低。温度对匹配电容的直接影响远小于对电阻的影响。匹配电容仍应至少距离功耗为 250 mW 或以上的功率器件 200～300 μm。

15. 沿管芯对称轴放置精确匹配电容。

    尽管电容对应力的敏感程度远小于电阻，然而一定程度的应力诱发失配仍可能发生。在(100)硅上，排布精确匹配电容阵列时，应使阵列的对称轴与管芯两条对称轴中的一条平行。在(111)硅上，阵列的对称轴最好位于管芯的<211>对称轴上，如果需要大量的匹配器件，应把最重要的匹配器件放在最佳位置处。

7.4　小结

多数集成电路需要大量的匹配电阻和电容。版图设计者应该决定哪些器件必须匹配以及匹配的精度。使用这些信息可以构造出一个显示功率器件和匹配器件相对位置关系的管芯布局图。最重要的匹配器件应该沿着功率器件的对称轴放置在管芯中央附近。即使管芯上没有功率器件，出于对应力的考虑，仍应把最敏感的匹配器件放在管芯中央附近。绘制版图前的管芯预规划会使电路的构造和互连更加容易，性能更好。

匹配器件不要放在管芯的 4 个角处，也不要放在主热源附近。有时匹配电阻必须沿着管芯边缘放置，从而有利于为熔丝和齐纳击穿管设置校正焊盘。在这种情况下，电阻最好放置在管芯一边的中点。

电阻和电容的匹配取决于这些器件的排布方式。两个大阻值电阻随意地间隔一定的距离、采用不同的尺寸和形状、沿不同的方向摆放很容易产生百分之几的失配。如果同样的电阻采用叉指阵列结构进行合理设计，那么它们之间的匹配一定会优于 ±0.1%。

对于任何给定的版图很难确定所实现的匹配程度。定量评估匹配性能所需的数据几乎无法从生产环境中获得，所以版图设计者必须根据有限的信息做出决断。尽管这是一个很困难、有时甚至是令人沮丧的步骤，遵循本章讨论的原理可使设计者在很大程度上改善电路的性能。

7.5　习题

版图规则和工艺规定请参考附录 C。

7.1　一对设计成 5 pF 和 2.5 pF 的电容器。对 10 个单元进行测试得到以下 10 对值：(5.19 pF，2.66 pF)，(5.21 pF，2.67 pF)，(5.19 pF，2.65 pF)，(5.23 pF，2.66 pF)，(5.21 pF，2.68 pF)，(5.12 pF，2.67 pF)，(5.25 pF，2.68 pF)，(5.15 pF，2.63 pF)，(5.21 pF，2.61 pF)，(5.28 pF，2.61 pF)。两电容之间的最差情况 3-Σ 失配是多少？

7.2　有一批 12 片的晶圆，各片编号分别是 1,2,3,…,12，用作实验确定失配的样品。详细说明从这批晶圆中选择 30 个单元作为样品的原则。

7.3 测得一对 3 pF 电容的失配标准偏差为 0.17%。为了确保最差情况 6-Σ 失配为 ±0.5%，电容必须做成多大？假设系统失配可以忽略。

7.4 某设计中包含一对 3 μm 的宽电阻，测得的失配标准偏差为 0.32%，测得的系统失配为+0.10%。假设系统失配不随宽度变化，为了达到 ±0.5%的 3-Σ 失配，电阻的宽度应该取多少？

7.5 根据 7.2.2 节的规则，把下面的匹配电阻划分成电阻段，假设薄层电阻为 500 Ω/□。在每种情况下，说明每个电阻包含的电阻段数目和电阻段阻值。

a. 10 kΩ 和 15 kΩ。

b. 7.5 kΩ 和 11 kΩ。

c. 3.66 kΩ 和 11.21 kΩ。

d. 75.3 kΩ 和 116.7 kΩ。

7.6 根据 7.2.2 节的规则，把下面的匹配电容划分成单位电容，假设单位面积电容为 1.7 fF/μm^2。说明每个器件包含的单位电容数目、单位电容值及它们的尺寸。

a. 4.0 pF 和 8.0 pF。

b. 1.8 pF 和 4.2 pF。

c. 3.7 pF 和 5.1 pF。

d. 25 pF 和 25 pF。

7.7 为下列每种类型的电阻选择最佳排布方向：

a. 标准双极 HSR 电阻。

b. 模拟 BiCMOS N 阱电阻。

c. P 型多晶硅电阻。

d. 镍铬合金薄膜电阻(镍铬合金是多晶硅金属合金)。

7.8 为下列每种情况设计一维叉指结构：

a. 两个电阻，比为 4:5。

b. 两个电阻，比例为 2:7。

c. 3 个电阻，比例为 1:3:5。

d. 4 个电阻，比例为 1:2:4:8。

7.9 绘制由两个 3 kΩ，8 μm 宽的放置在同一隔离岛内的基区电阻组成的电阻分压器版图，包括所有必须的金属连接以及一条独立的用于隔离岛接触的导线。

7.10 绘制由两个 25 kΩ，8 μm 宽 HSR 电阻组成的电阻分压器。

7.11 习题 7.10 中的分压器是尺寸为 2150 μm×1760 μm 的管芯的一部分。这些尺寸不包含划片线和划封(scribe street and seal)，本习题中可以忽略。绘制一个具有同样尺寸的矩形，并为实现最佳匹配把分压器放在最好的位置。假设设计不包含主热源。

7.12 重复习题 5.13，绘制电阻版图以实现精确匹配。其中一个电阻通常包含一个单独的电阻段，用含有偶数个 1 kΩ 电阻段的串并联网络代替这个电阻。

7.13 假设习题 7.12 中校正网络构成有效面积为 5.3 mm^2 的管芯的一部分，并且管芯上功率晶体管占据 3.6 mm^2。该管芯面积不包含划片线和划封(scribe street and seal)，也无须在本习题中考虑。为管芯选择一个合适的宽长比，绘制一个具有所需面积的矩形。在版图上设置另一个矩形，标明功率器件的位置。现在沿着管芯的一边把校正网络放在一个最佳位置。把校正焊盘放在离管芯边缘尽可能近的位置。所有金属连线与管芯边缘的间距至少为 8 μm。

7.14　采用模拟 CMOS 多晶硅-多晶硅电容构造一个电容阵列。电容值如下：0.5 pF，1 pF，2 pF，4 pF 和 8 pF。假设所有电容共用第一层多晶硅（多晶硅 1）极板，从每个电容的第二层多晶硅（多晶硅 2）极板引出导线到阵列的边缘。复制单位电容作为虚拟（陪衬）器件，并采用第二层金属（金属 2）屏蔽层覆盖阵列。采取精确匹配所需的任何其他措施。

7.15　当采用塑料封装时，集成电路的某些参数会出现封装漂移。封装漂移的平均值等于−1.6%，封装漂移的标准偏差等于 0.07%。聚酰亚胺保护层是否可以在很大程度上减小整体封装漂移？为什么？

7.16　假设一个矩形的面积为 5000 μm^2，绘制由两个阻值分别为 10 kΩ 和 100 kΩ 的第二层多晶硅高值薄层电阻构成的最佳电阻分压器的版图。

第 8 章　双极型晶体管

双极型晶体管(BJT)是所有半导体器件中最为通用的一种。除了主要用于电压或者电流放大器外，还可用作基准源、振荡器、计时器、脉冲整形器、限幅器、非线性信号处理器、功率开关、瞬态保护器和很多其他类型电路中的基本器件。也有一些不适合双极型晶体管的应用领域，其中最重要的就是低功耗数字逻辑电路。现在大多数逻辑均采用互补金属-氧化物-半导体(CMOS)电路。尽管模拟电路也包含 CMOS 成分，但是双极型晶体管仍是其重要的组成部分。

了解双极型晶体管工作原理和制作所需的许多信息没有在介绍基础内容的部分出现。本章首先复习以下概念，包括 β 值下降(beta rolloff)、雪崩击穿、热击穿和器件饱和。余下的部分介绍小信号双极型晶体管设计。这些知识是学习第 9 章内容的基础。

8.1　双极型晶体管的工作原理

图 8.1 所示是一个 NPN 晶体管的简化模型。二极管 D_1 代表晶体管的发射结。电流控制电流源 I_1 代表通过反偏集电结的少子电流。流过 I_1 的电流等于流过 D_1 的电流乘以晶体管的正向工作电流增益 β_F。对于端电流有以下的关系：

$$I_c = \beta_F I_B \tag{8.1}$$

与 MOS 晶体管不同，BJT 要求有稳定的基极电流以维持集电极电流。基极电流代表由于中性基区中的复合和从基极到发射极的载流子注入所带来的不可避免的损失。由于导电要求稳定的基极电流，因此双极型晶体管经常被称为电流控制器件。这其实是一种误解，因为晶体管还可以被发射结电压驱动，该电压使 D_1 导通并且为晶体管提供基极电流。

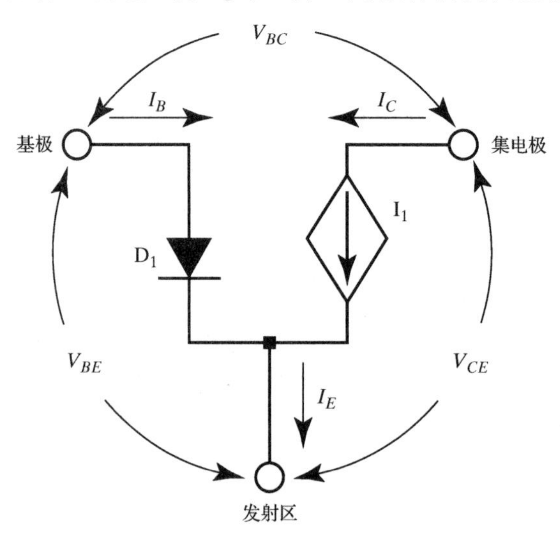

图 8.1　NPN 晶体管的简化三端模型

不论何种用途，双极型晶体管的发射结和 1.2.2 节所讨论的硅二极管相同。晶体管的基极电流随发射结电压 V_{BE} 呈指数变化。如果正向的 β 值能够维持不变，而且集电极到发射极的电压 V_{CE} 足以保证晶体管处于正常放大区，那么集电极电流 I_c 也是 V_{BE} 的指数函数。它们的关系可用如下公式表示[①]：

$$I_c = I_s e^{(V_{BE}/V_T)} \tag{8.2}$$

$$V_{BE} = V_T \ln\left(\frac{I_c}{I_s}\right) \tag{8.3}$$

发射极饱和电流 I_s 由很多因素决定，包括基区和发射区扩散的杂质分布以及发射结的有效结面积。热电压 V_T 与热力学温度线性相关，在 298 K(25℃)时它的值为 26 mV。发射结电压 V_{BE} 表现为负温度系数，约为–2 mV/℃[②]。这个值看起来很小，但是由于集电极电流与发射结电压呈指数关系，所以发射结电压变化 18 mV 就可以使集电极电流加倍。1℃的温度变化就可以引起两个双极型晶体管集电极电流的不匹配达到 8%，对应的温度系数为 80 000 ppm/℃。这种巨大的温度效应对于匹配器件和功率晶体管的设计具有深远的影响。

8.1.1　β 值下降

基础教材中往往假设 β 为固定值，实际上它受集电极电流的影响变化很大。图 8.2 显示了标准双极工艺制造的小信号 NPN 管和横向 PNP 管的典型 β 曲线。NPN 的 β 值在一个较大的集电极电流变化范围内基本保持不变，这在一定程度上支持 β 为恒定值的假设。但是在大电流区，特别是在发射极电流密度达到或超过 10 μA/μm^2 时，NPN 的 β 值开始下降。在电流密度小于 10 pA/μm^2 时的小电流区，β 值也会发生同样的但是较为缓慢的下降。大电流区的下降是因为大注入效应产生的，而小电流区的下降则与很多因素有关，包括耗尽区内以及硅氧化物表面的复合和短发射区效应(见 8.3.1 节)。

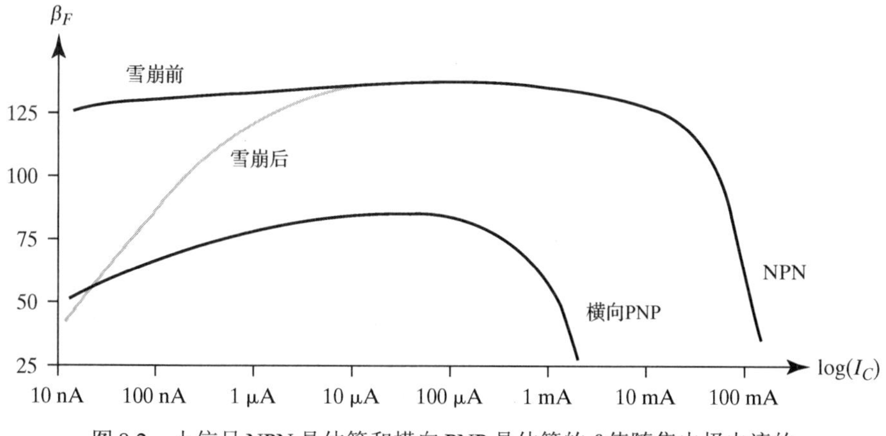

图 8.2　小信号 NPN 晶体管和横向 PNP 晶体管的 β 值随集电极电流的变化曲线。灰色曲线表示 NPN 管发射结雪崩对 β 值的影响

---

① 这些公式被略微简化。实际的 Ebers-Moll 方程包括一项反向导通项：$I_C = I_s[\exp(V_{BE}/kT) - 1]$。–1 项的出现对处于正向放大区任何偏置下的导通没有明显影响，因此可以省去。该简化方程还省略了理想因子(或发射效率)η，对于工作在中等电流下的 NPN 晶体管，η近似等于 1。

② V_{BE} 的负温度系数主要是因为 I_s 随着温度指数增加足以抵消 V_T 的正温度系数而产生的。

横向 PNP 晶体管的 β 曲线与 NPN 晶体管相比有显著的不同。不仅仅是横向 PNP 管的 β 峰值较小，而且在大电流区和小电流区 PNP 晶体管表现出更明显的 β 值下降。纵向 NPN 晶体管和横向 PNP 晶体管 β 曲线的区别是由若干因素造成的。PNP 晶体管发射区的掺杂浓度远低于 NPN 晶体管，所以 PNP 晶体管的发射区注入效率较小从而降低了 β 峰值。载流子在横向晶体管表面的流动增加了表面复合并加剧了小电流区的 β 值下降。横向 PNP 晶体管基区的轻掺杂使得在小电流时就产生了高注入，因而加重了大电流区 β 值的下降。β 值的大电流下降段和小电流下降段经常会有重叠，使得 β 曲线形成一个峰值[①]。具有这种峰值的晶体管在 β 的峰值点实际上处于大注入状态，从而使某些电路的设计变得复杂。

8.1.2 雪崩击穿

发射结和集电结的击穿电压决定了一个双极型晶体管的最大工作电压。根据偏置方式的不同，可以观察到几种不同的击穿电压。其中最重要的 3 种表示为 V_{EBO}，V_{CBO} 和 V_{CEO}。每个都是在晶体管一端未接(开路)的条件下其余两端的测试结果。

集电极开路时发射结击穿电压表示为 V_{EBO}。对于标准双极工艺制造的 NPN 晶体管，V_{EBO} 大约在 7 V 左右。这个击穿电压基本不随工作状态和温度的变化而改变，所以这种发射结偏置为雪崩击穿状况的 NPN 晶体管可以形成非常有用的齐纳二极管。由于雪崩效应所产生的热载流子诱发硅-氧化物界面形成复合中心，所以发射结雪崩效应使 NPN 管的 β 值迅速退化(见 4.3.3 节)。这些复合中心增加了耗尽区内的复合电流，进而极大地减小了器件的小电流 β 值(见图 8.2)。尽管对大电流 β 值的影响没有达到同样的程度，但是应该尽量避免使任何 NPN 晶体管发生雪崩击穿，除非特意利用该效应制作齐纳二极管。

发射极开路时集电结的击穿电压表示为 V_{CBO}。击穿电压同集电结的许多特性相关，并会在 8.2 节中详细讨论。绝大多数晶体管的集电区和基区都是轻掺杂的，所以 V_{CBO} 通常是一个很大的值。对于使用标准双极工艺制造的 NPN 晶体管，V_{CBO} 的值从 20 V 到 120 V，甚至更高。由于集电结击穿多出现在表面以下，几乎不产生复合中心，所以基本不会影响 β 值。横向 PNP 晶体管的 V_{EBO} 和 V_{CBO} 取决于基区-外延结的击穿，所以横向晶体管的 β 值几乎不会受到任何形式雪崩效应的影响。

基极开路时集电极和发射极间的击穿电压用 V_{CEO} 表示。由于 β 倍增效应，V_{CEO} 比 V_{CBO} 要小得多。当电压略低于击穿电压时，较少的撞击电离就已经开始了。由于基极开路，所以任何雪崩注入到基区都会导致集电极电流的相应(或更大的)增加。穿过集电结的过剩载流子增强了碰撞电离并且产生更大的基极驱动。当电压等于 V_{CEO} 时，这种正反馈机制能够自维持并且晶体管发生雪崩击穿。NPN 晶体管的 V_{CEO} 值一般等于 V_{CBO} 的 60%(见 8.2.4 节)。

可以通过把基极和发射极连接起来使晶体管保持在关断状态，防止集电结漏电流的放大效应来抑制 β 倍增效应。基极和发射极短接时集电极和发射极间的击穿电压用 V_{CES} 表示。只要晶体管基区电阻足够小，该击穿电压就可以接近 V_{CBO}。如果由于某种原因电流开始流过晶体管，击穿电压就会迅速降低到 V_{CEO} 左右。这种现象称为回跳(snapback)。由于晶体管内部基区电阻上存在必要的偏压，即使外部基极和发射极已经短接，回跳现象仍然会发生。图 8.3 显示了理想的曲线轨迹图。一旦图中轨迹的 V_{CES} 值超过 60 V，就会立刻降低到 43 V。当流

① I. Getreu, *Modeling the Bipolar Transistor*(Beaverton, Oregon: Tektronix, 1976), p. 48ff。

过晶体管的电流增加时，雪崩击穿电压也开始增加。该结果部分是由于集电极外部电阻造成的，部分由于大电流 β 值下降减弱了 β 倍增效应的缘故。由于小电流 β 值下降，许多晶体管的 V_{CEO} 也表现出少许回跳现象。例如，图 8.3 中晶体管的初始 V_{CEO} 击穿电压为 43 V，随后又回跳到稳定的 V_{CEO}(有时称为 $V_{CEO(sus)}$)，约为 38 V。如果允许一定的安全裕量，可将该器件的 V_{CEO} 大约标示为 36 V。

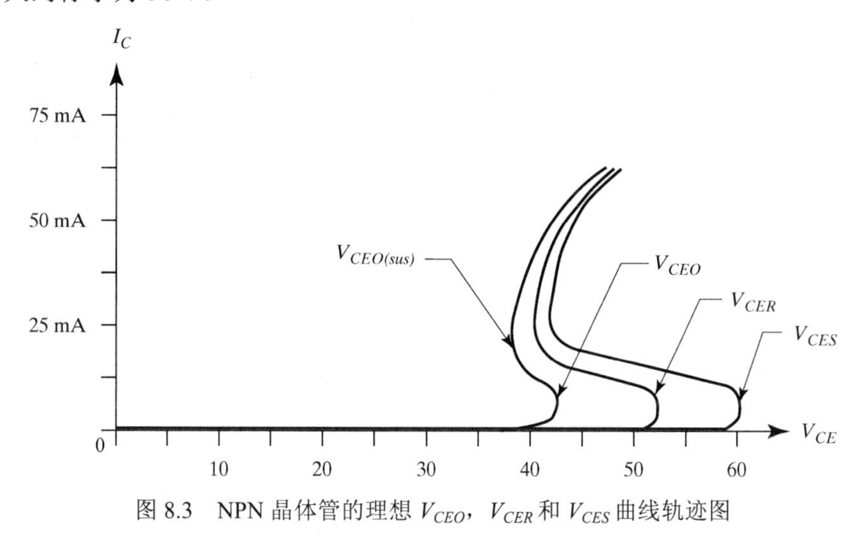

图 8.3　NPN 晶体管的理想 V_{CEO}，V_{CER} 和 V_{CES} 曲线轨迹图

图 8.3 中的轨迹代表在基极和发射极之间连接电阻情况下发射极和集电极间的击穿电压(V_{CER})[①]。这种情况介于 V_{CEO} 和 V_{CES} 之间，并表现出预期的中等程度的击穿电压和明显的回跳现象。

8.1.3　热击穿和二次击穿

双极型晶体管工作于相对较高的温度时容易产生一种失效机制，称为热击穿。为了说明热击穿是如何发生的，假设一支大功率晶体管突然耗散很多的热量，晶体管的中心温度很快就会高于边缘的温度，从而引起中心处的 V_{BE} 略微下降。由于电压和电流间的指数关系，发射结电压的微小变化会引发集电极电流较大的变化。增加的功耗出现在晶体管较热的部分，导致 V_{BE} 进一步下降。随着晶体管逐渐变热，晶体管内稳定的电流流动区域会逐渐变小，直到所有电流都流过一个很小的温度很高的区域，称为热点。

如果热点的温度达到 350℃～450℃，结漏电流就会大到足以使晶体管短路。当金属连线与接触孔断开(类似齐纳二极管中的结构)或者当硅融化、破裂或蒸发的时候，即可产生强破坏性失效。这种自毁式的击穿并不会总发生。有时候电流密度的增加会使 β 值下降到可将热点稳定在高的但不会立刻发生击穿的温度下[②]。“稳定”热点的存在使晶体管处于危险的过负载情况下，从而易于发生电迁移、热加速退化和其他各种长期失效机制。

存在“稳定”热点的晶体管经常会在关断时自毁。失效经常发生在电压远小于晶体管所

① V_{CER} 也用于表示发射结反偏时的集电极-发射极击穿电压。这种偏置模式有时用在功率电路中将晶体管的 V_{CE} 击穿电压提高到 V_{CES} 以上。

② P. L. Hower，D. L. Blackburn，F. F. Oetinger 和 S. Rubin，“Stable Hot Spots and Second Breakdown in Power Transistors,” *National Bureau of Standards*, PB-259 746, Oct. 1976。

标示的 V_{CEO} 的情况下，主要是因为集电结的雪崩效应产生的。这种意外的雪崩电压降低被称为二次击穿[①]。这种现象是由于稳定热点的存在，从而导致晶体管内出现极大电流密度的结果。轻掺杂集电区内的载流子速度增加以支持流经该区域的增大的电流密度。最终载流子的速度达到极限(载流子的饱和速度)。一旦这种情况发生，作用在中性集电区的电场会发生移动，而晶体管的雪崩电压回跳到一个较低的数值 V_{CEO2}(见 9.1.1 节)。如果降落在集电区上的电压超过 V_{CEO2}，晶体管发生雪崩，产生的功耗会迅速烧毁器件[②]。

二次击穿同样可以发生在没有发生过热击穿的晶体管中。在关断过程中，基极从中性基区中抽出电荷。电荷的抽取发生在靠近发射区外围的基区部分，并且朝着晶体管中心向内推进。随着关断的进行，晶体管中的电流会向一个不断收缩的区域集中。这种发射极电流集中效应导致在晶体管某个小区域内瞬间出现极大的电流密度。如此大的电流密度足以引发二次击穿，尤其是当晶体管关断时会有较大的电流流过[③]。

热击穿和二次击穿可以通过限制晶体管的工作条件来避免。图 8.4 显示了典型双极型晶体管正向偏置下的安全工作区(FBSOA)。该安全区域由 4 条独立的曲线包围[④]：水平线代表金属层和外接引线在不考虑电迁徙失效的情况下所能承载的最大电流值，垂直线代表在无须担心晶体管雪崩的情况下能对晶体管施加的最大电压(通常假定等于 $V_{CEO(sus)}$)，图中的对角线代表不在封装中产生更高温度的条件下器件的最大功耗，最后一条曲线去除了安全工作区中可能发生二次击穿的部分。高质量晶体管不会由于二次击穿而使安全工作区域减小。有散热但是设计不佳的功率晶体管可能由于二次击穿而丧失很大一部分潜在的安全工作区域。9.1.2 节将讨论增大双极型晶体管安全工作区的方法。

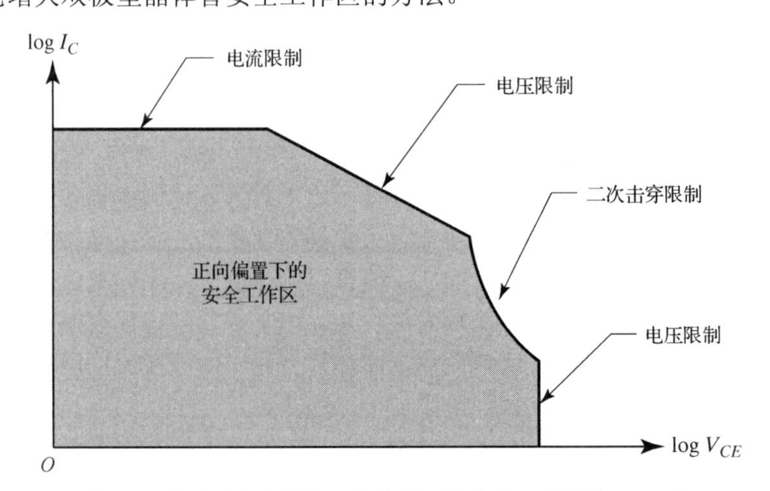

图 8.4 典型功率晶体管正向偏置下的安全工作区(FBSOA)

---

① B. A. Beatty, S. Krishna 和 M. S. Adler, "Second Breakdown in Power Transistors Due to Avalanche Injection," *Trans. on Electron Dev.*, Vol ED-23, #8, 1976, pp. 851-857。

② J. G. Kassakian, M. F. Schlecnt 和 G. C. Verghese, *Principles of Power Electronics*(Reading, MA: Addison-Wesley, 1992), pp. 522-525。

③ Kassakian, *et al.*, pp. 521-522. P. L. Hower 和 W. G. Einthoven, "Emitter Current-Crowding in High-Voltage Transistors," *IEEE Trans. on Electron Devices*, Vol.ED-25, #4, 1978, pp. 465-471。

④ F. F. Oettinger, D. L. Blackburn 和 S. Rubin, "Thermal Characterization of Power Transistors," *IEEE Trans. on Electron Devices*, Vol.ED-23, #8, 1976, pp. 831-838。

8.1.4　NPN 晶体管的饱和状态

当 NPN 晶体管的发射结和集电结都处于正偏时就会进入饱和工作状态。经常有意使功率晶体管进入到饱和工作状态可以降低集电极-发射极饱和压降 $V_{CE(sat)}$ 并使功耗达到最小。然而遗憾的是，饱和状态也会带来很多问题。双极型晶体管意外进入饱和状态将比其他与设计相关的缺陷引发更多的电路故障。

饱和工作状态对分立和集成晶体管具有不同的影响。对于分立晶体管，饱和状态只会延长其关断时间(也称为反向恢复时间)。一旦集电结开始正偏，少数载流子从两个方向流过它。在 NPN 管内，空穴流入集电区而电子流入基区，大量的过剩少子在集电结两侧积累。现在假设外电路将外加发射结偏压降为零。晶体管并不立即关断，因为少子需要时间复合，同时产生的多子电流必然减小(subside)。饱和状态至少将关断时间增加了一个数量级。高速晶体管电路通常内含抗饱和位电路(如 LSTTL 电路中的结构)，或者采用可防止发生饱和的电路结构(如 ECL 和 DCML 电路中的结构)。

饱和情况对于结隔离工艺制作的双极型晶体管会带来更多的影响。图 8.5 显示了标准双极工艺制作的典型 NPN 晶体管的剖面结构。关于这种结构的结论同样适用于任何其他的结隔离工艺制作的纵向晶体管，包括模拟的 BiCMOS 的 CDINPN(见图 3.49)。这些结论不适用于全氧化隔离晶体管，因为它们的特性相当于分立的器件。

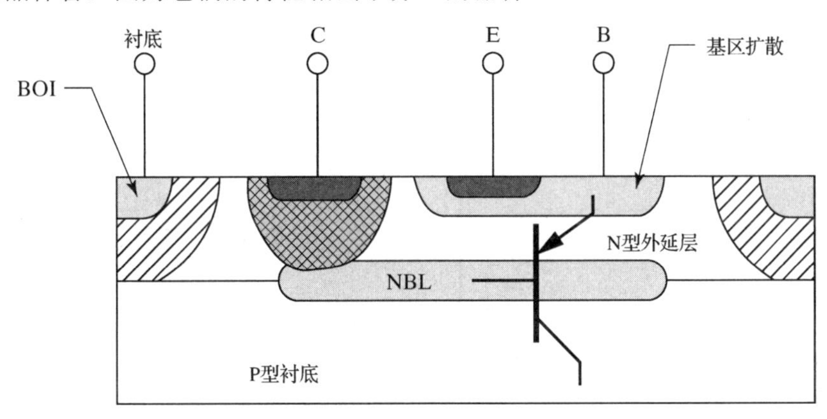

图 8.5　标准双极工艺制作的 NPN 晶体管的剖面图及寄生 PNP 晶体管

结隔离引入了第四端，包括 P 型衬底和 P+隔离区。衬底必须接在比集电极低的电位以避免隔离结进入正向偏置状态。只要中性的集电区中没有少子，反偏的 PN 结就可以把晶体管同集成电路的其他部分隔离。一旦集电结正偏，这种结隔离作用就会失效。许多穿越集电结注入的空穴最终扩散通过集电区进入集电区-衬底结。这个反偏结内的电场将空穴拖入衬底并成为多子。

饱和也可以通过在 NPN 晶体管的剖面上假设增加一支 PNP 晶体管来解释(见图 8.5)。纵向 NPN 管的集电结构成了寄生 PNP 管的发射结。当 NPN 管处于饱和状态且集电结正偏时，寄生 PNP 管导通，并向衬底转移过量的基极驱动。这种意外的基极驱动转向会带来很多不良后果。例如，由于 NPN 管一进入饱和状态，寄生 PNP 管就转移基极驱动，所以集成的 NPN 晶体管不能达到与分立 NPN 相同的饱和深度，因此与同样构造的分立 NPN 晶体管相比，集成 NPN 晶体管具有更高的 $V_{CE(sat)}$ 值。

饱和 NPN 管还可以提供不希望出现的衬底电流，可能使衬底去偏（见 4.4.1 节）。如果晶体管的基极驱动超过几毫安（功率晶体管经常出现这种情况），那么就必须添加保护环以防止集电区的空穴到达衬底，或者设计基极驱动电路，一旦晶体管进入饱和则会降低基极驱动（见 9.1.4 节）。

饱和也会引起一种称为电流翘曲（current hogging)的失效机制。当晶体管饱和时，部分基极电流流过集电结而非发射结。这种电流转移会降低发射结电压①。许多电路并联数个晶体管发射结，并希望这些器件的集电极电流流过各自的发射结。但是一旦其中的某支晶体管进入饱和状态，这种关系就终止了，因为相对于其他晶体管来说，该晶体管的发射结电压 V_{BE} 下降。可见饱和晶体管的基极电流增大是以损害其他晶体管的工作为代价的。用更通俗的话讲，饱和晶体管窃取了基极驱动。

图 8.6 显示了一个由 3 支 NPN 管构成的简单电流镜电路。电流源 I_{BIAS} 流入采用二极管连接形式的晶体管 Q_1。如果所有 3 支晶体管均工作在正常状态，那么这些晶体管的发射结电压相同，所以集电极电流也相同。现在假设 Q_3 管饱和，则大量的 Q_3 基极电流转移到寄生 PNP 晶体管 Q_P 上，从而引起 Q_3 发射结电压下降。最终，Q_3 管的 V_{BE} 下降到只能提供本征集电极电流（intrinsic collector current) I_3 的水平，同时恢复平衡。在这种情况下，本征集电结电流等于外集电结电流 I_{t3} 与 Q_P 基极电流之和。Q_2 管的发射结偏压和 Q_3 管的相同，所以其集电极电流 I_2 等于 Q_3 管的本征集电极电流 I_3。总之，在电流镜中，只要有一支晶体管进入饱和状态，其他所有管子的外集电结电流将下降到等于饱和晶体管的本征集电极电流。这会破坏电路的平衡，而且经常会导致严重的故障。

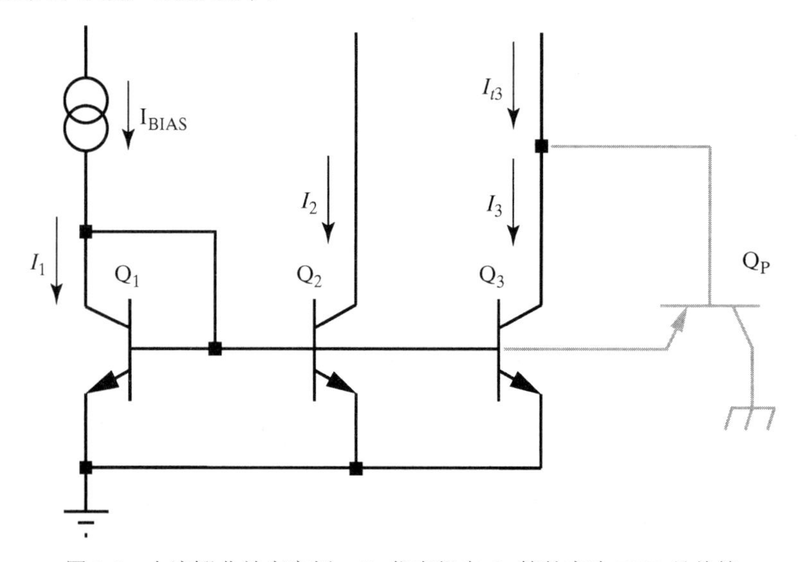

图 8.6 电流翘曲效应实例。Q_P 代表纵向 Q_3 管的寄生 PNP 晶体管

电路的设计者们已经发明了很多种方法来防止电流翘曲，例如基极限流和肖特基钳位等。基极限流要求在每支晶体管的基极插入匹配的电阻（见图 8.7）。

① 纵向晶体管特别容易受电流翘曲效应的影响。因为集电结的内建电势差小于发射结的内建电势差，从而使得电流更容易流过集流电结。

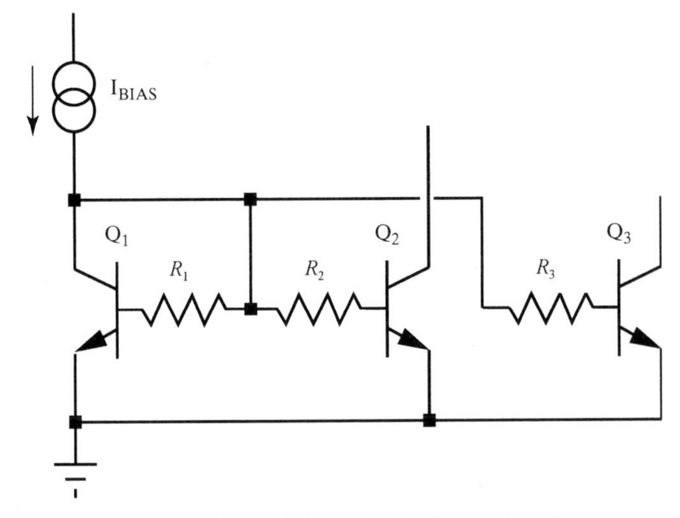

图 8.7　基极限流电阻应用于图 8.6 所示电路

基极限流电阻的比率必须与它们各自对应的发射结面积的比率相反。举例来说，如果 Q_2 的发射结面积是 Q_1 的两倍，那么 R_2 就必须是 R_1 的 1/2。为了使集电极电流匹配，基极限流电阻也必须匹配。基极限流电阻通过引入局部负反馈来避免出现电流翘曲现象。如果任何一支晶体管开始出现饱和，它的基极电流会略微增大。这就使得其基区限流电阻的压降相应地升高，迫使晶体管的 V_{BE} 下降。通常情况下，饱和晶体管基区限流电阻上的压降不会超过 50～100 mV，而且会使基区偏置电流产生轻微的扰动。

扩散形成的基区限流电阻不应占据它所保护的 NPN 晶体管的隔离岛，否则限流电阻将使隔离岛正偏(见图 8.8)。确切地说，该结构中寄生晶体管只是简单地从一点移动到了另一点。

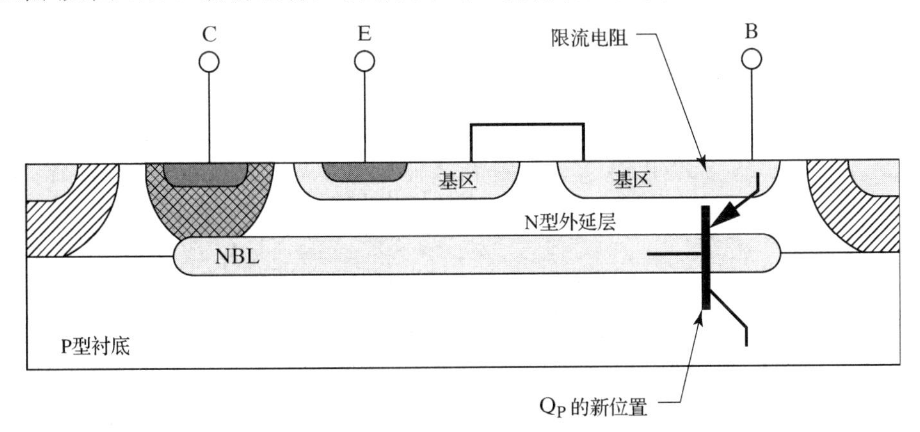

图 8.8　基极限流电阻及其所保护的 NPN 管制作在同一隔离岛中将失去效用

接在集电结两端的钳位二极管可以防止晶体管进入到饱和状态。为了使这个钳位二极管有效地工作，它的正向导通压降必须小于集电结的正向导通压降。只有几种肖特基二极管(特别是铂或钯的硅化物形成的二极管)具有所需的特性。图 8.9(A)显示了一支与晶体管集电结并联的肖特基钳位二极管。生成的肖特基钳位(Schottky-clamped)晶体管用图 8.9(B)所示的电路符号表示。肖特基二极管为可能流过正偏集电结的电流提供了另一条通路。由于二极管抑制了集电结的导通，所以肖特基钳位晶体管既不注入少子也不会出现饱和状态下关断时间延长的特性。饱和时，肖特基钳位二极管不会抑制基极电流的增加，但却会防止基极电流超过正常导通情况下的集电极电流。肖特基钳位晶体管广泛应用于开关电路和双极逻辑电路以消除饱和引起的传递延迟。10.1.3 节将更详细地讨论肖特基钳位 NPN 管的版图设计。

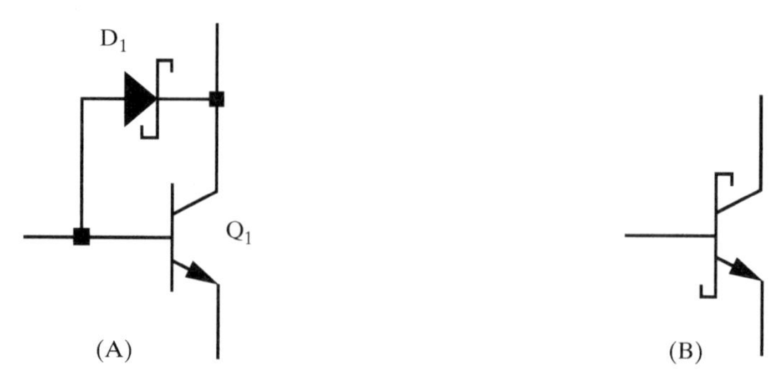

图 8.9 (A)肖特基钳位 NPN 晶体管；(B)传统电路符号

饱和 NPN 晶体管在与其他器件合用隔离岛时也会产生问题。当晶体管饱和时，其正偏集电结将向集电区中注入少子。这些载流子可以被同一隔离岛中其他器件的反偏结收集。同这种少子导通相关的暗电流可能引发电路故障或灾难性的闩锁现象。13.1 节将更详细地讨论这些问题。

8.1.5 寄生 PNP 管的饱和态

图 8.10 显示了标准双极工艺制作的横向 PNP 管的剖面图。外延隔离岛构成了器件的基区，而位于隔离岛中心的基区扩散则作为晶体管的发射区。集电区则由围绕着发射区的环形基区扩散形成。一些空穴穿过发射区的侧壁横向移动注入集电区中。但是，也有一些空穴穿过发射区底部注入，还有一些空穴穿过发射区侧壁后向下扩散。这些不规则运动的少数载流子会流过将晶体管同隔离区和衬底隔离开的反偏 PN 结。寄生 PNP 管 Q_{P1} 代表不希望出现的注入衬底的空穴流。寄生 PNP 管 Q_{P2} 代表当晶体管处于饱和状态时横向流过隔离区侧壁的空穴流。图 8.10 显示了横向 PNP 管 Q_L 以及加在晶体管剖面结构上的两个寄生晶体管。

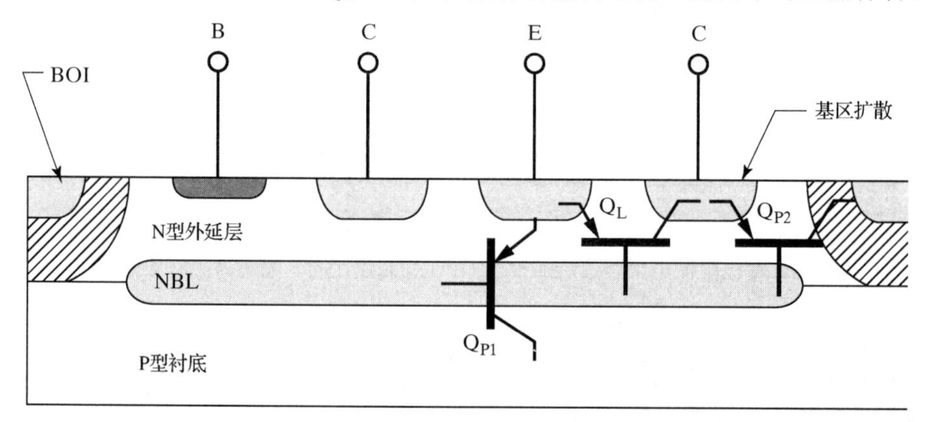

图 8.10 标准双极工艺制作的横向 PNP 管以及两个寄生衬底 PNP 管 Q_{P1} 和 Q_{P2} 的剖面图

如果不采取措施阻止流向衬底的空穴流，总发射极电流将损失很大一部分。横向 PNP 管的收集效率 η_c(collector efficiency)等于横向 PNP 管 Q_L 所收集到的电流与 Q_L，Q_{P1} 及 Q_{P2} 集电极电流之和的比值。如果集电极、发射极和基极的电流分别表示为 I_C，I_E 和 I_B，则收集效率 η_c 为

$$\eta_c = \frac{I_c}{I_E - I_B} \tag{8.4}$$

由于以下将要讲述的原因，加入 NBL 使得正向工作的 PNP 管的收集效率从小于 0.1 达到 1。用 CMOS 工艺制作的横向 PNP 管没有 NBL，因此，尽管使用了比双极工艺可能实现的更薄的基区，但是仍无法获得高收集效率。标准的双极工艺和模拟 BiCMOS 工艺都包含 NBL，因此通常能提供性能很好的横向 PNP 管。

NBL 通过排斥向其运动的少子来提高横向 PNP 管收集效率。这是由于重掺杂的 NBL 与轻掺杂的 N 型外延层之间存在反向电场从而产生排斥作用的缘故。该电场的存在可以这样来解释：NBL 和 N 型外延层之间掺杂程度的不同会引起相应程度的多子浓度的不同。电子会从浓度较高的 NBL 向浓度较低的 N 型外延层扩散。这个过程会使 N 型外延层一侧由于电子过剩而出现净负电荷，而且同样会使 NBL 一侧由于电离施主原子过剩而出现净正电荷。生成的电场可以使电子从 N 型外延层漂移回流到 NBL。在平衡状态下，上述过程产生的漂移和扩散电流大小相等、方向相反。到达 NBL 和 N 型外延层界面的带正电的空穴会受到这里电场的作用而返回 N 型外延层[①]。绝大多数载流子最终被横向晶体管收集，导致收集效率显著提高。也有一小部分向下移动的空穴拥有足够高的瞬时速度跨越反向电场并到达 NBL。但它们中的绝大多数都在 NBL 中被复合了，因为其中存在大量的多子——电子。

大多数扩散进入 NBL/N 型外延层界面的载流子的能量小于 100 meV，所以对于载流子来说仅仅 0.2 V 的内建电势差就是不可穿越的势垒。但是，如果内建电势差减小至约 0.1 V，那么空穴就有可能穿越这个区域。这种情况在标准双极工艺中很少出现，因为 N 型外延层的掺杂浓度总是非常低，从而能够提供所需的内建电势差。但是，对于使用相对重掺杂 N 阱的 BiCMOS 工艺来说就极有可能穿透 NBL。这种情况我们非常不想看到的，因为这样不但降低了横向 PNP 管的性能，而且限制了有效的空穴阻止保护环的制作。

从 NBL 界面散射出的空穴可以横向穿越外延层到达隔离区边界。尽管这看起来是一个很严重的问题，但实际上晶体管的尺寸已经排除了这种由于横向寄生导通造成的电流损失。图 8.10 中的剖面为了使显示相对紧凑从而夸大了纵向尺寸。到侧壁的横向距离比垂直方向上从 NBL 上边界到集电结耗尽区下边界的间距约大一个数量级。在更高的集电极电压下，耗尽区向下扩展到达 N+/N–的界面，从而隔断向侧壁方向横向寄生导通的通路。即使在较低的集电极电压下，这条通路也既长又窄，以至于很少有载流子能够完全穿越而不进入集电结耗尽区。

横向寄生导通在饱和状态下会急剧增大。集电极有较大面积的侧壁且在正对的隔离区之间有相对较窄的间隙，这种几何结构形成了一个有效的 PNP 晶体管(见图 8.10 中的 Q_{P2})，一旦集电结进入正偏压状态它就会导通，在饱和区和反向放大区工作的晶体管中会发生这种情况。当横向 PNP 晶体管进入饱和态时，发射极电流保持不变，所有未被横向晶体管收集的注入空穴都流入衬底。所以，即使由横向 PNP 管组成的电流镜中有一支或者几支晶体管进入饱和态，电流镜也能正常工作。所有这些是由于未被使用的集电极电流流向了衬底。只要集电极电流不超过几毫安就不会产生什么问题。如果衬底注入达到不可忽视的程度，那么

① 一般认为 NBL 用于“反射”少数载流子。这种词汇的选择有一定的误导倾向，因为载流子实际上不沿直线运动。

横向 PNP 管还可以采用肖特基钳位的方法。9.1.4 节讨论了另外两种防止横向 PNP 管进入饱和的办法。

当分裂集电极横向 PNP 晶体管中的任何一个集电结进入饱和态时，将严重影响其性能。饱和的集电结会从结表面再注入空穴。其中的一些被隔离区侧壁收集，但是大部分再注入载流子被邻近的集电极收集。因此，分裂集电极横向 PNP 晶体管中的一个集电结饱和会导致邻近集电极电流的增加。

8.1.6　双极型晶体管的寄生效应

因为包含很多寄生元素，所以集成双极型晶体管同课本上的理想器件有很大不同，其中最重要的就是用于将晶体管和芯片其他部分隔离开的 PN 结。正如前面所讨论的那样，这个 PN 结会构成寄生晶体管的一部分。即使寄生晶体管不导通，也会使衬底结产生漏电流和电容耦合效应，因此衬底必须当作集成双极型晶体管的一端。图 8.11(B)显示了一种带外部衬底连接的晶体管的传统表示方法，该符号通常被称为四端 NPN 管以与图 8.11(A)中的三端 NPN 管相区别。PNP 管同样有三端和四端符号［如图 8.11(C)和图 8.11(D)所示］。尽管三端符号没有显示衬底连接，但是只要采用结隔离工艺衬底连接就必然存在。如果设计者忘记了这点或者认为晶体管完全与芯片其他部分隔离，那么暗含的衬底连结会引起很大的问题。

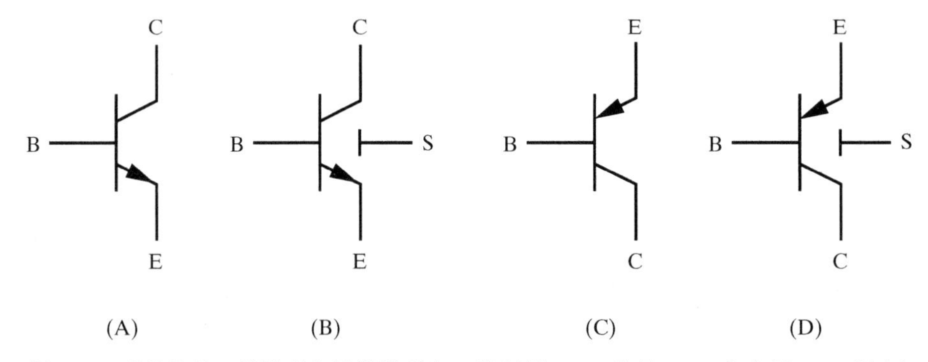

图 8.11　晶体管的三端模型和四端模型(E：发射极，B：基极，C：集电极，S：衬底)

寄生双极型晶体管的完整模型包括许多分布效应，对这些内容的讨论不在本章的范围之内。图 8.12 显示了采用标准双极工艺制作的纵向 NPN 管和横向 PNP 管的简化寄生模型。同样的模型还可应用于其他大多数结隔离器件，包括模拟 BiCMOS 工艺制作的纵向 NPN 管和横向 PNP 管。

纵向 NPN 晶体管模型包括一支理想的三端 NPN 晶体管 Q_1，用于描述所期望的器件功能。晶体管 Q_2 代表寄生衬底 PNP 晶体管，当纵向 NPN 管进入饱和时 Q_2 导通(见 8.1.4 节)。齐纳二极管 D_{BE}，D_{BC} 和 D_{CS} 不是用来表示正偏结的特性，因为这些特性已经包含在晶体管 Q_1 和 Q_2 的特性之中。齐纳二极管用来描述各自所对应结的雪崩击穿和电容效应。例如，二极管 D_{BE} 表示发射结电容 C_{BE} 和发射结击穿电压 V_{EBO}，二极管 D_{BC} 表示集电结电容 C_{BC} 和集电结击穿电压 V_{CBO}，二极管 D_{CS} 表示集电区-衬底结电容 C_{CS} 和集电区-衬底结的击穿电压。集电结电容 C_{BC} 和集电区-衬底结电容 C_{CS} 是我们最关心的，因为它们限制了晶体管的工作频率。如果这些结被做得更小，晶体管的开关速度就会更快。正如 8.1.2 节中已经讨论过的那样，二极管 D_{BE}，D_{BC} 和 D_{CS} 的雪崩击穿电压同样限定了晶体管的工作电压。

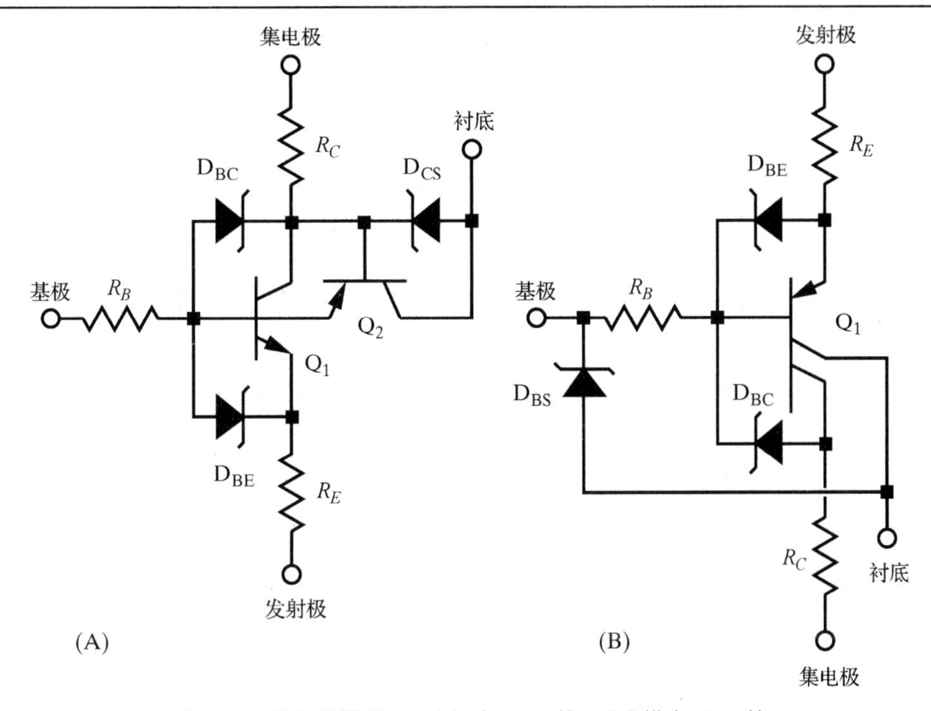

图 8.12 子电路模型：(A)纵向 NPN 管；(B)横向 PNP 管

R_E，R_B 和 R_C 分别代表发射区、基区和集电区扩散形成的寄生电阻。R_E 通常很小，常被忽略不计。电阻 R_B 对于晶体管的开关速度有很大影响，因为基极电流需要通过由 R_B 和二极管 D_{BE} 的电容 C_{BE} 以及二极管 D_{BC} 的电容 C_{BC} 串联组成的低通滤波器。生成的低通电路限制了晶体管的最高工作频率。基极电阻较小的晶体管有较快的开关速度。典型纵向 NPN 晶体管的基极电阻由发射区下面的收缩基区电阻和接触孔下面的外基区电阻组成。收缩电阻的存在使得基极电阻随偏压以一种非常复杂的关系发生变化①。集电极电阻 R_C 限制了晶体管饱和时的饱和压降 $V_{CE(sat)}$。功率晶体管必须有较低的集电极电阻，以使得在大电流下晶体管的饱和压降最小。当然，集电极电阻也不能过大，否则即使端电压表明晶体管工作在正常放大区，然而晶体管实际上已进入饱和。

图 8.12(B)中的横向 PNP 管模型使用了理想的双集电极 PNP 管 Q_1 代表所希望的 PNP 管和寄生衬底 PNP 管(见 8.2.3 节)②，其中各有一部分集电极电流分别从两个集电极流过。如果这个四端器件的集电结饱和，绝大部分电流就会流向衬底(见 8.1.5 节)。齐纳二极管 D_{BE}，D_{BC} 和 D_{BS} 表示横向 PNP 晶体管 3 个结的雪崩击穿电压和等效电容。二极管 D_{BE} 表示发射结电容 C_{BE} 和击穿电压 V_{EBO}；二极管 D_{BC} 表示集电结的电容 C_{BC} 和击穿电压 V_{CBO}；V_{EBO} 和 V_{CBO} 几乎相等，因为这两个结由同一扩散形成。由于横向 PNP 管的结构，C_{BC} 通常会很大，从而一定程度上导致了横向 PNP 管较差的频率特性。二极管 D_{BS} 表示基区-衬底结的雪崩击穿电压和电容 C_{BS}。这个电容也很大，但不存在于纵向晶体管中。横向 PNP 管的基区-衬底结电容也部分导致了晶体管较慢的频率响应。

---

① J. R. Hauser, "The Effects of Distributed Base Potential on Emitter-Current Injection Density and Effective Base Resistance for Stripe Transistor Geometries," *IEEE. Trans. on Electron Devices*, Vol.ED-11, #5, 1964, pp. 238-242。

② 双集电极晶体管在电学上与一对普通的发射结并联的单集电极晶体管等价(见图 8. 24)。

电阻 R_E，R_B 和 R_C 分别表示发射极、基极和集电极的欧姆电阻。尽管发射极和集电极电阻都可能高达几百欧姆，但并不会严重影响晶体管的工作。由于 N 型外延隔离岛的轻掺杂，R_B 的值会非常大。NBL 的存在并不能完全抵消轻掺杂效应，因为横向 PNP 管的电流导通发生在表面，而且基极电流会从整个厚度的外延层中流过。这个很大的基极电阻同电容 C_{BC} 与 C_{BS} 一起构成了 RC 滤波器，从而造成横向晶体管极差的频率响应。

8.2 标准双极型小信号晶体管

标准双极工艺最早是用来制作数字电路的，但是设计者们很快发现它同样可以用来制作诸如基准电压源、放大器和比较器等模拟集成电路。所有这些电路都工作在较低的电压和电流下，大多数晶体管的导通电流最多不超过几毫安。这些小信号晶体管的设计强调小尺寸、高增益和高速度，但却以牺牲对功耗的控制能力为代价。尽管设计者在某些确切的定义上意见不同，但是都认为小信号晶体管的电流应该在 10 mA 以下，功率应在 100 mW 以下。超过这些参数限制的晶体管属于功率晶体管而非小信号晶体管(见 9.1.2 节)。

标准双极工艺最适合制造 NPN 晶体管，但是它所拥有的多种扩散方式也能够制作衬底 PNP 管和横向 PNP 管。除工艺细节外，小信号晶体管的设计原则保持相同，任何经过优化的晶体管结构都与标准双极型 NPN 管相似。多数未经优化的晶体管则类似于衬底或者横向 PNP 管。通过研究标准双极工艺制作的晶体管，我们就能理解晶体管如何通过其他工艺实现。

8.2.1 标准双极型 NPN 晶体管

标准双极型 NPN 晶体管包含几种可用于优化晶体管性能的特征，其中包括重掺杂的发射极、精确控制的基区杂质分布、厚且轻掺杂的 N 型外延层以及重掺杂的 NBL 和深 N+侧阱(见图 8.13)。

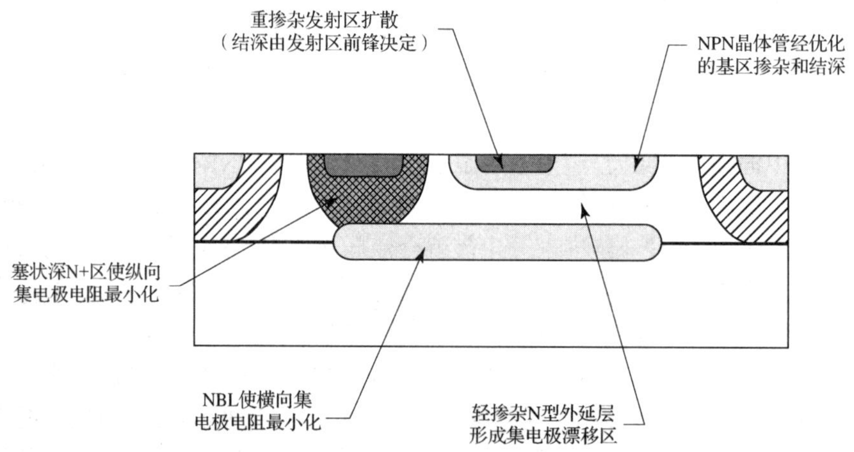

图 8.13 标准双极型 NPN 晶体管的关键特征

发射区重掺杂磷可以使发射注入效率最大化。磷在硅中的固溶度允许掺杂浓度超过 10^{20} 原子/cm^3，因此可以充分利用精心确定的基区杂质分布构造高效发射区。为了补偿重掺杂磷所产生的晶格应力，有时也会在发射区扩散中加入砷元素。这种预防措施可以消除缺陷，否则缺陷会移入基区，并使晶体管的 β 值下降。

通过调整标准双极基区扩散工艺可同时获得高 β 值、高厄尔利电压和适中的 V_{CEO} 值。由于轻掺杂允许使用更宽因而更容易控制的中性基区，所以有助于保持对 β 值的控制。轻掺杂的基区也会提高平面 V_{CBO} 以及纵向 NPN 管的 V_{CEO}。由于标准双极基区扩散工艺中没有浅 P+扩散，所以基区扩散也必须达到足够的掺杂浓度以允许直接的欧姆接触。过低的表面杂质浓度会引起表面反型和寄生沟道的形成，进而降低晶体管的小电流 β 值。综合考虑以上相互矛盾的需求，基区方块电阻一般为 100～200 Ω/□。

NPN 晶体管的集电区包括 3 个独立的部分：轻掺杂的 N 型外延层、N+掩埋层和深 N+侧阱。集电结旁的轻掺杂层能够形成一个较宽的主要扩展进入集电区的耗尽区，从而提高 V_{CEO} 和厄尔利电压。这层轻掺杂的漂移区(drift region)夹在基区和重掺杂的外集电区(extrinsic collector)之间。在标准双极工艺中，漂移区包括位于基区以下 NBL 以上的轻掺杂 N 型外延层，而外集电区包括 NBL 和 N+侧阱。只要漂移区处于完全耗尽状态，尽管是轻掺杂的漂移区也不会阻碍集电极电流的流动。在由于速度饱和引发的更大电流和由于集电结耗尽区扩展引发更高的集电极-发射极电压时，漂移区耗尽。处在这两种极端情况之间的集电极电压和电流不能够完全耗尽漂移区，但会引起中性集电区有效电阻的增大［这种效应有时被称为准饱和(quasisaturation)[①]］。通过尽可能减小漂移区的厚度从而与工艺的 V_{CEO} 额定值达到一致，可以使准饱和效应最小化。

NBL 在晶体管底部提供了一条低阻通路，但是电流必须向上流动以到达集电极接触。轻掺杂的外延层是一个高阻区，它将接触孔与下面的 NBL 分离，因此，加入 N+侧阱就可以将总集电极电阻降低一个数量级。例如，典型的最小尺寸 NPN 晶体管如果有 NBL 但没有深 N+侧阱，则集电极电阻大约为 1 kΩ，而同样的结构增加了深 N+侧阱后集电极电阻大约为 100 Ω。功率晶体管一般都包含深 N+侧阱，但对于导通电流不超过几百毫安的小信号晶体管来说经常会为了节省面积而省略它。

构造小信号 NPN 晶体管

小信号 NPN 晶体管通常采用正方形或者矩形的发射区。图 8.14 展示的两个例子都包含上节所讨论的特征，二者唯一的区别就是基区和发射区接触的位置不同。图 8.14(A)所示结构将发射区放在集电区和基区接触之间，形成 CEB 版图；图 8.14(B)所示结构将基区接触放在集电区接触和发射区之间，形成 CBE 版图。CEB 版图中发射区和集电区接触更加接近，从而略微降低了集电极电阻。在其他条件都相同的情况下，CEB 版图优于 CBE 版图。但是，由于它们的区别实在太小，所以很多设计者都将两种版图混合使用。在单层金属工艺设计中，用其中的一种来代替另一种经常可以简化布线。

NPN 晶体管尺寸(这里指饱和电流 I_S 情况)近似与绘制发射区面积呈线性关系。其他因素［诸如横向导通、电流集边效应(current crowding)和发射区扩展等］对尺寸变化的影响小一些。这些因素中最重要的可能就是横向导通效应。可通过把晶体管尺寸表示为绘制面积和绘制周长的函数分析横向导通，但是这种方法忽视了掺杂的影响，从而显得过于简化。另外一种更精确但仍不完美的方法是将横向和纵向通路看作两个并联的晶体管，一个尺寸随绘制面积变

---

① G. Massobrio 和 P. Antognetti，*Semiconductor Device Modeling with SPICE*，2d ed.（New York：McGraw-Hill，1993）. pp. 111-115。

化，而另一个与绘制周长有关。从发射区侧壁横向注出的载流子比垂直注出的载流子更容易受到复合的影响，因为与垂直注出的载流子相比，横向注出的载流子需要通过更宽、更高掺杂的基区。硅-氧化物界面的表面态同样增加了横向复合。由于上述效应，面积-周长比大的晶体管比面积-周长比小的晶体管拥有更高的β值。对两支标准双极工艺制作的晶体管［分别具有 1.0 mil×1.0 mil(密耳)的发射区和 1.5 mil×3.5 mil 的发射区[①]］的测试结果表明：小尺寸晶体管的β峰值能够达到290，而较大尺寸晶体管的β峰值能达到520。大多数小尺寸晶体管都采用正方形或者稍微拉长的矩形发射区，这样既能充分利用面积又可保持大的面积-周长比(见 9.2.1 节)。更大的发射区会更深地进入基区扩展，从而减小中性基区的宽度。

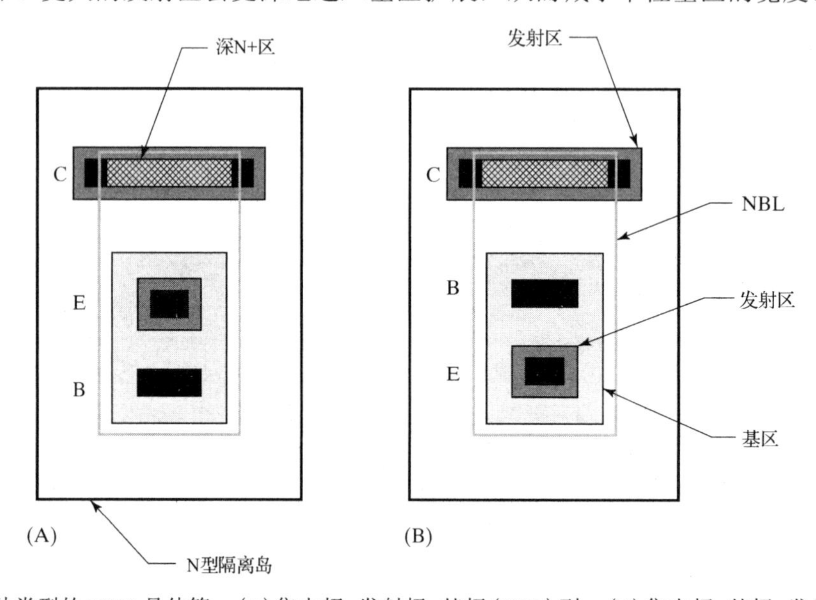

图 8.14 两种类型的 NPN 晶体管：(A)集电极-发射极-基极(CEB)型；(B)集电极-基极-发射极(CBE)型

构成 NPN 晶体管的所有其他几何图形都以发射区图形为参考放置，首先是发射区接触孔。为了使发射极电阻降到最小，发射区接触孔应尽可能多地覆盖发射区。发射区扩散各边超出接触孔的程度应该相同，以确保均匀的横向电流流动。基区扩散必须在各个方向充分地覆盖发射区以避免横向穿通。为了节省面积，通常只在发射区的一侧形成基区接触孔。可在不增加晶体管尺寸的情况下延长基区接触孔，从而显著地减小基极电阻。

P+隔离区的横向扩散决定了隔离岛对基区扩散的最小覆盖，这也是标准双极工艺中最大的间距之一。上下隔离可以将这个间距减小三分之一(见 3.1.4 节)。基区占据了一个一端通过深 N+侧阱形成接触的隔离岛。由于深 N+侧阱横向扩散，因此必须离开基区和隔离区扩散一定距离。在深 N+侧阱上进行的发射扩散增加了表面掺杂浓度从而可确保可靠的欧姆接触。去除发射区氧化物的工艺还可将厚场氧化层减薄至足以允许同时刻蚀所有的接触孔。可将深 N+侧阱和用于接触的发射扩散形状拉长，同时不改变晶体管的尺寸。对于小电流器件，经常会省去深 N+侧阱以节省空间。不管是否使用侧阱，NBL 都应该尽可能地占满隔离岛底部以使得集电极电阻达到最小。最小尺寸晶体管的 NBL 和深 N+侧阱没有交叠。只要绘制的版图

① B. A. Wooley，S.-Y. J. Wong 和 D. O. Pederson，“A Computer-Aided Evaluation of the 741 Amplifier,” *IEEE J. Solid-State Circuits*, Vol.SC-6, 1971，pp. 357-365。注意 1 mil = 25. 4 μm。

互相接触，集电极电阻就可大大减小并允许晶体管在小电流情况下正常工作而不产生显著的集电极压降。如果晶体管的导通电流必须大于几毫安，那么晶体管就必须做得大一点以保证 NBL 完全将深 N+侧阱包含在内。

双极型 NPN 晶体管的版图有多种形式，尤其对于单层金属工艺更是如此。缺少二层金属迫使设计者必须使布线通过晶体管。有选择地使用 CEB 和 CBE 两种版图形式可以在一定范围内改变晶体管各极的位置，并且通常可以消除对跨越一个或多个信号的跳线的需要。也可以通过拉长晶体管以便在极间布线。但是拉长晶体管会引起基极和集电极电阻及电容的增大，并可能影响电路的正常工作，所以设计者在可能的情况下应尽量避免拉长晶体管。

图 8.15(A)显示了一个典型的拉长集电区(stretched-collector)的晶体管。使集电区和基区的接触孔远离以便布线能够从二者之间通过。这种改动增加了集电极电阻和集电区-衬底结电容。增加的电容无法消除，但是可以通过延长深 N+侧阱以及包围集电区接触孔的发射扩散部分抵消电阻的增加。在采用薄发射区氧化层的工艺中，跨过扩展的发射扩散区的连线可能易受 ESD 的影响(见 4.1.1 节)且只能将深 N+侧阱拉长(不包括内部的发射扩散部分)。

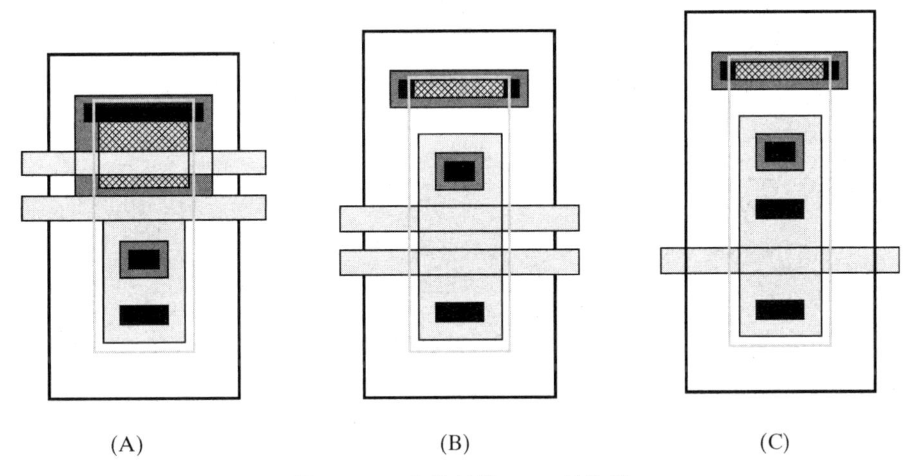

图 8.15　3 个拉长的 NPN 晶体管

图 8.15(B)显示了一个拉长基区(stretched-base)的晶体管版图。晶体管的基区做得很长以便两条连线能够从基区和发射区接触控制之间通过。基区拉长会引起基极电阻和集电结电容的增加，以及晶体管频率响应特性相应的下降。拉长基区比拉长集电区对电路的影响更大，因此除非特别需要，一般不选择这种做法，尤其是在高速信号通路中。图 8.15(C)显示了另一种拉长基区的版图，其中一条布线从基区扩散区底部穿过。这种做法不但会增加集电结电容，而且在两个基区接触孔之间引入了很大的电阻。假设基区的方块电阻为 160 Ω/□，那么图示晶体管两个基区接触孔之间的电阻约为 200 Ω。

双层金属工艺(DLM)基本上消除了拉长晶体管尺寸的需要。它不仅消除了器件拉长和埋层通道，而且由于金属跳线和通孔可以做在其他器件顶部，从而节省了芯片面积。DLM 还允许采用少量的标准版图，这些版图可以被全面地参数化并建模从而获得更为精确的仿真结果。尽管多层金属体系的广泛应用几乎消除了拉长器件的使用，但是拉长器件技术对于某些特定的应用仍具优点。例如，在光学器件中第二层金属必须用作光罩(light shield)，或者在功率器件中上层金属必须用作电源连线。

有许多种不同的方法可以改变 NPN 晶体管的尺寸，所有这些方法都力求做到在增大发射区面积的同时不降低器件的性能。这就成为一个难以捉摸的目标，从而需要对不同的应用采取不同的策略。最天真的想法是在保持整体形状不变的基础上增大发射区面积［见图 8.16(A)］。由于采用这种方法增大了发射区面积-周长比从而可获得较大的 β 值，但是也会带来一些严重的问题。发射极下面轻掺杂基区的方块电阻约为 2～10 kΩ/□。该电阻会引起不希望的相位偏移，并极大地降低开关速度。更精确地说，这种方法在大电流时会引发电流流动的不均匀性，发射区中最靠近基区接触孔的部分会承受最大的发射结偏压，从而比其他远离基区接触孔的区域注入更多的载流子。图 8.16(B)显示了这种效应，称为电流集边效应(current crowding)或者发射极集边效应(emitter crowding)。这种效应的严重性可以从下例看出，仅仅 18 mV 的去偏置电压就可以使发射极电流加倍[①]。

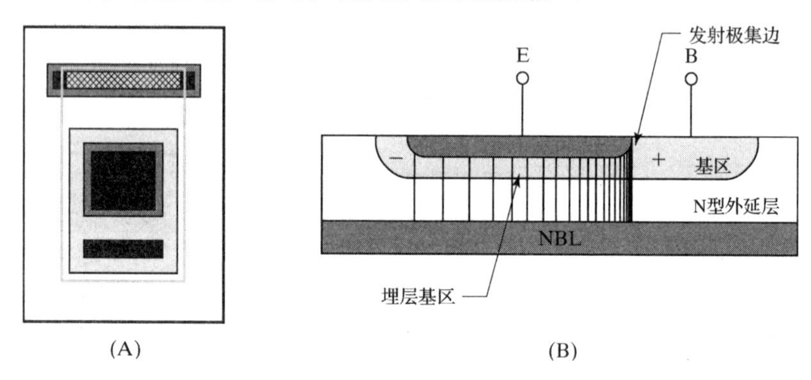

图 8.16 (A)一种具有紧凑发射区的 NPN 晶体管版图；(B)该器件有源区剖面图，其中展示了发射区电流集边效应

电流集边效应迫使大部分电流出现在基区连接孔附近，从而减小了有效发射区面积。该效应使得器件匹配变得复杂，减小了 β 值，并使晶体管更容易发生二次击穿。虽然在小信号晶体管中应该避免电流集边效应，但实际上，它可以增强设计适当的功率晶体管的稳定性(见 9.1.2 节)。

另一种形式的版图使用窄长的条状发射区或者手指状发射区(finger)[②]。为了使基极电阻最小化，提高开关速度并降低发生二次击穿的可能性，可将基区接触孔放置在每个条状发射区的两侧［见图 8.17(A)］。该晶体管相对较小的面积-周长比可得到比图 8.16 所示结构更小的 β 值。当发射极电流密度超过几 μA/μm^2 时，这种窄发射区晶体管也容易出现热击穿(见 9.1.2 节)。

图 8.16 中的紧凑发射区晶体管在要求大 β 值和中等速度的应用中特性最好。图 8.17 中的窄发射区晶体管具有极好的频率响应特性，但是 β 值较小。最小图形(minimum-geometry)晶体管同样可以采用条状发射区结构，发射区两侧有与之平行的基区接触孔，这种晶体管有时被错称为双基极晶体管(double-base transistor)［见图 8.17(B)］。这种结构的基极电阻只有图 8.15 所示单基区版图结构的四分之一[③]。大发射区和窄发射区晶体管都不适合在大发射极电流密度下工作，因此它们都不适合作为功率器件使用(见 9.1.1 节)。

① R. J. Whittier 和 D. A. Tremere, "Current Gain and Cutoff Frequency Falloff at High Currents," *JEEE Trans. on Electron Devices*, Vol.ED-16, #1, 1969, pp. 39-57。

② A. B. Grebene，*Bipolar and MOS Analog Integrated Circuit Design*(New York: John Wiley and Sons，1984)，p. 76。

③ A. B. Glaser 和 G. E. Subak-Sharpe, *Integrated Circuit Engineering*(Reading, MA: Addison-Wesley，1977)，p. 52。

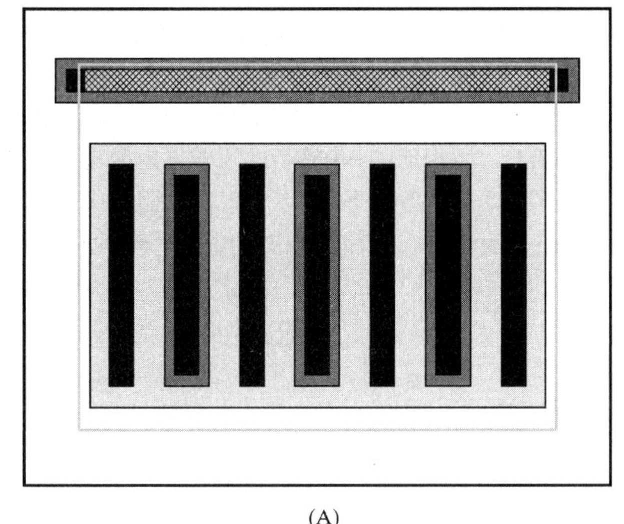

(A)

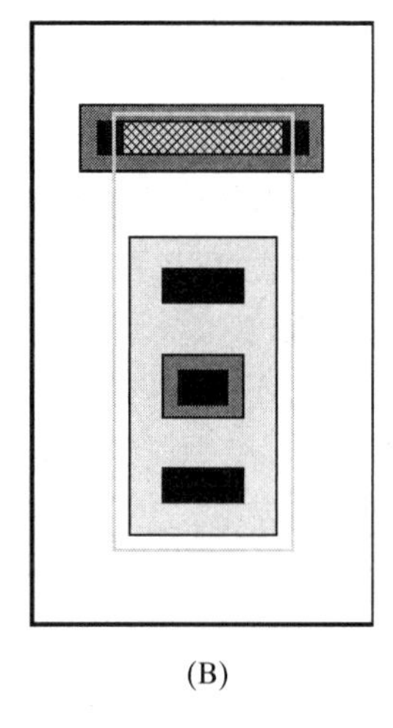

(B)

图 8.17　(A)窄发射区晶体管；(B)对应的最小尺寸版图，双基极晶体管

8.2.2　标准双极工艺衬底 PNP 晶体管

既然 NPN 管和 PNP 管只是掺杂极性相反，因此从理论上讲可以通过改变标准双极工艺中的全部掺杂类型来制造 PNP 晶体管。集电区由轻掺杂的 P 型外延层以及 P 型埋层(PBL)和深 P+侧阱构成。基区由轻掺杂的 N 型扩散区构成，同样，发射区可以使用重掺杂的 P 型扩散区。但是硼掺杂的限制却让我们很难实现这种结构。埋层应该采用像砷或锑这样扩散缓慢的杂质来实现。硼的扩散相对较快，因此如果要制作硼埋层，就要重新设计基本工艺以取消随后的高温推结。标准双极型 NPN 晶体管还采用重掺杂发射区以获得最大的发射注入效率。而硼在硅中的溶度只有磷的三分之一①，因此影响了 PNP 管的大电流特性。即使这些问题在不同程度上都获得了解决，空穴在硅中的迁移率也只有电子的三分之一。

标准双极工艺不能制造完全隔离的纵向 PNP 晶体管。尽管某些工艺同时提供了纵向 NPN 晶体管和纵向 PNP 晶体管，但这些互补双极工艺要求增加额外的工艺步骤。作为一种折中，标准双极工艺提供了一种纵向晶体管，称为衬底 PNP 晶体管。由于这种晶体管将 P 型衬底当作集电区使用，因而不能被完全隔离。它的基区包括 N 型外延层，而发射区为基区扩散(见图 8.18)。由于采用的材料都不是专门为完成各自任务而设计制作的，所以这种 PNP 晶体管的表现不尽如人意。但是另一方面，这种衬底 PNP 管不需要额外的工艺步骤，所以集成到标准双极设计中不会增加任何费用。

标准双极工艺中的各种扩散的名称源于其在纵向 NPN 晶体管中所起的作用。同样的扩散在衬底 PNP 晶体管中会起到不同的作用。衬底 PNP 晶体管的发射区就是基区扩散，而基区包括通过发射区扩散形成接触的 N 型隔离岛。正如上面所举的例子，我们必须密切注意区分扩散的名称和它们在给定结构中所起作用的不同。

标准双极工艺中发射区扩散的掺杂浓度通常超过 10^{20} 原子/cm^3，而基区扩散的掺杂浓度很少超过 10^{17} 原子/cm^3。对于衬底 PNP 管，发射区的轻掺杂将极大地降低发射注入效率。同

① F. A. Trumbore, “Solid Solubilities of Impurity Elements in Si and Ge,” *Bell System Technical Journal*, Vol.39, No. 1: 1960，pp. 205-233。数据点取在 1100℃。

样轻掺杂的N型外延层会引发过早的大注入β值下降。在1 μA/μm^{2}的电流密度下，衬底PNP管的β值大约在30左右，而纵向NPN管在30 μA/μm^{2}的电流密度下β值还能达到150。基区扩散纵向电阻超过了发射区扩散纵向电阻一个数量级，因此最小发射区(minimum-emitter)衬底PNP晶体管的发射区电阻高达100 Ω，而相应的NPN晶体管的发射区电阻只有10 Ω左右。但是由于衬底PNP管通常工作在小电流密度条件下，所以发射极电阻不会引起什么问题。而且大的发射极电阻甚至可起到发射极镇流作用，它和大电流β值下降特性结合确保了衬底PNP管不容易出现热击穿现象。

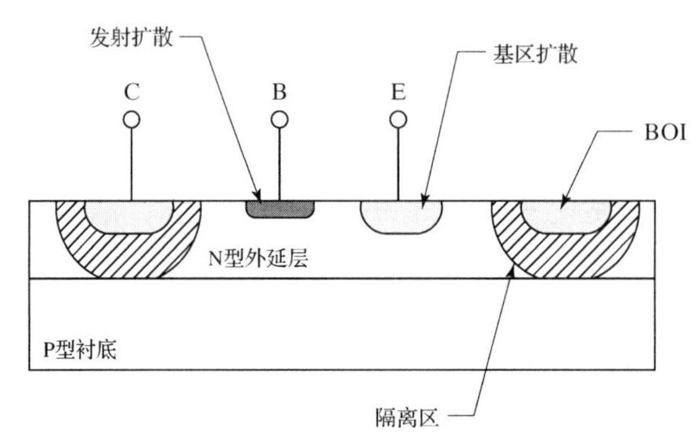

图8.18　一个典型的标准工艺下的衬底PNP晶体管结构的剖面图

标准双极工艺采用相对较轻掺杂的N型外延层。缺少NBL的时候，在长时间的隔离推结过程中，外延层-衬底结向上扩散。因此与利用外延层厚度推断的结果相比，衬底PNP管的基区非常薄而且掺杂浓度低。大多数的载流子从发射区纵向流入衬底，而不是从发射极横向流入隔离区。衬底PNP管的β峰值通常可达到100或更大，但是大注入使得在电流密度小于2 μA/μm^{2}时β就达到了峰值。

衬底PNP管的集电区由P型衬底和P+隔离扩散区构成。轻掺杂的衬底会引起晶体管厄尔利电压和V_{CEO}的增加，但是严格来讲，由于并不是以邻近的P+层为边界，所以还不算是一个漂移区。集电极电压的下降对衬底PNP管本身几乎没有影响，但是在大电流下将会引发邻近电路的去偏置。只要每个衬底PNP管的集电极电流不超过1～2 mA，则所有衬底PNP管的总集电极电流将不超过10 mA，标准双极设计中很少出现需防止的去偏置问题。只要衬底接触孔做在衬底PNP管的附近，BOI结合标准P+隔离扩散可处理大小在上述范围以内的电流。对于任何注入电流达到或超过1 mA的衬底PNP管，需要在其周围增加更多的衬底接触孔(见4.4.1节)。衬底PNP管不适合应用于电流较大的电路中，在大电流情况下设计者可考虑采用横向PNP晶体管替代衬底器件以降低衬底去偏置。或者可采用背面衬底接触孔以去除几乎所有的衬底电流，同时不产生去偏置。

衬底PNP管的主要工作方式为纵向导通，因此随绘制发射区的面积而线性变化。几个其他因素也会影响器件的精确线性变化关系，包括横向扩散、横向导通和表面效应。与纵向NPN管相同，精确匹配的衬底PNP管必须采用一致的发射区尺寸。

构造小信号衬底PNP晶体管

最简单的衬底PNP晶体管由包括发射区和基区的N型隔离岛构成［见图8.19(A)］。隔离岛是晶体管的基区，而基区扩散区作为晶体管的发射区。基极下的发射区扩散形成与隔离岛之间的欧姆接触。该器件的增益是由发射区的面积-周长比决定的，部分原因是因为横向发射的载流子到达隔离区的路程比纵向发射的载流子到达衬底的路程更远。由于沿硅-氧化层界面缺陷点的存在，横向发射的载流子更容易发生复合。大的基区扩散区也能够深入外延层，从而使衬底 PNP 管的基区宽度变得更窄。总而言之，大而紧凑的发射区结构能够产生更大的增益。

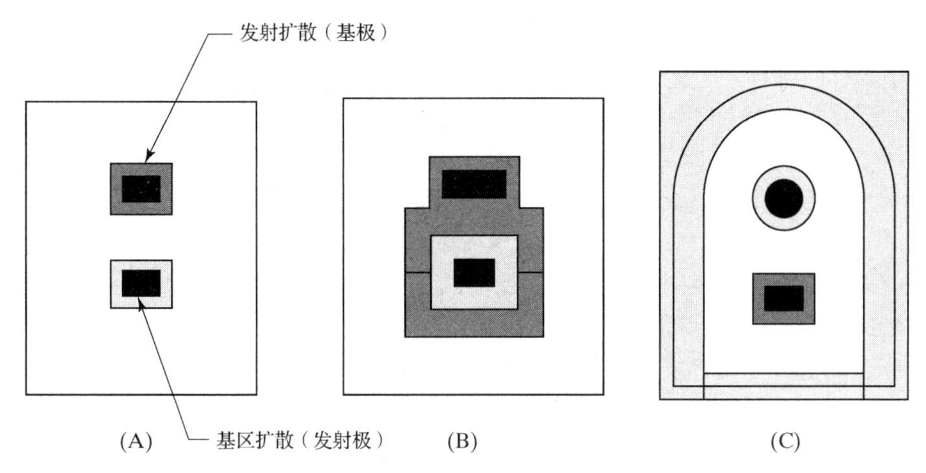

图 8.19　三种类型的衬底 PNP 晶体管：(A)标准结构；(B)环状发射区；(C)verti-lat 型

图 8.19(A)中的晶体管要首先采用基区扩散制作尺寸和形状合乎要求的发射极。基区接触孔由一个矩形的发射扩散区形成，它位于发射区的一侧，二者间隔为所允许的由基区到发射区的最小间距。发射扩散区只需能够容纳最小宽度的接触孔。每支衬底 PNP 管至少应该有一个衬底接触孔。理想情况下，接触孔应该紧挨着衬底 PNP 管，但是连线的限制经常让其位于几十微米之外。只要衬底 PNP 管集电极电流不超过 1 mA 或 2 mA，则衬底接触孔和 PNP 管间存在一定的间距就可以被接受。除非衬底接触孔和衬底 PNP 管相邻，否则更大的集电极电流可以使衬底去偏置。

图 8.19(B)显示了另一种类型的衬底 PNP 管版图，发射极由矩形的基区扩散形成，并被薄的环状发射扩散区包围。环状发射扩散区紧邻绘制的基区扩散，但是并不交叠。环状发射扩散区通过提高正向偏置发射扩散区侧壁所需电压有助于抑制横向导通。在小电流密度情况下，与图 8.19(A)中的晶体管相比，环状发射扩散区晶体管具有更高的 β 值；在大电流密度情况下，由于基区扩散正偏进入发射扩散环，从而这种优点不复存在。尽管这种结构有其优点，但是很少被采用，因为与图 8.19(A)中的简单版图相比，该结构占用更大的面积，而且对于大多数应用，图 8.19(A)中的版图结构能提供足够的增益。如果采用环状发射扩散区，那么环与基区扩散接触孔的间距必须等于纵向 NPN 管中发射区到基区接触孔之间的距离。这种晶体管其他的结构参数设置基本遵循与应用于图 8.19(A)中的结构相同的规则。

图 8.19(C)中的器件由于具有独特的隔离岛结构，因此有时被称为“墓碑形 PNP”或者“教堂形 PNP”。同样的晶体管也被称为 verti-lat PNP 晶体管，因为这种晶体管同时利用了横向和纵向导通。这种晶体管的发射区由圆形的基区扩散区构成。隔离岛的形状是围绕发射区的一个同心半圆弧，一个环形的基区扩散区包围隔离岛，并在版图规则允许的情况下尽可能地覆盖进入隔离岛。这种环形的基区扩散区有助于抵消隔离区过度横向扩散引发的大的周边方块电阻。这种结构晶体管中的横向导通从作为发射区的基区扩散区向外到达作为集电区

的基区扩散区的部分环形区域。此外还存在垂直导通从发射区到下面的衬底。这种类型晶体管与横向 PNP 管相同，需要设置场板。场板必须完全覆盖晶体管半圆端的 N 型外延层暴露出的表面，并在金属间距规则允许的情况下尽可能向基区接触孔延伸。如果场板做得不合适就可能引发意外的漏电现象和小电流 β 值下降(见 8.2.3 节)。

理论上讲，verti-lat PNP 管应该比标准衬底 PNP 管具有更高的 β 值，这是因为通过最小化中性基区宽度并结合基区场板优化了 verti-lat PNP 管的横向电流通路。实际上，图 8.19(B)中的结构一般优于 verti-lat PNP 管，这是因为它抑制了横向导通转而依靠效率更高的纵向导通。

图 8.20 显示了一种更大的衬底 PNP 晶体管版图。与图 8.17(A)中大的纵向 NPN 管相同，该器件也采用叉指形的条状发射区和基区。每个发射区都是具有相当宽度(约 25 μm)的条状发射扩散区。因为 PNP 管的 β 值在较小的电流区域即开始下降，所以热点(hot spotting)和二次击穿等一般不会发生，发射区的宽度主要受到基区扩散下夹层区方块电阻的限制。因为这个夹层区域的方块电阻可能超过 10 kΩ/□，所以条状发射区的宽度超过 25～50 μm 是不可取的。基区接触孔由置于相邻发射条间的薄条状发射扩散区形成。如果需要，还可以在晶体管两端增加两个条状发射扩散区来进一步减小基极电阻。环绕该晶体管的大的衬底接触孔有助于限制衬底去偏置。所示的接触孔不能够承载超过几毫安的衬底电流同时不使晶体管进入饱和：这样就需要一个更宽的条状接触孔来满足该结构所能承载的最大集电极电流。沿晶体管的上部衬底接触孔是中断的，这样发射极和基极引线都可以采用第一层金属制作。如果有双层金属工艺，那么接触孔就应该是一个围绕晶体管的闭合圆环以使集电极电阻达到最小。

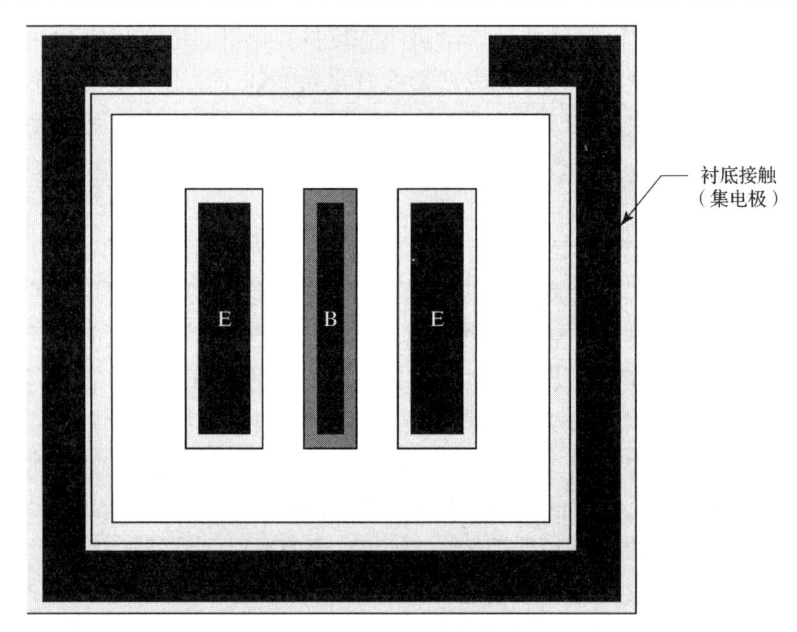

图 8.20 大电流衬底 PNP 晶体管，采用了两个宽的条状发射区和一个窄的条状基区

8.2.3 标准双极型横向 PNP 晶体管

尽管标准双极工艺不能制造完全隔离的纵向 PNP 管，但却提供了隔离的横向 PNP 管，由处于普通隔离岛内的两个独立基区扩散区构成，其中一个作为发射区，另一个作为集电区。当发射结处于正偏状态时，空穴流入隔离岛，并横向流入集电区。通常，横向晶体管开关速

度和 β 值低于纵向晶体管。虽然开关速度难以提高，但是适当的设计却可以使 β 值有实质性的提升。版图设计者可以通过拉近或分开发射区和集电区的间距来改变基区宽度。较窄的基区宽度能产生较高的 β 值和较低的厄尔利电压，而宽基区正好相反。但是 β 值和厄尔利电压的乘积基本上是一个同基区宽度无关的常数。

横向 PNP 管的 β 值至少同以下 5 个因素有关：发射注入效率，基区掺杂，基区复合率，基区宽度，以及集电极效率。除了最后两个因素之外其他因素都在版图设计者的控制范围之内。相对轻掺杂的基区扩散形成的晶体管的发射区会影响横向 PNP 管发射注入效率。掺杂浓度更低的 N 型外延层会使大注入现象较早发生，当电流密度超过每最小发射区面积 100 μA 时 β 值即开始下降。一些工艺加入深 P+扩散试图专门用于提高横向 PNP 管的大电流特性，但是即使进行了这样的改进，β 值仍然在等于或者小于每最小发射区面积 500 μA 时就开始下降。

标准双极型横向 PNP 管还受到由于采用(111)晶面硅所带来的高复合率影响。能够增加厚场阈值的表面态同样是复合中心，从而减少了在表面附近流动的少子的寿命。场氧化也会产生氧化诱生晶格缺陷，在移动很短的距离后进入硅。这些因素都使得横向 PNP 管的 β 值下降到只有相应衬底 PNP 管 β 值的一部分。还原性氛围中［如氮氧混合物，称为合成气体(forming gas)］退火工艺将以牺牲厚场阈值为代价，减小表面态浓度并且提升横向 PNP 管的 β 值。历史上曾引入可压缩的氮化物保护层增加了横向 PNP 管的 β 值，那时假设是因为氮化物淀积过程充斥着还原性环境。更小的特征尺寸结合氮化物保护层把标准双极横向 PNP 晶体管的 β 峰值从小于 10 提高到超过 50。

横向 PNP 管的绘制基区宽度等于构成发射区和集电区的绘制基区扩散区之间的间距(图 8.21 中的 W_{B1})。实际的基区宽度很难确定，因为它是由二维电流流动决定的。在表面附近，实际基区宽度 W_{B2} 远小于绘制基区宽度 W_{B1}，这是因为横向扩散和耗尽区突入到中性基区之中。随着深入到硅中，发射区和集电区弯曲的侧壁使得二者间的横向距离不断增加，从而使得载流子不能简单地以直线形式流动，其他更长距离的通路就增加了晶体管的有效基区宽度(W_{B3})。实际的有效基区宽度必须考虑载流子通过中性基区的所有路径，并按一定的权重取平均。该问题的复杂性决定了不可能有简单答案，现有的结论对于晶体管的设计也都贡献不大[①②]。但是必须明确 3 个基本观点：第一，用于计算穿通的有效基区宽度等于绘制基区宽度(或 W_{B1})减去两倍的横向扩散距离。只有最小的绘制基区宽度会因为穿通从而在工作电压下出现明显的减小；第二，由于表面电导的存在，用来计算 β 值的有效基区宽度(W_{B3})要大于表面上的实际基区宽度 W_{B2}，这使得 β 值随基区宽度的变化比想象中的要弱。如果一个绘制基区宽度 8 μm 的晶体管的 β 峰值为 80，那么一个绘制基区宽度 16 μm 的晶体管的 β 峰值将大于 40；第三，横向 PNP 管的厄尔利电压同 β 峰值成反比。如果一个 β 峰值为 80 的晶体管的厄尔利电压是 70 V，那么一个 β 峰值为 60 的晶体管的厄尔利电压应该近似等于 $(80/60)\times70 = 93$ V。

设计者们早就知道在发射区下置入 NBL 会增加横向 PNP 管的增益。这是因为 NBL 改善了集电极效率，进而在给定的基极电流下可获得更大的集电极电流。只要 NBL 和 N 型外延层区掺杂浓度的不同足以将少数载流子从界面处排出，上述改善增益的效应就会超出因 NBL 中复合而引起的基极电流增大。

---

① D. E. Fulkerson, “A Two-Dimensional Model for the Calculation of Common-Emitter Current Gains of Lateral p-n-p Transistors,” *Solid-State Electronics*, Vol.11, 1968, pp. 821-826。

② K. N. Bhat 和 M. K. Achuthan, “Current-Gain Enhancement in Lateral p-n-p Transistors by an Optimized Gap in the n+ Buried Layer,” *IEEE Trans. on Electron Devices*, Vol.ED-24, #3, 1977, pp. 205-214。

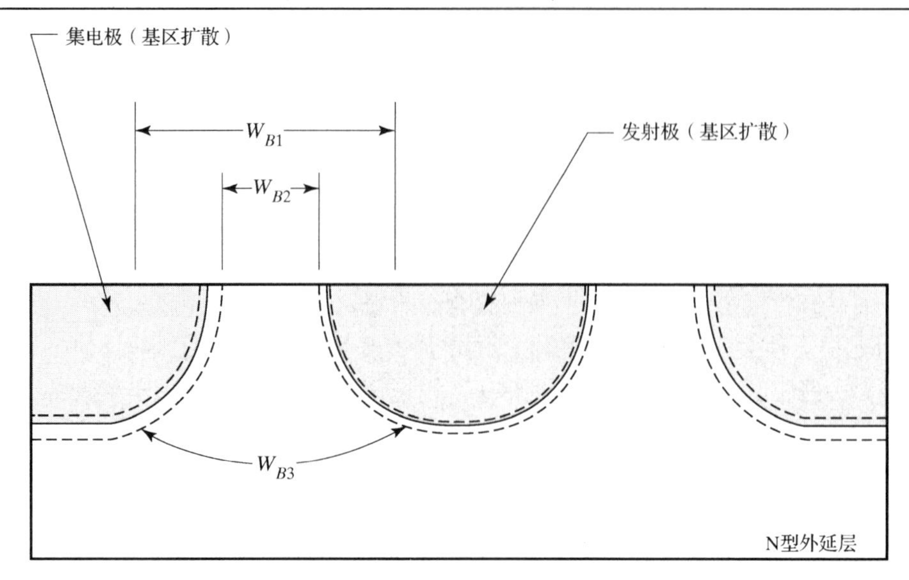

图 8.21 横向 PNP 管剖面图，描绘了文中所讨论的 3 种不同中性基区宽度的测量方法(绘制基区宽度 W_{B1}，表面实际基区宽度 W_{B2}，体内有效基区宽度 W_{B3})

也许有人会想到发射极电流可能从集电扩散区下方横向流过。但是经验告诉我们，只要晶体管工作在正向放大区，这种情况就不太可能会发生。NBL 向上扩散进入 N 型外延层，从而形成逆向的杂质分布，并将驱动少数载流子沿内建电场梯度方向向上运动。同时，集电结耗尽区会深入到 N 型外延层中，从而阻止了一大部分少数载流子从集电区下方通过。只有很少一部分发射的载流子(一般小于 1%)能够不进入集电区而到达隔离区侧壁。相比而言，浅集电结晶体管(例如采用 PMoat 制作的模拟 BiCMOS 横向 PNP 管)可能会产生更大的电流损失。

构造小信号横向 PNP 晶体管

横向 PNP 晶体管通常由一个小的塞子状的基区扩散区和一个较大的环形基区扩散区组成(见图 8.22)。中心的塞子状的基区扩散区是晶体管的发射区，周围环状的基区扩散区是集电区。这种结构保证了从发射区注入的载流子能够在到达隔离区之前被集电区收集。这种横向 PNP 管的反向 β 值显然远小于正向 β 值。因为在反向工作的情况下，外围的环形基区扩散区成为发射区，中心的塞子状基区扩散区成为集电区。大部分注入的载流子都注向隔离区侧壁，而不是被晶体管中心的小的塞子状基区扩散区收集。因此，即便是发射区和集电区的掺杂浓度相等，横向 PNP 管也明显是一种双向不对称器件。

实际上横向 PNP 管中使用的圆和圆弧都是采用多边形趋近实现的。多边形的边数决定了它与理想的圆和圆弧的接近程度。用于替代完整圆形的多边形的边数还必须能够被 4 整除以确保其关于两坐标轴的对称性。在大多数应用中的圆近似推荐使用 64 边形。对于环形，如图 8.22 中的集电区，通常由两个匹配的半部分构成，这样能够消除制版过程中所遇到的困难①。

正如前面所述，横向 PNP 管的 β 峰值同有效基区宽度成反比。从发射区侧壁注出的载流子比从发射区底部注出的载流子穿越的基区宽度更窄一些，因此小直径发射区具有更短的有

① 所谓的半简化图(semisimple figure)的边界与其自身在一点或多点一致，而简化图的边界则不然。一些图形生成算法在采用半简化图时会遇到问题，因此通常避免使用半简化图。

效基区宽度。一些作者喜欢使用周长-面积比而不是直径来量化 β 值的大小。其实所得量化结果是线性相关的，因此两种方法在本质上是等效的。

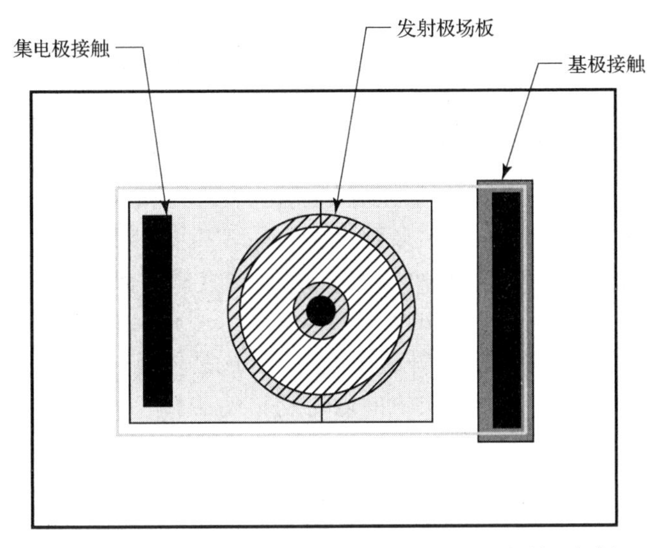

图 8.22　横向 PNP 晶体管版图，其中标示了发射区场板

实际横向 PNP 管圆形发射区的大小恰好能够容纳一个最小尺寸的接触孔(见图 8.22)。发射区接触孔应该做成发射区的同心圆以确保发射区边界的所有部分到达接触孔边缘的距离相等。如果不相等，发射区的某些部分就可能出现电流不均匀的现象。这个不均匀电流会引起轻微的不匹配，特别是对于分裂集电极的晶体管。横向 PNP 管的集电区一般都是一个中心有圆孔的方形基区扩散区。发射区占据了圆孔的中心。绘制基区宽度等于集电区中心开孔半径与发射区半径的差值。集电区的一侧向外扩展以使得接触孔能够制作在里面。尽管沿集电区的边界会发生去偏置，但是由于去偏置部分过早进入饱和状态，所以只会导致晶体管有效饱和电压的轻微增加。如果这种饱和电压的增加变得不可忽略，则可以增加集电极接触孔以降低集电极去偏置。而对于绝大多数应用来说，与消耗的面积相比，增加接触孔显得并不合适。

横向 PNP 管的集电区位于作为基区的隔离岛中。基区接触孔通过隔离岛一端的条状发射区扩散实现。由于横向 PNP 管的基极电流很少超过几十毫安，所以一般不需要制作深 N+侧阱。如果对面积的要求不高，即使最小尺寸的基极接触孔也足够了。但是另一方面，横向 PNP 管应该包含尽可能大的 NBL 以减小所希望的衬底注入。对于最小尺寸的情况，绘制的 NBL 应占满所绘制的集电区开孔。

图 8.22 显示了一个覆盖了发射区和集电区之间 N 型隔离岛暴露部分的金属板。场板(field plate)阻止了由于电荷分散或与邻近集电区间电场的相互作用而引发的表面反型或堆积。如果没有场板，横向 PNP 管的 β 值就会随表面势变化[①]。如果表面有负电荷堆积，那么少数载流子就会向氧化层界面方向移动，晶体管的 β 值下降。同样，如果表面积累正电荷，载流子就会被氧化层界面排斥，晶体管的 β 值增加。可动电荷的存在很大程度上增大了这种由表面电荷引发的不稳定性。这个同发射区相连接的场板不仅可以稳定 β 值，而且通过阻止载流子流向硅-氧化层界面有助于 β 值的增加。

① R. O. Jones, “P-N-P Transistor Stability,” *Microelectronics and Reliability*, Vol.6, 1967, pp. 277-283。

没有场板的横向 PNP 管在电压略低于厚场阈值的时候会出现集电极到发射极的漏电流。这些漏电流源于寄生沟道的形成。横向 PNP 管的尺寸使得寄生沟道有大的宽长比(*W*/*L*)，而集电极和发射极之间的电压会吸引可动离子和表面电荷。在一种声称厚场阈值超过 40 V 的工艺中，集电极到发射极的电压仅为 5～10 V，从而可观察到标准双极工艺 PNP 晶体管的漏电现象。设计合适的场板可以完全消除漏电流。这些场板应该同晶体管的发射极相连并完全覆盖发射区和集电区之间暴露的 N 型外延层区域。场板应该完全覆盖集电区的内边界，这样金属和基区扩散区之间的失配就不会暴露外延层表面。场板只需要超出集电区边界 2～3 μm 即可，因为基区的横向扩散会缩小场板所必须覆盖的集电区开孔的尺寸。

最小发射区横向 PNP 晶体管比最小发射区 NPN 晶体管所占的面积大很多。但是单个横向 PNP 晶体管能够划分成为几个较小的晶体管，它们共用相同的发射区和基区。图 8.23(A)显示了这样一种分裂集电极横向 PNP 管的简单例子。该晶体管有两个集电区部分，分别占据发射区一半的边界。由于发射区沿各个方向均匀发射载流子，每个集电区收集到总注入电流的一半，因此，该器件实际上相当于两个独立的晶体管，每个晶体管的有效发射区大小等于普通横向 PNP 晶体管发射区的一半。图 8.23(B)中的集电区被划分成更多的部分。该晶体管不是采用两个一半尺寸大小的集电区，而是具有 4 个四分之一等分的集电区。我们甚至可以制作不同大小集电区的分裂集电极晶体管。例如，图 8.23(C)就包含 3 个 1/6 的集电区和 2 个 1/4 的集电区。

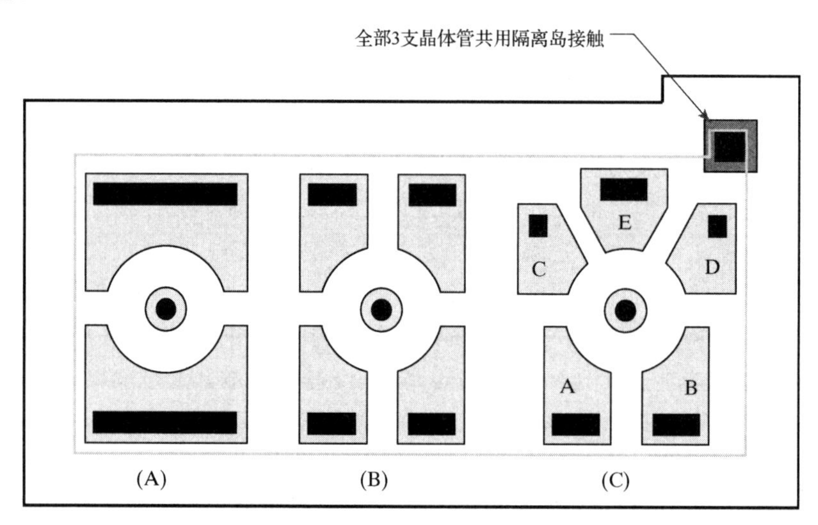

图 8.23 分裂集电极晶体管：(A)1/2-1/2；(B)1/4-1/4-1/4-1/4；(C)1/6-1/6-1/6-1/4-1/4。为了清楚起见，省略了场板

只要这些对称放置的多个集电区形状相同，则它们的差别约在 ±1%以内①。图 8.23(A)和图 8.23(B)中的分裂集电区都满足上述条件，所以匹配得相当精确。图 8.23(C)中的分裂集电区由于形状不完全相同，所以不能够精确匹配。集电区 A 和 B 能够匹配，集电区 C 和 D 也是如此。集电区 E 就不能匹配集电区 C 和 D，因为前者的几何形状与后两者不同。同样，集电区 A 和 C 之间的比率并不是精确的 2:3，因为它们各自具有不同的几何形状。

① B. Gilbert, "Bipolar Current Mirrors," 见 C. Toumazou，F. J. Lidgey 和 D. G. Haigh，*Analogue IC Design: The Current-Mode Approach* (London: Peter Peregrinus, 1990), p. 250。

这种分裂集电极晶体管经常用于制作电流镜。一个简单的 1:1 电流镜可以通过使用具有两个各占一半集电区的分裂集电极晶体管实现。其中的一个集电极连接到共用基极形成参考晶体管 Q_{1A}［见图 8.24(A)］，另外一个集电极作为输出晶体管 Q_{1B}。这种做法可节省很大的面积，但是可能不如两个独立的紧挨在一起的横向 PNP 管的匹配度高。由于两晶体管共用发射区，所以发射区简并(degeneration)并不能改善分裂集电极电流镜的匹配性。许多电路原理图都采用将多个集电极连接到同一基极的符号表示分裂集电极晶体管［见图 8.24(B)］。各集电区所占的比例都标在相应的集电极引线旁。穿过晶体管的基极引线并不表示有多个基极端，而表示两个独立的集电极连接到同一基极。使用这种电路表示方法，图 8.24(A)中电路可化简得更加紧凑，如也许并不熟悉的图 8.24(B)所示。

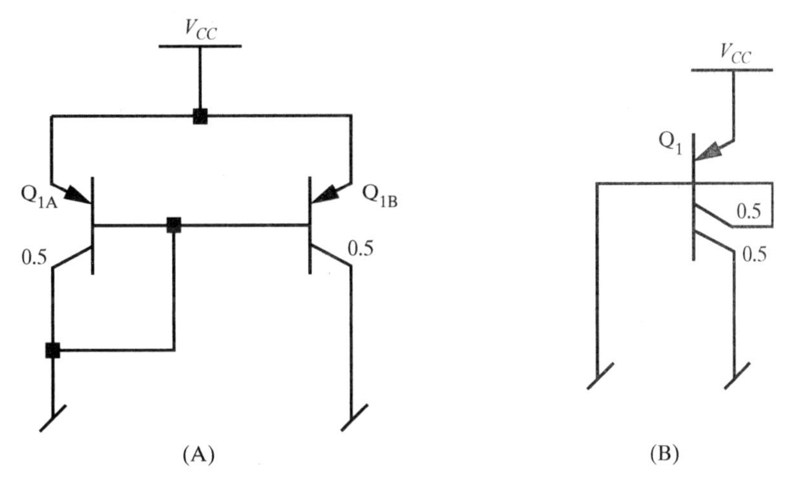

图 8.24 采用分裂集电极横向 PNP 晶体管制作的 1:1 电流镜的电路图：(A)传统的电路；(B)简化的电路图

一些设计者在设计横向 PNP 晶体管时更倾向采用方形发射区周围环绕方形集电区环的结构。这种形式的横向 PNP 管比先前讨论的圆形结构更容易设计，但是由于沿方形对角线的导电通路更长，而且方形发射区的面积-周长比更低，所以基区宽度会略有增加。有些设计者将环状集电区开孔的 4 个拐角变为圆角以减少在这些位置基区宽度的增加。图 8.25 显示了两种形式的方形横向 PNP 晶体管。

由于缺乏径向对称性，方形分裂集电极晶体管只能做成具有两个或者 4 个集电区的晶体管。除了这个限制之外，其他用于制作方形分裂集电极晶体管的规则对圆形分裂集电极晶体管同样适用。在任何情况下，发射区都应该尽可能小，且发射区和集电区之间暴露的 N 型外延层应该被场板完全覆盖。

一些设计者认为横向 PNP 管特性与绘制发射区的面积成比例变化，而其他设计者则认为由绘制发射区的边长决定。实际上，由于一些载流子是从发射区侧壁发射的，而另一些从发射区底部发射，所以实际情况处于这两种极端情况之间。使用大的方形或者圆形发射区会使 β 值显著减小。将发射区延长为一个窄条将既拥有非常大的面积而且不会大幅度增加有效基区宽度［见图 8.26(A)］。这种长发射区横向 PNP 晶体管的形状很容易让人想起热狗，因此这种晶体管有时也被称为“热狗”晶体管。

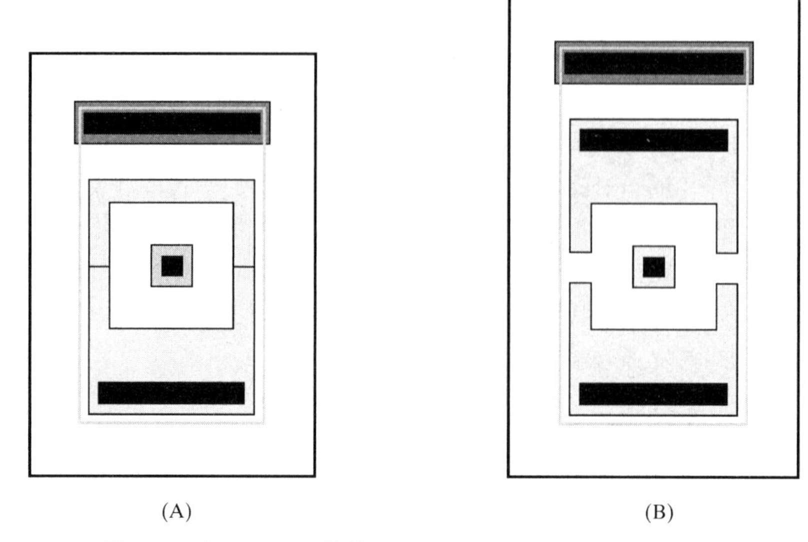

图 8.25 方形 PNP 晶体管：(A)最小发射区晶体管；(B)1/2-1/2 分裂集电极晶体管。为了清楚起见，省略了场板

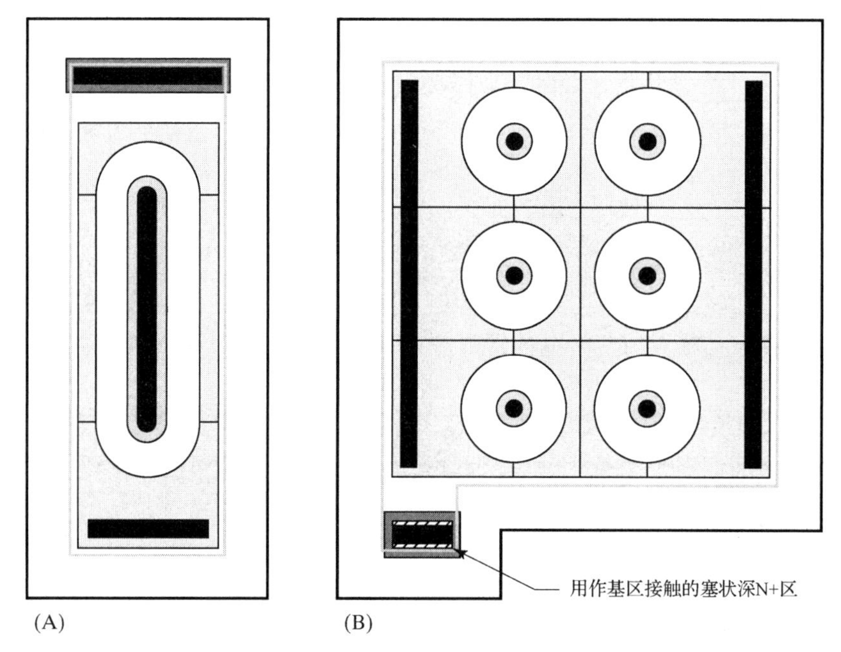

图 8.26 大电流横向 PNP 晶体管：(A)长发射区或者“热狗”晶体管；(B)小发射区阵列晶体管

长发射区晶体管发射区的周长和面积以相同的速率增加，所以关于晶体管由面积还是周长决定的争论成为纯学术问题。由于结侧壁效应、电流集边效应、大注入效应以及各种其他不匹配因素，长发射区晶体管和圆形发射区晶体管将无法匹配。长发射区晶体管的 β 值随着发射区的增长而略有下降，尽管这种下降比发射区是大方形时的情况要小许多。β 值的降低是由于沿发射区条长度方向流动的载流子对基区有效宽度的贡献引起的。图 8.26(A)中的晶体管具有相对较大的集电极电阻，这可能会影响晶体管的匹配，并使得 β 值在低集电极-发射极电压时下降。如果这种情况变得不可忽略，可沿集电区长边设置集电区接触孔以减小集电极电阻。

大的横向 PNP 管也可采用最小尺寸发射区阵列的形式制作[见图 8.26(B)]。因为每个发射单元的几何形状和最小发射区器件相同，所以发射区阵列晶体管处理电流的能力同所包含的发射区数量成正比。这种类型的大尺寸器件通常交错排布各列发射区以获得更紧密的六边形布局(见图 9.12)。

虽然对于图 8.26 中的横向 PNP 管来说，由发射区面积决定还是由周长决定给出了基本一致的结果，但是对于分裂集电极横向晶体管来说由周长决定会更自然一些。每个分立的集电区相当于一个独立的晶体管，晶体管的尺寸由集电区所对应的发射区部分的周长决定。采用长发射区的分裂集电极晶体管也遵循这条规律。大多数设计者都通过绘制发射区的周长来确定横向 PNP 管的尺寸。

假设横向 PNP 管的特性与周长成比例，那么可直接用微米表示或者将最小尺寸发射区周长作为基本单位取归一化值来衡量。许多设计者更喜欢采用后者，因为与前者相比，其形象更直观。在处理分裂集电极晶体管时会出现更复杂的情况：是取分裂集电区占整个圆的比例作为其尺寸还是取面向发射区的绘制集电区周长所占的比例作为参考呢？大多数设计者倾向采用第二种方法，因为采用这种方法可以获得简单的整数比例，如图 8.23 和图 8.24 所示。这种方法可以用下面的公式表示：

$$A_C = \frac{P_E}{P_{EU}} \cdot \frac{P_C}{\Sigma P_C} \tag{8.5}$$

其中，A_C 表示横向 PNP 管集电区的尺寸；P_{EU} 是最小尺寸发射区或单位发射区的周长；P_E 是实际发射区的周长；ΣP_C 是面对发射区的所有集电区周长之和；P_C 是所考虑的面对发射区的集电区周长。

8.2.4　高电压双极型晶体管

一种工艺的最大工作电压不能超过它所制作的最弱器件的允许值。在标准双极工艺中，纵向 NPN 晶体管比横向和衬底 PNP 管更容易击穿，因此 NPN 管的 V_{CEO} 决定了最大工作电压。NPN 管的 V_{CEO} 与平面集电结的雪崩击穿电压 V_{CBOP} 具有如下关系①：

$$V_{CEO} = \frac{V_{CBOP}}{\sqrt[n]{\beta_{\max}}} \tag{8.6}$$

其中，$\beta_{\max}$ 表示器件的 β 峰值，而且雪崩倍增因子 n 的范围一般为 $3<n<6$。小 β 值的器件有较高的 V_{CEO}，但是 β 值小于 50 就会影响到器件的使用，所以多数工艺依靠较大的集电结平面击穿电压来获得足够的 V_{CEO}。漂移区的宽度决定了 V_{CBOP}，而且外延层越厚越能提供更高的击穿电压。外延层越厚，产生的击穿电压越大。隔离扩散的深度必须加大以跟上外延层厚度的变化，工艺流程中的其他步骤保持不变。标准双极工艺的制造商一般提供几种外延层厚度以对应于不同的工作电压，例如 20 V，40 V 和 60 V。如果一个工艺提供了不同的电压等级可供选择，则应选择最小的等级，因为更高的电压会要求更大的隔离间距。

寄生沟道的形成和电荷分散在大电压下会越来越成为严重的问题。当工作电压小于厚场阈值电压 V_{TF} 时，电荷分散可能会引起较小的漏电流。工作在小电流下的电路或采用了精确匹配器件的电路特别容易受到漏电流问题的困扰，因此需要仔细设制场板和沟道终止区。当

① A. Grove, *Physics and Technology of Semiconductor Devices* (New York: John Wiley and Sons, 1967), pp. 230-234。

电压超过厚场阈值时，金属布线会直接诱发寄生通道的形成，因此为了保证电路正常工作就必须同时采用场板和沟道终止区(见 4.3.5 节)。无论工作电压是大还是小，都应在横向 PNP 管发射极区和集电区间暴露的基区表面上设置场板。

任何 PN 结的击穿电压都由其弯曲部分决定：弯曲越厉害，击穿电压就越低。所有扩散结和注入结都有独特的侧壁弯曲。结越深，结侧壁的曲率就越小，因而具有更高的击穿电压。侧壁弯曲的效应非常明显。尽管平面管雪崩击穿电压超过 120 V，然而观察到的集电结击穿电压可能只有 60 V。对于浅结扩散，拐角的弯曲程度超过了侧壁弯曲，所以击穿电压通常由版图形状决定[①]。当版图中存在尖锐的拐角时，扩散结的击穿电压就会略有下降。由于横向扩散会使拐角变圆，所以深扩散结不易出现上述效应。对于结深超过 3 μm 的情况，由于存在 90°的顶角，因此在结的工作电压下几乎不会出现明显的下降。而结深约为 2 μm 的基区扩散会因为 90°的顶角使结的击穿电压下降 5～10 V，相对较浅的 HSR 扩散甚至会产生更大的降幅。

设计者有时候必须使得基区或者 HSR 扩散的工作电压接近各自的极限值。在这种情况下，矩形的 90°顶角会成为一种负担。设计者必须用小段圆弧线(fillet)将每个拐角变为圆形倒角以获得最大的工作电压。弧线的半径应该超过扩散结深。5 μm 半径的弧线足以满足基区和 HSR 扩散的要求。内拐角和外拐角都应变为圆角。圆形(比如圆形倒角)有时无法通过验证，所以有些设计者采用切角(chamfer)来代替圆角。切角是指使用一个小段斜线将顶角切掉。虽然没有最初的拐角尖锐，但是切角不如圆角有效，因为它仍然含有尖角。如果使用切角，斜线的长度必须大于扩散的结深。

图 8.27 显示了两支含有采用圆形倒角的 NPN 晶体管。图 8.27(A)中的晶体管只将基区扩散的拐角改为圆形倒角，此举足以获得所要求的 V_{CBO}，而且不需要再采取其他措施了。有些设计者也会将晶体管的隔离岛变为圆形倒角，尽管隔离区扩散很深使得这些圆形倒角基本上没有什么用处。上下穿通隔离可能会从圆形倒角中受益，因为它使用了更浅的隔离扩散。图 8.27(B)显示了一个将基区、NBL 和隔离区的拐角都做成圆角的 NPN 晶体管。大的圆形倒角应该与基区圆角绘制成同心结构以保持两者之间固定的间距。

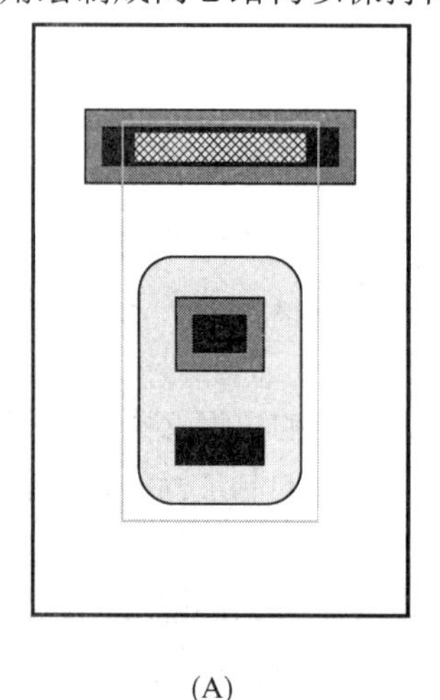

(A)

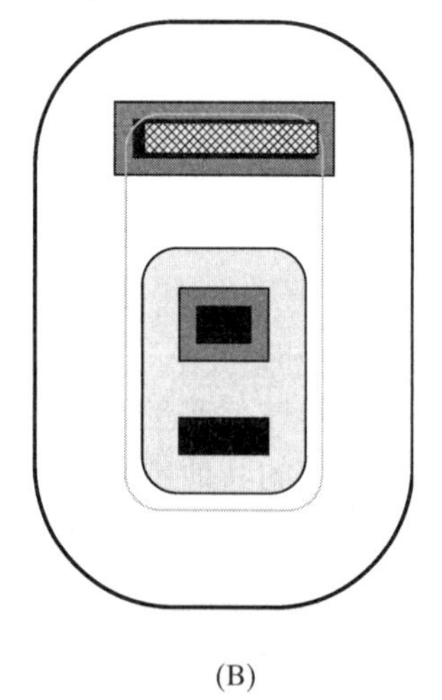

(B)

图 8.27　含有圆形倒角的高压 NPN 晶体管：(A)只将基区改为圆角；(B)将基区、NBL 和隔离区都改为圆角

① C. Basavanagoud 和 K. N. Bhat, "Effect of Lateral Curvature on the Breakdown Voltage of Planar Diodes," *IEEE Electron Devices Letters*, Vol.EDL-6, #6, 1985, pp. 276-278。

高压晶体管版图需要增加某些扩散区之间的间距以便能容纳更宽的耗尽区。需要修改的间距包括：基区-基区，HSR-HSR，基区-HSR，基区-隔离区和 HSR-隔离区，等等。其他需要调整的间距包括集电区-基区，集电区-隔离区，NBL-隔离区，深 N+区-隔离区和深 N+区-基区(这里集电区是指集电区接触孔周围的发射扩散区)。高压扩散增大间距的要求可能在验证时会出现问题。最简单的过程就是对于所有扩散使用更大间距的验证规则。但另一方面，如果只对高压器件改用大间距的验证规则，则可以节省大量的面积。这需要在设计规则验证的时候采用一定的方法来区别高压和低压器件的图形。有一种技术是在低压器件周围绘制一个特殊的层以区别于高压器件。还有一些设计者更倾向于在高压器件而不是低压器件旁绘制图形，但是我们并不推荐采用这种方法。由于不经意疏忽了低压标记而产生的错误会在验证过程显示出来，而高压标记的疏忽则无法察觉，因为这并不违反任何设计规则。

有时设计者会试图使用特殊的电路拓扑结构提高器件的电压额定值使其超出设定的极限。最常见的例子就是通过避免纵向 NPN 晶体管的基极进入高阻态使其 V_{CEO} 超出额定最大值。实质上，电路设计者依靠的是晶体管的 V_{CER} 而不是 V_{CEO}。但是这种做法可能会引发一些问题，因为晶圆代工厂不会改变或控制 V_{CER} 额定值。由于导通过程中 V_{CER} 回跳至 $V_{CEO(sus)}$，所以将 V_{CEO} 升至超出额定值的晶体管可能在关断时出现闩锁现象。在任何可能的情况下，设计者都应该使用大电压的工艺，而不应试图提升低压器件的额定值。

8.2.5　超 β(Super-Beta) NPN 晶体管

标准双极工艺制造的纵向 NPN 晶体管的 β 峰值一般能够达到 200。虽然这是一个很大的电流增益，但是对于某些特殊应用仍显不够。例如考虑一个小电流输入运算放大器，如果该放大器采用工作电流为 50 μA 的 NPN 输入级，那么输入偏置电流应该是 250 nA。如果考虑到工艺和温度的变化，偏置电流能达到 500 nA。这个数量级的电流在小电流放大电路中是不允许的。虽然有技术能够减小基极电流，但是由于失配和漏电流，这些技术的效果并不理想。

正如 1.3.1 节中所提到的，双极型晶体管的 β 值与 Gummel 数成反比，Gummel 数是指沿载流子流经中性基区的路径对基区掺杂浓度的积分。对于具有平面结和恒定基区掺杂浓度的理想纵向 NPN 晶体管，Gummel 数等于基区掺杂浓度和中性基区宽度的乘积。遗憾的是，厄尔利电压和 Gummel 数成正比，因此增加任何 β 值的措施都是以厄尔利电压下降为代价的。这意味着拥有高 β 值的晶体管的厄尔利电压会非常低。而且，厄尔利电压只是用于量化耗尽区进入中性基区的程度，所以厄尔利电压小的晶体管会在相对较低的电压下出现基区穿通击穿。

某些标准双极工艺流程中提供工艺扩展用于制造具有极高 β 值的晶体管，这些器件常被称为超 β 晶体管。工艺扩展通常采用另一种形式的基区掩模来减小基区宽度，或者(更常用的)采用另一种形式的发射区掩模用于制造更深的发射区。因为基区的掺杂浓度随着深度的增加而不断减小，所以上述两种方法不仅减小了基区宽度，而且降低了掺杂浓度。β 值超过 5000 的晶体管是可以制造的①，但是这些晶体管的厄尔利电压和穿通电压都只有几伏特。因此，超 β 晶体管只能在极其有限的环境中使用。任何使用超 β 晶体管的电路也需要使用普通 NPN 管。目前，超 β 晶体管已大量被 BiFET 或者 BiCMOS 工艺的产品替代，但是还可以在许多现代工艺中看到 β 值不是特别高的高增益双极型晶体管。

---

① W. M. Gegg，J. L. Saltich，R. M. Roop 和 W. L. George, “Ion-Implanted Super-Gain Transistors,” *IEEE J. Solid-State Circuits*, Vol.SC-11, #4, 1976, pp. 485-491。

图 8.28 显示了标准 NPN 晶体管和采用深发射区扩散形成的超 β 晶体管的剖面图。正如这些剖面图所示，两种器件的唯一区别是对发射区扩散的选择。经修改的发射区扩散可以生成小于 0.1 μm 的有效中性基区宽度。这种非常窄的基区宽度在实践中很难控制，因此晶体管的 β 值、厄尔利电压和穿通电压的变化范围很大，因此有必要加入发射区探测器以保持对这些参数足够的控制。

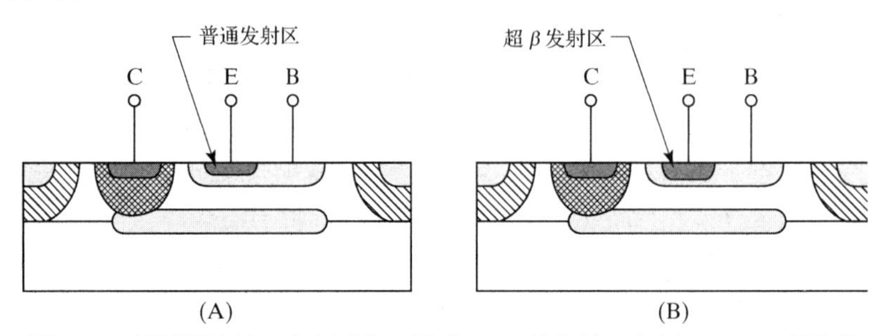

图 8.28 剖面图比较：(A)标准双极型 NPN 晶体管；(B)超 β NPN 晶体管

8.3 CMOS 和 BiCMOS 工艺小信号双极型晶体管

CMOS 工艺是为了制造 MOS 电路而优化设计的，所以只能生成寄生双极型晶体管。这些器件的性能常常与期望值相差很远。BiCMOS 工艺可以制造出可以与标准双极工艺相匹敌甚至超过它的双极型晶体管，但是成本很高。业界一直存在关于各种工艺优缺点的争论。大多数现代模拟工艺都可归入以下 3 类：模拟 CMOS、功率 BiCMOS 和高速 BiCMOS。

模拟 CMOS 工艺基于包含微小延伸的数字 CMOS 工艺(如硅化物阻挡层)用以支持模拟设计。模拟 CMOS 工艺不能制造双极型晶体管，但总是能至少提供一种双极型寄生晶体管，通常是衬底 PNP 管。某些模拟 CMOS 工艺也能生成横向 PNP 管和浅阱 NPN 管。模拟 CMOS 工艺多用于包含大量数字逻辑的应用，而且用于射频设计时也产生了良好的效果。

功率 BiCMOS 工艺必须能够处理大电流或者高压(或者两者都有)。这类工艺通常用于制造某种 DMOS 晶体管。它们同样也能制造通用 CMOS 晶体管，但是与模拟 CMOS 工艺的产品相比通常会加入某些工艺扩展，如 NBL 和深 N+区以帮助控制少子注入。这些工艺对于制造双极型晶体管也非常有用。功率 BiCMOS 工艺制造的晶体管既大又慢。绝大多数功率 BiCMOS 工艺能制造相当充足的集电区扩散隔离 NPN 晶体管(也许速度较低)。许多 BiCMOS 工艺也能制造横向 PNP 管。某些功率 BiCMOS 工艺还可制造其他双极器件，如扩展基区晶体管和 DMOS 晶体管。

高速 BiCMOS 工艺主要用于制作既具有极高的开关速度又具有特殊参数性能的高度优化的双极型晶体管。这类工艺一般来说支持互补双极型晶体管的制造，也就是说，NPN 管和 PNP 管具有相似的结构和性能。这些晶体管一律采用多晶硅发射极，而且许多工艺现在采用了部分氧化隔离工艺。最新一代高速 BiCMOS 工艺采用 SiGe 技术来进一步提高晶体管速度。此类工艺可以同时实现极高的速度和很小的信号失真——例如，用于高速放大器和某些行驱动器。

8.3.1 CMOS 工艺 PNP 晶体管

任何 N 阱 CMOS 工艺都可以制作类似于图 3.31 的衬底 PNP 管。该器件采用了 PMoat 制作的发射区，该发射区位于由采用 NMoat 作为接触孔的 N 阱构成的基区内。P 型衬底作为集电区。早期 10 V 多晶硅栅 CMOS 工艺制造的衬底 PNP 管的 β 值在 100 以上，其他更先进的工艺却难以获得超过 5 或 10 的 β 值。这主要是因为以下 3 个原因：浅退化阱（retrograde well）的使用、现代的超薄源/漏注入和硅化沟槽（silicided moat）的使用。

10 V 多晶硅栅 CMOS 工艺的 N 阱区很深而且是轻掺杂的。当 CMOS 工艺的工作电压下降时，N 阱变浅且掺杂加重。引入浅阱深有利于增加横向间距，而重掺杂有利于控制沟道长度调制和穿通。尽管浅阱有利于减小纵向 PNP 的 Gummel 数，但是这方面的益处都被阱掺杂浓度的升高所抵消。现在，许多现代 CMOS 工艺都使用退化阱，此举只是为了解决这个问题。引入这些退化阱的部分原因是为了减小去偏压，部分原因是为了限制耗尽区向下扩散，还有部分原因是为了通过消除衬底 PNP 管的 β 增益提高抗闩锁的能力。

CMOS 工艺发展过程中另一个显著的趋势是使用越来越薄的源区和漏区。同样的趋势也引起双极型晶体管增益相应的下降。人们最早是在大接触孔的晶体管中注意到了该问题。许多设计者因此得出结论，β 值的下降是由于硅化（silicidation）造成的。实际上，问题在于接触孔（不管那里是否已经硅化）过于接近晶体管的发射结。一些少子会从基区注入发射区。如果发射区足够薄，那么载流子就可以在复合之前穿过发射区。到达接触孔界面的任何载流子几乎都会立即复合掉。少子浓度的下降使得驱动扩散的少子浓度梯度迅速增大，从而增加了由基区到发射区的少子扩散电流。因此，靠近发射结的接触孔会降低发射注入效率。这种短发射区效应（short-emitter effect）会极大地降低双极型晶体管的增益[①]。

可以通过减小做在晶体管内的发射区接触孔面积在一定程度上抑制短发射区效应。这种效果可以通过两种机制来解释：第一，硅化实际上是一种硅参与的反应。对于现代极薄的源/漏注入而言，硅化的深度占了发射结结深的一大部分。因此，减小硅化的深度就可以增加平均发射结结深；第二，硅-氧化物界面的复合率远低于硅化-硅界面。由于存在短发射区效应，一般可从包含尽可能最少的发射区接触孔的 BiCMOS 晶体管获得最大的增益。较大的晶体管可能需要一个以上的接触孔来减小发射区去偏压和接触孔电迁徙问题。

许多高级 CMOS 工艺对源/漏区的整个表面进行硅化。这些复合槽（clad-moat）工艺通常体现出由短发射区引起的极低的衬底 β 值。人们已经观察到小于 1 的 β 值。如果复合槽工艺包括一个硅化阻挡掩模，那么就可以利用这一层尽可能多地去除发射极硅化物。这种防范措施可以显著提高衬底 PNP 管的 β 值。

不采用退化阱的工艺可能产生很大的横向基区电阻，尤其是发射区下面的部分。这些晶体管的低增益加大了基区电阻的影响。那些增益值接近 1 的晶体管受到的影响最大，因为 β 值的变化可以引起基极电流很大的波动，进而引起发射结偏压的变化。对于匹配器件，仅仅几百微伏的压降就必须引起重视。有明显基区去偏置现象的晶体管应该在尽可能最低的集电极电流下工作。人们经常采用 1～10 $nA/\mu m^2$ 的电流密度，但是设计者也必须注意器件漏电流对这些小电流的影响，特别是在高温工作环境下。图 8.29（A）所示的叉指状版图也非常有用。这种晶体管采用长的最小宽度条状 PMoat 作为发射区，并与条状 NMoat 区相互间隔。器件中尽可能少做发射区接触孔以将发射区去偏压限制在几百个微伏以内。如果可能的话，硅化阻挡掩模应该包围每个发射区以减小短发射区效应。即使采用了这些预防措施，在低增益 CMOS 衬底晶体管中集电极电流失配程度达到 ±3%～±5%也是很常见的。

---

① 作者用这个名称比喻短基区二极管。参见 R. S. Muller 和 T. I. Kamins，*Devices Electronic for Integrated Circuits*，2d ed.（New York: John Wiley and Sons, 1986），p. 238。

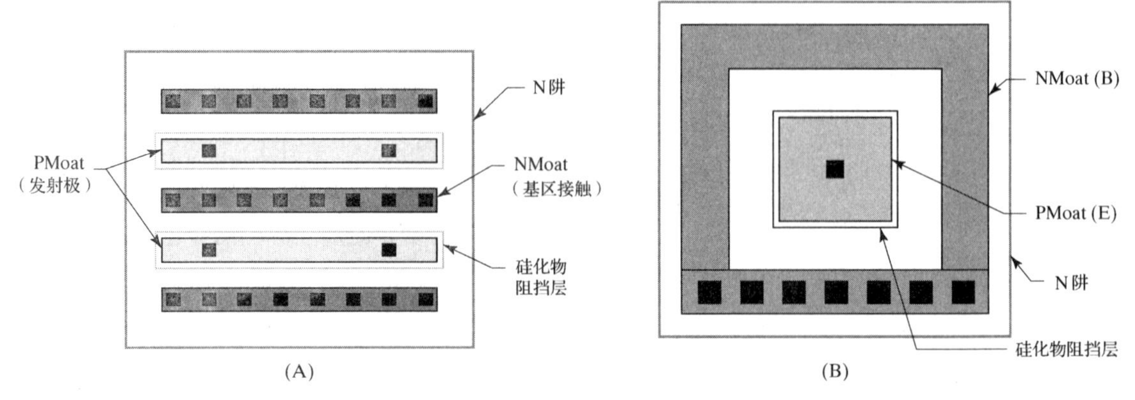

图 8.29 CMOS 工艺衬底 PNP 晶体管版图：(A)采用叉指状发射区；(B)采用小接触孔大面积发射区

如果基区去偏置并不是很严重，则采用大的方形发射区并在中心放置一个小接触孔的结构可获得更好的特性［见图 8.29(B)］。大的发射区面积会使纵向注入超过横向注入，从而提高晶体管的 β 值。如果可能的话，硅化阻挡层应该覆盖发射区。图中所示晶体管的基区接触孔由围绕发射区的 NMoat 环构成。这个预防措施有助于减小基区电阻。如果考虑到面积约束，可采用一个基区接触孔，或者分别在发射区的两侧排布一对接触孔。

选择叉指形放射区还是大的方形发射区取决于很多因素，包括阱掺杂分布和短发射区效应的影响。评估这些因素的唯一完全可靠的办法就是分别绘制两种器件的版图，然后制造并测试各自的性能。但是，一般的情况是：如果工艺可获得高增益，那么大发射区晶体管的性能更好；在增益为 1 的情况下，叉指形晶体管的性能更好。

CMOS 工艺也能制作图 8.22 中的横向 PNP 管。由于缺少 NBL，这种结构的集电极效率较低。用标准 10 V CMOS 工艺制作的典型器件的集电极效率只有 0.1。这个效率太低以至于这种器件不能被称为横向 PNP 管。实际上，纵向增益可能比横向增益还要大。这意味着可以通过完全去除集电区环并以牺牲横向电流为代价扩大发射区以增进纵向载流子流动来改善晶体管的性能。遗憾的是，衬底 PNP 管的功能单一，因为它的集电极电位必须与衬底相同，所以设计者必须寻找更好的横向 PNP 管的版图结构。

图 8.30 显示了一种改进型的 PNP 管，它使用环形多晶硅栅作为中性基区的场板。因为栅与发射极相连，所以 PMOS 晶体管保持截止状态。该器件的集电区和发射区都自对准于场板，所以基区的宽度很短①。发射区采用了单接触孔，位于最小尺寸 PMoat 区的中心，上面覆盖硅化阻挡层。由于 PSD 横向覆盖接触孔的程度超过了硅化物到源/漏结的纵向距离，所以短发射区效应进一步减小。

现代 CMOS 工艺制作的横向 PNP 管的增益可以很轻易地达到 50～100。这样的高增益源于基区宽度的减小使横向晶体管 β 值增大以及集电极效率的提高。集电极效率的改善主要是因为发射区尺寸的减小和发射区同集电区之间更短的间距，这两个因素都更有利于提高横向电流。采用退化阱工艺得益于少子在退化界面处发生反射。只要退化阱的杂质分布适当，集电极效率就可能达到 0.9 以上。包含从衬底隔离出的退化浅 P 阱工艺既可以制作横

① E. A. Vittoz, “MOS Transistors Operated in the Lateral Bipolar Mode and Their Application in CMOS Technology,” *IEEE J. Solid-State Circuits*, Vol.SC-18, #3, 1983, pp. 273-279。

向 NPN 管也可以制作横向 PNP 管。现在已经制造出 β 值超过 1000、集电极效率超过 0.99 的横向 NPN 管①。

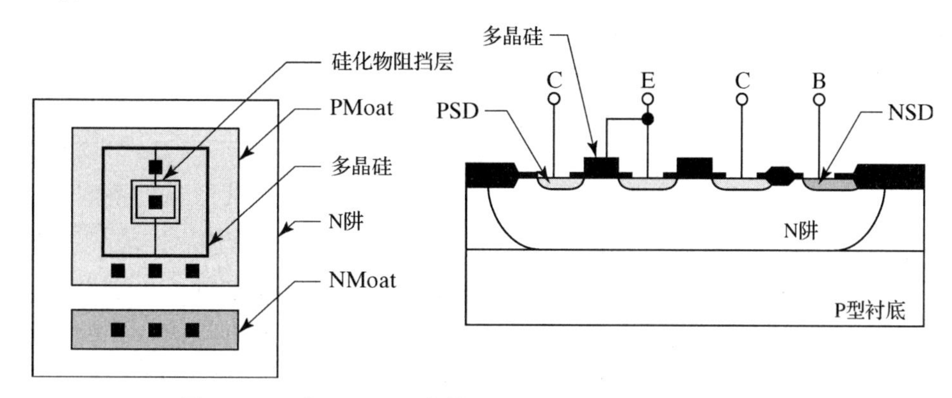

图 8.30　N 阱 CMOS 工艺横向 PNP 晶体管的版图和剖面图

较小的基区宽度确实可以使多晶硅场板横向 PNP 管获得高 β 值，但是会产生相对较低的厄尔利电压。我们不推荐增加基区宽度，因为这会使集电极效率迅速降低，进而使 β 值的降低速度远超过厄尔利电压的上升速度。因此，设计者必须依靠电路技术来替代上述手段［例如使用共发共基放大器(cascode)］以平衡匹配晶体管所需的集电极-发射极电压，并且限制施加在所有晶体管上的最大集电极-发射极电压。

8.3.2　浅阱(Shallow-Well)晶体管

许多工艺支持两种 CMOS 晶体管：核心逻辑电路使用的低压晶体管和接口与模拟电路使用的高压晶体管。这种工艺的典型实例就是 5 V 和 15 V CMOS 工艺。许多这类工艺使用多阱来制作不同的晶体管。相对于高压晶体管而言，低压晶体管要求浅阱深和高掺杂浓度，因此会经常使用以下 3 种阱：深 N 阱用于高电压 PMOS，浅 N 阱用于低压 PMOS，浅 P 阱用于低压 NMOS。

某些工艺提供了一种集电区扩散隔离(CDI)NPN 晶体管，它采用浅 P 阱作为基极。这种晶体管的发射区由中心处有一个接触孔的塞状 NMoat 区构成。发射区位于以塞状 PMoat 区为接触孔的基区内。集电区由深 N 阱构成，并且采用塞状 NMoat 区作为接触孔。图 8.31 显示了这种类型的晶体管。

浅阱晶体管有源基区相对较薄而且掺杂浓度低，通过在深 N 阱中形成更浅且掺杂浓度更高的浅 P 阱的方法制作，所以这种晶体管表现出相对较高的 β 值。采用 15 V 模拟 BiCMOS 工艺制作出的这种结构的增益超过 100。浅阱晶体管的厄尔利电压通常比经过优化的采用单独基区注入的 CDI NPN 要低一些，基极电阻则更大，但是这些效应都并不足以影响这种晶体管的使用。

浅阱晶体管主要表现出以下两个问题：基区穿通和表面沟道的形成。基区穿通的发生主要是由于深 N 阱较低部分通常掺杂较轻。当集电结上的偏压增加时耗尽区会迅速耗尽集电区

① S. Verdonckt-Vandebroek，S. S. Wong 和 P. K. Ko, “High Gain Lateral Bipolar Transistor,” *International Electron Devices Meeting*, 1988, pp. 406-409。

到达下面的隔离区。只要简单地将 NBL 置于晶体管底部，即可防止在 BiCMOS 工艺中出现基区穿通。引入退化阱也能起到相似的作用，但是大多数深阱不能形成逆向的杂质分布。另一个可能限制基区穿通发生的方法是采用完全氧化层隔离，埋层氧化(BOX)将阻止集电结向下耗尽。遗憾的是，当晶体管完全耗尽时它的有效基区宽度将大幅增加。穿通现象是否会对特定的工艺造成影响主要取决于浅 P 阱和深 N 阱的相对结深以及各自的掺杂分布。某些具有浅阱的工艺无法制作浅阱晶体管。

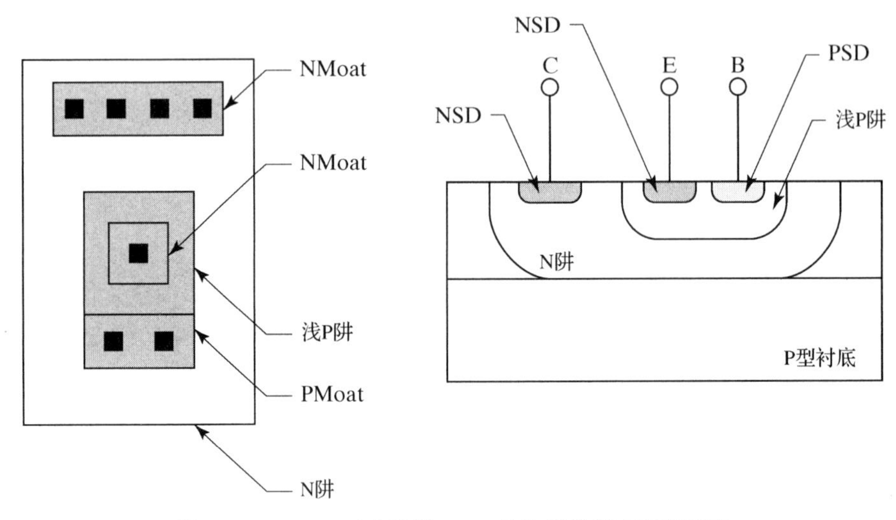

图 8.31　CMOS 工艺浅阱 NPN 晶体管的剖面图和版图

表面沟道的形成也会带来问题。基区表面由在深 N 阱表面掺入类型相反的杂质形成的浅 P 阱构成。根据晶体管版图的不同，基区可能包含 N 型沟道终止区。计入硼的吸收(suckup)效应和磷的堆积(plow)效应，基区表面的掺杂浓度变得非常低。即使没有明显的栅极存在，基区轻掺杂的晶体管往往也会形成寄生 MOS 沟道。大集电极-发射极偏压下，这些寄生沟道会引发集电极-发射极漏电流。可通过引入沟道终止区、场板或者两者同时使用来抑制寄生沟道的生成。沟道终止区由一圈 PMoat 组成，这圈 PMoat 还作为外部的基区引线孔。场板由连接到发射区的第一层金属制作的圆盘构成。只要空间允许，场板就应该扩展出 PMoat 区 1～2 μm。即使加入了沟道终止区，也必须使用场板以确保发射区的面积保持不变。如果没有场板，由于包围发射区的中性基区表面反型，发射区实际的面积可能增大。

浅阱晶体管比用标准双极工艺或者模拟 BiCMOS 工艺制作的纵向 NPN 晶体管具有更大的集电极电阻。由于没有深 N+侧阱和 NBL，浅阱晶体管的集电极电阻可轻易达到几十千欧。如此巨大的集电极电阻将会使晶体管从饱和区跳变到正向放大区的过程十分缓慢(见图 8.32)。该效应不仅增大了饱和电压，还使为晶体管建立精确模型变得十分困难。标准 SPICE 模型中的简单集总集电极电阻通常不足以解决集电区中的三维电流流动。可以通过使浅阱晶体管工作于小电流(通常不超过几毫安)条件下减小集电极电阻的影响。采用模拟 BiCMOS 工艺制作的晶体管应该包含 NBL，而且如果器件必须工作在数百毫安的电流下，那么还应当引入深 N+区。

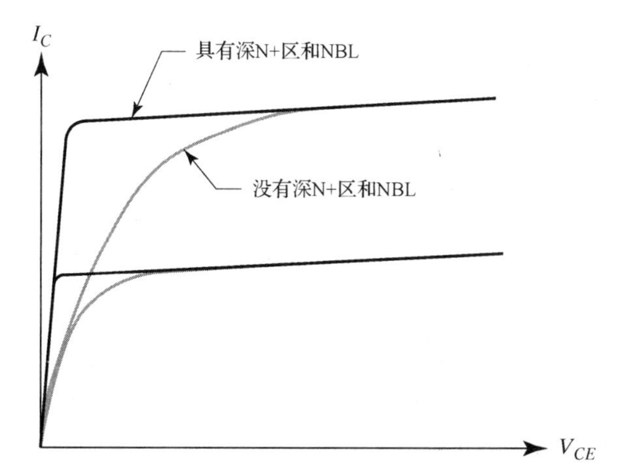

图 8.32　CDI NPN 晶体管的饱和特性，黑线表示有深 N+侧阱和 NBL，灰线表示无深 N+侧阱和 NBL

8.3.3　模拟 BiCMOS 双极型晶体管

N 阱相对较浅的结深限制了 CDI NPN 晶体管的工作电压通常只有 15～20 V。有一种结构可以提高工作电压，但要以减小安全工作区面积和降低厄尔利电压为代价。图 8.33 显示了扩展基区 NPN 晶体管的版图和剖面图。

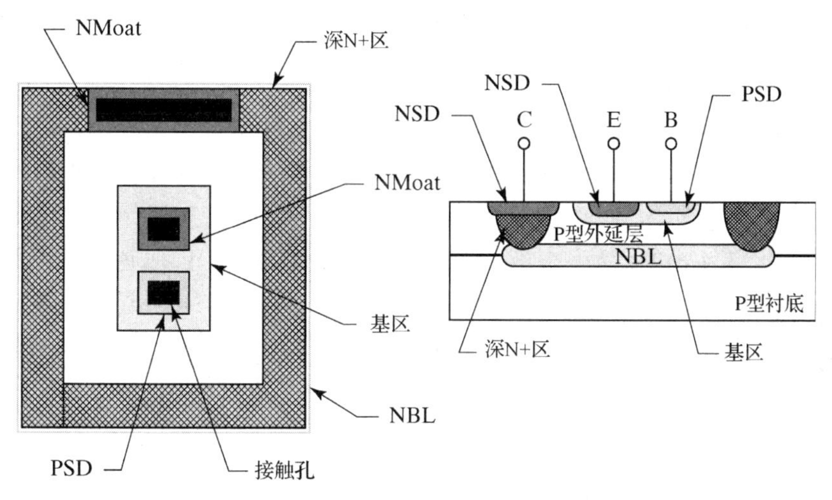

图 8.33　扩展基区 NPN 晶体管的版图和剖面图

与 CDI NPN 晶体管相比，基区扩展晶体管没有采用 N 阱。这种晶体管的基区由普通的基区扩散区和隔离的 P 型外延区构成，后者处于基区扩散区和下面的 NBL 之间。环形深 N+区域将基区和周围的 P 型外延区隔离，同时提供了到 NBL 的连接通路。集电区由扩展基区下面的 NBL 和环绕扩展基区的深 N+区构成。扩展基区的 P 型外延层部分作为漂移区极大地提高了这种结构的工作电压。集电结耗尽区无法深入到重掺杂的 NBL 中去，因而转为向上方轻掺杂的 P 型外延层扩展。因为集电结耗尽区主要突入基区而不是集电区，所以这种结构的厄尔利电压相对低于 CDI NPN 晶体管。尽管对 P 型外延层的附加掺杂增大了扩展基区的 Gummel 数，但是由于与基区扩散区相比 P 型外延层的掺杂很轻，所以这种增加小于期望的结果。基区扩散区终止了漂移区并限制了集电结耗尽区向上扩展，从而避免了基区穿通现象。在多阱工艺中经常采用 P 阱来替代上述器件中的基区扩散。

CDI NPN 晶体管相比，这种扩展基区结构具有更高的平面集电结击穿电压，因此具有更高的 V_{CEO} 额定值，通常在 40～60 V 之间。基区扩散区能够被彻底去除，从而形成外延基区晶体管（epi-base transistor）。去除基区扩散区极大地降低了器件的 Gummel 数。这种外延基区晶体管的 β 值可达数百，但是要以降低工作电压（由于基区穿通）和增加基极电阻为代价。这种外延基区晶体管的一个优点是不需要一个单独的基区扩散区。

如果深 N+隔离环被类似的 N 阱替代，那么形成的器件只需增加一个模拟 CMOS 工艺流程中并不常见的掩模步骤。改进后的器件由于有较高的集电极电阻，所以只能承受很小的电流，但是它们的小电流 β 特性和器件匹配性都远远超过任何其他与 CMOS 工艺兼容的双极型晶体管（见 8.3.1 节）。但遗憾的是，单纯的 CMOS 工艺基本上不能提供适于制作外延基区器件的 NBL 层。

模拟 BiCMOS 衬底 PNP 管（见图 3.50）采用 PSD 而不是基区扩散制作发射区，因为基区扩散的结深更大，从而会降低晶体管的穿通电压。PSD 衬底 PNP 管的性能大体等于标准双极工艺中的衬底器件。因为衬底晶体管会向衬底中注入电流，所以设计者必须采取措施预防衬底去偏压（见 4.4.1 节）。

模拟 BiCMOS 横向 PNP 晶体管拥有惊人的高 β 值。相对较浅的基区扩散允许晶体管的集电区和发射区距离很近。同时，阱中杂质分布的缓变特性（graded nature）（可通过磷沟道终止注入帮助形成）有利于在基区最窄的表面提高击穿电压。大多数少子注入都发生在晶体管的深处，在那里由于阱和基区扩散的缓变特性使得发射结内建电场减弱，所以表面掺杂的提高会适当增加晶体管的 Gummel 数。阱的缓变特性（同样可通过磷沟道终止注入帮助形成）会产生一个电场促使少子向下并远离氧化层-硅界面。因为（100）硅的低表面态电荷，所以能够克服这个电场的载流子也会有相对较低水平的表面复合。最后，模拟 BiCMOS 中的浅扩散工艺和超级光刻允许实现较小的特征尺寸，所以能够做出非常小的发射极（通常直径为 5 μm），从而增加了从发射区壁注出的载流子比例，同时减少了这些载流子的渡越距离。所有这些因素共同作用极大地提高了横向 PNP 管的 β 峰值，甚至可超过 CDI NPN 管。这种高 β 特性还有助于扩展工作电流范围，允许每个最小发射区流过 100 μA 电流时还能使 β 值保持为 20。模拟 BiCMOS 横向 PNP 管更小的单元尺寸能够在不借助深 P+扩散的情况下制作面积效率很高的（very area-efficient）功率横向 PNP 晶体管。

发射区的大小对于模拟 BiCMOS 横向 PNP 管的 β 值具有很大影响，这主要是由于从发射区底面注出的载流子比从侧壁注出的载流子渡越的距离远。此外，阱的缓变掺杂产生了一个弱电场，该电场会引起少子向 NBL/N 阱界面处漂移。这个电场防止界面向集电区反射少数载流子同没有该电场而发生这种情况时一样高效。更差的是，模拟 BiCMOS 工艺中采用的 NBL 层经常是相对轻掺杂的以减小横向自掺杂效应，而低压工艺中的阱都被做成重掺杂以防止发生穿通。掺杂浓度差的减小降低了 NBL/N 阱界面处的内建电场，并允许载流子穿过界面进入 NBL，在那里发生复合或者流入衬底。模拟 BiCMOS 横向 PNP 管应该采用最小尺寸发射区以确保尽可能最高的增益。大晶体管应该使用阵列发射区而不是拉长的发射区也是由于同样的原因。

PSD 注入区也能形成横向 PNP 晶体管的发射区和集电区。由于 PSD 注入的深度，从而浅减小了晶体管的面积，但也会降低集电极效率。源/漏注入过浅以至于大量的少数载流子都从它们的底部流过而不是经过侧壁横向移动。有两个因素会使上述问题变得更加严重：一个是使 PSD 集电区变浅的隐藏式厚场氧化层和 N 型沟道终止注入，另一个是阱的缓变特性会增强少子向下漂移。如果必须使用 PSD 横向晶体管，那么可以通过加宽集电区或者将晶体管围绕在深 N+环内来提高集电极效率。

模拟 BiCMOS 工艺横向 PNP 管并不需要设置基区场板，除非晶体管的工作电压超过了厚场阈值。采用磷沟道终止注入会产生内建势场，从而阻止少子向表面移动，而且即使有少子到达表面，(100)面硅也会把少子复合降到最低。因此模拟 BiCMOS 工艺中的漏电流和 β 值的变化被大大减小。消除基区场板有助于减小晶体管的总面积，从而使横向 PNP 管成为更具吸引力的器件。

8.3.4　高速双极型晶体管

许多现代电路都工作于吉赫兹(GHz)频率，比如移动电话和卫星系统采用的射频收发器，示波器中使用的宽频带信号处理放大器，以及数字行驱动器等。双极型晶体管的理论开关速度可达数十个吉赫兹。然而目前为止所讨论过的晶体管均远低于上述理论开关速度。限制实际晶体管性能的主要有 4 个因素：饱和、结电容、基极电阻和基区渡越时间。为了制造真正的高速双极型晶体管必须重视每一个因素。

饱和对于双极型晶体管的开关速度影响最大，所以它从来都是要优先考虑的因素。一旦晶体管进入饱和态，中性基区和集电区中就会充满少数载流子。直到载流子全部复合或穿越集电结才能将其从晶体管中抽走。平均复合时间(也就是所谓的少子寿命)主要取决于掺杂浓度。双极型晶体管的集电漂移区一般很宽并且轻掺杂。集电区中的少子寿命通常会超过 1 μs，从而将饱和晶体管的开关速度限制在几兆赫兹。

早期双极逻辑电路采用的就是饱和晶体管，因此饱受极低开关速度的困扰。设计者试图引入金原子作为复合中心来解决上述问题。增加的复合中心降低了少子寿命，因而提高了晶体管的开关速度。但是，任何用于处理掺金材料的扩散炉都会受到金玷污而无法用于其他目的。随着掺金工艺缺点的逐渐显现，电路设计者开始改变电路的结构以消除饱和晶体管。最早采用的措施之一就是在集电结上并行接入肖特基二极管(见 8.1.4 节)。后来又有很多其他措施被采纳，因此饱和已经不再是限制双极电路速度的主要问题。

结电容同样对于开关速度有很坏的影响。纵向晶体管的发射结、集电结和集电区-衬底结之间都存在耗尽区电容。为了使晶体管转换工作状态，这些电容都要进行一定程度的充电或者放电。其中集电结电容的危害最大，这是因为电容注入相对高阻的基极电路中的电荷被集电极的电压摆幅所放大(电路设计者称这一规律为米勒效应)。

可以通过减小结面积来减小结电容。不断改进的光刻技术允许绘制更小的版图，这就直接导致了结电容的减小和开关速度的加快。可通过重新设计晶体管消除不必要的覆盖和间距做进一步的改进。例如，图 8.34(A)中显示的传统晶体管要求发射扩散区覆盖发射区接触孔以允许一定的对版误差。而图 8.33(B)中的净发射区晶体管消除了扩散区比接触孔大的那一部分，极大地减小了发射区面积，进而减小了基区面积。

净发射区是与接触孔自对准的发射扩散区，可通过特殊的刻蚀技术实现。采用传统的淀积和推结方法形成发射区，其间会生成一层薄的发射区氧化层。在去除接触孔氧化物的过程中保留发射区上的光刻胶。在其他接触孔都已经做好并除掉光刻胶后，采用一种简单的但需精确控制的刻蚀工艺剥除薄发射区氧化层并形成发射区接触孔。原始氧化层开孔下的发射区横向扩散足以覆盖接触孔，从而防止了发射结短路的发生[①]。尽管从目前来看净发射区晶体管更具有历史意义，但在现代多晶硅发射极晶体管中可以看到同样的原理(见 8.3.5 节)。现代双极型晶体管中，氧化隔离(见 8.3.6 节)在减小结电容方面也起到了很重要的作用。

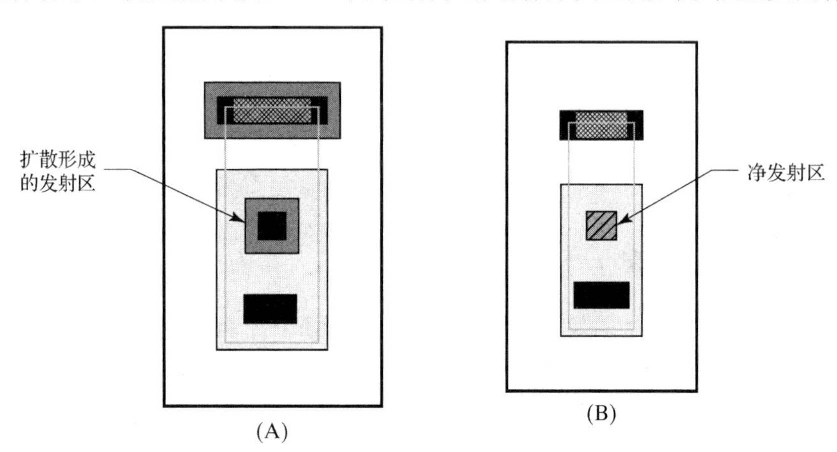

图 8.34 晶体管比较：(A)传统的发射扩散区晶体管；(B)净发射区(washed emitter)晶体管

基极电阻是另一个限制制作高速双极型晶体管的主要障碍。集电结电容不能完全消除，而且任何注入基区的电流在被基极外部驱动电路从晶体管中移除之前都必须流过基极电阻。位于发射区下方的基极电阻一定程度上贡献了大部分的基极电阻。因此，可以通过采用尽可能最小的发射区最有效地减小基区电阻。采用净发射区就是一种能够达到上述目的的方法。在发射区的两侧都制作基区接触孔或者直接将基极接触孔环绕发射区也有助于减小基区电阻。图 8.17(B)中的双基极晶体管就是此类器件的代表。

一旦由饱和、基极电阻和结电容引起的问题得以解决，双极型晶体管的速度就是少子从发射区到达集电区所需时间的函数。这个被称为基区渡越时间的量限定了晶体管所能期望达到的速度上限。可以通过减小中性基区的宽度来降低基区渡越时间。如果基区掺杂浓度增加，也就是同基区宽度成反比变化，那么晶体管的 Gummel 数将保持不变。较高的基区掺杂浓度也在很大程度上消除了中性基区宽度对基区埋层电阻造成的影响，所以高速晶体管会采用尽可能最薄的基区宽度，但也需要考虑到发射注入效率、击穿电压以及尺寸控制等方面的限制。

一旦基区已做到最薄，基区渡越时间就由少子的速度决定。这个速度同所研究载流子的迁移率成正比。硅中电子的迁移率几乎是空穴的 3 倍，因此，在其他因素基本相同的情况下，NPN 晶体管的速度将是 PNP 晶体管的 3 倍。从历史的观点看，该现象解释了为什么标准双极工艺格外重视 NPN 晶体管。现代高速电路设计技术要求同时使用 NPN 管和 PNP 管，所以大多数高速双极工艺都朝着能够提供两种性能相当的晶体管的方向发展。互补工艺中所暗示的折中限制了 NPN 晶体管的性能，但是 PNP 晶体管的多样性足以补偿 NPN 晶体管的任何不足。

一旦基区宽度做到了最小，要想进一步缩短基区渡越时间就只能提高载流子的速度了。某些半导体材料的迁移率比硅高，因此可获得更高的载流子速度。这些材料中最著名的就是砷化镓(通常念为 gas)。在历史上，砷化镓电路曾经达到过比同代硅电路高数倍的开关速度。

① Muller, *et al.*, pp. 306-307。

因此，砷化镓的支持者预言高速集成电路设计中硅材料终将被取代。但这种情况从没有发生过，因为硅工艺发展太快，而砷化镓在使硅工艺适合于自身特殊要求的过程中遇到了太多的困难。最近，锗硅化合物半导体已经提供了另一种提高载流子速度的途径(见 8.3.7 节)。

对高速双极型晶体管的寻求导致晶体管设计取得了 3 个主要的突破：多晶硅发射极、氧化隔离和锗硅工艺。下面 3 节将分别详细讨论这 3 个概念。

8.3.5 多晶硅发射极晶体管

现代高速双极型晶体管要求发射区的横向和纵向尺寸都非常小。发射区的横向扩展决定了基区埋层电阻、发射结电容和集电结电容的大小，而这些都是决定晶体管开关速度的关键因素。为了使用薄基区，同样必须采用浅发射区以减小结深的变化，否则会引发 β 值和击穿电压的过度变化。净发射区代表了制作浅的小发射区的早期尝试成果。

多个因素共同限制了传统发射区扩散的深度。首先，硅化会消耗一定厚度的硅。如果发射区太浅，硅化就可能使它穿通。再者，短发射区效应减小浅发射区晶体管的 β 值，除非发射区掺杂浓度提高到能够弥补发射区厚度的减少。硅中杂质的固溶度限制了发射区掺杂的最大浓度，因此对发射结结深设定了下限。最后，浅的净发射区的横向扩散可能不足以为净刻蚀提供足够的裕量。

传统发射区扩散所产生的问题最终导致了多晶硅发射极(polysilicon emitter)或多晶发射极(poly emitter)晶体管的出现。图 8.35 显示了采用了多晶硅发射极的 CDI NPN 晶体管的实例。该晶体管的制作工艺也是首先完成基区推结，然后刻氧确定绘制发射区面积的大小。淀积掺杂砷的多晶硅层并光刻覆盖暴露的发射区开孔。短时的加热使多晶硅中的砷扩散进入暴露的单晶硅中，生成一个与所去除发射区氧化物自对准的极薄且重掺杂的发射区。多晶硅既作为扩散源又连接了位于其下方的真正发射区。

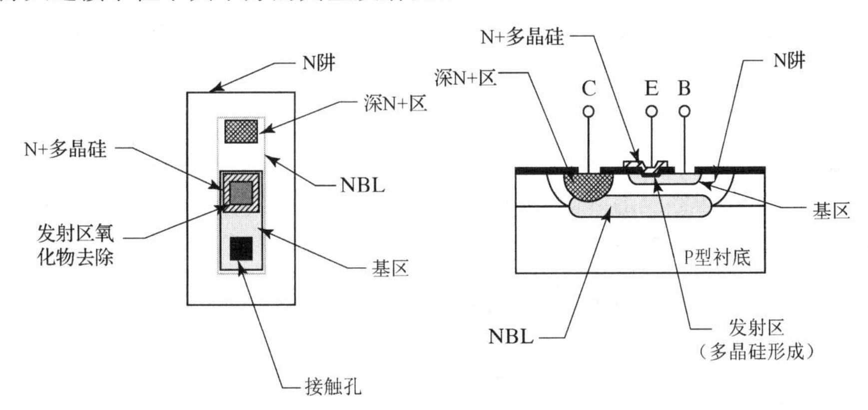

图 8.35 采用多晶硅发射极的 CDI NPN 晶体管的版图和剖面图

多晶硅发射极具有净发射区的全部优点同时避免了净发射区的全部缺点。与净发射区相同，多晶硅发射极与接触孔自对准。但是多晶硅发射极无须任何后道刻蚀，因此发射极对接触孔的覆盖程度不会减小。与净发射区相比，浅结多晶硅发射极更不易发生横向穿通。同样，多晶硅发射极也不需要腐蚀硅表面，这是因为硅化并不与表面相接触，所以多晶硅发射极也不会出现硅化穿通效应。最难能可贵的是：在单晶硅和多晶硅的交界面处引发短发射区效应的载流子复合率并不是很高。实际上，多晶硅界面起到了阻止载流子通过的作用。这就带来了意想不到的好处——使多晶发射极的发射注入效率超过了相应的深发射区晶体管。因此多晶硅的 β 值约为相应的深发射区晶体管的 6 倍。

有很多理论用来解释多晶硅界面对少数载流子的不可穿透性。多晶硅中存在的晶粒间界可能起到了减小少子迁移率的作用，但更主要的因素应该是界面自身的特性。由于氧和硅在室温下就能发生反应，所以任何暴露于空气中的硅表面都会形成一薄层天然的氧化物。除非在多晶硅淀积之前采取特殊的预防措施去除这层薄氧，否则它会夹在单晶硅和多晶硅之间。这层夹层氧化物非常薄，一般不超过几个原子的厚度。夹层氧化物会同多晶硅层发生反应，生成的氧化层的自身特性对多晶硅发射极的发射注入效率会产生关键的影响[①]。无论多晶硅界面处的工作机理如何，都应能包容两种极性的载流子。因此，NPN 和 PNP 晶体管都可以采用多晶硅发射极来提高特性[②]。

多晶硅发射极带来的高发射极注入效率使得基区可以通过提高掺杂浓度来减小基极电阻，而且，多晶硅发射极生成的发射结深度可以被精确地控制。上述特性允许使用原先不可能的更薄的基区，中性基区宽度的减小可降低基区渡越时间并提高晶体管的速度。更薄的基区和发射区同样允许使用更薄的外延层，从而极大地减小了深 N+和 N 阱的横向扩散，大大减小了晶体管的整体尺寸。

多晶硅发射极也存在某些缺点。多晶硅界面处的悬挂键被制造过程中所包含的氢部分钝化，如果发射结的工作电压低于雪崩击穿电压，那么热载流子就可能释放这些氢原子并重新形成悬挂键。悬挂键增加了发射区的复合率并降低了 β 值。多晶硅界面相对于发射结极近的距离解释了为什么多晶硅发射极晶体管极易受到这种效应的影响，称之为击穿诱发 β 下降(见 4.3.3 节)。某些工作在中高正向电流下的多晶硅晶体管也表现出 β 值的永久性增加，这是因为电流使氢原子可动并穿过硅晶格到达发射区边界，并在那里钝化了悬挂键。可以通过确保多晶硅发射极晶体管的发射结不处于反偏状态避免出现击穿诱发 β 值下降现象。正向 β 值的不稳定可以通过提高多晶硅的掺杂浓度来解决，这会降低界面处悬挂键的密度[③]。多晶硅的界面相对脆弱，很容易由于过热而损坏，例如过强的电场或者静电泄放等都可导致过热现象。恰当的电路设计可避免出现上述现象。

多晶硅发射极晶体管的优点明显胜过其缺点。几乎所有现代高速晶体管都采用某种形式的多晶硅发射极以获得最小的发射区面积，同时可以获得极薄的而且是相对重掺杂的中性基区。下面两节将要讨论的氧化隔离晶体管和 SiGe 晶体管都建立在多晶硅发射极的优点基础之上。

8.3.6 氧化隔离(Oxide-Isolated)晶体管

部分或者完全的氧化隔离能够显著地降低结电容，这将提高晶体管的开关速度。如果外延层足够薄，那么传统的 LOCOS 氧化层就可以完全穿通外延层，从而无须采用隔离扩散即可将相邻的隔离岛隔离开。去除隔离扩散不仅通过消除隔离区侧壁电容使集电区-衬底电容减

① Z. Yu，B. Ricco 和 R. Dutton, “A Comprehensive Analytical and Numerical Model of Polysilicon Emitter Contacts in Bipolar Transistors,” *IEEE Trans. on Electron Devices*, Vol.ED-31, 1984, pp. 773-784。

② C. M. Maritan 和 N. G. Tarr, “Polysilicon Emitter p-n-p Transistors,” *IEEE Trans. on Electron Devices*, Vol.ED-36，#6, 1989, pp. 1139-1143。

③ J. Zhao, G. P. Li, K. Y. Liao，M.-R. Chin, J. Y.-C. Sun 和 A. La. Duca，“Resolving the Mechanisms of Current Gain Increase Under Forward Current Stress in Poly Emitter n-p-n Transistors,” *IEEE Electron Device Letters*, Vol.14, #5. 1993, pp. 252-254。

小，而且缩小了隔离岛的尺寸。图 8.36(A)显示了一种基区和 LOCOS 氧化区相邻的 NPN 晶体管的剖面图和版图。图 8.36(B)显示了一种更为大胆的结构，图中的发射区和氧化终止区相邻。这种壁发射极结构一般要求氧化区边界比传统 LOCOS 工艺所能形成的更加陡峭。目前已有各种对 LOCOS 工艺的改进使得鸟嘴区(bird's beak)的宽度更窄①。现代工艺一般都采用浅槽隔离(STI，shallow trench isolation)来代替 LOCOS，这种工艺能够制造出很窄的拥有近乎垂直侧壁的氧化区。STI 工艺能够制造与图 8.36 中晶体管相似的极小的晶体管结构。

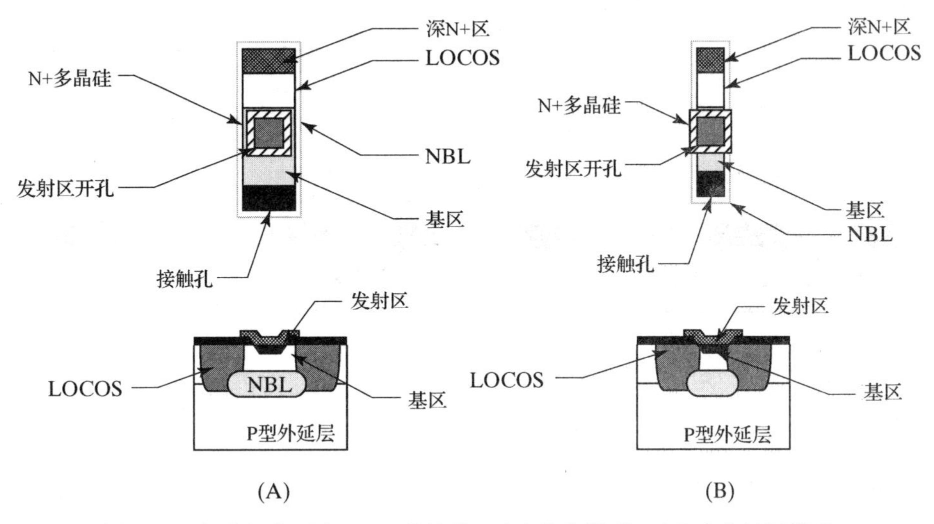

图 8.36　部分氧化隔离 NPN 晶体管：(A)传统类型；(B)壁发射极类型

图 8.36(B)中的壁发射极晶体管由于在基极侧壁的制作上存在困难，因此未被广泛接受。氧/硅基区界面处悬挂键引发的复合增强也是个很麻烦的问题。某些晶体管还在这些侧壁的下方形成了沟道，因此图 8.36(A)中相对稳定成熟的结构已成为多数现代高速晶体管的标准。

图 8.36 中晶体管的最大缺陷是基区接触孔和发射区之间的间距较大。该间距既增加了基极电阻(因为基区电流要流过更远的距离才能到达接触孔)又增加了集电结电容(因为集电结的面积增大)，这些缺陷可通过引入第二层多晶硅克服。最终形成的结构被称为双多晶硅自对准晶体管。图 8.37 显示了此类器件的一个代表性实例。

这种晶体管的工艺流程首先是形成 N 型掩埋层和生长外延层。然后是 N 阱注入，接下来形成深 N+侧阱。再后采用 LOCOS 氧化形成场氧化层(或者也可以选择沟槽隔离达到同样的效果)。图 8.38(A)显示了生成结构的剖面图。接下来淀积一层 P+多晶硅层并刻蚀形成基区接触。这层 P+多晶硅与将要成为基区的单晶硅的边界相接，然后通过多晶硅开孔高能注入 N 型杂质形成自对准注入子集电区(SIC，self-aligned implanted subcollector)。该注入使晶体管实际基区下方的集电区掺杂浓度增加有助于减小所谓的基区扩展效应(base push-out)(见 9.1.1 节)。否则，大电流时基区扩展效应将增加中性基区宽度，导致基区渡越时间增加和开关速度降低。下一步就是进行短暂的高温退火使多晶硅中的硼向下面的单晶硅中扩散从而形成重掺杂的外基区(extrinsic base)［见图 8.38(B)］。

① K. Y. Chiu，J. L. Moll 和 J. Manoliu，"A Bird's Beak Free Local Oxidation Technology Feasible for VLSI Circuits Fabrication," *IEEE Trans. on Electron Devices*, Vol.ED-29, #4, 1982, pp. 536-540。

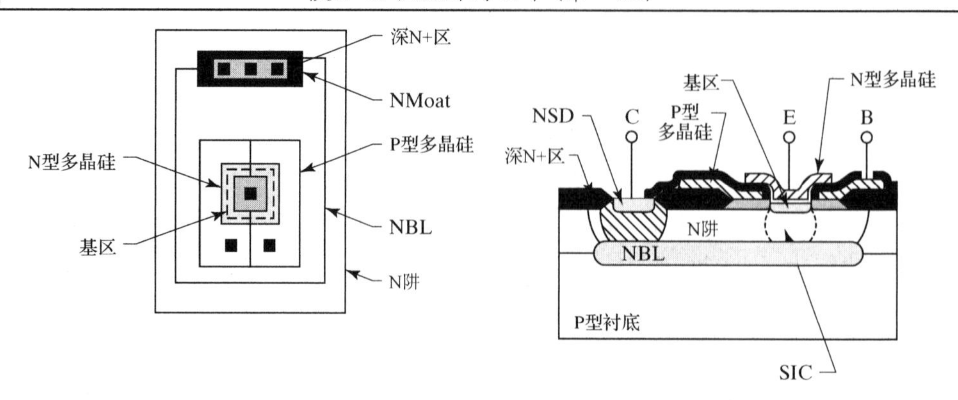

图 8.37 双多晶硅自对准晶体管的版图和剖面图①

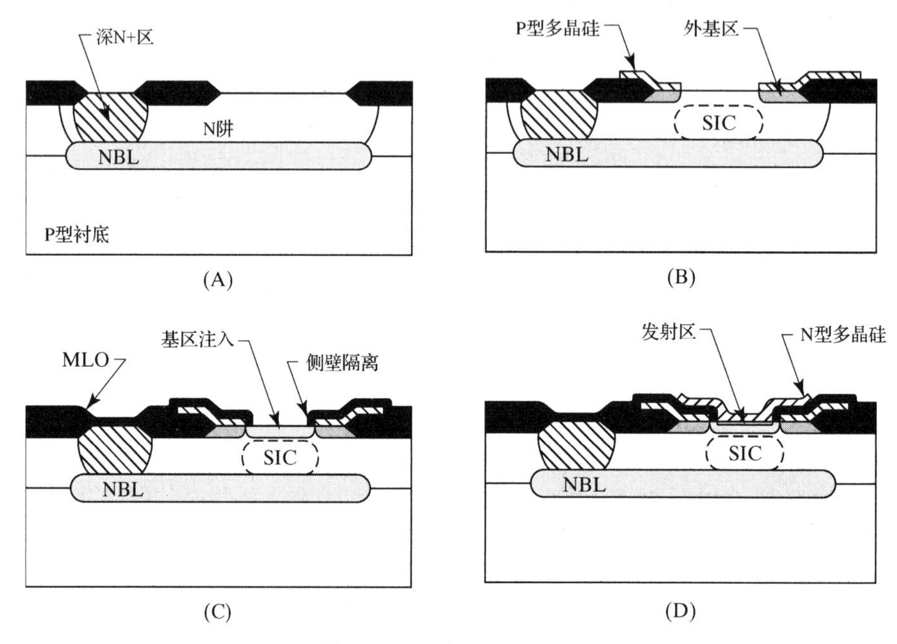

图 8.38 制作双多晶硅自对准晶体管的关键步骤

通过 P+多晶硅引线孔进行的浅 P 型杂质注入可形成内基区(intrinsic base)。该注入确定了晶体管中性基区的掺杂浓度。内基区注入与在包围的 P+多晶硅环下横向扩散的 P+外基区相交叠。一旦基区注入完成，就必须要在 P+多晶硅层开孔的内壁制作侧壁隔离层［见图 8.38(C)］。该隔离层是为了隔离 P+多晶硅层和下面将要淀积的 N+多晶硅层。N+多晶硅层形成了晶体管的发射极。通过短暂的热处理，可以使多晶硅中的砷扩散进入下方的单晶硅中。生成的浅 N+区域是晶体管真正的发射区［见图 8.38(D)］。然后在完成的晶体管上淀积普通的金属层。该工艺的多种变化在文献中均有介绍②。

---

① T. H. Ning, "History and Future Perspective of the Modern Silicon Bipolar Transistor," *IEEE Trans. on Electron Devices*, Vol.48, #11, 2001, pp. 2485-2491。

② S. Konaka, Y. Yamamoto 和 T. Sakai, "A 30-ps Si Bipolar IC Using Super Self-Aligned Process Technology," *IEEE Trans. on Electron Devices*，Vol.ED-33, 1986，pp. 526-531。也可参见 T. Y. Chiu，G. M. Chin，M. Y. Lau，R. C. Hanson, M. D. Morris, K. F. Lee，M. T. Y. Liu，A. M. Voschenkov, R. G. Swartz，V. D. Archer，S. N. Finegan 和 M. D. Feuer 的著述 "The Design and Characterization of Nonoverlapping Super Self-Aligned BiCMOS Technology," *IEEE Trans. on Electron Devices*, Vol.38, #1, 1991, pp. 141-150。

图 8.37 中的晶体管同样可以采用完全隔离工艺制作。若采用完全隔离工艺，必须要在埋层氧化物上方的薄硅层中制作初始的掩埋层。这一步将有利于减小集电区-衬底结电容，但是会对整体器件的性能产生影响。

8.3.7　锗硅晶体管

高速硅双极工艺晶体管发展的必然结果就是上一节介绍的双多晶硅自对准晶体管。对速度进一步的改进需要提高载流子穿越中性基区的速率。能够达到上述目的的唯一明显的方法是使用化合物半导体，但是众所周知化合物半导体同传统的硅工艺并不兼容。20 世纪 80 年代末出现的超高真空化学气相沉积(UHVCVD)终于克服了这一难题[①]。UHVCVD 可以在一种半导体材料的表面淀积另一种材料而不会在界面引入污染物。这种工艺实现了制造一种新型的Ⅳ-Ⅳ族化合物半导体，由硅和锗组成，称为 SiGe(发音为“siggy”)。

假设两层 SiGe 具有同样的掺杂浓度，但是含有 Ge 的含量不同。由于二者晶格结构的不同(或者更确切地说是禁带宽度的不同)，在两者之间会形成净接触电势差(net contact potential)。UHVCVD 可以制作出 Ge 浓度连续变化的 SiGe 层。这种方式产生的 Ge 浓度梯度可用于在双极型晶体管基区内形成内建电场。这种电场可用于提高少数载流子渡越基区的速度，也可以阻止多数载流子反向注入发射区，从而提高发射注入效率。通过恰当地设计 Ge 的分布，就可以得到具有很多理想特性的晶体管：包括更快的基区渡越、更高的 β 值和更高的厄尔利电压，因此许多最先进的晶体管都采用淀积的 SiGe 层作为基区。

图 8.39 显示了制作 SiGe NPN 晶体管的主要步骤[②]。该结构虽然采用的是 LOCOS 和扩散隔离，而没有采用多数先进工艺都采用的更先进的沟槽隔离技术，但是它却展示了制作 SiGe 的方法。工艺流程首先从制作 N 型掩埋层和生长硅外延层开始。深 N+侧阱用于提供到集电区的低阻通路。LOCOS 场氧化定义了用于形成晶体管基区和发射区的窗口以及一个相似的集电区接触孔窗口。在整个晶体管表面淀积多晶硅，然后刻蚀形成基区窗口。高能注入通过该窗口形成自对准注入子集电区，然后剥掉基区窗口下方的薄氧化层露出裸硅［见图 8.39(A)］。UHVCVD 淀积形成掺硼 SiGe 层，随后同下方的多晶硅一起逐层刻蚀。在 SiGe 的上面先淀积一层氧化硅，接着再沉积一层氮化硅［见图 8.39(B)］。接下来刻蚀这两层形成发射区窗口，淀积掺砷多晶硅形成多晶硅发射极。刻蚀这层多晶硅，并终止于淀积在下面的氮化硅［见图 8.39(C)］。接下来制作侧壁隔离层并形成 SiGe 基区和多晶硅发射极的接触。图 8.39(D)显示了完成后的结构，其中不包括传统的金属系统。

图 8.39 所示的 SiGe 晶体管有时被称为异质结双极型晶体管(HBT，heterojunction bipolar transistor)，其实这个名称用于传统的 SiGe 晶体管并不合适，因为这个名称暗示了晶体管最重要的特征是发射结组分的突变。这种突变主要起到了提高发射注入效率的作用。而传统 SiGe 晶体管主要是通过对基区内的少数载流子施加漂移力来减少基区渡越时间的。这种选择暗示将 SiGe 晶体管称为缓变基区(graded-base transistor)晶体管比异质结晶体管更加合适。

---

① D. L. Harame 和 B. S. Meyerson, “The Early History of IBM’s SiGe Mixed Signal Technology,” *IEEE Trans. on Electron Devices*, Vol.48, #11, 2001, pp. 2555-2567。

② A. Chantre, M. Marty, J. L. Regolini, M. Mouis, J. de Pontcharra, D. Dutartre, C. Morin, D. Gloria, S. Jouan, R. Pantel, M. Laurens 和 A. Monroy, “ A high performance low complexity SiGe HBT for BiCMOS integration,” *Proc. IEEE Bipolar/ BiCMOS Circuits and Technologies Meeting*, 1998, pp. 93-96。

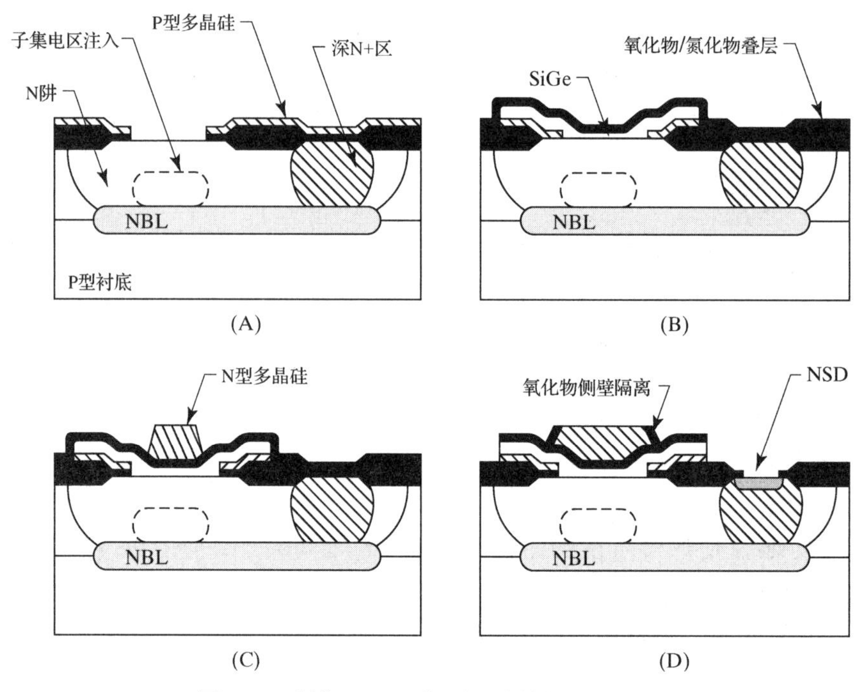

图 8.39 制作 SiGe 双极型晶体管的工艺步骤

当代 SiGe 晶体管的最大开关速度已经超过 50 GHz。该速度仍慢于 GaAs 等其他化合物半导体晶体管所能达到的速度，但是 SiGe 晶体管具有其他化合物半导体晶体管所不具备的两大优点。首先，SiGe 晶体管的制作工艺同传统的硅工艺完全兼容。图 8.39 中的晶体管就显示出这种兼容性，因为它极其类似于图 8.37 中的双多晶硅自对准晶体管。其次，SiGe 晶体管采用现有先进的双极型晶体管流程制作几乎不会增加成本。这两个优点使得 SiGe 双极电路成为了高速大规模集成电路的有力竞争者。

8.4 小结

双极型晶体管是用处极广的器件，但是它们也有不足。设计不当的双极型晶体管可能会在较大负载下由于热击穿或者二次击穿而失效。饱和双极型晶体管还会向衬底注入电流，使周围电路去偏置并引起灾难性的闩锁失效(latchup failure)。这些问题都困扰着电路设计者，但是通过合适的电路设计或者器件版图终可克服。

双极型晶体管主要分为两大类：小信号晶体管和功率晶体管。小信号晶体管的优化会更注重器件密度，而不是对功耗的控制能力。这些器件主要用于模拟信号处理和控制电路，这些电路特别重视器件的高跨导和极佳的匹配性。标准双极工艺能够制造相对高性能的纵向 NPN 晶体管和多种使用相对较少的 PNP 晶体管。BiCMOS 工艺一般也表现出同样的双极器件选择取向。模拟 BiCMOS 工艺越来越广泛的应用确保了在可预见的未来双极型晶体管仍将在模拟电路设计中扮演重要的角色。

双极型晶体管的版图可以根据特定的应用而设计。双极型功率晶体管经常会被设计成更加耐热击穿和二次击穿的结构。小信号晶体管版图则通常要求减小器件失配。下一章将介绍用于形成上述经过优化的双极型晶体管版图的技术。

8.5 习题

版图规则和工艺规定请参考附录 C。

8.1 –55℃和 125℃下的热电压 V_T 的值分别是多少？

8.2 横向 PNP 晶体管的发射极电流为 110 μA，集电极电流为 98 μA，基极电流为 7 μA。那么该晶体管的电流增益是多少？集电极效率是多少？

8.3 为图 8.7 所示电路选择基极限流电阻。假设 I_{BIAS} = 100 μA，设计基极限流电阻，使得晶体管在深饱和时消耗不超过 10%的 I_{BIAS}？假设 NPN 管进入深饱和时 V_{BE} 最多下降 100 mV。

8.4 采用习题 8.3 所得的电阻值和附录 C 中的标准双极版图规则绘制图 8.7 中电路的版图。假设所有 3 支晶体管都采用最小发射区面积。R_1，R_2 和 R_3 都采用 6 μm 的 HSR 电阻。将 Q_1，Q_2 和 Q_3 并排放置，并将基极限流电阻与其形成叉指状排布以获得良好的匹配。说明为 R_1，R_2 和 R_3 选择隔离岛偏置的原因。

8.5 绘制含深 N+侧阱的最小尺寸标准双极 NPN 晶体管版图，再绘制一个相似器件，但略去侧阱。留出排布金属连线所需的空间。假设这两个器件的面积与各自的阱面积相同，那么略去深 N+侧阱造成面积减小的百分比是多少？

8.6 绘制标准双极工艺拉长集电区 CEB 晶体管的版图，使得最小宽度连线可以通过集电区和发射区之间。晶体管应采用最小尺寸发射区。假设工艺采用厚发射区氧化层以使集电极电阻最小。

8.7 绘制含 4 个最小宽度、长度为 100 μm 的长手指状发射区的标准双极型晶体管的版图。在晶体管一侧设置深 N+侧阱，确保 NBL 完全包含侧阱以减小集电极电阻。在版图中要包含所有必需的金属连线使得晶体管可以接入电路。

8.8 使用标准、发射环和 verti-lat 版图样式构造最小尺寸标准双极型衬底 PNP 晶体管。为所有必需的引线留出空间。仅对于 verti-lat 晶体管，要求发射区场板与集电区交叠 2 μm。

8.9 构造分裂集电极横向 PNP 晶体管，包含 4 个各占 1/4 尺寸的集电极环绕一个圆形的最小尺寸发射区。为所有必要的金属连线留出空间，其中发射区场板与集电区交叠 2 μm。

8.10 在同一隔离岛内构造一组合并晶体管。要求一支晶体管采用 25 μm 的长发射区，第二支晶体管由两个一半尺寸的集电区围绕一个最小尺寸的圆形发射区。为所有必需的金属连线留出空间，其中发射区场板与集电区交叠 2 μm。

8.11 修改习题 8.10 中的版图，使场板覆盖场晶体管的集电区和分裂集电极晶体管两个集电区中的一个。场板与集电区的交叠至少为 6 μm。只要可能，在不增大隔离岛的情况下使用凸缘(flange)延长所有的沟道。

8.12 构造高压 NPN 晶体管，使用标准双极版图规则。假设晶体管使用深 N+侧阱和最小尺寸发射区，基区扩散使用 4 μm 的圆形倒角，包括所有必要的场板和沟道终止区。

8.13 使用模拟 BiCMOS 版图规则绘制扩展基区 NPN 晶体管版图。使 NBL 和深 N+隔离环交叠 5 μm 以确保两者之间有效密闭。构造 64 μm^2 的发射区并留出所有必需的金属引线空间。

8.14 绘制 CMOS 衬底 PNP 晶体管版图，其中包含两个 30 μm 长的指状发射区。假设工艺只包括硅化接触孔，因此不需要硅化阻挡掩模。每个指状发射区使用两个接触孔。

8.15 构造 CMOS 横向 PNP 晶体管，采用最小宽度的多晶硅场板。将场板连接到发射区。

8.16 采用模拟 BiCMOS 工艺，构造最小尺寸多晶硅发射极 NPN 晶体管。在称为 ECONT 的层上绘制发射区接触孔，并采用下面的规则：

1. ECONT 宽度为 2.0 μm;
2. POLYI 与 ECONT 层的交叠为 1.0 μm。

第 9 章　双极型晶体管的应用

双极型晶体管工艺超出其竞争者 MOS 工艺的两个突出优点是：更高的跨导和优越的器件匹配。这些特点使双极电路速度更快、功耗更低且精度更高。许多高性能运算放大器和比较器都采用双极电路来减小输入失调并提高输出驱动。某些类型的高速逻辑电路也采用双极器件作为输出驱动。几乎所有的电压限制器和参考源都采用双极电路来获得精确的不随温度变化的电压输出。大部分最高速度和最高精度的集成电路都采用某种形式的双极电路。

双极型晶体管的跨导等于集电极电流变化与发射结电压变化的比值。高跨导使得可通过小的发射结电压变化获得大的集电极电流变化。双极型晶体管的跨导正比于发射极电流，而与发射极面积无关，因此，即使很小的双极型晶体管，只要它有足够大的电流，就会具有大跨导。由于在很小电流的情况下 MOS 晶体管能保持比较适中的跨导，所以几乎所有的低功耗设计都采用 MOS 电路。随着电流的增大，双极型晶体管变得更具吸引力。一个微功率放大器可能会采用全 CMOS 工艺以维持功率，但是高驱动放大器经常要采用双极输出级以降低输出阻抗并减小待机(standby)电流。这些输出级电路中的双极型晶体管必须承受大的电流并消耗大量的功耗。小信号晶体管，即使采用了较大的发射极面积，在功率应用方面性能也比较差，因此人们开发出了多种专用版图结构来满足这种要求。

双极型晶体管的高跨导同样改善了发射结电压的匹配性。采用双极型晶体管构成的未经校正的差分输入级随温度的变化通常可获得小于 ±1 mV 的 3-Σ 输入失调电压。只有采用相对较大且精心制作的 MOS 输入级才能达到同样的效果[①]。成比例的双极型晶体管还能够生成非常精确的微分电压，这是构成大多数电压和电流参考源的基础。而 MOS 参考源即使经过非常细心的设计制造也很难与双极型晶体管的表现相比。

尽管与 MOS 晶体管相比，双极型晶体管具有明显的优点，但是许多设计者还是不愿采用双极器件设计电路。双极电路会受到很多失效机制的困扰，而这些问题却很少在 MOS 电路中出现。双极型晶体管中出现的饱和问题不会出现在 MOS 设计中。制造不当的双极型晶体管经常会在较大的负载下自毁，而 MOS 晶体管很少出现这样的问题。与类似的 MOS 器件相比，匹配较差的双极器件更容易受到温度梯度的影响。本章将介绍如何保持双极型晶体管独特的优点，并尽量避免其缺点。

9.1　功率双极型晶体管

前一章主要介绍了小信号晶体管的版图。这些器件经常采用最小面积发射极以节省空间。这些小发射极是可以接受的，因为小信号晶体管很少会传导超过零点几毫安的电流。导通更大电流的晶体管会发生晶体管增益下降，除非发射极面积随发射极电流成比例增加以确保恒定的发射极电流密度。典型纵向 NPN 晶体管的 β 值在发射极电流密度达到 1 $\mu A/\mu m^2$ 时就会

---

① H. C. Lin, “Comparison of Input Offset Voltage of Differential Amplifiers Using Bipolar Transistors and Field-Effect Transistors,” *IEEE J. of Solid-State Circuits*, Vol. SC-5, #3, 1970, pp. 126-129。

开始下降。为了节省面积，功率晶体管经常工作在小于小信号晶体管 β 值的情况下。如果是大电流工作，β 值的下限为 10。功率 NPN 晶体管在 β 降低到 10 之前一般都能承受 10～20 μA/μm^2 的电流密度。很少有 PNP 晶体管能够承受高于上述值几分之一的电流密度。虽然横向 PNP 晶体管可能在 1 μA/μm^2 的电流密度下将 β 值保持为 10 左右，但是衬底注入效应经常将其限制在几毫安的电流下。横向 PNP 晶体管很少能达到超过 250 μA/最小面积发射极的电流。多数大电流电路完全避免使用 PNP 晶体管，即使它们的使用能够形成更具吸引力的电路结构。

不需要任何预防措施，小信号晶体管就能够承受 10 mA 的电流和 100 mW 的功耗。超出这个限度，则极易发生失效。这些问题在电流超过 100 mA 和功耗超过 500 mW 的晶体管中会变得更加突出。这些晶体管都需要专门的版图设计以防止发生热击穿和二次击穿。通过精心的设计版图，可以使晶体管能够承受 10 A 的电流和 100 W 的功耗。这样的功率晶体管需要如此之大的管芯面积以至于该因素完全决定了集成电路的版图。制作一支集成功率晶体管的成本要远远高于购买一个同样规格的分立器件。工作在很大电流且具有很高功耗的器件同样需要特殊的而且是成本高昂的封装。多数集成功率晶体管的工作电流不会超过 2 A，耗散功率小于 10 W。横向 PNP 功率晶体管占用了巨大的管芯面积，而且没有设计含有能承受 500 mA 以上电流的 PNP 晶体管，因此绝大部分功率晶体管都是 NPN 型的功率器件。

人们已经设计出多种不同的功率 NPN 晶体管版图，它们各有优缺点，没有任何一种结构在各种应用中都能达到最佳。为了做出明智的选择，设计者必须了解引发功率晶体管失效的机理。

9.1.1 NPN 功率晶体管的失效机理

困扰功率双极型晶体管设计的 3 个最主要的问题是：发射极去偏置、热击穿和二次击穿。这 3 个问题都是由功率晶体管中典型的高电流和高功耗所引起的。这些机制在小信号晶体管中不会引起问题，但是却对功率晶体管的设计造成了很大的限制。

发射极去偏置

发射极去偏置是指功率双极型晶体管中可能发生的不均匀的电流分布，这是由于外基区、发射区及各自连线上的电压降引起的。双极型晶体管的高跨导使得这些器件对于发射结偏压的变化非常敏感。基极或发射极引线上很小的压降就会从根本上导致流过晶体管的电流重新分布，因此晶体管的某些部分可能只有很少的或者没有电流通过，而其他部分却要承载超过设计额定值的电流。晶体管的这些过载部分很容易发生热击穿和二次击穿。

图 9.1 显示了功率晶体管各指状发射区间产生的发射极去偏置的实例。在对应的电路图中，晶体管 Q_1～Q_4 分别代表 4 个发射极，电阻 R_1，R_2，R_3 分别代表将各发射极连接在一起的金属连线电阻。假设每个发射极通过 50 mA 的电流，每个电阻由方块电阻为 12 mΩ/□、厚度 20 kÅ 的铝线构成。3 个电阻上的总压降为 3.6 mV。用 ΔV_{BE} 表示两晶体管间的发射结电压差，则发射极电流比为

$$\eta = e^{\Delta V_{BE}/V_T} \tag{9.1}$$

其中，V_T 代表硅的热电压(室温下约为 26 mV)。在本例中，电流比为 1.15，因此最右边的发

射极 Q_4 比最左边的 Q_1 多导通 15%的电流。模拟 BiCMOS 工艺会遇到更大的去偏置问题，这是因为其采用了更薄的金属化系统(一般为 10 kÅ)所致。

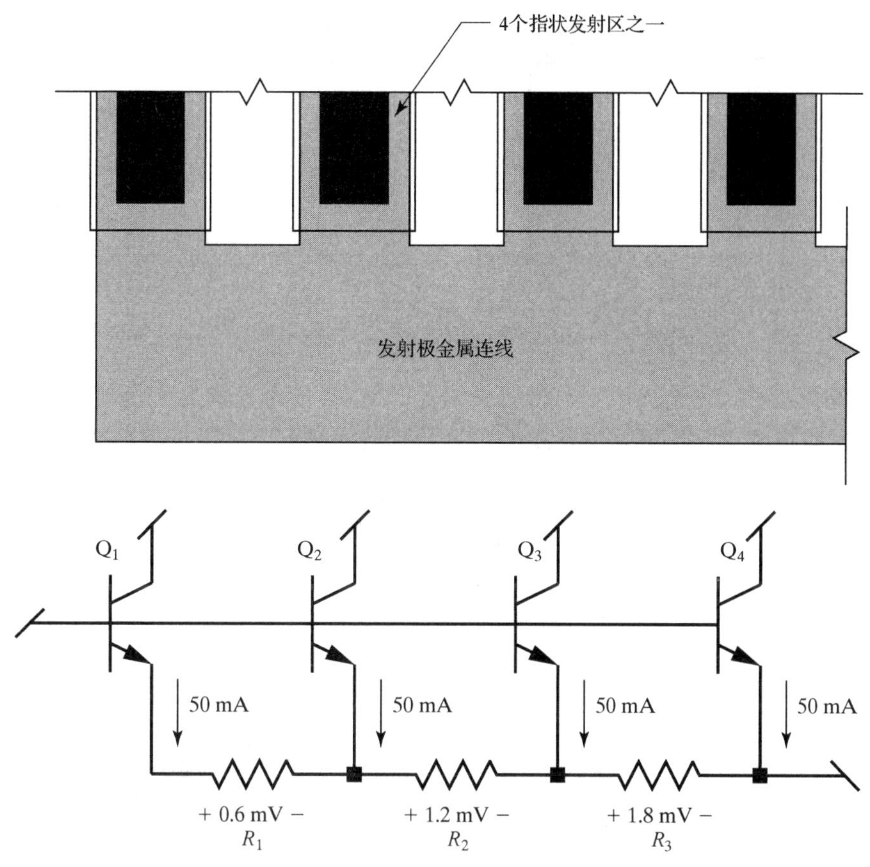

图 9.1　有 4 个指状发射区的功率晶体管的版图和等效电路图。电路图中列出的数值由文中计算而得

上面的例子展示了发射区去偏置的严重程度——相对较小的电流流过短而宽的连线产生了 3.6 mV 的去偏置。一种称为发射极限流的技术可以大大减小去偏置的影响。这种方法要求在每个发射极连线中插入电阻(见图 9.2)，这些电阻的大小要求在额定电流下压降为 50～75 mV。例如，每个导通 50 mA 电流的指状发射极可采用 1 Ω 的限流电阻，这些电阻加入电路之后将促使发射极电流在每个指状发射极之间重新平均分配。如果某指状发射区电流试图抽取超过其正常份额的电流，那么其限流电阻的压降就会增大，从而会限制流过这个指状发射极的电流大小。受到限流的发射极间的电压主要降落在限流电阻而不是各晶体管的发射结上。因此，采用 1 Ω 限流电阻的发射极之间的 3.6 mV 去偏置会使一个发射极的电流增大 1.8 mA，而另一个减小 1.8 mA。虽然只是一些估算的数值，但却显示出了发射极限流所发挥的作用。一支限流晶体管一般能够承受等于限流电阻上压降 25%的去偏置电压。一支每个限流电阻上压降为 50 mV 的晶体管能够轻易地承受发射极连线上 10 mV 的去偏置。如果版图会产生更大的去偏置，则需要增大限流电阻的大小以进行补偿。但应记住：限流电阻上的压降会加入晶体管的饱和电压，使其有效跨导减小并增大其功耗。如果设计要求超过 100 mV 的限流，则需要考虑更换金属化版图结构或者改变晶体管的结构比例。

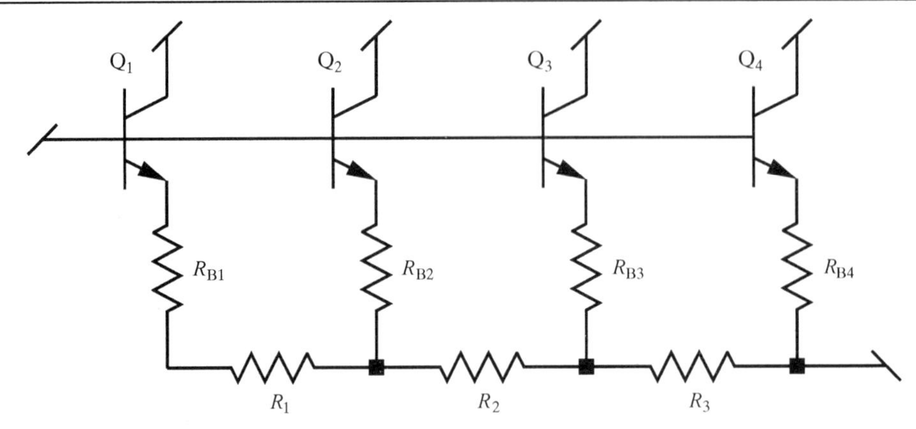

图 9.2 图 9.1 所示分段晶体管连接限流电阻；R_{B1} 到 R_{B4} 分别是指状发射极 Q_1 到 Q_4 的限流电阻

在单个指状发射区内也会产生发射极去偏置现象(即指内去偏置，intrafinger debiasing)。随着电流沿发射指流动，压降增加，指的一端会有更大的发射结电压，因此比另一端传导的电流更多。沿长发射指的去偏置实际上比各指之间的去偏置更为严重。对于如图 9.3 中的窄发射指，从一端到另一端的压降不应超过 5 mV。假设宽度恒定的发射极连线通过发射指，而且沿连线长度方向每一部分流入发射极连线的电流相等，那么从连线一端到另一端的总压降可以表示为

$$\Delta V_{BE} = \frac{LR_sI_E}{2W} \tag{9.2}$$

其中，R_s 代表金属的方块电阻，W 代表发射极连线宽度，L 代表发射区接触长度，I_E 代表流过全部发射指的总电流(见图 9.3)。下面以一个采用 12 mΩ/□铝制的长 300 μm、宽 30 μm、流过的电流为 50 mA 的指状发射极连线为例，用式(9.2)计算出其去偏置电压为 9 mV，超出了最大允许的 5 mV 去偏置。尽管计算中没有考虑到去偏置造成的发射极电流的重新分配，但是仍说明了去偏置问题的严重性。

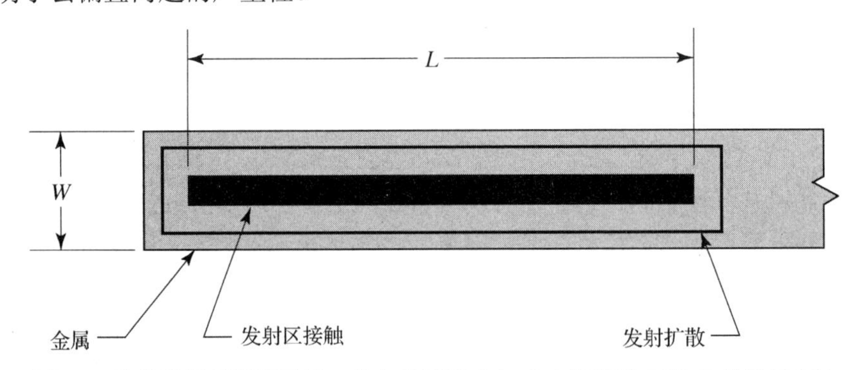

图 9.3 指状发射极版图示例，其中显示了式(9.2)中使用的 L 和 W 的测量方法

有许多可选方法能够减小指内去偏置。发射指可以被做得更短更宽。这不仅减小了发射指长度，而且还可使用更宽的金属连线。还有一种方法：晶体管可以采用更多更短的发射指，但宽度不变。限流技术也同样可以应用于单个发射指(见 9.1.2 节)，但是只能起到有限的限流作用，可能不足以补偿发射指的设计缺陷。

热击穿和二次击穿

热击穿和二次击穿都是由于流过晶体管某一部分的电流过大造成的。对于热击穿而言，电流集中同温度升高密切相关。如果功率晶体管的某一部分比其他部分的温度略高一些，那么需要维持同样电流密度的 V_{BE} 就会降低 2 mV/℃，因此只是很小的温度变化就会导致明显的发射极去偏置。几乎全部电流都会流过晶体管温度最高的部分，从而进一步升高这里的温度。只需要几毫秒的时间，导通区域就会收缩为一个只占晶体管很小一部分面积的微小热点(hot spot)。也许，β 值降低足以限制热点形成从而防止器件彻底失效，或者也许不能。即使热点保持稳定，晶体管也将因负担过重而容易受其他失效机制的影响，如二次击穿、电迁徙和热加速腐蚀。

由于热击穿涉及发射极去偏置，因此限流电阻可以起到一定的保护作用。如果多发射极晶体管的每个发射指都有自己的限流电阻，那么在一个发射内出现热点不会从其他发射指中吸收电流。即使发生了最坏的情况，每个发射指上都出现了热点，它们也仅吸收总电流的一小部分。通常 50 mV 的限流足以避免热击穿，但是有些时候需要更大的限流来补偿发射极金属化系统上的压降。

即使所有的发射指都采用了限流电阻，热点仍可以在单个发射指中生成。如果每个发射指都有限流电阻，那么随着发射指数量的增多，任何一个热点抽取的电流将会减少。分布式的发射极限流(见 9.1.2 节)同样能够避免热点的形成。较苛刻的应用中可能会要求对于每个发射指结合使用分布式发射极限流和单独的发射极限流电阻。

当一支晶体管中的发射极电流密度超过一定的临界值 J_{crit} 时，就会发生二次击穿。超过该临界值之后，维持的集电极-发射极的击穿电压 $V_{\mathrm{CEO(sus)}}$会回落到一个新的更低的值上，这个值被称为二次击穿电压 V_{CEO2}。晶体管在关断过程中最容易发生二次击穿。晶体管的集电极-发射极电压随着通过晶体管的发射极电流下降而上升。如果集电极-发射极电压超过 V_{CEO2} 而发射极电流密度超过 J_{crit}，那么就会发生二次击穿。一旦雪崩开始，基极驱动电路就无法关断晶体管，晶体管很快会由于过热和金属化失效而被破坏。

驱动感性负载的晶体管极易发生二次击穿。以驱动高压(high-side)电感负载 L_1 的功率晶体管 Q_1 为例［见图 9.4(A)］。一旦晶体管开始进入关断状态，L_1 的反馈效应驱动集电极电压 V_{CE} 不断上升直到回路二极管 D_1 开始导通［见图 9.4(B)］。集电极电压远在发射极电流降为零之前几乎立刻达到最大值。如果集电极电压超过 V_{CEO2} 而发射极电流密度超过 J_{crit}，则会发生二次击穿。

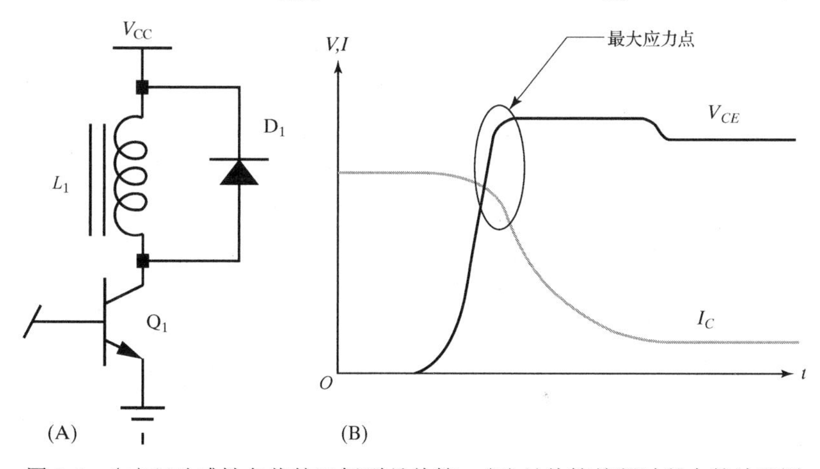

图 9.4　(A)驱动感性负载的双极型晶体管；(B)晶体管关断过程中的波形图

保守的设计规则要求功率晶体管的发射极电流不能超过 10～15 μA/μm^2。这些电流密度正好小于触发二次击穿所需的值，为避免发射极去偏置、热点形成、发射极电流集中和热梯度形成提供了安全的容限。

Kirk 效应

正如前面所述，当流过晶体管的电流密度超过临界电流密度 J_{crit} 时就会发生二次击穿。在这个时候，由于一种称为 Kirk 效应的机制存在，晶体管雪崩电压额定值突然大幅度降低。虽然一般认为 Kirk 效应是器件物理中比较尖端的课题，但是它仍能用第 1 章中介绍的简化器件物理加以解释。

以 NPN 晶体管的集电结耗尽区为例。耗尽区中的强电场很快地将耗尽区中的载流子从基区扫入集电区。这个 PN 结通常工作在小注入情况下，所谓小注入就是指耗尽区中的载流子浓度远低于其中杂质原子的浓度［见图 9.5(A)］。因为在耗尽区中的载流子非常少，以至于在计算空间电荷时可以将其忽略。耗尽区从冶金结界面处向基区延伸了 x_{mb} 的距离，其中主要包含带负电的电离受主杂质。同理，耗尽区从界面处向集电区延伸了 x_{mc} 的距离，其中主要包含带正电的电离施主杂质。电离施主和电离受主的总量必须相等，因此耗尽区向轻掺杂一侧比向重掺杂一侧扩展得更深。经优化的晶体管的集电区掺杂浓度低于基区掺杂浓度，所以 $x_{mc}>x_{mb}$。

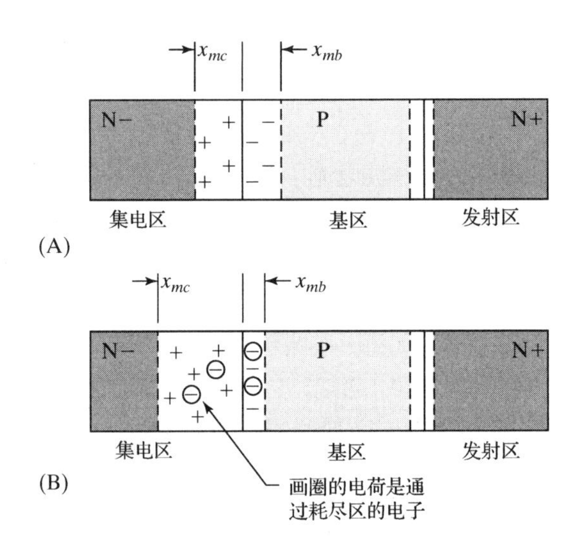

图 9.5　(A)工作在小注入条件下；(B)大注入条件下的理想 NPN 晶体管的剖面图。图中显示了 Kirk 效应引起的耗尽区移动

当通过集电结的电流密度增加时，耗尽区中的载流子密度也会增加，最终，载流子浓度变得非常大以至于对耗尽区内总空间电荷的贡献无法再被忽略，这时称 PN 结工作在大注入条件下［见图 9.5(B)］。从集电结流过的电子流会使结两侧出现负电荷积累，该负电荷加上电离受主所带的负电荷会减小 x_{mb}。反之，负电荷抵消了部分电离施主所带的正电荷，从而增加了 x_{mc}。

因为 x_{mb} 减小，所以中性基区的宽度增大，这种效应被称为基区扩展效应，将会引起基区渡越时间增加，从而降低晶体管的工作频率。Kirk 最初的论文[①]解释了基区扩展的机制，因此称这种效应为 Kirk 效应。

回到对图 9.5(B) 的分析，如果流过集电结的电流密度继续增加，那么 x_{mc} 增大而 x_{mb} 减小。当冶金结位于集电极一侧的施主浓度等于电子浓度时，这个过程才会停止，此时电子负电荷恰好抵消了电离施主所带的正电荷，那么这部分耗尽区内的有效电荷密度为零。这意味着 x_{mc} 会无限增长，这种情况下的电流密度被称为临界电流密度 J_{crit}。

图 9.5 所示的晶体管过于理想化，实际 NPN 晶体管的集电极包括两个独立的区域：紧挨着集电结的轻掺杂漂移区，以及一个作为到集电极接触的低阻通路的重掺杂区域。纵向 NPN 晶体管的 NBL 就是这个外集电区。图 9.6(A) 显示了当这种结构工作在临界电流密度下所发生的情况。整个漂移区都被耗尽，集电结已扩展到外集电区。图 9.6(B) 显示了当电流密度继续增加时的情况。现在漂移区带负电，耗尽区必须延伸进入外集电区以抵消这些负电荷。峰值电场强度 $E_{\max}$ 出现在耗尽区中电荷从正变负的位置。小于或等于临界电流密度的时候，峰值电场强度出现在集电极和基极间的冶金结。当超过临界电流密度时，峰值电场强度突然移动到外集电极和漂移区的边界处。进一步增大电流会在漂移区内积累更多负电荷，因此需要外集电区内电离更多的施主杂质，这意味着峰值场强随电流密度的增加而增加。峰值场强的增加意味着碰撞电离的增强和雪崩击穿电压的下降，因此，晶体管的雪崩击穿电压会随着电流密度的增加而下降。这个效应只在电流密度接近 J_{crit} 时才比较明显，而且还会导致二次击穿的发生。

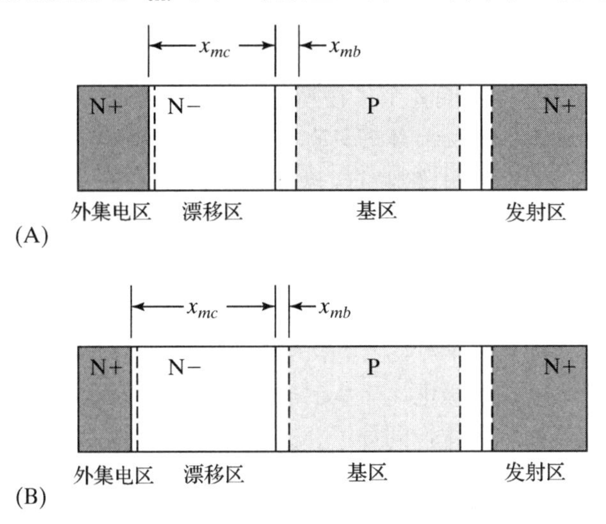

图 9.6　包含外集电区的理想 NPN 晶体管的剖面图：(A) 工作于临界电流密度 J_{crit} 下的器件；(B) 超过该电流密度的器件

我们很容易可以计算出临界电流密度 J_{crit}。如果假设峰值电场强度 $E_{\max}$ 已经增大到使载流子的漂移速度达到饱和(当一个晶体管接近雪崩击穿时经常出现这种情况)，那么载流子浓度 n_c 为

$$n_c = \frac{J}{qv_{\text{lim}}} \tag{9.3}$$

① C. T. Kirk, Jr., “A Theory of Transistor Cut off Frequency (f_T) Falloff at High Current Densities,” *IRE Trans. on Electron Devices*, Vol. ED-9, 1962, pp. 164-174。

其中，J是电流密度，q是电子电量，而v_{lim}表示载流子的饱和速度，对于电子而言这个速度大概是1×10^7 cm/s。当载流子浓度n_c达到漂移区掺杂浓度N_C时，则产生临界电流密度J_{crit}。所以，

$$J_{\text{crit}} = qN_C v_{\text{lim}} \cong 1.6\times10^{-12} N_C \tag{9.4}$$

其中，N_C的单位是cm^{-3}。对于典型漂移区，$N_C = 1\times10^{15}\ \text{cm}^{-3}$，$J_{\text{crit}} = 80\ \mu\text{A}/\mu\text{m}^2$。这种计算只是一种近似，因为现实中的PN结不可能是理想突变结，但是这些分析证实了纵向NPN晶体管发射极电流密度不应该超过10～20 μA/μm²。

9.1.2　功率NPN晶体管的版图[①]

近些年来，人们已经提出多种NPN功率晶体管版图方案。任何一种版图结构都有各自的优点和缺点，因此不同类型的版图知识有助于设计者针对特定的应用选择最佳的方案。任何版图都可以通过加入或取消发射区分或者将几个功率器件并联来进行缩放。

用于线性模式应用的晶体管长时间工作在正向放大区。线性晶体管必须能够承受大的集电极-发射极电压，同时导通大的集电极电流，这样的晶体管为了散热必须占据足够的面积。作为一般原则，线性模式晶体管的发射极功耗应该小于150 μW/μm²并且不能导通超过10 μA/μm²的电流。这些都是保守的标准，只要有足够的限流和散热，晶体管工作在数倍于该标准的条件下是有可能的。但是，一般仍应遵守这些保守的标准，除非经验表明晶体管可以安全地工作在更高的应力。

用作开关模式应用的晶体管或者工作在没有电流流动的关断状态，或者工作在集电极-发射极压降很小的饱和状态。开关晶体管只有在短暂的开关过程中才会产生功耗。开关晶体管的平均功耗非常小，因此很少出现热点或热击穿。但是另一方面，开关应用很容易引起发射极电流在关断期间聚集。保守的设计都会要求发射极电流密度不超过20 μA/μm²以确保发射极电流聚集不会触发二次击穿。

驱动类似于MOS门的纯容性负载的晶体管，导通电流只会是偶尔的短暂脉冲。这些脉冲模式的晶体管通常会持续几百纳秒的导通大电流，到下一次导通开始前几微秒内没有电流流过。脉冲模式晶体管不受发射极电流聚集的影响，因为无论是否发生二次击穿，外部电容负载都将结束导通。脉冲模式晶体管同样不会出现热击穿，因为热点不可能在小于几毫秒的时间内形成并集中[②]。大多数脉冲模式应用都依靠大电流时的β值下降和集电极电阻限制导通。只要脉冲持续时间不超过1 μs，脉冲间间隔不短于250 ns，而且平均发射极电流密度不超过20 μA/μm²，上述方式就是可以接受的。脉冲功率晶体管的金属连线设计应遵循14.3.3节介绍的间歇性电流的电迁徙规则。

叉指状发射极晶体管

叉指状发射极晶体管是最早的功率晶体管类型，之所以沿用至今是因为它拥有双极型晶体管任何其他类型版图都无法达到的高速。图9.7显示了一支采用单层金属标准双极工艺制作的叉指状发射极晶体管。

---

① F. W. Trafton, “High Current Transistor Layout,” unpublished manuscript, 1988.

② H. Melchior 和 M. J. O. Strutt, “Secondary Breakdown in Transistors,” *Proc. IEEE*, Vol. 52, 1964, p. 439.

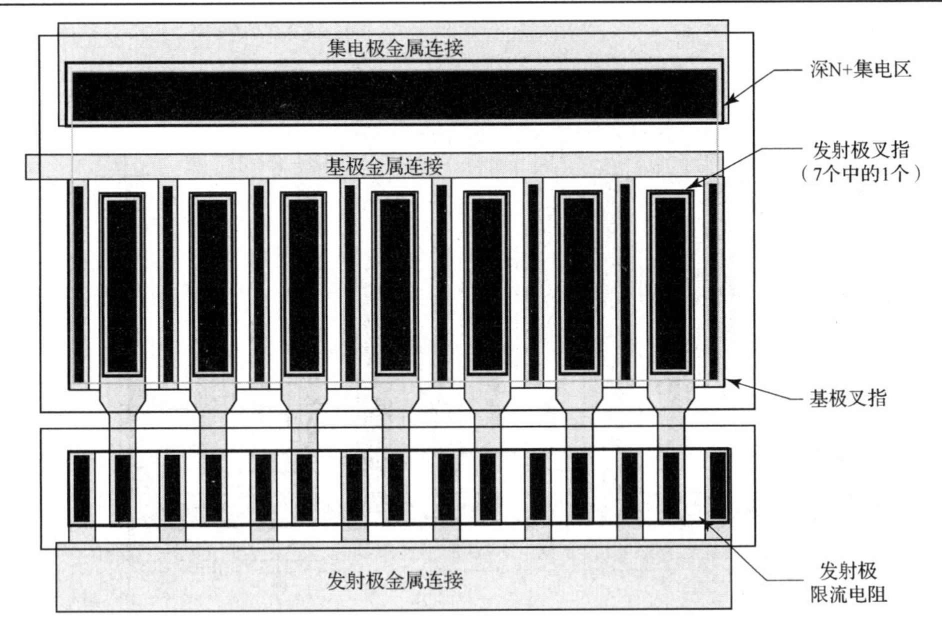

图 9.7　叉指状发射极功率晶体管的实例。它的每个发射指都采用独立的限流电阻。为了强调金属连线，图中将其显示为灰色

该晶体管由数个发射极组成，每一个都有专为自身设计的发射极限流电阻。限流电阻都是由设置在独立隔离岛中的单条发射扩散区形成的。发射扩散区并未与隔离岛隔离，因为各指间小的漏电流不会造成危害。每个发射指连接两个并排放置的限流电阻，每个电阻约为一个发射区方块。如果最小的发射方块电阻是 5 Ω/□，那么这种结构为每个发射指提供了 2.5 Ω 的限流电阻。该电阻会在 20 mA 的发射极电流下产生 50 mV 的限流。

叉指状发射极晶体管极易受到指内去偏置的影响。使用式(9.2)计算每个发射指上的压降不应超过 5 mV。大量短发射指结构要优于少量长发射指结构。发射指的宽度同样会影响晶体管的性能。加宽发射指会加宽其下的埋层基区电阻，基区电阻的增加会引起晶体管开关速度的变慢，并且加强发射极电流聚集。最快和最稳定的设计采用最小宽度发射指，但是这样就很难在较窄的发射指上设置足够的金属以防止它们发生去偏置。双层金属工艺会有所帮助，但是窄发射指仍不能有效地利用可用空间。大多数设计者采用的发射指宽度是 8～25 μm，在这种类型的晶体管中，发射区接触总被做得尽可能宽以减小发射极电阻。

沿每个发射指任意一侧的基区接触降低了基极电阻，提高了开关速度。基区接触设置在发射极阵列的任意一端以确保端部叉指的关断速度与其他叉指相同。如果忽略这些端部接触，那么端部叉指的关断速度就会比其他叉指慢，从而可能引起关断期间发生发射极电流聚集和二次击穿。最小宽度基区接触有助于节省面积，而且不会有更大的基极金属连接的设计要求。但是，工作在大电流密度下的功率晶体管可能出现 β 值明显下降，使得更宽的基极金属连接成为必要。通过计算可以确定任何特殊设计是否出现明显的基极引线的去偏置。对于基极去偏置超过 2～4 mV 的设计，必须重新设计以降低基极金属连线电阻。图 9.7 显示的梳状基极金属连线具有比图 9.8 所示折叠形连线更小的金属电阻。遗憾的是，许多单层金属设计不允许使用梳状基极金属连线。

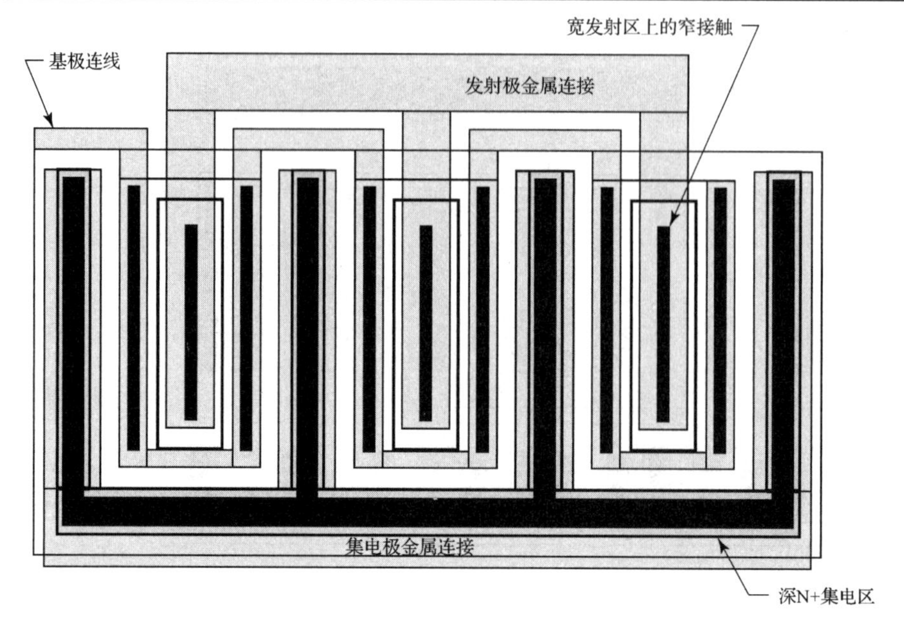

图 9.8 宽发射极窄接触孔功率晶体管实例。尽管图中没有绘制发射极限流电阻，但是可以轻易地加上。为了强调，金属连线显示为灰色

图 9.7 中的晶体管仅在一侧包含深 N+区，这对工作在 0.5 V 或更大集电极-发射极电压下的线性模式器件已经足够了。但开关晶体管则不同，因为它的效率由饱和状态集电极-发射极电压(其饱和电压)决定。如果饱和压降太大，那么晶体管就会耗散过多的功率。在大电流下，开关晶体管的集电极电阻等于纵向深 N+区电阻及其横向 NBL 电阻之和[①]。深 N+侧阱的纵向电阻可以通过增加其面积来降低。侧阱的宽度不应该小于 10 μm 以确保其横向扩散不会降低掺杂浓度并增加其纵向电阻。对于横向 NBL 电阻，可通过沿着更长的外围与 NBL 接触或者减小器件动态区与侧阱的距离加以降低。把侧阱设置在晶体管两侧也会将 NBL 电阻减至 1/4，而闭合的深 N+区围绕晶体管可进一步减小 NBL 电阻。NBL 应该延伸到深 N+侧阱的外边缘以确保二者之间的低阻接触。

围绕功率晶体管的闭合深 N+环还形成了阻挡空穴保护环，从而有助于控制饱和状态下的衬底注入。当 NPN 晶体管饱和时，所有未用的基极驱动电流都流向衬底。保护环并不会减小晶体管消耗的基极驱动，但会阻止其中大部分流向衬底。9.1.4 节将介绍几种限制饱和时消耗的基极电流的方法。

宽发射区窄接触孔晶体管

叉指状发射极晶体管采用相对较窄的发射极叉指来减小基区电阻并控制发射极电流集边。这种结构的基极电阻很小，使得它比其他结构更适合工作在更高的频率下。遗憾的是，窄发射极非常容易出现发射极电流集边。发射极去偏置使得导通集中在每个叉指的出口端，而热梯度使得导通聚集在晶体管的中部。对于每种情况，电流都会聚集到各发射指中的某一点。限流电阻可以起到确保每个叉指导通相同电流的作用，但是却无法防止指内去偏置。即使加有限流电阻的叉指状发射极晶体管在大电流密度下也会产生热点。

① 由于漂移区在反偏或速度饱和的影响下耗尽，所以对电阻没有贡献。

如果每个发射极叉指被划分成大量的独立限流部分，那么叉指各处接触相同的电流。尽管一般很难以这种方式将各发射极叉指分段，但是把窄接触孔放在宽发射极叉指内却可以起到同样的效果[①]。图 9.8 显示了得到的宽发射区窄接触孔的晶体管。

采用宽发射极叉指和窄接触孔与分布式限流电阻网络等效。该网络部分为发射极电阻，部分为埋层基区电阻。发射极电阻在发射区边缘最大，在窄接触孔正下方的中心处最小。与此相反，基极电阻在边缘最小，而在接触孔正下方的中心处最大，这两种形式的限流电阻形成互补。在小电流下，基极电阻相对来说并不重要，而电流沿发射极叉指宽度均匀分布。当电流增大时，埋层基区的去偏置引起导通且电流向外朝着发射极叉指边缘的方向流动。电流必须经过更大的发射极电阻，形成的发射极压降抵消了向着发射极边缘的电流移动。二者结合之后，基极一侧和发射极一侧的分布式限流确保了导通相对均匀地出现在整个发射极叉指宽度方向。这种类型的发射极限流沿发射极叉指长度方向分布，因此能够保护器件所有部分不会产生发射极去偏置和形成热点。

发射区必须充分交叠接触孔一定的距离以提供足够的限流。典型的宽发射区窄接触孔结构采用的发射区交叠为 12～25 μm，更大的交叠会不必要地降低晶体管的频率响应，而更小的交叠不能提供足够的分布式限流作用以彻底防止热击穿和二次击穿的发生。工作在极限条件下的晶体管能够从在每个发射极叉指连线中增加限流电阻而受益，正如图 9.7 所示的叉指状发射极晶体管。

某些设计者采用梯形发射极，从宽的小电流端逐渐变细到窄的大电流端。该设计在发射极叉指的大电流端提供了额外的限流以补偿发射极金属连接上的压降效应。金属和发射极薄层电阻间缺乏匹配使得这种设计存在缺陷，而大多数宽发射区窄接触孔晶体管都采用最小宽度接触孔。不需要将接触孔拉伸到发射极叉指的端部，因为这会消除这些位置的限流作用并且使它们更容易产生热点。

图 9.8 中的晶体管采用多基区并与深 N+区构成叉指状结构。这种做法减小了集电极电阻，但会增加面积并使布线变得复杂。在单层金属版图中，基极连线必须折叠通过射极和集电极金属连接之间的晶体管。折叠基极连线增加的长度能够在基极金属连线上产生明显的去偏置。即使采用分布式限流措施，晶体管金属连线上的压降也不应该超过几毫伏。通过连接折叠发射极连线的两端可将基极去偏置约降低至 1/4。采用双层金属工艺的版图经常使用梳状或格子状排布以改善基极金属连线去偏置。

宽发射区窄接触孔结构相当稳定。分布式发射极限流有助于防止单个叉指内部的热击穿和二次击穿，而且同其他叉指结构相比允许器件工作在更大的电流密度下。必须工作在极其恶劣条件下的宽发射区窄接触孔晶体管可受益于在单个发射极叉指连线中插入额外的 50～75 mV 发射极去偏置，这种结构的开关速度虽比不上叉指状发射极晶体管，但是退化也没有预期的大，因为大电流导通主要沿发射极边缘出现。

圣诞树结构器件

另一种典型功率晶体管的版图结构被形象地称为圣诞树器件，因为它的发射区形状独特(如图 9.9 中深灰色区域所示)。历史上，这种结构被广泛地用于线性应用中，这是因为它对于热击穿有着异常强的抵抗力。因为改善抗热击穿的特征同时会降低其承受关断时发射极电流聚集的能力，所以这种器件很少被用作开关器件。

---

① A. B. Grebene, *Bipolar and MOS Analog Integrated Circuit Design* (New York: John Wiley and Sons, 1984). p. 510。

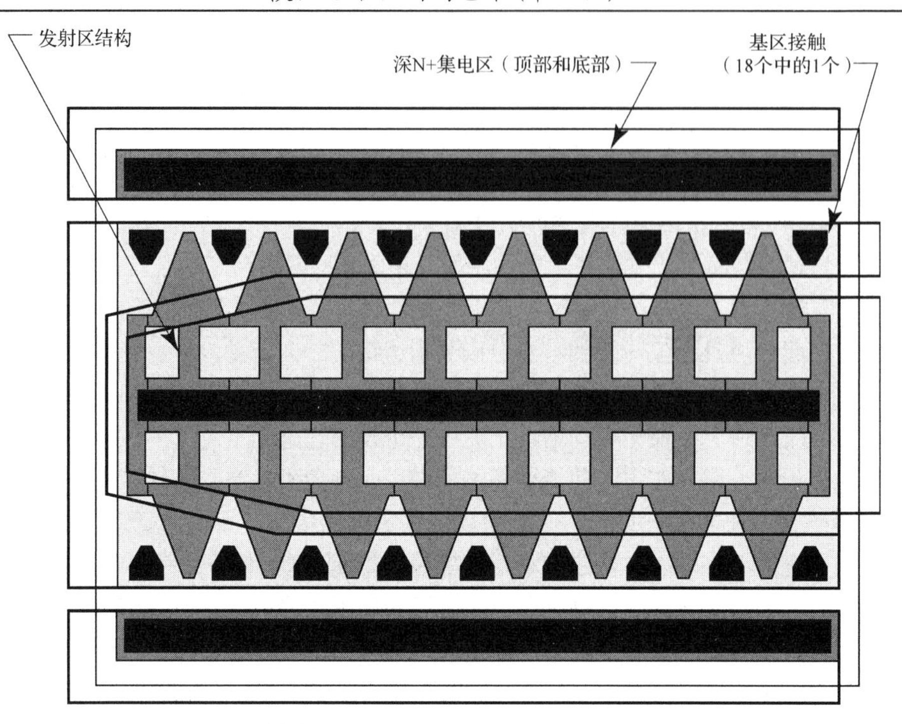

图 9.9 圣诞树结构功率晶体管实例。为了突出发射区独特的结构，基区显示为浅灰色，而发射区显示为深灰色

这种晶体管的发射区中央是一条类似于脊柱的骨干，周围伸出了耙状的三角形结构，这也是其独特名称的由来。多数导通都出现在沿发射区边缘的三角形凸出内。这些凸出通过用作限流电阻的窄条状发射区连接发射区的中央骨干。在小电流下，发射区所有部分导通。随着电流增大，发射极集边使导通向边缘聚集，引起电流流过包含在发射区结构内部的限流电阻。这种器件就是通过大量的分布式限流获得抗热击穿的能力。遗憾的是，发射区结构较大的宽度使得这种器件容易发生发射极电流聚集。当晶体管开始关断时，导通区域从边缘退回到中央骨干。因为骨干只占整个发射区面积的很小一部分，所以在关断的最后阶段发射极电流密度急剧增加。这样的电流集中能够(而且经常会)引发二次击穿。宽发射区窄接触孔结构之所以具有较强的抗二次击穿能力，是因为其发射区边缘到中心的距离相对较小，而且发射极电流聚集效应并不强烈。

圣诞树结构器件最适合工作在功耗大但不会突然关断的应用中。历史上，这种类型的器件经常用作线性电压调制器的串通器件和音频功率放大器的输出级。圣诞树结构晶体管有多种改进类型，都是在保留其抗热点形成特性的基础上降低发生发射极电流聚集的可能性。这些改进类型都不如宽发射区窄接触孔晶体管的稳定性好，甚至比不上其衍生出的十字形发射极晶体管。

十字形发射极晶体管

十字形发射极晶体管是宽发射区窄接触孔结构的一次革命性发展，这种改进试图增加更多的发射极限流，同时不会使器件易于发生二次击穿。这种器件的发射区由一系列首尾相连的十字形(cruciform)部分构成连续的发射指(见图 9.10)。基区接触孔则占据了十字臂之间的小凹口。

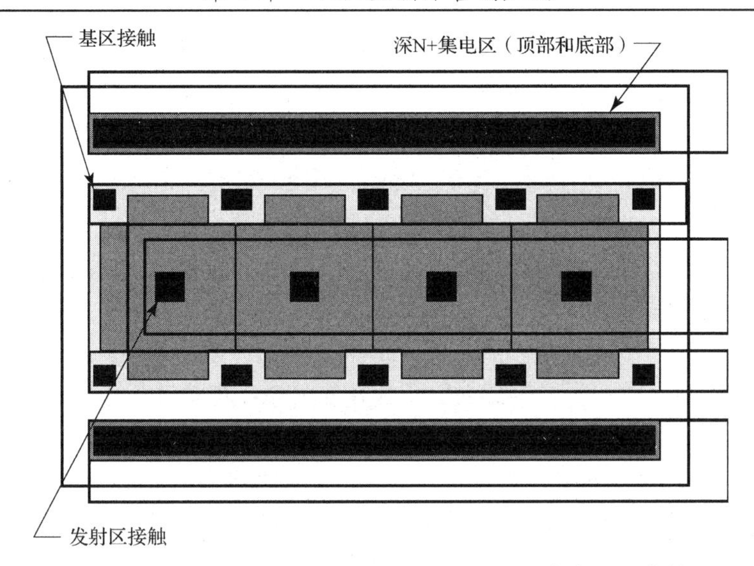

图 9.10　十字形发射极晶体管实例。为了强调，基区显示为浅灰色，而发射区显示为深灰色

十字形发射极的宽度已经增加到 75～125 μm 以获得更大的限流。窄发射区接触孔也被替换成一系列占据十字交叉中心位置的小的方形或圆形接触孔。所有发射极电流必须流经接触孔，形成的分布式三维限流效应远比宽发射区窄接触孔结构产生的二维限流更加有效，因此，这种十字形发射极将宽发射区窄接触孔晶体管和圣诞树结构晶体管的最优特性集于一身。虽然十字形发射极晶体管抗二次击穿的能力不如宽发射区窄接触孔晶体管好，但在这方面已大大优于圣诞树结构器件，而且十字形发射极晶体管的面积利用率极高。

十字形结构有两个缺点。首先，发射区接触孔的面积小，使得其易受电子迁移的影响。所有发射极电流都必须通过接触孔的侧壁，这将引起金属化层内电流密度的高度集中。即使耐高温阻挡金属也有其承受极限，但这个极限很可能被十字形发射极晶体管超过。有些设计者采用最小接触孔阵列代替每个十字交叉中心的单个接触孔以增加侧壁周长；其次，十字形发射极这种紧凑设计在大功率下会造成热量高度集中。如果从散热的角度考虑，面积利用率较低的晶体管实际上要优于更加紧凑的晶体管。如果晶体管产生的热量传播更大的面积，那么晶体管和封装之间的热阻就会减小，而晶体管在出现过热之前能够承受更大的功耗。十字形结构最适合用于开关器件，因为其受到电流承载能力的限制强于受到功耗的限制①。

模拟 BiCMOS 工艺功率晶体管版图

到目前为止讨论的所有功率晶体管都已在 BiCMOS 工艺中得以实现。图 9.11 显示了一支采用 BiCMOS 工艺制造的宽发射区窄接触孔晶体管。双层金属工艺使得基区接触孔可以完全环绕每一个发射叉指，而在单层金属工艺中最多只能到达每个叉指的两侧或三侧。基区接触孔完整的环形结构有助于确保发射区边缘所有部分处于同样的工作状态。一个封闭的深 N+侧阱可减小集电极电阻并阻止饱和状态下的衬底注入。

图 9.11(B)显示了更多的金属层细节。发射极电流从窄发射区接触孔流至与之平行的通孔。通过这些通孔，电流到达覆盖在晶体管顶层的第二层金属极板。通过将第二层金属的电

① 一种相关的结构称为 H 发射极晶体管，参见 F. F. Villa, "Improved Second Breakdown of Integrated Bipolar Power Transistors," *IEEE Trans. on Electron Devices*, Vol. ED-33, #12, 1986。

阻率减至极小值，该极板减小了发射极去偏置。一层金属极板的电阻实际上作为发射极限流电阻，因此无须减小。基区金属连接由覆盖在基区接触孔上的栅格状一层金属构成。基极电流通过置于发射区二层金属极板和环形集电区二层金属之间的二层金属跳线流出晶体管。如果有必要，还可以在发射区极板的另一侧引出第二根基极引线。集电区金属连接由一个覆盖集电区接触孔的完整的一层金属环和一个从晶体管的3个侧面覆盖集电区的U形二层金属极板组成。沿集电区接触孔内边缘的通孔允许电流通经两层金属。除了发射极引线引出的一侧外，集电极引线能够从晶体管任何一侧引出。集电极引线的最佳排布方式是与发射极引线呈对角线设置。通过确保流过晶体管两侧金属的电流相等，上述排布方式还可减小集电区金属连接的电阻。

图9.11中的结构已经被用来制造能够工作在发射极电流为150 μA/μm^{2}的脉冲功率晶体管。这种结构采用与接触孔交叠8～12 μm的发射区和至少8 μm宽的连续深N+侧阱环。NBL应该完全交叠深N+侧阱以减小电阻并确保少子不会通过外集电极的轻掺杂部分逃逸。这种结构能够连续导通15 μA/μm^{2}以上的电流，而且还可以作为线性器件或者开关器件。即使在非常大的功率下，宽发射指内部固有的分布发射极限流也能够防止热点的形成。采用稳固的二层金属极板终止发射区有助于减小发射极去偏置，因此，除非是极特殊的应用，否则在大多数应用条件中没有必要制作单独的发射极限流电阻。

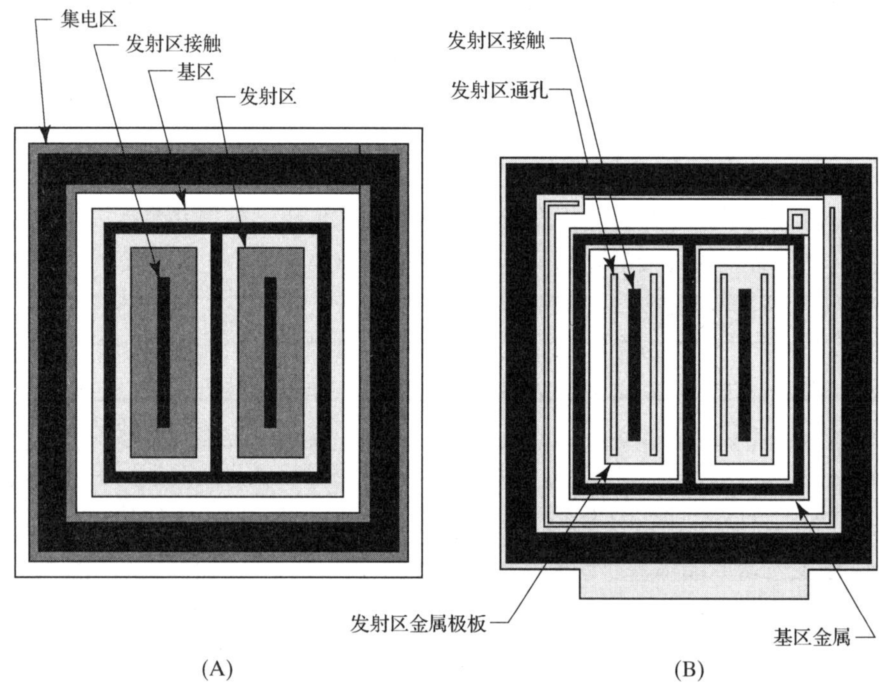

图9.11 一个用BiCMOS工艺制作的宽发射极窄接触孔晶体管：(A)扩散区；(B)第一层金属的形状。第二层金属在图中未显示

如何选择功率晶体管版图

本节所介绍的所有晶体管都各有优缺点。圣诞树结构发射极晶体管最适合用作线性器件，从而不会经历快速的变换。叉指状发射极晶体管具有最快的开关速度和最好的频率响应，但是它要求每个叉指具有独立的限流电阻以避免热击穿。宽发射区窄接触孔晶体管和十字形发

射极晶体管的开关特性优越。对于每个发射指都带有限流电阻的宽发射区窄接触孔晶体管而言，在集成电路通常的工作电压(10～40 V)下几乎不会发生二次击穿。某些应用中要求晶体管发射极的一小部分独立作为一个感测单元。叉指状发射极结构中最容易插入敏感发射极，而且敏感发射极和晶体管的其他部分匹配最好。表 9.1 总结了这些优缺点。

表 9.1　4 种类型功率 NPN 晶体管的比较

	叉指状发射区	宽发射区窄接触孔	圣诞树形器件	十字形晶体管
热击穿	好*	好	极好	极好
二次击穿	较好	极好	较差	好
频率响应	极好	好	较好	较好
版图的紧凑度	较差	好	好	极好
发射区感测的容易程度	极好	较好	较差	较差

*假设为各自独立的限流发射指，否则较差。

9.1.3　PNP 功率晶体管

大多数工艺不能制造隔离的纵向 PNP 晶体管，即使可以制造，也很少能够生产出可承载较大功率的器件，因此能够用作功率 PNP 管的只有衬底 PNP 和横向 PNP，但这两种器件都有明显的缺陷，从而限制了其成为大功率器件的一般选择。

如果不去偏置衬底接触，衬底 PNP 晶体管一般不能承载超过几十毫安的电流。这种缺点可通过使用导体管芯连接接触芯片背部得以克服。一般认为导电环氧树脂无法满足这一要求，因此为了实现背部接触必须采用金共熔键合或焊料管座。管座焊盘必须连接到一个管脚上，或者通过向下键合，或者通过使用熔丝线框(fused leadframe)，使其某个引线腿与管座焊盘相连。即使增加了低阻背部接触，衬底 PNP 晶体管由于集电极接地，其功能仍将受到限制。这种结构使得许多原本可以利用功率 PNP 晶体管的电路技巧都无法采用。

横向 PNP 晶体管由于无法承载大电流密度，因此是性能相对较差的功率器件。横向 PNP 晶体管无法实现在不严重降低器件 β 值的前提下增大发射区面积，因此功率横向 PNP 管一般采用大量排列成方形的网格 [见图 9.12(A)] 或者六边形网格 [见图 9.12(B)] 结构的最小面积发射极。相对于方形阵列，六边形阵列的排布更紧密一些。多数大功率横向 PNP 晶体管使用连续的深 N+环围绕着晶体管边缘与基区接触。该深 N+环不仅作为基区接触，而且相当于阻止空穴保护环，在晶体管饱和时减小衬底注入。

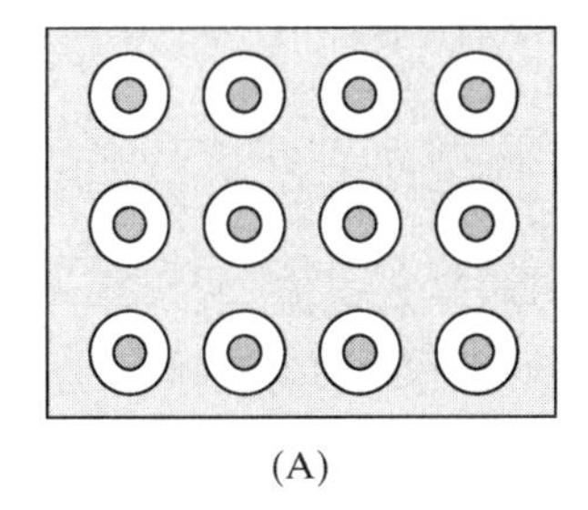

(A)

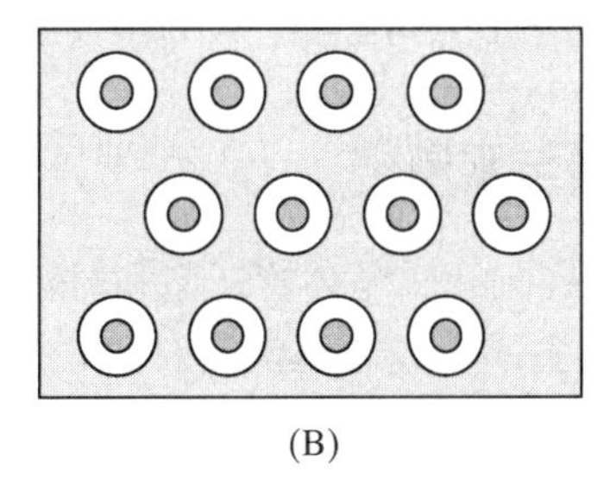

(B)

图 9.12　功率横向 PNP 晶体管版图的基区结构：(A)方形网格结构；(B)六边形网格结构

在向轻掺杂基区的大注入开始使器件的 β 值下降之前，典型的最小发射极横向 PNP 晶体管只能承载几百微安的电流。单个最小发射极在 β 值下降到不可用之前不能承受超过 0.25～

1 mA 的电流。因此横向 PNP 功率晶体管由数百个独立发射极组成。即使这种器件中的最大者也很少能承受超过 1 A 的集电极电流。

然而具有讽刺意味的是，横向 PNP 功率晶体管的不足之处也引发了其最大的优点之一：非常稳定。横向晶体管明显的大电流 β 值下降无意中起到了一种限流作用。如果晶体管的某一部分导通了过大的电流，那么其 β 值将开始快速下降。这种晶体管不具备热点形成或电流聚集所需要的大电流 β 值。同样，横向晶体管的小电流密度也很难使之因过热而损坏。这些优点加上缺少一个薄弱的发射结，所得器件几乎是不可损坏的。

在 20 世纪 70 年代和 80 年代，功率横向 PNP 晶体管广泛用于构造低压线性(LDO)稳压源。横向 PNP LDO 在低输入-输出差分电压下会表现出非常不希望出现的地回流增长，这种效应是由于 PNP 内的饱和以及所造成的基极电流的增大所致。20 世纪 90 年代人们研发出基于 PMOS 晶体管的新一代 LDO 稳压源，这些稳压源在任何差分电压下都表现出了很小的地电流。但是，横向 PNP LDO 稳压源与其 PMOS 竞争对手相比仍保持着一个主要优点：横向 PNP 在非常小的集电极-发射极电压下也能保持很高的输出阻抗，而 PMOS 晶体管由于工作点从饱和区移至线性工作区，所以在同样的条件下会表现出输出阻抗的严重下降。由于这种限制，功率横向 PNP 晶体管甚至在今天仍然应用于 LDO 稳压源。

许多早期的 PNP LDO 稳压源采用有所变化的标准双极工艺，其中包括一个特殊的深 P+扩散，该扩散比普通的基区扩散区更深而且掺杂浓度更高(见图 9.13)。掺杂浓度的提高增加了横向 PNP 晶体管的发射极注入效率，而更深的结深确保了更大比例的发射极注入发生在侧壁区[①]。深 P+横向晶体管大电流 β 值比普通基区横向 PNP 管的下降速度慢，因此，深 P+晶体管能够工作在比基区横向晶体管大 2～3 倍的电流密度下。采用深 P+构造的典型的直径为 10 μm 的发射区在 200～500 μA 电流下 β 值下降到峰值的一半，而对于仅采用基区扩散构造的器件，100～200 μA 的电流就会使 β 值出现同样的变化。尽管这种措施造成的性能改善可能并不明显，但是它直接反映为器件的面积。深 P+工艺扩展只需要单块掩模，因此成本相对较低。

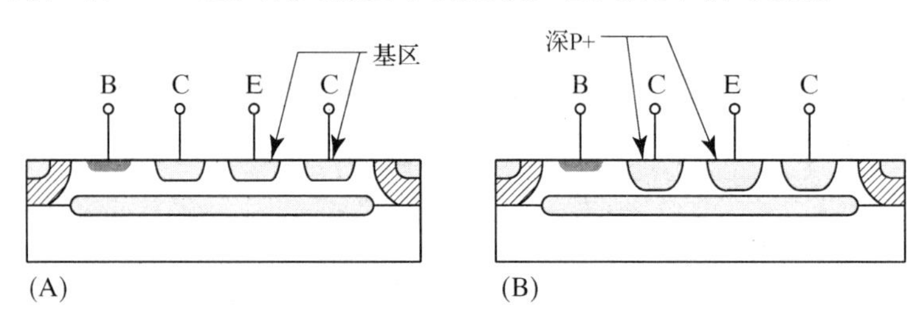

图 9.13 典型剖面结构比较：(A)标准双极横向 PNP 晶体管；(B)深 P+横向 PNP 晶体管

9.1.4 饱和检测与限制

横向 PNP 和纵向 NPN 晶体管在饱和时都会向衬底注入电流。衬底注入耗费了电源电流，而且可能引起器件去偏置或者器件闩锁。人们已经开发出几种抑制衬底注入的技术，或者在少子到达衬底前对其进行拦截，或者首先防止晶体管进入饱和状态，其中大多数技术都要求采用特殊的版图结构。

---

① B. Murari, “Power Integrated Circuits: Problems, Tradeoffs and Solutions,” *IEEE J. Solid-State Circuits*, Vol. SC-13, #3, 1978, pp. 307-319。

横向 PNP 的发射区会连续向其隔离岛内注入少数载流子。当晶体管饱和时，多数载流子都流向衬底。小信号晶体管注入的电流较小从而不足以引起重视，但是某些设计中包含大的横向 PNP 晶体管可以导通几十甚至上百毫安的电流，这种大电流可轻易地引起足量的去偏置从而触发闩锁。

图 9.14(A) 显示了一种防止少子到达衬底的方法。该晶体管包含一个连续的闭合深 N+环围绕隔离岛的外边缘。该环同下面的 NBL 合并，将横向 PNP 管的基区完全包围在一个阻挡空穴保护环内(见 4.4.2 节)。

图 9.14(B) 显示了另一种防止衬底注入的方法，图中所示晶体管包含一个环形基区扩散完全围绕其主集电区。该环用作副集电区。只要主集电区不饱和，就几乎不会有载流子到达副集电区，因而也就不会导通电流。当主集电区饱和时，载流子开始流入副集电区。只要副集电区不同时出现饱和，它就能够收集大多数载流子以防止其到达隔离区侧壁。副集电区有时也被称为环形集电区，这是因为它通常采用一种包围主集电区的封闭环结构。

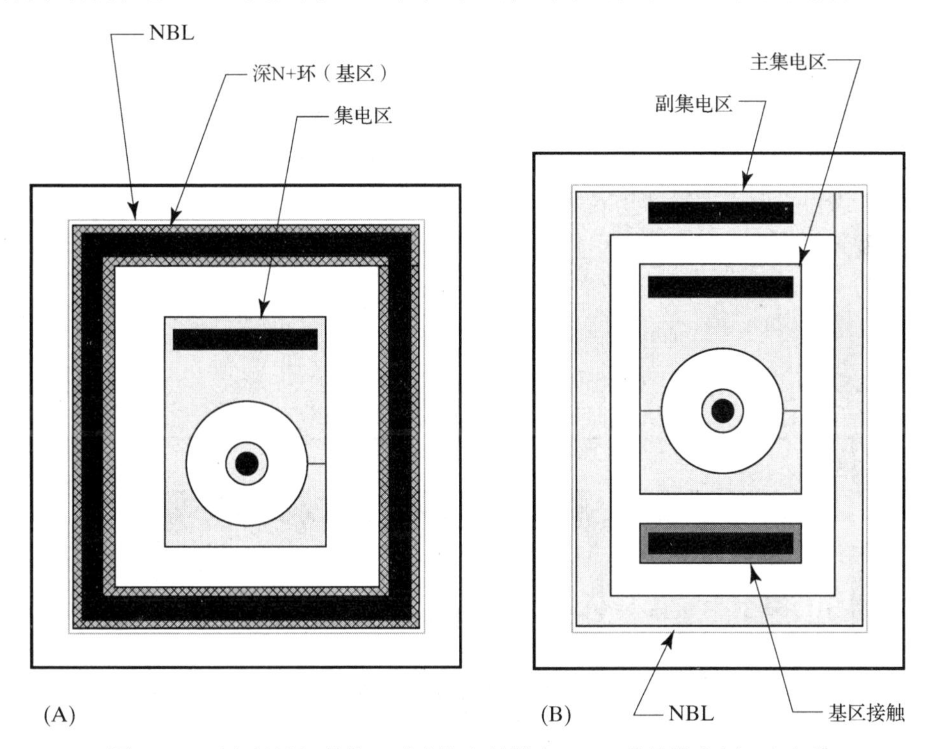

图 9.14　两个经过调整的可减小饱和的横向 PNP 晶体管实例：(A) 采用深 N+环包围的晶体管；(B) 具有副集电极的晶体管

副集电区会根据其具体连接方式起到不同的作用。如果它与地相连，则会将收集到的载流子返回接地回线中，因此副集电区起到了收集空穴保护环的作用。此外，也可将副集电区连接到基区引线。当晶体管饱和时，副集电区收集到的载流子就会加入基极电流中并引起 β 值快速下降。这种连接方式的作用与深 N+环相同，但明显节省了面积。如果设计者想进一步增加环形集电区的效率，则可在基区环外设置一个深 N+环作为补充。

副集电区也可采用 BiCMOS 工艺制造。此时应由基区扩散(或浅 P 阱)而非 PSD 构成，这是因为源/漏注入通常过浅以至于无法形成有效的集电区。因为阱掺杂梯度造成的少子向下漂移，所以模拟 BiCMOS 副集电区一般不如标准工艺副集电区有效。

副集电区也可以作为饱和检测器。主集电区一旦饱和，电流就开始流经副集电区，而主集电区一旦退出饱和，电流随即停止。副集电区可以用于动态控制基极驱动以防止主集电区饱和。动态抗饱和电路并不是将不希望的电流倾泻入地，而是抑制基区驱动返回从而减小发射极电流。除非进行精确的补偿，否则控制基极驱动所需的负反馈环会变得不稳定，而且通过副集电区的相移也难以建模。用于饱和检测的副集电区并不需要围绕整个晶体管，因为它们只需拦截一小部分少子用以生成必需的控制信号。由于动态抗饱和电路为了确保稳定性必须包含相对较大的信号延迟，因此深 N+环区可能成为抑制瞬态衬底注入的有效手段。

饱和 NPN 晶体管也会向衬底中注入电流。小信号晶体管向衬底注入的电流很小以至于没有必要采用抗饱和环，但是功率晶体管则是完全不同的情况。任何基极电流超过几毫安的饱和 NPN 晶体管都需要某种形式的防少子注入的保护措施。首选(也是最好)的办法就是围绕集电区边界制作深 N+环。该环不仅用作阻挡空穴的保护环，同时减小了晶体管的集电极电阻。隔离岛或深 N+保护环内复合的少子在集电区中成为多子，并从这里穿过晶体管到达发射区。

置于 NPN 晶体管集电区内的基区扩散收集少子而且可用作饱和检测器。功率开关晶体管经常在集电区岛中包含一个连接到动态抗饱和电路的小的基区扩散(见图 9.15)。发射极接地晶体管的抗饱和电路很难制作，因为副集电极必须工作在(或者接近)地电位。经验丰富的电路设计者可以找到相应的方法来解决这一难题。具有抗饱和电路的 NPN 晶体管仍应采用一个完整的深 N+环围绕集电区边界，以便在转换瞬间收集注入的载流子并减小功率晶体管的集电极电阻。

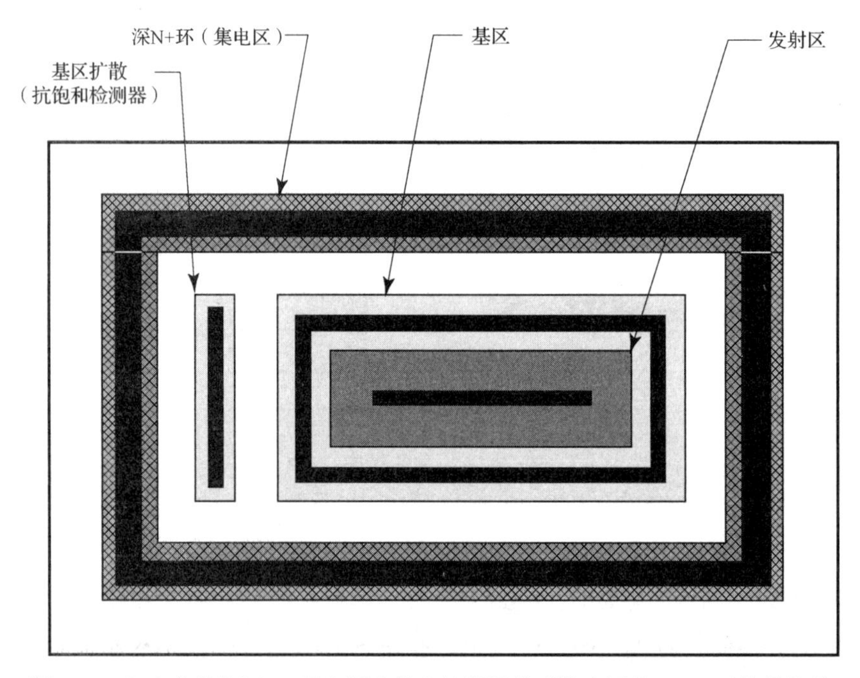

图 9.15 包含完整的深 N+环和用作饱和检测器的副集电区的 NPN 开关晶体管

对于具有副集电区或深 N+环的晶体管，目前还不存在普遍接受的电路符号。图 9.16 显示了一组得到工业界某种认可的电路符号。粗的基区短线表明是一支功率晶体管，或者更一般地说，表明任何需要特殊版图的晶体管(A)。通过 NPN 集电极引线的对角短线表明存在深

N+侧阱(B)，通过横向 PNP 基极引线的类似短线也有同样的含义(C)。在横向 PNP 晶体管中增加一个小环围绕集电极引线表明增加了副集电极[①](D)，而 NPN 晶体管集电极引线周围增加的类似的环表明隔离岛中设置了基区扩散，且用作饱和探测器(E)。这些电路中的大部分都采用 NPN 晶体管是因为其优越的器件特性。

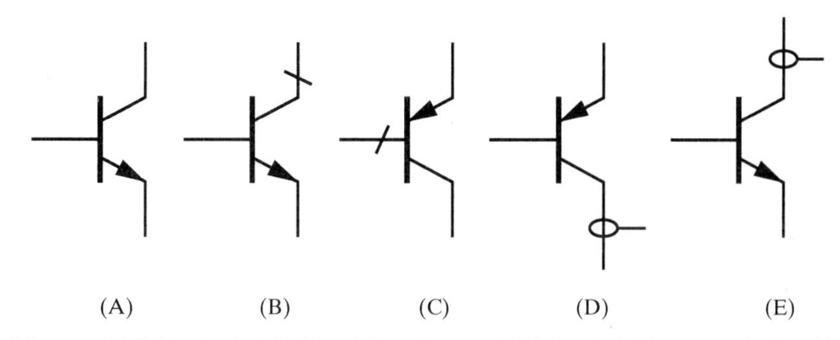

图 9.16　推荐使用的电路符号：(A)功率 NPN 晶体管；(B)具有深 N+集电区的功率 NPN 晶体管；(C)基区内具有深 N+区的横向 PNP 晶体管；(D)具有副集电区的横向 PNP 晶体管；(E)具有饱和检测的 NPN 晶体管

9.2　双极型晶体管匹配

许多模拟电路要求匹配双极型晶体管。电流镜和电流传送器均采用匹配晶体管来复制电流；放大器和比较器采用匹配晶体管构造差分输入级；基准源采用匹配晶体管提供预知电压和电流；Gilbert 跨线性(translinear)电路采用匹配晶体管进行模拟计算。所有这些应用取决于集电极电流和发射结电压的精确匹配，这种匹配有时源自相同尺寸的晶体管，而有时源自不同尺寸的晶体管。

NPN 集电极电流近似与绘制发射区面积成正比，但是没有一个模型可以精确地预测发射区的几何形状对匹配的影响，因此很难将具有不同发射区尺寸和形状的双极型晶体管进行匹配。大多数双极电路采用简单的整数比例，比如 1:1；2:1；4:1；8:1。这些比例很容易通过集成多个相同单元器件获得。同样的方法几乎可以得到任何小整数比例，如 2:3；3:4；2:5。当比值需要超过 8 个或 10 个单元器件时，由于面积的约束以及大尺寸器件对温度的敏感度，上述方法变得不再可行。

具有相同尺寸且工作在相同集电极电流下的两支晶体管理论上应该具有完全相同的发射结电压。实际上，发射极饱和电流的微小差异造成两电压会有轻微的不同。两支晶体管发射结电压间的差值称为失调电压 ΔV_{BE}，可用以下公式计算：

$$\Delta V_{BE} = V_T \ln\left(\frac{I_{s1}}{I_{s2}}\right) \tag{9.5}$$

其中，I_{s1} 和 I_{s2} 分别是两支晶体管的发射极饱和电流。假设室温下热电压 V_T 等于 26 mV，发射极饱和电流 1%的失配就会产生 0.25 mV 的失调电压。由于饱和电流与绘制发射区面积成比例，所以发射区面积 1%的变化也会产生 0.25 mV 的失调。

① 环形集电区 PNP 晶体管的另一种符号以及该器件的一种独特应用，参见 H. Lehning, “Current Hogging Logi(CHL)—A New Bipolar Logic for LSI,” *IEEE J. Solid-State Circuits*, Vol. SC-9, #5, 1974, pp. 228-233。

9.2.1 随机变化

基区掺杂和发射结面积的随机变化确定了最终的纵向双极管的匹配限制。随机变化的其他重要原因包括发射结耗尽区内的复合以及通过基区扩散区的横向注入，二者都与发射区的面积周长比成反比，因此匹配双极管采用相对紧凑的发射区形状。3 种普遍采用的用于构造纵向 NPN 晶体管的发射区图形分别是方形、八边形和圆形(见图 9.17)。每种发射区图形都有自己的特点。圆形拥有最大的面积周长比，理论上可提供最佳的匹配。然而在掩模生成过程中会使用多边形近似圆形。方形不需要进行这样的近似，所以许多设计者认为方形可更精确地在光学掩模上实现。八边形也不需要近似，而且拥有比正方形略大一些的面积周长比。

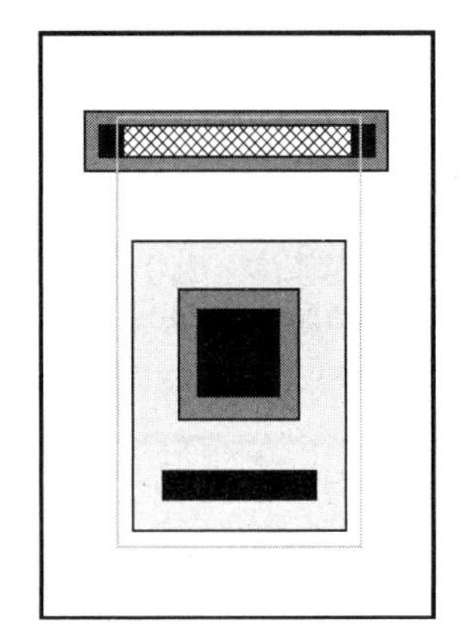
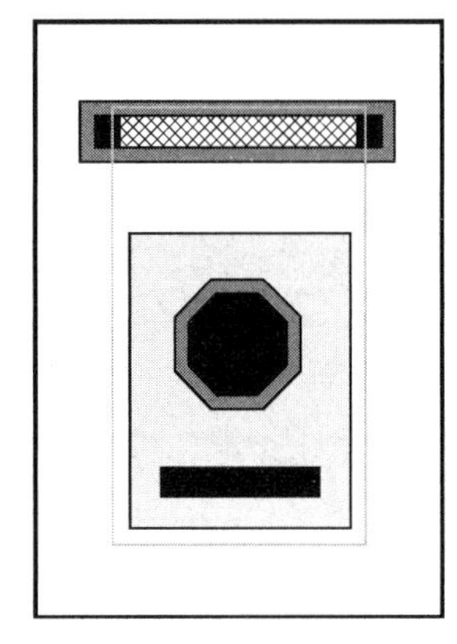
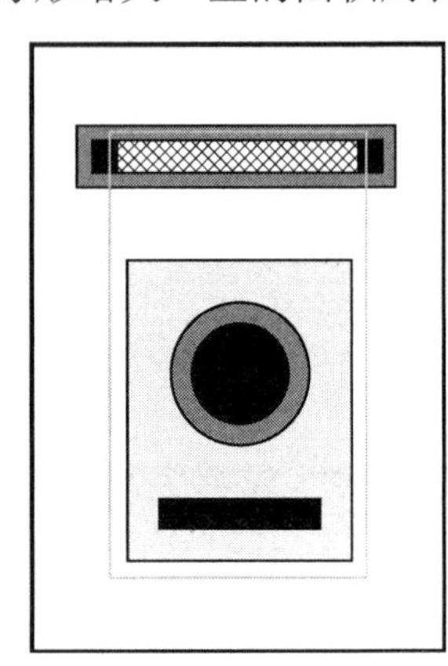

图 9.17 发射区为方形、八边形和圆形的 NPN 晶体管实例

实际上，上述 3 种类型的发射区都能提供极佳的匹配。虽然圆形被近似为多边形，然而相同的圆形会生成相同的多边形，因此生成圆形发射区的近似对其匹配不会产生影响。而且，圆形、正方形和八边形的面积周长比相差不大。任何几何形状的面积周长比可以用以下公式确定：

$$R_{AP} = k_r\sqrt{A_e} \tag{9.6}$$

其中，A_e 是发射区面积，k_r 是没有量纲的常数(方形是 0.250，八边形是 0.274，圆形是 0.282)。注意，面积周长比自身并不是一个无量纲的量。例如，如果发射区面积用 μm^2 表示，R_{AP} 的单位就是 μm。式(9.6)显示了通过采用圆形发射区所获得的边效应的减小等效于增加方形 25%的发射区面积。

在大多数器件中，面变化是引起多数双极失配的原因①。发射区面积失配的标准偏差 s 等于

$$s = \sqrt{\frac{k_B}{A_e}} \tag{9.7}$$

其中，k_B 是量化某种特殊工艺中特殊类型晶体管匹配程度的比例常数。

虽然与小发射区相比，大发射区表现出较小的随机失配，但是还需考虑到其他的因素。任何发射区尺寸的增大都会引起器件之间距离的增大，因此会使得器件更容易受到热梯度和

① 一项研究显示仅面积参数提供的匹配可小至 16 μm^2。参见 H.-Y. To 和 M. Ismail,"Mismatch Modeling and Characterization of Bipolar Transistors for Statistical CAD," *IEEE Trans. on Circuits and Systems—I: Fundamental Theory and Applications*, Vol. 43, #7, 1996,pp.608-610。

应力梯度的影响。大发射区还表现出更大的基区埋层电阻。由于这些问题的存在，设计匹配发射区时既不能太大又不能太小。作为一条一般规则，匹配 NPN 晶体管发射区的直径应该在最小发射区直径的 2～10 倍之间。例如，最小接触宽度为 2 μm，发射区对接触孔的最小交叠为 1 μm，那么最小发射区直径就是 4 μm。在这种工艺下，匹配发射区直径应该在 8～40 μm 的范围之内。更加精确的指导原则需要精确的数据，但这些数据几乎不存在于制造工艺中。

发射区形状是选择圆形还是方形或者八边形并没有什么影响，但是也存在例外的情况，使得采用某种发射区形状会更加合适。对于横向 PNP 晶体管，为了保持 β 值，发射区面积必须较小。圆形发射区能够提高发射区的面积周长比而不增大发射区直径，从而不但能够改善匹配也能提高 β 值。因此匹配横向 PNP 晶体管一般都采用如图 8.22 和图 8.26(B)所示的最小尺寸圆形发射区。发射区还应该在各个方向均匀地交叠接触以确保发射极电流的平均分布，因此，圆形发射区应该采用圆形接触孔，八边形发射区应该采用八边形接触孔。但在那些只要求采用最小尺寸方形接触孔的工艺中，这种安排就行不通了。此时，应优先采用方形发射区。

许多电路要求匹配晶体管有不同的器件面积。尽管将相同的单元器件并联是可行的，但是集电极隔离所需的大量管芯面积实际上通过热梯度和应力梯度影响的加剧降低了匹配。匹配 NPN 晶体管可以占据同一隔离岛，这是因为集电区形状对其匹配几乎没有影响［见图 9.18(A)］。集电结形状对匹配的影响也相对很小，这是因为大部分导通发生在发射区的正下方或者紧挨着发射区的位置，因此数个发射区可以被制作在同一个基区内［见图 9.18(B)］。发射区应尽可能相互远离，以防止从一个发射区注出的少子被另一个发射区收集。同时，在同一个基区内的发射区也应该尽可能相互远离以减小横向导通，这种横向导通会造成具有不同数目发射区的晶体管之间产生失配。可以通过加大发射区-发射区间距以及将基区与发射区的交叠加大 1～2 μm 来满足上述要求。这些增大的距离可以保证每个发射区不会同其他发射区或者集电结发生作用。

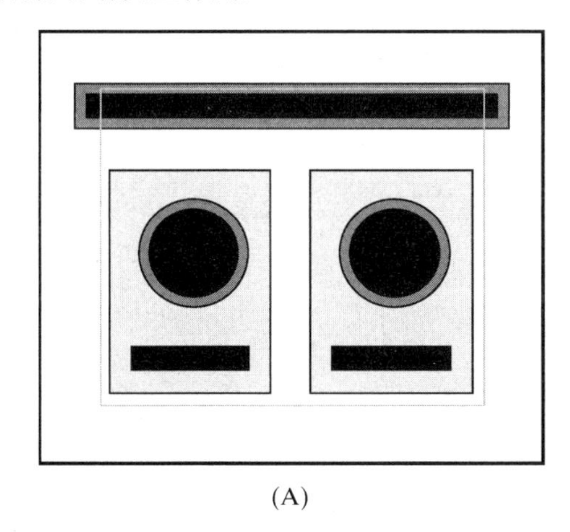
(A)

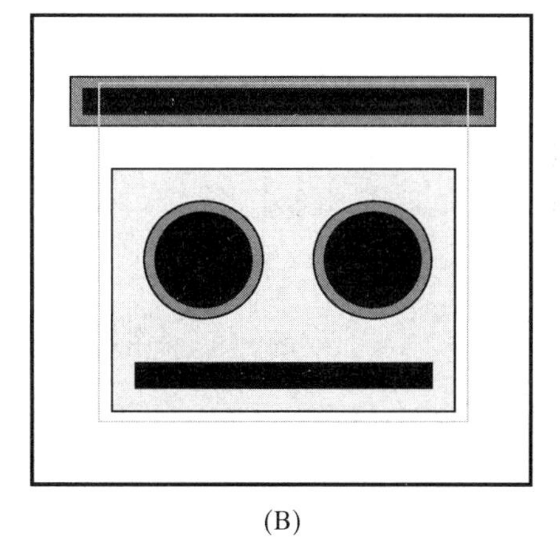
(B)

图 9.18　两种类型的多发射区晶体管：(A)同一隔离岛中含有不同的基区；(B)同一基区内具有不同的发射区

匹配横向 PNP 晶体管也可以制作在同一隔离岛内以节省面积。多发射区不能占据集电区图形中的单个开孔，因为如果这样每个发射区都会影响来自其他发射区的少子流动，所以每个发射区必须占据其自身的集电区开孔，而且这些开孔必须具有相同的尺寸。集电区形状的外部尺寸以及隔离岛的大小和形状对匹配没有影响，因此，匹配横向晶体管通常采用置于同一集电区内由最小发射区构成的矩形阵列［见图 8.26(B)］。

9.2.2 发射区简并

无论如何精心地构造双极型晶体管，某些类型的双极型晶体管仍无法良好匹配。一种被称为发射区简并的技术可以将匹配的压力由双极型晶体管转移到与之相关的电阻上，只要电阻的匹配比晶体管更加精确，这种方法就可以改善电路的整体匹配特性。发射区简并技术还可增加双极型晶体管的输出电阻，因此也减小了由于有限厄尔利电压所造成的系统误差。两支工作在不同集电结电压下的匹配双极型晶体管间集电极电流的系统误差为

$$\frac{I_{C1}}{I_{C2}} \approx 1 + \left(\frac{\Delta V_{BC}}{V_A}\right)\left(\frac{V_T}{V_T + V_d}\right) \tag{9.8}$$

其中，$\Delta V_{BC}=V_{BC1}-V_{BC2}$，$V_A$是晶体管的厄尔利电压，$V_T$是热电压(25℃下为 26 mV)，而 V_d 是简并电阻上的压降。式(9.8)只在 V_{BC1} 和 V_{BC2} 都远小于 V_A 时才有效。该公式表明 50 mV 的简并将厄尔利误差减小至 1/3 左右。

图 9.19 显示了一个由 3 支横向 PNP 管 Q_1 到 Q_3 组成的横向 PNP 电流镜。每支晶体管都有相连的发射区简并电阻 R_1 到 R_3。电流镜还采用了 β 助手(beta helper)晶体管 Q_4 减小低 β 值对匹配的影响。晶体管 Q_4 一般不需要同其他晶体管匹配，通常也不需要发射区简并[①]。

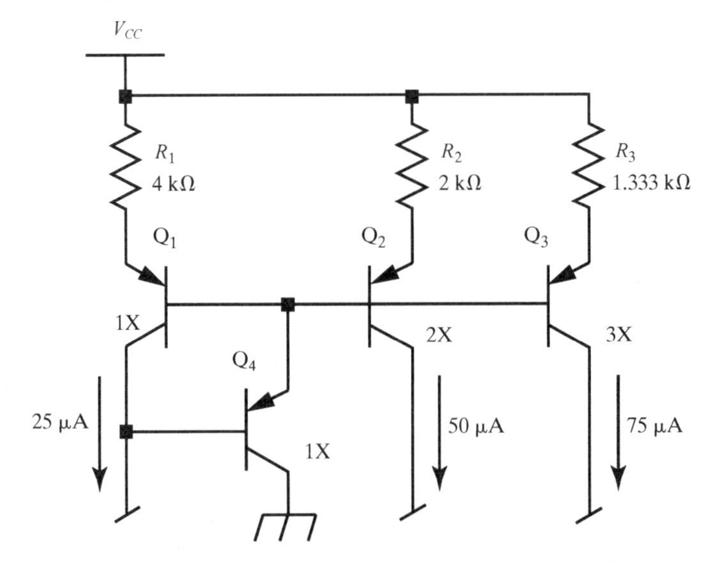

图 9.19 采用了发射区简并电阻的横向 PNP 电流镜

在本例中，晶体管 Q_1 到 Q_3 分别有 1, 2 和 3 三种器件尺寸，这些尺寸表示每支晶体管的单位发射区数量。这种无量纲表示避免了发射区周长和发射区面积之间任何可能的混淆，同时把电路设计者从对精确版图尺寸的担心中解放出来。电阻 R_1 到 R_3 的阻值同晶体管 Q_1 到 Q_3 的尺寸成反比，因此每个电阻有相同的压降，本例中为 100 mV。该电压代表了施加在晶体管上的简并量。大约 50～75 mV 的简并电压足以确保由电阻而非晶体管决定电流镜的匹配。只要晶体管的发射区面积比在期望值的 ±10%内变化，就没有需要超过 100 mV 的简并电压的电路。

① 有时会在 β 助手的发射区串联一个小电阻作为频率补偿网络的一部分，该电阻不参与电流镜匹配，因此它的值并不关键。

发射区简并带来的匹配特性改进取决于电阻的匹配程度和双极型晶体管间失配的本质。良好匹配的电阻变化不会超过 ±0.1%，而良好匹配的最小面积发射极电流间的差异通常达到 ±1%或者更大。简并晶体管的匹配程度约等于发射区简并电阻的匹配程度。另一方面，电阻所占据的面积同时可以被用于增大发射区面积。匹配 NPN 晶体管增大的发射区面积比增加发射区简并电阻更能有效地利用面积，这是因为精确匹配的电阻都不是很小。因为与双极型晶体管相比，电阻不易受到热梯度的影响，所以发射区简并有时在存在较大热梯度的情况下会产生更好的匹配。

因为大多数横向晶体管间的失配都是由 β 值变化引起的，而 β 值变化不受简并的影响，所以发射区简并对于横向 PNP 晶体管的作用可能没有对于纵向 NPN 管的作用大。尽管如此，横向晶体管通常还是采用简并电阻，因为这些器件采用最小面积发射区以维持可接受的 β 值。因为横向 PNP 晶体管一般具有相当低的厄尔利电压，所以这些器件还会从发射区简并带来的输出电阻增加中受益[①]。发射区简并不能改善分裂集电极晶体管的匹配，这是因为不可能为每个分裂集电极设置单独的发射区简并电阻。

大量发射区简并电阻有时被用来获得晶体管间的非整数比。存在 250～500 mV 的简并时，晶体管的尺寸就变得相对不重要了。例如，3.4:1 的比例可通过采用 3 倍单元尺寸的晶体管和一个 10 kΩ 电阻与单元晶体管和一个 34 kΩ 电阻获得。这种技术对于 NPN 和 PNP 晶体管都适用。

9.2.3　NBL 阴影

NBL 退火过程中因氧化引发的表面不连续会在外延淀积时向上传播，从而形成称为 NBL 阴影的表面不连续现象。一种称为版图移位的机制可以横向移动 NBL 阴影达两倍外延层厚度的距离（见 7.2.4 节）。如果 NBL 阴影和纵向晶体管的发射区相交就会出现失配。多发射极 NPN 晶体管阵列特别容易受到与其对称轴相垂直的版图移位的影响。以图 9.20（A）中的两支晶体管为例，版图移位向右移动 NBL 阴影，使之与每个器件最左侧的发射区相交。假设受到影响的发射区的面积减小了 1%。由于 Q_A 的两个发射区只有一个受到了影响，所以它的发射区面积变为 1.99。Q_B 的单发射区也受到影响，所以其发射区面积变为 0.99。这两个器件间新的比例是 1.99:0.99，或者约为 2.01:1，这就表示失配达到 0.5%或者失调电压约为 0.13 mV。

有许多方法可以防止版图移位引起失配。一种方法就是用两个与 Q_B 相同的单发射极晶体管替代多发射极晶体管 Q_A。这样一来，版图移位就会与 3 个发射区的相交程度相同，造成的系统误差可以相互抵消。但遗憾的是，版图变形也可导致 NBL 阴影随机变化，这是不能互相抵消的。只有确保 NBL 阴影不与晶体管的有源区相交才能避免这些问题，其中 NPN 晶体管的有源区由发射扩散决定。

如果已知版图移位方向，那么可以将晶体管排布成 CEB 阵列，其中主对称轴与版图移位的方向相互平行。按照这种方式，移位区将移动 NBL 阴影进入集电区接触或者基区接触。这些接触孔所要求的空间通常足以避免 NBL 阴影到达发射区。（111）硅的版图移位通常沿着<211>轴。翘曲的（100）硅的版图移位方向取决于倾斜的方向，不同制造商的产品可能会有很大的区别。

---

① Gray 等人认为与 PNP 晶体管相比，NPN 晶体管会从发射区退化中得到更多的好处，但是他们的论断存在瑕疵，因为他们忽略了文中讨论的其他因素。P.R. Gray 和 R. G. Meyer, *Analysis and Design of Analog Integrated Circuits*, 3d ed.（John Wiley and Sons, New York: 1993）, pp. 317-320。

为了正确地设定晶体管阵列方向，设计者必须确定版图 X-Y 轴和晶圆方向之间的关系。这些信息通常可以通过显微观测芯片获得。平整化将遮掩 NBL 阴影，但是晶圆可在平整化之前移出以便检测。切记，对于每个器件，对准线阵列(reticle array)可能是不同的，具体取决于版图生成时所做的选择，而且旋转和反射对准线阵列将会改变版图移位的方向。

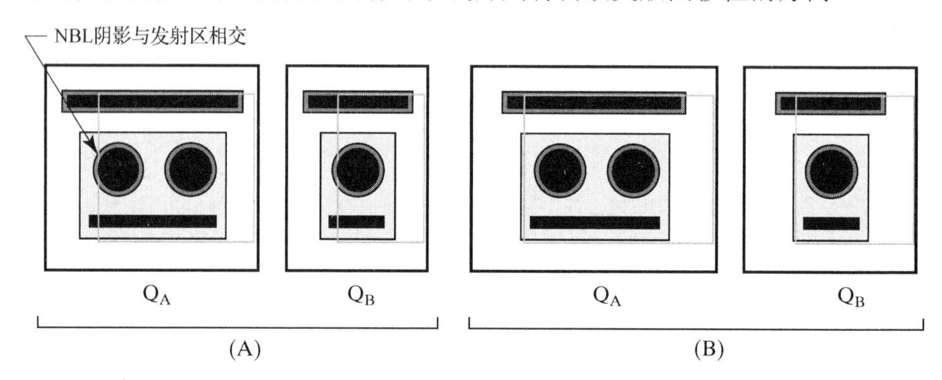

图 9.20 (A)NBL 阴影引起两晶体管失配；(B)这种失配可以通过放大 NBL 以防与 NBL 与发射区相交而消除

有时版图移位的方向是未知的，或者版图考虑排除了使用特定的晶向。在这些情况下，应该加大 NBL 对发射区的交叠以避免 NBL 阴影与发射区相交［见图 9.20(B)］。如果没有版图移位的数据，那么设计者应该使 NBL 层对发射区的交叠为外延层厚度的 150%。

有些设计者通过省略匹配晶体管的 NBL 来消除 NBL 阴影。没有 NBL，NPN 晶体管的集电极电阻可能达到数千欧姆。晶体管的 V_{CEO} 也会由于轻掺杂集电区的穿通而减小。CDI NPN 晶体管由于 N 阱最下方部分的极低掺杂浓度而特别容易穿通。除非有特性参数表明略去 NBL 后所得器件仍将正常工作，否则不应该将 NBL 从晶体管中去除。

横向 PNP 晶体管一般不会受到 NBL 阴影引发的失配问题的影响。集电区的宽度通常足以防止 NBL 阴影突入基区。如果 NBL 阴影落入基区，那么将由于干扰了从发射极到集电极的载流子流动而引发失配。如前所述，这些失配可以通过重新确定晶体管方向或增大 NBL 区域被轻易地消除。切记，千万去除横向 PNP 管中的 NBL，因为这会极大地降低其收集效率。

9.2.4 热梯度

双极型晶体管对于热梯度非常敏感。发射结电压 V_{BE} 的温度系数约为–2 mV/℃，对应的集电极电流的温度系数约为 80 000 ppm/℃。匹配双极型晶体管的电压失调一般小于 ±1 mV，对应的温度差异仅有 ±0.5℃。几乎在所有集成电路中都会出现这样大小的温度变化。

匹配晶体管通常用于制作差分对、比例对和比例四管。一个差分对(differential pair)(也称为 diff pair、发射极耦合对、长尾对)由两个匹配晶体管组成，其发射极的连接形式如图 9.21(A)所示。放大器和比较器的输入级通常由差分对组成，差分对的集电极一般连接了匹配电阻或者电流镜。双极放大器或者比较器的输入失调电压很大程度上取决于输入级差分对的匹配程度。各种校正方法可将电压失调的随机成分减小到零点几毫伏。校正也可减小失调电压的温度系数[①]，所以经常用于减小高增益放大器对一种称为热反馈(thermal feedback)现象的敏感度。

① 差分对的失配对精心设定的发射区面积比具有同样的影响，由此产生的 ΔV_{BE} 有很大的正温度系数。因此，在一定温度下减小失调也会减小温度变化。

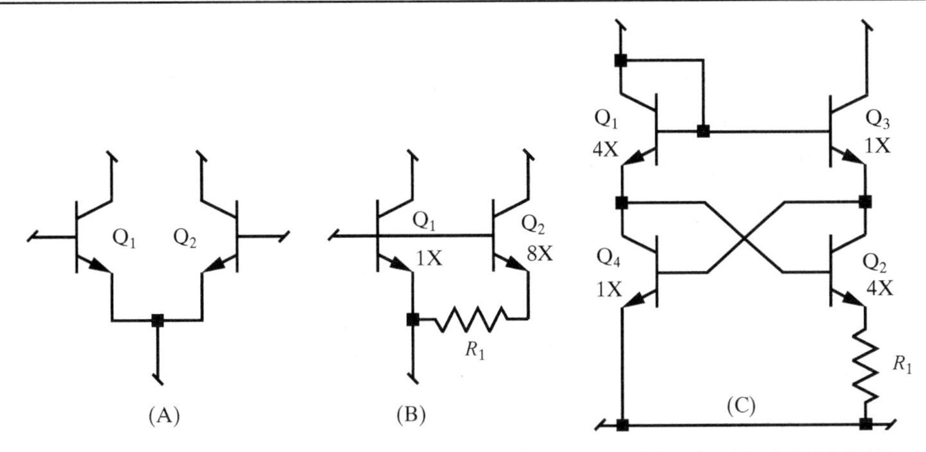

图 9.21　3 种包含匹配 NPN 晶体管的电路：(A)差分对；(B)比例对；(C)比例四管

热反馈发生在电路中某一部分通过热相互作用而不是电相互作用影响另一部分的时候。在较大功率电路中的电压或电流变化(例如在放大器的输出级)会引起局部温度变化，进而引起电路输入级器件之间小的失调。然后电路就会像放大电信号一样放大失调。经过放大的失调又会引起更大的温度变化，甚至会引起振荡。由于很多放大器的电压增益都超过 10 000，所以，即使很弱的热作用也能引起明显的热反馈。许多商业化运算放大器的频率响应由于这种机制从而存在低频零点和极点①。通过加大输入级和输出级间的距离，并且降低输入级的热敏感度系数可以减小热反馈。许多运算放大器将输入和输出电路分别放置在芯片的两端。即使这样，温度耦合仍然是一个严重的问题。高增益放大器的输入差分对应该以获得最高匹配度为目标进行设置和制作，从而减小其对温度变化的敏感性。

比例对由两支发射区面积成整数比的双极型晶体管组成。假设这两支晶体管导通等量的电流，那么其发射结电压的差别 ΔV_{BE} 为

$$\Delta V_{BE} = V_T \ln\left(\frac{A_1}{A_2}\right) \tag{9.9}$$

其中，V_T 是热电压(25℃下为 26 mV)，而 A_1 和 A_2 表示 Q_1 和 Q_2 的发射区面积②。热电压与热力学温度成线性关系③，因此，ΔV_{BE} 就是正比于热力学温度的电压(VPTAT)。这种比例对 NPN 晶体管生成的 VPTAT 与温度仍成线性关系，并且在很大的工作条件范围内与电流无关。连接在比例对发射区之间的电阻［如图 9.21(B)所示］能够将这种 VPTAT 转化为正比于热力学温度的电流或 IPTAT④。IPTAT 电路构成了许多精确电压和电流基准源的基础。

为了使 VPTAT 和 IPTAT 电路能够正常工作，比例对必须非常精确地匹配。在 VPTAT 和 IPTAT 电路中最常使用的比例是 8:1，这个比例生成的 ΔV_{BE} 是 54 mV。在这样的电路中，1 mV 失配大约可以引起电压或电流 2%的误差，而典型的经校正的电压源在各种可能的工作条件

① J. E. Solomon, "The Monolithic Op Amp: A Tutorial Study," *IEEE J. Solid-State Circuits*, Vol. SC-9, #6, 1974, pp. 314-332。

② 该推导忽略了理想因子(或发射效率)η，对于工作在中等电流水平的 NPN 晶体管，η非常接近于 1。

③ 热力学温度是相对于绝对零度的测量结果。SI 中热力学温度的单位是开尔文度(K)，大小与摄氏度(℃)相同。0℃≈273 K，25℃≈298 K。热电压 V_T等于 kT/q，其中 k 是玻尔兹曼常数(1.38×10^{23} J/K)，T 是热力学温度(单位 K)，q 是电子电荷(1.60×10^{-19}C)。

④ 实际上，电阻的温度系数将破坏 IPTAT 的线性。多数电路适用于 IPTAT 电流通过另一个电阻再生成一个 VPTAT 电压。如果两电阻有同样的温度系数，则可将其忽略。

下必须输出不超过 ±1%失配的电压。如果版图设计得不好，通常会导致随着输入电压变化产生过量的输出电压变化(很差的线调节)或者随着输出电流变化产生过量的输出电压变化(很差的负载调节)。这两个问题通常(至少是部分)源于热反馈。

一个比例四管实质上是比例对的改版。4 支晶体管产生一个 VPTAT 电压，该电压经常施加在电阻上产生 IPTAT［见图 9.21(C)］。VPTAT 电压 ΔV_{BE} 为

$$\Delta V_{BE} = V_T \ln\left(\frac{A_1 A_2}{A_3 A_4}\right) \tag{9.10}$$

其中，A_1 到 A_4 分别是晶体管 Q_1 到 Q_4 的发射区面积。因为 Q_1 和 Q_2 的尺寸相乘在一起，所以比例四管可提供比简单比例对更大的 ΔV_{BE}。两支 4X 晶体管可产生 72 mV 的 ΔV_{BE}，而两支 8X 晶体管可产生 108 mV 的 ΔV_{BE}。

双极型晶体管对温度的高度敏感性要求器件必须排布成匹配结构以消除热梯度。关键的匹配器件一般都采用类似于 7.2.10 节中介绍的那种共质心版图技术。差分对经常采用如图 9.22 所示的二维共质心版图，这种结构通常被称为交叉耦合四管(cross-coupled quad)[①]。共质心版图结构有助于减少热变化的影响，但是并不能完全消除非线性热变化。I_C 与 V_{BE} 之间的指数关系严重限制了这种消除——这对于共质心版图是一条极为重要的评判标准。因此，紧凑是匹配双极阵列的一种特性。大多数更复杂的共质心排布缺乏紧凑性，因此还没有简单交叉耦合四管的效果好。

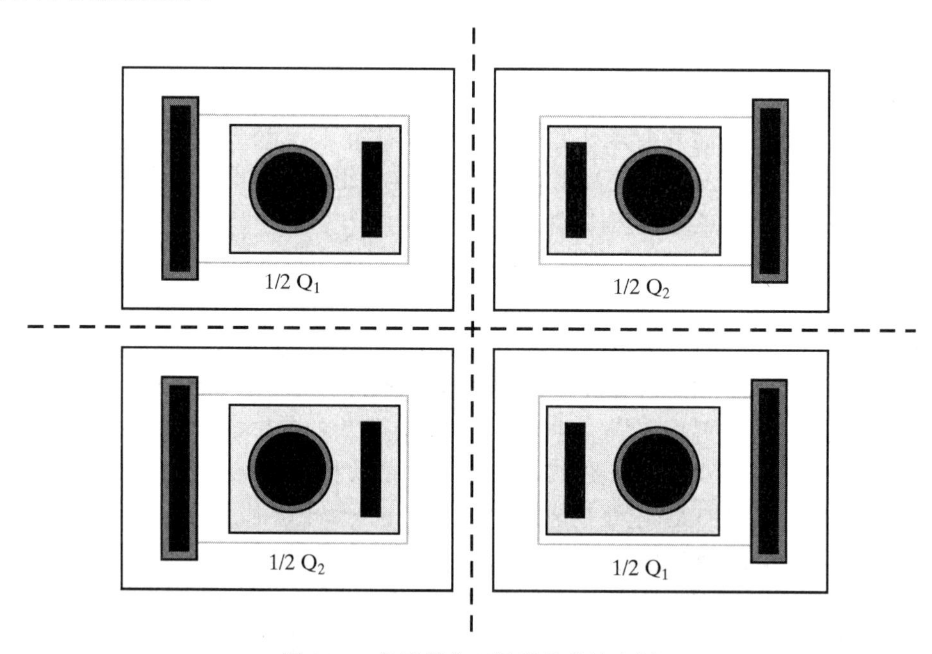

图 9.22 交叉耦合双极型晶体管实例

比例对产生的 VPTAT 电压按照面积比的对数增长，而热梯度和应力梯度引起的电压失调大约按照比例的平方根变化。随着面积比的增加，最终将达到一点，超过这个点失配比 VPTAT 以更快的速度增长。对于任何给定的设计，都有一个可实现最佳匹配的比例。这个最佳比例取决于多种因素，但是在大部分情况下处于 8:1 到 16:1 之间。偶数比例能够极大地简

① Grebene, pp. 348-349, 365。

化共质心版图的设计，而较小的比例又能够节省面积，因此 8:1 就成为了最普遍的选择。同样的讨论可确定比例四管的比例是 4:1:1:4。

比例对和比例四管的版图应该非常紧凑和对称。在比例对中，一个器件通常只有单个发射区，而另一个器件则有多个发射区。比例对的一种简单版图结构是将单发射区器件放在多发射区器件的两半中间。表示这种排布的最简单结构就是一维的 ABA 式共质心版图［见图 9.23(A)］。所有发射区都处于一条直线上，从而形成了副对称轴 S_2，使得该结构不受垂直于晶体管行方向热梯度的影响，而主对称轴 S_1 抑制了平行于发射区线的热梯度。这种伸长的阵列形状更难消除 S_1 周围的热梯度。因此，这种类型阵列的朝向应使得副轴 S_2 与预期的等温线平行。

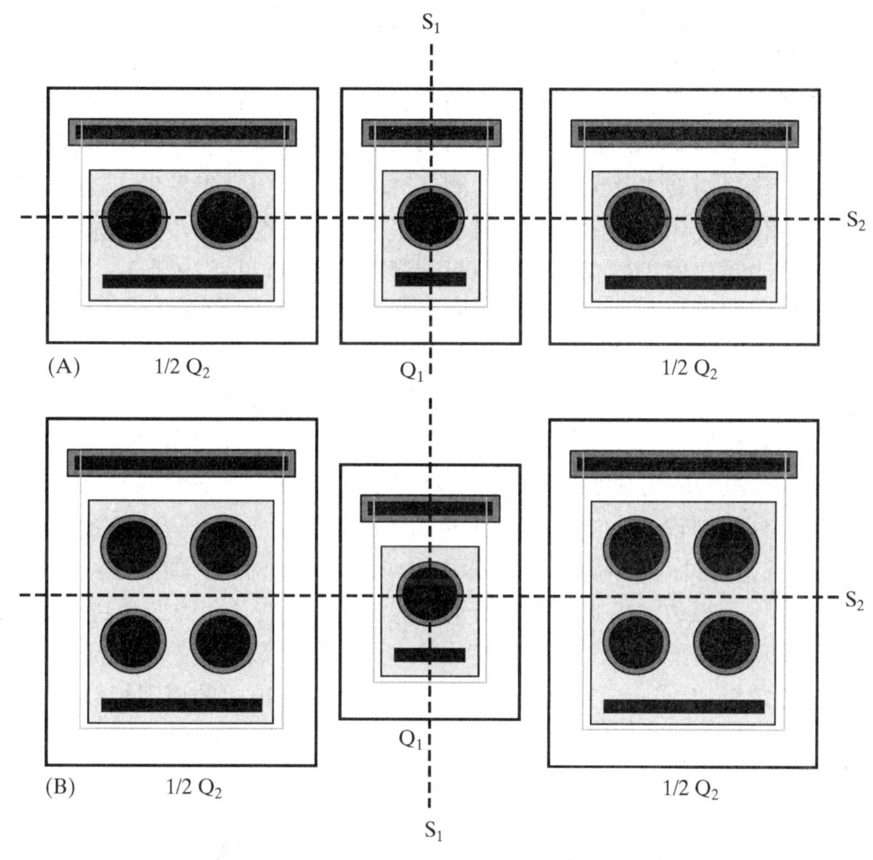

图 9.23 构造比例对常用的两种共质心版图

有一种更加紧凑的方案可以使比例达到 4:1。大晶体管 Q_2 的发射区可以排布成两行放置在对称轴 S_2 的周围［见图 9.23(B)］。S_2 轴也通过单发射区器件 Q_1 的中心。这种结构特别适用于大比例情况，例如 16:1，否则将产生很长的版图。如前所述，对阵列定向应使得副对称轴 S_2 平行于预期的等温线。

比例四管的布局仿佛由一对比例电流镜组成。上对［见图 9.21(C) 中的 Q_1，Q_3］和下对 (Q_2 和 Q_4) 都可以采用与图 9.23 中相似的布局。理想情况下，这两对应该上下排布，这样它们的主对称轴 (S_1) 重合，从而将整个排布转化成了二维共质心阵列。如果由于某种原因导致这种排布不可行，则将两对都作为独立的比例对处理。即使这两对相距一定的距离，仍将取得合理程度的匹配。

某些设计者提倡采用圆形阵列排布比例对版图，将小器件放在构成大器件发射区的环形阵列的中心。如果大器件有 4 个发射区，那么这种排布将同时拥有水平和垂直对称轴以及一些辅助轴，具体数量取决于总的发射区数目。尽管这种排布具有高对称性，但是相比而言紧凑性更加重要。因此，与圆形排布相比，一般推荐图 9.23 所示的版图结构。

9.2.5 应力梯度

机械应力可以通过改变双极型晶体管的发射结电压或者降低其 β 值诱发器件之间的失配。晶体管发射结电压由硅的带隙电压决定，而带隙电压会在应力作用下发生轻微变化①。在机械应力作用下 β 值的下降主要是由于压阻系数诱发的迁移率变化②。这些效应结合在一起可轻易产生几毫伏的失调。

封装好的集成电路几乎总是会受到一定的应力。塑封器件在高温下密封，而在降温时塑模成分发生弹性形变，所产生的封装应力会引起双极型晶体管发射结电压漂移并使得匹配器件之间出现失调。这些封装漂移无法在晶圆测试时消除，因为它仅发生在封装之后。封装应力会随着温度的变化而变化，因此即使后封装校正也不能完全消除，如果采用了合适的共质心设计技术，则应力释放保护层有助于减小封装漂移的影响(见 9.2.6 节)。

共质心版图技术可以大大减小应力对于匹配晶体管的影响。这些技术可以有效地集中器件，从而使应力平均分布。但是，即使是最优的共质心排布也不能消除应力梯度的高阶项，因此匹配器件应该位于芯片的低应力区域。图 9.24(A)显示了在采用(100)硅制作的芯片上匹配晶体管阵列的最佳位置，这些版图假设在匹配晶体管附近没有明显的热源存在。最佳位置在芯片中心附近，这里的应力最小。阵列的主对称轴 S_1 应该沿着芯片的一条对称轴，这有助于确保等压线与阵列的副轴 S_2 平行。如果匹配晶体管必须沿芯片的一边放置，则应放在边的中点处，这样阵列的主对称轴 S_1 就能够和芯片的一条对称轴对齐。如果芯片不是方形的，那么长边的中点位置优于短边的中点位置。如果可能，晶体管应该距离芯片边缘 250 μm。在任何情况下都不能把精确匹配晶体管放置在芯片的一角，因为该位置的应力梯度过大。总之，指导双极型晶体管放置的原则与 7.2.10 节介绍的应用于匹配电阻的原则相似。

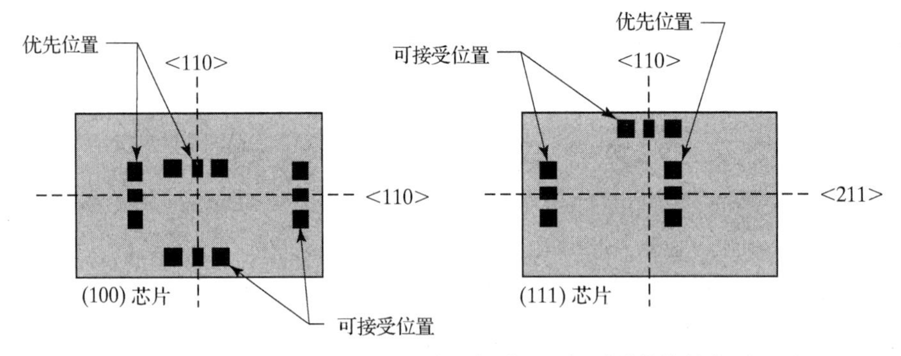

图 9.24 在(100)和(111)芯片上放置共质心双极型晶体管的位置，后者假设沿<211>轴存在应力分布的对称轴(同图 7.19 相比)

① J. J, Wortman, J. R. Hauser 和 R. M. Burger, "Effects of Mechanical Stress on p-n Junction Device Characteristics," *J. Applied Physics*, Vol. 35, #7, 1964, pp. 2122-2131。

② H. Mikoshiba 和 Y. Tomita, "Piezoresistance as the Source of Stress-Induced Changes of Current Gain in Bipolar Transistors," *Solid State Electronics*, Vol. 25, #3, 1982, pp. 197-199。

图 9.24(B)显示了在(111)硅制作的芯片上精确匹配器件的最佳位置。由于等压线在<211>周围对称分布，因此，理想情况下匹配晶体管应位于该轴而不是<110>轴的周围。尽管芯片两端附近的位置也能提供可接受的匹配程度，但是芯片中心附近仍是总应力最小的位置。非精确匹配晶体管也可被放置在<110>对称轴上。这里需要再次强调，匹配晶体管应位于芯片内部距边缘至少 250 μm 处以避免沿芯片边缘增大的应力梯度的影响，并且由于芯片顶角处有很高的应力，所以匹配晶体管决不能设置在其附近。

图 9.25 显示了当芯片同时存在热源和精确匹配器件时需要采取折中方案。与应力梯度相比，双极型晶体管更容易受到热梯度的影响，因此热源和匹配晶体管之间的距离越大，匹配程度就越好。匹配晶体管应该至少距离热源另一侧的芯片边缘 125～250 μm。尽管芯片边缘附近的应力大于芯片的中心位置，但是边缘附近能够提供比中心更好的整体匹配。

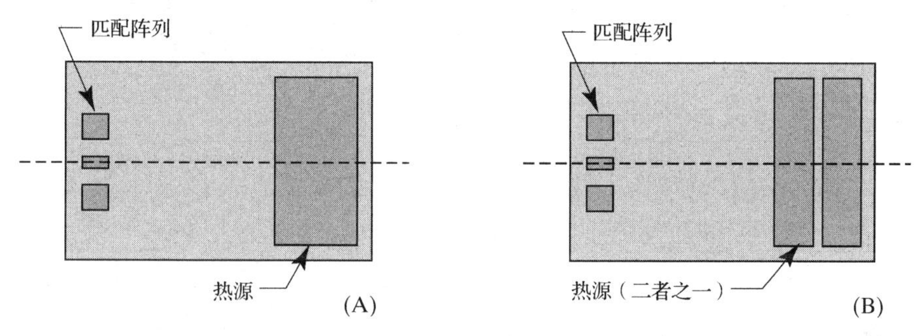

图 9.25　拥有一个或多个功率器件的芯片上的匹配晶体管版图

大功率集成电路可从明智地对晶体管应用发射区进行简并中受益，这种晶体管通常有足够的面积使得自身可以形成非常精确的匹配。较大的功率耗散会产生较大的温度梯度，特别是安装在散热线框上的芯片。温度梯度对双极型晶体管的影响强于对无源器件的影响，所以简并晶体管的匹配通常证明优于未简并器件的匹配。发射区简并对于大热源旁边的匹配晶体管特别有益，如果没有简并，这种晶体管通常具有很大的失调。不论何时将发射区简并电阻加入精确匹配的晶体管，电阻都必须经过仔细布版以确保性能改善而不是降低匹配。设计很差的简并电阻可以轻易地毁掉原本布局良好的电路匹配。

9.2.6　填充物诱生应力

封装过程中产生的机械应力源于两种独立的物理机制，这两种机制都是由于芯片和封装材料之间存在着不同的热膨胀系数造成的。应力梯度从整体上施加给芯片，所产生的力的分布在芯片上缓慢变化，而且这种变化是可以预测的。填充物诱生应力是由塑料封装材料内填充的不规则硅石颗粒造成的。塑料收缩迫使颗粒压向芯片的表面，从而使压力高度集中在下面的器件上(见 7.2.9 节)。填充物诱生应力在本质上是随机的，而应力梯度则主要是系统的。

应力对于芯片的影响可以通过测量其产生的封装漂移确定。单元参数 x 的封装漂移 Δx 等于封装后测量值 x_a 和封装前晶圆测试时的测量值 x_w 之差：

$$\Delta x = x_a - x_w \tag{9.11}$$

实际中，通常对大量单元在晶圆测试和封装后的结果进行测量。封装漂移的平均值和标准偏差可用下列公式计算：

$$m_{\Delta x} = m_{xa} - m_{xw} \tag{9.12A}$$

$$s_{\Delta x} = \sqrt{s_{xa}^2 - s_{xw}^2} \tag{9.12B}$$

其中，m_{xw}和s_{xw}是晶圆测试数据的平均值和标准偏差，而m_{xa}和s_{xa}是封装后数据的平均值和标准偏差。

通过比较封装漂移的平均值和标准偏差，可以迅速确定填充物颗粒是否产生了显著的失配。如果填充物诱发应力并不明显，那么封装漂移的标准偏差将远小于平均值。如果标准偏差与平均值接近或者超过了平均值，那么填充物诱发应力在形成封装漂移的过程中起到了主要作用。

目前已有关于带隙电压封装漂移数据的报道。带隙基准源使用双极型晶体管产生一个近似于温度无关的电压。图9.26显示了Brokaw带隙电路的基本单元①。晶体管Q_1和Q_2形成比例对。放大器X_1调整电压V_{bg}，直到集电极电流I_{C1}和I_{C2}相等。在这种情况下，带隙电压为

$$V_{bg} = V_{be1} + \frac{2R_1}{R_2}\ln(N) \tag{9.13}$$

当调整电阻值以减小V_{bg}的温度系数时，该电压大约等于1.25 V。对于采用SOT-23封装的带隙基准源，25℃的封装漂移的平均值为–1.1 mV，标准偏差是2.3 mV②。这种封装漂移主要是由发射结电压V_{be1}引起的。作用在发射结上的压缩应力使发射结的正向导通电压下降③。由于填充物诱发应力多为压缩应力，可以预见带隙电压将出现向下的漂移。该结果解释了为何上例中的电路出现了–1.1 mV 的平均封装漂移。SOT-23 封装基准源的封装漂移主要(如果不是完全)是由于填充物诱发应力引发的。

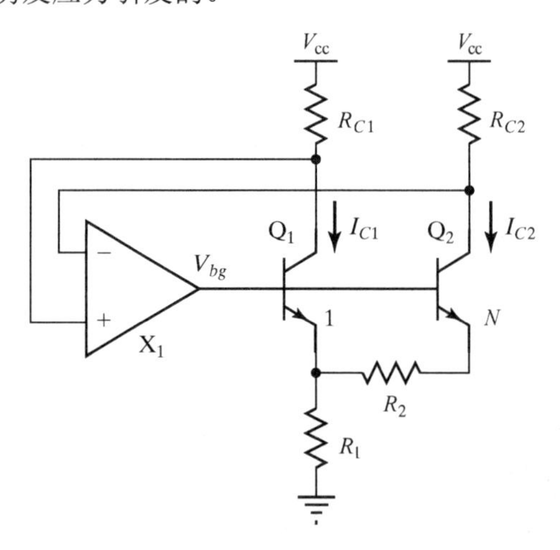

图9.26　Brokaw带隙基准源电路中精确匹配器件的电路简图

版图对填充物诱发压力引发的失配没有什么作用。填充物颗粒的直径通常不会超过几百微米。填充物颗粒和下面芯片之间的接触面积非常小，从而使得填充物产生的应力非常集中，以至于共质心几乎或者根本无法发挥作用。因此，应该根据7.2.9节中所述，采用替代的封装

① A. P. Brokaw, "A Simple Three-Terminal IC Bandgap Reference," *IEEE J. Solid-State Circuits*, Vol. SC-9, #6, 1974, pp. 388-393。

② 作者，未发表数据。

③ J. J. Wortman, et al。

材料或者机械强度合适的保护层。厚的铜金属已被证明是一种符合要求的材料。对于某种特定的带隙基准源而言，在氮化物保护层顶部增加 15 μm 的铜层，封装漂移会从 $m_{\Delta Vbg} = -5.06$ mV，$S_{\Delta Vbg} = 2.64$ mV 变为 $m_{\Delta Vbg} = -2.26$ mV，$s_{\Delta Vbg} = 1.38$ mV①。这种厚铜层在该设计中有效地将封装漂移降低了一半。这里需要再次强调，相对较大的标准偏差意味着封装漂移主要源于填充物诱发应力。

9.2.7　系统失配的其他因素

许多其他机制也能引起双极型晶体管失配。例如，不平衡的集电极-发射极电压会因为厄尔利电压或者器件收集效率限制引起系统失配。合并横向 PNP 晶体管中的交叉注入和多发射极晶体管中耗尽区突入基区等问题也会引起严重的系统失配。本节将简要讨论各种相关机制。

两支晶体管的集电极-发射极电压不同会引起二者之间出现系统失配。这种失配可能源于两种机制：一种是厄尔利电压引起的，另一种是收集电效率引起的。双极型晶体管的厄尔利电压 V_A 决定了集电极-发射极电压 V_{CE} 对集电极电流 I_C 的影响：

$$I_C = I_S e^{V_{BE}/V_T}\left(1 + \frac{V_{CE}}{V_A}\right) \tag{9.14}$$

当集电极-发射极电压主要加在反偏集电结上会出现厄尔利效应。随着该结的电压增加，耗尽区会进一步突入晶体管的中性基区。基极宽度变窄引起晶体管 β 值变大，进而又增大了集电极电流②。纵向 NPN 晶体管厄尔利电压的典型值为 100 V。V_{CE} 每出现 1 V 的变化就会产生 1%的集电极电流变化。如果两匹配晶体管工作在不同的发射极-集电极电压下，那么在厄尔利电压的作用下就会引起集电极电流的系统误差。仅需使两晶体管工作在相同的集电极-发射极电压下就可以消除这种误差。人们已经开发出多种电路设计技术使得设计者可以达到这个目标。

横向 PNP 晶体管的收集效率也随着集电极-发射极电压的变化而变化。显然，饱和横向 PNP 晶体管的收集效率很低，因此饱和横向晶体管无法与工作在正向放大区的晶体管匹配。工作在放大区时，收集效率也会由于集电结耗尽区深度的变化而发生轻微的变化。较高的发射极-集电极电压会使集电结耗尽区更深地进入集电区，从而改善了收集效率。收集效率的变化又转变为集电极电流的变化。除非两支晶体管工作在相同的集电极-发射极电压下，否则这种效应可引起集电极电流系统失配。

合并横向 PNP 晶体管之间的交叉注入可引起器件的收集效率不同，从而造成集电极电流失配。交叉注入最极端的情况就是多支横向晶体管合并在一个公用隔离岛中，并且其中的一支发生饱和。饱和晶体管向隔离岛中注入载流子并被其他晶体管收集。这种类型的交叉注入能够导致极大的失配。工作在正向放大区的器件间的交叉注入可引发轻微失配。某些载流子将从每个器件的集电区底部逃脱，并可能流向合并在同一隔离岛中的其他器件。消除交叉注入的最简单且最可靠的方法就是将每支横向 PNP 晶体管放在各自独立的隔离岛中。某些设计者采用 N 型棒(N-bar)达到同样的目的，而且面积略有减小(见 4.4.2 节)。

① B. Abesingha, G. A. Rincón-Mora 和 D. Briggs, "Voltage Shift in Plastic-Packaged Bandgap References," *IEEE Trans. on Circuits and Systems—II: Analog and Digital Signal Processing*, Vol. 49, #10, 2002, pp. 681-685。

② J. M. Early, "Effects of Space-Charge Layer Widening in Junction Transistors," *Proc. IRE*, Vol. 40, 1952. pp.1401-1406。

对于多个发射区在同一基区内的纵向晶体管，耗尽区是造成系统失配的另一种机制［如图 9.18(B)所示］。发射结耗尽区主要向轻掺杂的基区延伸。如果将两个发射区间的距离置为最小允许间距，那么这两个发射区周围的耗尽区就会非常接近。两发射区之间的中性基区就会变得非常狭窄。该基区的压降就会引起发射区正对的部分去偏置，从而减小导通电流。如果基区对发射区的交叠并不是很大也会出现同样的效应。可通过增加发射区之间的距离并使基区与发射区的交叠超出版图规则规定的最小值几微米来避免这些机制的发生。

9.3 双极型晶体管匹配设计规则

前几节解释了引起双极型晶体管失配的机制，本节将这些信息浓缩成一组定性规则，即使没有量化匹配数据(通常是实际情况)，这些规则也有助于增强设计者构造匹配双极型晶体管的信心。

以下规则使用术语低度、中等和精确匹配表明不断增加的匹配程度。这些术语解释如下：

- **低度匹配**：失调电压 ±1 mV，或者集电极电流失配 ±4%。这种失配适于构造运算放大器和比较器的输入级，这些电路未经校正的失调必须在 ±3～±5 mV 之间。这种失配也适于用在偏置非关键电路的电流镜中。
- **中等匹配**：失调电压 ±0.25 mV，或者集电极电流失配 ±1%。这种程度适用于 ±1%的带隙基准源和未校正失配必须在 ±1～2 mV 的运算放大器和比较器。由于横向晶体管很难达到这种匹配程度，因此大多数未经校正的中等匹配电路都采用纵向 NPN 晶体管作为替代。
- **精确匹配**：失调电压 ±0.1 mV，或者集电极电流失配 ±0.5%。这种程度的匹配电路通常需要进行校正或者加入精确匹配的简并电阻。但由于简并和校正无法完全消除热梯度和封装漂移效应，所以合理的版图设计仍然是很重要的，除非横向晶体管重度简并而且电路包含一些消除基极电流的措施，否则将不能获得这种程度的匹配。要求精确匹配的电路通常采用重度简并纵向 NPN 晶体管。

9.3.1 纵向晶体管匹配规则

因为纵向晶体管不受表面导通效应的影响，所以匹配性优于横向晶体管。大多数工艺都以牺牲横向 PNP 晶体管的性能为代价优化纵向 NPN 晶体管的性能，这只会加强对 NPN 晶体管的使用。以下规则总结了设计匹配纵向晶体管的基本原则：

1. 使用同样的发射极区形状。

   发射区大小或形状不同的晶体管匹配性极差，即使低度匹配也要求使用形状相同的发射区，所以匹配晶体管都被限制为较小的整数比。基区和集电区形状的影响远小于发射区，因此多个发射区可以共用一个基区。

2. 发射区直径应该是最小允许直径的 2～10 倍。

   发射区最小直径等于最小接触孔宽度加上两倍的发射区对接触孔的交叠量。例如，某工艺的最小接触孔宽度为 2 μm，发射区对接触孔的最小交叠为 1 μm，那么发射区直径应该是 4 μm。该工艺下匹配发射区的直径应该在 8～40 μm 之间。处于这个范围下限的发射区面积足以满足低度匹配。中等和精确匹配一般要求使用更大的发射区，但是功率器件的存在要求使用更小的发射区使得结构更加紧凑以减小热梯度的影响。

3. 增大发射区的面积周长比。

   对于给定的发射区面积，最大的面积周长比可产生最好的匹配。虽然圆形有最大的面积周长比，但是八边性和方形发射区也可以满足要求。

4. 将匹配晶体管尽可能靠近放置。

   双极型晶体管对热梯度非常敏感。即使低度匹配晶体管之间的距离也应该在几百微米的范围内。中等和精确匹配的晶体管应该使用共质心版图技术从而减小晶体管间的距离。

5. 使匹配晶体管的版图尽可能紧凑。

   共用基区和集电区可能会引起轻微的失配，但是紧凑性增加所带来的好处足以补偿此缺陷。将发射区排布成紧凑簇状的版图比将其设置成一条直线的版图的匹配性更好。相同尺寸的匹配晶体管对应采用交叉耦合版图。

6. 构造比例对或比例四管时采用 4:1 到 16:1 之间的偶数比。

   比例太大或者太小时的匹配效果都比比值处于一定范围内的匹配效果差，对于比例对而言这个范围通常在 4:1 到 16:1 之间，对于比例四管而言这个范围通常在 4:1:1:4 到 8:1:1:8 之间。比例四管采用的比值通常小于比例对，这是因为对于给定数量的发射单元，比例四管会产生更大的 VPTAT 电压。

7. 匹配器件应远离功率器件。

   功率晶体管对双极型晶体管匹配有很大的威胁。低度匹配晶体管与主要功率器件(功耗达到或超过 250 mW)的距离应该至少为 250 μm，并且不能与任何功耗超过 50 mW 的功率器件相邻。中等匹配器件应该至少距离任何功耗超过 50 mW 的器件 100～250 μm，并且应该放置在远离功率器件的芯片的另一端。精确匹配器件应尽可能远离任何功率器件。可以将芯片形状延长至 1.5:1 或者甚至 2:1 的比例以增加精确匹配晶体管与主要功率器件之间的距离。除非晶体管重度简并，否则功耗达到或者超过 1 W 时通常无法实现精确匹配。

8. 将匹配晶体管放置在低应力区域。

   芯片上若存在任何明显的热源，就不能把匹配晶体管放置在芯片中央，因为这样会使其距离热源过近。在这种情况下，中度匹配晶体管应放置在芯片上热源相对端的中心。中度匹配晶体管不应该放置在距离芯片边缘 250 μm 以内的位置，因为在边缘附近应力会增加。同样，中度匹配晶体管也应远离芯片的顶角处，那里的应力作用最大。存在大热梯度时很难实现精确匹配。

9. 将中度匹配和精确匹配晶体管放置在对称轴上。

   设置中度匹配和精确匹配晶体管阵列方向时，应使其主要对称轴 S_1 和芯片的一条对称轴重合。如果可能的话，匹配阵列应该位于(111)晶圆芯片的<211>轴而不是<110>轴的周围。

10. 不要使 NBL 阴影同匹配发射区相交。

    中度匹配和精确匹配晶体管的 NBL 区应该与晶体管发射区充分地交叠一定距离以确保其不同发射区相交。如果 NBL 移位的方向未知，那么应使 NBL 在各个方向上充分交叠发射区。如果移位的大小未知，那么 NBL 对发射区的交叠至少为最大外延层厚度的 150%。低度匹配晶体管可以不用考虑这个因素，因为 NBL 阴影的影响相对较小。

11. 发射区应互相远离以避免相互影响。

如果多个发射区必须占据同一个基区，那么它们之间的距离就应足够远以避免其耗尽区相交。如果版图规则中规定了未连接发射区之间的距离，那么对于匹配发射区而言无论其如何连接都要使用这条规则。如果不存在这种规则，那么匹配发射区之间的距离应该超过最小间距 2～3 μm。

12. 增加基区与中等或精确匹配发射区的交叠。

如果基区未与发射区交叠，那么对版误差可导致发射区外围的某一段产生足够大的横向 β 值从而造成微小的失配。中等和精确匹配发射晶体管的基区与其发射区的交叠应该超过最小间距 1～2 μm。

13. 使得匹配晶体管工作在 β 曲线的平坦段。

在 NPN 晶体管的 β-I_C 关系曲线中通常会有一段较宽的平坦区域。在任何可能的情况下，匹配晶体管都应工作在这个区域。工作在大电流下的晶体管会受到可能引发失配的大注入影响。对于比例对或比例四管，大注入能够引起 VPTAT 电压理论值的偏移。大多数 NPN 晶体管不会进入大注入状态，除非工作在也可能引起不希望的自加热现象的相对较大的电流下。工作在很小电流下的晶体管的 β 值会由于表面效应而易于变化。大多数纵向 NPN 晶体管的小电流 β 值下降现象仅发生在电流密度极低的情况下，所以这种效应不会对器件匹配产生影响。

14. 接触孔形状应同发射区形状匹配。

圆形发射区应包含共质心的圆形接触孔。同样，八边形应包含八边形接触孔，方形发射区应包含方形接触孔。如果工艺只允许最小尺寸的方形接触孔，则可采用方形发射区和方形最小接触孔阵列。发射区接触应该尽可能地填满发射区，除非在必须减小硅化以防止 β 值下降的情况下。这些防御措施有助于防止接触孔和发射区边缘之间的相互作用影响正常的发射极电流流动。

15. 考虑采用发射区简并。

低度匹配晶体管一般不会从发射区简并中受益。存在大的热梯度时，中度和精确匹配晶体管可从简并中受益。如果除了通过校正简并电阻从而使得失调电压可调外没有其他原因，精确匹配晶体管通常是简并的。对于中度匹配和精确匹配，简并电阻分别至少应该承载 50 mV 和 100 mV 的电压。发射区简并也可用于匹配具有不同尺寸和形状发射区的晶体管。在这种情况下，低度匹配至少承担 200 mV 的简并，而中度匹配为 500 mV。这种技术能够获得非整数比匹配的晶体管。例如，1.64:1 的比例可利用两支具有相同发射区的晶体管和一对比例为 1:1.64 的发射区简并电阻实现。

16. 使中度和精确匹配晶体管工作在相同集电极-发射极电压下。

厄尔利效应能够诱发工作在不同集电极-发射极电压下的器件出现集电极电流系统失配。失配程度取决于器件厄尔利电压的大小。纵向晶体管的厄尔利电压通常为 100～300 V，对应的失配为 0.3%/V～1%/V。各种各样的电路设计技术(例如插入共发–共基器件）都能够保证匹配器件工作在相同的电压下。

17. 不要让匹配器件的发射结出现雪崩。

发射结雪崩击穿会降低纵向晶体管的 β 值（参见 4.3.3 节）。造成这种降低机制的碰撞电离实际上在电压略低于击穿电压时就已经开始。产生的 β 值失配通过与器件基极电路中电阻的相互作用，可间接地造成集电极电流的不同。双极放大器和比较器的输入差分对尤其易受到这种情况的影响，因为它们直接暴露在管脚，所以会受到过强电场和 ESD 事件的影响而使性能降低，因此，匹配晶体管不应该工作在其反偏发射结电压超过 50%发射结击穿电压 V_{EBO} 的情况下。连接外管脚的器件应该包括钳位或者其他保护结构以限制其发射结上的反偏电压。

9.3.2　横向晶体管匹配规则

横向晶体管的匹配程度通常低于纵向晶体管。这种较差的匹配部分是由于表面效应，部分是由于不能使用大发射区所致。发射区简并经常被用于改善横向 PNP 电流镜的匹配和任何允许其存在的电路中。下面的规则总结了设计匹配横向晶体管的基本原则：

1. 采用相同的发射区和集电区形状。

发射区和集电区形状都能够影响横向晶体管的导通。发射区和集电区形状不同的晶体管匹配度很差。对于低度匹配，只需考虑正对发射区的集电区内边缘的尺寸和形状。如果要求更高的精度，应复制整个集电区的形状。除非晶体管饱和，否则基区的形状和尺寸并不重要。如果晶体管会饱和，那么最安全的办法就是将其放在单独的隔离岛中。不能采用 P 型棒和 N 型棒（见 4.4.2 节）隔离方案，以确保匹配器件之间完全隔离。浅集电区晶体管（例如采用 PSD 注入制作的模拟 BiCMOS 器件）应该放置在独立的隔离岛或阱中，以减小载流子通过浅集电区下方时引起的交叉注入。

2. 匹配晶体管采用最小尺寸发射区。

大发射区会使晶体管的 β 值降低，这种效应对匹配特性的损害通常大于面积增大所带来的益处。比例晶体管应该采用多最小发射区单元结构［见图 8.26(B)］。

3. 对匹配横向 PNP 晶体管的基区设置场板。

设置场板能够保证静电荷不会对流过中性基区的电流产生影响。场板设置不当的晶体管易出现长期漂移，从而严重破坏匹配。对中性基区进行沟道终止注入的 BiCMOS 横向 PNP 晶体管一般不需要设置场板，因为沟道终止已经起到了这种作用。当然，加入场板也不会有什么坏处。

4. 分裂集电极横向 PNP 晶体管能够实现中度匹配。

只有各分裂集电极完全相同而且没有集电极出现饱和现象，才能获得中度匹配。集电极之间的空隙导致不可能精确地预测不同尺寸集电极间电流的分配。任何集电极发生饱和都会影响到其他集电极之间的匹配。分裂集电极横向晶体管能够用于形成具有极高匹配精度且非常紧凑的交叉耦合晶体管[①]。

---

① Gilbert 认为交叉耦合分裂集电极横向 PNP 晶体管的典型匹配为 ±0.1%，该结果大概是 1-Σ 值。参见 B. Gilbert, “Bipolar Current Mirrors,” 见 C. Toumazou, F. J. Lidgey 和 D. G. Haigh 的著述 *Analogue IC Design: The Current-Mode Approach* (London: Peter Perigrinus, 1990), pp. 249-250。

5. 将匹配晶体管相互靠近放置。

   即使低度匹配晶体管，也应将其相互靠近放置以减小热梯度的影响。中度和精确匹配晶体管可共用基区岛。如果采取这种方法，则必须保证其中任何一支晶体管都不能发生饱和。

6. 如果可能的话，避免采用比例横向 PNP 晶体管制作 VPTAT 电路。

   推导式(9.9)和式(9.10)中忽略的理想因子在横向 PNP 晶体管通常工作的大注入状态下必须加以考虑。由于理想因子的存在，比例镜和比例四管形成的 VPTAT 电压经常表现出同公式预期的结果之间存在很大的偏离。

7. 匹配器件应远离功率器件放置。

   低度匹配晶体管至少应该距离主要功率器件 250 μm，而且不应该同任何功耗超过 50 mW 的器件相邻。中度匹配器件则至少应距离任何功耗超过 50 mW 的器件 100～250 μm，而且应该放置在远离主要功率器件芯片的另一端。精确匹配的晶体管应尽可能远离任何功率器件。存在功耗达到或超过 1 W 的器件时通常无法实现精确匹配，除非电路重度简并。可以考虑延长芯片达到 1.5:1 甚至 2:1 的长宽比以增加精确匹配器件和主要功率器件之间的距离。

8. 将匹配器件放置在低应力区域。

   精确匹配晶体管应该占据芯片的中心位置，然而如果存在热源就不能把匹配晶体管设置在芯片中央。中度匹配晶体管应占据远离热源的芯片另一端的中心。它们不应该位于距芯片边缘 250 μm 的范围内，而且应远离芯片的顶角。

9. 将中度和精确匹配晶体管放置在芯片的对称轴上。

   设置中度匹配和精确匹配晶体管阵列的方向时，应使其主要对称轴 S_1 与芯片的一条对称轴重合。如果可能，匹配阵列应该位于(111)晶面芯片的<211>轴上。

10. 不要使 NBL 阴影与横向 PNP 的基区相交。

    引起 NBL 阴影的表面不连续的存在严重影响了通过晶体管中性基区的电流流动。如果 NBL 移位的方向未知，则应使 NBL 在各个方向上充分交叠基区。如果移位的大小未知，那么 NBL 对基区的交叠量至少为最大外延层厚度的 150%。如果 NBL 阴影仅与晶体管的集电区相交，那么其对匹配将没有影响。

11. 匹配横向 PNP 晶体管工作在峰值 β 附近。

    在横向 PNP 晶体管 β-I_C 关系曲线中，有一个明显的峰值。为了减小基极电流误差，匹配晶体管应工作在峰值处或略低于该峰值的位置。工作在更低或者更高电流密度的区域会造成 β 值减小并增加基极电流误差。同样，规则 6 中提到的非理想因子在远离 β 最大值的位置也变得越来越重要。

12. 接触孔形状应同发射区形状匹配。

    圆形发射区应包含共质心的圆形接触孔。同样，八边形应包含八边形接触孔，方形发射区应包含方形接触孔。这些防御措施有助于防止接触孔和发射区边缘之间的相互作用影响正常的发射极电流流动。

13. 考虑使用发射区简并。

    横向晶体管一般比纵向晶体管更容易从简并中获益，因为它们有较小的厄尔利电压和发射区面积。对于中度匹配和精确匹配，简并电阻分别至少应该承载 50 mV

和 100 mV 电压。发射区简并也可用于匹配发射区尺寸和形状不同的晶体管。在这种情况下，低度匹配至少要承担 200 mV，而中度匹配为 500 mV。这种技术也能够获得非整数比的匹配晶体管。分裂集电极之间不能相互简并，因为它们共用一个发射区。

14. 使中度和精确匹配晶体管工作在相同的集电极-发射极电压下。
厄尔利电压能够诱发工作在不同集电极-发射极电压下的器件之间出现集电极电流系统失配。失配程度取决于器件厄尔利电压。横向晶体管的厄尔利电压一般为 50～200 V，所对应的失配为 0.5%/V～2%/V。除了厄尔利电压，收集效率随着集电极-发射极电压的变化同样会诱发晶体管间的失配。失配程度随着集电极-发射极电压的下降而增大，而且当一个或两个器件同时饱和时这种效应就会变得极为严重。各种各样的电路设计技术［例如插入共发-共基(cascode)器件］可确保匹配晶体管工作在相同的集电极-发射极电压下。

9.4 小结

与 MOS 功率晶体管相比，设计双极型功率晶体管的难度要大许多。V_{BE} 的负温度系数使得双极型晶体管很容易受到热击穿的影响，而晶体管关断时的电流集中可通过二次击穿破坏原本稳定工作的晶体管。合适的设计能够减小这些问题发生的可能性。双极型晶体管具有以下 MOS 晶体管所不具备的优点：它们的高跨导并不是建立在大的器件面积或者小的沟道长度的基础上，而且由于具有更大体积的硅可用于散热，从而表现出优越的瞬态功率耐受性。双极型晶体管具有与 MOS 门驱动器以及 ESD 保护器件一样的优异性能(见 13.5 节)。大的横向 PNP 晶体管具有难以置信的稳定性。制作这样的器件需要很大的面积以通过对应的体硅耗散热量，横向晶体管 β 值的显著下降使之不会因为电流过大而被毁坏。

双极型晶体管还表现出比 MOS 晶体管更好的电压匹配特性。双极型晶体管的高跨导使得单极具有更大的增益，从而减少了需要的匹配晶体管数目。增大纵向 NPN 晶体管的发射面积不会影响到其跨导，而加长 MOS 晶体管的沟道长度则会迅速降低其跨导，并且增加所需面积。相同精度的匹配双极型晶体管所占用的面积小于匹配 MOS 晶体管。适当的比例双极型晶体管能产生极精确的 VPTAT 电压，该电压构成了许多电压和电流基准源的基础。MOS 晶体管只是在工作于亚阈值区时产生 VPTAT 电压，而该模式无法与高温工作兼容。

尽管 MOS 晶体管在许多应用中替代了双极型晶体管，但是双极型晶体管仍有其自身优势。未来的模拟设计将采用高密度 CMOS 和高性能双极相结合形成的模拟 BiCMOS 工艺。这种工艺将提供高密度的亚微米 CMOS 逻辑和目前只能依靠双极型晶体管获得的精确模拟功能。

9.5 习题

版图规则和工艺规定可参考附录 C。对于所有的功率晶体管，假设额定电流下的最小 β 值为 10。线性工作模式器件的发射极电流密度不超过 8 μA/μm^2，开关模式器件的发射极电流不超过 15 μA/μm²。

9.1 流过 100 μm 长、金属连线宽度为 12 μm 的指状发射区的最大电流是多少？假设金属连线为 10 kÅ 厚的铝/铜/硅合金，发射区去偏置不超过 5 mV。

9.2 设计叉指结构发射区功率晶体管，采用标准双极版图规则。该晶体管将用作线性稳压源中的 500 mA 穿通晶体管。该晶体管的中央骨干为 20 μm 宽的深 N+区，发射指分布于该骨干的两侧。发射指的宽度为 20 μm。指内去偏置不能超过 5 mV，或者基区去偏置不能超过 3 mV。使用在额定电流下产生 50 mV 的限流电阻。包含所有必要的金属连线。

9.3 设计宽发射区窄接触孔功率晶体管用于电灯驱动，使用标准双极版图规则。该开关晶体管必须能够承载 150 mA 的集电极电流，而且应包含尽可能多的深 N+区。经测试所有深 N+为 16 μm 宽，所有指状发射区为 24 μm 宽。假设折叠基区只有一端可以用于连接。基区金属连接去偏置和发射区金属连接去偏置之和不能超过 10 mV。

9.4 设计十字形发射区功率晶体管用于继电器驱动，使用标准双极版图规则。开关晶体管必须能够承载 700 mA 的集电极电流，而且应采用 20 μm 宽的深 N+侧阱环绕。使集电区的连接最大。十字形发射区部分为 75 μm 宽，并采用直径为 10 μm 的圆形发射区接触孔。假设基区引线只有一端可以被连接。基区金属连接去偏置和发射区金属连接去偏置之和不能超过 10 mV。

9.5 设计宽发射区窄接触孔晶体管。采用模拟 BiCMOS 版图规则。该门驱动晶体管必须能够导通 500 mA 的脉冲。假设晶体管工作在峰值发射极电流密度 100 μA/μm² 的情况下。发射区对发射区接触孔的交叠为 8 μm，并采用不窄于 10 μm 的深 N+侧阱完全环绕晶体管。使发射区和集电区的金属连线最大。由于版图规则不允许条状接触孔，所以使用多行最小宽度接触孔代替。采用两行最小接触孔制作发射区的窄接触。包括所有必要的金属连线。

9.6 设计习题 9.4 中的继电器驱动晶体管，采用模拟 BiCMOS 版图规则。使发射区和集电区的金属连线最大。为圆形发射区接触孔设计合适的替代者。

9.7 设计图 9.19 所示电路，采用标准双极版图规则。晶体管 Q_1，Q_2，Q_3 分别含有 1 个、2 个和 3 个发射区，而 Q_4 是一支最小面积衬底 PNP 晶体管。电阻 R_1，R_2，R_3 是 6 μm 宽的基区电阻，位于连接 V_{cc} 的隔离岛中。

9.8 设计图 9.21(C)所示电路，采用模拟 BiCMOS 版图规则。晶体管 Q_1，Q_2，Q_3 和 Q_4 采用方形发射区，宽度为 10 μm。包含尽可能多的发射区接触孔。计算所需 R_1 阻值以产生 10 μA 的电流，采用 PSD 掺杂 6 μm 宽的二层多晶硅绘制该电阻版图。采用所有必要的措施以获得最好的匹配。

9.9 绘制图 9.27(A)所示的 Brokaw 带隙单元版图，采用标准双极版图规则。晶体管 Q_1 和 Q_2 采用直径 10 μm 的圆形发射区，电阻 R_1 和 R_2 采用同一隔离岛内的叉指状基区电阻阵列结构。该岛与晶体管 Q_1 和 Q_2 的基极相连。包括所有必要的互连线并标示所有器件。

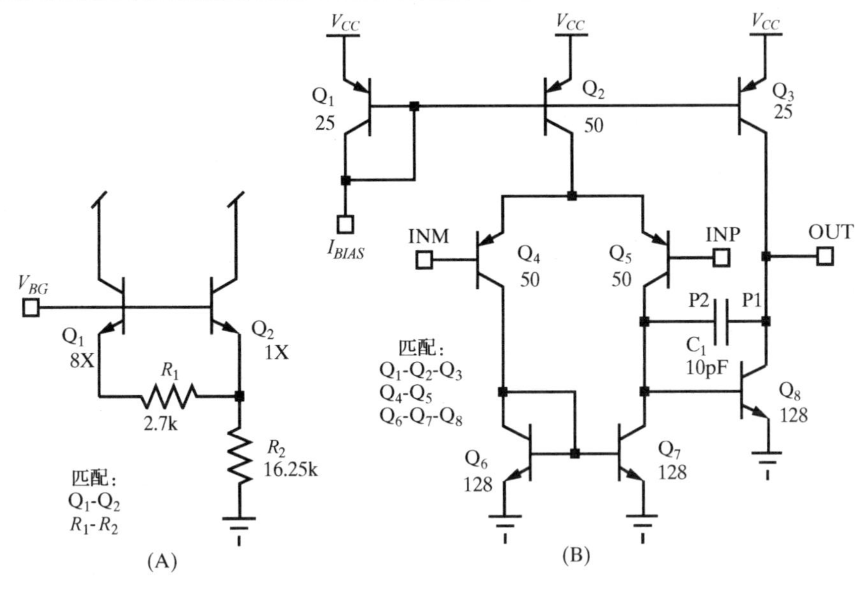

图 9.27　(A) Brokaw 带隙单元；(B) 习题 9.9 和习题 9.10 的简单运算放大器

9.10　绘制图 9.27(B)所示简单功能放大器的版图，采用模拟 BiCMOS 版图规则。晶体管 Q_1 到 Q_5 采用 5 μm×5 μm 的方形发射区。晶体管 Q_6，Q_7 和 Q_8 采用 8 μm×8 μm 的方形发射区。交叉耦合 Q_4 和 Q_5。包括所有必要的互连线并标示所有器件。该电路图中表示各发射区面积值的单位为 μm^2。

9.11　绘制图 9.28 所示的 Gilbert 乘法器核，采用模拟 BiCMOS 版图规则。晶体管 Q_1 到 Q_4，Q_6，Q_7，Q_9 和 Q_{10} 采用 8 μm×8 μm 的方形发射区。晶体管 Q_5，Q_8 和 Q_{11} 采用 6 μm×6 μm 的方形发射区。排布时使所有晶体管尽可能实现最佳匹配。共用集电区连接的晶体管可以占据同一个隔离岛。包括连接所有必要的互连线，并标示所有器件。该电路图中表示各发射区面积值的单位为 μm^2。

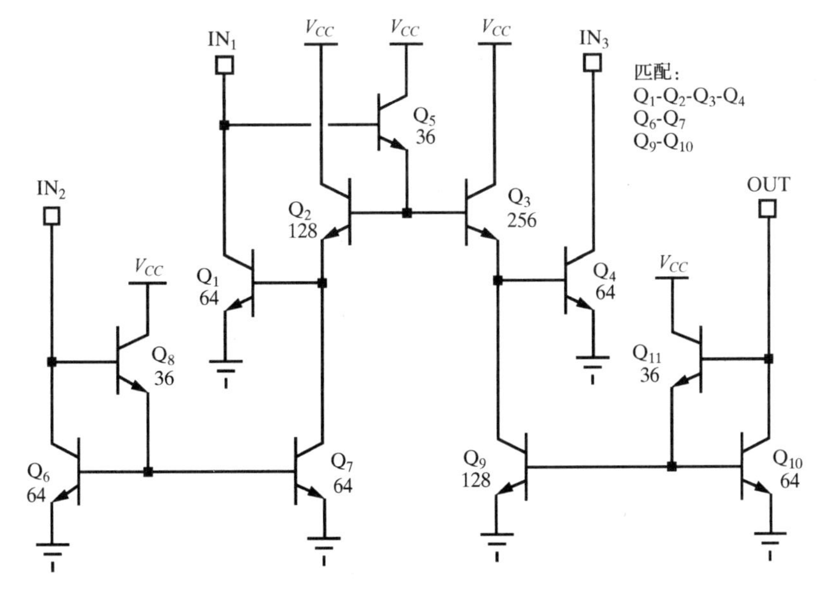

图 9.28　习题 9.11 的 Gilbert 乘法器核

9.12 假设习题9.11中的Gilbert乘法器核构成了某个面积为7.6 mm^2(不包括划片线和划封)的芯片的一部分，该芯片还包含一支功率NPN晶体管，面积为4.3 mm^2。选择该芯片的长宽比例，并用矩形表示芯片和晶体管的轮廓。将乘法器核放置在实现最优匹配的最佳位置。

9.13 一对具有相同发射区面积的匹配NPN晶体管的厄尔利电压为175 V。假设这两支晶体管分别工作在1 V和2 V的集电极-发射极电压下。流过两晶体管的集电极电流相等。两晶体管发射结电压之间的系统失配有多大(单位采用mV)?

9.14 对1000个带隙基准源进行晶圆测试，其带隙电压的平均值为1.233 V，标准偏差为1.8 mV。封装后，同样器件的平均值为1.231 V且标准偏差为3.1 mV。封装漂移的平均值和标准偏差是多少?

第10章　二　极　管

19 世纪末期人们就发明了现在称为二极管的器件，但是它第一次被广泛应用是在 1907 年的方铅矿晶体检波器中。这种器件实际上是由一根猫须状金属和半导体硫化铅(方铅矿石)所形成的肖特基二极管。真空管时代的氧化铜整流器和硒堆整流器也可以看作原始的肖特基二极管。现代半导体二极管则呈现出一条不同的发展道路，具体体现于开始用于军事和计算机的锗点接触二极管。在 20 世纪 60 年代中期被类似于今天使用的硅 PN 结二极管所代替。

在现代集成电路中二极管得到了很广泛的应用。肖特基二极管通常被用作 NPN 晶体管集电结钳位管。PN 结二极管则可以参与形成电流镜和偏置网络。处在反击穿状态的 PN 结二极管还可以作为基准电压源和钳位器件。本章将详细讨论集成二极管在这些方面以及其他方面的应用。

10.1　标准双极工艺二极管

标准双极工艺可以制造出很多种二极管，其中最普遍的是采用二极管连接形式的晶体管、发射结齐纳二极管以及肖特基二极管。前两种都是 NPN 晶体管的变形，而肖特基二极管则是依靠与轻掺杂硅的整流接触所形成的。并不是所有的标准双极工艺都提供肖特基二极管，因为肖特基二极管的制造过程需要铂或钯的硅化物并增加一步特殊的掩模工艺以使其能通过厚的场氧化层形成接触。本节还将讨论有时会在标准双极工艺中出现的其他几种形式的齐纳二极管。

10.1.1　二极管连接形式的晶体管

NPN 晶体管由两个背靠背的 PN 结构成，理论上它们中的任何一个都可以单独作为一个 PN 结二极管使用，然而实际上由于存在与这些 PN 结相关的寄生晶体管，使得它们都不适合作为二极管使用。由于寄生 PNP 晶体管的作用，集电结二极管损失的大部分电流会流向衬底。N 型埋层(NBL)无法阻止这种寄生导通，因为载流子能够流入绝缘区侧壁。虽然用深 N+区环绕隔离岛(tank)包住了少数载流子，减少了电流损失，但却是以大幅度增加面积为代价的。由于寄生 NPN 晶体管的作用，发射结损失的大量电流流入封闭的隔离岛。发射区注入的大部分载流子流过基区并进入隔离岛。集电区中电子的累积导致集电结正偏，从而开启寄生 PNP 管，使电流向衬底流动。

另一种更常用的二极管是将 NPN 管的基极-集电极连在一起而形成的(见图 10.1)。这种器件称为二极管连接形式的晶体管。依靠晶体管的作用，大部分流过二极管连接形式晶体管的电流是从集电极流向发射极的，只有一小部分电流流过基极，因此基极电阻对器件的正向导通电压几乎没有影响。只要晶体管不完全饱和，正向导通电压同样也不受集电极电阻的影响。典型的二极管连接形式的晶体管在 25℃时可以承受 400 mV 的去偏置电压，150℃时约为 200 mV。如果集电极去偏置电压超出了这个限制，由于寄生 PNP 管的作用，二极管就开始向衬底泄漏电流。二极管连接形式的晶体管中通常包含 NBL 以减小集电极串联电阻。电流大于几百微安的二极管还应该包含一个深 N+侧阱。电流达到或超过 10 mA 的二极管应作为功率器件来设计版图，并且应增加一个深 N+环以减小瞬变时的衬底注入。

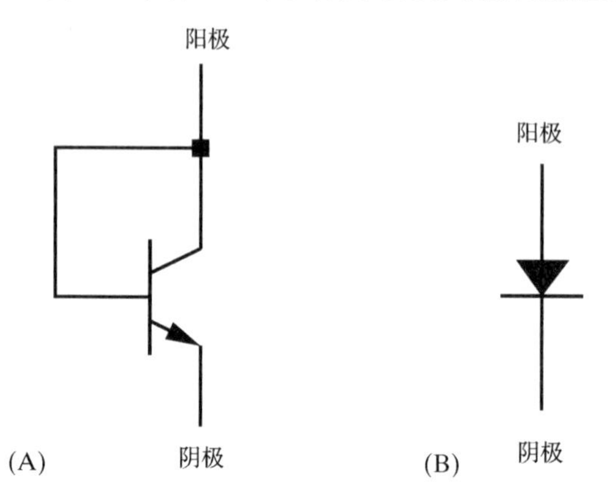

图 10.1 (A)二极管连接形式晶体管的电路图；(B)二极管连接形式晶体管的电路符号

只要集电极去偏置不超过上述规定，二极管连接形式的晶体管就不会出现任何流向衬底的电流损失。它的串联电阻也远低于发射结二极管或集电结二极管。最小尺寸的二极管连接形式晶体管的串联电阻通常不会超过 10～20 Ω。其唯一严重的缺点是反向击穿电压相对较低，这是受到 NPN 管 6～8 V 的 V_{EBO} 限制所致。

二极管连接形式的晶体管通常使用 CBE 结构而不是 CEB 结构(见图 8.14)。尽管 CBE 结构的集电极电阻略大一些，但是它支持采用第一层金属连接集电极和基极。许多工艺都支持合并集电极-基极接触孔，从而可进一步节省面积(见图 10.2)。在这种结构中，包围集电区接触孔的发射扩散区与基区扩散交叠，因此一个接触就可以同时连接二者①。考虑到对版误差和横向扩散，同时保证足够大的基区接触面积以利于导通，要求这个接触必须深入到基区扩散区中一定的程度。该接触还必须深入集电区足够的深度以抵消对版误差并且保证充足的集电区接触。即使存在这些交叠，合并结构仍比传统 NPN 管的版图小很多。

二极管连接形式的晶体管可以作为一个很方便的基准电压源。在电流密度为 1 μA/μm² 且温度为 25℃时，发射结的正向导通电压大约为 0.65 V。典型版图中的发射结面积为 100 μm²，所以要求电流为 100 μA 即可形成 0.65 V 的正向导通电压。二极管的正向导通电压对小的电流波动相对不敏感。即使流过结的电流增加到两倍，正向导通电压也只增加 18 mV。正向导通电压的温度系数约为–2 mV/℃。将多个二极管串联起来形成的硅堆还可以产生更大的电压，只是温度和电流的变化也会成比例增加。

衬底 PNP 管也可以作为二极管使用，只是这种器件的集电极电流直接流入了衬底。当电流超过 1 mA 时可能会对衬底充分去偏置，使得晶体管饱和。CMOS 工艺中有时也会使用二极管连接形式的衬底晶体管，但是这种工艺不能制作其他双极器件(见 10.2.1 节)。在可以制作隔离双极型晶体管的工艺中几乎看不到二极管连接形式衬底晶体管的大量使用。

横向 PNP 晶体管可以制作性能相对较差的二极管。它们需要大隔离岛，因此不仅消耗芯片面积，同时也产生不希望出现的寄生电容。无论这种器件被保护环保护得多么严密，仍然总有一部分集电极电流会流向衬底。二极管连接形式的横向 PNP 管的阴极电流总小于阳极电

① "Diodes," *Semiconductor Reliability News*, Vol. III, #7, 1991, p. 9。

流。这种损耗限制了横向 PNP 管在要求电流严格匹配环境中的应用。然而，在电路中偶尔也会使用二极管连接形式的横向 PNP 管以平衡其他 PNP 管发射结压降。单独的 NPN 管并不能很好地工作，因为其发射结电压不能与 PNP 管精确匹配。横向 PNP 管的基极和集电极构成二极管连接形式的 PNP 管的阴极，而发射极作为阳极。版图中有时会使用合并的阴极接触孔，这与图 10.2 所示的二极管连接形式 NPN 管中合并的阳极接触孔相类似。

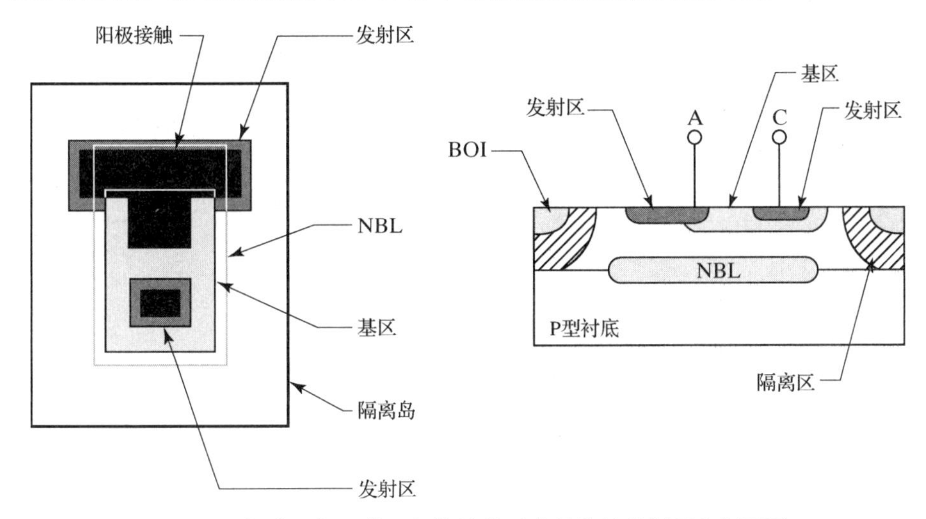

图 10.2 标准双极工艺二极管连接形式晶体管的版图和剖面图

10.1.2 齐纳二极管

反偏二极管的导通电流非常小，直到加在其上的电压超过一定值。当大于这个值后，流过二极管的电流就会呈指数增加，直到最终逼近由二极管串联电阻所定义的那条渐近线（见图 10.3）。击穿曲线通常有一个对应于二极管击穿电压（breakdown voltage）的非常明显的转折点或拐点（knee）。击穿电压的大小取决于二极管耗尽区的宽度和杂质分布（见 1.2.4 节）。载流子可利用 Fowler-Nordheim 隧穿效应流过一个非常薄的耗尽区。击穿电压小于 6 V 且主要依靠隧穿效应导电的二极管称为齐纳二极管（Zener diode），很早就有人预言过这种现象[①]。击穿电压超过 6 V 的二极管通常称为雪崩二极管（avalanche diode），因为它们主要依靠雪崩倍增效应而不是隧道效应导电。有些作者利用击穿二极管（breakdown diode）指代齐纳二极管和雪崩二极管，但是迄今尚未被工程界广泛采纳。相反，设计者通常采用齐纳二极管来表述所有工作在反向击穿状态下的 PN 结二极管，而无论其导通机理如何。

高温下的 Fowler-Nordheim 隧穿加剧，因为此时载流子具有更高的能量，所以就不需要完全通过隧穿耗尽区获得从晶格中逃逸所需的能量了。因此在给定的电流下只需要一个更低的反向偏压就足以维持导通。依靠隧道效应导通的二极管的击穿电压具有负温度系数，其幅值随着击穿电压的减小而增加。高温下雪崩导通减小，这是因为晶格的热振动加强了散射，从而限制了热载流子的迁移率，因此需要更高的反偏压维持给定的导通电流。雪崩二极管的击穿电压具有正温度系数，其幅值随着击穿电压的增加而增加。这两种竞争机制导致击穿电压低于 5.6 V 时为负温度系数，而在高于 5.6 V 时具有正温度系数。常见的发射结齐纳二极管

① C. Zener, *Proc. Roy. Soc.* A145, London: 1934, p. 523。

的击穿电压约为 6～8 V，并具有 2～4 mV/℃的正温度系数。40 V 的集电结齐纳二极管的温度系数更高，大约可达 35～40 mV/℃。

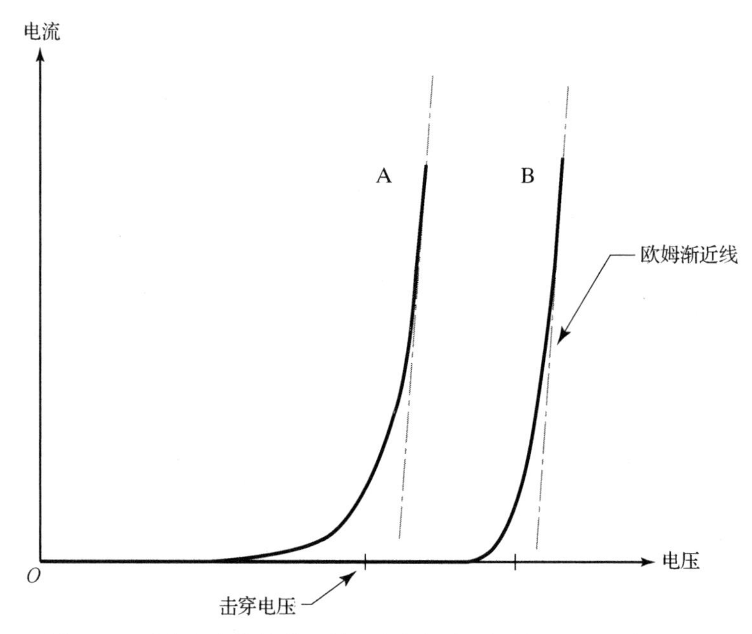

图 10.3 反向击穿特性的比较：(A)齐纳二极管；(B)雪崩二极管

击穿电压为 5～6 V 的齐纳二极管具有非常小的温度系数。这些二极管有时被用于制作对温度不敏感的基准电压源，但是有几个缺点严重限制了它们的应用。齐纳蠕变(walkout)(见 4.3.2 节)会导致基准电压随时间漂移，除非器件经过特殊制作以确保次表面击穿。同时，齐纳基准源还要求电源电压不能低于 6 V。正是由于这些缺点，齐纳基准源已多被其他低电源电压的基准源所代替，如带隙基准源。同带隙基准源相比，齐纳基准源受到封装应力的影响较小，因此在一些具有极高精度要求的环境中仍有应用。

击穿电压低于 5 V 的齐纳二极管表现出一种渐进式的反向导通过程［见图 10.3(A)］。当击穿电压减小时软击穿(soft breakdown)变得更加明显。设计者经常会诟病软击穿的漏电流，但实际上这是齐纳隧穿一种不可避免的特性。任何情况下，击穿电压远小于 5 V 的齐纳二极管几乎没有什么实际应用，因为它们不具有良好的反偏特性。

表面齐纳二极管

NPN 晶体管的发射结可以方便地形成齐纳二极管。它的击穿电压 V_{EBO} 取决于基区的掺杂浓度和发射区结深。大部分标准双极工艺可提供击穿电压约为 6.8 V 的发射结。先进双极和 BiCMOS 工艺通常使用轻掺杂基区，其形成的发射结击穿电压可以达到 10 V。击穿主要是由于雪崩效应而不是隧穿效应所致，所以击穿电压的温度系数为正。典型的 6.8 V 发射结齐纳二极管的温度系数为 3～4 mV/℃。

长期以来，发射结齐纳二极管的工艺变化和长期漂移都很大。早期的双极工艺曾使用发射区引导步骤来控制 NPN 管的 β 值，从而可以使用较难控的杂质源，如氮化硼。产生的基区掺杂的变化和发射区结深的补偿性变动导致 V_{EBO} 的变化可达 ±1 V。离子注入极大地改善了基区掺杂控制，多数现代工艺都可以确保初始变化不会超过 ±0.25 V。工艺的改进同样减小了由于齐纳二极管蠕变所导致的长期漂移，现在几乎不会超过 0.1 V。

发射结齐纳二极管的版图在本质上与 NPN 晶体管完全相同(见图 10.4)。发射区作为齐纳二极管的阴极，基区作为阳极。隔离岛的作用就是将齐纳二极管和周围的隔离区隔离开。它应该连接到齐纳二极管的阴极或者与之相等或更高的电位上。隔离岛绝对不能连接到齐纳二极管的阳极以免晶体管被偏置进入反向放大区。如果出现这种情况，V_{ECO} 击穿电压将会出现回跳(snapback)现象，类似于 V_{CEO} 击穿时的情况(见 8.1.2 节)。有些设计者将隔离岛浮空(即不连接)，但是我们并不推荐进行这种尝试，因为这样会放大漏电流。悬浮隔离岛如同寄生衬底 PNP 管的基区。流过岛-隔离区结的漏电流超过了流过更小的基区-隔离岛结的漏电流，而且两个电流的差形成了衬底 PNP 管的基极驱动。这种机制会导致高温下大量的阳极电流流入衬底。把隔离岛与阴极相连可以防止寄生 PNP 管以这种方式放大漏电流。隔离岛接触并不需要深 N+侧阱实现，因为它只用于传导漏电流。NBL 对齐纳二极管几乎没有影响，因此如果设计者愿意的话就可以将其忽略。

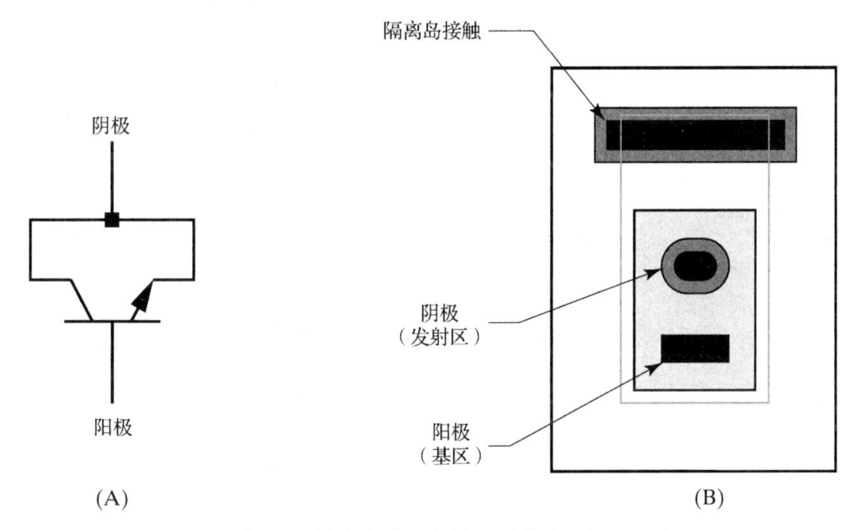

图 10.4　典型发射结齐纳二极管：(A)电路图；(B)版图

发射结齐纳二极管的发射区通常为圆形或椭圆形，如图 10.4 所示。采用圆形是为了防止在发射区拐角处的电场增强。并不是所有工艺都会出现这种现象，但是如果发生就会增加击穿电压的变化。可通过在暗室里的显微镜下检查雪崩的直角发射区来判定某种工艺是否存在这种效应。雪崩结会发射出暗淡的白光①。如果白光在拐角处最亮，则说明在这些位置发生了电场增强，因此使用圆形发射区对器件有利。许多设计者习惯使用圆形发射区，这是因为这样做即使没有好处，但也不会有坏处。

基极掺杂分布会导致发射结耗尽区在表面附近变窄。这个窄耗尽区内的电场增强可确保雪崩击穿发生在这个位置。强电场所产生的热载流子有时会进入上层覆盖的氧化层中，在那里会有一小部分落入陷阱。氧化层中陷阱电荷的逐渐积累会导致发生齐纳蠕变(见 4.3.2 节)，有些设计者尝试通过在发射结上布置金属形成场板抑制表面击穿。发射区氧化层的厚度和加在两侧的相对较低的电压使得这块场板不会有太大的作用。雪崩现象在表面附近连续发生，

① “Junction Breakdown Characteristics,” *Semiconductor Reliability News*, Vol. II, #1, January 1990, p. 8。

因此场板并不能够防止齐纳二极管蠕变。

发射结齐纳二极管是一种相对脆弱的器件,因为它们要在很小的发射结耗尽内消耗能量。这个过程所产生的热会损坏结或者邻近的接触,极度的过负载通常会引发金属的迁徙从而导致永久的短路失效。因此,这种机制可用于替代保险丝(见 5.6.2 节)。用作基准电压源或钳位器件的发射区齐纳二极管流过发射区每微米边长的电流不应该超过 10 μA。例如,一个 5 μm×5 μm 的发射区可以安全地导通约 200 μA 的电流。在很短的时间内,齐纳二极管可以承受更大的电流,但是长期工作在大电流下就会由于结损坏而导致击穿电压漂移。如果某种应用需要高于小齐纳二极管所能安全提供的电流,则可以考虑使用一个功率放大晶体管放大齐纳二极管的导通电流,因为这个电路比大齐纳二极管的面积要小很多(见图 13.22)。

有些电路将发射结齐纳二极管的阳极与衬底相连。因为齐纳二极管的基区扩散区和周围隔离区工作在同一电势,所以这两个扩散区可以互相交叠,此举大大节省了面积,因为它消除了用于隔离基区扩散区和隔离区的大间距(见图 10.5)。在发射区设置隔离岛可以防止隔离区扩散降低齐纳二极管的电压。尽管这个隔离岛依旧悬浮,但它周围的扩散区都被偏置到相同的电位。这种结构中固有的寄生 PNP 管不会放大漏电流,因此是无害的。

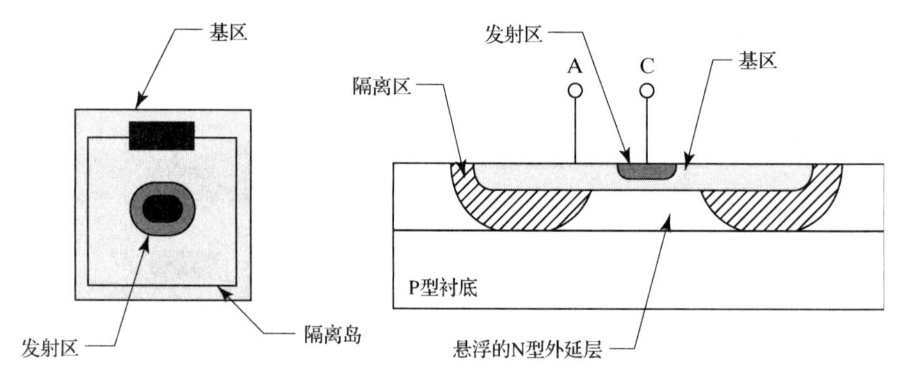

图 10.5 无隔离发射结齐纳二极管的版图和剖面图

无隔离发射结齐纳二极管很容易受衬底去偏置和噪声耦合的影响。这种齐纳二极管不应该放在注入衬底电流超过几百微安的结构附近。保守的设计者通常避免使用无隔离齐纳二极管,而是采用面积更大的传统发射结齐纳二极管,以避免去偏置和噪声耦合所带来的风险。

埋层齐纳二极管

如果雪崩区位于氧化层下几微米的位置,热载流子就会散射出晶格,并在能够到达氧化层界面之前失去能量。在表面下发生雪崩的齐纳二极管称为次表面齐纳二极管,或者更通俗地称为埋层齐纳二极管。埋层齐纳二极管的击穿电压在其工作寿命期内是一个常数,因此这种器件也可以用作理想的精密基准电压源。本节介绍埋层齐纳二极管的几种常见变形器件,它们都与标准双极工艺兼容。

埋层齐纳二极管可以通过某种标准双极工艺中的发射和隔离扩散制作。这种二极管由被发射扩散区覆盖的塞状 P+隔离区构成,其中发射扩散区与周围的隔离岛相交叠(见图 10.6)[①]。发射区反型掺杂隔离区表面形成齐纳二极管的阴极,阳极由发射区下边的那部分塞状隔离区构成。包

① A. B. Grebene, *Bipolar and MOS Analog Integrated Circuit Design* (New York: John Wiley and Sons, 1984), pp. 133-134。

围塞状隔离区的 N 型外延层阻止了发射区侧壁弯曲进一步减小该结构已经很低的击穿电压。隔离区内发射埋层齐纳二极管击穿电压通常为 5～6 V，温度系数约为 1 mV/℃。

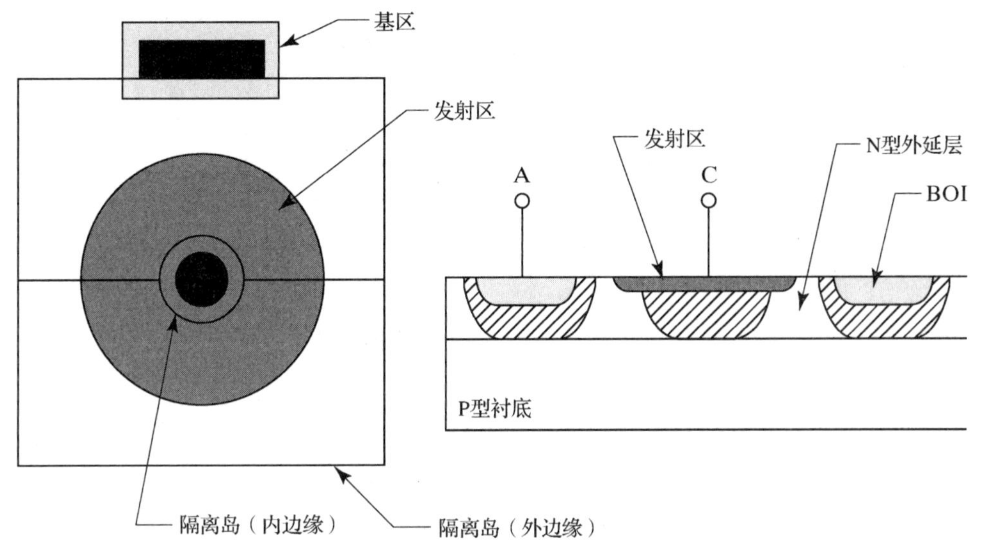

图 10.6　隔离区内发射区齐纳二极管的版图和剖面图

有些工艺采用隔离区上的基区来阻止沟道形成。塞状隔离区内出现的基区会进一步降低隔离区内发射区齐纳二极管的击穿电压。尽管这可能有助于减小齐纳二极管残存的温度系数，但是也产生了更柔和的击穿特性。小于 5 V 的击穿电压会变得非常不确定，因此不适合用作基准电压源。如果隔离区内发射极齐纳二极管中增加了基区会导致其击穿电压小于 5 V，那么设计者应该从塞状发射区周围略去基区。

隔离区内发射区齐纳二极管和无隔离发射区齐纳二极管有着许多相同的缺点。它的阳极通常连接到衬底，从而严重地限制了它的应用范围，并且增加了衬底去偏置和噪声耦合的可能性。隔离区内发射区齐纳二极管不会经历任何明显的长期漂移，但是它们的初始电压却相差很大，因为需要采用重淀积和长时间推结制作 P+隔离区。典型的隔离区内发射区齐纳二极管的击穿电压为 5.4 ± 0.4 V。

几种其他类型的埋层齐纳二极管克服了隔离区内发射区齐纳二极管的缺点，但需增加几步工艺。图 10.7 所示的埋层齐纳二极管需要在隔离扩散后和基区扩散前插入深 P+扩散[①]。这个深 P+扩散区的掺杂浓度远大于基区扩散浓度，但是又比发射扩散区浓度小很多。齐纳二极管的有源区由覆盖着发射扩散区的塞状深 P+扩散区构成。发射扩散区又被基区扩散区所包围。二极管的阳极由塞状的深 P+区构成，并通过周围的基区扩散区形成接触。二极管的阴极由发射扩散区构成。这种齐纳二极管的隔离岛通常和阴极相连，以避免出现漏电流 β 倍增效应。图 10.7 中的结构包含了 NBL，但是实际上它在器件工作过程中不起任何作用。只要深 P+区足够浅以至于能够阻止到衬底的穿通击穿，就可以将 NBL 略去。

通过调整深 P+扩散区杂质分布，可使得这种结构的击穿电压适合特定的应用。轻掺杂的扩散区击穿电压更高，而重掺杂扩散区的击穿电压相对较低。击穿电压不能超过发射结击穿

① Grebene, p. 134。

电压，也不应该过低以至于出现柔和的击穿特性。实际中，击穿电压的范围是 5～6.5 V。典型器件的击穿电压为 6.3 ± 0.2 V，温度系数约等于 2 mV/℃。

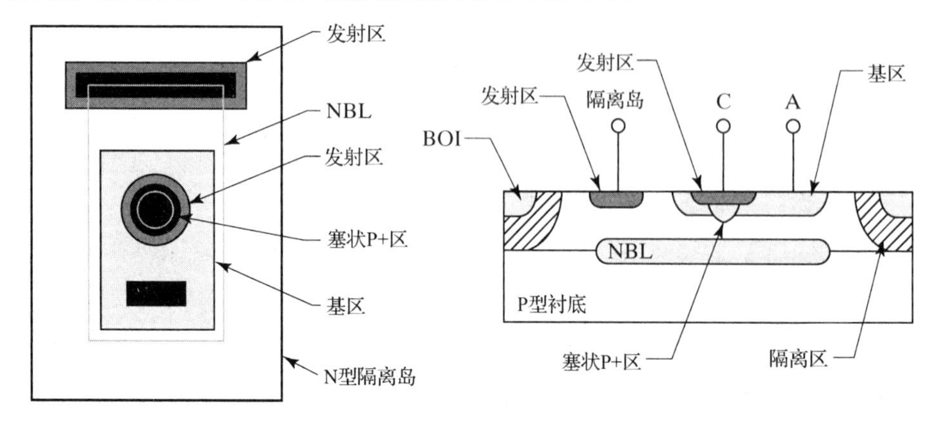

图 10.7 使用特殊的深 P+扩散区结合发射扩散区形成的埋层齐纳二极管

另外一种类型的埋层齐纳二极管用高能量注入代替标准发射结结构的发射扩散区(见图 10.8)[①]。在高注入能量下，杂质分布的峰值实际位于硅表面以下。高能注入因此形成了一层很薄的 N 型掩埋层。插入该层并结合塞状的基区扩散区就形成了埋层齐纳二极管。通过调整用于制作 NBL 注入的注入能量和剂量可以设定击穿电压。

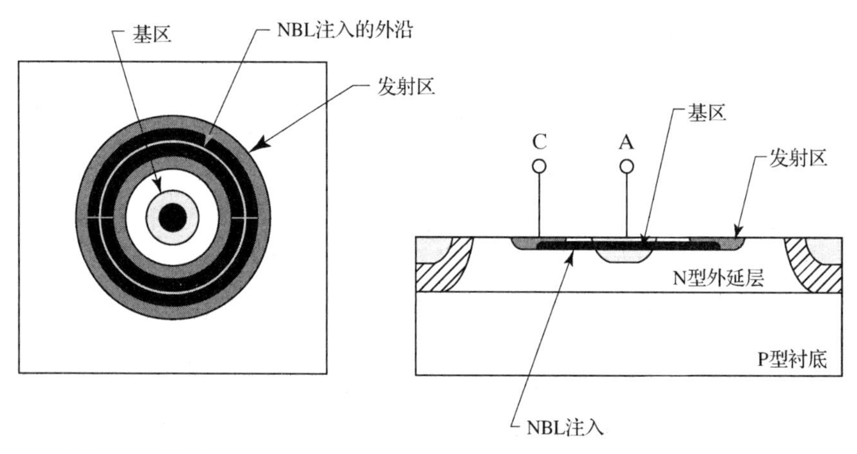

图 10.8 使用 NBL 注入的 N 型埋层结合基极扩散区的埋层齐纳二极管

上面讨论过的 3 种类型埋层齐纳二极管的击穿电压约为 5～7 V，并且具有相对较低的温度系数。在某些特殊的应用中(比如 ESD 保护电路)需要更高电压的齐纳二极管，这种齐纳二极管通常利用串联发射结齐纳二极管形成硅堆实现，也可能用采用二极管连接形式的晶体管作为补充。除了有助于调整硅堆的电压外，二极管连接形式晶体管的负温度系数还可以部分或全部抵消齐纳二极管的温度系数。一些专用的高压齐纳二极管结构会利用深、轻掺杂扩散之间大的击穿电压。其中值得一提的是隔离区 NBL 齐纳二极管。这种齐纳二极管由扩散进入 NBL 的塞状隔离区构成。NBL 被隔离岛包围，通过发射扩散区实现接触(见图 10.9)。隔离区 NBL 齐纳二极管的电压可以变化几伏特，因为该电压取决于几个因素，包括 NBL 和隔离区

① Grebene, p. 134。

掺杂、隔离区推结时间以及外延层厚度。隔离区 NBL 结远离表面，因此不受齐纳二极管蠕变的影响。耗尽区相对较大的面积及其在表面以下的深度也使得这种结构可以安全耗散几倍于发射结齐纳二极管的功率密度。

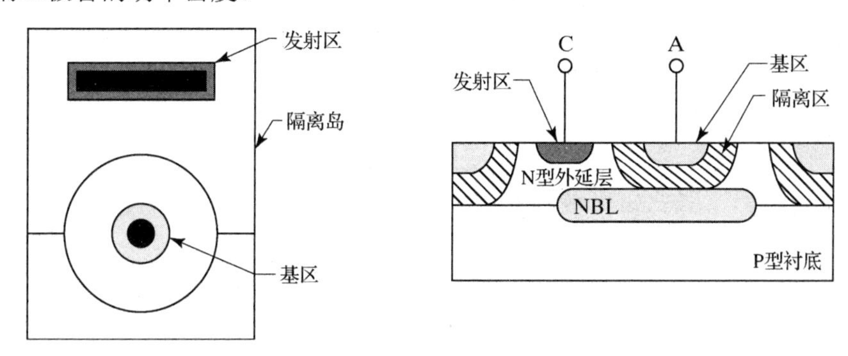

图 10.9 隔离 NBL 齐纳二极管的示意图和剖面图

10.1.3 肖特基二极管

肖特基二极管是利用导体和半导体之间的整流肖特基势垒(rectifying Schottky barrier)形成的。P 型和 N 型硅都可以与多种金属和金属硅化物形成整流肖特基势垒。生成的二极管的正向导通电压取决于导体成分和硅的类型(见表 10.1)。正向电压小于 0.5 V 的肖特基二极管通常有比较大的结漏电流，特别是在高温情况下。该缺陷限制了 P 型硅在肖特基二极管中的应用。

表 10.1 不同的金属和硅化物形成的肖特基二极管的典型正向电压①(25℃，1 μA/μm²)

材料	N 型硅	P 型硅
铝	0.54 V	0.40 V
金	0.62 V	0.16 V
钼	0.50 V	0.24 V
硅化钯(Pd_2Si)	0.57 V	
硅化铂(PtSi)	0.66 V	
硅化钛($TiSi_2$)	0.42 V	

硅中施主或受主杂质浓度决定了肖特基势垒表现为整流特性还是欧姆特性。掺杂浓度超过 10^{17} 原子/cm^3 会将耗尽区的宽度减小到使载流子可以通过隧穿效应成功地穿过，而且隧穿电流会随着掺杂浓度呈指数增长②。当隧穿电流超过正向导通电流时，肖特基势垒就类似一个电阻器，因而实际中应用肖特基二极管的表面掺杂浓度一般不会超过 10^{16} 原子/cm^3 以减小隧穿效应。

许多应用要求肖特基二极管的正向电压明显低于 PN 结二极管，因此，铝成为制造这种类型二极管的理想材料。它的正向电压低于 PN 结二极管，但是还不会低到引起过量的 PN 结漏电流。遗憾的是，烧结会彻底改变铝-硅肖特基二极管的特性。在烧结过程中铝溶解

① 这些值源于势垒电势 ϕ_B，并假设电流密度为 1 μA/μm²，Richardson 常数为 120 A/cm²/K²。在这些条件下，正偏电压为 180 mV，小于 ϕ_B。势垒值源于 S. M. Sze 的著述 *Physics of Semiconductor Devices*, 2d ed. (New York: John Wileyand Sons, 1981), pp. 290-291。

② 事实上，理论预测隧穿电流随掺杂浓度的平方根呈指数变化且与所施加电压呈线性变化。参见 W. R. Runyan 和 K. E. Bean, *Semiconductor Integrated Circuit Processing Technology* (Reading MA: Addison-Wesley, 1994), p. 524。

了少量的硅，当晶圆冷却时，溶解掉的部分硅会重新淀积在金属-半导体界面形成一个掺杂铝的P型半导体。淀积限制了肖特基接触的面积，在极端情况下会完全覆盖接触孔。这种机制会导致肖特基二极管正向电压升高几百毫伏[①]。

几乎没有其他金属具有制作实际肖特基二极管所需的特性。它们中的大部分都很难烧结，并且具有过度的正向电压变化。现代集成肖特基二极管中使用某些贵金属的硅化物，最著名的是铂和钯。这些贵金属硅化物可以提供极其稳定且重复性极好的正向电压，并在期望的0.5～0.7 V之间。但是贵金属硅化物不能承受漏/源退火所要求的温度，因此限制了其在CMOS工艺中的应用。难熔硅化物(如钛硅化物)的正向电压不足以阻止漏电流的产生，因此使用这种硅化物的工艺基本上不提供肖特基二极管。

大部分工艺都会硅化所有的接触孔。重掺杂硅上的接触变成了欧姆接触，而在轻掺杂N型硅上的就变为肖特基二极管。这种工艺通常禁止在轻掺杂的P型硅上开接触孔，因为生成的肖特基势垒的接触电阻太大以至于无法作为欧姆接触使用，而正向导通电压又太低，所以也不能作为肖特基二极管使用。

图10.10所示为标准双极工艺制作中的肖特基二极管的版图和剖面图。金属部分为夹层结构，由铂硅化物、难熔势垒金属和掺铜的铝这3层组成。在铂硅化物和轻掺杂的N型外延之间形成了肖特基势垒。为了到达外延层，肖特基接触必须穿透厚场氧化层。如果该接触孔与基区和发射区接触孔同时刻蚀，在前者形成之前后两者就会出现严重的过刻蚀现象。大部分标准双极工艺都增加了一步单独的刻蚀工艺以在普通的接触孔氧化层去除之前减薄肖特基接触孔上的氧化层。这步工艺使用了所谓的肖特基接触掩模版(Schottky contact mask)，因此形成肖特基接触所需的工艺扩展包括一个单独的掩模步骤和单独的氧化层去除。

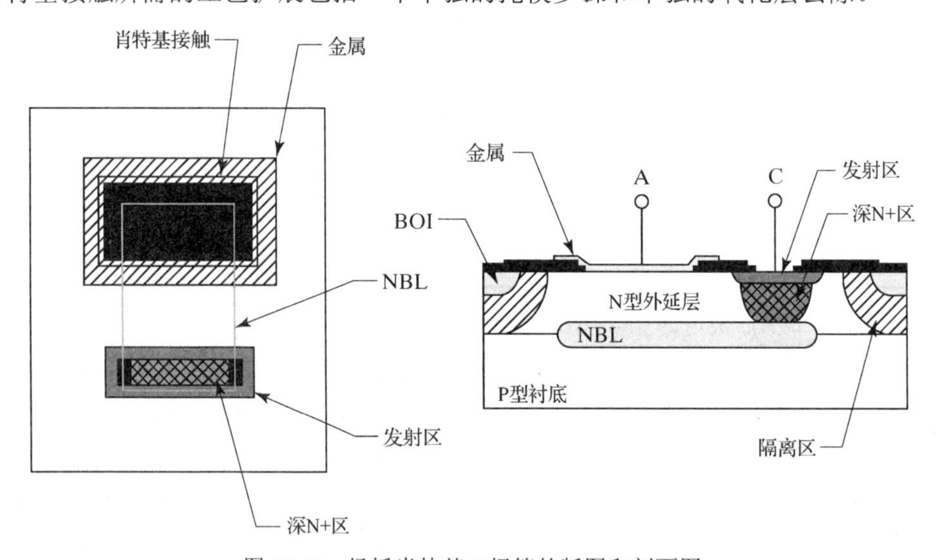

图10.10 场板肖特基二极管的版图和剖面图

肖特基二极管的阴极包括NBL和深N+两部分以减小其串联电阻。只要电流大小不超过1 mA或2 mA，小的塞状深N+区足以抽取阴极电流。大电流肖特基二极管通常在隔离岛周

① M. Mori, “Resistance Increase in Small-Area Si-Doped Al-n-Si Contacts,” *IEEE Trans. on Electron Devices*, Vol. ED-30, #2, 1983, pp. 81-86。

围使用深 N+环进一步减小串联电阻，而小电流肖特基二极管可以完全略去深 N+区。大的二极管可以占据其他器件之间的空位置，因为肖特基接触的形状对其性能毫无影响。

肖特基二极管的平面击穿电压通常至少超过相应 NPN 管的 V_{CEO} 两倍。实际肖特基二极管的击穿电压只能达到理论值的一部分，因为肖特基接触尖锐的边缘使电场大为增强。无保护的肖特基二极管通常在反偏电压只有几伏的时候就会发生雪崩。现在已经开发出一些技术用于削弱肖特基接触边缘处的强电场，其中最简单的方法就是在肖特基接触上布放金属形成场板。全部反向偏压加在场板和下面的硅之间，产生的垂直电场会排斥硅表面的电子，使得表面出现类似于轻掺杂的情况。此举延迟了雪崩的发生，并可使反偏击穿电压提高几伏特。覆盖的场板只需要超出接触孔 3～5 μm，这种相对简单紧凑的布局足以满足许多低压应用的要求。

图 10.11 显示了另一种形式的肖特基二极管，它可以承受更高的反向偏压。这种结构将肖特基接触的边沿包围在一个被称为场释放保护环（field relief guard ring）①的薄基区扩散条内。保护环的存在完全消除了肖特基接触边沿处的横向电场，从而把这种结构的击穿电压提升到等同于基区扩散的 V_{CBO}。这些场释放保护环与 4.4.2 节中的少数载流子保护环没有任何关系。

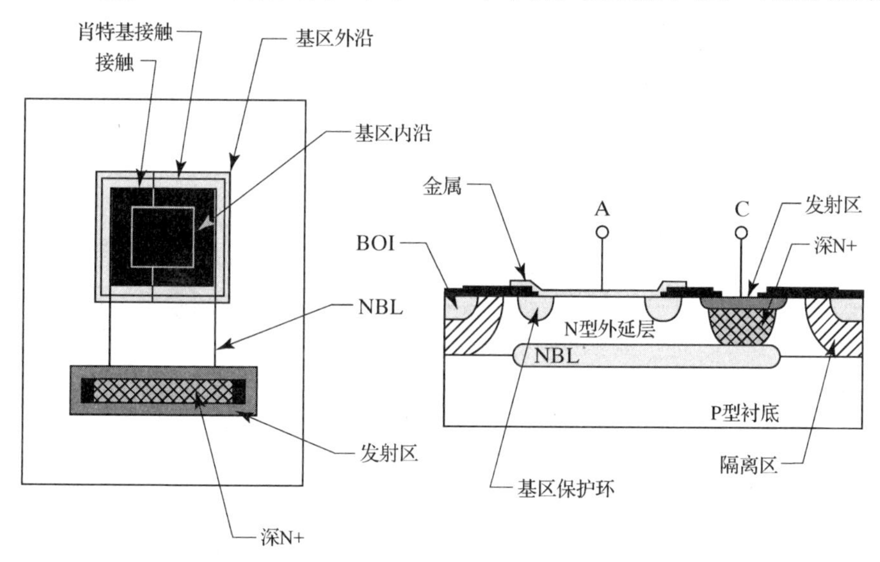

图 10.11　基区保护环肖特基二极管的版图和剖面图

增加场释放保护环无疑会增大肖特基二极管的面积。必须增大隔离岛和肖特基接触的间距以防止保护环和隔离区之间发生穿通。横向扩散由于将版图中的各边向内收缩几微米也会限制绘制接触孔。这些考虑对小的肖特基二极管面积的影响比大的肖特基二极管严重得多。许多设计者习惯给大肖特基二极管中加入保护环，因为这样可使二极管的击穿特性的重复性好且更容易预测。另一方面，同样的设计者经常在小肖特基二极管中使用场板以节省面积。

肖特基二极管通常被用作 NPN 管中的抗饱和钳位管（见 8.1.4 节）。抗饱和二极管可以与被保护的晶体管使用同一隔离岛。通过延伸基区接触进入周围的隔离岛可以轻易地实现场板二极管（field-plate diode）［见图 10.12(A)］。保护环二极管则要求在肖特基接触孔的四周增加一个窄的基区条［见图 10.12(B)］。最小尺寸器件通常放弃增加保护环以节省面积。需要承受更高集电结

① M. P. Lepselter 和 S. M. Sze, "Silicon Schottky Barrier Diode with Near-Ideal I-V Characteristics," *Bell Sys. Tech. J.*, Vol.47, #2 1968, pp. 195-208。

电压的器件才可能需要保护环，就像那些不允许出现任何集电结漏电流的器件一样。

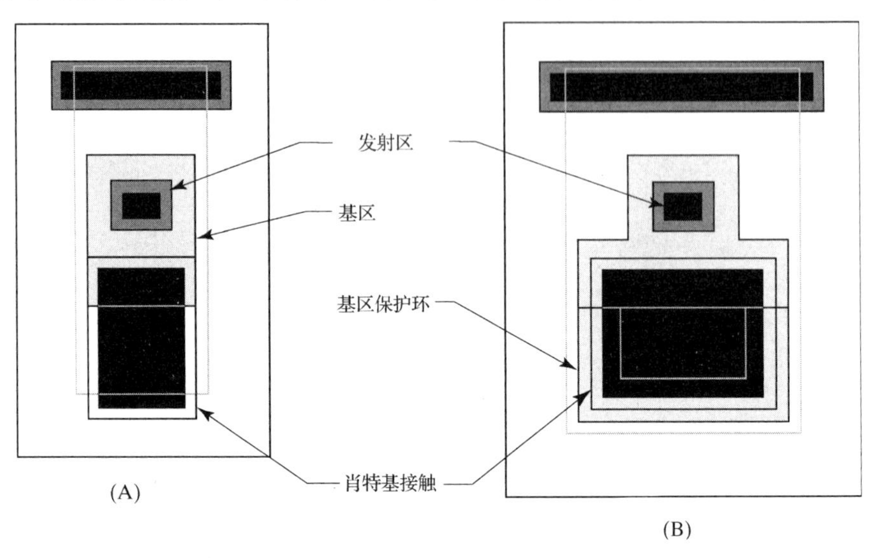

图 10.12　肖特基钳位 NPN 晶体管：(A)使用场板；(B)使用基区保护环

为了使肖特基二极管能够作为抗饱和钳位管使用，其正向导通电压必须低于被保护的晶体管的集电结电压。所需的接触孔大小由 3 个因素决定：制作肖特基二极管的材料、最高工作温度以及必须能够承载的电流。钯硅化物肖特基二极管有着很好的抗饱和钳位特性，因为它的正向导通电压相对较小。铂硅化物肖特基二极管的正向导通电压更大一些，因此需要特别注意接触孔面积。工作在高温下的器件需要更大的接触面积，因为肖特基二极管正向导通电压的温度系数比集电结正向导通电压的温度系数小，这种现象使得铂硅化物肖特基抗饱和钳位管不能工作在 150℃以上。同样的效应也会导致保护环肖特基二极管在温度超过 130～140℃时开始向衬底注入少子。结漏电流也对钯硅化物肖特基二极管有类似的温度限制。

使晶体管不进入饱和的肖特基接触面积必须通过经验测量确定。为了进行这样的测量，电流必须流入一个集电极浮空的晶体管的发射结。增加基极驱动直到衬底注入超过预设的基极驱动百分比——约为 5%。该测量应该在最高 PN 结工作温度下进行。肖特基钳位管能够成功吸收的基极驱动的大小与肖特基二极管和集电结的面积比成比例。通过一个简单的实验就可以确定为了保护指定的晶体管大概需要多大的肖特基接触面积。横向扩散同样会影响到保护环器件的肖特基接触面积。假设肖特基接触是方形的，那么有效肖特基面积 A_s 就可以利用基区孔绘制尺寸 X_D 和 Y_D 通过下式计算：

$$A_s = (X_D - 2\delta)(Y_D - 2\delta) \tag{10.1}$$

其中 δ 为校正因子，用于表示基区横向扩散和光刻尺寸调整等因素。因为正向电流与肖特基二极管的面积呈线性关系，因此可以通过测量两个不同尺寸的肖特基二极管以获得一个特定的正向导通电压所需的电流确定校正因子。

肖特基二极管偶尔也作为功率器件使用。大电流密度会激活本不明显的寄生效应。图 10.13 所示为与典型肖特基二极管相关的寄生效应。D_1 是肖特基二极管本身，R_1 代表 NBL 和深 N+电阻，R_2 代表肖特基接触下面的 N 外延层电阻。外延层电阻对肖特基二极管的影响大于对 NPN 管的影响，因为肖特基二极管中的电流必须通过整个外延层厚度。该电阻并不一定是不想要的，因为它可作为一个分布的限流电阻，除了极端情况外，它会阻止所有情况下的热击穿。因此，功率肖特基二极管可以由任何形状的单接触孔构成。

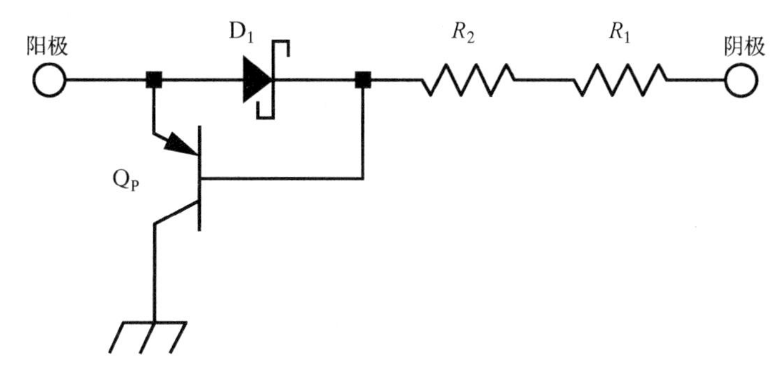

图 10.13　肖特基二极管的简化寄生模型

图 10.13 中晶体管 Q_P 代表了肖特基二极管内的少子注入。尽管肖特基二极管是多子器件，它们也会在大电流下出现少子注入的情况。当二极管两端的电压超过了保护环和 N 型外延之间结的正向导通电压时，肖特基场释放保护环就会向阴极隔离岛注入少子。场板器件中没有这样的寄生 PN 结，但是肖特基势垒本身会在大电流密度的情况下发射少量的少子。除非这些少子被阻挡，否则它们将流过 N 型外延层进入衬底。肖特基二极管中存在的 NBL 也有助于减小衬底注入，但是功率肖特基二极管还是应该在其周围形成一个连续的深 N+环。该环可以同时作为阴极接触和少子保护环使用。

10.1.4　功率二极管

尽管多数结型二极管都是利用 NPN 晶体管的发射结制成的，然而也可以采用集电结制作可用的二极管。NPN 晶体管的集电结有着比发射结更高的反向击穿电压。集电结击穿电压的范围从 20～120 V 甚至更高，具体的值取决于工艺，因此集电结二极管通常用于高压电路。此外，集电结比发射结更稳定，因为它处在更深的位置，而且掺杂更轻。集电结中产生的热量会沿着体硅传导，并且应远离那些容易热损伤的接触。集电结二极管有时可用于形成 ESD 结构，此外还可作为感性捕获二极管(inductive catch diode)用于继电器和线圈驱动器(relay and solenoid driver)。

可看到的最简单标准双极集电结二极管结构由放在 N 型隔离岛内的基区构成。这种结构不会按想象中的方式工作，因为由基区注入集电区的空穴会向下运动进入衬底。从电学的角度看，生成的器件就是衬底 PNP 晶体管。为了使器件作为二极管工作，必须阻止少子流入衬底。在二极管下放置 NBL 可阻挡纵向载流子流动，而横向电流则可通过一个接回阴极的环形基区扩散区收集。这种结构就是一个二极管连接形式的横向 PNP 晶体管。尽管在小电流时能很好地工作，但是一旦饱和将开始注入衬底电流。由于基区扩散的大电阻以及横向晶体管集电结小的反向偏压，饱和通常发生在中等电流水平，因此二极管连接形式的横向 PNP 晶体管并不适合作为功率器件使用。

另一种类型的集电结二极管由置于 N 型隔离岛内的基区扩散区形成，N 型隔离岛的底部为 NBL 并且被深 N+环包围。这种结构实质上是一个被空穴阻挡保护环(HBGR)包围的集电结。当集电结正偏时，空穴大量涌入 N 型隔离岛。空穴阻挡保护环使大部分载流子被限制在隔离岛内直到它们复合，因此这个器件是二极管而不是晶体管。它能够承受高反压、大正向电流以及较大的功耗，因此许多设计者都把这种结构称为功率二极管。

功率二极管存在两个明显的问题，它们都是由于大量的少子注入集电区引起的。首先，大量的少数载流子代表了大量的存储电荷，为了关断二极管必须将这部分电荷移除。功率二极管开关速度相当慢，因此不适合高速开关应用。其次，大电流时 HBGR 的有效性减弱[①]。这种效应主要是由于大注入削弱了 N 外延层/NBL 界面处的内建电势差。当大量的空穴注入集电区时，N 型外延中的电子数量必然增加以维持电中性，从而导致了内建电势差降低，因此使得更多的空穴越过 N 型外延层/NBL 界面。

可以通过在深 N+环内加入一个空穴收集保护环(HCGR)改善功率二极管的特性。HCGR 会收集部分注入 N 型隔离岛的空穴，减小存储电荷量和衬底注入。HCGR 通常由用作横向 PNP 管集电区的环形基区扩散区形成。因为 HCGR 与阴极相连，所以它紧挨着深 N+以节省面积。单个的合并接触可同时用于基区和深 N+区(见图 10.14)。这种结构或者它的某种改进结构构成了被许多继电器和线圈驱动器使用的经典功率二极管。

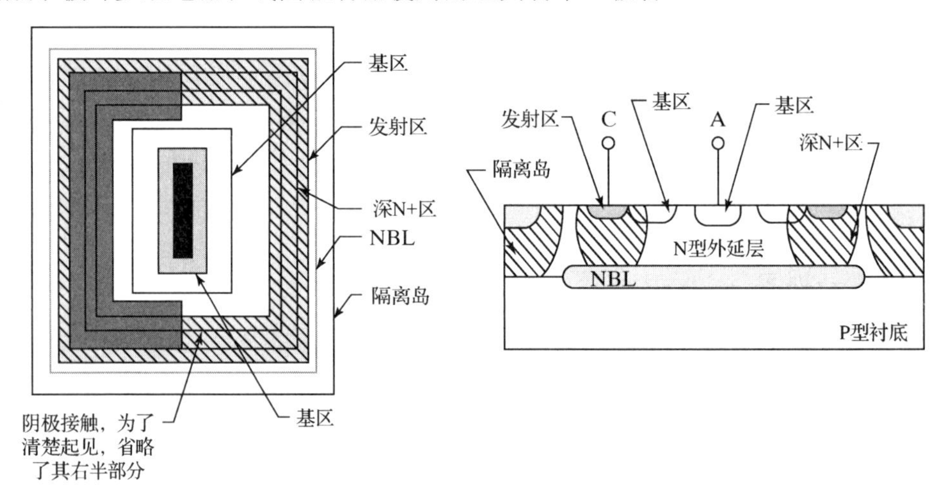

图 10.14 采用合并的空穴收集保护环和空穴阻挡保护环的功率二极管的版图和剖面图

与肖特基二极管相比功率二极管有几个优点。首先，用来制作功率二极管的各层在功率器件的工艺中几乎都有。相反，贵金属硅化物并不总是有的。标准双极肖特基二极管需要增加一步掩模，从而增加了工艺的成本。其次，功率二极管比肖特基二极管更稳定，因为它的结区离硅表面更远，而肖特基接触则紧挨着热敏感的金属层。因此在失效之前，功率管会比肖特基二极管消耗更多的功率。如果二极管进入雪崩击穿状态，上述现象就会更加明显，这是因为肖特基二极管在这些情况下通常很容易受到损伤，而功率器件则非常稳定。

当然，功率二极管也有自身的缺点。与肖特基二极管相比，在低电流时它们具有更高的正向导通电压。但这个缺点在大电流下会消失，此时功率二极管和肖特基二极管的串联电阻分别决定了它们各自的正向导通压降。功率管还是面积很大的器件，因为必须包含深 N+环。这个缺点也不像最初出现时那么严重，因为大电流肖特基二极管中也必须包含深 N+环保护

① B. Murari, "Power Integrated Circuits: Problems, Tradeoffs, and Solutions," *IEEE J. Solid-state Circuits*, Vol.SC-13, #3, 1978, pp. 307-319。

环以将空穴注入衬底。最后，也是最明显的，功率器件是相对较慢的器件。需要快速反向恢复的应用通常使用大面积的肖特基二极管而不是功率管。

10.2　CMOS 和 BiCMOS 工艺二极管

标准双极集成电路中可以使用 NPN 晶体管中的集电结或者发射结作为 PN 结二极管。有些标准双极工艺中还提供工艺扩展用以形成肖特基二极管。采用模拟 BiCMOS 工艺制作的二极管在外观和性能上都与标准双极工艺二极管相似，因此，对这些器件无须做更进一步的讨论。

CMOS 工艺表现出了一种非常不同的现象，与双极型晶体管不同，CMOS 晶体管并不使其 PN 结工作在正偏状态，因此，这些工艺也无须包含少子流动或者优化正偏结特性。CMOS 工艺制作的二极管通常比标准双极工艺或模拟 BiCMOS 工艺制作的二极管具有更大的寄生效应。下面将讨论采用 CMOS 工艺制作的各种类型的二极管，以及它们的性能和局限性。

10.2.1　CMOS 结型二极管

尽管理论上人们可以利用 CMOS 工艺形成的 3 个结中的任意一个制作 PN 结二极管，但实际上在正常情况下这些结中只有一个可以被偏置进入导通状态。在 N 阱 CMOS 工艺中，NSD/P 型外延层和 N 阱/P 型外延层二极管的阳极都接到衬底，只有将阴极电位拉至衬底电位以下才能使这些二极管正偏。这些二极管不仅需要一个负的电源，而且还可能出现闩锁，因为它们向衬底注入少子。PSD/N 阱结不存在这些问题，但是它产生了一个寄生 PNP 管，从而会将大量的二极管电流转入衬底。如果不加入埋层，形成的器件就像一个衬底 PNP 晶体管(见 8.3.1 节)。

一些现代 CMOS 工艺使用高能注入产生退化阱(retrograde well)。阱下部重掺杂部分类似于一个掩埋层。如果掺杂分布产生了足够强的内建电场，那么将阻碍少子向衬底的流动。即使不出现这样的情况，阱下部的重掺杂区也会促进复合，从而降低了衬底 PNP 管的 β 值。如果衬底 β 值下降到 1 以下，那么将产生的器件称为结型二极管比称为衬底 PNP 晶体管更合适。

N 阱 CMOS 工艺可以使用 PSD/N 阱结或者 NSD/P 型外延层结制作齐纳二极管。这两种齐纳二极管的击穿电压都超过了 CMOS 晶体管的工作电压，这种限制严重制约了它们在电路中的应用。然而，两种二极管都是有用的 ESD 保护结构。

图 10.15 显示了典型的 PSD/N 阱齐纳二极管的版图。雪崩击穿发生在包围着 PSD 注入的耗尽区中。阱的高值薄层电阻特性强化了正对 NSD 接触的 PSD 注入边缘处的导通。可以通过使窄长条 PSD 与 NSD 条形成叉指状结构增大导通区的有效面积。即使做了这些改进，由于源漏注入相对较浅，PSD/N 阱控制电流的能力仍比发射结齐纳二极管差很多。

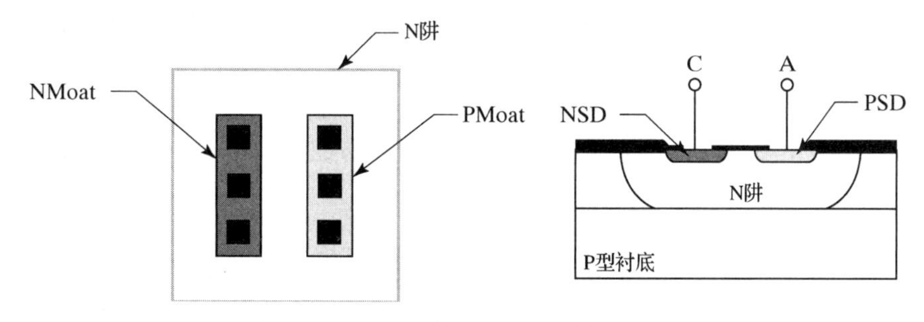

图 10.15　PSD/N 阱齐纳二极管的版图和剖面图

硅化源/漏区的工艺特别容易使结受到损伤，因为硅化会消除原本存在于接触和雪崩扩散区边沿之间的限流效应。如果工艺包含硅化阻挡掩模，那么硅化阻挡层图形就应该位于雪崩扩散区周围。对于图 10.15 中的晶体管，硅化阻挡层图形应该包围 PMoat 区。即使没有硅化物，PSD 略大于接触孔可能也无法产生足够的限流作用以抵抗静电泄放的打击。通过增大 PSD 使之超出接触孔 1～2 μm 可缓解这个问题。

一个具有创造性的设计者能够发现采用 CMOS 工艺制作 PN 结的其他选择。在 N 阱内放置 P 型沟道隔离区可以形成轻掺杂的 PN 结。同样，在 P 型外延层中制作 N 型沟道隔离区也可以形成结型二极管。许多 CMOS 工艺将用于高压 CMOS 工艺的深轻掺杂阱和用于低压 CMOS 工艺的浅重掺杂阱结合起来使用。将一个浅阱放在一个具有相反掺杂类型的深阱中就可以形成结型二极管。例如，P 型外延工艺中，将一个浅 P 阱 (SPWell) 放在一个深 N 阱 (DNWell) 内会形成 SPWell/DNWell 二极管。这种二极管和沟道隔离二极管都没有太多的实际应用，因为同其他已经讨论过的器件相比，它们并没有什么特别明显的优势。

10.2.2 CMOS 和 BiCMOS 肖特基二极管

任何使用贵金属硅化物的工艺理论上都可以制作肖特基二极管。标准双极工艺需要增加一道掩模工序为肖特基接触减薄场氧化层。CMOS 和 BiCMOS 工艺则不需要增加这道工序，因为它们采用了选择性场氧化。

遗憾的是，没有 CMOS 工艺会使用铂和钯硅化物，因为这两种材料都不能承受源/漏注入退火所需的温度。钛硅化物有广泛的应用，因为它可以去除天然的薄氧化层，硅表面即使瞬间暴露于空气中也会生成这种氧化物①。钛硅化物的低接触电势使得它完全不适合制作肖特基二极管。最近，镍和钴硅化物开始取代钛硅化物，因为它们在线条宽度非常窄的情况下具有更低的薄层电阻。这些材料有更大的接触电势，可能会在肖特基二极管中得到有限的应用这两种材料都不适合应用于结温远超过 100℃的情况。因此，大部分实际肖特基二极管仍将继续使用贵金属硅化物。

图 10.16 所示为 CMOS 工艺中贵金属硅化物和 N 阱之间形成的典型肖特基二极管。沟槽穿过接触孔确保了接触在薄氧化层之上。围绕接触孔四周的环形 PSD 扩散区作为场释放保护环。肖特基二极管的反向击穿电压被 PSD/N 阱结雪崩电压而非肖特基二极管平面击穿电压所限制。可以用简单的场板替代 PSD 保护环，但是因为场板肖特基二极管的漏电流大于保护环肖特基二极管，所以大部分设计者在可能的情况下仍倾向于选择使用保护环。

由于 NBL 和深 N+侧阱的存在，CMOS 工艺制作的肖特基二极管具有相对较大的串联电阻。可通过延长肖特基接触并用阴极接触将其四周包围的方法来减小这个电阻。更大的肖特基二极管可以使用叉指状的阳极和阴极接触。这些措施并不能像 NBL 和深 N+侧阱那样有效地减小串联电阻，因此生成的肖特基二极管只能用于电流相对较小的应用。

先进 CMOS 工艺通常要求使用最小尺寸接触孔阵列而不是单个的大接触孔。小接触孔构成的阵列不会用于制作肖特基二极管，因为在其周围无法设置保护环。除非能在轻掺杂的阱

---

① D. Lévy, P. Delpech, M. Paoli, C. Masurel, M. Vernet, N. Brun, J.-P. Jeanne, J.-P. Gonchond, M. Ada-Hanifi, M. Haond, T. T. D'ouville 和 H. Mingam, "Optimization of a Self-Aligned Titanium Silicide Process for Submicron Technology," *IEEE Trans. Semiconductor Manufacturing*, Vol.3, #4, 1990, pp. 168-175。

上制作某些类似于复合槽的结构，否则这些工艺不支持肖特基二极管。如果允许的话，可用大面积硅化物占据图 10.16 中肖特基二极管单个大接触孔的位置。

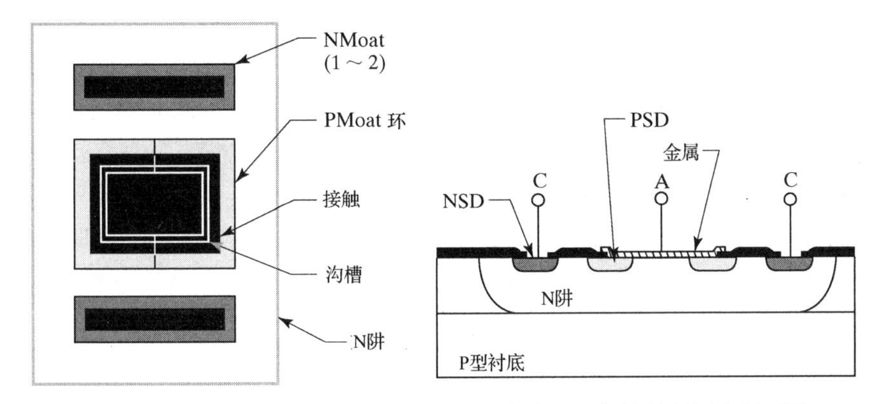

图 10.16　CMOS 工艺制造的 PSD 保护环肖特基二极管的版图和剖面图

具有铂和钯硅化物的模拟 BiCMOS 工艺也可以制作肖特基二极管，这些二极管的结构类似于标准双极工艺制作的肖特基二极管。设置在阳极接触周围的沟槽占据了肖特基接触的位置(见图 10.17)。这种替代使得在无须增加任何掩模步骤的情况下也可以制作肖特基二极管。许多 BiCMOS 设计者使用这种器件来代替二极管连接形式的晶体管。

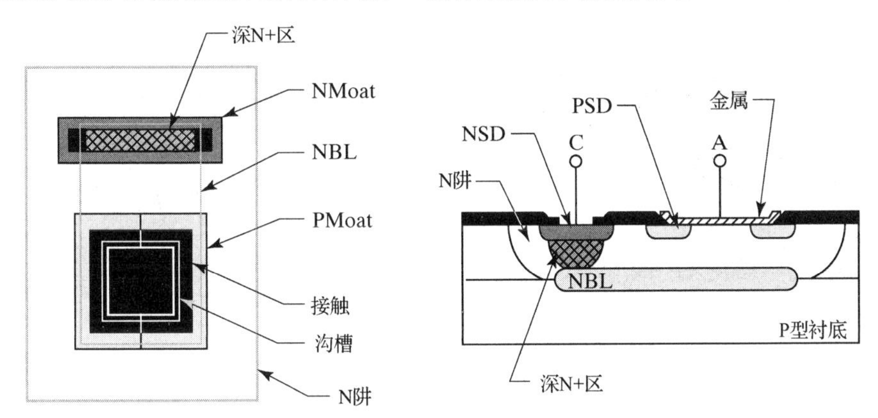

图 10.17　BiCMOS 工艺制造的 PSD 保护环肖特基二极管的版图和剖面图

10.3　匹配二极管

本章讨论的器件可以划分为 3 大类：PN 结二极管、齐纳二极管以及肖特基二极管。不同类型的二极管互不匹配，因为它们的工作原理各不相同。相同类型的二极管之间可以匹配，但也必须正确地设计。本节简要讨论了各种匹配晶体管的优缺点，并给出了一些有助于设计者设计匹配二极管的指导性原则。

10.3.1　匹配 PN 结二极管

双极和 BiCMOS 工艺使用的绝大部分结型二极管实际上都是二极管连接形式的晶体管。正因如此，它们的版图与传统的双极型晶体管十分相似。二极管连接形式晶体管的唯一特征就是合并了集电极-基极接触(见图 10.2)。除此之外，用于匹配二极管连接形式晶体管的技术与用于匹配其他双极型晶体管的技术完全相同(见 9.2 节和 9.3 节)。

单纯的 CMOS 工艺并不支持制作二极管连接形式的晶体管，然而依然可以制作 PN 结二极管。N 阱 CMOS 工艺可以制作 PSD/N 阱二极管，而 P 阱工艺可以制作 NSD/P 阱二极管。这两种器件中都有寄生的纵向双极型晶体管，它会将很大一部分正向导通电流转移到衬底。这些晶体管 β 值的范围从小于 0.1 到大于 10，典型器件的 β 值为 2。产生的基极电流在通过阱电阻时形成压降，并加到二极管的正向导通电压上。β 值的任何变化都会引起阱电阻压降相应的变化，因此结型二极管的匹配取决于寄生双极管 β 值、阱电阻以及正向导通电压的匹配。

CMOS PN 结二极管的版图与 CMOS 衬底晶体管相同(见 8.3.1 节)。可将该器件看作一个包含寄生双极型晶体管的 PN 结二极管，或者一个增益很低以至于类似二极管的双极型晶体管。但不管怎么看，要获得匹配就必须增大 β 值并减小阱电阻。实际上，这些因素有很大的影响，以至于面积-周长比较小的器件匹配性要优于面积-周长比较大的器件。最好的版图是最小宽度结阵列和阱接触形成的叉指状结构。匹配器件应该相互交叉或是交叉耦合从而形成一个共质心阵列(见 7.2.10 节)。两个二极管不应在同一阱中相互交叉，因为流过阱的电流对二极管的去偏置程度不同，具体取决于它们的位置以及相互之间的关系。相反，每个二极管应该被分为几个相同的部分，每个部分都放在自己的阱中，这些阱相互交叉或交叉耦合。图 10.18 所示为一对匹配的 PSD/N 阱二极管。

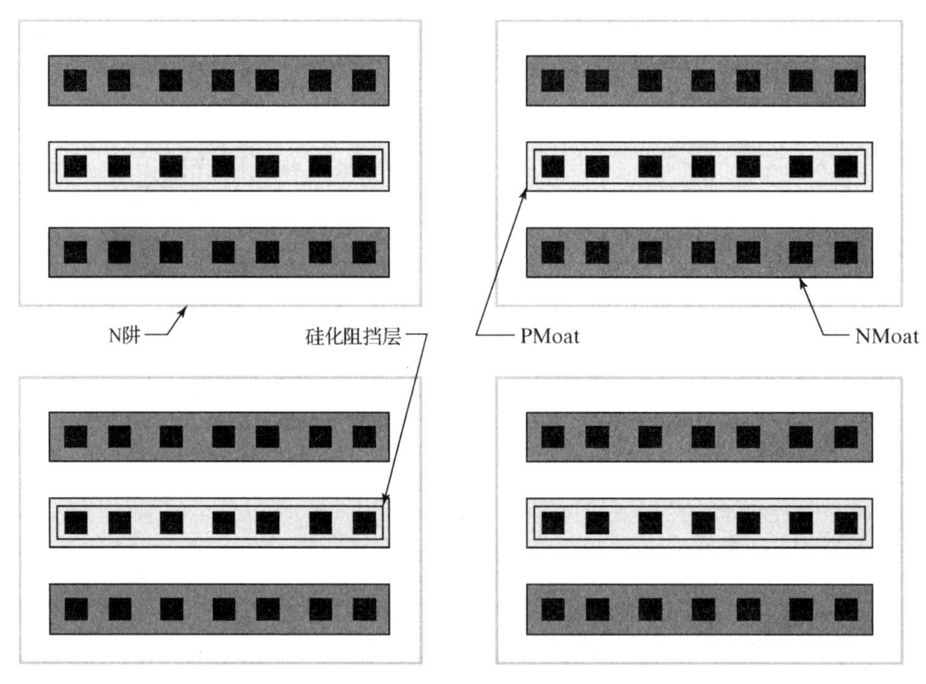

图 10.18　匹配 PSD/N 阱二极管版图

许多 CMOS 工艺都使用硅化槽(复合槽)，但是双极型晶体管的发射区不应该被硅化，因为这样会减小其 β 值。当 PN 结二极管中包含高增益寄生双极型晶体管时，二极管的匹配性实际上得到了改善，因为高增益减小了必须流过阱电阻的电流。如果有硅化物阻挡层，那么设计者应该使用该层包围形成各自 PN 结的二极管的各个叉指(见图 10.18)。

在低电流密度下工作也改善了 PN 结二极管的匹配性，因为阱电阻上的压降减小了。可以通过增加器件的面积或使其工作在更低的电流下来减小电流密度。CMOS 二极管典型的工作电流密度为 5～50 nA/μm^2。

不管如何精心设计，因为大的发射区周长-面积比、阱电阻的影响以及 β 值的变化，PSD/N 阱和 NSD/P 阱二极管通常还将存在约几毫伏的失配。

10.3.2　匹配齐纳二极管

齐纳二极管很难匹配，因为其击穿电压主要取决于电场强度。结形状中的任何弯曲部分都会增强电场，导致局部击穿电压减小。大部分电流从结中弯曲程度最大的部分流过，因此决定了器件的击穿电压。局部击穿会降低匹配度，因为它会减小结的有效面积，扩大横向扩散的影响。匹配的齐纳二极管应该使用圆形的结以避免出现不必要的拐角。然而遗憾的是，即使采用圆形的结也很难获得一致的击穿。线宽的变化会产生微小的不规则性，其弯曲程度大于结的侧壁。产生的导通中的变化可在暗室里通过显微镜观察到。结雪崩时的微弱发光通常在结边沿上的少数几个点出现。几乎所有的电流都流过这几个点，但它们只占结周长的一小部分。相同版图的器件通常表现出截然不同的导通模式。这些变化突出了缺陷和线宽变化本质上的随机分布性。

大器件通常表现出更加均匀的缺陷分布。更高的电流密度通过增大结旁边轻掺杂扩散区上的压降也能够使变化减小。产生的压降可提供限流，并且有助于使导通分布在一个更大的面积上，但是它也代表了变化的另一种来源。

匹配齐纳二极管通常使用大的圆形结构来减小随机变化并消除边缘效应。阳极和阴极接触都应是或者接近圆形对称。如果必要，可以通过使接触孔进一步远离结区来增大器件中的限流电阻。图 10.19 所示为根据这些规则制作的匹配发射结齐纳二极管交叉耦合对。阳极接触孔的形状类似于四叶草或四瓣花(quatrefoil)，以使得无须在接触孔上叠加通孔就可以通过引线互连阴极。4 个单独的齐纳二极共用隔离岛可以减少它们之间的隔离。隔离岛将齐纳二极管与衬底隔离，但是因为不会导通较大的电流，所以隔离岛不包括 NBL 和深 N+区。

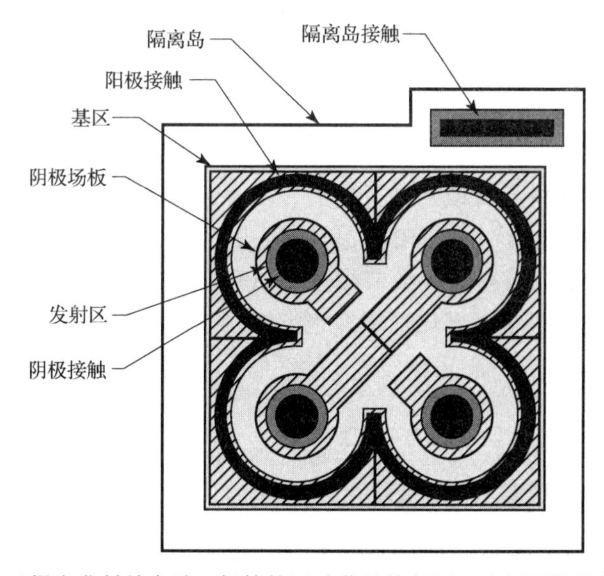

图 10.19　交叉耦合发射结齐纳二极管的四叶草结构版图。该版图假设使用两层金属

即使是图 10.19 这样经过精心设计的四叶草版图也可能无法使表面齐纳二极管精确匹配，因为这些器件易受齐纳二极管蠕变的影响。蠕变的程度取决于通过器件的总电荷数、加在上层氧化层的电场大小和方向以及在氧化层中可动离子的浓度。图 10.19 所示发射极金属连线通过界表面。这种金属连线的功能类似于场板，可以确保施加在每个齐纳二极管结上的电压相等。发射结上覆盖的场板应考虑到对版误差、横向扩散以及边缘电场等情况，超出 5～8 μm 通常就足够了。场板不能阻止齐纳二极管的蠕变，但是可以有助于减小这种变化。埋层齐纳二极管的匹配更好一些，因为它们不会出现齐纳蠕变现象。

10.3.3 匹配肖特基二极管

类似齐纳二极管，肖特基二极管很难匹配。肖特基势垒的特性取决于几个因素，包括金属组成、硅掺杂、边缘效应、退火条件以及是否存在表面污染物等。其中的大部分因素都很难控制，因此肖特基二极管通常表现出比结型二极管更加严重的失配。

匹配肖特基二极管应该总采用扩散保护环而不是场板，因为场板结构通常会出现漏电流，从而影响小电流匹配。接触孔应该有大的面积-周长比以减小由于线宽变化所造成的失配。如果可能，二极管应该包含 NBL 和深 N+区以减小并不与肖特基接触直接相关的那部分阴极电阻；如果使用了 NBL 和深 N+，几个匹配肖特基二极管就可以制作在同一个隔离岛或者阱内。如果没有使用深 N+和 NBL，那么每个肖特基二极管都应该有各自的阱或隔离岛，并且所有阱或隔离岛的尺寸都应该相同以确保二极管的阴极电阻匹配。比例肖特基二极管通常应由相同的接触单元阵列组成，就像比例 NPN 晶体管采用的相同发射区单元阵列一样。因为肖特基二极管对于热变化非常敏感，所以它们应该总是采用叉指或者交叉耦合结构版图，其类似于双极型晶体管使用的版图结构。

肖特基二极管将无法与 PN 结二极管或双极型晶体管可靠地匹配。二极管和肖特基二极管正向导通电压差会因为表面状况的变化、退火时间以及其他因素而略有变化。即使工作在不同电流密度下的两个肖特基二极管之间的电压差也可能因为二极管方程中的非线性因素而取决于工艺条件，这种非线性因素在肖特基二极管中的作用比在结型二极管和双极型晶体管中更为重要。

10.4 小结

每种半导体工艺都提供一种或几种类型的二极管。标准双极或模拟 BiCMOS 工艺都可以制作性能优异的二极管连接形式的 NPN 晶体管，其失配只有几毫伏并且可以承受很大的电流。这些晶体管还可以作为发射结齐纳二极管使用。单纯的 CMOS 工艺提供的选择更少，但是如果金属化工艺中包括贵金属硅化，那么也能够制作出肖特基二极管。

10.5 习题

版图规则和工艺规定请参考附录 C。

10.1 使用最小尺寸发射区，绘制标准双极二极管连接形式晶体管的版图。比较这种器件和不包括深 N+的最小尺寸 NPN 晶体管的面积。绘制二极管集电极-基极接触的补充规则如下：

1．CONT 延伸进入 EMIT 4 μm；

2．CONT 超出 EMIT 6 μm；

3．BASE 超出 EMIT 2 μm。

10.2 采用标准双极规则绘制最小尺寸隔离区内发射区齐纳二极管版图。发射区与隔离区的交叠应该为 18 μm。

10.3 将一个 6.8 V 的发射结齐纳二极管和两个二极管连接形式的 NPN 晶体管串联，其温度系数大概是多少？

10.4 绘制面积为 200 μm^2 的标准双极场板肖特基二极管版图。场板交叠接触孔 4 μm，包括一个沿着器件一端的深 N+侧阱，并且包括所有必须的金属连线。

10.5 绘制有效面积为 200 μm^2 的标准双极基区保护环肖特基二极管的版图。假设校正因子δ等于 2.0 μm。基区保护环的版图规则如下：

1．BASE 超出 CONT 4 μm；

2．BASE 延伸进入 CONT 4 μm。

10.6 绘制有效面积为 15 000 μm^2 的标准双极功率肖特基二极管的版图。包括一个基区保护环，其设计规则同习题 10.5。用深 N+环包围阴极隔离岛，并排布尽可能多的金属，留出 12 μm 宽的阴极引线空间。阳极金属连线宽度在所有点至少应为 10 μm，并且应该通过一个与阴极引线相对的 12 μm 宽阳极引线从器件引出。

10.7 为什么附录 C 中的模拟 BiCMOS 工艺不支持肖特基二极管？需要如何改进才能制作肖特基二极管？

10.8 绘制一对精确匹配的 CMOS PSD/N 阱二极管版图。二极管的绘制面积分别为 60 μm^2 和 120 μm^2。在阳极周围绘制硅化物阻挡层（SBLOCK），SBLOCK 与 PMOAT 的交叠为 1 μm。

10.9 使用标准双极规则绘制一个四叶草齐纳二极管版图，包括 4 个共用阳极的二极管。每个发射区的直径为 12 μm。包括所有必须的金属连线，并显示阴极引线如何从器件中引出以及如何连接隔离岛接触。

第 11 章　场效应晶体管

场效应晶体管(或称 FET)经历了一段漫长而复杂的发展史。场效应晶体管最初的发明时间比双极型晶体管大约早 17 年，但是由于工艺的问题在早期并没有成功地生产出场效应晶体管[①]。其中许多问题都与高质量的介质薄膜生长有关。等到这些问题最终都被解决的时候，Bardeen 和 Brattain 已研制出了双极型晶体管。

因为介质薄膜的生长是一件很困难的事，第一个实用型场效应晶体管采用反偏结代替介质薄膜。用这种方法制作的器件称为结型场效应晶体管(JFET)。尽管 JFET 相对庞大一些，但是它所需要的输入电流远小于双极型晶体管。有些运算放大器就是使用 JFET 作为输入级以减小输入电流的。这些器件非常成功，而且至今仍在生产。

适合于栅极的绝缘介质薄膜最终于 1960 年生长成功[②]。这项成果使得制造金属-氧化层-半导体场效应晶体管(MOSFET)(通常简称为 MOS 晶体管)变得可能。早期的 MOS 器件也存在着一些共性的问题。MOS 器件的阈值电压极不稳定，薄氧化层也非常脆弱，极易被漏放的静电荷击穿。一旦这些问题全部被克服，MOS 晶体管就开始对已经发展得较为成熟的双极技术提出了挑战。MOS 集成电路特别适用于低功耗的数字器件，比如电子表和袖珍计算器。

最早的 MOS 工艺只能做出 PMOS 晶体管，不久就被能生产增强型和耗尽型 NMOS 晶体管的工艺所替代。对更低电流损耗和更大设计灵活性的需求导致了能同时制作 NMOS 和 PMOS 晶体管的工艺的产生。尽管最初希望将其应用于数字电路，但是这些互补金属氧化物半导体(CMOS)工艺也可用于制造多种模拟集成电路，并且不久在一些特定的应用中开始替代双极型集成电路，但是 CMOS 晶体管并不具备双极型晶体管的所有性质。现在许多更新的工艺是把双极型和 CMOS 晶体管制作在同一衬底之上。

另一种有趣的场效应晶体管的栅极完全被绝缘介质包围。这种浮栅晶体管的性能取决于储存在氧化栅上的电荷量。人们已经研发出不同的方法可以把电荷注入浮栅中或者将电荷从浮栅上去除。这种器件可作为非易失性存储器的基本单元。在模拟和数字集成电路中有许多重要的应用。

本章将介绍 MOS 晶体管的结构和工作原理，特别是采用自对准多晶硅栅工艺的器件。本章的内容还包括 JFET 和浮栅晶体管的结构和工作原理。第 12 章将介绍高电压和功率 MOS 器件以及 MOS 晶体管的匹配问题。

11.1　MOS 晶体管的工作原理

本节首先回顾有关 MOS 晶体管基本工作原理的内容，然后重点论述一些版图设计者们

---

① D. Kahng, "A Historical Perspective on the Development of MOS Transistors and Related Devices," *IEEE Trans. on Electron Devices*, Vol. ED-23, #7, 1976, pp. 655-657。

② D. Kahng 和 M. M. Atalla, "Silicon-silicon dioxide field-induced devices," *Solid-State Device Research Conference*, Pittsburgh, 1960。

关注的问题，其中包括工艺和版图对器件参数的影响，MOS 晶体管在击穿区的工作特性，以及引起 MOS 晶体管漏电的原因。

11.1.1　MOS 晶体管建模

图 11.1 为一支 NMOS 晶体管的简化三端电路模型。因为在栅极和晶体管的其余部分之间存在绝缘层，所以没有直流电流从栅极流过。电容 C_{GS} 和 C_{GD} 分别代表由栅介质产生的栅源电容和栅漏电容。电容符号上绘制的斜线表示电容值的大小与偏置有关。压控电流源 I_1 为栅氧化层下从漏极经过沟道流向源极的电流。

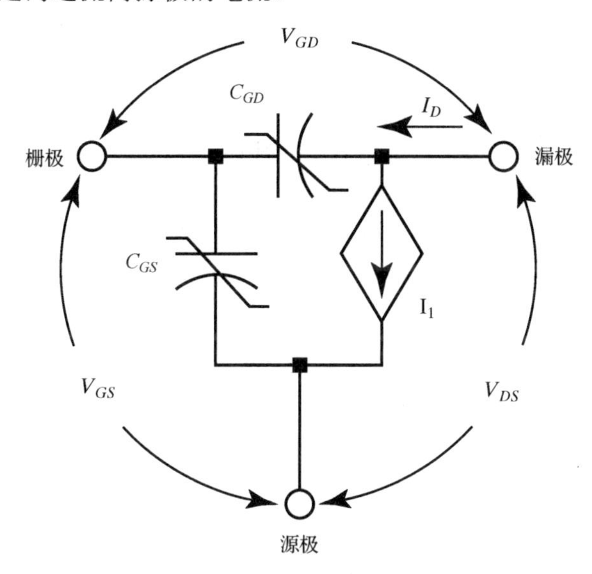

图 11.1　NMOS 晶体管的简化三端模型

漏极电流 I_D 的大小取决于栅源电压 V_{GS} 和栅漏电压 V_{DS}。如果栅源电压小于阈值电压 V_t，那么没有沟道形成，晶体管处于夹断状态，此时没有电流或者只有很小的电流流过。当栅源电压 V_{GS} 一旦超过阈值电压 V_t 时就会形成沟道。二者的差值有时被称为有效栅压 V_{gst}：

$$V_{gst} = V_{GS} - V_t \tag{11.1}$$

增大 V_{gst} 会形成能产生更大电流的沟道。漏极电流还取决于漏源电压 V_{DS}。如果漏源电压小于有效栅压，那么漏极电流近似地随漏源电压而呈线性变化，我们称晶体管工作在线性区。如果漏源电压大于有效栅压，那么漏极电流与漏源电压无关，称晶体管工作在饱和区。I_D，V_{GS} 和 V_{DS} 之间的关系可以用两个等式来描述——一个描述线性区，一个描述饱和区：

$$\text{如果 } 0 \leqslant V_{DS} < V_{gst}，\text{则 } I_D = k\left(V_{gst} - \frac{V_{DS}}{2}\right)V_{DS} \tag{11.2A}$$

$$\text{如果 } V_{DS} \geqslant V_{gst}，\text{则 } I_D = \frac{k}{2}V_{gst}^2 \tag{11.2B}$$

上面两式就是 NMOS 晶体管的 Shichman-Hodge 方程[①]。参数 k 称为器件跨导，这个名称

---

① 这里给出的方程忽略了沟道长度调制效应和体效应。更多的细节请参见 H. Schichman 和 D. A. Hodges 的著述 "Modeling and Simulation of Insulated-Gate Field-Effect Transistor Switching Circuits," *IEEE J. Solid-State Circuits*, SC-3, 3, 1968, 285-289。

多少有些误导的意味，因为它的单位是 A/V^2 而不是 A/V。描述 PMOS 晶体管的方程只有一点不同：当 $0 \geq V_{DS} > V_{gst}$ 时，使用式(11.2A)；当 $V_{DS} \leq V_{gst}$ 时，使用式(11.2B)。对于增强型 PMOS 晶体管，方程中的 V_{DS}，V_{GS}，V_t，k 和 I_D 都必须取负值，这样才能得到正确的结果。

适用于 NMOS 的 Shichman-Hodge 方程并不包括 $V_{DS}<0$ 的情况。严格来讲，这种情况不可能发生，因为晶体管的源极和漏极由电偏置决定，而非图上所标明的符号。如果源漏之间的电压小于零，则二者仅仅是交换一下角色，漏极变成了实际的源极，反之亦然。如果坚持使用端口名称而非实际扮演的角色，那么在使用 Shichman-Hodge 方程前端口必须采用实际的偏置情况(见习题 11.2)。

器件跨导

器件跨导 k 决定了在给定 V_{gst} 的情况下流过 MOS 管的漏极电流大小，因此，跨导可表明一个 MOS 晶体管的尺寸，就如同发射极饱和电流 I_S 可以确定一个双极型晶体管的尺寸一样。器件跨导的单位是 A/V^2 或者(更常用的) μA/V^2。可以通过下面的等式把它和晶体管版图的尺寸联系起来：

$$k = k'\left(\frac{W}{L}\right) \tag{11.3}$$

上式中 W 和 L 分别代表 MOS 管沟道的宽度和长度，k'是一个常数，称为工艺跨导，表示为

$$k' = \frac{\mu\varepsilon_o\varepsilon_r}{t_{ox}} \tag{11.4}$$

其中 μ 为载流子(NMOS 为电子，PMOS 为空穴)的有效迁移率。表面散射会使 MOS 沟道中载流子的迁移率减小，所以式(11.4)中的有效迁移率远小于 1.1.1 节中讨论过的体迁移率。在硅中的电子和空穴的迁移率分别约为 675 cm^2/V·s 和 240 cm^2/V·s。常数 ε_o 表示真空介电常数，等于 8.85×10^{-12} F/m。常数 ε_r 表示栅介质的相对介电常数，纯二氧化硅的相对介电常数约等于 3.9。氧化物的相对介电常数的实际值可能与理论值略有不同(见表 6.1)。t_{ox} 代表了栅介质的厚度，把这些数值代入上面等式中可以得到 NMOS 的工艺跨导 k_n' 和 PMOS 的工艺跨导 k_p' 的简化表达式：

$$k_n' \approx \frac{23\,000}{t_{ox}}\mu\text{A/V}^2 \tag{11.5A}$$

$$k_p' \approx \frac{8200}{t_{ox}}\mu\text{A/V}^2 \tag{11.5B}$$

这里，t_{ox} 氧化层的厚度以埃(Å)为单位。MOS 工艺采用尽可能薄的氧化层以得到最大的器件跨导。栅氧化层的介电强度大约等于 10^7 V/cm 或者 0.1 V/Å。实际中，为了防止一种称为时变介质击穿的延迟击穿机制的发生，会将栅介质中的场强限制得很低。若晶体管的栅氧化层厚度大于 500 Å，场强一般不能超过 3×10^6 V/cm(30 mV/Å)。薄栅氧化层可以承受更高一些的电场强度[①]，所以栅氧化层厚度只有 100～200 Å 厚的晶体管在场强超过 5×10^6 V/cm

① C. M. Osburn 和 D. W. Ormond, "Dielectric Breakdown in Silicon Dioxide Films on Silicon, II. Influence of Processing and Materials," *J. Electrochem. Soc.* Vol. 119, #5, 1972, pp. 597-603。

(50 mV/Å)的情况下仍可以安全地工作。假定一个相对保守的上限为 30 mV/Å，那么在工作电压为 V_{op} 时工艺跨导可以取的最大值是：

$$k'_n \approx \frac{690}{V_{op}} \mu A/V^2 \tag{11.6A}$$

$$k'_p \approx \frac{240}{V_{op}} \mu A/V^2 \tag{11.6B}$$

这些公式表明，对于 5 V 的 CMOS 工艺，NMOS 管的跨导可以达到约 140 $\mu A/V^2$，PMOS 管的跨导可以达到约 50 $\mu A/V^2$。在实际中，由于速度饱和及其他强场效应，短沟道晶体管的跨导会有所减小。为了使 PMOS 晶体管的跨导值与给定 NMOS 管相等，PMOS 管的宽长比必须等于 NMOS 管的 3 倍。假设沟道长度相等，PMOS 管的沟道面积几乎是 NMOS 管的 3 倍。这种不同在功率晶体管中尤其明显，但是即使最小尺寸的逻辑门也常常以增大 PMOS 管尺寸的方法补偿较小的工艺跨导。

MOS 管的器件跨导会随着温度的升高而降低，引起这种变化的原因主要是载流子迁移率的温度系数。随着温度的升高，晶格振动变得强烈，载流子散射的几率会增大，其结果是载流子的迁移率大约与热力学温度平方的倒数成比例①。150℃时器件的跨导值约等于 25℃时的一半。给定栅源电压的漏极电流基本上按同样的比例变化。因为温度升高会使漏极电流减小，许多设计者就认为 MOS 晶体管不受热击穿(thermal runaway)的影响，并且不需要限流。这两种假设并不完全正确。MOS 晶体管中都包含一支寄生的双极型晶体管，可在某种条件下导电，可能导致电流随温度而变化(见 11.1.2 节)。尽管对功率 MOS 晶体管限流基本没什么作用，但在制作 ESD 器件和瞬态抑制器中被广泛应用(见 13.5.2 节)。

式(11.4)中给出的器件跨导与绝大部分工程类教材中的结果②以及仿真程序 SPICE 采用的 level-1 MOS 模型中的跨导参数一致。由于 SPICE 是由加州大学伯克利分校编写的，因此器件跨导又被称为伯克利 k。一些学者也使用伯克利 k 值的一半作为跨导的另一种定义，并对 Shichman-Hodge 方程进行相应的调整。

阈值电压

阈值电压 V_t 是指当背栅与源极连接在一起时能使栅介质下面恰好产生沟道所需要的栅源电压。增强型 MOS 晶体管需要非零的栅源电压以形成沟道。增强型 NMOS 管的沟道由被正栅压吸引到 P 型背栅表面的电子构成［见图 11.2(A)］，所以增强型 NMOS 管的阈值电压为正值。增强型 PMOS 管的沟道由被负栅压吸引到 N 型背栅表面的空穴构成［见图 11.2(B)］，所以增强型 PMOS 管的阈值电压为负值。另外，MOS 管在栅源电压为零时也有沟道。此类耗尽型晶体管通常会有导电沟道存在，需要外加栅源电压以使导电沟道关断［见图 11.2(C)和图 11.2(D)］。耗尽型 NMOS 晶体管的阈值电压为负值，耗尽型 PMOS 晶体管的阈值电压为正值。

---

① 电子迁移率呈 $T^{-2.42}$ 规律变化，空穴迁移率呈 $T^{-2.20}$ 规律变化，参见 S. M. Sze 所著的 *Physics of Semiconductor Devices*, 2d ed. (New York: John Wiley and Sons, 1981), p. 29。

② 例如，参见 R. S. Muller 和 T. I. Kamins 所著的 *Device Electronics for Integrated Circuits*, 2d ed. (New York: John Wiley & Sons, 1986), p. 430。

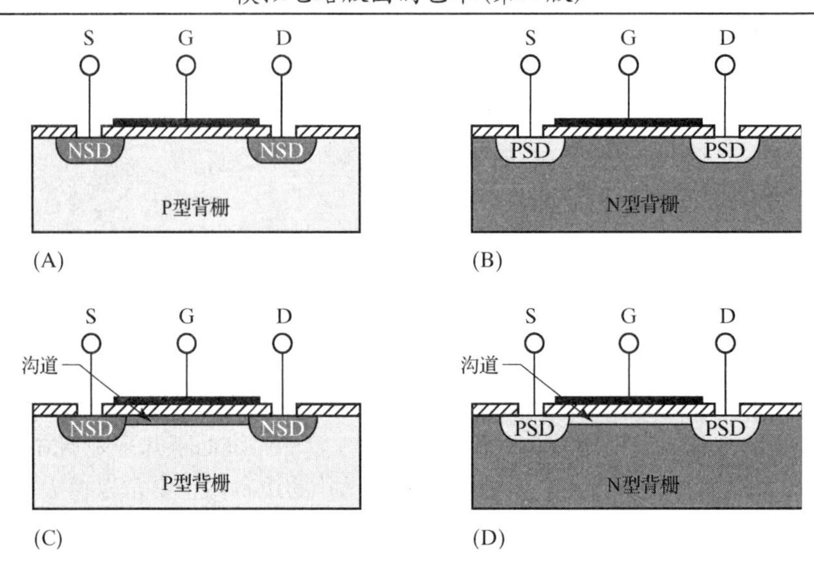

图 11.2 4 种类型的 MOS 晶体管：(A)增强型 NMOS；(B)增强型 PMOS；(C)耗尽型 NMOS；(D)耗尽型 PMOS

晶体管常被称为电控开关。增强型 MOS 晶体管就像断开的开关，无栅压时没有导电沟道形成，需要外加一个栅偏压使开关闭合。耗尽型 MOS 管就像闭合的开关，因为通常都是导通的，因此需要外加一个栅偏压使开关断开。绝大多数工艺被不断优化用以制造增强型晶体管，因为与耗尽型的管子相比这种器件使用起来更加方便。对部分工艺进行扩展后也可制作耗尽型器件。

MOS 晶体管的阈值电压与以下因素有关：栅电极材料，背栅掺杂，栅氧化层厚度，表面态电荷密度，氧化层中的电荷密度(固定电荷和可动电荷)。以下将逐一讨论这些影响因素。

如果栅极和背栅材料不同，它们之间就会存在非零的接触电势差。即使这两种材料中间隔着一层绝缘介质，仍存在净电势差，就是接触电势差。任何接触电势差的改变都会引起阈值电压的变化。现代 MOS 晶体管几乎都使用重掺杂的多晶硅栅电极。栅极材料有两种选择：N+多晶硅或 P+多晶硅。如果忽略背栅掺杂的影响，用 P+多晶硅栅代替 N+多晶硅栅，则会使接触电势差增大约 1.2 V(见表 11.1)。与此类似，若用 N+多晶硅栅代替 P+多晶硅栅，则会使接触电势差减小约 1.2 V。接触电势差的变化会使阈值电压产生相同的变化。

表 11.1 计算得出的多晶硅栅-背栅接触电势差(10^{20} cm^{-3} 多晶硅)

背栅材料	N+多晶硅栅	P+多晶硅栅
N 型，$N_D = 10^{14}$ cm^{-3}	–0.36 V	0.82 V
N 型，$N_D = 10^{16}$ cm^{-3}	–0.24 V	0.94 V
N 型，$N_D = 10^{18}$ cm^{-3}	–0.12 V	1.06 V
P 型，$N_A = 10^{14}$ cm^{-3}	–0.82 V	0.36 V
P 型，$N_A = 10^{16}$ cm^{-3}	–0.94 V	0.24 V
P 型，$N_A = 10^{18}$ cm^{-3}	–1.06 V	0.12 V

下面的例子有助于解释交换栅极材料的影响。假设采用 N+多晶硅作为栅极的 NMOS 晶体管的阈值电压为 0.7 V，如果该晶体管改用 P+多晶硅作为栅极，它的阈值电压大约将变为 1.9 V。相应的假设采用 P+多晶硅作为栅极的增强型 PMOS 晶体管的阈值电压为–0.7 V。如

果该晶体管改用 N+多晶硅作为栅极，就会变成阈值电压为+0.5 V 的耗尽型器件。

背栅的掺杂浓度也对阈值电压有很大影响。为了形成沟道，必须吸引足够多的载流子到表面使硅反型。重掺杂的背栅很难反型，栅下必须产生更强的电场以吸引足够多的载流子形成沟道，因此阈值电压随着背栅掺杂浓度的增大而增大。在低掺杂浓度时这种效应较小，但在重掺杂时，背栅掺杂浓度对阈值电压起决定作用。

栅氧化层的厚度也是影响阈值电压的一个重要因素。一个固定的栅源电压在厚栅氧化层下形成的电场比在薄栅氧化层下形成的电场弱。厚栅氧化层晶体管比薄栅氧化层晶体管更难反型，所以增加栅氧化层的厚度会使阈值电压增大。比如，场区的氧化层总是做得尽可能厚，为的是增加厚场阈值。遗憾的是，对大多数工艺而言仅仅靠增加厚度并不足以保证有足够高的厚场阈值。注意表 11.2 中 10 kÅ 厚氧化层那一列。如果背栅掺杂浓度为 10^{15} cm^{-3}，厚场阈值大约只有 4 V。很明显这是不够的。许多工艺中都用沟道终止注入来增大场区的掺杂[①]。如果使用沟道终止注入把 10 kÅ 厚场氧化层下的掺杂浓度增大到 10^{17} cm^{-3}，那么厚场阈值可以达到 50 V。由于 NMOS 和 PMOS 背栅的掺杂水平都相对较低，多数工艺需要同时使用硼和磷进行沟道终止注入以保证使厚场阈值大于正常的工作电压。

表 11.2　典型的 NMOS 阈值电压与背栅掺杂浓度和栅氧化层厚度的函数关系（N 型多晶硅栅）[②]

背栅掺杂浓度	100 Å	250 Å	10 kÅ
10^4 cm^{-3}	–0.23 V	–0.21 V	0.89 V
10^{15} cm^{-3}	–0.08 V	–0.02 V	3.91 V
10^{16} cm^{-3}	0.14 V	0.35 V	13.9 V
10^{17} cm^{-3}	0.60 V	1.31 V	47.9 V
10^{18} cm^{-3}	1.86 V	4.28 V	162 V
10^{20} cm^{-3}	7.94 V	19.1 V	747 V

阈值电压还受残留在栅氧化层和氧化层-硅交界面中的电荷的影响。这些残留电荷分为 3 种类型：氧化层中的固定电荷、氧化层中的可动电荷和表面态电荷。氧化层中的固定电荷 Q_f 由随机分布在氧化层薄膜中的缺陷构成。在温度较低的干氧环境中生长的栅氧化层中固定电荷很少。若向氧化层中注入空穴会使固定电荷急剧增加，如氧化层击穿、热载流子注入或电离辐射等情况。

氧化层中的可动电荷 Q_m 主要指像钠和钾这样的正离子[③]。它们对阈值电压变化的影响取决于它们在氧化中的位置，进而取决于栅偏压。以一个栅氧化层受钠离子污染的 NMOS 晶体管为例，当施加正的栅源电压时，可动离子会远离带正电的栅电极而靠近带负电的背栅。当可动离子接近沟道区的时候，它们产生的影响也更大。因此可动离子的运动使 NMOS 管的阈值电压下降。MOS 管阈值电压的任何改变都会引起漂移。为了得到精准的匹配，就要从工艺中除去可动离子或者使之固定不动（见 4.2.2 节）。现代工艺技术和较纯的化学试剂已经把可

① J. D. Sansbury, “MOS Field Threshold Increase by Phosphorus-Implanted Field,” *IEEE Trans. on Electron Devices*, Vol. ED-20, #5, 1973, pp. 473-476。

② 表中的数据都假设 Q_{ss}=0，Φ_{MS}=–0.7V。

③ 钠是硅工艺中的主要可动离子，其他还包括少量的钾离子和氢离子。参见 B. E. Deal, “The Current Understanding of Charges in the Thermally Oxidized Silicon Structure,” *J. Electrochem. Soc.*, Vol.121, #6, 1974, pp. 198C-205C。

动电荷减少到了可以忽略的程度。

表面态电荷 Q_{ss} 集中在氧化层-硅交界面的一个薄层内。通常带正电，但是数量取决于硅晶体的晶向和退火条件。产生表面态电荷的准确机制目前仍不很明了，但人们相信这与硅晶格的分子结构和氧化层高分子结构的失配有关。表面态电荷的很大一部分由于硅氧界面未填满的价层(或者称为悬挂键)而形成。界面处悬挂键的多少又取决于硅表面的晶向[①]。(100)硅表面生长的氧化层中的表面态电荷密度比(111)硅表面生长的氧化层中的表面态电荷密度的一半还少[②]。所有现代的 MOS 工艺都采用(100)硅使表面态电荷对 MOS 晶体管阈值电压的影响减到最小。标准双极工艺采用(111)硅就是为了增大 NMOS 的厚场阈值。在还原气氛中(如氢气)或是混合气氛中(氮气与氢气的混合气体)对晶圆退火也可以减少表面态电荷。在退火过程中，氢原子会与界面处的悬挂键结合，从而消除由悬挂键产生的表面态电荷。尽管并不能完全去除表面态电荷，但使用(100)硅并结合适当的退火条件可以使阈值电压的变化减到最小。

上面所讨论过的几种因素中，每种只构成对阈值电压影响的一小部分而已。如果十分注意的话，工艺的变动对阈值电压的影响可以控制在约 ±0.1 V。阈值电压还会随着温度而变化，这种变化的幅度取决于背栅的掺杂浓度和氧化层的厚度，但通常的变化范围是从–2 mV/℃到–4 mV/℃[③④]。当温度范围从–55℃到 125℃时，阈值电压随温度的变化率为–2 mV/℃，得到阈值电压的变化量大约是 ±0.2 V。把温度和工艺对阈值电压的影响综合考虑得到总的变化量约为 ±0.3 V。如果晶体管的标称阈值电压是 0.7 V，那么实际上其 V_t 值可能只有 0.4 V 或者高达 1.0 V。尽管最小的阈值电压似乎可以安全地减小到 0.3 V 或者更小，但实际情况不是这样。当栅源电压小于阈值电压时，由于亚阈值导通现象的存在(见 11.1.2 节)，MOS 晶体管中仍会有小电流流动。亚阈值电流呈指数关系减小，为了把漏极电流减小到可忽略的水平，栅源电压至少应比阈值电压低 0.3 V，因此阈值电压的标称值至少等于 0.6 V。小阈值的晶体管在某些场合是非常有用的，但是不能作为开关器件使用。小电流下使用的晶体管的阈值电压应大于或等于 0.8 V 以防止出现不希望的亚阈值导通。还有一种做法是采用特殊的电路设计技术加一个反向栅源电压以保证夹断。

11.1.2 晶体管的寄生参数

实际的晶体管存在着许多影响工作的寄生器件，其中最主要的恐怕是使源区和漏区与背栅隔离的结了。在正常工作条件下这两个结总是处于反偏状态，但是在特定环境中，它们中的一个或两个都会导通。正偏结会向背栅注入少子，最好的情况是引起一些不必要的漏电流，而最坏的情况就是发生闩锁效应。

一个包括全部寄生参数的完整 MOS 管模型中包含许多分布式效应，这将不在本节的讨论范围之内。图 11.3 所示为 N 阱 CMOS 工艺制造的 NMOS 晶体管的简化寄生参数模型。电

---

① 这种说法过于简化，因为界面处还存在着其他类型的电荷，包括固定的氧化层电荷和各种界面态陷阱(即所谓的快界面态和慢界面态)。固定氧化层电荷通常带正电，而界面态陷阱既可能带正电也可能带负电(参见 Muller 和 Kamins, p. 152ff)。

② Deal 的数据表明(100)晶面硅的 Q_{ss} 值等于(111)晶面硅的 20%～30%：Deal，*ibid*。

③ R. Wang, J. Dunkley, T. A. DeMassa 和 L. F. Jelsma, “Threshold Voltage Variations with Temperature in MOS Transistors,” *IEEE Trans. on Electron Devices*, Vol. ED-18, #6, 1971, pp. 386-388。

④ F. M. Klaasen 和 W. Hes, “On the Temperature Coefficient of the MOSFET Threshold Voltage,” *Solid-state Electronics*, Vol. 29, #8, 1986, pp. 787-789。

路中包含一支三端的 NMOS 晶体管 M_1，用于实现器件的预期功能。电容 C_{GD}，C_{GS}，C_{GB} 分别代表栅漏电容、栅源电容和栅-背栅电容。栅-背栅电容 C_{GB} 是指将栅电极和背栅扩散区分隔开的薄栅氧化层电容。这个电容随着晶体管接近反型时减小，当沟道形成时降为零。当晶体管夹断的时候，栅漏电容 C_{GD} 和栅源电容 C_{GS} 主要指栅电极和漏、源扩散区分别形成的交叠电容。由于自对准多晶硅技术的引入，这两个电容已大大减小，现在主要考虑边缘电容的影响。当沟道形成的时候，由于栅电极和沟道间的电容突然增加，栅源电容和栅漏电容也会急剧增大[①]。当器件工作在线性区的时候，沟道就相当于一个电阻。栅电容沿电阻均匀分布，但可以等效为由两个相等的电容(C_{GS} 和 C_{GD})组成的 π 形网络。当器件工作在饱和区的时候，沟道夹断、栅极和沟道间的电容完全集中在源极一侧，从而在饱和时 C_{GS} 大大超过了 C_{GD}。在电容 C_{GD}，C_{GS} 和 C_{GB} 上画的斜线表示这些器件受电压控制。

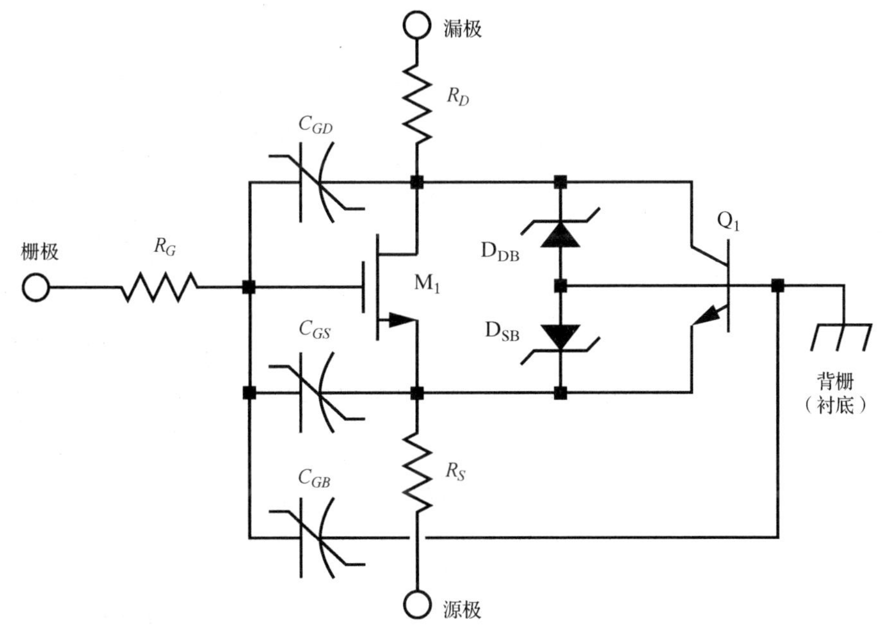

图 11.3　N 阱 CMOS 工艺 NMOS 晶体管的简化寄生模型

电阻 R_G，R_S 和 R_D 分别代表栅极、源极和漏极电阻。实际上栅电阻与 3 个栅电容形成了一个分布式网络，但这个简化的模型把它看作集中量。栅电阻对晶体管的直流特性没有影响，但由于它限制了电容 C_{GS}，C_{GD} 和 C_{GB} 充放电时电流的大小，所以使开关速度减慢。栅多晶硅常被硅化(silicided)以减小 R_G。漏极电阻 R_D 和源极电阻 R_S 指的是从接触点到沟道两侧源/漏扩散区的边缘间形成的欧姆电阻。可以通过硅化源/漏扩散区表面减小这些电阻。硅化的多晶硅电极有时也被称为复合栅(clad gate)，而硅化的源/漏区也叫复合槽(clad moat)。许多工艺中都采用复合栅，但是一般只有亚微米工艺才具有足够的跨导值得采用复合槽。

二极管 D_{DB} 和 D_{SB} 分别代表漏区-背栅和源区-背栅间形成的结。二极管通过将两个结电容分别加到漏端和源端可为结电容建模，同时还可对雪崩击穿特性建模。横向 NPN 晶体管 Q_1 表示少子从漏极运动到源极(或者从源极到漏极)可能经历的一条路径。由于 NMOS 晶体管位

① J. E. Meyer, “MOS Models and Circuit Simulation”, *RCA Rev.*, Vol. 32, 1971, pp. 42-63。

于外延层中，所以少子也有可能运动到邻近的 NMOS 管的源/漏区或者邻近的阱中。少子运动到邻近的阱会引起 CMOS 闩锁效应，下面将对此进行讨论。

图 11.4 表示采用 N 阱工艺制造的 PMOS 晶体管简化寄生参数模型。此模型中的电容 C_{GS}，C_{GD} 和 C_{GB} 与其在相应 NMOS 模型中的作用相同。同样，PMOS 中的端电阻 R_G，R_S 和 R_D 也与 NMOS 中的一样。二极管 D_{SB} 和 D_{DB} 表示的是源/漏区和背栅之间的结，此时还包括从 N 阱扩散区引出的第四端。如果这两个结中有一个相对于阱是正偏的，那么少子会向着另外的源/漏扩散区或是衬底运动。横向 PNP 管 Q_1 代表了少子从漏极到源极(或从漏极到源极)的一条通路。PNP 晶体管 Q_2 和 Q_3 表示的是少子从源/漏扩散区到衬底的通路。

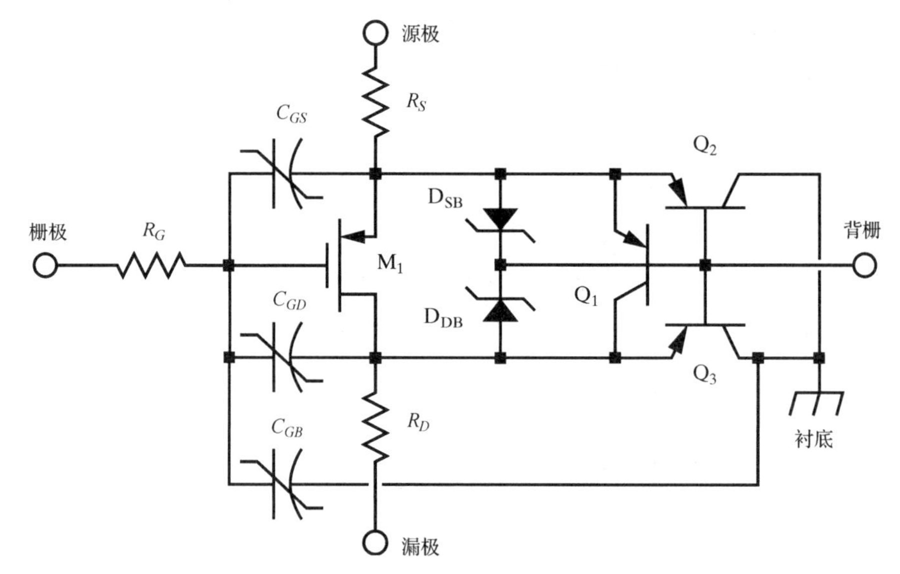

图 11.4　N 阱 CMOS 工艺 PMOS 晶体管的简化寄生模型

击穿机制

几种不同的机制限制了 MOS 管的工作电压，其中一种与双极型晶体管中的 V_{CER} 击穿机制相类似(见 8.1.2 节)。为了方便讨论，假设栅极和背栅都与源极相连。随着漏源电压的上升，最终到达一点使得漏区-背栅结开始击穿。雪崩倍增效应会向轻掺杂的背栅注入大量的多子，使结去偏置(debias)。源区-背栅结一旦达到正偏就会向背栅注入少子，这些少子中的大部分流向漏极，并引发进一步的雪崩倍增。这种 β 倍增效应使得 MOS 管的击穿电压从最初的触发电压回跳到较低的维持电压(见图 11.5)。短沟道晶体管的击穿电压较低，这是因为寄生的横向双极型晶体管的基区较窄，提高了增益，从而加强了 β 倍增效应。

一旦 MOS 管发生雪崩击穿，大部分的漏极电流将流过寄生的双极型晶体管[①]而不是 MOS 管的沟道，此时器件就更容易形成热点(hotspot)、电流聚集和二次击穿。12.2.1 节中讨论了这些机制对功率 MOS 晶体管的影响及其正常工作区域。

短沟道晶体管还可能出现另一种击穿，称为穿通击穿。源/漏区是重掺杂的，所以环绕其周围的耗尽区主要向轻掺杂的背栅一侧扩展。随着漏源电压的升高，漏极耗尽区展宽。如果漏区-背

① F. -C. Hsu, P. -K. Ko, S. Tam, C. Hu 和 R. S. Muller, "An Analytical Breakdown Model for Short-Channel MOSFETs," *IEEE Trans. on Electron Devices*, ED-29, #11, 1982, pp. 1735-1740。

栅结未先发生雪崩击穿，漏极耗尽区会最终扩展贯穿沟道并与源极耗尽区连通。因为不会触发寄生的横向双极型晶体管，所以穿通击穿没有 I–V 特性曲线回跳的现象。图 11.5 所示的曲线显示了穿通击穿(0.4 μm 工艺器件)和雪崩击穿(0.6 μm 工艺和 0.8 μm 工艺器件)的不同。只有在晶体管截止时才会出现雪崩击穿的回跳特性(snapback)。即使只有很小的亚阈值导通电流也足以产生 β 倍增效应，使得回跳现象并不明显(见图 11.5 中虚线表示的部分)。低电压隔离的 MOS 晶体管也可能在漏极和衬底之间发生穿通击穿。在 N 阱 CMOS 工艺中，一般只有 PMOS 管会发生此类穿通击穿。可以通过深阱扩散来解决这个问题，但这将导致各区之间的间隔增大。在一些低压工艺中会使用称为穿通终止(punchthrough stop)的高能注入来提升阱底部的掺杂水平，从而避免垂直穿通击穿的发生。或者通过高能注入的方法形成阱，使得在远离硅表面的下部形成一个峰值掺杂区。这种退化阱的特性与用穿通终止工艺扩展的普通阱类似①。

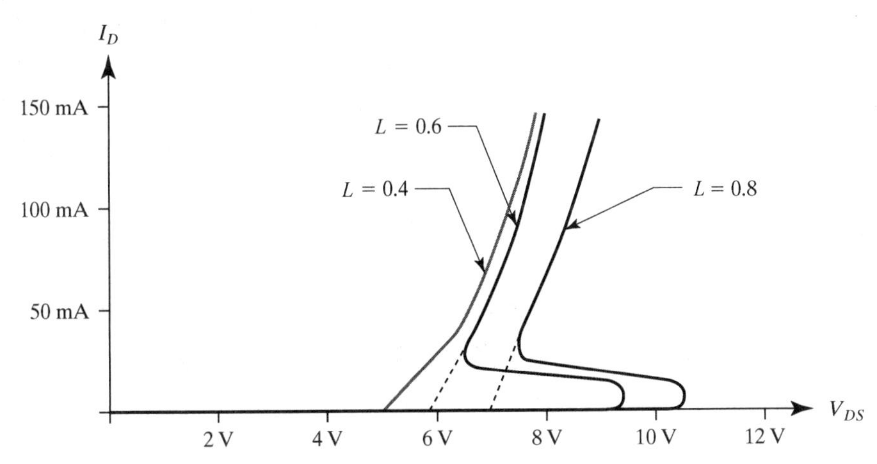

图 11.5　短沟道 NMOS 晶体管的击穿特性。实线部分表示截止区的击穿特性，虚线表示导通时特性的变化

薄的栅氧化层很容易发生介质击穿。当栅氧化层内的电场强度超过 11 MV/cm 时，Fowler-Nordheim 隧穿效应会向氧化层中注入电子。热电子与氧化层中大分子撞击后产生大量的空穴，空穴在氧化层中的运动会产生更多的陷阱，从而增加隧穿的速率。即使很均匀的氧化层，不同位置的厚度也会稍有差异。氧化层最薄的地方电场强度最大，因而热电子注入的速率最大。更多陷阱的出现使这些位置变得更加脆弱。最终这些位置会被彻底击穿，造成栅极与下面的硅之间短路。介质击穿的速度取决于电场强度超过正常值的程度。能够产生远大于临界场强的电压可导致瞬间击穿。如果电压产生的场强接近于临界场强，则会使击穿延时，这个过程也成为时变介质击穿(TDDB)。对于给定面积的氧化层，引发击穿所需的电荷量与电场的强弱以及发生击穿的时间无关。击穿电荷 Q_{BD} 是衡量栅介质质量的一个经验参数②。

为了保证有足够的余量以之不发生时变介质击穿，晶体管通常工作在远小于临界场强的情况下。对于 300～500 Å 厚的栅介质层，制造商通常将最大的电场强度取为 3.5～4 MV/cm(0.035～0.04 V/Å)，对于稍薄一些的栅氧化层，电场强度最大值取 4～4.5 MV/cm

① R. D. Rung, C. J. Dell'oca 和 L. G. Walker, "A Retrograde p-well for Higher Density CMOS," *IEEE Trans. on Electron Devices*, Vol. ED-28, #10, 1981, pp. 1115-1119。

② G. A. Swartz, "Gate Oxide Integrity of NMOS Transistor Arrays," *IEEE Trans. on Electron Devices*, Vol. ED-33, #11, 1986, pp. 1826-1829。

(0.04～0.045 V/Å)。若已知电场强度的最大值 $E_{\max}$ 和栅氧化层的厚度 t_{ox}，使用下面的公式可以计算出栅源电压的最大值：

$$V_{GS(\max)} = \frac{E_{\max}}{t_{ox}} \tag{11.7}$$

因此，200 Å 厚的介质层的最大栅源电压至少是 8 V。对于自对准硅栅晶体管而言，最大的栅漏电压 $V_{GD(\max)}$ 与最大的栅源电压相等。可通过改变漏区的几何结构获得更高的栅漏电压（见 12.1 节）。

MOS 晶体管还可能发生第四种击穿机制。在 MOS 管沟道夹断部分的电场能够变得很大，流过夹断区的载流子被加快到很高的速度，形成所谓的热载流子。一些载流子与晶格发生撞击后弹出沟道区，其中的大部分进入背栅并最终形成背栅电流。一些热载流子也可能进入栅氧化层。在还原的气氛中退火使得氢原子与硅氧化层界面的悬挂键结合从而减少了表面态电荷。但是热载流子会破坏相对较弱的硅-氢键，重新形成悬挂键和表面态电荷。如果晶体管继续工作，则积累电荷会引起阈值电压逐渐偏移。这种效应很容易使工作在不同偏置电压下的 MOS 晶体管失配。如果阈值电压偏移过大，晶体管可能无法正常开启和关断。因为背栅需要重掺杂以避免穿通缩短沟道的夹断区，所以短沟道晶体管尤其易受热载流子的影响，这种晶体管产生热载流子所需的电压低于轻掺杂背栅晶体管。开关晶体管不易受热载流子的影响，因为它们通常只工作在线性区或是截止区。用于模拟电路中的 MOS 晶体管更容易受到影响，因为这些器件经常连续工作在饱和区。

任何 MOS 晶体管都不太可能发生全部击穿机制。长沟道晶体管通常只会发生雪崩击穿和介质击穿，而短沟道晶体管则会发生穿通击穿和介质击穿。在较高的漏源电压下长时间工作的晶体管则易发生热载流子诱发的阈值电压偏移。

CMOS 闩锁效应

当源/漏扩散区相对背栅正偏时，会向邻近器件的反偏结注入少子。相邻的 NMOS 和 PMOS 晶体管相互交换少子会引发 CMOS 闩锁效应（见 4.4.2 节）。少子保护环可以防止闩锁效应，但是在 CMOS 工艺中不易实现。

如果没有 NBL 和深 N+阱，标准 CMOS 工艺将很难做出有效的保护环区来。尽管这些浅扩散区的收集效率还有待提高，但是用 P 型沟槽(PMoat)和 N 型沟槽(NMoat)可以实现收集空穴和电子的保护环。如果 PMOS 晶体管向阱中注入少子，那么就要采用 PMoat 制作的空穴收集保护环将其包围［见图 11.6(A)］。这个保护环应与衬底电位相连使得 PMoat/N 阱结尽可能强反偏。保护环收集了一部分由被包围的 PMOS 晶体管横向注入的少子，尽管该措施减少了载流子向邻近器件的横向流动，但却不能阻止空穴向衬底运动。CMOS 工艺常采用 P+硅衬底以尽量削弱去偏置效应。

任何相对于衬底正偏的 NMOS 晶体管都应被收集电子的保护环所包围，这些保护环通常采用 NMoat 而非 N 阱制作［见图 11.6(B)］。深阱会拦截更多的载流子，但如果不连接到相对较高的电位，大的纵向电阻可导致去偏置现象的发生。NMoat 的收集效率较低，但它几乎不受去偏置的影响。有时 NMoat 保护环会连到电源的正极，使耗尽区更深地进入衬底，以提高收集效率。在低压工艺中，NMoat 保护环应与衬底电位相连使耗尽区内产生的热载流子最少（见 13.2.3 节）。

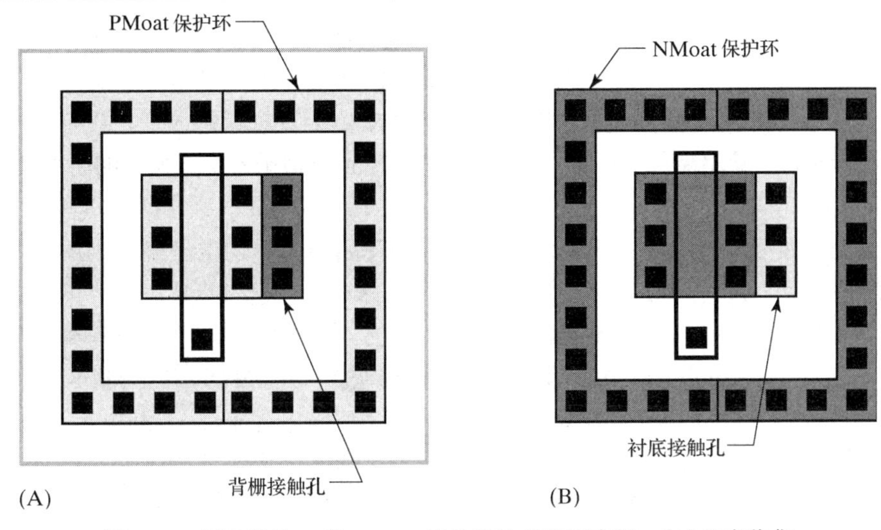

图 11.6　用于保护 N 阱 CMOS 晶体管的保护环实例：(A)具有收集空穴保护环的 PMOS；(B)具有收集电子保护环的 NMOS

仅靠保护环并不能完全防止闩锁效应的发生。如果没有背栅接触孔，即使保护环周围只有很少的少数载流子流动都会引发寄生的双极型晶体管导通。背栅接触孔会去除收集的载流子并防止这些载流子偏置寄生的横向双极型晶体管导通。11.2.7 节中具体讨论了背栅接触孔的设计。

漏电机制

严格来讲，漏电流是特指流过反偏结的电流。然而，许多设计者都用漏电流表示在不应出现的地方出现的小电流。这个概括的说法包含了一系列影响 MOS 晶体管的机制，其中有齐名结漏电(eponymous junction leakage)，亚阈值导通，少子注入，热载流子注入，场致漏电流，栅诱生漏极电流。本节将简要讨论上述各机制及其对 MOS 晶体管设计和工作的影响。

通常只有当晶体管工作在截止区时结漏电流才变得显著。考虑图 11.7 中所示的采样-保持电路，NMOS 晶体管 M_1 和 PMOS 晶体管 M_2 共同构成了一个称为传输门的开关，当晶体管使能时，电容 C_1 迅速充电到 V_{IN}，这步操作称为采样。当 M_1 和 M_2 关断的时候，电容 C_1 保持其电荷，CMOS 运算放大器 A_1 把电容两端的电压复制到电路的输出端，这步操作称为保持。在采样-保持操作的保持阶段，电容 C_1 上的任何漏电都会引起电压的漂移。

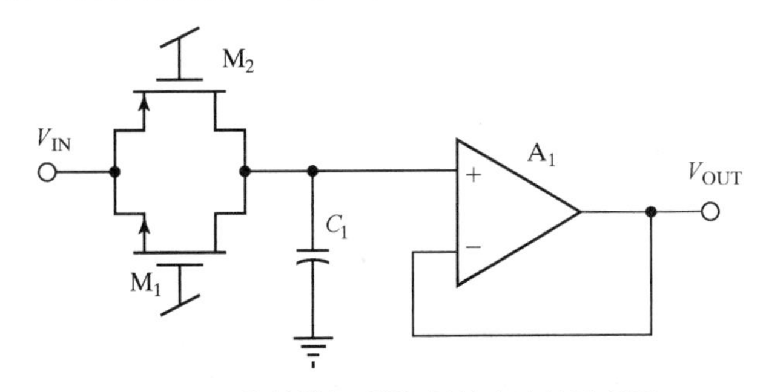

图 11.7　简单模拟采样-保持电路的原理图

工作在截止区的 MOS 晶体管的结漏电流大小取决于两个因素：所研究的源/漏扩散区的

结面积和结的温度，其中源/漏扩散区面积的影响最为显著，面积小的扩散区漏电流小。源区和漏区的面积随着晶体管的宽度呈现性变化，所以低漏电开关应当尽可能选用宽度最小的晶体管。为了进一步减小源/漏的面积，有时可将两个晶体管背对背地放置，从而使它们共用源极或者漏极连接。尽量避免把 PMOS 晶体管的阱区连到充电节点，因为大的阱/衬底结具有同样大的漏电流。

结漏电流随温度的升高呈指数幂增加。温度每升高 8℃，结电流就变为原来的两倍。在任何可能的情况下，应尽量使低漏电电路远离功率晶体管。遗憾的是，许多集成电路都工作在较高的环境温度中，现在还没有办法把集成电路的内部电路与外界环境隔离开来。

为了进一步减小结漏电流，电路设计者有时会尝试平衡 PMOS 和 NMOS 晶体管对漏电流的贡献。在图 11.7 所示的电路中，PMOS 晶体管 M_2 向电容 C_1 注入漏电流，而 NMOS 晶体管 M_1 会从 C_1 拽出漏电流。如果这两股电流相等，那么电容没有净增益或是电荷的损失。遗憾的是，NMOS 和 PMOS 晶体管的结漏电流的抵消取决于保持 N 阱和 P 型外延层之间精确的掺杂比。在实际中，这样的平衡很难维持，所以不能靠 NMOS 和 PMOS 的相互补偿来减小漏电流。

亚阈值导通也会使很小的漏电流流过工作在截止区的晶体管。与简单的 Shichman-Hodge 方程不同，当栅源电压 V_{GS} 与阈值电压 V_t 相等时，漏极电流 I_D 不会变为零，而实际上是从 V_{GS} 的线性函数关系变为 V_{GS} 的指数函数。图 11.8 所示为一支典型的 NMOS 晶体管漏极电流随栅源电压的变化关系。栅极电流采用对数坐标表示，亚阈值区漏极电流曲线的斜率范围一般是从 80～100 mV/dec(10 个电流单位)。

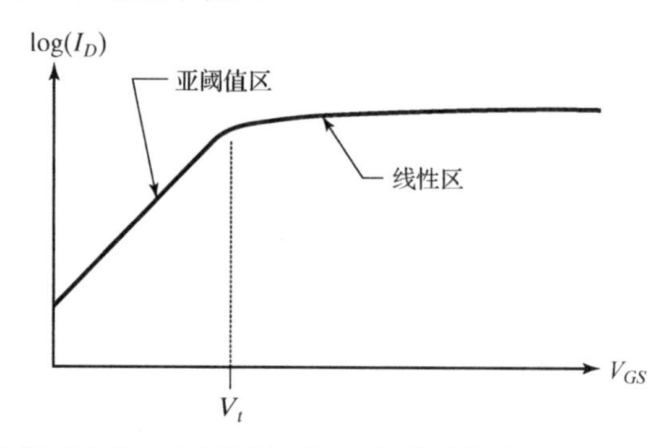

图 11.8　NMOS 管的漏极电流 I_D 与栅源电压 V_{GS} 的关系曲线，图中显示了线性区和亚阈值区

通常在低于阈值电压 0.3 V 的情况下亚阈值电流会降到可忽略的水平。如果能保证工作在截止区的晶体管的偏置至少再降低 300 mV，即可忽略亚阈值漏电流。这一点可以通过使用阈值电压足够大的器件或者给栅源之间提供外加的反向偏置来实现。考虑图 11.7 所示的采样-保持电路，假设处于截止区的 M_1 的栅极电位为零，那么晶体管栅源上的反向偏置与电容存储的电压相同。

少子注入有时会使不希望出现的电流流过反偏结。如果电流很小，则可能是因为其他漏电制所引起的。做在 P 型外延层上的 NMOS 晶体管尤其容易受少子注入的影响，因为 P 型外延层上还有许多其他的器件。保护环可以减弱少子注入的幅度，但无法完全消除，因此它们保护低电流电路的作用有限。有时电路可以重新设计，去掉那些与其他器件共用背栅的晶体管。在图 11.7 所示的电路中，NMOS 晶体管 M_1 位于外延层，而 PMOS 晶体管 M_2 则在自己的阱中，因此晶体管 M_1 容易受到少子注入的影响而 M_2 则不会。如果电路可以承受限制在一定范围内的输入电压，那么可以去掉晶体管 M_1。在一些 BiCOMS 工艺中，可以使用 NBL 将 NMOS 晶体管隔离(见 11.2.2 节)。介质隔离工艺以在关键器件周围设置氧化隔离环的方式提供了另一种可靠的少子注入隔离方式，如果可能的话，可考虑使用上述工艺，它们可以大大提高低电流电路的稳定性而不会使电路面积增大很多。

热载流子注入会使不希望出现的电流流过工作在较大漏源电压下的饱和晶体管的背栅和栅极。由于设计者不会把背栅与关键节点相连，所以在小电流电路中背栅电流几乎不产生太大的影响。栅电流一般很小，可以被忽略。但浮栅器件(见 11.3 节)是个例外，因为它的栅极与电路其他部分是完全绝缘的。如果热载流子注入引起严重的漏电，则可以通过降低受到影响的晶体管的漏源电压来减少甚至是完全消除漏电流。

场致漏电流(SILC)也会引起栅极漏电流。注入到栅氧化层中的热载流子不但会引发栅极漏电流，还会在氧化层中形成陷阱。如果陷阱的数量足够多，则可能会发生陷阱助隧穿效应。这种形式的隧穿会使漏电流即使在非常低的电压的情况下也会流过充满陷阱的氧化层(见 4.1.3 节)。除非是电路设计得不合理或者是电场过强，否则普通的 MOS 晶体管在其正常的工作寿命期内不应出现明显的场致漏电流。另一方面，浮栅电路是靠热载流子注入或者 Fowler-Nordheim 隧穿效应把电荷送进浮栅或是从浮栅中抽取电荷，这两种机制都会在氧化层中形成陷阱，因此浮栅器件容易受到 SILC 的影响(见 11.3 节)。

栅控漏极漏电流(GIDL)是另一种潜在的 MOS 晶体管漏电机制。氧化层和硅界面处的悬挂键在 Fowler-Nordheim 隧穿效应中起着陷阱的作用，由栅电极产生的电场的垂直分量与漏源压差的水平分量相叠加。如果总的电场强度超过发生 Fowler-Nordheim 隧穿的临界值(该效应还取决于陷阱的密度)，那么会有漏电流流过漏极-背栅间的耗尽区[①]。该电流随着总电场强度呈指数增长，也就是说，它随漏-栅电压或者漏-源电压的增加呈现指数关系。与所有形式的隧穿相同，GIDL 电流还随温度的升高呈指数增长。

实际中，GIDL 常发生在温度较高、漏源电压较高且晶体管工作在夹断区的情况下。开启晶体管会降低漏源间的压差从而减小 GIDL。同样，降低温度会减小隧穿的速率，从而使 GIDL 减小。与 PMOS 晶体管相比，NMOS 晶体管不易受到 GIDL 的影响，因为对热载流子注入的考虑限制了加在 NMOS 晶体管上的电场强度。

GIDL 还取决于氧化层界面处的陷阱密度，尤其在漏区附近。任何产生附加陷阱态的机制都会增大 GIDL 的速率，特别是由天线效应引起的热载流子注入和电荷注入被证明会使 GIDL 电流增加[②]。在氢气气氛中的不完全退火也会增加 GIDL。

可以通过削弱加在受影响的晶体管上的电场来消除栅控漏极漏电效应。该目标可以通过以下方式实现：降低工作电压、增加沟道长度减小电场的水平分量或者采用较厚的栅氧化层减少电场的垂直分量。使用场释放结构(见 12.1 节)也可减小电场的垂直分量从而使 GIDL 最小化。

---

① V. Nathan 和 N. C. Das, “Gate-Induced Drain Leakage Current in MOS Devices,” *IEEE Trans. on Electron Devices*, Vol. 40, #10, 1993, pp.1888-1890。

② S. Ma, Y. Zhang, M. F.Li, W. Li, J. Xie ,G. T. T. Sheng, A. C. Yen 和 J. L. F. Wang, “Gate-Induced Drain Leakage Current Enhanced by Plasma Charging Damage,” *IEEE Trans. on Electron Devices*, Vol. 48, #5, 2001, pp. 1006-1008。

11.2 构造 CMOS 晶体管

大多数现代 CMOS 和 BiCOMS 工艺都能制作自对准硅栅晶体管。图 11.9 是一支简单的自对准硅栅 NMOS 晶体管的版图和剖面图，该晶体管的背栅由生长在 P+衬底上的 P 型外延层构成。相邻晶体管之间的区域称为场区，采用 LOCOS 氧化在场区表面覆盖了一层厚氧化层有助于抑制寄生沟道的形成。氮氧化物掩模会防止厚氧生长在最终由晶体管占据的沟槽中。去除氮化物后，重新在沟槽区中氧化形成 MOS 晶体管的薄栅氧化层。然后在栅氧化层上淀积一层掺杂的多晶硅作为 MOS 晶体管的栅电极。光刻多晶硅后，低能砷注入形成晶体管的源区和漏区。N 型源/漏(NSD)注入的能量不足以穿透多晶硅或者厚场氧化层，NSD 只能穿透多晶硅栅和厚场氧化层以外的薄氧化层。形成的源/漏区称为与多晶硅栅和厚场氧化层自对准。下一步进行 P 型源/漏(PSD)注入。PSD 注入得名于它在形成 PMOS 晶体管中的作用。NMOS 晶体管通过 PSD 与轻掺杂 P 型外延层接触。利用快速退火激活源/漏区注入的杂质并完成晶体管的制作。

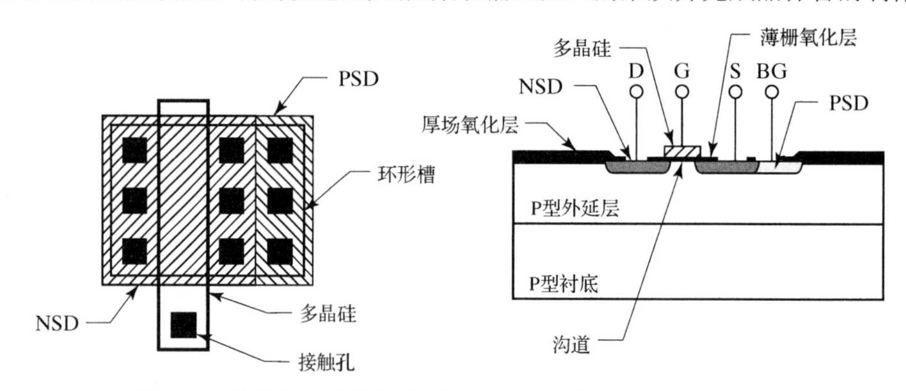

图 11.9 简单的自对准多晶硅栅 NMOS 晶体管的版图和剖面图

早期的 MOS 晶体管采用铝制作栅电极。与多晶硅栅工艺相比，铝栅工艺存在一些缺点。铝栅不能承受对源/漏注入退火所需的温度，所以必须在注入之后才能淀积铝，从而无法形成自对准的源/漏扩散区，所以注入要与栅极有充足的交叠量以解决对版误差。这些交叠的部分使得栅源电容 C_{GS} 和栅漏电容 C_{GD} 大大增加，从而降低了晶体管的开关速度。多晶硅栅晶体管的交叠电容要小很多，因为源区和漏区与栅极是自对准的。

曾有人尝试采用难熔金属(如钨)制作栅电极，因为这些材料可以耐受源/漏注入退火时所需的高温，所以也有助于形成自对准。除了这个优点之外，难熔金属栅极并未得到广泛的应用。由于可动离子和接触电势差可引起阈值电压的变化，因此采用多晶硅栅更好一些，因为它们的阈值电压更加稳定且可以重复实现(见 4.2.2 节)。

11.2.1 绘制 MOS 晶体管版图

一个简单的 N 阱 CMOS 工艺工需要 7 块掩模：N 阱，沟槽，多晶硅，NSD，PSD，接触孔，金属，以及保护层。版图数据库中包括构造这 7 块掩模中每一块所需的图形信息。在最简单的数据库中，每块掩模的图形都绘制在不同的层上。图 11.10(A)所示为采用这种方法绘制的 NMOS 晶体管版图。

图 11.10(B)是采用另一种方法绘制的同一个晶体管。两个新层称为 NMoat 和 PMoat，用于生成 NSD，PSD 和沟槽掩模。NMoat 层上的图形可以同时在沟槽和 NSD 掩模上得到相应的图形。NSD 图形会自动放大以解决对版误差[①]。绘制在 PMoat 层上的图形同样也会在沟槽和 PSD 掩模上得到相应的图形，而且 PSD 图形同样会自动地放大。

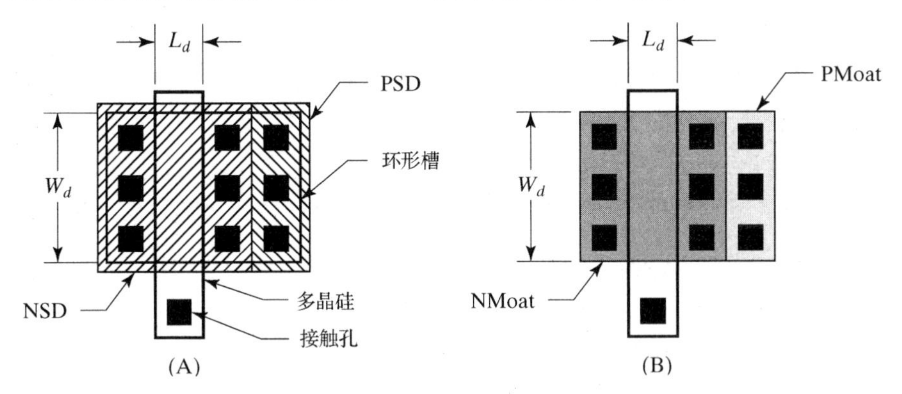

图 11.10　NMOS 晶体管：(A)利用 NSD，PSD 和沟槽掩模层编码；(B)利用 NMoat 和 PMoat 编码层

构成图 11.10(A)所示版图的 NSD，PSD 和沟槽层都称为掩模层，因为这些层所包含的信息会直接传递给相应的掩模而不加任何中间处理。NMoat 和 PMoat 称为绘制层或者编码层(coding layer)，因为它们只在绘制版图时才被用到。编码层上的数据信息必须经过一系列图形变换才能用于生成实际的掩模数据。

编码层从多个方面简化了版图。因为版图包含更少的图形，显示和绘制更加清晰，验证程序的速度更快，数据库占用的空间更少，所以数据记录所用的时间缩短。其中的每一个优点看起来很小，但是它们结合在一起有力地支持了编码层的使用。

有时在把编码数据转化为掩模数据的过程会在复杂图形上得到意想不到的结果。在 NSD 和 PSD 图形放大后必须进行修正，这样两个注入区相邻的边才不会发生交叠[见图 11.10(A)]。只要 NMoat 和 PMoat 的图形中没有弯曲或是凹槽，修正算法就相对简单和直接。如果必须要处理上述特殊情况的话，算法就变得十分复杂。算法越复杂，就越可能在设计者没有预料到的情况下出现意想不到的结果。彻底解决这种问题的唯一办法就是避免使用编码层。

在掩模层和编码层之间做出选择绝不是一件容易的事。通常设计者都欣赏编码层的简洁，但却很少意识到伴随而来的问题。负责编写验证和图形生成程序的人必须最终决定是否使用编码层。本书用到了 NMoat 和 PMoat 编码层，因为它们使图形大为简化。

宽度和长度

晶体管的长度等于源漏扩散区之间的距离，自对准晶体管的绘制长度 L_d 等于在版图数据库中跨过多晶硅栅从源区到漏区的距离。由于过度刻蚀、刻蚀不足、交错(straggle)、横向扩散及其他一些因素，可能导致晶体管的有效长度 L_{eff} 比绘制长度略大或略小一些[②]。相对来说，这些校正保持相对恒定而与栅的尺寸无关，所以 L_{eff} 约为

---

① 尽管沟槽图形的尺寸可以小于正常值，但这会影响器件的绘制宽度，因此这种做法是不恰当的选择。

② G. Massobrio 和 P. Antognetti, *Semiconductor Device Modeling with SPICE*, 2d ed. (New York: McGraw-Hill, 1993), pp. 279-283。

$$L_{\text{eff}} \approx L_d + \delta L \tag{11.8}$$

式中δL对任何一种工艺都是常数。通常δL的值远小于 1 μm，所以它主要影响短沟道器件。亚微米级晶体管的绘制沟道长度和有效沟道长度的差别尤其明显。在这种情况下，Shichman-Hodge 方程［即式(11.2A)］和式(11.2B)中的沟道长度必须使用有效沟道长度L_{eff}，而不是绘制沟道长度L_d。

多晶硅栅两端必须超过源/漏区边界，以防止源区和漏区短路，因此自对准 MOS 晶体管的宽度是由沟槽掩模而不是多晶硅掩模决定的。绘制宽度 W_d 等于版图数据库中沟槽图形的宽度，或者相当于 NMoat 和 PMoat 图形的宽度(见图 11.10)。由于交错、横向扩散、鸟嘴效应及其他一些因素，有效宽度W_{eff}会略有变化。这些校正保持相对恒定而与栅的尺寸无关，所以有效宽度W_{eff}约为

$$W_{\text{eff}} \approx W_d + \delta W \tag{11.9}$$

上式中δW对任一种工艺来说都是常数，其通常也小于 1 μm。

11.2.2 N 阱和 P 阱工艺

图 11.10 所示的 NMOS 晶体管采用淀积在 P+衬底上的 P 型外延层制作。重掺杂的衬底能进一步防止闩锁效应发生，但却进入了额外的工艺步骤。假设已采取了其他防止闩锁效应的措施，那么可以去掉外延层，把晶体管直接做在衬底上。许多早期的工艺都采用这种方法降低生产成本，而今天仍有一些工艺在使用这种方法[①]：大部分模拟 COMS 工艺都使用外延层，因为可以精确控制外延层的掺杂浓度，因此制作在外延层内的晶体管的阈值电压变化要远小于制作在衬底内的晶体管。

P 型外延层可用于制作 NMOS 晶体管，N 型外延层可用于制作 PMOS 晶体管，但两种晶体管不能同时制作。如果需要制作互补型晶体管，必须增加另一种扩散以反型掺杂其中某支晶体管的背栅类型。如果使用 P 型外延层，那么必须加入深的轻掺杂 N 型扩散区用于制作 PMOS 晶体管［见图 11.11(A)］；如果使用 N 型外延层，那么必须加入深的轻掺杂 P 型扩散区用于制作 NMOS 晶体管［见图 11.11(B)］。这种深扩散区通常称为阱，N 型的阱称为 N 阱，P 型的阱称为 P 阱。许多工艺都会用到 N 阱或 P 阱，但不会同时采用。在这些单阱工艺中，总有一种晶体管或者另一种做在外延层中。对于 N 阱工艺，NMOS 做在外延层中，而 PMOS 做在 N 阱中；对于 P 阱工艺，PMOS 做在外延层中，而 NMOS 做在 P 阱中；有些工艺既包括 N 阱也包括 P 阱［见图 11.11(C)］。在双阱工艺中，NMOS 做在 P 阱中，而 PMOS 做在 N 阱中。

与双阱工艺相比，单阱工艺简单且成本较低，但亚微米工艺通常需要两种阱。随着晶体管的沟道长度变短，必须增大背栅的掺杂以防止发生穿通击穿。在重掺杂的衬底上很难控制用于生成阱的反型掺杂。重的反型掺杂也会使载流子的迁移率稍有下降，同时使阱-衬底的击穿电压大大降低。此外，由于引入了阱，则可以通过改变注入能量来调整掺杂分布。使用高能注入可以实现退化阱(retrograde well)，这种阱下面部分的掺杂浓度要大于上面的部分，生

① 把晶圆置于高温下氢气氛围中退火，可在 P+衬底上形成一层 P-硅。氢原子与表面的硼原子结合形成硼乙烷：M. Aminzaden, K. V. Ravi, G. Sery, S. Hu, K. Wu 和 C. Peng, "Pseudo Epi, Material Cost Reduction," *Int. Semiconductor Manufacturing Symp.* 2001, pp. 16-170。

成的结构很像埋层。退化阱的杂质分布不仅减小了阱电阻，增强了防止发生闩锁效应的能力，而且即使是使用浅阱也不会有纵向穿通的危险。这些因素驱使大多数亚微米工艺都使用在轻掺杂外延层中的双阱结构。

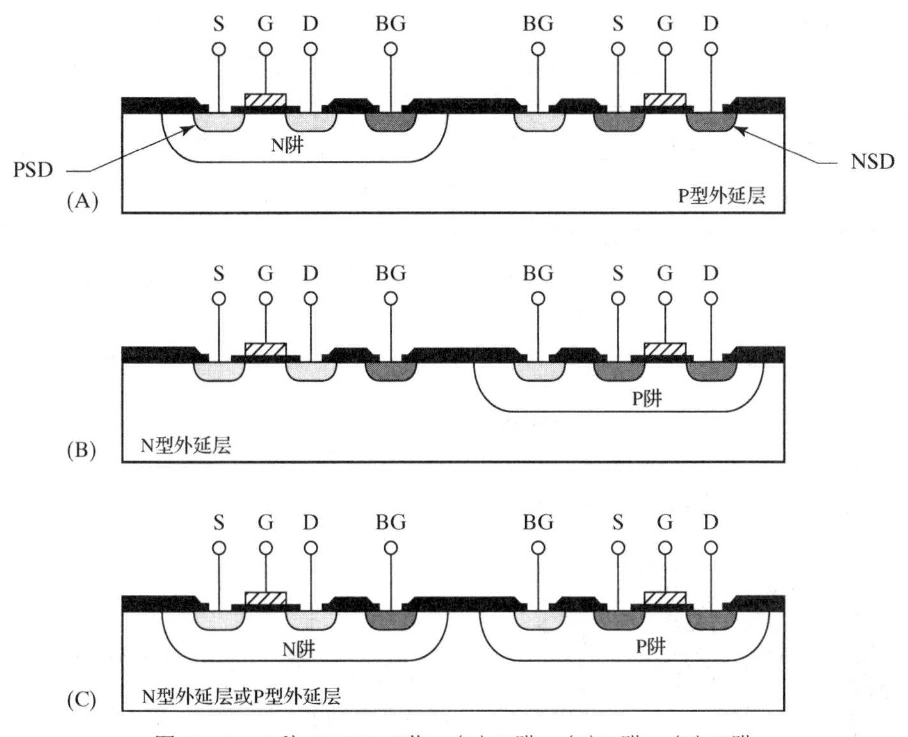

图 11.11　3 种 CMOS 工艺：(A)N 阱；(B)P 阱；(C)双阱

选择不同的外延层也会得到不同的结果。在单阱工艺中，外延层中形成的晶体管共用背栅连接，而阱中的晶体管相互隔离。虽然相互分隔的阱占用了额外的芯片面积，但是这种隔离却增加了设计的灵活度。N 阱工艺得到的是隔离的 PMOS 晶体管，而 P 阱工艺得到的是隔离的 PMOS 晶体管。同样的考虑影响了双阱工艺中外延层的选择。如果选择 P 型外延层，那么这个外延层应与芯片上所有的 P 阱短路，所有 NMOS 晶体管的背栅相连。同样，如果选择 N 型外延层，外延层与所有的 N 阱短路，所有 PMOS 晶体管的背栅也都是连通的。

由于某些原因，N 阱工艺要优于 P 阱工艺。多数电路图中电源的电压都相对于公共地。如果所有电源相对于地都是正电压的话，就像通常的情况那样，那么公共的地就成了电路中电势最低的节点。N 阱工艺的衬底可以与公共地相连，但 P 阱工艺的衬底必须与电源的最高电位相连。在多电源供电的系统中，很难保证其中某一电源电压总是高于其他电源的，尤其是在上电和关断的过程中，因此 P 阱工艺不适用于多电源系统。理论上可以采用相对于公共正地的多个负电压，但实际中很少采用。

反型掺杂阱中载流子的迁移率比外延层中载流子的迁移率略小一些。由于电子的迁移率大于空穴的迁移率，所以 NMOS 晶体管的跨导大于 PMOS 晶体管。许多电路设计者更倾向于牺牲原本就处于劣势的 PMOS 晶体管的性能，而不会降低 NMOS 晶体管的跨导。这种考虑也支持了 N 阱工艺的使用。

BiCOMS 工艺通常都使用 P 型衬底上的 P 型外延层，因为这种组合会简化双极型晶体管的隔离。NPN 晶体管把轻掺杂的 N 阱作为集电区，P 型外延层作为隔离，这种方法称为扩散集电区隔离(CDI)。大部分模拟 BiCMOS 工艺或 N 阱工艺或 P 型外延层上的双阱工艺。

N 阱 BiCMOS 工艺中可以制作隔离的 NMOS 晶体管和隔离的 PMOS 晶体管。在隔离的 NMOS 中，把 NBL 与深 N+区(或者 N 阱)相结合从而与形成晶体管背栅的那部分 P 型外延层相隔离(见图 11.12)。NBL 把隔离的 P 型外延层槽与下面的 P 型衬底分开，而深 N+环(或者 N 阱)则把它与相邻的 P 型外延层区分隔开[①]。为了保证完全隔离，N+环必须没有间隙，NBL 也得与它充分交叠以防止对版误差。如果有深 N+区，那么通常用它代替 N 阱，因为它到 NBL 的电阻更低。N 阱/外延层结的击穿电压通常高于深 N+区/外延层结，所以如果器件必须工作在相对高于衬底的电压下，通常会采用 N 阱隔离环，或者单独使用或者围绕深 N+隔离环。

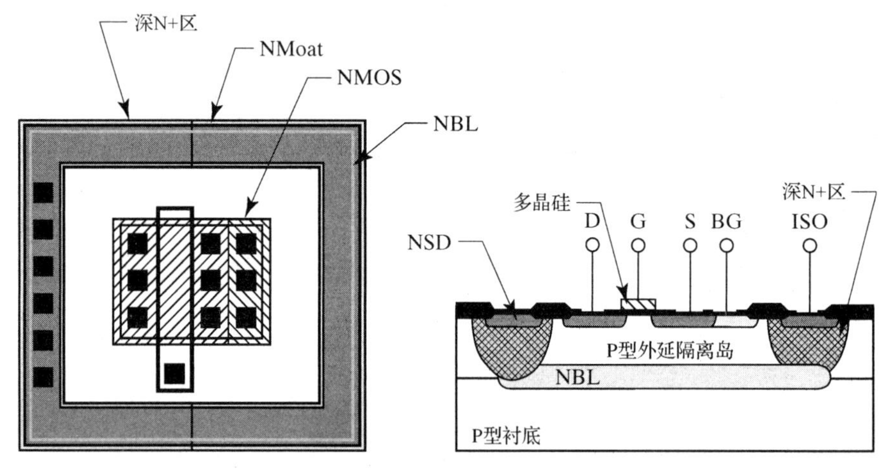

图 11.12 N 阱模拟 BiCMOS 工艺制作的隔离 NMOS 的版图和剖面图

隔离环必须连接在大于或者等于隔离的 P 型外延层隔离岛上的电压。轻掺杂隔离岛的源/漏区很容易穿通，所以大多数隔离 NMOS 晶体管不能承受大于漏区-隔离区间或者是源区-隔离区间几伏特的电压。如果隔离环与背栅和源/漏扩散区中间的电势相连，则这些工作电压可以稍微升高一些。这个结构使得环绕隔离区/NBL 区结的耗尽区的一部分进入了 NBL 的轻掺杂外边缘。因为 NBL 中杂质的扩散速度很慢，所以场释放的程度很小，对工作电压的改善也就只有几伏特。

隔离 NMOS 晶体管的背栅区是一层薄的轻掺杂 P 型外延层。这层的横向电阻远大于构成非隔离 NMOS 晶体管背栅的 P 型外延层/衬底夹层结构。快速翻转的信号可以使隔离 NMOS 晶体管的源/漏区瞬间相对于背栅正偏，大部分注入的少子流向隔离环，还有少量从源区流向漏区(反之亦然)。如果晶体管工作在相对较大的漏源电压下，那么少子注入可能会引发 V_{CER} 击穿和回跳。充分的背栅接触可使回跳的幅度及发生的可能性减到最小(见 11.2.7 节)。

① E. Bayer, W. Bucksch, K. Scoones, K. Wagensohner, J. Erdeljac 和 L. Hutter, “A 1.0 μm Linear BiCMOS Technology with Power DMOS Capability,” *Proc. Bipolar/BiCMOS Circuits and Technology Meeting*, 1995, pp. 137-141。

11.2.3　沟道终止注入

只要有多晶硅与 NMoat 和 PMoat 图形相交的地方就能形成自对准多晶硅栅晶体管。在某些情况下，厚场氧化层下也可形成 MOS 晶体管。除非在某种程度上抑制这些不需要的寄生晶体管，否则它们会影响集成电路的正常工作。

在生长厚场氧化层之前，向场区注入一种适当的杂质可以提高寄生晶体管的阈值电压。厚度为 10 kÅ 的场氧化层下杂质浓度为 10^{17} 原子/cm^3，产生的厚场阈值接近 50 V（见表 11.2）。该厚场阈值足以为 30 V 的工艺提供充足的安全裕量。能够提高场区掺杂的注入方法称为沟道终止注入。

精心地引入表面态电荷可以使厚场阈值增大。在标准双极工艺中，采用(111)晶面硅并结合最后的氧化退火可以产生大量的表面态电荷，生成的正电荷会增大 PMOS 厚场阈值的幅度而降低 NMOS 厚场阈值的幅度。标准双极工艺用重掺杂的 P+隔离系统抑制 NMOS 寄生沟道的形成，并且靠表面态电荷来提高 PMOS 的厚场阈值。采用这种方法通常可以得到 40 V 的厚场阈值。

CMOS 工艺中不能引入过多的表面态电荷，因为它们的影响不再只局限在场区。随着工艺条件的不同，表面态电荷的数量也会发生变化，这又会引起阈值电压的波动。CMOS 工艺采用(100)晶向硅和氢气退火的方法可以尽量减少残留的表面态电荷。这种退火通常与保护层淀积结合进行。许多设计者并不认可退火的重要性。如果在淀积氮化硅之前就撤走了晶圆，那么必须对其进行退火以稳定阈值电压和烧结接触点。由于这次退火与氮化硅淀积时的条件并不完全一致，故没有氮化硅的晶圆的阈值电压通常与完成淀积工艺的成品不一致。

大部分 CMOS 工艺中使用两个互补的沟道终止注入来同时抑制 NMOS 和 PMOS 寄生沟道。对所有的 P 型场区进行 P 型沟道终止注入可以增大 PMOS 厚场阈值的幅度。同样，对所有 N 型场区进行 N 型沟道终止注入可以增大 NMOS 厚场阈值的幅度。人们已经研究出了几种方法可以确保沟道注入能够恰当地对准。最常见的技术是采用大面积的硼沟道终止注入和一定形状的磷沟道终止注入，反之亦然。图 3.23 显示了 N 阱 CMOS 工艺中进行大面积的硼沟道终止注入和一定形状的磷沟道终止注入所需的步骤，图 11.13 为相应结果。

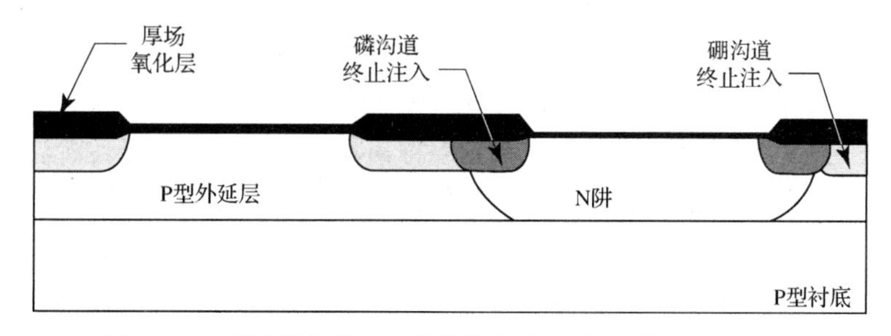

图 11.13　采用硼和磷实现沟道终止注入的 N 阱 CMOS 晶圆

在长时间的高温场氧化过程中，沟道终止注入的杂质会向下扩散。横向扩散使得两种注入杂质在 N 阱边缘相交，这个相交的区域限制了 N 阱/P 型外延层结的击穿电压。幸好沟道终止注入的深度足够大，掺杂也较轻，所以使得阈值电压正好大于正常的工作电压，对 15 V 的 CMOS 工艺，通常可获得大于 30 V 的 N 阱/P 型外延层结击穿电压。

光刻沟道终止注入需要一步掩模工艺。掩模位置取决于所选工艺种类及要光刻的注入类型。在N阱CMOS工艺中，对所有沟槽之外的N阱区域要光刻出磷沟道终止注入的图形。虽然可以绘出图形，但沟道终止掩模必须利用N阱、PMoat和NMoat编码层所提供的数据生成。

有时亚微米工艺提供沟道一种或两种终止注入。随着沟道长度变短，背栅的掺杂浓度增大，并且工作电压下降，因此亚微米工艺的阱中必须包含足够的杂质以将厚场阈值升高到超过相对较低的工作电压。

设计沟道终止注入是为了升高NMOS和PMOS的厚场阈值使之超过最大工作电压。许多版图设计者认为这种技术可无条件地防止寄生沟道形成，但实际上并非如此。工艺的最大工作电压通常取决于栅氧化层的破坏电压或是源/漏注入相对各自背栅的击穿电压。某些器件可以在更高的电压下工作，例如多晶硅电阻只受到厚场氧化层击穿电压的限制，而这个电压很容易就可以达到几百伏。同样，阱/外延层结可以承受的电压通常都是工作电压的几倍。4.3.5节中讨论了当电路的工作电压大于或等于厚场阈值时用于抑制寄生沟道形成的技术。

11.2.4 阈值调整注入

理想情况下，增强型晶体管的阈值电压应该在0.6～0.8 V之间。天然的或固有阈值电压取决于栅和背栅的掺杂及栅氧化层的厚度。许多工艺都对多晶硅栅掺磷，这样可以降低NMOS阈值的幅度并增大PMOS阈值的幅度。自然NMOS的本征阈值通常恰好低于0.6 V，而自然PMOS本征阈值的幅度恰好大于0.8 V。超过极限工艺和温度条件时，NMOS进入耗尽区，而PMOS阈值的幅度超过1.5 V(见表11.3)。对于大多数应用，这样的阈值电压完全无法接受。

表11.3 典型的10 V N阱CMOS工艺中，自然或调整阈值电压的最坏情况①

最差情况	自然NMOS	调整NMOS	自然PMOS	调整PMOS
最小	–0.10 V	0.50 V	–1.75 V	–1.15 V
一般	0.20 V	0.80 V	–1.40 V	–0.80 V
最大	0.55 V	1.15 V	–1.10 V	–0.50 V

通过对沟道区的注入可以改变MOS晶体管的阈值电压。P型注入使阈值电压正向移动，而N型注入使阈值电压负向移动。采用掺磷栅极的NMOS和PMOS晶体管都需要正向的阈值调整。假如初始掺杂浓度选得合适的话，单独使用硼注入就可以调整两种类型晶体管的阈值电压。这种硼注入称为阈值调整注入，或者简称为阈值调整。进行了这种注入的晶体管称为调整晶体管，而那些没有进行注入的晶体管称为天然的或自然的晶体管。阈值调整注入并不一定需要光掩模。如果在剥除氮化硅之后立刻对整个晶圆进行注入，那么注入的杂质会进入到每个沟槽区内。这种整体的注入同时把每支MOS晶体管的阈值电压都调整到目标值。这种方法不能制作自然器件。

如果电路设计者可以同时使用自然的和经过调整的晶体管，那么通常能够提高电路的性能，因此许多工艺中都提供自然晶体管作为一个工艺选项，该选项需要一层单独的掩模，正确的名称是阈值调整注入掩模，但是更多被称为固有V_t掩模。与其相关的编码层也有多个名称，本书中

① 这些数值假定具有固有V_t目标值、± 0.15 V的阈值控制和–2 mV/℃的温度系数。

称为 NatVT①。这一层必须排布在每支自然晶体管栅极区周围(见图 11.14)。NatVT 的图形应略微与沟道区交叠以防止对版误差和横向扩散。如果设计中不使用任何本征晶体管，那么通常可以去掉 NatVT 掩模层。在有些工艺中使用 NatVT 掩模层制作某些其他器件，比如肖特基二极管。

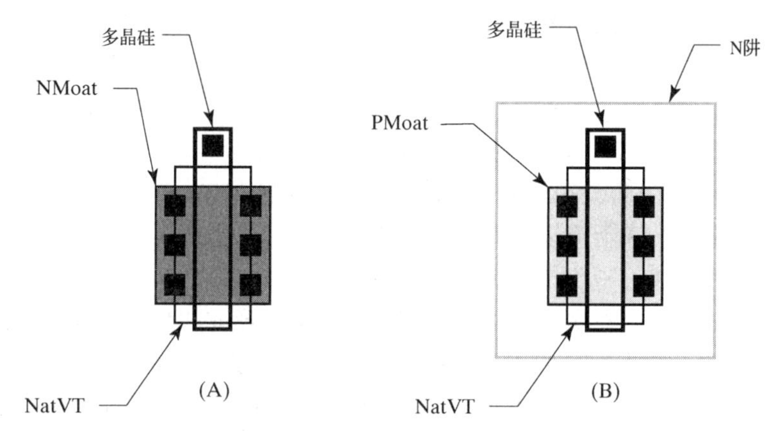

图 11.14　采用 NatVT 的自然晶体管的版图：(A) 自然 NMOS；(B) 自然 PMOS

尽管许多工艺中都已经成功地使用单独的硼阈值调整注入，但亚微米工艺经常需要采用不同的策略。硼注入使得 PMOS 阈值电压幅度减小，同时伴有并不希望的埋层沟道生成。为了获得较大的阈值电压变化，必须注入大量的硼，这实际上已使得背栅的一个薄层反型。反型区位于表面下方，因为注入开始后这个区域的掺杂浓度最大。埋层沟道距离表面很近以至于栅电极接触电势产生的电场会使之反型，而且它不会影响晶体管的正常工作。在亚微米晶体管中情况则不同，这是因为背栅的掺杂浓度随着沟道长度的变短而增大。掺杂浓度增大后，会部分屏蔽掉栅电极对埋层沟道的作用。栅极不能再使沟道完全反型，因此埋层沟道开始导通电流，因此亚微米埋沟 PMOS 晶体管有一定的漏电现象。

对 PMOS 晶体管使用磷沟道终止注入可以消除埋层沟道，由于磷使阈值电压负向变化，故 PMOS 晶体管初始的阈值电压应该相对低一些，这一点可以通过使用硼掺杂的多晶硅栅实现(见图 11.15)。

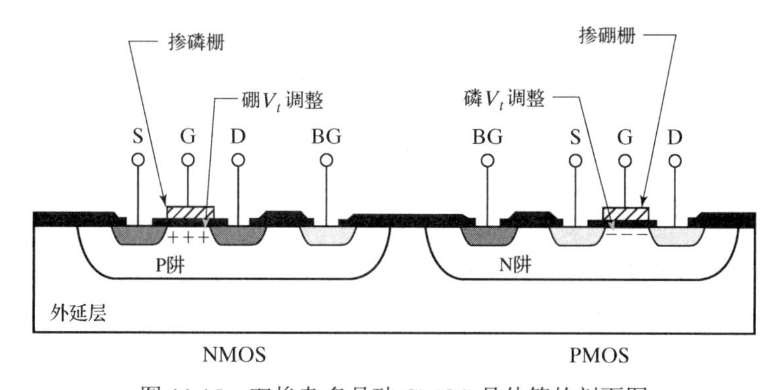

图 11.15　双掺杂多晶硅 CMOS 晶体管的剖面图

制作双掺杂多晶硅栅 CMOS 晶体管的工艺过程如下：在剥除 LOCOS 氮化硅层之后，使用 P 型阈值调整(PVT)掩模光刻晶圆，这种低能硼注入可以调整 NMOS 的阈值电压。下一步

① 固有 V_t 掩模称为 NVT，但这个名称也适用于双掺杂多晶硅工艺中的 N 型阈值调整掩模。

使用 N 型阈值调整(NVT)掩模光刻晶圆，这种低能磷注入可以调整 PMOS 阈值。栅氧化后，在近本征状态条件下淀积多晶硅栅。在刻蚀之前，使用 P 型多晶硅栅掩模(PPoly)对其进行硼注入掺杂，接着再用 N 型多晶硅栅掩模(NPoly)对其进行磷注入掺杂。

最精确地完成这步工艺共需要 4 块新掩模版(PVT，NVT，PPoly 和 NPoly)。只要不需要自然晶体管，P 阱掩模版可重复用于 PVT，N 阱掩模版也可重复用于 NVT。如果需要自然晶体管，那么就不能按照这种方式重复使用阱掩模，而必须采用单独的 PVT 和 NVT 掩模版。阱掩模也可用作 PVT 或 NVT，但不能同时用作两者。假定使用 N 阱掩模用于光刻 N 型多晶硅，那么对 P 阱和外延层区域必须进行 PPoly 注入，还必须为此制作一块特殊的掩模版。所以，这步工艺至少需要一块新掩模版，并可能达到 4 块。

可以以牺牲性能为代价减少掩模步骤。比如，可以对多晶硅栅进行大面积硼注入和一定形状的磷注入，所得多晶硅不像通过两步单独的掩模步骤形成的那样重掺杂。由于大多数高级 COMS 工艺都会硅化多晶硅，所以这种薄层电阻的增加似乎并不十分讨厌。为了节省一步掩模步骤，也可以先进行大面积 V_t 注入，接着进行一定形状的相反极性 V_t 注入。与使用一种杂质注入的晶体管相比，注入两种杂质晶体管的阈值电压变化会更大一些。如果同时采用上述两种修正，那么只需要两步掩模步骤，而不是四步。即使这样，增加的步骤也会使成本和复杂程度上升，所以它们只在深亚微米工艺中使用，否则这种工艺会由于形成的埋层沟道而出现不可接受的漏电流。总之，当工作电压大于或等于 5 V 时，要求适合于单掺杂多晶硅的掺杂浓度，而更低的工作电压则需要双掺杂的多晶硅栅。

除非把多晶硅硅化，否则选择性的栅掺杂会产生不需要的多晶硅二极管。PPoly 与 NPoly 交界处会出现 PN 结。可通过金属跳线或者更方便地通过硅化使 PN 结短路。只要设计者注意不要在 PPoly 与 NPoly 相邻处阻挡硅化，硅化会自动短路所有的多晶硅二极管。硅化使得杂质扩散通过多晶硅的速度大为增加，所以 PPoly 与 NPoly 相交处必须与邻近 MOS 晶体管的栅区适当地分离[①]。尽管 PPoly 与 NPoly 之间的结能够整流，然而多晶硅二极管并不适合作为电路单元，因为耗尽区内出现的晶粒间界会引起严重的漏电。

几乎所有的 CMOS 工艺都会调整 NMOS 和 PMOS 的阈值电压。大多数模拟工艺都提供自然的 NMOS 和 PMOS 晶体管作为基本工艺的一部分或者是工艺扩展，只有少数工艺才会提供额外的阈值电压选择，比如耗尽型晶体管或者低 V_t PMOS 晶体管，其中的每种选择都需要通过额外的掩模步骤进行各自的阈值调整注入。除了使用特殊注入层替代 NatVT 之外，使用这些特殊注入的晶体管的版图结构与自然晶体管十分相似。

11.2.5 按比例缩小晶体管

在过去的 30 年里，集成电路变得越来越复杂。第一块数字集成电路中只有 10 支或 20 支晶体管，而现代集成电路中则有上百万支晶体管。单支晶体管尺寸的大幅度减小使得电路复杂度的相应提高成为可能。从 1973 年到 2000 年，最小沟道尺寸从 8 μm 变到约 0.2 μm[②]。尺寸的减小也改善了晶体管的性能。至今已开发出一组称为按比例缩小定律的指导性原则，介

① Y. P. Tsividis, *Operation and Modeling of the MOS Transistor* (New York:McGraw-Hill, 1988), p. 439。

② 8 μm 的数据源自 D. A. Pucknell 和 K. Eshraghian 所著的 *Basic VLSI Design*, 3d ed. (Sydney: Prentice-Hall Australia, 1994), p. 7。两个数据都是工业实践的近似值，而在研究环境中，可能允许更小的尺寸。

绍了应如何减小 MOS 晶体管的各种尺寸以获得最优的性能。

按比例缩小定律分为两大类，在这两类中都假定宽度和长度要乘以一个比例因子 S。恒定电压按比例缩小是在保持晶体管工作电压不变的前提下缩小其尺寸的。随着晶体管尺寸越来越小，避免热载流子的产生和穿通击穿变得十分困难。恒定电场按比例缩小在不考虑尺寸变化的情况下通过降低电源电压使晶体管中的电场保持恒定来避免这些问题的出现。大多数现代工艺都使用某种形式的恒定电场按比例缩小。表 11.3 显示了恒定电压按比例缩小和恒定电场按比例缩小的简化规则[①]。

作为一个例子，假设制作具有最小尺寸的 5 V 晶体管，长为 1 μm，宽为 2.5 μm，栅氧化层厚度是 250 Å，背栅掺杂浓度是 10^{16} cm^{-3}。假定采用恒定电场按比例缩小的方法使这种工艺的沟道长度减小到 0.8 μm，比例因子 S 等于 0.8 μm/1.0 μm 或者 80%。根据表 11.4，缩小后的晶体管的最小宽度是 2.0 μm，栅氧化层的厚度是 200 Å，背栅掺杂浓度为 1.25×10^{16} cm^{-3}。由于工艺通常根据栅长加以区分，故最初的(100%)工艺可以认为是 1 μm 工艺，而缩小到 80%的则是 0.8 μm 工艺。

表 11.4　恒定电压和恒定电场按比例缩小定律

物理量	恒定电压	恒定电压
电源电压	1	S
最小沟道长度	S	S
最小沟道宽度	S	S
栅氧化层厚度	1	S
衬底掺杂浓度	$1/S^2$	$1/S$
栅延迟	S^2	S
功率延迟积	S^2	S^3

晶体管尺寸的缩小实际上改善了它的性能。减小尺寸使得寄生电容变小，而开关速度变快。CMOS 工艺的门延迟是指数字信号传输通过有代表性的 CMOS 门所需的时间。随着晶体管尺寸的减小，门延迟减小，电路具有更高的开关速度。早期微处理器的工作频率是 1～10 MHz，而现代微处理器的工作频率都大于 1 GHz。

小尺寸晶体管不仅开关速度变快，而且翻转时的功耗降低。CMOS 逻辑门在每次开关的时候需要脉冲功率对栅电容进行充放电。门的开关速度越快，每秒钟翻转次数就越多，电流的消耗也就越大。如果要减小门所需的供电电流，就会使门延迟增大。在任何一种工艺中，门延迟与功耗的乘积大约是常数。随着晶体管尺寸的减小，功率延迟积减小。例如，80%的电场恒定按比例缩小使功率延迟积变为原来的一半。正如本例所示，即使相对较小的尺寸减小也会明显降低功耗。这只是偶然情况，因为工作在几百兆赫兹频率下的微处理器会由于自身消耗的热量而完全熔化。

按比例缩小理论常用于转换现有的数字版图使之可采用更新的工艺实现。设计者只需简单地运行一个可把所有数据按特定比例缩小的程序，而不用辛苦地重新设计版图。这种类型的按比例缩小称为光学收缩(optical shrink)，因为它与使用光学方法使现有掩模缩小的结果相同。光学收缩可以用从原始或绘制尺寸数据转换为最终或收缩后尺寸数据的百分比比例因子表示。100%

① 这些定律根据 Pucknell *et al.*, p. 129 改写。

收缩意味着最终尺寸等于绘制尺寸，而80%收缩则表示最终尺寸等于原始尺寸的4/5。图11.16(A)显示了1 μm晶体管100%的版图，图11.16(B)显示了同样晶体管光学收缩至80%的情况。在进行光学收缩的时候，电压恒定或电场恒定都按照各自的方式同时缩小器件的宽度和长度。工艺工程师会根据等比例缩小类型调整栅氧化层厚度、背栅掺杂浓度和其他一些参数。

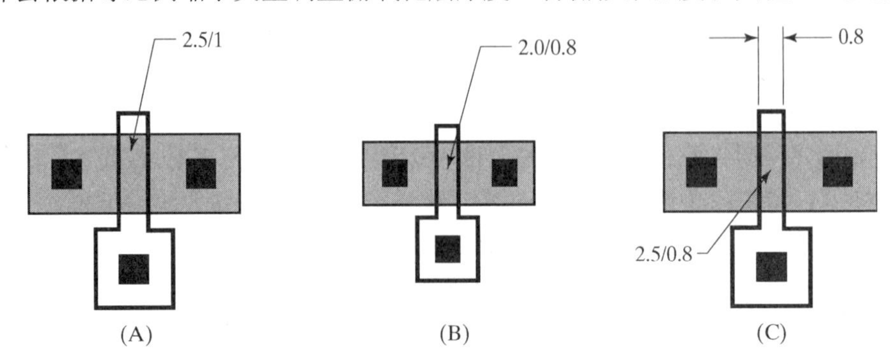

图 11.16 按比例缩小的MOS晶体管实例：(A)比例为100%；(B)光学收缩至80%；(C)有选择地将绘制栅长收缩至80%。为了清楚起见，图中未绘制阱

光学收缩对所有尺寸的影响相同，但是有些尺寸比其他尺寸更难按比例缩小。多层金属系统尤其难以按比例缩小到亚微米尺寸。尽管存在fine-line金属系统，可是它们的造价很高。许多工艺只是有选择性地把沟道长度按比例缩小，而其他尺寸则保持不变。图 11.6(C)显示的1 μm晶体管的栅长缩小到0.8 μm。与简单的光学收缩相比，选择性栅极尺寸收缩需要一套更为复杂的图形转换，但比重新绘制完整的版图要简单快捷得多。选择性栅极尺寸收缩所带来的好处略小于完整的光学收缩(见表11.5)，但在很多工艺中这些好处仍足以证明使用选择性栅极尺寸收缩是非常正确的。

表 11.5 选择性栅收缩的按比例缩小定律

物理量	恒定电压	恒定电压
电源电压	1	S
最小沟道长度	1	1
最小沟道宽度	S	S
栅氧化层厚度	1	S
衬底掺杂浓度	$1/S^2$	$1/S$
栅延迟	S	1
功率延迟积	S	S^2

按比例缩小定律最早从数字工艺发展而来。CMOS逻辑电路按比例缩小后的结果与预期结果相同，但对于模拟电路或混合信号电路则并非如此。没有任何预先确定的按比例缩小理论能包括模拟电路设计中的全部复杂情况。不加区别地按比例缩小会使模拟电路不符合规定的参数要求，有时还会引发故障。例如，80%的光学收缩使所有电容都减小到原来的64%。由于模拟电路依靠电容稳定反馈回路，所以电容值的减小实际上使得电路变得不稳定。恒定电场按比例缩小会把情况变得更糟，因为它在使跨导增大的同时减小了电容。选择性栅极尺寸收缩不会改变电容值，但仍然存在风险，因为它能在短沟道晶体管中引入一些无法预料的寄生变化，而这些变化对模拟电路的影响要大于对数字电路的影响。总之，未对缩小后所得

电路的性能进行重新评估以确保其是否仍然符合功能和参数的要求之前，就不应对模拟和混合信号电路进行按比例缩小。

11.2.6　不同的结构

最简单的自对准多晶硅栅晶体管由中间被一条多晶硅分隔开的矩形 NMoat 和 PMoat 构成，这种类型的结构适用于宽长比小于 10 的管子。除非被分成多个并联在一起的相同部分，否则宽长比(*W*/*L*)大的晶体管会变得很难设计。图 11.17(A)显示了一种由 3 个部分组成的晶体管版图，这些并行的叉指不仅使对宽长比的调整更加便利，而且由于相邻的部分共享源、漏叉指，从而节约了面积。相邻源/漏叉指的合并也使寄生结电容的减小达 50%。

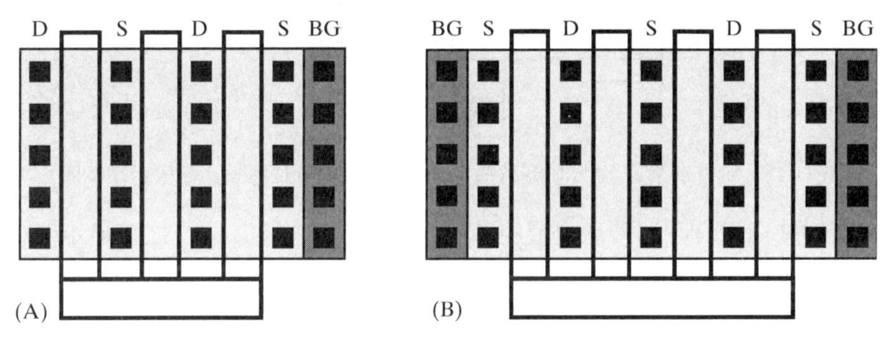

图 11.17　划分成部分的晶体管：(A)3 个部分；(B)4 个部分，叉指分别标注了 S(源极)、D(漏极)和 BG(背栅)。为了清楚起见，图中未绘制阱

把晶体管分成几部分会影响到它们之间的匹配，所以电路设计者通常都对关键晶体管的数目做出规定。表示被分割晶体管的最常用符号是 *N*(*W*/*L*)，其中 *N* 代表分割的部分，每个部分的绘制宽度为 *W*，长度为 *L*。按照这种方式设定的晶体管应该完全根据要求排布。如果规定晶体管的尺寸是 *W*/*L*，这通常意味着它可以被分成任意个部分。如果该晶体管必须与尺寸为 *N*(*W*/*L*)的晶体管相匹配，那么前者应被排布成具有单一部分的结构。有时电路设计者不明智地确定了一个较大的 *W*/*L*，从而导致较差的版图结构。只要所有必须匹配的晶体管都按照同样的方式分割，通常可以把晶体管分成整数个部分，每部分的宽度是总宽度的整数分之一。

被分成偶数个部分的晶体管的源/漏叉指数目总是奇数 [见图 11.17(B)]。这种晶体管的两端叉指通常作为源区。这样一来，不仅可以使用与两端或者其中一端相邻的背栅接触孔，而且还减少了一个漏区叉指。这种结构以牺牲源区结电容为代价使得寄生的漏区结电容减到最小。漏区电容对电路性能的影响通常大于源区电容，所以以牺牲源极电容为代价减小的漏极电容通常会改善电路的性能。

为了节约空间或使寄生结电容最小化，通常把共用源或漏连接的晶体管合并。只要两晶体管包含宽度相同的部分，合并就变得相对简单。不相同的宽度需要使用带有凹口的沟槽(见图 11.18)。版图规则通常禁止将多晶硅紧挨沟槽边缘放置，因为在这个位置有较大的氧化层台阶。虽然多晶硅和沟槽的间距 S_{PM} 使得共用的源/漏叉指面积略有增大，但是一个共用的叉指仍比两个单独的叉指消耗的面积小。

图 11.18 中的晶体管 M_1 和 M_2 共用一个源区，故漏区叉指占据着阵列的两端。对于这种结构不能使用相邻的背栅接触孔，所以将背栅接触孔放置在与器件存在一定距离的位置。背栅接触孔与合并晶体管之间的距离似乎消除了由于合并而产生的面积优势，但这个背栅接触

孔还可以被其他器件所用。共用漏区的晶体管在阵列的两端都是源区叉指，所以可以在相邻的位置制作背栅接触孔。

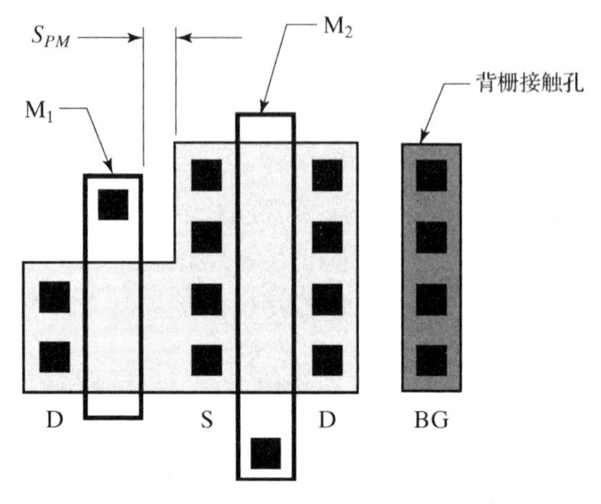

图 11.18 合并晶体管 M_1 和 M_2 共用一个源极(为了清楚起见，图中未绘制阱)

CMOS 版图使用了合并器件从而节约了面积且减小了电容。图 11.19 显示了一个简单的二输入与非门(NAND)的版图，并以此为例展示了许多常用的技术。PMOS 晶体管 M_1 和 M_2 共用一个位于版图上方的阱，这些共用漏区的晶体管不仅使单元的宽度减小，也使得输出节点 Z 的漏极电容减小。两支 PMOS 晶体管还共用位于阱右端的单个背栅接触孔。在版图下方附近的 NMOS 晶体管 M_3 和 M_4 相邻。这两支晶体管串行放置，M_3 的漏区同时是 M_4 的源区。由于电流可以简单地从一个沟道流入另一个沟道，所以不需要接触孔。一条多晶硅形成了晶体管 M_2 和 M_3 的栅极，另一条多晶硅形成了 M_1 和 M_4 的栅极。M_3 和 M_4 之的间距比最小值稍大一些。如果需要，可以通过使两个栅极连成一定角度的方法减小这个间距。

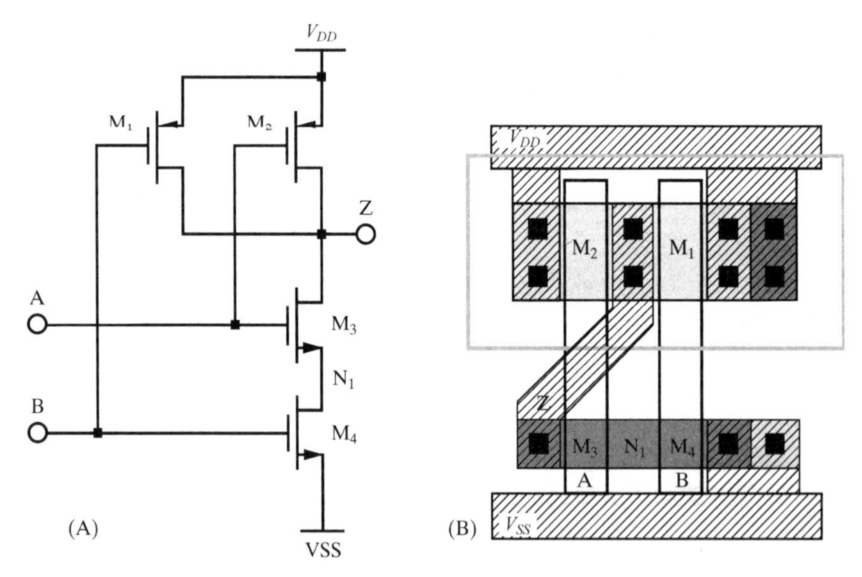

图 11.19 二输入与非门：(A) 电路原理图；(B) 版图

图 11.19 所示的版图遵循标准数字单元设计的基本原则。电源线和地线分别穿过单元的上方和下方。对于所有的逻辑单元，这两根导线的宽度应该和二者之间的距离相等，这样它

们之间才能首尾连接。PMOS 晶体管共用一个横跨了单元顶部的阱。当有多个逻辑单元首尾相接的时候，它们的阱互相交叠形成了一个单一连续的区域贯穿整个芯片长度。这种结构避免了可能出现在相邻单元之间的阱与阱的间距。NMOS 晶体管位于单元的底部附近，或者在外延层中，或者在另一个共用的阱中。每个单元至少需要包括一个衬底接触孔和一个背栅接触孔。大一些的单元应该尽可能包括更多的衬底接触孔和背栅接触孔。输入或输出连接存在于单元的顶部或底部，这要视在给定的版图中哪种位置更为方便而定。标准数字单元中通常包括一些自动布线软件所需的特殊元件，称为端口和端口关系(prel)。因为匹配、沟道形成及噪声耦合等所施加的严格布线约束，传统的自动布线工具不能够处理模拟版图。现在一些先进布线工具都具有很大的灵活性，使之成为对于大规模混合信号设计极具吸引力的工具。这些自动布线工具的工作原理不在本书的讨论范围之内。但是模拟电路设计者仍希望采用诸如标准单元高度、一致的电源线及地线排布使得模拟单元之间能够首尾相接等概念。模拟单元的高度通常远大于数字单元的高度以容纳更大的器件和更复杂的互连。有时还需增加必要的电源和地线分别为模拟和数字部分供电，或者用于多电源系统中分配不同的供电。

折叠晶体管

有些设计中要用到长沟道晶体管，这种器件最便捷的版图由放置在一块多晶硅板下的条状 NMoat 和 PMoat 组成。如果使用折叠形式的沟槽将得到非常简洁的版图(见图 11.20)。计算沟道总长度的方法与计算折叠电阻的方法相类似。沟道内每个 90°的弯曲使晶体管的沟道总长度增加 1/2 沟道宽度，因此图 11.20 所示晶体管的沟道长度等于 $2L_X+L_Y+W$。除非具有相同的形状，否则折叠晶体管将不能精确地匹配，但实际上大部分设计都不要求长沟道器件精确匹配。

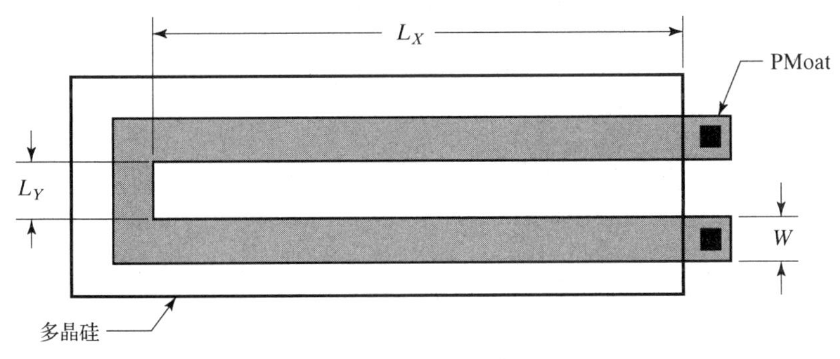

图 11.20　折叠 PMOS 晶体管(为了清楚起见，图中未绘制阱)

环形晶体管

MOS 晶体管的漏区电容限制了其开关速度和频率响应。对于许多电路，无论是模拟还是数字，减小漏区电容都大有好处。晶体管越小，电容也越小，但是同时跨导也减小。这些因素互相抵消，所以小晶体管通常并不比大晶体管速度快多少。为了能够确实提高开关速度，就必须减小漏区电容与晶体管宽度之比 C_D/W。使用叉指结构可以使 C_D/W 减小一半，这是由于此时每个漏区旁都有两个栅极。同样的原理还可通过采用环形栅极围绕漏区四周进一步拓展(见图 11.21)。环形晶体管将提供最小的 C_D/W 值，但会以增大源区电容为代价减小漏区电容。因为源区通常与低阻节点相连，比如电源线，所以源区电容的增大并不一定有害。

环形晶体管有两种基本类型：一种是采用正方形的栅极［见图 11.21(A)］，另一种是采用圆形的栅极［见图 11.21(B)］。理论上讲，环形栅极的 C_D/W 最大，因为这种结构使漏区的面积-周长比最小。流过环形栅极的电流十分对称，而且这种晶体管的宽度也易于计算。流过正方形栅极的电流就没有这么均匀，晶体管的有效宽度也不容易计算。正方形栅极还具有尖锐的拐角，会因为电场增强而过早诱发雪崩击穿。

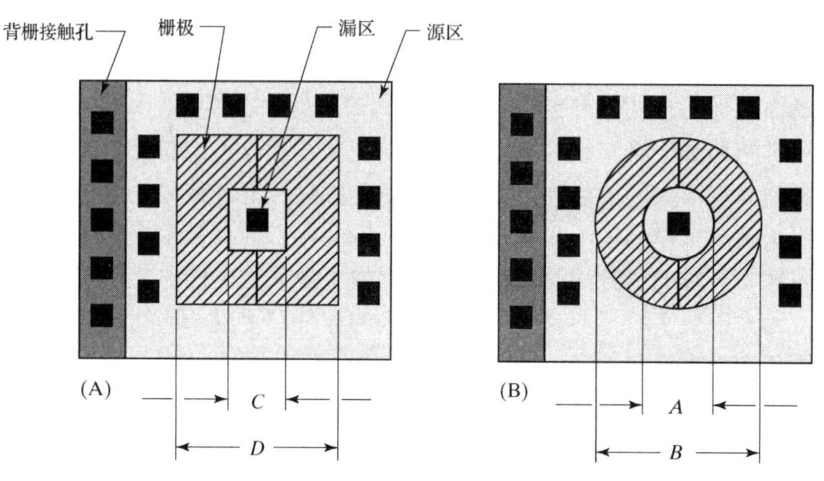

图 11.21 环形 MOS 结构：(A)方形；(B)圆形

下面的公式(附录 D 中有推导)根据内栅直径 A 和外栅直径 B 给出了圆环形晶体管的宽度和长度：

$$W = \frac{\pi(B - A)}{\ln(B/A)} \tag{11.10A}$$

$$L = \frac{B - A}{2} \tag{11.10B}$$

一些设计者把圆环形晶体管的宽度近似为源区和漏区之间的半圆的周长，表示为 $W \approx 1/2\pi(A+B)$。用这种方法估计出的晶体管宽度比实际值稍大。因为精确电路通常依赖于相同器件间的匹配而不是其中任何单个器件的性质，所以由近似引出的误差并没有什么影响。

方环形晶体管的宽度和长度可以通过下面的近似得到，这里没有修正拐角效应：

$$W \approx 2(C + D) \tag{11.11A}$$

$$L \approx \frac{D - C}{2} \tag{11.11B}$$

环形晶体管通常会被拉长，生成的几何图形与图 11.22 中的类似。拉长后的环形晶体管的 C_D/W 并不比普通叉指状晶体管的 C_D/W 小许多，所以不推荐使用拉长结构减小漏区电容。有时仍使用这种方法形成封闭的沟道(见 12.1.2 节)。拉长圆环形晶体管的宽度 W 和长度 L 近似为[见图 11.22(A)]

$$W = \pi\frac{(B - A)}{\ln(B/A)} + 2U \tag{11.12A}$$

$$L = \frac{B - A}{2} \tag{11.12B}$$

同样，拉长方环形晶体管的宽度和长度近似为［见图 11.22(B)]：

$$W \approx 2V + C + D \tag{11.13A}$$

$$L \approx \frac{D - C}{2} \tag{11.13B}$$

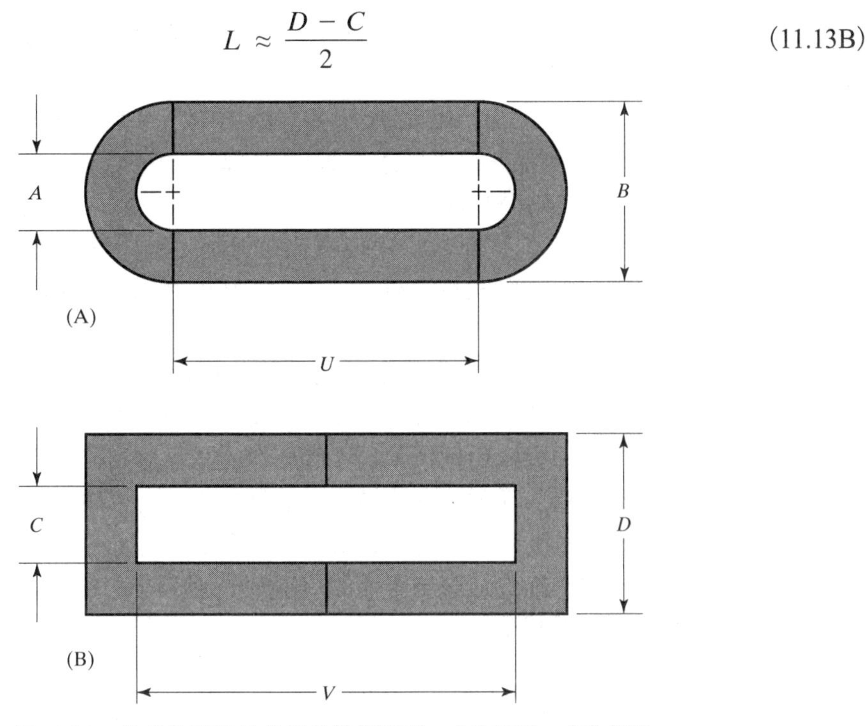

图 11.22　拉长的环形晶体管的栅极图形：(A)环形；(B)方形

11.2.7　背栅接触

所有 MOS 晶体管都需要对背栅进行电连接，即使一般情况下没有电流流过这些连接。没有背栅接触孔或者背栅电阻过大的晶体管很容易发生闩锁效应。每支 PMOS 晶体管都包含一支寄生横向 PNP 晶体管，而每支 NMOS 晶体管也都包含一支寄生横向 NPN 晶体管，这些晶体管共同构成了寄生 SCR(见图 4.22)。背栅接触孔使得这些寄生晶体管的发射结短路，同时相关背栅电阻变成基极关断电阻(见图 4.22 中的 R_1 和 R_2)。只要施加在这些电阻上的电压小于各自发射结的正向导通电压，SCR 将保持关断状态。在 25℃时触发 SCR 导通所需电压约为 0.65～0.7 V，但是由于 V_{BE} 的温度系数，在 150℃时这个值降到 0.4～0.45 V。高温时不仅触发电压减小，而且寄生晶体管的 β 值也会明显增加，因此，在高温下最容易发生 CMOS 闩锁效应。

绝大多数 CMOS 产品都必须通过一个检验是否易于出现闩锁的标准测试。在每个管脚上施以正向和负向的测试电流脉冲，并对产品上电。根据规定，所加测试脉冲范围从小至 ±100 mA 到高达 ±250 mA。在每次施加测试脉冲之前和之后都要测量电源电流的大小，如果这两个电流值不是近似相等，则产品不能通过测试[①]。

这种闩锁效应测试可以建立数学模型。假设测试电流 I_T 流过 MOS 晶体管 M_1 的源/漏结。为了防止 M_1 和互补 MOS 晶体管 M_2 之间发生闩锁效应，下面的不等式中至少应有一个成立：

$$\beta_{12}\beta_{21}(1 - \eta_{c12})(1 - \eta_{c21}) < 1 \tag{11.14A}$$

$$I_T R_{B2}(1 - \eta_{c12})\left(\frac{\beta_{12}}{\beta_{12} + 1}\right) < V_{\text{trig}} \tag{11.14B}$$

① 有关闩锁效应测试的更多细节请参考 JEDEC publication JESD-78，*IC Latchup Test*，1997

β_{12} 表示在没有保护环的情况下少子从 M_1 源/漏区流向 M_2 背栅而形成的寄生双极型晶体管的 β 值，而 β_{21} 也代表在没有保护环的情况下少子从 M_2 源/漏区流向 M_1 背栅而形成的寄生双极型晶体管的 β 值。η_{c12} 表示少子从 M_1 流向 M_2 的过程中被保护环拦截的部分。同样，η_{c21} 代表少子从 M_2 流向 M_1 过程中被保护环拦截的部分。I_T 等于测试电流，R_{B2} 是 M_2 的背栅电阻，V_{trig} 是 SCR 的触发电压(在 150℃时约为 0.4 V)。

从这些公式中可以看出保护环和背栅接触孔在抑制闩锁效应的过程中所起到的作用。式 (11.14A)表示避免持续反馈所需的条件。减小寄生的 β_{12} 和 β_{21} 并添加保护环可以改善集电极效率 η_{c12} 和 η_{c21} 有助于防止持续导通。任何符合上述条件的器件在无论多大的测试电流下都不会受到 CMOS 闩锁效应的影响。可惜的是几乎没有 CMOS 工艺能够满足式(11.14A)的要求，这是因为晶体管排列得太紧密，而且保护环的效率过低。如果满足式(11.14B)，CMOS 器件仍可有条件地抑制闩锁效应的发生。该不等式中的 4 项分别代表测试电流幅度、背栅电阻、保护环效率和寄生 β 值。保护环与背栅电阻的贡献相乘会形成互相增效的关系。即使单独使用保护环或者背栅接触孔不能防止闩锁效应，两者结合起来通常也能够做到这一点。保护环占用的面积较大，它只能设在少数器件的周围——通常是那些可能向芯片内注入少子的器件。背栅接触孔所需的面积要小很多，所以每支晶体管都有自己的背栅接触孔或至少与另一支晶体管共用一个背栅接触孔。

NMOS 的背栅必须连在低于或等于源极的电位上，而 PMOS 的背栅必须连在大于或等于源极的电位上。在很多应用中都把背栅与源极相连，然而一些晶体管会工作在很难或无法区分源极和漏极的情况下，这时必须把背栅连到与源极不同的电位，并通过体效应提高阈值电压。在高速电路中也应尽量避免把源极和背栅相接，以减小源极节点的电容。所有这些电路都需要独立的背栅接触孔，如图 11.23(B)所示。源极和背栅工作在同一电位的晶体管可以使用相邻的背栅接触孔［见图 11.23(A)］，这种方式因为消除了源区和背栅扩散区之间的空隙从而节省了大量面积。两个重掺杂扩散区的相交部分形成了一个漏电而且不稳定的结，但只要两扩散区通过金属或是硅化连接在一起，则能够容忍这种缺陷。

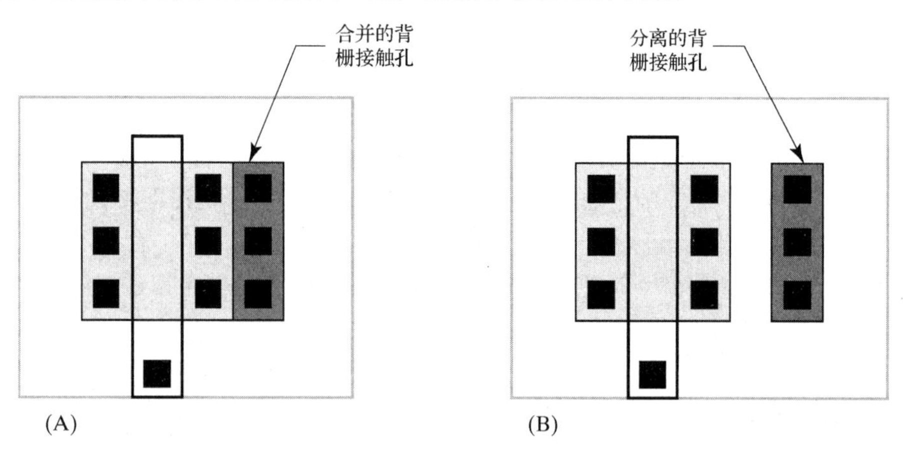

图 11.23 (A)邻接的背栅接触孔实例；(B)分离的背栅接触孔实例

如图 11.23 所示的相对较小的晶体管只需要一个背栅接触孔。随着额外部分的加入晶体管的跨度不断增大，致使背栅电阻能够大到无法接受。在晶体管的另一侧再做一个背栅接触孔可以缩短到背栅接触孔的距离，但是器件的面积会有所增加［见图 11.17(B)］。是否需要设置第二个背栅接触孔取决于背栅的薄层电阻。P+衬底上 P 型外延层中的 NMOS 晶体管的背栅电阻低于浅的轻掺杂 N 阱中的 PMOS 晶体管。在阱内加入埋层可以减小占据该埋层的晶体管的背栅电阻。这类因素使得难以形成有关背栅接触孔间距的量化规则。一些工艺中确定了从晶体管的任一部分到最近的背栅接触孔之间最大的距离，这个最大距离随着背栅电阻的增大而减小，其典型值为 25～250 μm。瞬态电流较大的晶体管应采用较小的间距以防发生闩锁效应，其中包括那些源/漏区与管脚相连的晶体管，或者与这种晶体管相邻的晶体管。

多叉指的大晶体管需要把衬底接触孔做在其体区内，这通常可以通过每隔一段距离放置一个贯穿晶体管的条状衬底接触孔实现［见图 11.24(A)］。尽管这些叉指状衬底接触条缩短了与最近的衬底接触孔之间的距离，但同时也显著增大了晶体管的面积。有些工艺允许另一种类型的衬底接触孔，由置于晶体管源区叉指内部小孔的小面积塞状背栅扩散区构成［见图 11.24(B)］。这种分布式的背栅接触孔使得晶体管的源区电阻稍有增加，但却大大减小了衬底接触孔所要占用的面积。即使必须放大晶体管以补偿增加的源区电阻，但是仍可节省大量的面积。如图所示，分布式背栅接触孔可以做在每个源区叉指上，或者可以每隔一定的距离仅放置在几条叉指上。大量的分布式背栅接触孔进一步减小了背栅电阻，但是并不是所有应用都必须能够同样程度地防止闩锁效应的发生。用于分布式背栅接触孔的塞状源/漏扩散区必须做得足够大以确保即使在横向扩散之后也能与背栅接触。为了保证正确的性能必须得严格遵守相应的版图规则。

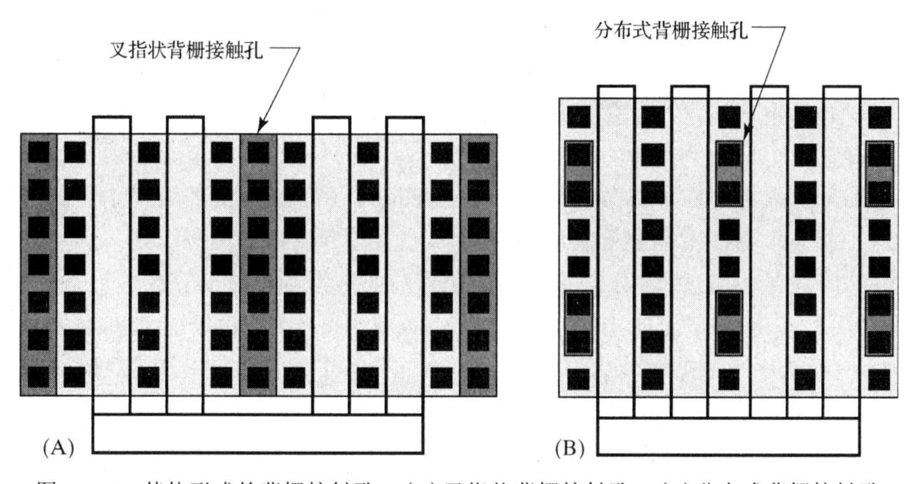

图 11.24　其他形式的背栅接触孔：(A)叉指状背栅接触孔；(B)分布式背栅接触孔

模拟 BiCMOS 工艺中通常要多做一些有助于防止 MOS 晶体管发生闩锁效应的扩散区。比如，很多模拟 BiCMOS 工艺都把 NPN 晶体管和 PMOS 晶体管做在同一个 N 阱中。用于减小 CDI NPN 晶体管集电极电阻的 NBL 也可以减小 PMOS 晶体管的背栅电阻。如果有 NBL，应将其置于所有与 CDI NPN 晶体管共用阱的 MOS 晶体管中。在提供深 N+扩散区和 NBL 的工艺中，可以制作出非常有效的阻挡空穴保护环。一些晶体管实际上可能工作在源/漏区相对于背栅正偏的条件下。深 N+保护环可以保证这些 PMOS 晶体管向衬底注入之后不会影响电路其他部分的正常工作。

与 PMOS 晶体管相比，NMOS 晶体管避免发生闩锁效应的难度要更大一些。隔离 NMOS 结构(见 11.2.2 节)可以彻底防止闩锁效应的发生，但却会使背栅电阻大大增加。尽管为了抑制 CMOS 闩锁效应，这些晶体管不需要很低的背栅电阻，但仍需要考虑寄生横向 NPN 管的作用。如果晶体管必须工作在相对较高的电压下，那么由于寄生 NPN 管的作用，这些晶体管很容易发生回跳击穿。即使工作电压低于 NPN 管的 $V_{CEO(sus)}$，由于电荷存储，少子注入也会使开关速度变慢。分布式背栅接触孔系统可以解决这些问题。制作在 P+衬底上并被深 N+收集电子保护环所包围的 NMOS 晶体管也可以有效地防止闩锁效应。这种晶体管适用于必须承受较大瞬变的应用，但此时晶体管的源/漏区通常不会相对于背栅正偏。最好将后一种晶体管制作成隔离 NMOS 晶体管。

11.3 浮栅晶体管

几乎所有的数字电路中都包含记忆每个工作周期数字信息的单元。其中部分单元只不过是嵌在数字逻辑中的单个触发器，另一些则是由相同电路紧密排列而组成的阵列，称为存储器。存储器的大小取决于它能够存储的位的数量。每一位代表一个二进制值——0 或者 1。数字存储器通常按照字节来组织，每 8 位是 1 个字节。现代数字存储器的容量都很大，以千字节(KB)、兆字节(MB)甚至吉(千兆)字节(GB)为单位。1 KB 等于 1024(不是 1000)字节。同样，1 MB 等于 1024 KB，而 1 GB 等于 1024 MB。所以，1 MB 存储器可以存储 1 048 567 字节，或者是 8 388 608 个存储器位。

存储器通常可分为易失性和非易失性两种类型。存储在易失性存储器中的信息会随着电源关断而丢失。与此相反，存储在非易失性(NVM)存储器中的信息即使在断电后也可以完整保留。易失性存储器一般仅用于数字应用中。而另一方面，非易失性存储器用途广泛以至于现在的模拟设计中也经常会采用。

最简单的非易失性存储器称为只读存储器(ROM)。ROM 在离厂前已由厂家写入了特定的数据信息。制作新 ROM 需要开发一套掩模版并生产一批新的集成电路，该过程需要花费数万美金并耗时数月。ROM 内容中的任何错误都需要再经历一次的完整设计周期。

由于制作新 ROM 所需的费用高、时间长，所以出现了可编程只读存储器(PROM)。典型的 PROM 电路采用镍镉熔丝作为存储单元。每一根熔丝代表一位。最初，PROM 中所有的熔丝都是完整的。PROM 中的晶体管网络使得外部电路可以访问并烧断任何指定的熔丝。开发一片新 PROM 只需要一片空白的 PROM 芯片、编程器和几秒钟时间即可。PROM 内容的任何错误可以通过重新编程加以纠正。

尽管 PROM 存储器获得了一定的成功，但是也存在很严重的缺点。用于对熔丝编程的大电流使得存储器的单元很大以至于平均每个 PROM 只能存储几百个字节的信息。可靠性问题也困扰着早期的熔丝。研究人员努力寻找更小、更可靠的 PROM 存储器单元。早在 1967 年，贝尔实验室的研究人员就建议可将嵌入浮栅的 MOS 晶体管作为非易失性存储器单元①。浮栅晶体管的栅极完全被绝缘氧化层所包围。可以使用热载流子注入的方法向栅极中注入电荷，使晶体管从非导通状态转换到导通状态，对晶体管进行编程。用紫外线照射器件可以把浮栅晶体管中的电荷擦除。

可擦除可编程只读存储器(EPROM)由浮栅晶体管阵列组成，封装在可以透过 UV 的管壳

① D. Khang 和 S. M. Sze, "A Floating Gate and Its Application to Memory Devices," *Bell Systems Tech, J.*, Vol. 46, 1967, p. 1283。

内。EPROM 的编程器与先前 PROM 采用的编程器类似。高强度紫外线灯照射可擦除 EPROM。每个 EPROM 都能够进行上百次的编程和擦除。在普通塑料封装中的 EPROM 只能编程一次，因此变成了 PROM。

Fowler-Nordheim 隧穿也可以对浮栅晶体管编程。这种工艺可以向浮栅中注入电荷，也可以把电荷从浮栅中移走。生成的器件称为电可擦除可编程只读存储器(EEPROM)。EEPROM 不需要紫外线灯照射就可以进行擦除，从而不仅省去了昂贵的可以透过 UV 的封装，而且使得器件在应用中就可以被擦除。大密度 EEPROM 阵列称为闪烁存储器，这种存储器已广泛用于代替体积庞大而且脆弱的磁介质，如磁带和磁盘。

模拟电路一直都使用熔丝和齐纳击穿管进行微调(见 5.6.2 节)，这些器件实际上是另一种形式的可编程只读存储器。模拟电路中的熔丝和齐纳击穿管需要上百或者几十毫安的编程电流。这样大的电流通常需要为存储器的每一位都增加一个精密的探针焊盘，这些焊盘不仅严重限制了存储器中位的数量，而且无法进行封装后的微调。为了克服这些限制，人们尝试使用晶体管控制编程电流的导通和截止，但由于对晶体管的尺寸要求，使得这种方法仍然有争议。EPROM 和 EEPROM 可以集成更多的微调存储器，并在封装后对该存储器编程，并且如果最初的微调结果不理想，可以对存储器重新编程。这些优点使得 EPROM 和 EEPROM 成为许多模拟 CMOS 和 BiCMOS 产品所高度期望的组件。

下一节将讨论浮栅器件的工作原理，包括对它们进行编程和擦除的方法以及影响器件寿命的机制。11.3.2 节将介绍与普通 CMOS 工艺兼容的简单 EEPROM 存储单元的制作。本书不涉及专门用于数字应用的高密度 EPROM 和 EEPROM 阵列的制作。

11.3.1 浮栅晶体管的工作原理

浮栅由完全被氧化层包围的多晶硅组成。载流子需要约 3.2 eV 的能量越过氧化层-硅界面。几乎没有载流子具有如此大的能量，所以浮栅中的电荷通常很难泄漏出来。对浮栅器件进行编程或者擦除需要产生能量大于 3.2 eV 的载流子。4 种常用工艺可以产生所需的能量：加热，电离辐射，热载流子注入，以及 Fowler-Nordheim 隧穿。这些工艺中的每一种都值得进一步讨论。

把晶圆加热到 400～500℃时，可以产生少量能够越过氧化层-硅界面的高能载流子。在这样的温度下，浮栅中相对较少的电荷会逐渐泄漏掉。如果在生产过程中浮栅积累了电荷，那么加热提供了一种简便的将这些电荷去除的方法。最后的退火通常能够起到这种作用。如果最后的退火仍不足以达到上述目的，那么退火后的烘烤能够达到同样的目的。最终得到的器件通常不能通过烘烤泄放电荷，因为高温会使塑料分解，同时还加速了金焊线与铝金属之间化合物的形成。

电离辐射也可以产生高能载流子。水银蒸气灯可以产生短波紫外线，这种紫外线(UV)光子的能量大约是 4.9 eV。这种灯在几分钟内就可以把浮栅器件中的信息擦除。可惜的是，UV 辐射产生的光电流会影响器件的正常工作。因此，UV 照射只能用来擦除未上电的器件。此外，在封装管壳上还必须有一个由熔融石英形成的可透过紫外线的窗口，芯片上也必须使用可以透过紫外线的由二氧化硅或是氧氮化硅构成的保护层。这些考虑使得 UV 擦除只能用于专为此目的设计的器件中，比如 EPROM 存储器。模拟电路不采用 UV 擦除。

强电场也可以产生具有足够能量越过氧化层-硅界面的热载流子。最早的 EPROM 通过源自雪崩击穿结的热载流子注入进行编程[①]。这种 EPROM 中使用的浮栅器件称为浮栅雪崩注入金属氧化物半导体(FAMOS)晶体管[②]。图 11.25 中显示了这种器件的剖面图。

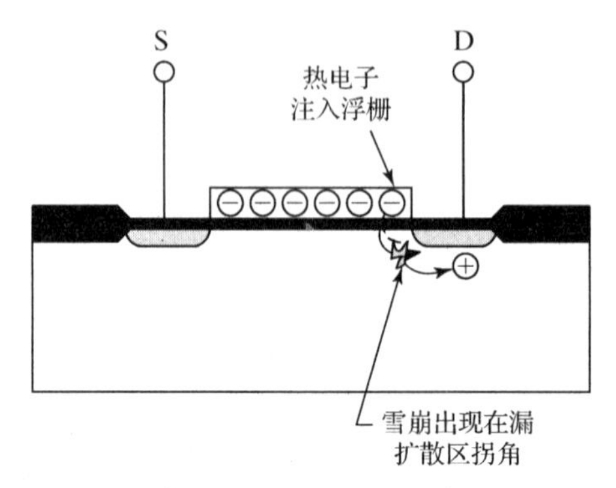

图 11.25　FAMOS 晶体管的剖面图，图中显示了利用漏区/背栅结雪崩击穿注入电子的编程过程

FAMOS 晶体管很像栅极未连接的普通 PMOS 晶体管。通过加热或者 UV 照射的方法可以对 FAMOS 晶体管进行擦除。两种方法都可以泄放掉栅极上的电荷。擦除后器件的栅源电压为 0 V，因此器件工作在夹断区。通过雪崩击穿漏区/背栅结可对 FAMOS 晶体管进行编程。掺杂梯度和侧壁弯曲可以保证雪崩击穿主要发生在表面。一小部分雪崩击穿结产生的热电子注入到栅氧化层中，其中一部分热电子可以穿过氧化层堆积在浮栅上。浮栅上逐渐积累负电荷，产生的负栅源电压使得在浮栅下面形成沟道。因此，FAMOS 晶体管相当于一个平时断开的开关，编程时闭合。

强电场也会出现在饱和 MOS 晶体管的漏端。该电场能够产生具有足够能量越过氧化层-硅界面的热载流子。NMOS 晶体管特别容易发生热载流子注入，因为电子的迁移率相对较高。图 11.26(A)所示为热载流子注入编程后的双层多晶硅 EPROM 晶体管的剖面图。

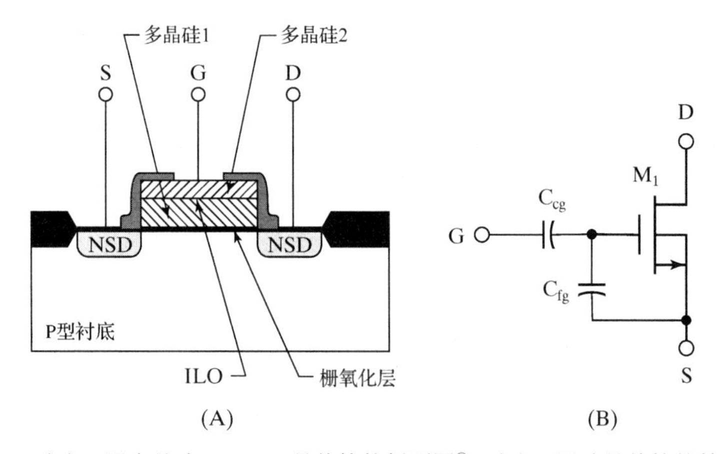

图 11.26　(A)双层多晶硅 EPROM 晶体管的剖面图[③]；(B)双层硅晶体管的等效电路

这支晶体管有两个栅电极：较低的是浮栅，较高的是控制栅。图 11.26(B)显示了这个器

① D. Frohman-Bentchkowsky, “A Fully-Decoded 2048-Bit Electrically-Programmable MOS ROM,” *ISSCC Digest of Tech. Papers*, 1971, pp. 80-81。

② FAMOS 是 Intel 的商标。

③ R. Bucksch, *MSEE Thesis*, Friedrich-Alexander University, Erlangen-Nümberg, Germany, 1997 p. 5。

件的等效电路。NMOS 晶体管 M_1 表示由浮栅、源区和漏区形成的器件。浮栅通过栅氧化层与背栅耦合形成电容 C_{fg}。浮栅还通过夹层氧化物与控制栅耦合形成电容 C_{cg}。浮栅相对于背栅的电压 V_{fg} 为

$$V_{fg} = \frac{C_{cg}}{C_{cg} + C_{fg}} V_{cg} + \frac{Q_{fg}}{C_{cg} + C_{cg}} \tag{11.15}$$

式中 Q_{fg} 表示浮栅上的电荷量。如果晶体管经过加热或是 UV 照射擦除，那么该电荷量为零。在这种情况下，若满足以下条件，浮栅就可形成沟道：

$$V_{t(cg)} = \frac{C_{cg} + C_{fg}}{C_{cg}} V_{t(fg)} \tag{11.16}$$

$V_{t(fg)}$ 表示为使下面的硅反型而必须施加在浮栅上的电压，因此，双层多晶硅晶体管最初就像是一支阈值电压比期望值略大的 NMOS 晶体管。

可在双层多晶硅晶体管上加大的漏源电压使之工作在饱和区对其进行编程。在这种情况下，夹断区产生的热电子穿过栅介质层到达浮栅。产生的负电荷 Q_{fg} 有效地将双晶体管的阈值电压增大到

$$V_{t(cg)} = \frac{C_{cg} + C_{fg}}{C_{cg}} V_{t(fg)} + \frac{Q_{fg}}{C_{cg}} \tag{11.17}$$

编程工艺使双层多晶硅晶体管更难开启，因此，双层多晶硅晶体管就像是一个平时闭合的开关，编程后断开。

Fowler-Nordheim 隧穿可向浮栅注入热电子，也可把热电子从浮栅中去除。图 11.27 所示为浮栅隧穿氧化层(FOTOX)晶体管，利用 Fowler-Nordheim 隧穿效应进行编程和擦除。除了浮栅下的部分氧化层特别薄之外，这种器件与图 11.26 所示双层多晶硅晶体管基本相同。隧穿氧化层位于晶体管漏区的延伸部分。在保持漏极接地的同时在控制栅上加高电压，将通过浮栅和漏区之间形成的大的正电压对晶体管编程。电子从漏区隧穿薄氧化层到达浮栅。产生的负电荷使器件的有效阈值电压增大，符合式(11.17)。保持控制极接地，同时在漏极上加高电压可擦除 FOTOX 晶体管。现在电子从浮栅隧穿流向漏区，把负电荷从浮栅上移除，减小了器件的有效阈值电压。

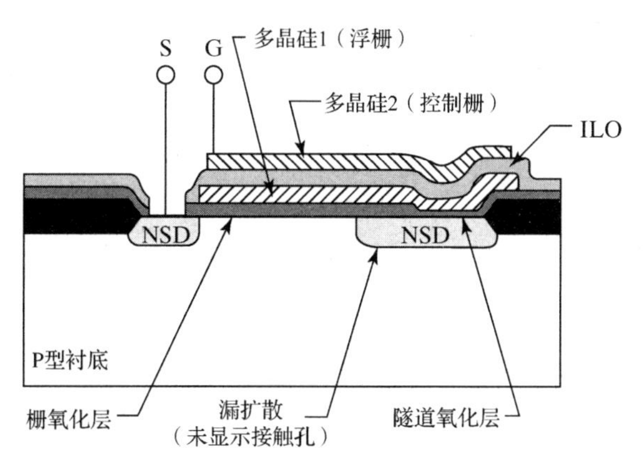

图 11.27　FOTOX 晶体管的剖面图

① 同前，p.18。

FOTOX 晶体管(或者它的变体)构成了所有现代 EEPROM 存储器的基础。但是，图 11.27 中所示的基本 FOTOX 器件需要几步特殊的掩模步骤来制作延伸的漏区、薄的隧穿氧化层和控制栅。模拟工艺中没有这些工艺扩展。11.3.2 节介绍了与普通 CMOS 工艺兼容的单层多晶硅 EEPROM 单元。许多模拟工艺都采用单层多晶硅 EEPROM 晶体管的某种变体。

所有的浮栅器件经过反复编程和擦除之后都会退化。高能载流子通过氧化层的时候会产生陷阱，这些陷阱最终使浮栅发生漏电(见 4.1.3 节)。只有在一定数量的电荷通过氧化层之后才会产生使浮栅器件失效的场致漏电流(SILC)。这个电荷量对应于一定次数的编程-擦除周期。现代双层多晶硅 EEPROM 晶体管可以经过成百上千次的编程与擦除。

浮栅器件的氧化层中容易积累电荷。在编程和擦除的过程中，一些电子通过包围浮栅的氧化层时会被捕获。这些被捕获的电子就是逐渐积累的负电荷，而且不能被缺少高温烘烤的任何方法去除。制作恰当的干氧化层中有相对较少的电子陷阱。可动离子玷污能够引发阈值电压逐渐漂移，从而也会影响浮栅器件的正常工作。生产过程中采取适当的预防措施以及使用无法被穿透的氮化物或者氧氮化物保护层能够在很大程度上消除可动离子引发的问题。

11.3.2 单层多晶硅 EEPROM 存储器

许多模拟应用需要把有限数量的易失性存储器集成到标准 CMOS 和 BiCOMS 工艺中。为了达到这一目的，现已开发出一种特殊的 EEPROM。这种 EEPROM 只使用单层多晶硅，并且不需要隧道氧化层和延伸的漏区。单层多晶硅 EEPROM 所需要的面积大于传统的双层多晶硅 EEPROM，这使得它只能应用在容量最多只有几百位的存储器中。对于模拟电路而言，这样的存储量已经足够了。

图 11.28(A)所示为构造 1 位单层硅 EEPROM 存储器(或单元)所需关键器件的版图。这个器件中包括一个隧道电容 C_T、一个控制电容 C_C 和一个感应晶体管 M_s。这 3 个器件共用一个浮栅。隧道电容和控制电容的版图与 PMOS 晶体管相同，每个都在各自的 N 阱内。通过使 PMoat 超出多晶硅的程度最小就可以尽可能地减小隧道电容。另一方面，控制电容则要特意做得大些。感应晶体管就像一支普通的 NMOS 晶体管，唯一的不同是它的栅极只与控制电容和隧道电容相连。图 11.28(B)所示为这个电路的等效电路图。控制电容 C_C 与控制电极 C 相连，隧穿电容 C_T 与隧穿电极 T 相连。C_C 与 C_T 之比的典型值至少是 20。

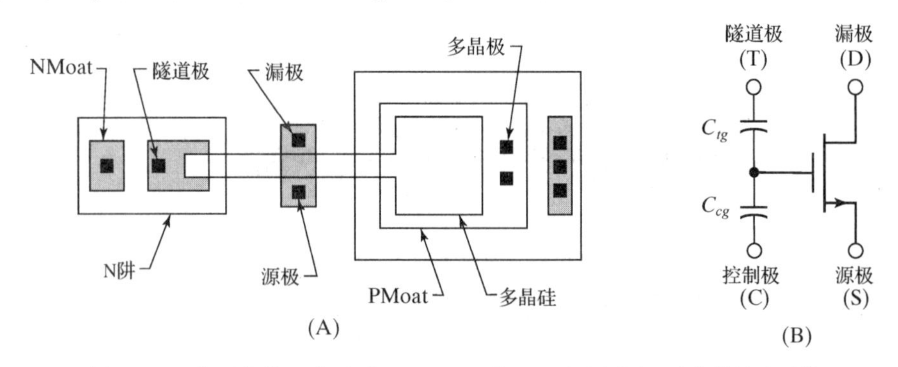

图 11.28 典型的单层多晶硅 EEPROM 单元：(A)版图；(B)等效电路[①]

① 同前，p.27。

对单层多晶硅 EEPROM 单元编程时，在隧穿极上加高电压而使控制极接地［见图 11.29(A)］。感应晶体管的源极和漏极接地或者浮空。因为控制电容值远大于隧穿电容值，所以隧穿极和控制极之间的电压大部分都落在隧穿电容的介质层上。电子从浮栅隧穿至隧穿极。隧道电流一旦消失，编程就结束了。

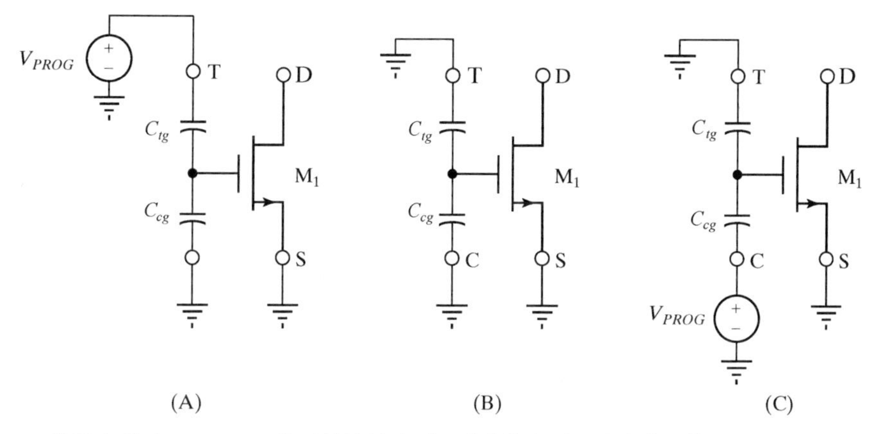

图 11.29　单层多晶硅 EEPROM 单元的连接方式：(A)编程时；(B)读取数据时；(C)擦除数据时

在读取单层多晶硅 EEPROM 单元中存储的信息时，隧穿极和控制极同时接地。在编程过程中，注入的电荷穿过隧道氧化层会在浮栅上留下一个正电荷，该电荷在诱发感应晶体管中形成沟道［见图 11.29(B)］，因此感应晶体管导通。单层多晶硅 EEPROM 单元相当于一个平时断开的开关，编程时闭合。

擦除单层多晶硅 EEPROM 单元时，控制极接高电位，而隧穿极接地［见图 11.29(C)］。感应晶体管的源极和漏极可以接地或者浮空。隧穿电容介质层上的压差使电子隧穿到达浮栅。这个过程把用于晶体管编程的正电荷移除，而用负电荷取而代之。当再次读取单元的时候，负电荷抑制了感应晶体管中沟道的形成。擦除后的单层多晶硅 EEPROM 单元又相当于一个平时断开的开关。

现已开发出许多形式的单层多晶硅 EEPROM 单元。有些用感应晶体管代替隧道电容作为隧穿单元①。结构上的变动节省了单元内部的空间，但是却使用于编程、擦除和读取器件的开关网络变得复杂。

为了保证器件在一定的编程/擦除周期数内的可靠性，各种形式的 EEPROM 都需要进行广泛测试。许多模拟应用只编程 EEPROM 一次，作为生产过程中微调操作的一部分，这类应用需要很少的编程/擦除周期。其他应用允许最终用户对 EEPROM 重新编程，这些应用需要的编程/擦除周期可能多达成百上千次。任何给定 EEPROM 单元的耐久性取决于多种因素。工作温度较高会由于增大氧化层漏电而缩短器件的耐久性。没有控制好编程电压可能因为注入电荷量升高而导致氧化层过早损伤，或者导致浮栅上存储的电荷量不足，从而加大氧化层漏电的影响。版图也对确定单元的耐久性至关重要。设计编程/擦除周期少的 EEPROM 单元时，可以使用极大的控制电容与隧道电容的比值以增加浮栅上存储的电荷。电荷量的增加需要更长的时间泄放，因此增强了器件的耐久性。另一方面，在设计编程/擦除周期较多的

① E. Carman, P. Parris, H. Chaffai, F. Cotdeloup, S. Debortoli, E. Hemon, J. Lin-Kwang, O. Perat 和 T. Sicard, "Single Poly EEPROM for Smart Power IC's," *ISPSD*, 2000, pp. 177-179。

EEPROM 单元时，则应减小控制电容与隧道电容的比值以减少每个编程-擦除周期中通过隧道氧化层注入的电荷量。这个预防措施可以使器件在通过氧化层注入的电荷量能够产生场致漏电之前经历更多的编程/擦除周期。

工艺工程师通常将为特定工艺开发 EEPROM 单元中关键器件的版图，然后对版图进行广泛的可靠性测试，以确保器件在经历了规定的最大编程/擦除周期数后可在所要求的寿命期内(通常定为 10 年)保持编程结果。为了保证 EEPROM 单元可以实现指定的功能，必须精确地复制原始版图——即使这意味着要接受并不理想的尺寸、间距或者宽长比。

11.4 JFET 晶体管

结型场效应晶体管(JFET)在 20 世纪 70 年代和 80 年代早期用作当时可靠性较差的 MOS 器件的替代品。JFET 常作为运算放大器的输入级以获得比最好的双极电路小几个数量级的输入漏电流[①]。JFET 也可以用作模拟开关和电流源。

标准双极工艺可轻易地包含制作简单 JFET 结构所需的步骤。形成的 BiFET 工艺融合了双极型和 JFET 晶体管，就像现代 BiCMOS 工艺融合了双极型和 CMOS 晶体管一样。这类 BiFET 工艺主要用于制作低输入电流和低噪声的运算放大器。早期的 BiFET 工艺已被淘汰，因为现代BiCMOS工艺通常可以做出性能更好的器件(尽管低噪声BiMOS放大器仍优于相应的 BiCMOS 电路)。

因为许多现有工艺无须增加任何掩模步骤即可制作 JFET 晶体管，且可用其替代启动电路中的高值电阻，所以 JFET 仍受到关注。接下来的几节将简述 JFET 的工作原理和构成，并将重点介绍其与标准双极工艺和 BiCMOS 工艺兼容的结构。

11.4.1 JFET 建模

尽管 JFET 的 I-V 特性曲线大体与耗尽型 MOS 管相似，可是这两种器件的内在机理完全不同。绝大多数教科书都是根据基本原理推导 JFET 方程的，但由于推导过程中有过多的假设，所以得到的结果没有什么实际价值。本节只讨论理论模型中理解 JFET 尺寸设定所需的有关参数，至于具体细节不在本书的范围之内[②]。

JFET 的夹断电压 V_P 等于当栅源电压 V_{GS} 为 0 时夹断漏端沟道所需的最小源漏电压 V_{DS}。理论上，理想 JFET 的夹断电压为

$$V_P \approx 1.9\times10^{-16}N_C t^2 \tag{11.18}$$

式中，N_c 为沟道的掺杂浓度，单位是/cm^3；t 表示沟道深度，单位是 μm[③]。在实际中，沟道掺杂浓度通常随着深度的变化而变化，因此必须根据经验确定夹断电压的大小。这可通过观察 $V_{GS}=0$ 时 JFET 的 I-V 特性曲线实现。当漏源电压较大时，漏极电流 I_D 近似保持恒定。随着 V_{DS} 的减小，最终会达到一点，此时漏极电流开始减小［见图 11.30(B)］。在这个拐点位置，

① 高温条件下，JFET 的输入电流随温度呈指数增长关系，而基极电流补偿双极电路的输入电流则增长较慢，因此 JFET 输入级的优势无法显现。

② R. S. Muller 和 T. I. Kamins, *Device Electronics for Integrated Circuits*, 2d ed. (New York: John Wiley & Sons, 1986). p.202ff。

③ 方程的完整形式为 $V_P=qN_ct^2/2\varepsilon$，q 是电子电量，ε 为硅的介电常数。

夹断电压等于漏源电压。

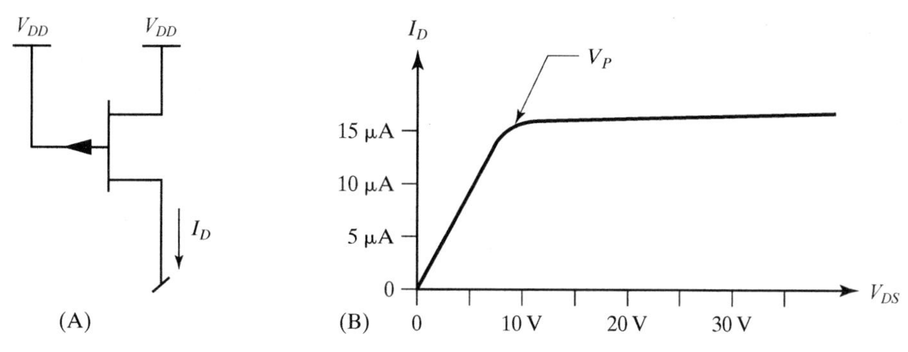

图 11.30　(A)连接成电流源的 P 型 JFET 的电路图；(B)同样器件的 I-V 特性曲线，图中显示 $V_P = 8\text{ V}$，$I_{DSS} = 16\ \mu\text{A}$

JFET 的饱和电流 I_{DSS} 等于 $V_{GS} = 0$ 且 $V_{DS} = V_p$ 时的漏极电流。如果假设一个均匀掺杂的沟道的电阻率为ρ，宽度是 W，长度是 L，厚度是 t，那么饱和电流为

$$I_{DSS} = \frac{V_P t}{3\rho}\left(\frac{W}{L}\right) \tag{11.19}$$

如果可测量不同宽度和长度的器件并将测量结果代入公式，根据经验确定有效沟道电阻率ρ，那么上述公式同样适用于非均匀掺杂的沟道。某些因素会使 I_{DSS} 的计算变得复杂。公式中所使用的宽度和长度与版图中的尺寸并不完全相同，比 MOS 晶体管的有效宽度和长度大一些的尺寸则与晶体管的绘制尺寸一致(见 11.2.1 节)。校正因子 δW 和 δL 把有效宽度 W_{eff}、有效长度 L_{eff} 和绘制宽度 W_d 及绘制长度 L_d 联系起来：

$$W_{\text{eff}} = W_d + \delta W \tag{11.20}$$

$$L_{\text{eff}} = L_d + \delta L \tag{11.21}$$

对于沟道宽度小于 10 μm 的器件，只能通过测量具有期望沟道宽度的器件来精确地确定 I_{DSS} 值。应尽量避免使用沟道长度小于 10 μm 的器件，因为各种短沟道效应会使晶体管尺寸难以确定。

11.4.2　JFET 的版图

利用标准双极工艺或者模拟 BiCMOS 工艺中存在的层可以制作出实用的 JFET 器件。图 11.31 所示为一种与标准双极工艺兼容的 N 沟道 JFET。有时也把这种器件称为外延 FET，因为它的沟道由部分 N 型外延层组成。外延 FET 也称为外延埋层电阻，特别是当它工作在线性区的时候(见 5.5.5 节)。在外延层上设置基区扩散可以大幅度减小沟道的厚度。下面衬底的向上扩散会使背栅-体区结具有明显的缓变特性，并使得式(11.18)和式(11.19)所基于的恒定掺杂近似不再有效。器件的尺寸通常可根据所测得的一大批测试器件的 I_{DSS} 值利用插值法获得。

隔离岛的形状决定了绘制宽度 W_d，而基区收缩层决定了绘制长度 L_d。由于隔离区横向扩散，外延 FET 的有效宽度远小于其绘制宽度。对于较小的宽度，由于沟道相对两侧壁间的扩散相互作用，有效宽度和绘制宽度不再是线性关系，因此宽度校正因子 δW 随着宽度的变化而变化，尤其是在宽度较小的时候。由于在沟道的两端出现了非本征源漏区，因此长度校正因子 δL 也随着长度的变化而变化，但是对长度至少为 50 μm 的器件，δL 没有任何影响。

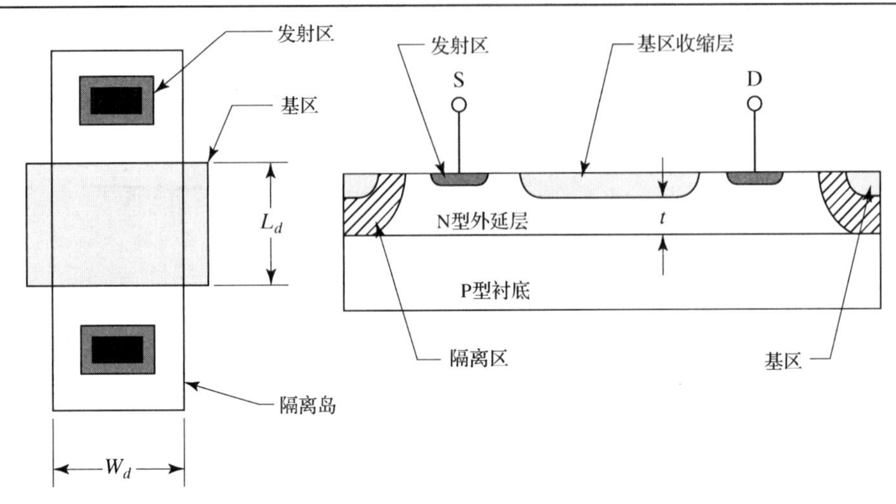

图 11.31 采用标准双极工艺制作的 N 沟 JFET 的版图和剖面图。栅极与衬底相连，可通过邻近的衬底接触孔连接[①]

基区收缩层延伸进入环绕的隔离区中，使外延 FET 的栅极与衬底短路。大多数外延 FET 在用作启动器件的时候栅极接地。如果外延 FET 的漏/源电压足够大，漏极电流就等于饱和电流 I_{DSS}。实际上，大多数外延 FET 都具有很高的夹断电压，以至于在正常工作条件下不能完全饱和，因此它们很像埋层电阻。外延 FET 的主要优点是高击穿电压和低跨导，这两个因素使它可以替代非常大的埋层电阻。外延 FET 的工作电压只受外延层-基区结击穿电压的限制。因为没有栅介质，JFET 不受热载流子引发的阈值漂移的影响。因为基区收缩层作为场板覆盖了器件的有源区，所以 JFET 也不受寄生沟道形成和电导调制的影响。

设计外延 FET 时应主要考虑结构是否紧凑而非精度。尽管宽度大的器件不易出现变化，但是外延 FET 通常仍采用最小沟道宽度。版图中经常把沟道设计成折叠结构以适合未被占用的空间。接触孔通常设置在基区收缩层上并与衬底电势相连。尽管并非绝对必要，但是这些接触孔有助于减小由衬底去偏置效应引起外延 FET 电流的变化。任何与基区收缩层的接触也可作为衬底接触孔，并有助于抽取外延 FET 附近流动的杂散衬底电流。一些设计者在折叠式外延 FET 中采用圆形转角，他们认为这样可以阻止电场增强从而增大击穿电压。尽管这么做并没有什么坏处，但是也没有好处，因为基区收缩层暴露的边缘总是比隔离区侧壁先击穿。

模拟 BiCMOS 工艺通过用 N 阱代替隔离岛，用 NMoat 代替发射区可以制作与图 11.31 所示外延 FET 类似的 N 阱 JFET(见图 11.32)。由于阱具有缓变特性，因此所得器件的夹断电压通常低于外延 FET。通过在基区收缩层上生长场氧化层，还可以进一步降低夹断电压，因为产生的氧化增强扩散将基区更深地推入 N 阱中。

N 阱 JFET 和外延 FET 有几点不同。一个关键的区别是基区收缩层与沟道的交叠量不同。在外延 FET 中，隔离区向内扩散，如果有必要，基区只需轻微地交叠隔离岛。而 N 阱 JFET 的基区收缩层必须与阱交叠很长的距离，因为 N 阱是向外而非向内扩散。P 型外延层的高阻也要求直接制作基区收缩层接触，而无须依靠芯片上其他位置的衬底接触孔。这些接触孔不

① 有关类似器件的信息，请参考 D. J. Hamilton 和 W. G. Howard 的著述 *Basic Integrated Circuit Engineering* (New York: McGraw-Hill, 1975), p.170。

能位于 N 阱 JFET 的沟道上方，因为接触孔所需的沟槽区会改变沟道的厚度。接触孔应放在器件的旁边，并应通过条状的基区或者 PSD 扩散连接。

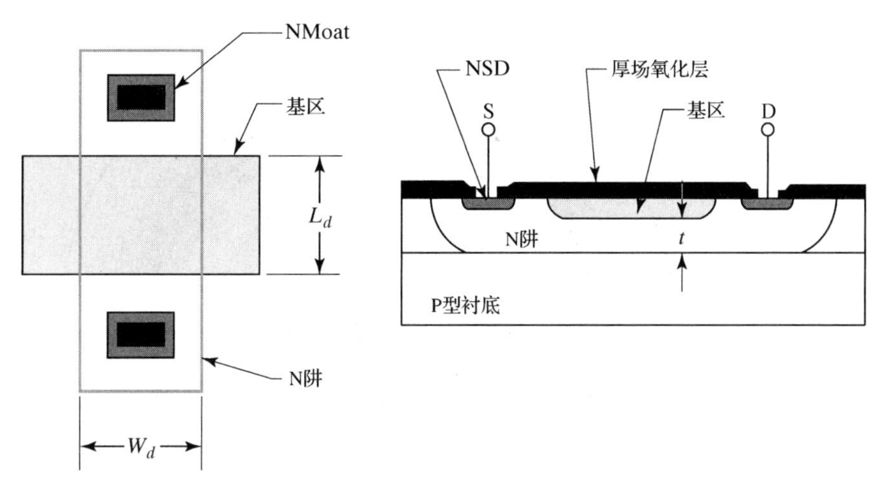

图 11.32　采用模拟 BiCMOS 工艺制作的 N 阱 JFET 的版图和剖面图(为了清楚起见，未绘制基区接触孔)

N 阱 JFET 的沟道宽度越小，夹断电压就越小。如果沟道被厚氧化层覆盖，最窄器件甚至能被完全夹断而无法使用。发生这种效应是由于杂质在窄 N 阱中同时进行横向和纵向扩散，使得沟道内的整体掺杂水平变低。宽阱中的杂质横向扩散至边缘附近，但阱中心仍然保持较高的掺杂浓度，因此宽器件比窄器件具有更高的夹断电压。如果必要的话，可通过在基区上设置沟槽区或者用 PSD 注入代替基区注入来提高 N 阱 JFET 的夹断电压。通常情况下 PSD 注入会产生很高的夹断电压，以至于器件在正常工作条件下无法饱和。因此，它的特性更像是非线性埋层电阻而不是真正的 FET(见 5.5.9 节)。

标准双极工艺和模拟 BiCMOS 工艺都可以制作 P 沟 JFET，但是采用现有扩散工艺制作的器件仍有很大的改进余地。标准双极器件的结构与基区埋层电阻相同(见图 3.15)。模拟 BiCMOS 器件也有类似的结构，但却是通过 NSD 而非发射区限制基区收缩层。这类器件的工作电压分别受到基区-发射区结和基区-NSD 结雪崩击穿电压的限制。两种器件的夹断电压都远远超过各自的击穿电压，因此都不会饱和，所以这两种器件实际上都只是非线性埋层电阻(见 5.5.3 节)。如果要制作能工作在饱和区的真正的 P 型 JFET，就必须在工艺中加一步特殊的 N 型注入。这步注入的结深必须略浅于基区扩散，杂质浓度恰好能使基区扩散反型。浅扩散使夹断电压大幅增加，而重掺杂又使击穿电压降到很低。尽管可加入此步骤作为工艺扩展，但在标准双极工艺或模拟 BiCMOS 工艺中都不存在这类合适的扩散。上一代 BiCMOS 工艺通常就是在标准双极工艺中增加这样的扩展衍生而得的。采用这种方法制作的 P 沟晶体管称为双扩散 JFET，因为其栅极是通过对基区进行 N 注入得到的。双扩散 P 型 JFET 的版图和剖面图本质上与图 3.15 所示的基区埋层电阻相同，只是用新的 N 型注入代替了发射区。新工艺一般不支持 P 型 JFET 扩展，因为 CMOS 晶体管已经广泛地取代了 JFET。

前面讨论过的所有版图都把栅极与背栅短接，在 N 沟器件中背栅就是衬底。为了使 N 沟 JFET 的应用范围更广，而不仅仅作为接地的电流源，就必须使用类似于图 11.33 中的环形结构把栅电极和背栅电极分开。环形 N-JFET 的栅极由 N 型外延隔离岛内的环状 P 型扩散区组成。

环内外设置的隔离岛接触分别作为漏极和源极。这种排布方式以增大源极电容为代价减小漏极电容。

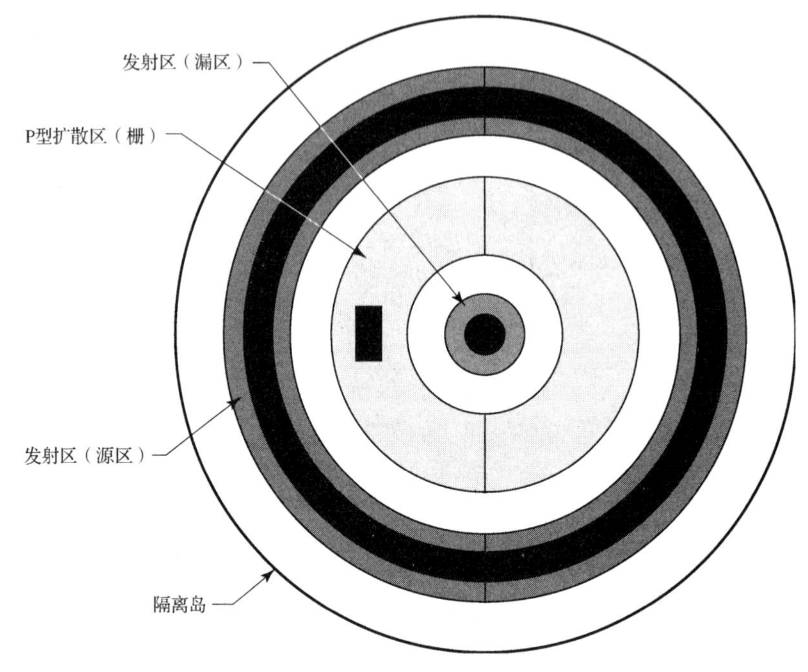

图 11.33 圆环形对称 N 沟 JFET

环形 N-JFET 的电路符号与普通 N-JFET 完全一致［见图 1.29(A)］。两者可以通过栅电极的连接加以区分。图 11.32 所示传统版图适用于栅极连接到衬底电势的情况。如果栅极连接到其他电势，晶体管必须使用图 11.33 所示的环形版图。衬底构成了环形器件的背栅。计算环形 JFET 器件宽度和长度的规则与环形 MOS 晶体管相同(见 11.2.6 节)。

11.5 小结

本章介绍了传统小信号多晶硅栅 CMOS 晶体管、浮栅器件和 JFET 的构成。下一章将介绍更多专用类型的晶体管，比如扩展电压晶体管、功率晶体管和 DMOS 晶体管，这些晶体管有非常广泛的应用，其中包括许多传统上采用双极型晶体管的领域。

11.6 习题

版图设计规则和工艺规定请参考附录 C。

11.1 假设增强型 NMOS 晶体管的阈值电压为 0.7 V，跨导为 220 μA/V^2，确定以下每一种偏置情况的工作区并计算漏电流。

a. V_{GS} = 1.2 V, V_{DS} = 2.3 V

b. V_{GS} = 1.2 V, V_{DS} = 0.2 V

c. V_{GS} = −1.0 V, V_{DS} = 4.4 V

11.2　假设习题 11.1 中的增强型 NMOS 的端电压为 V_{GS} = 1.2 V，V_{DS} = –2.3 V。如果交换源漏，确定真正的电偏置条件、工作模式和漏极电流。

11.3　NMOS 晶体管具有复合栅介质，中间是厚度为 150 Å 的氮化层（ε_r = 6.8），两侧是厚度为 50 Å 的氧化层（ε_r = 3.9），计算其工艺跨导。提示：参考 6.1 节的内容。

11.4　估算最大工作电压为 15 V 的 NMOS 和 PMOS 晶体管的工艺跨导值。

11.5　假设采用 N+多晶硅栅电极的增强型 PMOS 晶体管的阈值电压为–0.95 V。如果采用 P+多晶硅栅，阈值电压是多少？

11.6　是否可用阈值电压为–0.4 V 的增强型 PMOS 晶体管制作数字逻辑门？为什么？

11.7　利用附录 C 中列出的多晶硅栅 CMOS 规则绘制图 11.34(A)所示的反向器版图。在 PMOS 晶体管周围设置收集空穴保护环，NMOS 周围设置收集电子保护环。连接保护环以提供最佳的保护效果。

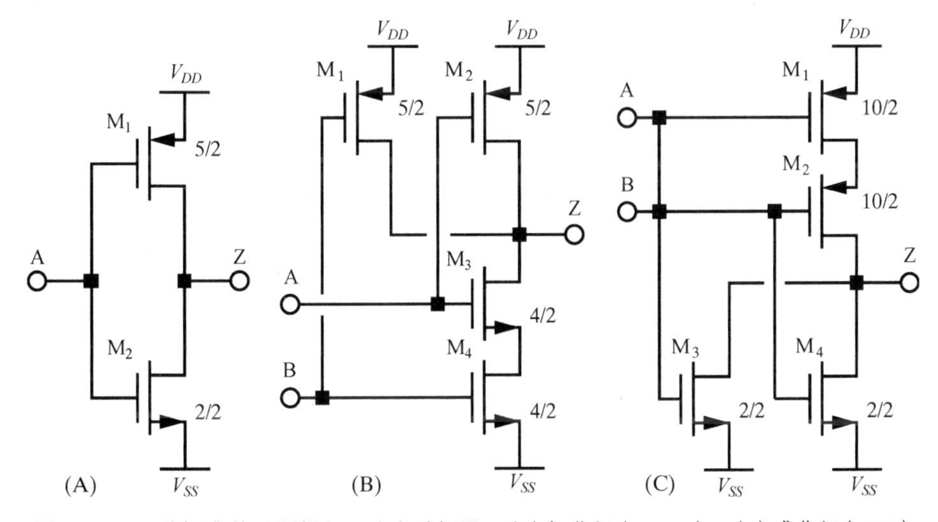

图 11.34　3 种标准单元逻辑门：(A)反相器；(B)与非门(NAND)；(C)或非门(NOR)

11.8　利用附录 C 中模拟 BiCMOS 规则构造隔离 NMOS 晶体管。宽长比 W/L 为 10/5，包括一个邻接的衬底接触孔。

11.9　3 μm CMOS 工艺能承受的最大工作电压为 12 V，栅延迟为 2.3 ns，假设采用恒定电场按比例缩小的方法形成 2 μm 工艺。预测缩小尺寸后的最大工作电压和栅延迟。

11.10　利用多晶硅栅 CMOS 规则绘制下列晶体管的版图。包括必要的邻接背栅接触孔、栅互连和阱的图形。

a. NMOS, 3(5/15)

b. NMOS, 12(20/5)

c. PMOS, 7(10/25)

d. PMOS, 4(10/3)

11.11　分别绘制大小为 3(10/3)的自然 NMOS 晶体管和大小为 25/25 的自然 PMOS 晶体管的版图。包括必要的邻接背栅接触孔、栅互连和阱的图形。NatVT 的版图规则如下：

1. NatVT 的宽度 4 μm
2. NatVT 交叠栅 2 μm
3. NatVT 到氧化层的间距 4 μm
4. NatVT 到多晶硅的间距 4 μm

注意：栅指多晶硅与 NMoat 或者 PMoat 的相交部分。

11.12 绘制图 11.34 中 3 个逻辑门的标准单元版图。NAND 版图应与图 11.19(B)所示版图相似。V_{DD} 和 V_{SS} 连线的宽度应为 4 μm，每个单元应至少包括 1 个衬底接触孔和 1 个阱接触孔。设计时通过使单元的 V_{DD} 和 V_{SS} 连线相互邻近从而使它们可以首尾相接。无论按怎样的次序连接单元都不会违反版图规则。

11.13 使用附录 C 中的多晶硅栅 CMOS 规则，设计跨导为 0.01 μA/V^2 的折叠 PMOS 晶体管。可将栅极折叠多次以得到近似于方形的版图效果。

11.14 利用多晶硅栅 CMOS 规则绘制下列环形晶体管的版图。包括必要的邻接背栅接触孔、栅互连和阱的图形。

11.15 利用多晶硅栅 CMOS 版图设计规则设计一支尺寸为 5000/2 的 PMOS 晶体管。可将晶体管划分为多个部分以得到近似于方形的版图。应包括足够的叉指状栅接触孔以保证晶体管中的任一部分与最近的背栅接触孔之间的距离不超过 50 μm。

11.16 图 11.28 所示单层多晶硅 EEPROM 也可被从感应晶体管沟道注入的热载流子擦除。请描述进行这种操作所需的端偏置条件。

11.17 利用附录 C 中多晶硅栅 CMOS 规则设计与图 11.28 相似的单层多晶硅 EEPROM 版图。尽量减小隧穿电容和感应晶体管的尺寸。设计控制电容使其栅电容值比隧道电容的栅电容值大 20 倍。忽略边缘电容。

11.18 设计绘制尺寸为 30/8 的标准双极外延 FET 的版图。假设基区收缩层至少延伸进入隔离区 2 μm。

11.19 设计一支最小尺寸的图形对称外延 FET，包括所有必要的金属连线。该器件的绘制宽度和长度分别是多少？

第 12 章　MOS 晶体管的应用

有些设计中要求 MOS 晶体管具有较高的工作电压，但又不能发生击穿或是参数漂移。尽管可以使用低掺杂和厚场氧化层提高击穿电压，但热载流子的产生仍然是个问题。目前已开发出各种专用的晶体管结构可以减少高压下热载流子的产生。本章将介绍几种与普通 CMOS 工艺兼容的结构，以及几种需要利用工艺扩展的结构。

MOS 功率晶体管特别适用于大电流、小电阻的开关转换。普通 CMOS 晶体管可以传导大电流，但是有工作电压的限制。许多工艺都提供双扩散 MOS 或 DMOS 晶体管作为工艺扩展，这种器件结构紧密，而且可以承受大电流和大电压。随着横向 DMOS 晶体管的发展及最近 RESURF 技术的进步，DMOS 晶体管已经成为 15 V 及以上功率器件的选择。

最后，本章还讨论了 MOS 晶体管的匹配问题。模拟电路中使用的 MOS 晶体管通常对跨导和阈值电压的匹配都有较高要求。MOS 晶体管的匹配技术与双极型晶体管有很大不同。

12.1　扩展电压晶体管

早期 MOS 工艺制作出的晶体管都具有相对较长的沟道和轻掺杂背栅。源/漏区的雪崩击穿将这类晶体管的工作电压限制在 10～15 V。工艺的进步使沟道长度从大约 8 μm 缩小到低于 0.3 μm。如果背栅掺杂和工作电压都保持不变，那么沟道夹断区部分占沟道长度的比例将增大。这样的器件会发生更强烈的沟道长度调制效应和过早的穿通击穿。

通过降低工作电压或增大背栅的掺杂水平可以使沟道长度调制效应减小并且避免发生穿通击穿。由于将模拟电路的工作电压减小到低于 2～3 V 并不容易，所以大多数工艺都采用增大背栅掺杂浓度的方法。这个方法减小了夹断区的宽度，但会增强穿越它的横向电场。强电场生成热载流子，进而引发所不希望的长期参数漂移(见 4.3.1 节)。与电子相比，空穴更难加速，所以相对 NMOS 晶体管来说，PMOS 晶体管更难出现热载流子生成。

MOS 管的工作电压等于饱和时所允许的最大漏/源电压，而阻塞电压(blocking voltage)则等于 MOS 管截止时的最大漏/源电压。因为截止时夹断区消失，所以热载流子停止产生，且阻塞电压仅受漏区-衬底雪崩击穿和栅氧化层击穿的限制。热载流子生成可能使工作电压低于阻塞电压。升高工作电压不会立刻引起失效，但会使阈值电压和跨导逐渐漂移[①]。模拟电路对热载流子的减少尤其敏感，因为电路中含有持续工作在饱和区的匹配器件。数字电路中，MOS 晶体管只有在开关瞬间进入饱和区。这样，由于不需要匹配器件，数字电路不但更稳定，而且电路性能衰减得更慢，尤其是在时钟频率较低的时候。

随着沟道长度的缩短，热载流子问题变得愈发严重。一些专用晶体管结构可以扩大工作电压范围，但是工艺复杂度增加且占用的面积也增大。几乎所有的亚微米 CMOS 工艺都使用某种形式的扩展电压晶体管。

---

① C. Duvvury 和 S. Aur, "Hot-Carrier Degradation Effects in CMOS Technologies," *TI Technical Journal*, Vol. 8. #1, 1991, pp. 56-66。

12.1.1 LDD 和 DDD 晶体管

所有的扩展电压晶体管都包含某种特殊的漏区结构，这种结构可以吸收一部分穿越沟道的电场。图 12.1(A)所示为饱和 MOS 晶体管中穿过漏区端的横向电场强度曲线。该例假设背栅和漏区的掺杂浓度恒定且为突变结，此外夹断区内的电场强度线性增大，在漏区冶金结处达到最大值。此后在漏极的耗尽区内电场强度又线性降低。夹断区的宽度 x_p 及漏极耗尽区的宽度 x_d 与各自区域掺杂浓度平方根的倒数成正比。夹断区两端的电压 V_p 及漏极耗尽区两端的电压 V_d 等于各自三角形的面积［见图 12.1(A)］。

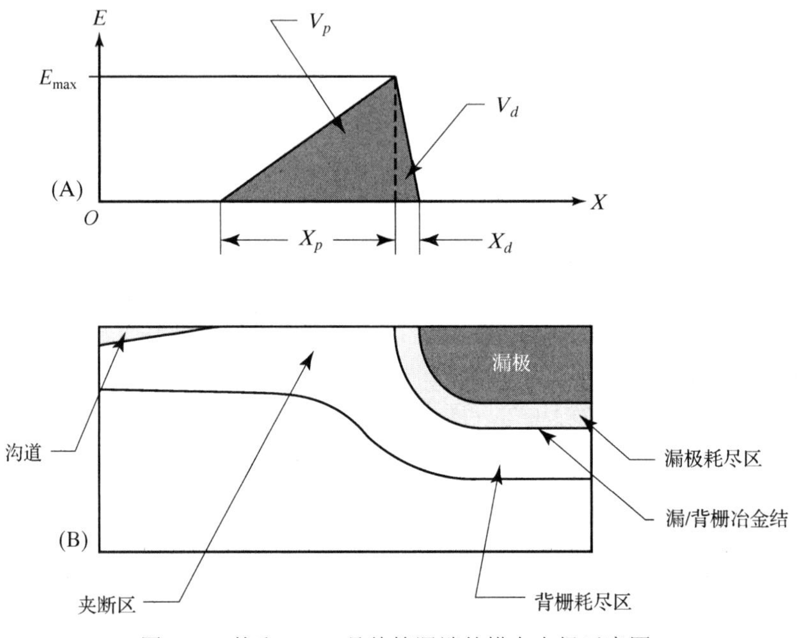

图 12.1 饱和 MOS 晶体管漏端的横向电场示意图

总的漏/源电压 V_{DS} 等于两个三角形的面积之和：

$$V_{DS} = \frac{E_{max}}{2}(x_p + x_d) \tag{12.1}$$

电场强度的最大值 E_{max} 和夹断区的宽度 x_p 分别受到热载流子生成和沟道长度调制效应的限制。漏极耗尽区的宽度 x_d 则不受这样的严格限制。增大工作电压 V_{DS} 的唯一办法就是增大耗尽区的宽度 x_d，实际上就是说需要更轻掺杂的漏区。

为了得到更多的好处，漏极耗尽区的宽度 x_d 必须等于大部分的夹断区宽度 x_p，从而要求漏区的掺杂浓度不能超过背栅掺杂浓度很多。遗憾的是，轻掺杂的漏区也是高阻漏区。多数现代工艺为了减小漏区电阻都采用复合结构：边缘轻掺杂，中心重掺杂。在相对较低的电压下，边缘区域耗尽，从而形成了漂移区，它的一侧是冶金结，而另一侧是重掺杂的漏区。漂移区的宽度决定了漏极耗尽区的宽度 x_d。漂移区应该做得恰好足够宽以支持所期望的工作电压，但不能过宽。多出的宽度只会增加漏区电阻而不会带来任何好处。漂移区的最佳宽度通常不超过沟道长度的一小部分。

人们利用不同形式的自对准技术已经开发出几种可以控制漂移区宽度的器件结构。为了使交叠电容最小，漂移区应与掺杂漏区以及多晶硅栅自对准。图 12.2 所示为两种满足这些要求的结构。两种结构中都使用了通过各向同性淀积和各向异性刻蚀氧化层形成的氧化侧壁隔离(oxide sidewall spacer)(见 3.2.4 节)。由于自身的特性，氧化侧壁隔离可以与多晶硅栅自对准。侧壁隔离的厚度约等于多晶硅的厚度。通过调整多晶硅厚度和刻蚀条件可以制作有限宽度范围的侧壁隔离。

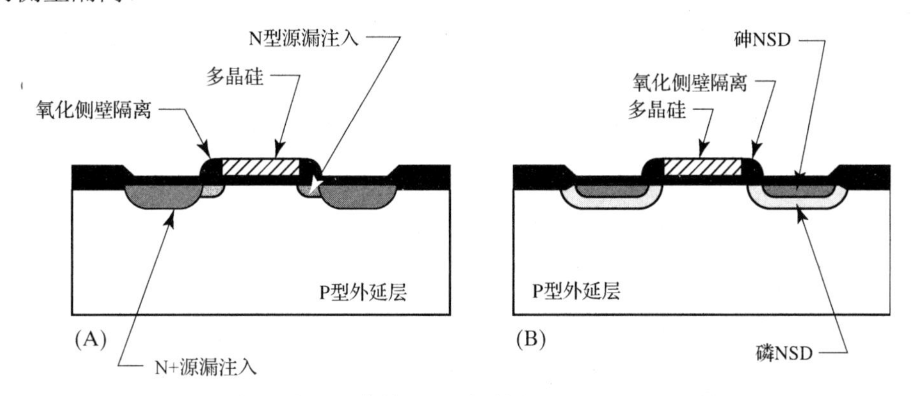

图 12.2 扩展电压晶体管：(A)轻掺杂漏区；(B)双扩散漏区

轻掺杂漏区(或 LDD)用氧化侧壁隔离定义漂移区的宽度［见图 12.2(A)］。LDD 结构需要两次单独的源/漏注入：一次在侧壁隔离形成之前，一次在侧壁隔离形成之后。第一次注入形成与多晶硅栅对准的轻掺杂漂移区，而第二次注入则形成与氧化侧壁隔离对准的重掺杂非本征漏区[①]。这种技术不需要增加掩模步骤，但是需要淀积氧化层，去除氧化层以及第二次漏区注入。更高工作电压所带来的性能优势抵消了额外工艺的费用。

形成 LDD 的工艺并不区分源区和漏区。如果 LDD 结构只出现在器件的漏区端，则会减小源极电阻。因为形成的晶体管的源区和漏区不能交换，所以被称为非对称。如果要去除非对称 LDD 晶体管的源极端的侧壁隔离，则需要额外的掩模和工艺步骤。工艺步骤增加所带来的好处不足以抵消费用的增加。

双扩散漏区(或 DDD)从同一氧化层开口位置进行两次注入，形成复合的漏区结构［见图 12.2(B)］[②]。两次注入需要两种扩散系数相差悬殊的杂质，最常用的是砷和磷。短时间的推结可使磷扩散到砷注入区外侧，从而形成轻掺杂的漂移区。通过防止漂移区扩散到多晶硅栅的下面，氧化侧壁隔离可减小交叠电容。

双扩散漏区不适用于 PMOS 晶体管，因为没有在硅中扩散缓慢的受主杂质。有时 NMOS 晶体管会更多地采用 DDD 结构而不是 LDD 结构，因为前者可以制作精度很高的窄漂移区。通过采用缓变结，DDD 结构还可以增加源/漏注入区的雪崩击穿电压。很难制作较宽的 DDD 漂移区，因为驱动磷进入氧化侧壁隔离下的推结会影响对阈值电压的控制，因此 LDD 结构适合宽漂移区，而 DDD 结构适合窄漂移区。这两种技术的费用和复杂性具有可比性，因为二者都需要氧化侧壁隔离并且都采用两次漏区注入。

---

① S. Ogura, P. J. Tsang, W. W. Walker, D. L. Critchlow 和 J. F. Shepard, "Design and Characteristics of the Lightly Doped Drain-Source(LDD) Insulated Gate Field-Effect Transistor," *IEEE Trans. on Electron Devices*, Vol. ED-27, #8, 1980, pp. 1359-1367。

② E. Takeda, H. Kume, T. Toyabe 和 S. Asai, "Submicrometer MOSFET Structure for Minimizing Hot-carrier Generation," *IEEE Trans. on Electron Devices*, Vol. ED-29, #4, 1982, pp. 611-618。

产生热空穴所需的电场强度比产生热电子所需的电场强度大 2～3 倍，所以在许多需要 LDD 或者 DDD NMOS 晶体管的应用中仍使用普通的 PMOS 晶体管。PMOS 器件只需要一次源/漏注入，所以也称为单扩散漏区(SDD)晶体管。如果工艺中包括有 LDD 或者 DDDNMOS，则 SDD PMOS 也将具有氧化侧壁隔离。实际上侧壁可以将埋层沟道 PMOS 晶体管转化为 LDD 器件。掺杂多晶硅栅的接触电势可以使其下方的埋层沟道部分反型。氧化侧壁隔离下方突出的埋沟部分不反型，因为不会受到栅电极产生的全部电场的作用，因此剩余的埋沟部分形成了两个轻掺杂的 P 型区，相当于两个轻掺杂的漏区(见图 12.3)。这种结构有时也被称为埋层沟道轻掺杂漏区(BCLDD)①。

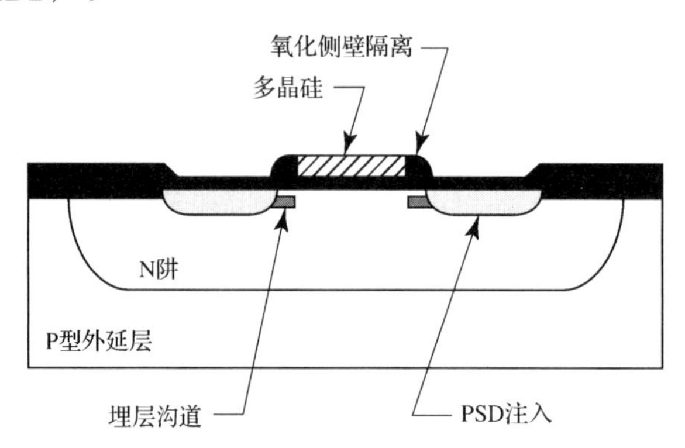

图 12.3　PMOS 埋层沟道轻掺杂漏区(BCLDD)

现代亚微米 CMOS 工艺拓展了轻掺杂漏区技术，有助于把增大背栅掺杂浓度的要求降到最低。在这些工艺中只注入轻掺杂漏区周围的部分区域形成重掺杂，而不是对整个背栅进行相同程度的掺杂(见图 12.4)。这些区域称为口袋注入(pocket implant)或者穿通阻止(punchthrough stopper)，可通过几种不同的方法实现之。一种方法是用离子束从一定角度轰击晶圆表面。随着晶圆旋转，离子束会从侧向穿过轻掺杂漏区的边缘②。口袋注入可以减小阈值电压的背栅调制效应，否则这将成为亚微米器件中的一个很严重的问题。

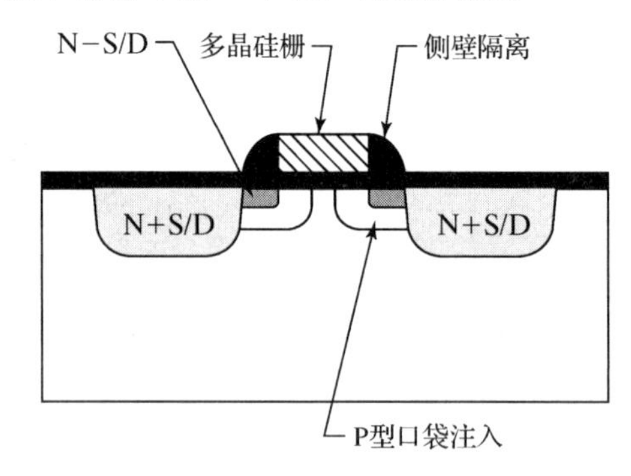

图 12.4　大角度注入形成的具有口袋注入区的 CMOS 晶体管

① R. H. Eklund, R. A. Haken, R. H. Havemann 和 L. N. Hutter, "BiCMOS Process Technology," in *BiCMOS Technology and Applications*, 2d ed., A. R. Alvarez, ed. (Boston: Kluwer Academic Publishers, 1993), pp. 93-95。

② T. Hori, "A 0.1-μm CMOS Technology with Tilt-Implanted Punchthrough Stopper (TIPS), *Intemational Electron Devices Meeting*, 1994, pp. 75-78。

12.1.2　扩展漏区晶体管

LDD 和 DDD 晶体管的工作电压越高，需要的氧化侧壁隔离就越厚。由于实现宽隔离的固有难度，这些结构的电压被限制在 15～20 V。如果要获得更高的电压，可以采用不需要氧化侧壁隔离限定漂移区的非自对准复合结构漏区。其中最简单的一种结构称为扩展漏区。浅的重掺杂扩散区完全被深的轻掺杂扩散区所包围。内扩散区形成非本征漏区，而外扩散区边缘构成漂移区。例如，NMOS 扩展漏区由 N 阱内的 NSD 构成，NSD 注入是非本征漏区，而 N 阱则成为漂移区。

一般可以利用现有扩散区实现扩展漏区晶体管，但是这样得到的器件通常比专门制作的器件(如横向 DMOS 晶体管)要大(见 12.2.3 节)。另一方面，扩展漏区器件不需要增加工艺步骤或者掩模。如果集成电路中只需要少量的小型高压晶体管，那么最经济的办法也许就是利用现有掩模制作扩展漏区晶体管。此外，大的低阻器件最好利用专门制作的具有更低的确定电阻值和交叠电容值的器件实现。

扩展漏区 NMOS 晶体管

图 12.5(A)显示了采用 N 阱 CMOS 工艺制作的典型扩展漏区晶体管的剖面图。扩展漏区由位于大 N 阱中的塞状 NSD 构成。N 阱向外扩散形成了能够承受高电压的轻掺杂漏区。如果漏区没有采用特殊的场释放结构，高电压可能将薄的栅氧化层击穿。在图示的晶体管结构中，漏区-背栅结内有部分厚场氧化层。随着耗尽区逐渐突入漏区，它也通过构成“鸟嘴”的逐渐增厚的氧化层的下方。漏/源电压的最大值出现在漂移区上的厚场氧化层。场释放结构对晶体管的跨导和阈值电压没有影响，因为它们只取决于沟道，而沟道全部位于薄栅氧化层之下。这种场释放结构依赖于鸟嘴的逐渐收缩。浅槽隔离的突变使电场增强，从而使之不适于用作场释放结构。一种替代的场释放结构是在栅漏之间留一条空隙。有些晶体管同时包含漏区空隙和场氧结构。场释放结构的尺寸对其能否正常工作起着至关重要的作用，所以必须仔细研究版图规则并严格依据指南进行设计。

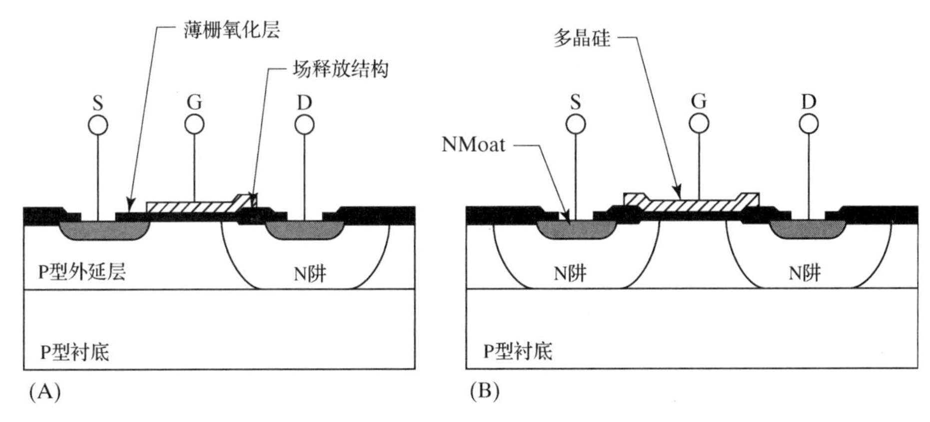

图 12.5　NMOS 晶体管剖面图：(A)非对称扩展漏区结构；(B)对称扩展漏区结构

图 12.5(A)所示为非对称扩展漏区 NMOS 晶体管。该晶体管只有一侧具有扩展漏区结构，这使版图的结构相对紧凑，但是如果晶体管的任何一端都可能出现高电压的话，它就不再适用了。对称扩展漏区 NMOS 晶体管如图 12.5(B)所示，晶体管的两端都采用扩展漏区。对称

晶体管无论哪一端作为漏区，都可以承受大的源/漏电压。这种晶体管不能同时承受栅极与源/漏区两区之间的大电压，因为两者之间必然有一个作为源区。承受大栅源电压的晶体管需要更厚的栅氧化层(见 12.1.3 节)。

图 12.6 显示了对称和非对称扩展漏区 NMOS 晶体管的版图。在两种情况中，绘制的栅长 L_d 等于栅下跨越沟槽的距离。最小的绘制栅长相对较大(通常为 4～6 μm)，但是由于阱的横向扩散，有效栅长要小很多。具有多叉指栅电极的非对称晶体管的版图结构相对紧凑，晶体管的源区和漏区相互交替，从而可以有效利用 N 阱条，形成扩展漏区。

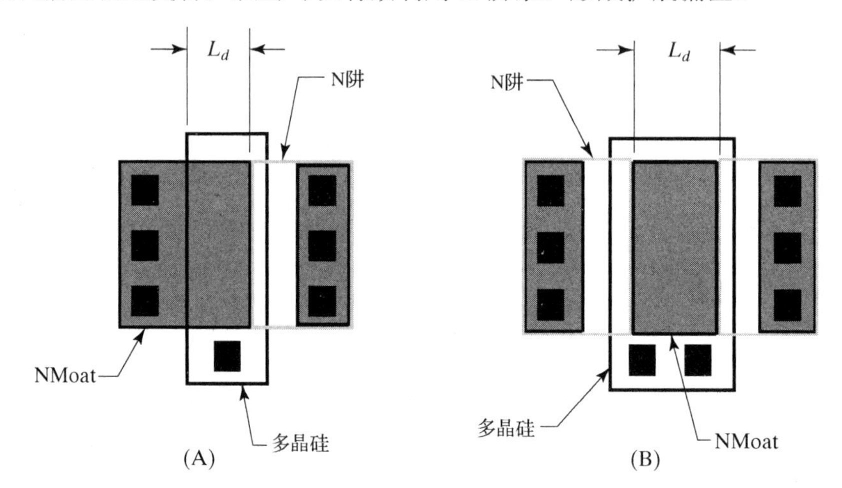

图 12.6 NMOS 晶体管的版图：(A)非对称扩展漏区结构；(B)对称扩展漏区结构

N 阱的极轻掺杂抑制了热电子的产生，所以正确设计的扩展漏区 NMOS 晶体管的工作电压额定值仅受阱-衬底结雪崩电压和场释放结构有效性的限制。设计出工作电压是普通 NMOS 和 PMOS 晶体管的 2～3 倍的扩展漏区晶体管并不十分困难。这样的高电压通常超过了工艺的厚场阈值，因此需要加入场板或沟道终止(见 4.3.5 节)。高压扩展漏区器件通常会受到限制所允许偏置条件的电学安全工作区(SOA)的影响(见 12.2.1 节)。

扩展漏区 PMOS 晶体管

图 12.7(A)显示了采用 N 阱 CMOS 工艺制作的非对称扩展漏区 PMOS 晶体管的剖面图。扩展漏区的漂移区由 P 型沟道终止注入构成。3.2 节介绍的 CMOS 工艺流程采用一定形状的磷沟道终止注入对大面积的硼沟道终止注入区进行反型掺杂。如果调整沟道终止掩模以阻止来自扩展漏区附近的磷注入，那么该区域只有接受硼注入。场氧化过程中，硼横向扩散形成了适合用作漂移区的深轻掺杂 P 型扩散区。图 12.7(B)显示了对称扩展漏区 PMOS 晶体管，它的源端和漏端都采用沟道终止注入形成漂移区。

扩展漏区 PMOS 晶体管采用了一层称为 Chstop 的特殊编码层，用于阻止一定形状的磷沟道终止注入。在掩模生成过程中，会将 Chstop 层图形加到沟道终止掩模上。不同工艺可能采用不同的编码技术，但是原则基本一致。

图 12.8 显示了对称和非对称扩展漏区 PMOS 晶体管的版图。在两种情况中，绘制栅长等于栅下面跨越沟槽的距离。晶体管中必须包括 NBL 以阻止纵向耗尽穿通轻掺杂的 N 阱底部以及漏区到衬底的短路。

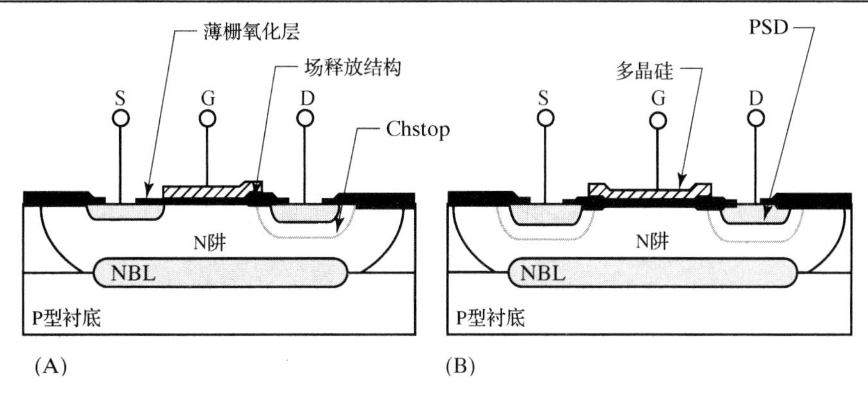

图 12.7　PMOS 晶体管剖面图：(A)非对称扩展漏区结构；(B)对称扩展漏区结构

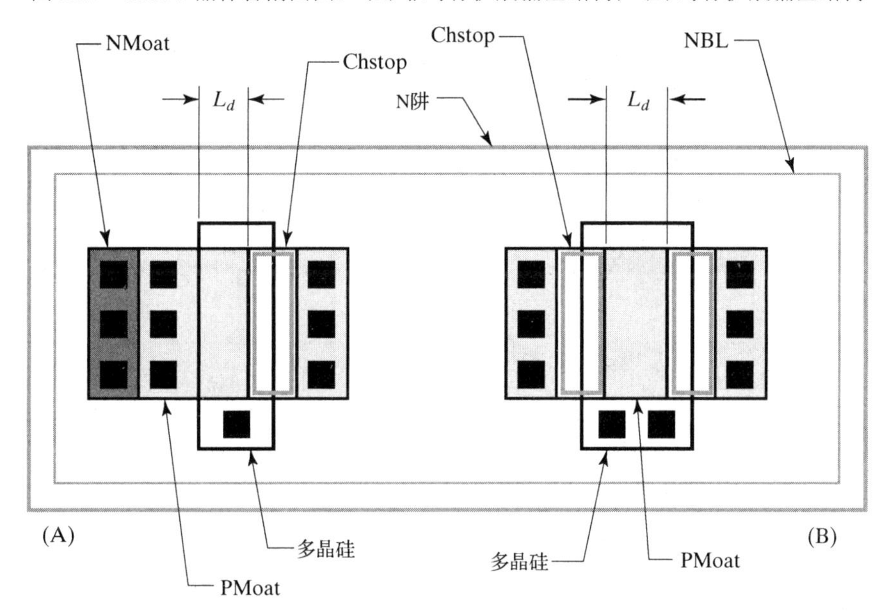

图 12.8　PMOS 晶体管版图：(A)非对称扩展漏区结构；(B)对称扩展漏区结构

12.1.3　多层栅氧化(multiple gate oxide)

前两节所讨论的晶体管都可以工作在大漏源电压的情况下。如果加入适当的场释放结构，这些晶体管还可以工作在大栅漏电压的情况下。如果它们必须同时工作在大栅源电压的情况下，就只能增加栅氧化层的厚度。栅氧化层厚度增大的同时减小了器件的跨导。电路设计者们对增加晶体管栅氧化层的厚度只是为了满足工作电压升高的需要这种说法持怀疑态度是可以理解的。如果能制作两种不同厚度的栅氧化层，则可以解决这个矛盾。低压应用时，薄栅氧化层可以提供高跨导，而厚氧化层可以承受高电压。电路设计者会根据工作条件为每支晶体管选择合适的栅氧化层。

采用分阶段氧化或刻蚀-再生长技术可实现多层栅氧化。分阶段氧化(staged oxidation)需要对每个栅电极进行单独的多晶硅淀积。先生长最薄的栅氧化层，然后再淀积第一层多晶硅［见图 12.9(A)］。光刻后，多晶硅就作为连续栅氧化的氧化层掩模［见图 12.9(B)］。在栅氧化完成后，淀积第二层多晶硅并光刻［见图 12.9(C)］。栅极为多晶硅 1 的晶体管具有薄栅氧化层，栅极为多晶硅 2 的晶体管具有厚栅氧化层。

如果只有一层多晶硅的工艺可以使用刻蚀-再生长技术代替分阶段氧化，则刻蚀-再生长工艺无须多一次多晶硅淀积，而要增加一步掩模步骤。增加的掩模用于光刻甩在薄栅氧化层上的光刻胶。曝光的氧化层区域被刻蚀掉［见图 12.9(D)］，此后继续进行栅氧化。在刻蚀过的区域上形成了薄栅氧化层，而未经过任何处理的区域上则成为厚氧化层［见图 12.9(E)］。现在淀积一层多晶硅就可以形成薄氧和厚氧晶体管的栅极［见图 12.9(F)］。

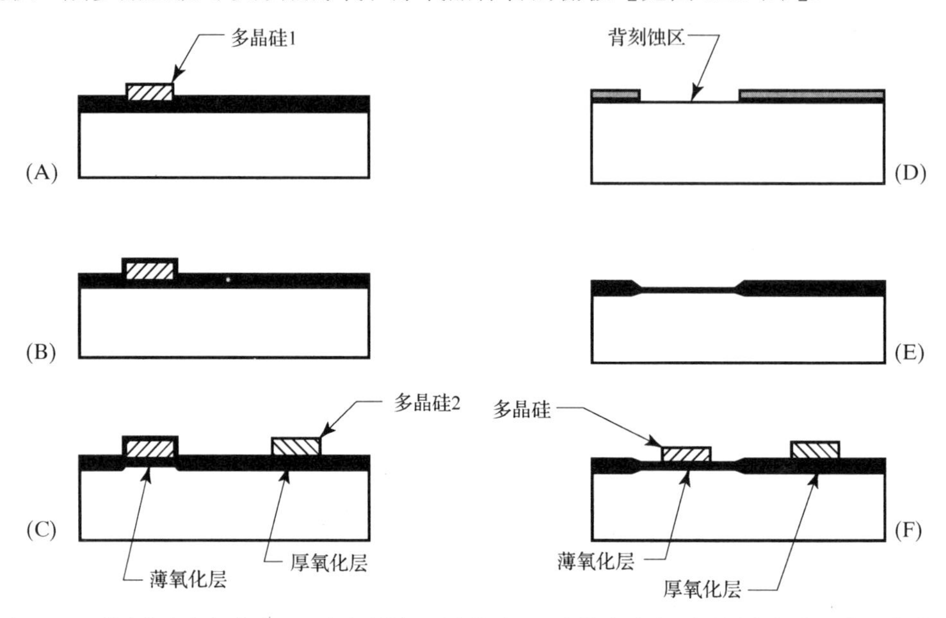

图 12.9 采用分阶段氧化(A-B-C)和刻蚀-再生长(D-E-F)技术生长不同厚度氧化层的工艺步骤

有些工艺使用分阶段氧化，而其他工艺采用刻蚀-再生长技术。在版图设计师所关心的范围内，二者的主要区别在于所需的多晶硅层数不同。图 12.10 对比了分阶段氧化与刻蚀-再生长两种方法的版图。两种工艺都把 Moat-2 放在栅极区域的周围，但是对不同的工艺这个图形的作用不同。在分阶段氧化工艺中，Moat-2 确定了厚氧器件进行阈值调整的区域。而在刻蚀-再生长工艺中，Moat-2 则确定了受保护不被刻蚀的区域和进行厚氧阈值调整的区域。

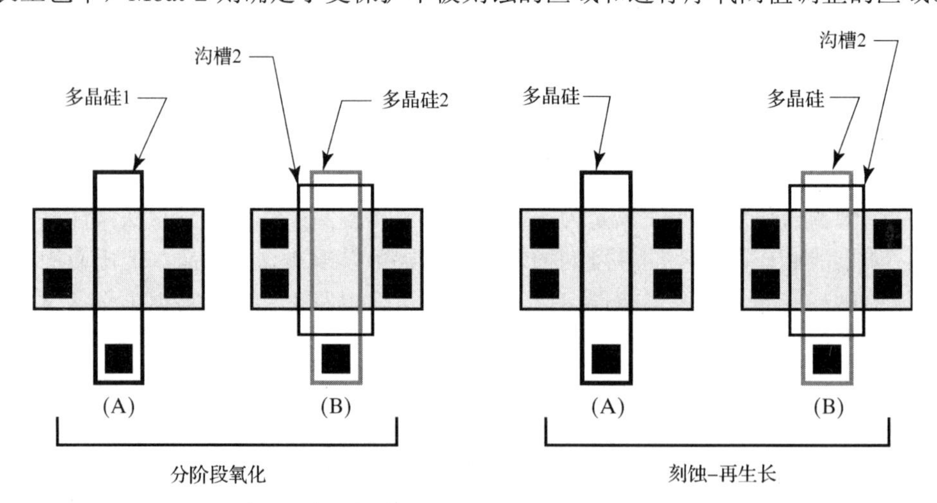

图 12.10 采用分阶段氧化工艺和刻蚀-再生长工艺制作的晶体管的版图比较：(A)薄氧化层晶体管；(B)厚氧化层晶体管

12.2　功率 MOS 晶体管

MOS 晶体管可用作开关或大功率调节。为了与低功率或者小信号器件加以区分，专门为这类应用而设计的器件称为功率晶体管。与双极功率器件相比，MOS 功率晶体管有几个优势，包括没有饱和延迟，对驱动的要求简单，正偏电压低(尤其是在小电流的时候)。正是由于这些优点，使得 MOS 晶体管成为极为有用的功率器件。

由于集电结正偏时器件饱和，所以双极型晶体管不适于高速开关应用。饱和使存储在中性基区和中性集电区的少子数量大幅度增加，直到这些存储电荷复合或者扩散通过结之后，晶体管才能关断。因此，典型的功率双极型晶体管的饱和延迟约为 1 μs。这个延迟有效地将开关速度的上限定在 500 kHz 左右。对晶体管进行钳位以防止其进入饱和区可以提高工作速度，但却大幅增加了正向压降。另一方面，MOS 晶体管是多子器件，它们没有饱和延迟，所以，功率 MOS 晶体管的开关速度可以超过 1 MHz。

在对驱动电路的要求上，功率 MOS 晶体管也优于双极型晶体管。对于驱动电路，MOS 晶体管的栅极提供了纯容性负载。虽然在开关跳变时有大电流流过，但是这些电流会很快消失。对于典型的 1 A 功率晶体管，流过栅极驱动电路的平均电流仅有几毫安。双极型晶体管需要稳定的基极电流。由于这些晶体管的大电流 β 值都小于 10，所以 1 A 晶体管所需的基极驱动可能高达 100 mA。最简单的电路向晶体管提供了全基极驱动而不考虑集电极电流的大小。显然，在小负载情况下，这样的电路效率很低。更复杂的基极驱动电路会根据集电极电流调整基极驱动电流的大小，但即使是其中最好的电路也不能达到 MOS 栅极驱动电路的效率。

在漏源电压很小的情况下，MOS 晶体管也能够传导大电流，此时 MOS 晶体管的特性可以根据 Shichman-Hodge 方程得到。首先可将该方程变为

$$I_D = k(V_{GS} - V_t)V_{DS} + \frac{kV_{DS}^2}{2} \tag{12.2}$$

在小漏源电压时($V_{DS} \ll V_{GS}-V_t$)可以忽略二次项。上式可以化简为

$$I_D \approx k(V_{GS} - V_t)V_{DS} \tag{12.3}$$

该式表明漏源电压 V_{DS} 与漏电流 I_D 呈线性关系，因此晶体管相当于一个电阻，阻值 $R_{DS(\text{on})}$ 为

$$R_{DS(\text{on})} \approx \frac{1}{k(V_{GS} - V_t)} \tag{12.4}$$

导通电阻 $R_{DS(\text{on})}$ 与器件的跨导和有效栅压 V_{gst} 成反比。理论上可以通过增加宽长比 W/L 的办法将导通电阻减到任意小值。实际中还要考虑加在 $R_{DS(\text{on})}$ 的实际限制因素，如芯片的大小和费用、金属连线电阻和焊线电阻等，导通电阻只有几毫欧的分立 MOS 晶体管很容易实现，但是要求大多数集成功率器件必须占用更小的面积，而且电阻值要在 25 mΩ 到 1 Ω 之间。

实际中，由于存在非理想情况，不能采用类似于式(12.4)的简单公式计算 $R_{DS(\text{on})}$ 值。不但金属连线和焊线电阻对最终的导通电阻值影响很大，而且由于载流子速度饱和，功率 MOS 晶体管的跨导也随着有效栅压的变化而变化。考虑到这些因素，不能采用理论推导确定导通电阻值。实际情况是：应由设计者制作出器件样品并绘制导通电阻与器件面积的关系曲线(见 12.2.2 节)。

12.2.1　MOS 安全工作区

尽管与双极器件相比 MOS 晶体管有很多优势，但也受到一些相同的限制，尤其体现在安全工作区(SOA)方面。这些限制因素的实质和严重性在近几年才变得明显。特别是高密度、高电压的 MOS 晶体管通常受到严格的 SOA 限制。本节将讨论这些限制因素的实质、引发的原因及使之最小化的方法。

理想功率 MOS 晶体管的安全工作区曲线如图 12.11(A)所示。晶体管的击穿电压(无论是由于雪崩还是穿通)决定了其最大的漏源电压 $V_{DS(\max)}$。电迁徙限制确定了晶体管的最大漏极电流 $I_{D(\max)}$。芯片的最高工作温度与散热共同决定了最大的稳态功耗 $P_{D(\max)}$。该器件可以在高功耗水平短时间(通常小于 10 ms)工作，因为在芯片达到其最高工作温度之前能够吸收一部分能量。许多(如果不是绝大多数)分立功率 MOS 晶体管的 SOA 曲线都与图 12.11(A)所示相类似，其中没有二次击穿的迹象，而二次击穿通常会限制双极功率晶体管的特性(见 9.1.1 节)。

图 12.11(B)显示了典型集成功率 MOS 晶体管的 SOA 曲线。如果器件具有前文所描述的理想特性，虚线就表示 SOA 边界。实线显示了缩小的 SOA 区域，是该器件的实际情况。可以看到有两个独立的降低区域，它们机理不同。研究人员把 SOA 边界的这两部分称为电学 SOA(electrical SOA)和热电 SOA(electrothermal SOA)[①]。并不是所有 MOS 晶体管都同时具有这两个降低部分——有的仅有电学 SOA，而有的仅有热电 SOA。

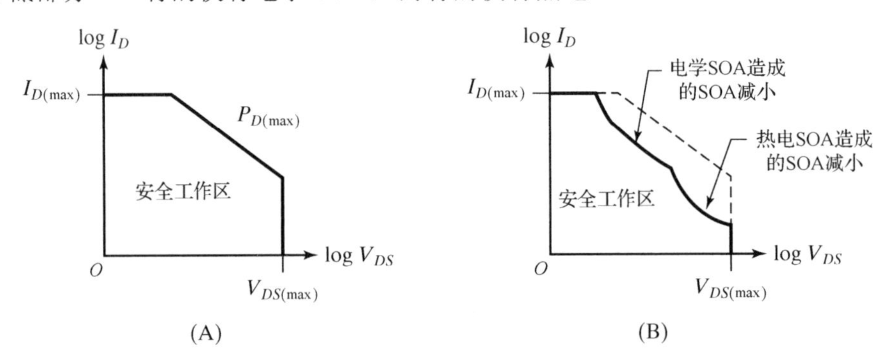

图 12.11　安全工作区(SOA)比较：(A)理想的功率 MOS 晶体管；(B)典型的集成功率 MOS 晶体管；可以看出集成器件中的 SOA 范围通常会有所减小

电学 SOA

功率晶体管的电学 SOA 源于碰撞电离。漏源电压较高时，注入穿过沟道夹断区部分的热载流子撞入硅原子，产生空穴电子对。很多产生的少子流过漏区-衬底结，形成的电流在到达接触孔前必须流经背栅。通常，功率晶体管的衬底掺杂相对较轻，并且间距较大。结果在大漏电流情况下，背栅去偏置效应变得十分明显。如果背栅去偏置超过了源区/衬底结的正偏电压，该结正偏，并开始向背栅注入少子(见图 12.12)。这些少子穿越背栅到达漏区。这条导通路径有效地形成了一支与功率 MOS 晶体管并联的寄生双极型晶体管。当该寄生双极型晶体管的集电极电流流过漏区/背栅结耗尽区时也会经历碰撞电离。碰撞电离又会进一步引起背

① P. L. Hower, "Safe Operating Area—a New Frontier in Ldmos Design," *Proc. 14 th Int. Symposium on Power Semiconductor Devices and ICs*, 2002, pp. 1-8。

栅去偏置效应。这种正反馈机制使流过晶体管的电流迅速增加。栅电压不能限制流过寄生双极型晶体管的电流。如果外部电路不能限制该电流，器件将最终因为过热而自毁。这个回跳(snapback)机制与双极型晶体管的 V_{CER} 击穿类似(参见 8.1.2 节)。

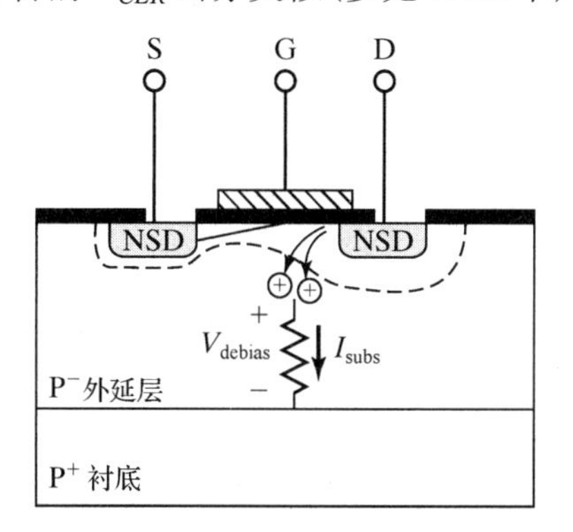

图 12.12　功率 MOS 晶体管的剖面图，图中显示了碰撞电离和去偏置效应

MOS 晶体管的电学 SOA 限制通常采用漏源击穿电压额定值加以量化。因为没有漏电流流过(栅极与源极短路时，器件工作在截止区)，栅极与源极短路时的漏源击穿电压 BV_{DSS} 的幅度不会因为碰撞电离而减小。当碰撞电离达到一定水平使得寄生双极型晶体管开始导通时，漏源击穿电压减小。这个减小的击穿电压用 BV_{DII} 表示，其中 II 表示碰撞电离。由于大电流会进一步引发电离碰撞，故 BV_{DII} 随着漏极电流的增大而减小。

器件设计者通常采用漏源击穿电压 BV_{DS} 与栅源电压 V_{GS} 的关系曲线来描述 MOS 晶体管的电学 SOA 特性。高栅源电压对应着大漏极电流，所以如果器件受到电学 SOA 限制，BV_{DS} 将随着 V_{GS} 的增加而减小。图 12.13(A)显示了没有电学限制的晶体管的 BV_{DS}–V_{GS} 关系曲线。我们称这样的晶体管具有方形 SOA 特性。图 12.13(B)显示了具有严格电学限制的器件的 BV_{DS}–V_{GS} 关系曲线。许多设计者习惯将器件的 BV_{DII} 降到最低，但是如果小心的话，这些器件实际上可以工作在更高的击穿电压下，这就要求设计者特别注意器件在实际工作中的电压和电流波形。

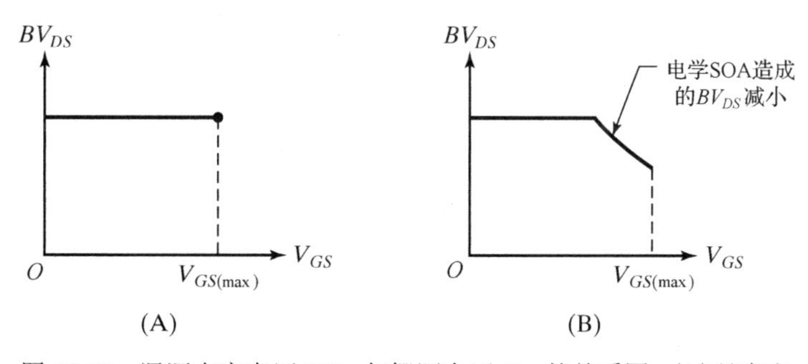

图 12.13　漏源击穿电压 BV_{DS} 与栅源电压 V_{GS} 的关系图：(A)具有方形 SOA 特性的晶体管；(B)受到电学 SOA 限制的晶体管

如果向 MOS 管的漏极注入恒定电流，漏源电压会增大直到达到击穿电压(BV_{DSS} 或者 BV_{DII})，然后漏源电压将回跳到一定的低值，称为维持电压 $BV_{\text{DS(sus)}}$。流经漏区/背栅结耗尽区的大电流造成强烈的局部过热。如果不使用外部手段终止漏极电流，晶体管这部分的温度会很快升高到破坏性水平。在瞬态过载条件下，雪崩击穿的 MOS 晶体管可以安全吸收的最

大能量称为雪崩能量标度(avalanche energy rating)[①]。标度值越大，晶体管越稳定。

受到电学 SOA 限制的晶体管通常具有令人惊讶的低雪崩能量标度。很多情况下，标度很小以至于存储在漏区/背栅电容上的能量足以破坏晶体管。如果这种器件的漏源电压超过其击穿电压(BV_{DSS} 或者 BV_{DII})，则会立刻自毁。研究人员把这种失效机制称为灯丝效应(filamentation)[②]。碰撞电离产生的载流子大量涌入漏区/背栅结耗尽区。大电流会产生更多载流子，进而又使电流增大。这种正反馈循环使器件具有负阻特性，可解释回跳。同样的现象使电流流过强场区时聚集在一个细线或细丝内。当细丝直径变小时，电流拥塞在细丝入口和出口的现象会变得更加严重。最后，电流拥塞产生的正电阻等于细丝自身的负阻，细丝的大小不再变化。细丝就出现在几纳秒之内。如果细丝足够小，其内部的温度会很快上升到破坏性水平。由于细丝的尺寸微小，只需一点能量就可以将其熔化。

高电压 MOS 晶体管的漏区通常采用复合结构，外部是很宽的轻掺杂漏区，作用与高压双极型晶体管的漂移区相同，并包围着内部重掺杂的漏极扩散区。场强的峰值通常出现在轻掺杂漏区和背栅形成的冶金结上，并且具有足够的限流作用以防止电流的破坏性聚集。在大电流情况下，Kirk 效应(见 9.1.1 节)使耗尽区倒向漏极接触。现在，场强的峰值出现在轻掺杂漏区和非本征漏区的交界处。碰撞电离使灯丝效应发生在这个区域之内。非本征漏区的低阻特性不能产生足够的限流效应以防止细丝的尺寸变得更小。

设计合理的版图可以通过减小背栅电阻改善 MOS 晶体管的电学 SOA 标度。采用叉指状背栅接触孔虽然带来一些好处，但会显著地增大器件面积(见 11.2.7 节)。一个更紧凑从而更具吸引力的方案是将集成背栅接触孔插入器件的源区叉指之间［见图 11.24(B)］。集成背栅接触孔的尺寸和间距对其效率有很大影响。绝大多数高压功率器件都采用加长的环形栅结构，如图 11.22(A)所示。由于电场增强，晶体管的两端比器件的剩余部分先发生雪崩。由于在每个源区叉指两端都放置了集成背栅接触孔以减少沿栅极弯曲部分的导通，从而使这种晶体管可以从中受益。

工艺的改进也有助于改善晶体管的电学 SOA 标度。任何增大背栅掺杂的措施都将减弱背栅去偏置效应，因此会增大晶体管的 BV_{DII} 值。这些改进包括：采用更深或更重掺杂的背栅，使用埋层和退化阱杂质分布。许多高压工艺包括这些措施中的部分或者全部，以保证高电压 MOS 晶体管获得方形 SOA 特性。

任何能够减轻 Kirk 效应的改进都有助于抑制破坏性的灯丝效应[③]，可以简单地提高轻掺杂漏区的掺杂水平。遗憾的是，由于漏区/背栅结耗尽区不能再很深地扩展进入轻掺杂漏区，所以这种方法会降低器件的 BV_{DSS} 值。一个更好的办法是把轻掺杂漏区加宽，以促进电流纵向流动。这种方法需要把轻掺杂漏区扩展到相当的深度。栅极和漏区接触孔之间存在间隙的晶体管(例如通常利用场释放结构实现的晶体管)即可达到上述目的。然而，轻掺杂漏区宽度

---

① R. R. Stottenburg, "Boundary of Power-MOSFET, Unclamped Inductive-Switching (UIS), Avalanche-Current Capability," *Applied Power Electronics Conf. and Expo*, 1989, pp. 359-364。

② P. Hower, S. Pendharkar, R. Steinhoff, J. Brodsky, J. Devore 和 W. Grose, "Using Two-Dimensional Structures to Model Filamentation in Semiconductor Devices," *Proc. 13th Int. Symposium on Power Semiconductor Devices and ICs*, 2001, pp. 385-388。

③ P. L. Hower, J. Lin 和 S. Merchant, "Snapback and Safe Operating Area of Ldmos Transistors," *Int. Electron Device Meeting*, 1999, pp. 193-196。

的增加也会使这种结构的导通电阻增大。第三种方法是在轻掺杂的漏区内再增加一个扩散区，从而延迟非本征漏区内发生 Kirk 效应，并且不过分限制耗尽区扩展进入轻掺杂漏区。这种方法使导通电阻的增量减小，同时可以维持较高的 BV_{DSS}。12.2.3 节中的自适应 RESURF 器件就使用了这种技术。

热电 SOA

MOS 结构中固有寄生双极型晶体管具有和任何其他双极型晶体管一样的缺点，尤其是会出现热击穿(见 9.1.1 节)。在约 1 ms 的延迟后，聚集的电流就会将雪崩 MOS 管烧毁，这种机制称为热电 SOA(Electrothermal SOA)。

热电 SOA 失效在开始的时候与电学 SOA 失效完全相同(见图 12.14)。MOS 晶体管的漏源电压上升到一定值，使得漏区/背栅结耗尽区内出现碰撞电离。从该耗尽区注入到背栅的载流子引起去偏置效应，随后触发寄生双极型晶体管。注入通过源区/背栅结的少数载流子流经背栅到达漏区。这些载流子加入流过 MOS 晶体管的漏极电流，使栅极丧失控制作用，并引起雪崩回跳现象。假设不出现灯丝效应，晶体管可以在这种模式下持续工作几百微秒。由于电压降比较大，因此流过的电流会使漏区/背栅结耗尽区迅速升温。热量从漏区/背栅结传导到源区/背栅结，后者同时还作为双极型晶体管的发射结。不可避免的是：热量的分布并不均匀，源区/背栅结中温度较高的部分总是比其他部分传导更多的电流，这个过程使电流聚集到一个热点。最终，漏区/背栅结内接近热点处的温度变得非常高以至于使硅熔化，从而导致器件烧毁[①]。

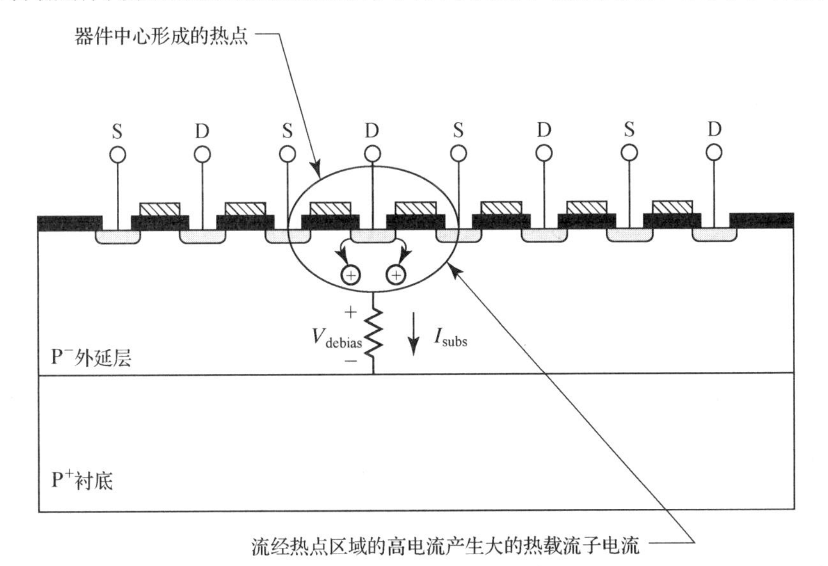

图 12.14　处在热电 SOA 区的 MOS 晶体管的剖面图，图中显示了这种失效机制的主要特征

快速瞬态过载(rapid transient overload)

窄长的多晶硅栅叉指的去偏置效应有时会引发 MOS 晶体管出现电流聚集问题。这些叉指的电阻非常大，特别是在多晶硅没有经过硅化的情况下。电阻与栅电容一起形成分布式的

---

① P. Hower, C. -Y. Tsai, S. Merchant, T. Efland, S. Pendharkar, R. Steinhoff 和 J. Brodsky,"Avalanche-induced thermal instability in Ldmos transistors," *Proc. 13th Int. Symposium on Power Semiconductor Devices and ICs*, 2001, pp. 153-156。

RC 网络。栅电压快速翻转时，距离栅极连接点最近的晶体管端会先于器件的其他部分开启和关断。这种前进式的开启特性有时会导致局部过热和器件失效。

图 12.15 所示为只有一个栅叉指的 MOS 功率管的简化模型。M_3 代表最接近栅极连接点的栅极部分，而 M_2 和 M_3 则表示稍远一些的部分。电阻 R_1 和 R_2 表示多晶硅栅的电阻。如果栅极驱动电压 V_G 迅速升高，由于栅极电阻和电容的 RC 延迟作用，晶体管 M_1 在 M_2 和 M_3 之前开启。在晶体管的其余部分开始驱动相应的负载之前，距离端点最近的栅极部分(M_1)就开始对负载电容 C_L 放电。如果 C_L 两端的电压很大，流过 M_1 的电流密度会大到足以将器件毁坏的程度。在栅极驱动电压 V_G 的上升时间小于通常只有几纳秒的栅延迟时才会发生这种类型的失效。这种快速瞬态过载现象经常出现在 ESD 保护电路和 MOS 栅极驱动电路中。

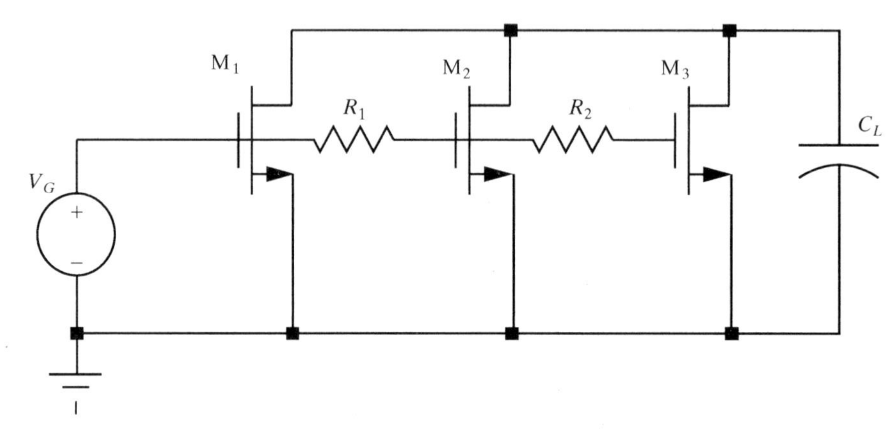

图 12.15　驱动容性负载的长栅极 MOS 的模型

12.2.2　常规 MOS 功率晶体管

MOS 晶体管一般不会从限流效应中受益，因此小信号晶体管所采用的叉指状版图同样适用于功率器件。

MOS 功率晶体管通常都是根据在特定栅压 V_{GS} 和结温下测出的导通电阻 $R_{DS(\text{on})}$ 加以区分。当结温从 25℃上升到 125℃时，功率 MOS 管的导通电阻会增大 50%，并根据工艺的不同在 ±30%的范围内变化。当导通电阻小于 1 Ω 时，不能忽略金属连线电阻，因此 $R_{DS(\text{on})}$ 的表达式变为

$$R_{DS(\text{on})} \approx \frac{1}{k(V_{GS} - V_1)} + R_M \tag{12.5}$$

式中的 R_M 表示源极和漏极金属连线的总电阻。这个阻值很难计算，因为它取决于晶体管的几何形状。许多设计者都避免使用 R_M，而是依靠测得的 $R_{DS(\text{on})}$ 数据。这个方法要求测量具有与目标功率器件相似版图的样品器件的 $R_{DS(\text{on})}$，然后利用测得的 $R_{DS(\text{on})}$ 计算称为特定导通电阻(specific on-resistance) R_{SP} 的品质因数：

$$R_{\text{SP}} = A_d R_{DS(\text{on})} \tag{12.6}$$

式中的 A_d 表示样本版图的绘制面积。特定导通电阻的单位通常是 $\Omega\cdot\text{mm}^2$。R_{SP} 的值越小，表明版图的面积效率越高。

一旦确定了特定的导通电阻，就可以利用式(12.6)计算出获得目标导通电阻所需的面积了。这种方法最大的问题是如何对特定导通电阻做出精确的估计，这远比想象的要复杂。R_{SP}的测量值不包括焊线和线框的电阻值，因为它们不与器件面积成比例变化关系。最好的办法是为样品器件提供 Kelvin 连接(见 14.3.2 节)，或者可以测量不含芯片的陪衬(虚拟)单元的引线和焊线阻值。基于 R_{SP} 计算 $R_{DS(on)}$的时候，不包括焊线和线框的阻值，所以必须将这些值加入以得到总的 $R_{DS(on)}$。

特定导通电阻还随着器件面积和长宽比的变化而变化。每个 R_{SP} 值仅适用于一定范围内的器件尺寸和长宽比。实际中，不能根据 R_{SP} 的经验值精确地确定面积超过 2～3 倍的器件的 $R_{DS(on)}$值。如果知道一定器件尺寸范围内的 R_{SP} 值，就可以使用插值法求出中间尺寸器件的 R_{SP} 值。同样的过程也可以用来确定长宽比变化造成的影响。

另外还可在分析晶体管的几何形状的基础上尝试计算金属连线的电阻值。为了使问题变得容易处理，我们需要进行大量的假设和简化，所以手工计算只能得到近似的结果。因为在计算过程中考虑了大量的形状因素，因此利用计算机完成的有限元分析可以得到更为精确的结果。使用任何一种方法计算时，都要求详细了解金属连线的图形。下一节将要介绍 MOS 功率晶体管中最为常见的两种金属连线图形。人们对特殊应用还提出了许多其他的图形方案，但是大多数都不具有普遍性而不在这里进行深入探讨。

矩形器件

图 12.16 显示了一个用于制作结构紧凑的矩形器件的简单双层金属连线版图。图的上半部分只显示了源漏叉指的金属 2 层图形，图的下半部分显示了覆盖在金属 1 层叉指上的金属 2 层图形。每一个叉指都是由一窄条跨越整个晶体管宽度并包含一行接触孔和通孔的金属 1 构成。金属 2 总线布在晶体管的左右两侧，负责收集来自所有叉指的电流并把电流送到可能位于晶体管顶部或者底部的源端和漏端。

图 12.16 所示金属连线版图提供了源区和漏区最大可能的金属连线数量。为了理解这是如何实现的，考虑一个与器件其他部分隔离的单个叉指——例如底部叉指。电流沿该叉指从右向左流动，最后进入连接到源极的金属 2 总线。在叉指最右侧的三分之一部分不存在通孔，流过这一部分的电流必须得通过整个金属 1。每个接触孔都向金属注入一小股电流，因此随着电流向左流动，它的幅值增大。随着电流幅值的增大，金属去偏置效应变得愈发严重。一旦电流到达了叉指中间的三分之一部分，其中部分电流会通过通孔向上流动并到达金属 2 条。现在电流流过由金属 1 和金属 2 构成的夹层结构。随着电流向左流动，其幅值将继续增大。一旦电流叉指到达最左侧的三分之一部分，它就向上流入金属 2 总线，然后流出晶体管。

沿源区叉指的压降幅度 V_{SM} 从右至左逐渐增加，而沿漏区叉指的压降幅度 V_{DM} 从左至右逐渐增加(见图 12.17)。这两个电压降之和 $V_{DM}+V_{SM}$ 比其中任何一个都小。这不仅使流过晶体管各个部分的电流基本相等，而且降低了整体的 $R_{DS(on)}$。这条原理几乎适用于任一种类型的功率器件的金属连线版图，尤其适用于 MOS 功率晶体管，因为在 MOS 功率管中金属连线电阻起着至关重要的作用①。

① Krieger 在 "Nonuniform ESD Current Distribution Due to Improper Metal Routing," *EOS/ESD Symposium Proc*, EOS-13, 1991, pp. 104-108 中分析了平行电流和反平行电流的分布状况。

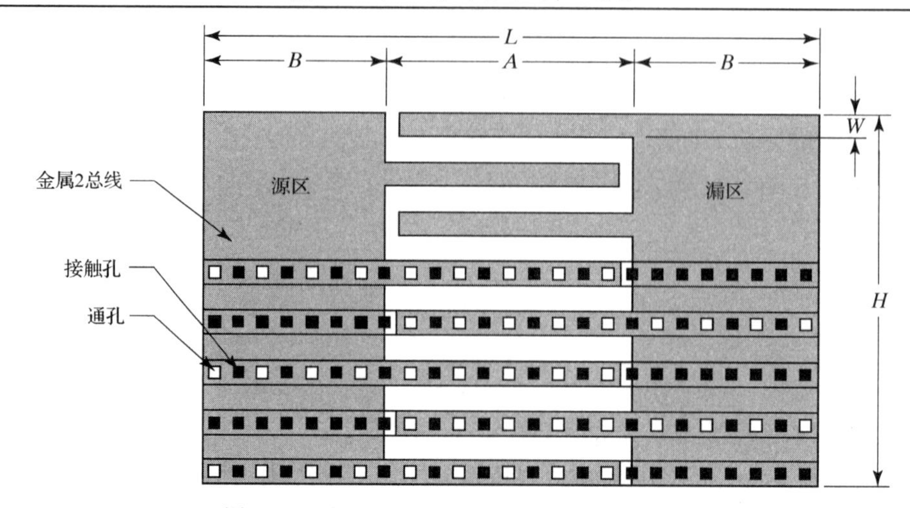

图 12.16　矩形 MOS 功率器件的金属连线版图

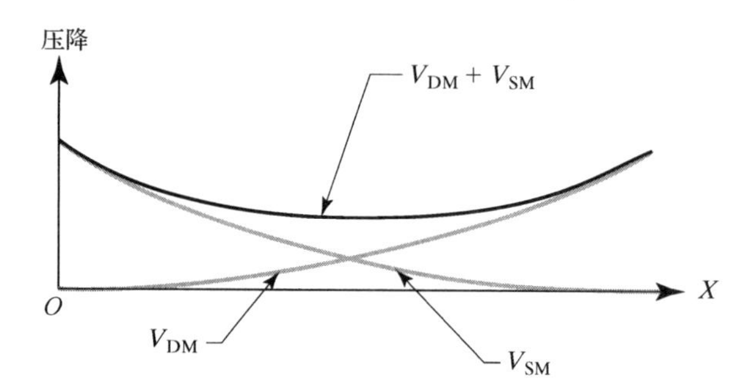

图 12.17　图 12.15 中功率晶体管的横向压降示意图

位于晶体管左侧和右侧的金属 2 总线收集从每个源漏叉指流过来的电流。这些电流沿纵向流向器件的端口。端口有多种不同的排布方式，其中的一些方式比其他方式具有更好的性能。图 12.18(A)显示了一种普通的排布方式，其中两端口位于晶体管的同一侧。成对的端口可以与邻近的焊盘相连，但是会产生额外的电压降以及使器件中的电流分布不均匀。图 12.18(B)显示了一种更好的排布方式，源端和漏端位于晶体管相对的两端。与图 12.18(A)所示的方式相比，这种方式使电流分布更加均匀，同时降低了总电阻。

图 12.18(C)显示了有时用于减小金属连线电阻的另一种方法。端口位于各自总线的中部，因此电流不需要流过整个总线长度。这种方式确实减小了电阻，但也使电流分布不均匀。在大多数情况下，图 12.18(B)所示版图要优于图 12.18(A)和图 12.18(C)所示的版图。

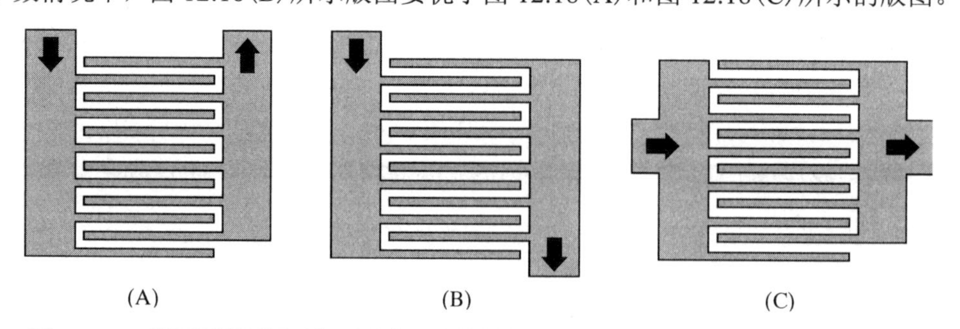

图 12.18　3 种不同的适用于矩形功率晶体管的金属连线版图。箭头表示流向端点的电流

对角器件

图 12.18 所示矩形版图有一个明显的缺点。金属 2 总线的宽度保持不变，但是流过它的电流是变化的。逐渐变细的总线可以减小去偏置效应，并且使电流更加平均地分配于晶体管的各个叉指。图 12.19 显示了一种采用逐渐变细总线的版图结构。晶体管的叉指排布成对角结构，从而自然地在器件的两侧形成梯形的金属 2 总线。漏极和源极必须位于晶体管相对的两端。该器件比图 12.16 所示的矩形版图更难实现，并且要用计算机仿真确定最佳尺寸。为了获得这种版图所声称的完全填充密度，金属 2 总线下面的三角区域需要填满电路。许多设计者更喜欢使用如图 12.18(B)所示的矩形版图，因为矩形结构更容易制作与优化。

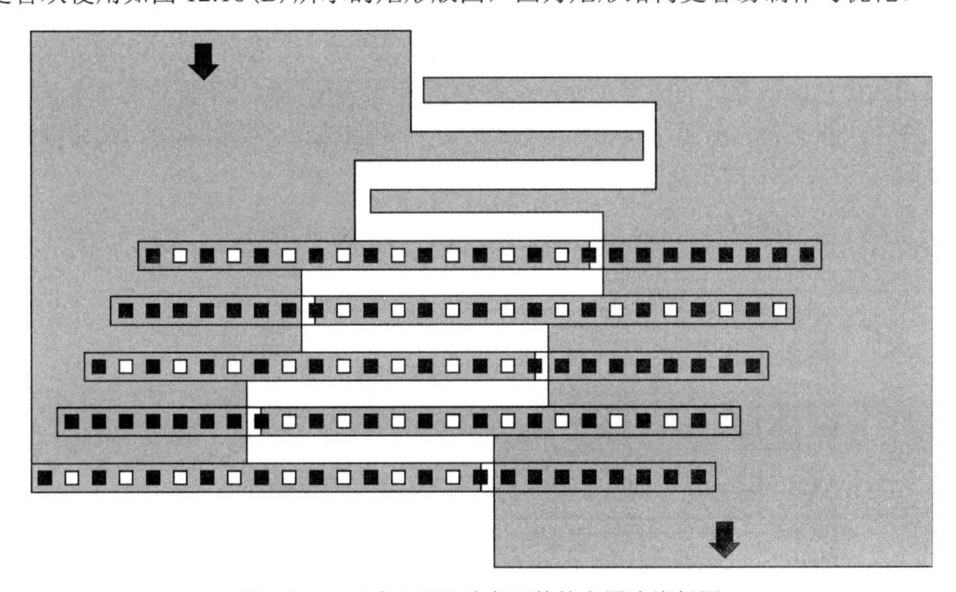

图 12.19　对角 MOS 功率器件的金属连线版图

计算 R_M

精确计算金属连线电阻非常复杂，通常需要计算机建模。图 12.18(B)所示的金属连线版图是一个例外，可使用下面的公式估算其阻值：

$$R_M = \frac{B^2 R_{S1}}{2W N_D L} + \frac{A R_{S12}}{2W N_D} + \frac{H R_{S2}}{2B} \tag{12.7}$$

其中，N_D 等于漏区叉指的数目(或者是源/漏叉指总数的一半)，R_{S1} 等于金属 1 的薄层电阻，R_{S2} 等于金属 2 的薄层电阻，R_{S12} 表示金属 1 和金属 2 并联的薄层电阻。图 12.16 显示了 A、B、W、L 和 H 这几个尺寸之间的关系。这个推论假设每个源/漏叉指都传导相同大小的电流，并且流过一个叉指的电流随其长度而线性增加。公式还忽略了金属 2 总线宽度方向压降的变化。

通过分析前面的等式(见附录 D)可以确定金属 2 总线的最佳宽度 B：

$$B = \left(\frac{R_{S12}}{R_{S1}}\right)L \tag{12.8}$$

假设金属 1 与金属 2 的组成相同，式(12.8)可变为

$$B = \left(\frac{t_1}{t_1 + t_2}\right)L \tag{12.9}$$

t_1和t_2分别表示金属1和金属2的厚度。该式提供了一种确定金属2总线尺寸的方法。如果金属1的厚度等于或者超过金属2的厚度，那么总线需要延伸跨过半个晶体管。在这种情况下，由尺寸A描述的叉指区域完全消失。如果金属2的厚度超过金属1的厚度，那么总线不应完全覆盖晶体管，两者之间应该存在一个叉指区。尽管式(12.8)和式(12.9)是专为图12.18(B)中的结构推导而得的，然而却只考虑了单一叉指的情况，因此也同样适用于图12.18(A)和图12.18(C)中的结构。

其他因素

连接功率晶体管与负载的金属引线和焊线会使$R_{DS(on)}$增大，这些电阻值与晶体管的整体尺寸、形状及其相对于焊盘的位置相关。计算方法构成了14.2节所讨论的布局过程的一部分。

栅极引线也是值得考虑的因素之一。长条形的多晶硅电阻大大降低了大功率晶体管的开关速度。将单个栅叉指与金属跳线相连可以减小这个电阻值。连接栅极的两端还可以进一步使栅极电阻减小到1/4左右(见图12.20)。

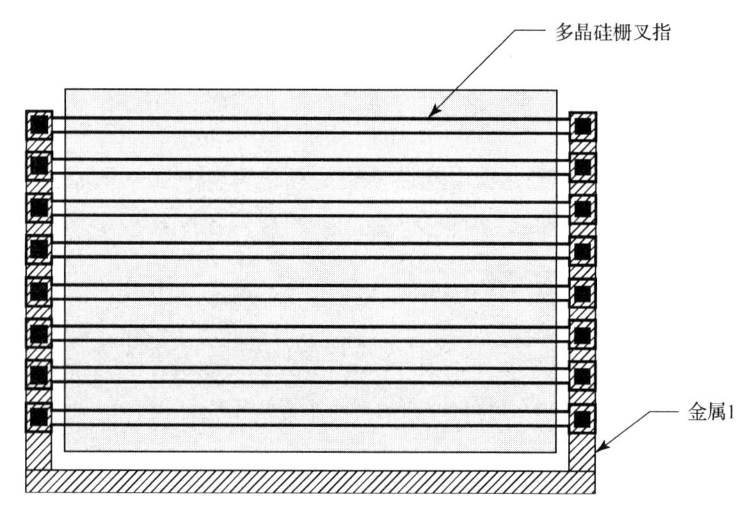

图12.20 金属连接栅叉指的两端以降低栅极电阻

绘制功率晶体管版图时其他值得考虑的因素包括背栅接触孔和保护环的放置。功率晶体管可以采用叉指式或分布式的背栅接触孔，具体取决于哪种方法在保持可接受的SOA特性的同时使整体面积最小(见11.2.7节)。需要独立连接背栅的器件必须采用被相邻源叉指分开的交叉式背栅接触孔。采用模拟BiCMOS工艺实现的PMOS管可使用NBL获得稳固的背栅连接，而无须交叉式或者分布式的背栅接触孔。采用退化阱的工艺也可以从阱的下部重掺杂区域获得同样的好处。

有些应用会使功率晶体管的背栅二极管暂时正偏。如果发生了这种情况，那么不但需要大范围的背栅接触孔网络提供复合电流，而且需要有效的少子保护环系统以防止衬底注入和去偏置效应。

直接做在外延层上的晶体管会存在一个特殊问题，因为不存在阻止少子流向衬底的措施。如果采用N阱CMOS工艺制作NMOS晶体管，就会出现这种情况。在BiCMOS工艺中，可以使用深N+侧阱与NBL相结合的方法隔离这些NMOS晶体管(见11.2.2节)。隔离的NMOS不能向衬底注入电子，因为隔离结构相当于一个收集电子保护环。如果隔离结构不可行，设计者就必须在晶体管的外围设置保护环。保护环与重掺杂衬底结合使用通常十分有效。如果工艺使用轻掺杂衬底，那么保护环应该做得尽量宽，以防止少子从它们的下方通过。衬底接触孔应放置在保护环远离注入点的一侧。在轻掺杂衬底中，从保护环下方流过的多子电流产生的电场会阻止保护环下方少子电流的流动。有时会刻意排布邻近功率管的阱使之起到保护环作用。

有些电路使用小晶体管感知流过大晶体管的电流。理想情况下，感应晶体管由散布在晶体管内的许多部分组成，所以这些部分的平均值代表了功率晶体管的平均工作条件。实际上很难将感应晶体管嵌入功率晶体管内部，这些晶体管通常沿器件的一侧或两侧置于栅叉指的末端。如果只有一个感应晶体管部分可以使用，那么它应该占据在器件一侧的中心。两个感应部分应该占据器件相对两侧的中心。4 个感应部分应该成对地对称放置在通过功率晶体管质心的轴的周围。如果感应部分都位于功率晶体管内，那么它们应该占据在从晶体管中心到其边缘大约一半距离的位置，并且如前所述应对称放置。

图 12.21 显示了一个典型的位于栅叉指末端的单个嵌入式感应晶体管的例子。实际上，功率管会有更多数量的叉指，为感应器件选择的叉指应尽可能位于器件的对称轴附近。感应器件共用栅极、源极和背栅连接，但是漏极连接是独立的。

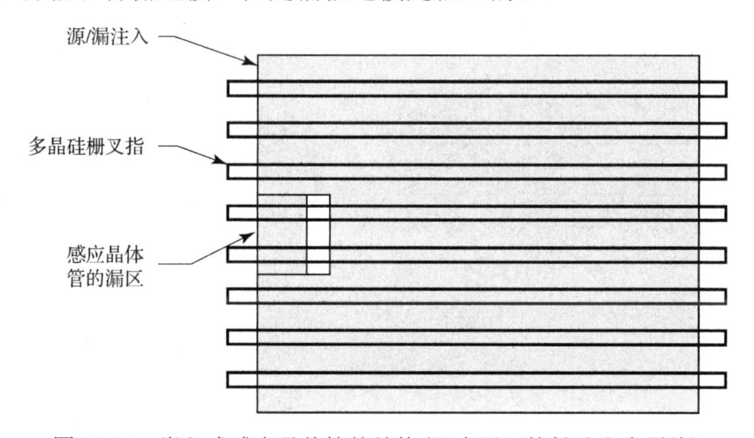

图 12.21　嵌入式感应晶体管的结构(没有显示接触孔和金属线)

在设计探测器件的时候，要记住两个匹配器件中的尺寸较小者是引发失配的主要来源。大多数功率器件的短沟道长度特性使得很难获得足够的栅面积以减小失配，同时把流过感应电阻的电流控制在所期望的低水平上。

非常规结构

常规的自对准多晶硅栅晶体管由一系列相互交叉的源漏叉指组成。尽管这样的排布非常简单，但却不是最紧凑的结构。其他设计通过把结构巧妙的源漏单元紧密地排布成阵列形式可获得更小的特定导通电阻。图 12.22(A)中的华夫饼状晶体管(waffle transistor)就是这个概念的具体表现。这种晶体管使用水平和垂直多晶硅条组成的网格把源/漏注入区分成方格阵列。每个方格只有一个接触孔。把这些接触孔与源极和漏极金属线交替相连，就可使每个源区的周围有 4 个漏区，而每个漏区的周围也有 4 个源区。漏区和源区金属连接由一系列金属 1 斜条构成，并且通常与类似于常规晶体管中使用的叉指状金属 2 版图结合使用。

对于给定的器件面积进行宽长比 W/L 分析，结果表明华夫饼晶体管的填充密度有所增大：

$$\frac{(W/L)_w}{(W/L)_c} \approx \frac{2S_d}{L_d + S_d} \tag{12.10}$$

其中华夫饼晶体管的宽长比$(W/L)_w$和常规叉指状晶体管的宽长比$(W/L)_c$是在器件消耗同样芯片面积的前提下测得的。只要栅极间距S_d大于栅长L_d，华夫饼晶体管就比常规叉指状晶体管具有更好的填充特性。几乎所有的功率晶体管都符合这个要求。假定版图规则规定最小的绘制栅长为2 μm，最小的接触孔宽度为1 μm，多晶硅到接触孔的最小间距为1.5 μm。使用这些规则，式(12.10)表明华夫饼晶体管的跨导比普通叉指状晶体管的跨导大了将近33%。如果要对华夫饼晶体管的优势做出更为精确的估计，就需要考虑绘制栅长和有效栅长的区别，而且对于华夫饼晶体管还要考虑拐角导电的情况，上述两项都没有包含在式(12.10)中。在多晶硅网格内，相互交替的塞状源区和漏区构成的六边形排布可以进一步提高版图的填充密度，但是大多数版图编辑器都难以实现[①]。

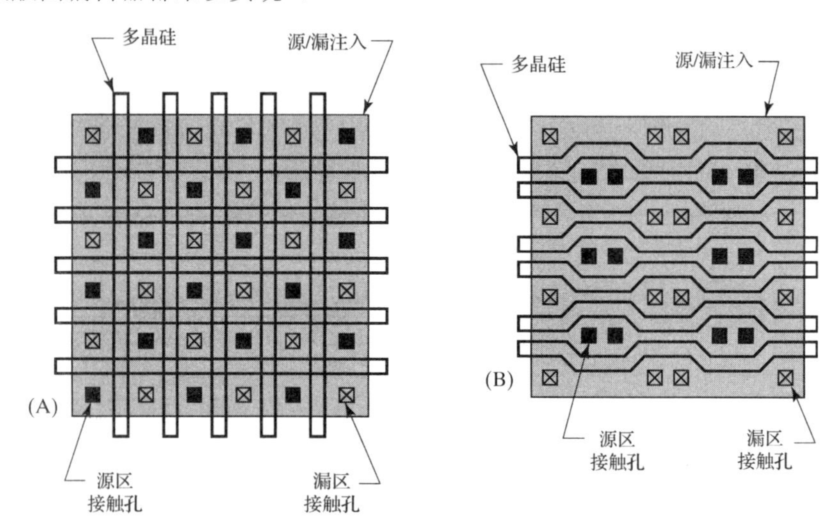

图 12.22 非传统MOS晶体管版图：(A)华夫饼式；(B)曲栅式。为了帮助区分，漏区接触孔与源区接触孔的画法不同

华夫饼晶体管有3个关键的缺陷：第一，前面的分析中并没有考虑金属连线电阻的影响。金属连线电阻始终是$R_{DS(on)}$的重要组成部分，在很薄的CMOS金属系统中通常起主导作用。如果假定金属连线电阻占了总$R_{DS(on)}$的一半，那么使用华夫饼状版图所带来的改善也要减半，对于这个例子是从33%降到16%。实际情况甚至更糟，因为华夫饼状版图的金属化很难正确实现。金属1叉指必须多次穿过多晶硅栅，从而引起显著的台阶诱生金属变薄(step-induced metal thinning)；第二，在华夫饼晶体管的沟道中存在大量的转弯处。这些拐弯在源/漏区中形成了尖锐的拐角，使得这些区域发生雪崩的电压低于晶体管的其他部分。局部的雪崩效应限制了华夫饼晶体管所能耗散的能量。在ESD测试中，这个限制变得非常明显，此时华夫饼晶体管的性能可能比常规结构略差一些。对方形漏/源区的拐角采用圆角或者斜面就可以消除这个问题[②]；第三，华夫饼晶体管中没有背栅接触孔。除非晶体管与重掺杂衬底结合使用或

① A. Van den Bosch, M. S. J. Steyaert 和 W. Sansen, “A High-Density, Matched Hexagonal Structure in Standard CMOS Technology for High-Speed Applications,” *IEEE Trans. Semiconductor Manufacturing*, Vol. 13, #2, 2000, pp. 167-172。

② L. Baker, R. Currence, S. Law, M. Le, C. Lee, S. T. Lin 和 M. Teene, “A ‘Waffle’ Layout Technique Strengthens the ESD Hardness of the NMOS Output Transistor,” *EOS/ESD Symposium Proc.*, EOS-11, 1989, pp. 175-181。

者用埋层做背栅接触孔，否则很容易发生背栅去偏置和闩锁效应。没有简单的办法可在华夫饼状版图中加入叉指式或者分布式背栅接触孔。

图 12.22(B)所示的曲栅状晶体管能够避免华夫饼晶体管所遇到的大多数问题，而且还具有一些独特的优点。曲栅增加了栅极的宽度，同时使得栅极条的排布能够更加紧密。在不牺牲更多芯片面积的同时，这种版图可以轻易地容纳分布式背栅接触孔。这种版图也没有采用 90°弯曲，而是采用更平缓的 135°弯曲，因此不易发生局部雪崩击穿。源区和漏区接触孔对角放置也可以增加源/漏限流作用，从而改善器件在极限条件下的稳定性，例如在 ESD 测试中可能遇到的情况。这些优点的结合可以很容易地向版图中插入大范围的分布式背栅接触孔网络，使得这种器件适用于经常发生瞬态过载的情况。

12.2.3 DMOS 晶体管

高压晶体管需要短的重掺杂背栅和宽的轻掺杂漂移区。向漂移区中扩散背栅比向背栅中扩散漂移区更容易达到上述目的。双扩散 MOS(或者称 DMOS)采用这种方法制作适合用作功率器件的短沟道高压晶体管。

与 DDD 晶体管相同，DMOS 管也是利用同一个氧化层开孔自对准做出两个扩散区。向轻掺杂的 N 型硅中扩散硼和砷可以形成 N 沟 DMOS(见图 12.23)。硼的横向扩散比砷快，最终得到的是中等掺杂的 P 型区包围较浅的重掺杂 N 型区的结构。重掺杂砷的核心形成了 DMOS 晶体管的源区，而周围中等掺杂的硼扩散区构成背栅。晶体管的沟道长度等于硼和砷掺杂表面横向扩散距离的差值，这个值只取决于掺杂浓度和扩散时间。

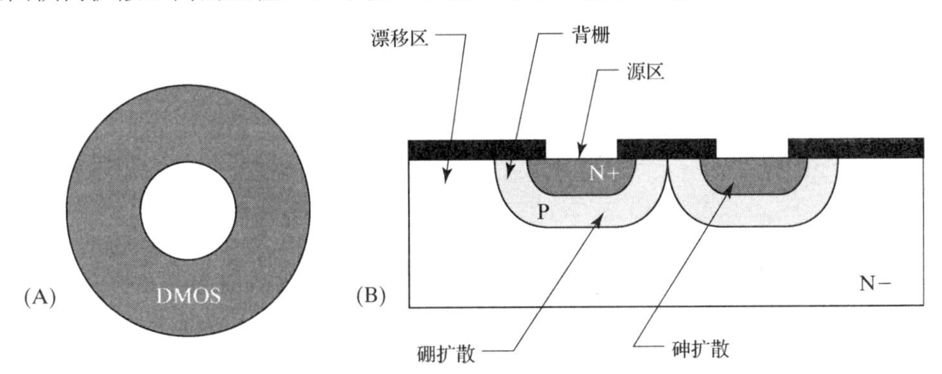

图 12.23　(A) DMOS 掩模图形；(B) 扩散区的最终结构

包围背栅的轻掺杂 N 型区作为 DMOS 晶体管的漂移区。必须通过重掺杂 N 型区形成与漂移区的接触。分立 DMOS 晶体管通常占据淀积在重掺杂 N 型衬底上的轻掺杂 N 型外延层。漏极电流向下流动通过外延层到达衬底，并从管芯的背面流出。外延层的厚度决定了漂移区的宽度，因此确定了晶体管的最大工作电压。为了集成这种纵向 DMOS(或者称 VDMOS)，漏区必须与衬底隔离。可通过将晶体管放置在包含 NBL 和深 N+区的 N 阱中实现上述目的。虽然解决了隔离问题，但由于漂移区的不完全耗尽，在正向电压较低时晶体管仍有过大的漏极电阻。漏极电阻是实现低压 DMOS 晶体管的一个主要挑战。外延层的厚度不能减小得太多，否则 NBL 的尾部就会与 DMOS 扩散区相交，因此必须尝试另一种方法。

横向 DMOS 晶体管

绝大多数集成 DMOS 晶体管使用 DMOS 背栅旁浅的重掺杂 N 型扩散区抽取漏极电流，这种器件称为横向 DMOS 或 LDMOS[1]。背栅和漏极接触孔扩散的分离决定了横向漂移区的宽度。该漂移区被设计为在相对较低的电压下完全耗尽。这种晶体管不需要 NBL 或者深 N+扩散区，尽管当背栅相对于漏区正偏时通常会加上它们以减小衬底注入。

DMOS 的背栅接触孔也是一个问题。背栅不仅掺杂轻，而且极窄。重掺杂 P 型扩散区可以与背栅接触，但同时必须与 N+源区接触。形成的 P+/N+结可能会有严重的漏电现象，以至于背栅不能与源区隔离。绝大多数 DMOS 晶体管都使用环形结构，中心的塞状 P+区作为背栅接触孔。一个单独的同时覆盖塞状 P+区和源区的接触孔使二者短路［见图 12.24(A)］。DMOS 晶体管被认为是非对称器件，因为它的背栅通常与源区相连，而且漏区附近的背栅扩散比源区附近的背栅扩散掺杂水平更低。

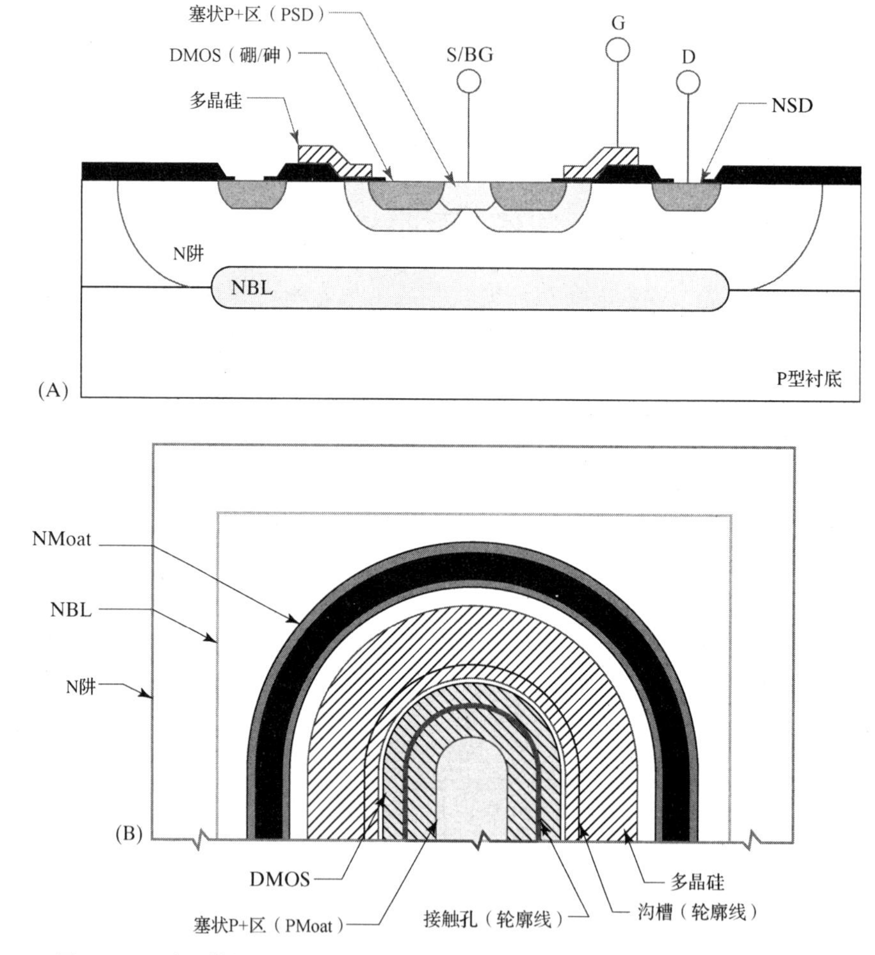

图 12.24　采用模拟 BiCMOS 工艺制作的横向 DMOS 晶体管的版图和剖面图

图 12.24 显示了采用 N 阱模拟 BiCMOS 工艺实现的简单 LDMOS 晶体管。环形 DMOS 管

① J. D. Plummer 和 J. D. Meindl, “A Monolithic 200-V CMOS Analog Switch,” *IEEE J. Solid-State Circuits*, Vol. SC-11, #6, 1976, pp. 809-817。

的砷和硼注入确定了器件的源区和背栅，封闭的 N 阱作为其漂移区。与背栅接触的塞状 P+ 区由 PSD 注入构成，它的外边缘就是 DMOS 注入的内边缘。非本征漏区由包围晶体管的 NSD 环组成。NMoat 和 DMOS 图形之间的距离决定了漂移区的宽度。在漂移区的上方，多晶硅栅与厚场氧化层交叠形成场释放结构，使得晶体管可以承受大的漏栅压降而无须厚的栅氧化层，该结构还可以进一步优化。

最小的 DMOS 晶体管使用圆环形 DMOS 注入区，如图 12.23 所示。如果把多个小尺寸环形器件并联可以获得更大的宽度，但是这样的环形晶体管阵列十分松散。如图 12.24 所示的晶体管使用加长的环形结构以改善填充密度。大尺寸功率器件由环形 DMOS 晶体管阵列与漏极接触孔相互交叉构成。这种类型的结构类似于传统的叉指状晶体管，并且可以使用 12.2.2 节讨论过的任何一种金属连线版图。

NBL 是 DMOS 晶体管的一个组成部分，但并不是总能起到有益的作用。考虑 DMOS 晶体管中不包含 NBL 的情况，随着漏极电压升高，漏极-背栅和漏极-衬底的耗尽区都会加宽。如果阱足够浅，那么它将在远早于阱-背栅结雪崩的时刻从背栅穿通到衬底。只有在晶体管的源极与衬底电位不同的情况下，这种穿通才会引起问题。NBL 可以限制耗尽区从而防止穿通，但这样也会使电场增强并降低阱-背栅的雪崩击穿电压，因此 DMOS 晶体管有两个不同的漏源电压额定值。源区连接到衬底电位的器件可以省去 NBL，并可获得更高的工作电压。源区没有连接到衬底电位的器件需要 NBL，因此工作电压也被限制在较低的水平。这两种形式的器件通常被称为低端驱动(LSD)和高端驱动(HSD)。LSD 版图没有 NBL，因此要求源区连接到衬底电位，进而要求晶体管位于负载和地回路之间，即处在负载的“低端”。HSD 版图中包括 NBL，并允许源区电位高于衬底电位，因此 HSD 器件位于负载和电源线之间，即处在负载的“高端”。

RESURF 晶体管

高压晶体管需要轻掺杂漏区以提供足够大的击穿电压。轻掺杂漏区同时沿横向和纵向耗尽。传统设计采用相对较深的阱或者外延层以使漏区/衬底结耗尽区远离有源器件。最近的研究表明不仅这样深的漏区是没有必要的，而且使用浅的漏区实际上可以减小表面横向电场，因此使得器件能够在更高的电压下工作。利用这种原理制作的晶体管称为表面电场减弱(RESURF)晶体管。

图 12.25(A)显示了 RESURF 器件的部分截面图。矩形的 N 型区代表淀积在轻掺杂 P 型衬底上的轻掺杂 N 型外延层，中等掺杂的 P 型隔离扩散区穿过 N 型外延层把外延隔离岛互相隔开，隔离岛上加高电压就会在隔离岛和周围的 P 型区之间形成耗尽区。外延层/衬结耗尽区纵向延伸进入外延层的深度为 X_V。通常，外延层/隔离区结耗尽区一般横向延伸进入外延层的距离为 X_{lat}，从而会有足够的电离施主杂质与隔离区内电离的受主电荷平衡。然而，矩形阴影部分已被外延层/衬底结耗尽区耗尽，因此外延层/隔离区结耗尽区必须进一步延伸进入 N 型外延层，以获得所必须的电离施主杂质数量。图 12.25(B)为一旦考虑了横向和纵向耗尽区的相互作用而实际横向侵入 N 型外延层的部分。耗尽区电场与其宽度成反比，所以横向耗尽区宽度的增加意味着电场强度相应降低[①]。

① M. Imam, M. Quddus, J. Adams 和 Z. Hossain, “Efficacy of Charge Sharing in Reshaping the Surface Electric Field in High-Voltage Lateral RESURF Devices,” *IEEE Trans. on Electron Devices*, Vol. 51, #1, 2004, pp. 141-148。

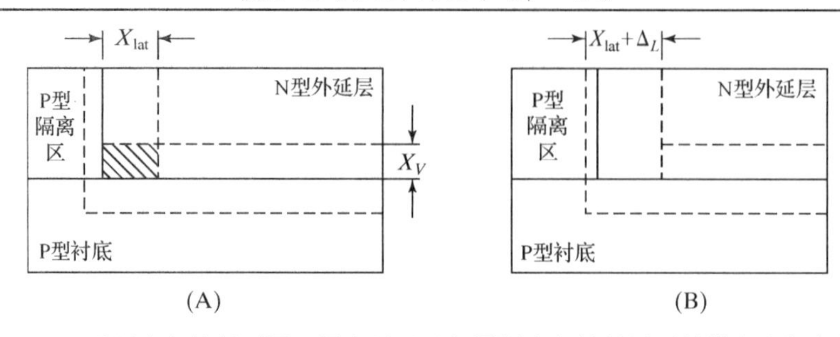

图 12.25 N 型隔离岛的剖面图，图中显示了包围隔离岛的耗尽区的横向和纵向部分：(A)忽略了横向-纵向耗尽区的相互作用；(B)包括横向和纵向耗尽区的相互作用

RESURF 器件利用横向与纵向耗尽区的相互作用来提高器件的击穿电压。RESURF 效应要求纵向击穿电压大于横向击穿电压，这几乎出现在所有的平面器件中。考虑图 12.25(B)所示结构。P 型隔离扩散区必须包含足够数量的杂质以到达外延层/衬底界面，这意味着隔离扩散区上半部分的掺杂水平要高一些，因此耗尽区在靠近表面的时候会变窄，这种变窄减小了横向击穿电压。当 N 阱扩散进入 P 型外延层时，也存在同样的情况。不但阱的上半部分的杂质数量要多于下半部分，而且沟道终止注入也会增加表面的掺杂浓度，因此 RESURF 效应可以增大外延隔离岛或者阱的横向击穿电压。在正常制作的器件中，RESURF 可以保证纵向击穿先于横向击穿发生。然而，如果纵向尺寸太大或者太小，这种理想情况将不会出现。大的纵向尺寸会减小横向耗尽区的扩展量。如果纵向尺寸过小，那么纵向耗尽区就会到达表面。如果发生这样的情况，纵向电场开始增强，同时纵向击穿电压下降。

图 12.26 显示了 RESURF DMOS 晶体管的剖面图。漏区由进入轻掺杂 P 型外延层的 N 阱构成。DMOS 晶体管位于阱内。当漏极工作在最大额定电压的时候，P 型体区下的 N 阱区域完全耗尽。只要晶体管作为低端驱动器件使用，或者换句话说，只要源区(因此，也就是背栅)与衬底电势相同，就不会引起任何麻烦。由于 RESURF 效应，阱/外延层结周围耗尽区的横向突入量显著增加，从而使漏区侧壁的电场减弱，并增大了晶体管的击穿电压。漏区/背栅结也会发生同样的效应。尽管绝大多数 RESUFR 晶体管都是 LSD 器件，但正常制作的 HSD 器件也可以从 RESURF 效应中受益①。

早期的高压 RESURF 器件由于电学 SOA 限制具有较差的安全工作区特性。这些器件十分脆弱，因此设计者通常不愿意采用。这些器件的电学 SOA 源于 Kirk 效应，Kirk 效应使电场强度最大的点从漏区/背栅结附近移动到轻掺杂漏区和非本征漏区的界面处(见 12.2.1 节)。在场释放结构下增加一个中等掺杂的扩散区可以终止这个效应。通常，出现在场氧化层下面的 N 沟终止注入区的深度和掺杂水平都足够大，从而可以完成该功能。由于绝大多数晶体管都把场氧化层作为场释放结构的一部分，因此这种 N 沟终止注入区构成了晶体管的一个固有部分。这种技术被称为自适应表面电场减弱②。

① V. Khemka, V. Parthasarathy, R. Zhu 和 A. Bose, "Correlation Between Static and Dynamic SOA (Energy Capability) of RESURF LDMOS Devices in Smart Power Technologies," *Proc. 14th Int. Symp. on Power Semiconductor Devices and ICs*, 2002, pp. 125-128。

② P. Hower, J. Lin, S. Merchant 和 S. Paiva, "Using 'Adaptive RESURF' to Improve the SOA of Ldmos Transistors," *Proc. 12th Int. Symp. on Power Semiconductor Devices and ICs*, 2002, pp. 345-348。

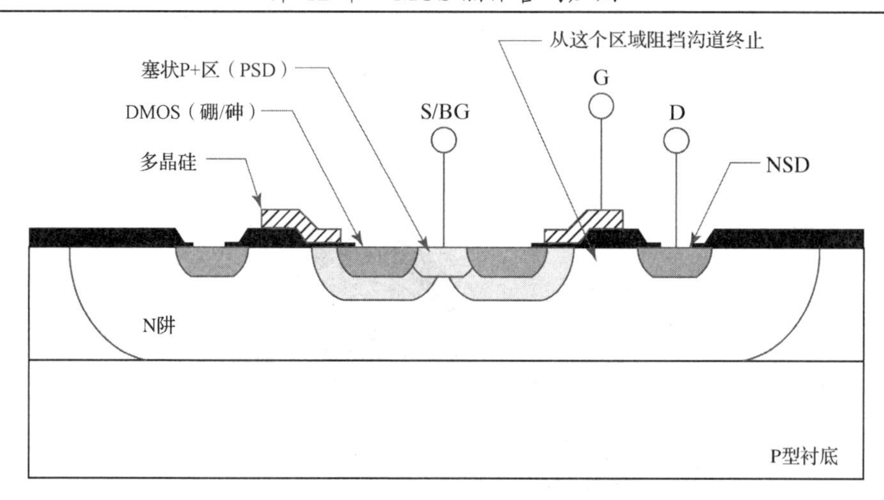

图 12.26 低端驱动 RESURF DMOS 晶体管的剖面图

在过去的几年中，横向 DMOS 的技术已经成熟许多。目前制作出的最好器件同时具有高击穿电压、方形或者接近方形的 SOA 特性，以及低特定导通电阻等优点，因此，LDMOS 器件目前被认为是集成电路应用中最突出的高压功率器件。

DMOS NPN

如图 12.23 所示的 DMOS 结构中包含一个寄生 NPN 晶体管。DMOS 的源区是该晶体管的发射区，背栅是其基区，漏区是其集电区。该寄生 NPN 管有重掺杂的发射区，因此可以增大发射注入效率；有中等掺杂的薄基区可以使其 Gummel 数减小；还有宽的轻掺杂集电区可减弱厄尔利效应。DMOS NPN 的性能接近于传统 CDI NPN，使之可以作为后者的代替品。

图 12.27 显示了典型 DMOS NPN 的版图和剖面图，该结构使用圆形 DMOS 注入构成晶体管的基区和发射区，绘制发射区面积等于 DMOS 注入的绘制面积。发射区通过中央的塞状 NSD 实现接触，而基区通过包围 DMOS 注入区的 PSD 环实现接触。考虑到对版误差，DMOS 的硼注入区必须与 PSD 注入区有足够的交叠量，因此通常要求两个区域相邻。杂质集电区与传统 NPN 晶体管相同，都是由 NBL 和深 N+区构成的。

在传统 DMOS 结构中，P+/N+结出现在 P+背栅接触和 N+DMOS 注入之间。由于源极总是与衬底短路，所以不用考虑 DMOS 晶体管中的这个结发生漏电的可能。但在 DMOS NPN 中就不同了，因为这些扩散区形成了晶体管的基区和发射区。通过减少 DMOS 注入中的砷剂量可以避免出现漏电现象。现在必须在源区中加入 NSD，以实现与轻掺杂砷注入区的欧姆接触。

图 12.27 所示的结构图略去掉了通常覆盖在 DMOS 注入区上方的沟槽图形，从而允许在上面生长场氧化层。杂质分凝和氧化增强扩散可以驱动掺砷发射区更深地进入掺硼基区，从而减小了晶体管的基区宽度。因此，在 DMOS 注入区上方生长场氧化层可以增大 DMOS NPN 的 β 值。

所有 DMOS NPN 晶体管都包含一个连接在集电极和发射极之间的寄生 DMOS 管。图 12.27 中的结构没有显示抑制寄生器件所需的多晶硅栅电极。多晶硅电极[或称为场板(field plate)] 必须覆盖并超出暴露的 DMOS 硼注入区足够的量以满足对版误差要求。场板通常与发射极相连，因为这种连接方式使寄生 DMOS 的栅极和源极短路。

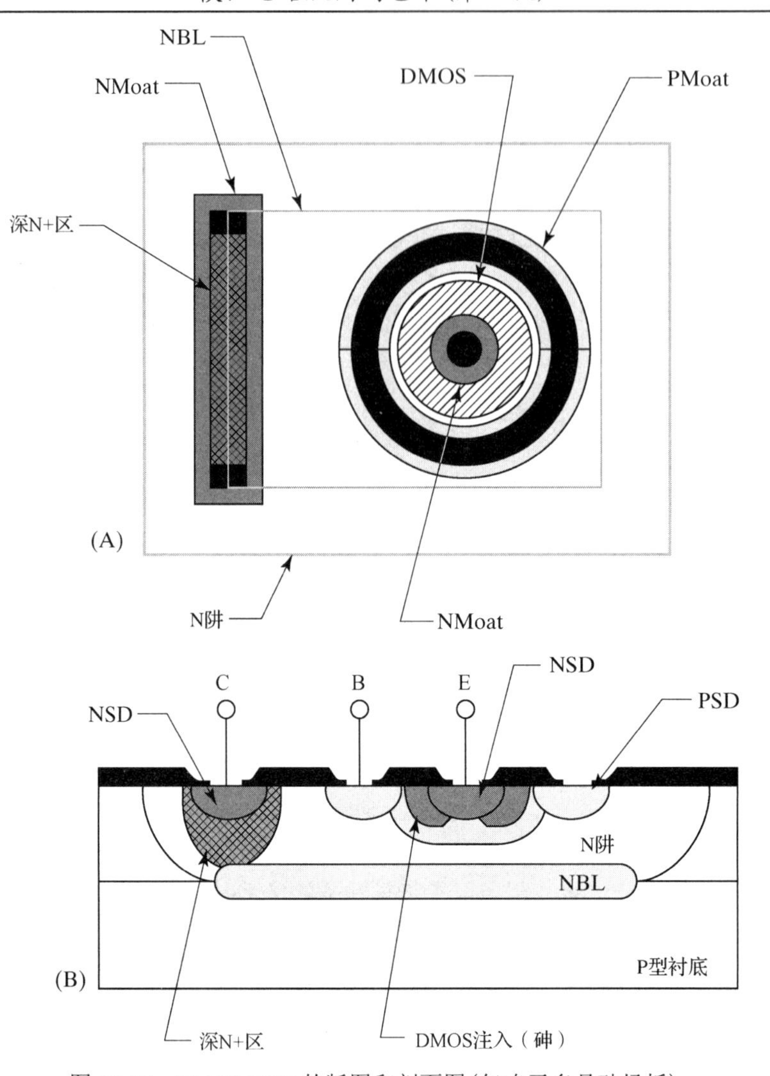

图 12.27 DMOS NPN 的版图和剖面图(忽略了多晶硅场板)

12.3 MOS 晶体管的匹配

各种模拟电路中都会用到匹配 MOS 晶体管，有些电路(比如差分对)主要利用栅源电压的匹配，而其他电路(如电流镜)则利用漏极电流的匹配。优化电压匹配所需的偏置条件与优化电流匹配所需的偏置条件不同。可以优化 MOS 晶体管的电压匹配或者电流匹配，但不能同时优化两者。

利用Shichman-Hodge方程可以很容易地推导出偏置与电压匹配之间的关系(见 11.1.1 节)。假设两支匹配 MOS 晶体管工作时的漏电流 I_D 相等，如果晶体管都是理想器件，那么它们有相同的栅源电压 V_{GS}。在实际中，失配使两晶体管的栅源电压差为 $\Delta V_{GS}=V_{GS1}-V_{GS2}$。假设晶体管工作在饱和区(这是常见的情况)，失调电压 ΔV_{GS} 为

$$\Delta V_{GS} \approx \Delta V_t - V_{\mathrm{gst1}}\left(\frac{\Delta k}{2k_2}\right) \tag{12.11}$$

式中，ΔV_t 表示两晶体管阈值电压的差值，Δk 表示器件跨导的差值，V_{gst1} 等于第一支晶体管的有效栅压，k_2 等于第二个器件的跨导(见附录 D)。由于上式第二项中包含器件跨导 k_2 和有效栅压 V_{gst1}，因此失调电压 ΔV_{GS} 取决于器件的尺寸。由于式中出现了有效栅压，所以失调电压还与偏置情况有关。这些影响因素只适用于 MOS 晶体管，而不适合双极型晶体管(见 9.2 节)。

MOS 设计者通过降低匹配晶体管的有效栅压可以减小失调电压 ΔV_{GS}。因此，对于由电压匹配决定的 MOS 电路，采用大的宽长比和小的工作电流是有好处的。通过这种方法虽然获得了一定改善，但会受到出现亚阈值导通和阈值电压失配的限制。实际上，把 V_{gst} 降到低于 0.1 V 对改善电压匹配没什么作用。

依靠电流匹配工作的 MOS 电路则不相同。两漏极电流 I_{D1} 和 I_{D2} 间的失配可以用 I_{D2}/I_{D1} 来表示：

$$\frac{I_{D2}}{I_{D1}} \approx \frac{k_2}{k_1}\left(1 + \frac{2\Delta V_t}{V_{gst1}}\right) \tag{12.12}$$

有效栅压较低时，因为阈值失配 ΔV_t 的影响增大(见附录 D)，从而造成漏极电流失配的实际增加。基于电流匹配的 MOS 电路应当工作在合理的高有效栅压下，以避免加剧阈值电压的变化。V_{gst} 的最佳值与很多因素有关，因此难以确定。实际上，在产生匹配电流的 MOS 管中应尽量将 V_{gst} 值至少保持在 0.3 V(0.5 V 则更好)。更大的有效栅压可能带来更多的好处，但绝大多数应用都没有余地支持更高的 V_{gst}。

总之，产生匹配电压的 MOS 电路应工作在较低的有效栅压下，而产生匹配电流的 MOS 电路工作时的有效栅压应该高一些。对于大多数应用而言，0.1 V 或者更低的 V_{gst} 值足以使电压匹配，而 0.3 V 或更高的 V_{gst} 值也足以使电流匹配。假设电路设计者已经把晶体管的偏置调整到这些值，则匹配几乎完全取决于版图设计。接下来的 3 节将要讨论影响 MOS 匹配的版图因素。

12.3.1　几何效应

MOS 晶体管的尺寸、形状和方向都会影响它们的相互匹配。大尺寸晶体管比小尺寸晶体管能够更精确地匹配，这是因为栅极面积的增大有助于减小局部不规则影响。长沟道晶体管比短沟道晶体管匹配得更精确，这是因为沟道变长减小了沟道长度调制效应的影响。方向一致的晶体管比方向各不相同的晶体管匹配得更精确，这是由于单晶硅是各向异性所致。本节主要讨论这些及其他几何因素对晶体管匹配的影响。

栅极面积

人们对于许多工艺已通过实验测量了 MOS 的失配。结果表明，阈值电压失配的大小与有源栅极面积的平方根成反比关系。这个关系可以用有效沟道尺寸 W_{eff} 和 L_{eff} 表示：

$$S_{Vt} = \frac{C_{Vt}}{\sqrt{W_{eff}L_{eff}}} \tag{12.13}$$

其中，S_{Vt} 是阈值电压失配的标准偏差，C_{Vt} 是常数[①]。根据测量不同尺寸晶体管对的随机失配，

① K. R. Lakshmikumar, R. A. Hadaway 和 M. A. Copeland, "Characterization and Modeling of Mismatch in MOS Transistors for Precision Analog Design," *IEEE J. Solid-State Circuits*, SC-21, #6, 1986, pp. 1057-1066。

可以得到 C_{Vt} 的经验值。结果只适用于与用于推导 C_{Vt} 的测试器件相似的晶体管。并非总可以掌握绘制尺寸和有效尺寸之间的关系，因此有时必须使用绘制尺寸 W_d 和 L_d 代替有效尺寸 W_{eff} 和 L_{eff}。只要晶体管的这两种尺寸都比最小值大很多倍，这种替换就不会影响预期结果的准确性[①]。

严格来讲，式(12.13)只适用于那些精确布版以保证理想匹配的 MOS 晶体管。匹配较差的晶体管经常暴露出明显的缺陷，不能达到预期效果。一旦把这些缺陷消除，残存的阈值电压失配通常严格遵守式(12.13)。理论研究表明，残存的阈值失配主要是由于背栅杂质分布的统计学波动所致[②]。氧化层固定电荷分布的统计学也可能会有较小的影响。

对于良好匹配的器件，随机的小范围波动似乎也可以决定残余跨导失配。如果用归一化比值 s_k/k 表示跨导的失配，那么它随着有效尺寸 W_{eff} 和 L_{eff} 的变化而变化：

$$\frac{s_k}{k} = \frac{C_k}{\sqrt{W_{\text{eff}} L_{\text{eff}}}} \tag{12.14}$$

其中，C_k 是常数。可能引起跨导发生小范围变化的因素包括线宽的变化、栅氧化层的不平整度和迁移率的统计学变化。尽管有些作者认为迁移率的变动起了主要作用，但是仍无法确定这些因素的相对重要关系。

外围的变化也能引起跨导失配。这些所谓的边缘效应几乎不影响尺寸大于或等于 2 μm 的器件，但却能加剧短沟道或窄沟道晶体管的失配。通常应该避免使用最小尺寸远小于 2 μm 的匹配晶体管，但是如果必须使用的话，可以利用下式精确计算出跨导的失配：

$$\frac{S_k}{k} = \sqrt{\frac{C_k^2}{W_{\text{eff}} L_{\text{eff}}} + \frac{C_{kp1}^2}{W_{\text{eff}}^2 L_{\text{eff}}} + \frac{C_{kp2}^2}{W_{\text{eff}} L_{\text{eff}}^2}} \tag{12.15}$$

式中，C_k 表示面积的失配量，C_{kp1} 和 C_{kp2} 表示边缘的失配量。对于具有相对较大尺寸的器件，式(12.15)可以化减为与式(12.14)一样的形式，两式中的常数 C_k 值相同。研究表明，对于沟道长度约为 1 μm 的器件，边缘效应的影响变得显著[③]。

栅氧化层厚度

通常，具有薄栅氧化层的晶体管的匹配程度要优于具有厚栅氧化层的晶体管。在需要跨导匹配的情况下，背栅掺杂实际上是关键因素，为了减小沟道长度调制效应并使延迟器件穿通击穿，低压薄氧化层器件工艺工程师通常会提高背栅掺杂水平。背栅掺杂浓度越高，其中杂质原子随机散射引起的变动就越小。然而，对于电流匹配应用而言，电路设计者并不总是希望使用薄氧化层晶体管，因为这种晶体管的跨导偏高，如果不用沟道过长或者过窄的器件就很难得到足够的有效栅压。

减薄栅氧化层会从很多方面改善阈值电压匹配。研究人员发现式(12.13)中的常数 C_{Vt} 与氧化层厚度 t_{ox} 和背栅掺杂浓度 N_b 有关：

---

① 如果匹配器件的宽度或长度较小，用绘制尺寸代替有效尺寸将起到很好的效果。参见 S. J. Lovett, M. Welten, A. Mathewson 和 B. Mason 的文章 "Optimizing MOS Transistor Mismatch," *IEEE J. Solid-State Circuits*, Vol. 33, #1, 1998, pp. 147-150。

② M. J. M. Pelgrom, A. C. J. Duinmaijer 和 A. P. G. Welbers, "Matching Properties of MOS Transistors," *IEEE J. Solid-State Circuits*, Vol. SC-24, #5, 1989, pp. 1433-1439。也可参考 Lakshmikumar, *et al.*, p. 1059。

③ J. Bastos, M. Steyaert, R. Roovers, P. Kinget, W. Sansen, B. Graindourze, A. Pergoot 和 E. Janssens, "Mismatch characterization of small size MOS transistors," *Proc. IEEE Conf. on Microelectronic Test Structures*, Vol. 8, 1995, pp.271-276。

$$C_{Vt} = at_{ox}\sqrt{N_b} \tag{12.16}$$

式中，a 是比例常数。尽管背栅掺杂浓度的升高实际上会使失配增大，但是氧化层厚度在式中起主要作用，因此工艺尺寸的缩小改善了 V_t 失配状况①。氧化层越薄，跨导越大，并使有效阈值电压降低。如式(12.11)所示，这又间接地改善了 MOS 晶体管的电压匹配。

电路设计者通常喜欢采用薄氧化层器件进行匹配。然而，厚氧化层晶体管的工作电压额定值一般高于薄氧化层晶体管。尽管采用级联的办法可以在高压下使用薄氧化层器件，然而许多电路设计者仍倾向于使用厚氧化层器件，因为厚氧化层器件使设计变得简单。先进亚微米工艺制作的模拟电路往往使用厚氧化层晶体管，因为在这种工艺中薄氧化层会受到严重的沟道长度调制效应的影响，从而极大地限制了工作电压。

沟道长度调制效应

对于工作在不同栅源电压下的短沟道晶体管，沟道长度调制效应会引起严重的失配。晶体管的系统失配与它们的漏源电压差成比例，与其沟道长度成反比。对于非关键应用(比如电流分配网络)，绘制长度为 10～20 μm 的一半就足够了。如果要使精度更高，可以使匹配晶体管工作在相同的漏源电压下，例如加入级联。MOS 设计者很少利用源区简并来抑制沟道长度调制效应，因为 MOS 管的低跨导使得如果不采用特别大的电阻就很难获得足够的简并。

方向

MOS 晶体管的跨导取决于载流子的迁移率，从而表明晶体管具有取决于方向的应力敏感性，因此沿不同晶轴的 MOS 管在应力下表现出不同的跨导。由于所有封装好的器件都存在应力，所以为了避免由应力引起的失配，只能使晶体管的取向一致。图 12.28(A)中的两个器件沿着相同的晶轴方向，而图 12.28(B)和图 12.28(C)中的则不是，所以图 12.28(A)中器件的匹配程度优于图 12.28(B)和图 12.28(C)中的器件。应力诱生的迁移率变化可导致转向器件之间的电流匹配出现百分之几的误差②。使用翘起的晶圆可导致电流匹配误差高达 5%③。

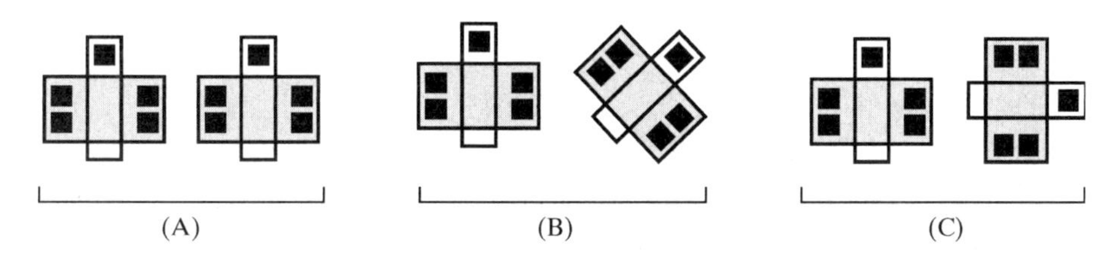

图 12.28　方向相同器件(A)的匹配精度高于方向不同的器件(B，C)

如果设计划分不合理，编排时就很容易引入取向误差。考虑包含两支匹配晶体管的电路：M_1 在单元 X_1 中；M_2 在单元 X_2 中。在绘制顶层版图的过程中，设计者决定把单元 X_1 旋转 90°。尽管这步操作看起来无关紧要，实际上使 M_1 和 M_2 的方向产生了 90°的偏差。如果把需要匹

① M. J. M. Pelgrom, H. P. Tuinhout 和 M. Vertregt, "Transistor matching in analog CMOS applications," *Int.Electron Devices Meeting Technical Digest*, 1998, pp. 915-918。

② Pelgrom, *et al.*, p. 1436。

③ J. E. Chung, J. Chen, P. -K. Ko, C. Hu 和 M. Levi, "The Effects of Low-Angle Off-Axis Substrate Orientation on MOSFET Performance and Reliability," *IEEE Trans. on Electron Devices*, Vol. 38, #3, 1991, pp. 627-633。

配的器件放在同一单元内，就可以避免发生这样的错误。有时这会使电路更加难以理解，但却大大降低了编排过程中无意引入的匹配误差。

非自对准的 MOS 晶体管必须遵守非常严格的取向规则。考虑图 12.29(A)所示的非对称扩展漏区 NMOS 晶体管 M_1 和 M_2。这两支晶体管互为镜像。M_1 和 M_2 的沟道长度是指各自的 N 阱区域外探出的多晶硅栅。假设光刻误差引起多晶硅栅向右偏移。这种对版误差使 M_1 的沟道长度增大，而使 M_2 的沟道长度变小。若能保证匹配器件的方向一致，如图 12.29(B)中的 M_3 和 M_4，就可以轻易地消除失配。即使是完全自对准的晶体管也可能存在轻微的方向决定的失配，这是因为源/漏注入时存在一定角度的偏移(见 12.3.5 节)。

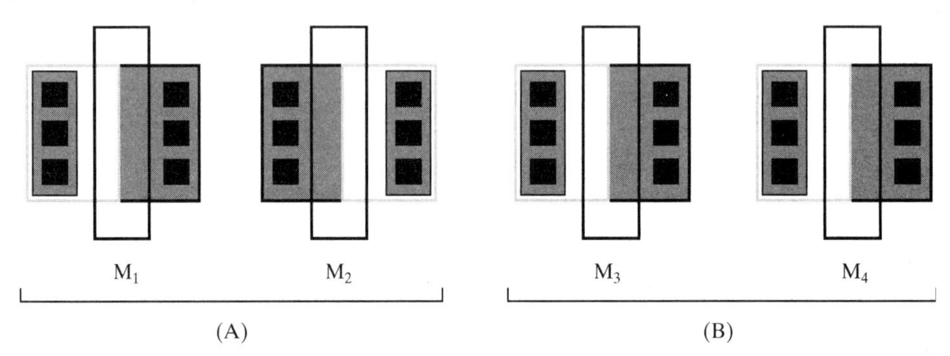

图 12.29　扩展漏区晶体管：(A)互为镜像的结构出现失配；(B)方向一致的结构不受影响

12.3.2　扩散和刻蚀效应

上一节介绍了只与几何图形有关的失配因素。匹配晶体管附近存在或缺少其他结构也会引起其他类型的失配。比如，栅电极附近如果存在多晶硅区就会使多晶硅的刻蚀速率发生轻微变化，这种变化使匹配晶体管的有效宽度和有效长度失配。与此类似，沟道附近如果有其他的扩散区也会影响背栅杂质浓度，进而可能引起阈值电压和跨导发生变化。如果晶体管有源栅极上有接触孔，或者杂质穿过多晶硅栅中的晶粒间界，则都会引发失配。

多晶硅刻蚀速率的变化

多晶硅的刻蚀速率并不总是一致的。多晶硅的开孔越大，刻蚀速率越快，因为刻蚀离子可以更自由地进入大开孔的侧壁和底部，因此当小开孔刚好刻完时，大开孔的边缘存在一定程度的过刻蚀。这种效应使硅栅 MOS 晶体管的栅极长度发生变化。考虑图 12.30(A)所示的版图，M_2 的栅极正对着两侧相邻的栅极，而 M_1 和 M_3 的栅极只对着一侧相邻的栅极。M_1 和 M_3 栅极的外边缘比 M_2 栅极的对应边缘刻蚀得更严重，因此 M_1 和 M_3 的栅长比 M_2 稍微短一些。

与多晶硅电阻相比，MOS 管的刻蚀速率变化通常会更小一些(见 7.2.5 节)，因为多晶硅栅不像多晶硅电阻段那样紧密地排列在一起。许多 MOS 管都有相对较长的沟道，即使这样，必须达到中等或精确电流匹配的晶体管应该使用陪衬(虚拟)栅极以确保均匀刻蚀，否则可能造成 1%或者更大的电流失配。图 12.30(B)显示了加入了陪衬(虚拟)管的 MOS 晶体管阵列。大多数设计者都使陪衬(虚拟)栅极的宽度与有源区宽度相同，但这种预防措施并不是绝对必要的，因为多晶硅条的宽度远小于它们的间距。因此，在为接触孔留出空间的同时，陪衬(虚拟)管 D_1 和 D_2 的宽度应该尽量窄一些。陪衬(虚拟)栅极与实际栅极间的距离必须等于实际栅极之间的距离。

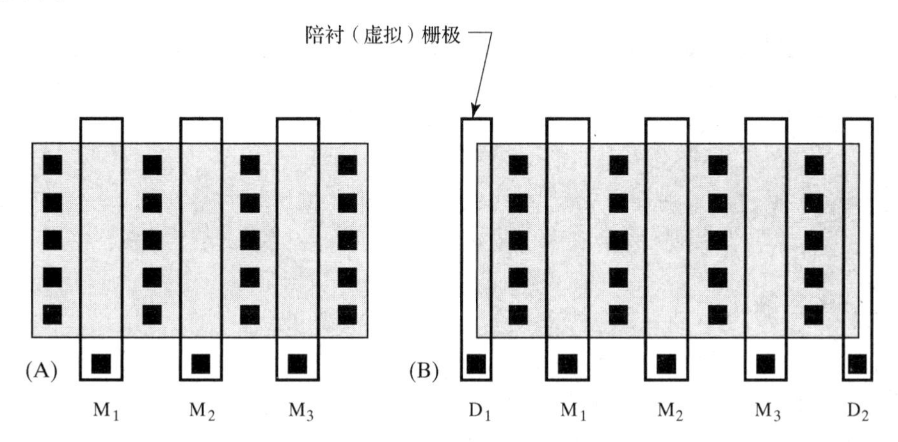

图 12.30 MOS 晶体管阵列：(A)不包括陪衬(虚拟)栅极；(B)包括陪衬(虚拟)栅极

由于陪衬(虚拟)管并不是真正意义上的晶体管，所以它们的外边缘也不需要源/漏区，因此可以停止陪衬(虚拟)管上方的源/漏注入，如图 12.30(B)所示。只要沟槽的图形延伸超出陪衬(虚拟)栅电极内边缘几微米以确保陪衬(虚拟)管的边缘在薄氧化层上，就不会引入明显的失配。大多数设计规则都包含一项强调这种情况的条目。

陪衬(虚拟)管的栅电极通常与晶体管的源极(即与背栅)相连。尽管并不是必须采用这种预防措施，但这有助于保证晶体管的电学特性不受陪衬(虚拟)管下方形成的伪沟道影响。有些设计者把陪衬(虚拟)管与邻近的栅电极连接，但这样做会使端电容和漏电流增大，所以不推荐采用此法。

许多设计者用一条多晶硅把多个栅电极相互连接起来，形成梳状栅结构。这无疑是很方便的，但由于邻近区域存在多晶硅图形，因此这种做法可能使刻蚀速率发生变化。为了达到最佳匹配效果，应该使用金属连接简单的矩形多晶硅条。如果匹配栅极必须用多晶硅连接，那么应使连接多晶硅与沟槽区域之间的距离在设计规则所允许的最小值的基础上增加 1～2 μm。

扩散穿透多晶硅

大多数工艺在本征或者近本征状态淀积多晶硅栅。在随后的退火过程中，通过离子注入加进来的杂质在硅中重新分布。遗憾的是，在多晶硅非一致的内部结构中，杂质无法均匀扩散。大多数杂质沿晶粒边界快速扩散，而在单个晶粒内部则速度较慢，因此杂质首先到达栅氧化层上的点是那些晶粒间界与氧化层/多晶硅界面的相交处［见图 12.31(A)］。如果在扩散进行到这个阶段时停止退火，那么由于不完全掺杂多晶硅晶粒是部分耗尽的，所以晶体管的阈值电压将变动较大。继续进行退火使杂质充分地重新分布可以避免由耗尽引起的失配［见图 12.31(B)］。然而，如果退火时间持续过长，杂质会完全扩散穿过薄氧化层进入背栅。由于杂质首先在多晶硅晶粒间界附近与栅氧化层接触，所以也先从这里穿入栅氧化层［见图 12.31(C)］。这种机制也会使器件失配①。

① H. P. Tuinhout, A. H. Montree, J. Schmitz 和 P. A. Stolk, “Effects of Gate Depletion and Boron Penetration on Matching of Deep Submicron CMOS Transistors,” *Int. Electron Devices Meeting Tech. Digest*, 1997, pp. 631-634。

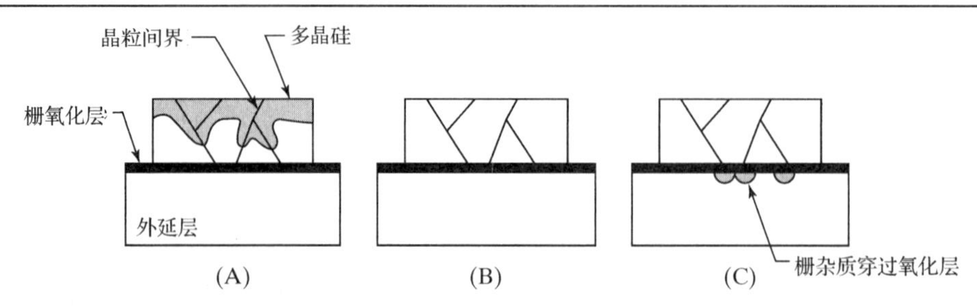

图 12.31 多晶硅栅在栅杂质扩散过程中 3 个阶段的剖面图：(A)杂质完全再分布之前；(B)完全再分布之后；(C)过度退火使得杂质穿过栅氧化层

有源栅极上方的接触孔

由于某种尚未完全了解的原因，MOS 晶体管有源栅极上的接触孔位置有时会引起显著的阈值电压失配。对于这种效应，一种可能的解释是由于有源栅极上方出现了金属(见 12.3.3 节)。接触诱发失配的另一种可能机制是接触孔的局部硅化。如果工艺中形成的多晶硅栅足够薄，有些硅化物就可能完全穿透多晶硅栅。氧化层界面处出现的硅化物会极大地改变接触孔附近栅电极的功函数，并使总阈值电压失配。如果晶粒尺寸、杂质分布或应力形式发生变化，则可能产生由接触诱发的失配。图 12.30 显示了多晶硅栅电极上接触孔的正确位置。这种预防措施可以保证使接触孔位于厚场氧化层的上方，此时它无法明显改变晶体管的性质。

如图 12.22 所示的环形晶体管存在一个特殊的问题，起因是它们需要把接触孔放置在有源栅区上方。只有在十分必要的情况下，才会采用匹配环形晶体管。如果使用了匹配环形晶体管，应使用最小数目的小栅极接触孔，同时它们的排布也必须相同。在环形扩展漏区晶体管中，栅接触孔应该位于场释放结构的上方，从而使其位于场氧化层上方，而不是栅氧化层上方。这个措施可以有效地使接触孔位于有源区栅区的外侧。在场释放区域的宽度不够大而无法容纳接触孔的情况下，接触孔仍应尽量放置在其内部，以利用恰好在沟槽区边缘内部(鸟嘴)具有中等氧化层厚度的区域。

沟道附近的扩散区

深扩散区会影响附近 MOS 晶体管的匹配。这些扩散区的尾部会延伸相当长的距离而超出它们的结，由此引入的过量杂质会使附近晶体管的阈值电压和跨导发生改变。模拟 BiCMOS 工艺中深 N+侧阱就是一个深扩散的例子。所有的侧阱和类似的扩散区都应远离匹配沟道，距离至少为结深的两倍。

阱也可以算作深扩散区。N 阱不应该靠近匹配 NMOS 晶体管，从而防止 N 阱杂质分布的尾部与匹配晶体管的沟道相交。PMOS 晶体管应该位于其 N 阱区域的内部，从而防止横向扩散引发背栅掺杂发生变化。在所有情况下，如果与有源栅极的距离大于或者等于深扩散区结深的两倍，就可以把它们的相互作用限制在可以忽略的水平(见图 12.32)。

最近的研究表明，如果阱的绘制边缘在距离有源栅极几微米的范围之内，则会出现另一种可能引起失配的机制。用于形成退化阱的高能离子注入在光刻胶内散射。有些离子可能横向偏转几微米并掺入到邻近未被保护的硅中，从而使这部分区域的掺杂加重[①]。

---

① T. B. Hook, J. Brown, P. Cottrell, E. Adler, D. Hoyniak, J. Johnson 和 R. Mann, “Lateral Ion Implant Straggle and Mask Proximity Effect,” *IEEE Trans. Electron Devices*, Vol. 50, #9, 2003, pp. 1946-1951。

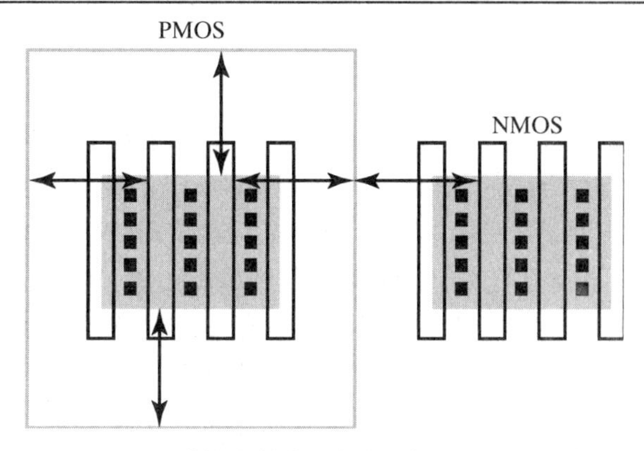

图 12.32　阱的绘制边界与有源栅区之间的距离

由于 MOS 晶体管是表面器件，因此很容易受到由 NBL 阴影区形成的表面不连续的影响。匹配 MOS 晶体管的沟道应远离 NBL 边界，以满足对版误差和版图移位的要求。如果还未表明版图移位的特性，假设它可使 NBL 阴影转移高达 150%的外延层厚度，那么从有源栅区到最近的 NBL 区域边缘的距离至少等于外延层厚度的 150%。尽管此举显著增加了 NBL 与匹配晶体管的交叠，但是实际上常要求留有这样的空间以满足前面所讨论过的增加阱间距的要求。

PMOS 与 NMOS 晶体管的比较

通常 NMOS 晶体管比 PMOS 晶体管匹配更精确。在很多不同的工艺中都可以观察到这种现象，包括各种 N 阱和 P 阱工艺。一些作者已报道，PMOS 管跨导失配比 NMOS 管高 30%～50%[①]。有些研究还发现，尽管并不像跨导失配那样显著，然而 PMOS 管的阈值电压失配也更大。

造成 PMOS 与 NMOS 晶体管差别的机制仍不是很明确。可能的原因包括背栅掺杂浓度的变化、埋层沟道的存在以及方向决定的应力效应。有些作者认为造成差别的原因(至少是部分原因)在于阈值调整注入的不同，但这个理由并不充分，因为许多不同工艺制作出的产品性能相近。

12.3.3　氢化作用

工艺设计者长期使用还原气氛退火以稳定 MOS 晶体管的阈值电压。研究人员发现，在退火过程中，氢可以渗入夹层氧化物。有些氢原子可以最终到达氧化层-硅界面处，并与悬挂键结合。该反应中和了悬挂键引入的正的固定电荷。消除这种电荷有助于减小阈值电压的变化。更为微妙的是，悬挂键的随机分布会引起阈值电压相应的随机波动，因此氢退火有助于改善阈值电压的匹配。

匹配 MOS 晶体管金属连线版图的不同会在原本相同的器件间引入大的失配。这种效应最初归因于结构上方存在(或缺少)金属，从而使引入的应力有所不同。显然这种应力差别是存在的，然而对阈值电压却没什么影响[②]，对跨导的影响也不大。不完全的氢化可能是金属

① Lakshmikumar, *et al.*, pp. 1060, 1062; Pelgrom, *et al.*, p. 1437。

② A. T. Brandley, R. C. Jaeger, J. C. Suhling 和 K. J. O' Connor, "Piezoresistive Characteristics of Short-Channel MOSFETs on (100) Silicon," *IEEE Trans. on Electron Devices*, Vol. 48, #9, 2001, pp. 2009-2015。

化诱发失配现象背后的真正原因①。

几个因素促成了不完全氢化广泛出现在现代 CMOS 集成电路中的现象。第一，氮化物保护层的存在使氢无法从退火气氛中进入晶圆。上一步工艺保留在氧化层中的少量氢气不足以中和所有的悬挂键；第二，金属的几何图形阻碍了氢原子在它下面的区域进行再分布。如果金属系统中包含钛化硅或者是钛-钨化合物，这种效应会变得特别明显，因为钛对氢具有很强的亲和作用。金属图形下面残留的大部分氢原子在到达氧化层-硅界面处的悬挂键之前就被硅化物吸收。即使芯片上的其他部分仍然有过量的氢存在，也必然横向扩散到金属图形下方。这步工艺需要延长退火过程。很多现代工艺的退火都不完全，不能中和金属图形下方的所有氧化层电荷。

覆盖金属的 MOS 晶体管与没有覆盖金属的 MOS 晶体管之间可出现高达 20%的系统漏极电流失配②。无论是否包含金属层，这种失配始终存在。有些设计者曾尝试用金属 2 将匹配晶体管完全覆盖，以此消除由金属化引起的失配。在金属边缘下方的氢扩散会产生阈值电压梯度，从而造成被覆盖器件之间出现明显的失配。即使这不是实际情况，悬挂键也会增大随机阈值电压的变化。因此，在关键的匹配晶体管的有源栅区上方不应进行金属化。只要每支晶体管有相同的金属化版图，次要器件可以完全在金属下方，或者可以有金属穿过。任何情况下，两支匹配晶体管上方的金属化版图必须相同。在多晶硅电阻中也可以观察到同样的由于金属化引起的失配(见 7.2.8 节)。

在距离 MOS 晶体管有源栅区很近的位置出现金属也会引起失配。因为金属(或者其下方的硅化物)可以把周围区域中的氢滤除，所以会产生这种效应。只有很少的氢保留在保护层下面的氧化层中，没有多余的氢可以穿透氮化物层而代替被金属吸收的那部分氢。结果，位于金属图形几微米范围内的区域可能受到悬挂键不完全退火的影响。因此，关键的匹配 MOS 晶体管应该被至少超出几微米的相同金属化版图所包围。

填充金属和 MOS 匹配

现代金属化系统采用化学-机械抛光(CMP)的方法得到细线(fine-line)光刻所需的高平整度平面。通常，CMP 工艺需要加入额外的金属图形，使金属版图的密度基本保持恒定(见 2.6.4 节)。额外添加的金属称为填充金属，通常是方形或者矩形的，称为陪衬(虚拟)瓦，在版图生成的过程中会自动加入。这种工艺可导致在匹配 MOS 晶体管的上方放置金属图形。

大多数带有自动生成填充金属的工艺允许使用假层以去除选定区域的填充金属。此外，版图设计者也可以对填充金属生成器生成的数据库进行编辑，去除掉匹配器件上方的金属。无论采用哪种方法，设计者都必须留心规则中有关填充金属区域之间距离的限制以保持足够的平整度。

有报道说，如果晶体管被不同图案的填充金属所包围，即使实际上在晶体管的上方并不存在填充金属，漏极电流的失配也可能达到 1%③。失配可能是因为陪衬(虚拟)瓦下方的氢吸

① H. Tuinhout, M. Pelgrom, R. P. de Vries 和 M. Vertregt, “Effects of Metal Coverage on MOSFET Matching,” *Int. Electron Devices Meeting Tech. Digest*, 1996, pp. 735-738。

② 同上。

③ H. P. Tuinhout 和 M. Vertregt, “Characterization of Systematic MOSFET Current Factor Mismatch Caused by Metal CMP Dummy Structures,” *IEEE Trans.Semiconductor Manufacturing*, Vol. 14, #4, 2001, pp. 302-310。

附滤除了邻近暴露的氧化层区域中的氢所致，因此，应采用特别定制的陪衬(虚拟)金属版图包围匹配晶体管以确保每支晶体管周围的金属图形是相同的。

12.3.4　热效应和应力效应

另一种重要类型的失配是由大范围的变化(即梯度)引起的。梯度诱生失配的大小取决于匹配器件有效中心(即质心)之间的距离。如果器件互相接近，两匹配器件间参数 P 的变化量 ΔP 等于质心间距 d 乘以质心连线的梯度 ∇P：

$$\Delta P \approx d\nabla P \tag{12.17}$$

梯度对匹配的影响取决于梯度的大小和匹配器件质心之间的距离。影响 MOS 匹配的梯度包括氧化层的厚度梯度、应力梯度和温度梯度。

氧化层的厚度梯度

氧化层薄膜厚度取决于氧化气氛的温度和组分。尽管现代氧化炉都能够非常精确地控制，但是炉管内的温度和气态组分仍有轻微的变化。厚氧化层通常显示出同心的彩虹状色环，这表明存在放射状的氧化层厚度梯度。栅氧化层太薄而没有干涉光，但是也具有放射状的氧化层厚度梯度。相距较近的器件具有非常相似的氧化层厚度，但是相距较远器件的氧化层厚度有很大差别，这些差别直接影响了阈值电压的匹配。

应力梯度

应力使载流子的迁移率发生变化，从而影响 MOS 晶体管的器件跨导。如 7.2.10 节所述，应力对迁移率的影响取决于方向。在<100>体硅中，沿<110>晶轴方向，空穴受应力的影响最大；而沿<100>晶轴方向，空穴受到应力的影响最小。与此相似，体硅中沿着<100>晶轴方向，电子受应力的影响最大；而沿<110>晶轴方向，电子受到应力的影响最小。芯片的取向与主晶圆平面相同，即与<110>轴垂直。因此，在沿着(100)面芯片 X 轴和 Y 轴的方向上，由应力引起的电子体迁移率的变化量最小，而在与这些轴成 45°的方向上，由应力引起的空穴体迁移率的变化量最小。

在这些首选方向上，应力对体迁移率的影响几乎下降为零，但遗憾的是，沟道内载流子有效迁移率的情况并不相同。应力对有效迁移率的影响确实沿着理论预测的方向减小，但是这些最小值并不像体迁移率的情况那样显著。将 PMOS 晶体管沿一定角度放置或许只能把应力对器件跨导的影响减小 50%，而不是基于体迁移率数据所期望的 90%或者更多[①]。载流子与氧化层/硅界面的随机碰撞效应可能解释了有效迁移率对方向依赖性的减弱，但并不是所有研究人员都同意这种说法。由于存在这些不确定因素，因此似乎没有理由把 PMOS 晶体管沿一定角度放置，而应该通过恰当的共质心结构设计减小应力敏感度。

由于 MOS 晶体管的阈值电压与应力无关，所以应力对电压匹配几乎没有影响。存在的很小的应力影响可能是因为应力使硅的带隙电压发生了变化。应力引起的阈值电压的变化一般不会超过几毫伏，而且可以通过使用共质心布版技术进一步减小。

① H. Mikoshiba, "Stress-sensitive Properties of Silicon-gate MOS Devices," *Solid-State Elect.*, Vol. 24, #3, 1881, pp. 221-232。

热梯度

MOS 晶体管的电压匹配主要取决于阈值电压的匹配。阈值电压随温度的升高而降低的速率等于双极型晶体管发射结电压的温度系数——大约为–2 mV/℃。温度系数主要源于栅极和背栅材料的功函数随温度的变化，因此几乎与漏极电流无关[①]，所以电压匹配 MOS 晶体管对热梯度的敏感度与双极型晶体管相同。

MOS 和双极输入差分对对失调修正的反应截然不同。在双极电路中，将失调电压调整到 0 的同时也会把其温度系数调整到 0。发生这种情况是因为两匹配双极型晶体管间的失调电压方程中只包含一个明显的随温度变化的项：热电压 V_T。因此，温度系数直接与 ΔV_{BE} 有关，当把 ΔV_{BE} 调整到 0 时，温度系数变为 0。通过调整漏极电流密度，可以修正 MOS 晶体管的输入失调电压。这步操作试图通过引入器件跨导的失调补偿消除阈值电压的失配。由于引起阈值电压温度系数和跨导温度系数的机制不同，所以二者并不相等，修正不能把温度系数减小到 0。因此，经过修正的双极输入差分对可在不同温度下保持非常低的失调电压，而经过修正的 MOS 输入差分对则不能，所以经过修正的双极放大器和比较器的温度特性大大优于相应的 MOS 电路。

MOS 晶体管的电流匹配主要取决于器件跨导的匹配。跨导与温度系数很大的载流子有效迁移率成比例。在 25℃左右，MOS 器件跨导的典型温度系数约为–7000 ppm/℃。只要晶体管工作在相对较大的有效栅压 V_{gst} 下，阈值电压随温度的变化对电流匹配几乎没有影响。MOS 晶体管的小跨导使它们对热梯度的敏感度远低于双极型晶体管，而且使得通过源区简并改善匹配状况变得困难。针对这种情况，应该使用共质心布版技术，而不是依靠简并电阻。

12.3.5 MOS 晶体管的共质心布局

通过减小匹配晶体管质心之间的距离可以减小由梯度引起的失配。有些类型的版图实际上把质心之间的距离减小到了 0。只要大范围的变化是距离的线性函数，共质心版图就可以完全消除由这些变化所产生的影响。即使变化包含非线性成分，但在短距离内仍可近似为线性函数。共质心版图布局越紧密，就越不容易受到非线性梯度的影响。最好的 MOS 版图质心完全对准且布局紧凑。

MOS 晶体管的有源栅区通常采用窄长的矩形形式。与电阻的情况相同，MOS 晶体管通常被分为几段，称为叉指(finger)，从而可以构造一个紧凑的阵列。最简单的阵列形式是把多个器件叉指并行放置。如果恰当地交错这些叉指，匹配器件的质心将与阵列对称轴的中点对准。图 12.33 所示为一对匹配 MOS 晶体管采用叉指阵列的版图形式。

为了确保质心正确对准，该版图采用 ABBA 的叉指形式(见 7.2.10 节)。如果用下标表示源漏叉指，该结构可以表示为 $_{D}A_{S}B_{D}B_{S}A_{D}$。我们注意到图中最右侧 A 段的漏区在其右侧，而最左侧 A 段的漏区则在其左侧。同样，右侧 B 段的源区在其右侧，而左侧 B 段的源区则在其左侧。这样每支晶体管包含的段具有两个相反的方向。采取这个措施的原因非常微妙。假设一个晶体管中一段的漏区都在左侧，而另一段的漏区都在右侧，如果方向不同的段之间稍有差别，那么两支晶体管将失配。如果两晶体管中完全由取向相同的段组成，那么方向对每支晶体管的影响是一样的(见 12.3.1 节)。如果每支晶体管中向左和向右的段数相同，那么将

① F. M. Klaassen 和 W. Hes, “On the Temperature Coefficient of the MOSFET Threshold Voltage,” *Solid-State Elect.*, Vol. 29, #8, 1986, pp. 787-789。

不受方向的影响，晶体管又能够匹配。

更为一般地讲，如果定义晶体管的手征值(chirality)为所包含的向右段数的比例减去向左段数的比例，那么相等手征值的晶体管不会出现由方向引起的失配[①]。例如，一支晶体管中向右的段数为 3，向左的段数为 1，手征值等于 3/4–1/4 = 1/2。同样，晶体管中向右的段数为 9，向左的段数为 3，手征值等于 9/12–3/12 = 1/2。由于这些晶体管的手征值相等，因此不会出现由方向引起的失配现象。绝大多数设计者都倾向于使用手征值为 0 的晶体管，换句话说，就是晶体管中向左和向右的段数相等。

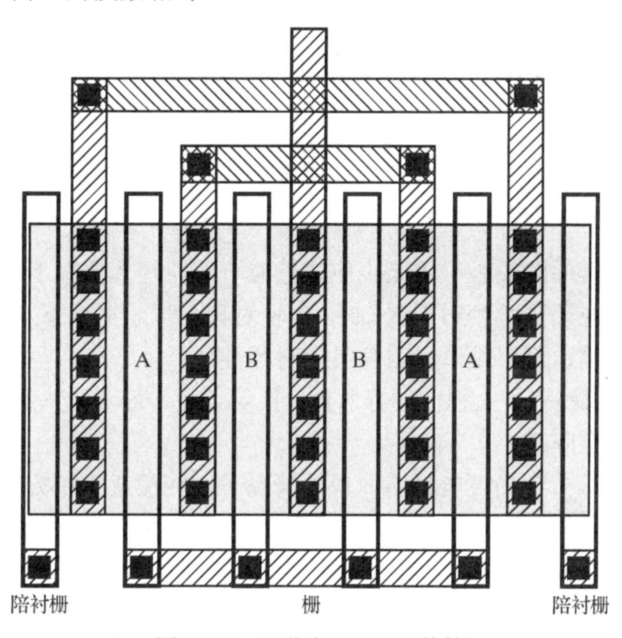

图 12.33　叉指状 MOS 晶体管

由于源/漏注入时的角度偏移会使 MOS 晶体管中形成方向引发的失配，当以一定的角度进行离子注入以防止形成沟道时会出现这样的角度偏移[②]。这种倾斜注入使得栅左侧的源/漏区不同于栅右侧的源/漏区(见图 12.34)。如果匹配器件排布成 $_DA_SB_D$ 的形式，那么左手器件的漏区与右手器件的漏区不同。同样，左手器件的源区也与右手器件的源区不同。倾斜注入对工作在线性区的匹配晶体管没有影响，但饱和器件的跨导有时会略有不同。当器件上的电压降接近最大值的时候，由于倾斜注入对热载流子的生成有特别强烈的影响，上述失配会变得更加严重[③]。只要匹配晶体管的手征值相等，就不会受方向的影响。

某些更新的离子注入系统支持轴注入(on-axis implantation)，从而有助于缓解倾斜注入所产生的问题。增加一个氧化层有助于减弱沟道形成，但偶尔也会出现。有时 BiCMOS 工艺使用偏离轴线切割形成的翘曲晶圆(tilted wafer)以减小版图失真。翘曲的硅晶格会导引部分离子束，因此尽管使用了轴注入，但是这种一定角度的沟道可引起轻微的器件不对称。

---

① 手征值(chirality)指物体的非对称性，这个术语在立体化学(stereochemistry)中很常见。

② J. F. Gibbons, "Ion Implantation in Semiconductors—Part I:Range Distribution Theory and Experiment," *Proc. IEEE*, Vol. 56, #3, 1968, pp. 296-319。

③ F. K. Baker 和 J. R. Pfiester, "The Influence of Tilted Source-Drain Implants on High-Field Effects in Submicrometer MOSFETs," *IEEE Trans. on Electron Devices*, Vol. 35, #12, 1988, pp. 2119-2124。

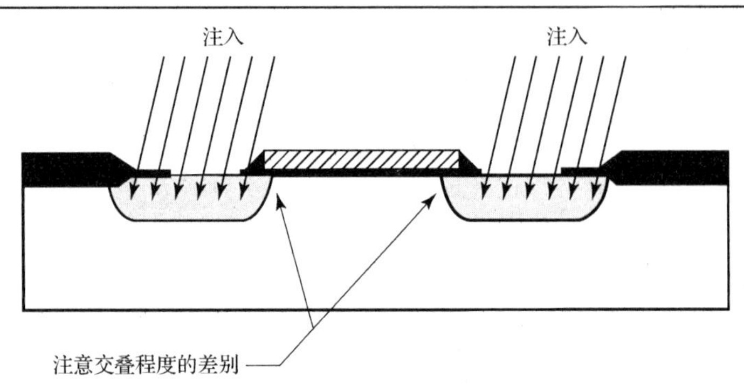

图 12.34 由于采用倾斜注入，导致晶体管的源/漏注入区出现一定角度的偏移。为了清楚起见，增大了注入角度

叉指状共质心 MOS 晶体管阵列一般很难实现，因为很难满足共质心版图的所有规则。MOS 管不仅必须满足 7.2.10 节中给出的 4 条规则，还必须满足第 5 条——方向性规则。这条附加规则可以保证倾斜注入(以及其他的器件不对称)不影响匹配。MOS 器件的全套规则如下：

1. **一致性**：匹配器件的质心位置至少应该近似一致。理想情况下，质心应该完全重合。
2. **对称性**：阵列应该同时相对于 X 轴和 Y 轴对称。理想情况下，应该是阵列中各单元位置的相互对称，而不是单元自身具有对称性。
3. **分散性**：阵列应具有最大程度的分散性。换句话说，每个器件的各个组成部分应尽可能均匀地分布在阵列中。
4. **紧凑性**：阵列排布应尽可能紧凑。理想情况下，应接近于正方形。
5. **方向性**：每个匹配器件中应包含等量的朝向相反的段。更一般地说，就是匹配器件应具有相等的手征值。

表 12.1 显示了一些用于 MOS 晶体管的简单叉指结构。源漏叉指都用脚标表示，可被重复的段序列用括号括起：($_S$A$_D$A)。如果一种结构中有一个以上的重复序列，则括号内序列的每个部分重复的次数应该一样。某些结构中包含源/漏叉指不能相互合并的位置，可以用短线标出。表中的所有项都符合一致性、对称性和方向性规则要求，但是其中很多都未能做到尽可能地分散或紧凑。例如，考虑结构 1～4，所有情况下两匹配器件的比例都是 1:1。结构 1 的分散性较差，因为其中有长串的段属于同一器件。结构 2 中存在间隙，使它不像其他结构那样排布紧密。结构 3 和 4 的分散性较好，因为在阵列的大部分区域中段都是成对出现的。然而结构 4 的中部有一串 4 个段都属于同一器件，而结构 3 的中部只有一串两个段归属于同一器件，所以其分散性优于结构 4。总之，结构 3 的匹配特性优于结构 1、2 和 4。图 12.33 所示的器件就采用了结构 3。

二维共质心阵列的匹配特性一般优于一维叉指结构，这是由于二维阵列中段的排布更为紧密的缘故。共质心版图消除了梯度引发失配的线性部分，但却无法消除高次项。段之间的间隙越大，这些残余失匹配的影响越大。有限元分析表明，方形单元二维阵列 AB/BA 的残余失配是相同单元构成的线形阵列 ABBA 的 60%[①]。由于 MOS 晶体管的形状通常接近于正方形，AB/BA 形式的二维阵列(通常称为交叉耦合对)通常用于改善匹配性。

① M. F. Lan, A. Tammineedi 和 R. Geiger, “A New Current Mirror Layout Technique for Improved Matching Characteristics,” *Proc. Midwestern Semiconductor Circuits and Systems Conf.*, 1999, pp. 1126-1129。

表 12.1　MOS 晶体管阵列的叉指结构实例

1. $({}_{S}A_{D}A)({}_{S}B_{D}B_{S}B_{D}B)({}_{S}A_{D}A)_{S}$
2. $({}_{D}A_{S}B_{D} - {}_{D}B_{S}A_{D}) - ({}_{D}A_{S}B_{D} - {}_{D}B_{S}A_{D})$
3. $({}_{D}A_{S}B_{D}B_{S}A)_{D}$
4. $({}_{S}A_{D}A_{S}B_{D}B)_{S}(B_{D}B_{S}A_{D}A_{S})$
5. $({}_{S}A_{D}A_{S}B_{D}B_{S}A_{D}A)_{S}$
6. $({}_{S}A_{D}A_{S}B_{D} - {}_{S}A_{D}A_{S} - {}_{D}B_{S}A_{D}A)_{S}$
7. $({}_{S}A_{D}A_{S}B_{D}B_{S}C_{D}C)_{S}(C_{D}C_{S}B_{D}B_{S}A_{D}A_{S})$

只有当器件中存在较大梯度时(比如邻近功率器件产生的温度梯度，或者封装引起的应力梯度)，交叉耦合对才能改善匹配状况。由于测试器件中不存在热源，故使用交叉耦合对还是叉指对并未显出差别。此外，它们通常封装在陶瓷或者金属壳中，而不是常用的更高应力的塑料壳中。由于实际器件由梯度引起的失调通常很大，所以对于精确匹配的器件值得考虑采用二维阵列结构。

图 12.35 显示了可能是最简单的交叉耦合对。版图遵循的交叉形式为 ${}_{D}A_{S}B_{D}/{}_{D}B_{S}A_{D}$，用斜线(/)把占据上面两个象限的段和占据下面两个象限的段分开①。这个版图不仅排布紧凑，而且还满足了方向性规则，这是由于分属于每个匹配器件的两个段方向相反所致。这种版图特别适合于相对较小的 MOS 晶体管对。

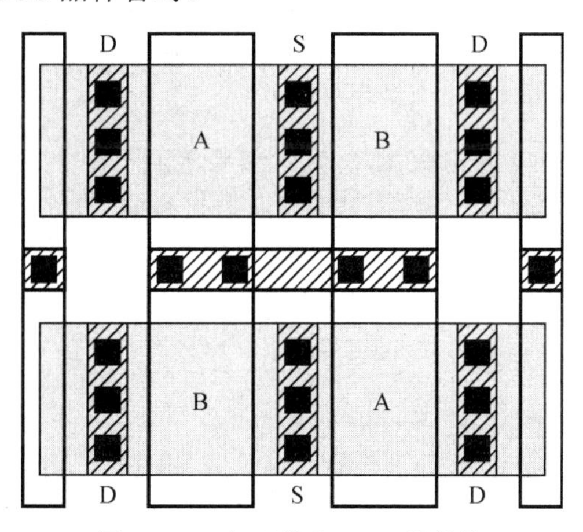

图 12.35　交叉耦合 MOS 晶体管

大尺寸交叉耦合对更难实现。大多数设计者只是简单地把每支晶体管分成两个相等的部分，并把两部分放在阵列的两个对角上。这种类型的版图可表示为 XY/YX 形式，其中 X、Y 是子阵列，分别完全由晶体管的 A 段和 B 段构成。这种阵列的一个典型结构是 $({}_{S}A_{D}A)_{S}(B_{D}B_{S})/({}_{S}B_{D}B)_{S}(A_{D}A_{S})$。这种排布形式满足了叉指结构的绝大多数规则，但是分散性没有达到最优。随着阵列变大，由于缺乏分散性，从而使得阵列越来越容易受到变化的非线性成分

① 在“*Mixed Analog-Digital VLSI Devices and Technology*(New York: McGraw-Hill, 1997), p. 233。”中，Y. Tsividis 讨论了没有使用陪衬(虚拟)栅的 ${}_{D}A_{S}B_{D}/{}_{D}B_{S}A_{D}$ 阵列。

引起的失配的影响。一种更好的交叉耦合对形式为($_DA_SB_DB_SA$)$_D$/$_D$($B_SA_DA_SB_D$)。如果阵列变得非常大，可通过在垂直方向上优化阵列来增加分散性，如下面的例子所示：

$_DA_SB_DB_SA_D$　　　$_DA_SB_DB_SA_D$　　　$_DA_SB_DB_SA_DA_SB_DB_SA_D$
$_DB_SA_DA_SB_D$　　　$_DB_SA_DA_SB_D$　　　$_DB_SA_DA_SB_DB_SA_DA_SB_D$
　　　　　　　　　$_DA_SB_DB_SA_D$　　　$_DA_SB_DB_SA_DA_SB_DB_SA_D$
　　　　　　　　　$_DB_SA_DA_SB_D$　　　$_DB_SA_DA_SB_DB_SA_DA_SB_D$
　　　　　　　　　　　　　　　　　　$_DA_SB_DB_SA_DA_SB_DB_SA_D$
　　　　　　　　　　　　　　　　　　$_DB_SA_DA_SB_DB_SA_DA_SB_D$

这种经过优化的阵列有一个主要缺点，就是很难把各段连接起来形成完整的器件。在两个匹配器件的栅极不用连在一起的情况下，上述工作变得更加困难。除非交叉耦合晶体管相对较大，否则将采用更简单且更容易连接的版图形式。

12.4 MOS 晶体管的匹配规则

本节以一组定性规则的形式对前面的内容加以总结。即使对于所研究工艺没有定量的匹配数据，这些规则也可以帮助设计者实现匹配 MOS 管。规则使用低度(minimal)、中等(moderate)和精确(precise)表示不断增加的匹配精度，具体解释如下：

- **低度匹配**：漏极电流失配为几个百分点。低度匹配通常用于实现对精度没有特殊要求的偏置电流网络。这种匹配所对应的典型失调值超过 ±10 mV，因此通常无法满足电压匹配应用的要求。
- **中等匹配**：典型失调电压为 ±5 mV 或者漏极电流失配小于 ±1%，适用于制作非关键运算放大器和比较器的输入级，这些应用中未经修正的失调值保持在 ±10 mV。
- **精确匹配**：典型失调电压小于 ±1 mV 或者漏极电流失配小于 ±0.1%。这种精度的匹配通常需要经过修正，而且由于未对温度变化进行补偿，因此所得电路将可能仅在有限的温度范围满足规定要求。

以下规则总结了最重要的 MOS 晶体管匹配原则：

1. 采用相同的叉指图形。
   不同宽度和长度的晶体管很难匹配。即使是低度匹配的器件也必须有相同的沟道长度。大多数匹配晶体管要求具有相对较大的宽度，而且通常分成几个部分或者叉指，其中每个叉指的宽度和长度应该与其他叉指相等。不要尝试匹配宽度和长度不同的晶体管，因为对于不同批次生产的产品，宽度和长度校正因子 δW 和 δL 变化显著。
2. 采用大面积的有源区。
   MOS 晶体管的有源区面积等于有效沟道长度和宽度的乘积。假设已满足了所有其他有关匹配因素的要求，则随机波动引起的残余失调与器件面积的平方根成反比。中等匹配通常要求有源区面积为几百平方微米，而精确匹配则要求面积达几千平方微米。

3. 对于电压匹配，保持小 V_{gst} 值。

   一对匹配 MOS 管的失调电压包含与器件跨导有关的项。该项与 V_{gst} 成比例，故 V_{gst} 值越小，电压匹配就越好。但把 V_{gst} 值降到小于 0.1 V 则不会带来更多的好处，这是因为阈值电压变化开始决定失调方程之故。大多数设计者通过增大宽长比 W/L 降低 V_{gst}，因为这会同时增大有源区的面积。

4. 对于电流匹配，保持大 V_{gst} 值。

   电流失配方程中包含与阈值电压有关的项。该项与 V_{gst} 成反比，故增大 V_{gst} 值会减小其对电流匹配的影响。对于依赖于电流匹配的电路，V_{gst} 应该至少保持在 0.3 V。如果扩展空间的话，中等匹配晶体管的 V_{gst} 应至少为 0.5 V。精确匹配晶体管应使用电路结构所允许的最大 V_{gst} 值，但在任何情况下应至少等于 0.5 V。

5. 采用薄氧化层器件代替厚氧化层器件。

   有些工艺中提供不同厚度的氧化层。薄栅氧化层晶体管的匹配特性通常优于厚氧化层器件。只要电路结构允许，就应考虑优先选用薄氧化层器件而非厚氧化层器件。另外，薄氧化层器件的高跨导也通过减小 V_{gst} 改善了电压匹配。

6. 使晶体管的取向一致。

   未被并行放置的晶体管易受应力和倾斜引起的载流子迁移率变化的影响，这种变化也使晶体管的跨导出现了几个百分点的变化。这种效应如此严重以至于低度匹配晶体管也应该相互平行放置。匹配晶体管(尤其是那些非完全自对准的)应具有相等的手征值。只要晶体管中两个方向的段数目相等，就可以确保满足这个条件。

7. 晶体管应相互靠近 MOS。

   晶体管容易受温度梯度、应力梯度和氧化层厚度梯度的影响。即使低度匹配晶体管也应该尽可能地相互靠近，中度或者精确匹配晶体管应该连续排布以实现共质心版图结构。

8. 匹配晶体管的版图应尽可能紧凑。

   宽 MOS 管很自然会采用细长的版图，而这样的版图极易受到梯度的影响。每个器件应分成几段以使阵列结构尽可能紧凑。匹配器件应全部由具有同样宽度和长度的段组成。

9. 如果可能，应采用共质心版图结构。

   中等匹配和精确匹配的 MOS 晶体管需采用某种形式的共质心版图。这可通过把每支晶体管分成偶数个叉指，然后使这些叉指构成相互交错的阵列实现。匹配晶体管对应该排布成交叉耦合对形式，从而可利用这种结构的超级对称性。

10. 避免使用极短或者极窄的晶体管。

    尺寸小于 1 μm 的晶体管由于受到边缘效应(peripheral effect)的影响，导致随机失配增大。除非有数据显示边缘效应的相对重要性，否则精确匹配晶体管应避免采用亚微米尺寸。

11. 在阵列晶体管的末端放置陪衬(虚拟)段。

    阵列晶体管的两端应包含陪衬(虚拟)栅。这些陪衬(虚拟)栅的长度不需要与真正的栅极长度相同，但是陪衬(虚拟)栅与真正栅的间距必须与真正栅之间的距离相等。沟槽扩散区应向陪衬(虚拟)栅内至少延伸几微米以防止陪衬(虚拟)栅的边缘落在

“鸟嘴”上。陪衬(虚拟)栅应该最好连到某个可防止下面形成沟道的电位上。最简单的办法就是把陪衬(虚拟)栅与背栅相连。

12. 把晶体管放置在低应力梯度区域。

    在芯片的中心位置应力梯度达到最小值。处于芯片中心到中心与边缘一半距离处范围内的任何位置都具有这个最小值。只要可能，应把精确匹配的晶体管放置在这个区域内。中等匹配和精确匹配晶体管与芯片边缘的距离至少为 250 μm。芯片的拐角处应力分布达到最大值，所以应避免把匹配晶体管放置在拐角附近。当 PMOS 晶体管沿［100］方向时，可能受到稍少一些的应力影响。这个效应还不足以说明把低度和中等匹配晶体管沿一定角度放置是合理的，但精确匹配晶体管将从这个非传统方向中受益。NMOS 晶体管应该总是垂直或水平放置。

13. 晶体管应与功率器件距离适当。

    为了方便讨论，任何功耗超过 50 mW 的器件应被认为是功率器件，任何功耗超过 250 mW 的器件应被认为是大功率器件。采用理想的对称排布方式时，精确匹配晶体管应位于大功率器件的对称轴上(见 7.2.10 节)。中等匹配和精确匹配晶体管与最近的功率器件之间的距离应不少于 300～500 μm。只有采用共质心版图，低度匹配晶体管才可以放在功率器件旁。

14. 有源栅区上方不要放置接触孔。

    只要可能，应把多晶硅栅延伸至沟槽外，并在厚氧化层上设置栅接触孔。如果不可行，则应尽量减小栅接触孔的数目和尺寸，并将其放置在每支晶体管中的相同位置上。考虑把高压环形晶体管的栅极接触孔放在场释放结构的上方，因为这并不是有源栅极的一部分。

15. 金属布线不能穿过有源栅区。

    只要可能，在中等匹配和精确匹配的晶体管中尽量避免让金属连线穿过有源栅区。引线可以穿过低度匹配的晶体管，但需要添加陪衬(虚拟)引线，从而使相同长度的引线沿沟道从同样位置穿过匹配器件阵列的每个部分。

16. 使所有深扩散结远离有源栅区。

    阱的绘制边界与一支精确匹配 MOS 管之间的最小距离至少应等于阱结深的两倍。中等匹配和低度匹配晶体管只需遵守适当的版图规则。相似的考虑适用于深 N+侧阱和其他深扩散区。

17. 精确匹配晶体管应放置在芯片的对称轴上。

    芯片具有两条对称轴，精确匹配晶体管阵列应放置在其中之一上。如果设计中包含大量的匹配晶体管，那么应把最关键的器件排布在最佳位置上。

18. 不要让 NBL 阴影(shadow)与有源栅区相交。

    NBL 阴影不应落在任何精确匹配晶体管的有源栅区上。如果 NBL 偏移的方向未知，NBL 应沿各个方向与晶体管有足够的交叠量。如果 NBL 偏移的大小也未知，那么 NBL 至少应超出有源栅区最大外延层厚度的 150%。

19. 用金属条连接栅叉指。

    用金属而不是多晶硅连接中度和精确匹配晶体管的栅极。对于低度匹配晶体管，可以采用梳状结构简化栅电极的连接。

20. 尽量使用 NMOS 晶体管而非 PMOS 晶体管。
NMOS 晶体管的匹配度通常高于 PMOS 晶体管。只要电路结构允许，应考虑采用 NMOS 晶体管，而不是 PMOS 晶体管。

12.5 小结

许多电路设计者认为 MOS 晶体管主要用于构建数字逻辑电路。虽然在其中 MOS 管是不可缺少的，但它们还有许多其他重要的应用。现代混合信号集成电路主要靠 MOS 晶体管实现功率开关和小电流等模拟功能。

MOS 功率晶体管使功率开关发生了革命性的变化。新一代高效开关模式的功率可供给几乎完全依赖于 MOS 功率晶体管。同样，几乎所有低压功率分配电路都采用 MOS 晶体管。现在 BiCMOS 工艺提供了特定导通电阻接近于分立器件的集成功率 MOS 晶体管，所以在单片集成电路上集成多个功率开关在经济上是可行的。功率开关的低导通电阻也减少了功耗，并且封装可以采用紧凑的表面贴装形式。

模拟信号处理电路中也大量应用 MOS 晶体管。尽管双极型晶体管在某些应用中仍然占据主导地位，但大部分模拟电路可通过 MOS 晶体管实现。与双极电路相比，MOS 电路的尺寸和功耗通常较小。尽管绝大多数现代模拟电路都采用 BiCMOS 工艺实现，但大部分电路由 MOS 晶体管组成。电路设计者仍在为 MOS 晶体管开发新的应用领域，所以未来集成电路中包含 MOS 电路的比重会更大。

12.6 习题

版图规则和工艺规定请参考附录 C。

12.1 假设扩展电压晶体管漏极耗尽区宽度 x_d 等于夹断区宽度 x_p 的 10%，漏源电压为 10 V。如果 x_d 增大到 x_p 的 50%，同样的器件可以承受多大的漏源电压？

12.2 为自对准扩展电压 PMOS 晶体管设计一种结构。绘制采用这种结构的代表性晶体管的剖面图。

12.3 如果没有场释放结构的扩展漏区 NMOS 晶体管的薄栅氧化层可以承受 10 V 的电压，那么下面哪种偏置条件较为合理，为什么？

a. 非对称 NMOS，$V_{GS} = 6$ V，$V_{DS} = 10$ V
b. 非对称 NMOS，$V_{GS} = 7$ V，$V_{DS} = 16$ V
c. 非对称 NMOS，$V_{GS} = 3$ V，$V_{DS} = 16$ V
d. 对称 NMOS，$V_{GS} = -13$ V，$V_{DS} = -16$ V
e. 对称 NMOS，$V_{GS} = 20$ V，$V_{DS} = 0$ V

12.4 绘制非对称和对称结构扩散漏区 NMOS 晶体管的版图，每支晶体管的绘制尺寸为 2(15/10)。如图 12.6 所示，N 阱漏区图形应与位于栅极下方的 N 型沟槽源区的图形相邻。多晶硅栅与 N 阱的交叠量等于 3 μm。非对称晶体管中包括相邻的背栅接触孔。为什么对称晶体管中不能使用相邻的衬底接触孔？

12.5 对于工作在 5 V<V_{GS}<15 V，–40℃<T_j<150℃条件下，尺寸为 50000/2 的 NMOS 功率晶体管，假设器件的阈值电压等于 0.7 V±0.2 V，温度系数为–2 mV/℃，150℃时工艺跨导等于 35 μA/V^2±20%，计算 $R_{DS(on)}$的最大理论值。

12.6 功率器件的 $R_{DS(on)}$为 165 mΩ，面积为 2.26 mm^2，计算器特定导通电阻值(单位为 Ω·mm^2)。利用该结果确定 100 mΩ 功率晶体管所需的面积。假设两 $R_{DS(on)}$值都不包括焊线电阻和线框电阻。

12.7 若第一层金属厚度为 7500 Å，第二层金属厚度为 14 000 Å，计算该金属系统 B/L 的理想值。利用这个比值和附录 C 中的模拟 BiCMOS 版图规则绘制 20 000/2 的 PMOS 晶体管版图。将晶体管划分为充足数量的叉指以得到近似正方形的长宽比(square aspect ratio)。阱中填充 NBL，阱外包围深 N+环以形成晶体管的背栅接触孔。包括所有必要的金属连线。

12.8 计算习题 12.7 中的金属连线电阻。不包括扩展超出晶体管叉指区的金属 2 总线电阻。

12.9 假定习题 12.7 中晶体管的源漏引线从阱的绘制边缘到各自的焊盘距离为 25 μm，每个焊盘又与长度为 600 μm、直径为 1 密耳的金焊线相连。计算包括焊线的晶体管的总金属连线电阻。假设焊盘边缘与焊线间的电阻可忽略不计。

12.10 根据附录 C 中的模拟 BiCMOS 规则及下面的 DMOS 层补充规则，绘制最小尺寸的环形横向 DMOS 晶体管版图。

1. DMOS 宽度	5 μm
2. DMOS 与 DMOS 间距	4 μm
3. DMOS 与 PMOAT 间距	0 μm
4. 多晶硅延伸进入 DMOS 的距离	2 μm
5. 多晶硅超出 DMOS 的距离	4 μm
6. 沟槽与 DMOS 的交叠量	2 μm
7. CONT 延伸进入 DMOS 的距离	2 μm

DMOS 与 P 型沟槽的间距为 0 μm 意味着塞状 PSD 的外边缘应与环形 DMOS 的内边缘重合。包括所有必要的金属连线。

12.11 如果 DMOS 的沟道长度等于 1 μm，沟道的内边缘与 DMOS 图形的外边缘重合，那么习题 12.9 中晶体管的绘制宽度是多少?

12.12 绘制版图尺寸为 30/8 的标准双极外延 FET 的版图。假设基区收缩层延伸必须至少进入隔离区 2 μm。

12.13 构造一个最小尺寸圆形对称的外延 FET，包括所有必要的金属连线。该器件的绘制宽度和长度分别是多少?

12.14 交叉耦合 NMOS 差分对中每支晶体管的尺寸为 100/10，3-Σ 随机失配为 ±2.85 mV。如果每支晶体管尺寸变为 1000/5，估算相同差分对的 3-Σ 随机失配。

12.15 绘制 NMOS 晶体管差分对的版图，每支晶体管的尺寸为 1000/5 以获得最佳的匹配效果。晶体管可划分为任意多或任意少的段。假设只在沿阵列边缘处需要背栅接触孔。包括所有必要的金属连线，其中包括连接独立源/漏叉指的连线和连接栅极叉指的连线。

12.16　根据最佳匹配原则绘制图 12.36 所示的 MOS 运算放大器的版图。参考附录 C 的多晶硅 CMOS 规则，包括所有必要的背栅接触孔和衬底接触孔。假设所有 PMOS 晶体管的背栅都与 V_{DD} 相连。

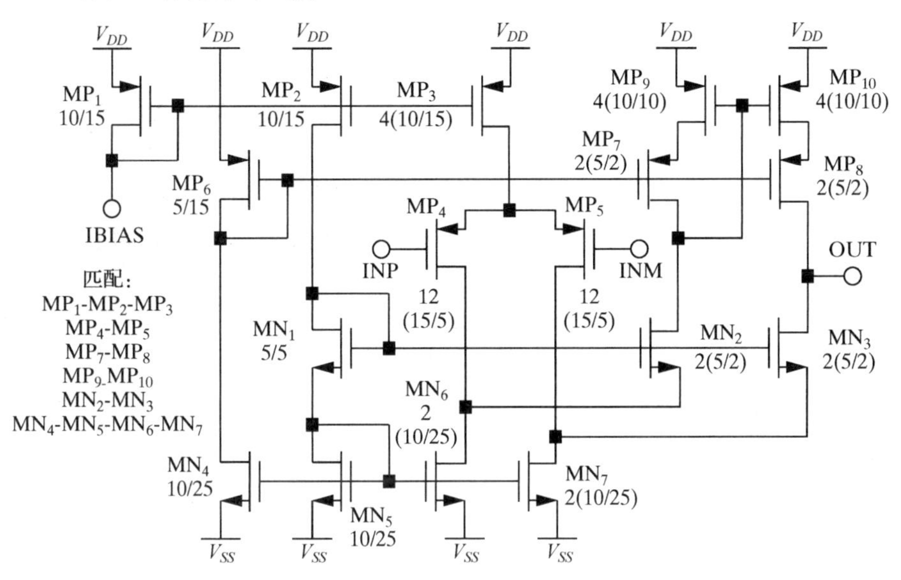

图 12.36　习题 12.16 的折叠共源共栅 MOS 运算放大器

12.17　比较下列几种叉指结构的匹配性：

a. $_SA_DA_SB_D-{}_DA_SA_D-{}_DB_SA_DA_S$

b. $_DA_SA_DA_SB_DB_SA_DA_SA_D$

c. $_DB_SA_DA_SA_DA_SA_DA_SB_D$

哪种结构的匹配最好，为什么？

12.18　下列几种叉指结构的手征值各是多少？

a. $_DA_SB_DB_SA_D$

b. $_SA_D-{}_DB_SB_DB_S-{}_DA_S$

c. $_SA_DA_S-{}_SB_D-{}_DA_SA_D$

哪种结构存在方向引发的失配？

第13章　一些专题

前面几章已经详细介绍了设计和匹配电阻、电容、二极管及晶体管的方法。集成电路还含有许多特殊的组件，包括合并器件、保护环、隧道、焊盘和 ESD 保护器件。

合并器件在电路图里是以分离的形式出现的，但在版图中是合并在一起的。合并不但节省空间，而且在某些情况下也会提高器件的性能。设计者必须在合并器件所带来的益处和可能产生的意想不到的相互影响之间加以权衡。

保护环可以防止从一个器件注入的少子影响其他器件的工作。保护环不仅可以防止闩锁效应，还可以阻断干扰低功耗电路正常工作的噪声耦合。

隧道是用作信号交叉点的低值电阻。单层金属版图几乎总是需要隧道，多层金属版图不需要使用隧道，但是隧道有时可以为布线提供一个方便的途径从而连接芯片上原本无法到达的区域。隧道引入的寄生效应会降低电路的性能，因此必须仔细分析所采用的每个隧道的潜在问题。

焊盘为集成电路提供了与外部世界连接的桥梁。大多数焊盘需要有 ESD 保护电路。校正焊盘和测试焊盘仅在用晶圆级测试中使用，因此不需要 ESD 保护。

13.1　合并器件

在标准双极工艺版图中，占用面积最大的是隔离扩散。多数电路都含有隔离岛连接到同一电位的组件，把这些器件放在同一个隔离岛中可以节省大量面积。图 13.1(A)所示是 3 支并排放置的最小尺寸 NPN 晶体管，而图 13.1(B)所示为同样的 3 支晶体管合并到同一隔离岛中的版图。这个合并器件的面积约为原先分离放置器件面积的 70%。减小集电区接触的尺寸还可以节省更大的面积。如果这 3 个器件共用基极连接，那么通过将 3 个发射区合并到同一基区内甚至可以节省更多的空间。

图 13.1　(A)3 支分离的 NPN 晶体管；(B)同样的晶体管合并到同一隔离岛内

在 CMOS 和 BiCMOS 工艺中，占用面积最大的是隔离阱(或阱)。把器件合并到相同的阱中同样可以节省很大的芯片面积。当设计中含有大量微小器件时更是如此，例如，最小尺寸的 MOS 晶体管。

将本应保持分离的器件合并已引发了许多电路故障，其中一些故障已被证实非常难以诊断和修复，因此设计者们变得有些不太愿意合并器件，即使合并器件会明显地节省大量面积。

大多数合并器件引发的失效是由于少子注入、欧姆去偏置或者电容耦合所致。如果一个设计者了解这 3 种机制，则能够分辨哪些合并是安全的，哪些合并是应该避免的。到目前为止，少子注入是引发问题最多的机制。只要一个器件将少子注入到共享区域(例如隔离岛或阱)就会出现问题。一部分注入少子会流到其他器件并被反偏结收集。应保持隔离的器件之间的少子流动会在电路中无法预料的位置引起漏电流，这些电流可以引起电路故障，这些故障从微小的参数漂移到灾难性的闩锁效应。下一节将讨论已知的几种存在严重缺陷的合并器件。

13.1.1　有缺陷的器件合并

图 13.2(A)是一支分裂集电极横向 PNP 晶体管。该结构由一对共享发射区和基区的合并横向 PNP 晶体管组成。正常工作条件下，集电极 C_1 和 C_2 都保持反偏。空穴从共享发射区以放射状流向两个集电区，每个集电极大约拦截了全部发射极电流的一半。假设集电极 C_1 处于饱和状态。本应被 C_1 吸收的少子现在从其表面再次注入。大部分再次注入的载流子流向隔离侧壁，随后流向衬底，但是也有一些从集电极 C_1 流向集电极 C_2。这种交叉注入增加了从 C_2 流出的电流，使这两个集电极电流比例失衡。

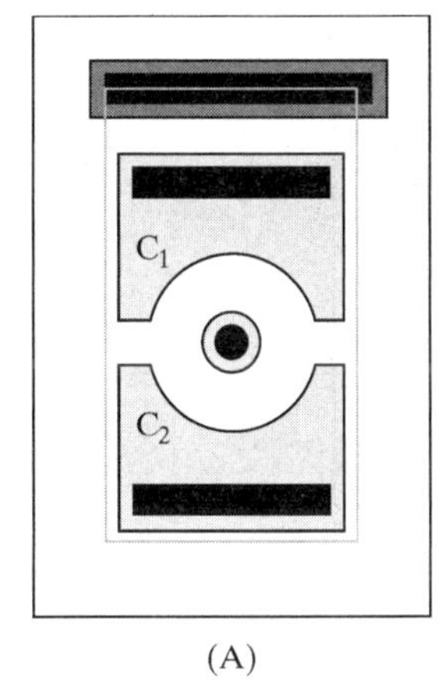

(A)

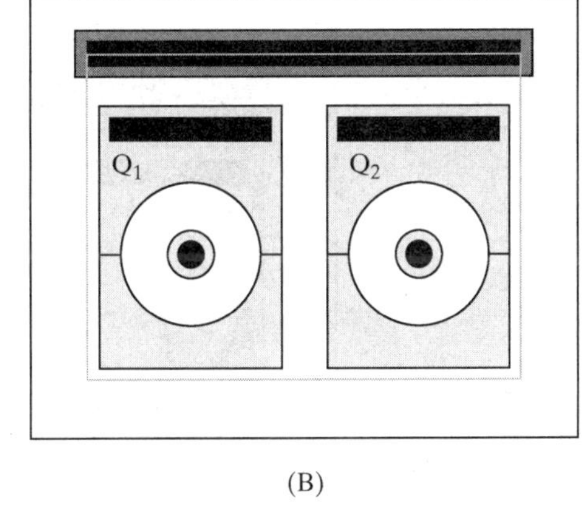

(B)

图 13.2　易受交叉注入影响的合并横向 PNP 结构：(A)分裂集电极横向 PNP 管；(B)两支横向 PNP 管合并在同一隔离岛中

大多数设计者都知道分裂集电极 PNP 管饱和时会引起交叉注入，但是许多设计者容易忽视同一个隔离岛中分离的横向 PNP 管之间也可能产生交叉注入的情况。图 13.2(B)所示为一个包含两支横向 PNP 晶体管 Q_1 和 Q_2 的隔离岛。通常情况下，集电极几乎拦截所有的来自各自发射极的少子注入，因此即使这两支晶体管占据共同的隔离岛，彼此也应保持有效的隔离。现在假设 Q_1 饱和，而 Q_2 仍工作在正常放大区。Q_1 发射极注入的空穴流向集电极，但当该集电极正偏时，它们会被重新注回到隔离岛中。由于 Q_1 和 Q_2 的集电区相对，彼此之间有一个较窄的间隙，因此从 Q_1 流向 Q_2 的大多数载流子都到达其集电极。因此，当 Q_1 饱和时，大约有 1/4 的发射极电流流向 Q_2。即使在横向 PNP 管不饱和时也会发生一定程度的交叉注入。一些空穴在横向晶体管的集电区下方流动，在晶体管外面的隔离岛中出现。以这种方式逃脱的载流子的比例随着集电极-发射极电压 V_{CE} 的下降而上升，因此设计者应该避免将两支精确匹配的横向晶体管放在同一隔离岛(或阱)内。对于中度匹配的横向晶体管，如果工作时器件的集电极电流和集电极-发射极电压都相同，在这种情况下可以合并。晶体管必须对称排列，以便从一支晶体管到另一支晶体管的交叉注入可以精确抵消相反方向的交叉注入。

防止横向 PNP 晶体管间交叉注入的最简单方法就是把各管放置在各自的隔离岛中，然而这样做会浪费太大的面积，以至于设计者发明了一些其他方法来阻止(至少是减少)合并器件之间的交叉注入。例如，可以使用 P 型棒(P-bar)或者 N 型棒(N-bar)(见 4.4.2 节)分隔两支横向 PNP 晶体管。这些棒可以阻挡大部分(但不是全部)交叉注入少子。设计者应该考虑如果饱和器件注入电流的 5%到达邻近器件电路会发生什么情况。如果这么大的电流可以引起故障，那么器件需要放置在单独的隔离岛中。

另一个少子注入的例子是设计 NPN 晶体管 Q_2 及其驱动的侧向 PNP 晶体管 Q_1 的合并(见图 13.3)[①]。Q_2 的集电极就是 Q_1 的基极。只要 Q_1 不饱和，合并器件就会正常工作；如果 Q_1 饱和，集电极重新注入的空穴就会流向 NPN 晶体管 Q_2 的基极。基极电流的增加更强地驱动 Q_2，使 Q_2 产生更大的集电极电流。Q_2 增加的集电极电流驱动 Q_1，并使其发射极电流增大。这种情况是典型的 SCR 闩锁实例。一旦闩锁效应被触发，它将持续下去，直到停止供电。芯片可能过热，在高压下自毁，否则只是发生故障并且消耗过多的供电电流。即使横向 PNP 在正常工作状态下不会饱和，潜在的闩锁效应也会使这种合并变得很危险。如果一些瞬态条件使横向 PNP 饱和，那么这种结构将发生闩锁效应。

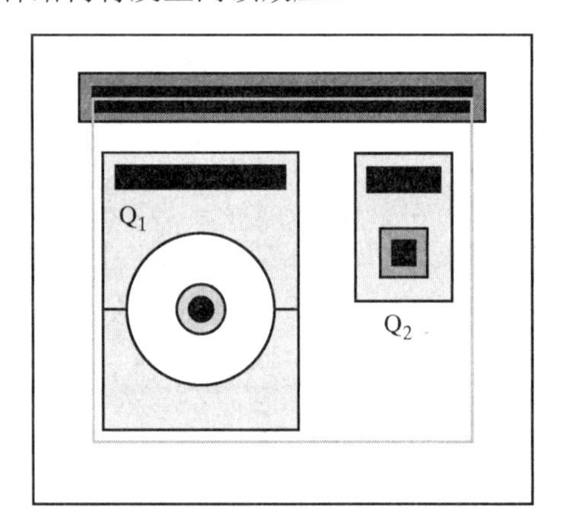

图 13.3　因为少子注入而易于发生闩锁的器件合并实例

P 型棒和 N 型棒也许并不足以防止闩锁。要产生闩锁，PNP 晶体管增益 β_P 和 NPN 晶体管增益 β_N 的乘积必须大于 1。两晶体管之间加入棒会引入第三项——η_c，表示被棒拦截的少子比例，发生闩锁(见 11.2.7 节)的条件变为

$$\beta_N\beta_P(1-\eta_c)>1 \tag{13.1}$$

标准双极型 NPN 晶体管的 β 值可以达到 300 甚至更大。横向 PNP 晶体管的 β 值要低一些，但是通常会超过 10。为了在这样的 β 值条件下防止闩锁效应，棒的效率必须超过 0.997 或 99.7%。N 型棒几乎肯定达不到这个效率，而 P 型棒也不总能达到这个效率。横向 PNP 晶体管只要有饱和的可能，就不应该和 NPN 共用隔离岛。模拟 BiCMOS 工艺中将横向 PNP 和

① C. Jones, “Bipolar Parasitics,” 未发表手稿，1987, pp. 27-29。

NPN 晶体管合并在同一个阱中时也需要考虑同样的问题。

图 13.4 展示了另一对易于发生闩锁的合并器件[①]。这个例子值得特别注意，因为闩锁效应是由两种不同机制相互作用引起的，即欧姆去偏置和少子注入。这种结构将 NPN 晶体管 Q_1 和基区电阻 R_1 放置在同一个隔离岛中。NPN 作为射随器，基区电阻 R_1 的一端连接电源。Q_1 的集电区接触和 R_1 的隔离岛接触为同一个接触。在正常情况下，Q_1 的集电结和 R_1 的基区-隔离岛结保持反偏。如果 Q_1 通过共享隔离岛接触抽取足够的集电极电流，这种情况将发生变化。如果隔离岛接触和 Q_1 本身集电区之间的压降变得足够大，那么 R_1 的正端将相对于隔离岛正偏。这是一个欧姆去偏置的例子。R_1 注入的一些少子到达 Q_1 的基极，从而增大基极驱动。晶体管 Q_1 会产生更多集电极电流。增加的集电极电流会加大电阻 R_1 上的欧姆去偏置。使 R_1 向隔离岛注入更多的空穴。产生的正反馈引起电路闩锁。与前面的例子相同，由于 SCR 产生了闩锁效应，在此例中 SCR 由基区电阻、共用隔离岛及 Q_1 的基区和发射区组成。

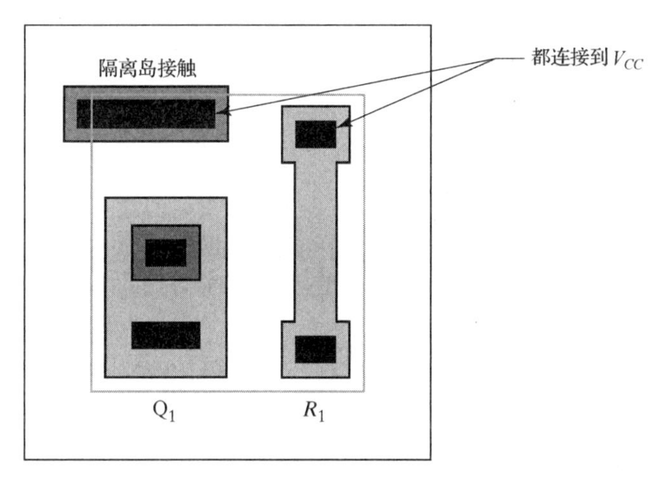

图 13.4 另一个因为少子注入而易于发生闩锁的器件合并实例

虽然图 13.4 中的结构含有一个 SCR，但它不会发生闩锁，除非被隔离岛中欧姆去偏置产生的压降触发。触发 SCR 所需的压降在 150℃时约为 0.3 V(见 4.4.1 节)。如果 NPN 晶体管流过的平均电流为 100 μA，那么隔离岛电阻必须等于 3 kΩ 才能产生 0.3 V 的去偏置压降。隔离岛接触孔和 NBL 之间的纵向电阻在缺少深 N+侧阱的情况下如果没有上千欧姆也有几百欧姆。即使是最小的塞状深 N+区也会使隔离岛电阻减小到不超过几百欧姆，因此如果没有深 N+区，图 13.4 中的结构很可能发生闩锁效应。但是如果存在侧阱，则几乎不可能发生闩锁。

欧姆去偏置也可使噪声通过电容耦合到达敏感的节点。我们用图 13.4 中的合并器件作为示例，假设去偏置还不足以真正触发闩锁效应。即使这样，流过 Q_1 的电流在隔离岛内仍能够引起压降，如果 Q_1 工作时集电极电流快速波动，那么这将使隔离岛电压产生一个高频纹波。该信号可以通过围绕 R_1 的反偏结电容进行耦合，如果 R_1 是敏感电路的一部分，那么隔离岛电压波动注入的噪声可能引发问题。设计者应该尽量避免将噪声电路及敏感电路合并到同一隔离岛内。虽然这样的一些合并功能令人满意，但许多则不能。

① W. F. Davis, *Layout Considerations*, 未发表手稿, 1981, pp. 32-33。

图 13.5 显示了另一对有问题的合并器件。这个例子将 NPN 晶体管 Q_1 和肖特基二极管 D_1 合并在一起。Q_1 的集电极通过隔离岛连接 D_1 的阴极。由于肖特基二极管是多子器件，因此看起来是个安全的合并。遗憾的是，事实并非如此。大多数肖特基二极管包含由 P 型扩散形成的场释放保护环。只要肖特基管上的电压超过保护环结的正向电压，该保护环就开始向隔离岛内注入少子。小肖特基二极管的串联电阻可能达到几百或几千欧姆，因此它们的保护环很容易去偏置而进入导通。

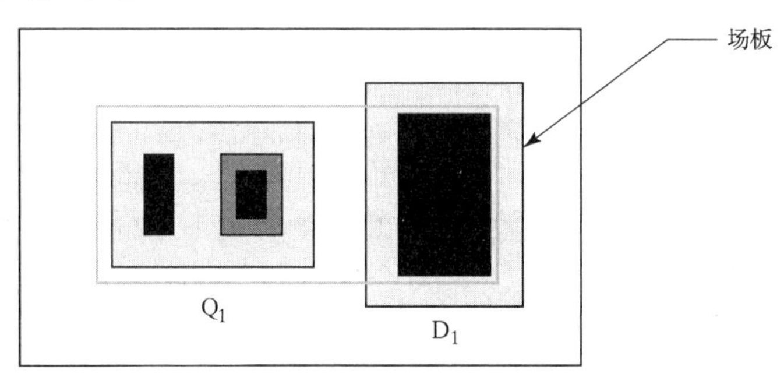

图 13.5 另一个易于少子交叉注入的结构，由 NPN 晶体管 Q_1 和一个肖特基二极管 D_1 组成

图 13.5 中的结构使用了设置场板的肖特基二极管而不是加保护环的肖特基二极管，从而可以消除保护环对隔离岛的正偏可能。但是由于肖特基势垒的存在，少量的交叉注入仍会发生。虽然整流肖特基结主要通过多子导通，但少量少子也会被注入到结的半导体一侧。肖特基二极管 D_1 注入的少子可以到达 Q_1 的基极，在那里产生附加的基极驱动。这种机制会引发参数漂移并可能触发闩锁效应。

图 13.5 中电路发生的故障类型也有可能发生在普通的 NPN 晶体管中。如果重掺杂扩散没有完全包围集电区接触，那么接触孔接触轻掺杂外延层的部分就会形成肖特基势垒，这个势垒会以与图 13.5 所示肖特基二极管相同的方式注入少子。这个问题通常出现在错误布版的结构中，但是对于即使通过了所有采用的设计规则检查的结构，由于光刻引发的对版误差也会产生同样的结果。

13.1.2 成功的器件合并

本节介绍了在标准双极版图中经常遇到的两个器件合并的情况。虽有无数可能的合并，然而本例仅提供了熟练的设计者所能取得的成果的一般印象。通过检查几乎任何标准双极集成电路版图可以发现更多的合并。

图 13.6(A)中的达林顿对(Darlington pair)包含一支 NPN 功率晶体管 Q_1 和一支较小的预驱动晶体管 Q_2，二者共享一个集电极连接。每支晶体管还有一个相关联的基极关断电阻。图 13.6(B)的版图显示了这 4 个组件如何占用同一个隔离岛。隔离岛接触包含一个棒状的深 N 区，位于隔离岛的左侧。这个深 N 侧阱没有围绕功率器件 Q_2，因为这样排列会增加芯片面积。通常，只有饱和 NPN 晶体管和大功率器件才要求有封闭的深 N+环。因为 Q_2 的集电极-发射极电压 V_{CE} 不可能低于 Q_2 的外部 V_{BE} 和 Q_1 的外部 V_{SAT} 之和，所以 Q_2 不可能达到饱和。在大电流状态下，Q_2 的外部 V_{BE} 电压可能接近 1 V，所以在 Q_2 开始饱和之前，隔离岛接触孔就会被不到 1 V 的电压去偏置。图 13.6(B)中的深 N+棒的纵向电阻不超过 5～10 Ω，因而能流过几百毫安的电流，并且没有足够的去偏置使得 Q_2 饱和。Q_1 能够饱和，但流过这个器件

的电流很小，以至于将衬底注入限制在可控程度。

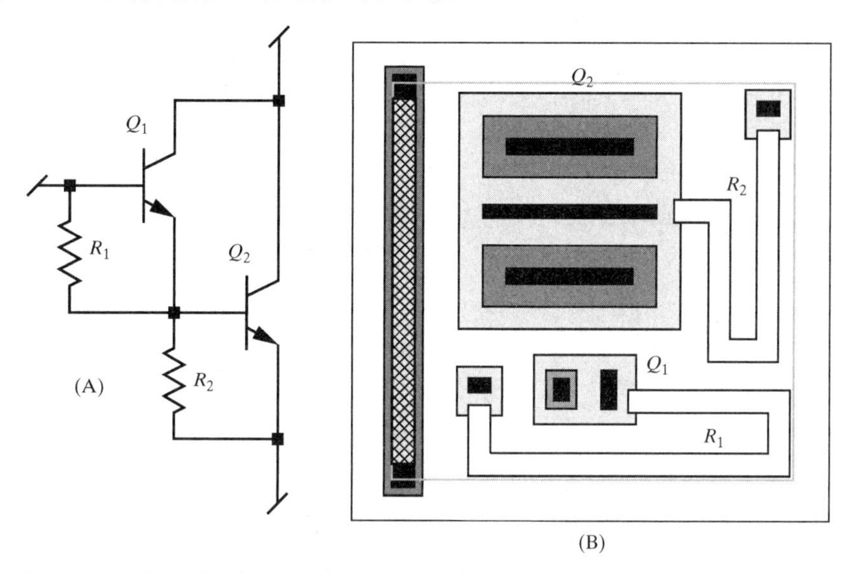

图 13.6 (A)合并达林顿对的原理图；(B)版图(为了清楚起见，忽略了金属线)

即使 Q_1 饱和，也不会影响达林顿管的工作。当 Q_1 饱和时，它将向 Q_2 传输尽可能多的电流。由 Q_1 注入到共享隔离岛的空穴将被 R_1，R_2 或 Q_2 收集。被 R_1 收集的空穴将返回 Q_1 的基极或流向 Q_2 的基区。流入各晶体管的额外基极驱动并不会引起故障，因为两晶体管已经传导了其所能承载的全部电流。被 Q_2 基区收集的空穴仅代表 Q_2 额外的基极驱动。由 R_2 收集的空穴可能会流向 Q_2 的发射区，在那里与流经该晶体管的更大电流合并。这里需要再次强调，额外的电流流动不会引发故障。总之，无论 Q_1 是否饱和，都不会造成任何差别。

每支 NPN 晶体管的基区接触孔也作为各自基极关断电阻的接触端，这种合并可节省很大的面积，但 HSR 注入必须远离发射区，以防止该注入提高 NPN 晶体管内基区的掺杂浓度。该版图在获得必要间距的同时并没有通过将 HSR 注入基区接触后的晶体管基区扩大晶体管。

图 13.6 中器件的排布使我们可以通过一层金属完成互连。读者可能希望追踪两接触之间的互连。集电区连线从左侧进入隔离岛，而发射区连线从右侧离开。这些连线可以取所希望的宽度。连接 Q_1 发射区和 Q_2 基区的连线在隔离岛接触和 Q_2 体区之间通过。

图 13.7(A)所示为另一个可从器件合并中获益的电路实例。晶体管 Q_1、Q_2 是差分对管，两者发射极电流的 3/4 流入地，而 1/4 流入由 Q_5 和 Q_6 构成的电流镜。该电路的输出电流通过一个衬底 PNP 射随器 Q_4。一个相同的 PNP(Q_3)用于平衡电路负载，并且消除否则将由 Q_4 基极电流引起的系统失调。

该电路的版图至少要求 4 个隔离岛。Q_1 和 Q_2 的基极连接是分开的，因此要求具有独立的隔离岛。Q_3、Q_5 可以像 Q_4、Q_6 一样共用隔离岛。Q_1 和 Q_2 的大集电区可通过延伸集电区进入包围的隔离区与地相连，从而可以通过消除集电区和隔离区之间的距离节省可观的面积。通过将小集电区对齐，使它们能够融入一个更窄的隔离岛中，从而可进一步减小这些晶体管的尺寸［见图 13.7(B)］。窄隔离岛无法容纳足够的 NBL 完全铺满晶体管有源区的底部，但 NBL 的横向扩散会防止少子向衬底泄漏。

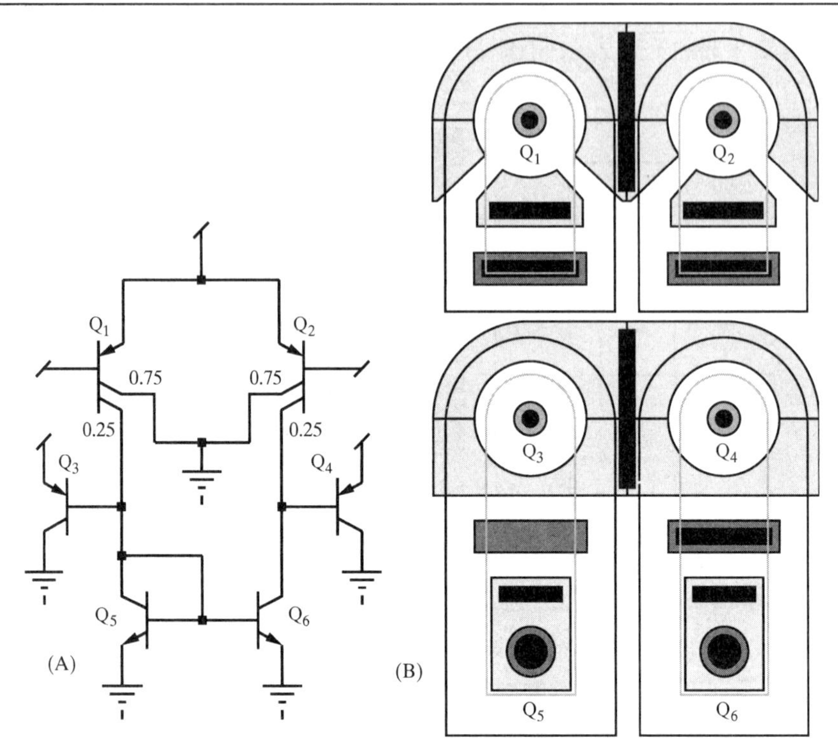

图 13.7 (A)合并运算放大器输入级的原理图；(B)版图。为了清楚起见，忽略了金属连线

Q_3–Q_5及Q_4–Q_6的合并提出了一些重要的问题，其中每种结构都在与 NPN 相同的隔离岛中放置了衬底 PNP。如果衬底 PNP 的注入空穴可到达合并 NPN 晶体管，则会触发闩锁效应。所示版图通过采用横向 PNP 替代这里通常使用的衬底 PNP 来解决这一问题。横向 PNP 的集电区作为 P 型棒。该集电区也向外延伸进入隔离区，从而可以节省面积。该 P 型棒不可能完全阻止少子流动，但几种标准双极设计已经成功地使用了该版图。虽然Q_5所经历的低水平空穴收集也会在Q_6出现，然而却没有发现闩锁效应。由于Q_5和Q_6彼此平衡，因此该电路本身即可允许低水平交叉注入存在于Q_3–Q_5和Q_4–Q_6之间。

Q_3–Q_5和Q_4–Q_6的合并不完全相同，因为Q_4–Q_6要求有一个隔离岛接触，而Q_3–Q_5没有这种要求。两个合并都需要相同的条状发射区以确保匹配，但是只有Q_4–Q_6包含一个隔离岛接触。接触以及与之相关的金属连线对匹配几乎没有影响，所以未采用Q_3–Q_5。

13.1.3 低风险合并

一些器件合并比较容易实现且风险很低。任何情况下都应采用这些器件，因为它们所带来的好处远远大于其缺点。低风险合并的实例概括如下：

1. 单个匹配器件的多个部分。

   匹配器件经常由多个部分串联或并联组成。这些部分通常共享隔离岛或阱，有时它们也可以共享其他扩散区。例如，一支匹配 NPN 晶体管由同一隔离岛内占据同一基区的多个发射区组成。与传统版图相比，合并版图的紧凑性减小了其对梯度的敏感性。另一方面，在构造这些合并器件时必须小心。合并在同一隔离岛中的部分会受到隔离岛调制的影响。占据同一基区的多个 NPN 发射区必须相互远离以保证各自的发射结耗尽区不会接触。

2. 功率器件的多个部分。

   功率器件经常由多个部分或指状结构组成。这些指状结构通常共享隔离岛，也可以共享其他扩散区。例如，功率 NPN 通常由同一隔离岛内占据同一基区的多个指状发射区组成。合并功率器件更加紧凑，但这并不总是人们希望的特性。如果器件消耗过大的功率，那么更松散的结构实际上可以降低该器件内的峰值温度。一些双极型功率管使基区和条状深 N+区构成叉指状结构，从而使功耗分散在更大的面积上并且降低集电极电阻。

3. 读出晶体管和与之相关的功率晶体管。

   有时功率晶体管会有一支与之相关的读出晶体管。流过读出晶体管的电流小于流过功率晶体管电流并与之成一定比例。尽管存在大的热梯度，然而读出晶体管和功率晶体管必须十分精确地匹配。理想情况下，读出晶体管应该包含两个相同的部分，放置在通过功率晶体管的对称轴上。每一部分应该位于功率晶体管中心到其外围距离一半的位置，从而使其温度大致匹配于整个功率器件的平均温度。如果读出晶体管不能被分成多个部分，则应该位于其对称轴上的功率晶体管的外围。

4. 肖特基钳位电路和与之相关的 NPN 晶体管。

   肖特基钳位 NPN 晶体管通常会做成合并器件。合并的肖特基钳位可使用晶体管的深 N+侧阱，如果有必要，也可使用 NPN 基区的延伸作为保护环。

5. NPN 达林顿晶体管。

   达林顿晶体管的版图与图 13.6 中的结构相似。大多数达林顿管是功率晶体管要求定制版图。在同一隔离岛中包含预驱动管和关断电阻几乎不需要耗费额外的时间和精力。

6. NPN 的基区关断电阻。

   NPN 晶体管通常需要基极关断电阻。如果这些电阻是 P 型扩散器件，那么它们和相关 NPN 晶体管可以共享隔离岛。如果基极关断电阻连接衬底电势，那么只需将电阻移出并设置在隔离区。该技术节省了一个电阻端头所需的面积，但是衬底接触应位于电阻附近以减小去偏置。

13.1.4　中度风险合并器件

另一种类型的合并很容易实现并且可以节省大量面积，但这些合并并非没有风险。这些风险通常不难免。中度风险器件合并的实例如下：

1. MOS 晶体管共阱。

   设计人员通常把 MOS 晶体管合并到同一阱中以节省面积。由于这种方法广泛传播，以至于数字设计人员通常会随意使用。实际上，这样的合并也会带来一定的风险，因为无论合并器件是在同一个阱中还是在外延层中，其源/漏区都会发生交叉注入。发生的问题通常是由连接到非电源或低管脚的输出晶体管的源漏区引起的。在这样的管脚上由外部引入的瞬态变化能够使源/漏区相对于背栅正偏。所有输出晶体管要求有各自的少子保护环（见 13.2 节）。如果可能，输出晶体管不应该与没有连接在相同管脚上的其他晶体管合并。例如，N 阱 CMOS 工艺中的输出 PMOS 晶体管应该占据独立的阱。另一方面，与非门的两支 PMOS 晶体管由于连接到同一输出，因此能够占据相同的阱。当构造合并晶体管时，如果晶体管正偏，那么设计者应该尽可能多地形成背栅极接触以减小去偏置。如果工艺中包含合适的埋层，那么阱内要包含尽可能大的埋层面积。随着阱尺寸及其所包含的晶体管数量的增加，阱接触变得更加重要。非常大的 MOS 晶体管通常要求具有集成背栅接触(见 11.2.7 节)。

某些电路包含在通常工作情况下相对于背栅正偏的 MOS 晶体管。例如，某些电荷泵包含在启动过程中正偏的器件。由于这些器件不一定连到管脚，所以也不易识别。电路设计者应该清楚地辨别所有这些器件，从而使版图设计师可以通过使用保护环和分离的阱来保护它们。

2. 公共隔离岛中的扩散电阻。

   为了节省空间，扩散电阻通常被并入同一隔离岛中。这种方法可制作结构紧凑且不易受应力和热失配影响的电阻阵列。只要电阻中没有一个相对于隔离岛正偏，那么合并电阻间就不会发生交叉注入。但如果有任何一个电阻连接到管脚，就会出现问题。这样的电阻应该各自独立占据隔离岛，而且如果所采用的工艺容易发生闩锁效应或者易于在正常工作过程中出现瞬变，那么它们可能还需要保护环。如果某些电路中的一个或多个电阻工作在可能引发少子生成的去偏置条件下，则电路设计者应该清楚标明每一个这样的电阻以便将其安排到单独的隔离岛中并采用所需的保护环结构。版图设计者还应该注意对噪声敏感电阻和传送高频信号器件的合并，因为可能引发电容耦合。如果不确定，则应采用分离的隔离岛。

3. 横向 PNP 晶体管。

   共享相同的基极连接的横向 PNP 晶体管能够放置在相同的隔离岛中。许多双极设计广泛使用横向 PNP 合并。只要合并晶体管中没有一支饱和，它们的集电极可以作为 P 型棒以使其彼此隔离。P 型棒和 N 型棒(见 4.4.2 节)至少能够部分地阻断相邻横向 PNP 之间的交叉注入。但最安全的方案是将饱和晶体管放在单独的隔离岛中。

4. 分裂集电极横向 PNP 晶体管。

   分裂集电极横向 PNP 晶体管是一种合并横向 PNP。单个分裂集电极横向 PNP 晶体管可以作为几个普通的横向晶体管使用，从而节省了很大面积。只要没有一个集电极饱和，空穴就不会在分裂器件的各部分之间运动。分裂集电极中任何一个发生饱和都会引起流过其他集电极的电流增加。目前还没有办法可阻止分裂集电极晶体管中的交叉注入，除非用单个晶体管替代有问题的分裂集电极器件。

5. 齐纳二极管。

   只要隔离岛电压总是等于或超过齐纳二极管阴极上的电压，发射结齐纳二极管就可以和其他器件共享一个隔离岛。该条件确保寄生 NPN 晶体管不会导通。串联齐纳二极管也可共用偏压等于或超过齐纳二极管串阴极端电压的隔离岛。

13.1.5 设计新型合并器件

任何具有想象力的设计者都会找到更多机会合并器件。在实现计划好的器件合并之前，需要确定合并是否可以通过以下 3 种测试：

1. 合并器件中是否会有器件向共享隔离岛或阱中注入少子

   如果没有，那么合并器件不会发生交叉注入和闩锁。可能的少子源包括饱和双极型晶体管、正偏肖特基二极管以及连接外管脚的扩散区。设计者应该特别注意 NPN 管和其他可能向隔离岛注入少子器件的合并，因为形成的 PNPN 结构可能发生闩锁。潜在的少子源或者应位于各自的隔离岛内，或者应该被 P 型棒或 N 型棒保护，除非设计者可以保证交叉注入不会影响电路的正常工作。

2. 合并器件中是否会有器件通过隔离岛或阱接触以抽取大量电流

如果是这样，那么这些器件可能引起去偏置。只要隔离岛或阱接触包括塞状的深 N+区，那些抽取非常少量的电流(最多几毫安)的器件很少会引起不希望的去偏置。更大电流的器件需要更大的深 N+区来防止去偏置。

3. 噪声耦合是否会影响电路

如果合并隔离岛或阱包含噪声器件和噪声敏感器件，那么器件之间的电容耦合可以降低电路的性能。如果噪声器件通过隔离岛接触抽取了很大的电流，则噪声耦合的可能性会特别大。

13.1.6 模拟 BiCMOS 中合并器件的作用

标准双极设计通常包含相对少量的器件，每一个都器件都经过特定设计以符合面积的要求。在这种条件下器件间的合并变得非常具有吸引力。习惯于对每个器件设计定制版图的设计者对于合并两个此类器件来节省面积不会产生疑虑。尽管每个合并节省的面积较小，但是总共可以节省 10%或更大的芯片面积。

模拟 BiCMOS 设计者不太愿意使用合并器件。大多数模拟 BiCMOS 版图中包含太多的组件，以至于出于时间的考虑排除了定制每个器件的可能。人们已开发出各种软件工具以加速复杂电路布图，这些工具(包括参数化单元和器件生成器)很少可以达到在标准双极中生成的器件合并类型所需的灵活性。电路设计者也习惯于使用标准器件版图来保证器件模型准确地反映硅基电路的性能。

除了这些缺陷，模拟 BiCMOS 设计者仍可通过明智地使用器件合并来获益。例如，匹配双极型晶体管之间的合并可产生更紧凑的结构以及嵌入读出晶体管的功率晶体管可获得更好的热耦合。这些合并器件的优点超过了需要额外时间构造必备器件及其在器件模型中引入了不确定性的缺点。

BiCMOS·设计还大量地使用 CMOS 晶体管合并，包括将器件放在同一个阱中和两个单独的器件共享单个指状源/漏区。这些合并不仅节约了面积，还可以通过增强匹配和减小寄生电容改善电路性能。这些类型的合并通过使用参数化单元和器件生成器可以简单快速地实现。

模拟 BiCMOS 设计者必须对合并器件之间潜在的相互作用保持警惕，即使那些看起来无害的合并，例如将一对 MOS 管合并到同一个阱中。少子注入、欧姆去偏置以及电容耦合合并不仅限于出现在标准双极设计中。本节讨论的原则毫无例外地适用于所有集成电路工艺。

13.2 保护环

在所有困扰集成电路的失效类型中，没有比闩锁更让人感到烦恼和难以捉摸的了。在一个电路中工作正常的器件加入到另一个电路时就会发生闩锁。有时一个器件可以在发生闩锁前正常工作几百到几千小时，仿真几乎不会发现闩锁问题，大多数类型的测试也不会发现。

器件闩锁最常见的原因是由于外部的瞬变使器件管脚的电压超过电源电压或低于地，此类瞬变常见的来源包括低度的 ESD 现象、瞬时电源干扰、继电器、马达和螺线管的感应回冲以及快速转换信号的感应尖峰。适当的电路板级设计可以减小(但是不能消除)这些瞬变。电路设计者必须保证他们的设计可以至少承受中等水平的瞬态注入而不会发生闩锁或其他故障。

电源管脚和衬底连接极少触发闩锁，但是其他管脚(包括没有连接衬底的地管脚)能够引起问题。设计者应该从这样的管脚追踪电路中的每一条导线以确定其是否与扩散区相连。当管脚电压超过电源或低于地时，每一个直接与管脚相连的扩散区都可以注入少子。通过淀积电阻与管脚相连的扩散区在串联电阻小于 50 kΩ 时也需要考虑。大阻值淀积电阻大大减小了注入电流，从而使它们不再成为重要的威胁。

可以把每个易于受损的扩散区(或器件)包围在一个合适的少子保护环内来抑制闩锁。连接到公共管脚的多个扩散区可以共享保护环。设置在管芯外围的 ESD 器件通常共享同一个保护环，从而将管芯的核与 ESD 器件和焊点隔离开。许多早期的标准双极设计省略了对部分或全部管脚的保护环，而新近的设计不应该沿袭这种做法，因为这样做有时会导致代价高昂的重新设计。

13.2.1 标准双极电子保护环

连接到器件管脚的隔离岛都可以向衬底注入电子。标准双极工艺没有包含构造阻挡电子保护环(EBGR)所必需的层，然而这种工艺支持构造收集电子保护环(ECGR)。可以证明图 13.8(A)中的结构是标准双极工艺可以构造的最好的电子保护环，它由隔离岛内被 NBL 和发射区扩大的条状深 N+区组成①。这种扩散方式的组合形成了最深的保护环，因此可以收集最高比例的电子。深 N+区的存在也有助于防止欧姆去偏置。理想情况下保护环应该接到最高电源电位使耗尽区尽可能地深入衬底一侧。此类保护环如果连接到地也可工作，但是接地保护环更容易去偏置。接地保护环有时用来减小少子注入引起的功耗，有时在大电流电路设计中应该注意这种情况。如果接地保护环用于降低功耗，可以用连接电源与放置在接地保护环外面的第二个保护环加以补充，这个保护环在接地保护环饱和时可以提供保护作用。

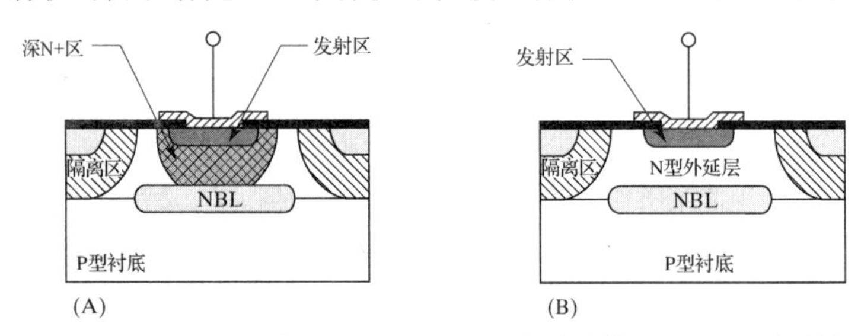

图 13.8 标准双极收集电子保护环：(A)优选结构；(B)另一种结构

有时可以利用连接到电源电压的邻近隔离岛。如果这些隔离岛放置在少子注入点和邻近敏感电路之间，则会成为十分有效的保护环。用于这个目的的所有隔离岛应该包含尽量大的 NBL 并且应使用深 N+侧阱来减小去偏置。利用邻近效应将收集电子保护环设置在少子注入源旁会提高其效率。

① BiCMOS 工艺中类似的保护环参见 E. Bayer, W. Bucksch, K. Scoones, K. Wagensohner, J. Erdeljac 和 L. Hutter, "A 1.0 μm Linear BiCMOS Technology with Power DMOS Capability," *Proc. Bipolar/BiCMOS Circuits and Technology Meeting*, 1995, pp. 137-141。

如果没有深 N+区，则可以使用图 13.8(B)所示的保护环结构。外延层的纵向电阻将 NBL 与发射区分隔开使这种保护环极易受到欧姆去偏置的影响。只要这种结构连接到电源电压，则仍然有效，而连接到地就几乎无效了。

标准双极工艺的电子保护环只是基本有效，而且会消耗大量的管芯面积，大多数设计者会省略这些保护环以节省面积，转而依靠增大间距和放置一些空穴保护环来防止闩锁。一般来讲，这些方法对于线性电路(例如运放和电压调节器)已经足够了。开关感性负载的器件则是另一个完全不同的问题，因为这些负载在正常工作时可以产生极大的瞬间能量。即使这些瞬态不会引起闩锁，也会向敏感电路注入噪声。高频 MOSFET 的栅极驱动也会遇到栅导线谐振引起的严重瞬变。MOSFET 栅极驱动和感性负载驱动的输出电路必须仔细使用电子保护环屏蔽以减小噪声耦合和闩锁敏感度。

如果工艺包括 P+衬底，则电子保护环会更加有效。P+/P−界面会形成电场以捕获 P 型外延层中的大多数注入电子。少数穿入 P+衬底的电子会迅速复合。P+衬底可以形成非常有效的深保护环，其中的一种结构如图 13.8(A)所示，特别是如果它们被偏置到足够高的电压下时驱动耗尽层向下与 P+衬底接触。4.4.2 节更详尽地讨论了少子保护环理论，也提出了几种在特定环境下有效的专用结构。然而，本章所提出的结构对于大多数用途都是足够的。

13.2.2　标准双极空穴保护环

任何 P 型区都可以向隔离岛注入空穴。空穴保护环可以阻挡这些载流子流向邻近的 P 型区或隔离岛的侧壁。有两种类型的空穴保护环：收集空穴保护环(HCGR)和阻挡空穴保护环(HBGR)。图 13.9(A)显示了一种典型的用于防止空穴到达隔离岛侧壁的收集空穴保护环。NBL 的存在可以防止空穴向下流动到衬底，而是驱使它们横向流动。保护环由环绕注入点的反偏基区扩散组成，该扩散区作为横向 PNP 晶体管的集电区。任何到达包围保护环的耗尽区的空穴都被抽入耗尽区。空穴收集保护环通常接地，使得隔离岛和保护环间的反向偏压最大，从而不仅使耗尽区更加深入隔离岛，而且减小了保护环自身的欧姆去偏置效应。接地的空穴保护环与隔离系统接到同一电势，所以可将其合并以节省面积。此类合并保护环的例子包括图 4.28 中的 P 型棒和图 13.7 中晶体管 Q_3 和 Q_4 的接地集电极。收集空穴保护环也可以连到隔离岛电势，但会降低其有效性，而且不会节省很多的空间。

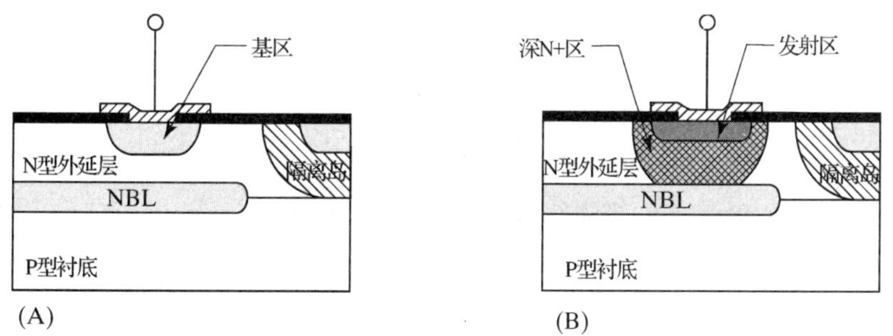

图 13.9　标准双极空穴保护环：(A)收集空穴保护环；(B)阻挡空穴保护环

图 13.9(B)显示了一个阻挡空穴保护环的典型实例[①]。此类保护环使用重掺杂 N 型区包围

① 同上。

注入点。N+/N−界面产生了一个电场，成为阻挡空穴通路的屏障。越过这个屏障的大多数空穴在穿越 N+区域之前就已复合。维持复合的电子电流流经接触到达 N+区。图 13.9(B)中的结构依靠 NBL 来阻挡空穴的向下流动，深 N+区阻挡空穴的横向流动。为了取得最大的效果，阻挡空穴保护环必须没有间隙或孔洞。达到这个目标唯一可行的办法是把注入源用深 N+环完全包围起来。部分空穴阻挡环(如图 4.28 中的 N 型棒)允许很大一部分空穴从任意一端的间隙周围逃逸。在某些工艺中，这些间隙可以通过将深 N 型棒延伸进入隔离岛两侧的隔离区加以消除。大多数工艺不支持这种结构，因为隔离区/深 N+区结有漏电流。对于典型的标准双极工艺，收集空穴和阻挡空穴保护环的效率都超过了 95%。在阻挡空穴保护环内部设置空穴收集保护环的效率超过 99%。

标准双极设计几乎不使用空穴保护环，所以这种工艺很少需要它们。标准双极设计很少出现由于空穴注入衬底引起的闩锁，这是因为深 P+区隔离和器件之间很大的间距都有助于减小寄生 SCR 的 β 乘积(见 11.2.7 节)。只有在超过衬底接触系统容量时，注入衬底的空穴才会成为问题。因为 P+隔离扩散的栅格有助于增大衬底接触的有效面积，而 P 型衬底有助于限制最大注入电流，并且将衬底去偏置限制在管芯相对有限的区域内，所以空穴注入不太可能发生。空穴保护环通常只是用来防止合并器件间的交叉注入(见 13.2.1 节)。通常将连接到既不是电源又不是衬底地的外管脚的 P 型区放置在独立的隔离岛内进行隔离。这种方法与构造空穴保护环相比需要相同的面积，但花费的精力更少。

13.2.3 CMOS 和 BiCMOS 设计中的保护环

已证明 CMOS 设计比标准双极更容易发生闩锁，这部分是因为现代 CMOS 和 BiCMOS 工艺的尺寸更小，部分是因为隔离系统的不同。CMOS 工艺通常用轻掺杂外延层代替标准双极中的纵向 P+隔离。轻掺杂增大了通过隔离区形成的横向双极型晶体管的增益，使少子注入更容易触发 SCR 效应。P 型外延层的轻掺杂还使得抽取衬底电流更加困难。大多数此类工艺依靠 P+衬底来减小通过衬底发生闩锁的可能性，但是使用保护环阻挡横向导通时必须特别小心。

近来，因为横向间距不断减小，更先进的工艺比早先的工艺更加敏感。为减小阱电阻引入的退化阱带来了很大的好处，但是现代亚微米 CMOS 和 BiCMOS 工艺仍然极易受到闩锁的影响。

图 13.10(A)显示了采用 CMOS 工艺实现的收集电子保护环。这个结构由一个放置在 P 型外延中包围电子注入源的 NMoat 环组成。NSD 注入相对较浅，因此只可拦截少量载流子。这类保护环依靠阱下面的 P+衬底防止少子穿通衬底的沟道绕过保护环。遗憾的是，P+/P−界面电场的存在排斥电子离开衬底并且向邻近的阱横向流动。这种现象使得构造阻止少子注入衬底的真正有效势垒变得十分困难。将 NMoat 连接电源而不是地只能获得有限的改善，因为耗尽区增加的深度只会深入一小部分外延层。在低电压 CMOS 工艺中，NMoat 设置在 P 阱中，保护环应该连接衬底电势而不是电源。低压 P 阱增加的表面掺杂减小了 NSD/P 阱耗尽区的宽度，增大了其场强。高电场强度可以引发耗尽区内的雪崩倍增。产生的去偏置实际上增大了保护环的收集效率，但是也可能使管芯其他部分出现问题。对图 13.10(A)所示的电子收集保护环增加一个 N 阱可以增加其深度从而改善其收集效率。遗憾的是，大多数 N 阱扩散掺杂很轻，不能收集足够的电流以阻止闩锁。

图 13.10(B)显示了采用 CMOS 工艺实现的收集空穴保护环。该保护环由放置在 N 阱中围绕空穴注入源的 PMoat 组成。因为大多数空穴向下流向衬底而不是横向流向保护环，所以

此类保护环一般不是非常有效。增大保护环宽度对改善效率没有贡献。退化阱可大大改善收集空穴保护环的效率。实际上，退化阱的重掺杂下部作为埋层，N+/N−界面产生一个电场从而将空穴限制在 N 阱内，所以空穴横向流向保护环而不是纵向流向衬底。

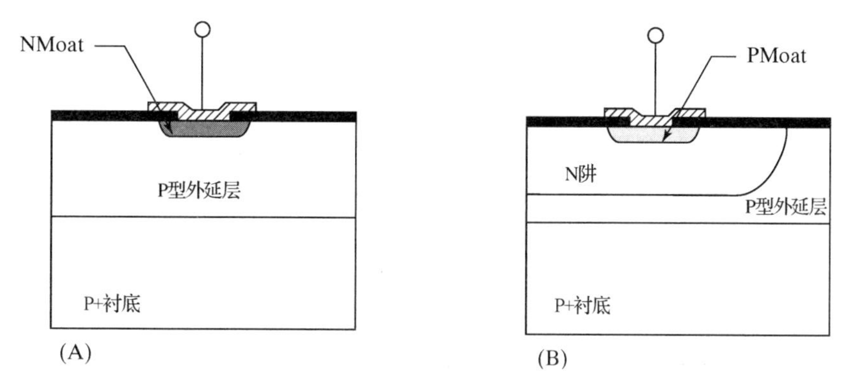

图 13.10 N 阱 CMOS 的少子保护环：(A) 收集电子保护环；(B) 收集空穴保护环

采用 CMOS 工艺中构造的少子保护环的效率通常非常有限。两种类型的保护环可以互相加强，所以最佳的设计由围绕每一个可能注入少子的器件的收集电子和收集空穴保护环共同组成。因为 CMOS 逻辑在正常工作时不会注入大量少子，所以如果连接输出管脚的数字器件都有保护环，则可以满足抗闩锁要求。设计者应该检查每个既不连接电源又不连接衬底电势的管脚。连接此类管脚的每一个源/漏区都需要保护环。即使 PMOS 管放置在单独的阱中也需要收集空穴保护环。NMOS 晶体管需要收集电子保护环。保护环和背栅接触组合应抑制大多数形式的闩锁，但是可能不足以处理与感应回冲和谐振有关的严重的少子注入问题。模拟设计者也必须考虑电路内部节点引起少子注入和闩锁的可能性，这种情况的例子包括连接用作正反馈单元的电容和与电荷泵相关的节点。

模拟 BiCMOS 工艺通常包括 NBL 和深 N+区。这些层的存在使得可以构造与图 13.8 (A) 中类似的深收集电子保护环。对于使用 P+衬底的设计，这些保护环特别有效，因为 P 型外延层/衬底界面的内建电场有助于将电子限制在外延层内。薄外延层 P+工艺中的深 N+保护环可收集 90%或者更多的注入外延层中的电子[①]。

更新的工艺具有的浅重掺杂 N 阱区可能无法在 N 阱和 NBL 之间形成足够强的内建电场限制空穴。这个有时称为 NBL 渗透性 (NBL permeability) 的问题已在多种低电压 BiCMOS 工艺中被观察到。

如果 NBL 不能有效地阻挡空穴流向衬底，空穴保护环的效率会受到影响。增加一个阻挡空穴保护环实际上可能增大了通过可渗透 NBL 的衬底注入[②]。这种看上去荒谬的情况可能是由于 N 阱有效体积的减小所致。阻挡空穴保护环排斥空穴离开其占据的一部分阱，从而将电子集中在剩余部分的阱中。NBL/N 阱界面附近空穴浓度的升高增大了载流子向衬底的注入率。这种体积减小效应 (reduction in volume effect) 不应该影响收集空穴保护环，但是可渗透 NBL 的存在仍然减小了其收集效率。

---

① R. R. Troutman, "Epitaxial Layer Enhancement of N-Well Guard Rings for CMOS Circuits" *IEEE Electron Device Letters*, Vol. EDL-4, #12, 1983, pp. 438-440。

② N. Gibson，未发表报道，1998。

模拟 BiCMOS 设计也有过大的衬底电阻。即使设计使用了 P+衬底，轻掺杂 P 型外延层的存在仍使得形成低电阻衬底接触非常困难。即使是相对低水平的衬底注入也可导致明显的衬底去偏置。可以使用空穴保护环阻挡少子到达衬底来防止衬底去偏置。所有的大电流饱和 NPN 晶体管都应该含有这类保护环以防止衬底去偏置和噪声耦合。

模拟 BiCMOS 设计有时使用 P–衬底来避免生长两层外延层的需要。建立在 P–衬底之上的设计更容易发生闩锁，这是因为电子保护环不再从存在于 P–/P+界面的电子势垒中受益。如果使用合适的保护环包围每个潜在的少子注入源，许多设计仍然可以使防止瞬变诱发闩锁的能力达到令人满意的水平。即使是最保守的保护环设计也不能处理与感应回冲和谐振有关的严重的少子注入问题。尽管存在与第二次外延淀积相关的额外费用，此类设计可能仍要求使用 P+衬底。

电介质隔离工艺也会由于低电压器件制作在同一个隔离岛中导致闩锁，例如，在数字逻辑电路中经常发生的情况。在可能向共用阱或场区注入的器件周围放置隔离环通常足以防止闩锁。然而，电流可能会流过隔离器件，从而引起没有直接连接管脚的器件发生少子注入。在这种情况下，多个器件可能需要隔离环，或者需要插入一个淀积电阻以减小流过隔离器件的电流大小。

13.3 单层互连

大多数现代工艺至少提供两层金属。因为导线可以自由地相互交叉，所以器件的排布只受匹配和封装的限制。只要设计者在器件间留出一点空间，走线几乎不会出现问题。如果时间允许，几乎任何设计者都可以压缩出版图中浪费的空间，从而形成一个合理且紧凑排布的设计。

如果工艺只提供单层金属，互连就会变得非常困难。缺少第二层金属使交叉走线非常困难。尽管加入低阻值电阻可以形成交叉点，但是这些“隧道”会消耗管芯面积并增加电阻和电容，从而降低了电路性能。一个恰当排布的版图含有极少的隧道，这种版图中的器件排布要使交叉点的数量达到最小。连线经常跨过电阻或在晶体管端点之间通过，有时甚至利用隧道通过隔离岛或基区扩散区。

单层互连比多层互连需要更高超的技巧和创造性，设计者必须预料到器件间可能的障碍，运用智力将其移除以清理出布线通路。一次移动可能会解决一个障碍，但是经常会制造出另一个阻碍。熟练的设计者有一种“几何布局直觉”可以帮助他们放置器件并布线。这种直觉看上去更像是天生的才能，而不是熟练的技巧。然而，有大量具体的技巧和技术可以帮助设计者更好地处理单层金属设计。尽管这些技巧看上去可能对于现代多层金属工艺没有什么用处，但是许多设计者规定上层金属用作电源布线、静电屏蔽或光屏蔽。因此一个熟练的设计者必须知道如何使用最少的互连层进行布线设计。

13.3.1 预布版和棒图

单层布线的最大挑战是恰当地排布各器件使所需的隧道数量达到最小。匹配器件的存在常使这项工作变得复杂，以至于即使熟练的设计者也要经过多次尝试才能找到合适的结果。这些尝试性的排布通常以粗略的草图或预布版(mock layout)的形式完成，与图 13.11 所示相同。草图中的晶体管是标有发射区、基区和集电区的矩形，电阻是两端有连接的条，虚拟(陪衬)器件和电阻隔离岛不出现在草图中。隔离岛接触标有“TC”字样。占据同一隔离岛的合并器件相互紧邻，如 Q_3 和 Q_4 的情况。虽然粗糙，该草图还是展示了所设计的版图的全部重要特征。

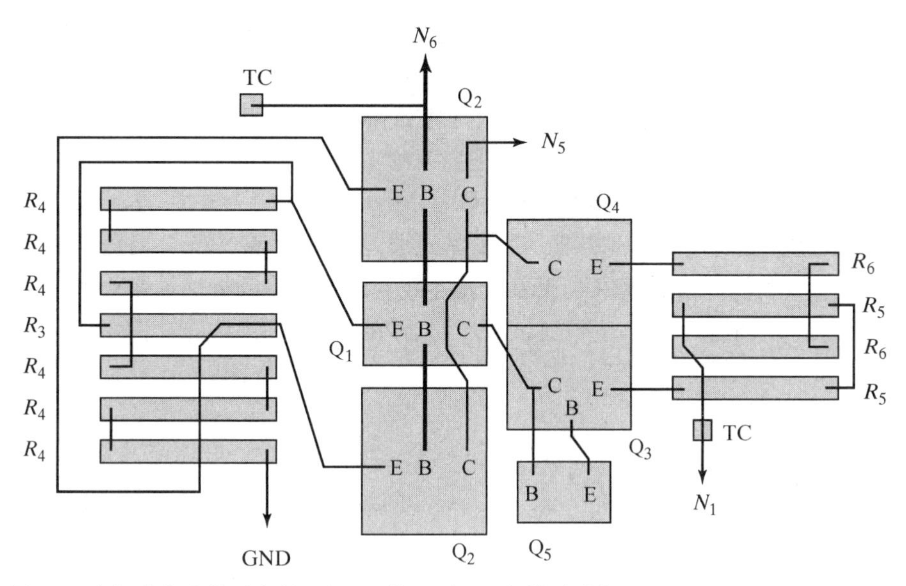

图 13.11　图 14.2 中部分电路的预布版。以下器件必须尽可能精确地相互匹配：R_3–R_4，Q_1–Q_2，Q_3–Q_4 和 R_3–R_6

这个特定版图中包含大量匹配器件。为了达到可能的最佳匹配，每个器件都要按照 7.2.10 节中提倡的围绕着版图的一条轴对称设置，该对称轴从草图的中间水平通过。

电阻 R_3 和 R_4 使用 160 Ω/□的基区材料，阻值分别为 621 Ω 和 4 kΩ，这些电阻的比例不是简单的整数($R_4/R_3 = 6.441$)，从而使得构造分段和叉指状阵列变得复杂，但并非完全不可行。假设 R_3 作为阵列的单位电阻，那么 R_4 至少需要 7 段。遗憾的是，一段电阻的质心不能与 7 段电阻的质心精确对准。为了实现真正的同质心布局，R_4 必须包含 8 个段。这种排布并不是特别紧凑，因为所有段都相对较短(R_3 包含 3.88 个方块)。一种较好的排布是使用 6 个 666.7 Ω 的段构造 R_4 和一个段构造 R_3。R_3 上的滑动接触孔可以调节电阻的比例。R_3 占据阵列的中心以保证共质心排列(见 7.2.10 节)。R_4 的 6 个段相互连接以消除热电效应(参见 7.2.11 节)。电阻 R_5 和 R_6 各由 18.75 方块的 160 Ω/□基区扩散组成。预布版显示每个电阻由两个 9.375 方块的部分组成，它们以叉指形式形成紧凑的阵列。

晶体管 Q_1 和 Q_2 构成了 6:1 的比例对。这种晶体管的布局通常将较大的晶体管分成两半放置在较小晶体管的两侧［见图 9.23(A)］。晶体管 Q_3 和 Q_4 是匹配的最小尺寸横向 PNP 晶体管。这些晶体管可以放置在同一隔离岛内，因为它们共享相同的基区连接。并排放置可以增进匹配和简化互连。因为在正常工作条件下没有晶体管会进入饱和，所以不需要 P 型棒和 N 型棒。

虽然该电路包含几个交叉点，但是不需要隧道。Q_2 发射极的金属连线可以通过电阻阵列 R_3–R_4。集电极连线可以沿相同的路径，但是需要将电阻分成几段。另外，也可以将 Q_1 和 Q_2 拉长，从而使得 Q_2 的集电极连线可以从 Q_1 的基区和集电区之间通过。这个结构实际上只需要略微甚至不需要延长晶体管隔离岛，因为 Q_1 和 Q_2 中深 N+区的存在已要求有大的基区-集电区间距。

图 13.11 所示的预布版没有按比例绘制，但是代表器件的矩形间的比例与器件自身的比例相同。有时，设计者使用实际器件的纸质图进一步完善这种草图。所有器件都采用相同的

比例绘制，典型值为100:1或250:1。单个器件被剪下来放在一张大纸上加以调整，直到出现合适的排布，再把器件粘上，并使用铅笔或墨水标注互连。剪切-粘贴预布版(纸玩偶)对设计紧凑的版图特别有效，因为所有器件的尺寸都是依比例确定的。设计者可以只通过把器件(或者是代表它们的矩形)放到版图上然后进行调整即可完成同样的过程。

CMOS 设计者有时会使用另一种预布版，称为棒图(stick diagram)。虽然棒图最初用来描绘数字单元，然而也可以表示模拟电路。图13.12显示了CMOS与非门的电路原理图和棒图。粗的黑色水平线代表PMoat和NMoat区。NMoat通常位于图的下方，而PMoat位于图的上方。粗的灰色垂直线代表多晶硅栅。当多晶硅通过PMoat或NMoat时就构成了一支晶体管。符号X代表接触孔，细的黑色线代表金属连线。模拟电路的棒图通常用不同的颜色表示NMoat和PMoat，从而有助于相互区别。节点和器件的名称都出现在棒图中，可加入附加注释以区别电阻和电容。

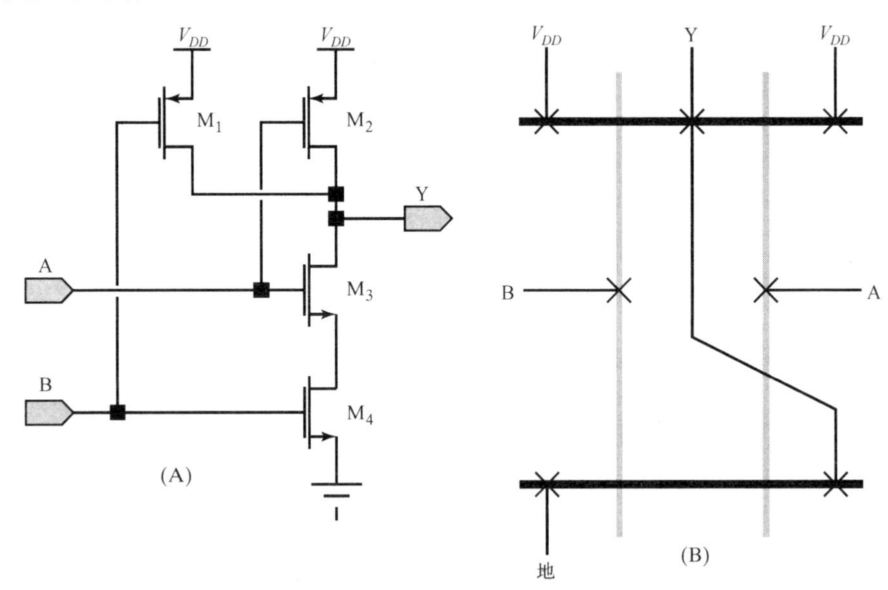

图13.12　CMOS与非门：(A)电路原理图；(B)棒图

13.3.2　交叉布线技术

无论设计者如何努力地避免交叉布线，大多数单层金属版图仍然会出现这种情况。下面的规则总结了仅使用单层金属的交叉布线技术。这些技术起初用于标准双极设计，但是它们同样适用于多层金属设计。在多层金属系统中，上层金属用于电源布线、静电屏蔽或某些其他目的。

1. 电阻上的交叉连线。
   布过电阻的连线提供了一个交叉点，而且不需消耗额外的面积，但是并非所有连线都可以安全地布过每一个电阻，一些电阻需要设置场板限制甚至防止连线交叉，其他电阻易受来自上层连线的噪声耦合影响。轻掺杂材料(例如2 kΩ/□ HSR)可能也会遇到电压调制效应。氢化的差异使得避免跨越精确匹配多晶硅电阻的布线成为明智之举。
2. 重新排布器件的端点。
   变换器件端点的排布可以消除交叉点，例如，NPN晶体管CEB的版图将发射极放置在集电极和基极之间，而另一种 CBE 版图则将基极放置在集电极和发射极之间(见图 8.14)。CBE 版图比 CEB 版图的集电极电阻稍大，但是这种差别对电路的运行没有什么影响。

3. 拉长器件以使连线可以通过。

   大多数类型的器件可以拉长以使在其端点间可以容纳一条甚至更多的连线。图 8.15 显示了 3 支拉长 NPN 晶体管的例子，图 5.14 显示了拉长 HSR 电阻的例子。拉长器件通常比没有拉长的器件具有更大的寄生电阻和电容，所以使用它们有时会影响电路的运行。如果一组匹配器件中有一个使用了拉长版图，则其他所有器件都要如此。

4. 通过合并器件连接信号。

   特定类型的器件可用作隧道。例如，图 8.15(C)中的 NPN 晶体管包含了一个拉长的有两个接触的基区。这个器件实际上将一支 NPN 晶体管和一个基区隧道合并在同一隔离岛中。一种相同类型的合并使用了多个隔离岛接触而不是多个基区接触。这些类型的合并隧道加入了寄生电阻和电容，因此会影响器件的工作。如果大电流流经这些隧道，产生的去偏置也可能影响电路的工作。

5. 插入隧道。

   隧道(或埋线)是版图中的低值电阻，它使连线可以相互交叉。隧道的类型有许多种，但是所有类型都有共同的缺点。它们不仅消耗管芯面积，而且对隧道连线具有寄生电阻和电容。在大电流导线中加入隧道可以导致过大的压降和功耗。隧道也会因为引入无法容忍的压降而影响匹配。由于设置隧道会影响电路工作，电路设计者必须最终接受或者拒绝各种可能的隧道。当所有的隧道都设置完毕时，电路设计者应该在电路中加上它们的电阻和电容，并且重新仿真以观察是否有重要的指标发生偏移。

6. 重新排布焊点。

   如果大电流导线必须相互交叉才能达到各自的焊盘，则应考虑重新排布焊盘以消除交叉点。有时一个焊盘的位置可能使之比其他焊盘更容易实现互连。

版图设计者通常需要电路设计者的帮助来决定什么类型的拉长器件和隧道是被允许的。一种交流此类信息的简单并且有效的方法就是电路设计者准备好的标明注释的电路原理图。这张图仅需要几分钟即可准备好，但却可以为版图绘制节省很长的时间。表 13.1 描述了一个简单的注释表，使用不同颜色来突出器件和信号。带注释的电路图还应该包括匹配器件列表、保护环和可能影响布线的其他特殊要求。

表 13.1　一个简单的电路原理图注释表

类　别	预防措施	标　记
电源线	不允许使用隧道：连线必须等于或大于特定的宽度	用红色表示，在导线上标明宽度
噪声连线	不要跨越敏感器件	用黄色表示
敏感连线	不要使用隧道。不要将衬底接触放置在敏感的接地连线上	用绿色表示
敏感器件	不要使噪声连线跨越敏感器件	用绿色表示

13.3.3　隧道的类型

隧道可以使用任何具有较低薄层电阻的扩散区构建。在标准双极工艺中，备选者包括基区、发射区、深 N+区和 NBL。CMOS 和 BiCMOS 工艺经常使用多晶硅栅跳线来代替隧道。

基区扩散的薄层电阻通常为 100～200 Ω/□，其他 3 种材料的薄层电阻通常大约为 10 Ω/□。其中只有基区扩散可以与其他器件共用隔离岛。大多数标准双极设计包含大量的合并基区隧道和少量其他类型的独立隧道。

所有隧道都会加入串联电阻。对于基区隧道，电阻通常等于几百欧姆。尽管这个电阻看起来并不大，但足以使器件失配，并且导致特定类型的电路完全失效。一个典型的隧道也有几百斐法(femtofarad)的寄生电容。某些高速电路包含的节点甚至因为这些小电容而严重减速。任何加宽隧道以减小串联电阻的尝试都会同时增大其并联电容。较大的隧道也更容易出现结漏电流和少子收集。

发射扩散的薄层电阻比基区扩散低一个数量级。最简单的发射区隧道仅由一个放置在隔离岛中的条状发射区构成(见图 13.13)。隔离岛-衬底结为信号和下层衬底之间提供了必要的隔离。除了隧道本身提供了接触外，隔离岛不需要接触。加入 NBL 不会显著降低隧道电阻或者提高抗闩锁能力。NBL 实际上增加了寄生并联电容，所以发射区隧道通常不需要 NBL。

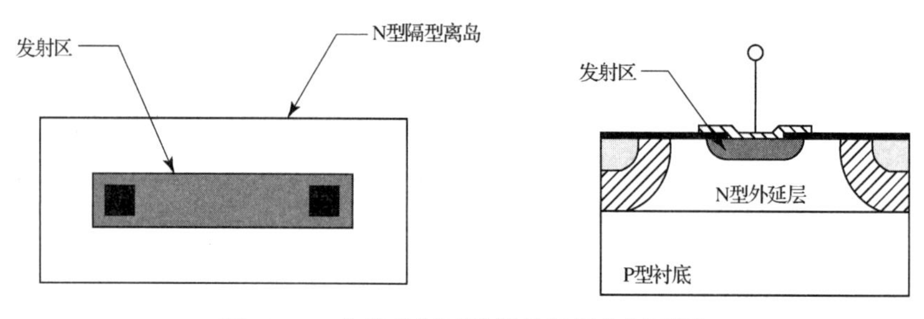

图 13.13 传统发射区隧道的版图和剖面图

图 13.14 中的隔离区内发射区隧道通过消除隔离岛节约了大量面积。发射区扩散可以反型掺杂隔离区，但是产生的 N+/P+结的击穿电压可能只有几伏特。这么低击穿电压的结很容易漏电，但是隔离区内发射区隧道仍然被用于排布围绕管芯的衬底回线[①]。隔离区-发射区击穿电压为 6 V 或者更高的工艺可以使用隔离区内发射区隧道排布其他信号线，但是隔离区-发射区结的电容相对较大(典型值约为 1.5 fF/μm^2)。有些电路利用这个大电容制作隔离区-发射区结电容，这些电容可以占据未使用的隔离区面积，从而可以构建很大的结电容而增加很小甚至无须增加管芯面积。

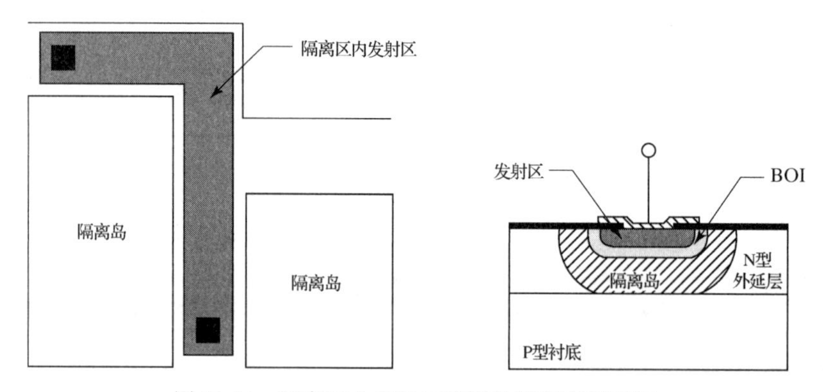

图 13.14 隔离区内发射区隧道的版图和剖面图

① Davis, pp. 16-17。

一些应用需要低于发射区单独可提供的电阻值。所有可用的 N 型区（N 型外延层、NBL、深 N+区和发射区）结合起来可以形成稍低的薄层电阻（见图 13.15）。这种叠层结构通常具有的薄层电阻约为 5 Ω/□。若没有深 N+，则 NBL 毫无益处，所以不使用深 N+区的设计不能有效地使用叠层隧道。

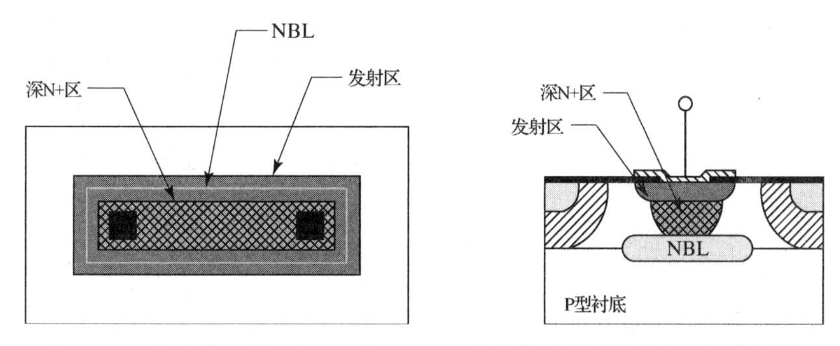

图 13.15　包含发射区、深 N+区和 NBL 的低值叠层隧道的版图和剖面图

图 13.16 显示了一个 NBL 隧道。这种类型的隧道桥接在两个邻近隔离岛之间，消除了对一个隔离岛接触的需要。两隔离岛之间的隔离条可起到防止从一个隔离岛向另一个交叉注入的高效 P 型棒的作用。当使用 NBL 隧道时必须注意不要超过 NBL/隔离区的击穿电压。

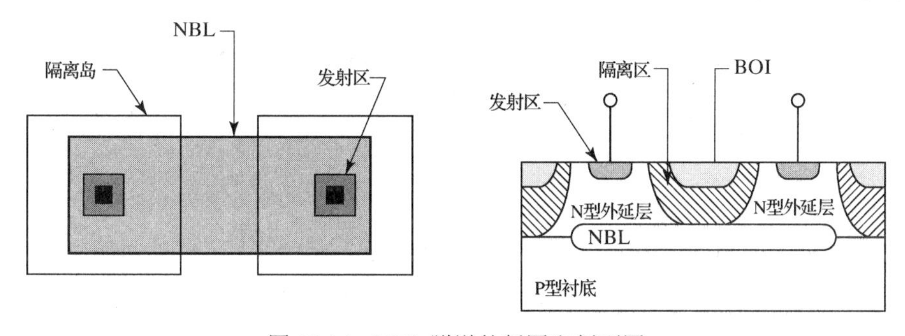

图 13.16　NBL 隧道的版图和剖面图

13.4　构建焊盘环

集成电路的焊盘环由划片线、焊盘、ESD 结构和保护环组成。每一部分都在决定设计的成功或失败中扮演关键角色。许多电路因为不充分的 ESD 保护、错误放置的焊盘或没有设置保护环而失效。下面的内容提供了帮助版图设计者避免大多数此类错误的指导。

13.4.1　划片线与对准标记

划片线必须围绕管芯为锯条分割管芯的通路提供空间。锯条需要消耗大约 25 μm 宽的硅条，但是划片线必须 3 倍或 4 倍于该宽度以允许对版误差。氧化硅和氮化硅在切割过程中容易破裂，而金属阻碍了锯条，因此，多数划片线由裸硅组成。紧邻划片线的管芯边缘经常使用称为划封的特殊结构以防止玷污物从保护层暴露的边缘下方渗入（见 4.2.2 节）。附加的结构可以位于划片线内部。一些代工厂将对准标记设在划片线内，这些标记用于掩模版与工艺的前道工序对准，在划片的过程中会被破坏。有时测试器件阵列也位于划片线中，这些器件可以用于在切割和组装晶圆之前评估其性能。测试器件也提供一种描述大量器件特性以建立统计器件模型的方法。因为切割前测试器件已被测试并达到了目的，所以在切割过程中将被破坏。

大多数晶圆代工厂指定划片线作为工艺必需的部分。有时划片线作为加工厂准备好的单独数据库独立于主体设计交付给掩模版制造商，或者将划片线结构提供给版图设计者放置在主版图边缘四周。不管版图中是否有划片线，划封都紧邻管芯四周。因为这些划封中通常包含衬底接触，所以可以形成对衬底接触系统的一个有用的附加。放在焊盘环边缘周围的细金属条可以形成对划封金属化的接触。除了提供衬底接触，划封金属化还提供沿管芯外围排布衬底电势的便利方法。划封中金属的宽度加焊盘环中金属的宽度，形成了一条相对较宽的连线，从而可以传导大电流而不会产生衬底去偏置或电迁徙失效(见图 13.17)。因为沿管芯外围可方便地排布及对衬底焊盘来说相对较低的回路电阻，衬底金属化经常用于形成 ESD 结构的回路(见 13.5 节)。

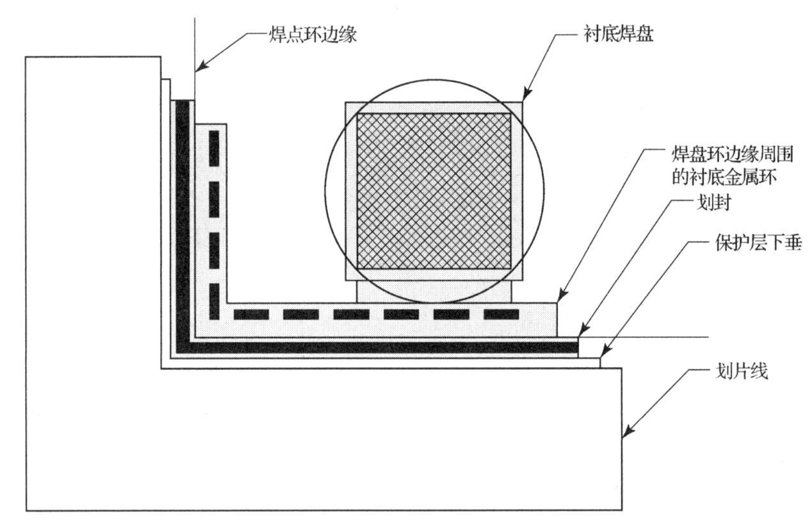

图 13.17　划片线与焊盘环关系示意图

版图设计者必须查找加工厂的说明以决定合适地选择划线及其位置。有些代工厂可能有更多的要求，包括管芯尺寸和长宽比例方面的限制。例如，一些老式步进机只接受尺寸为整数个密耳的管芯。光刻设备的有效使用也可能要求管芯的尺寸在一个特定的范围内。在管芯布局时这些问题都应解决以便设计者可以使设计收益最大化。版图设计越接近完成这些问题就越难以解决，所以不要等到最后的时刻才获取必要的信息。

13.4.2　焊盘、微调焊盘和测试焊盘

大多数集成电路通过焊线与外部世界相连。这些焊线由金或者铝构成，直径从 20～250 μm(0.8～10.0 密耳)不等。大多数普通键合使用直径约为 25 μm(1 密耳)的金线通过球焊的方式连接到管芯上。球焊工艺使用氢焰将焊线末端烧出一个微小的金球，用一个毛细管以足够大的力将这个小球压到暴露的金属铝上，使两种金属结合在一起(见 2.7.1 节)。压焊过程使柔软的金属球变形为薄饼状结构(见图 13.18)。金铝合金的实际面积通常与最初的焊线直径相等，但是球焊存在的金属焊盘必须为焊线直径的 2～3 倍以满足自动键合过程中不可避免的对版误差的要求，因此每个球焊需要几密耳宽的暴露金属盘。这些特殊的结构称为焊盘。

可以想象的最简单的焊点由一个设在保护层匹配开口下方的方形金属构成。即使发生过腐

蚀和对版误差，金属也必须与开孔充分交叠以密封管芯，从而防止可动离子进入(见 4.2.2 节)。如果工艺提供多于一层的金属，那么焊盘通常包括相互之间放置一致的金属板。焊盘开口位置的夹层氧化层应该去除，从而使球焊形成在叠层金属层上。图 13.18 显示了典型的根据这些规则构造的双层金属焊盘结构。焊盘由放在方形金属 1 上面积相等的方形金属 2 组成。这些金属板与保护层开口和通孔交叠，开口和通孔也相互一致。版图设计规则一般禁止在焊盘下设置任何器件，因为键合过程中产生的高压会引起器件的应力诱发失效。

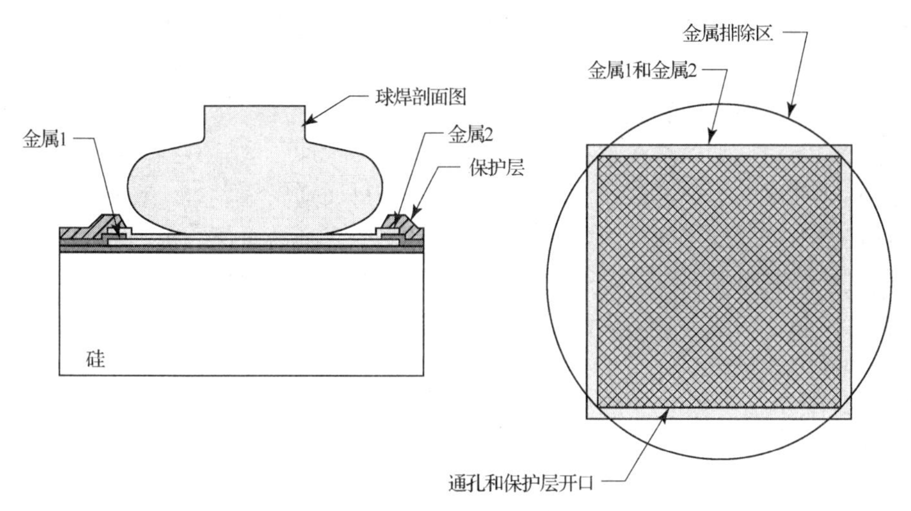

图 13.18 用于球焊的双层金属焊盘的剖面图和版图

管芯通常使用最小直径的线来键合，因为这样可以使用最小的焊盘。一个塑封的直径为 25 μm 的金焊线可以传导 1 A 左右的持续电流(见 14.3.3 节)。更高的电流需要更大直径的线或者多根焊线并联。典型封装的每一个管脚可以容纳两根(或者 3 根)焊线。有些表面贴装封装很小，每个管脚只能容纳一根焊线，同样的封装通常还很薄，以至于只能使用直径最细的焊线。设计者应该在布局的最早阶段验证封装能够容纳所需数量和直径的焊线。

小直径焊线的电阻相对较大。焊线的电阻可以采用下式进行估算：

$$R_w \approx \frac{\omega L}{D^2} \tag{13.2}$$

其中，R_w 是焊线的电阻，单位是 Ω；L 是焊线长度，单位是 μm；D 是焊线直径，单位是 μm。对于金线比例常数 ω 近似等于 27.9 mΩ·μm，对于铝线，近似等于 35.6 mΩ·μm①。焊线的长度通常为 100 μm，所以典型的直径为 25 μm 的金线的电阻是 30 mΩ。式(13.1)没有考虑线框和键合接触电阻，每种情况可能加上几毫欧的电阻。金线的最大直径通常限制在 50 μm(2 密耳)，而铝线的直径可以更大。尽管技术上可以实现使用不同类型或直径的焊线与管芯键合，但这需要压焊设备有相应数量的通道。除非某设计需要使用极大直径的焊线，否则投入额外的时间和费用并不合算。

历史上，金球焊需要方形的焊盘开口，大小约为焊线直径的 3 倍。现代键合设备精度的提高使得很多封装厂都可以接受更小的焊盘。版图设计者应该从封装厂获取当前用于键合管芯的特定类型与直径焊线的指导。铝线必须采用楔形焊而不能采用球焊，这通常要求一个加

① 这些值只是基于金和铝体电阻的近似值。焊线的实际阻值受杂质和加工强度的影响。

长的焊盘，并与线框的管脚成特定角度放置。铝线键合的规则非常复杂，设计者应该在尝试使用其规划设计之前寻求封装厂的指导。

焊盘的位置必须同时满足几个相互矛盾的要求。焊盘不能彼此相距太近，否则毛细管在进行一个键合时会破坏另一个。焊线不能与相邻的焊盘太近，以免毛细管在进行下一个键合时破坏焊线。长焊线可能由于焊线弯曲(wiresweep)现象互相或与邻近的焊盘短接。注模成型工艺使熔化的塑料覆盖管芯，塑料对焊线的黏性拖曳使之移动。直径越大的焊线硬度越大，越不容易发生焊线弯曲，使之可以跨越更大的距离。焊线弯曲也使得不能使一条焊线跨越另一条焊线。最好的键合排布由环绕管芯外围的焊盘环组成，同时要求焊盘的位置允许使用最短和最直接的焊线。陶瓷或者金属封装可以忽略塑封中由于焊线弯曲带来的限制，但是依然要遵守所要求的间距规则以防止毛细管破坏。

对于具有大量焊盘的管芯，找到一个合适的键合排布通常很困难。有些封装厂提供软件工具用于评估是否可以制造所设计的键合排布，还有些厂商要求所有可能的键合排布都要通过一个检验过程以获得制造许可。版图设计者应该在开始进行顶层设计之前进行检查以确保焊盘排布符合封装厂的要求。如果没有检查，而且完成的版图不符合封装厂的要求，则需要大量的时间和精力改正错误。

焊盘的位置也限制了邻近金属连线的布设。对版误差和过大的键合力可能使键合压在邻近焊盘开口的保护层上，产生的应力会压碎保护层，甚至损伤下面的连线。许多封装厂规定没有连接焊盘的金属连线必须与焊盘保持一定距离。对于球焊，这个要求通常表现为以焊盘为中心的圆形排除区。许多设计者用一个特殊绘图层上的圆形标注这个排除区域。图 13.18 中的版图显示了一个这种焊盘圆的例子。封装厂通常会规定排除区域的尺寸。如果没有规定，则会假设焊盘圆通过最小尺寸方形焊盘开口的 4 个顶点。楔形焊也需要排除区，但是这些区域的尺寸取决于焊盘相对于线框的位置。

历史上，许多设计者在所有焊盘和测试焊盘下方设置隔离岛(或阱)。这些隔离岛通常未连接，它们用来保护管芯以防止在晶圆级测试时探针划过焊盘金属线和场氧化层造成短路。如果发生短路，那么焊盘就会与隔离岛相连而不是与衬底相连。这样做理论上可以防止器件失效。在焊盘下面设置没有连接的隔离岛实际上会存在问题。如果焊盘与隔离岛短路，那么隔离岛会向衬底中注入电子，这意味着隔离岛需要一个收集电子保护环，从而会浪费大量的面积。大多数现代设计不在焊盘下方放置隔离岛或阱，除非它们构成某个邻近器件的一部分，而且该器件的隔离岛或阱连接到焊盘。

一些封装厂也需要连接管脚#1 的焊盘直观上与所有其他焊盘不同。这个要求起源于用于自动键合设备的早期机器视觉系统的限制。即使最现代的机器不再需要不同的焊盘#1，然而它仍为必须检查安装好管芯的操作者提供了一个便利的视觉参考点。有许多技术可用来标注焊盘#1，最简单的是在保护层开口的 4 个角开槽［见图 13.19(A)］，这些槽通常大约为 10 μm 深。如果可能，金属图形至少也应该对应于保护层开口在焊盘的两个顶角开槽。另一种技术使用八边形保护层开口标注焊盘#1［见图 13.19(B)］，而第三种方法使用圆形开口［见图 13.19(C)］。封装厂的要求可能是这些选项中的一个。否则，设计者应该效仿先前设计建立的传统。

由于微调焊盘和测试焊盘只用来扎探针，因此不必遵循所有施加于焊盘的要求。微调焊盘和测试焊盘的尺寸取决于探针的直径和测试设备的对准容限，这些要求通常不如键合的要求严格，所以微调焊盘和测试焊盘的尺寸与间距通常比焊盘更小、更近。与微调有关的相对较大的电流有时要求使用大直径探针，因此微调焊盘可能比测试焊盘需要更大的保护层开口。两种类型的焊盘通常环绕管芯的外围设置以简化探针卡的设计。用于工程评估增加的测试焊盘有时放在管芯内部，但是在设计到达生产阶段前通常被去除以减小污染物的侵入。

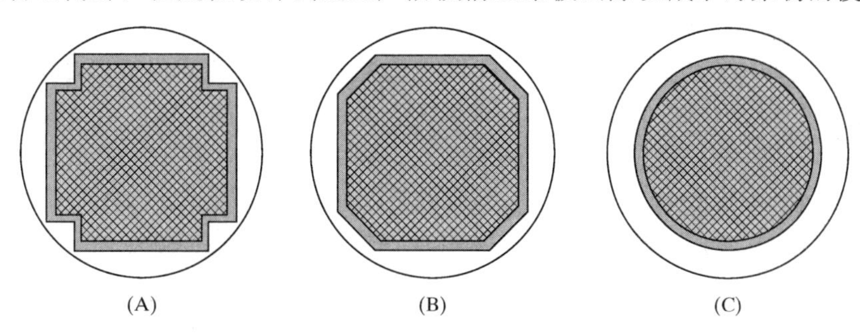

图 13.19　有时用来识别管脚#1 的 3 种独特的焊盘类型

探针测试不会产生与键合同样水平的机械应力，所以许多封装厂允许将微调焊盘和测试焊盘设置在有源电路之上。这种让步实际上消除了使用少量熔丝和齐纳击穿管所带来的面积消耗。放置在有源电路上的微调焊盘由一个方形顶层金属和一个相关的保护层开口组成。它们既不需要通孔也不需要下层金属，所以可以位于任何没有顶层金属的电路部分。部分或完全位于微调焊盘下方的匹配器件由于可能出现氢化诱发失配，所以在设置时必须小心(见 7.2.8 节)。某些工艺使用很厚的顶层金属化层，可以提供足够的机械柔性耗散键合过程中引入的机械应力。这些工艺还允许将焊盘设置在有源区上，从而可以使设计更加紧凑，但是只适用于金属系统可以承受所产生应力的情况。

13.5　ESD 结构

除了焊盘，焊盘环还包含可安全消耗 ESD 事件产生的能量的保护结构。这些 ESD 结构必须放置在各自的焊盘附近以减小连线的电阻和电感，否则这些电阻和电感可能干扰 ESD 结构的正常工作。与 ESD 器件串联的金属电阻不应超过 2～3 Ω。划封金属能够提供必要的低阻通路而且不需要消耗大量额外的管芯面积。为了充分利用划封，ESD 结构必须放在焊盘和划封之间，或者放在邻近焊盘之间。

ESD 的效果取决于所用器件的类型①。PN 结通常由于过热而受损。因为即使熔化几立方微米的硅也需要很大的能量，所以扩散结通常十分稳定。雪崩击穿结的大部分热量都耗散在耗尽区内。因为轻掺杂结的耗尽区更宽，所以它们会比重掺杂结消耗更多的能量。轻掺杂结还具有较大的串联电阻，也可以多消耗部分 ESD 能量。大 PN 结比小 PN 结更稳定，因为其耗尽区内相应地包含更大体积的硅。标准双极工艺的集电结和集电区-衬底结很大而且掺杂很轻，以至于可以经受多数 ESD 瞬变而不会损坏。由于发射界的尺寸小而且重掺杂，所以更容易损坏。NPN 晶体管的发射结也容易受到雪崩击穿诱发 β 退化的影响(见 4.3.3 节)。CMOS 工艺采用的较浅且重掺杂的结比标准双极工艺较深且轻掺杂结更容易损坏。具有硅化源/漏区(复合槽)的 CMOS 管特别容易损坏，因为缺少限流而且硅化物紧邻耗尽区。具有方形安全工

① A. Amerasekera, W. van den Abeelen, L. van Roozendaal, M.Hannemann 和 P. Schofield, “ESD Failure Modes: Characteristics, Mechanisms and Process Influence,” *IEEE Trans. on Electron Devices*, Vol. 39, #2, 1992, pp. 430-436。

作区(SOA)特性(见 12.2.1 节)的高压 CMOS 器件特别稳定，如果它们足够大，就可以作为自身的 ESD 器件(这类器件称为自保护)。另一方面，对于具有电学 SOA 限制的晶体管，如果 ESD 器件没有钳位到防止雪崩击穿所需要的电压上则会导致自毁。

绝缘薄膜(例如用在 MOS 管和淀积电容中的绝缘薄膜)极易受损。大电压在几纳秒内就会击穿这些薄膜。即使绝缘薄膜没被击穿，它们也会因为时变介质击穿(TDDB)而使性能恶化，从而造成在正常工作期间失效。这些延迟的失效在高速自动测试中很难被检测出来。防止这类失效唯一可行的办法是将介质两端的电压限制为安全值。淀积电阻也会遭受来自厚场氧化层和夹层氧化物(ILO)介质击穿的影响，但是击穿这些层需要上百伏的电压。任何连接到焊盘的扩散区将早在场氧化层或 ILO 击穿前就会发生雪崩击穿，从而保护了这些介质。

早期的双极集成电路很少包含任何刻意的 ESD 保护，但是它们一般可以经受正常操作的考验，这是因为双极工艺足够稳定，从而可以吸收并耗散低水平的 ESD 冲击而不会损坏。有一部分无疑会在工作过程中损坏，但是大多数此类失效被错误地归咎于工艺缺陷或者早期失效。CMOS 集成电路更加易损，大量早期器件在正常工作过程中因为栅氧化层击穿而损坏。一旦这些失效机制被证实，设计者就会认识到即使双极电路也可能受到损坏。人们已提出大量的保护结构——一些有效而一些无效。由于成功或失败的原因尚不为人了解，所以 ESD 保护得到了“黑色艺术”的名声。得到这个名声是非常冤枉的，因为 ESD 器件也遵循与其他器件相同的原理。下面的内容分析了几种用于保护模拟集成电路的 ESD 器件，每种器件的优缺点都根据结构和电学特性做了解释。利用这些信息，版图设计者可以构建用于不同应用的 ESD 结构。

13.5.1 齐纳钳位

最简单的 ESD 器件由一个连接在焊盘和衬底回线之间的齐纳二极管组成［见图 13.20(A)］。可能的选择包括标准双极工艺发射结齐纳管和模拟 CMOS 工艺中的 NSD/P 型外延层与 PSD/N 阱齐纳管。理想齐纳二极管施加的正钳位电压应等于其反向击穿电压，负钳位电压应等于其正向压降。大多数齐纳二极管包含足够大的内部串联电阻，从而使得钳位电压远大于理想值。最小尺寸发射结齐纳管的内部串联电阻为 100～300 Ω，NSD/P 型外延层和 PSD/N 阱二极管的串联电阻甚至更大。这些电阻将 ESD 能量分散到大量的硅中，实际上增强了齐纳管的稳定性，但是这种情况使得焊盘电压比理论钳位电压大几十伏。这些因素严重限制了齐纳二极管用作 ESD 结构的条件。

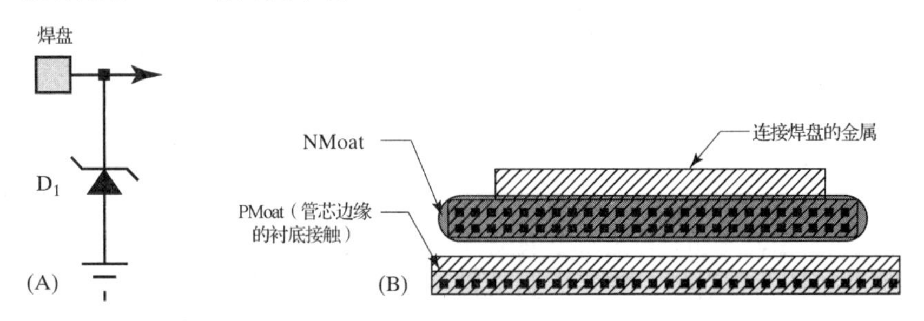

图 13.20 简单齐纳管钳位 ESD 电路：(A)原理图；(B)版图

NMOS 和 PMOS 晶体管的源/漏区有时可以保护自身免受 ESD 损坏。考虑一支大 NMOS 晶体管的情况，其漏极连接到一个管脚上。负 ESD 瞬变使得 NSD/P 型外延层结正偏。大部分生成的压降出现在 P 型外延层中。正 ESD 瞬变会使 NSD/P 型外延层结雪崩击穿，能量倾泻到其耗尽区。因为耗尽区中的硅比 P 型外延层中的少，所以 NMOS 管正瞬变时比负瞬变更容易被损坏。同样的分析表明 PMOS 管更容易受到负瞬变的影响。如果一个管脚同时连接 PMOS 和 NMOS 晶体管，那么二者都传导部分 ESD 脉冲，相对脆弱的器件将决定电路是正常工作还是失效。大晶体管比小晶体管更加稳定，因为可在更大体积的硅内耗散能量。大量小晶体管通常可以提供与单个大晶体管相同程度的保护。一支 10 V、未硅化、单扩散漏区、漏极宽度为 500～1000 μm 的 MOS 器件通常可以承受 2 kV 的 HBM、200 V 的 MM 和 500 V 的 CDM。因为 PMOS 和 NMOS 晶体管在不同偏置条件下发生雪崩击穿，所以大 NMOS 不能保护小 PMOS，反之亦然。如果 PMOS 和 NMOS 晶体管同时连接到一个管脚，那么总的 PMOS 漏区面积和总的 NMOS 漏区面积都必须都要足够大才可以独立承受 ESD 冲击。

低压 CMOS 工艺比上一代高压工艺更容易出现 ESD 损坏，部分原因是因为低压源/漏扩散区极浅，部分是因为为了避免穿通提高了背栅的掺杂浓度。这些因素减小了耗尽区内硅的体积。复合槽器件有时因为缺少源/漏限流而局部击穿。一旦发生局部击穿，增大器件面积则不再能够提高 ESD 性能。复合槽器件的 ESD 性能可以通过去除源/漏注入边界的硅化层以提供少量的镇流得到改善。通过增加(未硅化)源/漏扩散区对各自在任何扩散层上可能因 ESD 而雪崩击穿的接触的交叠可进一步改进器件稳定性①。多数研究者将稳定性的提高归因于限流，但是一些研究表明也有来自源/漏接触的少子注入的作用②。

因为 SOA 范围中的限制，使用扩展漏区的高压晶体管可能需要更大的器件尺寸以确保实现自保护。呈现电学 SOA 限制的器件无论尺寸大小一般都不能够自保护，自保护所需的器件尺寸必须通过对测试不同尺寸器件阵列的经验加以确定。

如果连接到焊盘的源漏区面积达不到自保护所需的面积，那么焊盘可以连接一个专用的 ESD 保护器件。在 N 阱 CMOS 工艺中，一支 NSD/P 型外延层二极管(在文献中经常被称为厚氧器件)通常为给定的管芯面积提供最好的保护。图 13.20(B)展示了此类二极管的典型版图③。延长 NMoat 区沿着构成部分划封条状衬底接触放置。与衬底接触的近距离放置可以减小器件的串联电阻。该器件的宽长比允许将其放置在焊盘和划封金属，或者相邻放置在焊盘之间。NMoat 扩散区的拐角采用圆角，可以防止早期雪崩击穿，圆角的半径应该等于或超过扩散结深。NMoat 区对其接触孔的交叠应比版图最小尺寸大 1～2 μm 以提供额外的限流。在复合槽工艺中，硅化阻挡掩模应该阻挡硅化物的距离至少应距绘制结 1～2 μm。二极管应该包含最小 500 μm^2 的 NMoat，并且应被收集电子保护环和面积所允许的最多衬底接触所围绕。该器件可为源/漏区不足以保护自身的 NMOS 和 PMOS 晶体管提供相当程度的保护。在一些情况下，需要一个低阻值的串联电阻以确保 ESD 电流流过齐纳钳位管而不是被保护的器件。

13.5.2 两级齐纳钳位

即使很大的保护齐纳管的内部串联电阻也会超过 10 Ω。一个 2 kV HBM 冲击产生的峰值

① T. L. Polgreen 和 A. Chatterjee, "Improving the ESD Failure Threshold of Silicided n-MOS Output Transistors by Ensuring Uniform Current Flow," *IEEE Trans. on Electron Devices*, Vol. 39, #2, 1992, pp. 379-388。

② T. J. Maloney, "Contact Injection: A Major Cause of ESD Failure in Integrated Circuits," *EOS/ESD Symposium, Proc. EOS-8*, 1986, pp. 166-172。

③ 一个有些相似的二极管出现在 R. J. Antinone, P. A. Young, D. D. Wilson, W. E. Echols, M. G. Rossi, W. J. Orvis, G. H. Khanaka 和 J. H. Yee 的著述 *Electrical Overstress Protection for Electronic Devices* (Park Ridge, NJ: Noyes Publications. 1986), p. 19。

电流大约为 1.3 A，进而在齐纳管的串联电阻上产生几十伏的压降。CDM 冲击可以产生更高的电流和更大的电压。这些 ESD 诱发瞬变可以毁坏或者损坏一个薄栅氧化层。虽然齐纳管自身不能保护栅介质，但它可以使 ESD 的瞬间峰值电压从几百伏甚至上千伏降低到几十伏。在第一级保护结构后面串联第二级保护结构可以提供足够的钳位保护薄栅氧化层。图 13.21(A)中的电路原理图显示了两级 ESD 钳位的概念性设置。齐纳二极管 D_1 将焊盘电压钳位在可能是 100 V 的最大电压。另一支齐纳管 D_2 通过一个串联限流电阻 R_1 连接到焊盘上。R_1 的存在限制了流过 D_2 的电流，使第二级齐纳管将栅氧电压限制在安全水平。为了使电路正常工作，R_1 的阻值至少应为 D_2 串联电阻的 10 倍。小齐纳二极管的内部串联电阻可能为几百欧姆，所以 R_1 通常为几千欧姆。该电阻的加入会限制栅电压的转换速率，但是这经常是所希望的结果，因为过量的大瞬时电流可以毁坏栅介质。R_1 也会引入几纳秒的延时，从而可能影响到某些高速应用。

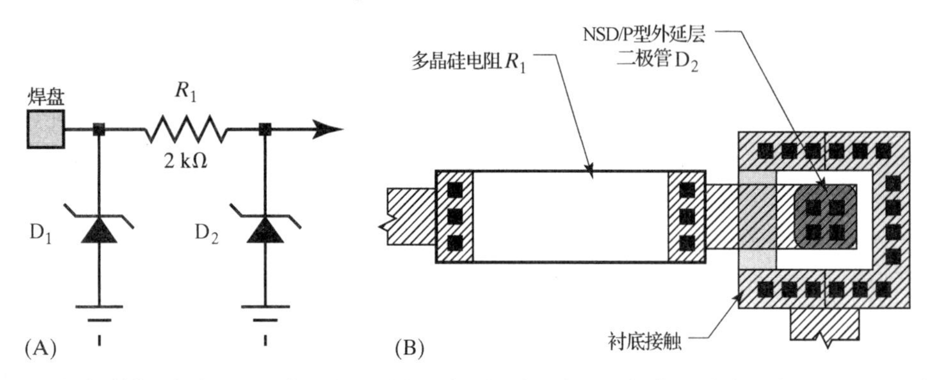

图 13.21 两级齐纳钳位电路：(A)原理图；(B)部分版图。主要保护二极管 D_1 的版图与图 13.20(B)中的相同

图 13.21(B)显示了一种串联限流电阻 R_1 和第二级保护齐纳管 D_2 的可能版图。电阻 R_1 由一个轻掺杂多晶硅宽条组成且多晶硅条的两端有多个小接触孔。该电阻相对较大的尺寸有助于确保其可以成功耗散 ESD 瞬变过程中注入的能量。扩散电阻比多晶硅电阻更加稳定，这是因为扩散电阻可以通过分布雪崩击穿机制将一部分能量耗散，所以许多作者建议使用扩散电阻代替多晶硅电阻[①]。多晶硅电阻可以承受 2 kV HBM 和 200 V MM，假设其阻值至少等于几百欧姆，宽度至少为 5～8 μm，电阻的每一端至少有 6～8 个最小接触孔。高值电阻需要更少的接触孔。图 13.21 显示了一个 2 kΩ 的多晶硅电阻，每端有 3 个接触孔。无论选择哪类电阻，电阻中都不应有弯曲，因为电流集中在弯曲的内部拐角处，产生一个热点并将先于电阻的其他部分失效。齐纳二极管 D_2 由一个放置在与衬底接触共质心的环中的塞状 NMoat 组成。这些衬底接触不仅可以减小齐纳管的串联电阻，也有助于减小二级保护器件附近的衬底去偏置。如果省略这些衬底接触，或者如果它们远离二级齐纳管放置，那么流过主齐纳管 D_1 的瞬间电流可以在 D_2 附近引起几十伏的衬底去偏置。这个去偏置将加到 D_2 的钳位电压，可能导致希望保护的栅氧化层受到破坏。如果可能，第二级齐纳管应该放置在距离主器件 50～100 μm 的位置以进一步减小衬底去偏置效应。一个通常的放置方法是将 D_1 放置在焊盘和沿着焊盘的 R_1 之间，D_2 放置在焊盘的内侧。D_1 和 D_2 都应该被收集电子保护环围绕。充电器件模型产生了极大的电流以至于金属去偏置可能使第二级钳位失效，除非它们位于栅需要保护的器件附近(见 13.5.8 节)。

① A. R. Pelella 和 H. Domingos, "A Design Methodology for ESD Protection Networks," *EOS/ESD Symposium*, *Proc. EOS-7*, 1985, pp. 24-40。

与图 13.21 中类似的两级 ESD 结构已成功地保护了许多中等电压 CMOS 工艺的 MOS 栅。因为此类 ESD 结构的串联电阻太大，所以不能用于除高阻输入端以外的任何位置，因此常被称为输入 ESD 器件。一种类似的两级 ESD 电路可以用在某些低阻应用中，例如，保护相对较小 CMOS 逻辑门的输出。另一种类型的结构使用与输入 ESD 电路相同的主齐纳二极管 D_1。串联电阻 R_1 降至 50～500 Ω，输出 MOS 管的源/漏扩散区作为第二级齐纳二极管 D_2。尽管源/漏结会发生雪崩击穿，然而串联电阻的存在会将电流限制在安全水平。大输出晶体管采用成比例的小串联电阻。此类 ESD 结构有时称为输出 ESD 器件，这些器件可以成功地保护即使是最小面积的源/漏注入。

有时一个电路的源/漏扩散和栅极都连接到同一个焊盘。输入和输出 ESD 电路的结合使用可以成功地保护此类电路。单个主保护器件从焊盘连接到衬底回线。需要两个分离的限流电阻：用于源/漏注入的低值电阻和用于栅电极的高值电阻。源/漏注入可以作为自身的二级保护，但是栅电极需要加入第二级齐纳管。

13.5.3　缓冲齐纳钳位

双极型晶体管可以构建非常稳定的 ESD 电路。图 13.22 所示为使用 NPN 晶体管减小齐纳二极管有效串联电阻的缓冲齐纳钳位结构。发射结齐纳管 D_1 为很大的 NPN 晶体管 Q_1 提供基极驱动。该晶体管通过自身的有效 β 倍增通过齐纳管的电流。这个结构的正钳位电压等于发射结击穿电压和二极管压降之和。假设标准双极型晶体管的 V_{EBO} 等于 6.8 V，正钳位电压大约为 8 V。Q_1 集电区-衬底结将负 ESD 瞬变钳位至一个二极管的压降(加上衬底去偏置)。

只要晶体管 Q_1 的集电极电阻压降不超过 7 V，缓冲齐纳管的正钳位电压基本保持不变。如果有必要，可以使用第二级齐纳二极管或者增加一或多个二极管连接形式的晶体管与齐纳管串联来增加钳位电压。这个结构可承受的最大钳位电压等于 NPN 管的 $V_{CEO(sus)}$。如果试图获得更高的钳位电压，NPN 管将雪崩击穿并回跳到 $V_{CEO(sus)}$，这种类型的回跳特性构成了下一节讨论的 V_{CES} 钳位的基础。

缓冲齐纳钳位主要在其大集电结耗尽区内消耗能量。发射区面积为 300～600 μm^2 的 NPN 晶体管通常可以提供 2 kV HBM 和 200 V MM 保护，更大的 NPN 晶体管可以提供承受更高 ESD 电压的保护。这个结构最终的限制可能是由金属连线和焊线而不是硅吸收 ESD 能量的能力决定的。

缓冲齐纳钳位的所有组成部分可以占据同一隔离岛。在图 13.22(B)所示的结构中，功率晶体管 Q_1 的发射区由串联的环形发射区图形构成。在每个空洞里是一个更小的塞状发射扩散区，构成齐纳二极管 D_1 的阴极。Q_1 的发射区和 D_1 的阴极放置在同一个基区内，基区的一部分向外延伸进入隔离区形成基区电阻 R_1。所有这些合并器件位于同一个拥有单个共享深 N+ 侧阱的隔离岛内。缓冲齐纳钳位的工作过程如下：当齐纳二极管 D_1 的阴极雪崩击穿进入共享基区时将向其中注入空穴，这些空穴使 Q_1 的发射结正偏，从而引起大 NPN 晶体管导通。ESD 瞬间只持续几百纳秒，不足以形成热点引发失效。由于不会发生热击穿，可以设计发射扩散区形状以在其他方面改进性能。Q_1 发射区的环形结构可以确保全部 Q_1 发射区快速且均匀地开启。基区电阻 R_1 在正常工作时保持 Q_1 关断。R_1 的阻值应相对较低(例如 1 kΩ)以避免由于 Q_1 集电结的电容耦合引起瞬间破坏。

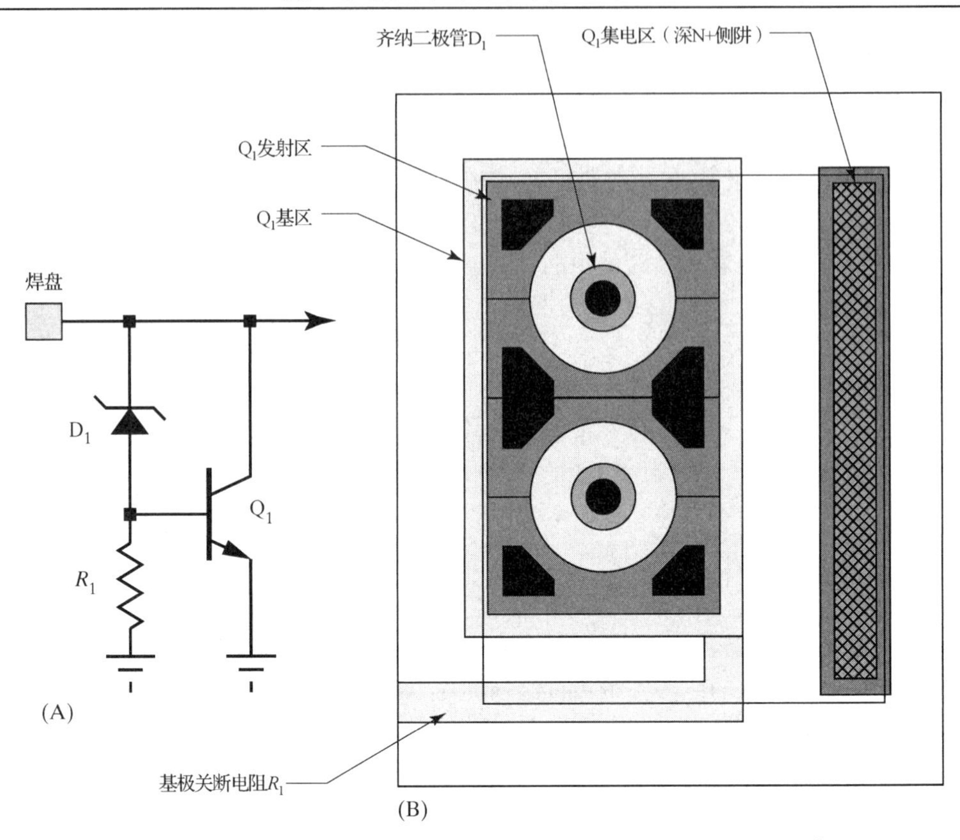

图 13.22 缓冲齐纳钳位的电路图和版图(为清楚起见，省略了金属层)[①]

尽管图 13.22(B)展示了标准双极工艺的缓冲齐纳钳位，这些结构实际上更适合保护模拟 BiCMOS 电路，因为后者的间距较小，从而减小了这种结构的尺寸，使之可以设置在焊盘环内。这种结构成功地保护了 20 V 模拟 BiCMOS 工艺的栅氧免受 2 kV HBM 和 200 V MM ESD 的冲击。缓冲齐纳管极低的串联电阻通常消除了击穿电压为 20 V 或更高的栅氧化层对第二级击穿 ESD 器件的需要。更低电压的栅氧通常需要与图 13.21(A)中相类似的第二级保护结构。缓冲齐纳钳位可以通过与齐纳管 D_1 的阳极串联更多的齐纳二极管或二极管连接形式的晶体管以满足更高电压应用的要求。这些额外的器件可以与 ESD 电路的其他部分合并在同一隔离岛中。

13.5.4 V_{CES} 钳位

图 13.23(A)展示了一个使用 NPN 晶体管集电结击穿钳位正 ESD 瞬变的 ESD 电路。该电路最初的击穿电压等于晶体管 Q_1 的 V_{CES} 额定值。一旦开始导通就不会停止，直到晶体管上的压降低于 $V_{CEO(sus)}$。这两个阈值电压有时被称为触发电压(或冲击电压)和维持电压。典型的 40 V 标准双极型晶体管的触发电压约为 65 V，维持电压大约为 45 V。从较高触发电压回跳到较低维持电压会降低 NPN 管上的压降，有助于减少晶体管中的能量消耗。这种结构除了具有相对较高的击穿电压外，还能够轻松承受 2 kV HBM 和 200 V MM ESD 冲击。标准双极器件中，发射区面积为 300～500 μm^2 的晶体管可以提供这种程度的保护，更大的发射区面积

① M. Corsi, R.Nimmo 和 F. Fattori, “ESD protection of BiCMOS Integrated Circuits which need to operate in the Harsh Environment of Automotive or Industrial” (*sic*), *EOS/ESD Symposium Proc. EOS-15*, 1993. pp. 209-213。

可以提供更高等级的 ESD 保护。这种结构已成功地用作可承受 2 kV HBM 和 200 V MM ESD 冲击的 20 V 模拟 BiCMOS 栅氧的主保护器件[①]。

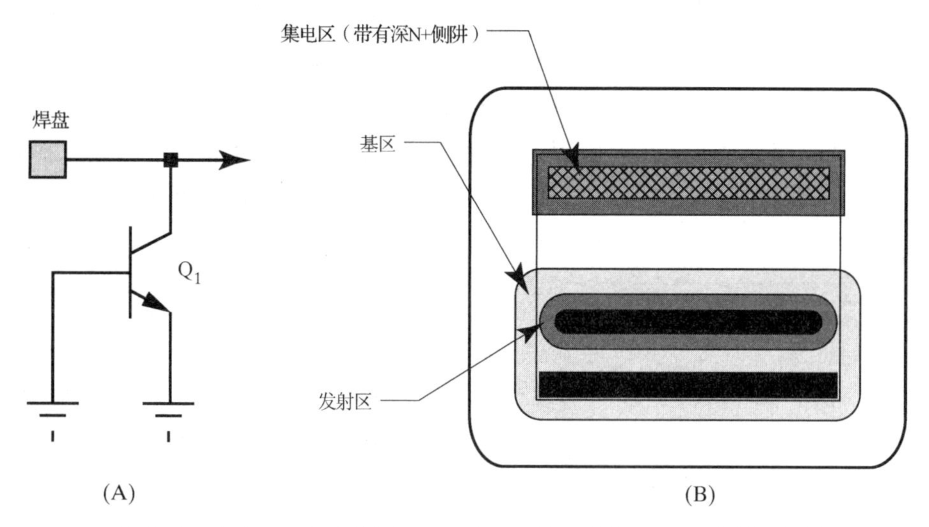

图 13.23 (A) V_{CES} 钳位的原理图；(B) 一种合适的 NPN 晶体管的版图

具有回跳特性的 ESD 器件不能安全地保护工作在等于或大于其维持电压条件下的低阻管脚。如果一个瞬态触发回跳，并且外电路可以提供足够的电流维持导通，那么 ESD 器件就会无限期地持续导通，产生的功耗会迅速使集成电路过热并损坏。如果外电路不能提供足够的电流维持导通，那么即使在该管脚工作在超过器件维持电压的条件下，ESD 器件仍可以保护管脚。除非设计者完全了解 ESD 器件的特性数据并且可以保证电路不会传输足量的电流维持导通，否则这种应用结构不应被考虑。

图 13.23(B) 显示了一个用作 V_{CES} 钳位的 NPN 晶体管的典型版图。基区扩散的圆角可以略微提高器件的击穿电压，也有助于使导通更加均匀。如图中所示，许多设计者也对其他扩散使用圆角，但是对于用作 V_{CES} 钳位的晶体管，这些圆角对器件工作没有实质性的改变。可以通过增大基区和发射区扩散对各自接触孔交叠 1～2 μm 使晶体管变得更加稳固。如果工艺不支持硅化或者难熔阻挡金属，那么这些预防措施将特别有效，因为纯铝接触远比其他类型的接触更容易出现合金失效。

13.5.5 V_{ECS} 钳位

如果将双极型晶体管的发射极和集电极对调，器件仍可作为双极型晶体管工作。当这种晶体管被偏置在导通状态时，称工作在反向放大模式。集电结正偏并向基区注入少子，然后被发射结收集。一支工作在反向放大区的 NPN 晶体管的 β 值非常低，因为用轻掺杂集电区替换重掺杂发射区将严重降低发射极注入效率。重掺杂发射结的雪崩击穿电压也比轻掺杂集电结低很多。因为击穿电压降低，所以工作在反向放大模式的晶体管是极佳的低压 ESD 器件。假设图 13.23(B) 中的晶体管用作 ESD 钳位，其发射极连接到焊盘，基极和集电极接地［见图 13.24(A)］。V_{ECS} 钳位的触发电压等于 NPN 晶体管的 V_{EBO}，其维持电压约等于这个电压的 60%～80%。因为模

① J. Z. Chen, X. Y. Zhang, A. Amerasekera 和 T. Vrotsos, “Design and Layout of High ESD Performance NPN Structure for Submicron BiCMOS/Bipolar Circuits,” *International Reliability Physics Symposium*, 1996, pp. 227-232。

拟 BiCMOS NPN 晶体管的 V_{EBO} 一般为 8～10 V，所以这些器件可以用作工作在不超过 5 V 电压的管脚的主保护器件。由于这类 ESD 器件含有 NBL 和深 N+侧阱，所以串联电阻非常小。发射区面积小于 600 μm^2 的器件已成功地承受了 2 kV HBM 和 200 V MM ESD 的冲击，稍大一些的发射区面积可以保护电路使之承受 10 kV HBM。这些器件为负 ESD 瞬变和正 ESD 瞬变都提供了低阻通路，其他 ESD 器件都不具有这个优点。V_{ECS} 钳位不需要收集电子保护环，因为其隔离岛未连接到管脚。这个结构包含寄生衬底 PNP 晶体管，会向衬底注入大量多子电流，所以钳位应用尽可能多的衬底接触环绕以减小周围衬底中的去偏置。

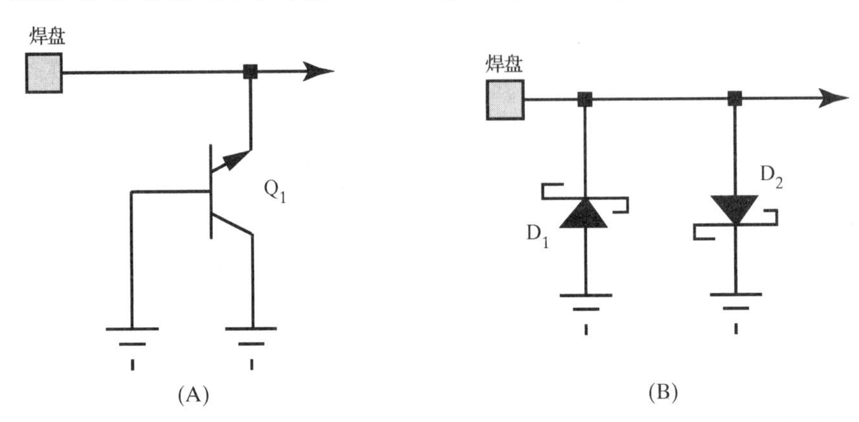

图 13.24 (A) V_{ECS} 钳位的电路原理图；(B) 反向并联二极管钳位的电路原理图

V_{ECS} 结构是一个保护低压管脚的极有用的器件。可以串联堆叠 V_{ECS} 钳位制作高压 ESD 电路，但会增大器件所需的面积及其串联电阻。缓冲齐纳管或者 V_{CES} 钳位比串联 V_{ECS} 钳位的性能更好。

13.5.6 反向并联二极管钳位

许多集成电路需要多个地管脚。有时所有的地管脚都连接到衬底，但是有些经常分开放置以减小噪声耦合和衬底注入。那些没有连接衬底的地管脚需要某种形式的 ESD 保护。最常见的结构使用一对背对背(或反向并联)二极管。可以使用二极管连接形式的 NPN 晶体管、二极管连接的衬底 PNP 晶体管或者肖特基二极管［见图 13.24(B)］。因为这些器件上的压降相对较小，它们经受的内部加热远比其他类型 ESD 器件小许多，所以它们可以被制作得稍小些。面积为几千平方微米的肖特基二极管通常可以提供对 2 kV HBM 和 200 V MM ESD 冲击的保护，二极管连接形式的晶体管甚至比这更小。所有这些结构都应被收集电子保护环包围。

13.5.7 栅接地 NMOS 钳位

许多早期的 CMOS ESD 电路使用 NMOS 晶体管作为横向 NPN 晶体管。NMOS 晶体管的 NSD 扩散用作 NPN 晶体管的集电区和发射区，P 型外延层用作基区。如果两 NMoat 区中的一个连接焊盘而另一个连接衬底回线(return line)，那么双极型晶体管将形成 V_{CES} 钳位。使用这种方法构造的早期 ESD 器件也包括一个设置在厚场氧化区顶部的分隔两个 NSD 扩散区的栅电极。有些设计者将该栅电极连接到焊盘，而其他设计者将栅电极连接到衬底回路。无论该金属电极如何连接，实际上对晶体管的影响甚微，这是因为厚场阈值超过了 NSD/P 型外延层的击穿电压。人们习惯将这种结构称为厚场晶体管。

厚场晶体管通常提供的 ESD 保护很差，其浅重掺杂结经常在 ESD 瞬变时熔化，如果器件没有立刻失效也会使器件漏电。厚场器件的迅速回跳特性也会引发许多问题。该结构的维持电压通常等于 NSD/P 型外延层击穿电压的 60%，通常低于最大工作电压。在向器件管供电时，管脚上的瞬变触发厚场晶体管导通会引起灾难性的失效。

目前已开发出大量更成功的厚场晶体管结构，其中一种只包含一支普通 NMOS 晶体管，其栅极与源极接地，而漏极接管脚[见图 13.25(A)]。这种结构称为接地栅 NMOS(GGNMOS)。该器件一个重要的特征是源接触和漏接触的间距增大了 1～2 μm，而且采用多晶硅栅以提供限流。复合槽工艺需要使用硅化阻挡掩模以获得接触和沟道之间必要的限流电阻。尽管其源/漏扩散浅，但是合适的限流 GGNMOS 结构通常极其稳定。某些接地栅器件使用很短的沟道以至于器件击穿是穿通击穿而非雪崩击穿①。这类器件比经典的 GGNMOS 回跳小，但是因为极短的沟道长度使其击穿电压非常易变。

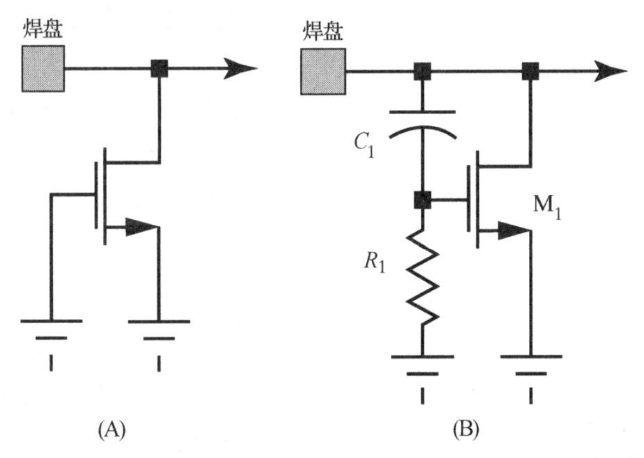

图 13.25 两个接地栅 NMOS 钳位：(A)薄氧 GGNMOS；(B)栅钳位 NMOS

另一种接地栅 NMOS 结构使用一个从焊盘连接到 NMOS 栅的电容，一个从栅连接到地的关断电阻［见图 13.25(B)］。这个结构通常称为栅耦合 NMOS(GCNMOS)②。ESD 事件过程中快速上升的电压将能量耦合到电容 C_1 上，从而开启 NMOS 晶体管 M_1。这个过程减小了触发晶体管导通所需的峰值电压并且确保了器件所有部分相对均匀的导通。人们已提出了许多种 GCNMOS 结构，包括一种其耦合电容由扩展漏区 MOS 晶体管漏栅交叠电容构成的结构。

所有的 GCNMOS 结构都有一个共同的缺点，因为它们可以被电路中任何的快速瞬变触发导通。只要将电源与电路连接，电源线就会发生这样的瞬变，这种情况称为热插拔事件(hot-plug event)，可以轻易地毁坏含有连接电源管脚 GCNMOS 结构的集成电路。通过降低关断电阻 R_1 的阻值使 GCNMOS 结构免受这种瞬变影响的尝试很少能够成功，因为热插拔事件中的转换速率同 ESD 瞬变产生的转换速率相似。GCNMOS 结构和其他所有由信号上升速率触发的结构决不能保护在应用中可能发生瞬变的低阻抗管脚。

GGNMOS 和 GCNMOS 保护结构通常需要电子保护环以防止少子注入衬底。大面积衬底接触应设置在保护结构附近。

① J. K. Keller, “Protection of MOS Integrated Circuits from Destruction by Electrostatic Discharge,” *EOS/ESD Symposium Proc.*, 1980, pp. 73-80。

② C. Duvvury 和 C. Diaz, “Dynamic Gate Coupling of NMOS for Efficient Output ESD Protection,” *International Reliability Physics Symp.*, 1992, pp. 141-150。

13.5.8 CDM 钳位

机器模型因为无法代表实际工作条件而长期受到批评。为了平息这种不满，充电器件模型(CDM)应运而生。CDM 测试使用了一个释放封装电容电荷的接触形成 ESD 冲击。这种情况产生了一个与机器模型或人体模型完全不同的应力情况。封装电容很少能够大于几皮法，CDM 放电通常发生在较低的电压下，典型值为 500 V，所以 CDM 冲击所释放的能量远小于机器模型或人体模型所释放的能量。CDM 冲击的能量几乎不会对适当设计的结形成威胁。然而，缺少外限流电阻或电感使得在 CDM 事件期间会有大量电流的短暂流动。这种电流可以在主 ESD 器件、金属连线和扩散区中产生明显的电阻压降。即使这些瞬间应力只持续几纳秒，也会轻易地破坏栅氧。许多通过 2 kV 人体模型和 200 V 机器模型测试的设计现在无法达到新的 500 V CDM 的要求。

人们已开发出新的称为 CDM 钳位的保护结构保护栅氧免受 CDM 瞬变的破坏。CDM 钳位是将第二级保护结构设置在其所保护的栅氧附近的专用结构。CDM 钳位和被保护器件之间的近耦合防止寄生电阻和电感产生增加了在钳位电压上的不希望的电压降[①]。典型规则规定 CDM 钳位应该放置在距离被保护器件 500 μm 的范围之内，并且应该接到距离被保护器件最近的地或电源。

CDM 钳位与普通的第二级保护器件一样包含一个串联限流电阻和一个钳位器件。电阻通常由多晶硅制成，阻值通常为 500～2000 Ω。钳位器件由小齐纳二极管或者小的接地栅 NMOS 晶体管构成。每一种结构都不会出现明显的电阻加热，因为瞬变只持续几十纳秒，而且串联限流电阻防止大电流流过该结构。

多数 CDM 钳位包括两个第二级保护器件：一个接地，另一个接电源。两种钳位通常都由一个小的 GGNMOS 结构组成［见图 13.26(A)］。然而，如果管脚电压超过电源电压，可能会有暗电流从管脚通过该器件流向电源。这种情况有时发生在有多个电源的设计中或接口电路中。如果该电流通路会引发问题，可以在电源和该管脚之间放置两个背对背的 GGNMOS 结构［见图 13.26(B)］，这种结构有时称为自保护 CDM 钳位。

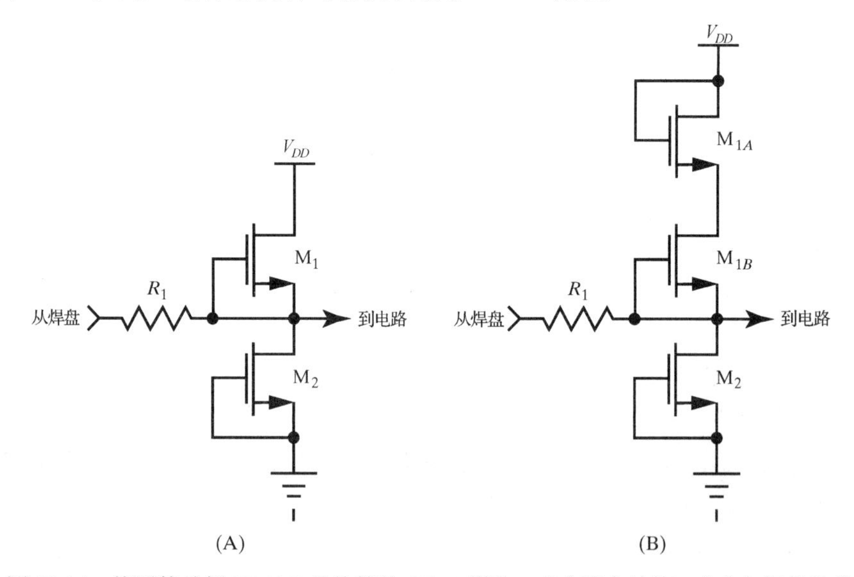

图 13.26 使用接地栅 NMOS 晶体管的 CDM 钳位：(A)基本结构；(B)自保护结构

① L. R. Avery, "ESD Protection Structures to Survive the Charged Device Model(CDM)," *EOS/ESD Symposium Proc.*, 1987, pp. 186-191。

CDM 钳位通常需要一个或多个保护环。对于图 13.26 中的 GGNMOS 结构，一个环绕两钳位晶体管设置的收集电子保护环足以提供完全的保护。另外，还可以增大串联限流电阻的阻值以防止任何大电流流入衬底。通常，50 kΩ 的电阻就足以实现这个目的。

13.5.9　横向 SCR 钳位

许多工艺使用某种形式的可控硅整流器(SCR)提供 ESD 保护①。SCR 是一个四层半导体器件，具有很强的回跳特性，这种回跳产生于 PNPN 结构内固有的 NPN 晶体管和 PNP 晶体管之间的正反馈。横向 SCR 由一支 PMOS 晶体管和一支紧邻的 NMOS 晶体管组成。图 13.27(A)显示了这个结构的版图、剖面图和等效电路图。PNP 晶体管 Q_1 的发射区由一个设置在 N 阱内部的 PSD 扩散组成。阱用作 PNP 的基区，周围的 P 型外延层作为其集电区。N 阱也是 NPN 晶体管 Q_2 的集电区。P 型外延层是该晶体管的基区，NSD 扩散是其发射区。R_1 代表 N 阱电阻，R_2 代表 P 型外延层和衬底电阻。该结构与产生 CMOS 闩锁的结构几乎相同，但是增加了一个沿 N 阱边缘设置的条形 NMoat 以降低阱/外延层结的击穿电压。这个结的雪崩击穿触发器件进入导通。

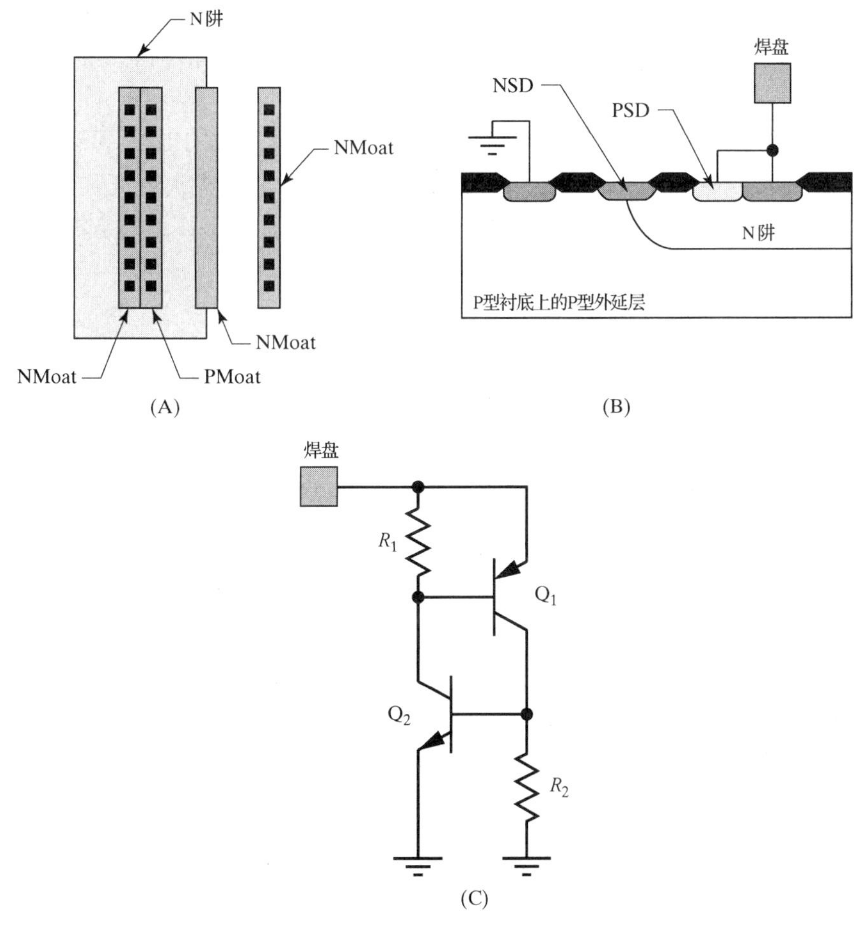

图 13.27　横向 SCR 钳位：(A)版图；(B)剖面图；(C)等效电路图②

① L. R. Avery, "Using SCR's as Transient Protection Structures in Integrated Circuits," *EOS/ESD Symposium Proc.*, 1983, pp. 177-180。

② C. Duvvury 和 Rountree, "A Synthesis of ESD Input Protection Scheme," *EOS/ESD Symposium Proc.*, 1991, pp. 88-97。

Q_1 或 Q_2 集电结雪崩击穿可触发 SCR 进入导通。假设 Q_2 首先雪崩击穿，载流子注入 Q_2 的基区使 Q_2 导通。现在 Q_2 从 Q_1 基区抽取电流，使 Q_1 导通并为 Q_2 提供附加的基极驱动。两晶体管现在互相为对方提供基极驱动，导通一直持续直到输入电压下降到使 R_1 和 R_2 能够抽取的电流大于晶体管可提供的电流。如果 R_1 和 R_2 都相对较大，那么 SCR 的维持电压可能小于 2 V。更小的电阻值可以形成更高的维持电压，但是电阻和维持电压之间的关系很难预计。实际应用中，通过构造并测试多个 SCR 结构可决定哪种结构可以实现所希望的冲击和维持电压。

SCR 钳位是极其稳定的结构。在人体模型冲击下，SCR 的低维持电压使得外部 1.5 kΩ 的电阻消耗大量能量。CDM 冲击包含的能量不足以破坏典型 SCR 结构的结。机器模型对 SCR 钳位施加了最严格的测试，但是许多此类结构（特别是那些包括 NSD 和 PSD 接触限流的结构）已经承受了严格的机器模型测试。SCR 结构提供的 ESD 解决方案通常远小于其他选择，因此特别适合于不支持 V_{CES} 或 V_{ECS} 钳位的 CMOS 工艺。

SCR 钳位不应用来保护连接到工作在等于或大于维持电压的低阻电路的管脚。瞬间的变化就可以触发 SCR，持续的导通最终使集成电路过热并损坏。横向 SCR 4 个单元的间距可被增大以确保维持电压大于工作电压。维持电压的增加也会增加 SCR 结构消耗的能量，因此具有更高维持电压的器件需要更大的面积以确保安全地耗散 ESD 冲击的能量。

横向 SCR 钳位的触发电压通常太大而不能保护低电压 CMOS 电路，因此出现了速率触发 SCR 钳位结构，该结构包括连接焊盘到 Q_2 基区或 Q_1 基区到地的电容。ESD 冲击产生的快速转换瞬变使这些电容在 SCR 冲击电压到达之前触发 SCR。速率触发 SCR 钳位可以提供绝佳的保护，但是与所有的速率触发结构相同，它们不能用于正常工作过程中经历瞬变的管脚。

13.5.10 选择 ESD 结构

直接连接衬底的管脚或者只是连接到相对稳定扩散区的管脚通常不需要增加专门的 ESD 结构就可以正常工作，其他大多数管脚需要某种形式的 ESD 保护。下面的指导原则为几种常见的情况提供了一些具体建议：

1. 连接基区或发射区扩散的管脚。
   基区和发射区扩散相对较低的薄层电阻使它们容易受到 ESD 破坏的影响。较大的扩散区可以将能量分散到足够大的面积来保护自己，但是局部加热经常破坏较小的扩散区。能够自保护的最小扩散面积取决于工艺参数和测试条件，但是可以肯定 500 μm^2 的 160 Ω/□基区扩散可以承受 2 kV HBM 和 200 V MM。
   较小的扩散应包括某种形式的在基区扩散击穿之前雪崩击穿的 ESD 钳位，例如 V_{CES} 钳位或 V_{ECS} 钳位。串联限流电阻并不必要，因为扩散或扩散包围的区域通常具有很大的电阻。
2. 连接到 NPN 晶体管发射极的管脚。
   纵向 NPN 晶体管的发射区容易受到雪崩诱发 β 退化的影响。如果可能，电路设计应该消除任何发射极与焊盘而不是与衬底地之间直接的连接。否则，ESD 钳位器件必须连接焊盘，而且要在焊盘而发射极之间放置一个几百欧姆的串联电阻。电路设计者必须考虑该电阻对电路工作的影响。功率 NPN 晶体管的发射极有时工作在衬底电势，但是通过不同的管脚返回。在这种情况下，反向并联二极管钳位可以提供足够的保护而且不需要加入任何串联电阻。多晶硅发射极 NPN 晶体管不允许发生雪崩击穿，所以必须使用由钳位二极管和限流电阻组成的 ESD 电路以确保此类器件的安全。

3. 连接到 CMOS 栅的管脚。

CMOS 栅介质非常脆弱，通常需要某种形式的二级 ESD 保护。主保护器件仅需将焊盘电压限制在几百伏。第二级 ESD 保护器件应该将栅压钳位在栅氧击穿电压的 75%以下。如果第二级 ESD 器件通过衬底返回，那么其钳位电压必须包括由自身或主器件产生的衬底去偏置。主器件和第二级器件之间的串联限流电阻的阻值应该比第二级保护结构的阻值大几倍。电阻可用扩散区或多晶硅制作，但是多晶硅电阻的宽度至少为 5～8 μm，两端至少有 6～8 个接触孔以有助于防止局部过热。ESD 器件中使用的电阻不应该有弯曲，因为这些弯曲会产生局部热点，这些热点将先于电阻的其他部分失效。用作第二级保护的齐纳管需要几千欧姆的串联限流电阻。如果主保护器件可以将焊盘电压钳位在约 75%的栅氧击穿电压，有时可以省略第二级保护器件和限流电阻。机器模型测试产生的大电流使得上述条件很难获得，但是 V_{ECS} 钳位可以成功地保护 20 V 的栅氧抵抗 2 kV HBM 和 200 V MM。CDM 测试几乎一定需要第二级保护，并且为了阻止衬底去偏置产生额外的电压降，这些器件通常不得不设置在被保护的器件旁。有些低压 CMOS 工艺的栅氧击穿电压低于传统雪崩触发 ESD 结构的触发电压，在这种情况下必须使用速率触发器件或 SCR 器件。

4. 连接到槽区的管脚。

某些类型的槽区可以保护自身抵抗 ESD，而其他的则不能。硅化槽几乎都需要加入某种类型的 ESD 保护，如击穿电压小于 5～8 V 的槽。

对于击穿电压等于或大于 10 V 晶体管的非硅化槽，如果每种类型槽扩散的总绘制面积超过 500 μm^2，就可以保护自身抵抗 2 kV HBM 和 200 V MM 瞬变。大的 NSD 扩散并非必须保护小 PSD 扩散，反之亦然。形成自保护所需的确切槽面积取决于工艺参数和测试条件。小型槽区(特别是复合槽)通常需要加入某种形式的 ESD 保护。如果单级 ESD 电路能够将焊盘电压钳位在槽扩散雪崩电压之下，那么这种结构就足够了。V_{ECS} 钳位和缓冲齐纳钳位有时可以提供这种程度的保护，但是齐纳钳位的内部串联电阻通常过大。几百欧姆的串联限流电阻可以使用齐纳钳位作为小型槽区的保护器件。大的硅化槽经常会因为缺少限流而局部击穿。可以考虑使用硅化阻挡掩模从连接焊盘的槽区的外围移除硅化层。未硅化槽外围略微增大了晶体管的电阻，但是可以通过增大器件尺寸加以补偿。

5. 连接槽区和 CMOS 栅的管脚。

如果槽足够大，就可以作为主保护器件；否则主保护器件必须连接焊盘。小型槽(或者特别易受硅化影响的槽)可能需要一个 50～200 Ω 的串联限流电阻。除非主保护器件的串联电阻非常小，否则在没有第二级保护器件的情况下将无法保护栅。焊盘和栅之间应该连接一个几百至几千欧姆的电阻，在该电阻后应设置一个合适的二级保护结构。现在，这种结构对于栅(需要大串联电阻)和槽(不需要大串联电阻)具有不同的传导通路。也许还需要 CDM 结构。

6. 只连接多晶硅的管脚。

   人体模型测试产生的电压足以击穿厚场氧化层和包围多晶硅电阻和连线的夹层氧化物。如果焊盘没有直接连接扩散区，那么包围多晶硅的氧化层上的电压可能会上升到破坏性的水平。在焊盘下面设置 N 阱区并且通过环绕焊盘的 NMoat 环与之连接可以提供足够的保护并且占用极小的芯片面积。这种结构会向衬底注入电子，所以需要增加收集电子保护环。

7. 连接电容的管脚。

   薄氧或氮化物介质需要与栅介质相同类型的保护。结电容通常包含一个薄的重掺杂扩散，需要与发射区相同的保护。

8. 连接到肖特基二极管的管脚。

   设置场板的肖特基二极管不应工作在雪崩击穿状态，因为它们的耗尽区非常薄，而且紧邻硅化层。可通过增加一个先于肖特基接触雪崩的场释放保护环来保护大的肖特基二极管。大面积的槽扩散可保护较小的肖特基二极管，这种槽扩散形成了连接同一管脚的另一个器件的一部分。如果不存在合适的槽区，那么一个场释放保护环和一个几百欧姆的串联电阻可提供足够的保护。

9. 工作在衬底电势但是不连接衬底的焊盘。

   这些焊盘通常与衬底隔离以减小噪声耦合的接地回路。如果这些焊盘与衬底焊盘都键合到相同的管脚，则不再需要 ESD 保护。否则，连接在焊盘和衬底回路之间的反向并联二极管钳位将为绝大多数应用提供足够的保护。

10. 通过多个焊线将多个焊盘连接到同一管脚。

    许多管芯将多个焊线连接到同一管脚。如果两个或更多的焊盘通过不同的焊线连接到同一管脚，那么这些焊盘中只有一个需要主 ESD 器件。串联限流电阻和第二级保护器件必须设置在每个需要的焊盘上，因为设置在一个焊盘上的第二级保护不能保护连接另一个焊盘的电路。

11. 测试焊盘和探测焊盘。

    测试焊盘和探测焊盘通常不需要 ESD 保护，因为它们被包在封装内，所以不会经受 ESD 瞬变。

当放置 ESD 结构时，切记务必包括必要的保护环和衬底接触。对于刚刚讨论过的 ESD 结构，只有 V_{ECS} 钳位不需要保护环。保护环应在构造焊盘环时设置在焊盘环内。因为保护环需要的面积过大，以至于很难在以后添加。

13.6 习题

版图规则和工艺规定请参考附录 C。

13.1 绘制 3 支不带深 N+侧阱的最小尺寸标准双极型 NPN 晶体管版图。如图 13.1(A)所示，并排放置晶体管，计算包围所有 3 个器件的矩形的面积。绘制类似于图 13.1(B)所示合并器件的版图。假设合并器件占用的面积与其隔离岛的面积相等，合并器件与 3 个分离器件面积之比是多少？

13.2　描述下列每一个合并的风险：

a. 两个放置在同一隔离岛中的 HSR，其中一个连接到焊盘。

b. 一个与肖特基二极管合并在同一隔离岛中的基区电阻。

c. 一支横向 PNP 晶体管与一支 NPN 晶体管合并。

d. 一个结电容与一个达林顿 NPN 晶体管对合并。

e. 两支合并在同一隔离岛中的衬底 PNP 晶体管。

13.3　提出降低习题 13.2 中每一个合并风险的方法。

13.4　绘制一个能够导通 100 mA 电流的合并达林顿 NPN 晶体管的版图。采用标准双极版图规则，并假设最大发射极电流密度为 8 μA/μm^2。使用功率器件采用的宽发射区窄接触结构，同时发射区与接触的交叠为 6 μm，在其发射极和集电极之间连接一个 5 kΩ 的基区关断电阻。假设功率晶体管在 100 mA 电流下的最小 β 值为 20，确定预驱动晶体管的尺寸。假设预驱动晶体管不需要最小宽度基区关断电阻。包括所有必要的金属连接。

13.5　假设习题 13.4 中的达林顿晶体管必须工作在超过工艺厚场阈值的电压下。修改版图以将所有必须的场板和沟道终止包含在内。

13.6　使用标准双极版图规则，绘制图 13.28 中图腾柱驱动电路的版图。Q_1，Q_2 和 D_1 采用宽发射区窄接触晶体管结构且发射区与接触的交叠为 6 μm。电源电压 V_{CC} 可以超过工艺的厚场阈值，在开关瞬间 OUT 和 PGND 都可能低于衬底电势。连接 V_{CC}，OUT 和 PGND 导线的宽度最小为 15 μm。包括所有必要的金属连接，标明所有的导线和器件。

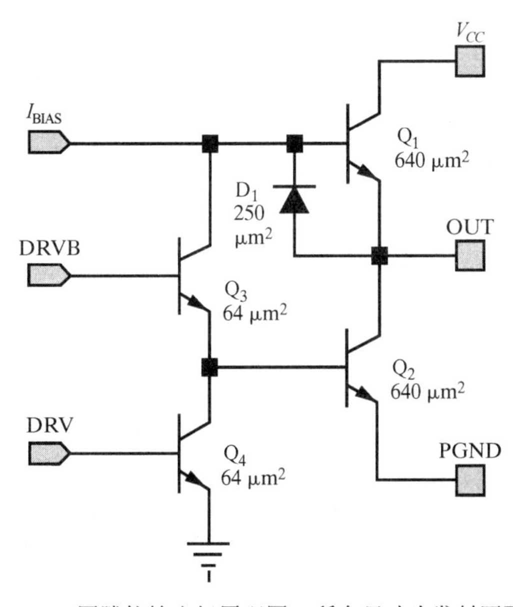

图 13.28　图腾柱输出级原理图。所有尺寸为发射区面积

13.7　修改习题 12.16 中的 MOS 运算放大器以提供闩锁保护，假设只有输出管脚(OUT)直接连接焊盘。在不使用深 N+和 NBL 的情况下，使电路尽可能稳定。

13.8　(A)绘制图 13.29 中触发器的棒图。在单元顶部使用单 V_{DD} 线，在单元底部使用单地线。所有 NMOS 晶体管为 4/3，所有 PMOS 晶体管为 7/3。单元内不要使用金属 2。多晶硅可用于布栅连线(如果必要)。源和漏连线中可以设置短的多晶硅跳线。(B)在紧挨着棒图的位置，采用附录 C 中的 CMOS 规则绘制触发器版图，标明所有导线和器件。

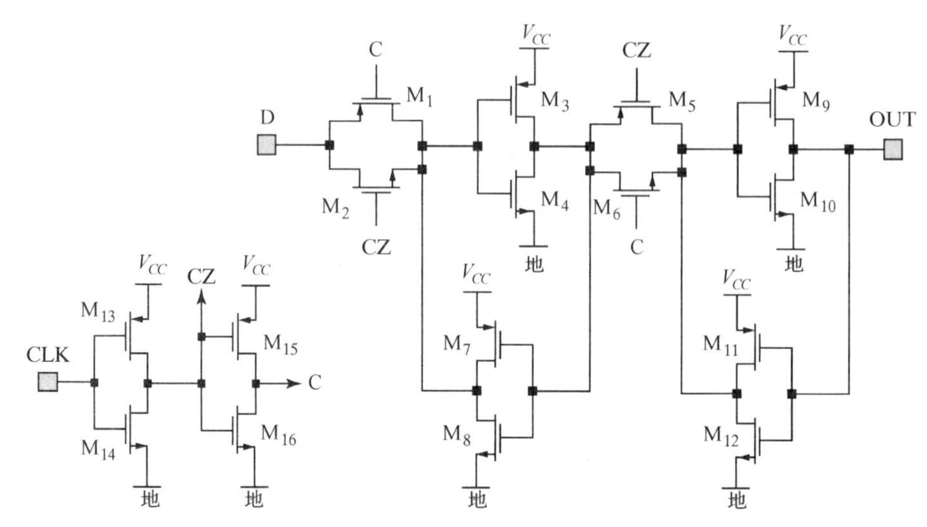

图 13.29 D 触发器的原理图

13.9 构造一个用于模拟 CMOS 版图的焊盘环。包括划片在内，管芯的宽度和高度必须严格等于 2750 μm 和 2150 μm。管芯左下角必须位于原点(0,0)。使用 BOUNDARY 层上的矩形表明管芯的范围。划片线位于管芯的左侧和底部，严格等于 110 μm 宽。通过绘制两个 BOUNDARY 层上的矩形表明划片的位置。在焊盘环边缘绘制衬底金属，如图 13.17 所示。该金属应包括 12 μm 宽的条状金属 1 和 12 μm 宽的条状金属 2，二者必须完全一致。在衬底金属连线下方设置 PMOAT。在衬底金属连线和 PMOAT 之间提供接触，在两层衬底金属连线之间提供通孔。

13.10 为习题 13.9 中的焊盘环构造焊盘。假设焊盘要求边长为 75 μm 的方形氮化物开孔，而且必须同时包括金属 1 和金属 2。两金属的图形必须完全一致。设置一个边长为 75 μm 的大通孔，与氮化物开孔相对应。使用以焊盘开孔为中心的直径等于 90 μm 的圆表示金属排除区。将 8 个这样的焊盘按照下列位置排放在习题 13.9 的焊盘环内：左上，中上(2)，右上，左下，中下(2)，右下。右下的焊盘连接管脚#1。选择一种合适的方法表示该焊盘并相应地修改版图。按逆时针顺序将焊盘排序并加以标注。

13.11 使用附录 C 的 CMOS 版图规则构造一个类似于图 13.20 的齐纳钳位。NMoat 区的总面积至少为 650 μm^2，并且应包含两行接触。NMoat 对接触的交叠为 3 μm，二极管的两端采用圆角。在习题 13.10 的版图中放置两个这样的齐纳钳位保护管脚 3 和 5。这些钳位应该位于各自的焊盘和衬底金属连线之间，包括所有必要的保护环。

13.12 构造一个二级齐纳钳位，使用习题 13.11 中的二极管作为主保护器件。串联电阻应等于 1 kΩ，宽度为 8 μm。在电阻的每一端至少设置 8 个接触。第二级保护结构需要 NMoat 的面积为 100 μm^2。NMoat 与接触的交叠至少为 3 μm，使用衬底接触环包围器件。ESD 结构中所有金属连线的最小宽度为 6 μm，如果任何导线中使用了通孔，最少要使用 8 个通孔。在习题 13.11 的版图中设置两个这样的钳位管以保护管脚 1 和管脚 7。包括所有必要的保护环。

13.13　使用附录 C 的模拟 BiCMOS 版图规则构造一个 V_{ECS} 钳位。假设钳位需要的发射区面积为 350 μm^2。发射区使用两行最小接触而不是单个接触。发射区与接触的交叠为 4 μm，发射区两端采用圆角。深 N+侧阱应该完全包围钳位以形成阻挡空穴保护环。比较该结构与习题 13.12 中二级齐纳钳位所有部分所消耗的面积(不包括保护环)。

13.14　将绘制厚场晶体管的版图用作 CMOS 设计中的 ESD 结构。源区和漏区由条状 NMoat 组成，条长为 20 μm，宽度恰好可以容纳两行最小接触。NMoat 与接触的交叠为 2 μm，源区和漏区均采用圆角。将两槽区分隔 6 μm，在源漏之间区域的上方设置一块金属 1 板作为“栅极”。将这个栅极与源极相连。对该钳位与习题 13.11 中齐纳钳位消耗的面积进行比较。

第14章　组 装 管 芯

设计集成电路版图的第一步就是估算管芯面积。版图设计者不应该信赖初步的面积估计，因为这些数据通常并不精确。每个电路模块或者单元的面积应分别计算，整个管芯的面积等于所有单元面积加上布线、焊盘、划封（scribe seal）以及划片线（scribe street）所需面积之和。由于对面积的估计总是向着好的方向发展，所以细心的设计者通常会留有一定的余量。

一旦管芯的尺寸和所有单元的面积确定下来，就要构造版图布局。一个好的版图布局包括管芯的轮廓、所有焊盘的位置以及所有主要单元的大小和位置。随着版图设计工作的进行，通常要对初始布局进行修改。

完成的布局作为构造单个单元的模板。每个单元都需要大量电阻、电容、晶体管和二极管。当完成这些器件的版图后，设计者必须确定它们的位置以优化匹配、排布并简化互连，然后将这些器件连接形成一个单元，之后再将单元进行连接形成完整的管芯。前面几章曾介绍了单个器件的设计及其相对于其他器件的排布，本章将介绍从规划管芯、构造管芯版图、互连已完成的单元到形成一个完整管芯的过程。

14.1　规划管芯

集成电路版图设计需要进行详细的计划，一个有经验的设计者知道必须以什么顺序完成什么样的任务，从而使版图设计过程平稳进行，所有的器件都合适地放入各自指定的位置。试图达到同样结果的新手不久就会发现做起来远没有看上去容易。夜以继日的努力通常会由于没有预见到的其他因素而前功尽弃。大部分问题往往是由于对管芯面积的错误估算、器件位置的错误设置以及数量不足的布线通道造成的。细心的设计者可以通过花上几个小时规划版图而避免上述大多数问题的产生。

使用在规划阶段收集到的信息可以估计管芯的总面积以及总的制造成本。假定设计是可能获利的，需要完成的是显示每个单元大小、形状以及位置的布局图。这个布局图是构成管芯顶层（top-level）版图的基础，对于必须由多人同时完成版图各部分的大型设计，布局特别具有价值。

14.1.1　单元面积估算

版图规划第一阶段的任务包括：编辑设计中用到的所有单元的列表。如果有详细的电路原理图，那么这项任务就是列出在顶层原理图中发现的单元；如果没有原理图，那么电路设计者必须准备一个基于规格说明的详细列表，该列表应该只包含出现在顶层原理图中的单元而排除所有位于原理图层次结构中较低层的单元。顶层单元的数目可能只有3个或4个，也可能多达30个或40个，具体取决于设计的规模。在一些设计中，尤其是非常复杂的设计中，布局必须包含次顶层以提供足够的细节。列表还应包括所有考虑到布线和匹配要求而必须安排在特定位置的功率器件。

设计者现在要估算每个单元所需的面积，一些单元已在前面的设计中完成了版图，从而通过测量可以很容易地得到精确的面积。如果先前的设计中包含一个相似单元，那么这个单元的版图就可以提供一个新单元所需面积的近似值；如果没有先前的版图可供参考，那么单元面积就要由每个器件的面积计算得到。下面将介绍怎样快速估算出不同类型器件所需的面积，这些估计必然不够精确，但是规划者可以至少允许 ±20%的偏差。面积估算通常按平方毫米(mm^2)或者千平方密耳($kmil^2$)给出，其中 1 $kmil^2$ = 0.645 mm^2。

电阻

需要构造一个或者多个电阻所需的面积 A 可用下式估算：

$$A \approx \frac{1.2\, RW_r(W_r + S_r)}{R_s} \tag{14.1}$$

其中，R 表示需要的电阻，R_s 是采用的方块电阻，W_r 是电阻的宽度，S_r 是临近电阻条之间的距离。因子 1.2 用于估算虚拟(陪衬)电阻、接触端头以及非理想布局所消耗的面积。例如，122 kΩ，2 kΩ/□的 HSR，宽度为 6 μm，间距为 12 μm，将占用约 7900 μm^2 的管芯面积。不同宽度或者不同材料的电阻要分别计算。

电容

电容所占的面积取决于单位面积介电材料产生的电容值。对于指状结电容，单位面积平均电容值可以参照已存在的电容计算得到。根据氧化层厚度估算出来的面积比实际电容面积要小，因为没有包含接触和隔离间隔。例如，假定一个 50 pF 指状结电容的测量面积为 27 500 μm^2，则该电容单位面积的平均电容值为 1.8 $fF/\mu m^2$。

纵向双极型晶体管

纵向 NPN 晶体管和衬底 PNP 晶体管的面积必须分别计算，但是两种器件的计算原理是一样的。最小发射区器件所需面积等于其隔离岛占据的面积，而且最好是利用现有器件版图测量。器件面积并不随发射区面积呈线性变化，因为发射区只占晶体管的一小部分。通常不必费力计算小晶体管的精确面积值，对于发射区面积为最小发射区 2～5 倍的晶体管，可认为其面积等于 150%的最小器件面积。应粗略地拟定更大的晶体管，并以此为基础估算其面积。图 14.1 显示了一支宽发射区窄接触(contact)晶体管的草图。根据所标明的尺寸，计算该器件的面积为 38 800 μm^2，其中发射区面积为 4000 μm^2。

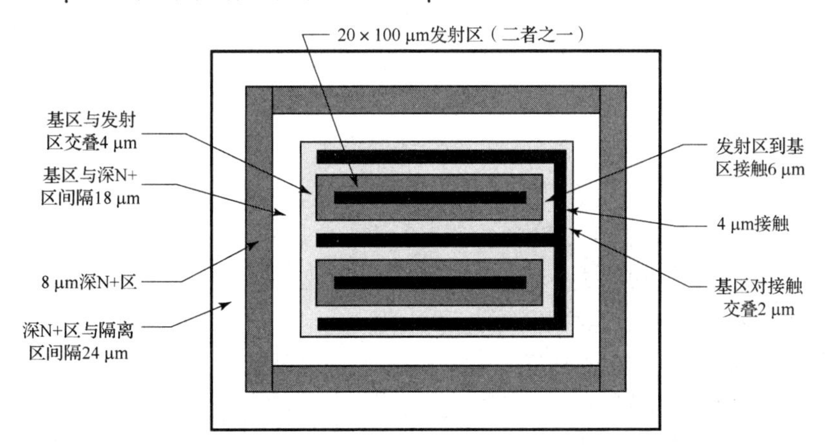

图 14.1　用于估算面积的宽发射区窄接触(contact)晶体管草图

横向 PNP 晶体管

最小横向 PNP 晶体管所需面积可以通过测量现有器件的隔离岛面积获得。更大的晶体管通常是在同一隔离岛内设置若干个相同的单器件构成或者沿着一条轴将晶体管拉长。无论是哪种情况，器件的面积都近似与集电区尺寸呈线性关系，分裂集电极晶体管需要更大的面积，因此按照最小器件面积的 150%计算每个此类器件的面积。

MOS 晶体管

指状 MOS 晶体管的面积 A 可近似为

$$A \approx 1.3\, W_g(L_g + S_{gg}) \tag{14.2}$$

其中，W_g 是栅宽，L_g 是栅长，S_{gg} 是多指(multiple-finger)晶体管相邻栅条间的距离，因子 1.3 用于估算晶体管阵列两端、阱间距以及非理想排布所消耗的面积，该公式得出的面积通常小于小晶体管所需的面积，尤其是在晶体管需要保护环或者独立阱的情况下。

MOS 功率晶体管

MOS 功率晶体管通常用其导通电阻表示 $R_{ds(on)}$，基于器件模型或者 SPICE 仿真的面积估算不适于金属连线电阻。基于测量特定导通电阻 R_{sp} 的估算可给出更好的结果。为获得所希望的 $R_{ds(on)}$值，需要的面积为

$$A \approx \frac{R_{sp}}{R_{ds(on)} - R_p} \tag{14.3}$$

变量 R_p 代表封装电阻，包括焊线和线框。焊线占封装电阻的最大部分。典型的直径为 25 μm 的金焊线电阻约为 25～50 mΩ(见 13.4.2 节)，更大直径的焊线或者并行设置的多焊线能够极大地减少该电阻值。

式(14.3)的精度取决于待测晶体管与用于测试器件的相似程度，待测晶体管应由同样的栅长、R_{sp} 和 $R_{ds(on)}$值要在相同的栅源电压下测量，由于 R_{sp} 随器件面积变化，因此晶体管的面积与测试器件面积的差别不应超过 5 倍。此外，待测晶体管和测试器件的指结构大小应与金属连线图形非常相近。

计算单元面积

单元面积 A_{cell} 可以用下公式估算：

$$A_{cell} = P_f \Sigma A \tag{14.4}$$

其中，ΣA 表示所有单个器件面积的总和，排布因子 P_f 表示隔离和器件互连所消耗的面积以及非理想排布所浪费的面积。采用单层金属的标准双极设计的排布因子一般为 1.5～3.0。这个范围内低端方向的值表示使用了精巧定制器件(custom-crafted)和大量器件合并(merger)的良好排布设计，而高端方向的值表示设计使用的是标准器件而且具有较少或者没有器件合并。采用双层金属的标准双极设计需要更小的面积，排布因子一般为 1.5～2.0。使用标准器件的双层金属模拟 CMOS 或者 BiCMOS 设计时，排布因子通常可达到 1.4～1.8。除非单元使用特别大量的互连或者高密度逻辑电路，否则三层金属工艺不会有明显的改善。

假设图 14.2 中的带隙电路采用单层金属标准双极工艺设计，其中 3 支晶体管 Q_1、Q_2 和

Q_{10}需要单独的草图，前两者构成 Brokaw 带隙单元的比例对，而 Q_{10}是一个小功率器件。其他器件的面积可以采用讨论过的方法估算。表 14.1 显示了这种计算的结果。

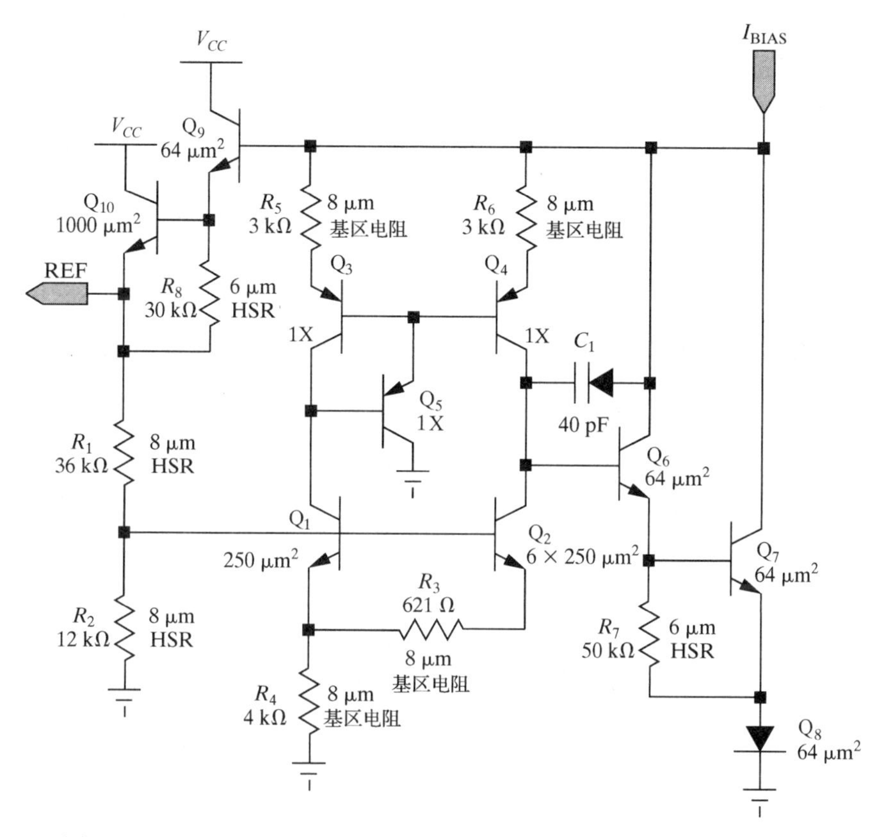

图 14.2　示例电路模块原理图，采用标准双极工艺构造的简单带隙调节器

表 14.1　简单的带隙调节器的估算面积

器件	数值	面积
8 μm 160 Ω/□ 基区电阻	10.621 kΩ	14 200 μm²
8 μm 2 kΩ/□ HSR 电阻	48.0 kΩ	4600 μm²
6 μm 2 kΩ/□ HSR 电阻	80.0 kΩ	5200 μm²
结电容，1.8 fF/μm²	40 pF	22 200 μm²
2200 μm² 的最小 NPN 晶体管	4	8800 μm²
4100 μm² 的最小 PNP 晶体管	3	12 300 μm²
3100 μm² 的带隙 NPN 晶体管	7	21 700 μm²
6600 μm² 的输出 NPN 晶体管	1	6600 μm²
器件总面积		95 400 μm²
估计单元面积 (P_f= 2)		0.19 mm²

14.1.2　管芯面积估算

有 3 个因素会影响到管芯整体面积：所包含的电路、外围焊盘环以及将其同相邻管芯分开的划片线。电路位于管芯中部，形成核(core)；焊盘围绕管芯四周，形成焊盘环(padring)。

理想情况下，核和焊盘环都不会浪费空间，而实际的设计通常达不到这个目标。在核限制型(core-limited)设计中，核在焊盘环内部紧密排布，但是没有足够的焊盘填充到环内［见图 14.3(A)］。焊盘间的缝隙通常用于 ESD 结构以及校正电路。焊盘限制型(pad-limited)设计中的焊盘很多，以至于焊盘环内部保留的空间超出了核所需要的面积［见图 14.3(B)］。有时可以在第一圈焊盘环内部设置第二圈焊盘环，并使内焊盘与外焊盘错开。这种类型的版图需要组装/测试部门仔细检查以确定是否可以进行生产。估算过程必须在最后的面积估算结果产生前确定设计是核限制型还是焊盘限制型。

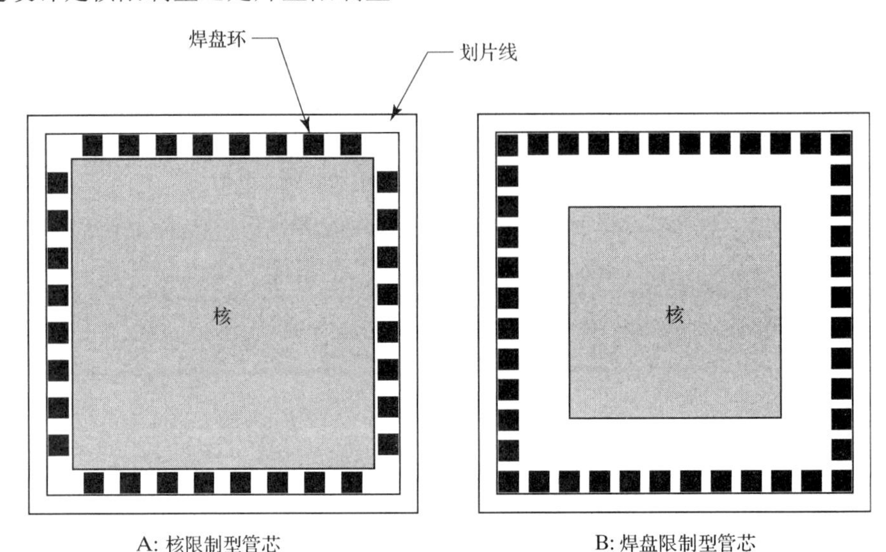

图 14.3 核限制型与焊盘限制型管芯的比较

估算管芯面积的第一步就是计算核面积：

$$A_c = R_f P_f \Sigma A_{\text{cell}} + P_f \Sigma A_{\text{pwr}} \tag{14.5}$$

其中，ΣA_{cell}是所有单个单元面积的总和，ΣA_{pwr}是不包含在任何单元内的功率器件面积总和，核电路不含焊点、微调焊盘、ESD 器件、划封(scribe seal)和划片线(scribe street)。布线因子R_f用于表明顶层布线所消耗的面积，对于有数百个顶层信号的设计，在单层金属情况下，其典型布线因子值为 1.3～1.5，双层金属为 1.2～1.3，三层金属为 1.1～1.2。大量采用多晶硅布线的设计的布线因子值通常在上述范围内。例如，采用一层金属和一层多晶硅布线的设计，布线因子值为 1.3；而只采用一层金属布线，则布线因子值为 1.4。排布因子 P_f表示单元间所浪费空间的面积，一个含有 20～30 个中等单元的管芯，其排布因子值为 1.1～1.2。含有很多非常大或者形状非常奇特单元的版图会有很大的封装因子。相反，经人工优化的设计，封装因子值达到接近 1。然而，人工优化需要花费额外的时间和精力，尤其是对于较大的设计更是如此。

下面的公式计算了正方形管芯的估算面积 A_{die}：

$$A_{\text{die}} = \left(\sqrt{A_c} + 2W_{\text{pr}} + W_s\right)^2 \tag{14.6}$$

设计规则将制定划片线宽度 W_s，通常是 75～125 μm。焊盘环宽度通常是焊盘宽度的 130%。设计规则通常会规定焊盘的最小尺寸。对于金丝球焊线，最小焊盘宽度等于焊线直径的 2～3 倍。根据这些原则，一根直径为 25 μm 的金线需要 75 μm 的焊盘和 100 μm 的焊盘环。这些近似足以用于面积的初步估算，但是最终面积估算结果只有等到焊盘环构造完成后才能决定(见 13.4 节)。

前面所述的计算假设焊盘环内具有足够的空间可容纳所有需要的焊盘，设置焊盘所需的最小管芯周长 $P_{\min}$ 近似为

$$P_{\min} \approx (N_p + 4)(W_p + S_p) + 4W_s \tag{14.7}$$

其中，N_p 是焊盘总数，W_p 是一个焊盘的宽度，W_s 是划片线的宽度，S_p 是相邻焊盘之间所允许的最小距离(测量相邻焊盘的对边得到)。这个公式假定焊盘可以设置在非常接近管芯拐角的位置，并且焊盘下没有电路。如果版图规则规定了管芯拐角到最近焊盘边缘间的最小允许距离，那么先前计算的 $P_{\min}$ 估算值要加上这个距离的 8 倍。

周长利用因子 P 表示焊盘占据焊盘周长的比例。假定管芯为正方形：

$$P = \frac{P_{\min}}{4\sqrt{A_{\text{die}}}} \tag{14.8}$$

如果 P 小于 1，那么该设计是核限制型，估算的芯片面积值可能是正确的。下面的公式给出了填充在焊盘间 ESD 器件的大致数目 N_e：

$$N_e \approx \frac{N_p(W_p + S_e)}{P(W_p + S_p)} \tag{14.9}$$

这里，S_e 是在焊盘间设置一个 ESD 结构所需的最小间距，如果 N_e 值大于设计所使用的 ESD 器件数量，则 ESD 器件都应放置在焊盘环内，如果有太多的 ESD 器件，那么将无法填入焊盘环的器件面积加在核面积上，并使用式(14.5)～式(14.8)重新计算。

如果周长利用因子 P 大于 1，那么设计是焊盘限制型的，管芯的面积必然增加，焊盘限制型方形管芯的总管芯面积 A_{die} 为

$$A_{\text{die}} = \frac{P_{\min}^2}{16} \tag{14.10}$$

焊盘限制型管芯浪费的空间等于式(14.6)和式(14.10)面积估算值之差。可通过拉长管芯略微增加可用的管芯周长，但是合理的宽长比几乎不能提供足够的周长增加从而将焊盘限制型管芯转变为核限制型管芯。

14.1.3 总利润率

管理者和市场人员根据管芯面积估算结果确定一个设计的收益性，最常用的衡量这一目的的指标是总利润率(GPM)，定义为销售价格减去制造成本的结果占销售价格的百分比。确定总利润率的过程值得研究，我们可通过它对集成电路制造经济学有所了解。

第一步是计算从一个晶圆上可获得的管芯数量 N_d：

$$N_d = \frac{\eta \pi d^2}{4A_d} \tag{14.11}$$

式中，d 是晶圆的直径，单位为 mm；A_d 是管芯的面积，单位是 mm^2；晶圆利用因子 η 指潜在可用管芯占晶圆表面的比例，由于某些管芯延伸出晶圆边缘或者落在曝光区之外，所以这些位于边缘的管芯将是不完整的。晶圆利用因子通常是 0.7～0.9，具体取决于管芯大小以及

光刻技巧。举一个使用该公式的实例：考虑在 8 英寸(直径为 200 mm)晶圆上的制作面积为 10 mm^2 的管芯，晶圆利用因子为 0.85，则该晶圆可获得 2670 个管芯。

一个管芯的成本 C_d 可以用下面的公式确定：

$$C_d = \frac{C_w}{N_d Y_p} \tag{14.12}$$

其中，C_w 是一个晶圆的成本，包括测试和切割；Y_p 是检测良品率(probe yield)，定义为那些通过晶圆测试的潜在可用管芯的比例。检测良品率取决于管芯的面积、工艺的复杂程度以及设计的稳定性(robustness)。模拟集成电路的良品率通常从 0.8 到 0.95，尽管也可能更低或者更高。继续前面的例子，假定一个 8 英寸晶圆的成本为 750 美元，检测良品率为 90%，每个晶圆具有 2670 个潜在的管芯，则每个好管芯的成本为 31 美分。

集成电路的总成本为

$$C_t = \frac{C_d + C_a}{Y_a} \tag{14.13}$$

其中，C_d 是管芯成本，C_a 是组装成本［包括封装、打标记(symbolization)、最终测试、存储以及运输］，封装良品率 Y_a 通常大于 0.95，因为绝大多数有缺陷的管芯已经在晶圆测试阶段被筛选出来。继续前面的例子，如果每个好管芯的成本是 31 美分，组装成本为 15 美分，组装成品率为 0.95，则最终的集成电路成本等于 48 美分。

总利润率(GPM)可以由总成本 C_t 和售价 S 计算得到：

$$\text{GPM} = \frac{S - C_t}{S} \cdot 100\% \tag{14.14}$$

如果一块集成电路的成本为 48 美分且以 1 美元的价格出售，那么总利润率将为 52%。总利润率一定要超过运行一个大公司的所有成本，包括销售和分销、工程、研发、固定开支和管理费用，因此预计总利润率至少为 50%。

14.2 布局

版图规划的最后一个阶段是生成一个版图草图，称为布局图，其中显示了焊盘的摆放以及所有单元的位置和形状。在版图阶段，布局图对构造焊盘环起向导作用，如果有哪个单元需要的面积明显大于或小于所分配的面积，那么就要相应地修改布局图。一旦大多数或者全部单元都已完成，布局图就可以用作组合顶层版图的模版。

制定布局图所需的信息包括对每个单元面积的估算以及对整个管芯面积的估算，设计者还必须有一个关于所有焊盘以及其位置顺序的完全列表。表 14.2 是一个包含制定小型模拟集成电路布局图所需信息的样表。

获得了必须的信息后，下一步是绘制焊盘环的草图。假设面积等于 1.33 mm^2 的正方形管芯的尺寸大小为 1153 μm×1153 μm。正如掩模商所定义的那样，这样的距离必须四舍五入到步进机所允许的最近的步长。许多老式步进机要求管芯大小为密耳的整数倍。边长为 1153 μm 的管芯将变为边长 46 密耳(1168.4 μm)。现代步进机采用公制单位替代了旧时的英制单位。

表 14.2　布局工作表样表

器件：	双运算放大器
工艺：	标准双极工艺，双层金属
尺寸单位：	μm
封装类型：	8 管脚 DIP
管芯面积估算：	1.33 mm^2 (P_f = 1, R_f = 1.2)
焊盘宽度：	75 μm
焊盘环宽度：	估计为 100 μm
划片线宽度	75 μm

电路模块	面积	专用管脚	共享管脚
AMP1	0.32 mm^2	IN1+, IN1–, OUT1	V+, V–
AMP2	0.32 mm^2	IN2+, IN2–, OUT2	V+, V–
BIAS	0.13 mm^2	无	V+, V–

注：AMP1 和 AMP2 完全相同。

管脚#	管脚名称	管脚功能
1	OUT1	一号放大器输出
2	IN1–	一号放大器反向输入
3	IN1+	一号放大器正向输入
4	VEE	负电源(连接到衬底)
5	IN2+	二号放大器正向输入
6	IN2–	二号放大器反向输入
7	OUT2	二号放大器输出
8	VCC	电源

一旦确定了管芯尺寸，就必须选择线框。图 14.4 显示了一个 8 管脚双列直插封装(DIP)线框，图中间大的方片称为安装焊盘，管芯要略小于安装焊盘以允许校准误差。如果每边允许 125 μm 的容差，则一个 1.5 mm×2.0 mm 的安装焊盘可以容纳最大尺寸为 1.375 mm×1.875 mm 的管芯。该线框可以轻易地容纳 1.153 mm^2 的方形管芯。如果有若干种线框，选择可以容纳管芯中的最小者。过大的线框会因为引线弯曲和下垂而降低封装良品率。

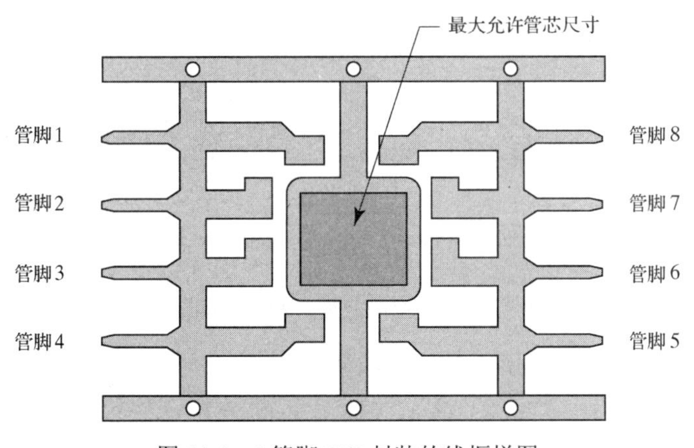

图 14.4　8 管脚 DIP 封装的线框样图

图 14.4 中的线框展示了一种普通的排列，其中引线腿包围安装焊盘。当管脚一出现在封装的左上角时，连接其引线腿的焊线在安装焊盘的正上方。焊盘要放置在使焊线的布线最短

且最直接的位置，这种预防措施不仅减小了焊线间相互短路的机会，而且减少了键和管芯所需金焊线的数量。

布局图上还应显示划片线的位置，一些工艺要求划片线在底部或者左侧，而其他工艺要求划片线在顶部或者右侧，还有的工艺将一半宽的划片线放置在管芯四周。所有这些排列都会在晶圆上产生相同的环片线结构，但是每种结构要求的版图略有不同。对于本例，假设划片线位于管芯的顶部和右侧，原始版图位于左下角。

布局草图包含一个矩形框代表管芯的范围，还有一个更小的矩形框限定了为核所保留的面积(见图 14.5)。沿管芯顶部和右侧的条显示了划片线的位置，每个独立的单元用适当面积的矩形表示。由于这个设计中包含两个相同的放大器，所以可使用单个放大器的镜像设置。这样做不仅节省了绘制版图所需的精力，同时可以保证两个放大器具有相近的电学特性。放大器的位置必须允许焊线能连到适当的管脚。放大器 1(AMP1)连接管脚 2、3 和 4，而放大器 2(AMP2)连接管脚6、7和8。因此放大器1必须设在管芯的左侧，而放大器2放在管芯的右侧，偏置(BIAS)模块位于两个放大器中间。这样的排列使得电路模块的形状狭长，但是没有原因表明这种布局会产生问题。管芯的形状依然是正方形，长条形放大器模块实际上通过将敏感输入电路放置在远离功率器件的位置而有助于匹配。偏置电路的形状虽略失美观，但不会影响工作。

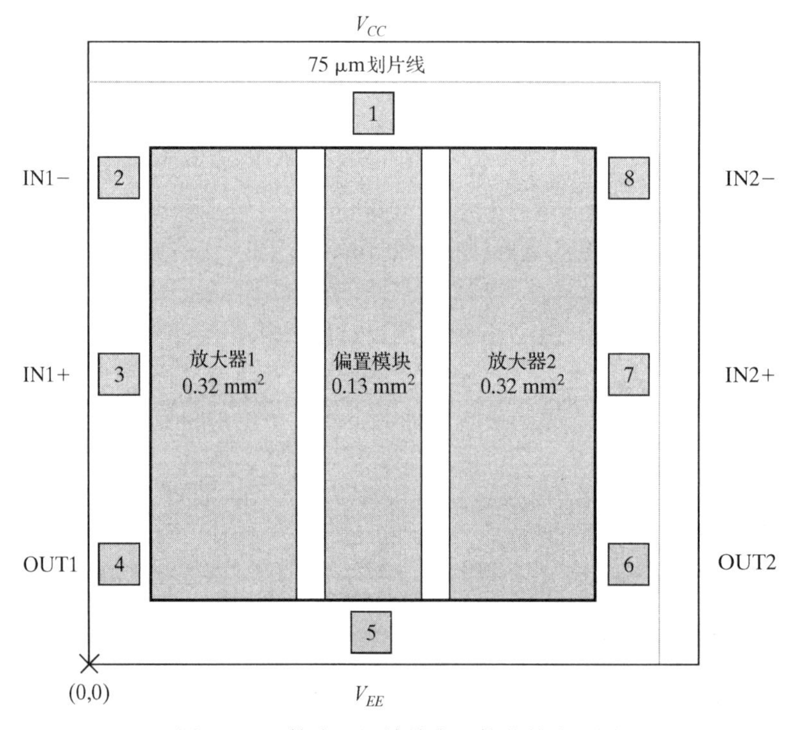

图 14.5 8 管脚双运算放大器管芯的布局图

估算管芯面积时要为布线预留出 20%的核面积。这部分空间已经以两个纵向通过整个管芯的窄条形式包含于布局图中。焊线的实际排布将在后面决定，这些窄条只是为其保留的空间。

下一步是设置焊盘。这要求布局图加在线框图的上面。焊盘最初位于各自引线腿附近[见图 14.6(A)]。这样的排列使焊线最短并且线与线之间的距离最大，但是不一定会提供焊盘与电路模块之间最佳的互连。为了适应版图，可轻微地移动焊盘，但是如果移动得过远会使设计无法制造。为了使自动键合易于实现，焊线不应交叉，甚至不应相互靠近。图 14.6(B)是一种可接受的焊盘排布，而图 14.6(C)则不可接受。这种排布使得管脚 2 的焊线距离管脚 1 的球焊点过近。同样，管脚 3 的焊线距离管脚 2 的球焊点过近。这些错误致使无法在不破坏某些焊线的情况下与管芯键合。一旦焊盘的排布初步确定下来，设计者应向封装厂发一份键合图，以允许其对潜在的键合问题进行检查。

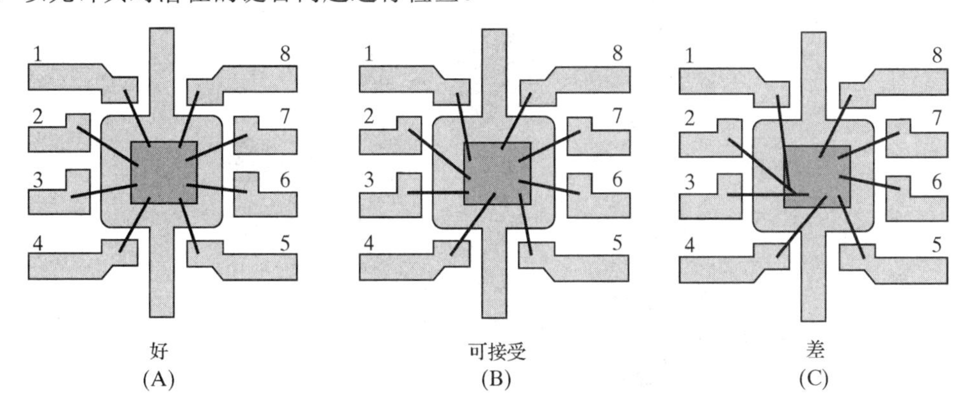

图 14.6　8 管脚线框 3 种可能的焊盘排布

图 14.5 中的布局使用了图 14.6(B)所示的焊盘排布方式，把放大器 2 的 3 个输入/输出焊盘与放大器 1 的 3 个相应的输入/输出焊盘相对设置，这种对称排列有助于简化这些焊盘与各自放大器之间的连接。两个电源焊盘分别放在管芯的顶部和底部，这些位置不仅有助于减小邻近焊线的干扰，还有助于确保电源线布过全部 3 个模块。

如果设计中包含大电流电路，那么设计者应检查大电流连线的布线。电迁徙为大电流连线的宽度设置了下限，但金属电阻的存在往往迫使设计者采用很宽的连线。所有大电流连线应尽可能短以减小不必要的金属电阻。大电流连线所期望的位置连同其必须传导的等效直流电流应标记在布局图上。所得图形中将显示是否有不雅或不必要的长连线存在。

图 14.7 显示了一个双运算放大器结构，其中将大电流连线的位置突出显示。V_{CC}连线直接布过偏置(BIAS)单元的顶部。这对于双层金属版图来说是一种可以接受的排布方案，因为布线采用二层金属而电路采用一层金属。偏置模块的版图确实受到布线的限制，如果偏置模块必须使用二层金属，那么电源线可横向移入两个布线通道中的任何一个。

尽管图 14.7 中的布局明确显示了连接每个放大器的 V_{EE} 连线，然而实际上这些连线构成了划封金属连线的一部分。大多数管芯在排布其电源和地回路信号时都会尽可能利用划封金属连线，本设计也不例外。围绕管芯外围邻接划封处展宽的金属宽度使金属可以承载更大的电流。位于该金属下方的衬底接触增加了划封中的衬底接触，并构成管芯衬底接触孔系统中的一个主要部分。

如前所述，电迁徙决定大电流连线的最小宽度，最小允许连线宽度 $W_{\min}$(单位为 μm)为

$$W_{\min} = \frac{10^{12} I_{DC}}{J_{\max} t} \tag{14.15}$$

其中，I_{DC} 是放大器等效的直流电流；$J_{\max}$ 是最大允许电流密度，单位为 A/cm^2；t 是金属的厚度，单位为 Å。$J_{\max}$ 和 t 的值取决于工艺和工作条件(见 14.3.3 节)。如果连线通过氧化层台阶，那么应使用交叉点处连线的最小厚度计算电迁移。

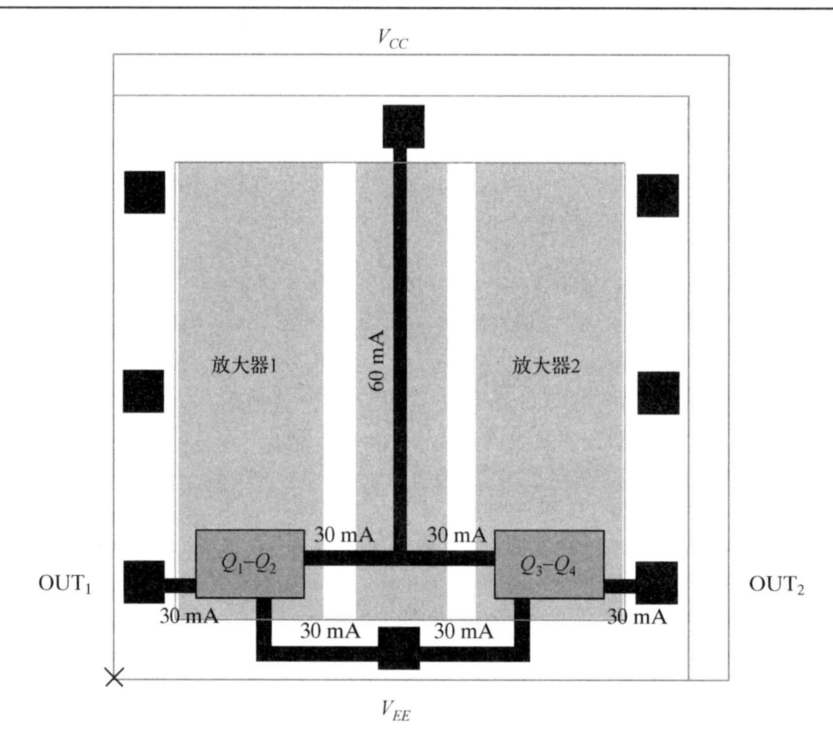

图 14.7 双运算放大器布局图，图中显示了晶体管 Q_1 到 Q_4 的布线情况

例如，假定 $J_{max} = 5\times10^5\ \text{A/cm}^2$，$t = 8\ \text{kÅ}$。根据这些值，由式(12.14)可得承载 60 mA 电流的导线所需宽度为 15 μm，金属连线的薄层电阻 R_s 可以由下式计算得到：

$$R_s = \frac{10^8\rho}{t} \tag{14.16}$$

其中，ρ 是金属的电阻率，单位为 Ω · cm；t 是金属的厚度，单位为 Å；包括 0.5%的铜和 2%的硅的铝的电阻率大约为 2.8 μΩ · cm。难溶阻挡金属的电阻率远高于铝合金，所以金属连线系统的薄层电阻应以铝的厚度而不是由整个金属层的厚度为依据计算。计算连线电阻时氧化层台阶上方较薄的金属系统可以忽略。厚度为 8 kÅ 的铝-铜-硅金属系统的薄层电阻约为 35 mΩ/□。图 14.7 中 15 μm 宽的 V_{CC} 连线长度约为 1000 μm，其中包含 67 个方块金属，总电阻为 2.3 Ω，产生的总压降约为 140 mV。由于两个放大器都与该连线相连，因此一个放大器产生的电压降会影响另一个放大器的性能，这种问题称为串扰(crosstalk)。串扰可以通过将导线展宽而减小，但是更好的解决办法是采用两条独立的电源线，每个放大器用一条。这就是一个 Kelvin 连接的例子(见 14.3.2 节)。

有时通孔必须设置在大的电源线中，通孔不仅增加了连线的电阻，而且限制了电迁徙引发通孔失效前连线所能够承载的电流大小。一个通孔可承载的电流与垂直于电流流向宽度相同的连线的等量电流，一个 4 μm 宽的金属间通孔可以承载 4 mA/μm 的电流，这个通孔可以承载 16 mA，典型的通孔电阻约为 0.1 Ω，一条 1 A 的导线至少需要 63 个通孔，共产生 2 mΩ 的电阻，一列这样大小的通孔会占据比较大的面积，在布局规划时需要仔细考虑它们的影响。

现在已完成了双运算放大器的布局。虽然这个例子非常简单，但是同样的原理适用于更大、更复杂的管芯。电路模块的布局变得愈发复杂，并且通常会类似于一个“七巧板”结构(见图 14.8)。布线通道的位置和宽度也变得更加关键，一个模块的随意摆放很容易限制布线通道，生成的布线瓶颈会不必要地使布线复杂化，尤其是直到开始布线时才会发现这一情况。图 14.8 中的版图存在两个明显的瓶颈点。

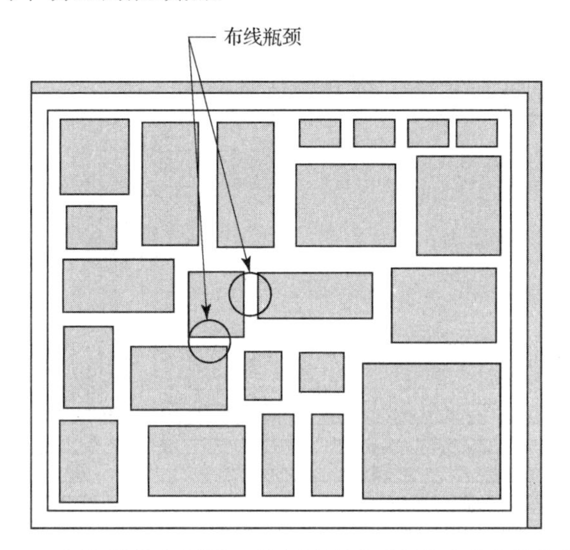

图 14.8　复杂管芯布局图，图中显示了两个潜在的布线瓶颈点

14.3　顶层互连

大多数模拟和混合信号版图可从手动互连中获益。自动布线软件虽然可以快速地进行模块互连，但是设计者更了解布线电阻、电迁徙、噪声耦合以及热分布等因素。一个熟练的版图设计者也会利用每一个机会插入衬底连接、旁路电容、探测点以及测试焊盘。即使使用自动布线工具，版图设计者仍然必须验证每一个模拟信号布线是否正确，这种验证过程(包括对错误的纠正)对于一个小的模拟设计来说可能会花费与手工互连同样的时间。

一些设计者提倡布线时使连线横穿或通过电路模块自身，这种技术称为迷宫布线(maze routing)。而其他设计者提倡在单个模块的旁边布线，这种技术称为通道布线(channel routing)。迷宫布线可以节约 5%～10%的原始管芯面积，但要花费 2～3 倍的时间去完成。大多数现代设计采用通道布线，因为它完成时间较短且易于修改。

14.3.1　通道布线原理

通道布线至少需要两层互连，其中至少包括一层金属和一层多晶硅。非硅化多晶硅栅的薄层电阻为 20～50 Ω/□，而硅化多晶硅栅的薄层电阻通常不到 5 Ω/□。许多信号允许插入短的多晶硅跳线(poly jumper)，特别是硅化多晶硅跳线。另一方面，大多数信号不能接受长的多晶硅导线电阻。这种考虑使得仅用一层金属形成紧凑的布线结构非常困难，所以大多数现代设计至少使用两层金属。多个金属层减少了对多晶硅走线的需要，但是使用少量的多晶硅仍可以帮助缓解拥挤的布线通道。只要设计者仔细选择好哪些信号使用多晶硅布线，那么长多晶硅连线的存在对电路的性能几乎没有或者完全没有影响。

在双层金属设计中，通道布线使得一层金属用于垂直布线，而另一层金属用于水平布线，具体哪层金属垂直布线而哪层金属水平布线并不重要。图 14.9 显示了两个布线通道的一部分以及两者之间的交叉点。这个例子表明导线可以在布线通道的任意位置切换金属层。只要所有连线都位于指定金属层，才可以保持这种规则的排布。如果每个信号都依据方便程度而采用任意的金属层布线，那么设计很快就会由于存在大量不方便(并且不必要)的金属跳线而变得混乱不堪。

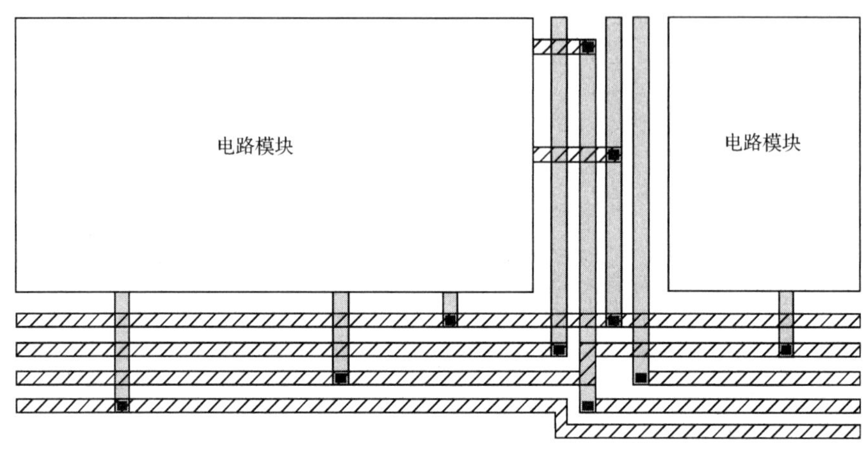

图 14.9 部分通道布线版图

连续层上的导线应相互垂直走线。例如，三层金属连线应该与二层金属连线成直角。同样，多晶层应与一层金属连线成直角。这样，如果多晶硅水平走线，则一层金属应垂直走线，二层金属水平走线，三层金属垂直走线。这种排列方式减少了对跳线的需要，从而最大程度地利用了通道空间。

金属系统通常用金属间隔(metal pitch)加以说明，金属间隔等于最小绘制金属宽度和最小绘制金属间距离之和：

$$P_m = W_m + S_m \tag{14.17}$$

例如，可以采用 2 μm 宽连线、相互距离为 1.5 μm 的工艺，其金属间隔等于 3.5 μm。走线通道的宽度可以由下式确定：

$$W_c = NP_m + S_m \tag{14.18}$$

其中，W_c 等于恰好容纳 N 个最小宽度连线的走线通道宽度。继续上面的例子，一个可以容纳 6 线布线通道的宽度应为 22.5 μm。宽度 W_c 包括通道两侧连线与邻近金属之间的距离。

为了确保最佳排布，通孔不需要加大的金属端头。如果下面的不等式成立，该要求将被满足：

$$W_m \geqslant W_v + 2O_{mv} \tag{14.19}$$

这里，W_v 是通孔的最小宽度，O_{mv} 金属对通孔的最小交叠。如果该不等式不成立，则应增大 W_m。例如，假设某工艺能够制造 2 μm 宽的金属连线，但要求通孔宽度为 1.5 μm，金属对通孔的交叠为 0.5 μm，则为容纳通孔所需的金属端头宽度为 2.5 μm，这比指定的金属宽度大 0.5 μm。为了在布线通道中保持适当的排布，设计者应将通道内的金属连线宽度增加至 2.5 μm。增加的连线宽度浪费了一些面积，但却极大地简化了走线。图 14.10(A)显示了采用增大通孔端头的版图，而图 14.10(B)显示了采用更宽连线重新排布的相同版图。尽管存在一些浪费的面积，图 14.10(B)的版图却明显优于图 14.10(A)。

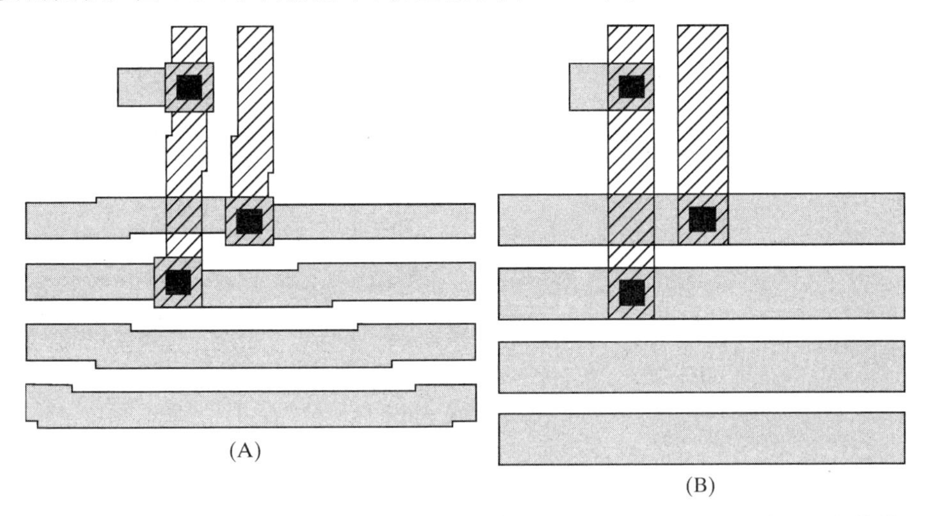

图 14.10 (A)需要增大通孔端头的版图；(B)连线宽度略微增大后版图变得更加简单

大多数设计中，两个或者三个布线通道承载了大部分信号，这些主布线通道通常在管芯中央附近的某个位置相交。如果通道的宽度不足，这些交叉点很容易变成瓶颈。作为一条保守的规则，每个主布线通道应包含容纳 20%顶层信号的空间。一个包含 100 个顶层信号的设计需要每个主布线通道有容纳 20 条连线的空间。主要布线通道的宽度可以随着其接近管芯边缘而减小。同样，主布线通道的支路可以按比例变窄，所得布线通道结构类似于平原上的水渠通路。因为很难猜测需要布设连线的精确位置，而且一旦开始顶层互连会很难增加通道宽度，所以即使是最窄的通道也要能容纳 3～5 个信号。

多晶硅布线可以将主布线通道的宽度减少约 30%。这种宽度的减少意味着大约三分之一的连线都可使用多晶硅排布。水平和垂直布线通道中采用多晶硅布线会导致在主交叉点附近产生栅格锁(gridlock)，避免这种类型栅格锁的最好方法是使多晶硅连线只按照一个方向排布，最好是与二层金属方向一致。如果可能，应对齐最大(或最长的)主布线通道以使其能够包含多晶硅。

14.3.2 特殊布线技术

某些连线在布线过程中需要加以特殊考虑。有些连线对压降和噪声耦合特别敏感，而其他则需要更宽的金属以减小压降并防止电迁徙。本节将讨论解决这些问题的一些技术。

Kelvin 互连

金属连线的电阻虽然很小，但并不是总可以忽略。考虑包含一对匹配双极型晶体管的放大器电路，晶体管发射极接电流为 100 μA 的地线［见图 14.11(A)］。两发射极并不在同一点接地，所以在两者之间地线电流会产生一个小的电压差。假定 A、B 两点之间的地线为 10 个方块的 30 mΩ/□金属，则 100 μA 电流流经 0.3 Ω 电阻时会产生 30 μV 的压降。地线电流的任何变化都会引起该压降产生相应的变化，而电路将放大这个变化。如果地线电流波动±10%，放大器的电压增益是 80 dB，那么输出将波动 0.3 V！这显然是一种不能接受的情况。

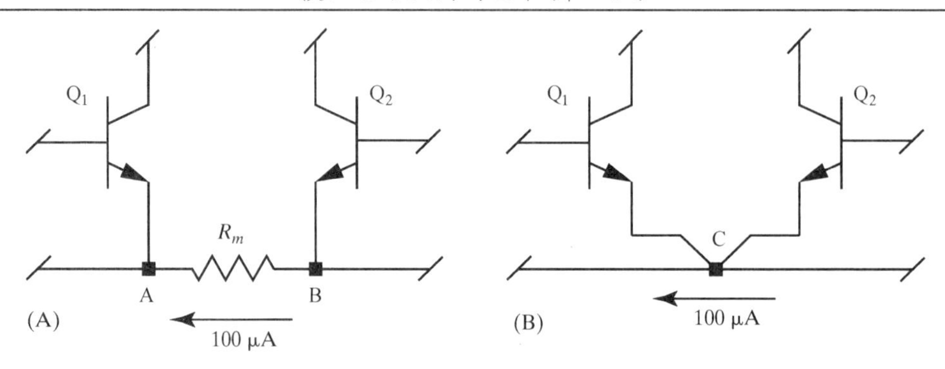

图 14.11 (A)地线上的压降效应；(B)采用 Kelvin 互连可以消除这种现象

地线上压降的幅度取决于 A、B 两点之间的距离。图 14.11(B)中显示了相同的电路，唯一的改变是：现在两发射极连线都在公共点 C 接地。因为连线交于一点，所以地线电流不会在两者间产生压降。地线其他位置的压降在两发射极上产生的电压是一致的，但大多数电路对这种共模变化具有较强的抑制力。

公共点 C 称为星节点(star node)或者 Kelvin 连接。这些点在电路图中通常是以 45°角进入焊点的连线表示，如图 14.11 和图 14.12 所示。Kelvin 连接还有许多其他应用。图 14.12(A)所示是一对 Kelvin 连接，作用是精确感知金属电阻上的电压。连线 F_1 和 F_2 承载了流过电阻 R_1 的大电流，而连线 S_1、S_2 将电阻与感测电路相连。F_1 和 F_2 称为强制连线(force lead)，而 S_1 和 S_2 称为感测连线(sense lead)。图 5.16 显示了含有强制连线和感测连线的版图样例。感测连线中的电流很小从而减少了产生的压降。在高精度应用中，流经感测连线的电流必须仔细地保持均衡，连线版图需经校准以保证每根连线包含相同数目的方块电阻。这种预防措施确保所有产生于感测连线的压降是共模变化的。

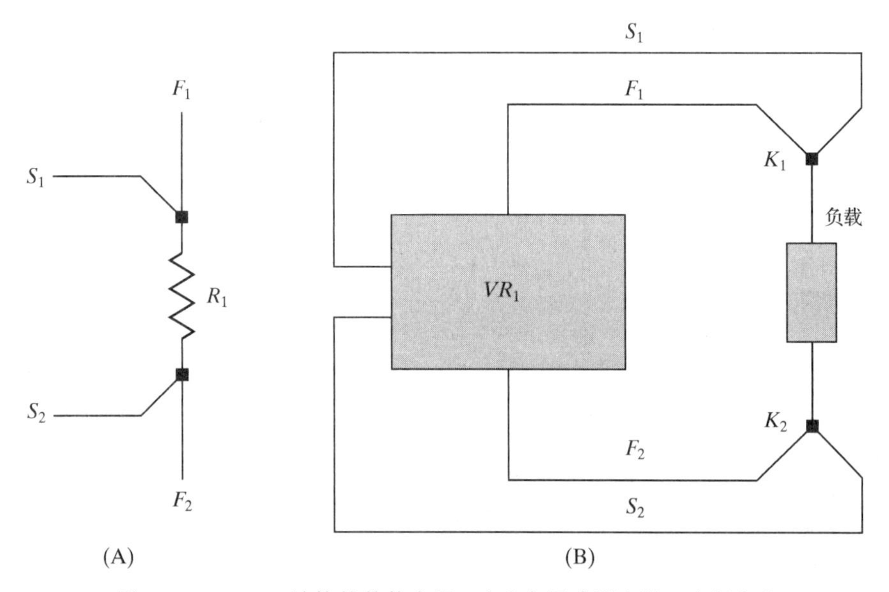

图 14.12 Kelvin 连接的其他应用：(A)金属感测电阻；(B)遥感

图 14.12(B)显示了 Kelvin 连接的另一种应用。一个电压调节器(稳压源)必须为外部电路提供大量电流。电源线 F_1 和 F_2 地线之间不可避免地会产生压降。采用一组独立的感测连线

S_1和S_2来感测 Kelvin 连接K_1和K_2间负载上的电压。这样的连接保证了强制连线上的压降不会引起电路的性能下降。电源供应商把这种连接称为遥感(remote sensing)。集成电压调节器有时通过提供独立的强制和感测管脚来实现遥感。如果封装不能提供足够的管脚以包含独立的强制和感测连接，可将两焊线连接到相同的引脚以减少集成电路金属连线和焊线上的压降。即使封装结构不支持双键合，设计者仍可以将独立的强制和感测连线与输出和地焊盘相连。

噪声信号和敏感信号

广泛地讲，电噪声包含所有无意或者不需要的信号。所有电器件都会产生噪声，但是这些器件噪声(device noise)的级别很低，只会影响到非常敏感的电路。集成电路中的大部分噪声问题是由电路节点间信号的电容耦合引起的。连线交叉或者平行设置的时候都会产生电容，尽管这些电容很小，但随着频率的增大，通过电容耦合的能量会不断增加。在足够高的频率下，即使是最小宽度连线的交点处也可使电路间产生明显的噪声能量耦合。

实际上，只有当一个或者多个信号在超过 1 MHz 的频率下包含较大的能量时才需要关注电容耦合噪声。大多数模拟信号有相对较少的高频成分，但是数字信号却是截然不同的另一种情况。数字设计者所欣赏的迅速变换会产生高于 1 GHz 的高频谐波。每个数字信号在状态变化时都会产生一个毛刺。在电路正常工作时，所有经历状态切变的数字信号都应被看作一个潜在的噪声源，所有功率开关晶体管也应被看作噪声源，连接到管脚的信号正常工作时发生快速瞬变还应被看作噪声源。

如何只是存在，无论多少噪声信号都是无害的，只有集成电路还包含有一个或者多个通常对电容耦合噪声敏感的信号才会出现问题。模拟信号对噪声的敏感程度远高于数字信号，但不是所有模拟信号都是同样敏感的。最敏感的节点是那些高阻小信号节点。例如，放大器的输入端要比输出端敏感得多，这是因为放大器输入端的所有信号都被放大器的增益放大。而且，放大器的输出阻抗通常很低，而输入阻抗则一般非常高。下列类型的信号属于对噪声最敏感的信号：

- 高增益放大器和精确比较器的输入
- 模数转换器的输入
- 精确电压基准源的输出
- 高精度电路的模拟地线
- 精确高值电阻网络
- 非常小的信号(无论阻抗是大还是小)
- 任何类型的小电流电路

大多数版图设计者并不具备正确识别复杂模拟电路中所有噪声和敏感节点所需的知识和经验。相反，电路设计者一定要会识别这些信号，而且最好用特殊的方式将其标注在电路中。一旦版图设计者知道了哪个信号包含噪声，哪个信号比较敏感，他们就可以对信号进行适当的布线。

噪声信号不能在敏感信号上面通过，反之亦然。如果一定要发生交叉，则应使交叉部分面积最小。电路设计者要检查每个交叉以确定是否需要静电屏蔽(见 7.2.12 节)。在双层金属工艺中，形成这种静电屏蔽常用的方法是：一个信号使用多晶硅走线，而另一个信号使用金属 2 走线［见图 14.13(A)］。金属 1 的板插在两信号中间作为静电屏蔽。屏蔽应连接一个具有很低阻抗的节点，如模拟地线。屏蔽层应延伸到超出交叉区域 2～3 μm 以阻止边缘场(fringing field)。

噪声信号不能在敏感信号旁通过，如果不可避免地要进行这样的布局，版图设计者应该在两个信号中间再插入一个信号［见图 14.13(B)］。屏蔽线可传输其他相对低噪声、低阻抗的信号，如很少改变状态的数字逻辑门的输出。或者，屏蔽线可以由附加的地线或者电源线组成，这些线被专门加入版图以将噪声信号和敏感信号屏蔽开。为了发挥作用，屏蔽线必须接到电路中具有非常低阻抗的节点。电源线和地线以及数字逻辑门电路的输出可以满足这一要求。

只要有可能，设计者都应该使噪声电路尽可能远离敏感电路。这通常要求噪声电路占据管芯的一部分，而敏感电路占据管芯的另一部分。从其他的立场观察，这种排布方式通常是有益的，因为它将敏感电路与大功率器件分开。

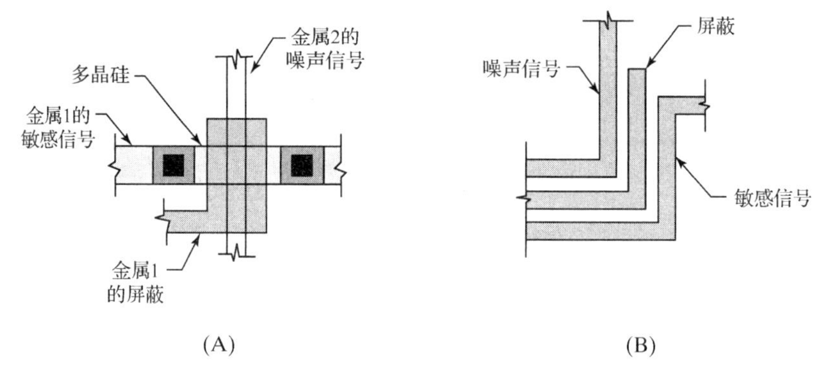

图 14.13　静电屏蔽技术：(A)设置在噪声信号下、敏感信号上，位于二者交叉点处的屏蔽；(B)位于噪声信号和敏感信号之间的屏蔽线

敏感信号线决不应长于必要的长度。信号线越短，产生噪声耦合的可能性就越小。版图设计者应该总是试图排放模拟电路使得穿越其间的敏感信号不通过其他电路模块。虽然这并非总能实现，但是一个设计中包含的长敏感连线越少，就越容易防止产生电容耦合问题。

噪声也可通过衬底在电路间相互耦合。这种现象可以通过合理的接地得到一定程度的缓解。大多数设计中，噪声电路和敏感模拟器件采用各自独立的地线。这样，问题就变为衬底是接噪声地还是无噪声地。将衬底接到无噪声地会把噪声从衬底耦合到最敏感的模拟电路中，这种方法显然是人们不希望的。另一方面，将衬底连接噪声地可确保衬底自身能将大量的噪声注入到其上面精心设计的模拟电路中。没有一种办法看起来是理想的。对于那些衬底噪声耦合现象严重的设计而言，设计者应该考虑布 3 条独立的地线：一条用于噪声电路，一条用于敏感模拟电路，还有一条用于衬底接触。衬底地可以在焊盘处与另两条地线中的一条相连，或者更好的办法是使用独立的焊线与焊盘在引脚处相连。

对于特别敏感的电路，可考虑将器件与衬底隔离。例如，PMOS 管被用作背栅的阱隔离。NMOS 管有时可以通过将自身放置在隔离 P 型外延层的一部分中实现隔离，这部分外延层以 NBL 为底面，并被环形深 N+区或者 N 阱所包围。通过将 PMOS 管的阱区和 NMOS 管的隔离 P 型外延层连接无噪声的模拟电压端，可以获得近乎完全与下层衬底隔离的敏感模拟 CMOS 电路。如果将衬底与无噪声地相连，则电介质隔离可以达到相似的效果。

14.3.3 电迁徙

正如 4.1.2 节所述，电迁徙限制了可安全通过金属连线的电流密度。如果电流密度过大，载流子碰撞对金属铝原子产生的压力会引起金属原子缓慢偏移，最终导致出现空洞或者可与邻近信号短路的横向突出(须状物，whisker)[①]。

电迁徙遵循如下规律，这个规律首先由 J. R. Black 发现，被称为布莱克定律[②]：

$$\mathrm{MTF} = \frac{1}{AJ^2}\mathrm{e}^{\frac{E_a}{kT_j}} \tag{14.20}$$

这里，MTF 是金属失效的平均时间，单位是小时(h)；A 是比例常数，单位是 $\mathrm{cm^4/A^2/hr}$；J 是流过连线的电流密度，单位是 $\mathrm{A/cm^2}$；E_a 是激活能，单位是电子伏(eV)；k 是玻尔兹曼常数(8.6×10^{-5} eV/K)；T_j 是热力学结温，单位是开尔文。

由于电迁徙速率随温度呈指数变化，因此高温测试能够加速失效过程，从而可通过实验确定常数 A 和 E_a。在这种测试的基础上，可以推导出对应于任何期望工作寿命的最大电流密度 $J_{\max}$。正如预料的那样，$J_{\max}$ 受温度的影响很大。掺铜铝在 85℃时的典型值为 $5\times10^5\ \mathrm{A/cm^2}$，这个值被业界广泛接受：

$$I_{\max} = 10^{-9} J_{\max} W t \tag{14.21}$$

式中，$I_{\max}$ 是连线能安全承载的最大电流，单位为 mA；$J_{\max}$ 是最大允许电流密度，单位为 $\mathrm{A/cm^2}$；W 是连线宽度，单位是 μm；t 是金属线厚度，单位是埃(Å)。式(14.21)中还插入了一个因子 10^{-9}，以使单位一致。下面举例说明该公式的应用，假定采用掺铜铝制作的 10 kÅ 厚连线的最大电流密度 $J_{\max} = 5\times10^5\ \mathrm{A/cm^2}$。如果连线宽度为 10 μm，那么可导通的电流不能超过 50 mA。

经过氧化层台阶的金属连线通常无法完美地覆盖台阶。大多数工艺用正常金属层厚度的百分比表示可保证的最小台阶覆盖。穿过氧化层台阶的金属连线的承载电流的能力必定随台阶覆盖的百分比而下降。标准双极工艺通常具有 50%的台阶覆盖效果，因此，如果前面讨论的 10 μm 连线穿过氧化层台阶，那么它的承载电流能力降至 25 mA。

通常假设多数部分在大部分工作时间所经历的结温为 85℃或者更低，即使这些部分具有更高的额定结温。某些类型器件(特别是那些结与周围温度显著不同的器件)实际上可长时间工作在高温下。如果这些情况是所期望的，那么连线的电流承载能力必须乘以一个衰减因子 D：

$$D = \mathrm{e}^{\frac{E_a}{2k}\left(\frac{1}{T_j}-\frac{1}{T_o}\right)} \tag{14.22}$$

式中，T_o 是计算最大电流 $I_{\max}$ 时的结温，单位是开尔文；T_j 是预期的最大工作温度，单位是开尔文；E_a 是激活能，单位是电子伏(eV)；k 是玻尔兹曼常数。纯铝中，电迁徙诱发空洞的典型激活能为 0.5 eV，掺铜铝[③]的值则接近 0.7 eV。假设要计算温度为 125℃(398 K)时的衰

---

① J. R. Black, "Electromigration—A Brief Survey and Some Recent Results," *IEEE Trans.Electron Devices*, Vol.ED-16, #4, 1969, pp. 338-348。

② J. R. Black, "Mass Transport of Aluminum by Momentum Exchange with Conducting Electrons," *Proc. 1967 Ann. Symp. on Reliability Physics*, IEEE Cat 7-15C58, 1967。

③ H. V. Schreiber, "Activation Energies for the Different Electromigration Mechanisms in Aluminum," *Solid-State Elect.*, Vol. 24, 1981, pp. 583-589。

减因子，给定原始电流密度的计算在 85℃下进行。假定 $E_a = 0.7$ eV，衰减因子 D 等于 0.32。因此，在 85℃下可以安全承载 25 mA 电流的连线在温度为 125℃时仅可安全地承载该电流值的 32%，即 8 mA。

如果连线中不是恒定电流，而是随时间变化的电流，那么其电流承受能力将增强。一种由短间隔重复短脉冲构成的时变电流经常出现在数字逻辑或者 MOS 门驱动器中。脉冲电流工作的衰减因子 D 为①

$$D \approx \frac{1}{d^2} \tag{14.23}$$

其中，d 是信号的占空比，D 是衰减因子。例如，导电时间为 50%的连线，其占空比为 0.5，衰减因子为 4。如果连线可以安全地承载 25 mA 的直流电流，那么就可以承受 50 mA、占空比为 0.5 的脉冲。式(14.23)计算的衰减因子假设脉冲电流只沿一个方向流动。交流电流的电迁徙率要比直流电流的电迁徙率低，这是因为某种相位中发生的偏移可能在另一种相位下反向。交流工作状态下的衰减因子很难确定，因为它随着所含具体波形的变化而变化，但是保守估计衰减因子 $D = 1.5$。因此，如果连线可以承受 50 mA 的单向脉冲，那么就能承受 75 mA 的双向脉冲。

另一种常见的时变信号是正弦信号或者正弦波。连线能够承受的正弦信号的峰值是直流额定值的 3 倍。因此，如果连线可以允许 25 mA 的直流电流流过，那么就能允许峰值为 75 mA 的正弦电流流过(等价于 150 mA 的峰-峰值或者 106 mA 的均方根)。

焊线也有电流承载能力的限制。如果一根焊线中流过过大的电流，它的内部温度就会升高直到使之失效，或者是通过电迁徙逐渐形成，或者突然熔化或燃烧。军用标准 Mil-M-38510 规定最大允许电流 $I_{\max}$(单位为 mA)为②

$$I_{\max} = kd^{3/2} \tag{14.24}$$

其中，d 是焊线的直径，单位为密耳(mil)；k 是一个常数，对于铝线其值近似为 480 mA · mil$^{2/3}$，对于金线近似为 650 mA · mil$^{2/3}$，该定律根据经典的辐射过程的 3/2 次方定律推导而得③。适用于悬在空中的长焊线，而不是嵌在塑料或其他封装材料中的焊线。这些物质是热绝缘的，防止辐射形式的热传递。因此焊线的温度完全由通过焊线到其端点和通过封装的热传导决定。假定焊线相对较长，封装材料又是良好的绝热体，那么焊线的温度只取决于功耗大小，而不是其表面积或体积。在这些条件下，焊线承载电流的能力随其直径呈线性变化。封装时采用大直径焊线较为不利，因为它们不会从更大的表面积中受益。

实际上，小于 100 mil 长的焊线会将足够的热量传导到其端点使其承载电流的能力明显增加④。由于这个原因，大多数设计者使用比 Mil-M-38510 规定值略大的电流值。封装在塑料中的金线一般使用“每密耳直径 1 安培”的规则按比例变化，并且铝线承载电流的能力通

① J. S. Suehle 和 H. A. Schafft, “Current Density Dependence of Electromigration ts Enhancement Due to Pulsed Operation,” *Proc. International Reliability Physics Symposium*, 1990, pp. 106-110。

② “Maximum Current in Wires,” *Semiconductor Reliability News*, Vol.I, #10, 1989, p. 9。

③ W. H. Preece, “On the Heating Effects of Electric Currents,” *Proc.Roy. Soc.*(*London*), April, 1884, December 1887, April 1888。

④ 源自“Fusing Currents of Bond Wires,” *Semiconductor Reliability News*, Vol. VIII, #12, 1996, p. 8 给出的焊线熔化数据。还可参见 B. Krabbenborg, “High Current Bond Design Rules Based on Bond Pad Degradation and Fusing of the Wire,” *Microelectronics Reliability*, Vol. 39, 1999, pp. 77-88。

常规定为等效金线的一半。不允许铝线承载与金线等量的电流，这是因为铝线更容易发生电迁徙和高温腐蚀。

14.3.4　减小应力效应

封装材料的热膨胀系数很少与硅的热膨胀系数相匹配，而且封装通常发生在高温下（见 7.2.9 节）。随着管芯冷却，积聚的应力永久维持在完成的部分中。较大的管芯，或是那些使用焊料或者金共熔安装的管芯，其管芯四角的应力严重到足以使得管芯损坏[①]。常见的损坏形式包括焊线断裂、金属连线断开以及保护层与下层金属连线分离。

某些封装厂禁止将电路设置在管芯四角周围应力集中的区域。禁止的区域通常采用应力三角的形式从管芯的每个顶角延伸 100～250 μm（见图 14.14）。设计者不能将电路器件、连线或者焊盘放置在这些三角区域内。测试结构仍可以设在应力三角中作为标记和对准结构。

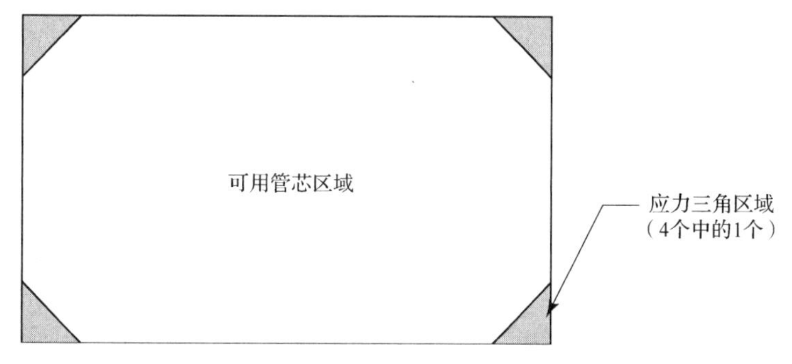

图 14.14　管芯版图，显示应力角的位置

应力角通常加在大管芯而不是小管芯上。对大管芯加应力角的好处超过了其所消耗的相对较小比例的管芯面积。小管芯的应力水平低，而应力角会占据很大一部分可用面积。在一定情况下，与其价值相比，这些角更是一种负担。大多数面积小于 5 mm^2 的管芯不需要加应力角，而对于那些面积小于 10 mm^2 的管芯，除非管芯处在特殊应力条件下，例如，焊接安装或者金共熔键合，否则也不需要应力角。

当把器件设置在管芯四角时，需要采取一些预防措施。匹配器件绝不能放在管芯顶角（见 7.2.10 节）。如果可能，设计时还应避免将焊盘放在管芯顶角，以减小出现键合断裂的可能性。这项禁止不适用于微调焊盘和测试焊盘，因为这些焊盘都不连接焊线。

在管芯顶角附近，连线不能拐直角，因为应力会集中在这种连线外顶点处，从而导致保护层分离与破裂。设计者应在此类连线中插入 45°的线段以帮助更加均匀地分布应力［见图 14.15(A)］。这样的预防措施有助于防止金属系统分层以及随后的损坏。

管芯顶角附近大面积顶层金属的存在也会引起分层。改善上层金属台阶覆盖的平面化技术也消除了有助于将保护层固定在管芯上的不规则性。在金属中添加窄槽(slot)阵列可以帮助恢复这些不规则性，从而避免分层。这些槽应沿着电流流经连线的方向，因此不会大幅度减小连线的有效面积［见图 14.15(B)］。小于 25 μm 宽的连线通常不需要开槽。两层金属间设

① J. R. Dale 和 R. C. Oldfield, "Mechanical Stresses Likely to be Encountered in the Manufacture and Use of Plastically Encapsulated Devices," *Microelectronics and Reliability*, Vol. 16, 1977, pp. 255-258。

置的通孔阵列也会引起表面不规则性，从而以与增加的槽那样的类似方式固定保护层。因此，只有通孔阵列就无须再开槽了。

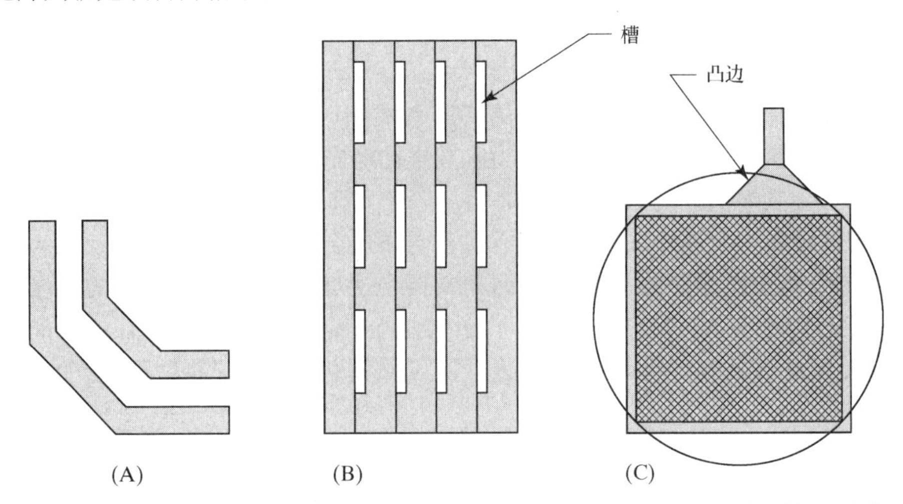

图 14.15　不同的减小应力的技术：(A) 导线采用 45°的拐角；(B) 在宽的金属 2 连线中开槽；(C) 带凸边的焊盘

键合工艺也会产生很大的应力。虽然这些应力只是瞬间出现，但也会对附近的金属线和器件造成损害，因此大多数工艺规定了每个球焊周围的圆形排除区和每个楔形焊周围的方形或者梯形排除区(见 13.4.2 节)。不与焊盘相连的导线不能进入这些区域，动态电路也应位于这些区域以外。许多设计者还会在导线与焊盘的连接处增加一个三角形或者矩形凸边［见图 14.15(C)］，从而有助于确保键合产生的应力不会使导线与焊盘断开。现代键合设备通过更加精确地控制键合过程中施加的力减少对这些凸边的需求，但是凸边消耗的面积很小，所以似乎没有理由取消它们。

14.4　小结

版图设计者不仅要了解如何设计单个器件，还要知道怎样将这些器件互连成一个完整的管芯。本章涉及的内容包括预测管芯大小与结构以及如何真正将其组合在一起的技巧，这或许是版图设计者必须掌握的所有技巧中最难的一种。这些技巧具有所有模拟版图设计的本质特征，因此其艺术性胜过科学性。同样，它们需要一定程度的直觉和合理判断，而这些只能通过经验积累来掌握。这里提供的信息只是一块基石，设计者必须在实践中进一步学习。

14.5　习题

版图规则和工艺规定请参考附录 C。

14.1　估算下列采用标准双极工艺实现的器件的面积(列出所有计算并陈述估计时采用的所有假设)。

a. 250 kΩ、8 μm 宽的 HSR 电阻。

b. 最小面积横向 PNP 晶体管。

c. 100 pF 结电容(假定 1.8 fF/μm^2)。

d. 发射区面积为 1200 μm^2 的功率 NPN 晶体管。

e. 直径为 30 μm 球焊金线的焊盘。

14.2 估算电路总面积，该电路采用标准双极工艺单层金属布线，含有一个阻值为 410 kΩ 的 6 μm HSR 电阻、一个阻值为 55 kΩ 的 8 μm 基区电阻、一个 50 pF 的结电容(假定 1.8 fF/μm^2)、11 个最小 NPN 晶体管、7 个最小横向 PNP 晶体管、两个分裂集电极横向 PNP 晶体管、一个 4X 横向 PNP 晶体管和一个发射区面积为 660 μm^2 的功率 NPN 晶体管。证明所选择的排布因子的合理性。

14.3 计算一个含有 6 个单元的设计的核面积，6 个单元的面积如下：0.35 mm^2、0.27 mm^2、0.21 mm^2、0.18 mm^2、0.10 mm^2、0.08 mm^2。该设计中还包含两个面积均为 0.77 mm^2 的功率晶体管。设计采用双层金属，包含约 50 个顶层信号。证明所选择的布线和排布因子的合理性。

14.4 计算下列每个设计的估算管芯面积：

a. 核面积 10.1 mm^2，使用 23 个焊盘。

b. 核面积 1.49 mm^2，使用 42 个焊盘。

c. 核面积 8.8 mm^2，使用 11 个焊盘。

假定所有设计的焊盘宽度是 75 μm，相邻焊盘间距为 65 μm，划片宽度是 75 μm。判断各设计是核限制型还是焊盘限制型。

14.5 采用习题 14.4 中规定的参数，估算总面积为 3.9 mm^2 的方形管芯周围可排布的焊盘数量，如果管芯的长宽比为 1.5:1，那么可增加多少焊盘？

14.6 一个器件管芯的面积是 7.6 mm^2，采用 150 mm^2 晶圆制造，假定晶圆的利用因子为 0.85。

a. 一片晶圆大约能获得多少管芯？

b. 如果每片晶圆的成本是 650 美元，可以获得 77%的合格芯片，那么一枚合格芯片的成本是多少？

c. 如果每个器件的封装和最终测试费用是 11.5 美分，并且有 97%的器件通过最终测试，那么成品集成电路的成本是多少？

d. 如果器件的售价是 83 美分，则 GPM 是多少？

e. 更合理的销售价格是多少？为什么？

14.7 假设一种改进测试技术可以使习题 14.6 中器件的检测良品率提高到 92%，使用这项技术使每枚被检测管芯的成本增加了 4 美分，那么采用新技术是否值得？为什么？

14.8 一种集成电路包含 4 个运算放大器，每个单元的面积是 0.41 mm^2。该电路中还包含一个偏置电路，面积为 0.15 mm^2。这个电路需要 14 个焊盘：VCC，VEE，IN1+，IN1−，OUT1，IN2+，IN2−，OUT2，IN3+，IN3−，OUT3，IN4+，IN4−以及 OUT4，其中 VCC 和 VEE 分别是电源和地管脚，其余分别是 4 个放大器的输入和输出管脚。封装有 14 个管脚，管脚 1 键合到管芯的上部中央，其他管脚按照逆时针顺序排列。

a. 为该器件提出一种合理的管脚排布。

b. 绘制管芯布局图，显示该设计中 5 个单元的位置。

c. 每个放大器需要大电流连线与 VCC、VEE 和其输出管脚相连。假定设计仅使用单层金属布线，通过绘图说明合理的布线方式。

14.9 一个电压基准电路含有一个面积为 0.13 mm^2 的基准单元和一个面积为 0.16 mm^2 的小功率晶体管。

a. 假定管芯采用单层金属布线和手工排布版图，估算管芯的核面积。

b. 假定划片宽度为 110 μm，共有 3 个焊盘，每个焊盘需要的总面积为 9000 $μm^2$ (焊盘加 ESD 保护)，估算整个管芯的面积。

c. 为该器件绘制管芯布局图。功率晶体管必须连接 VIN 和 VOUT 焊盘，这两个焊盘分别位于管芯的右上角和右下角。基准单元必须连接到 GND 管脚，该管脚必须位于管芯的左侧。

d. 指出要求精确匹配器件的最佳位置。

14.10 一个八进制缓冲器电路包含 8 个缓冲器，每个缓冲器所需的面积为 0.09 mm^2，每个缓冲器都有一个输入和一个输出，并且都需要连接到 VCC 和 GND。

a. 假定管芯采用单层金属连线，而且必须快速组装，估算管芯的核面积。

b. 假定划片宽度为 110 μm，共有 18 个焊盘，每个焊盘的面积为 9000 $μm^2$，估算整个管芯的面积。

c. 为该器件绘制管芯布局图。管脚 9 必须是 GND，管脚 18 必须是 PWR；为 8 个输入端和 8 个输出端提出一个合理的排布方式。假设焊盘 1 必须位于管芯的左上角，其他焊盘按照逆时针顺序排列。

d. 每个缓冲器要求与 VCC、GND 及其输出管脚大电流连接。绘制布线结构图，连接所有 8 个单元并且电源线不需要隧道。

14.11 采用附录 C 中的 CMOS 版图规则，计算一个可以容纳 12 根导线的布线通道的宽度。

14.12 假定缓冲器输出连线承载着占空比为 50%的数字信号。当输出开启时，会流出 360 mA 的电流；当输出关断时，其注入电流可以忽略。

a. 如果金属连线系统由 10 kÅ 厚的掺铜铝导线构成，在 85℃时能够承载 $5×10^5$ A/cm^2 的恒定电流，那么为了防止电迁徙，输出连线必须有多宽？

b. 为了安全穿过可能使金属层厚度减薄 30%的氧化层台阶，连线必须有多宽？

c. 如果该器件持续工作在结温为 125℃的情况下，假设激活能为 0.7 eV，连线必须有多宽？

14.13 放大器电路功率输出端最差情况下传导的平均电流为 3.1 A。

a. 假设采用塑料封装，为安全传输这些电流需要多少根直径为 30 μm 的金焊线？

b. 如果传导同样的电流，需要多少根直径为 50 μm 的铝线？

附录A 缩写词汇表

AC	交流(Alternating Current)
A/D	模数转换(Analog to Digital)
ARC	抗反射涂层(Anti-Reflective Coating)
BCLDD	埋沟轻掺杂漏区(Buried-Channel Lightly Doped Drain)
BiCMOS	双极互补金属-氧化物-半导体(Bipolar and Complementary Metal-Oxide-Semiconductor)
BiFET	双极型场效应晶体管(Bipolar and Junction Field-Effect Transistor)
BJT	双极型晶体管(Bipolar Junction Transistor)
BOI	隔离上基区(Base Over Isolation)
BOX	埋层氧化物(Buried Oxide)
BPSG	硼磷硅玻璃(BoroPhosphoSilicate Glass)
CDI	集电区扩散隔离(Collector Diffused Isolation)
CDM	电荷器件模型(Charged Device Model)
CMOS	互补金属氧化物半导体(Complementary Metal-Oxide-Semiconductor)
CMP	化学机械抛光(Chemical-Mechanical Polish)
CTE	热膨胀系数(Coefficient of Thermal Expansion)
CVD	化学气相淀积(Chemical Vapor Deposited)
D/A	数模转换(Digital to Analog)
DC	直流(Direct Current)
DCML	差分电流模式逻辑(Differential Current-Mode Logic)
DDD	双扩散漏区(Double-Diffused Drain)
DI	介质隔离(Dielectric Isolation)
DIP	双列直插封装(Dual In-line Package)
DLM	双层金属(Double-Level Metal)
DMOS	双扩散金属-氧化物-半导体(Double-Diffused Metal-Oxide-Semiconductor)
DRAM	动态随机访问存储器(Dynamic Random-Access Memory)
DSW	晶圆上直接步进(Direct Step on Wafer)
ECGR	收集电子保护环(Electron Collecting Guard Ring)
ECL	发射极耦合逻辑(Emitter-Coupled Logic)
EEPROM	电擦除可编程只读存储器(Electrically Erasable Programmable Read-Only Memory)
EOS	电致过应力(过强电场)(Electrical OverStress)
EPROM	可擦除可编程只读存储器(Erasable Programmable Read-Only Memory)
ESD	静电泄放(ElectroStatic Discharge)

FAMOS	浮栅雪崩注入金属-氧化物-半导体(Floating-gate Avalanche-injectionMetal-Oxide-Semiconductor)
FBSOA	正偏安全工作区(Forward-Biased Safe Operating Area)
FET	场效应晶体管(Field-Effect Transistor)
FLOTOX	浮栅隧穿氧化层(Floating-gate Tunneling Oxide)
GCNMOS	栅耦合 N 沟金属-氧化物-半导体(Gate-Coupled N-channel Metal-Oxide-Semiconductor)
GGNMOS	栅接地 N 沟金属-氧化物-半导体(Grounded-Gate N-channel Metal-Oxide-Semiconductor)
GIDL	栅诱漏区泄漏(Gate-Induced Drain Leakage)
GOI	栅氧完整性(Gate Oxide Integrity)
GPM	总利润率(Gross Profit Margin)
HBGR	阻挡空穴保护环(Hole Blocking Guard Ring)
HBM	人体模型(Human-Body Model)
HBT	异质结晶体管(Heterojunction Bipolar Transistor)
HCGR	收集空穴保护环(Hole Collecting Guard Ring)
HF	氢氟酸(化学式)(Hydrofluoric acid (chemical formula))
HSD	高端驱动(High-Side Drive)
HSR	高值薄层电阻(High-Sheet Resistor)
IC	集成电路(Integrated Circuit)
ILO	夹层氧化物(InterLevel Oxide)
IPTAT	电流正比于热力学温度(Current Proportional to Absolute Temperature)
JFET	结型场效应晶体管(Junction Field-Effect Transistor)
JI	结隔离(Junction Isolation)
LDD	轻掺杂漏区(Lightly Doped Drain)
LDMOS	横向双扩散金属-氧化物-半导体(Lateral Double-diffused Metal-Oxide-Semiconductor)
LDO	低压线性(Low DropOut)
LED	发光二极管(Light-Emitting Diode)
LOCOS	硅局部氧化(Local Oxidation of Silicon)
LPCVD	低压化学气相沉积(Low-Pressure Chemical Vapor Deposition)
LSD	低端驱动(Low-Side Drive)
LSTTL	低功耗肖特基钳位晶体管-晶体管逻辑(Low-power Schottky-clamped Transistor-Transistor Logic)
MLO	多层氧化物(MultiLevel Oxide)
MM	机器模型(Machine Model)
MOS	金属-氧化物-半导体(Metal-Oxide-Semiconductor)
MOSFET	MOS 场效应晶体管(Metal-Oxide-Semiconductor Field-Effect Transistor)
NBL	N 型埋层(N-type Buried Layer)

NBTI 负偏压不稳定性(Negative Bias Temperature Instability)
NMOS N 沟 MOS (NMOS) (N-Channel Metal-Oxide-Semiconductor)
NSD N 型源/漏(N-type Source/Drain)
NVM 非易失存储器(Non Volatile Memory)
ONO 氧化物-氮化物-氧化物(Oxide-Nitride-Oxide)
OR 氧化物去除(Oxide Removal)
OTP 一次可编程(One-Time Programmable)
PBL P 型埋层(P-type Buried Layer)
PBTI 正偏压温度不稳定性(Positive Bias Temperature Instability)
PG 版图生成(Pattern Generation)
PMOS P 沟 MOS(PMOS) (P-Channel Metal-Oxide-Semiconductor)
PO 保护层(Protective Overcoat)
PPM 百万分之一(Parts per Million)
PROM 可编程只读存储器(Programmable Read-Only Memory)
PSD P 型源/漏(P-type Source/Drain)
PSG 磷硅玻璃(PhosphoSilicate Glass)
Q 品质因子(Quality Factor)
RESURF 表面场减弱(Reduced Surface Field)
RF 射频(Radio Frequency)
RIE 反应离子刻蚀(Reactive Ion Etch(ing))
ROM 只读存储器(Read-Only Memory)
SCL 空间电荷层(Space Charge Layer)
SCR 可控硅整流器(Silicon Controlled Rectifier)
SDD 单扩散漏区(或单掺杂漏区)(Single-Diffused Drain (or Single-Doped Drain))
SI 国际单位制(Systéme Internationale (the metric system))
SILC 应力诱生漏电流(Stress-Induced Leakage Current)
SIMOX 注氧隔离(Separation by Implanted Oxygen)
SLM 单层金属(Single-Level Metal)
SOA 安全工作区(Safe Operating Area)
SOG 玻璃上旋涂(Spin-On Glass)
SOI 绝缘体上硅(Silicon On Insulator)
SOIC 小尺寸集成电路(Small-Outline Integrated Circuit)
SOS 蓝宝石上硅(Silicon On Sapphire)
SPICE 一种集成电路仿真程序(Simulation Program with Integrated Circuit Emphasis)
SSA 超自对准(Super Self-Aligned)
STI 浅槽隔离(Shallow Trench Isolation)
TCR 电阻温度系数(Temperature Coefficient of Resistivity)
TDDB 时变介质击穿(Time-Dependent Dielectric Breakdown)
TEOS 四乙氧(基)硅烷(TetraEthOxySilane)

TTL 晶体管-晶体管逻辑(Transistor-Transistor Logic)
UHVCVD 超高真空化学气相淀积(Ultra-High Vacuum Chemical Vapor Deposition)
UV 紫外(UltraViolet)
VDMOS 纵向双扩散金属-氧化物-半导体(Vertical Double-diffused Metal-Oxide-Semiconductor)
VLSI 超大规模集成(Very Large-Scale Integration)
VPTAT 电压正比于热力学温度(Voltage Proportional to Absolute Temperature)

附录 B　立方晶体的米勒指数

晶体由顺序排列的原子或分子沿各个方向无限延伸而成。这种排列是周期性的，因为原子或分子的相同排列以规则的间隔沿一定的轴重复出现。可以想象晶体是由大量称为晶胞(unit cell)的亚微观模块组成的。对于立方体系晶体，晶胞都是极小的立方体，沿着行和列的方向堆叠在一起形成直线晶格(见图 B.1)。上述说明还表明，所得晶体在形状上并不总是立方结构。但无论其外部形式或大小如何，所有晶体的周期性结构都保持不变。

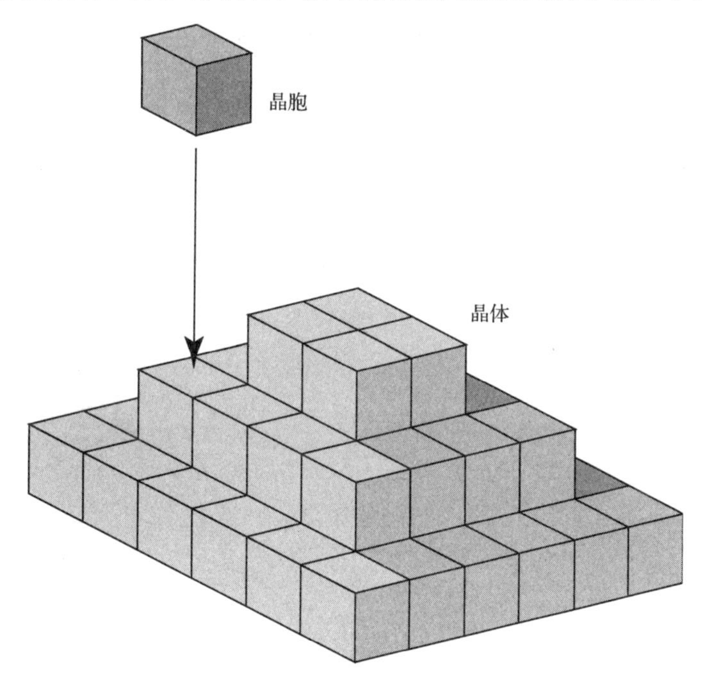

图 B.1　立方晶体和晶胞的关系

硅锭是一个单立方晶体，每片从硅锭上切下的晶圆(wafer)都由该晶体的切片组成。晶圆的特性取决于相对于晶轴的切割角度。被称为米勒指数(Miller indices)的一组数就是用于标明硅的各种切割和晶圆表面的方向的。本附录将讨论包括硅和锗的立方晶体所使用的米勒指数系统。

可以为与立方晶体相交的平面指定一组 3 个的米勒指数以共同表明该平面相对于晶轴的方向。为了计算这些指数，首先必须指定 3 个晶轴。这些晶轴互相垂直，对应于笛卡儿(Cartesian)坐标系统的 X，Y 和 Z 轴。立方晶胞沿着这 3 个晶轴整齐地按行或按列排列。每个点的位置都可表示为沿各晶轴晶胞宽度的整数倍。与晶格相交的平面现在就可以用其 X, Y, Z 轴的截距描述。例如，图 B.2(A)中平面的截距分别为 $X=1$，$Y=3$，$Z=3$。同样，图 B.2(B)中平面的截距分别为 $X=3$，$Y=2$，$Z=2$。

晶面也可以平行于一个或多个晶轴，此时晶面与这些晶轴的交点无穷大。例如，水平平面的截距分别为 $X=\infty$，$Y=\infty$，$Z=1$。米勒指数通过使用交点的倒数而不是交点本身以避免出现无穷大的值。例如，水平平面截距的倒数为 X=0，Y=0，Z=1。每组米勒指数值都是由 3 个整数组成的，分别对应于 X，Y 和 Z 轴截距的倒数值。这 3 个截距的倒数值总是用尽可能最小的整数值表示，并用圆括号括起来。例如，水平平面的米勒指数为(001)。任意平面的米勒指数都可以根据下述规则计算：

1. 确定平面的 X，Y，Z 轴截距。图 B.2(A)中平面的截距值为 X=1，Y=3，Z=3。
2. 求出 3 个截距的倒数。如果其中一个或多个截距为无穷，那么假设它们的倒数等于 0。图 B.2(A)中平面截距的倒数为 X=1，Y=1/3，Z=1/3。
3. 将截距倒数值乘以最小公分母可获得 3 个整数。图 B.2(A)中平面截距倒数的最小公分母为 3，因此，新的截距倒数就变为 X=3，Y=1，Z=1。
4. 给所得截距倒数值加上圆括号就形成了米勒指数。图 B.2(A)中平面的米勒指数为(311)，图 B.2(B)中平面的米勒指数为(233)。如果其中一个或多个数为负值，则应在米勒指数中对应的数上方加一条短横线。

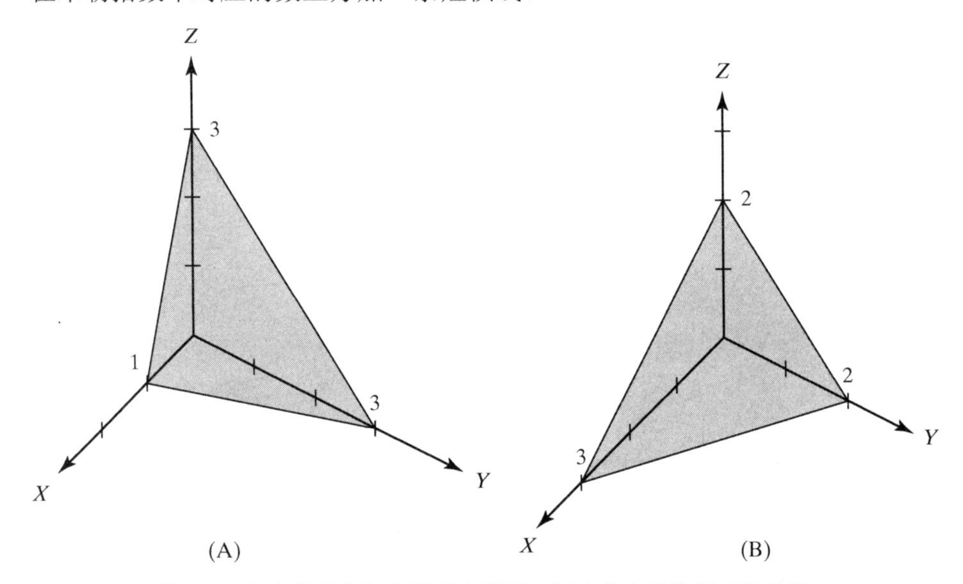

图 B.2 与立方晶格相交的两个平面。标度代表晶胞尺寸的倍数

米勒指数互换所得的平面称为等效平面。例如，(001)、(010)、(100)平面都是等效的。这并不意味着这些平面是相同的平面，实际上这 3 个平面相互垂直，但这 3 个平面有相同的结晶特性，同时也意味着它们有相同的化学、机械和电学特性。等效平面用包含在大括号内的米勒指数表示。例如，等效平面 {100} 包括(001)、(010)和(100)3 个平面。记住，包含在大括号内的米勒指数指的是一组平面而不是某一个特定平面。比如，{100} 晶圆表示晶圆表面为(001)面或者是(010)面抑或是(100)面，但绝不可能同时是这 3 个平面！

米勒指数也被用于描述相对于晶格的方向。垂直穿过平面(ABC)的直线的米勒指数为[ABC]。X，Y，Z 轴的米勒指数分别为 [100]，[010]，[001]。米勒指数互换的方向也被称为等效方向。例如，[100]，[010] 和 [001] 3 个方向相互等效。等效方向用包含在尖括号内的米勒指数表示。例如，<100>方向包括 [100]，[010] 和 [001] 3 个方向。因为一个轴实际上具有两个方向矢量——指向两个相反的方向，所以轴的米勒指数应该包含在尖括号内。

附录 C　版图规则实例

本附录给出的规则是针对书中习题的。这里给出的数值并不与任何工艺相关，但却普遍代表了 20 世纪 80 年代后期的业界实践。这里从未试图使这些规则符合当前的最新发展状况，因为这将极大地增加规则的复杂度，同时不会加深对工艺的理解。由于同样的原因，这里完全省略了许多很少使用的规则，或者已将其归入个别问题的描述中。

C.1　标准双极规则

这里的标准双极工艺是使用单 P+隔离的 30 V 工艺。工艺的隔离间距远宽于书中的实例。现代工艺通常采用上下穿通隔离以减小这些间距，使之更加接近于书中所述。表 C.1 列出了该工艺的关键电学参数。

表 C.1　标准双极参数规定

参数	最小值	平均值	最大值	单位
NPN β	100	200	300	
NPN V_{EBO}	6.4	6.8	7.2	V
NPN V_{CBO}	40			V
NPN V_{CEO}	30			V
基区方块电阻	130	160	190	Ω/□
发射区方块电阻	5	7	10	Ω/□
埋层基区电阻	1.5	3	4.5	kΩ/□
HSR 方块电阻	1.6	2	2.4	kΩ/□
厚场阈值	35			V

基本工艺采用了 8 个编码层：NBL，TANK，DEEPN，BASE，EMIT，CONT，METAL1 以及 POR。TANK 和 POR(保护层去除)层分别用于在隔离扩散和保护层中开孔。隔离上基区(BOI)由 TANK 层上的几何形状自动生成。此外还描述了两种工艺扩展：一种用于制作 2 kΩ/□ HSR 电阻，另一种用于生成肖特基二极管。表 C.2 列出了基本版图规则，表 C.3 和表 C.4 分别列出了 HSR 和肖特基接触等工艺扩展的规则。所有规则的单位是 μm，设最小编码格点为 2 μm。C.3 节将解释描述版图规则所采用的语法。

表 C.2　标准双极基本规则

规则	数值
1. NBL 宽度	8 μm
2. TANK 宽度	8 μm
3. TANK 与 TANK 的间距	6 μm
4. TANK 与 NBL 的交叠	22 μm
5. DEEPN 宽度	8 μm
6. TANK 与 DEEPN 的交叠	24 μm
7. BASE 宽度	6 μm
8. BASE 与 DEEPN 的间距	18 μm
9. BASE 与 BASE 的间距	14 μm

续表

10. TANK 与 BASE 的交叠	22 μm
11. EMIT 宽度	6 μm
12. BASE 与 EMIT 的间距	12 μm
13. EMIT 与 EMIT 的间距	6 μm
14. TANK 与 EMIT 的交叠	18 μm
15. BASE 与 EMIT 的交叠	4 μm
16. CONT 宽度	4 μm
17. EMIT 与 CONT 的间距	6 μm
18. CONT 与 CONT 的间距	4 μm
19. BASE 与 CONT 的交叠	2 μm
20. EMIT 与 CONT 的交叠	2 μm
21. METAL1 宽度	6 μm
22. METAL1 与 METAL1 的间距	4 μm
23. METAL1 与 CONT 的交叠	2 μm
24. POR 宽度	10 μm
25. POR 与 POR 的间距	10 μm
26. METAL1 与 POR 的交叠	4 μm

表 C.3　标准双极 HSR 外延规则

27. HSR 宽度	6 μm
28. HSR 与 DEEPN 的间距	16 μm
29. HSR 与 BASE 的间距	14 μm
30. HSR 与 EMIT 的间距	10 μm
31. HSR 与 CONT 的间距	4 μm
32. HSR 与 HSR 的间距	12 μm
33. BASE 超出 HSR	2 μm
34. HSR 延伸进入 BASE	2 μm
35. TANK 与 HSR 的交叠	20 μm

表 C.4　标准双极肖特基外延规则

36. SCONT 与 DEEPN 的间距	12 μm
37. SCONT 与 BASE 的间距	6 μm
38. SCONT 与 EMIT 的间距	4 μm
39. SCONT 与 HSR 的间距	4 μm
40. SCONT 与 CONT 的间距	4 μm
41. SCONT 与 SCONT 的间距	4 μm
42. SCONT 与 CONT 的交叠	2 μm
43. METAL1 与 SCONT 的交叠	2 μm

C.2　多晶硅栅 CMOS 规则

本节描述 10 V 的 N 阱多晶硅栅 CMOS 工艺。LDD NMOS 的最小沟道长度为 4 μm，而 SDDPMOS 的最小沟道长度为 3 μm。这两种晶体管都使用 N 型多晶硅栅，可以使用单步硼阈值电压调整和设置两者的阈值电压。硼和磷沟道终止的结合使用可确保 NMOS 和 PMOS 厚场阈值电压安全地处于工艺的工作电压之上。通过使用 P 型衬底以及选择使用 NBL 作为模拟 BiCMOS 工艺扩展的一部分可减小 CMOS 闩锁效应。这种工艺不能用来制作肖特基二极管，因为它使用钛硅化物来减小接触电阻。表 C.5 列出了该工艺的关键电学参数。

表 C.5　多晶硅栅 CMOS 工艺参数

参数	最小值	平均值	最大值	单位
NMOS V_t	0.5	0.7	0.9	V
NMOS k	50	70	90	μA/V^2
NMOS V_{DS}	10			V
NMOS V_{GS}	12			V
PMOS V_t	–0.9	–0.7	–0.5	V
PMOS k	17	25	33	μA/V^2
PMOS V_{DS}	12			V
PMOS V_{GS}	12			V
厚场阈值	15			V
一层多晶硅(多晶硅 1)方块电阻	20	30	40	Ω/□
二层多晶硅(多晶硅 2)方块电阻	160	200	240	Ω/□
基区方块电阻	400	500	600	Ω/□
栅氧化层电容	0.85	0.95	1.05	fF/μm^2
多晶硅–多晶硅电容	1.3	1.5	1.7	fF/μm^2
NPN β 值	40	80	120	
NPN V_{EBO}	7	8	9	V
NPN V_{CBO}	15			V
NPN V_{CEO}	12			V

表 C.6 中所述的基本工艺使用了 11 块掩模：NWELL，MOAT，NSD，PSD，CHST，POLY1，CONT，METAL1，VIA，METAL2，POR。这 11 块掩模通常通过对 9 个绘制层编码获得：NWELL，NMOAT，PMOAT，POLY1，CONT，METAL1，VIA，METAL2，POR。NMOAT 绘制层同时在 MOAT 和 NSD 掩模上生成图形。PMOAT 绘制层同时在 MOAT 和 PSD 掩模上生成图形。有关 CHST 掩模的信息可从 NWELL 和 MOAT 编码层得到。POR 掩模的图形代表保护层上的开孔。所有这些版图规则的单位为 μm，并且假设编码格点为 0.5 μm。C.3 节将解释用于描述版图规则的语法。

表 C.6　多晶硅 CMOS 基本规则

规则	数值
1. NWELL 宽度	5.0 μm
2. NWELL 与 NWELL 的间距	15.0 μm
3. NMOAT 宽度	3.0 μm
4. NMOAT 与 NWELL 的间距	9.5 μm
5. NMOAT 与 NMOAT 的间距	5.5 μm
6. NWELL 与 NMOAT 的交叠	1.0 μm
7. PMOAT 宽度	3.0 μm
8. PMOAT 与 NWELL 的间距	7.0 μm
9. PMOAT 与 NMOAT 的间距(注 1)	4.0 μm
10. PMOAT 与 PMOAT 的间距	5.5 μm
11. NWELL 与 PMOAT 的交叠	2.0 μm
12. POLY1 宽度	2.0 μm
13. POLY1 与 NMOAT 的间距	2.0 μm
14. POLY1 与 PMOAT 的间距	2.0 μm
15. POLY1 与 POLY1 的间距	2.0 μm
16. POLY1 超出 NMOAT	1.0 μm
17. POLY1 超出 PMOAT	1.0 μm
18. NMOAT 超出 POLY1	4.0 μm
19. PMOAT 超出 POLY1	4.0 μm
20. CONT 宽度	1.0 μm(精确)

续表

21. CONT 与 POLY1 的间距	2.0 μm
22. CONT 与 CONT 的间距	2.0 μm
23. NMOAT 与 CONT 的交叠	1.0 μm
24、PMOAT 与 CONT 的交叠	1.0 μm
25. POLY1 与 CONT 的交叠	1.0 μm
26. METAL1 宽度	2.0 μm
27. METAL1 与 METAL1 的间距	2.0 μm
28. METALI 与 CONT 的交叠	1.0 μm
29. VIA 宽度(注 2)	1.0 μm(精确)
30. VIA 与 CONT 的间距(注 3)	2.0 μm
31. VIA 与 VIA 的间距	2.0 μm
32. METAL1 与 VIA 的交叠	1.0 μm
33. METAL2 宽度	2.0 μm
34. METAL2 与 METAL2 的间距	2.0 μm
35. METAL2 与 VIA 的交叠	1.0 μm
36. POR 宽度	4.0 μm
37. POR 与 POR 的间距	4.0 μm
38. METAL2 与 POR 的交叠	2.0 μm

注：1. 如果 NMOAT 和 PMOAT 用 METAL1 连接，则其允许相邻。

2. 除了焊盘。

3. VIA 不能与 CONT 接触。

这种工艺支持两种扩展，第一种使用 POLY2 掩模在工艺中增加多晶硅 2。该多晶硅在近乎本征状态下淀积，并使用 PSD 掺杂，使用 PSD 绘制层制作多晶硅电阻。薄的氧化物-氮化物-氧化物介质淀积在两层多晶硅之间形成多晶硅-多晶硅电容。表 C.7 列出了所有与该工艺扩展相关的规则。

表 C.7 多晶硅 2 扩展规则

39. POLY2 宽度	2.0 μm
40. POLY2 与 POLY2 的间距	2.0 μm
41. NSD 与 POLY2 的间距	2.0 μm
42. PSD 与 POLY2 的间距	2.0 μm
43. POLY2 与 CONT 的交叠	1.0 μm
44. POLY1 与 POLY2 的交叠	1.5 μm
45. NSD 与 POLY2 的交叠	1.5 μm
46. PSD 与 POLY2 的交叠	1.5 μm
47. PSD 与 NMOAT 的间距	2.0 μm
48. NSD 与 PMOAT 的间距	2.0 μm

第二种工艺扩展使用 3 块新增掩模：NBL，DEEPN，BASE，其增加了模拟 BiCMOS 的功能。BASE 绘制层所含数据信息自动生成 MOAT 和 BASE 掩模上的图形。增加 N 型埋层迫使工艺包含二次外延层以与 P+衬底兼容。这种工艺扩展可以制作纵向 NPN 晶体管、横向 PNP 晶体管以及衬底 PNP 晶体管。表 C.8 列出了设计模拟 BiCMOS 结构所需的规则。

表 C.8　BiCMOS 扩展规则

规则	值
49. NBL 宽度	5.0 μm
50. NBL 与 NBL 的间距	19.0 μm
51. NWELL 与 NBL 的间距	16.5 μm
52. NWELL 与 NBL 的交叠	5.0 μm
53. DEEPN 宽度	5.0 μm
54. DEEPN 与 NMOAT 的间距	6.0 μm
55. DEEPN 与 PMOAT 的间距	7.5 μm
56. DEEPN 与 DEEPN 的间距	9.0 μm
57. NWELL 与 DEEPN 的交叠	2.0 μm
58. BASE 宽度	3.0 μm
59. BASE 与 NMOAT 的间距	4.5 μm
60. BASE 与 PMOAT 的间距	6.0 μm
61. BASE 与 DEEPN 的间距	8.0 μm
62. BASE 与 BASE 的间距	6.5 μm
63. BASE 与 NSD 的交叠	1.5 μm
64. PSD 与 BASE 的交叠	1.0 μm
65. NWELL 与 BASE 的交叠	3.0 μm
66. NSD 与 CONT 的间距	2.5 μm
67. NSD 与 PSD 的间距	3.0 μm
68. NSD 与 PSD 的间距	3.5 μm
69. NSD 与 CONT 的交叠	1.0 μm
70. PSD 与 CONT 的交叠	1.0 μm
71. BASE 与 CONT 的交叠	1.0 μm

C.3　版图规则语法

本附录中列出的规则的格式类似于(但不完全相同)Chameleon 所采用的格式，这是 Texas Instruments(德州仪器)在 1976 年开始研发的一种版图验证程序，目前由 K2 Technologies 进行市场销售。这些符号类似于简单的英语，因此特别容易被初学者理解。那些采用其他验证程序的人员在将规则翻译成适当格式的过程中不会遇到困难，这主要是因为所有规则都属于 5 个基本类：宽度、间距、交叠、超出以及延伸进入。下面将解释各类规则。

宽度

宽度检查是为了验证在给定层上每个图形的所有几何尺寸是否等于或超过最小特征尺寸。宽度检查的语法为

层 1 宽度　N μm

这里，N 为 LAYER1 上所有图形的最小允许尺寸。为了使图 C.1 的图形能通过上述宽度检查，A 到 D 都必须等于或大于最小宽度 N。尺寸值偶尔会加上修饰词汇“精确的”，在这种情况下，指定层上每个图形的宽度都必须精确等于 N μm，而不是大于或者小于这个值。

间距

间距检查是为了验证指定层上所有图形互相保持的最小距离。间距检查的语法为

层 1 与层 2 间距　N μm

该检查决定了在 LAYER1 上每个图形到 LAYER2 上每个图形的最小距离。如果这些距离中的任何一个小于 N，那么就会出现违反规则的情况。接触或者交叠的单元不会违反间距规则。间距检查同样也可以应用在同一层内，语法为

层 1 与层 1 间距　N μm

在这种情况下，检查不仅应用于 LAYER1 上任何两个图形间的距离，而且应用于单个图形的不同部分，例如，折叠电阻的拐弯处(例如，可参考图 C.2 中的尺寸 C)。

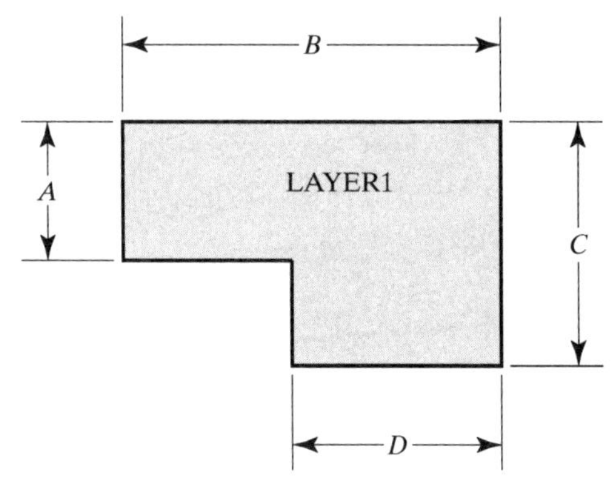

图 C.1　语句“LAYER1 width(层 1 宽度)”所检查的尺寸

图 C.2　语句“LAYER1 spacing to LAYER1(层 1 与层 1 间距)”所检查的尺寸

交叠

交叠检查仅仅应用在被另一层上的图形部分或全部包围的第一层上的图形(见图 C.3)。交叠检查的语法为

层 1 与层 2 交叠　N μm

只要 LAYER1 上的图形包围了 LAYER2 上的图形，前者与后者交叠的尺寸必须等于或超过 N。如果图形没有完全交叠，那么没有交叠的边会自动通过检查。图 C.3 所示为完全或部分交叠的图形以及每种情况下所检查的尺寸。

超出

超出检查仅应用于一层上的图形部分与另一层上的图形交叠时的情况(见图 C.4)。超出检查的语法为

层 1 超出层 2　N μm

只要 LAYER1 上的图形部分与 LAYER2 上的图形交叠，前者延伸出后者的尺寸必须等于或超过 N。对于前者完全被后者包围的情况，自动通过检查。

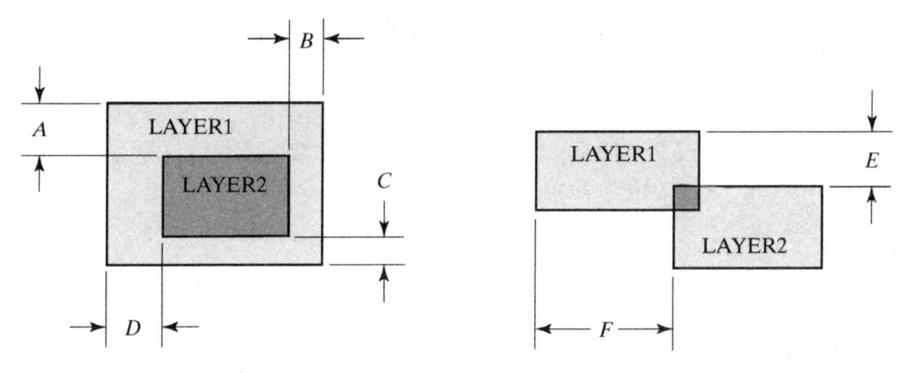

图 C.3 语句“LAYERI overlap LAYER2（层 1 与层 2 交叠）”所检查的尺寸

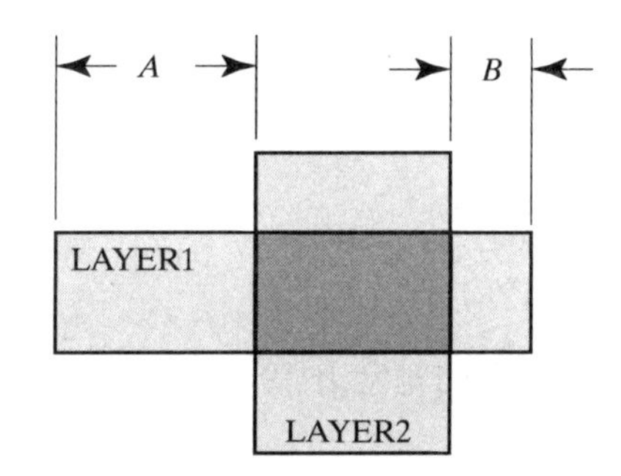

图 C.4 语句“LAYER1 overhang LAYER2(层 1 超出层 2)”所检查的尺寸

延伸进入

延伸进入检查仅应用于一层上的图形部分交叠另一层上的图形的情况(见图 C.5)。延伸进入检查的语法为

层 1 延伸进入层 2 N μm

只要 LAYER1 上的图形部分交叠 LAYER2 上的图形，前者延伸进入后者的尺寸必须等于或大于 N。对于前者完全被后者包围的情况，则自动通过检查。

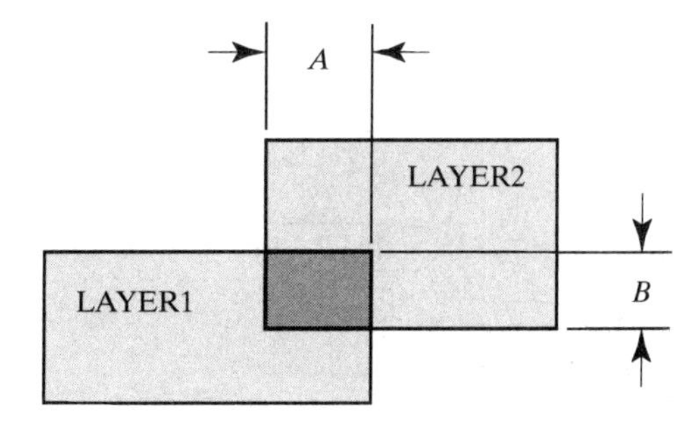

图 C.5 语句“LAYER1 extends into LAYER2(层 1 延伸进入层 2)”所检查的尺寸

附录D 数 学 推 导

式(11.10A～B)、式(12.7～12.9)、式(12.14)和式(12.15)已专门进行了推导。本附录包含了这些被认为过于复杂而未出现在正文中的推导细节。

式(11.10A～B)

在一个圆形对称的器件中，电流放射状地从源区流到漏区，因此沟道长度等于沟道外沿半径与内沿半径之差，或 $L = 1/2(B-A)$。沟道宽度 W 可由线性区 Shichman-Hodge 方程确定。该方程经变形可得

$$L = k'\frac{W}{I_D}\left(V_{\mathrm{gst}} - \frac{V_{DS}}{2}\right)V_{DS} \tag{D.6}$$

求导，可得 $\mathrm{d}L/\mathrm{d}V_{DS}$:

$$\frac{\mathrm{d}L}{\mathrm{d}V_{DS}} = k'\frac{W}{I_D}(V_{\mathrm{gst}} - V_{DS}) \tag{D.7}$$

对于无限小的沟道长度 dL，相应的宽度 W 等于 $2\pi L$，其中 $L=0$ 表示环形结构的中心。分离各项并积分可得

$$\int_0^{V_{DS}}(V_{\mathrm{gst}} - V_{DS})\mathrm{d}V_{DS} = \frac{I_D}{k'}\int_{A/2}^{B/2}\frac{\mathrm{d}L}{2\pi L} \tag{D.8}$$

该积分的上下限假设源区在沟道的内边缘($L = A/2$)，而漏区在沟道的外边缘($L = B/2$)。积分可得

$$V_{\mathrm{gst}}V_{DS} - \frac{V_{DS}}{2} = \frac{I_D}{2\pi k'}\ln(B/A) \tag{D.9}$$

整理得

$$I_D = \frac{2\pi k'}{\ln(B/A)}\left(V_{\mathrm{gst}} - \frac{V_{DS}}{2}\right)V_{DS} \tag{D.10}$$

若宽长比等于

$$\frac{W}{L} = \frac{2\pi}{\ln(B/A)} \tag{D.11}$$

则该等式与线性区 Shichman-Hodge 方程相似。

代入上面求出的 L 值可得

$$W = \frac{\pi(B - A)}{\ln(B/A)} \tag{D.12}$$

式(12.7)

设指状源/漏区由宽度为 W、长度为 L 且方块电阻为 R_s 的相同矩形条构成。设变量 x 表示沿叉指长度方向的位置。假设沿长度方向的每一点流入叉指的电流相等，则电流 $I(x)$ 从 $x=0$ 到 $x=L$ 呈线性增加。设 I_{max} 等于 $x=L$ 时的电流 $I(x)$。从 $x=0$ 到 $x=L$ 的压降为

$$V=\int_0^L \frac{R_s I(x)}{W}\mathrm{d}x \tag{D.13}$$

由于 $I(x)=I_{max}x/L$，上式可化简为

$$V=\frac{R_s I_{max}(x)}{WL}\int_0^L x\mathrm{d}x=\frac{R_s I_{max} L}{2W} \tag{D.14}$$

$$V=\frac{R_s L}{2W}I_{max} \tag{D.15}$$

任何源/漏叉指的电阻可分为 3 个组成部分：(1) 仅由金属 1 组成的叉指部分；(2) 由金属 1 和金属 2 组成的夹层结构叉指部分；(3) 金属 2 板下的叉指部分。如果假设金属 2 的总线在沿宽度的方向是等电位的，则叉指电阻 V_1 仅由部分 (1) 和 (2) 组成。沿部分 (1) 的电压降为

$$V_1=\frac{R_{s1}B}{2W}I_1 \tag{D.16}$$

其中，I_1 等于流过单个源/漏叉指部分 (1) 的电流。由于部分 (1) 的长度为 B，而一个叉指的全部长度为 L 时，因为有 N_D 对源/漏叉指，所以电流 I_1 为

$$I_1=\frac{B}{LN_D}I_D \tag{D.17}$$

其中，I_D 等于所有叉指的总漏电流。将式 (D.17) 代入式 (D.16)，可得

$$V_1=\frac{R_{s1}B^2}{2WLN_D}I_D \tag{D.18}$$

部分 (2) 上的压降 V_2 也可以通过类似的计算得到：

$$R_2=\frac{R_{s12}A}{2W}I_2+\frac{R_{s12}A}{W}I_1 \tag{D.19}$$

其中，I_2 等于流入部分 (2) 内叉指的总电流，I_1 等于从部分 (1) 流入部分 (2) 的电流。I_2 可以通过类似于计算 I_1 的方法计算。将 I_1 和 I_2 代入式 (D.19) 可得

$$V_2=\frac{R_{s12}A}{2W}\left(\frac{A}{LN_D}\right)I_D+\frac{R_{s12}A}{W}\left(\frac{B}{LN_D}\right)I_D \tag{D.20}$$

$$V_2=\frac{R_{s12}A}{2W}\left(\frac{A+2B}{LN_D}\right)I_D \tag{D.21}$$

但是由于 $L\equiv A+2B$，可得

$$R_2=\frac{R_{s12}A}{2WN_D}I_D \tag{D.22}$$

晶体管叉指上的总压降等于 V_1 与 V_2 之和的两倍，这是因为源和漏叉指都包含在内。此外必须加上金属 2 的总线上的压降 V_B:

$$V_B = \frac{HR_{s2}}{2B} I_D \tag{D.23}$$

因此总压降 V_M 为

$$V_M = \left(\frac{R_{s1}B^2}{WLN_D} + \frac{R_{s12}A}{WN_D} + \frac{HR_{s2}}{2B} \right) I_D \tag{D.24}$$

由于金属连线电阻 $R_M \equiv V_M/I_D$，可得

$$R_M \frac{R_{s1}B^2}{WLN_D} + \frac{R_{s12}A}{WN_D} + \frac{HR_{s2}}{2B} \tag{D.25}$$

式(12.8)和式(12.9)

为了确定 B 的最优值，取 $\partial R_M / \partial B$，并令其为零，从而可以确定函数 $R_M(B)$ 的一个拐点。用 $(L-2B)$ 代替 A 并求导可得

$$\frac{\partial R_M}{\partial B} = \frac{2BR_{s1}}{WN_D L} - \frac{2R_{s12}}{WN_D} \tag{D.26}$$

令上式等于零，可得

$$\frac{BR_{s1}}{L} = R_{s12} \tag{D.27}$$

$$\frac{B}{L} = \frac{R_{s12}}{R_{s1}} \tag{D.28}$$

假设两个金属层的电阻率都为 ρ，$R_{S1} = \rho/t_1$，其中 t_1 是金属 1 的厚度；$R_{S12} = \rho/(t_1+t_2)$，t_2 是金属 2 的厚度。将这些等式代入式(D.28)可得

$$\frac{B}{L} = \frac{t_1}{t_1 + t_2} \tag{D.29}$$

式(12.14)

该等式是由饱和区 Shichman-Hodge 方程推导而得。设晶体管 M_1 的漏电流为 I_{D1}，跨导为 k_1，有效栅压为 V_{gst1}；设晶体管 M_2 漏电流为 I_{D2}，跨导为 k_2，有效栅压为 V_{gst2}。因为 $I_{D1} \equiv I_{D2}$，所以，

$$k_1 V_{\text{gst1}}^2 = k_2 V_{\text{gst2}}^2 \tag{D.30}$$

变形之后可得

$$\frac{k_1}{k_2} = \left(\frac{V_{\text{gst2}}}{V_{\text{gst1}}} \right)^2 \tag{D.31}$$

设 $\Delta V_{\text{gs}} \equiv V_{\text{gs1}} - V_{\text{gs2}}$，则 $V_{\text{gs2}} = V_{\text{gs1}} - \Delta V_{\text{gs}}$。设 $\Delta V_t \equiv V_{t1} - V_{t2}$，那么 $V_{t2} = V_{t1} - \Delta V_t$。将上述等式代入式(D.31)，可得

$$\frac{k_1}{k_2}=\left(\frac{V_{gst2}-V_{t2}}{V_{gst1}}\right)=\left(\frac{V_{gs1}-\Delta V_{gs}-V_{t1}+\Delta V_t}{V_{gst1}}\right)^2 \tag{D.32}$$

$$\frac{k_1}{k_2}=\left(1+\frac{\Delta V_t-\Delta V_{gs}}{V_{gst1}}\right)^2 \tag{D.33}$$

$$\sqrt{\frac{k_1}{k_2}}=1+\frac{\Delta V_t-\Delta V_{gs}}{V_{gst1}} \tag{D.34}$$

$$\left(\sqrt{\frac{k_1}{k_2}}-1\right)V_{gst1}=\Delta V_t-\Delta V_{gs} \tag{D.35}$$

ΔV_{gs}为

$$\Delta V_{gs}=\Delta V_t-V_{gst1}\left(\sqrt{\frac{k_1}{k_2}}-1\right) \tag{D.36}$$

设 $\Delta k\equiv k_1-k_2$，则 $k_1=k_2+\Delta k$，代入式(D.36)可得

$$\Delta V_{gs}=\Delta V_t-V_{gst1}\left(\sqrt{1+\frac{\Delta k}{k_2}}-1\right) \tag{D.37}$$

根据

$$\sqrt{1+x}=\sum_{n=0}^{\infty}\binom{1/2}{n}x^n=1+\frac{x}{2}-\frac{x^2}{8}+\frac{3x^3}{48}+\cdots \tag{D.38}$$

如果 x 足够小，则前两项起主要作用。将上式代入式(D.37)，可得

$$\Delta V_{gs}\approx\Delta V_t-V_{gst1}\frac{\Delta k}{2k_2} \tag{D.39}$$

式(12.15)

这个等式是由饱和区 Shichman-Hodge 方程推导所得。设晶体管 M_1 漏电流为 I_{D1}，跨导为 k_1，有效栅压为 V_{gst1}。晶体管 M_2 漏电流为 I_{D2}，跨导为 k_2，有效栅压为 V_{gst2}。两漏电流之比 I_{D2}/I_{D1} 等于

$$\frac{I_{D2}}{I_{D1}}=\frac{k_2}{k_1}\left(\frac{V_{gst2}}{V_{gst1}}\right)^2 \tag{D.40}$$

设 $\Delta V_t\equiv V_{t1}-V_{t2}$，则 $V_{t2}=V_{t1}-\Delta V_t$。将其代入式(D.40)，可得

$$\frac{I_{D2}}{I_{D1}}=\frac{k_2}{k_1}\left(\frac{V_{gs2}-V_{t2}}{V_{gst1}}\right)^2=\frac{k_2}{k_1}\left(\frac{V_{gs2}-V_{t1}+\Delta Vt}{V_{gst1}}\right)^2 \tag{D.41}$$

但是，由于 $V_{gs1}\equiv V_{gs2}$，所以，

$$\frac{I_{D2}}{I_{D1}}=\frac{k_2}{k_1}\left(\frac{V_{gs1}-V_{t1}+\Delta V_t}{V_{gst1}}\right)^2=\frac{k_2}{k_1}\left(\frac{V_{gst1}+\Delta V_t}{V_{gst1}}\right)^2 \tag{D.42}$$

展开可得

$$\frac{I_{D2}}{I_{D1}} = \frac{k_2}{k_1}\left(\frac{V_{\mathrm{gst1}}^2 + 2\Delta V_t V_{\mathrm{gst1}} + \Delta V_t^2}{V_{\mathrm{gst1}}^2}\right) \tag{D.43}$$

只要 $\Delta V_t << V_{\mathrm{gst1}}$，则

$$\frac{I_{D2}}{I_{D1}} \approx \frac{k_2}{k_1}\left(1 + \frac{2\Delta V_t}{V_{\mathrm{gst1}}}\right) \tag{D.44}$$

附录 E　版图编辑软件的出处

本书不讨论版图软件，因为这些程序处于不断的发展变化当中，这里给出信息不久就会过时。下边是几种版图编辑器和文献的出处：

- J. P. Uyemura, *Physical Design of CMOS Integrated Circuits Using L-EDIT*™ (Boston: PWS Publishing Company，1995)。该书提供了一个非常优秀的版图编辑软件说明，使用 TannerResearch 研发和销售的 L-EDIT™ 软件包。该书还包括一个装在软盘里的学生版程序。
- Tanner Research，可访问 http://www.tanner.com。Tanner Research 销售的 L-EDIT 专业版，它可以提供比包含在 *Physical Design of CMOS Integrated Circuits Using L-EDIT*™ 中的学生版更强大的编辑环境。
- Cadence Design Systems，可访问 http://www.cadence.com。Cadence 销售的 Virtuoso 是业界应用最广泛的版图编辑器。
- Mentor Graphics，可访问 http://www.mentorg.com。Mentor 销售的 IC Graph，这是另一种广泛应用的版图编辑器。